U0231180

机械加工工艺简明速查手册

尹成湖　周湛学　主编

JIXIE JIAGONG GONGYI
JIANMING
SUCHA SHOUCE

化学工业出版社

·北京·

本手册是机械切削加工工艺与操作技能相结合的综合性工具书，紧密结合机械制造工艺的需要，收集和选编了机械制造现场常用的必备资料和数据，主要包括金属切削基本知识、机械加工质量及其检验、机械加工工艺过程、机床夹具设计、车削加工、铣削加工、磨削加工、其他切削加工、数控切削加工等，对各种机械加工方法均提供了典型的应用实例等。本手册的特点是以工艺为基础，以各种机械加工方法为主线，以解决生产实际问题、服务生产一线上的工艺技术人员和技术工人为出发点，工艺数据和工艺方法紧密结合。内容简明、实用，编排合理，方便查阅。

本手册适用于机械制造企业工艺人员、高级技工和技术工人，也可供高等院校、职业院校机械专业师生参考。

图书在版编目（CIP）数据

机械加工工艺简明速查手册/尹成湖，周湛学主编.
北京：化学工业出版社，2015.12（2023.1 重印）
ISBN 978-7-122-25373-6

Ⅰ.①机… Ⅱ.①尹…②周 Ⅲ.①机械加工-工艺学-技术手册 Ⅳ.①TG506-62

中国版本图书馆 CIP 数据核字（2015）第 240287 号

责任编辑：张兴辉　　　　　　　　　　　文字编辑：项　潋
责任校对：战河红　　　　　　　　　　　装帧设计：王晓宇

出版发行：化学工业出版社（北京市东城区青年湖南街 13 号　邮政编码 100011）
印　　装：北京虎彩文化传播有限公司
850mm×1168mm　1/32　印张 25½　字数 698 千字
2023 年 1 月北京第 1 版第 7 次印刷

购书咨询：010-64518888　　　　　　　售后服务：010-64518899
网　　址：http://www.cip.com.cn
凡购买本书，如有缺损质量问题，本社销售中心负责调换。

定　　价：98.00 元

前言
FOREWORD

　　本手册是机械切削加工工艺与操作技能相结合的综合性工具书，紧密结合机械制造工艺的需要，收集和选编了机械制造现场常用的必备资料和数据，主要包括金属切削基本知识、机械加工质量及其检验、机械加工工艺过程、机床夹具设计原理、车削加工、铣削加工、磨削加工、其他切削加工、数控切削加工等内容。

　　本手册内容丰富，以实用技术为主线，以解决生产实际问题、服务生产一线上的工艺技术人员和工人为出发点，注重采用新技术和最新标准，编写上由基础知识到实际应用的结构顺序，采用通俗易懂的语言，结合图、表和应用实例，有助于提高读者解决实际问题的能力，适合企业生产、技术、管理人员和工人在工作中使用，也可作为大中专院校师生的参考资料。

　　本手册由河北科技大学的尹成湖、张英、李保章、曹慧琴、周湛学，河北商贸学校的李佳伟，辛集气缸盖厂的李惠朝共同编写。其中尹成湖编写了第5章、第8章，尹成湖、张英、李佳伟编写了第1章、第2章、第4章，李保章编写了第3章，周湛学编写了第6章、第9章，李惠朝、曹慧琴编写了第7章。全书由尹成湖统稿，由张英完成了文字录入和图表处理等工作。在编写过程中，得到了强大泵业集团的靳清、侯占祥，华北柴油机厂的阎文联，石家庄制动器厂的李纯勇，石家庄轴承设备厂的董晖等同志的帮助，在此表示衷心感谢。

编　者

CONTENTS

第2章　机械加工质量及其检验 ················ 110

第3章　机械加工工艺过程 ················ 157

第 9 章 数控切削加工 ……………………………… 761

第1章

金属切削基本知识

1.1 金属切削基本知识

1.1.1 工件表面

切削加工是利用切削刀具从工件上切除多余材料的加工方法。为了获得符合要求的表面，刀具与工件之间必须相互作用和相对运动（即切削运动），从工件上切除多余材料。在切削过程中，工件表面上的一层材料不断地被刀具切除形成新的表面，在工件上有三个不断变化着的表面，分别是：待加工表面、过渡表面和已加工表面，如图 1.1 所示。其定义如下。

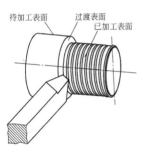

图 1.1　工件表面

待加工表面：工件上有待切除的表面。

已加工表面表：工件上经刀具切削后形成的表面。

过渡表面：工件上由刀具切削刃形成的那部分表面，它在下一行程，刀具或工件的下一转里被切除，或者由下一切削刃切除。

1.1.2 刀具要素

（1）刀具的组成要素（参考 GB/T 12204—2010）

金属切削刀具由切削部分和夹持部分组成。车刀的结构要素如图 1.2 所示；麻花钻头的结构要素如图 1.3 所示；套式立铣刀的结构要素如图 1.4 所示。

切削部分是刀具各部分中起切削作用的部分，它的每个部分都由切削刃、刀尖、前面（前刀面）、后面（后刀面）以及产生切屑的各要素所组成。刀体是刀具上夹持刀条或刀片的部分，或由它形成切削刃的部分。刀楔是切削部分夹于前面和后面之间的部分，它与主切削刃或与副切削刃相连，见图 1.2 （b）。

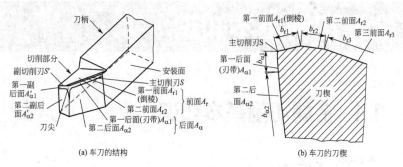

图 1.2　车刀的结构要素

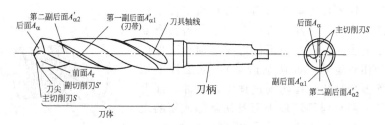

图 1.3　麻花钻头的结构要素

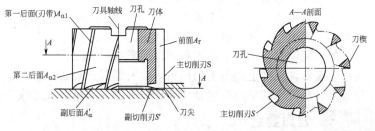

图 1.4　套式立铣刀的结构要素

夹持部分是安装、紧固刀具的部分，常用刀柄或刀孔的结构形式。刀柄是刀具上的夹持部分。刀孔是刀具上用以安装或固紧于主轴、心杆或心轴上的内孔。

安装面是刀柄或刀孔上的一个表面（或刀具轴线），它平行或垂直于刀具的基面，供刀具在制造、刃磨及测量时安装或定位用。

（2）刀具表面

如图 1.2 所示，刀具表面由前面和后面组成，其定义如下。

前面（又称前刀面）用符号 A_γ 表示，是刀具上切屑流过的表面。

第一前面，又称倒棱，用符号 $A_{\gamma 1}$ 表示，当刀具前面由若干个彼此相交的面所组成时，离切削刃最近的面称为第一前面。

第二前面，用符号 $A_{\gamma 2}$ 表示，当刀具前面由若干个彼此相交的面所组成时，从切削刃处数起的第二个面称为第二前面。

后面，又称后刀面，用符号 A_α 表示，与工件上切削中产生的表面相对的表面。

主后面，用符号 A_α 表示，刀具上同前面相交形成主切削刃的后面，与工件上的过度表面相对。

副后面，用符号 A_α' 表示，刀具上同前面相交形成副切削刃的后面，与工件上的已加工表面相对。

第一后面，又称刃带，用符号 $A_{\alpha 1}$ 表示，当刀具的后面由若干个彼此相交的面所组成时，离主切削刃最近的面称为第一后面。

第二后面，用符号 $A_{\alpha 2}$ 表示，当刀具的后面由若干个彼此相交的面所组成时，从主切削刃处数起第二个面称为第二后面。

（3）切削刃

切削刃是刀具前面上拟作切削用的刃，是刀具前面与后面相交所形成的刃，相交处一般用圆弧过渡，称钝圆切削刃，切削刃在基面上的视图如图 1.5 所示，切削刃有关术语的定义如下。

主切削刃，又称工作主切削刃，用符号 S 表示，拟用来在工件上切出过渡表面的那个整段切削刃。

副切削刃，又称工作副切削刃，用符号 S' 表示，切削刃上除主切削刃以外的刃，起始于主偏角为零的点，背离主切削刃的方向延伸。

作用切削刃是在特定瞬间，工作切削刃上实际参与切削，并在工件上产生过渡表面和已加工表面的那段刃。

作用主切削刃是作用切削刃上的一段刃，当沿切削刃测量其长度时，它起始于工作切削刃与工件表面的交点，止于工作切削刃上工作主偏角被认为是 $0°$ 的点。

作用副切削刃是作用切削刃上的一段刃，当沿切削刃测量其长度时，它起始于工作切削刃上工作主偏角被认为是 $0°$ 的点，止于工作副切削刃与已加工表面的交点。

间断切削刃是呈不连续间断状的切削刃，其间断量的大小足以防止在间断处有切屑形成的现象发生，其结构如图 1.6 所示。

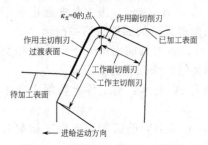

图 1.5　切削刃在基面上的视图

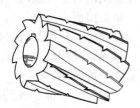

图 1.6　间断切削刃

（4）刀尖

刀尖指主切削刃与副切削刃的连接处相当少的一部分切削刃。如图 1.7 所示，常用刀尖的形状有交点刀尖、修圆刀尖和倒角刀尖。

交点刀尖是主切削刃与副切削刃连接的实际交点；修圆刀尖具有曲线状切削刃

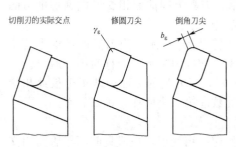

图 1.7　刀尖在基面上的视图

的刀尖；倒角刀尖具有直线切削刃的刀尖。

切削刃选定点是在切削刃任一部分上选定的点，用以定义该点的刀具角度或工作角度。

（5）刀具尺寸

修圆刀尖圆弧半径 γ_ε 是修圆刀尖的公称半径，在刀具基面中测量，见图 1.7。

倒角刀尖长度 b_ε 是倒角刀尖的公称长度，在刀具基面中测量，见图 1.7。

倒棱宽 b_{r1} 是第一前面的宽度简称为倒棱宽，见图 1.2（b）。

刃带宽 $b_{\alpha1}$ 是第一后面的宽度简称为刃带宽，见图 1.2（b）。

1.1.3　刀具和工件的运动

刀具和工件的运动按其在切削过程中的作用分为：主运动和进给运动。在切削过程中，运动速度较高、切削功率较大、起主要切削作用的运动为主运动，一种切削加工方法只有一个主运动。进给运动是配合主运动依次或连续不断地将多余金属层投入切削，以保证切削连续进行的运动，其特点是运动速度较低、功率较小。不同的切削方法，可以有一个（如车削和钻削）或多个（如磨削）进给运动，也可以没有进给运动（如拉削）。主运动与进给运动的向量和称为合成运动。刀具和工件的运动的特点、运动方向、运动速度、符号和单位的定义如表 1.1 所示。

表 1.1 刀具和工件的运动定义（参考 GB/T 12204—2010）

术语	运动	运动方向	速度	符号	单位
主运动	由机床或人力提供的主要运动，它促使刀具和工件之间产生相对运动，从而使刀具前面接近工件	切削刃选定点相对于工件的瞬时主运动方向	切削速度：切削刃选定点相对于工件的主运动的瞬时速度	v_c	m/s 或 m/min
进给运动	由机床或人力提供的运动，它使刀具与工件之间产生附加的相对运动，即可不断地或连续地切除切屑，并得出具有所需几何特性的已加工表面	切削刃选定点相对于工件的瞬时进给运动的方向	进给速度：切削刃选定点相对于工件的进给运动的瞬时速度	v_f	m/s 或 m/min
合成切削运动	由主运动和进给运动合成的运动	切削刃选定点相对于工件的瞬时合成切削运动的方向	合成切削速度：切削刃选定点相对于工件的合成切削运动的瞬时速度	v_e	m/s 或 m/min

外圆车刀车外圆时，车刀和工件的运动如图 1.8 所示。圆柱铣刀周边铣削时，铣刀和工件的运动如图 1.9 所示。钻孔时麻花钻头和工件的运动如图 1.10 所示。

同一瞬间进给运动方向和主运动方向的夹角称为进给运动角，用字母 φ 表示，在工作平面中测量；同一瞬间主运动方向与合成切削方向之间的夹角称为合成切削速度角，用字母 η 表示，在工作平面中测量。

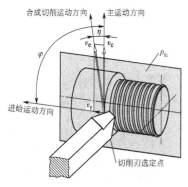

图 1.8 车刀和工件的运动

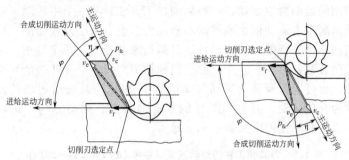

图 1.9　圆柱铣刀和工件的运动

如图 1.11 所示，直柄单角立铣刀切削刃的三个选定点的主运动方向与合成切削方向之间的夹角称为特殊角度。

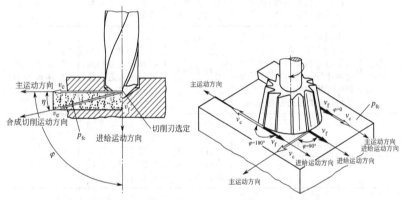

图 1.10　麻花钻头和工件的运动　　图 1.11　刀具和工件的运动——直柄单角立铣刀切削刃的三个选定点

车削时工件的回转运动为主运动，钻削、铣削、磨削时刀具或砂轮的回转运动为主运动，刨削或插削时工件或刀具的直线往复运动为主运动。常用加工方法的加工表面与切削运动如图 1.12 所示。

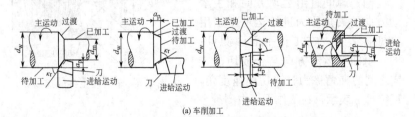

(a) 车削加工

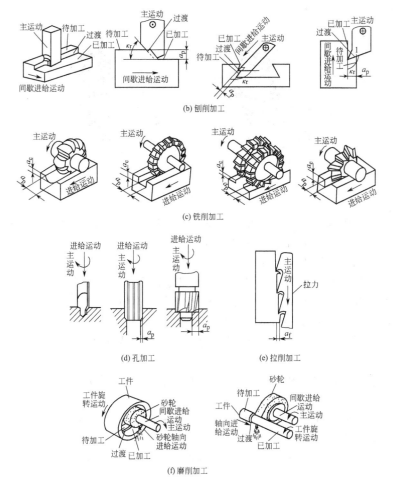

图 1.12　典型切削加工的加工表面和切削运动

1.1.4　参考系的术语及其定义

（1）刀具静止参考系

刀具静止参考系用于定义刀具在设计、制造、刃磨和测量时几何参数的参考系。在该参考系中的平面如图 1.13 所示，平面的定义如下。

基面 p_r：过切削刃选定点的平面，它平行或垂直于刀具在制

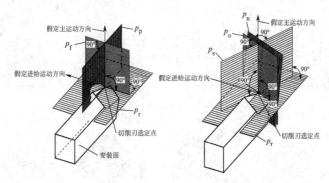

图 1.13　刀具静止参考系的平面

造、刃磨及测量时适合于安装或定位的一个平面或轴线，一般说
来，其方位要垂直于假定的主运动方向。

假定工作平面 p_f：通过切削刃选定点并垂直于基面，它平行
或垂直于刀具在制造、刃磨及测量时适合于安装或定位的一个平面
或轴线，一般说来，其方位要平行于假定的进给运动方向，即主运
动和进给运动方向确定的平面。

背平面 p_p：通过切削刃选定点并垂直于基面和假定工作平面
的平面。

注：在旧标准中，该三个平面组成的参考系称为进给与切深参
考系。

切削平面 p_s：通过主切削刃选定点与主切削刃相切并垂直于
基面的平面。

副切削平面 p_s'：通过副切削刃选定点与副切削刃相切并垂直
于基面的平面。

正交平面（过去称主剖面）p_o：通过切削刃选定点并同时垂
直于基面和切削平面的平面。

注：在旧标准中，基面、切削平面和主剖面组成的参考系称主
剖面参考系。

法平面（过去称法剖面）p_n：通过切削刃选定点并垂直于切
削刃的平面。

注：在旧标准中，基面、切削平面和法剖面组成的参考系称法
剖面参考系。

（2）刀具的工作参考系

刀具工作参考系是规定刀具进行切削加工时几何参数的参考系。在刀具工作参考系中的平面如图 1.14 所示，其定义如表 1.2 所示。在某些切削情况下，刀具的进给速度较大时（如车螺纹、车端面，而刀具静止参考系忽略了进给运动速度的影响，因为进给运动速度远小于主运动速度），就需要考虑刀具进给运动的影响。有时刀具的实际安装位置与假定的安装位置不一致，也会影响刀具的角度，为此，必须建立刀具工作参考系来确定刀具的工作角度。

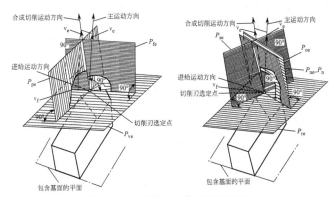

图 1.14　刀具工作参考系的平面

表 1.2　刀具工作参考系的平面定义（摘自 GB/T 12204—2010）

坐标平面和符号	定义
工作基面 p_{re}	通过切削刃选定点并与合成切削速度方向相垂直的平面
工作平面 p_{fe}	通过切削刃选定点并同时包含主运动方向和进给运动方向的平面，因而该平面垂直于工作基面
工作背平面 p_{pe}	通过切削刃选定点并同时与工作基面和工作平面相垂直的平面
工作切削平面 p_{se}	通过切削刃选定点与切削刃相切并垂直于工作基面的平面
工作法平面 p_{ne}	通过切削刃选定点并垂直于切削刃的平面 注：刀具工作参考系中的工作法平面与刀具静止参考系中的法平面相同
工作正交平面 p_{oe}	通过切削刃选定点并同时与工作基面和工作切削平面相垂直的平面

1.1.5 刀具角度和工作角度的术语及其定义

刀具角度、工作角度用来确定切削刃在工作参考系中的方向和位置。

（1）刀具角度

刀具角度过去称刀具的标注角度，用来确定刀面和切削刃在静止参考系中的方向和位置，主要几个角度的定义如表 1.3 所示。

表 1.3　刀具角度（摘自 GB/T 12204—2010）

角度名称和符号		定　义
切削刃方位	主偏角 κ_r	主切削平面 P_s 与假定工作平面 P_f 间的夹角，在基面 P_r 中测量
	刃倾角 λ_s	主切削刃与基面 P_r 间的夹角，在切削平面中测量
	副偏角 κ_r'	副切削平面 P_s' 与假定工作平面 P_f 间的夹角，在基面 P_r 中测量
	刀尖角 P_n	主切削平面 P_s 与副切削平面 P_s' 间的夹角，在基面 P_r 中测量
前刀面方位	前角 γ_o	在正交平面 P_o 中测量的前刀面 A_r 与基面 P_r 间的夹角
	法前角 γ_n	在法平面 P_n 中测量的前刀面 A_r 与基面 P_r 间的夹角
	侧前角 γ_f	在假定工作平面 P_f 中测量的前刀面 A_r 与基面 P_r 间的夹角
	背前角 γ_p	在背平面 P_p 中测量的前刀面 A_r 与基面 P_r 间的夹角
	几何前角 γ_g	在前刀面正交平面 P_g（垂直于基面与前刀面交线的平面）中测量的前刀面 A_r 与基面 P_r 间的夹角，是最大前角
	几何前角方位角 δ_r	假定工作平面 P_f 与前刀面正交平面 P_g 间的夹角，在基面 P_r 中测量
后刀面方位	后角 α_o	在正交平面 P_o 中测量的后刀面 A_α 与主切削平面 P_s 间的夹角
	法后角 α_n	在法平面 P_n 中测量的后刀面 A_α 与主切削平面 P_s 间的夹角
	侧后角 α_f	在假定工作平面 P_f 中测量的后刀面 A_α 与主切削平面 P_s 间的夹角
	背后角 α_p	在背平面 P_p 中测量的后刀面 A_α 与主切削平面 P_s 间的夹角
楔的角度	楔角 β_o	在正交平面 P_o 中测量的前刀面 A_r 与后刀面 A_α 间的夹角
	法楔角 β_n	在法平面 P_n 中测量的前刀面 A_r 与后刀面 A_α 间的夹角
	侧楔角 β_f	在假定工作平面 P_f 中测量的前刀面 A_r 与后刀面 A_α 间的夹角
	背楔角 β_p	在背平面 P_p 中测量的前刀面 A_r 与后刀面 A_α 间的夹角

外圆车刀角度如图 1.15 所示。

在制造、刃磨刀具时，有时还用"几何前角"及其方位角来表示刀具前刀面的位置，如表 1.2 中的 γ_s 及 δ_r，几何前角 γ_s 是指用垂直于基面与前刀面交线的平面剖切前刀面所得的前角。如图

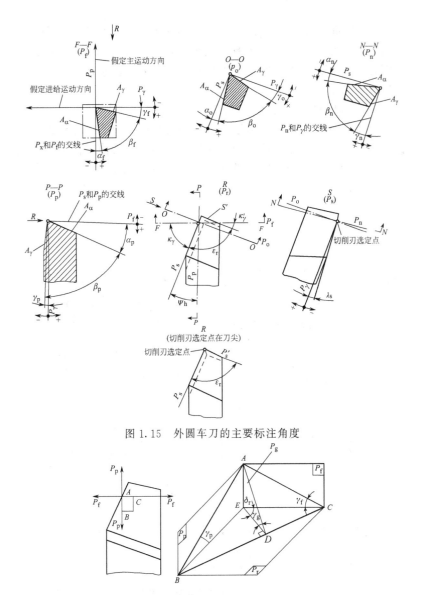

图 1.15 外圆车刀的主要标注角度

图 1.16 车刀的几何前角和前刀面正交平面方位角

1.16 所示，假定 ABC 是车刀过 A 点的前刀面，P_r 是基面，$\overline{BC}$ 是前刀面与基面的交线，剖面。ADE 是过 A 点垂直于 BC 的平面，

则 $\angle ADE$ 即为几何前角 γ_s。$\angle CED$ 为前刀面正交平面方位角 δ_r，剖面 ADE 用 P_g 表示。当刀具的切削刃是曲线或刀具的前刀面、后刀面是曲面的情况下，在定义刀具角度时，要用通过切削刃选定点的切线或切平面。

（2）刀具的工作角度

由于刀具工作角度参考系的工作基面与标注角度参考系的基面位置不同，与其线垂直的工作平面位置也不同，其他坐标平面也随之发生了变化，因而所定义的角度也发生了变化。图 1.17 所示为车刀工作角度。

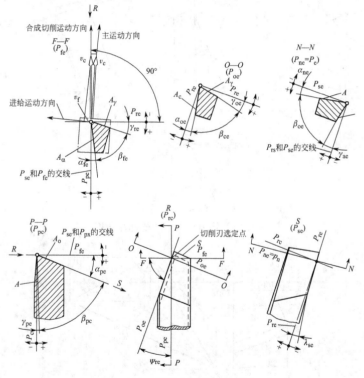

图 1.17　外圆车刀的工作角度

在常见的几种情况下，车刀工作角度相对于其标注角度的计算关系如表 1.4 所示。

表 1.4　车刀工作角度的修正计算

影响因素	示图	工作角度的修正计算	备注
横向进给速度		$\gamma_{oe}=\gamma_0+\mu$ $\alpha_{oe}=\alpha_0-\mu$ $\tan\mu=\dfrac{f}{2\pi\rho}$ 式中　ρ——工件加工半径 f——进给量	切断刀、铲齿刀的后角应考虑此项的影响
纵向进给速度的影响		$\gamma_{oe}=\gamma_0\pm\mu$ $\alpha_{oe}=\alpha_0 m\mu$ $\tan\mu=\tan\mu_f\sin\kappa_r=\dfrac{f}{\pi d_w}\sin\kappa_r$ 式中　d_w——工件直径 "+"号用于车螺纹的左侧面； "−"号用于车螺纹的右侧面	螺纹车削(特别是车削大螺距螺纹)应考虑此项影响
刀尖偏离主轴回转中心		在背平面： $\gamma_{pe}=\gamma_p\pm\theta$　$\alpha_{pe}=\alpha_p m\theta$ $\tan\theta=\dfrac{h}{\sqrt{\left(\dfrac{d_w}{2}\right)^2-h^2}}$ 在正交平面： $\gamma_{0e}=\gamma_0\pm\theta$　$\alpha_{0e}=\alpha_0 m\theta$ $\tan\theta=\dfrac{h}{\sqrt{\left(\dfrac{d_w}{2}\right)^2-h^2}}\cos\kappa_r$ 式中　h——刀尖高于工件中心线的高度,刀尖低于工件中心线时取负值 "+"号用于车外圆； "−"号用于车、镗内孔	

续表

影响因素	示图	工作角度的修正计算	备注
刀杆中心线不直垂于进给方向		$\kappa_{re}=\kappa_r\pm\varphi$ $\kappa'_{re}=\kappa'_r\mp\varphi$ 式中 φ——刀杆中心线实际位置与标准位置偏角 κ_{re} "+"号用于刀杆中心线与进给方向夹角大于90°; "—"号用于刀杆中心线与进给方向夹角小于90°	

（3）刀具角度的作用及其选择（表1.5）

表1.5 刀具角度的作用及其选用原则

角度名称	作用	选择原则
前角 γ_o	前角大，刃口锋利，切削层的塑性变形和摩擦阻力小，切削力和切削热降低。但前角过大会使切削刃强度降低，散热条件变坏，刀具寿命下降，甚至会造成崩刃	主要根据工件材料，其次考虑刀具材料和加工条件选择 ①工件材料的强度、硬度低、塑性好，应取较大的前角；加工脆性材料（如铸铁）应取较小的前角；加工特硬的材料（如淬硬钢、冷硬铸铁等）应取很小的前角，甚至是负前角 ②刀具材料的抗弯强度及韧度高时，可取较大的前角 ③断续切削或粗加工有硬皮的锻、铸件时，应取较小的前角 ④工艺系统刚度差或机床功率不足时应取较大的前角 ⑤成形刀具或齿轮刀具等为防止产生齿形误差常取很小的前角，甚至0°的前角
后角 α_o	后角的作用是减少刀具后刀面与工件之间的摩擦。但后角过大会降低切削刃强度，并使散热条件变差，从而降低刀具寿命	①精加工刀具及切削厚度较小的刀具（如多刃刀具），磨损主要发生在后刀面上，为降低磨损，应采用较大的后角。粗加工刀具要求刃刃坚固，应采取较小的后角 ②工件强度、硬度较高时，为保证刃口强度，宜取较小的后角；工件材料软时，后刀面摩擦严重，应取较大的后角；加工脆性材料时，载荷集中在切削刃处，为提高切削刃强度，宜取较小的后角 ③定尺寸刀具，如拉刀和铰刀等，为避免重磨后刀尺寸变化过大，应取较小的后角 ④工艺系统刚度差（如细切长轴）时，亦取较小的后角，以增大后刀面与工件的接触面积，减小振动

续表

角度名称	作用	选择原则
主偏角 κ_r	主偏角的大小影响背向力 F_p 和进给力 F_f 的比例,主偏角增大时,F_p 减小,F_f 增大 主偏角的大小还影响参与切削的切削刃长度,当背吃刀量 a_p 和进给量 f 相同时,主偏角减小则参与切削的切削刃长度大,单位刃长上的载荷小,可使刀具寿命提高,主偏角减小,刀尖强度大	①在工艺系统刚度允许的条件下,应采用较小的主偏角,以提高刀具的寿命。加工细长轴则应用较大的主偏角 ②加工很硬的材料,为减轻单位切削刃上的载荷,宜取较小的主偏角 ③在切削过程中,刀具需作中间切入时,应取较大的主偏角 ④主偏角的大小还应与工件的形状相适应,如切阶梯轴可取主偏角为 $90°$
副偏角 κ_r'	副偏角的作用是减小副切削刃与工件已加工表面之间的摩擦 一般取较小的副偏角,可减少工件表面的残留面积。但过小的副偏角会使径向切削力增大,在工艺系统刚度不足时引起振动	①在不引起振动的条件下,一般取较小的副偏角。精加工刀具必要时需磨出一段 $\kappa_r'=0°$ 的修光刃,以加强副切削刃对已加工表面的修光作用 ②系统刚度较差时,应取较大的副偏角 ③切断、切槽刀及孔加工刀具的副偏角只能取很小值(如 $\kappa_r'=1°\sim2°$),以保证重磨后刀具尺寸变化量小
刃倾角 λ_s	①刃倾角 λ_s 影响切屑流出方向,$\lambda_s<0°$ 使切屑偏向已加工表面,$\lambda_s>0°$ 使切屑偏向待加工表面 ②单刃刀具采用较大的 λ_s 可使远离刀尖的切削刃首先接触工件,使刀尖避免受冲击 ③对于回转的多刃刀具,如柱形铣刀等,螺旋角就是刃倾角,此角可使切削刃逐渐切入和切出,可使铣削过程平稳 ④可增大实际工作前角,使切削轻快	①加工硬材料或刀具承受冲击载荷时,应取较大的负刃倾角,以保护刀尖 ②精加工宜取正刃倾角,使切屑流向待加工表面,并可使刀口锋利 ③内孔加工刀具(如铰刀、丝锥等)的刃倾角方向应根据孔的性质决定。左旋槽($\lambda_s<0°$)可使切屑向前排出,适用于通孔,右旋槽适用于不通孔

1.1.6 切削中的几何参量和运动参量

（1）切削速度

切削速度是指刀具切削刃上选定点相对于工件的主运动的瞬时速度。大多数切削加工的主运动采用回转运动。切削刃选定点的切削速度 v_c（m/min 或磨削为 m/s）的计算公式为

$$v_c = \frac{\pi dn}{1000}$$

式中　d——选定点（工件或刀具上）的回转直径，mm；

　　　n——工件或刀具的转速，r/min（或磨削，r/s）。

在转速 n 一定时，刀具切削刃上各点的切削速度不同，考虑到切削用量将影响刀具的磨损和已加工表面质量等，确定切削用量时一般取最大的切削速度，如外圆车削时取待加工表面的切削速度，圆柱铣刀周边铣削时取圆柱铣刀最大直径处的切削速度。

刨、插削的主运动为往复直线运动，切削速度用 v_c（m/min）或每分钟往复次数。

（2）进给量

进给量是刀具在进给运动方向上相对工件的位移量，可用刀具或工件每转或每行程的位移量来表述或度量。

主运动为回转运动时，如车削的进给量用工件每转的刀具位移量来度量，符号用 f，单位 mm/r。

刨、插削的主运动为往复直线运动，进给量用刀具每往复行程一次的位移量来度量，符号用 f，单位为 mm/dst（毫米/双行程）。

对于铣刀、铰刀、拉刀等多齿刀具，还应规定每齿进给量，即多齿刀具每转过或每行程中每齿相对工件在进给运动方向上的位移量，符号为 f_z，单位 mm/齿。

进给速度是指切削刃上的选定点相对于工件进给运动的瞬时速度，符号用 v_f，单位 mm/min。v_f 与 f 和 f_z 之间的关系为

$$v_f = fn = f_z zn$$

（3）吃刀量

吃刀量是两平面间的距离，该两平面都垂直于所选定的测量方向，并分别通过作用切削刃上两个使上述两平面间的距离为最大

的点。

　　如图 1.18 所示，切削刃基点 D 是作用主切削刃上的特定参考点，用以确定如作用切削刃截形和切削层尺寸等基本几何参数，通常把它定在将作用切削刃分成两相等长度的点上。

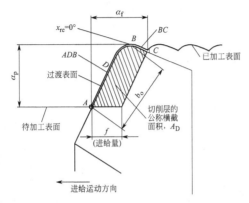

图 1.18　车削的切削层尺寸、切削刃基点及吃刀量
ADB—作用主切削刃截形；$ADBC$—作用切削刃截形的长度；
BC—作用副切削刃截形

　　背吃刀量的标准定义为：在通过切削刃基点并垂直于工作平面的方向上测量的吃刀量。可理解为：在通过切削刃基点并垂直于主运动方向的平面上，测量方向是垂直于工作平面的方向，选定作用切削刃的两点，如图 1.18 中的 A、B，过 A、B 两点的两平面（两平面平行于工作平面或垂直于测量方向）之间的距离。通常为工件已加工表面和待加工表面间的垂直距离，符号为 a_p，单位为 mm。它表示切削刃切入工件的最大深度，也称切削深度或吃刀深度，垂直于工作平面的方向。

　　进给吃刀量 a_f 在切削刃基点的进给运动方向上测量的吃刀量。可理解为：在通过切削刃基点并垂直于主运动方向的平面上，测量方向是进给运动方向，选定作用切削刃的两点，如图 1.18 中的 A、C，过 A、C 两点的两平面（两平面垂直于测量方向）之间的距离。

　　如图 1.19 所示，外圆车削时的进给量和背吃刀量为

$$a_p = \frac{d_w - d_m}{2}$$

式中 d_w——工件待加工表面的直径，mm；

d_m——工件已加工表面的直径，mm。

如图 1.20 所示，钻孔加工的背吃刀量为

$$a_p = \frac{d_0}{2}$$

式中 d_0——钻孔的直径，mm。

进给吃刀量为 a_f。

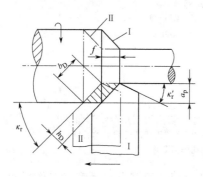

图 1.19 背吃刀量

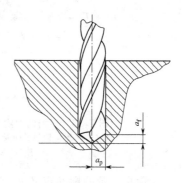

图 1.20 钻削时的吃刀量

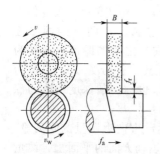

图 1.21 外圆磨
削时的运动量

如图 1.21 所示，磨外圆的运动参量是：磨削速度 v_c；工件的周向进给速度 $v_w(\text{m/min})$ 或转速 $n_w(\text{r/min})$；工件的轴向进给量是工件沿砂轮轴向方向的进给速度，用 f_a 表示，单位为 mm/s；背吃刀量用 a_p 表示（也称径向进给量是工作台每双或单行程内工件相对于砂轮径向移动的距离，用 f_r 表示，双向行程单位为 mm/dst 或单向行程的单位为 mm/st）。

（4）切削层及尺寸

切削层是由切削部分的一个单一动作或切过工件的一个单程或产生一圈过渡表面的动作所切除的工件材料层。通俗地说，切削层

是指刀具相对于工件沿进给运动方向每移动一个进给量（每转或每齿）后由一个刀齿所切除的一层工件材料。

切削层尺寸平面 p_D 是通过切削刃基点并垂直于该点主运动方向的平面（与基面平行）。

切削层的切削厚度、切削宽度和切削面积统称为切削层参数即几何参量。

① 切削层公称横截面积简称切削面积，用符号 A_D 表示，在给定瞬间，切削层在切削层尺寸平面里的实际横截面积，见图 1.18。

② 切削层公称宽度简称切削宽度，用符号 b_D 表示，在给定瞬间，作用主切削刃截形上两个极限点间的距离，在切削层尺寸平面测量，见图 1.18、图 1.19。

③ 切削层公称厚度简称切削厚度，用符号 h_D 表示，在同一瞬间的切削层公称横截面积与其切削层公称宽度之比，见图 1.19，一般在切削层尺寸平面测量，与作用主切削刃垂直。

常用切削加工方法的切削层参数计算方法如表 1.6 所示。

表 1.6　常用切削加工方法的切削层及其参数定义和计算方法

加工方法	切削参数定义	切削厚度 h_D/mm	切削宽度 b_D/mm	切削面积 A_P/mm^2
车削	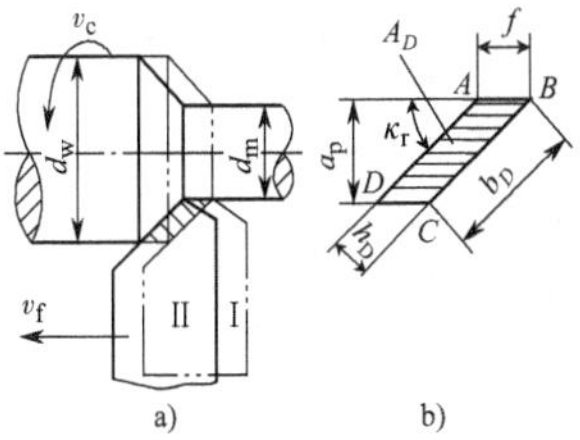	$h_D = f\sin\kappa_r$	$b_P = a_p/\sin\kappa_r$	$A_D = h_D b_D$ $= fa_p$
钻削	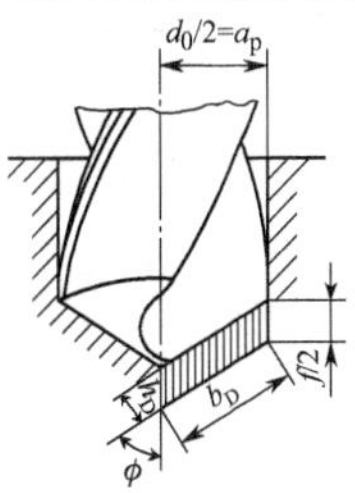	$h_D = f_z\sin\kappa_r$ $= \dfrac{f}{2}\sin\kappa_r$	$b_D = a_p/\sin\kappa_r$ $= \dfrac{d_0}{2\sin\kappa_r}$	$A_D = h_D b_D$ $= \dfrac{fd_0}{4}$

续表

加工方法	切削参数定义	切削厚度 h_D/mm	切削宽度 b_D/mm	切削面积 A_P/mm^2
铣削（圆柱铣刀）	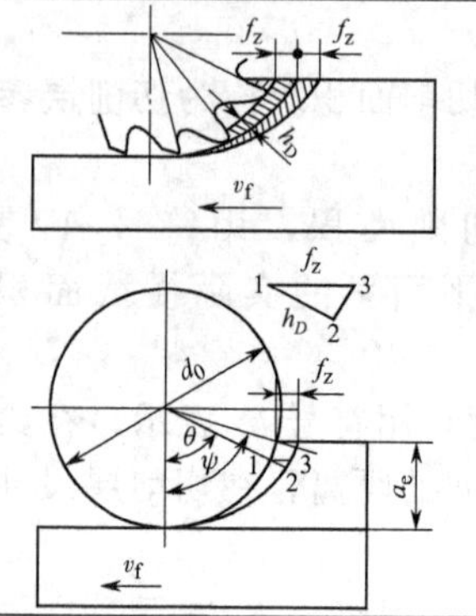	$h_D = f_z \sin\theta$ $h_{D\max} = f_z \sin\psi$ $h_{Dav} = f_z \sin\left(\dfrac{\psi}{2}\right)$ $= f_z \sqrt{\dfrac{a_e}{d_0}}$ 式中 θ——切削刃转角 ψ——接触角	$b_D = a_p$	$A_D = h_D b_D$ $= a_p f_z \sin\theta$ 平均铣削面积： $A_{Dav} = \dfrac{a_e a_p v_f}{\pi d_0 n z}$ $= \dfrac{a_e a_p f_z}{\pi d_0 n}$ 式中 d_0——铣刀直径 z——铣刀刀齿数
铣削（端铣刀）	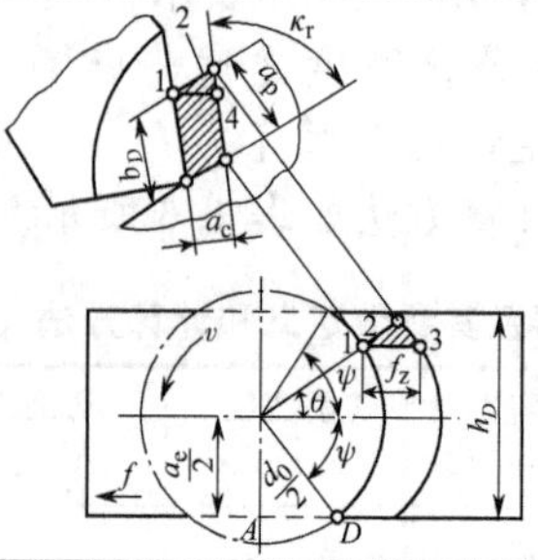	$h_D = f_z \cos\theta \sin\kappa_r$ $h_{Dav} = \dfrac{f_z a_e \sin\kappa_r}{d_0 \psi}$	$b_D = a_p / \sin\kappa_r$	$A_D = h_D b_D$ $= f_z a_p \sin\theta$
磨削	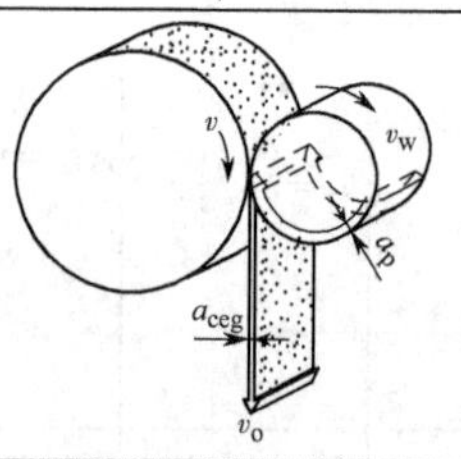	当量磨削厚度 $a_{ceq} = \dfrac{v_w f_r f_a}{v_c}$		

1.2 刀具材料

1.2.1 刀具材料应具备的性能

刀具在工作中要承受很大的压力和冲击力。同时，由于切削时产生的工件材料塑性变形以及在刀具、切屑、工件相互接触表面间产生的强烈摩擦，使刀具切削刃上产生很高的温度和受到很大的应力。因此，作为刀具材料应具备以下特性。

① 高的硬度。刀具材料必须具备高于被加工材料的硬度，一般刀具材料的常温硬度都在 62HRC 以上。

② 高的耐磨性。耐磨性是刀具抗磨损的能力。它是刀具材料力学性能、组织结构和化学性能的综合反映。

③ 足够的强度和韧性。为能承受很大的压力以及冲击和振动，刀具材料应具有足够的强度和韧性。一般强度用抗弯强度表示，韧性用冲击值表示。

④ 高的耐热性。耐热性是指刀具材料在高温下保持硬度、耐磨性、强度和韧性的性能。

⑤ 良好的热物理性能和耐热冲击性。刀具材料抵抗热冲击的能力可用耐热冲击系数 R 表示，R 的定义式为

$$R = \frac{\lambda \sigma_b (1 - \mu)}{E\alpha}$$

式中　λ ——热导率；

　　σ_b ——抗拉强度；

　　μ ——泊松比；

　　E ——弹性模量；

　　α ——线胀系数。

⑥ 良好的工艺性。这里指的是锻造性能、热处理性能、高温塑变性能以及磨削加工性能等。

⑦ 经济性。

1.2.2 刀具材料的种类及性能

（1）碳素工具钢

碳素工具钢最常用的牌号为 T12A，其耐热性能很差（200～250℃），允许的切削速度很低，只适宜做手动工具。

（2）合金工具钢

合金工具钢最常用的牌号是 9SiCr、CrWMn 等，具有较高的耐热性（300～400℃），允许的切削速度较高，耐磨性较好，一般用作板牙、丝锥、铰刀、拉刀等。

（3）高速钢

高速钢的综合性能优良，是应用较多的一种刀具材料，常用的牌号性能和用途见表 1.7。

表 1.7　常用高速钢牌号的特性及用途

钢号	主要特性	用途
W18Cr4V（W18）	通用性强，有适当的硬度和良好的耐磨性。淬火热处理加热温度范围宽，不宜过热，脱碳敏感性小而淬硬性高（在空气中即可淬硬），并有好的韧性，可磨削加工性亦好，但碳化物分布不均匀，热塑性低、热导率差	广泛用于 600℃工作温度，适宜制作麻花钻、铣刀及各种复杂刀具，如拉刀、螺纹刀具、成形车刀、齿轮刀具等。适于加工软的或中等硬度的材料
9W18Cr4V（9W18）	碳含量已达到平衡碳的程度，因而具有较好的综合性能。与 W18 相比其淬火性能和切削性能都有所提高，耐磨性提高 2～3 倍，可磨削性好，力学性能稍低于 W18，不能承受大的冲击	可部分代替含钴高速钢，适于制作各种复杂刀具，适合加工中等强度材料和不锈钢、奥氏体材料、钛合金等难加工材料
W6Mo5Cr4V2（M2）	与 W18 相比热塑性、使用状态的韧性和耐磨性均优，且在同等的热硬性，并且碳化物细小，分布均匀，可磨削性略低。脱碳敏感性较大	广泛用于制作承受冲击力较大的刀具（如插齿刀），轧制或扭制等新工艺制作的钻头，以及制作在加工系统刚性不足的机床上进行加工的刀具
W12Cr4V 4Mo（EV4）	由于含钒量高，提高了刀具的硬度和热硬性，其硬度可达 65～67HRC，故耐磨性比 W18 钢好，但可磨削加工性很差，不宜制作复杂刀具	适于制造对合金钢的高强度钢加工的车刀、钻头、铣刀、拉刀、模数较大的滚刀、插齿刀，以及切削耐热钢和高温合金用的刀具
W14Cr4V MnRo	热塑性好，热处理和机械加工、锻轧以及可磨削等工艺性能都较好，热处理温度范围较度，过热和脱碳的敏感性均较小。切削性能和 W18 钢基本一样	适于四滚轧制或扭制钻头，也可用于制造齿轮刀具及其他承受冲击力较大的刀具。除特殊用途外可以代替 M2 钢
W6Mo5 Cr4V2Al	国产含铝无钴高速钢，其硬度、热硬性与国外超硬高速钢相近，而韧性优于含钴高速钢且可加工性良好、密度小，价格与一般高速钢相同，但过热敏感性较大，淬火加热温度范围较窄，氧化脱碳倾向较强	适于制造各种高速切削刀具，可加工碳钢、合金钢、高速钢、不锈钢、高温合金等，其刀具使用寿命比 W18 高 1～2 倍

续表

钢号	主要特性	用途
W6 Mo 5Cr 4V5 Si NbAl (B201)	国产新型超硬高速钢,其硬度高、韧性好、耐磨性高,而且热加工性和焊接性均良好,能进行各种冷热加工,但可磨削性较差	可制作麻花钻、丝锥、铰刀、车刀、滚刀、拉刀等刀具,切削各种难加工材料
W10 Mo 4Cr4V3Al (5F-6)	国产无钴超硬高速钢,具有较高的硬度、高温硬度和一定的韧性,且有较好的耐磨性和一定的可磨削性,退火状态可进行车、刨等机加工和改锻、改轧热加工	适于制作车刀、铣刀、滚刀等刀具,加工各种难加工材料,也能加工一些高精度零件
W12 Mo 3Cr 4V3 Co5Si (Co5Si)	国产钨系低钴含硅超硬型高速钢,室温硬度、高温硬度高,耐磨性好,锻轧切削和焊接性均良好,但韧性、可磨削性较差,价格较贵	可制作麻花钻、丝锥、滚刀、拉刀等刀具,切削各种难加工材料

（4）硬质合金

硬质合金是由难熔金属化合物（WC、TiC）和金属黏结剂（如Co）的粉末在高温下烧结而成的。硬质合金是用得较多的一种刀具材料,其应用范围见表1.8。

表 1.8 常用硬质合金的使用范围

牌号	相当 ISO 牌号	使用性能	使用范围
YG3	K01	中晶粒合金,在 YG 类中耐磨性仅次于 YG3X、YG6,能使用较高的切削速度,对冲击和振动比较敏感	适于铸铁、有色金属、非金属材料的连续精车、半精车
YG3X	K01	细晶粒合金,在 YG 类中是耐磨性最好的一种,但冲击韧度较差	适于铸铁、有色金属的精车、精镗等,也可用于合金钢、淬硬钢及钨、钼材料的精加工
YG6	K10	中晶粒合金,耐磨性较高,但低于 YG6X、YG3X、YG3,可使用较 YG8 为高的切削速度	适于铸铁、有色金属及其合金、非金属材料的连续切削的粗加工,间断切削的半精加工和精加工。小断面的精车,粗螺纹,旋风车螺纹,连续断面的半精铣与精铣,孔的粗扩和精扩

牌号	相当 ISO 牌号	使用性能	使用范围
YG6X	K10	细晶粒合金,其耐磨性较 YG6 高,而使用强度接近 YG6	适于冷硬铸铁、合金铸铁、耐热钢及合金钢的加工,亦适用于普通铸铁的精加工,并可用于制造仪器仪表工业用的小型刀具和削模数滚刀
YG8	K20	中晶粒合金,使用强度高,抗冲击抗振性能较 YG6 好,耐磨性较低,允许的切削速度较低	适于铸铁、有色金属及其合金加工中不平整断面和间断切削时的粗车、粗刨、粗铣,钻、扩一般孔和深孔
YG8C		粗晶粒合金,使用强度较高	适于重载切削下的车刀、刨刀
YG6A (YG6X)	K10	细晶粒合金,耐磨性和使用强度与 YG6X 相似	适于铸铁、灰铸铁、球墨铸铁、有色金属及其合金、耐热钢的半精加工,亦可用于高锰钢、淬硬钢及合金钢的半精加工和精加工
YG8N		中晶粒合金,其抗弯强度与 YG8 相同,硬度和 YG6 相同,高温切削时热稳定性好	适于硬铸铁、灰铸铁、球墨铸铁、白口铸铁及有色金属的粗加工,亦适用于不锈钢的粗加工和半精加工
YT5	P30	在 YT 合金中强度最高,抗冲击和抗振性最好,不易崩刃,但耐磨性较低	适于碳钢及合金钢包括钢锻件、冲压件及铸件的表皮加工,以及不平整断面和间断切削时的粗车、粗刨、半精刨,不连续面的粗铣、钻孔等
YT14	P20	使用强度高,抗冲击、抗振性能好,略低于 YT5,耐磨性及允许的切削速度比 YT5 高	适于碳钢、合金钢加工中不平整断面和连续切削时的粗车,间断切削时的半精车和精车,连续面的粗铣,铸孔的扩钻,孔的粗扩
YT15	P15	耐磨性优于 YT14,但抗冲击韧度较 YT14 差	适于碳钢、合金钢加工中连续切削时的粗车、半精车和精车,间断切削时的小断面精车,旋风车螺纹,连续断面的半精铣与精铣,孔的粗扩和精扩
YT30	P01	耐磨性及允许的切削速度较 YT15 高,但使用强度及冲击韧度较差,焊接及刃磨时极易产生裂纹	适于碳钢、合金钢的精加工,小断面精车、精镗、精扩
YW1	M10	热稳定性较好,能承受一定的冲击载荷,通用性较好	适于耐热钢、高锰钢、不锈钢等难加工材料的精加工,也适于一般钢材、铸铁及有色金属的精加工

续表

牌号	相当 ISO 牌号	使用性能	使用范围
YW2	M20	耐磨性稍低于 YW1,但使用强度较高,能承受较大的冲击	适于耐热钢、高锰钢、不锈钢及高合金钢等难加工材料的精加工,也适于一般钢材、铸铁及有色金属的精加工
YW3	M10~M20	耐磨性及热稳定性很高,抗冲击和抗振性中等,韧性较好	适合于合金钢、高强度钢、钛金、超高强度钢的精密加工和一般精密加工,在加工过程冲击较小时,也可用于粗加工
YN01		耐磨性好、抗氧化能力强,允许适用较高的切削速度	适合于碳钢和铬、锰、硅钢等合金钢的精加工
YN05	P01	硬度和耐磨性好,耐磨性接近于陶瓷,热稳定性好,抗氧化能力强,但抗冲击性能较差	适合于钢、淬火钢、合金钢、铸铁和合金铸铁的高速精加工
YN10	P05	耐磨性和耐热性好,硬度与 YT30 相当,但比 YT30 的强度高	适合于碳素钢、合金钢、不锈钢、工具钢和淬火钢等材料的连续精加工
YN15		耐磨性好,强度和韧性较高	适合于一般钢材的精加工和半精加工
YN501	P01 P05		适用于高速、小切削断面连续切削碳钢、合金钢,要求无振动的切削条件
YN501N	P01		适用于高速、小切削断面连续切削碳钢、合金钢,要求小振动的切削条件
YN510			适用于在高速、中速和中、小切削断面条件下连续切削合金钢、碳钢和铸铁
YN510N	K01 K10		适用于在中速和中、小切削断面条件下连续切削合金钢、碳钢和铸铁
YN520N			适合于中、低速和中等切削断面条件下连续、断续切削碳钢、合金钢

(5) 陶瓷

陶瓷刀具是由氧化铝 Al_2O_3 和 TiC 为基本成分在高温下烧结而

成。其应用范围见表1.9。

表1.9 Al_2O_3陶瓷和 Al_2O_3-TiC 混合陶瓷刀具的适用范围

加工铸铁					
铸铁种类	硬度 HBW	切削速度/m·min^{-1}		陶瓷种类	
		表面粗糙度 $Ra/\mu m$		纯 Al_2O_3 陶瓷	Al_2O_3-TiC 混合陶瓷
		50~12.5	6.3~1.6		
灰铸铁	150	450	700	推荐	
	200	350	550	推荐	
	250	275	450	推荐	
球墨铸铁	300	200	350	推荐	可用
	350	150	250	推荐	可用
冷硬铸铁	400	100	175	可用	推荐
	450	75	125		推荐
	500	50	75		推荐
	550	30	50		推荐
	600	20	30		推荐

加工钢料					
钢种	硬度 HRC	强度 /MPa	切削速度/m·min^{-1}		陶瓷种类	
			表面粗糙度 $Ra/\mu m$		纯 Al_2O_3 陶瓷	Al_2O_3-TiC 混合陶瓷
			50~12.5	6.3~1.6		
渗碳钢		400	500	700	可用	
		600	400	550	推荐	
结构钢		800	300	400	推荐	
		1000	250	350	推荐	
调质钢		1100	230	300	推荐	可用
		1200	200	260	推荐	可用
氧化钢		1300	180	230	推荐	可用
		1400	160	200	可用	推荐
耐热钢	45	1500	140	180	可用	推荐
	50		100			推荐
高速钢	55		80			推荐
	60		50			推荐
	65		30			推荐

（6）金刚石和立方氮化硼

金刚石具有极高的硬度和耐磨性，是目前已知的最硬的物质，它可以用来加工硬质合金、陶瓷、高硅铝合金及耐磨塑料等高硬度、高耐磨的材料。

立方氮化硼（CBN）是由软的六立氮化硼在高温高压下加入催化剂转变而成的。它具有很高的硬度及耐磨性，热稳定性很好，在1400℃的高温下仍能保持很高的硬度和耐磨性，化学惰性很大，可用于加工淬硬钢和冷硬铸铁等。

金刚石和立方氮化硼刀具的选择见表 1.10。

表 1.10　金刚石及立方氮化硼刀具的选择

工件材料			车削	磨削	珩磨	研磨及抛光	拉丝	修整	其他
金属	黑色金属	碳钢	○				△	△	
		铸铁	○	△○	△			△	
		合金钢	○	△	○		△	△	
		工具钢	○	○	○			△	○
		不锈钢	○	△			△	△	
		超合金	○	△			△	△	
	有色金属	铜、铜合金	△				△		
		铝、铝合金	△				△		
		贵金属	△				△		
		喷涂金属	△○	△					
		锌合金	△				△		
		巴氏合金	△						
		钨	△				△		
		钼					△		
	特殊材料	碳化钨	△	△	△	△			△
		碳化钛		△		△			△
		铁淦氧磁合金		△		△			
		磁合金	△	△		△			
		硅	△	△		△			
		锗		△		△			
		磷化镓		△		△			
		砷化镓		△		△			

续表

工件材料			车削	磨削	珩磨	研磨及抛光	拉丝	修整	其他
非金属	人造材料	塑料	△	△			△		
		陶瓷	△	△	△	△			△
		碳、石墨	△	△			△		
		玻璃	△	△					
		砂轮、砖	△	△				△	
		宝石		△		△			
		石头		△					
	天然材料	混凝土		△					
		橡胶	△	△					
		石料	△	△					
		珊瑚	△	△					
		贝壳	△	△					
		宝石		△					△
		牙、骨头		△					
		珠宝		△					△
		木材制品	△						

注：△—金刚石工具；○—立方氮化硼工具。

（7）各种刀具材料的性能（见表 1.11）

表 1.11　各种刀具材料的性能

材料性能	材料种类									
	碳素工具钢	合金工具钢	高速钢	铸造钴基合金	硬质合金	碳化钛基硬质合金	陶瓷	氮化硅陶瓷	立方氮化硼	金刚石
密度 /g·cm⁻³	7.6~ 7.8	7.7~ 7.9	8.0~ 8.8	—	8.0~ 15	5~ 6	3.6~ 4.7	3.1~ 3.26	3.44~ 3.749	3.47~ 3.56
硬度	63~ 65 HRC	63~ 66 HRC	63~ 70 HRC	60~ 65 HRC	89~ 94 HRA	91~ 93.5 HRA	91~ 95 HRA	91~ 93 HRA	8000~ 9000 HV	10000 HV
抗弯强度 /MPa	2200	2400	250~ 4000	1400~ 2800	900~ 2450	800~ 1600	450~ 800	900~ 1300	300	210~ 490

续表

材料性能	材料种类									
	碳素工具钢	合金工具钢	高速钢	铸造钴基合金	硬质合金	碳化钛基硬质合金	陶瓷	氮化硅陶瓷	立方氮化硼	金刚石
抗压强度/MPa	4000	4000	250~4000	2500~3560	3500~5900	2450~2800	3000~5000	3000~4000	800~1000	2000
冲击韧度/kJ·m^{-2}	—	—	100~600	—	25~60	—	5~12	—	—	—
弹性模量/GPa	210	210	200~230	—	420~630	385	350~420	320	720	900
热导率/W·m^{-1}·K^{-1}	41.8	41.8	16.0~25.1	—	20.93~83.74	25.1	20.93	30.98	79.54	146.5
热膨胀系数/10^{-6}℃$^{-1}$	11.72	—	9~12	—	5~7	8.2	6.3~9	3.2	2.1~2.3	0.9~1.18
耐热性/℃	200~250	300~400	600~650	700~1000	800~1000	1000~1100	>1200	1300~1400	1400~1500	700~800

刀具材料 性能	碳钢及低、中合金钢	高速钢	铸造钴基合金	硬质合金	涂层硬质合金	陶瓷	立方氮化硼	金刚石
高温硬度	←————————————————— 增加 —————————————————→							
韧性	←————————————————— 增加 —————————————————→							
冲击韧度	←————————————————— 增加 —————————————————→							
耐磨性	←————————————————— 增加 —————————————————→							
抗碎裂性	←————————————————— 增加 —————————————————→							
耐热冲击性	←————————————————— 增加 —————————————————→							
切削速度	←————————————————— 增加 —————————————————→							
背吃刀量	小到中	小到大	小到大	小到大	小到大	小到大	小到大	很小
加工表面粗糙度	粗	粗	粗	好	好	非常好	非常好	极好

续表

刀具材料 性能	碳钢及低、中合金钢	高速钢	铸造钴基合金	硬质合金	涂层硬质合金	陶瓷	立方氮化硼	金刚石
制备方法	锻造	锻、铸、HIP法烧结	铸造、HIP法烧结	冷压烧结	气相沉积	冷压、热压烧结、HIP法烧结	高温高压烧结	高温高压烧结
加工方法	机加工、磨削	机加工、磨削	磨削	磨削		磨削	磨削、抛光	磨削、抛光
刀具成本	←──────────────── 增　加 ────────────────→							

1.3 切削力和切削功率

1.3.1 切削力和切削功率的概念

（1）切削力和切削功率的术语

刀具总切削力是刀具上所有参与切削的各切削部分所产生的总切削力的合力。

刀具总扭矩是刀具总切削力对某一规定轴线所产生的扭矩。

切削扭矩是刀具总切削力对主运动的回转轴线所产生的扭矩。

切削合力是一个切削部分切削工件时所产生的全部切削力。

切削合力几何分力是将切削合力沿任何选定轴线作矢量分解所推导出的各分力。

运动方向和垂直运动方向上的分力是将切削合力沿不同运动方向和与这些方向相垂直的方向作正投影而分解出的力。

（2）切削力的来源

如图 1.22 所示，切削力的来源主要有两个方面：一方面是切削层金属、切屑和工件表面层金属的弹性变形、塑性变形所产生的抗力；另一方面是刀具与切屑、刀具与工件表面间的摩擦阻力 F_f、F_{fa}。

（3）切削合力和分力

车外圆时的切削力如图 1.23 所示。一般将切削合力 F 分解为三个互相垂直的分力 F_c、F_p 和 F_f。

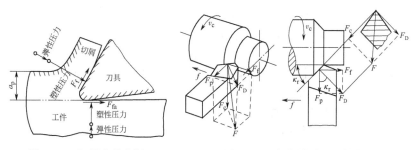

图 1.22　切削力的来源　　图 1.23　车外圆时的切削力

主切削力 F_c ——切削合力在主运动方向上的正投影，也称切向分力。

背向力 F_p ——切削合力在垂直于工作平面上的分力，也称径向力或切深力。

进给力 F_f ——切削合力在进给运动方向上的正投影，也称轴向力或进给抗力。

切削合力与分力之间的关系为

$$F = \sqrt{F_c^2 + F_p^2 + F_f^2}$$

在图 1.23 中，F_D 称推力，是切削合力在切削层尺寸平面上的投影。F_D 与 F_p 和 F_f 的关系为

$$F_p = F_D \cos\kappa_r$$
$$F_f = F_D \sin\kappa_r$$

（4）切削功率

切削功率是各切削分力消耗功率之和。由于 F_p 方向的运动速度为零，所以不做功；由于进给速度与切削速度相比很小，所以 F_f 消耗的功率也很小，占总切削功率 $1\% \sim 5\%$，故切削功率 P_c 为

$$P_c = \left(F_c v_c + \frac{F_f n_w f}{1000} \right) \times 10^{-3} \quad (kW)$$

式中　F_c ——主切削力，N；

　　　v_c ——切削速度，m/s；

　　　F_f ——进给力，N；

　　　n_w ——工件的转速，r/s；

　　　f ——进给量，mm/r。

一般情况下，切削功率的计算公式为

$$P_c = F_c v_c \times 10^{-3} \quad (kW)$$

机床电动机的功率 P_E 应为

$$P_E \geqslant P_c / \eta_m$$

式中　η_m——机床主运动传动链的传动效率，一般取 $\eta_m = 0.75 \sim 0.85$。

（5）主切削力估算

用单位面积切削力估算主切削力 F_c 为

$$F_c = k_c A_D \quad (N)$$

式中　k_c——单位切削力，N/mm^2，主切削力与切削层公称横截面积之比，见表 1.12；

　　　F_c——主切削力，N；

　　　A_D——切削层公称横截面积，也称切削面积，$A_D = a_p f$，mm^2；

　　　a_p——背吃刀量，也称切削深度，mm；

　　　f——进给量，mm/r。

表 1.12　单位面积切削力 k_c

工件材料	力学性能		单位切削力 k_c
碳　钢 合金钢	$\sigma_b / N \cdot mm^{-2}$	400～500	1500
		500～600	1600
		600～700	1700
		700～800	2000
		800～900	2200
		900～1000	2350
		1000～1100	2550
灰铸铁	HBS	140～160	1000
		160～180	1080
		180～200	1140
		200～220	1200
中硬青铜			550
铅青铜			350
铜			950～1100

注：切削系数的制订条件为：不加冷却液，直线刀刃，$a_p = 5mm$，$f = 1mm/r$，$\gamma_0 = 15°$，$\lambda_s = 0°$，$\kappa_r = 45°$，$r_\varepsilon = 1mm$。

　　例 1.1　在 C620-1 车床上车削轴的外圆，车削深度为 4mm，进给量为 0.67mm/r，工件材料为 45 钢，热处理状态为正火回火，试估算其主车削力。

[**解**]设钢的抗拉极限强度 σ_b 为 $600N/mm^2$；查表 1.12 得，$k_c = 1600$，根据 $F_c = k_c A_D$ （N）计算得

$$F_c = k_c A_D = 1600 \times 4 \times 1.67 = 4288 \text{ (N)}$$

当切削条件与表 1.12 中的条件有较大差别时，应进行适当修整。

例 1.2 在 C620-1 型车床上以 $180m/min$ 的切削速度车削短轴，机床电动机的额定功率 P_E 为 7.5kW，机床的传动效率 η 为 0.8，按切削参数计算得主切削力 F_c 为 1700N，试通过计算校核确定机床是否超负荷切削？若主切削力增大至 2400N，此机床是否仍能进行切削？

[**解**] 按已知条件和计算校核公式

① 当 $F_c = 1700N$ 时，$P_c = \dfrac{F_c v_c}{60000} = \dfrac{1700 \times 180}{60000} = 5.1 \text{(kW)}$

$$P_{主轴} = P_E \eta = 7 \times 0.8 = 5.6 \text{(kW)}$$

校核结果：5.1kW < 6kW，$P_c < P_{主轴}$，可以切削。

② 当 $F_c = 2400N$ 时

$$P_c = \frac{F_z v_c}{60000} = \frac{2400 \times 180}{60000} = 7.2 \text{(kW)}$$

校核结果：7.2kW > 5.6kW，$P_c > P_{主轴}$，不满足条件，不能进行切削。

③ 切削扭矩与车床主轴转矩校核计算。车削转矩是由作用在工件上的垂直切削力产生的，作用在工件上的垂直切削力与作用在刀具上的切削力方向相反，大小相等。

切削转矩的计算公式为

$$M_{切} = \frac{F_c D}{2} \text{(N · mm)}$$

式中　$M_{切}$ ——切削转矩，N·mm；

　　　F_c ——主切削力，N；

　　　D ——工件直径，mm。

车床主轴的转矩与主轴的转速和主运动系统的零件强度有关，在车削时转速越高，转矩越小。

车床主轴的转矩计算公式为

$$M_{主轴} = 7162000 \times \frac{P_{主轴} \times 1.36}{n}$$

式中　$M_{主轴}$——车床主轴的转矩，N·mm；

　　　$P_{主轴}$——车床主轴的功率，kW；

　　　　n——车床主轴转速，r/mm。

（6）切削力的经验公式

利用测力仪测出切削力，将实验数据进行分析处理，得出切削力的经验公式。车削时切削力、车削功率的经验公式及其指数与系数的选择见表 1.13。表中的数据是在给定条件下得出的，如果实际切削条件与试验中的条件不同时，要对其进行修正，修正系数 K_{Fc}、K_{Fp}、K_{Ff} 是所有修正系数，如刀具角度、工件材料等的乘积。

车削铜及铝合金时材料力学性能对切削力影响的修正系数见表 1.14，车削钢和铸铁时材料强度和硬度改变对切削力影响的修正系数见表 1.15，车削钢和铸铁时刀具几何参数改变对切削力影响的修正系数见表 1.16。

表 1.13　切削力的计算公式

主切削力	$F_c = C_{Fe}\, a_p^{x_{Fc}}\, f^{y_{Fc}}\, v^{\eta_{Fc}}\, K_{Fc}$
背向力	$F_p = C_{Fp}\, a_p^{x_{Fp}}\, f^{y_{Fp}}\, v^{\eta_{Fp}}\, K_{Fp}$
进给力	$F_f = C_{Ff}\, a_p^{x_{Ff}}\, f^{y_{Ff}}\, v^{\eta_{Ff}}\, K_{Ff}$
切削功率	$P_c = F_c v \times 10^{-3}$

公式中的系数和指数

加工材料	刀具材料	加工形式	公式中的系数和指数											
			主切削力				背向力				进给力			
			C_{Fc}	x_{Fc}	y_{Fc}	η_{Fc}	C_{Fp}	x_{Fp}	y_{Fp}	η_{Fp}	C_{Ff}	x_{Ff}	y_{Ff}	η_{Ff}
结构钢铸钢 $\sigma_b=$ 650MPa	硬质合金	外圆纵车及镗孔	2650	1.0	0.75	−0.15	1950	0.90	0.6	−0.3	2880	1.0	0.5	−0.4
		外圆纵车 $\kappa_\gamma=0$	3570	0.9	0.9	−0.15	2840	0.60	0.8	−0.3	2050	1.05	0.2	−0.4
		切槽及切断	3600	0.72	0.8	0	1390	0.73	0.67	0	—	—	—	—
	高速钢	外圆纵车及镗孔	1700	1.0	0.75	0	920	0.90	0.75	0	530	1.2	0.65	0
		切槽及切断	2170	1.0	1.0	0	—	—	—	—	—	—	—	—
		成形车	1870	1.0	0.75	0	—	—	—	—	—	—	—	—
耐热钢 1Cr18Ni9Ti 141HBW	硬质合金	外圆纵车及镗孔	2000	1.0	0.75	0	—	—	—	—	—	—	—	—

续表

公式中的系数和指数

加工材料	刀具材料	加工形式	主切削力				背向力				进给力			
			C_{Fc}	x_{Fc}	y_{Fc}	η_{Fc}	C_{Fp}	x_{Fp}	y_{Fp}	η_{Fp}	C_{Ff}	x_{Ff}	y_{Ff}	η_{Ff}
灰铸铁 190HBW	硬质合金	外圆纵车及镗孔	900	1.0	0.75	0	530	0.9	0.75	0	450	1.0	0.4	0
		外圆纵车 $\kappa_\gamma=0$	1200	1.0	0.75	0	600	0.6	0.5	0	235	1.05	0.2	0
	高速钢	外圆纵车及镗孔	1120	1.0	0.75	0	1160	0.9	0.75	0	500	1.2	0.65	0
		切槽及切断	1550	1.0	1.0	0	—	—	—	—	—	—	—	—
可锻铸铁	硬质合金	外圆纵车及镗孔	790	1.0	0.75	0	420	0.9	0.75	0	370	1.0	0.4	
	高速钢	外圆纵车及镗孔	980	1.0	0.75	0	860	0.9	0.75	0	390	1.2	0.65	
		切槽及切断	1360	1.0	1.0	0	—	—	—	—	—	—	—	—
中等硬度不均匀铜合金 120HBW	高速钢	外圆纵车及镗孔	540	1.0	0.66	0	—	—	—	—	—	—	—	—
		切槽及切断	735	1.0	1.0	0	—	—	—	—	—	—	—	—
高硬度青铜 200~240HBW	硬质合金	外圆纵车及镗孔	405	1.0	0.66	0	—	—	—	—	—	—	—	—
铝及铝硅合金	高速钢	外圆纵车及镗孔	390	1.0	0.75	0	—	—	—	—	—	—	—	—
		切槽及切断	490	1.0	1.0	0	—	—	—	—	—	—	—	—

表 1.14 加工铜合金和铝合金材料力学性能改变时的修正系数

加工铜合金的修正系数						加工铝合金的修正系数			
不均匀的		非均质的铜合金和 $w(Cu)$ <10%的均质合金	均质合金	铜	$w(Cu)$ >15%的合金	铝及铝硅合金	硬铝		
中等硬度 120HBW	高硬度 >120HBW						$\sigma_b=$ 0.245 GPa	$\sigma_b=$ 0.343 GPa	$\sigma_b>$ 0.343 GPa
1.0	0.75	0.65~0.70	1.8~2.2	1.7~2.1	0.25~0.45	1.0	1.5	2.0	2.75

表 1.15 钢和铸铁强度和硬度改变时切削力的修正系数 K_{MF}

加工材料	结构钢	灰铸铁	可锻铸铁
系数 K_{MF}	$K_{MF}=\left(\dfrac{\sigma_b}{650}\right)^{n_F}$	$K_{MF}=\left(\dfrac{HBW}{190}\right)^{n_F}$	$K_{MF}=\left(\dfrac{HBW}{150}\right)^{n_F}$

上述公式中的指数 n_F

加工材料	车削力			钻孔时的轴向力和转矩		铣削时的圆周力			
	F_c	F_p	F_f						
	工具材料								
	硬质合金	高速钢	硬质合金	高速钢	硬质合金	高速钢	硬质合金	高速钢	硬质合金	高速钢
	指数 n_F								
$\dfrac{\sigma_b\leqslant600MPa}{\sigma_b>600MPa}$	0.75	$\dfrac{0.35}{0.75}$	1.35	2.0	1.0	1.5	0.75		0.3	
灰铸铁、可锻铸铁	0.4	0.55	1.0	1.3	0.8	1.1	0.6		1.0	0.55

表 1.16 加工钢及铸铁刀具几何参数改变时切削力的修正系数

参数		刀具材料	修正系数			
名称	数值		名称	车削力		
				F_c	F_f	F_p
主偏角 $\kappa_\gamma/(°)$	30	硬质合金	$K_{\kappa_\gamma F}$	1.08	1.30	0.78
	45			1.0	1.0	1.0
	60			0.94	0.77	1.11
	75			0.92	0.62	1.13
	90			0.89	0.50	1.17
主偏角 $\kappa_\gamma/(°)$	30	高速钢	$K_{\kappa_\gamma F}$	1.08	1.63	0.7
	45			1.0	1.0	1.0
	60			0.98	0.71	1.27
	75			1.03	0.54	1.51
	90			1.08	0.44	1.82

续表

参数		刀具材料	修正系数			
名称	数值		名称	车削力		
				F_c	F_f	F_p
前角 $\gamma_0/(°)$	−15	硬质合金	$K_{\gamma 0 F}$	1.25	2.0	2.0
	−10			1.2	1.8	1.8
	0			1.1	1.4	1.4
	10			1.0	1.0	1.0
	20			0.9	0.7	0.7
	12~15	高速钢		1.15	1.6	1.7
	20~25			1.0	1.0	1.0
刃倾角 $\lambda_s/(°)$	5	硬质合金	$K_{\lambda s F}$	1.0	0.75	1.07
	0				1.0	1.0
	−5				1.25	0.85
	−10				1.5	0.75
	−15				1.7	0.65
刀尖圆弧半径 r_ε/mm	0.5	高速钢	$K_{r_\varepsilon F}$	0.87	0.66	1.0
	1.0			0.93	0.82	
	2.0			1.0	1.0	
	3.0			1.04	1.14	
	5.0			1.1	1.33	

1.3.2 钻削力（力矩）和钻削功率的计算

钻削力切削力（力矩）经验公式中指数与系数的选择见表 1.17，加工条件改变时的修正系数见表 1.18。

表 1.17 钻孔时轴向力、转矩及功率的计算公式

名称	计算公式		
	轴向力/N	转矩/N·m	功率/kW
计算公式	$F_f = C_F d_0^{z_F} f^{y_F} K_F$	$M_c = C_M d_0^{z_M} f^{y_M} K_M$	$P_e = \dfrac{M_c v_c}{30 d_0}$

续表

公式中的系数和指数							
加工材料	刀具材料	系数和指数					
		轴向力			转矩		
		C_F	z_F	y_F	C_M	z_M	y_F
钢 $\sigma_b = 650$MPa	高速钢	600	1.0	0.7	0.305	2.0	0.8
不锈钢 1Cr18Ni9Ti	高速钢	1400	1.0	0.7	0.402	2.0	0.7
灰铸铁(硬度 190HBW)	高速钢	420	1.0	0.8	0.206	2.0	0.8
	硬质合金	410	1.2	0.75	0.117	2.2	0.8
可锻铸铁(硬度 150HBW)	高速钢	425	1.0	0.8	0.206	2.0	0.8
	硬质合金	320	1.2	0.75	0.098	2.2	0.8
中等硬度非均质铜合金(硬度 100~140HBW)	高速钢	310	1.0	0.8	0.117	2.0	0.8

注：1. 当钢和铸铁的强度和硬度改变时，切削力的修正系数 K_{MF} 可按表 1.18 计算。

2. 加工条件改变时，切削力及转矩的修正系数见表 1.18。

3. 用硬质合金钻头钻削未淬硬的结构碳钢、铬钢及镍铬钢时，轴向力及转矩可按下列公式计算：

$$F_f = 3.48 d_0^{1.4} f^{0.8} \sigma_b^{0.75} \qquad M_c = 5.87 d_0^2 f \sigma_b^{0.7}$$

表 1.18　加工条件改变时钻孔轴向力及转矩的修正系数

1. 与加工材料有关

			>140~170	>170~200	>200~230	>230~260	>260~290	>290~320	>320~350	>350~380
钢	力学性能	硬度HBW	110~140	>140~170	>170~200	>200~230	>230~260	>260~290	>290~320	>320~350	>350~380
		σ_b/MPa	400~500	>500~600	>600~700	>700~800	>800~900	>900~1000	>1000~1100	>1100~1200	>1200~1300
	$K_{MF} = k_{MM}$		0.75	0.88	1.0	1.11	1.22	1.33	1.43	1.54	1.63
铸铁	力学性能硬度 HBW		100~120	120~140	140~160	160~180	180~200	200~220	220~240	240~260	—
	系数 $K_{MF} = K_{MM}$	灰铸铁	—	—	—	0.94	1.0	1.06	1.12	1.18	
		可锻铸铁	0.83	0.92	1.0	1.08	1.14	—	—	—	

2. 与刃磨形状有关

刃磨形状		标准	双横、双横棱、横、横棱
系数	K_{xF}	1.33	1.0
	K_{xM}	1.0	1.0

续表

3. 与刀具磨钝有关		
切削刃状态	尖锐的	磨钝的

系数	K_{hF}	0.9	1.0
	K_{hM}	0.87	1.0

1.3.3 铣削切削力、铣削功率的计算

铣削加工时周向切削力/力矩的计算公式及其指数、系数的选择见表 1.19,铣削加工切削力的估算方法见表 1.20,硬质合金端铣刀和高速钢铣刀刀具角度的修正系数分别见表 1.21 和表 1.22。

表 1.19　铣削时切削力、转矩和功率的计算公式

(1)计算公式		
圆周力/N	转矩/N·m	功率/kW
$F_c = \dfrac{C_F a_p^{x_F} f_z^{y_F} a_e^{u_F} Z}{d_0^{q_F} n^{w_F}}$	$M = \dfrac{F_c d_0}{2 \times 10^3}$	$P_c = \dfrac{F_c v_c}{1000}$

(2)公式中的系数及指数							
铣刀类型	刀具材料	C_F	x_F	y_F	u_F	w_F	q_F
加工碳素结构钢 $\sigma_b = 650\text{MPa}$							
端铣刀	硬质合金	7900	1.0	0.75	1.1	0.2	1.3
	高速钢	788	0.95	0.8	1.1	0	1.1
圆柱铣刀	硬质合金	967	1.0	0.75	0.88	0	0.87
	高速钢	650	1.0	0.72	0.86	0	0.86
立铣刀	硬质合金	119	1.0	0.75	0.85	-0.13	0.73
	高速钢	650	1.0	0.72	0.86	0	0.86
盘铣刀、切槽及切断铣刀	硬质合金	2500	1.1	0.8	0.9	0.1	1.1
	高速钢	650	1.0	0.72	0.86	0	0.86
凹、凸半圆铣刀及角铣刀	高速钢	450	1.0	0.72	0.86	0	0.86
加工不锈钢 1Cr18Ni9Ti(硬度 141HBW)							
端铣刀	硬质合金	218	0.92	0.78	1.0	0	1.15
立铣刀	高速钢	82	1.0	0.6	0.75	0	0.86

续表

(2)公式中的系数及指数

铣刀类型	刀具材料	C_F	x_F	y_F	u_F	w_F	q_F
	加工灰铸铁(硬度 190HBW)						
端铣刀	硬质合金	54.5	0.9	0.74	1.0	0	1.0
圆柱铣刀		58	1.0	0.8	0.9	0	0.9
圆柱铣刀、立铣刀、盘铣刀、切槽及切断铣刀	高速钢	30	1.0	0.65	0.83	0	0.83
	加工可锻铸铁(硬度 150HBW)						
端铣刀	硬质合金	491	1.0	0.75	1.1	0.2	1.3
圆柱铣刀、立铣刀、盘铣刀、切槽及切断铣刀	高速钢	30	1.0	0.72	0.86	0	0.86
	加工中等硬度非均质铜合金(硬度 100~140HBW)						
圆柱铣刀、立铣刀、盘铣刀、切槽及切断铣刀	高速钢	22.6	1.0	0.72	0.86	0	0.86

注：1. 铣削铝合金时，圆周力 F_c 按加工碳钢的公式计算并乘系数 0.25。

2. 表列数据按铣刀求得。当铣刀的磨损量达到规定的数值时，F_c 要增大。加工软钢时，增加 75%~90%；加工硬钢、硬钢及铸铁时，增加 30%~40%。

表 1.20 铣削分力的比值

铣削条件	比值	对称端铣	不对称铣削	
			逆铣	顺铣
端铣 $a_e=(0.4\sim0.8)d_Q$ $f_x=0.1\sim0.2$mm 时	F_x/F_c	0.3~0.4	0.60~0.90	0.15~0.30
	F_y/F_e	0.85~0.95	0.45~0.70	0.90~1.00
	F_z/F_c	0.50~0.55	0.50~0.55	0.50~0.55
立铣、圆柱铣、盘铣和成形铣 $a_e=0.05d_0$ $f_x=0.1\sim0.2$mm 时	F_x/F_c		1.00~1.20	0.80~0.90
	F_y/F_c		0.20~0.30	0.75~0.80
	F_z/F_c		0.35~0.40	0.35~0.40

表 1.21 硬质合金端铣刀铣削力修正系数

工件材料系数 k_{mF_c}		前角系数(切钢)$k_{\gamma F_c}$			主偏角系数 k_{kF_c} (钢及铸铁)				
钢	铸铁	$-10°$	$0°$	$10°$	$15°$	$30°$	$60°$	$75°$	$90°$
$\left(\dfrac{\sigma_b}{0.638}\right)^{0.3}$	$\dfrac{HBW}{190}$	1.0	0.89	0.79	1.23	1.15	1.0	1.06	1.14

表 1.22 高速钢铣刀铣削力修正系数

工件材料系数 k_{mFc}		前角系数(切钢)$k_{\gamma Fc}$				主偏角系数 k_{kFc}(限于端铣)			
钢	铸铁	5°	10°	15°	20°	30°	45°	60°	90°
$\left(\dfrac{\sigma_b}{0.638}\right)^{0.3}$	$\left(\dfrac{HBW}{190}\right)^{0.55}$	1.08	1.0	0.92	0.85	1.15	1.06	1.0	1.04

注:σ_b 的单位为 GPa。

1.3.4 拉削加工时切削力经验公式中系数的选择及其修正

拉削力的计算公式见表 1.23,拉削力的修正系数见表 1.24,拉刀单位切削刃长度的拉削力见表 1.25。

表 1.23 拉削力计算公式

拉削力计算公式			$F_{max}=F'_z\sum a_w z_{emax}k_0 k_1 k_2 k_3 k_4 k_5 \times 10^{-3}$
刀齿类型			$\sum a_w$	说明

刀齿类型			$\sum a_w$	说明
圆形齿	分层式		$\sum a_w = \pi d_0$	F'_z——切削刃 1mm 长度上的切削力,N/mm,见表 1.25
	综合式		$\sum a_w = \dfrac{1}{2}\pi d_0$	d_0——拉刀直径 z——花键键数
	轮切式		$\sum a_w = \pi d_0/z_0$	z_0——轮切式拉刀每组齿数 B——键宽尺寸 f——键侧倒角宽度尺寸
矩形花键	分层式	花键式	$\sum a_w = zB$	在花键齿之前的倒角齿。若倒角齿在花键之后则不必计算倒角齿的切削力
		倒角齿	$\sum a_w = z(B+2f)$	
	轮切式花键齿		$\sum a_w = zB/z_0$	

表 1.24 拉削力修正系数

修正系数	工作条件	数值		
切削刃状态修正系数 k_0	直线刃拉刀	1		
	曲线刃、圆弧刃拉刀	1.06~1.27		
刀齿磨损状况修正系数 k_1	具有锋利的切削刃	1		
	后刀面正常磨损 $VB=0.3mm$	1.15		
切削液状况修正系数 k_2	用硫化切削油	钢	1	铸铁	0.9
	用 10% 乳化液		1.13		0.9
	干切削加工钢料		1.34		1.0

续表

修正系数	工作条件	数值
刀齿前角修正系数 k_3	$\gamma_0 = 16° \sim 20°$	0.9
	$\gamma_0 = 10° \sim 15°$	1
	$\gamma_0 = 6° \sim 8°$	1.13
	$\gamma_0 = 0° \sim 2°$	1.35
刀齿后角状况修正系数 k_4	$\alpha_0 = 2° \sim 3°$	1
	$\alpha_0 \leqslant 0°$	钢 1.20,铸铁 1.12

表 1.25　拉刀切削刃 1mm 长度上的切削力 F_z　　N·mm^{-1}

切削厚度 a_c /mm	工件材料的硬度　HBW								
	碳钢			合金钢			铸铁		
							灰铸铁		可锻铸铁
	≤197	>197~229	>229	≤197	>197~229	>229	≤180	>180	
0.01	64	70	83	75	83	89	54	74	62
0.015	78	86	103	99	108	122	67	80	67
0.02	93	103	123	124	133	155	79	87	72
0.025	107	119	141	139	149	165	91	101	82
0.03	121	133	158	154	166	182	102	114	92
0.04	140	155	183	181	194	214	119	131	107
0.05	160	178	212	203	218	240	137	152	123
0.06	174	191	228	233	251	277	148	163	131
0.07	192	213	253	255	277	306	164	181	150
0.075	198	222	264	265	286	319	170	188	153
0.08	209	231	275	275	296	329	177	196	161
0.09	227	250	298	298	322	355	191	212	176
0.10	242	268	319	322	347	383	203	232	188
0.11	261	288	343	344	374	412	222	249	202
0.12	280	309	368	371	399	441	238	263	216
0.125	288	320	380	383	412	456	245	274	226
0.13	298	330	390	395	426	471	253	280	230
0.14	318	350	417	415	448	495	268	297	245
0.15	336	372	441	437	471	520	284	315	256
0.16	353	390	463	462	500	549	299	330	271
0.17	371	408	486	486	526	581	314	346	285
0.18	387	428	510	515	554	613	328	363	296

切削厚度 a_c /mm	工件材料的硬度　HBW								
	碳钢			合金钢			铸铁		
	≤197	>197~229	>229	≤197	>197~229	>229	灰铸铁		可锻铸铁
							≤180	>180	
0.19	403	446	530	544	589	649	339	381	313
0.20	419	464	551	565	608	672	353	394	320
0.21	434	479	569	569	631	697	368	407	332
0.22	447	493	589	608	654	724	378	419	342
0.23	459	507	604	628	675	748	387	430	351
0.24	471	521	620	649	696	771	402	442	361
0.25	486	535	638	667	716	795	413	456	369
0.26	500	550	653	693	739	818	421	468	383
0.27	515	563	669	708	761	842	436	478	194
0.28	530	577	687	726	783	866	446	491	405
0.29	539	589	706	746	814	903	453	500	411
0.30	553	603	716	770	829	915	467	512	423

1.3.5　磨削力和磨削功率的计算

（1）磨削力

磨削时作用于工件和砂轮之间的力称为磨削力，在一般外圆磨削情况下，磨削力可以分解为互相垂直的三个分力，即

F_t——切向磨削力（砂轮旋转的切线方向）；

F_n——法向磨削力（砂轮和工件接触面的法线方向）；

F_a——轴向磨削力（纵向进给方向）。

切向磨削力 F_t 是确定磨床电动机功率的主要参数，又称主磨削力；法向力 F_n 作用于砂轮的切入方向，压向工件，引起砂轮轴和工件的变形，加速砂轮钝化，直接影响工件精度和加工表面质量；轴向磨削力 F_a 作用于机床的进给系统，但与 F_t 和 F_n 相比数值很小，一般可不考虑。

在磨削中，F_n 大于 F_t，其比值 F_n/F_t 为 1.5~4，这是磨削的一个显著特征。F_n 与 F_t 的比值随工件材料、磨削方式的不同而不同，见表 1.26。从表中可以看出，磨削方式的不同对比值的影响不大，而工件材料不同则影响较大。重负荷荒磨 F_n/F_t 比值比其他磨削方式高。缓进给平面磨削磨削力的比值受磨削深度 a_p 的

影响与一般磨削有所区别。

磨削力的计算，现在还很不统一，下面介绍外圆磨削磨削力（N）的实验公式，即

$$F_t = C_F a_p^a v_s^{-\beta} v_w^\gamma f_a^\delta b_s^\varepsilon$$

式中　v_s——砂轮的线速度，m/s；

　　　v_w——工件的圆周速度，m/min；

　　　b_s——砂轮的宽度，mm。

其他系数和指数是根据国内外学者实验研究汇总于表 1.27，可供参考。

平面磨削的切向力提出了如下实验公式，系数 C_F 见表 1.27，指数值见表 1.28。

$$F_t = C_F a_p^a v_s^{-\beta} v_w^\gamma$$

从表 1.28 中可以看出，各个指数值因研究者不同而有差别，但从中可看出各个加工条件对磨削力的大致影响，即磨削力随磨削深度 a_p、工件速度 v_w 及进给量 f_a 的增大而增大，随砂轮速度 v_s 的增大而减小。

表 1.26　不同磨削方式 F_n/F_t 的比值

磨削方式	外圆磨削		60m/s 高速外圆磨削	平面磨削	缓进给平面磨削	In-738	内圆磨削		重负荷荒磨	砂带磨削
被磨材料	45 钢	GCr15	W18Cr4V	45 钢淬火	SAE 52100 钢（43 HRC）	In-738	45 钢未淬火	45 钢淬火	1Cr18Ni9 TiGCr15 60Si2Mn	GCr15
F_n/F_t	≈2.04	≈2.7	≈4.0	2.2～3.5	1.75～2.13	1.8～2.4	1.8～2.06	1.98～2.66	平均 5.2	1.7～2.1

表 1.27　外圆磨削力实验公式的指数值

研究者	α	β	γ	δ	ε	C_F		备注
П. И. Яшериуын	0.6	—	0.7	0.7	—	淬硬钢	22	$v_s = 20$m/s $b_s = 40$mm A46KV5
						未淬硬钢	21	
						铸铁	20	
Arzimauritch	0.6	—	0.4	0.37	—	·		
Koloreuritch	0.5	0.9	0.4	0.6	—	·		

续表

研究者	α	β	γ	δ	ε	C_F	备注
Babtschinizer	0.6	—	0.75	0.6	—		
Norton Co	0.5	0.5	0.5	0.5	0.5	—	
渡边	0.88	0.76	0.76	0.62	0.38	—	

（2）磨削功率

磨削功率 P_m 计算是磨床动力参数设计的基础由于砂轮转速度很高，功率消耗很大。主运动所消耗的功率（kW）为

表 1.28　平面磨削力实验公式的指数值

材料	α	β	γ	F_t/F_n
淬火钢	0.84	—	—	0.49
硬钢	0.87	1.03	0.48	0.57
软钢	0.84	0.70	0.45	0.55
铸铁	0.87		0.61	0.35
黄铜	0.87	—	0.60	0.45

$$P_m = \frac{F_t v_s}{1000}$$

式中　F_t——切向磨削力，N；

　　　v_s——砂轮速度，m/s。

砂轮电动机功率 P_s 由下式计算

$$P_s = \frac{P_m}{\eta_m}$$

式中　η_m——机械传动总效率，一般取 $0.7\sim0.85$。

1.4　切削热与切削温度

1.4.1　切削热的产生和传出

如图 1.24 所示，切削热来源于切削层金属变形所做的功，切屑与前刀面、工件与后刀面之间的摩擦功，这些功转化成热能呈现出切削热。

切削热主要通过切屑、工件、刀具和周围介质传出。不同的切削方法，传出热的比例有所不同。例如车削时，切削热的传出比例：切屑（50%～86%）、工件

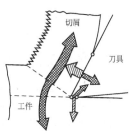

图 1.24　切削热的产生与传出

（40%～10%）、刀具（9%～3%）、周围介质（1%）。

忽略进给运动所消耗的功，假设主运动所消耗的功全部转化为热能，单位时间内产生的切削热可由下式计算

$$Q = 60P_c = 10^{-3} \times F_c v_c$$

式中　Q——每秒内产生的切削热，kJ/min；

　　　F_c——主切削力，N；

　　　v_c——切削速度，m/min；

　　　P_c——切削功率，kW。

例 1.3　在铣床上用端铣刀切削，铣削功率为 7.2kW，试求每分钟产生的切削热。

［解］　$Q_{切} = 60 \times P_c = 60 \times 7.2 = 432$（kJ/min）

例 1.4　在组合机床上同时钻 10 个 8mm 直径和 8 个 10mm 直径的孔，已知 8mm 单个孔的钻削力为 329N，转速为 1000r/min，10mm 单个孔的钻削力为 456N，转速为 800r/min，试求每分钟切削热。

［解］　按已知条件与切削热计算公式

$$v_{c8} = \frac{\pi D n}{1000} = \frac{3.1416 \times 8 \times 1000}{1000} = 25.13 \text{（m/min）}$$

$$v_{c10} = \frac{\pi D n}{1000} = \frac{3.1416 \times 10 \times 800}{1000} = 25.13 \text{（m/min）}$$

单个孔切削热为

$$Q_{切8} = 10^{-3} \times F_{c8} v_{c8} = 10^{-3} \times 329 \times 25.13 = 8.27 \text{（kJ/min）}$$

$$Q_{切10} = 10^{-3} \times F_{c10} v_{c10} = 10^{-3} \times 456 \times 25.13 = 11.46 \text{（kJ/min）}$$

总切削热为

$$Q_{切总} = Q_{切8} \times 10 + Q_{切10} \times 8 = 8.27 \times 10 + 11.46 \times 8$$
$$= 174.38 \text{（kJ/min）}$$

1.4.2　工件热变形及变形量计算

在切削过程中，由于一部分切削热传递给工件，使工件的温度升高，变热。工件变热有均匀变热和不均匀变热两种情况。均匀变热时工件的尺寸将会改变，不均匀变热时，工件的形状和尺寸都会发生改变。

（1）工件均匀变热时的尺寸变化计算

由于热变形工件尺寸变化的计算用以下公式。

$$D = d [1 + \alpha (t' - t)]$$
$$\Delta D = d\alpha \Delta t$$
$$L = l [1 + \alpha (t' - t)]$$
$$\Delta L = l\alpha \Delta t$$

式中　D ——工件受热时的直径，mm；

　　　d ——工件冷却后的直径，mm；

　　　α ——工件材料的线胀系数，$℃^{-1}$；

　　　t' ——工件受热时的温度，℃；

　　　t ——工件冷却后的温度，℃；

　　　L ——工件受热时的长度，mm；

　　　l ——工件冷却后的长度，mm；

　　　ΔL ——工件长度上的热伸长，mm；

　　　ΔD ——工件直径上的热膨胀，mm；

　　　Δt ——工件的平均温升，℃。

常用材料的有关热参数见表 1.29、表 1.30。

表 1.29　常用材料的密度、比热与热导率

材　料	密度 ρ /kg·m^{-3}	比热容 c /J·kg^{-1}·℃$^{-1}$	热导率 λ /W·m^{-1}·℃$^{-1}$
灰铸铁	7570	470	39.2
中碳钢	7840	465	49.8
锡青铜(89Cu-11Sn)	8800	343	24.8
铝青铜(90Cu-10Al)	8360	420	56
黄铜(70Cu-30Zn)	8440	377	109
铝合金(92Al-8Mg)	2610	904	107
铝合金(87Al-13Si)	2660	871	162

表 1.30　常用材料的线膨胀系数 α　　　　　℃$^{-1}$

材料	温度范围/℃		
	20～100	20～200	20～300
紫铜	17.2×10^{-6}	17.5×10^{-6}	17.9×10^{-6}
黄铜	17.8×10^{-6}	18.8×10^{-6}	20.9×10^{-6}

续表

材料	温度范围/℃		
	20～100	20～200	20～300
锌	33×10^{-6}		
锡青铜	17.6×10^{-6}	17.9×10^{-6}	18.2×10^{-6}
铅	29.1×10^{-6}		
铝青铜	17.6×10^{-6}	17.9×10^{-6}	19.2×10^{-6}
铝	23.03×10^{-6}		
碳钢	$(10.6 \sim 12.2) \times 10^{-6}$	$(11.3 \sim 13) \times 10^{-6}$	$(12.1 \sim 13.5) \times 10^{-6}$
铬钢	11.2×10^{-6}	11.8×10^{-6}	12.4×10^{-6}
30CrMnSiA	11×10^{-6}		
3Cr13	10.2×10^{-6}	11.1×10^{-6}	11.6×10^{-6}
1Cr18Ni9Ti	16.6×10^{-6}	17.0×10^{-6}	17.2×10^{-6}
铸铁	$(8.7 \sim 11.1) \times 10^{-6}$	$(8.5 \sim 11.6) \times 10^{-6}$	$(10.1 \sim 12.2) \times 10^{-6}$
有机玻璃	130×10^{-6}		
尼龙 1010	105×10^{-6}		

计算时，也可以通过计算切削转矩、切削时间、工件平均温升，然后得出工件受热后的尺寸变动量。

例 1.5 在 $\phi 40 \text{mm} \times 40 \text{mm}$ 的铸铁工件上钻 $\phi 20 \text{mm}$ 孔，切削时砧头转速 $n = 500 \text{r/min}$，$f = 0.3 \text{mm/r}$，取 $k = 0.5$，试估算孔径受热扩大量 Δd。

[解] 按已知条件和相关公式

切削转矩 $M = \dfrac{210 D^2 f^{0.8}}{1000} = \dfrac{210 \times 20^2 \times 0.3^{0.8}}{1000} = 32.06$ （N·m）

切削时间 $t_m = \dfrac{60 l}{n f} = \dfrac{60 \times 40}{500 \times 0.3} = 16$ （s）

单位时间传入工件的切削热 （$k = 0.5$）

$$Q = \frac{2 \pi M n k}{60} = \frac{2 \times 3.1416 \times 32.06 \times 500 \times 0.5}{60} = 839.3 \text{ （W）}$$

工件质量 （$\rho = 7570 \text{kg/m}^3$）

$$m = \frac{\pi (D^2 - d_{孔}^2) l_p}{4}$$

$$= \frac{3.1416 \times (0.04^2 - 0.02^2) \times 0.04 \times 7570}{4} = 0.285 \text{ （kg）}$$

工件平均温升〔取比热容 $c = 470$ J/(kg·℃)〕

$$\Delta t = \frac{Qt_{\mathrm{m}}}{mc} = \frac{839.3 \times 16}{0.285 \times 470} = 100 \ (℃)$$

工件孔径受热扩大量（取 $\alpha = 1.05 \times 10^{-5} \ ℃^{-1}$）

$$\Delta d = \alpha t d_{\mathrm{孔}} = 1.05 \times 10^{-5} \times 100 \times 20 = 0.021 \ (\mathrm{mm})$$

例 1.6　加工一根紫铜轴，精车后的温度为 80℃，测得的直径 $D_{\max} = 50.05\mathrm{mm}$，$D_{\min} = 49.80\mathrm{mm}$，试计算在温度 20℃ 时的工件直径尺寸。

〔**解**〕　按计算公式转换，查表 1.30，$\alpha = 17.2 \times 10^{-5} \ ℃^{-1}$，则

$$d_{\max} = \frac{D_{\max}}{1 + \alpha \Delta t} = \frac{50.05}{1 + 17.2 \times 10^{-6} \times (80 - 20)} = 50.00 \ (\mathrm{mm})$$

$$d_{\min} = \frac{D_{\min}}{1 + \alpha \Delta t} = \frac{49.80}{1 + 17.2 \times 10^{-6} \times (80 - 20)} = 49.75 \ (\mathrm{mm})$$

（2）工件不均匀受热的变形计算

工件不均匀受热时，尺寸与形状都会发生变化。如铣、刨、磨平面时，工件上、下平面的温差导致工件拱起，中间被多切去一些，加工完毕冷却后，加工表面就产生了中凹的误差。工件不均匀受热时的误差估算公式为

$$x = \alpha \Delta t \frac{L^2}{8B}$$

式中　　x ——挠度，mm；

　　　　α ——线胀系数，$℃^{-1}$；

　　　　Δt ——工件的平均温升，℃；

　　　　L ——工件长度，mm；

　　　　B ——工件厚度，mm。

例 1.7　在刨床上加工灰铸铁工件平面，工件长度为 1500mm，工件厚度为 100mm，试计算在上、下平面温差 5℃ 时的平面度误差。若工件长度加大一倍，误差增加多少？

〔**解**〕　查表 1.30，取材料线膨胀系数为 $8.7 \times 10^{-6} ℃^{-1}$，按公式计算

$$x = \frac{\alpha \Delta t L^2}{8B} = \frac{8.7 \times 10^{-6} \times 5 \times 1500^2}{8 \times 100} = 0.122 \ (\mathrm{mm})$$

$$x_1 = \frac{\alpha \Delta t L_1^2}{8B} = \frac{8.7 \times 10^{-6} \times 5 \times 3000^2}{8 \times 100} = 0.489 \ (\mathrm{mm})$$

误差增加量为

$$x_1 - x = 0.489 - 0.122 = 0.367 \text{ (mm)}$$

例 1.8 在铣床上加工长度为 1200mm、厚度为 15mm 的薄平面，铣削完毕后，上、下平面的温差为 5.5℃。试计算加工后的工件平面度误差。

[**解**] 按已知条件，查表 1.30，材料线胀系数为 $23.6 \times 10^{-6} ℃^{-1}$，则

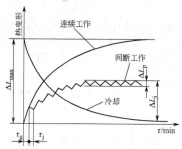

图 1.25 刀具工作时的热变形曲线

$$x = \frac{\alpha \Delta t L^2}{8B}$$

$$= \frac{23.6 \times 10^{-6} \times 5.5 \times 1200^2}{8 \times 100}$$

$$= 0.234 \text{ (mm)}$$

（3）刀具热变形与变形量计算

刀具热变形的状况按刀具连续工作和间歇工作有所不同，见图 1.25。

① 连续工作 刀具连续工作达到热平衡时的热伸长量按下式估算

$$\Delta L_{\max} = \alpha L t_{p\max}$$

式中 $\Delta L_{\max}$ ——刀具连续工作达到热平衡时的热伸长量，mm；

       α ——刀杆材料线胀系数，$℃^{-1}$；

   $t_{p\max}$ ——刀具连续工作达到热平衡时的温升，℃；

      L ——刀杆在刀架上的悬伸长度，mm。

② 间歇工作 刀具间歇工作时的变形达到热平衡后影响一批零件的尺寸，在变形过程中会影响工件的形状。

（4）机床热变形计算

① 机床热变形的趋势见图 1.26。

② 机床热变形的估算

例 1.9 C6150 型普通车床，主轴中心高度为 250mm，主轴箱空转数小时后的油温达到 40℃，初温是 20℃。求主轴热变形后的垂直位移量。

[**解**] 根据车床的变形趋势 [图 1.26 （a）]，床头箱的变形可发生主轴高度增加和水平位移。主轴高度增加的计算公式为

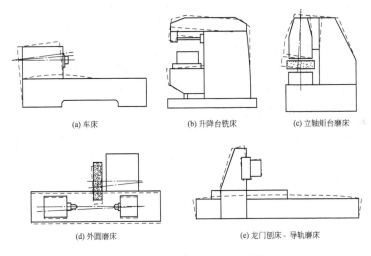

(a) 车床　　　　　　(b) 升降台铣床　　　　(c) 立轴矩台磨床

(d) 外圆磨床　　　　　　　　(e) 龙门刨床、导轨磨床

图 1.26　常见机床的热变形趋势

$$\Delta H = \alpha H \Delta t$$

式中　ΔH ——主轴的垂直位移量，mm；

　　　α ——铸铁的线胀系数，$\alpha = 10.5 \times 10^{-6} \ ℃^{-1}$；

　　　H ——20℃时的车床中心高度，mm；

　　　Δt ——机床主轴箱油温的平均温升，℃。

本例 $\Delta H = \alpha H \Delta t = 10.5 \times 10^{-6} \times 250 \times (40 - 20) = 0.0525$（mm）

例 1.10　一台床身 12000mm 长、800mm 高的导轨磨床，因导轨摩擦和环境的影响，床身上下表面的温差为 2.5℃，产生中凸 [图 1.26（e）]。试求导轨面的弯曲变形。

[解]　沿用不均匀受热工件变形计算公式

取 $\alpha = 10.5 \times 10^{-6} \ ℃^{-1}$，则导轨弯曲变形为

$$x = \frac{\alpha \Delta t L^2}{8B} = \frac{10.5 \times 10^{-6} \times 2.5 \times 12000^2}{8 \times 800} = 0.59 \ (mm)$$

1.5　刀具使用寿命

在切削过程中，刀具在切除工件材料的同时，本身也在被磨

损。当刀具磨损达到一定程度时，出现切削力增大，切削温度升高，产生切削振动等不良现象，这时刀具便失去切削能力。刀具从开始使用到失去切削能力的这段时间称刀具的使用寿命（或耐用度）。由于冲击、振动、热效应等原因，致使刀具崩刃、卷刃、破裂、表层剥落而损坏的非正常情况称为刀具破损。

1.5.1 刀具磨损的形态

在切削过程中，刀面的材料微粒会逐渐被工件或切屑带走的现象称为刀具的正常磨损，简称刀具磨损。刀具正常磨损的一般状态如图 1.27 所示，常见的形式有前刀面磨损、后刀面磨损、前后刀面同时磨损三种情况。

（1）前刀面磨损（月牙洼磨损）

当切削速度较高、切削厚度较大、切削较大塑性材料时，切屑在前刀面上磨出一个月牙洼，如图 1.28 所示。月牙洼处的切削温度较高，在磨损过程中，月牙洼逐渐加深、加宽，使切削刃棱边变窄，强度削弱，导致崩刃，这种磨损形式为前刀面磨损。月牙洼的磨损量用深度参数 KT 表示，其宽度和位置用 KB、KM 表示。

（2）后刀面磨损

后刀面磨损是指在刀具后刀面上邻近切削刃处被磨出后角为零的小棱面，如图 1.28 所示。在切削脆性金属或以较低的切削速度、较小的切削厚度切削塑性材料时，由于切屑与前刀面的接触长度较短，压力较小，温度较低，摩擦也较小，所以磨损主要发生在后刀面上。在刀具后刀面的不同部位，其磨损程度不一样。

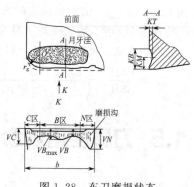

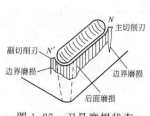

图 1.27　刀具磨损状态

图 1.28　车刀磨损状态

靠近刀尖部分（C 区），由于该部位的强度低、散热条件差，磨损较大，其最大磨损值用 VC 表示。

在刀刃与工件待加工表面接触处（N 区），由于毛坯的氧化层硬度高等原因，致使该部位的磨损也较大，其最大磨损值用 VN 表示。

在刀具切削刃的中部（B 区），其磨损比较均匀，平均磨损值用 VB 表示。一般情况下，刀具后刀面的磨损用 VB 来衡量。

（3）前后刀面同时磨损

当用较高的切削速度和较大的切削厚度切削塑性金属材料时将会发生前、后刀面同时磨损。

1.5.2 刀具的磨损原因和磨损过程

由于刀具的工作情况比较复杂，其磨损原因主要有机械磨损、热、化学磨损。在特定的切削条件下，一种或多种磨损原因起主要作用，主要表现为：磨料磨损、黏结磨损、扩散磨损和氧化磨损。

（1）磨料磨损

由于切屑或工件的摩擦面上有一些微小的硬质点，在刀具表面刻划出沟纹的现象称为磨料磨损。硬质点如碳化物、积屑瘤碎片等。磨料磨损在各种切削速度下都会发生，对于切削脆性材料和在低速条件下工作的刀具，如拉刀、丝锥、板牙等，磨料磨损是刀具磨损的主要原因。

（2）黏结磨损

黏结磨损（也称冷焊）是指切屑或工件的表面与刀具表面之间发生的黏结现象。在切削过程中，由于切屑或工件与刀具表面之间存在着巨大的压力和摩擦，因而它们之间会发生黏结现象。由于摩擦副表面的相对运动，使刀具表面上的材料微粒被切屑或工件带走而造成的刀具磨损。刀具与工件材料之间的亲合力越强，越容易发生黏结磨损。

（3）扩散磨损

在高温作用下，刀具材料与工件材料的化学元素在固态下相互扩散造成的磨损称为扩散磨损。用硬质合金刀具切削钢料时的扩散情况如图 1.29 所示。在高温 900～1000℃下，刀具中的 Ti、W、

Co 等元素向切屑或工件中扩散，工件中的 Fe 元素也向刀具中扩散，这样改变了刀具材料的化学成分和力学性能，从而加速了刀具的磨损。扩散磨损主要取决于刀具与工件材料化学成分和两接触面上的温度。

（4）氧化磨损

当切削温度在 700～800℃ 时，空气中的氧与刀具中的元素发生氧化作用，在刀具表面上形成一层硬度、强度较低的氧化层薄膜，如 TiO_2、WO_3、CoO，很容易被工件或切屑带走或摩擦掉引起刀具的磨损，这种磨损方式称为氧化磨损。

总之，在不同的工件材料、刀具材料和切削条件下，磨损的原因和磨损强度是不同的。图 1.30 所示的是硬质合金刀具加工钢材料时，在不同切削速度（切削温度）下，各类磨损所占的比重。

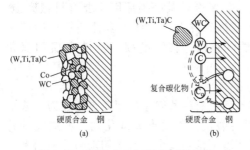

图 1.29　硬质合金与钢之间的扩散

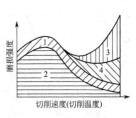

图 1.30　切削速度对
刀具磨损强度的影响
1—磨料磨损；2—冷焊磨损；
3—扩散磨损；4—氧化磨损

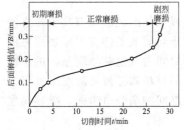

图 1.31　金车刀的典型磨损曲线
[P10（TiC 涂层）外圆车刀；60Si2Mn
（40HRC）；$\gamma_o = 4°$，$\kappa_r = 45°$，$\lambda_s =
-4°$，$r_\varepsilon = 0.5mm$，$v_c = 115m/min$，
$f = 0.2mm/r$，$a_p = 1mm$]

（5）刀具磨损过程

刀具后刀面的磨损量随时间的变化规律如图 1.31 所示，整个磨损过程分为三个阶段。

① 初期磨损阶段　在刀具开始使用的短时间内，后刀面上即产生一个磨损量为 0.05～0.1mm 的小棱带，称为初期磨损阶段。在此阶段，磨损速率较大，时间很短，总磨损量不大。磨损速率较大的原

因是，新刃磨过的刀具后刀面上存在凹凸不平、氧化或脱碳层等缺陷，使刀面表层上的材料耐磨性较差。

② 正常磨损阶段 刀具经过初期磨损阶段，后刀面的粗糙度已减小，承压面积增大，刀具磨损进入正常磨损阶段。

③ 剧烈磨损阶段 随着刀具切削过程的继续，磨损量 VB 不断增大，到一定数值后，切削力和切削温度急剧上升，刀具磨损率急剧增大，刀具迅速失去切削能力，该阶段称为剧烈磨损阶段。

1.5.3 影响刀具使用寿命（耐用度）的因素

影响刀具耐用度的因素很多，主要影响因素有工件材料、刀具角度、切削用量以及切削液等。

（1）切削速度与刀具使用寿命的关系

切削速度与刀具使用寿命的关系是用试验方法求得的。在其他切削条件固定的情况下，只改变切削速度做磨损试验，得出在各种速度下刀具磨损曲线，如图 1.32 所示，然后根据选定的磨钝标准 VB 以及各种切削速度下所对应的刀具使用寿命（T_1，v_{c1}）、（T_2，v_{c2}）、（T_3，v_{c3}）、（T_4，v_{c4}），在双对数坐标纸上画出 T-v_c 的关系，如图 1.33 所示。

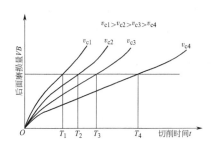

图 1.32　刀具磨损曲线

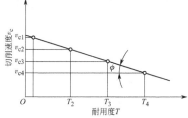

图 1.33　在对数坐标纸上的 T-v_c 曲线

试验结果表明，在常用切削速度范围内，上述各组数据对应的点在双对数坐标中基本上分布在一条直线上，它可以表示为

$$\lg v_c = -m \lg T + \lg A \qquad 即 \quad v_c = A/T^m$$

式中　m——指数，双对数坐标中的直线斜率，$m = \tan\varphi$；

A——系数，当 $T = 1s$（秒）或 $1min$（分）时，双对数坐

标中的直线在纵坐标上的截距。

这个关系式是 20 世纪初由美国工程师泰勒（F. W. Taylor）建立的，称泰勒公式。指数 m 表示了切削速度对刀具使用寿命的影响程度，例如，设 $m=0.2$，当切削速度提高一倍时，刀具的使用寿命就要降低到原来的 $1/32$，m 值大，表示切削速度对刀具使用寿命的影响程度小。高速钢刀具的 $m=0.1\sim0.125$；硬质合金刀具的 $m=0.1\sim0.4$；陶瓷刀具的 $m=0.2\sim0.4$。

（2）进给量、切削深度与刀具使用寿命的关系

同样的方法，可以求得 $f\text{-}T$ 和 $a_p\text{-}T$ 的关系为

$$f=B/T^n$$
$$a_p=C/T^p$$

式中　B，C——系数；

　　　n，p——指数。

则可得切削用量与刀具使用寿命的关系式为

$$T=\frac{C_T}{v_c^{\frac{1}{m}}f^{\frac{1}{n}}a_p^{\frac{1}{p}}} \text{ 或 } v_c=\frac{C_v}{T^m f^{\frac{m}{n}}a_p^{\frac{m}{p}}}$$

式中　C_T，C_v——与工件材料、刀具材料和其他切削条件有关的系数。

对于不同的工件材料和刀具材料，在不同的切削条件下，上式中的系数和指数，可用来选择切削用量或对切削速度进行预报。

例如，硬质合金外圆车刀车削碳钢时的经验公式为 $T=C_T/(v_c^5 f^{2.25} a_p^{0.75})$，可见，切削速度对刀具的使用寿命影响最大，其次是进给量，切削深度影响最小。

在选择切削用量时，为了提高生产率，在机床功率足够的条件下，首先选择尽量大的切削深度，其次是进给量，最后在刀具寿命允许的条件下选择切削速度。

1.5.4 刀具的磨钝标准和使用寿命的合理选择

（1）刀具磨钝标准

刀具磨损量达到一定程度就要重磨或换刀，这个允许的限度称为磨钝标准。

制订磨钝标准，主要根据刀具磨损的状态和加工要求决定。

当后刀面磨损为主时，用后刀面磨损棱带的平均宽度 VB 为指

标，作为刀具的磨钝标准。

当刀具以月牙洼磨损为主要形式时，可用月牙洼深度 KT、宽度 KB 和位置 KM 的值作为磨钝标准。对于一次性对刀的自动线或精加工刀具，则用径向磨损量 NB 作为磨钝标准，如图 1.34 所示。

在生产中，刀具的磨钝标准一般以 VB 为指标，其推荐值如表 1.31～表 1.33 所示。

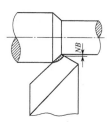

图 1.34　车刀的径向磨损

表 1.31　车刀的磨钝标准推荐值

	车刀类型	刀具材料	加工材料	加工性质	后刀面最大磨损限度/mm
磨钝标准	外圆车刀、端面车刀、镗刀	高速钢	碳钢、合金钢、铸钢、有色金属	粗车	1.5～2.0
				精车	1.0
			灰铸铁、可锻铸铁	粗车	2.0～3.0
				精车	1.5～2.0
			耐热钢、不锈钢	粗、精车	1.0
		硬质合金	碳钢、合金钢	粗车	1.0～1.4
				精车	0.4～0.6
			铸铁	粗车	0.8～1.0
				精车	0.6～0.8
			耐热钢、不锈钢	粗、精车	0.8～1.0
			钛合金	精、半精车	0.4～0.5
			淬硬钢	精车	0.8～1.0
	切槽及切断刀	高速钢	钢、铸钢	—	0.8～1.0
			灰铸铁		1.5～2.0
		硬质合金	钢、铸钢		0.4～0.6
			灰铸铁		0.6～0.8
	成行车刀	高速钢	碳钢	—	0.4～0.5

表 1.32　铣刀的磨钝标准

(1)高速钢铣刀					
铣刀类型	后刀面最大磨损限度				
	钢、铸钢		耐热钢		铸铁
	粗铣	精铣	粗铣	精铣	粗铣	精铣
圆柱铣刀和圆盘铣刀	0.40～0.60	0.15～0.25	0.50	0.20	0.50～0.80	0.20～0.30

续表

(1)高速钢铣刀

铣刀类型		后刀面最大磨损限度					
		钢、铸钢		耐热钢		铸铁	
		粗铣	精铣	粗铣	精铣	粗铣	精铣
面铣刀		1.2～1.8	0.3～0.5	0.70	0.50	1.5～2.0	0.3～0.5
	$d_0 \leqslant 15mm$	0.15～0.2	0.1～0.15	0.5	0.4	0.15～0.20	0.1～0.15
	$d_0 > 15mm$	0.30～0.50	0.20～0.25			0.30～0.50	0.20～0.25
切槽铣刀和切断刀		0.15～0.20	—			0.15～0.20	
成形铣刀	尖齿	0.60～0.70	0.20～0.30			0.60～0.70	0.20～0.30
	铲齿	0.30～0.40	0.20			0.30～0.40	0.20
扇形圆锯片		0.50～0.70		—		0.60～0.80	

(2)硬质合金

铣刀类型		后刀面最大磨损限度	
		钢、铸钢	铸铁
		粗、精铣	粗、精铣
圆柱铣刀		0.5～0.6	0.7～0.8
圆盘铣刀		1.0～1.2	1.0～1.5
面铣刀		1.0～1.2	1.5～2.0
立铣刀	带整体刀头	0.2～0.3	0.2～0.4
	镶螺旋形刀片	0.3～0.5	0.3～0.5

表 1.33 钻头、扩孔钻、铰刀的磨钝标准

刀具材料	加工材料	钻头		扩孔钻		铰刀	
		刀具直径/mm					
		≤20	>20	≤20	>20	≤20	>20
		后刀面最大磨损限度/mm					
高速钢	钢	0.4～0.8	0.8～1.0	0.5～0.8	0.8～1.2	0.3～0.5	0.5～0.7
	耐热钢、不锈钢	0.3～0.8		—		—	
	钛合金	0.4～0.5		—		—	
	铸铁	0.5～0.8	0.8～1.2	0.6～0.9	0.9～1.4	0.4～0.6	0.6～0.9
硬质合金	钢(扩孔)、铸铁	0.4～0.8	0.8～1.2	0.6～0.9	0.8～1.4	0.4～0.6	0.6～0.8
	淬硬钢	—		0.5～0.7		0.3～0.35	

(2) 使用寿命选择

在自动线、多刀切削、大批量生产中，一般都要求定时换刀，究竟切削时间应当多长，即刀具的使用寿命取多大才合理，一般遵循两种原则：一种是根据单件工序工时最短的原则来确定刀具使用寿命，即最大生产率使用寿命（T_p）；另一种是根据单件工序成本最低的原则来确定刀具的使用寿命，即经济使用寿命（T_c）。

$$T_p = \frac{1-m}{m} \times t_{ct}$$

$$T_c = \frac{1-m}{m}\left(t_{ct} + \frac{C_t}{M}\right)$$

式中　m——系数；

　　　t_{ct}——刀具磨钝后，换一次刀所消耗的时间（包括卸刀、装刀、对刀等）；

　　　C_t——刀具成本；

　　　M——该工序单位时间内机床折旧费及所分担的全厂开支。

当需要完成紧急任务时，采用最大生产率原则，将刀具使用寿命定得小一点。一般情况采用刀具的经济寿命原则，并结合生产经验资料确定。

在生产中，刀具的使用寿命的推荐值如表 1.34～表 1.36 所示。

表 1.34　车刀使用寿命

车刀使用寿命	刀具材料	硬质合金	高速钢	
	刀具类型	普通车刀	普通车刀	成形车刀
	使用寿命 T/min	60	60	120

表 1.35　钻头、扩孔钻、铰刀的刀具使用寿命　　　min

(1)单刀加工刀具使用寿命										
刀具类型	加工材料	刀具材料	刀具直径/mm							
			<6	6～10	11～20	21～30	31～40	41～50	51～60	61～80
钻头（钻孔及扩孔）	结构钢、铸钢件	高速钢	15	25	45	50	70	90	110	
	不锈钢、耐热钢		6	8	15	25				
	铸铁、铜合金、铝合金	硬质合金	20	35	60	75	110	140	170	

续表

(1)单刀加工刀具使用寿命

刀具 类型	加工 材料	刀具 材料	刀具直径/mm							
			<6	6~10	11~20	21~30	31~40	41~50	51~60	61~80
扩孔钻 (扩孔)	结构钢、铸 钢、铸铁、铜 合金、铝合金	高速钢及 硬质合金			30	40	50	60	80	100
铰刀 (铰孔)	结构钢、铸钢	高速钢			40		80		120	
		硬质合金		20	30	50	70	90	110	140
	铸铁、铜合 金、铝合金	高速钢			60		120		180	
		硬质合金		45	75	105	135	165	210	

(2)多刀加工刀具使用寿命

最大加工 孔径/mm	刀具数量				
	3	5	8	10	≥15
10	50	80	100	120	140
15	80	110	140	150	170
20	100	130	170	180	200
30	120	160	200	220	250
50	150	200	240	260	300

表 1.36 铣刀使用寿命   min

铣刀直径/mm ≤		25	40	63	80	100	125	160	200	250	315	400
高速 钢铣 刀	细齿圆柱铣刀			120	180							
	镶齿圆柱铣刀					180						
	盘铣刀				120		150		180	240		
	面铣刀		120		180			240				
	立铣刀	60	90	120								
	切槽铣刀、切断铣刀					60	75	120	150	180		
	成形铣刀角度铣刀			120		180						
硬质 合金 铣刀	端铣刀					180			240		300	420
	圆柱铣刀				180							
	立铣刀	90	120	180								
	盘铣刀					120		150	180	240		

1.6 工件材料的切削加工性

1.6.1 衡量工件材料切削加工性的指标

工件材料的切削加工性是指工件材料被切削加工成合格零件的难易程度。工件材料切削加工性的好坏，可以用下列的一个或几个指标衡量。主要指标包括：刀具耐用度 T、材料的相对切削加工性、切削力、切削温度、已加工表面质量、切屑控制和断屑难易程度。

（1）刀具耐用度 T 或一定寿命下的切削速度 v_T

一般用刀具耐用度 T 或刀具耐用度一定时切削该种材料所允许的切削速度 v_T 来衡量材料加工性的好坏。v_T 表示刀具耐用度为 T（min）时允许的切削速度，如 $T=60\text{min}$，材料允许的切削速度表示为 v_{60}，同样，$T=30\text{min}$ 或 $T=15\text{min}$ 时，可表示为 v_{30} 或 v_{15}。

（2）材料的相对切削加工性 K_r

在一定寿命的条件下，材料允许的切削速度越高，其切削加工性越好。为便于比较不同材料的切削加工性，通常以切削正火状态 45 钢的 v_{60} 作为基准，计作 $(v_{60})_j$，把切削其他材料的 v_{60} 与基准相比，其比值 K_r 称为该材料的相对切削加工性，即 $K_r = v_{60}/(v_{60})_j$。目前，把常用材料的相对加工性 K_r 分为八级，如表 1.37 所示。

表 1.37 材料切削加工性等级

加工性等级	名称及种类		相对加工性 k_v	代表性工件材料
1	很容易切削材料	一般有色金属	>3.0	5-5-5 铜铅合金，9-4 铝铜合金，铝镁合金
2	容易切削材料	易削钢	2.5～3.0	退火 15Cr $\sigma_b=0.373\sim0.441\text{GPa}$ 自动机钢 $\sigma_b=0.392\sim0.490\text{GPa}$
3		较易削钢	1.6～2.5	正火 30 钢 $\sigma_b=0.441\sim0.549\text{GPa}$
4	普通材料	一般钢及铸铁	1.0～1.6	45 钢,灰铸铁,结构钢
5		稍难切削材料	0.65～1.0	2Cr13 调质 $\sigma_b=0.8288\text{GPa}$ 85 钢轧制 $\sigma_b=0.8829\text{GPa}$

续表

加工性 等级	名称及种类		相对加 工性 k_v	代表性工件材料
6	难切削 材料	较难切 削材料	0.5～0.65	45Cr 调质 σ_b＝1.03GPa 60Mn 调质 σ_b＝0.9319～0.981GPa
7		难切削材料	0.15～0.65	50CrV 调质,1Cr18Ni9Ti 未淬火,α 相 钛合金
8		很难切削材料	＜0.15	β 相钛合金,镍基高温合金

（3）其他指标

工件材料在切削过程中,若产生的切削力大、切削温度高的材料较难加工,其切削加工性差;若容易获得较好的表面质量的材料,其切削加工性好;若切屑容易控制或断屑容易的材料,其切削加工性较好。

1.6.2 影响工件切削加工性的因素

影响材料切削加工性的因素及其作用机理见表 1.38。

表 1.38　影响材料切削加工性的因素及其作用机理

影响因素	说明
工件材料硬度	材料硬度愈高,切削与刀具前刀面的接触长度愈小,切削力与切削热集中于刀尖附近,使切削温度增高,磨损加剧 　　工件材料的高温硬度高时,刀具材料与工件材料的硬度比下降,可切削性很低,切削高温合金即属此种情况。材料加工硬化倾向大,可切削性也差 　　工件材料中含硬质点(SiO_2,Al_2O_3 等)时,对刀具的擦伤性大,可切削性降低。材料的加工硬化性能越高,切削的切削加工性越差,因为材料加工硬化性能提高,切削力和切削温度增加,刀具被硬化的切屑划伤和产生边界磨损的可能性加大,刀具磨损加剧
工件材料强度	工件材料强度包括常温强度和高温强度 　　工件材料的强度愈高,切削力就愈大,切削功率随之增大,切削温度随之增高。刀具磨损增大。所以在一般情况下,切削加工性随工件材料强度的提高而降低 　　合金钢和不锈钢的常温强度与碳素钢相差不大,但高温强度却比较大,所以合金钢及不锈钢切削加工性低于碳素钢
工件材料的塑性与韧性	工件材料的塑性以伸长率 δ 表示,伸长率 δ 愈大,则塑性愈大。强度相同时,伸长率愈大,则塑性变形的区域也随之扩大,因而塑性变形所消耗的功也愈大

续表

影响因素	说明
工件材料的塑性与韧性	塑性大的材料在塑性变形时因塑性变形区增大而使得塑性变形功增大;韧性大的材料在塑性变形时,塑性区域可能不增大,但吸收的塑性变形功却增大。因此塑性和韧性增大,都导致同一后果,即塑性变形功增大,尽管原因不同 　　同类材料、强度相同时,塑性大的材料切削力较大,切削温度也较高,易与刀具发生黏结,因而刀具的磨损大,已加工表面也粗糙。所以工件材料的塑性愈大,它的切削加工性能愈低。有时为了改善高塑性材料的切削加工性,可通过硬化或热处理来降低塑性(如进行冷拔等塑性加工使之硬化) 　　但塑性太低时,切屑与前刀面的接触长度缩短太多,使切削负荷(切削力、切削热)都集中在刀刃附近,将促使刀具的磨损加剧。由此可知,塑性过大或过小都使切削加工性下降 　　材料的韧性对切削加工性的影响与塑性相似。韧性对断屑影响比较明显,在其他条件相同时,材料的韧性愈高,断屑愈困难
工件材料的热导率	在一般情况下,热导率高的材料,它们的切削加工性能比较高;而热导率低的材料,切削加工性能低。但热导率高的工件材料,在加工过程中温升较高,这给控制加工尺寸造成一定困难,所以应加以注意
化学成分	(1)钢的化学成分的影响 　　为了改善钢的性能,在钢中加入一些合金元素如铬(Cr)、镍(Ni)、钒(V)、钼(Mo)、钨(W)、锰(Mn)、硅(Si)和铝(Al)等 　　其中 Cr、Ni、V、Mo、W、Mn 等元素大都能提高钢的强度和硬度;S 和 Al 等元素容易形成氧化铝和氧化硅等硬质点使刀具磨损加剧。这些元素含量较低时(一般以质量分数 0.3% 为限),对钢的切削加工性影响不大;超过这个含量水平,对钢的切削加工性是不利的 　　钢中加入少量的硫、硒、铝、铋、磷等元素后,能略微降低钢的强度,同时又能降低钢的塑性,故对钢的切削加工性有利。例如硫能引起钢的红脆性,但若适量提高锰的含量,可以避免红脆性。硫与锰形成的 MnS 以及硫与铁形成的 FeS 等,质地很软,可以成为切削时塑性变形区中的应力集中源,能降低切削力。使切屑易于折断,减小积屑瘤的形成,从而使已加工表面粗糙度减小,减少刀具的磨损。硒、铝、铋等元素也有类似的作用。磷能降低铁素体的塑性,使切屑易于折断 　　根据以上事实,研制出了含硫、硒、铅、铋或钙等的易削钢。其中以含硫的易削钢用得较多 　　部分化学元素对结构钢切削加工性的影响见图 1.35 　　(2)铸铁的化学成分的影响 　　铸铁的化学成分对切削加工性的影响,主要取决于这些元素对碳的石墨化作用。铸铁中碳元素以两种形式存在:与铁结合成碳化铁,或作为游离石墨。石墨硬度很低,润滑性能很好,所以碳以石墨形式存在时,铸铁的切削加工性就高;而碳化铁的硬度高,加剧刀具的磨损,所以碳化铁含量愈高,铸铁的切削加工性就愈低。因此应该按结合碳(碳化铁)的含量来衡量铸铁的加工性。铸铁的化学成分中,凡能促进石墨化的元素,如硅、铝、镍、铜、钛等都能提高铸铁的切削加工性;反之,凡是阻碍石墨化的元素,如铬、钒、锰、钼、钴、磷、硫等都会降低切削加工性

影响因素	说明
金相组织的影响	由于珠光体的强度和硬度比铁素体高,因而一般说钢的组织中含珠光体比例愈多,可切削性愈差,κ_r 愈小。但完全不含珠光体的铁素体(纯铁),由于塑性很高,切屑不易折断,粘刀严重,加工表面粗糙,可切削性不好 回火马氏体硬度很高,可切削性比珠光体差 中碳钢和合金结构钢退火和正火状态的金相组织是铁素体和珠光体,可切削性好;调质状态是铁素体和较细的粒状渗碳体所组成的回火索氏体,可切削性较小;淬火及低温回火的组织是马氏体,可切削性很差 珠光体有片状、球状、片状和球状、针状等。其中针状硬度最高,对刀具磨损大;球状硬度最低,对刀具磨损小。所以一些材料进行球化处理可改善其可切削性 因此可采用热处理的方法改变金属的组织来改善材料的可切削性。对于低碳钢,可通过正火或调质降低其塑性,以提高其可切削性;对于高碳钢,可以通过退火或正火后高温回火降低其硬度,以及把片状珠光体转变为粒状珠光体来提高切削性 钢的金相组织对材料可加工性的影响如图 1.36 所示
金相组织的影响	凡阻碍石墨化的元素,如铬、锰、磷等,都会降低其可切削性 按金相组织分,铸铁分白口铁、麻口铁、珠光体灰口铁、灰口铁、铁素体灰口铁等。白口铁组织中有相当数量的化合碳,其余为细粒状珠光体,硬度很高,磨料磨损严重,可切削性极差。麻口铁组织与白口铁类似,只是化合碳较少。含自由碳的铸铁称为灰口铁,其中珠光体灰口铁的组织是珠光体及石墨,如 HT200、HT250;灰口铁的组织为较粗的珠光体、铁素体和石墨,如 HT150;铁素体灰口铁的组织为铁素体和石墨,如 HT100。这三种灰口铁的可切削性依次提高,加工铁素体灰口铁比加工珠光体灰口铁的刀具寿命可提高一倍 采用一定的热处理方法可改变组织结构,从而提高铸铁的可切削性。如白口铁经过退火处理,化合碳 Fe_3C 分解为球状石墨,成为可锻铸铁,其切削性可显著提高。如将铸铁进行球化处理,可使其中的石墨呈球状,可切削性良好。切削铸铁的速度一般比钢低,因为铸铁中有大量碳化物,硬度很高,擦伤力大,且由于产生崩碎切屑,切削应力和切削热都集中在刀尖附近,故刀具磨损快,刀具寿命低。因此铸铁常用 v_{20} 来表示其可切削性,可不用 v_{60}
切削条件的影响	切削条件特别是切削速度对材料加工性有一定的影响。例如在用硬质合金大刀具切削铝硅压模铸造合金(铝-硅-铜、铝-硅、铝-硅-铜-铁-镁等)时,在低的切削速度范围内,当加工材料不同时,对刀具磨损几乎没有重要的不同影响。当在切削速度提高时,高硅含量的促进磨损效应变得重要起来,增加 1% 含量的硅,$v\text{-}T$ 关系曲线(在对数坐标上)的陡度增加 4.2°。对于超共晶合金来说,试验证明有一个切削速度提高的限度,该限度决定于伪切削的出现。伪切削是由于材料的热力超负荷所致,常在刀具后刀面与工件间出现,这样使已加工表面粗糙度严重变坏

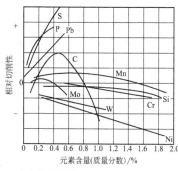

+表示可切削性改善
-表示可切削性变坏

图 1.35 各元素对结构钢
可切削性的影响

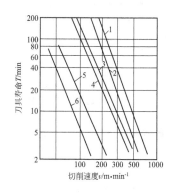

图 1.36 钢的各种金相组织的 $v\text{-}T$ 关系
1—10%珠光体；2—30%珠光体；3—50%珠光体；
4—100%珠光体；5—回火马氏体 30HB；
6—回火马氏体 400HB

1.7 切削液

1.7.1 切削液的作用

在切削过程中，切削液具有冷却作用、润滑作用、清洗作用和防锈作用等。

（1）冷却作用

切削液能够降低切削温度，从而提高刀具使用寿命和加工质量。切削液冷却性能的好坏，取决于它的热导率、比热容、汽化热、汽化速度、流量、流速等。一般来说水溶液的冷却性能最好，油类的最差，水、油性能的比较如表 1.39 所示。

表 1.39 水、油性能比较表

切削液类别	热导率/W·m⁻¹·℃⁻¹	比热容/J·kg⁻¹·℃⁻¹	汽化热/J·g⁻¹
水	0.628	4190	2260
油	0.126~0.210	1670~2090	167~314

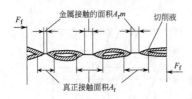

图 1.37　金属间的边界润滑摩擦

（2）润滑作用

在切削过程中，切屑、工件与刀具间的摩擦可分为干摩擦、流体润滑摩擦和边界润滑摩擦三类。当形成流体润滑摩擦时，润滑效果最好。切削液的润滑作用是在切屑、工件与刀具界面间形成油膜，使之成为流体润滑摩擦，得到较好的润滑效果。金属切削过程大部分情况属于边界润滑摩擦状态，如图 1.37 所示。

切削液的润滑性能与切削液的渗透性、形成油膜的能力等有关，加入添加剂可改善切削液的润滑性能。

（3）切削液的清洗作用

切削液可以清洗碎屑或粉屑，防止其擦伤工件和导轨表面等，清洗性能取决于切削液的流动性和压力。

（4）切削液的防锈作用

在切削液中加入添加剂，在工件、刀具和机床的表面形成保护膜，起到防锈作用。

1.7.2　切削液的类型及选用

（1）切削液

切削液分为水溶液、乳化液、切削油和其他四类，合理选择和使用切削液是提高金属切削加工性能的有效途径之一。

切削液可根据工件材料、刀具材料和加工要求进行选用。硬质合金刀具一般不使用切削液，若用，需要连续供液，以免因骤冷骤热导致刀片产生裂纹。切削铸铁一般也不使用切削液。切削铜、有色合金，一般不用含硫的切削液，以免腐蚀工件表面。不同加工方法加工不同工件材料选用切削液的情况如表 1.40 所示。

表 1.40　切削液的选用指南

加工方法		钢	可锻铸铁	铜合金	铝合金	镁合金
车	粗车	乳化液 水溶液	干切削	干切削	乳化液 切削油	干切削 切削油
	精车	乳化液 切削油	乳化液 切削油	干切削 乳化液	干切削 切削油	干切削 切削油

续表

加工方法	钢	可锻铸铁	铜合金	铝合金	镁合金
铣	乳化液 水溶液 切削油	干切削 乳化液	干切削 乳化液 切削油	切削油 乳化液	干切削 切削油
钻	乳化液 切削油	干切削 乳化液	干切削 切削油 乳化液	切削油 乳化液	干切削 切削油
铰	切削油 乳化液	干切削 切削油	干切削 切削油	切削油	切削油
锯	乳化液	干切削 乳化液	干切削 切削油	切削油 乳化液	干切削 切削油
拉削	切削油 乳化液	乳化液	切削油	切削油	切削油
滚齿 齿轮成形	切削油	切削油 乳化液	—	—	—
螺纹切割	切削油	切削油 乳化液	切削油	切削油 乳化液	切削油 干切削
磨削	乳化液 水溶液 切削油	水溶液 乳化液	乳化液 水溶液	乳化液	—
珩磨　研磨	切削油	切削油	—	—	—

注：切削液的最小用量为 0.01～3L/h。

（2）切削液的添加剂

为了改善切削液的性能和作用所加入的化学物质称为添加剂。常见的添加剂的类型如表 1.41 所示。

表 1.41　切削液中的添加剂

分类		添加剂
油性添加剂		动植物油，脂肪酸及其皂，脂肪醇，脂类，酮类，胺类等化合物
极压添加剂		硫、磷、氯、碘等有机化合物，如氯化石蜡、二烷基二硫代磷酸锌等
防锈添加剂	水溶性	亚硝酸钠、磷酸三钠、磷酸氢二钠、苯甲酸钠、苯甲酸胺、三乙醇胺等
	油溶性	石油磺酸钡、石油磺酸钠、环烷酸锌、二壬基萘磺酸钡等

分类		添加剂
防霉添加剂		苯酚、五氯酚等化合物
抗泡沫添加剂		二甲基硅油
助溶添加剂		乙醇、正丁醇、苯二甲酸酯、乙二醇醚等
乳化剂 (表面 活性剂)	阴离子型	石油磺酸钠、油酸钠皂、松香酸钠皂、高碳酸钠皂、磺化蓖麻油、油酸三乙醇胺等
	非离子型	平平加(聚氧乙烯脂肪醇醚)、司本(山梨糖醇油酸酯)、吐温(聚氧乙烯山梨糖醇油酸酯)
乳化稳定剂		乙二醇、乙醇、正丁醇、二乙二醇单正丁基醚、二甘醇、高碳醇、苯乙醇胺、三乙醇胺

油性添加剂主要用于低压低温边界润滑状态，其作用是提高切削液的渗透和润滑作用，减小切削油与金属接触界面的张力，使切削油很快渗透到切削区，在刀具的前刀面与切屑、后刀面与工件间形成物理吸附膜，减小其摩擦。

极压添加剂主要用于高温状态下工作的切削液，这些含硫、磷、氯、碘等有机化合物的极压添加剂，在高温下与金属表面起化学反应，生成化学吸附膜，保持润滑作用，减小工件与刀具接触面之间的摩擦。

乳化剂也称表面活性剂，其作用是使矿物油与水相互溶合，形成均匀稳定的溶液。在水与矿物油的液体（油水互不相溶）中加入乳化剂，搅拌混合，由于乳化剂分子的极性基团是亲水的，可溶于水，即极性基团在水的表面上定向排列并吸附在它的表面上。非极性基团是亲油的，可溶于油，即非极性基团在油的表面上定向排列并吸附在它的表面上。由于亲水的极性基团的极性端朝水，亲油的非极性基团的非极性端朝油，亲水的极性基团和亲油的非极性基团的分子吸引力把油与水连接起来，使矿物油与水相互溶合形成均匀稳定的溶液。如图1.38所示。

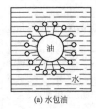

(a) 水包油　　　　　(b) 油包水

图1.38　乳化剂的表面活性作用

1.7.3 切削液的使用方法

切削液常用的使用方法有浇注法、高压冷却法和喷雾冷却法等。

浇注法的设备简单，使用方便，目前应用最广泛，但浇注法的切削液流速较慢，压力小，切削液进入高温度区较难，冷却效果不够理想，如图 1.39 所示。

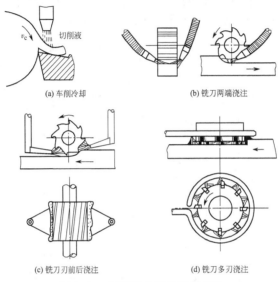

图 1.39　切削液常用的使用方法

高压冷却法常用于深孔加工时，高压下的切削液可直接喷射到切削区，起到冷却润滑的作用，并使碎断的切屑随液流排出孔外。

喷雾冷却法的喷雾原理如图 1.40 所示，主要用于难加工材料的切削和超高速切削，也可用于一般的切削加工来提高刀具耐用度。

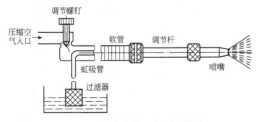

图 1.40　喷雾冷却法的喷雾原理

1.8 机械加工常用标准、规范和结构要素

1.8.1 标准尺寸

零件上的长度尺寸和角度一般情况下采用标准尺寸，长度的标准尺寸如表 1.42 所示，标准角度如表 1.43 所示。

表 1.42　标准尺寸（GB/T 2822—2005）　　　　mm

R10	R20	R40	R'10	R'20	R'40
1.00	1.00		1.0	1.0	
	1.12			**1.1**	
1.25	1.25		**1.2**	**1.2**	
	1.40			1.4	
1.60	1.60		1.6	1.6	
	1.80			1.8	
2.00	2.00		2.0	2.0	
	2.24			**2.2**	
2.50	2.50		2.5	2.5	
	2.80			2.8	
3.15	3.15		**3.0**	**3.0**	
	3.55			**3.5**	
4.00	4.00		4.0	4.0	
	4.50			4.5	
5.00	5.00		5.0	5.0	
	5.60			**5.5**	
6.30	6.30		**6.0**	**6.0**	
	7.10			**7.0**	
8.00	8.00		8.0	8.0	
	9.00			9.0	
10.00	10.00		10.0	10.0	
	11.2			**11**	
12.5	12.5	12.5	**12**	**12**	12
		13.2			**13**
	14.0	14.0		14	14
		15.0			15
16.0	16.0	16.0	16	16	16
		17.0			17
	18.0	18.0		18	18
		19.0			19
20.0	20.0	20.0	20	20	20
		21.2			**21**
	22.4	22.4		**22**	**22**
		23.6			**24**
25.0	25.0	25.0	25	25	25
		26.5			**26**
	28.0	28.0		28	28
		30.0			30
31.5	31.5	31.5	**32**	**32**	**32**
		33.5			**34**
	35.5	35.5		**36**	**36**
		37.5			**38**
40.0	40.0	40.0	40	40	40
		42.5			**42**
	45.0	45.0		45	45
		47.5			**48**
50.0	50.0	50.0	50	50	50
		53.0			53
	56.0	56.0		56	56
		60.0			60
63.0	63.0	63.0	63	63	63
		67.0			67
	71.0	71.0		71	71
		75.0			75
80.0	80.0	80.0	80	80	80

续表

R			R'			R			R'		
R_{10}	R_{20}	R_{40}	R'_{10}	R'_{20}	R'_{40}	R_{10}	R_{20}	R_{40}	R'_{10}	R'_{20}	R'_{40}
		85.0			85			670			670
	90.0	90.0		90	90		710	710		710	710
		95.0			95			750			750
100.0	100.0	100.0	100	100	100	800	800	800	800	800	800
		106			105			850			850
	112	112		110	110		900	900		900	900
		118			120			950			950
125	125	125	125	125	125	1000	1000	1000	1000	1000	1000
		132			130						
	140	140		140	140			1060			
		150			150						
160	160	160	160	160	160						
		170			170						2120
	180	180		180	180		1120	1120		2240	2240
		190			190			1180			2360
200	200	200	200	200	200	1250	1250	1250	2500	2500	2500
		212			210			1320			2650
	224	224		220	220		1400	1400		2800	2800
		236			240			1500			3000
250	250	250	250	250	250	1600	1600	1600	3150	3150	3150
		265			260			1700			3350
	280	280		280	280		1800	1800		3550	3550
		300			300			1900			3750
315	315	315	320	320	320	2000	2000	2000	4000	4000	4000
		335			340			4250			8500
	355	355		360	360		4500	4500		9000	9000
		375			380			4750			9500
400	400	400	400	400	400	5000	5000	5000	10000	10000	10000
		425			420			5300			10600
	450	450		450	450		5600	5600		11200	11200
		475			480			6000			11800
500	500	500	500	500	500	6300	6300	6300	12500	12500	12500
		530			530			6700			13200
	560	560		560	560		7100	7100		14000	14000
		600			600			7500			15000
630	630	630	630	630	630	8000	8000	8000	16000	16000	16000

续表

R			R′			R			R′		
R10	R20	R40	R′10	R′20	R′40	R10	R20	R40	R′10	R′20	R′40
		17000									
	18000	18000									
		19000									
20000	20000	20000									

注：1."标准尺寸"为直径、长度、高度等系列尺寸。

2.标准中 0.01～1.0mm 的尺寸，此表未列出。需要时可查阅国家标准 GB/T 2822—2005。

3.R′系列中的黑体字，为 R 系列相应各项优先数的化整值。

4.选择尺寸时，优先选用 R 系列，按照 R10、R20、R40 顺序。如必须将数值圆整，可选择相应的 R′系列，应按照 R′10、R′20、R′40 顺序选择。

表 1.43　标准角度

第一系列	第二系列	第三系列	第一系列	第二系列	第三系列	第一系列	第二系列	第三系列
0°	0°	0°		10°	10°			72°
		0°15′			12°		75°	75°
	0°30′	0°30′	15°	15°	15°			80°
		0°45′			18°			85°
	1°	1°		20°	20°	90°	90°	90°
		1°30′			22°30′			100°
	2°	2°			25°			110°
		2°30′	30°	30°	30°	120°	120°	120°
	3°	3°			36°			135°
		4°			40°		150°	150°
5°	5°	5°	45°	45°	45°			165°
		6°			50°	180°	180°	180°
		7°			55°			270°
		8°	60°	60°	60°	360°	360°	360°
		9°			65°			

注：1.本标准为一般用途的标准角度，不适用于由特定尺寸或参数所确定的角度以及工艺和使用上有特殊要求的角度。

2.选用时优先选用第一系列，其次是第二系列，再次是第三系列。

1.8.2　锥度、锥角和圆锥公差

（1）锥度与锥角系列（见表 1.44）

表 1.44 锥度与锥角系列 (GB 157—2001)

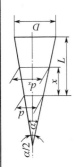

$$锥度\ C = \frac{D-d}{L} = 2\tan\frac{\alpha}{2}$$

一般用途圆锥的锥度与锥角系列

基本值 系列 1	基本值 系列 2	圆锥角 α (°)(′)(″)	圆锥角 α (°)	推算值 rad	锥度 C	应用举例
120°		—	—	2.09439510	1 : 0.2886751	螺纹孔的内倒角、填料盒内填料的锥度
90°		—	—	1.57079633	1 : 0.5000000	沉头螺钉头、螺纹倒角、轴的倒角
	75°	—	—	1.30899694	1 : 0.6516127	车床顶尖、中心孔
60°		—	—	1.04719755	1 : 0.8660254	
45°		—	—	0.78539816	1 : 1.2071068	轻型螺旋接管口的锥形密合
30°		—	—	0.52359878	1 : 1.8660254	摩擦离合器
1 : 3		18°55′28.7199″	18.92164442°	0.33029735		有极限转矩的摩擦圆锥离合器
	1 : 4	14°15′0.1177″	14.25003270°	0.24870999		
1 : 5		11°25′16.2706″	11.42118627°	0.19933730		易拆机件的锥形连接、锥形摩擦离合器
	1 : 6	9°31′38.2202″	9.52728338°	0.16628246		重型机床顶尖、旋塞
	1 : 7	8°10′16.4408″	8.17123356°	0.14261493		联轴器和轴的圆锥面连接
	1 : 8	7°9′9.6075″	7.15266875°	0.12483762		
1 : 10		5°43′29.3176″	5.72481045°	0.09991679		受轴向力及横向力的锥形零件的接合面、电动机及其他机械的锥形轴端
	1 : 12	4°46′18.7970″	4.77188806°	0.08328516		固定球及滚子轴承的衬套
	1 : 15	3°49′5.8975″	3.81830487°	0.06664199		受轴向力的锥形零件的接合面、活塞与活塞杆的连接

续表

一般用途圆锥的锥度与锥角系列

基本值		推算值				应用举例
系列1	系列2	圆锥角α (°)(′)(″)	圆锥角α (°)	rad	锥度C	
1:20		2°51′51.0925″	2.86419237°	0.0499859	—	机床主轴锥度,刀具尾柄,公制锥度铰刀,圆锥螺栓
1:30		1°54′34.8570″	1.90968251°	0.03333025	—	装柄的铰刀及扩孔钻
1:50		1°8′45.1586″	1.14587740°	0.01999933	—	圆锥销,定位销,圆锥销孔的铰刀
1:100		34′22.6309″	0.57295302°	0.00999992	—	承受陡振及静变载荷的不需拆开的连接机件
1:200		17′11.3219″	0.28647830°	0.00499999	—	承受陡振及冲击变载荷的需拆开的零件,圆锥螺栓
1:500		6′52.5295″	0.11459152°	0.00200000	—	

注:系列1中120°~(1:3)的数值近似按R10/2优先数系列,(1:5)~(1:500)按R10/3优先数系列(见GB/T 321)

特定用途的圆锥

基本值	推算值				标准号 GB/T(ISO)	用途
	圆锥角α (°)(′)(″)	圆锥角α (°)	rad	锥度C		
11°54′	—	—	0.20769418	1:4.7974611	(5237)	纺织机械和附件
8°40′	—	—	0.15126187	1:6.5984415	(8489-5) (8489-3) (8489-4) (324.575)	纺织机械和附件
7°	—	—	0.12217305	1:8.1749277	(8489-2)	纺织机械和附件
1:38	1°30′27.7080″	1.50769667°	0.02631427	—	(368)	
1:64	0°53′42.8220″	0.89522834°	0.01562468	—	(368)	
7:24	16°35′39.4443″	16.59429008°	0.28962500	1:3.4285714	3837.3 (297)	机床主轴工具配合

续表

| 基本值 | 推算值 | | | | 标准号 GB/T(ISO) | 用途 |
| | 圆锥角 α | | | 锥度 C | | |
	(°)(′)(″)	(°)	rad			
1:12.262	4°40′12.1514″	4.6704205°	0.08150761	—	(239)	贾各锥度 No.2
1:12.972	4°24′52.9039″	4.4146955 2°	0.07705097	—	(239)	贾各锥度 No.1
1:15.748	3°38′13.4429″	3.6370674 7°	0.06347880	—	(239)	贾各锥度 No.33
6:100	3°26′12.1776″	3.4367160 0°	0.05998201	1:16.666667	1962 (594-1)(595-1)(595-2)	医疗设备
1:18.779	3°3′1.2070″	3.0503352 7°	0.05323839	—	(239)	贾各锥度 No.3
1:19.002	3°0′52.3956″	3.0145543 4°	0.05261390	—	1443(296)	莫氏锥度 No.5
1:19.180	2°59′11.7258″	2.9865905 0°	0.05212584	—	1443(296)	莫氏锥度 No.6
1:19.212	2°58′53.8255″	2.9816182 0°	0.05203905	—	1443(296)	莫氏锥度 No.0
1:19.254	2°58′30.4217″	2.9751171 3°	0.05192559	—	1443(296)	莫氏锥度 No.4
1:19.264	2°58′24.8644″	2.9735734 3°	0.05189865	—	(239)	贾各锥度 No.6
1:19.922	2°52′31.4463″	2.8754017 6°	0.05018523	—	1443(296)	莫氏锥度 No.3
1:20.020	2°51′40.7960″	2.8613322 3°	0.04993967	—	1443(296)	莫氏锥度 No.2
1:20.047	2°51′26.9283″	2.8574800 8°	0.04987244	—	1443(296)	莫氏锥度 No.1
1:20.288	2°49′24.7802″	2.8235500 6°	0.04928025	—	(239)	贾各锥度 No.0
1:23.904	2°23′47.6244″	2.3965623 2°	0.04182790	—	1443(296)	布朗夏普锥度 No.1~No.3
1:28	2°2′45.8174″	2.0460603 8°	0.03571049	—	(8382)	复苏器 (医用)
1:36	1°35′29.2096″	1.5914471 1°	0.02777599	—	(5356-1)	麻醉器具
1:40	1°25′56.3516″	1.4323198 9°	0.02499870	—		

（2）圆锥公差（GB/T 11334—2005）

GB/T 11334—2005 中规定了圆锥公差的术语和定义、圆锥公差的给定方法及公差数值。适用于锥度 C 从 1：（3～500）、圆锥长度 L 从 6～630mm 的光滑圆锥。标准中的圆锥角公差也适用于棱体的角度与斜度。

① 圆锥直径公差 T_D 所能限制的最大圆锥角误差　圆锥长度 L 为 100mm 时，圆锥直径公差 T_D 所能限制的最大圆锥角误差 $\Delta\alpha_{max}$ 如表 1.45 所示，表中参数的含义如图 1.41 所示。

表 1.45　　圆锥直径公差（T_D）所能限制的最大圆锥角误差

圆锥直径公差等级	圆锥直径/mm											
	3	>3 ~6	>6 ~10	>10 ~18	>18 ~30	>30 ~50	>50 ~80	>80 ~120	>120 ~180	>180 ~250	>250 ~315	>315 ~400	>400 ~500
	$\Delta\alpha/\mu$rad											
IT01	3	4	4	5	6	6	8	10	12	20	25	30	40
IT0	5	6	6	8	10	10	12	15	20	30	40	50	60
IT1	8	10	10	12	15	15	20	25	35	45	60	70	80
IT2	12	15	15	20	25	25	30	40	50	70	80	90	100
IT3	20	25	25	30	40	40	50	60	80	100	120	130	150
IT4	30	40	40	50	60	70	80	100	120	140	160	180	200
IT5	40	50	60	80	90	110	130	150	180	200	230	250	270
IT6	60	80	90	110	130	160	190	220	250	290	320	360	400
IT7	100	120	150	180	210	250	300	350	400	460	520	570	630
IT8	140	180	220	270	330	390	460	540	630	720	810	890	970
IT9	250	300	360	430	520	620	740	870	1000	1150	1300	1400	1550
IT10	400	480	580	700	840	1000	1200	1400	1600	1850	2100	2300	2500
IT11	600	750	900	1000	1300	1600	1900	2200	2500	2900	3200	3600	4000
IT12	1000	1200	1500	1800	2100	2500	3000	3500	4000	4600	5200	5700	6300
IT13	1400	1800	2200	2700	3300	3900	4600	5400	6300	7200	8100	8900	9700
IT14	2500	3000	3600	4300	5200	6200	7400	8700	10000	11500	13000	14000	15500
IT15	4000	4800	5800	7000	8400	10000	12000	14000	16000	18500	21000	23000	25000
IT16	6000	7500	9000	11000	13000	16000	19000	22000	25000	29000	32000	36000	40000
IT17	10000	12000	15000	18000	21000	25000	30000	35000	40000	46000	52000	57000	63000
IT18	14000	18000	22000	27000	33000	39000	46000	54000	63000	72000	81000	89000	97000

注：圆锥长度不等于 100mm 时，需将表中的数值乘以 100/L，L 的单位为 mm。

② 圆锥角公差 AT　圆锥角公差 AT 共分 12 个公差等级，用 AT1、AT2、AT3、…、AT12 表示。

圆锥角公差可用两种形式表示。

AT_α——以角度单位微弧度或以度、分、秒表示，μrad；

AT_D——以长度单位微米表示，μm。

AT_α 和 AT_D 的关系为

$$AT_D = AT_\alpha \times L \times 10^{-3}$$

式中，L 单位为 mm。

圆锥角公差数值见表 1.46，其公差带示意图如图 1.42 所示。

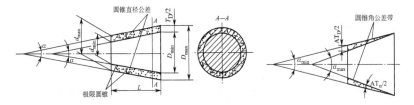

图 1.41　圆锥直径公差参数示意图　　图 1.42　圆锥角公差带示意图

表 1.46　圆锥角公差（GB/T 11335—2005）

基本圆锥长度 L/mm		圆锥角公差等级							
		AT1			AT2			AT3		
		AT_α		AT_D	AT_α		AT_D	AT_α		AT_D
大于	至	μrad	(″)	μm	μrad	(″)	μm	μrad	(″)	μm
6	10	50	10	>0.3~0.5	80	16	>0.5~0.8	125	26	>0.8~1.3
10	16	40	8	>0.4~0.6	63	13	>0.6~1.0	100	21	>1.0~1.6
16	25	31.5	6	>0.5~0.8	50	10	>0.8~1.3	80	16	>1.3~2.0
25	40	25	5	>0.6~1.0	40	8	>1.0~1.6	63	13	>1.6~2.5
40	63	20	4	>0.8~1.3	31.5	6	>1.3~2.0	50	10	>2.0~3.2
63	100	16	3	>1.0~1.6	25	5	>1.6~2.5	40	8	>2.5~4.0
100	160	12.5	2.5	>1.3~2.0	20	4	>2.0~3.2	31.5	6	>3.2~5.0
160	250	10	2	>1.6~2.5	16	3	>2.5~4.0	25	5	>4.0~6.3
250	400	8	1.5	>2.0~3.2	12.5	2.5	>3.2~5.0	20	4	>5.0~8.0
400	630	6.3	1	>2.5~4.0	10	2	>4.0~6.3	16	3	>6.3~10.0

续表

基本圆锥长度 L/mm		圆锥角公差等级					
		AT4		AT5		AT6	
		AT_α	AT_D	AT_α		AT_D	AT_α		AT_D
大于	至	μrad	(″)	μm	μrad	(′)(″)	μm	μrad	(′)(″)	μm
6	10	200	41	>1.3~2.0	315	1′05″	>2.0~3.2	500	1′43″	>3.2~5.0
10	16	160	33	>1.6~2.5	250	52″	>2.5~4.0	400	1′22″	>4.0~6.3
16	25	125	26	>2.0~3.2	200	41″	>3.2~5.0	315	1′05″	>5.0~8.0
25	40	100	21	>2.5~4.0	160	33″	>4.0~6.3	250	52″	>6.3~10.0
40	63	80	16	>3.2~5.0	125	26″	>5.0~8.0	200	41″	>8.0~12.5
63	100	63	13	>4.0~6.3	100	21″	>6.3~10.0	160	33″	>10.0~16.0
100	160	50	10	>5.0~8.0	80	16″	>8.0~12.5	125	26″	>12.5~20.0
160	250	40	8	>6.3~10.0	63	13″	>10.0~16.0	100	21″	>16.0~25.0
250	400	31.5	6	>8.0~12.5	50	10″	>12.5~20.0	80	16″	>20.0~32.0
400	630	25	5	>10.0~16.0	40	8″	>16.0~25.0	63	13″	>25.0~40.0

基本圆锥长度 L/mm		圆锥角公差等级					
		AT7		AT8		AT9	
		AT_α	AT_D	AT_α		AT_D	AT_α		AT_D
大于	至	μrad	(′)(″)	μm	μrad	(′)(″)	μm	μrad	(′)(″)	μm
6	10	800	2′45″	>5.0~8.0	1250	4′18″	>8.0~12.5	2000	6′52″	>12.5~20
10	16	630	2′10″	>6.3~10.0	1000	3′26″	>10.0~16.0	1600	5′30″	>16~25
16	25	500	1′43″	>8.0~12.5	800	2′45″	>12.5~20.0	1250	4′18″	>20~32
25	40	400	1′22″	>10.0~16.0	630	2′10″	>16.0~20.5	1000	3′26″	>25~40
40	63	315	1′05″	>12.5~20.0	500	1′43″	>20.0~32.0	800	2′45″	>32~50
63	100	250	52″	>16.0~25.0	400	1′22″	>25.0>40.0	630	2′10″	>40~63
100	160	200	41″	>20.0~32.0	315	1′05″	>32.0~50.0	500	1′43″	>50~80
160	250	160	33″	>25.0~40.0	250	55″	>40.0~63.0	400	1′22″	>63~100
250	400	125	26″	>32.0~50.0	200	41″	>50.0~80.0	315	1′05″	>80~125
400	630	100	21″	>40.0~63.0	160	33″	>63.0~100.0	250	52″	>100~160

基本圆锥长度 L/mm		圆锥角公差等级					
		AT10		AT11		AT12	
		AT_α	AT_D	AT_α		AT_D	AT_α		AT_D
大于	至	μrad	(′)(″)	μm	μrad	(′)(″)	μm	μrad	(′)(″)	μm
6	10	3150	10′49″	>20~32	5000	17′10″	>32~50	8000	27′28″	>50~80

续表

基本圆锥长度 L/mm		圆锥角公差等级							
		AT10			AT11			AT12		
		AT_α		AT_D	AT_α		AT_D	AT_α		AT_D
大于	至	μrad	(′)(″)	μm	μrad	(′)(″)	μm	μrad	(′)(″)	μm
10	16	2500	8′35″	>25~40	4000	13′44″	>40~63	6300	21′38″	>63~100
16	25	2000	6′52″	>32~50	3150	10′49″	>50~80	5000	17′10″	>80~125
25	40	1600	5′30″	>40~63	2500	8′35″	>63~100	4000	13′44″	>100~160
40	63	1250	4′18″	>50~80	2000	6′52″	>80~125	3150	10′49″	>125~200
63	100	1000	3′26″	>63~100	1600	5′30″	>100~160	2500	8′35″	>160~250
100	160	800	2′45″	>80~125	1250	4′10″	>125~200	2000	6′52″	>200~320
160	250	630	2′10″	>100~160	1000	3′26″	>160~250	1600	5′30″	>250~400
250	400	500	1′43″	>125~200	800	2′45″	>200~320	1250	4′18″	>320~500
400	630	400	1′22″	>160~250	630	2′10″	>250~400	1000	3′26″	>400~630

注：1μrad 等于半径为 1m，弧长为 1μm 所对应的圆心角，5μrad≈1″（秒），300μrad≈1′（分）。

1.8.3 中心孔

60°中心孔的结构尺寸如表 1.47 所示，75°、90°中心孔的结构尺寸如表 1.48 所示。

1.8.4 退刀槽

退刀槽的结构尺寸如表 1.49 所示。

1.8.5 砂轮越程槽

砂轮越程槽的结构尺寸如表 1.50 所示。

1.8.6 T 形槽

T 形槽的结构尺寸如表 1.51 所示。

1.8.7 零件的倒角和倒圆

零件的倒角和倒圆的结构尺寸如表 1.52 所示。

表 1.47 60°中心孔 (GB/T 145—2001)

mm

图示：A型不带护锥中心孔（60°max）；B型带护锥的中心孔（60°max，120°）；C型带螺纹的中心孔（JB/ZQ 4166—1997）（60°max，120°）；R型弧形中心孔（60°）

D (A型)	D (B型)	D (R型)	D₁ (A型)	D₁ (B型)	D₁ (R型)	t_1 参考 (A型)	t_1 参考 (B型)	t 参考 (A型)	t 参考 (B型)	l_{min}	r (max) R型	r (min) R型
	1.00	1.00	2.12	3.15	2.12	0.97	1.27	0.9		2.3	3.15	2.50
1.60	1.60	1.60	3.35	5.00	3.35	1.52	1.99	1.4		3.5	5.00	4.00
2.00	2.00	2.00	4.25	6.30	4.25	1.95	2.54	1.8		4.4	6.30	5.00
2.50	2.50	2.50	5.30	8.00	5.30	2.42	3.20	2.2		5.5	8.00	6.30
3.15	3.15	3.15	6.70	10.00	6.70	3.07	4.03	2.8		7.0	10.00	8.00
4.00	4.00	4.00	8.50	12.50	8.50	3.90	5.05	3.5		8.9	12.50	10.00
(5.00)	(5.00)	(5.00)	10.60	16.00	10.60	4.85	6.41	4.4		11.2	16.00	12.50
6.30	6.30	6.30	13.20	18.00	13.20	5.98	7.36	5.5		14.0	20.00	16.00
(8.00)	(8.00)	(8.00)	17.00	22.40	17.00	7.79	9.36	7.0		17.9	25.00	20.00
10.00	10.00	10.00	21.20	28.00	21.20	9.70	11.66	8.7		22.5	31.50	25.00

C 型

D	D₁	D₂	l	l_1	l_2
M3	3.2	5.8	2.6	1.8	9.0
M4	4.3	7.4	3.2	2.1	10.0
M5	5.3	8.8	4.0	2.4	13.0
M6	6.4	10.5	5.0	2.8	16.0
M8	8.4	13.2	6.0	3.3	20.0
M10	10.5	16.3	7.2	3.8	24.0
M12	13.0	19.8	9.5	4.4	28.0
M16	17.0	25.3	12.0	5.2	36.0
M20	21.0	31.3	15.0	6.4	42.0
M24	25.0	38.0	18.0	8.0	50.0

注：1. 括号内尺寸尽量不用。

2. A、B型中尺寸 l 取决于中心钻的长度，此值不应小于 t 值。

3. C型 l_2 值可根据需要进行调整，调整后仍可按 JB/ZQ 4167—1997《中心孔简化表示法》的规定进行标注，此时标注的是调整后的 l_2 值。

4. C型内螺纹 D 的螺纹公差带代号取 7H。

表 1.48　75°、90°中心孔

mm

α	规格 D	D_1	D_2	L	L_1	L_2	L_3	L_0	选择中心孔的参考数据 毛坯轴端直径 D_0 (min)	毛坯质量 (max)/kg
75°(JB/ZQ 4236—1997)	3	9		7	8	1			30	200
	4	12		10	11.5	1.5			50	360
	6	18		14	16	2			80	800
	8	24		19	21	2			120	1500
	12	36		28	30.5	2.5			180	3000
	20	60		50	53	3			260	9000
	30	90		70	74	4			360	20000
	40	120		95	100	5			500	35000
	45	135		115	121	6			700	50000
	50	150		140	148	8			900	80000
90°(JB/ZQ 4237—1997)	14	56	77	36	38.5	2.5	6	44.5	250	5000
	16	64	85	40	42.5	2.5	6	48.5	300	10000
	20	80	108	50	53	3	8	61	400	20000
	24	96	124	60	64	4	8	72	500	30000
	30	120	155	80	84	4	10	94	600	50000
	40	160	195	100	105	5	10	115	800	80000
	45	180	222	110	116	6	12	128	900	100000
	50	200	242	120	128	8	12	140	1000	150000

A型 不带护锥

B型 带护锥

D型 带护锥

注：1. 中心孔的选择：中心孔的尺寸主要根据轴端直径 D_0 和零件毛坯总质量（如轴上装有齿轮、齿圈及其他零件等）来选择。若毛坯总质量超过表中 D_0 相对应的质量时，则依据毛坯质量确定中心孔尺寸。

2. 当加工零件毛坯总质量超过 5000kg 时，一般宜选择 B 型中心孔。

3. D 型中心孔是属于中间形式，在制造时要考虑到在机床上加工去掉余量 "L_3" 以后，应与 B 型中心孔相同。

4. 中心孔的表面粗糙度按有关用途自行规定。

表 1.49 退刀槽 (JB/ZQ 4238—2006)

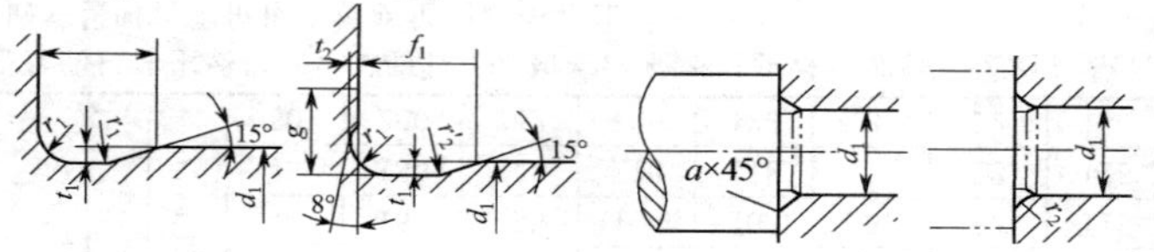

(a) A型 B型

(b)

(a)外圆[图(a)]							(b)相配件[图(b)]				说明
退刀槽					推荐的配合直径 d_1		倒角最小值 a		倒圆最小值 r_2		
r_1	$t_1\,^{+0.1}_{\ 0}$	f_1	$g\approx$	$t_2\,^{+0.05}_{\ \ 0}$	用在一般载荷	用在交变载荷	A 型	B 型	A 型	B 型	
0.6	0.2	2	1.4	0.1	>10~18	—	0.4	0.1	1	0.3	
0.6	0.3	2.5	2.1	0.2	>18~80		0.3	0	0.8	0	A 型轴的配合表面需磨削，轴肩不磨削
1	0.4	4	3.2	0.3	>80		0.6	0	1.5	0	B 型轴的配合表面及轴肩都需磨削
1	0.2	2.5	1.8	0.1	—	>18~50	0.8	0.4	2	1	
1.6	0.3	4	3.1	0.2		>50~80	1.3	0.6	3.2	1.4	
2.5	0.4	5	4.8	0.3		>80~125	2.1	1.0	5.2	2.4	
4	0.5	7	6.4	0.3		>125	3.5	2.0	8.8	5	

适用于一般载荷的磨削件

适用于交变载荷·也可用于一般载荷的磨削件

续表

适用于对受载无特殊要求的磨削件	(c)轴[图(c)]						相配件(孔)					(d)轴[图(d)]				
	h_{min}	r_1	t	b (C,D型)	b (E型)	f_{max}	a	偏差	r_2	偏差	h_{min}	r_1	t_1	t_2	b	f_{max}
	2.5	1.0	0.25	1.6	1.1	0.2	1	+0.6	1.2	+0.6	4	1.0	0.4	0.25	1.2	0.2
	4	1.6	0.25	2.4	2.2	0.2	1.6	+0.6	2.0	+0.6	5	1.6	0.6	0.4	2.0	
	6	2.5	0.25	3.6	3.4	0.2	2.5	+1.0	3.2	+1.0	8	2.5	1.0	0.6	3.2	
	10	4.0	0.4	5.7	5.3	0.4	4.0	+1.0	5.0	+1.0	12.5	4.0	1.6	1.0	5.0	0.4
	16	6.0	0.4	8.1	7.7	0.4	6.0	+1.6	8.0	+1.6	20	6.0	2.5	1.6	8.0	
	25	10.0	0.6	13.4	12.8	0.4	10.0	+1.6	12.5	+1.6	30	10.0	4.0	2.5	12.5	
	40	16.0	0.6	20.3	19.7	0.6	16.0	+2.5	20.0	+2.5						
	60	25.0	1.0	32.1	31.1	0.6	25.0	+2.5	32.0	+2.5						

$r_1 = 10$ 不适用于精整辊

C型轴的配合表面需磨削,轴肩表面不磨削;D型轴的配合表面不磨削,轴肩需磨削;E型轴的配合表面及轴肩皆需磨削;F型相配件为锐角的轴的配合表面及轴肩皆需磨削

续表

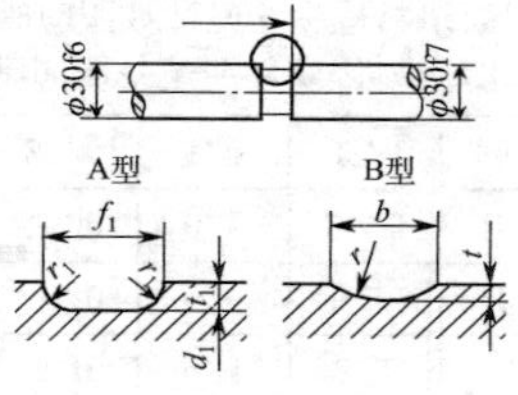

公称直径相同具有不同配合的退刀槽 [图(e)]

r	A型		B型		
	t	$b\approx$	r	t	$b\approx$
2.5	0.25	2.2	10	0.6	6.8
4	0.4	3.5	16	0.6	8.7
6	0.4	4.3	25	1.0	14.0

带槽孔退刀槽 [图(f)]　插齿空刀槽 [图(g)]

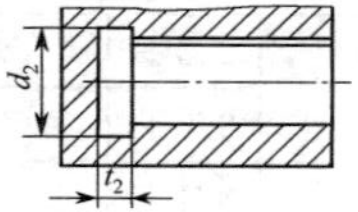

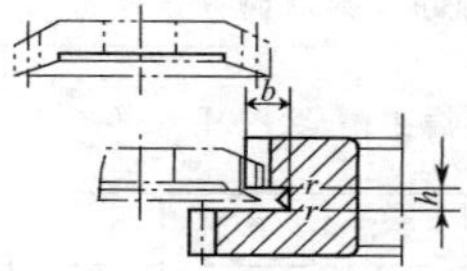

模数	2	2.5	3	4	5	6	7	8	9	10	12	14	16	18	20	22	25
h_{min}	5		6			7		8				9			10		12
b_{min}	5	6	7.5	10.5	13	15	16	19	22	24	28	33	38	42	46	51	58
r	0.5									1.0							

1. A型退刀槽各部分尺寸根据直径 d_1 的大小按图(a)取。B型退刀槽各部分尺寸见图(e)
2. 带槽孔退刀槽直径 d_2 可按选用的平键或楔键而定。退刀槽的深度 t_2 一般为20mm，如因结构上的原因 t_2 的最小值不得小于10mm

表 1.50 砂轮越程槽（GB/T 6403.5—2008）

(a) 磨外圆　(b) 磨内圆　(c) 磨外端面　(d) 磨内端面　(e) 磨外圆及端面　(f) 磨内圆及端面

回转面及端面

b_1	0.6	1.0	1.6	2.0	3.0	4.0	5.0	8.0	10
b_2	2.0	3.0	4.0	5.0		8.0		10	
h	0.1	0.2	0.3	0.4	0.6		0.8	1.2	
r	0.2	0.5	0.8	1.0	1.6		2.0	3.0	
d	≤10		10～50		50～100			100	

1. 越程槽内两直线相交处，不允许产生尖角。
2. 越程槽深度 h 与圆弧半径 r，要满足 $r \leqslant 3h$。

燕尾导轨

H	<5	6	8	10	12	16	20	25	32	40	50	63	80
b	1	2		3		4			5			6	
h	0.5	1.0			1.6	2.0			3.0		5.0		6
r	0.5	0.5		1.0		1.6			2.0		3.0		2

矩形导轨

$H = 0.5 \sim 1.0$

V形 / 平面

H	8	10	16	20	25	32	40	50	63	80	100
b	2		3		4		5			8	
h	0.5	1.0		2.0		3.0		5.0			8
r	0.5	1.0		1.0		1.6		2.0			2.0

表1.51 T形槽（GB/T 158—1996）

mm

图示说明：T形槽用螺母；T形槽不通端形式；K=H+2；120°；45°；0.3×45°；E、F和G倒45°角或倒圆；最大0.3×45°倒角或倒圆

A 基本尺寸	B 最小尺寸	B 最大尺寸	C 最小尺寸	C 最大尺寸	H 最小尺寸	H 最大尺寸	E 最大尺寸	F 最大尺寸	G 最大尺寸	d 公称尺寸	S 最大尺寸	K 最大尺寸	T形槽间距 P			
5	10	11	3.5	4.5	8	10	1	0.6	1	M4	9	3		20	25	32
6	11	12.5	5	6	11	13	1	0.6	1	M5	10	4		25	32	40
8	14.5	16	7	8	15	18	1	0.6	1	M6	13	6		32	40	50
10	16	18	7	8	17	21	1	1	1	M8	15	6	(40)	40	50	63
12	19	21	8	9	20	25	1	1	1.6	M10	18	7	(50)	50	63	80
14	23	25	9	11	23	28	1.6	1	1.6	M12	22	8	(63)	63	80	100
18	30	32	12	14	30	36	1.6	1	2.5	M16	28	10	(80)	80	100	125
22	37	40	16	18	38	45	1.6	1	2.5	M20	34	14	100	100	125	160
28	46	50	20	22	48	56	2.5	1.6	4	M24	43	18	125	125	160	200
36	56	60	25	28	61	71	2.5	1.6	4	M30	53	23	160	160	200	250
42	68	72	32	35	74	85	2.5	1.6	4	M36	64	28	200	200	250	320
48	80	85	36	40	84	95	2.5	2	6	M42	75	32	250	250	320	400
54	90	95	40	44	94	106	2.5	2	6	M48	85	36		320	400	500

T形槽间距偏差

间距 P	极限偏差
20	±0.2
25	±0.2
32～100	±0.3
125～250	±0.5
320～500	±0.8

续表

T形槽宽度 A	D 公称尺寸	螺母 A 基本尺寸	A 极限偏差	T形槽用螺母尺寸 B 基本尺寸	B 极限偏差	H₁ 基本尺寸	H₁ 极限偏差	H 基本尺寸	H 极限偏差	f 最大尺寸	r 最大尺寸	宽度 A	K	T形槽不通端尺寸 D 基本尺寸	D 极限偏差	e
5	M4	5	-0.3 -0.5	9	±0.29	3	±0.2	6.5	±0.29	1	0.3	5	12	15	+1 0	0.5
6	M5	6		10		4	±0.24	8		1.6		6	15	16		
8	M6	8		13		6		10				8	20	20		
10	M8	10		15	±0.35	6		12	±0.35			10	23	22		1
12	M10	12		18		7	±0.29	14				12	27	28	+1.5 0	
14	M12	14	-0.3 -0.6	22	±0.42	8		16		2.5	0.4	14	30	32		
18	M16	18		23		10	±0.35	20	±0.42			18	38	42		1.5
22	M20	22		34	±0.5	14		28		4	0.5	22	47	50	+2 0	
28	M24	28	-0.4 -0.7	43		18	±0.42	36	±0.5			28	58	62		2
36	M30	36		53	±0.6	23		44		6	0.8	36	73	76		
42	M36	42		64		28		52				42	87	92		
48	M42	48		75	±0.7	32	±0.5	60	±0.6			48	97	108		
54	M48	54		85		36		70				54	108	122		

注：螺母材料为 45 钢。螺母表面粗糙度（按 GB 1031）最大允许值，基准槽用螺母的 E 面和 F 面为 3.2μm；其余为 6.3μm。螺母进行热处理，硬度为 HRC35，并发蓝。

表1.52 零件倒圆与倒角 (GB/T 6403.4—2008)

mm

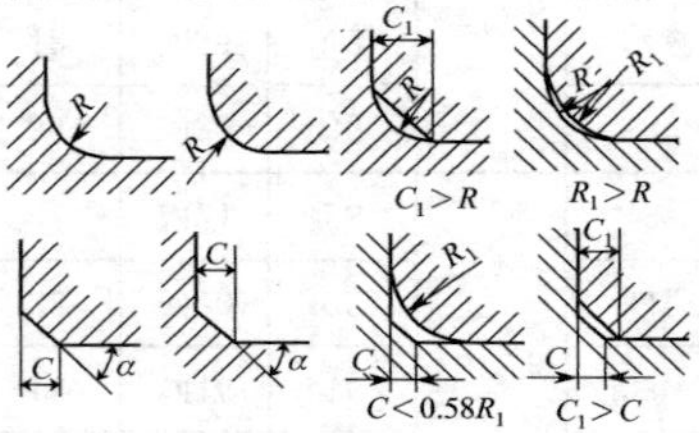

R、C	直径 D	≤3	>3~6	>6~10	>10~18
	R_1	0.2	0.3	0.4	0.5
	C_{max} ($C<0.58R_1$)	0.1	0.1	0.2	0.2

R、C	直径 D	>18~30	>30~50	>50~80	>80~120	>120~180
	R_1	1.0	1.2	1.6	2.0	2.5	3.0
	C_{max} ($C<0.58R_1$)	0.5	0.6	0.8	1.0	1.2	1.6

R、C	直径 D	>180~250	>250~320	>320~400	>400~500	>500~630	>630~800
	R_1	4.0	5.0	6.0	8.0	10	12
	C_{max} ($C<0.58R_1$)	2.0	2.5	3.0	4.0	5.0	6.0

R、C	直径 D	>800~1000	>1000~1250	>1250~1600
	R_1	16	20	25
	C_{max} ($C<0.58R_1$)	8.0	10	12

$R_1>R$ $C_1>C$ $C<0.58R_1$ $C_1>C$

根据零件直径 D 确定倒圆 R（或 R_1）、C，另一相配零件的圆角或倒角按图中关系确定

注：α 一般采用 45°，也可采用 30°或 60°。

1.9 毛坯及其加工余量

1.9.1 工件毛坯的种类及其加工方法选择

机械加工中工件毛坯常用的种类有铸件、锻件、焊接件、冲压件、型材等，而同一种毛坯可能有不同的制造方法。不同类型和制造方法的零件毛坯，其加工余量就不同，从而对零件的加工质量、金属消耗量、切削加工量、生产效率、加工成本等有直接的影响。

（1）毛坯类型的选择

毛坯的类型一般根据零件的设计要求、结构形状、使用要求和生产类型等进行选择。

对于形状复杂的零件毛坯，如箱体、机架、底座、床身、壳体等，一般采用铸件。

对于力学性能要求高、形状较为简单、有一定批量的重要零件毛坯，如曲轴、连杆等，一般选择锻件。

对于结构简单的零件毛坯，如轴类、套类、盘类、板类、长条类零件，一般采用型材。型材的种类主要包括圆、方、六方棒材、板材、管（圆管、方管等）材、角钢、工字钢等。热轧型材用作一般零件的毛坯，冷拔型材用作尺寸精度高的零件毛坯。

对于板料类、批量较大零件毛坯，可采用冷冲压件。

焊接件毛坯是通过型材与型材、型材与锻件、型材与铸件等焊接组合而成，可简化毛坯的制造过程。对于单件小批生产的机架、框架、床身等零件毛坯一般采用焊接件毛坯。焊接件毛坯在机械加工前需要经时效处理。

（2）毛坯制造方法的选择

零件毛坯制造方法的选择主要考虑零件的材料及其力学性能、零件的形状、尺寸、生产类型、零件制造的经济性、毛坯制造的生产条件和技术水平等因素以及可参考表1.53进行选择。

1.9.2 轧制件尺寸、偏差与加工余量

（1）轧制件的尺寸与极限偏差

常用金属轧制件的尺寸与极限偏差（表1.54～表1.59）

表 1.53　毛坯的制造方法及其工艺特点

毛坯类型	制坯方法	质量或尺寸	形状复杂程度	毛坯精度/mm	表面质量	材料	生产方式
型材	1. 如由棒料分割下料	随棒料规格	—	简单	—	粗	各种棒料	单件、中批、大量
铸件	2. 手工造型、砂型铸造	≤100t	壁厚3~5mm	极复杂	1~10(视尺寸和削法)	极粗	铁碳合金、有色金属和合金	单件、小批
	3. 机械造型、砂型铸造	≤250kg	壁厚3~5mm	极复杂	1~2	粗	铁碳合金、有色金属和合金	大批、大量
	4. 刮板型造型、砂型铸造	≤100t	壁厚3~5mm	多半为旋转体	4~15(视尺寸)	极粗	铁碳合金、有色金属和合金	单件、小批
	5. 组芯铸造	≤2t	壁厚3~5mm	极复杂	1~10(视尺寸)	粗	铁碳合金、有色金属和合金	单件、中批、大量
	6. 离心铸造	≤200kg	壁厚3~5mm	多半为旋转体	1~8(视尺寸)	光	铁碳合金、有色金属和合金	大批、大量
	7. 金属型铸造	≤100kg	20~30g，对有色金属壁厚1.5mm	简单和中等(视铸件能否从铸型中取出)	0.1~0.5	光	铁碳合金、有色金属和合金	大批、大量
	8. 精密铸造	≤5kg	壁厚0.8mm	极复杂	0.05~0.15	极光	特别适用于难切削的材料	单件、小批
	9. 压力铸造	10~16kg	壁厚：对锌为0.5mm；对其他合金1.0mm	只受铸型能否制造的限制	0.05~0.2，在分型方向还要小一些	极光	铁、铝、镁、铜、锡和铅的合金	大批、大量

续表

毛坯类型	制坯方法	质量或尺寸		形状复杂程度	毛坯精度/mm	表面质量	材　料	生产方式
锻件	10. 自由锻造	≤200t	—	简单	1.5~25	极粗	碳钢和合金钢	单件、小批
	11. 锤模锻	≤100kg	壁厚2.5mm	受模具能否制造的限制	0.4~3.0,在垂直分模线方向还要小一些	粗	碳钢和合金钢	中批、大量
	12. 平锻机模锻	≤100kg	壁厚2.5mm	受模具能否制造的限制	0.4~3.0,在垂直分模线方向还要小一些	粗	碳钢和合金钢	大批、大量
	13. 挤压	直径≤200mm	对铝合金壁厚1.5mm	简单	0.2~0.5	光	碳钢和合金钢	大批、大量
	14. 辊锻	≤50kg	对铝合金壁厚1.5mm	简单	0.4~2.5	粗	碳钢和合金钢	大批、大量
	15. 曲柄压力机模锻	≤100kg	壁厚1.5mm	受模具能否制造的限制	0.4~1.8	光	碳钢和合金钢	大批、大量
	16. 冷热精压	≤100kg	壁厚1.5mm	受模具能否制造的限制	0.05~0.10	极光	碳钢和合金钢	大批、大量
冷压件	17. 冷镦	直径25mm	直径3.0mm	简单	0.1~0.25	光	钢和其他塑性材料	大批、大量
	18. 板料冲裁	厚度25mm	厚度0.1mm	复杂	0.05~0.5	光	各种板料	大批、大量
压制件	19. 塑料压制	壁厚8mm	壁厚0.8mm	受压型能否制造的限制	0.05~0.25	极光	含纤维状和粉状无填充剂的塑料	大批、大量
	20. 粉末金属和石墨的压制	横截面面积100cm²	壁厚2.0mm	简单,受及在凸模行程方向的压力限制	在凸模行程方向:0.1~0.25;在与此垂直方向:0.25	极光	各种金属和石墨	大批、大量

表1.54　　热轧圆钢和方钢（摘自 GB/T 702—2008）　　mm

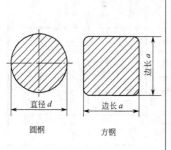

圆钢　　直径 d　方钢　　边长 a

圆钢直径 d 和方钢边长 a

5.5	6	6.5	7	8	9	10	11	12	13	14
15	16	17	18	19	20	21	22	23	24
25	26	27	28	29	30	31	32	33	34
35	36	38	40	42	45	48	50	53	55
56	58	60	63	65	68	70	75	80	
85	90	95	100	105	110	115	120	125	
130	135	140	145	150	155	160	165		
170	180	190	200	210	220	230	240		
250	260	270	280	290	300	310			

用 40Gr 钢轧制成的公称直径为 50mm、允许偏差组别为 2 组圆钢的标记为

圆钢 $\dfrac{50\quad 2\quad \text{GB/T 702}—2008}{40\text{Gr}\quad \text{GB/T 699}—1999}$

(1) 圆钢直径和方钢边长极限偏差

圆钢直径或	组　　别		
方钢边长	1 组	2 组	3 组
5.5～7	±0.20	±0.30	±0.40
>7～20	±0.25	±0.35	±0.40
>20～30	±0.30	±0.40	±0.50
>30～50	±0.40	0.50	±0.60
>50～80	±0.60	±0.70	±0.80
>80～110	±0.90	±1.00	±1.10
>110～150	±1.20	±1.30	±1.40
>150～200	±1.60	±1.80	±2.00
>200～280	±2.00	±2.50	±3.00
>280～310	—	—	±5.00

(2) 圆钢不圆度

圆钢公称直径 d	不圆度
≤50	≤公称直径公差的 50%
>50～80	≤公称直径公差的 65%
>80	≤公称直径公差的 70%

(3) 方钢对角线长度

方钢公称边长 a	对角线长度
<50	≥公称边长的 1.33 倍
≥50	≥公称边长的 1.29 倍
工具钢全部尺寸	≥公称边长的 1.29 倍

(4) 方钢不方度

同一截面内任何两边长之差	≤公称边长公差的 50%
同一截面内两对角线长之差	≤公称边长公差的 70%

(5) 钢材通常长度

钢　类	截面公称尺寸/mm	钢棒长度/m
普通质量钢	≤25	4～12
	>25	3～12
优质及特殊质量钢	全部规格	2～12
	工具钢>75	1～8

(6) 钢材短尺长度

钢　类	截面公称尺寸/mm	短尺长度/m
普通质量钢	全部尺寸	≥2.5
优质及特殊质量钢	全部尺寸（工具钢除外）	≥1.5
	非合金工具钢和合金工具钢	≤75	≥1.0
		>75	≥0.5
	高速工具钢全部尺寸	≥0.5

(7) 弯曲度

组别	每米弯曲度	总弯曲度
1	2.5	≤钢棒长度的 0.25%
2	4	≤钢棒长度的 0.40%

表 1.55 热轧六角钢和八角钢(摘自 GB/T 702—2008) mm

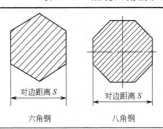

六角钢和八角钢的对边距离 S

8　9　10　11　12　13　14　15　16
17　18　19　20　21　22　23　24　25
26　27　28　30　32　34　36　38　40
42　45　48　50　53　56　58　60　63
65　68　70

(1)六角钢和八角钢的截面尺寸及极限偏差

对边距离 s	允许偏差		
	1 组	2 组	3 组
≥8～17	±0.25	±0.35	±0.40
>17～20	±0.25	±0.35	±0.40
>21～30	±0.30	±0.40	±0.50
>30～50	±0.40	±0.50	±0.60
>50～70	±0.60	±0.70	±0.80

(2)六角钢和八角钢的外形偏差

在同一截面内任何两个对边距离之差	≤公差的 70%

(3)六角钢和八角钢弯曲度

组别	每米弯曲度	总弯曲度
1	2.5	≤钢材长度的 0.25%
2	4	≤钢材长度的 0.40%
3	6	≤钢材长度的 0.60%

(4)六角钢和八角钢的长度及极限偏差

通常长度	普通钢	3～8m
	优质钢	2～6m
定尺或倍尺长度及极限偏差	±60mm	
允许短尺长度	普通钢	≥2.5m
	优质钢	≥1.5m

表 1.58　热轧扁钢和热轧工具钢扁钢（摘自 GB/T 702—2008）

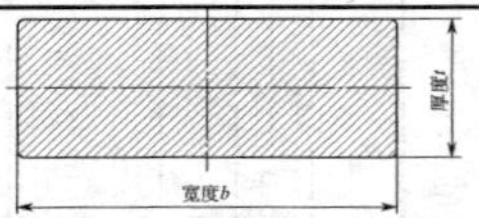

用 45 钢轧制成宽为 22mm、厚度为 10mm、允许偏差为 2 组的热轧扁钢的标记为

$$扁钢 \frac{22\times10 \quad 2 \quad GB/T\ 702—2008}{45 \quad GB/T\ 699—1999}$$

(1)热轧扁钢的尺寸及理论质量

公称宽度/mm	厚度/mm 3	4	5	6	7	8	9	10	11	12	14	16	18	20	22	25	28	30	32	36	40	45	50	56	60
	理论质量/kg·m^{-1}																								
10	0.24	0.31	0.39	0.47	0.55	0.63																			
12	0.28	0.38	0.47	0.57	0.66	0.75																			
14	0.33	0.44	0.55	0.66	0.77	0.88																			
16	0.38	0.50	0.63	0.75	0.88	1.00	1.15	1.26																	
18	0.42	0.57	0.71	0.85	0.99	1.13	1.27	1.41																	
20	0.47	0.63	0.78	0.94	1.10	1.26	1.41	1.57	1.73	1.88															
22	0.52	0.69	0.86	1.04	1.21	1.38	1.55	1.73	1.90	2.07															
25	0.59	0.78	0.98	1.18	1.37	1.57	1.77	1.96	2.16	2.36	2.75	3.14													
28	0.66	0.88	1.10	1.32	1.54	1.76	1.98	2.20	2.42	2.64	3.08	3.53													
30	0.71	0.94	1.18	1.41	1.65	1.88	2.12	2.36	2.59	2.83	3.30	3.77	4.24	4.71											
32	0.75	1.00	1.26	1.51	1.76	2.01	2.26	2.53	2.76	3.01	3.52	4.02	4.52	5.02											
35	0.82	1.10	1.37	1.65	1.92	2.20	2.47	2.75	3.02	3.30	3.85	4.40	4.95	5.50	6.04	6.87	7.69								
40	0.94	1.26	1.57	1.88	2.20	2.51	2.83	3.14	3.45	3.77	4.40	5.02	5.65	6.28	6.91	7.85	8.79								
45	1.06	1.41	1.77	2.12	2.47	2.83	3.18	3.53	3.89	4.24	4.95	5.65	6.36	7.07	7.77	8.83	9.89	10.60	11.30	12.72					
50	1.18	1.57	1.96	2.36	2.75	3.14	3.53	3.93	4.32	4.71	5.50	6.28	7.06	7.85	8.64	9.81	10.99	11.78	12.56	14.13					
55		1.73	2.16	2.59	3.02	3.45	3.89	4.32	4.75	5.18	6.04	6.91	7.77	8.64	9.50	10.79	12.09	12.95	13.82	15.54					
60		1.88	2.36	2.83	3.30	3.77	4.24	4.71	5.18	5.65	6.59	7.54	8.48	9.42	10.36	11.78	13.19	14.13	15.07	16.96	18.84	21.20			
65		2.04	2.55	3.06	3.57	4.08	4.59	5.10	5.61	6.12	7.14	8.16	9.18	10.20	11.23	12.76	14.29	15.31	16.33	18.37	20.41	22.96			
70		2.20	2.75	3.30	3.85	4.40	4.95	5.50	6.04	6.59	7.69	8.79	9.89	10.99	12.09	13.74	15.39	16.49	17.58	19.78	21.98	24.73			
75		2.36	2.94	3.53	4.12	4.71	5.30	5.89	6.48	7.07	8.24	9.42	10.60	11.78	12.95	14.72	16.48	17.66	18.84	21.20	23.55	26.49			
80		2.51	3.14	3.77	4.40	5.02	5.65	6.28	6.91	7.54	8.79	10.05	11.30	12.56	13.82	15.70	17.58	18.84	20.10	22.61	25.12	28.26	31.40	35.17	
85			3.34	4.00	4.67	5.34	6.01	6.67	7.34	8.01	9.34	10.68	12.01	13.34	14.68	16.68	18.68	20.02	21.35	24.02	26.69	30.03	33.36	37.37	40.04
90			3.53	4.24	4.95	5.65	6.36	7.07	7.77	8.48	9.89	11.30	12.72	14.13	15.54	17.66	19.78	21.20	22.61	25.43	28.26	31.79	35.32	39.56	42.39
95			3.73	4.47	5.22	5.97	6.71	7.46	8.20	8.95	10.44	11.93	13.42	14.92	16.41	18.64	20.88	22.37	23.86	26.85	29.83	33.56	37.29	41.76	44.74
100			3.92	4.71	5.50	6.28	7.06	7.85	8.64	9.42	10.99	12.56	14.13	15.70	17.27	19.62	21.98	23.55	25.12	28.26	31.40	35.32	39.25	43.96	47.10
105			4.12	4.95	5.77	6.59	7.42	8.24	9.07	9.89	11.54	13.19	14.84	16.48	18.13	20.61	23.08	24.73	26.38	29.67	32.97	37.09	41.21	46.16	49.46
110			4.32	5.18	6.04	6.91	7.77	8.64	9.50	10.36	12.09	13.54	15.54	17.27	19.00	21.59	24.18	25.90	27.63	31.09	34.54	38.86	43.18	48.36	51.81
120			4.71	5.65	6.59	7.54	8.48	9.42	10.36	11.30	13.19	15.07	16.69	18.84	20.72	23.55	26.38	28.26	30.14	33.91	37.68	42.39	47.10	52.75	56.52
125				5.89	6.87	7.85	8.83	9.81	10.79	11.78	13.74	15.70	17.66	19.62	21.58	24.53	27.48	29.44	31.40	35.32	39.25	44.16	49.06	54.95	58.88
130				6.12	7.14	8.16	9.18	10.20	11.23	12.25	14.29	16.33	18.37	20.41	22.45	25.51	28.57	30.62	32.66	36.74	40.82	45.92	51.02	57.15	61.23
140					7.69	8.79	9.89	10.99	12.09	13.19	15.39	17.58	19.78	21.98	24.18	27.48	30.72	32.97	35.17	39.56	43.96	49.46	54.95	61.54	65.94
150					8.24	9.42	10.60	11.78	12.95	14.13	16.48	18.84	21.20	23.55	25.90	29.44	32.97	35.32	37.68	42.39	47.10	52.99	58.88	65.94	70.65
160					8.79	10.05	11.30	12.56	13.82	15.07	17.58	20.10	22.61	25.12	27.63	31.40	35.32	37.68	40.19	45.22	50.24	56.52	62.80	70.34	75.36
180					9.89	11.30	12.72	14.13	15.54	16.96	19.78	22.61	25.43	28.26	31.09	35.32	39.56	42.39	45.22	50.87	56.52	63.58	70.65	79.13	84.78
200					10.99	12.56	14.13	15.70	17.27	18.44	21.98	25.12	28.26	31.40	34.54	39.25	43.96	47.10	50.24	56.52	62.80	70.65	78.50	87.92	94.20

续表

(2) 热轧扁钢钢的尺寸允许偏差

宽度			厚度		
公称尺寸	允许偏差		公称尺寸	允许偏差	
	1组	2组		1组	2组
10~50	+0.3 −0.9	+0.5 −1.0	3~16	+0.3 −0.5	+0.2 −0.4
>50~75	+0.4 −1.2	+0.6 −1.3			
>75~100	+0.7 −1.7	+0.9 −1.8	>16~60	+1.5% −3.0%	+1.0% −2.5%
>100~150	+0.8% −1.8%	+1.0% −2.0%			
>150~200	供需双方协商				

(4) 热轧扁钢钢的弯曲度

精度级别	每米弯曲度	总弯曲度
1组	2.5	钢棒长度的 0.25%
2组	4	钢棒长度的 0.40%

(3) 热轧工具钢扁钢的尺寸允许偏差

宽度		厚度	
公称宽度	允许偏差	公称厚度	允许偏差
10	+0.70	>4~6	+0.40
>10~18	+0.80	>6~10	+0.50
>18~30	+1.2	>10~14	+0.60
>30~50	+1.6	>14~25	+0.80
>50~80	+2.3	>25~30	+1.23
>80~160	+2.8	>30~60	+1.4
>160~200	+3.0	>60~100	+1.6
>200~310	+3.2		

弯曲度 不大于	
每米弯曲度	总弯曲度
2.5	钢棒长度的 0.25%
4	钢棒长度的 0.40%

热轧工具钢扁钢及宽度大于 150mm 的热轧扁钢,每米弯曲度不大于钢棒长度的 0.50%,总弯曲度不大于 5mm,总弯曲度不大于钢棒长度的 0.50%。热轧工具钢扁钢的侧面弯曲度每米不得超过 5mm,总侧面弯曲度不大于总长度的 50%

表 1.57 冷拉圆钢、方钢和六角钢（摘自 GB/T 905—1994） mm

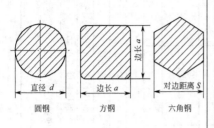

| 圆钢 | 方钢 | 六角钢 |

圆钢的直径、方钢的边长和六角钢的对边距离为（通常长度为：2～6m）：

3.0	3.2	3.5	4.0	4.5	5.0	5.5
6.0	6.3	7.0	7.5	8.0	8.5	9.0
9.5	10.0	10.5	11.0	11.5	12.0	
13.0	14.0	15.0	16.0	17.0	18.0	
19.0	20.0	21.0	22.0	24.0	25.0	
26.0	28.0	30.0	32.0	34.0	35.0	
36.0	38.0	40.0	42.0	45.0	48.0	
50.0	52.0	55.0	56.0	60.0	63.0	
65.0	67.0	70.0	75.0～80.0			

（1）钢材尺寸的允许偏差

尺寸	允许偏差级别					
	8 h8	9 h9	10 h10	11 h11	12 h12	13 h13
	允许偏差					
3	0 −0.014	0 −0.025	0 −0.040	0 −0.060	0 −0.15	0 −0.14
>3～6	0 −0.018	0 −0.030	0 −0.048	0 −0.075	0 −0.12	0 −0.18
>6～10	0 −0.022	0 −0.036	0 −0.058	0 −0.090	0 −0.15	0 −0.22
>10～18	0 −0.027	0 −0.043	0 −0.070	0 −0.110	0 −0.18	0 −0.27
>18～30	0 −0.033	0 −0.052	0 −0.084	0 −0.130	0 −0.21	0 −0.33
>30～50	0 −0.039	0 −0.062	0 −0.100	0.160	0 −0.25	0 −0.39
>50～80	0 −0.046	0 −0.074	0 −0.120	0 −0.190	0 −0.30	0 −0.46

（2）钢材尺寸的允许偏差级别适用范围

截面形状	圆 钢	方 钢	六角钢
适用级别	8、9、10、11、12	10、11、12、13	10、11、12、13

（3）钢材的弯曲度

级 别	弯曲度（不大于）/mm·m⁻¹			总弯曲度（不大于）
	尺寸			7～80
	7～25	>25～50	>50～80	
8～9（h8～h9）级	1	0.75	0.50	总长度与每米允许弯曲度的乘积
10～11（h10～h11）级	3	2	1	
12～13（h12～h13）级	4	3	2	
供自动切削用圆钢	2	2	1	

表 1.58 银亮钢直径及极限偏差（摘自 GB/T 3207—2008）mm

银亮钢是表面无轧制缺陷和脱碳层，并具有光亮表面的圆钢。可以细分为剥皮材、磨光材和抛光材

剥皮材是通过车削剥皮去除轧制缺陷和脱碳层后，再经矫直的圆钢

磨光材是拉拔或剥皮后，经磨光处理的圆钢

抛光材是经拉拔、车削剥皮或磨光后，再进行抛光处理的圆钢

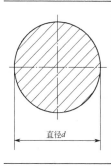

直径d

银亮钢的公称直径									
1.0	1.1	1.2	1.4	1.5	1.6	1.8	2.0	2.2	2.5
2.8	3.0	3.2	3.5	4.0	4.5	5.0	5.5	6.0	6.3
7.0	7.5	8.0	8.5	9.0	9.5	10.0	10.5	11.0	11.5
12.0	13.0	14.0	15.0	16.0	17.0	18.0	19.0	20.0	
21.0	22.0	24.0	25.0	26.0	28.0	30.0	32.0	33.0	
34.0	35.0	36.0	38.0	40.0	42.0	46.0	49.0	50.0	
53.0	55.0	56.0	58.0	60.0	63.0	65.0	68.0	70.0	
75.0	80.0	85.0	90.0	95.0	100.0	105.0	110.0		
115.0	120.0	125.0	130.0	135.0	140.0	145.0	150.0		
155.0	160.0	165.0	170.0	175.0	180.0				

（1）银亮钢的直径允许偏差

公称直径	允许偏差							
	6(h6)	7(h7)	8(h8)	9(h9)	10(h10)	11(h11)	12(h12)	13(h13)
1.0～3.0	0 −0.005	0 −0.010	0 −0.014	0 −0.025	0 −0.040	0 −0.050	0 −0.10	0 −0.14
>3.0～6.0	0 −0.008	0 −0.012	0 −0.018	0 −0.030	0 −0.048	0 −0.075	0 −0.12	0 −0.18
>6.0～10.0	0 −0.009	0 −0.015	0 −0.022	0 −0.035	0 −0.058	0 −0.090	0 −0.15	0 −0.22
>10.0～18.0	0 −0.011	0 −0.018	0 −0.027	0 −0.048	0 −0.070	0 −0.11	0 −0.18	0 −0.27
>18.0～30.0	0 −0.013	0 −0.021	0 −0.032	0 −0.052	0 −0.084	0 −0.134	0 −0.21	0 −0.33
>30.0～50.0	0 −0.016	0 −0.025	0 −0.039	0 −0.062	0 −0.100	0 −0.16	0 −0.25	0 −0.39
>50.0～80.0	0 −0.019	0 −0.030	0 −0.045	0 −0.074	0 −0.12	0 −0.19	0 −0.30	0 −0.45
>80.0～120.0	0 −0.022	0 −0.035	0 −0.054	0 −0.087	0 −0.14	0 −0.22	0 −0.36	0 −0.54
>120.0～180.0	0 −0.025	0 −0.040	0 −0.063	0 −0.100	0 −0.15	0 −0.25	0 −0.40	0 −0.63

续表

（2）银亮钢的通常长度

圆钢直径	通常长度/m
≤30.0	2～6
>30.0	2～7

表 1.59　铝型材的公称尺寸　　　　　　　　mm

圆棒　方棒

尺寸:10　12　16　20　25　30　35　40　45　50　55　60

扁条

尺寸 $w \times s$:
10×3　10×6　10×8　15×3　15×5　15×8　20×5　20×8
20×10　20×15　25×5　25×8　25×10　25×15　25×20
30×10　30×15　30×20　40×10　40×15　40×20　40×25
40×30　40×35　50×10　50×15　50×20　50×25　50×30
50×35　50×40　60×10　60×15　60×20　60×25　60×30
60×35　60×40　80×10　80×15　80×20　80×25　80×30
80×35　80×40　100×20　100×30　100×40

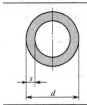

尺寸 $d \times s$:
10×1　10×1.5　10×2　12×1　12×1　12×2　16×1　16×2
16×3　20×1　20×3　20×5　25×2　25×3　25×5　30×2
30×4　30×6　35×3　35×5　35×10　40×3　40×5　40×10
50×3　50×5　50×10　60×5　60×10　60×16　70×5　70×10
70×16

（2）轧制件毛坯的加工余量

① 棒料的加工余量　型材棒料的外径已标准化，选择零件毛坯的外径与零件直径相近的规格即可。对于六角形和方形棒料，其外径是指对边距。棒料的外径余量、端面余量、中心孔切除余量、切断余量和夹紧余量的形式如图 1.43 所示。棒料外径和端面的加工余量如表 1.60 所示。夹紧余量、切断余量和中心孔切除余量如表 1.61 所示。

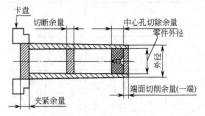

图 1.43　棒料毛坯加工余量

表 1.60 棒料外径和端面的加工余量

单位：mm

零件长度	≤200 外径 6.3~25	≤200 外径 1.6~6.3	≤200 单端面 6.3~25	≤200 单端面 1.6~6.3	>200~500 外径 6.3~25	>200~500 外径 1.6~6.3	>200~500 单端面 6.3~25	>200~500 单端面 1.6~6.3	>500~1000 外径 6.3~25	>500~1000 外径 1.6~6.3	>500~1000 单端面 6.3~25	>500~1000 单端面 1.6~6.3	>1000 外径 6.3~25	>1000 外径 1.6~6.3	>1000 单端面 6.3~25	>1000 单端面 1.6~6.3
8~40	2~5	4~6	1	1.5	3~6	4~7	1.5	1.5	5~7	5~8	1.5	1.5	5~8	5~8	2	2
40~50	3~5	4~6	1.5	1.5	3~7	5~8	1.5	1.5	5~7	5~8	2	2	5~10	5~10	2.5	3
50~90	3~7	4~6	1.5	2.0	3~7	5~8	1.5	2	5~9	5~9	2	2	5~10	5~10	3	3.5
90~160	4~12	4~14	2	2	4~12	4~14	2	2	5~14	5~14	2.5	2.5	5~15	5~18	3	3.5
160~200	4~13	5~14	2	2	5~14	6~14	2	2	5~14	6~14	2.5	3	6~16	6~16	3	3.5
200~	5~16	5~16	2	2	5~18	5~20	2	2.5	5~20	5~20	2.5	3	6~20	6~20	3	3.5

注：零件外径直径分区，零件的表面粗糙度 Ra/μm。

表 1.61 夹紧余量、切断余量和中心孔切除余量

单位：mm

夹紧余量：普通车床（≤40）20.0；六角车床（>40）25.0

切断余量（切开）：零件表面粗糙度 Ra/μm >1.6~6.3 为 7.0；>6.3~25 为 5.0

中心孔切除余量（机械加工）：

零件外径	零件表面粗糙度 Ra/μm >1.6~6.3	>6.3~25	适用中心孔 d (GB/T 145—2001)
≤25	7.0	6.5	2
26~40	10.5	10.0	3
41~65	13.5	12.5	4
66~70	14.5	13.5	5
71~100	14.5	13.5	5
101~200	17.5	17.0	6

② 板材毛坯的加工余量 板材的规格已标准化，其厚度是主参数。板料厚度一般选取与板类零件厚度尺寸相近的规格，并留有一定的加工余量。板料毛坯加工余量如图 1.44 所示。板料毛坯厚度和端面加工余量如表 1.62 所示。

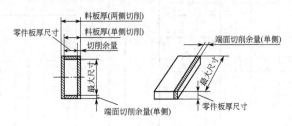

图 1.44　板料毛坯加工余量

表 1.62　板料毛坯厚度和端面加工余量　　　　　mm

零件长度	≤400			>400~1500			>1500		
零件的表面粗糙度 $Ra/\mu m$	6.3~25	6.3~25	1.6~6.3	6.3~25	6.3~25	1.6~6.3	6.3~25	6.3~25	1.6~6.3
零件板厚尺寸	板厚余量		端面单侧余量	板厚余量		端面单侧余量	板厚余量		端面单侧余量
	单侧	双侧		单侧	双侧		单侧	双侧	
8~36	1~4	4~7	2	3	1~4	4~7	3	4	1~4	4~7	4	5
30~60	2~8	4~8	2	3	3~7	5~9	4	5	3~7	5~9	5	6

③ 手工气割下料毛坯的加工余量　见表 1.63。

表 1.63　手工气割下料毛坯的加工余量　　　　　mm

毛坯长度或直径		毛坯厚度				
		≤25	>25~50	>50~100	>100~200	>200~300
		每边留量				
长度	≤100	3	4	5	8	10
	>100~250	4	5	6	9	
	>250~630					11
	>630~1000	5	6	7	10	
	>1000~1600					12
	>1600~2500	6	7	8	11	
	>2500~4000					13
	>4000~5000	7	8	9	12	

续表

毛坯长度或直径		毛坯厚度				
		≤25	>25~50	>50~100	>100~200	>200~300
		每边留量				
直径	60~100	5	7	10	14	16
	>100~150	6	8	11	15	17
	>150~200	7	9	12	16	18
	>200~250	8	10	13	17	19
	>250~300	9	11	14	18	20

④ 各种型材锯削下料毛坯的加工余量　见表 1.64。

表 1.64　各种型材锯削下料毛坯的加工余量　　mm

型材 1

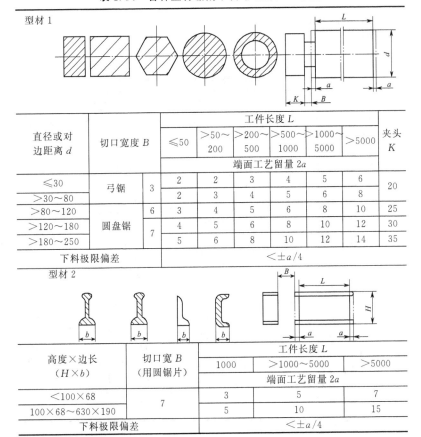

直径或对边距离 d	切口宽度 B	工件长度 L						夹头 K
		≤50	>50~200	>200~500	>500~1000	>1000~5000	>5000	
		端面工艺留量 2a						
≤30	弓锯　3	2	2	3	4	5	6	20
>30~80		2	3	4	5	6	8	
>80~120	圆盘锯　6	3	4	5	6	8	10	25
>120~180	7	4	5	6	8	10	12	30
>180~250		5	6	8	10	12	14	35
下料极限偏差	<±a/4							

型材 2

高度×边长 (H×b)	切口宽 B (用圆锯片)	工件长度 L		
		1000	>1000~5000	>5000
		端面工艺留量 2a		
<100×68	7	3	5	7
100×68~630×190		5	10	15
下料极限偏差	<±a/4			

⑤ 剪切下料毛坯公差　见表 1.65。

表 1.65　剪切下料毛坯公差　　　　　　　　mm

材料厚度		≤2		>2~4		>4~7		>7~12	
精度等级		A	B	A	B	A	B	A	B
剪切宽度	≤120	±0.4	±0.8	±0.5	±1.0	±0.8	±1.5	±1.2	±2.0
	>120~315	±0.6		±0.7		±1.0		±1.5	
	>315~500	±0.8	±1.2	±1.0	±1.5	±1.2	±2.0	±1.8	±2.5
	>500~1000	±1.0		±1.2		±1.5		±2.0	
	>1000~2000	±1.2	±1.8	±1.5	±2.0	±1.7	±2.5	±2.2	±3.0
	>2000~3150	±1.5		±1.7		±2.0		±2.5	

1.9.3　铸件

（1）铸造方法的特点和应用范围（见表 1.66、表 1.67）

表 1.66　各种铸造方法的特点和应用范围

铸造方法	工艺特点	应用范围
砂型手工造型	设备简单,造型灵活,生产效率低,工人劳动强度大,铸件的精度低	大、中、小铸件成批或单件生产
砂型机械造型	铸件的精度低,生产效率高	大批量生产
压力铸造	用金属铸型,在高压、高速下充型,在压力下快速凝固。这是效率高、精度高的金属成形方法,但压铸机、压铸型制造费用高。铸件表面粗糙度 Ra 为 3.2~0.8μm,结晶细、强度高,毛坯金属利用率可达95%	大批、大量生产以锌合金、铝合金、镁合金及铜合金为主的中、小型形状复杂且不进行热处理的零件;也用于钢铁铸件,如汽车化油器、喇叭、电器、仪表、照相机零件等。不宜用于高温下工作的零件
熔模铸造	用蜡模,在蜡模外制成整体的耐火质薄壳铸型,加热熔掉蜡模后,用重力浇注。压型制造费用高,工序繁多,生产率较低。手工操作时,劳动条件差。铸件表面粗糙度 Ra 为 12.5~1.6μm,结晶较粗	各种生产批量,以碳钢、合金钢为主的各种合金和难于加工的高熔点合金复杂零件。零件质量和轮廓尺寸不能过大,一般铸件质量小于 10kg。用于刀具、刀杆、叶片、风动工具、自行车零件、机床零件等

续表

铸造方法	工艺特点	应用范围
金属型铸造	用金属铸型,在重力下浇注成形。对非铁合金铸件有细化组织的作用,灰铸铁件易出白口。生产率高,无粉尘,设备费用高。手工操作时,劳动条件差。铸件表面粗糙度 Ra 为 12.5～6.3μm。结晶细,加工余量小	成批大量生产,以非铁合金为主;也可用于铸钢、铸铁的厚壁、简单或中等复杂的中小铸件;或用于数吨大件,如铝活塞、水暖器材、水轮机叶片等
低压铸造	用金属型、石墨型、砂型,在气体压力下充型及结晶凝固,铸件致密,金属收缩率高。设备简单,生产率中等。铸件表面粗糙度 Ra 为 12.5～3.2μm,加工余量小,液态合金利用率可达 95%	单件、小批,或大量生产以铝、镁等非铁合金为主的中大薄壁铸件,如发动机缸体、缸盖、壳体、箱体、船用螺旋桨,纺织机零件等。壁厚相差较悬殊的零件不宜选用
壳型铸造	铸件尺寸精度高,表面粗糙度数值小,便于实现自动化生产,节省车间生产面积	成批大量生产,适用铸造各种材料。多用于泵体、壳体、轮毂等零件

表 1.67　砂型的类型、特点和应用范围

方法		主要特点	应用范围
砂型类别	干型	水分少、强度高、透气性好、成本高、劳动条件差,可用机器造型,但不易实现机械化、自动化	结构复杂,质量要求高,适用于单件小批中、大型铸件
	湿型	不用烘干、成本低、粉尘少,可用机器造型,容易实现机械化、自动化;采用膨润土活化砂及高压造型,可以得到强度高、透气性较好的铸型	多用于单件或大批、大量生产的中小型铸件
	自硬型	一般不需烘干,强度高、硬化快、劳动条件好、铸型精度较高。自硬型砂按使用黏结剂和硬化方法不同,各有特点	多用于单件、小批,或成批生产的中、大型铸件,对大型铸件效果较好

（2）铸件的尺寸公差

根据 GB/T 6414—1999 规定,铸件尺寸公差由高到低分 CT1～CT16 共 16 个等级,其公差带数值如表 1.68 和表 1.69 所示,其中 CT1 和 CT2 未规定公差值,为将来更精密的铸件保留。铸件尺寸公差一般应对称分布,标注形式为 "GB/T 6414—CT13" 或基本尺寸后面标注偏差,如 "95±4.5（CT13）",非对称分布需要在基本尺寸后面标注偏差,如外表面 "95^{+6}_{-3}（CT13）",内表

面"95$^{+3}_{-6}$（CT13）"。

表 1.68　铸件的尺寸公差（带）数值（一）　　mm

铸件基本尺寸 大于	至	公差等级 CT															
		1	2	3	4	5	6	7	8	9	10	11	12	13	14	15	16
—	10	—	—	0.18	0.26	0.36	0.52	0.74	1.0	1.5	2.0	2.8	4.2	—	—	—	—
10	16	—	—	0.20	0.28	0.38	0.54	0.78	1.4	1.6	2.2	3.0	4.4	—	—	—	—
16	25	—	—	0.22	0.30	0.42	0.58	0.82	1.2	1.7	2.4	3.2	4.6	6	8	10	12
25	40	—	—	0.24	0.32	0.46	0.64	0.90	1.3	1.8	2.6	3.6	5.0	7	.9	11	14
40	63	—	—	0.26	0.36	0.50	0.70	1.0	1.4	2.0	2.8	4.0	5.6	8	10	12	16
63	100	—	—	0.28	0.40	0.56	0.78	1.1	1.6	2.2	3.2	4.4	6	9	11	14	18
100	160	—	—	0.30	0.44	0.62	0.88	1.2	1.8	2.5	3.6	5.0	7	10	12	16	20
160	250	—	—	0.34	0.50	0.70	1.0	1.4	2.0	2.8	4.0	5.6	8	11	14	18	22
250	400	—	—	0.40	0.56	0.78	1.1	1.6	2.2	3.2	4.4	6.2	9	12	16	20	25
400	630	—	—	—	0.64	0.90	1.2	1.8	2.6	3.6	5	7	10	14	18	22	28
630	1000	—	—	—	—	1.0	1.4	2.0	2.8	4.0	6	8	11	16	20	25	32
1000	1600	—	—	—	—	—	1.6	2.2	3.2	4.6	7	9	13	18	23	29	37
1600	2500	—	—	—	—	—	—	2.6	3.8	5.4	9	10	15	21	26	33	42
2500	4000	—	—	—	—	—	—	—	4.4	6.2	—	12	17	24	30	38	49
4000	6300	—	—	—	—	—	—	—	—	7.0	10	14	20	28	35	44	56
6300	10000	—	—	—	—	—	—	—	—	—	11	16	23	32	40	50	64

注：1. 铸件的公差带一般应对称分布，采用非对称分布时，应在图样上注明。

2. CT1 和 CT2 没有规定公差值，是为将来可能要求更精密的公差保留的。

3. CT13 至 CT16 小于或等于 16mm 的铸件基本尺寸，其公差值需单独标注。可提高 2~3 级。

表 1.69　铸件的尺寸公差（带）数值（二）　　mm

铸件基本尺寸 大于	至	公差等级 CT						
		3	4	5	6	7	8	9
—	3	0.14	0.20	0.28	0.40	0.56	0.80	1.2
3	6	0.16	0.22	0.32	0.48	0.64	0.90	1.3
6	10	0.18	0.26	0.36	0.52	0.74	1.0	1.5

注：表中公差值，仅适用于各种铸造金属和合金的压铸件，以及熔模铸件小于 10mm 的铸件基本尺寸。

（3）铸件毛坯的机械加工余量

毛坯余量即机械加工余量（各工序的加工总余量），是指同一表面上毛坯尺寸与零件设计尺寸之差。零件表面的加工总余量不仅与表面各工序加工余量有关，而且与毛坯的制造方法和精度有关。在工艺过程设计时，确定加工总余量（毛坯余量）的方法有两种，一种是根据表面各工序加工总余量确定；另一种是直接根据毛坯的类型和加工方法确定，这种确定方法得到的加工余量较大，在生产中经常采用。下面介绍第二种方法。

根据 GB/T 6414—1999 规定，铸件的机械加工余量分 10 个等级，由小到大分别称 A、B、C、D、E、F、G、H、J 和 K 级，用代号 MA（machining allowancers）表示。铸件的机械加工余量等级主要与生产类型、铸造工艺方法、铸造公差等级和铸造材料有关。对于成批和大量生产的铸件，其常用的机械加工余量等级按表 1.70 选取，对于单件和小批生产的铸件，其常用的机械加工余量等级按表 1.71 选取。

表 1.70　成批和大量生产铸件的铸造方法、公差和机械加工余量
（GB/T 6414—1999）

工艺方法	加工余量等级								
	铸钢	灰铸铁	球墨铸铁	可锻铸铁	铜合金	锌合金	轻金属合金	镍基合金	钴基合金
砂型手工造型	$\frac{11\sim13}{J}$	$\frac{11\sim13}{H}$	$\frac{11\sim13}{H}$	$\frac{10\sim12}{H}$	$\frac{10\sim12}{H}$		$\frac{9\sim11}{H}$		
砂型机器造型及壳型	$\frac{8\sim10}{H}$	$\frac{8\sim10}{G}$	$\frac{8\sim10}{G}$	$\frac{8\sim10}{G}$	$\frac{8\sim10}{G}$		$\frac{7\sim9}{G}$		
金属型		$\frac{7\sim9}{F}$	$\frac{7\sim9}{F}$	$\frac{7\sim9}{F}$	$\frac{7\sim9}{F}$	$\frac{7\sim9}{F}$	$\frac{6\sim8}{F}$		
低压铸造		$\frac{7\sim9}{F}$	$\frac{7\sim9}{F}$	$\frac{7\sim9}{F}$	$\frac{7\sim9}{F}$	$\frac{7\sim9}{F}$	$\frac{6\sim8}{F}$		
压力铸造					$\frac{6\sim8}{D}$	$\frac{4\sim6}{D}$	$\frac{5\sim7}{D}$		
熔模铸造	$\frac{5\sim7}{E}$	$\frac{5\sim7}{E}$	$\frac{5\sim7}{E}$		$\frac{4\sim6}{E}$		$\frac{4\sim6}{E}$	$\frac{5\sim7}{E}$	$\frac{5\sim7}{E}$

注：数字表示铸件尺寸公差，字母表示铸件机械加工余量等级。

表 1.71　单件和小批生产铸件的铸造方法、公差和机械加工余量
（GB/T 6414—1999）

造型材料	加工余量等级					
	铸钢	灰铸铁	球墨铸铁	可锻铸铁	铜合金	轻金属合金
干、湿砂型	$\dfrac{13\sim15}{J}$	$\dfrac{13\sim15}{H}$	$\dfrac{13\sim15}{H}$	$\dfrac{13\sim15}{H}$	$\dfrac{13\sim15}{H}$	$\dfrac{11\sim13}{H}$
自硬砂	$\dfrac{12\sim14}{J}$	$\dfrac{11\sim13}{H}$	$\dfrac{11\sim13}{H}$	$\dfrac{11\sim13}{H}$	$\dfrac{10\sim12}{H}$	$\dfrac{10\sim12}{H}$

注：数字表示铸件尺寸公差，字母表示铸件机械加工余量等级。

　　铸件的机械加工余量分单侧（单面）和双侧（双面），单侧加工余量与加工要求的关系如图 1.45 所示，双侧加工余量与加工要求的关系如图 1.46 所示。

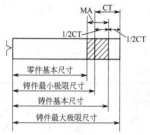

图 1.45　单侧加工余量与
加工要求的关系

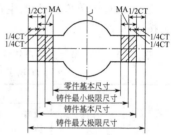

图 1.46　双侧加工余量与
加工要求的关系

　　不同铸造公差等级的铸件，其机械加工余量等级和数值如表 1.72 所示。

　　例 1.11　铸件的机械加工余量选用示例。如图 1.47 所示铸件，其材料为灰铸铁，采用砂型机械造型，大批量生产，试确定铸件各加工表面的加工余量，并说明理由。

　　[解]根据铸件采用砂型机械造型铸造，材料为灰铸铁，其加工表面的铸造尺寸精度等级查表 1.68 知道为 CT8～CT10，取 CT9，加工余量等级为 G 级，其加工余量确定说明见表 1.73。

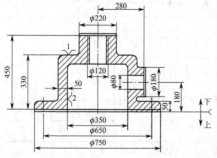

图 1.47　铸件的基本尺寸和加工余量

表 1.72 不同铸造公差等级的铸件常用机械加工余量等级和数值（摘自 GB/T 6414—1999）

加工余量/mm

公差等级 CT	5		6		7			8				9			10			11		12		13		14		15	
加工余量等级	D	E	D	E	D	E	F	D	E	F	G	D	F	G	F	G	H	G	H	H	J	H	J	H	J	H	J
基本尺寸																											
≤100	0.8/0.6	0.9/0.8	1.0/0.8	1.5/0.9	1.0/0.7	1.5/0.9	2.0/1.5	1.5/0.8	2.0/1.5	2.5/2.0	3.0/2.5	1.5/1.0	2.5/2.0	3.0/2.5	3.0/2.0	3.5/2.5	4.0/3.0	4.0/3.0	4.5/3.5	5.5/3.5	6.0/4.5	6.5/4.5	7.5/5.5	7.5/5.5	8.5/6.0	9.0/5.5	10/6.5
100~160	1.0/0.8	1.5/1.5	1.5/1.0	2.0/1.5	1.5/0.9	2.0/1.5	2.5/2.0	2.0/1.5	2.5/2.0	3.0/2.5	4.0/3.0	2.0/1.5	3.0/2.5	3.5/3.0	4.0/3.0	4.0/3.0	5.0/4.0	4.5/3.5	5.5/4.5	6.5/5.0	7.5/5.0	8.0/5.5	9.0/6.5	9.0/6.0	10/7.0	11/7.0	12/8.0
160~250	1.5/1.0	2.0/1.5	2.0/1.5	2.5/2.0	2.0/1.5	2.5/2.0	3.0/2.5	2.5/1.5	3.0/2.5	4.0/3.0	4.5/3.5	2.5/1.5	3.5/3.0	4.0/3.5	5.0/4.0	5.0/4.0	6.0/5.0	5.5/4.5	6.0/5.0	8.0/5.5	9.0/6.5	9.5/7.0	11/8.5	11/7.5	13/9.0	13/8.5	15/10
250~400	1.5/1.0	2.0/1.5	2.0/1.5	2.5/2.0	2.0/1.5	2.5/2.0	3.5/3.0	2.5/1.5	3.0/2.5	4.0/3.0	5.0/4.0	3.0/2.0	4.5/3.5	5.0/4.0	5.5/4.5	6.0/5.0	7.5/6.5	7.0/5.5	7.5/6.0	9.5/7.0	11/7.5	11/8.0	13/10	13/9.0	15/11	15/10	17/12
400~630	2.0/1.5	2.5/2.5	2.5/2.0	3.0/2.5	2.5/2.0	3.0/2.5	4.0/3.5	3.0/2.0	4.0/3.5	5.0/4.0	5.5/5.0	3.0/2.0	5.0/4.0	5.5/4.5	6.5/5.5	6.5/5.5	8.5/7.5	7.5/6.5	8.5/7.0	11/8.5	13/9.0	13/9.5	16/12	15/11	18/13	17/12	20/14
630~1000	2.5/2.0	3.0/2.5	3.0/2.5	3.5/3.0	3.0/2.5	3.5/3.0	4.5/3.5	3.5/2.5	4.5/3.5	5.5/5.0	6.5/6.0	4.0/3.0	6.0/5.0	6.5/5.5	7.5/6.5	8.0/6.5	10/8.5	9.0/7.0	9.5/8.0	13/10	16/11	15/11	18/14	17/12	20/15	20/14	23/17
1000~1600					3.5/2.5	4.0/3.0	5.5/5.0	4.0/3.0	5.5/4.0	6.5/5.0	7.5/6.0?	4.5/3.0	6.5/5.5	7.0/6.0	8.5/7.0	9.0/7.5	12/10	10/8.0	11/9.0	15/12	18/13	17/13	20/16	20/14	23/17	23/16	26/19
1600~2500								4.0/3.0	6.0/4.5	6.5/5.0	8.5/7.5	4.5/3.5	7.5/6.0	8.0/6.5	9.5/8.5	11/8.5	13/11	12/9.0	13/10	17/13	20/15	20/15	23/18	22/16	25/19	26/18	29/21
2500~4000												5.5/4.0	8.5/6.5	8.0/6.5?	11/9.5	12/9.5	15/13	13/10	14/12	19/15	23/16	22/16	26/20	25/18	29/22	29/20	33/25
4000~6300												6.0/4.5	9.0/7.5		12/11	13/11	16/14	15/12	16/13	21/16	26/18	25/18	30/23	29/20	34/25	33/22	38/27
6300~10000												4.5/			12/9.0	14/12	18/15	17/13	18/15	24/18	30/24	28/20	34/28	32/22	38/28	37/25	43/31

注：表中每栏有两个数值，上面的为单侧加工的加工余量，下面的为双侧加工的加工余量的一半。

表 1.73　铸件加工表面的加工余量确定说明

序号	基本尺寸/mm	加工余量等级	加工余量数值/mm	选择理由和选择过程说明
1	底面 330	G	单侧余量 5.5	机械加工时,夹紧"ϕ220"外圆,并以该外圆和端面定位,保证尺寸 330mm。铸造时,下底面根据成批生产的加工余量等级(表 1.70)为 G 级,查表 1.72,单侧加工余量为 5.5mm,即尺寸为 335.5mm,查表 1.68 该尺寸的铸造公差为 3.2mm,该尺寸及公差为(335.5±1.6)mm 涉及的尺寸"50""180",查表 1.68,铸造公差分别为 2.2mm 和 2.8mm,则铸件尺寸为:"55.5±1.1""185.5±1.4"
2	侧面 280	G	单侧余量 5.5	侧面与底面的加工余量等级相同为 G 级,查表 1.72,单侧加工余量为 5.5mm,即尺寸为 280＋5.5=285.5mm,查表 1.68,该尺寸的铸造公差为 3.2mm,该尺寸及公差为(285.5±1.6)mm
3	孔 ϕ120	G	双侧余量一半 6.0	孔的加工余量等级可以比底面和侧面的加工余量等级低一级(即余量大)。查表 1.72,双侧加工余量(一半)为 3.0mm,即尺寸为 ϕ120－2×3=ϕ114 mm。查表 1.68,铸件尺寸公差 2.5mm,该尺寸及公差为(ϕ114±1.25)mm
4	顶面 450	G	单侧余量 6.0	顶面在浇注时容易出现缺陷,可以比底面和侧面的加工余量等级低一级。查表 1.72,单侧加工余量为 6mm,即尺寸为 450＋6＋5.5(底面余量)=461.5mm。查表 1.68 得尺寸公差 3.6mm,该尺寸及公差为(461.5±1.8)mm
5	孔 ϕ80	G	双侧余量一半 3.0	孔的加工余量等级可以比底面和侧面的加工余量等级低一级。查表 1.72,双侧加工余量(一半)为 3.0mm,即尺寸为 ϕ80－2×3.0=ϕ74mm。查表 1.68 得尺寸公差 2.2mm,该尺寸及公差为(ϕ74±1.1)mm
6	孔 ϕ350	G	0	查表 1.68 得尺寸公差 3.2mm,该尺寸及公差为(ϕ350±1.6)mm
7	圆 ϕ220	G	0	查表 1.68 得尺寸公差 2.8mm,该尺寸及公差为(ϕ220±1.4)mm
8	圆 ϕ750	G	0	查表 1.68 得尺寸公差 4.0mm,该尺寸及公差为(ϕ750±2.0)mm
9	凸 ϕ180	G	0	查表 1.68 得尺寸公差 2.8mm,该尺寸及公差为(ϕ180±1.4)mm

（4）铸件毛坯图

毛坯图是毛坯制造的依据，毛坯图一般由毛坯制造的专业人员绘制。在进行机械加工工艺过程设计时，机械人员主要是分析粗加工的定位基准，分析铸件毛坯的分型面、浇口、冒口的位置、拔模斜度、圆角半径的大小等。对于单件小批生产，一般由机械加工人员确定毛坯的类型和尺寸，这里介绍的毛坯图是指机械人员确定的毛坯尺寸简图。铸件毛坯图的画法如下。

① 零件图用双点画线表示，剖视部分与机械制图的规定相同。

② 标注毛坯的尺寸和公差，必要时可在毛坯尺寸后的括号内标件的基本尺寸。

③ 在剖视图中，毛坯的加工余量要用十字交叉线或涂黑表示。

④ 在毛坯图上要标注第一次机械加工的基准（粗基准）。

⑤ 在毛坯图上标注或提出技术要求，主要尺寸要标注尺寸和公差，次要尺寸可不标注公差。

⑥ 在毛坯图上标注质量检验要求。

将图 1.47 所示的铸件，画出其毛坯图，如图 1.48 所示。

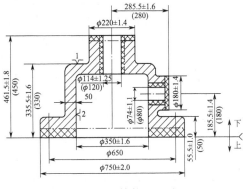

图 1.48　铸件毛坯图

第**2**章
机械加工质量及其检验

　　机械加工质量一般是指零件的机械加工精度和表面质量。零件的加工质量将直接影响机器（机械产品）的装配质量、工作性能、效率、寿命和可靠性等。

2.1 加工精度的概念

　　（1）加工精度与加工误差

　　加工精度（machining, accuracy）是零件加工后的实际几何参数（尺寸、形状和位置）与理想几何参数的符合程度。实际几何参数越符合理想几何参数，加工精度就越高。所谓理想零件，对尺寸而言，就是零件图样规定尺寸的平均值（公差带中心）；对表面形状而言，就是具有绝对准确的圆柱面、平面、圆锥面等形状；对表面位置而言，就是表面间具有绝对正确的平行、垂直等。

　　生产表明，任何一种加工方法都不可能把零件做得与理想零件完全一致，总会产生一定的偏差。从保证产品的使用性能和降低生产成本考虑，也没有必要把每个零件都加工得绝对准确，而只要求它在某一规定的范围内变动，这个允许变动的范围，就是公差。

　　加工误差（machining error）是零件加工后的实际几何参数（尺寸、形状和位置）对理想几何参数的偏离程度。

　　加工精度是由零件图样或工序图上以公差 T 给定的，而加工误差则是零件加工后实际测得的偏离值 Δ。制造者的任务就是要使加工误差小于图样上规定的公差，即当 $\Delta \leqslant T$ 时，一般就说保证了加工精度。保证和提高加工精度实际上就是控制和减少加工误差。

　　零件的几何参数主要包括几何尺寸、形状和表面间的位置三个方面，所以加工精度包括尺寸精度、形状精度和位置精度三个方面的内容，同样加工误差也包括尺寸误差、形状误差和位置精度误差三个方面的内容。

零件的尺寸精度、形状精度和位置精度三者之间既有区别又有联系。没有一定的形状精度，也就谈不上尺寸精度和位置精度。一般说来，形状精度高于位置精度，而位置精度高于尺寸精度。如圆柱形零件（轴类或盘类）表面的圆度、圆柱度等形状公差小于其尺寸公差；零件上两表面之间的平行度公差小于两表面尺寸公差；零件的位置公差和形状公差一般为相应尺寸公差的 1/3～1/2，在同一要素上给出的形状公差值应小于位置公差值。通常，尺寸精度要求高时，相应的位置精度和形状精度也要求高，但生产中也有形状精度、位置精度要求极高而尺寸精度要求不是很高的零件表面，如机床床身的导轨表面。

（2）加工经济精度

加工过程中有很多因素影响零件的加工精度，同一种加工方法在不同的工作条件下所能达到的加工精度也可能不相同。例如，采用较高精度的设备、适当降低切削用量、精心完成加工过程中的每个操作等办法，就会得到较高的加工精度，但这会降低生产效率，增加加工成本。

对于同一种加工方法，加工误差 Δ 和加工成本 C 有如图 2.1 所示的关系，即加工精度越高，加工成本也越高。上述关系只是在一定范围内（AB 段）才比较明显，在 A 点左侧段，即使成本提高了很多，加工误差也减少不多；在 B 点右侧段，即使工件精度降低很多，加工成本也并不因此降低很多，也必须耗费一定的最低成本，因此存在经济精度的问题。

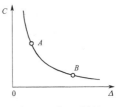

图 2.1 加工误差
与成本的关系

加工经济精度（economical accuracy of machining）是在正常加工条件下（采用符合质量标准的设备、工艺装备和标准技术等级的工人，不延长加工时间）所能保证的加工精度。

每一种加工方法的加工经济精度并不是固定不变的，它将随着工艺技术的发展、设备及工艺装备的改进以及生产管理水平的不断提高而逐渐提高。

2.1.1 影响尺寸精度的因素及改善措施（见表2.1）

表 2.1　影响尺寸精度的因素及改善措施

产生误差因素		对加工精度的影响	改善措施
测量误差	由于量具制造误差,测量方法误差等引起	测量结果不能正确反映工件的实际尺寸,直接影响加工表面的尺寸精度	① 根据精度要求,合理选用测量方法及量具量仪 ② 控制测量条件(正确使用量具,控制环境温度)
调整误差		在采用调整法加工时,由于测量的样件不能完全反映出加工中各种随机误差造成的尺寸分散,影响调整尺寸的正确性,产生尺寸误差	试切一组工件,并以其尺寸分布的平均位置为依据,调整刀具位置。试切工件的数量由所要求的尺寸公差及实际加工尺寸的分散范围而定
刀具误差与刀具磨损		① 定尺寸刀具误差及磨损直接影响加工尺寸 ② 调整法加工时,刀具尺寸磨损会使一批工件的尺寸不同 ③ 数控加工时,刀具制造、安装、调整误差及刀具磨损等直接影响加工尺寸	① 控制刀具尺寸 ② 及时调整机床 ③ 保证刀具安装精度 ④ 掌握刀具磨损规律,进行补偿
定程机构重复定位精度		采用调整法加工时会造成一批工件尺寸不一致	提高定程机构的刚性、精度及操纵机构的灵敏性
进给误差		进给机构的传动误差和微量进给时产生的"爬行",使实际进给量与刻度指示值或程序控制值不符,产生加工尺寸误差	① 提高进给机构精度 ② 用千分表等直接测量进给量 ③ 采用闭环控制系统
工艺系统热变形		① 工件加工刚结束时所测量的尺寸不能反映工件的实际尺寸 ② 调整法加工一批工件时,机床和刀具热变形会使工件尺寸分散范围加大 ③ 定尺寸刀具法加工时,刀具热变形直接影响加工尺寸	① 精、粗加工分开 ② 进行充分、有效的冷却 ③ 合理确定调整尺寸 ④ 根据工件热变形规律,测量时适当补偿,或在冷态(室温)下测量 ⑤ 机床热平衡后再加工 ⑥ 控制环境温度

续表

产生误差因素		对加工精度的影响	改善措施
工件安装误差	由夹具制造误差、定位误差、导向及对刀误差、夹紧变形及找正误差等引起	使加工表面的设计基准与刀具相对位置发生变化,引起加工表面位置尺寸误差	① 正确选择定位基准 ② 提高夹具制造精度 ③ 合理确定夹紧方法和夹紧力大小 ④ 仔细找正及装夹

2.1.2 影响形状精度的因素及改善措施(见表 2.2)

表 2.2 影响形状精度的因素及改善措施

产生误差因素		对加工精度的影响	改善措施
机床主轴回转误差	主轴径向圆跳动(由于轴承滚道圆度误差,滚动体形状误差和尺寸不一致,轴颈或箱体孔圆度误差等引起)	使已加工表面产生圆度或波纹度误差或内环滚道或轴颈形状误差对工件回转类机床(如车床)的加工误差影响较大;外环滚道或箱体孔的形状误差对刀具回转类机床(如镗床)的加工误差影响较大	① 采用高精度的滚动轴承或动、静压轴承,提高主轴、箱体及有关零件的加工与装配质量 ② 轴承预加载荷以消除间隙 ③ 工件采用死顶尖支承,镗杆与主轴采用浮动连接,使工件或刀具回转运动精度不依赖于主轴回转精度
	主轴端面圆跳动(由于轴承滚道轴向跳动,主轴止推轴肩、过渡套或垫圈等端面跳动引起)	使已加工端面产生平面度误差,加工丝杠时产生一转内螺旋线误差	
机床导轨几何误差	导轨在水平面或垂直面内的直线度误差	引起工件与刀刃间相对位移,使已加工表面产生圆柱度或平面度误差。相对位移如沿加工表面法线方向时,对加工精度影响严重;如沿加工表面切线方向时,影响甚小,常常可以忽略	① 提高导轨精度和耐磨性 ② 正确安装,定期检查,及时调整
	前后导轨平行度误差(扭曲)		
进给运动与主运动之间几何关系不正确		例如,刀刃直线运动轨迹与工件回转轴线不平行将产生圆柱度误差(在工件加工表面法线方向上影响严重),不垂直将产生平面度误差;镗杆回转轴线与直线进给运动不平行将产生圆度误差	找正相互位置关系

续表

产生误差因素		对加工精度的影响	改善措施
机床传动误差	由于传动元件制造误差与安装误差引起	车螺纹时,如 $\dfrac{v_t}{\omega_w} \neq$ 常数,将产生螺距误差;展成法加工齿轮时,如 $\dfrac{\omega_t}{\omega_w} \neq$ 常数,将产生齿形和齿距误差(v_t、ω_t 分别为刀具直线运动速度和回转角速度;ω_w 为工件回转角速度)	① 尽量缩短传动链 ② 增大末端传动副的降速比,提高末端传动元件的制造与安装精度 ③ 采用校正机构
成形运动原理误差		例如,用模数铣刀铣齿轮会产生齿形误差;车多边形时,各边为近似的平面	计算其误差,满足工件精度要求时才能采用
刀具误差	刀具几何形状制造误差与刀具安装误差	采用成形刀具加工或展成法加工时,直接影响被加工表面的形状精度	① 提高成形刀具刀刃的制造精度 ② 提高刀具安装精度
	刀尖尺寸磨损	加工大表面时或加工难加工材料工件时影响被加工表面的形状精度	① 改进刀具材料 ② 选用合理切削用量 ③ 自动补偿刀具磨损
工艺系统受力变形	工艺系统在不同加工位置上静刚度差别较大	例如,车削轴类零件时,工艺系统静刚度在不同轴向位置上的差别会使被加工表面产生轴向截面的形状误差	① 提高工艺系统静刚度,特别是薄弱环节的刚度 ② 采用辅助支承或跟刀架等,以增强系统刚度并减小系统刚度变化 ③ 改进刀具几何角度以减小切削抗力 ④ 安排预加工工序 ⑤ 采用双销传动,进行平衡处理,合理选择夹紧方法和夹紧力大小
	毛坯余量不均或材料硬度不均引起切削力变化	使毛坯的形状误差部分地复映到工件上	
	传动力、惯性力、重力和夹紧力的影响	例如,车削或磨削外圆或内孔时,传动力或惯性力方向的周期变化会使被加工表面产生圆度误差;夹紧力所引起的工件夹紧变形会产生相应的形状误差	
工件残余应力	加工时破坏了残余应力的平衡	残余应力的重新分布,使工件加工后形状发生变化,产生几何形状误差	① 改善零件结构,以减小工件残余应力 ② 粗、精加工分开 ③ 进行时效处理 ④ 尽量不采用校直方法,或用热校直代替冷校直
	工件残余应力处于不稳定的平衡状态	在自然条件下,工件残余应力重新平衡,工件形状缓慢发生变化,使已加工合格的工件产生几何形状误差	

续表

产生误差因素		对加工精度的影响	改善措施
工艺系统热变形	机床热变形	由于机床各部分温升不一致,热变形也不一致,破坏了机床静态几何精度,使使刃与工件发生相对位移,产生几何形状误差	① 寻找热源,减少发热,移出、隔离、冷却热源 ② 用补偿法均衡温度场,使机床各部分均匀受热 ③ 空运转机床至接近热平衡再加工 ④ 控制环境温度
	工件热变形	工件受热变形时加工,冷却后出现形状误差。例如铣、刨、磨平面时单面受热,上下表面温度差引起工件弯曲变形,加工表面冷却后出现中凹;车削细长轴时,工件受热伸长,受顶尖阻碍而弯曲,产生圆柱度误差	① 进行充分有效的冷却 ② 选择适当的切削用量 ③ 改进细长轴、薄板零件的装夹方法 ④ 根据工件热变形规律,施加反向变形
	刀具热变形	在一次走刀时间较长时,刀具热变形会造成加工表面形状误差	① 充分冷却 ② 减小刀杆悬伸长度,增大刀杆截面

2.1.3 影响位置精度的因素及改善措施(见表 2.3)

表 2.3 影响位置精度的因素及改善措施

产生误差因素		对加工精度的影响	改善措施
机床误差	机床几何误差	刀具切削成形面与机床装夹面的位置误差直接影响工件加工表面与定位基准面之间的位置精度 成形运动轨迹关系不正确,造成同一次安装中各加工表面之间位置误差	① 提高机床几何精度 ② 减小或补偿机床热变形 ③ 减小或补偿机床受力变形
	机床热变形与受力变形	破坏了机床的几何精度,造成加工表面之间或加工表面与定位基准面之间位置误差	

续表

产生误差因素		对加工精度的影响	改善措施
夹具误差	夹具制造误差与夹具安装误差	直接影响加工表面与定位基准面之间的位置精度	① 提高夹具制造精度 ② 提高夹具安装精度
	找正误差	采用找正法(划线找正或直接找正)安装工件时,直接影响加工表面与找正基准面之间位置精度	① 提高找正基准面的精度 ② 提高找正操作技术水平 ③ 采用与加工精度要求相适应的找正方法和找正工具
	工件定位基准与设计基准不重合	直接影响加工表面与设计基准面之间的位置精度	① 以设计基准为定位基准 ② 提高设计基准与定位基准之间的位置精度
	工件定位基准面误差	影响加工表面与定位基准面的位置精度;在多次安装加工中影响各加工表面之间的位置精度	① 提高定位基准面精度 ② 采用可胀心轴或定位时在固定方向上施加外力以保证固定边接触等办法,减小该项误差影响
	基准转换	在多工序加工中,定位基准转换会加大不同工序或不同安装中加工表面之间的位置误差	① 尽量采用统一精基准,以避免基准转换 ② 尽量采用工序集中原则 ③ 提高定位基准面本身的精度和定位基准面之间的位置精度

2.2 机械加工表面质量

机器零件的破坏,如磨损、疲劳断裂,一般都是从表面层开始的,这说明零件的表面质量对机器使用性能、使用寿命和产品质量有很大的影响,了解和掌握在机械加工中各种工艺因素对表面质量影响的规律,应用这些规律控制加工过程,达到保证和提高零件的表面加工质量。

2.2.1 表面加工质量的概念

零件的机械加工表面质量包括:加工表面的微观几何形状误差

和表面层材料性能两个方面的质量。

（1）加工表面的几何形状误差

加工表面的微观几何形状误差包括表面粗糙度、波度、纹理方向和伤痕。

① 表面粗糙度　表面粗糙度是加工表面的微观几何形状误差。其波长与波高的比值一般小于 50。表面粗糙度高度参数按我国现行标准采用轮廓算术平均偏差 $Ra(\mu m)$ 和微观不平度高度 $Rz(\mu m)$ 评定。

② 波度　波度是介于加工精度（宏观几何形状误差）和表面粗糙度（微观几何形状误差）之间的周期性几何形状误差，包括波长 L_o 与波高 H_b 两个主要参数。

波长与波高的比值在 50～1000 范围内的几何形状误差称为波度。它主要是加工过程中工艺系统的振动引起的。当波长与波高的比值大于 1000 时，称为宏观几何形状误差。例如，平面度误差、圆度误差、圆柱度误差等，它属于加工精度范畴。表面粗糙度、波度与宏观几何形状误差之间的相互关系如图 2.2 所示。

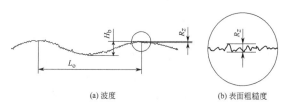

(a) 波度　　　　(b) 表面粗糙度

图 2.2　零件加工的表面粗糙度与波度

③ 纹理方向　纹理方向是指表面刀纹的方向。它取决于表面形成过程所采用的机械加工方法。

④ 伤痕　伤痕是在加工表面的某些位置上出现的缺陷，例如砂眼、气孔、划痕、裂纹等。

（2）表面层金属材料性能方面的质量

表面层金属材料性能方面的质量，指机械加工后，零件一定深度表面层的物理力学性能等方面的质量与基体相比发生了变化，故又称加工变质层。它包括表面层金属的加工硬化、残余应力以及金相组织的变化。

① 表面层金属的加工硬化　机械加工过程中表面层金属产生

强烈的塑性变形，使晶格扭曲、畸变，晶粒间产生剪切滑移，晶粒被拉长，这些都会使工件已加工表面表层金属的硬度高于基体材料的硬度，这种现象称为加工硬化。加工硬化通常以表面层金属硬度 H（GPa）、硬化层深度 h_c 及硬化程度 N 表示。h_c 是已加工表面至未硬化处的垂直距离，单位为 μm；N 是已加工表面显微硬度 H 的增加值对原始基体材料的显微硬度 H_0 比值的百分数，即

$$N = \frac{H - H_0}{H_0} \times 100\%$$

一般机械加工中，硬化层深度可达 $0.05 \sim 0.20mm$。若采用滚压加工，硬化层可达几毫米。

② 表面层金属的残余应力 机械加工过程中由于切削力、切削热等因素的作用，在工件表面层材料中产生的内应力称为表面层残余应力。在铸、锻、焊、热处理等加工过程产生的内应力与这里介绍的表面残余应力的区别在于前者是在这个工件上平衡的应力，它的重新分布会引起工件变形；后者则是在加工表面材料中平衡的应力，它的重新分布不会引起工件变形，但它对机器零件表面质量有重要影响。

③ 表面层金相组织变化 机械加工过程中，在工件的加工区域温度会急剧升高，当温度升高到超过工件材料金相变化的临界点时就会发生金相组织变化。例如磨削淬火钢件时，常会出现回火烧伤、退火烧伤等金相组织的变化，将严重影响零件的使用性能。

2.2.2 影响机械加工表面粗糙度的因素及改善措施

（1）影响切削加工表面粗糙度的因素及改善措施（表 2.4）

表 2.4 影响切削加工表面粗糙度的因素及改善措施

影响因素	说明
残留面积	理论残留面积高度是由刀具相对于工件表面的运动轨迹所形成，它是影响表面粗糙度的基本因素。其高度可根据刀具的主偏角 κ_r、副偏角 κ'_r、刀尖圆弧半径 r_ε 和进给量 f 的几何关系计算出来。实际表面粗糙度最大值大于残留面积高度
鳞刺	在较低及中等速度下，用高速钢、硬质合金或陶瓷刀片切削塑性材料（低、中碳钢，铬钢，不锈钢，铝合金及紫铜等）时，在已加工表面常出现鳞片状毛刺，使表面粗糙度数值增大

续表

影响因素	说明
积屑瘤	积屑瘤代替刀刃进行切削时,会引起过切,并因积屑瘤的形状不规则,从而在工件表面上刻划出沟纹;当积屑瘤分裂时,可能有一部分留在工件表面上形成鳞片状毛刺,同时引起振动,使加工表面恶化
切削过程中的变形	由于切削过程中的变形,在挤裂或单元切屑的形成过程中,在加工表面上留下波浪形挤裂痕迹;在崩碎切屑的形成过程中,造成加工表面的凸凹不平;在刀刃两端的已加工表面及待加工表面处,工件材料被挤压而产生隆起。这些均使加工表面粗糙度数值进一步增大
副后刀面磨损	刀具在副后刀面上因磨损而产生的沟槽,会在加工表面上形成锯齿状的凸出部分,使加工表面粗糙度数值增大
刀刃与工件相对位置变动	机床主轴回转精度不高,各滑动导轨面的形状误差与润滑状况不良,材料性能的不均匀性,切屑的不连续性等,使刀具与工件间已调好的相对位置发生附加的微量变化,引起切削厚度、切削宽度或切削力发生变化,甚至诱发自激振动,从而使表面粗糙度数值增大

(2) 改善表面粗糙度的措施(表 2.5)

表 2.5　改善表面粗糙度的措施

改进方面	改进措施
刀具方面	在工艺系统刚度足够时,采用较大的刀尖圆弧半径 r_ε、较小的副偏角 κ_r';使用长度比进给量稍大一些的 $\kappa_r'=0°$ 的修光刃;采用较大的前角 γ_o 加工塑性大的材料;提高刀具刃磨质量,减小刀具前、后刀面的粗糙度数值 Ra,使其不大于 $1.25\mu m$;选用与工件亲合力小的刀具材料,如用陶瓷或碳化钛基硬质合金切削碳素工具钢,用金刚石或矿物陶瓷加工有色金属等;对刀具进行氧氮化处理(如对加工 20CrMo 与 45 钢齿轮的高速钢插齿刀);限制副刀刃上的磨损量;选用细颗粒的硬质合金作刀具等
工件方面	应有适宜的金相组织(低碳钢、低合金钢中应有铁素体加低碳马氏体、索氏体或片状珠光体,高碳钢、高合金钢中应有粒状珠光体);加工中碳钢及中碳合金钢时,若采用较高切削速度,应为粒状珠光体,若用较低切削速度,应为片状珠光体组织。合金元素中碳化物的分布要细且匀;易切钢中应含有硫、铅等元素;对工件进行调质处理,提高硬度,降低塑性;减小铸铁中石墨的颗粒尺寸等
切削条件方面	以较高的切削速度切削塑性材料(用 YT15 切削 35 钢,临界切削速度 $v>100m/min$);减小进给量;采用高效切削液(极压切削液、10%～12%极压乳化液和离子型切削液);提高机床的运动精度,增强工艺系统刚度;采用超声振动切削加工等

(3) 影响磨削表面粗糙度的因素及改善措施 (表 2.6)

表 2.6 影响磨削表面粗糙度的因素及改善措施

影响因素	改善措施
磨削条件	① 提高砂轮速度 v 或降低工件速度 v_w,使 v_w/v 的比值减小可获得较小数值的表面粗糙度 ② 采用较小的纵向进给量 f_a,减小 f_a/B 的比值,使工件表面上某一点被磨的次数增多,则能获得较小的表面粗糙度 ③ 径向进给量,减小 f_r 能一定比例降低 Ra 的数值,例如磨削 18CrNiWA 时,若 $f_r=0.02mm$,$Ra=0.6\mu m$,若 $f_r=0.03mm$,则 $Ra≈0.75\mu m$。最后进行 5 次以上的无进给光磨,可较好地改善表面粗糙度 ④ 正确使用切削液的种类、配比、压力、流量和清洁度 ⑤ 提高砂轮的平衡精度、磨床主轴的回转精度、工作台的运动平稳性及整个工艺系统的刚度,消减磨削时的振动,可使表面粗糙度大大改善
砂轮特性及修整	① 一般地说,砂轮粒度愈细,表面粗糙度数值就愈小,但超过 F80 时,则 Ra 值的变化甚微 ② 应选择与工件材料亲合力小的磨料。例如磨削高速钢时,宜选用白刚玉、单晶刚玉或绿碳化硅;磨削硬质合金时,则宜选用绿碳化硅或碳化硼。一般,碳化硅的磨料不适于加工钢材,但适于加工非铁金属 Zn、Pb、Cu 和非金属材料。立方氮化硼为磨削不锈钢、高温合金和钛合金的好磨料 ③ 磨具的硬度,工件材料软、黏时,应选较硬的磨具;硬、脆时选较软的磨具。v_w/v 大则磨具应硬些。磨削难加工材料应选 J~N 的硬度 ④ 采用直径较大的砂轮,增大砂轮宽度皆可降低表面粗糙度 ⑤ 采用耐磨性好的金刚笔,合适的刃口形状和安装角度,当修整用量适当时(纵向进给量应小些),能使磨粒切削刃获得良好的等高性,减小表面粗糙度

2.2.3 典型表面粗糙度与加工精度和配合性质的关系

(1) 轴的表面粗糙度与加工精度和配合的关系 (表 2.7)

(2) 孔的表面粗糙度与加工精度和配合的关系 (表 2.8)

(3) 动连接接合表面的粗糙度 (表 2.9)

(4) 静连接接合表面的粗糙度 (表 2.10)

(5) 丝杠传动接合表面的粗糙度 (表 2.11)

(6) 螺纹连接的工作表面粗糙度 (表 2.12)

表 2.7 轴的表面粗糙度与加工精度和配合之间的关系

公称尺寸/mm	精度等级															
	5	6					7	9			10	11	12,13	14	15	16
配合	h5、s5、r5、n5、m5、k5、j5、g5、f5	s7、u5、u6	h6、r6、s6、n6、m6、k6、js6、g6	f7	e8	d8	h7、n7、m7、k7、j7 js7	h8、h9	f9	d9、d10	h10	h11	h12、h13	h14	h15	h16
表面粗糙度 Ra/μm																
≥1~3	0.16 / 0.32	0.63	0.32	0.63	0.63	1.25	0.32	1.25	1.25	1.25	2.5	2.5	5	10	20	20
>3~6	0.32															
>6~10	0.32		0.63				0.63									
>10~18		1.25		1.25	1.25										20	
>18~30								2.5	2.5	2.5	5	5	10	20		40
>30~50	0.63															
>50~80			1.25			2.5	1.25								40	
>80~120		2.5		2.5	2.5				5	5	10	10	20	40		80
>120~180																
>180~260	1.25		2.5				2.5	5								
>260~360									10	10		20	40	80	80	
>360~500																

表 2.8 孔的表面粗糙度与加工精度和配合之间的关系

公称尺寸/mm	精度等级														
	6	7	7	8	8	8	8	9	9	10	11	12,13	14	15	16
配合	H6,N6,G6,M6,K6,J6,JS6	U7,S7	H7,R7,R8,S7,N7,M7,K7,J7,G7	F8	E8,E9	D8,D9	H8,N8,M8,K8,J8	F9	D9,D10	H10	H11,D11,B1,C11,A11	H12,H13	H14	H15	H16
表面粗糙度 Ra/μm															
≥1~3	0.32	0.63	0.63	0.63	1.25	1.25	0.63	1.25	1.25	2.5	2.5	5	10	20	20
>3~6	0.32	0.63	0.63	0.63	1.25	1.25	0.63	1.25	1.25	2.5	2.5	5	10	20	20
>6~10	0.32	1.25	0.63	0.63	1.25	1.25	0.63	1.25	1.25	2.5	2.5	5	10	20	20
>10~18	0.63	1.25	0.63	1.25	1.25	1.25	0.63	2.5	1.25	2.5	2.5	5	10	20	40
>18~30	0.63	1.25	0.63	1.25	1.25	2.5	1.25	2.5	2.5	2.5	2.5	5	10	20	40
>30~50	0.63	2.5	1.25	1.25	2.5	2.5	1.25	2.5	2.5	5	5	10	20	40	40
>50~80	0.63	2.5	1.25	2.5	2.5	2.5	1.25	5	2.5	5	5	10	20	40	80
>80~120	1.25	2.5	1.25	2.5	2.5	5	2.5	5	5	5	5	10	20	40	80
>120~180	1.25	2.5	2.5	2.5	5	5	2.5	5	5	10	10	20	40	80	80
>180~260	1.25	2.5	2.5	2.5	5	5	2.5	5	10	10	10	20	40	80	80
>260~360	1.25	2.5	2.5	5	5	5	5	10	10	10	10	20	40	80	80
>360~600	1.25	2.5	2.5	5	5	5	5	10	10	10	10	20	40	80	80

表 2.9 动连接①接合表面的粗糙度 Ra μm

接合面性质			滑动或滚动速度/m·s⁻¹	
			≤0.5	>0.5
滑动导轨面	平面度(A/100000)	A≤6	0.32	0.16
		A≤10	0.63	0.32
		A≤30	1.25	0.63
		A≤50	2.5	1.25
		A>50	5	2.5
滚动导轨面	平面度(A/100000)	A≤6 A≤10 A≤30 A≤50 A>50	0.16	0.08
			0.32	0.16
			0.63	0.32
			1.25	0.63
			2.5	1.25
推力轴承端面	端面圆跳动/μm		0.32	0.16
			0.63	0.32
			1.25	0.63
			2.5	1.25
			5	2.5

①动连接——密贴着移动的连接或两个表面彼此有相对位移的连接,当它们有相对移动和变位时,这种连接对部件和零件间的相互位置精度有要求。

表 2.10 静连接①接合表面的粗糙度

接合面性质			表面粗糙度 Ra/μm
壳体零件的连接表面	密封的	带衬垫	5、2.5
		不带衬垫	1.25、0.63
	不密封的		10、5
支承端面	垂直度(A/100000)	A≤6	0.63
		A≤10	0.63
		A≤30	1.25
		A≤50	2.5
		A>50	5

①静连接——用紧固件将零件的密贴面彼此接合在一起的连接。它要求装好的零件和部件具有一定的相互位置精度。

表 2.11 丝杠传动接合表面的粗糙度

精度等级	车削螺纹的工作表面	
	传动或承重丝杠的螺母	传动或承重的丝杠
	表面粗糙度 Ra/μm	
1	0.63、0.32	0.32
2	1.25	0.63
3	2.5	1.25

表 2.12　螺纹连接的工作表面粗糙度 Ra　　　　μm

精度等级	螺纹工作表面	
	紧固螺栓、螺钉和螺母	锥体形轴、拉杆、套筒和其他零件
4～5	1.25	0.63
5～6	2.5	1.25
6～7	5	2.5

2.2.4　加工硬化

（1）常用加工方法的冷硬程度及硬化层深度（表 2.13）

表 2.13　常用加工方法的冷硬程度及硬化层深度

加工方法	冷硬程度 $N/\%$		硬化层深度 $h_c/\mu m$	
	平均值	最大值	平均值	最大值
普通车和高速车	120～150	200	30～50	200
精密车	140～180	220	20～60	—
端铣	140～160	200	40～100	200
圆周铣	120～140	180	40～80	110
钻和扩	160～170	—	180～200	250
铰	—		—	300
拉	150～200		20～75	—
滚齿和插齿	160～200		120～150	—
剃齿	—		<100	
圆磨非淬火钢	140～160	200	30～60	
圆磨低碳钢	160～200	250	30～60	
圆磨淬火钢[①]	125～130	—	20～40	
平磨	150		16～35	
研磨(用研磨膏)	112～117		3～7	

　　① 磨削用量大、冷却条件不好时，会发生淬火钢的回火转化，表层金属的显微硬度要降低，回火层的深度有时可达 $200\mu m$。

（2）影响加工表面硬化的因素（表 2.14）

表 2.14 影响加工表面硬化的因素

加工方法		影响因素
切削加工	刀具	刀具的前角越大,切削层金属的塑性变形越小,故硬化层深度 h_c 越小。当前角从 $-60°$ 增大到 $0°$ 时,表层金属的显微硬度从 730HV 减至 450HV,硬化层深度从 $200\mu m$ 减少到 $50\mu m$ 刀刃钝圆半径 r_β 越大,已加工表面在形成过程中受挤压的程度越大,故加工硬化也越大 随着刀具后刀面磨损量 VB 的增加,后刀面与已加工表面的摩擦随之也增大,从而加工硬化层深度也增大。刀具后刀面磨损宽度 VB 从 0 增大到 0.2mm,表层金属的显微硬度由 220HV 增大到 340HV。但磨损宽度 VB 继续增大,摩擦热急剧增大,弱化趋势明显增加,表层金属的显微硬度 HV 逐渐下降,直至稳定在某一水平上
	工件	工件材料的塑性越大,强化指数越大,则硬化越严重。对于一般碳素结构钢,碳含量越少,塑性越大,硬化越严重。高锰钢 Mn12 的强化指数很大,切削后已加工表面的硬度增大 2 倍以上。有色合金金属的熔点低,容易弱化,加工硬化比结构钢轻得多,铜件比钢件小 30%,铝件比钢件小 75% 左右
	切削条件	当进给量比较大时,加大进给量,切削力增大,表面层金属的塑性变形加剧,冷硬程度增加。对于切削厚度比较小的情况,表面层的金属冷硬程度不仅不会减小,相反却会增大。这是由于切削厚度减小,切削比压要增大 切削速度增加时,塑性变形减小,塑性变形区也缩小,因此,硬化层深度减小。另一方面,切削速度增加时,切削温度升高,弱化过程加快。但切削速度增加,又会使受热时间缩短,因而弱化来不及进行。当切削温度超过 A_{c3} 时,表面层组织将产生相变,形成淬火组织。因此,硬化层深度及硬化程度又将增加。硬化层深度先是随切削速度的增加而减小,然后又随切削速度的增加而增大 采用有效的冷却润滑措施,可使加工硬化层深度减小
磨削加工	工件材料	材料的塑性好,导热性好,硬化倾向大。纯铁与高速工具钢相比,塑性好,磨削时塑性变形大,强化倾向大,纯铁的导热性比高碳钢高,热量不易集中于表面层,弱化的倾向小
	磨削用量	加大磨削深度,磨削力随之增大,磨削过程的塑性变形加剧,表面冷硬趋向增大 加大纵向进给速度 v_{ft} 每个磨粒的切削厚度增大,磨削力增大,晶格畸变,晶粒间应力加大,冷硬增大。但提高纵向进给速度,有时会使磨削区产生较大的热量而使冷硬减弱。加工表面的冷硬状况要综合上述两种因素的作用 在工件纵向进给速度不变的情况下,提高工件的回转速度,就会缩短砂轮对工件的热作用时间,使弱化倾向减弱,表面冷硬增大 在其他条件不变的情况下,提高磨削速度的影响:可使每颗磨粒切除的切削厚度变小,减弱塑性变形程度,表面冷硬减小;磨削区的温度增高,弱化倾向增大,冷硬减小;由于塑性变形速度的原因,使钢的蓝脆性范围向高温区转移,工件材料的塑性降低,强化倾向降低,冷硬减弱

续表

加工方法		影响因素
磨削加工	砂轮粒度	砂轮粒度越大，每颗磨粒的载荷越小，冷硬也越小
	冷却条件	在正常磨削条件下，若磨削液充分而磨削深度又不大，强化作用占主导地位。如果砂轮钝化或修整不良，磨削液不充分，磨削过程中热因素的作用占主导地位，弱化恢复作用逐步加强，金相显微组织发生相变，以致在磨削表面层一定深度内出现回火软化区

2.2.5 残余应力

残余应力是指在没有外力作用的情况下，在物体内部保持平衡而存留的应力。残余应力有残余压应力（$-\sigma$）和残余拉应力（$+\sigma$）之分。影响残余应力的因素及减少残余应力的措施见表 2.15。

表 2.15　影响残余应力的因素及减少残余应力的措施

影响残余应力的因素		减少残余应力的措施
前角	对残余应力的深度影响较大，负前角时比正前角的深度增大一倍	① 选择合适的切削用量以保证较好的刀具使用寿命与降低表面粗糙度,必须用尖锐的刀刃,无细小锯齿状缺口,后面磨损应控制在 0.2mm 左右 ② 机床的刚性要好,避免产生振动。钻孔时,最好有导向套,尽可能增大钻头的刚度,钻出的孔边缘应进行倒角 ③ 用挤压方法和喷丸处理增大表层的残余压应力,可提高疲劳强度。例如,精挤齿轮与剃齿相比较,齿面的残余压应力增大,硬度提高;电火花加工、电解加工与电解抛光后用喷丸处理可显著提高高温合金的疲劳强度
刀具磨损	磨损增大则离表层较深处的压应力值也增大	
进给量	进给量增大，表层拉应力增大，最大压应力移向工件内部	

2.2.6 表面层材料的金相组织变化

加工表面温度超过相变温度时，表层金属的金相组织将会发生相变。切削加工时，切削热大部分被切屑带走，因此影响较小，多数情况下，表层金属的金相组织没有质的变化。磨削加工时，切除单位体积材料所需消耗的能量远大于切削加工。磨削加工所消耗的能量绝大部分要转化为热，磨削热传给工件，使加工表面层金属金相组织发生变化。

磨削淬火钢时，会产生三种不同类型的烧伤：

① 回火烧伤　如果磨削区温度超过马氏体转变温度而未超过相变临界温度（碳钢的相变温度为 723℃ ），这时工件表层金属的

金相组织，由原来的马氏体转变为硬度较低的回火组织（索氏体和托氏体），这种烧伤称为回火烧伤。

② 淬火烧伤 如果磨削区温度超过了相变温度，在切削液急冷作用下，使表层金属发生二次淬火，硬度高于原来的回火马氏体，里层金属则由于冷却速度慢，出现了硬度比原先回火马氏体低的回火组织，这种烧伤称为淬火烧伤。

③ 退火烧伤 若工件表层温度超过相变温度，而磨削区又没有冷却液进入，表层金属产生退火组织，硬度急剧下降，称为退火烧伤。

磨削烧伤严重影响零件的使用性能，必须采取措施加以控制。控制磨削烧伤有两个途径：一是尽可能减少磨削热的产生；二是改善冷却条件，尽量减少传入工件的热量。采用硬度稍软的砂轮，适当减小磨削深度和磨削速度，适当增加工件的回转速度和轴向进给量，采用高速冷却方式（如高压大流量冷却、喷雾冷却、内冷却）等措施，都可以降低磨削区温度，防止磨削烧伤。

2.3 机械加工质量检验

2.3.1 常用测量术语和测量方法

（1）常用测量术语（表 2.16）

表 2.16 常用测量术语

术语	定义	术语	定义
测量	测量是把一个被测量值与单位量值进行比较的过程	测量范围	量具能测量的尺寸范围
量具	能直接表示出长度的单位、界限，以及简单的计量用具	读数精度	在量具上读数时所能达到的精确度
刻线间距	刻度尺上相邻两刻线间的距离	示值误差	量具的示值与被测尺寸实际数值的差值
刻度值	刻度尺上每个刻度间距所代表的长度单位数值	测量力	指量具的测量面与被测件接触时所产生的力
示值范围	量具刻度尺上指示的最大范围		

（2）常用测量方法（表 2.17）

表 2.17　测量方法的分类

测量方法	意义	测量方法	意义
直接测量	被测量值直接由量仪指示数值获得	综合测量	被测件相关的各个参数合成一个综合参数来进行测量
间接测量	测出与被测尺寸有关的一些尺寸后,通过计算获得被测量值	单项测量	被测件各个参数分别单独测量
绝对测量	被测量值直接由仪器刻度尺上读数表示	主动测量	加工过程中进行测量,测量结果直接用来控制工件的加工精度
相对测量	由仪器读出的为被测的量相对于标准量值的差值	被动测量	加工完毕后进行测量,以确定工件的有关参数值
接触测量	量具或量仪的测量头与被测表面直接接触	静态测量	测量时,被测件静止不动
非接触测量	量具或量仪的测量头不与被测表面接触	动态测量	测量时,被测件不停地运动,测量头与被测对象有相对运动

2.3.2　常用计量器具

（1）卡尺类量具

① 卡尺（表 2.18）　游标卡尺、带表卡尺和数显卡尺简称为卡尺。

表 2.18　卡尺（GB/T 21389—2008）　　　　　　　　　mm

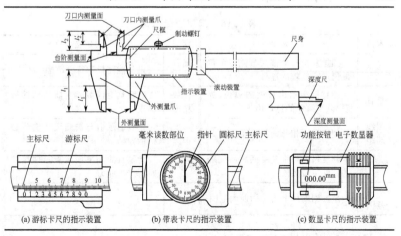

(a) 游标卡尺的指示装置　　(b) 带表卡尺的指示装置　　(c) 数显卡尺的指示装置

续表

测量范围	分度值		
	0.01、0.02	0.05	0.10
	最大允许误差		
0～70	±0.02	±0.05	
0～150	±0.03	±0.05	±0.10
0～200	±0.03	±0.05	±0.10
0～300	±0.04	±0.06	±0.10
0～500	±0.05	±0.07	±0.10
0～1000	±0.07	±0.10	±0.15
0～1500	±0.11	±0.16	±0.20
0～2000	±0.14	±0.20	±0.25
0～2500	±0.22	±0.24	±0.30
0～3000	±0.26	±0.31	±0.35
0～3500	±0.30	±0.36	±0.40
0～4000	±0.34	±0.40	±0.45

② 深度卡尺（表 2.19） 游标深度卡尺、带表深度卡尺和数显深度卡尺简称为深度卡尺，包括：Ⅰ型深度卡尺、Ⅱ型深度卡尺（单钩型，测量爪和尺身可做成一体式、拆卸式和可旋转式）、Ⅲ型深度卡尺（双钩型）。

表 2.19　深度卡尺（GB/T 21388—2008）　　　mm

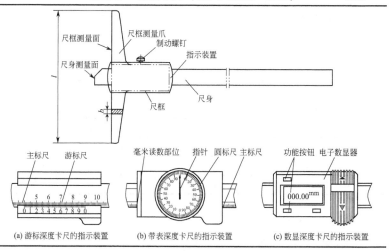

(a) 游标深度卡尺的指示装置　　(b) 带表深度卡尺的指示装置　　(c) 数显深度卡尺的指示装置

续表

测量范围	分度值		
	0.01、0.02	0.05	0.10
	最大允许误差		
0～150	±0.03	±0.05	±0.10
0～200	±0.03	±0.05	±0.10
0～300	±0.04	±0.06	±0.10
0～500	±0.05	±0.07	±0.10
0～1000	±0.07	±0.10	±0.15

③ 高度卡尺（表2.20） 游标高度卡尺、带表高度卡尺和数显高度卡尺简称为高度卡尺。

表2.20 高度游标卡尺 (GB/T 21390—2008) mm

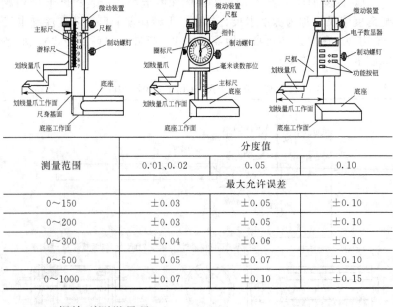

测量范围	分度值		
	0.01、0.02	0.05	0.10
	最大允许误差		
0～150	±0.03	±0.05	±0.10
0～200	±0.03	±0.05	±0.10
0～300	±0.04	±0.06	±0.10
0～500	±0.05	±0.07	±0.10
0～1000	±0.07	±0.10	±0.15

（2）螺旋副测微量具

① 外径千分尺（表2.21）

表 2.21　外径千分尺（GB/T 1216—2004）

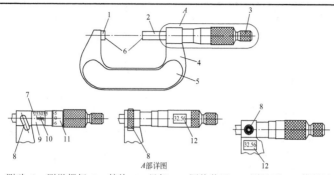

1—测砧；2—测微螺杆；3—棘轮；4—尺架；5—隔热装置；6—测量面；7—模拟显示；
8—测微螺杆锁紧装置；9—固定套管；10—基准线；11—微分筒；12—数值显示

测量范围/mm	分度值/mm	最大允许误差/μm	两测量面平行度
0～25,25～50		4	0.002
50～75,75～100		5	0.003
100～125,125～150		6	0.004
150～175,175～20		7	0.005
200～225,225～250		8	0.006
250～275,275～330	0.001	9	0.007
400～425,425～450	(0.002)	13	0.011
450～475,475～500	(0.005)		
500～600		15	0.012
600～700		16	0.014
700～800		18	0.016
800～900		20	0.018
900～1000		22	0.020

注：测量范围在 300mm 以上的千分尺允许制成可调式或可换测砧。

② 两点内径千分尺（表 2.22）

表 2.22　两点内径千分尺（GB/T 8177—2004）

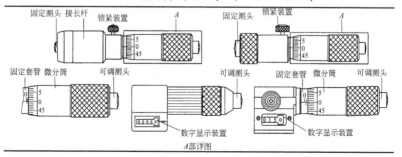

续表

主要规格/mm	分度值/mm	测量范围 l/mm	最大允许误差/μm
5～250,50～600, 100～1225,100～1500, 100～5000,150～1250, 150～1400,150～2000, 150～3000,150～4000, 150～5000,250～2000, 250～4000,250～5000, 1000～3000,1000～4000, 1000～5000,2500～5000	0.01 (0.001) (0.002) (0.005)	$l \leqslant 50$	4
		$50 < l \leqslant 100$	5
		$100 < l \leqslant 150$	6
		$150 < l \leqslant 200$	7
		$200 < l \leqslant 250$	8
		$250 < l \leqslant 300$	9
		$300 < l \leqslant 350$	10
		$350 < l \leqslant 400$	11
		$400 < l \leqslant 450$	12
		$450 < l \leqslant 500$	13
		$500 < l \leqslant 800$	16
		$800 < l \leqslant 1250$	22
		$1250 < l \leqslant 1600$	27
		$1600 < l \leqslant 2000$	32
		$2000 < l \leqslant 2500$	40
		$2500 < l \leqslant 3000$	50
		$3000 < l \leqslant 4000$	60
		$4000 < l \leqslant 5000$	72

注:本标准规定包括两点内径千分尺及带计数器两点内径千分尺两种。

③ 深度千分尺(表 2.23)

表 2.23　深度千分尺(GB/T 1218—2004)

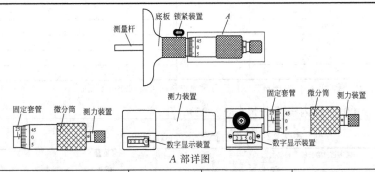

A 部详图

测量范围 l/mm	分度值/mm	最大允许误差/μm	对零误差/μm
$l \leqslant 25$	0.01 (0.001) (0.002) (0.005)	4	±2.0
$0 < l \leqslant 50$		5	±2.0
$0 < l \leqslant 100$		6	±3.0
$0 < l \leqslant 150$		7	±4.0
$0 < l \leqslant 200$		8	±5.0
$0 < l \leqslant 250$		9	±6.0
$0 < l \leqslant 300$		10	±7.0

④ 内侧千分尺（表 2.24）

表 2.24 内侧千分尺（JB/T 10006—1999）

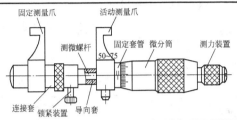

测量范围 /mm	分度值 /mm	最大允许误差/μm	测量范围 /mm	分度值 /mm	最大允许误差/μm
5～30		7	75～100		10
25～50	0.01	8	100～125	0.01	11
50～75		9	125～150		12

⑤ 公法线千分尺（表 2.25）

表 2.25 公法线千分尺（GB/T 1217—2004）

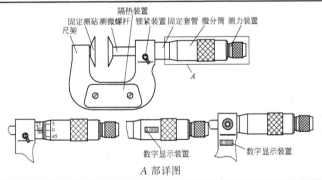

A 部详图

测量上限 l_{max}/mm	分度值/mm	最大允许误差/μm	两测量面平行度/μm
$l_{max} \leqslant 50$	0.01	4	4
$50 < l_{max} \leqslant 100$	(0.001)	5	5
$100 < l_{max} \leqslant 150$	(0.002)	6	6
$150 < l_{max} \leqslant 200$	(0.005)	7	7

⑥ 螺纹千分尺（表 2.26）

表 2.26 螺纹千分尺 (GB/T 10932—2004)

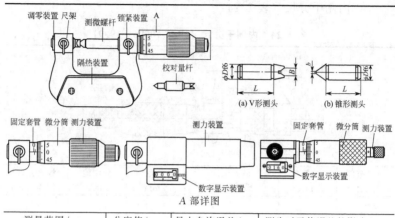

(a) V形测头

(b) 锥形测头

数字显示装置

A 部详图

测量范围/mm	分度值/mm	最大允许误差/μm	测头对示值误差的影响/mm
0~25、25~50	0.01	4	0.008
50~75、75~100	(0.001)	5	0.010
100~125、125~150	(0.002)	6	0.015
150~175、175~200	(0.005)	7	0.015

（3）指示表类量具

① 指示表（表 2.27） 百分表和千分表统称为指示表。

表 2.27 指示表 (GB/T 1219—2000)   mm

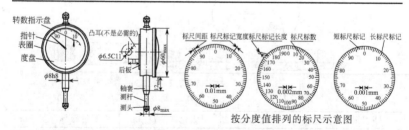

按分度值排列的标尺示意图

测量范围	分度值	示值总误差	示值变动性
0~3	0.01	0.014	
0~5	(0.002)	0.016	
0~10		0.018	0.003
0~1	0.001	0.004	

② 杠杆指示表（表 2.28）

表 2.28 杠杆百分表（GB/T 8123—2007） mm

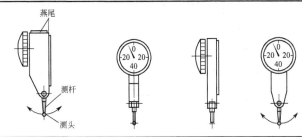

测量范围	分度值	示值总误差	示值变动性
0～0.8	0.01	0.013	0.003
0～0.2	0.002	0.004	0.0005

③ 内径指示表（表 2.29）

表 2.29 内径指示表（GB/T 8122—2004） mm

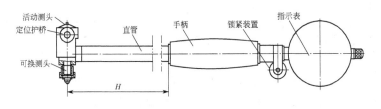

分度值	测量范围	活动测量头的工作行程	最大允许误差
	6～10	≥0.6	±0.012
	10～18	≥0.8	
0.01	18～35	≥1.0	±0.015
	35～50	≥1.2	
	50～100		
0.01	100～160	≥1.6	±0.018
	160～250		
	250～450		

续表

分度值	测量范围	活动测量头的工作行程	最大允许误差
	6～10	≥0.6	±0.005
	18～35		±0.006
	35～50		
0.001	50～100	≥0.8	
	100～160		±0.007
	160～250		
	250～450		

（4）直尺、角度尺、直角尺

① 刀口形直尺（表 2.30）

表 2.30 刀口形直尺（GB/T 6091—2004） mm

型式	刀口尺						三棱尺			四棱尺		
简图												
精度等级	0 级和 1 级						0 级和 1 级			0 级和 1 级		
尺寸 测量面长度 L	75	125	200	300	(400)	(500)	200	300	500	200	300	500
宽度 B	6	6	8	8	(8)	(10)	26	30	40	20	25	35
高度 H	22	27	30	40	(45)	(50)						

注:括号内的尺寸规格按用户订货生产。

② 万能角度尺（表 2.31） 包括：Ⅰ型游标万能角度尺、Ⅱ型游标万能角度尺、带表万能角度尺、数显万能角度尺。

③ 直角尺（表 2.32） 圆柱直角尺、矩形直角尺、刀口矩形直角尺、三角形直角尺、刀口形直角尺、宽座刀口形直角尺、平面形直角尺、带座平面形直角尺和宽座直角尺统称为直角尺。

表 2.31 万能角度尺（GB/T 6315—2008）

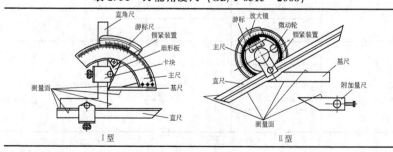

续表

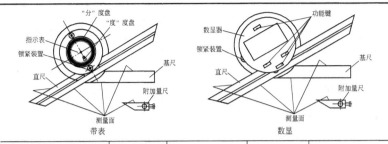

形式	测量范围	直尺测量面标称长度	基尺测量面标称长度	附加量尺测量面标称长度
		mm		
Ⅰ型游标万能角度尺	(0～320)°	≥150		—
Ⅱ型游标万能角度尺	(0～360)°	150 或 200 或 300	≥50	≥70
带表万能角度尺				
数显万能角度尺				

表 2.32 直角尺（GB/T 6092—2004） mm

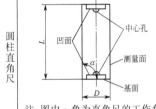

<table>
<tr><td rowspan="3">圆柱直角尺</td><td colspan="6">精度等级</td></tr>
</table>

精度等级		00 级,0 级				
基本尺寸	D	200	315	500	800	1250
	L	80	100	125	160	200

注：图中 α 角为直角尺的工作角

精度等级		00 级，0 级				
基本尺寸	L	125	200	315	500	800	1250
	B	80	125	200	315	500	800

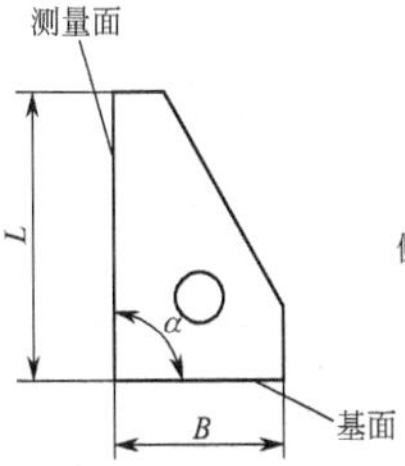

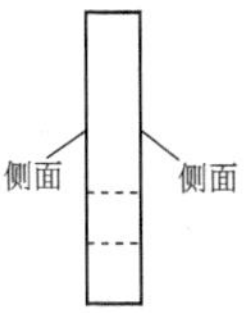

注：图中 α 角为直角尺的工作角

续表

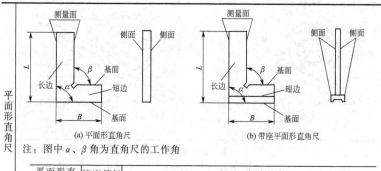

(a) 平面形直角尺   (b) 带座平面形直角尺

平面形直角尺

注：图中 α、β 角为直角尺的工作角

平面形直角尺和带座平面形直角尺	精度等级		0级，1级和2级									
	基本尺寸	L	50	75	100	150	200	250	300	500	750	1000
		B	40	50	70	100	130	165	200	300	400	550

（5）量规

① 塞尺（表 2.33）

表 2.33　塞尺（GB/T 22523—2008）

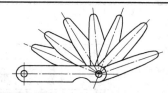

片数	塞尺片长度/mm	塞尺片厚度及组装顺序/mm
13	100 150 200 300	0.10,0.02,0.02,0.03,0.03,0.04,0.04,0.05,0.05,0.06,0.07,0.08,0.09
14		1.00,0.05,0.06,0.07,0.08,0.09,0.10,0.15,0.20,0.25,0.30,0.40,0.50,0.75
17		0.05,0.02,0.03,0.04,0.05,0.06,0.07,0.08,0.09,0.10,0.15,0.20,0.25,0.30,0.35,0.40,0.45
20		1.00,0.05,0.10,0.15,0.20,0.25,0.30,0.35,0.40,0.45,0.50,0.55,0.60,0.65,0.70,0.75,0.80,0.85,0.90,0.95
21		0.05,0.02,0.02,0.03,0.03,0.04,0.04,0.05,0.05,0.06,0.07,0.08,0.09,0.10,0.15,0.20,0.25,0.30,0.35,0.40,0.45

注：保护片厚度建议采用≥0.30mm。

② 半径样板(表 2.34)

表 2.34 半径样板(JB/T 7980—1999)

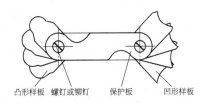

凸形样板 螺钉或铆钉 保护板 凹形样板

组别	半径尺寸范围	半径尺寸系列 mm	样板宽度	样板厚度	样板数	
					凸形	凹形
1	1～6.5	1,1.25,1.5,1.75,2,2.25,2.5,2.75,3,3.5,4,4.5,5,5.5,6,6.5	13.5	0.5	16	
2	7～14.5	7,7.5,8,8.5,9,9.5,10,10.5,11,11.5,12,12.5,13,13.5,14,14.5	20.5			
3	15～25	15,15.5,16,16.5,17,17.5,18,18.5,19,20,21,22,23,24,25				

③ 中心孔规 (表 2.35)

表 2.35 中心孔规

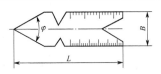

公称规格	基本尺寸		
	L/mm	B/mm	φ
60°	57	20	60°
55°	57	20	55°

④ 螺纹样板 (表 2.36)

表 2.36 螺纹样板 (JB/T 7981—2010) mm

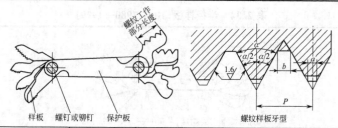

样板 螺钉或铆钉 保护板   螺纹样板牙型

螺距 P		基本牙型角 α	牙型半角 α/2 极限偏差	牙顶和牙底宽度			螺纹工作部分长度
				a		b	
基本尺寸	极限偏差			最小	最大	最大	
0.40	±0.010	60°	±60′	0.10	0.16	0.05	5
0.45				0.11	0.17	0.06	
0.50				0.13	0.21	0.06	
0.60			±50′	0.15	0.23	0.08	
0.70	±0.015			0.18	0.26	0.09	10
0.75	±0.015			0.19	0.27	0.09	10
0.80			±40′	0.20	0.28	0.10	
1.00				0.25	0.33	0.13	
1.25			±35′	0.31	0.43	0.16	
1.50	±0.020	60°		0.38	0.50	0.19	16
1.75			±30′	0.44	0.56	0.22	
2.00				0.50	0.62	0.25	
2.50				0.63	0.75	0.31	
3.00			±25′	0.75	0.87	0.38	
3.50				0.88	1.03	0.44	
4.00				1.00	1.15	0.50	
4.50				1.13	1.28	0.56	
5.00			±20′	1.25	1.40	0.63	
5.50				1.38	1.53	0.69	
6.00				1.50	1.65	0.75	

⑤ 极限量规 (表 2.37)

表 2.37　光滑极限量规的形式和适用的基本尺寸范围（GB/T 10920—2008）

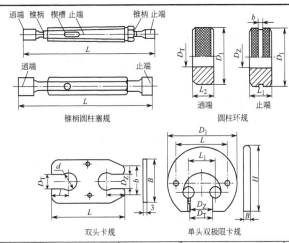

锥柄圆柱塞规　　圆柱环规

双头卡规　　单头双极限卡规

光滑极限量规形式		适用的基本尺寸/mm	光滑极限量规形式		适用的基本尺寸/mm
孔用极限量规	针式塞规（测头与手柄）	1~6	轴用极限量规	圆柱环规	1~100
	锥柄圆柱塞规（测头）	1~50		双头组合卡规	≤3
	三牙锁紧式圆柱塞规（测头）	>40~120		单头双极限组合	>3~10
	三牙锁紧式非全型塞规（测头）	>80~180		卡规	1~260
	非全型塞规	>180~260		双头卡规	
	球端杆规	>120~500			

（6）其他测量仪

① 水平仪　常用的水平仪有条式水平仪、框式水平仪、合像水平仪、电子水平仪（指针式和数显式）和电感水平仪几种，见表 2.38。

表 2.38　条式和框式水平仪的形式和基本参数（GB/T 16455—2008）

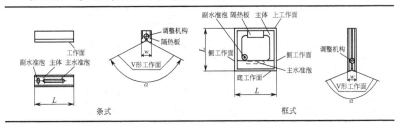

条式　　框式

续表

主水准泡的形式

规格/mm	分度值/mm·m⁻¹	工作面长度 L	工作面宽度 w	V形工作面夹角 α
			mm	
100		100	≥30	
150		150	≥35	
200	0.02;0.05;0.10	200		120~140
250		250	≥40	
300		300		

② 圆度仪（表2.39、表2.40）

表2.39　圆度仪的形式和基本参数（GB/T 26098—2010）

工作台(主轴)回转式　　　传感器(主轴)回转式

主要参数	圆度轮廓传输频带范围	标准测量头曲率半径系列/mm	测量力
最大可测量直径 最大可测量高度 放大倍率	(1~15)UPR、(1~50)UPR、 (1~150)UPR、(1~500)UPR、 (1~1500)UPR、(14~500)UPR、 (15~1500)UPR	0.25、0.8、 2.5、8、25	应能在0~ 0.25N 范围内调整

表2.40　常见圆度仪的型号及主要技术参数

名　　称	HYQ014A 上海机床厂	DQR-1 中原量仪厂	YD-200 上海量器刃具厂	Y9025 西安东风仪表厂	泰勒300
回转方式	传感器回转式	传感器回转式	转台式	转台式	转台式
主轴类型	动压滑动轴承	气体静压轴承	滑动轴承	气体静压轴承	组合式轴承
传感器类型	电感式	电感式	电感式	压电式	

续表

名　　称	HYQ014A 上海机床厂	DQR-1 中原量仪厂	YD-200 上海量器刃具厂	Y9025 西安东风仪表厂	泰勒300
回转速度/r·min⁻¹	3.35	2.5	2.5	96	0.3~10 0.03~10
回转准确度/μm	0.067	0.1	0.12	0.05	±0.025 ±0.0005 H/mm
测量范围 最大内径	3	2	3	3	—
最大外径	350	350	180	250	200
高度	670	400	250	100	500
综合示值误差	定标精度2%	≤2%	0.1μm	0.1μm	径向±1μm,分辨力0.21μm

③ 表面粗糙度检查仪（表 2.41）

表 2.41　常见表面粗糙度检查仪的主要技术参数

项目	中国2201	中国3D-SRAT-1	中国CTD-5E	英国Talysurf-5	德国S4B	日本SE-3C
传感器形式	电感式	电感式	压电式	电感式	电感式	电感式
评定参数	Ra、Rz 等	Ra、Rz	Ra	Ra、Rz	Ra、Rz	Rz、Ra
测量范围/μm	0.015~10	0.025~6.3	0.025~5	0.01~5	0.1~10	0.005~50
行程范围/mm	2、4、7、40	30×30	10	0.56、1.75、	0.25、0.75、2.5	1~30
触针移动速度/mm·s⁻¹	1	1	1	1	0.06	0.1、0.5
触针压力/N	0.001	≤0.016	0.001	0.001	≤0.001	0.001
触针半径/μm	2	2	10	1、2	2~10	2
测量结果形式	表头指示、描绘轮廓曲线	计算机显示、打印	数显	数显、描绘轮廓曲线、打印	描绘轮廓曲线、打印	表头指示、描绘轮廓曲线

2.3.3 螺纹测量

（1）螺纹单项测量方法及其测量误差（表 2.42）

表 2.42　螺纹单项测量方法及测量误差　　　　　μm

测量参数	测量方法及工具			测量误差		
				中径 d_2/mm		
				1～18	>18～50	>50～100
中径 d_2	螺纹千分尺			测量误差较大,一般为 0.1mm,因此不推荐使用螺纹千分尺测量		
	量针测量			用各种测微仪和光学计测量中径 1～100mm,用 0 级量针、1 级量块,测量误差为 1.4～2.0μm;用 1 级量针、2 级量块,测量误差为 2.6～3.8μm		
	万能工具显微镜	影像法	$\alpha=60°$	8.5	9.5	10
			$\alpha=30°$	12	13	14
		轴切法		2.5	3.5	4.5
	大型工具显微镜	轴切法		4.0	5.0	6.0
螺距 P	万能工具显微镜	影像法		3.0	4.0	5.0
		轴切法		1.5	2.5	3.0
		干涉法		1.5	2.0	3.0
		光学灵敏杠杆		2.0	2.5	3.0
	大型工具显微镜	影像法		4.0	5.0	6.0
		轴切法		2.5	3.5	4.0
牙型半角 $\alpha/2$	大型与万能工具显微镜	影像法	$l\leqslant$ 0.5mm	$\pm\left(3+\dfrac{5}{l}\right)$		
			$l>$ 0.5mm	$\pm\left(3+\dfrac{3}{l}\right)$		

注：l—被测牙廓长度。

（2）三针测量方法

三针测量是测量外螺纹中径的一种比较精密的方法，适用于精度较高的普通螺纹、梯形螺纹及蜗杆等中径的测量。测量时把三根直径相等的钢针放置在螺纹相对应的螺旋槽中，用千分尺量出两边钢针顶点之间的距离 M，如图 2.3 所示。

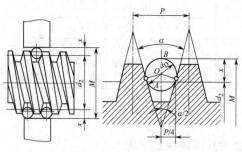

图 2.3　三针测量

测量值的计算公式

$$M = d_2 + d_D \left(1 + \frac{1}{\sin\frac{\alpha}{2}}\right) - \frac{P}{2}\cot\frac{\alpha}{2}$$

式中 M——千分尺测得的尺寸，mm；

$\quad\quad d_2$——螺纹中径，mm；

$\quad\quad d_D$——钢针直径，mm；

$\quad\quad \alpha$——工件牙型角，(°)；

$\quad\quad P$——工件螺距，mm。

如果已知螺纹牙型角，也可用表 2.43 所列简化公式计算。

钢针直径 d_D 的计算公式

$$d_D = \frac{P}{2\cos\frac{\alpha}{2}}$$

如果已知螺纹牙型角，也可用表 2.44 所列简化公式计算。

表 2.43 三针测量 M 值
计算的简化公式

螺纹牙型角 α	简化公式
60°	$M = d_2 + 3d_D - 0.866P$
55°	$M = d_2 + 3.166d_D - 0.960P$
30°	$M = d_2 + 4.864d_D - 1.866P$
40°	$M = d_2 + 3.924d_D - 1.374P$
29°	$M = d_2 + 4.994d_D - 1.933P$

表 2.44 三针测量钢针直径
计算的简化公式

螺纹牙型角 α	简化公式
60°	$d_D = 0.577P$
55°	$d_D = 0.564P$
30°	$d_D = 0.518P$
40°	$d_D = 0.533P$
29°	$d_D = 0.516P$

（3）综合测量方法

综合测量螺纹的方法是采用螺纹量规。普通螺纹量规（GB/T 3934—2003）适用于检验 GB/T 196—2003《普通螺纹基本尺寸》和 GB/T 197—2003《普通螺纹公差与配合》所规定的螺纹。根据使用性能分为工作螺纹量规、验收螺纹量规和校对螺纹量规。其工作螺纹量规的名称、代号、功能、特征及使用规则见表 2.45。

表 2.45 螺纹量规的名称、代号、功能、特征及使用规则（GB/T 3934—2003）

螺纹量规名称	代号	功　能	特　征	使用规则
通端螺纹塞规	T	检查工作内螺纹的作用中径和大径	完整的外螺纹牙型	应与工件内螺纹旋合通过

续表

螺纹量规名称	代号	功　能	特　征	使　用　规　则
端螺纹塞规	Z	检查工件内螺纹的单一中径	截短的外螺纹牙型	允许与工件内螺纹两端的螺纹部分旋合,旋合量应不超过两个螺距;对于三个或少于三个螺距的工件内螺纹,不应完全旋合通过
通端螺纹环规	T	检查工件外螺纹的作用中径和小径	完整的内螺纹牙型	应与工件外螺纹旋合通过
止端螺纹环规	Z	检查工件外螺纹的单一中径	截短的内螺纹牙型	允许与工件外螺纹两端的螺纹部分旋合,旋合量应不超过两个螺距;对于三个或少于三个螺距的工件外螺纹,不应完全旋合通过

2.3.4 几何(形位)误差测量

(1)形位误差的检测原则(表 2.46)

表 2.46　形位误差的检测原则 (GB/T 1958—2004)

检测原则名称	说　明	示　例
与理想要素比较原则	理想要素用模拟方法获得。如用细直光束、刀口尺、平尺等模拟理想直线;用精密平板、光扫描平面模拟理想平面;用精密心轴、V形块等模拟理想轴线等。模拟要素的误差直接影响被测结果,故一定要保证模拟要素具有足够的精度 此原则在生产中用得最多	量值由直接法获得 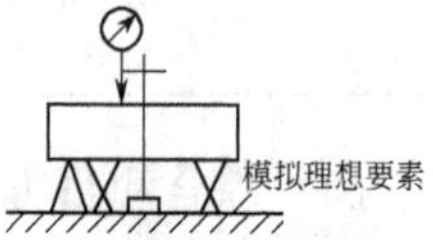 模拟理想要素 量值由间接法获得 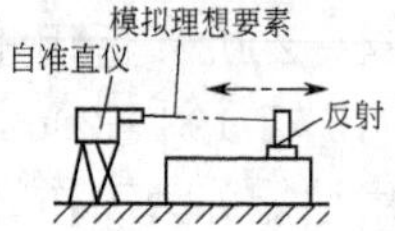 模拟理想要素 自准直仪　　反射
测量坐标值原则	测量被测实际要素的坐标值(如直角坐标值、极坐标值、圆柱面坐标值),并经过数据处理获得形位误差值	测量直角坐标值 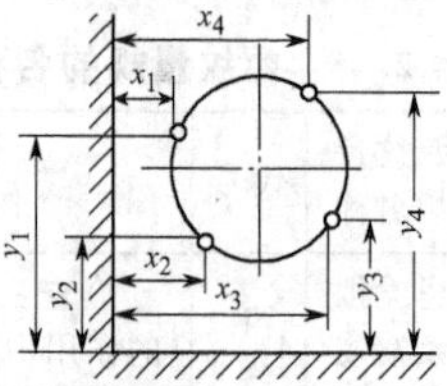 x_4　x_1　y_1　y_2　x_2　x_3　y_3　y_4

续表

检测原则名称	说　明	示　例
测量特征参数原则	测量被测实际要素上具有代表性的参数（即特征参数）来表示形位误差值。如用两点法、三点法来测量圆度误差。应用这一原则的测量结果是近似的，特别要注意能否满足测量精度要求	两点法测量圆度特征参数 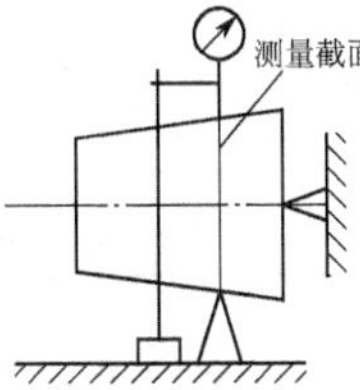
测量跳动原则	被测实际要素绕基准轴线回转过程中，沿给定方向测其对某参考点或线的变动量。一般测量都是用各种指示表读数，变动量就是指指示表最大与最小读数之差。这是根据跳动定义提出的一个检测原则，主要用于跳动的测量	测量径向跳动 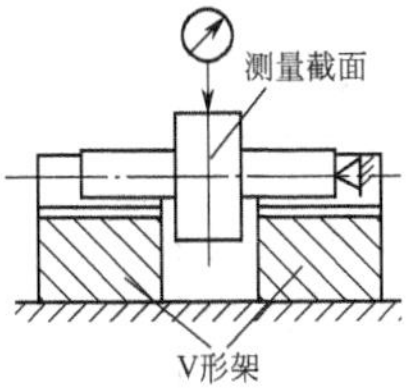
控制实效边界原则	检测被测实际要素是否超过实效边界，以判断合格与否。这个原则适用于采用了最大实体原则的情况。实用中一般都是用量规综合检验。量规的尺寸公差（包括磨损公差）应比实测要素的相应尺寸公差高 2～4 个公差等级，其形位公差按被测要素相应形位公差的 $\frac{1}{10} \sim \frac{1}{5}$ 选取	用综合量规检验同轴度误差 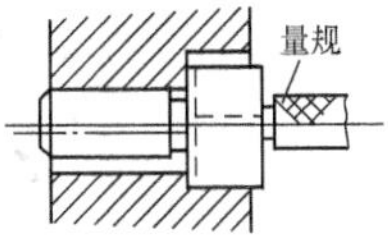

（2）直线度误差的常用测量方法（表 2.47）

表 2.47　直线度误差的常用测量方法

方法	图示	测量说明
间隙法	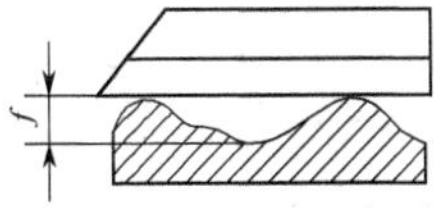	用刀口尺或样板平尺作理想要素，使其与被测线贴合，观测光隙大小，可直接得出直线度误差。适用于被测长度不大于 300mm
平板测微仪法	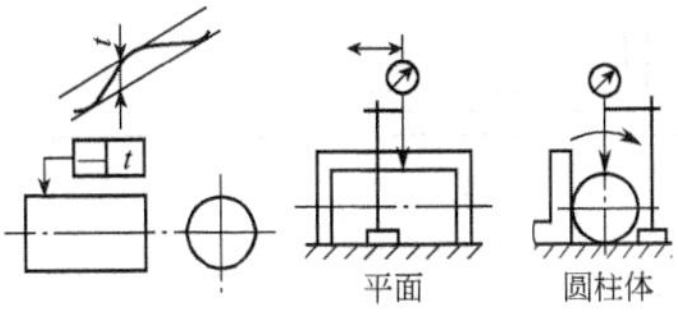 平面　　圆柱体	用测量平板或平尺作理想要素，用测微仪测量被测线上各点相对测量平板的变动量。适用于中、小型零件

续表

方法	图示	测量说明
分段 测量法	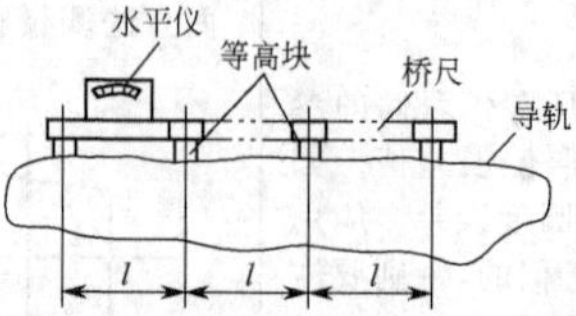 水平仪　等高块　桥尺　导轨	用水平仪或准直仪,按节距 l 沿被测素线移动分段测量,由各段测量值中,求出全长的直线度误差。适用于中、长导轨水平方向直线度测量

（3）平面度误差的常用测量方法（表 2.48）

表 2.48　平面度误差的常用测量方法

方法	图示	测量说明
平板测 微仪法	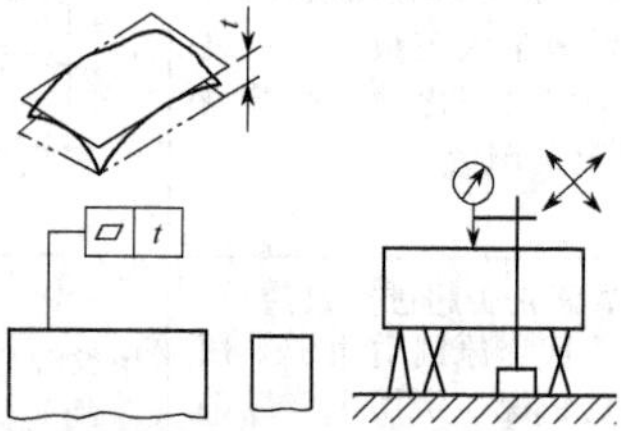	以测量平板工作表面作测量基面,用带架测微仪测出各点对测量基面的偏离量。适用于中、小型平面
平晶干涉法	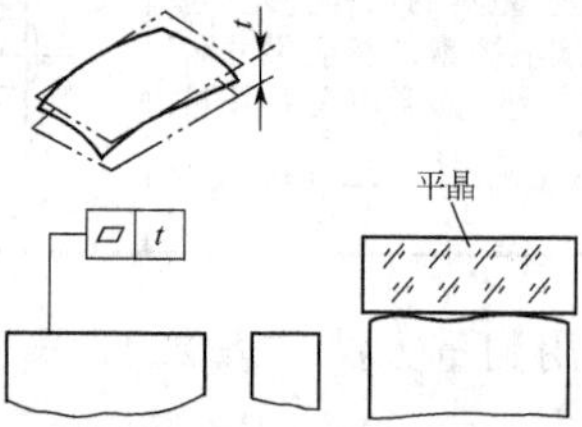 平晶	以光学平晶工作面作测量基面,利用光波干涉原理测得平面度误差。适用于精研小平面
水平仪测量法	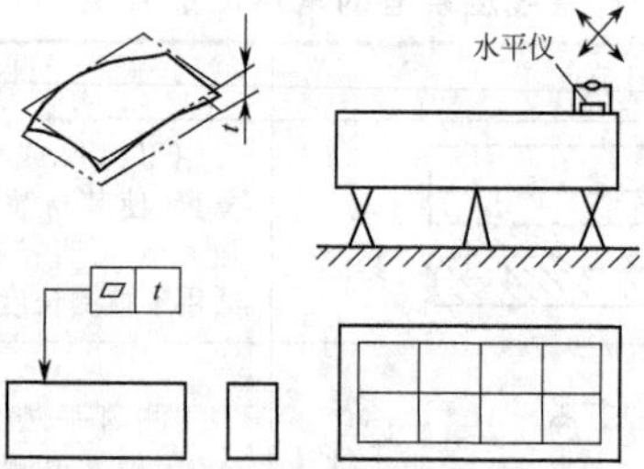 水平仪	以水平面作测量基准,按一定布线测得相邻点高度差,再换算出各点对同一水平面的高度差值

（4）圆度误差的常用测量方法（表 2.49）

表 2.49　圆度误差的常用测量方法

方法	图示	测量说明
投影比较法	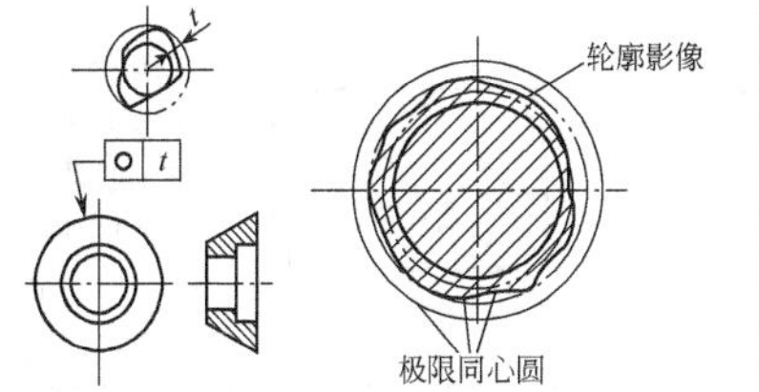 轮廓影像 极限同心圆	将被测要素的投影与极限同心圆比较。适用于薄型或刃口形边缘的小零件
圆度仪法	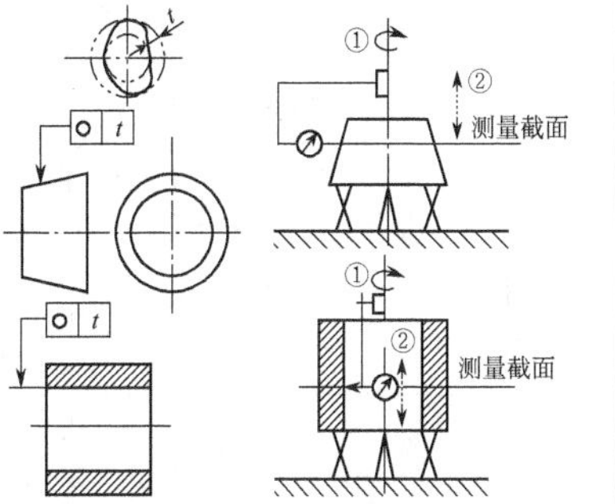 ① ② 测量截面	用精密回转轴系上的一个动点（测头）所产生的理想圆与被测实际轮廓比较，测得半径变动量（也可工件转动，测头不动）。适用于精度要求较高的零件（在缺少圆度仪时，也可用光学分度头、分度台作回转分度机构）
两点三点法	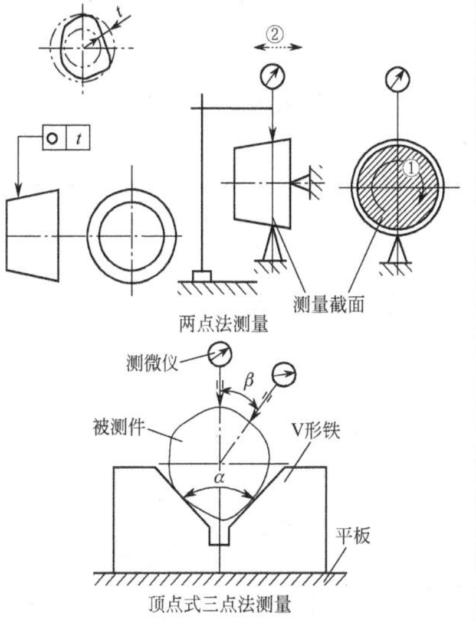 ② 测量截面 两点法测量 测微仪 β 被测件 V形铁 α 平板 顶点式三点法测量	按测量特征参数的原则，在被测圆周上通过对径上两点或两固定支承和一测头共三点进行测量，确定圆度误差 　两点测量法用来测量被测轮廓为偶数棱的圆柱误差 　三点测量法用来测奇数棱的圆柱误差 　两者组合用于测量不知具体棱数的轮廓

（5）轮廓度误差的常用测量方法（表 2.50）

表 2.50 轮廓度误差的常用测量方法

方法	图示	测量说明
轮廓样板法	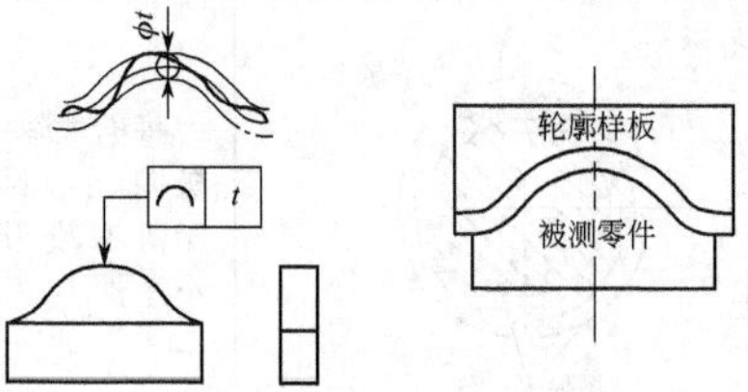 轮廓样板 被测零件	用轮廓样板与被测零件实际轮廓曲线进行比较,根据光隙法原理,取最大间隙作为该零件的线轮廓度误差
投影放大比较法	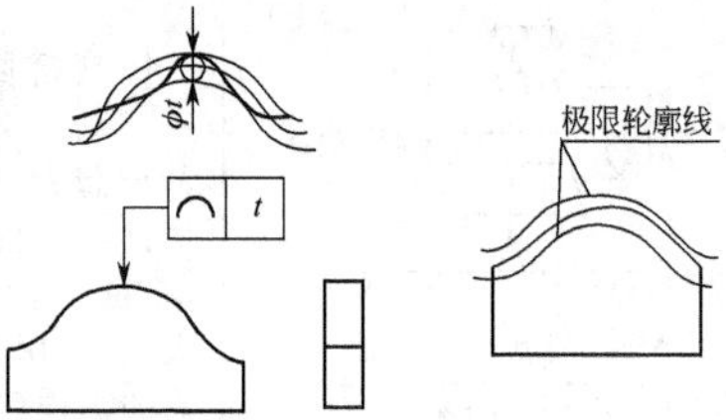 极限轮廓线	在投影仪上,将被测零件的轮廓曲线投影到屏幕上与已放大的理论轮廓曲线进行比较,根据比较结果是否在公差带内来判断被测零件轮廓是否合格 适用于对较小、较薄零件的线轮廓误差的测量
坐标法	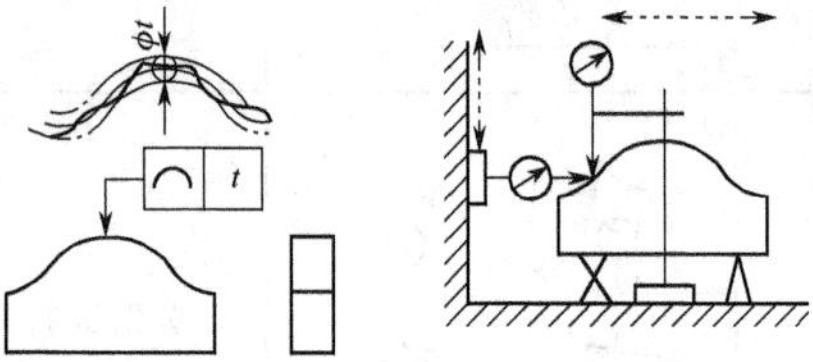	利用工具显微镜、三坐标测量机,光学分度头加辅助设备均可测量被测轮廓上各点的坐标值,按测得的坐标值与理想轮廓的坐标值进行比较,即可求出被测件的轮廓度误差值

(6) 定向误差的常用测量方法 (表 2.51)

表 2.51 定向误差的常用测量方法

在平板上检测				
测量项目	图示		测量项目	图示
面对面的平行度误差测量			线对面的平行度误差测量	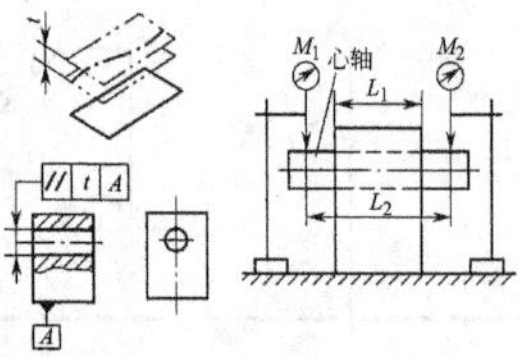

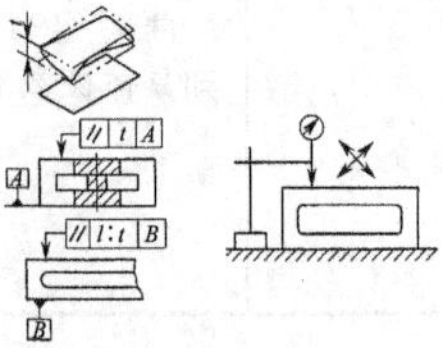

续表

在平板上检测			
测量项目	图示	测量项目	图示
面对面的垂直度误差测量	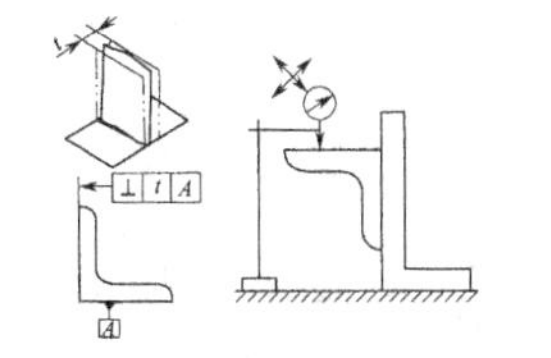	线对面的垂直度误差测量	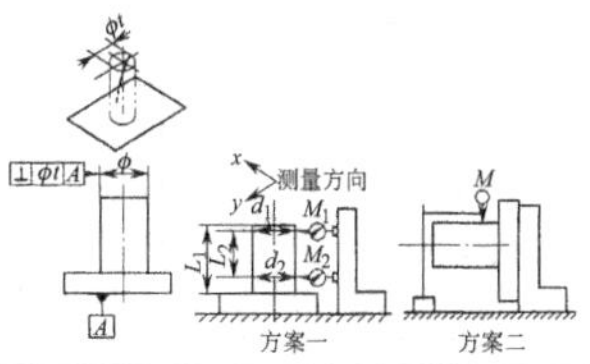
面对面的倾斜度误差测量	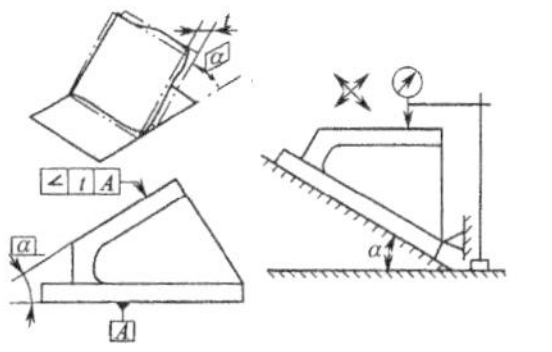	线对面的倾斜度误差测量	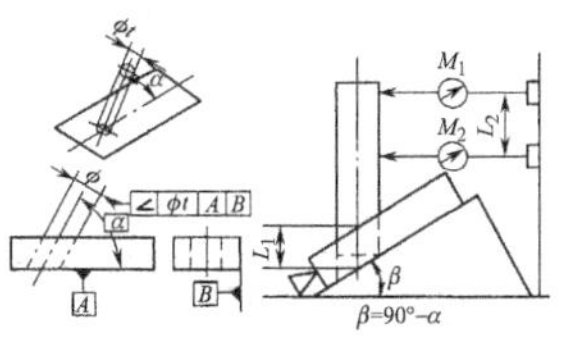
面对线的平行度误差测量	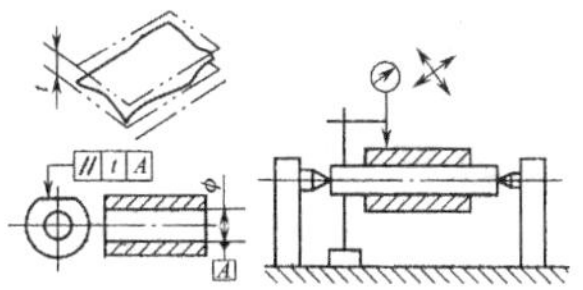	线对线的平行度误差测量	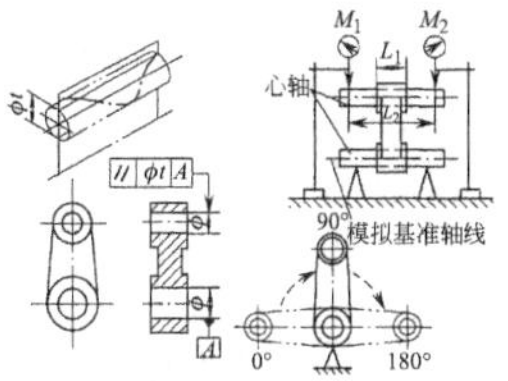
面对线的垂直度误差测量	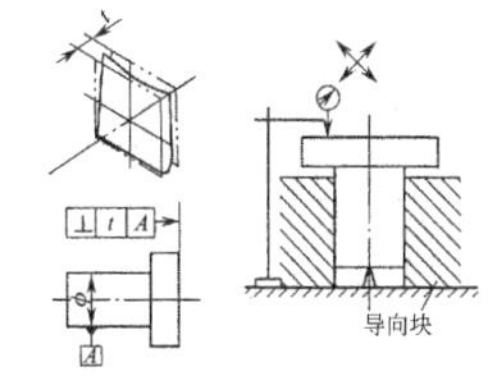	线对线的垂直度误差测量	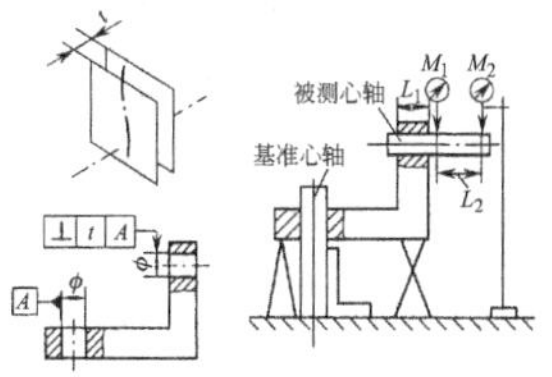

用位置量规测量			
测量项目	图示	测量项目	图示
平行度的测量	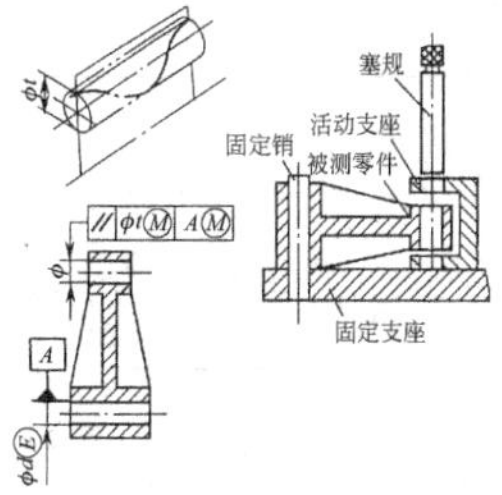	垂直度的测量	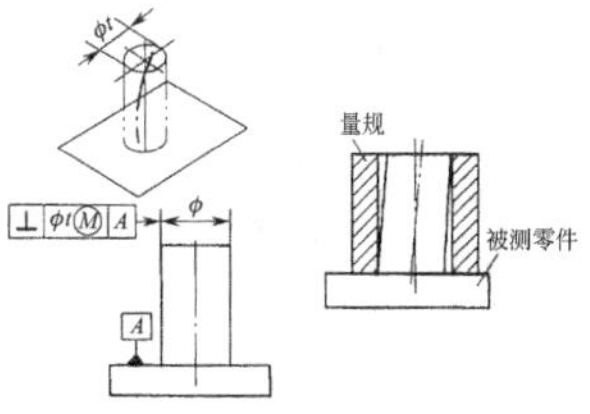

（7）定位误差的常用测量方法（表 2.52）

表 2.52　定位误差的常用测量方法

方法	测量项目	图示
用测量径向变动的方法	同轴度误差测量	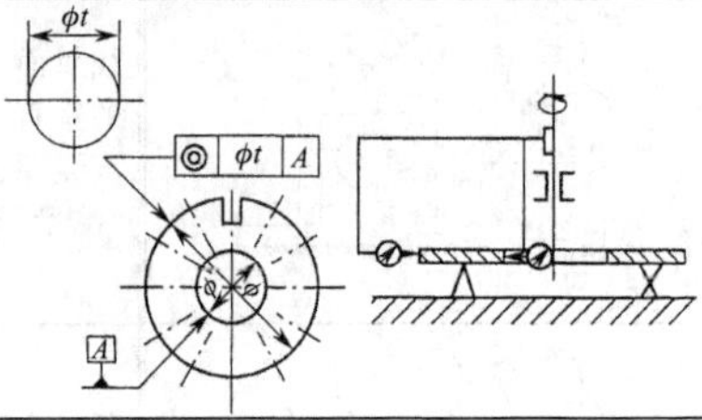
在平板上测量	同轴度误差测量	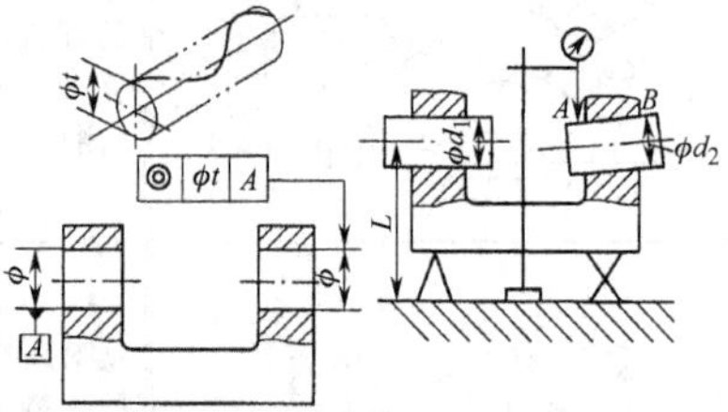
	对公共基准轴线的同轴度误差测量	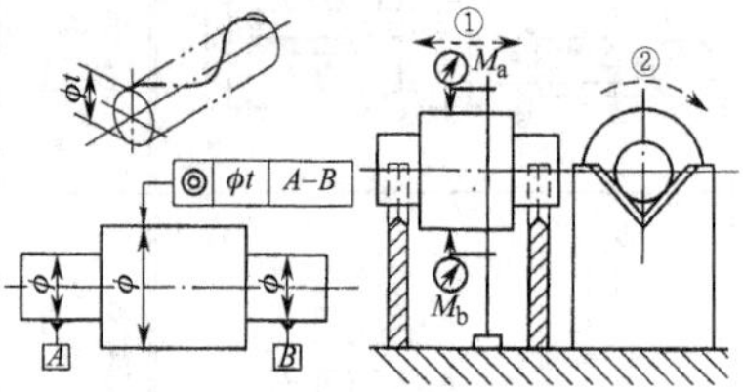
用同轴度量规测量	同轴度误差测量	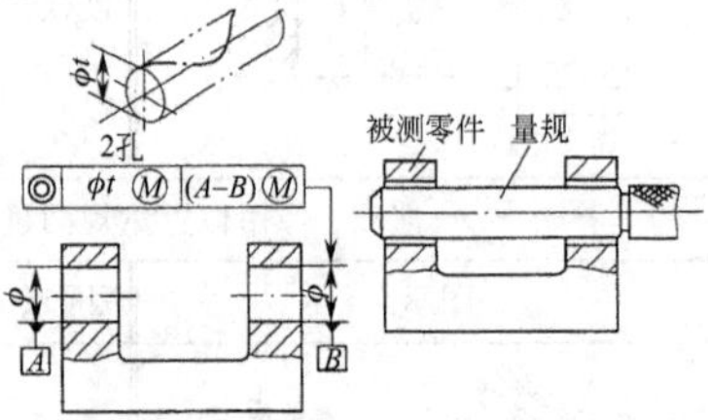
在平板上用打表测量	面对面的对称度误差测量	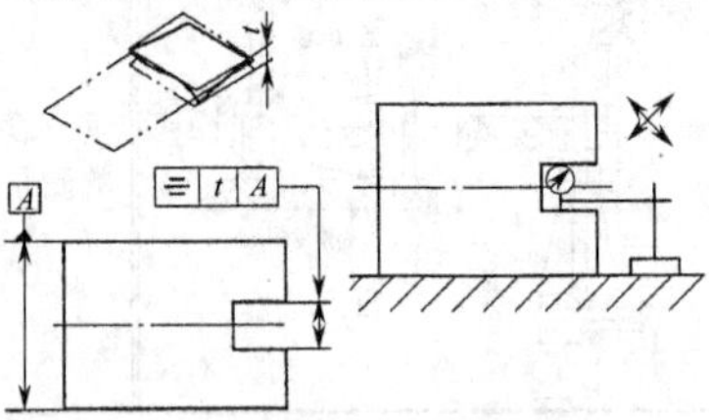

方法	测量项目	图示
在平板上用打表测量	面对线的对称度误差测量	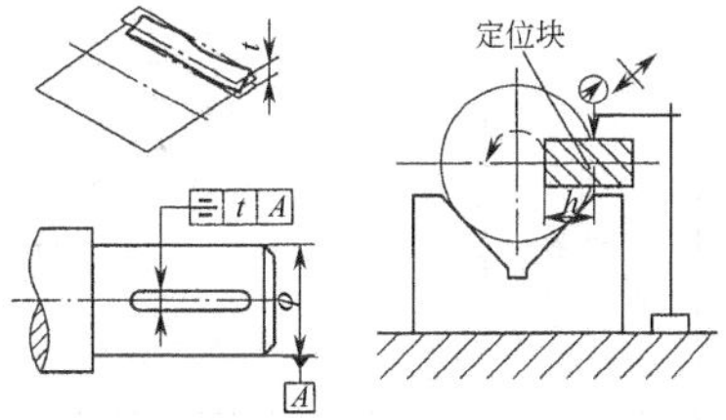
用测量壁厚的方法	对称度误差的测量	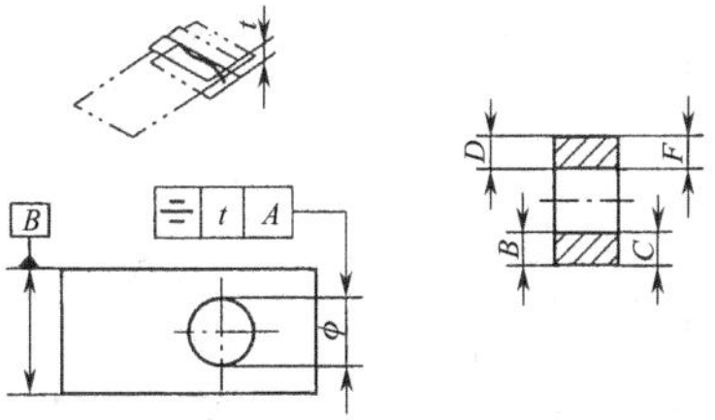
用位置量规测量	对称度误差的测量	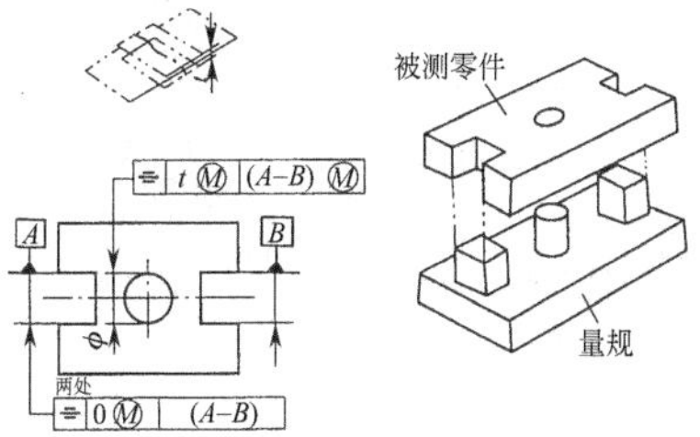

（8）跳动量的常用测量方法（表 2.53）

表 2.53　跳动量的常用测量方法

方法	测量项目	图示
用双顶尖方法	径向圆跳动误差测量	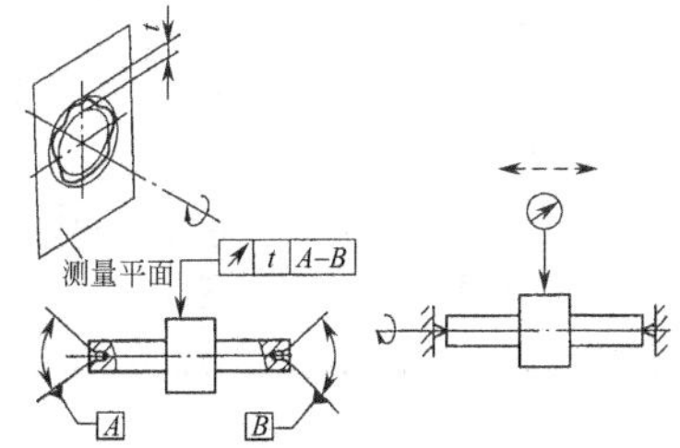

续表

方法	测量项目	图示
用双套筒方法	径向全跳动误差测量	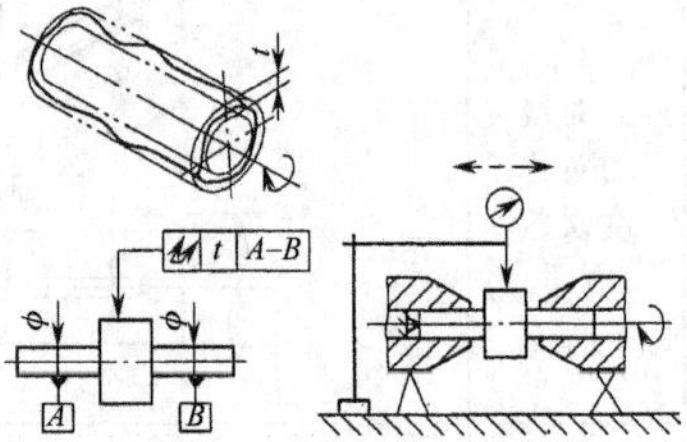
用V形块方法	端面圆跳动误差测量	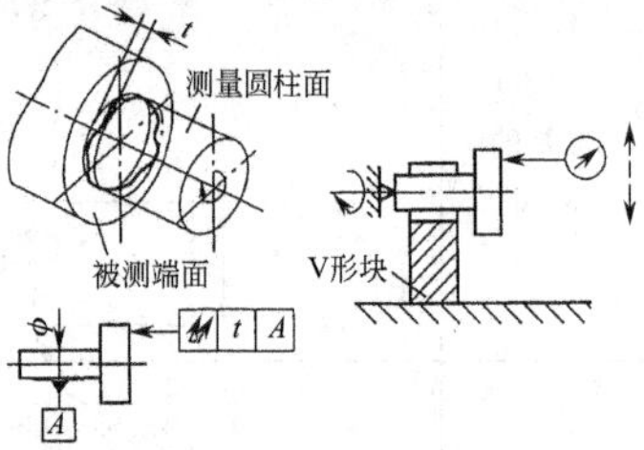
用单套筒方法	斜向圆跳动误差测量	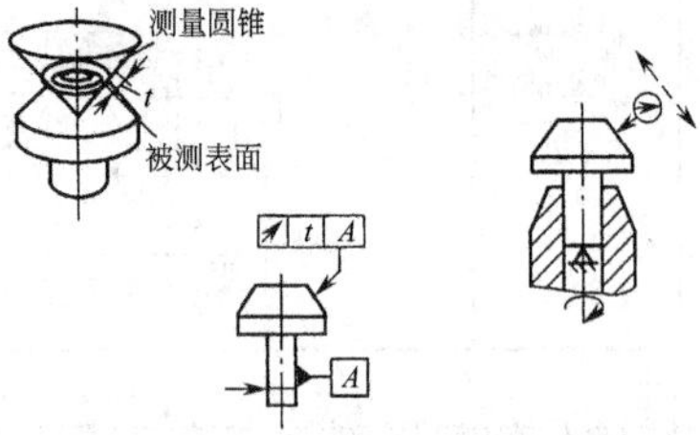
	端面全跳动误差测量	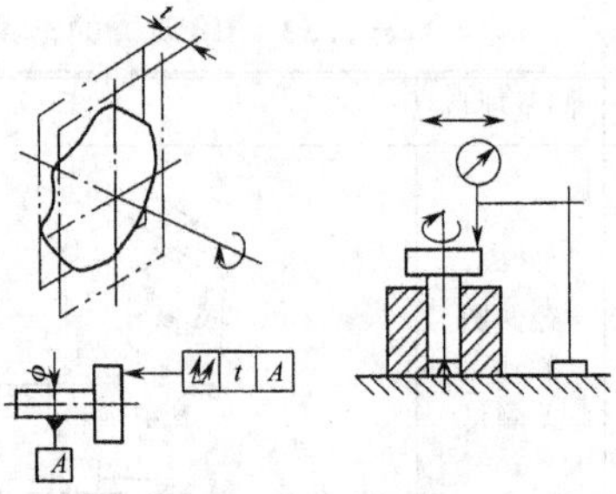

续表

方法	测量项目	图示
用心轴方法	径向圆跳动误差测量	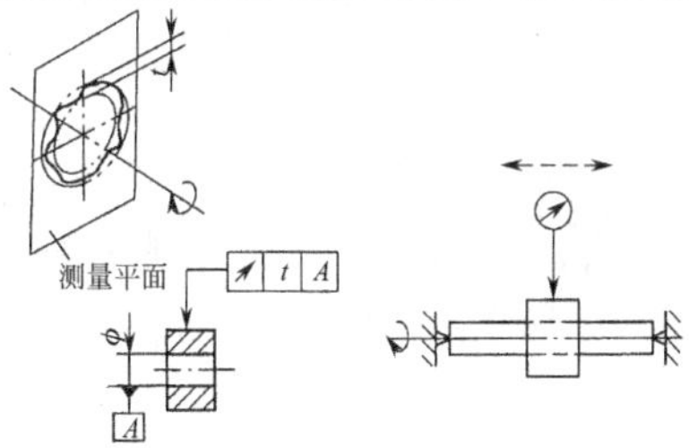

2.3.5 表面粗糙度的测量

表面粗糙度的测量方法、特点及应用见表 2.54。

表 2.54　表面粗糙度的测量方法、特点及应用

测量方法	特点及应用	测量范围 $Ra/\mu m$	测量方法	特点及应用	测量范围 $Ra/\mu m$
目测法	将被测表面与标准样块进行比较。在车间应用于外表面检测	3.2～50	干涉法	用光波干涉原理对被测表面的微观不平度和光波波长进行比较,检测表面粗糙度,常用量仪为干涉显微镜。适用于在实验室对平面、外圆表面检测	0.008～0.2
触觉法	用手指或指甲抚摸被测表面与标准样块进行比较。在车间应用于内、外表面检测	0.8～6.3	针描法	用触针直接在被测表面上轻轻划过,由指示表读出数值,方法简单。常用量仪有电感轮廓仪(电感法)、压电轮廓仪(压电法)。适用于内、外表面检测,但不能用于检测柔软和易划伤表面。电感法用于实验室,压电法用于实验室和车间	电感法 0.008～6.3 压电法 0.05～25
电容法	电容极板(极板应与被测面形状相同)靠三个支承点与被测表面接触,按电容量大小评定。适用于外表面检测,用于大批量 100% 检验粗糙度的场合	0.2～6.3			

测量方法	特点及应用	测量范围 $Ra/\mu m$	测量方法	特点及应用	测量范围 $Ra/\mu m$
光切法	用光切原理测量表面粗糙度,常用量仪为光切显微镜。适用于平面、外圆表面检测,在车间、实验室均可应用	0.4~25	印模法	用塑性材料黏合在被测表面上,将被检表面轮廓复制成印模,然后测量印模。适用于对深孔、盲孔、凹槽、内螺纹、大工件及其难测部位检测	0.1~100

第**3**章

机械加工工艺过程

3.1 机械加工工艺基本知识

3.1.1 常用的机械制造工艺基本术语（表 3.1）

表 3.1　常用的机械制造工艺基本术语（摘自 GB/T 4863—2008）

名词术语	含义
机械制造工艺	各种机械制造方法和过程的总称
典型工艺	根据零件的结构和工艺特征进行分类、分组，对同组零件制定的统一加工方法和过程
零件的结构工艺性	所设计的零件在能满足使用要求的前提下，制造的可行性和经济性
生产过程	将原材料转变为成品的全过程
工艺过程	改变生产对象的形状、尺寸、相对位置和性质等，使其成为成品或半成品的过程
工艺方案	根据产品设计要求、生产类型和企业的生产能力，提出工艺技术准备工作具体任务和措施的指导性文件
工艺文件	指导工人操作和用于生产、工艺管理的各种技术文件
工艺路线	产品或零件在生产过程中，由毛坯准备到成品包装入库，经过企业各有关部门或工序的先后顺序
工艺规程	规定产品或零部件制造工艺过程和操作方法等工艺文件
工艺设计	编制各种工艺文件和设计工艺装备等过程
工艺参数	为了达到预期的技术指标，工艺过程中所需选用或控制的有关量
工艺准备	产品投产前所进行的一系列工艺工作的总称。其主要内容包括：对产品图样进行工艺性分析和审查；拟定工艺方案；编制各种工艺文件；设计、制造和调整工艺设备；设计合理的生产组织形式等

续表

名词术语	含义
工艺试验	为考查工艺方法、工艺参数的可行性或材料的可加工性等而进行的试验
工艺装备 （工装）	产品制造过程中所用的各种工具总称。包括刀具、夹具、模具、量具、检具、辅具、钳工工具和工位器具等
工艺系统	在机械加工中由机床、刀具、夹具和工件所组成的统一体
成组技术	将企业的多种产品、部件和零件，按一定的相似性准则分类编组，并以这些组为基础，组织生产各个环节，从而实现多种品种中小批量生产的产品设计、制造和管理的合理化
生产纲领	企业在计划期内应当生产的产品产量和进度计划
生产类型	企业（或车间、工段、班组、工作地）生产专业化程度的分类。一般分为大量生产、成批生产和单件生产三种类型
生产批量	一次投入或产出的同一产品（或零件）的数量
生产节拍	流水生产线中，相继完成两件制品之间的时间间隔
毛坯	根据零件（或产品）所要求的形状、工艺尺寸等而制成的供进一步加工用的生产对象
工件	加工过程中的生产对象
工艺关键件	技术要求高，工艺难度大的零、部件
机械加工	利用机械力对各种工件进行加工的方法
切削加工	利用切削工具从工件上切除多余材料的加工方法
工序	一个或一组工人，在一个工作地对同一个或同时对几个工件所连续完成的那一部分工艺过程
安装	工件经一次装夹后所完成的那一部分工序
工位	为了完成一定的工序部分，一次装夹工件后，工件与夹具或设备的可动部分相对刀具或设备的固定部分占据每一个位置所完成的那部分工序
工步	在加工表面和加工工具不变的情况下所连续完成的那一部分工序
走刀	在一个工步内当被加工表面的切削余量较大，需分几次切削时，则每进行一次切削称为一次走刀
工艺基准	在工艺过程中采用的基准
工序基准	在工序图上用来确定本工序被加工表面加工后的尺寸、形状、位置的基准

续表

名词术语	含义
工艺尺寸	根据加工的需要,在工艺附图或工艺规程中所给出的尺寸
加工总余量 (毛坯余量)	毛坯尺寸与零件图的设计尺寸之差
工序余量	相邻两工序的尺寸之差
工艺留量	为工艺需要而增加的工件(或毛坯)的长度
加工误差	零件加工后的实际几何参数(尺寸、形状和位置)对理想几何参数的偏离程度
加工精度	零件加工后的实际几何参数(尺寸、形状和位置)对理想几何参数的符合程度
加工经济精度	在正常加工条件下(采用符合质量标准的设备、工艺装备和标准技术等级的工人,不延长加工时间)所能保证的加工精度
工艺过程卡片	以工序为单位简要说明产品或零、部件的加工(或装配)过程的一种工艺文件
工艺卡片	按产品的零、部件的某一工艺阶段编制的一种工艺文件。它以工序为单元,详细说明产品(或零、部件)在某一工艺阶段中的工序号、工序名称、工序内容、工艺参数、操作要求以及采用的设备和工艺装备等
工序卡片	在工艺过程卡片或工艺卡片的基础上,按每道工序所编制的一种工艺文件。一般具有工艺简图,并详细说明该工序的每个工步的加工(或装配)内容、工艺参数、操作要求以及所用的设备和工艺装备等
调整卡片	对自动、半自动机床或某些齿轮加工机床等进行调整用的一种工艺文件
工艺附图	附在工艺规程上用以说明产品或零、部件加工或装配的简图或图表
夹具	用以装夹工件(和引导刀具)的装置
装夹	将工件在机床上或夹具中定位、夹紧的过程
对刀	调整刀具切削刃相对工件或夹具的正确位置的过程
粗加工	从坯料上切除较多的余量,所能达到的精度比较低、加工表面粗糙度值比较大的加工过程
半精加工	在粗加工和精加工之间所进行的切削加工过程
精加工	从工件上切除较少余量,所得精度比较高、表面粗糙度值比较小的加工过程

续表

名词术语	含义
光整加工	精加工后,从工件上不切除或切除极薄金属层,用以降低工件表面粗糙度数值或强化其表面的加工过程
超精密加工	按照超稳定、超微量切除等原则,实现加工尺寸误差和形状误差在0.1μm以下的加工技术
试切法	通过试切→测量→调整→再试切,反复进行到被加工尺寸达到要求为止的加工方法
调整法	先调整好刀具和工件在机床上的相对位置,并在一批零件的加工过程中保持这个位置不变,以保证工件被加工尺寸的方法
定尺寸刀具法	用刀具的相应尺寸来保证工件被加工部位尺寸的方法
典型工艺过程卡片	具有相似性结构和工艺特征的一组零、部件所能通用的工艺过程卡片
典型工艺卡片	具有相似结构和工艺特征的一组零、部件所能通用的工艺卡片
典型工序卡片	具有相似结构和工艺特征的一组零、部件所能通用的工序卡片
计算机辅助工艺规程编制	通过向计算机输入被加工零件的原始数据、加工条件和加工要求,由计算机自动进行编码、编程直到最后输出经过优化的工艺规程卡片的过程
计算机辅助制造	利用计算机分级结构将产品的设计信息自动地转换成制造信息,以控制产品的加工、装配、检验、试验、包装等全过程以及与这些过程有关的全部物流系统和初步生产调度
柔性制造系统	利用计算机控制系统和物料输送系统,把若干台设备联系起来,形成没有固定加工顺序和节拍,在加工完一定批量的某种工件后,能在不停机调整的情况下,自动地向另一种工件转化的自动化制造系统

3.1.2 机械加工工艺规程的作用

(1) 机械加工工艺规程是组织车间生产的主要技术文件

机械加工工艺规程是车间中一切从事生产的人员都要严格、认真贯彻执行的工艺技术文件,按照它组织生产,就能做到各工序科学地衔接,实现优质、高产和低消耗。

(2) 机械加工工艺规程是生产准备和计划调度的主要依据

有了机械加工工艺规程,在产品投入生产之前就可以根据它进行一系列准备工作,如原材料和毛坯的供应,机床的调整,专用工艺装备 (如专用夹具、刀具和量具) 的设计与制造,生产作业计划的编排，劳动力的组织以及生产成本的核算等。有了机械加工工艺规程，就可以制定所生产产品的进度计划和相应的调度计划，使生产均衡、顺利地进行。

（3）机械加工工艺规程是新建或扩建工厂、车间的基本技术文件

在新建或扩建工厂、车间时，只有根据机械加工工艺规程和生产纲领，才能准确确定生产所需机床的种类和数量，工厂或车间的面积，机床的平面布置，生产工人的工种、等级、数量，以及各辅助部门的安排等。

3.1.3 工艺规程格式

工艺规程的形式多种多样，主要包括零、部件的机械、铸造、锻压、焊接的加工工艺，装配工艺，操作方法，检验方法，管理用工艺文件等。工艺规程的文件格式，企业可根据具体情况选用标准格式，或参考标准格式自行设计，或自行设计。选择工艺规程的文件格式，一般根据产品的复杂程度、生产类型和企业的具体条件而定。主要介绍常用的机械加工工艺规程的标准格式及使用范围。

（1）机械加工工艺

① 机械加工工艺过程卡片（表3.2）　一般情况下，零件的机械加工工艺过程都有其机械加工工艺过程卡片，但填写内容的详细程度不同。单件小批生产的零件机械加工工艺，一般只用机械加工工艺过程卡片来要求，其内容由工艺人员设计，具体操作内容由操作工人决定；中批量生产，用机械加工工艺过程卡片来规定，关键工序还要用工序卡或操作卡来要求，由工艺人员设计，设计内容较为详细；大批大量生产，用机械加工工艺过程卡片作简单要求，大部分工序用工序卡片进行要求，操作工人按工序卡片的要求进行操作。

② 机械加工工序卡片（表3.3）　主要用于大批量生产各工序和批量生产中的关键工序，与机械加工工艺卡片配套使用。

③ 机械加工工序操作指导卡片　用于建立工序质量控制点的加工工序，与机械加工工艺卡片配套使用，见表3.4。

表 3.2　机械加工工艺过程卡片格式（JB/T 9165.2—1998）

(厂　名)		机械加工工艺过程卡片		产品型号			零件图号				
25				产品名称			零件名称			共　页	第　页
材料牌号	30 (1)	毛坯种类 15	30 (2)	毛坯外形尺寸	30 (3)	每毛坯可 制件数 (4) 10		每台件数 (5) 10		备注 10	(6) 20
工序号	工序名称	16 工序内容		车间	工段	设备	工艺装备			工时	
										准终	单件
(7)	(8)	∞ (9)		(10)	(11)	(12)	(13)			(14)	(15)
8	10	18×8=144		8	8	20	75			10	10
描图											
描校											
底图号											
装订号						设计(日期)	审核(日期)	标准化(日期)		会签(日期)	
	标记 处数 更改文件号 签字 日期			标记 处数 更改文件号 签字 日期							

表 3.3　机械加工工序卡片格式（JB/T 9165.2—1998）

(厂　名)		机械加工工序卡片	产品型号		零件图号				
			产品名称		零件名称		共　页	第　页	
			车　间 25 (1)	工序号 15 (2)	工序名 25 (3)	材料牌 30 (4)			
			毛坯种类 (5)	毛坯外形尺寸 30 (6)	每毛坯可制件数 20 (7)	每台件数 20 (8)			
		10×8(=80)	设备名称 (9)	设备型号 (10)	设备编号 (11)	同时加工件数 (12)			
			夹具编号 (13)		夹具名称 (14)	切削液 (15)			
			工位器具编号 45 (16)		工位器具名称 30 (17)	工序工时			
						准终 (18)	单件 (19)		
工步号	工步内容	工艺装备	主轴 转速 r/min	切削 速度 m/min	进给量 mm/r	切削 深度 mm	进给 次数	工步工时	
								机动	辅助
(20)	∞ (21)	(22)	(23)	(24)	(25)	(26)	(27)	(28)	(29)
8	90		10	7×10(=70)					
	9×8(=72)								
描图									
描校									
底图号									
装订号				设计(日期)	审核(日期)	标准化(日期)	会签(日期)		
	标记 处数 更改文件号 签字 日期 标记 处数 更改文件号 签字 日期								

表 3.4　机械加工工序操作指导卡片格式 (JB/T 9165.2—1998)

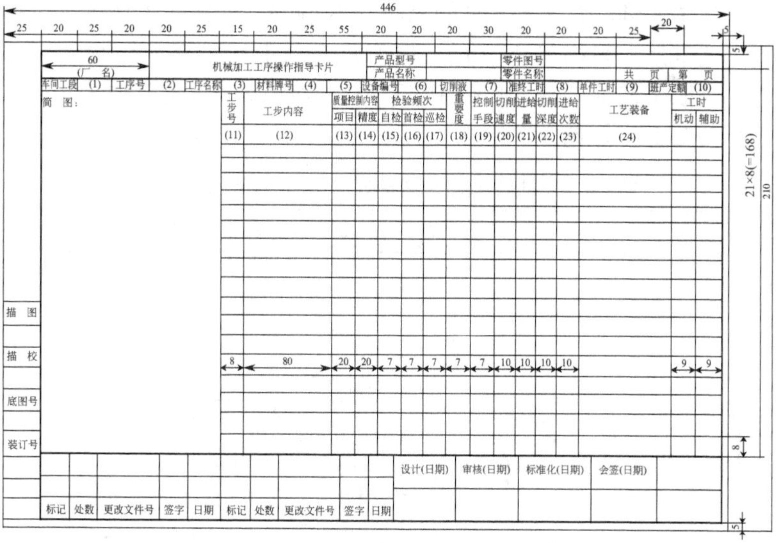

④ 检验工序卡片　用于关键工序的质量检验，见表 3.5。

表 3.5　检验工序卡片格式 (JB/T 9165.2—1998)

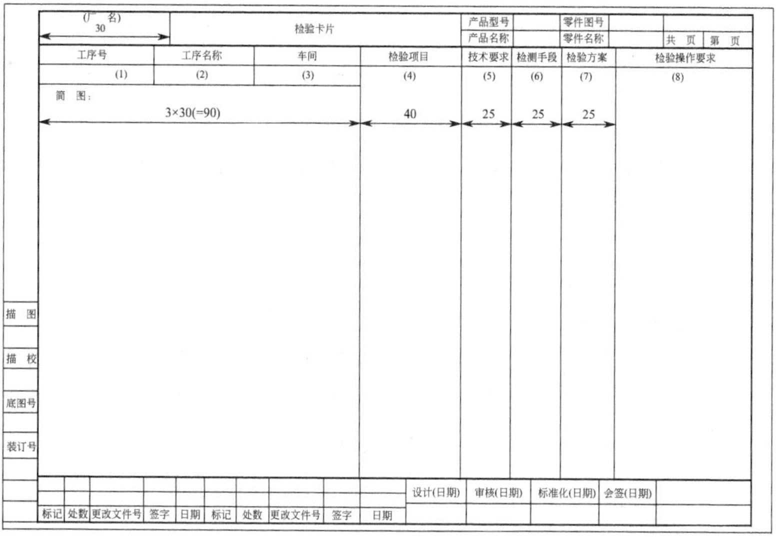

（2）工艺卡片

用于各种批量生产的零件或毛坯的制造，如铸造工艺卡片、锻造工艺卡片、焊接工艺卡片、热处理工艺卡片、表面处理工艺卡片、电镀工艺卡片等，详见 JB/T 9165.2—1998 中规定的格式。热处理工艺卡片见表3.6。

表 3.6　热处理工艺卡片格式（JB/T 9165.2—1998）

(厂　名)	热处理工艺卡片			产品型号				零件图号					共　页	第　页
				产品名称			(1)	零件名称				(2)		
					材料牌号		(1)		零件重量			(2)		
					工艺路线			(3)						
					技术要求				检验方法					
					硬化层深度		(4)			(11)				
	(18)				硬度		(5)			(12)				
					金相组织		(6)			(13)				
					机械性能		(7)			(14)				
							(8)			(15)				
					允许变形量		(9)			(16)				
							(10)			(17)				

工序号	工序内容	设备	装炉方式及工装编号	装炉温度(℃)	加热温度(℃)	升温时间(min)	保温时间(min)	冷　却			工时(min)
								介质	温度(℃)	时间(s)	
(19)	(20)	(21)	(22)	(23)	(24)	(25)	(26)	(27)	(28)	(29)	(30)

描图		
描校		
底图号		
装订号		

						设计(日期)	审核(日期)	标准化(日期)	会签(日期)

标记	处数	更改文件号	签字	日期	标记	处数	更改文件号	签字	日期

（3）调整卡片

用于自动、半自动机床、自动机床等加工前的调整，与工序卡片、典型工艺过程卡片、典型工序卡片配合使用，详见 JB/T 9165.2—1998。

（4）管理用文件格式

管理用文件格式包括产品零部件工艺路线表、零部件明细表、工艺关键件明细表、产品质量控制点明细表、零件质量控制点明细表、外协件明细表、配作件明细表、工艺验证书、专用工艺装备设计任务书、工艺质量分析（表3.7）等。

表 3.7 工艺质量分析卡片格式 (JB/T 9165. 2—1998)

工序号	工序名称及内容	设备和工装名称或编号	质量项目	控制点					质量问题原因分析	检验				规范		责任者			备注
				重要度	检验					项目及方法	精度要求	频次	编号	名称	操作者	职能者	检验员	
					自检	首检	巡检	抽检										
(5)	(6)	(7)	(8)	(9)	(10)	(11)	(12)	(13)	(14)	(16)	(17)	(18)	(19)	(20)	(21)	(22)	(23)	(24)
									(15)									

(厂名) 工序质量分析表 产品型号 产品名称 共 页 第 页
车间 (1) 班组 (2) 零件图号 (3) 零件名称 (4)

描 图
描 校
底图号
装订号

编制(日期) 审核(日期)

标记	处数	更改文件号	签字	日期	标记	处数	更改文件号	签字	日期

注:该表用于设置工序质量控制点工序的质量分析。

3.1.4 工艺守则

各种工种所通用的基本操作规程,如车工守则、磨工守则、铸造守则、热处理守则、装配工艺守则等。切削加工通用工艺守则(见 JB/T 9168.1～9168.13—1998)包括总则、车削、铣削、刨插削、钻削、镗削、拉削、磨削、齿轮加工、数控加工、下料、划线、钳工 13 部分,供制订各工种工艺守则时参考。

切削加工通用工艺守则总则见表 3.8;车削工艺守则见表 3.9;铣削工艺守则见表 3.10;刨插削工艺守则见表 3.11;钻削工艺守则见表 3.12;镗削工艺守则见表 3.13;拉削工艺守则见表 3.14;磨削工艺守则见表 3.15;数控加工工艺守则见表 3.16;下料工艺守则见表 3.17;划线工艺守则见表 3.18;钳工工艺守则见表 3.19。

表 3.8 切削加工通用工艺守则总则 (JB/T 9168.1—1998)

项目	要求内容
加工前的准备	（1）操作者接到加工任务后，首先要检查加工所需的产品图样、工艺规程和有关技术资料是否齐全 （2）要看懂、看清工艺规程、产品图样及其技术要求，有疑问之处应找有关人员问清再进行加工 （3）按产品图样或（和）工艺规程复核工件毛坯或半成品是否符合要求，发现问题应及时向有关人员反映，待问题解决后才能进行加工 （4）按工艺规程要求准备好加工所需的全部工艺装备，发现问题及时处理。对新夹具、模具等，要先熟悉其使用要求和操作方法 （5）加工所用的工艺装备应放在规定的位置，不得乱放，更不能放在机床导轨上 （6）工艺装备不得随意拆卸和更改 （7）检查加工所用的机床设备，准备好所需的各种附件。加工前机床要按规定进行润滑和空运转
刀具与工件的装夹	1. 刀具的装夹 （1）在装夹各种刀具前，一定要把刀柄、刀杆、导套等擦拭干净 （2）刀具装夹后，应用对刀装置或试切等检查其正确性 2. 工件的装夹 （1）在机床工作台上安装夹具时，首先要擦净其定位基面，并要找正其与刀具的相对位置 （2）工件装夹前应将其定位面、夹紧面、垫铁和夹具的定位、夹紧面擦拭干净，并不得有毛刺 （3）按工艺规程中规定的定位基准装夹，若工艺规程中未规定装夹方式，操作者可自行选择定位基准和装夹方法，选择定位基准应按以下原则 ① 尽可能使定位基准与设计基准重合 ② 尽可能使各加工面采用同一定位基准 ③ 粗加工定位基准应尽量选择不加工或加工余量比较小的平整表面，而且只能使用一次 ④ 精加工工序定位基准应是已加工表面 ⑤ 选择的定位基准必须使工件定位夹紧方便，加工时稳定可靠 （4）对无专用夹具的工件，装夹时应按以下原则进行找正 ① 对划线工件应按划线进行找正 ② 不划线工件，在本工序后尚需继续加工的表面，找正精度应保证下道工序有足够的加工余量 ③ 对在本工序加工到成品尺寸的表面，其找正精度应小于尺寸公差和位置公差的 1/3 ④ 对在本工序加工到成品尺寸的未注尺寸公差和位置公差的表面，其找正精度应保证 JB/T 8828—1999 中对未注尺寸公差和位置公差的要求 （5）装夹组合件时应注意检查结合面的定位情况 （6）夹紧工件时，夹紧力的作用点应通过支承点或支承面。对刚性较差的（或加工时有悬空部分的）工件，应在适当的位置增加辅助支承，以增强其刚性 （7）夹持精加工面和软材质工件时，应垫以软垫，如紫铜皮等 （8）用压板压紧工件时，压板支承点应略高于被压工件表面，并且压紧螺栓应尽量靠近工件，以保证压紧力

项目	要求内容
加工	（1）为了保证加工质量和提高生产率，应根据工件材料、精度要求和机床、刀具、夹具等情况，合理选择切削用量。加工铸件时，为了避免表面夹砂、硬化层等损坏刀具，在许可的条件下，切削深度应大于夹砂或硬化层深度 （2）对有公差要求的尺寸在加工时，应尽量按其中间公差加工 （3）工艺规程中未规定表面粗糙度要求的粗加工工序，加工后的表面粗糙度 Ra 值应不大于 $25\mu m$ （4）铰孔前的表面粗糙度 Ra 值应不大于 $12.5\mu m$ （5）精磨前的表面粗糙度 Ra 值应不大于 $6.3\mu m$ （6）粗加工时的倒角、倒圆、槽深等都应按精加工余量加大或加深，以保证精加工后达到设计要求 （7）图样和工艺规程中未规定的倒角、倒圆尺寸和公差要求应按 JB/T 8828—1999 的规定 （8）凡下道工序需进行表面淬火、超声波探伤或滚压加工的工件表面，在本道工序加工的表面粗糙度 Ra 值不得大于 $6.3\mu m$ （9）在本道工序后无法去毛刺工序时，本道工序加工产生的毛刺应在本道工序去除 （10）在大件的加工过程中应经常检查工件是否松动，以防因松动而影响加工质量或发生意外事故 （11）当粗、精加工在同一台机床上进行时，粗加工后一般应松开工件，待其冷却后重新装夹 （12）在切削过程中，若机床-刀具-工件系统发出不正常的声音或加工表面粗糙度突然变坏，应立即退刀停车检查 （13）在批量生产中，必须进行首件检查，合格后方能继续加工 （14）在加工过程中，操作者必须对工件进行自检 （15）检查时应正确使用测量器具。使用量规、千分尺等必须轻轻用力推入或旋入，不得用力过猛；使用卡尺、千分尺、百分表、千分表等时事先应调好零位
加工后处理	（1）工件在各道工序加工后应做到无屑、无水、无脏物，并在规定的工位器具上摆放整齐，以免磕、碰、划伤等 （2）暂不进行下道工序加工的或精加工后的表面进行防锈处理 （3）用磁力夹具吸住进行加工的工件，加工后应进行退磁 （4）凡相关零件成组配加工的，加工后需做标记（或编号） （5）各道工序加工完的工件经专职检查员检查合格后方能转往下道工序
其他	（1）工艺装备用完后要擦拭干净（涂好防锈油），放到规定的位置或交还工具库 （2）产品图样、工艺规程和所使用的其他技术文件，要注意保持整洁，严禁涂改

表 3.9 车削工艺守则 (JB/T 19168.2.—1998)

项目	要求内容
车刀的装夹	(1)车刀刀杆伸出刀架不宜太长,一般长度不应超过刀杆高度的 1.5 倍(车孔、槽等除外) (2)车刀刀杆中心线应与走刀方向垂直或平行 (3)刀尖高度的调整 ① 在下列情况下,刀尖一般应与工件中心线等高 a. 车端面 b. 车圆锥面 c. 车螺纹 d. 成形车削 e. 切断实心工件 ② 在下列情况下,刀尖一般应比工件中心线稍高 a. 粗车外圆 b. 精车孔 ③ 在下列情况下,刀尖一般应比工件中心线稍低 a. 精车细长轴 b. 粗车孔 c. 切断空心工件 (4)螺纹车刀刀尖角的平分线应与工件中心线垂直 (5)装夹车刀时,刀杆下面的垫片要少而平,压紧车刀的螺钉要拧紧
工件的装夹	(1)用三爪卡盘装夹工件进行粗车或精车时,若工件直径小于或等于 30mm,其悬伸长度应不大于直径的 5 倍,若工件直径大于 30mm,其悬伸长度应不大于直径的 3 倍 (2)用四爪卡盘、花盘、角铁(弯板)等装夹不规则偏重工件时,必须加配重 (3)在顶尖间加工轴类工件时,车削前要调整尾座顶尖中心与车床主轴中心线重合 (4)在两顶尖间加工细长轴时,应使用跟刀架或中心架。在加工过程中要注意调整顶尖的顶紧力,死顶尖和中心架应注意润滑 (5)使用尾座时,套筒尽量伸出短些,以减小振动 (6)在立车上装夹支承面小、高度高的工件时,应使用加高的卡爪,并在适当的部位加拉杆或压板压紧工件 (7)车削轮类、套类铸锻件时,应按不加工的表面找正,以保证加工后工件壁厚均匀
车削加工	(1)车削台阶轴时,为了保证车削时的刚性,一般应先车直径较大的部分,后车直径较小的部分 (2)在轴类工件上切槽时,应在精车之前进行,以防止工件变形 (3)精车带螺纹的轴时,一般应在螺纹加工之后再精车无螺纹部分 (4)钻孔前.应将工件端面车平。必要时应先打中心孔 (5)钻深孔时,一般先钻导向孔 (6)车削 $\phi10\sim20$mm 的孔时,刀杆的直径应为被加工孔径的 $0.6\sim0.7$ 倍;加工直径大于 $\phi20$mm 的孔时,一般应采用装夹刀头的刀杆

项目	要求内容
车削加工	(7)车削多头螺纹或多头蜗杆时,调整好挂轮后要进行试切 (8)使用自动车床时,要按机床调整卡片进行刀具与工件相对位置的调整,调好后要进行试车削,首件合格后方可加工;加工过程中要随时注意刀具的磨损及工件尺寸与表面粗糙度 (9)在立车上车削时,当刀架调整好后,不得随意移动横梁 (10)当工件的有关表面有位置公差要求时,尽量在一次装夹中完成车削 (11)车削圆柱齿轮齿坯时,孔与基准端面必须在一次装夹中加工。必要时应在该端面的齿轮分度圆附近车出标记线

表 3.10　铣削工艺守则（JB/T 9168.3—1998）

项目	要求内容
铣刀的选择及装夹	1. 铣刀直径及齿数的选择 (1)铣刀直径应根据铣削宽度、深度选择,一般铣削宽度和深度越大,铣刀直径也应越大 (2)铣刀齿数应根据工件材料和加工要求选择,一般铣削塑性材料或粗加工时,选用粗齿铣刀;铣削脆性材料或半精加工、精加工时,选用中、细齿铣刀 2. 铣刀的装夹 (1)在卧式铣床上装夹铣刀时,在不影响加工的情况下,尽量使铣刀靠近主轴,支架靠近铣刀。若需铣刀离主轴较远时,应在主轴与铣刀间装一个辅助支架 (2)在立式铣床上装夹铣刀时,在不影响铣削的情况下,尽量选用短刀杆 (3)铣刀装夹好后,必要时应用百分表检查铣刀的径向跳动和端面跳动 (4)若同时用两把圆柱形铣刀铣宽平面时,应选螺旋方向相反的两把铣刀
工件的装夹	1. 在平口钳上装夹 (1)要保证平口钳在工作台上的正确位置,必要时应用百分表找正固定钳口面,使其与机床工作台运动方向平行或垂直 (2)工件下面要垫放适当厚度的平行垫铁,夹紧时,应使工件紧密地靠在平行垫铁上 (3)工件高出钳口或伸出钳口两端不能太多,以防铣削时产生振动 2. 使用分度头的要求 (1)在分度头上装夹工件时,应先锁紧分度头主轴。在紧固工件时,禁止用管子套在手柄上施力 (2)调整好分度头主轴仰角后,应将基座上部四个螺钉拧紧,以免零位移动 (3)在分度头两顶尖间装夹轴类工件时,应使前、后顶尖的中心线重合 (4)用分度头分度时,分度手柄应朝一个方向摇动,如果摇过位置,需反摇多于超过的距离再摇回到正确位置,以消除间隙 (5)分度时,手柄上的定位销应慢慢插入分度盘的孔内,切勿突然撒手,以免损坏分度盘

续表

项目	要求内容
铣削加工	(1)铣削前把机床调整好后,应将不用的运动方向锁紧 (2)机动快速趋进时,靠近工件前应改为正常进给速度,以防刀具与工件撞击 (3)铣螺旋槽时,应按计算选用的挂轮先进行试切,检查导程与螺旋方向是否正确,合格后才能进行加工 (4)用成形铣刀铣削时,为提高刀具耐用度,铣削用量一般应比圆柱形铣刀小25%左右 (5)用仿形法铣成形面时,滚子与靠模要保持良好接触,但压力不要过大,使滚子能灵活转动 (6)切断时,铣刀应尽量靠近夹具,以增加切断时的稳定性 (7)顺铣与逆铣的选用 ① 在下列情况下,建议采用逆铣 a. 铣床工作台丝杠与螺母的间隙较大,又不便调整时 b. 工件表面有硬质层、积渣或硬度不均匀时 c. 工件表面凸凹不平较显著时 d. 工件材料过硬时 e. 阶梯铣削时 f. 切削深度较大时 ② 在下列情况下建议采用顺铣 a. 铣削不易夹牢或薄而长的工件时 b. 精铣时 c. 切断胶木、塑料、有机玻璃等材料时

表 3.11　刨插削工艺守则 (JB/T 19168.4—1998)

项目	要求内容
工件的装夹	(1)在平口钳上装夹 ① 首先要保证平口钳在工作台上的正确位置,必要时应用百分表进行找正 ② 工件下面垫适当厚度的平行垫铁,夹紧工件时应使工件紧密地靠在平行垫铁上 ③ 工件高出钳口或伸出钳口两端不应太多,以保证夹紧可靠 (2)多件划线毛坯同时加工时,必须按各件的加工线找正到同一平面上 (3)在龙门刨床上加工重而窄的工件,需偏于一侧加工时,应尽量两件同时加工或加配重 (4)在刨床工作台上装夹较高的工件时,应加辅助支承,以使装夹牢靠 (5)工件装夹以后,应先用点动开车,检查各部位是否碰撞,然后校准行程长度
刀具的装夹	(1)装夹刨刀时,刀具伸出的长度应尽量短,并注意刀具与工件的凸出部分不要相碰 (2)插刀杆应与工作台面垂直 (3)装夹插槽刀和成形插刀时,其主切削刃中线应与圆工作台中心平面线重合 (4)装夹平头插刀时,其主切削刃应与横向进给方向平行,以保证槽底与侧面的垂直度

续表

项目	要求内容
刨插削加工	(1)刨削薄板类工件时,根据余量情况,多次翻面装夹加工,以减少工件的变形 (2)刨、插削有空刀槽的面时,应降低切削速度,并严格控制刀具行程 (3)在精刨时,发现工件表面有波纹和不正常声音时,应停机检查 (4)在龙门刨床上,应尽量采用多刀刨削

表 3.12　钻削工艺守则（JB/T 9168.5—1998）

项目	要求内容
钻孔	(1)按划线钻孔时,应先试钻,确定中心后再开始钻孔 (2)在斜面或高低不平的面上钻孔时,应先修出一个小平面后再钻孔 (3)钻不通孔,事先要按钻孔的深度调整好定位块 (4)钻深孔时,为了防止因切屑阻塞而扭断钻头,应采用较小的进给量,并需经常排屑;用加长钻头钻深孔时,应先用标准钻头钻到一定深度后再用加长钻头 (5)螺纹底孔钻完后必须倒角
锪孔	(1)用麻花钻改制锪钻时,应选短钻头并应适当减小后角 (2)锪孔时的切削速度一般应为钻孔切削速度的1/3～1/2
铰孔	(1)钻孔后需铰孔时,应留合理的铰削余量 (2)在钻床上铰孔时,要适当选择切削速度和进给量 (3)铰孔时,铰刀不许倒转 (4)铰孔完成后,必须先把铰刀退出,再停车
麻花钻的刃磨	(1)麻花钻主切削刃外缘处的后角一般为 $8°～12°$。钻硬质材料时,为保证刀具强度,后角可适当小些;钻软质材料(黄铜除外)时,后角可稍大些 (2)磨顶角时,一般磨成118°,顶角必须与钻头轴线对称,两切削刃要长度一致

表 3.13　镗削工艺守则（JB/T 19168.6—1998）

项目	要求内容
工件的装夹	(1)在卧式镗床工作台上装夹工件时,工件应尽量靠近主轴箱安装 (2)装夹刚性差的工件时,应加辅助支承,并且夹紧力要适当,以防工件装夹变形 (3)在落地镗床上加工大型工件时,要考虑工件装夹位置,以保证各加工面都能加工,并使机床主轴尽量少伸出
刀具的装夹	在装夹镗刀杆及刀盘时,需擦净锥柄及机床主轴孔。装镗刀杆时拉紧螺钉应拧紧,装刀盘时必须事先用对刀装置调整好

续表

项目	要求内容
镗削加工	(1)镗孔前,应将回转台及床头箱位置锁紧 (2)在镗(扩)铸、锻件毛坯孔前,应先将孔端倒角 (3)当孔内需镗环形槽(退刀槽除外)时,应在精镗孔前镗槽 (4)镗削有位置公差要求的孔或孔组时,应先镗基准孔,再以其为基准依次加工其余各孔 (5)用悬伸镗刀杆镗削深孔或镗削距离较大的同轴孔时,镗刀杆的悬伸长度不宜过长,否则应在适当位置增加辅助支承或用后立柱支承 (6)在镗床工作台上需将工件调头镗削时,在调头前应在工作台或工件上做出辅助定位面,以便调头后找正 (7)在镗床上用铰刀精铰孔时,应先镗后铰 (8)精铰孔时应先试镗,测量合格后才能继续加工 (9)使用带导柱铰刀时,必须注意导柱部分的清洁和润滑,防止卡死。使用浮动铰刀时,必须注意刀体与刀杆方孔浮动要灵活,镗刀杆和镗套之间润滑要充足 (10)镗盲孔或台阶孔时,走刀终了应稍停片刻再退刀 (11)在精密坐标镗床上加工时,应严格控制室温和机床-刀具-工件系统的温度

表 3.14　拉削工艺守则 (JB/T 9168.7—1998)

项目	要求内容
拉削前的准备	(1)拉削前应做好机床的试运转,调整好拉床的油压和拉削速度 (2)拉刀在使用前必须将防锈油洗净,并检查外径尺寸和刀齿是否有碰伤,发现问题及时处理 (3)拉孔前应将拉床的托刀架调整到与工件孔同轴的位置
拉削加工	(1)拉削中要经常注意拉床压力表指针的变化情况,若发现表针直线上升,应立即停车检查 (2)对拉削长度小于拉刀两个齿距的工件,可用夹具把几个相同工件紧固在一起拉削。拉削时,拉刀同时工作的齿数不得少于 3 个,以保持拉削的稳定性 (3)拉削内表面时,拉刀前导向部分应全部穿入工件孔内 (4)拉削时,其拉削长度不得超过拉刀所规定的长度范围 (5)对于长而重的拉刀,从拉削开始到行程一半以上都应用有顶尖的中心架支承,以减小拉刀的摆尾现象 (6)在拉削较大钢件的孔时,冷却液不仅喷注在刀齿上,而且在工件的外表面也要有足够的冷却液 (7)拉削完一个工件后,应用铜丝刷顺着刀齿齿槽将附在刀上的切屑刷掉,严禁用钢丝刷,也不能用棉纱 (8)拉削普通结构钢、铸铁及有色金属工件时,一般粗拉削速度应为 3~7m/min,精拉削速度应小于 3m/min (9)拉刀用完后,应垂直悬挂,严防与其他金属物相碰

表 3.15　磨削工艺守则（JB/T 9168.8—1998）

项目	要求内容
工件的装夹	（1）轴类工件装夹前应检查中心孔，不得有椭圆、棱圆、碰伤、毛刺等缺陷，并把中心孔擦净。经过热处理的工件，必须修好中心孔，精磨的工件应研磨好中心孔，并加好润滑油 （2）在两顶尖间装夹轴类工件时，装夹前要调整尾座，使两顶尖轴线重合 （3）在内、外圆磨床上磨易变形的薄壁工件时，夹紧力要适当，在精磨时应适当放松夹紧力 （4）在内、外圆磨床上磨削偏重工件，装夹时应加好配重，保证磨削时的平衡 （5）在外圆磨床上用尾座顶尖顶紧工件磨削时，其顶紧力应适当，磨削时还应根据工件的胀缩情况调整顶紧力 （6）在外圆磨床上磨削细长轴时，应使用中心架并应调整好中心架与床头架、尾座的同轴度 （7）在平面磨床上用磁盘吸住磨削支承面较小或较高的工件时，应在适当位置增加挡铁，以防磨削时工件飞出或倾倒
砂轮的选用和安装	（1）根据工件的材料、硬度、精度和表面粗糙度的要求，合理选用砂轮牌号 （2）安装砂轮时，不得使用两个尺寸不同或不平的法兰盘，并应在法兰盘与砂轮之间放入橡胶弹性垫等 （3）装夹砂轮，必须在修砂轮前后进行静平衡，并在砂轮装好后要进行空运转试验 （4）修砂轮时，应不间断地使用冷却液，以免金刚钻因骤冷、骤热而碎裂
磨削加工	（1）磨削工件时，应先开动机床，根据室温的不同，空转的时间一般不少于5min，然后进行磨削加工 （2）在磨削过程中，不得中途停车，要停车时，必须先停止进给退出砂轮 （3）砂轮使用一段时间后，如发现工件产生多棱形振痕，应拆下砂轮重新校平衡后再使用 （4）在磨削细长轴时，不应使用切入法磨削 （5）在平面磨床上磨削薄片工件时，应多次翻面磨削 （6）由干磨转湿磨或由湿磨转干磨时，砂轮应空转2min左右，以散热和除去水分 （7）在无心磨床上磨削工件时，应调整好砂轮与导轮夹角及支板的高度，试磨合格后，方可磨削工件 （8）在立轴平面磨床上及导轨磨床上采用端面磨削精磨平面时，砂轮轴必须调整到与工作台垂直或与导轨移动方向垂直 （9）磨深孔时，磨杆刚性要好，砂轮转速要适当降低 （10）磨锥面时，要先调好工作台的转角；在磨削过程中要经常用锥度量规检查 （11）在精磨结束前，应无进给量的多次走刀至无火花为止

表 3.16 数控加工工艺守则 (JB/T 9168.10—1998)

项目	要求内容
加工前的准备	(1)操作者必须根据机床使用说明书熟悉机床的性能、加工范围和精度,并要熟练地掌握机床及其数控装置或计算机各部分作用及操作方法 (2)检查各开关、旋钮和手柄是否在正确位置 (3)启动控制电气部分,按规定进行预热 (4)开动机床使其空运转,并检查各开关、按钮、旋钮和手柄的灵敏性及润滑系统是否正常等 (5)熟悉被加工工件的加工程序和编程原点
刀具与工件的装夹	(1)安放刀具时应注意刀具的使用顺序,刀具的安放位置必须与程序要求的顺序和位置一致 (2)工件的装夹除应牢固可靠外,还应注意避免在工作中刀具与工件或刀具与夹具发生干涉
加工	(1)进行首件加工前,必须经过程序检查(试走程序)、轨迹检查、单程序段试切及工件尺寸检查等步骤 (2)在加工时,必须正确输入程序,不得擅自更改程序 (3)在加工过程中操作者应随时监视显示装置,发现报警信号时,应及时停车排除故障 (4)加工中不得随意打开控制系统或计算机柜 (5)零件加工完后,应将程序纸带、磁带或磁盘等收藏起来妥善保管,以备再用

表 3.17 下料工艺守则 (JB/T 9168.11—1998)

项目	要求内容
下料前的准备	(1)看清下料单上的材质、规格、尺寸及数量等 (2)核对材质、规格与下料单要求是否相符。材料代用必须严格履行代用手续 (3)查看材料外观质量(疤痕、夹层、变形、锈蚀等)是否符合有关质量规定 (4)将不同工件所用相同材质、规格的料单集中,考虑能否套料 (5)号料 ① 端面不规则的型钢、钢板、管材等材料号料时必须将不规则部分让出 ② 号料时,应考虑下料方法,留出切口余量 (6)有下料定尺挡板的设备,下料前要按尺寸要求调准定尺挡板,并保证工作可靠,下料时材料一定靠实挡板

项目	要求内容
下料	(1)剪切下料 ① 钢板、扁钢下料时,应优先使用剪切下料 ② 用剪床下料时,剪刃必须锋利,并应根据下料板厚调整好剪刃间隙,其值参见表 A1

表 A1　　　　mm

钢板厚度	4	5	6	7	8	9	10	11	12	13	14	15	16
剪刃间隙	0.15	0.20	0.25	0.30	0.35	0.40	0.45	0.50	0.55	0.60	0.65	0.70	0.75

③ 剪切最后剩下的料头必须保证剪床的压料板能压牢

④ 下料时应先将不规则的端头切掉

⑤ 切口断面不得有撕裂、裂纹、棱边

(2)气割下料

① 气割前应根据被切割板材厚度换好切割嘴(参见表 B1),调整好表压,点火试验合格后方可切割

表 B1　　　　mm

板材厚度	5~10	>10~20	>20~40	>40~60	>60~100	>100~150	>150~180
割嘴号	1	2	3	4	5	6	7
手动割口宽度	2	2.5	3	4	4~6	6.5	8
机动割口宽度	1.5~2	2.5	3	4	4.5~5	5~5.5	6~7

② 气割下料时,毛坯每边应留适当加工余量,手工气割下料毛坯加工余量参见表 1.58

③ 气割下料后,应将气割边的挂碴、氧化物等打磨干净

(3)锯削下料

① 用锯削下料时,应根据材料的牌号和规格选好锯条或锯片

② 锯削下料时,工艺留量应适当。常用各种型材的锯削下料工艺留量参见表 1.62

(4)用薄片砂轮切割下料时,工艺留量参见表 E1

表 E1　　　　mm

直径或对 边距离	切口宽 B	工件长度 L		
		<1000	>1000~5000	>5000
		两端面工艺留量 2a		
<100	4	3	5	7
>100~150	6	4	6	8
下料极限偏差	<±a/4			

注:表中的表 A1、表 B1 和表 E1 分别为原标准中附录 A、B、E 中的表。

表 3.18　划线工艺守则 (JB/T 9618.12—1998)

项目	要求内容
有关术语	(1)平面划线:在工件的二坐标体系内进行的划线 (2)立体划线:在工件的三坐标体系内进行的划线 (3)毛坯划线:在铸件、锻件、焊接件等毛坯上进行的划线 (4)半成品划线:在半成品件上进行的划线 (5)基准线:在划线中作为确定各线间相互位置关系依据的线 (6)加工线:划在工件表面上作为加工界限的线 (7)找正线:划在工件上,用来找正其在机床工作台上正确位置的线 (8)检查线:划在工件上,用来检查划线或加工结果正确性的线 (9)尺寸引线:将工件上划的加工线或检查线等延伸到不加工部位或指定部位的那段线 (10)辅助线:加工线以外的线,如找正线、检查线、尺寸引线等均为辅助线 (11)基准中心平面:实际中心平面的理想平面 注:实际中心平面为从两对应实际表面上测得的各对应点连线中点所构成的面 (12)借料:划线时,对有局部缺陷的毛坯(或工件)在总余量许可的情况下,将缺陷划在加工线以外的补救措施
划线前的准备	(1)划线平台应保持清洁,所用划线工具应完好并应擦拭干净,摆放整齐 (2)看懂图样及工艺文件,明确划线工作内容 (3)查看毛坯(半成品)形状、尺寸是否与图样、工艺文件要求相符,是否存在明显的外观缺陷 (4)做好划线部位的清理工作 (5)对划线部位涂色
常用划线工具的要求	(1)划线平台(平板) ① 划线平台应按有关规定进行定期检查、调整、研修(局部),使台面经常保持水平状态,其平面度不得低于 JB/T 7974 中规定的 3 级精度 ② 大平台不应经常划小工件,避免局部台面磨凹 ③ 保持台面清洁,不应有灰砂、铁屑及杂物 ④ 工件、工具要轻放,禁止撞击台面 ⑤ 不用时台面应采取防锈措施 (2)划针、划规 ① 对铸件、锻件等毛坯划线时,应使用焊有硬质合金的划针尖,并保持其锋利,划线的线条宽度应在 0.1～0.15mm 范围内 ② 对已加工面划线时,应使用弹簧钢或高速钢划针,针尖磨成 15°～20°,划线的线条宽度应在 0.05～0.1mm 范围内 ③ 毛坯划线和半成品划线所用的划针、划针盘、划规不应混用。划针盘用完后,必须将针尖朝下,并列排放 (3)成对制造的 V 形垫铁应做标记,不许单个使用

续表

项目	要求内容
划线基准的选择	(1)一般选择原则 ① 划线基准首先应考虑与设计基准保持一致 ② 有已加工面的工件,应优先选择已加工面为划线基准 ③ 毛坯上没有已加工面时,首先选择最主要的(或大的)不加工面为划线基准 (2)平面划线基准选择 ① 以两条互相垂直的中心线作基准 ② 以两条互相垂直的线,其中一条为中心线作基准 ③ 以两条互相垂直的边线作基准 (3)立体划线基准选择 ① 以三个互相垂直的基准中心平面作基准 ② 以三个互相垂直的平面,其中两个为基准中心平面作基准 ③ 以三个互相垂直的平面,其中一个为基准中心平面作基准 ④ 以三个互相垂直的平面作基准
毛坯的借料与找正	(1)毛坯划线,一般应保证各面的加工余量分布均匀 (2)对有局部缺陷的毛坯划线时可用借料的方法予以补救
打样冲眼	(1)加工线一般都应打样冲眼,且应基本均布,直线部分间距大些,曲线部分间距小些 (2)中心线、找正线、尺寸引线、装配对位标记线、检查线等辅助线,一般应打双样冲眼 (3)样冲眼应打在线宽的中心和孔中心线的交点上

表 3.19　钳工工艺守则 (JB/T 9168.13—1998)

项目	要求内容		
虎钳的使用	(1)使用虎钳夹持工件已加工面时,需垫铜、铝等软材料的垫板;夹持有色金属或玻璃等工件时,则需加木板、橡胶垫等;夹持圆形薄壁件需用 V 形或弧形垫块 (2)夹紧工件时,不许用手锤敲打手柄		
錾削	(1)錾削时,錾刃应经常保持锋利,錾子楔角应根据被錾削的材料按下表选用		
	工件材料	低碳钢	中碳钢	有色金属
	錾子楔角	50°~60°	60°~70°	30°~50°
	(2)錾削脆性材料时,应从两端向中间錾削		
锯削	(1)锯条安装的松紧程度要适当 (2)工件的锯削部位,装夹时应尽量靠近钳口,防止振动 (3)锯削薄壁管件,必须选用细齿锯条。锯薄板件,除选用细齿锯条外,薄板两侧必须加木板,而且在锯削时锯条相对工件的倾斜角应小于或等于 45°		

项目	要求内容
锉削	(1) 根据工件材质选用锉刀：有色金属件应选用单齿纹锉刀，钢铁件应选用双齿纹锉刀，不得混用 (2) 根据工件加工余量，精度或表面粗糙度，按下表选择锉刀 表见下 (3) 不得用一般锉刀锉削带有氧化铁皮的毛坯及工件淬火表面 (4) 锉刀不得沾油，若锉刀齿面有油渍，可用煤油或清洗剂清洗后再用

锉削表格：

锉刀	适用条件		
	加工余量/mm	尺寸精度/mm	表面粗糙度 $Ra/\mu m$
粗齿锉	0.5～2	0.2～0.5	1.00～25
中齿锉	0.2～0.5	0.05～0.2	12.5～6.3
细齿锉	0.05～0.2	0.01～0.05	6.3～3.2

项目	要求内容
钻孔	见表 3.12
攻螺纹	(1) 丝锥切入工件时，应保证丝锥轴线对孔端面垂直 (2) 攻螺纹时，应勤倒转，必要时退出丝锥，清除切屑 (3) 根据工件的材料合理选用润滑剂
铰孔	(1) 手铰孔时用力要均衡，铰刀退出时必须正转不得反转 (2) 机铰孔见 JB/T 9168.5 (3) 在铰孔时应根据工件材料和孔的粗糙度要求，合理选用润滑剂
刮削	(1) 刮削显示剂一般用红丹油（铅丹油），稀释度要适当，使用时要涂得薄而均匀，显示剂要保持清洁，无灰尘、杂质，不用时要盖严 (2) 平面刮削操作要点应按下表规定 表见下 (3) 曲面刮削 ① 刮削圆孔时，一般应使用三角刮刀，刮削圆弧面时一般应使用蛇头刮刀或半圆弧刮刀 ② 刮削轴瓦时，最后一遍刀迹应与轴瓦轴线成 45°交叉刮削 ③ 刮削轴瓦时，靠近两端接触点数应比中间的点数多，圆周方向上，工作中受力的接触角部位的点应比其余部位的点密集

平面刮削操作要点表：

种类	操作要点
粗刮	① 刮削量大的部位采用长刮法 ② 刮削方向一般应顺工件长度方向 ③ 在 25mm×25mm 内应有 3～4 点，点的分布要均匀
细刮	① 采用短刀栓刮削 ② 每遍刮削方向应相同并与前一遍刮削方向交错 ③ 在 25mm×25mm 内应有 12～15 点，点的分布要均匀
精刮	① 采用点刮法刮削，每个研点只刮一刀不重复，大的研点全刮去，中等研点刮去一部分，小面虚的研点不刮 ② 在 25mm×25mm 内出现点数达到要求即可

续表

项目	要求内容

（1）研磨前应根据工件材料及加工要求，选好磨料种类和粒度，磨料种类和粒度的选择参见下表

磨料种类选择

工件材料	加工要求	磨料名称	代号
碳钢、可锻铸铁、硬青铜	粗、精研	棕刚玉	GZ
淬火钢、高速钢、高碳钢	精研	白刚玉	GB
淬火钢、轴承钢、高速钢	精研	铬刚玉	GG
不锈钢、高速钢等高强度高韧性材料		单晶刚玉	GD
铸铁、黄铜、铝非金属材料		黑碳化硅	TH
硬质合金、陶瓷、宝石、玻璃		绿碳化硅	TL
硬质合金、宝石	精研、抛光	碳化硼	TP
硬质合金、人造宝石等高硬脆材料	粗、精研	人造金刚石	JR
钢、铁、光学玻璃	精研、抛光	氧化铁、氧化铬	

磨料粒度选择

加工要求（表面粗糙度 Ra）/μm	磨料粒度分组	粒度号数
开始粗研（0.80）	磨粉	$100^{\#} \sim 240^{\#}$
粗研（0.40~0.10）		W40~W20
半精研（0.20~0.10）	微粉	W14~W7
精研（0.10 以下）		W5 以下

（2）研磨剂应保持清洁无杂质，使用时应调得干稀合适，涂得薄而均匀

（3）研磨工具的选择及要求

① 粗研平面时，应用一般研磨平板，精研时用精研平板

② 研磨外圆柱面用的研磨套长度一般应是工件外径的 1~2 倍，孔径应比工件外径大 0.025~0.05mm

③ 研磨圆柱孔用的研磨棒工作部分的长度一般应为被研磨孔长度的 15 倍左右，研磨棒的直径应比被研磨孔小 0.010~0.025mm

④ 研磨圆锥面用的研磨棒（套）工作部分的长度应是工件研磨长度的 1.5 倍左右

（4）研磨操作

① 研磨平面时，应采用 8 字形旋转和直线运动相结合的方式进行研磨

② 研磨外圆和内孔时，研出的网纹应与轴线成 45°。在研磨的过程中应注意调整研磨套（棒）与工件配合的松紧程度，以免产生椭圆或棱圆，且在研孔过程中应注意及时除去孔端多余的研磨剂，以免产生喇叭口

③ 研磨圆锥面时，每旋转 4~5 圈应将研磨棒拔出一些，然后再推入继续研磨

④ 研磨薄形工件时，必须注意温升的影响，研磨时应不断变换研磨方向

⑤ 在研磨过程中用力要均匀、平稳，速度不宜太快

（5）研磨后应及时将工件清洗干净并采取防锈措施

左侧项目栏：研磨

3.2 零件结构工艺性分析

零件结构工艺性是指所设计的零件在满足使用要求的前提下制造的可行性和经济性。

3.2.1 对各种加工类型零件结构工艺性的要求

（1）对铸造零件结构工艺性的要求

① 铸件的壁厚应合适、均匀，不得有突然变化。

② 铸造圆角要适当，不得有尖棱、尖角。

③ 铸件的结构要尽量简化，并要有合理的起模斜度，以减少分型面、芯子，并便于起模。

④ 加强肋的厚度和分布要合理，以免冷却时铸件变形或产生裂纹。

⑤ 铸件的选材要合理，应有较好的可铸性。

（2）对锻造零件结构工艺性的要求

① 结构力求简单、对称，横截面尺寸不应有突然变化。

② 模锻件应有合理的锻造斜度和圆角半径。

③ 材料应具有良好的可锻性。

（3）对冲压零件结构工艺性的要求

① 结构应力求简单、对称。

② 外形和内孔应尽量避免尖角。

③ 圆角半径大小要利于成形。冲裁的圆角半径应大于或等于板厚的 1/2，拉伸件的底部圆角半径一般为板厚的 3～5 倍。

④ 选材应符合工艺要求。

（4）对焊接零件结构工艺性的要求

① 焊接件的材料应具有良好的可焊性。

② 焊缝的布置应有利于减小焊接应力及变形。

③ 焊接接头的形式、位置和尺寸应能满足焊接质量的要求。

④ 焊接件的技术要求要合理。

（5）对热处理零件结构工艺性的要求

① 对热处理件的技术要求要合理，零件的材料应与所要求的物理、力学性能相适应。

② 热处理零件应尽量避免尖角、锐边和不通孔。

③ 截面应尽量均匀、对称。

(6) 对装配零件结构工艺性的要求

① 应尽量避免装配时采用复杂工艺准备。

② 在质量大于 20kg 的装配单元或其组成部分的结构中，应具有吊装的结构要素。

③ 在装配时，应避免有关组成部分的中间拆卸和再装配。

④ 各组成部分的连接方法应尽量保证用最少的工具快速装拆。

⑤ 各种连接结构形式应便于装配工作的机械化和自动化。

(7) 对切削加工零件结构工艺性的要求

① 尺寸及其公差、形位公差和表面粗糙度的要求应经济、合理。

② 各加工面的几何形状应尽量简单。

③ 有相互位置精度要求的表面应能尽量在一次装夹中加工。

④ 零件应有合理的工艺基准，并尽量与设计基准相一致。

⑤ 零件结构应便于装夹、加工和检查。

⑥ 零件的结构要素应尽可能统一，并使其能尽量使用普通设备和标准刀具进行加工。

⑦ 零件的结构应尽量便于多件同时加工。

3.2.2 对切削加工零件结构工艺性分析

在制订零件的机械加工工艺规程之前，首先应对该零件结构工艺性进行分析。零件结构工艺性分析包括：了解零件的各项技术要求，审查零件结构工艺性，提出必要的改进意见。

零件的结构对其机械加工工艺过程的影响很大。使用性能完全相同而结构不同的两个零件，其加工难易程度和制造成本可能有很大差别。良好的结构工艺性，首先是这种结构便于机械加工，即在同样的生产条件下能够采用简便和经济的方法加工出来，其次是零件结构工艺性应适合生产类型和具体生产条件的要求。对零件结构工艺性进行分析时，应根据 3.2.1 节中提出的要求进行分析，主要考虑以下几个方面。

(1) 零件尺寸要合理

① 尺寸规格尽量标准化　在设计零件时，要尽量使结构要素的尺寸标准化，这样可以简化工艺装备，减少工艺准备工作。例如

零件上的螺钉孔、定位孔、退刀槽等的尺寸应尽量符合标准，便于采用标准钻头、铰刀、丝锥和量具等。

②尺寸标注要合理　可尽量使设计基准与工艺基准重合，并符合尺寸链最短原则，使零件在被加工过程中，能直接保证各尺寸精度要求，并保证装配时累计误差最小；零件的尺寸标注不应封闭；应避免从一个加工面确定几个非加工表面的位置［图 3.1（a）］；不要从轴线、锐边、假想平面或中心线等难于测量的基准标注尺寸［图 3.1（b）］。

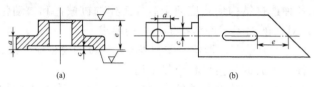

图 3.1　尺寸标注不正确的示例

③尺寸公差、表面粗糙度、形位公差的要求应经济合理　即尺寸公差、表面粗糙度、形位公差应与经济加工精度相适应，一般情况下应避免其中一项指标过高，致使加工中为了满足该项指标要求造成加工成本过高，应结合表面加工方法分析各种表面达到的经济加工精度。

（2）工件便于在机床或夹具上装夹

工件便于在机床或夹具上装夹的结构图例见表 3.20。

表 3.20　工件便于在机床或夹具上装夹的图例

图例		说明
改进前	改进后	
		将圆弧面改成平面，便于装夹，装夹稳定和钻孔切入时钻头不跑偏
		改进后的圆柱面，易于定位夹紧以及加工过程中内、外表面加工的基准统一和互换

续表

图例		说明
改进前	改进后	
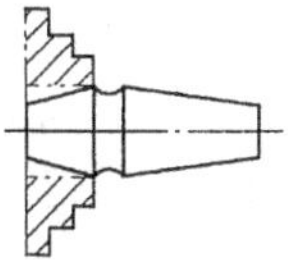	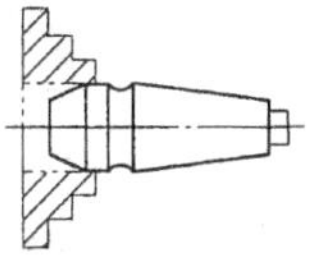	改进后的圆柱面,易于定位、夹紧和装夹稳定
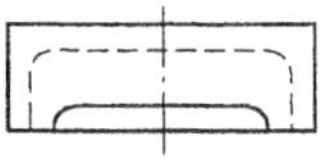	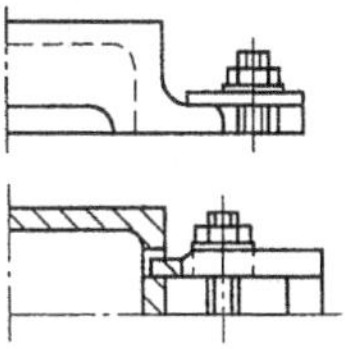	增加夹紧边缘或夹紧孔
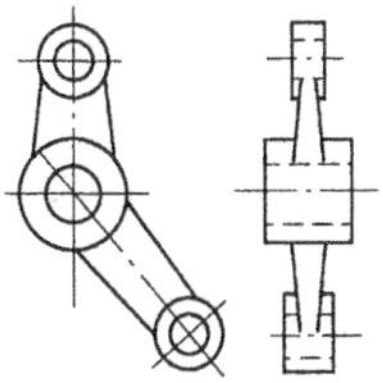	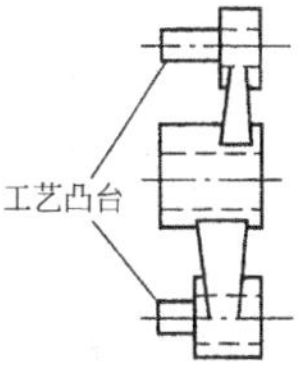	改进后不仅使三端面处于同一平面上,而且还设计了两个工艺凸台,其直径分别小于被加工孔,孔钻通时,凸台脱落
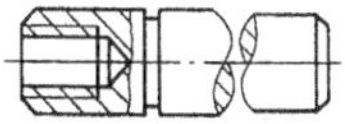	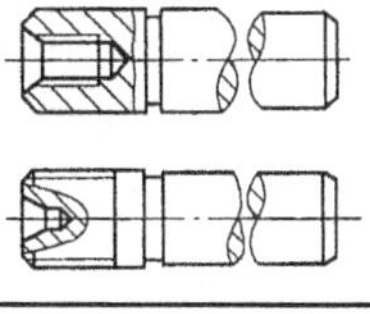	为便于用顶尖支承加工,改进后增加60°内锥面或改为外螺纹

（3）减少装夹次数

减少装夹次数的图例见表 3.21。

表 3.21　减少装夹次数图例

图例		说明
改进前	改进后	
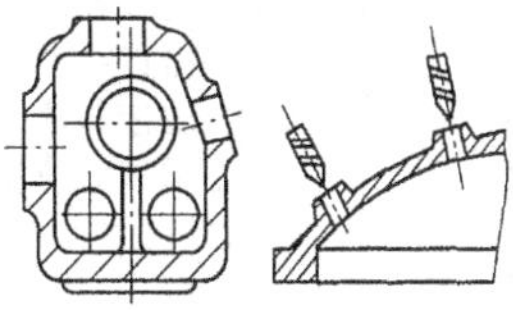	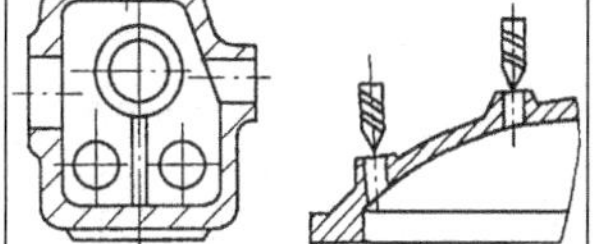	避免倾斜的加工面和孔,可减少装夹次数或其他调整操作,利于加工

图例		说明
改进前	改进后	
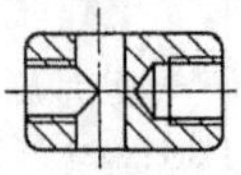	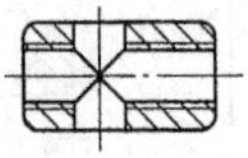	改为通孔可减少装夹次数,利于保证孔的同轴度要求
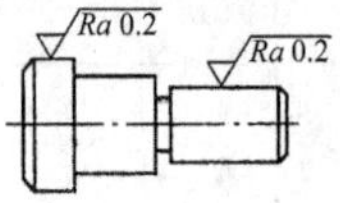	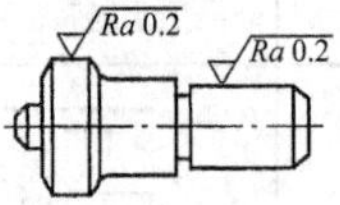	改进前需两次(调头)装夹进行磨削,改进后只需一次装夹即可磨削完成
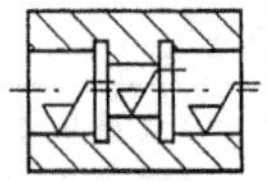	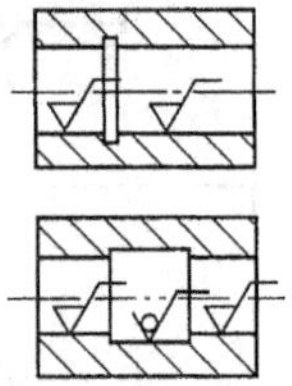	原设计需从两端进行加工,改进后只需一次装夹
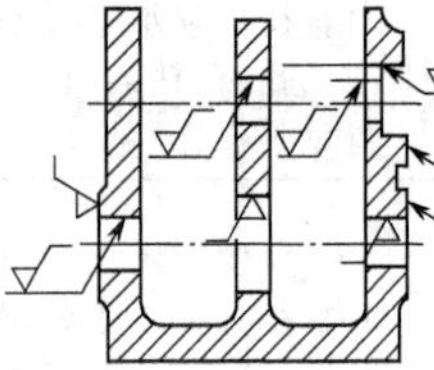	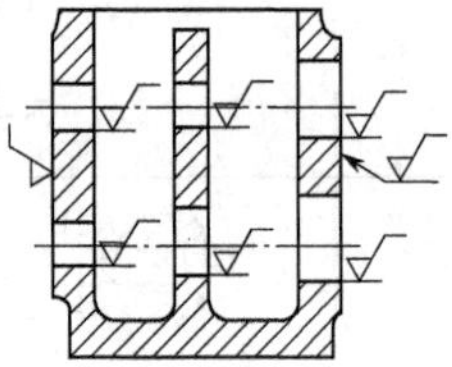	改进后无台阶顺次缩小孔径在一次装夹中同时或依次加工全部同轴孔

（4）减少刀具调整与走刀次数

减少刀具调整与走刀次数的图例见表 3.22。

表 3.22 减少刀具的调整与走刀次数图例

图例		说明
改进前	改进后	
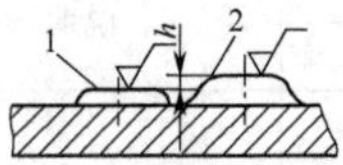	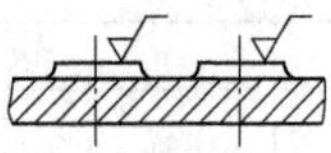	被加工表面(1、2面)尽量设计在同一平面上,可以一次走刀加工,缩短调整时间,保证加工面的相对位置精度
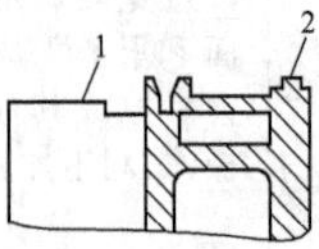	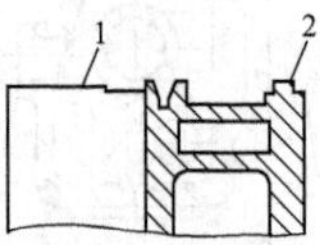	

续表

图例		说明
改进前	改进后	
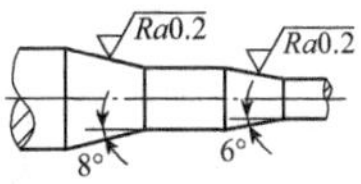	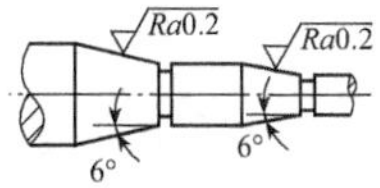	锥度相同只需做一次调整,增加退刀槽,以免砂轮磨削其他圆柱表面

（5）采用标准刀具减少刀具种类

采用标准刀具减少刀具种类的图例见表 3.23。

表 3.23 采用标准刀具减少刀具种类图例

图例		说明
改进前	改进后	
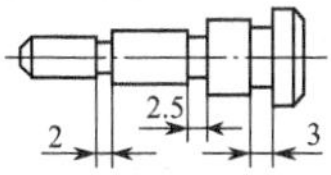	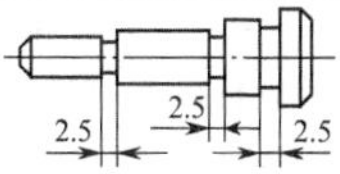	轴的退刀槽或键槽的形状与宽度尽量一致,用一种刀具就能加工各退刀槽或键槽
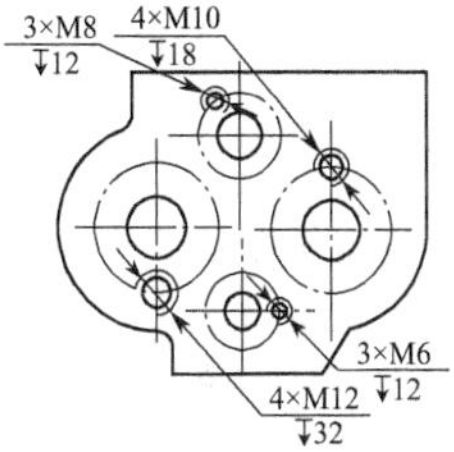	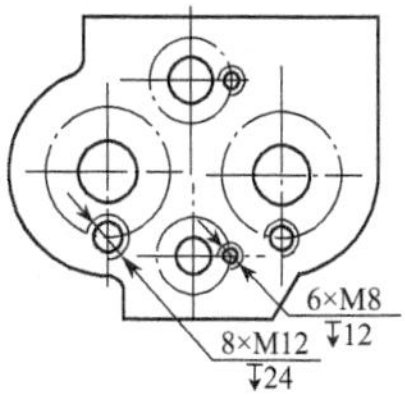	箱体上的螺孔应尽量一致或减少种类

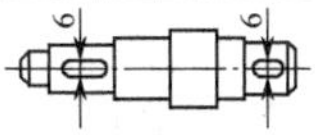

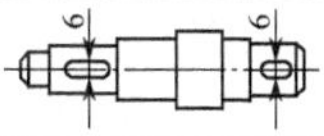

（6）减少切削加工难度

减少切削加工难度的图例见表 3.24。

表 3.24 减少切削加工难度图例

图例		说明
改进前	改进后	
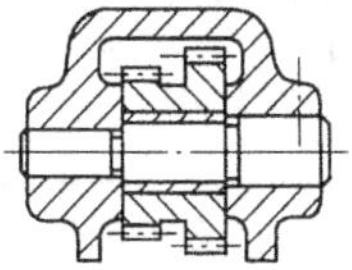	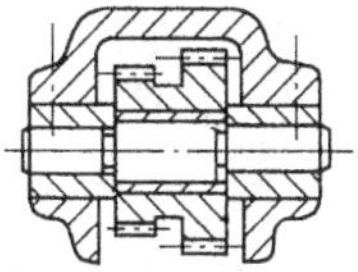	合理应用组合结构,用外表面加工取代箱体内端面加工,通过调整结构降低加工要求,便于保证装配后的性能要求

续表

图例		说明
改进前	改进后	
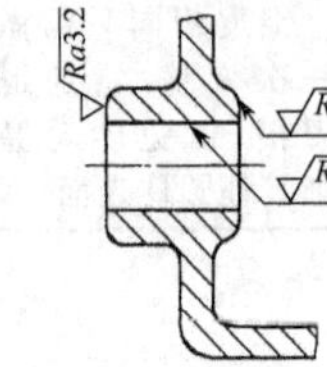	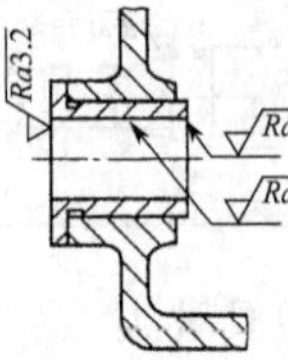	合理应用组合结构,用外表面加工取代箱体内端面加工
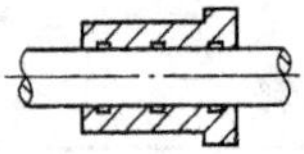	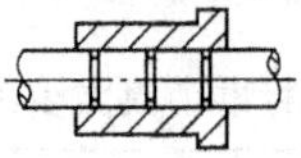	外表面沟槽加工比内沟槽加工方便,容易保证加工精度
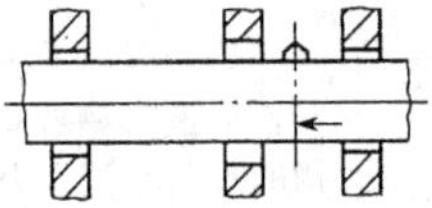	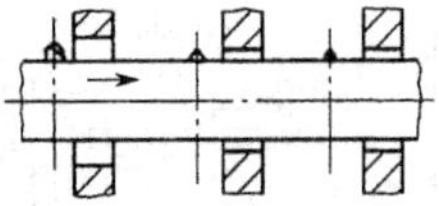	内大外小的同轴孔不易加工,应为阶梯孔,便于镗杆穿入
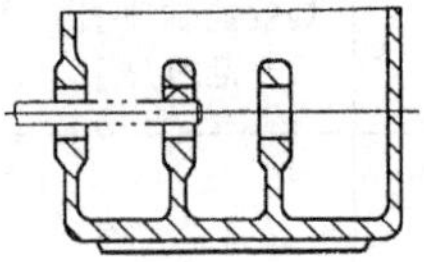	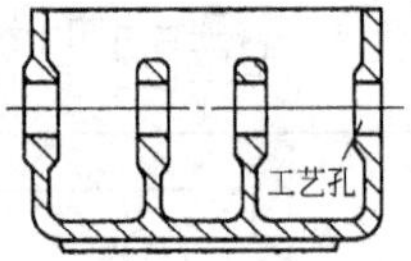	改进后可采用前后双导向支承加工,保证加工质量
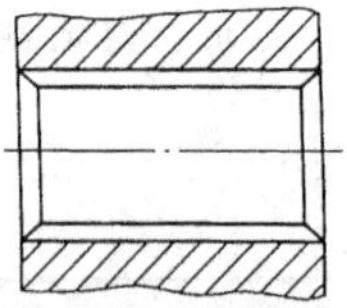	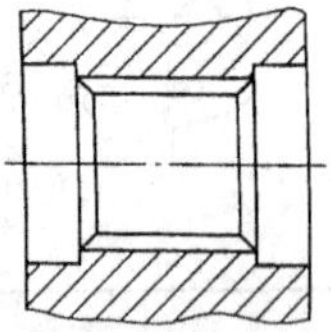	花键孔宜贯通,花键孔不宜过长,易加工,为了便于测量,花键为偶数
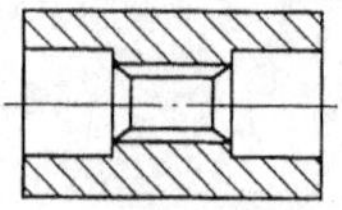	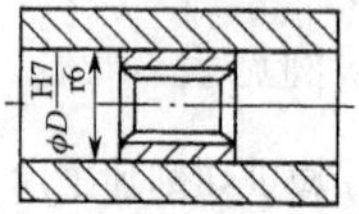	改进前,箱体内加工花键孔很困难;改进后,中间体便于拉削,然后组装
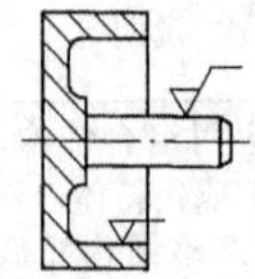	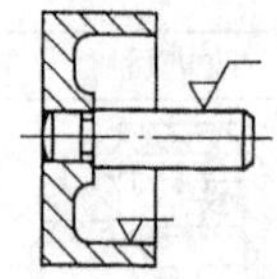	复杂形面改为组合件,加工方便

（7）减少加工面积（切削量）

减少加工面积（切削量）的图例见表 3.25。

表 3.25　减少加工面积图例

图例		说明
改进前	改进后	
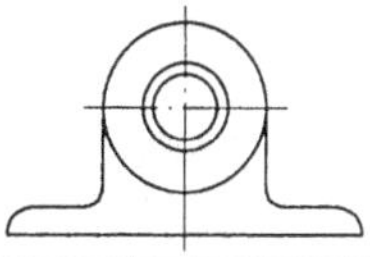	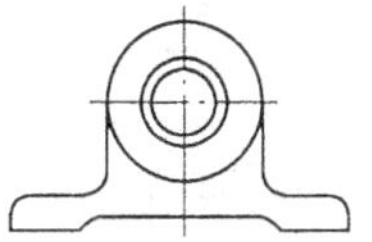	将整个支承面改成台阶支承面，减少了加工面积
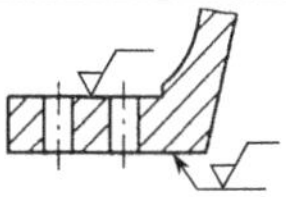	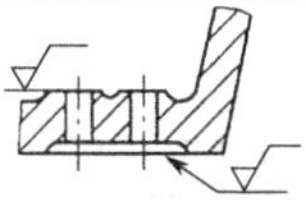	铸出凸台、台阶支承面，以减少切去金属的体积
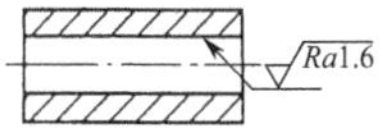	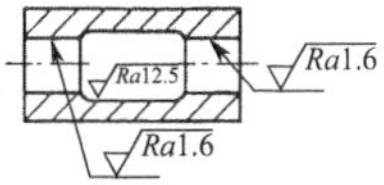	将中间部位多粗车一些（或毛坯中铸出），可以减少精加工的长度
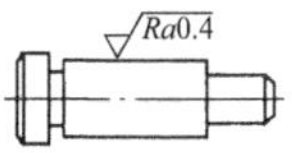	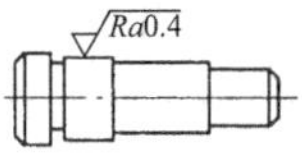	若轴上仅一部分直径有较高的精度要求，应将轴设计成阶梯状，以减少磨削加工量

（8）加工时便于加工、进刀、退刀和测量

加工时便于进刀、退刀和测量的图例见表 3.26。

表 3.26　加工时便于进刀、退刀和测量的图例

图例		说明
改进前	改进后	

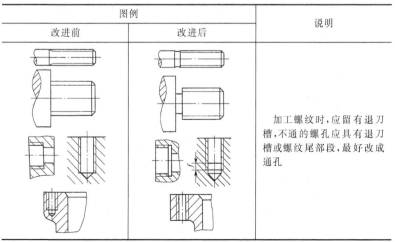

加工螺纹时，应留有退刀槽，不通的螺孔应具有退刀槽或螺纹尾部段，最好改成通孔

图例		说明
改进前	改进后	
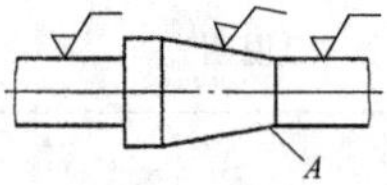	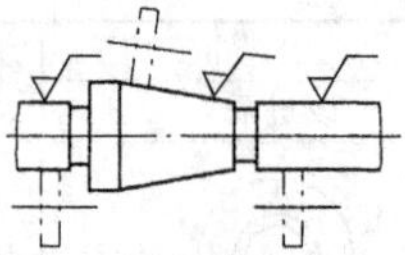	磨削时各表面间的过渡部位,应设计出越程槽,应保证砂轮自由退出和加工的空间
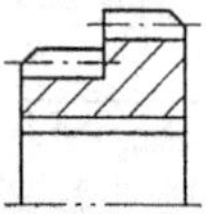	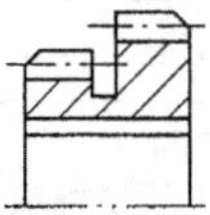	加工多联齿轮时,应留有空刀槽
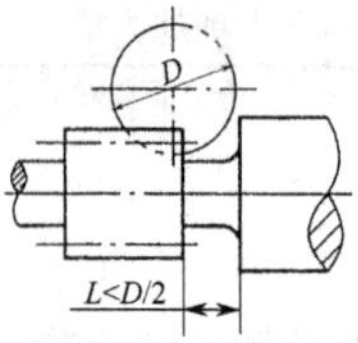	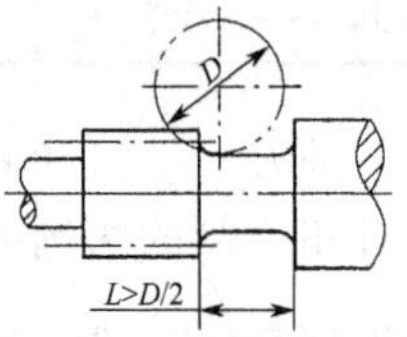	退刀槽长度 L 应大于铣刀的半径 $D/2$
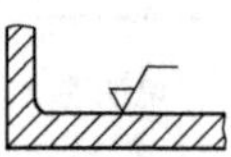	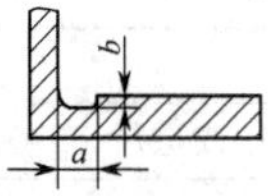	刨削时,在平面的前端必须留有让刀部位
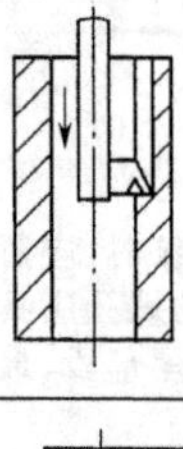	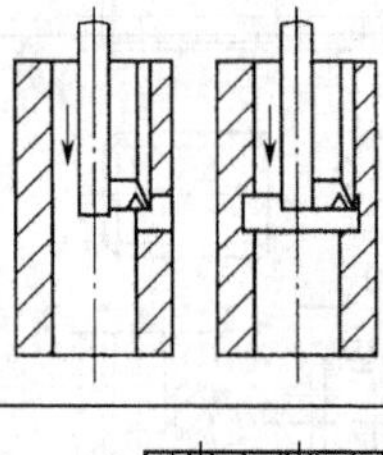	在套筒上插削键槽时,应在键槽前端设置一孔或车出空刀环槽,以利让刀
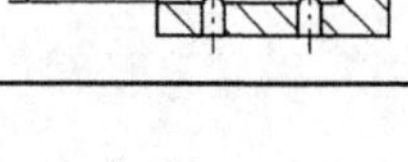	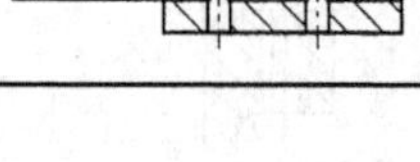	将加工精度要求高的孔设计成通孔,便于加工与测量,通过丝堵堵住孔口

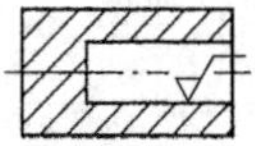

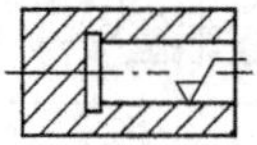

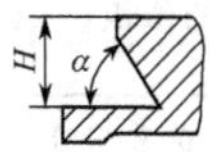

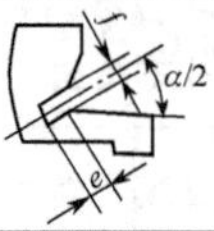

（9）保证零件在加工时的刚度

保证零件在加工时的刚度的图例见表 3.27。

表 3.27　保证零件在加工时的刚度的图例

图例		说明
改进前	改进后	
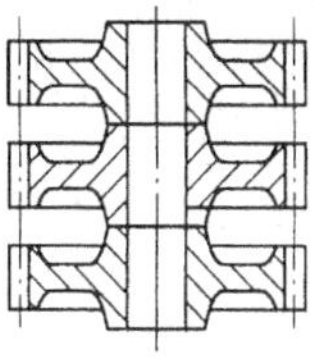	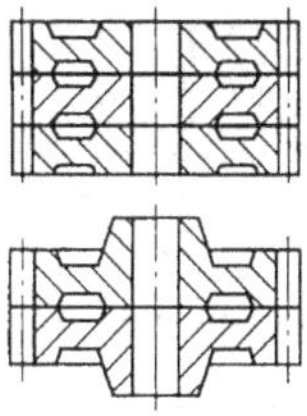	改进后的结构可提高加工时的刚度

（10）有利于改善刀具切削条件与提高寿命

有利于改善刀具切削条件与提高寿命的图例见表 3.28。

表 3.28　有利于改善刀具切削条件与寿命的图例

图例		说明
改进前	改进后	
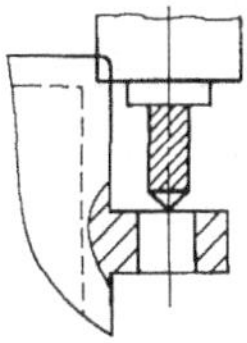	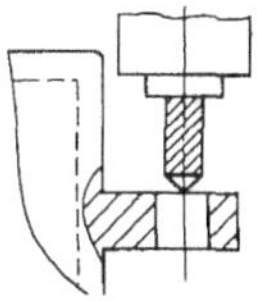	应使刀具顺利地接近待加工表面
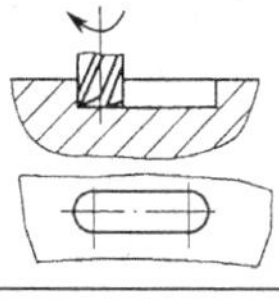	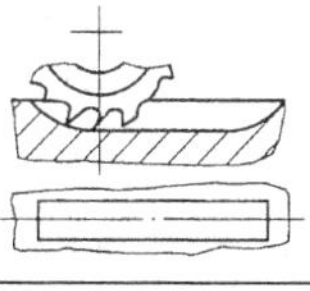	避免用端铣方法加工封闭槽，以改善切削条件
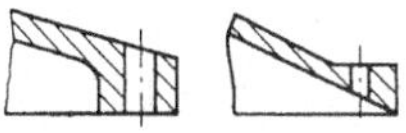 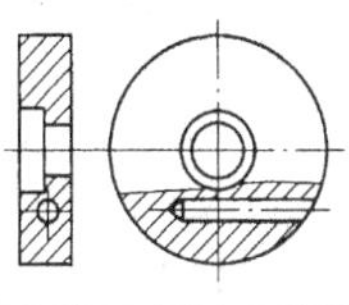	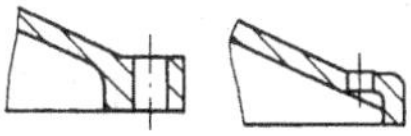 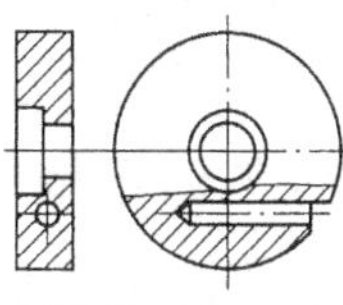	钻孔表面应与孔轴线垂直，否则会引起两边切削力不等，致使钻孔轴线倾斜或打断钻头，设计时应尽量避免钻孔表面是斜面或圆弧面

（11）保证装配性能

保证装配性能的图例见表 3.29。

表 3.29 保证装配性能的图例

图例		说明
改进前	改进后	
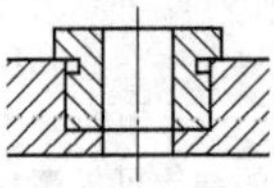	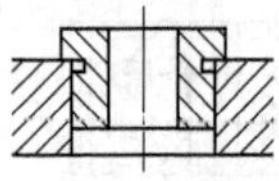	改进后确保配合定位表面是台阶表面,避免台阶表面与底面干涉
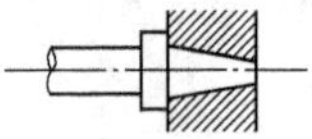	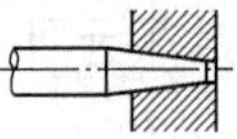	改进后确保定位配合表面是圆锥表面,避免台阶表面与圆锥表面干涉
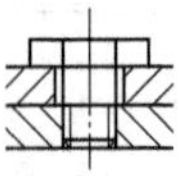	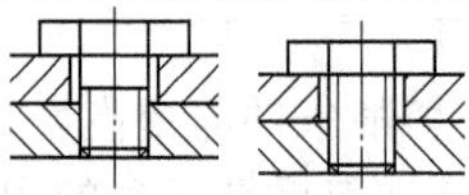	改进后避免了连接不紧的现象

3.2.3 根据装配图、零件图的技术要求提出必要的改进意见

分析产品的装配图和零件的工作图,其目的是熟悉该产品的用途、性能及工作条件,明确被加工零件在产品中的位置和作用,进而了解零件上各项技术要求制订的依据,找出主要技术要求和加工关键,以便在拟订工艺规程时采取适当的工艺措施加以保证。在此基础上,还可对图纸的完整性、技术要求的合理性以及材料选择是否恰当等方面问题提出必要的改进意见。

如图 3.2（a）所示的是汽车板弹簧和弹簧吊耳的装配图,图 3.2（b）所示的是方头销零件图,其方头部分要求淬硬到 $55\sim60$HRC,销轴 $\phi 8^{+0.010}_{+0.001}$mm 上有一个 $\phi 2^{+0.01}_{0}$mm 的小孔要求在装配时配作,零件材料为 T8A,因小孔 $\phi 2^{+0.01}_{0}$mm 是配作,不能预先加工好,若采用 T8A 材料淬火,由于零件长度仅 15mm,淬硬头部时势必全部被淬硬,造成 $\phi 2^{+0.01}_{0}$mm 小孔很难加工。若将该零件材料改为 20Cr,可局部渗碳,在小孔 $\phi 2^{+0.01}_{0}$mm 处镀铜保护,则零件的加工就没有什么困难了。

3.2.4 零件结构工艺性的评定指标

零件结构工艺性涉及面很广,具有综合性,必须全面综合地分

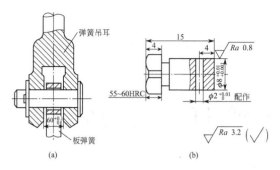

图 3.2 零件加工要求和零件材料选择不当的示例

析。为满足不同的生产类型和生产条件下，零件结构工艺性更合理，在对零件结构工艺性进行定性分析的基础上，也可采用定量指标进行评价。零件结构工艺性的主要指标项目有以下几个。

① 加工精度参数 K_{ac}

$$K_{ac} = \frac{产品（或零件）图样中标注有公差要求的尺寸数}{产品（或零件）图样中的尺寸总数}$$

② 结构继承性系数 K_s

$$K_s = \frac{产品中借用件数 + 通用件数}{产品零件总数}$$

③ 结构标准化系数 K_{st}

$$K_{st} = \frac{产品中标准件数}{产品零件总数}$$

④ 结构要素统一化系数 K_e

$$K_e = \frac{产品中各零件所用同一结构要素数}{该结构要素的尺寸数}$$

⑤材料利用系数 K_m

$$K_m = \frac{产品净重}{该产品的材料消耗工艺定额}$$

对于结构工艺性分析中发现的问题，工艺人员可提出修改意见，并经设计部门同意，通过一定的审批程序后方可修改。

近来，随着并行工程引入设计制造领域，在如何认识设计和制造这对矛盾方面有了新的观点，提出可制造性设计和可装配性设计。可制造性设计和可装配性设计是一种优化产品设计技术，目的是使产品易于制造、装配，以获得最低的制造和装配成本。在市场竞争激烈，要求迅速提供用户不断更新的所需品种，把制造与设计并行，使设计满足制造要求是市场竞争的需要，也是企业的根本利益。

3.3 机械加工工艺过程的制定

3.3.1 机械加工工艺过程的制定程序

制定零件的机械加工工艺规程的原始资料主要是产品图样、生产纲领、生产类型、现场加工设备及生产条件等。

（1）零件分析（详见3.2节）

① 了解零件的各项技术要求，提出必要的改进意见　分析产品的装配图和零件的工作图，熟悉该产品的用途、性能及工作条件，明确被加工零件在产品中的位置和作用，进而了解零件上各项技术要求制定的依据，找出主要技术要求和加工关键，以便在拟定工艺规程时采取适当的工艺措施加以保证，对图样的完整性、技术要求的合理性以及材料选择是否恰当等提出意见。

② 审查零件结构的工艺性。

（2）确定生产类型

生产类型的划分见表3.30，各生产类型的主要工艺特征见表3.31。

表 3.30　生产类型的划分

生产类型	工作地每月担负的工序数	年产量/台
单件生产	不作规定	1～10
小批生产	>20～40	>10～150
中批生产	>10～20	>150～500
大批生产	>1～10	>500～5000
大量生产	1	>5000

注：表中生产类型的年产量应根据各企业产品具体情况而定。

表 3.31　生产类型的工艺特征

比较项目	单件生产	成批生产	大量生产
加工对象	经常变换,很少重复	周期性变换,重复	固定不变
毛坯成形	① 型材(锯床、热切割) ② 木模手工砂型铸造 ③ 自由锻造 ④ 弧焊(手工或通用焊机) ⑤ 冷作(旋压等)	① 型材下料(锯、剪) ② 金属模砂型机器造型 ③ 模锻 ④ 冲压 ⑤ 弧焊(专机)、钎焊 ⑥ 压制(粉末合金)	① 型材剪切 ② 机器造型生产线 ③ 压力铸造 ④ 热模锻生产线 ⑤ 冲压生产线 ⑥ 压焊、弧焊生产线
机床设备	通用设备(普通机床、数控机床、加工中心)	① 通用和专用、高效设备 ② 柔性制造系统(多品种小批量)	① 组合机床,刚性生产线 ② 柔性生产线(多品种大量生产)
机床布置	按机群布置	按加工零件类别分工段排列	按工艺路线布置成流水线或自动线
工件尺寸获得方法	试切法,划线找正	定程调整法,部分试切、找正	调整法自动化加工
加工对象	经常变换,很少重复	周期性变换,重复	固定不变
夹具	通用夹具,组合夹具	通用、专用或成组夹具	高效专用夹具
刀具	通用标准刀具	专用或标准刀具	专用刀具
量具	通用量具	部分专用量具或量仪	专用量具、量仪和自动检验装置
物流设备	叉车、行车、手推车	叉车、各种输送机	各种输送机、搬运机器人、自动化立体仓库
装配	① 以修配法及调整法为主 ② 固定装配或固定式流水装配	① 以互换法为主,调整法、修配法为辅 ② 流水装配或固定式流水装配	① 互换法装配、高精度偶件配磨或选择装配 ② 流水装配线、自动装配机或自动装配线
涂装	① 喷漆室 ② 搓涂、刷涂	① 混流涂装生产线 ② 喷漆室	涂装生产线(静电喷涂、电泳涂漆等)
热处理	周期式热处理炉,如: ① 密封箱式多用炉 ② 盐浴炉(中小件) ③ 井式炉(细长件)	① 真空热处理炉 ② 密封箱式多用炉 ③ 感应热处理炉	① 连续式渗碳炉 ② 网带炉、铸链炉、滚棒式炉、滚筒式炉 ③ 感应热处理炉

比较项目	单件生产	成批生产	大量生产
工艺文件	编制简单的工艺过程卡片	较详细的工艺规程及关键工序的操作卡	编制详细的工艺规程、工序卡片及调整卡片
产品成本	较高	中等	低
生产率	传统方法生产率低，采用数控机床效率高	中等	高
工人技术水平	高	中	操作工人要求低，调整工人要求高
产品实例	重型机器、重型机床、汽轮机、大型内燃机、大型锅炉、机修配件	机床、工程机械、水泵、风机阀门、机车车辆、起重机、中小锅炉、液压件	汽车、拖拉机、摩托车、自行车、内燃机、滚动轴承、电器开关等

（3）选择毛坯

选择毛坯的种类和制造方法时应全面考虑机械加工成本和毛坯制造成本，以达到降低零件生产总成本的目的。影响毛坯选择的因素是：生产规模的大小；工件结构形状和尺寸；零件的力学性能要求；本企业现有设备和技术水平。常用工件毛坯的种类及其加工方法见 1.9 节。

（4）拟定工艺路线

主要包括：选择定位基准、选择零件表面的加工方法、安排各工序的加工顺序和工序组合等。

（5）工序设计

主要包括：确定加工余量、确定工序尺寸及其公差、确定切削用量、确定工时定额、选择机床和工艺装备、绘制工序简图等。

（6）编制工艺文件

按照标准格式和要求编制工艺文件。

3.3.2 定位基准选择

为了使零件整个机械加工工艺过程顺利进行，拟订其机械加工工艺路线时，首先考虑选择一组或几组精基准来加工零件上各个表面，然后选择把精基准加工出来的粗基准。

（1）精基准的选择原则

基准重合原则、基准统一原则、互为基准原则、自为基准原则和保证工件定位准确、夹紧可靠、操作方便原则。

（2）粗基准的选择原则

重要表面余量均匀原则、工件表面间相互位置要求原则、余量足够原则、定位可靠性原则和粗基准不重复使用原则。

（3）定位、夹紧的表示

在零件机械加工工艺过程文件的工艺附图、工序图上（或定位方案构思过程中在零件图上），工件的定位、夹紧一般用标准的符号表示。常用的定位和夹紧符号如表 3.32、表 3.33 所示。

表 3.32　定位支承符号（JB/T 5061—2006）

定位支承类型	符号			
	独立定位		联合定位	
	标注在视图轮廓线上	标注在视图正面①	标注在视图轮廓线上	标注在视图正面①
固定式			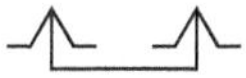	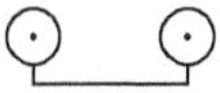
活动式			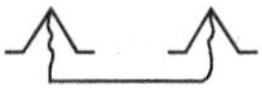	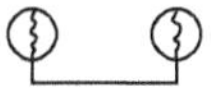
辅助支承			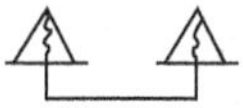	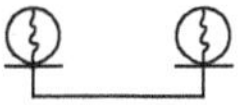

① 视图正面是指观察者面对的投影面。

表 3.33　夹紧符号（JB/T 5061—2006）

夹紧动力源类型	符号			
	独立夹紧		联合夹紧	
	标注在视图轮廓线上	标注在视图正面	标注在视图轮廓线上	标注在视图正面
手动夹紧			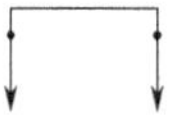	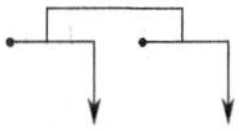
液压夹紧	 Y	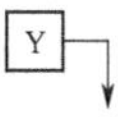 Y	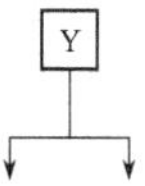 Y	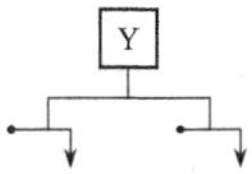 Y

续表

夹紧动力源类型	符号			
	独立夹紧		联合夹紧	
	标注在视图轮廓线上	标注在视图正面	标注在视图轮廓线上	标注在视图正面
气动夹紧	Q	Q	Q	Q
电磁夹紧	D	D	D	D

图 3.3　定位夹紧符号标注示例

例如，机床前后顶尖装夹工件，夹头夹紧工件，拨杆带动工件转动的定位夹紧情况可用如图 3.3 表示。定位符号旁边的阿拉伯数字表示限制的自由度数目。

3.3.3 表面加工方法及其达到的加工精度

工件上的加工表面往往需要通过粗加工、半精加工、精加工等才能逐步达到质量要求，加工方法的选择一般应根据每个表面的精度要求，先选择能够保证该要求的最终加工方法，然后再选择前面一系列预备工序的加工方法和顺序。可提出几个方案进行比较，再结合其他条件选择其中一个比较合理的方案。

（1）选择表面加工方法时应考虑的因素

① 所选择的加工方法能否达到加工表面的技术要求。

② 零件材料的性质和热处理要求，例如，淬火钢的精加工要用磨削，因为一般淬火表面只能采用磨削。有色金属的精加工因材料过软容易堵塞砂轮而不宜采用磨削，需要用高速精细车和精细镗等高速切削的方法。

③ 零件的生产类型选择加工方法必须考虑生产率和经济性。大批大量生产应选用生产率高和质量稳定的加工方法。例如，加工孔、内键槽、内花键等可以采用拉削的方法；单件小批生产则采用刨削、铣削平面和钻、扩、铰孔。

④ 本厂现有设备状况和技术条件：技术人员必须熟悉本车间（或者本厂）现有加工设备的种类、数量、加工范围和精度水平以及工人的技术水平，以充分利用现有资源，并不断对原有设备和工艺装备进行技术改造，挖掘企业潜力，创造经济效益。

（2）外圆加工方案的尺寸经济精度和表面粗糙度（表3.34）。

表 3.34 外圆表面加工方案的经济精度和表面粗糙度

序号	加工方案	经济精度等级	表面粗糙度 $Ra/\mu m$	适用范围
1	粗车	IT11级以下	50～12.5	适用于淬火钢以外的各种金属零件加工
2	粗车—半精车	IT8～10	6.3～3.2	
3	粗车—半精车—精车	IT7～8	1.6～0.8	
4	粗车—半精车—精车—滚压（或抛光）	lT7～8	0.2～0.025	
5	粗车—半精车—磨削	IT7～8	0.8～0.4	主要用于淬火钢，也用于未淬火钢,但不宜用于有色金属
6	粗车—半精车—粗磨—精磨	IT6～7	0.4～0.1	
7	粗车—半精车—粗磨—精磨—超精加工(或轮式超精磨)	IT5	0.1～0.012	
8	粗车—半精车—精磨—金刚石车	IT5～6	0.4～0.025	主要用于要求较高的有色金属
9	粗车—半精车—粗磨—精磨—超精磨(镜面磨削)	IT5	0.08～0.008	主要用于淬火钢，也用于未淬火钢,但不宜用于有色金属
10	精车—半精车—粗磨—精磨—研磨	IT5	0.32～0.008	

（3）孔加工方案的尺寸经济精度和表面粗糙度（表3.35）

表 3.35 孔加工方案的经济精度和表面粗糙度

序号	加工方案	经济精度等级	表面粗糙度 $Ra/\mu m$	适用范围
1	钻	IT11～IT12	12.5	加工未淬火钢及铸铁的实心毛坯，也用于加工孔径小于15～20mm的有色金属
2	钻—铰	IT8～IT9	3.2～1.6	
3	钻—粗铰—精铰	IT7～IT8	1.6～0.8	

序号	加工方案	经济精度等级	表面粗糙度 $Ra/\mu m$	适用范围
4	钻—扩	IT10~IT11	12.5~6.3	
5	钻—扩—粗铰—精铰	IT7	1.6~0.8	同上,但孔径大于 15~20mm
6	钻—扩—铰	IT6~IT9	3.2~0.32	
7	钻—扩—机铰—手铰	IT5	1.25~0.08	
8	钻—扩—拉	IT7~IT9	1.6~0.1	大批大量生产中小零件的通孔(精度由拉刀的精度而定)
9	粗镗(或扩孔)	IT11~IT12	12.5~6.3	
10	粗镗(粗扩)—半精镗(精扩)	IT8~IT9	3.2~1.6	除淬火钢外的各种材料,毛坯有铸出孔或锻出孔
11	粗镗(粗扩)—半精镗(精扩)—精镗(铰)	IT7~IT8	1.6~0.8	
12	粗镗(扩)—半精镗(精扩)—精镗—浮动镗刀块精镗	IT6~IT7	0.8~0.4	
13	粗镗(扩)—半精镗—磨孔	IT7~IT8	0.8~0.2	主要用于加工淬火钢,也可用于未淬火钢,但不宜用于有色金属
14	粗镗(扩)—半精镗—粗磨—精磨	IT6~IT7	0.2~0.1	
15	粗镗—半精镗—精镗—金刚镗	IT5~IT7	0.4~0.05	主要用于精度要求高的有色金属加工
16	钻—(扩)—粗铰—精铰—珩磨	IT5~IT7	0.2~0.025	黑色金属
17	钻—(扩)—拉—珩磨			
18	粗镗—半精镗—精镗—珩磨			
19	以研磨代替上述方案中的珩磨	IT6级以上	<0.1	

(4) 平面加工方案的尺寸经济精度和表面粗糙度 (表 3.36)

表 3.36　平面加工方案的经济精度和表面粗糙度

序号	加工方案	经济精度等级	表面粗糙度 $Ra/\mu m$	适用范围
1	粗车	IT10~IT11	12.5~6.3	未淬硬钢、铸铁有色金属端面加工
2	粗车—半精车	IT8~IT9	6.3~3.2	
3	粗车—半精车—精车	IT6~IT8	1.6~0.8	

续表

序号	加工方案	经济精度等级	表面粗糙度 $Ra/\mu m$	适用范围
4	粗车—半精车—磨削	IT7～IT9	0.8～0.2	钢、铸铁端面加工
5	粗刨(粗铣)	IT11～IT13	12.5～6.3	不淬硬的平面加工
6	粗刨(粗铣)—半精刨(半精铣)	IT8～IT11	12.5～3.2	
7	粗刨(粗铣)—精刨(精铣)	IT7～IT9	6.3～1.6	
8	粗刨(粗铣)—半精刨(半精铣)—精刨(精铣)	IT6～IT8	3.2～0.63	
9	粗铣—拉	IT6～IT9	0.8～0.2	大量生产未淬硬的小平面(精度视拉刀精度而定)
10	粗刨(粗铣)—半精刨(半精铣)—宽刃刀精刨	IT6～IT7	0.8～0.2	未淬硬的钢、铸铁及有色金属工件
11	粗刨(粗铣)—半精刨(半精铣)—精刨(精铣)—宽刃刀低速精刨	IT5	0.8～0.16	
12	粗刨(粗铣)—精刨(精铣)—刮研	IT5～IT6	0.8～0.1	
13	粗刨(粗铣)—半精刨(半精铣)—精刨(精铣)—刮研	IT5～IT6	0.8～0.04	
14	粗刨(粗铣)—精刨(精铣)—磨削	IT6～IT7	0.8～0.2	淬硬或未淬硬的黑色金属工件
15	粗刨(粗铣)—半精刨(半精铣)—精刨(精铣)—磨削	IT5～IT6	0.4～0.2	
16	粗铣—精铣—磨削—研磨	IT5～IT6	0.16～0.008	

(5) 圆锥孔加工方法的尺寸经济精度 (表3.37)

表3.37　圆锥孔加工的经济精度

加工方法		公差等级		加工方法		公差等级	
		锥孔	深锥孔			锥孔	深锥孔
扩孔	粗扩	IT11		铰孔	机动	IT7	IT7～IT9
	精扩	IT9			手动	高于IT7	
镗孔	粗镗	IT9	IT9～IT11	磨孔		高于IT7	IT7
	精镗	IT7		研磨孔		IT6	IT6～IT7

注：表面粗糙度参照表3.35孔加工相应加工方法选取。

（6）螺纹孔加工方法的经济精度和表面粗糙度（表3.38）

表3.38 米制螺纹加工的经济精度和表面粗糙度

加工方法		螺纹公差带（GB/T 197—81）	表面粗糙度 $Ra/\mu m$	加工方法		螺纹公差带（GB/T 197—81）	表面粗糙度 $Ra/\mu m$
车螺纹	外螺纹	4h~6h	6.3~0.8	梳形刀车螺纹	外螺纹	4h~6h	0.6~0.8
	内螺纹	5H~7H			内螺纹	5H~7H	
圆板牙套螺纹		6h~8h		梳形铣刀铣螺纹		6h~8h	
丝锥攻内螺纹		4H~7H		旋风铣螺纹		6h~8h	
带圆梳刀自动张开式板牙		4h~6h	3.2~0.8	搓丝板搓螺纹		6h	1.6~0.8
				滚丝模滚螺纹		4h~6h	1.6~0.2
带径向或切向梳刀自动张开式板牙		6h		砂轮磨螺纹		4h 以上	0.8~0.2
				研磨螺纹		4h	0.8~0.05

注：外螺纹公差带代号中的"h"换为"g"，不影响公差大小。

（7）齿轮（花键）加工方法的经济精度和表面粗糙度（表3.39）

表3.39 齿轮齿面加工的经济精度和表面粗糙度

加工方案	可达精度等级	表面粗糙度 $Ra/\mu m$
铣齿		
粗加工	10~9	12.5~3.2
用精致铣刀盘铣齿	9~8	6.3~3.2
精滚齿	8~7	6.3~3.2
插齿	8~7	6.3~1.6
拉齿	7~6	6.3~1.6
刨齿	7~6	6.3~1.6
剃齿	7~6	3.2~0.8
珩齿	7~6	1.6~0.4
磨齿	6~4	0.8~0.2

（8）常用加工方法的形状与位置经济精度（表3.40～表3.44）。

表 3.40　平面度和直线度的经济精度

加工方法	公差等级	加工方法	公差等级
研磨、精密磨、精刮	1～2	粗磨、铣、刨、拉、车	7～8
研磨、精磨、刮	3～4	铣、刨、车、插	9～10
磨、刮、精车	5～6	各种粗加工	11～12

表 3.41　圆柱度的经济精度

加工方法	公差等级	加工方法	公差等级
研磨、超精磨	1～2	磨、珩、精车及精镗、精铰	5～6
研磨、珩磨、精密磨、金刚镗、精密车、精密镗	3～4	拉车、镗、铰、拉、精扩及钻孔车、镗、钻	7～8 9～10

表 3.42　平行度的经济精度

加工方法	公差等级	加工方法	公差等级
研磨、金刚石精密加工、精刮	1～2	磨、铣、刨、拉、镗、车	7～8
研磨、珩磨、刮、精密磨	3～4	铣、镗、车、按导套钻、铰	9～10
磨、坐标镗、精密铣、精密刨	5～6	各种粗加工	11～12

表 3.43　端面跳动和垂直度的经济精度

加工方法	公差等级	加工方法	公差等级
研磨、精密磨、金刚石精密加工	1～2	磨、铣、刨、刮、镗	7～8
研磨、精磨、精刮、精密车	3～4	车、半精铣、刨、镗	9～10
磨、刮、珩、精刨、精铣、精镗	5～6	各种粗加工	11～12

表 3.44　同轴度的经济精度

加工方法	公差等级	加工方法	公差等级
研磨、珩磨、金刚石精密加工	1～2	粗磨、车、镗、拉、铰	7～8
精磨、精密车、一次装夹下的内圆磨、珩磨	3～4	车、镗、钻	9～10
磨、精车、一次装夹下的内圆磨及镗	5～6	各种粗加工	11～12

（9）常用机床的形状、位置加工经济精度（表 3.45～表 3.47）

表 3.45　车床加工的经济精度

机床类型	最大加工直径/mm	圆度/mm	圆柱度/mm·mm⁻¹(长度)	平面度(凹入)/mm·mm⁻¹(直径)
卧式车床	250 320 400	0.01	0.015/100	0.015/≤200 0.02/≤300 0.025/≤400
	500 630 800	0.015	0.025/300	0.03/≤500 0.04/≤600 0.05/≤700
	1000 1250	0.02	0.04/300	0.06/≤800
精密车床	250　400 320　500	0.005	0.01/150	0.01/200
高精度车床	250 320 400	0.001	0.002/100	0.002/100
转塔车床	≤12	0.007	0.010/300	0.02/300
	>12~32	0.01	0.02/300	0.03/300
	>32~80	0.01	0.02/300	0.04/300
	>80	0.02	0.025/300	0.05/300
立式车床	≤1000	0.01	0.02	0.04
仿形车床	≥50	0.008	(仿形尺寸误差)0.02	0.04
车床上镗孔	两孔轴心线的距离误差或自孔轴心线到平面的距离误差/mm			
按划线	1.0~3.0			
在角铁式夹具上	0.1~0.3			

表 3.46　钻床加工的经济精度

加工方法	垂直孔轴心线的垂直度	垂直孔轴心线的位置度	两平行孔轴心线的距离误差或自孔轴心线到平面的距离误差	钻孔与端面的垂直度
按划线钻孔	0.5~1.0/100	0.5~2	0.5~1.0	0.3/100
用钻模钻孔	0.1/100	0.5	0.1~0.2	0.1/100

表 3.47 铣床加工的经济精度

机床类型	加工范围		平面度 /mm	平行度		垂直度（加工面相互间）/mm·mm⁻¹
				加工面对基面/mm	两侧加工面之间/mm	
升降台铣床	立式		0.02	0.03	—	0.02/100
	卧式		0.02	0.03		0.02/100
工作台不升降铣床	立式		0.02	0.03	—	0.02/100
	卧式		0.02	0.03		0.02/100
龙门铣床	加工长度/m	≤2	—	0.03	0.02	0.02/300
		>2~5		0.04	0.03	
		>5~10		0.05	0.05	
		>10		0.08	0.08	
摇臂铣床			0.02	0.03		0.02/100
铣床上镗孔			镗垂直孔轴心线的垂直度/mm		镗垂直孔轴心线的位置度/mm	
回转工作台			0.02~0.05/100		0.1~0.2	
回转分度头			0.05~0.1/100		0.3~0.5	

3.3.4 工序的加工顺序安排

（1）加工阶段划分

在零件的所有表面加工工作中，一般包括粗加工、半精加工和精加工。在安排加工顺序时将各表面粗加工集中在一起首先加工，再依次集中各表面的半精加工和精加工工作，这样就使整个加工过程明显地形成先粗后精的若干加工阶段。这些加工阶段包括以下几个。

① 粗加工阶段　此阶段的主要任务是高效地切除各加工表面上的大部分余量，并加工出精基准。

② 半精加工阶段　使主要表面消除粗加工后留下的误差，使其达到一定的精度；为精加工做好准备，并完成一些精度要求不高的表面的加工（如钻孔、攻螺纹、铣键槽等）。

③ 精加工阶段　主要是保证零件的尺寸、形状、位置精度及表面粗糙度达到或基本达到图样上所规定的要求。精加工切除的余量很小。

④ 精整和光整加工阶段　对于加工质量要求很高的表面，在工艺过程中需要安排一些高精度的加工方法（如精密磨削、珩磨、研磨、金刚石切削等），以进一步提高表面的尺寸、形状精度，减小表面粗糙度，最后达到图样的精度要求。

零件加工阶段的划分不是绝对的，在应用时要灵活掌握。对于大批大量生产要划分得细些，对于加工表面要求不高、加工余量较小的单件小批生产不一定严格划分。在自动化生产中，要求在工件一次安装下尽可能加工多个表面，加工阶段就难免交叉；有些刚性好的重型工件，由于装夹及运输很费时，也常在一次装夹下完成全部粗精加工；定位基准表面即使在粗加工阶段加工，也应达到较高精度。精度要求低的小孔，为避免过多的尺寸换算，通常放在半精加工或精加工阶段钻削。

零件加工阶段划分的原因是：粗、精分开有利于保证加工质量，避免粗加工时较大的夹紧力和切削力所引起的变形对精加工的影响；可以合理使用机床；便于安排热处理；粗、精分开便于及时发现毛坯的缺陷等。

（2）加工顺序的安排原则（表3.48）

表 3.48　加工顺序的安排原则

工序类别	工序	安排原则
机械加工		① 对于形状复杂、尺寸较大的毛坯或尺寸偏差较大的毛坯，首先安排划线工序，为精基准的加工提供找正基准 ② 按"先基面后其他"的顺序，首先加工精基准面 ③ 在重要表面加工前应对精基准进行修正 ④ 按"先主后次、先粗后精"的顺序，对精度要求较高的各主要表面进行粗加工、半精加工和精加工 ⑤ 对于与主要表面有位置要求的次要表面应安排在主要表面加工之后进行 ⑥ 对于易出现废品的工序，精加工和光整加工可适当提前，一般情况主要表面的精加工和光整加工应放在最后阶段进行
热处理	退火与正火	属于毛坯预备性热处理，应安排在机械加工之前进行
	时效	为了消除残余应力，对于尺寸大、结构复杂的铸件，需在粗加工前、后各安排一次时效处理；对于一般铸件在铸造后或粗加工后安排一次时效处理；对于精度要求高的铸件，在半精加工前、后各安排一次时效处理；对于精度高、刚度低的零件，在粗车、粗磨、半精磨后需各安排一次时效处理

续表

工序类别	工序	安排原则
热处理	淬火	淬火后工件硬度提高且易变形,应安排在精加工阶段的磨削加工前进行
	渗碳	渗碳易产生变形,应安排在精加工前进行,为控制渗碳层厚度,渗碳前应安排精加工工序
	渗氮	一般安排在工艺过程的后部、该表面的最终加工之前。渗氮处理前应调质
辅助工序	中间检验	一般安排在粗加工全部结束之后,精加工之前;送往外车间加工的前后(特别是热处理前后);花费工时较多或重要工序的前后
	特种检验	X射线、超声波探伤等多用于工件材料内部质量的检验,一般安排在工艺过程的开始;荧光检验、磁力探伤主要用于表面质量的检验,通常安排在精加工阶段。荧光检验如用于检查毛坯的裂纹,则安排在加工前
	表面处理	电镀、涂层、发蓝、氧化、阳极化等表面处理工序一般安排在工艺过程的最后进行

(3) 工序集中与工序分散的选用

工序集中与工序分散各有特点,究竟按何种原则确定工序数量,要根据生产类型、机床设备、零件结构和技术要求等进行综合分析后选用。

生产类型单件小批生产中,为简化生产流程,缩短在制品生产周期,减少工艺装备,应采用工序集中原则。大批大量生产中,若使用多刀多轴的自动机床加工中心可按工序集中组织生产;若使用由专用机床和专用工艺装备组成的生产线,则应按工序分散的原则组织生产,这有利于专用设备和专用工装的结构简化和按节拍组织流水生产。成批生产时,两种原则均可采用,具体采用何种为佳,则需视其他条件(如零件的技术要求、工厂的生产条件等)而定。

零件结构、大小和质量对于尺寸和质量较大、形状又很复杂的零件,应采用工序集中的原则,以减少安装与运送次数。对于刚性差且精度高的精密工件,为减少夹紧和加工中的变形,工序应适当分散。

零件的技术要求较高及零件上有技术要求高的表面时，需采用高精度的设备来保证质量时，可采用工序分散的原则。对采用数控加工的零件，应考虑如何减少装夹次数，尽量在一次定位装夹下加工出全部待加工表面，应采用工序集中的原则。

由于生产需求的多变性，对生产过程的柔性要求越来越高，工序集中将越来越成为生产的主流方式。

3.4 工序设计

工序设计主要包括：确定加工余量、确定工序尺寸及其公差、绘制工艺附图（也称工序简图）、确定切削用量、选择机床和工艺装备、确定工时定额（详见 3.7 节）等。

3.4.1 工艺附图

工艺附图是附在工艺规程上用以说明产品或零、部件加工或装配的简图。在机械加工工艺卡上的工序简图一般要表达的内容包括：被加工表面；被加工表面本工序要达到的尺寸、尺寸精度、形状精度、位置精度、表面粗糙度；加工时的定位基准、夹紧位置、方向和夹紧方式等要求。

工序简图用一个或几个视图表示工件的结构形状和技术要求，主视图最好是工件装夹时操作者正对的视图，为了更简洁地表达工件的结构特征，也可采用其他视图作为主视图，根据需要选择符合机械制图标准要求的其他视图。

在绘制工序简图时，用细实线表达工件的轮廓形状和结构特征，被加工表面用加粗的粗实线或红线表示；被加工表面本工序要达到的尺寸、尺寸精度、形状精度、位置精度、表面粗糙度要求，按机械制图标准、公差与配合标准的规定标注；定位基准、夹紧位置、方向和夹紧方式用规定的符号（表 3.32、表 3.33）表示。

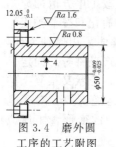

图 3.4　磨外圆工序的工艺附图

磨削轴套的外圆及端面工序的工艺附图如图 3.4 所示，该工序磨削后保证外圆的尺寸为

$\phi\,50^{-0.009}_{-0.025}$，表面粗糙度 Ra 为 $0.8\mu m$，端面的尺寸为"12 ± 0.05"，表面粗糙度 Ra 为 $1.8\mu m$。采用带肩心轴定位，手动夹紧方式。定位表面内孔上的定位符号右侧的阿拉伯数字 4 表示限定 4 个自由度，端面上的定位符号处无阿拉伯数字，表示限定 1 个自由度。夹紧符号表示手动夹紧，采用内胀式夹头将内孔表面夹紧。

3.4.2 加工余量的确定

（1）加工总余量（毛坯余量）与工序余量

毛坯尺寸与零件设计尺寸之差称为加工总余量。加工总余量的大小取决于加工过程中各个工步切除金属层厚度的总和。每一工序所切除的金属层厚度称为工序余量。加工总余量和工序余量的关系为

$$Z_0 = Z_1 + Z_2 + \cdots + Z_n = \sum_{i=1}^{n} Z_i \qquad (3.1)$$

式中　Z_0——加工总余量，mm；

　　　Z_i——工序余量，mm；

　　　n——机械加工工序数目。

应注意第一道加工工序的加工余量 Z_1。它与毛坯的制造精度有关，实际上它与生产类型和毛坯的制造方法有关。毛坯制造精度高（例如大批大量生产的模锻毛坯），则第一道加工工序的加工余量小，若毛坯制造精度低（例如单件小批生产的自由锻毛坯），则第一道加工工序的加工余量就大。毛坯的余量可查阅有关手册获得。

工序余量定义为相邻两工序基本尺寸之差。按零件表面的对称与不对称结构，工序余量有单边余量和双边余量之分。

零件表面不对称结构的加工余量，一般为单边余量，如图 3.5 (a) 所示，可表示为

$$Z_i = l_{i-1} - l_i \qquad (3.2)$$

式中　Z_i——本道工序的工序余量，mm；

　　　l_i——本道工序的基本尺寸，mm；

　　　l_{i-1}——上道工序的基本尺寸，mm。

零件表面结构对称的加工余量，一般为双边余量，如图 3.5 (b) 所示，可表示为

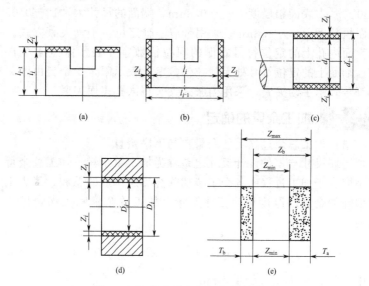

图 3.5 加工余量与加工余量的公差

$$2Z_i = l_{i-1} - l_i \qquad (3.3)$$

回转体表面（如内、外圆柱面）的加工余量为双边余量，对于外圆表面 [图 3.5（c）] 有

$$Z_i = d_{i-1} - d_i \qquad (3.4)$$

对于内圆表面 [图 3.5（d）] 有

$$Z_i = D_i - D_{i-1} \qquad (3.5)$$

由于工序尺寸有公差，所以加工余量也必然在某一公差范围内变化。其公差大小等于本道工序尺寸公差与上道工序尺寸公差之和。因此，如图 3.5（e）所示，工序余量有标称余量（简称余量）、最大余量和最小余量的分别。

从图中可以知道，被包容件的余量 Z_b 包含上道工序工序尺寸公差，余量公差可表示为

$$T_Z = Z_{max} - Z_{min} = T_a + T_b \qquad (3.6)$$

式中　T_Z——工序余量公差，mm；

Z_{max}——工序最大余量，mm；

Z_{min}——工序最小余量，mm；

T_a——加工面在本道工序的工序尺寸公差，mm；

T_b——加工面在上道工序的工序尺寸公差，mm。

一般情况下，工序尺寸的公差按"入体原则"标注，即对被包容尺寸（轴的外径，实体长、宽、高），其最大加工尺寸就是基本尺寸，上偏差为零。对包容尺寸（孔的直径、槽的宽度），其最小加工尺寸就是基本尺寸，下偏差为零。毛坯尺寸公差按双向对称偏差形式标注。图 3.6（a）、图 3.6（b）分别表示了被包容件（轴）和包容件（孔）的工序尺寸、工序尺寸公差、工序余量和毛坯余量之间的关系。图中，加工面安排了粗加工、半精加工和精加工。$d_坯$（$D_坯$），d_1（D_1），d_2（D_2），d_3（D_3）分别为毛坯、粗、半精、精加工工序尺寸；$T_坯/2$，T_1，T_2 和 T_3，分别为毛坯、粗、半精、精加工工序尺寸公差；Z_1，Z_2，Z_3 分别为粗、半精、精加工工序标称余量，Z_0 为毛坯余量。

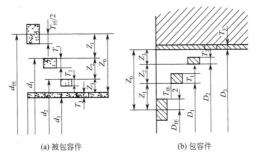

(a) 被包容件　　　　(b) 包容件

图 3.6　工序余量示意图

（2）工序余量的影响因素

工序余量的影响因素比较复杂，除前述第一道粗加工工序余量与毛坯制造精度有关以外，其他工序的工序余量主要有以下几个方面的影响因素。

① 上道工序的加工精度　对加工余量来说，上道工序的加工误差包括上道工序的加工尺寸公差 T_a 和上道工序的位置误差 e_a（图 3.7）两部分。上道工序的加工精度愈低，则本道工序的标称余量愈大。本道工序应切除上道工序加工误差中包含的各种可能产生的误差。表 3.49

图 3.7　轴线弯曲造成余量不均

示出了零件各项位置精度对加工余量的影响。

表 3.49　零件各项位置精度对加工余量的影响

位置精度	简图	加工余量	位置精度	简图	加工余量
对称度		$2e$	轴心线偏心 (e)		$2e$
位置度		$x=L\tan\theta$	平行度 (a)		$y=aL$
		$2x$	垂直度 (b)		$x=bD$

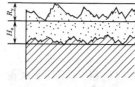

图 3.8　工件表层结构

② 上道工序的表面质量　上道工序的表面质量包括上道工序产生的表面粗糙度 R_y（表面轮廓最大高度）和表面缺陷层深度 H_a（图 3.8），在本道工序加工时，应将它们切除掉。各种加工方法的 R_y 和 H_a 的数值大小可参考表 3.50 中的实验数据。

表 3.50　各种加工方法的表面粗糙度 R_y 和表面缺陷层深度 H_a 　μm

加工方法	R_y	H_a	加工方法	R_y	H_a
粗车内外圆	15～100	40～60	磨端面	1.7～15	15～35
精车内外圆	5～40	30～40	磨平面	1.5～15	20～30
粗车端面	15～225	40～60	粗刨	15～100	40～50
精车端面	5～54	30～40	精刨	5～45	25～40
钻	45～225	40～60	粗插	25～100	50～60

加工方法	R_y	H_a	加工方法	R_y	H_a
粗扩孔	$25\sim25$	$40\sim60$	精插	$5\sim45$	$35\sim50$
粗扩孔	$2\sim100$	$30\sim40$	粗铣	$15\sim225$	$40\sim60$
粗铰	$25\sim100$	$25\sim30$	精铣	$5\sim45$	$25\sim40$
精铰	$8.5\sim25$ $25\sim225$	$10\sim20$	拉	$1.7\sim35$	$10\sim20$
粗镗	$5\sim25$	$30\sim50$	切断	$45\sim225$	60
精镗	$1.7\sim15$	$25\sim40$	研磨	$0\sim1.6$	$3\sim5$
磨外圆	$1.7\sim15$	$15\sim25$	超精加工	$0\sim0.8$	$0.2\sim0.3$
磨内圆		$20\sim30$	抛光	$0.06\sim1.6$	$2\sim5$

③ 本工序的安装误差 安装误差 ε_b 应包括定位误差和夹紧误差。由于这项误差会直接影响被加工表面与切削刀具的相对位置，所以加工余量中应包括这项误差。

由于位置误差 e_a 和安装误差 ε_b 都是有方向的，所以要采用矢量相加的方法进行余量计算。

综合上述各影响因素，可有如下余量计算公式。

对于单边余量

$$Z_b = T_a + R_y + H_a + |\vec{e}_a + \vec{\varepsilon}_b| \tag{3.7}$$

对于双边余量

$$2Z_b = T_a + 2(R_y + H_a + |\vec{e}_a + \vec{\varepsilon}_b|) \tag{3.8}$$

（3）加工余量的确定

确定加工余量的方法有三种：计算法、查表法和经验法。

① 计算法 在影响因素清楚的情况下，计算法是比较准确的。要做到对余量影响因素清楚，必须具备一定的测量手段和掌握必要的统计分析资料。在掌握了各误差因素大小的条件下，才能进行余量的比较准确的计算。

在应用式（3.7）和式（3.8）时，要针对具体的加工方法进行简化。例如，采用浮动镗刀块镗孔或采用浮动铰刀铰孔或采用拉刀拉孔，这些加工方法不能纠正孔的位置误差，可简化为

$$2Z_b = T_a + 2(R_y + H_a) \tag{3.9}$$

无心外圆磨床磨外圆无装夹误差，故

$$2Z_b = T_a + 2(R_y + H_a + |\vec{e}_a|) \tag{3.10}$$

研磨、珩磨、超精加工、抛光等加工方法，其主要任务是去掉前一工序所留下的表面痕迹，它们有的可以提高尺寸及形状精度，其余量计算公式为

$$2Z_b = T_a + 2H_a \tag{3.11}$$

有的仅用于减小工件表面粗糙度值，其余量计算公式可简化为

$$Z_b = H_a \tag{3.12}$$

总之，计算法不能离开具体的加工方法和条件，要具体情况具体分析。不准确的计算会使加工余量过大或过小。余量过大不仅浪费材料，而且增加加工时间，增大机床和刀具的负荷；余量过小则不能纠正上工序的误差，造成局部加工不到的情况，影响加工质量，甚至会造成废品。

② 查表法　此法主要以工厂生产实践和实验研究积累的经验所制成的表格为基础，并结合实际加工情况加以修正，确定加工余量。这种方法方便、迅速，生产上应用广泛，各种工序间的加工余量在 3.5 节中介绍。

③ 经验法　由一些有经验的工程技术人员或工人根据经验确定加工余量的大小。由经验法确定的加工余量往往偏大，这主要是因为主观上怕出废品的缘故。这种方法多在单件小批生产中采用。

3.4.3　确定工序尺寸与公差

生产上绝大部分加工面都是在基准重合（工艺基准和设计基准重合）的情况下进行加工。所以，掌握基准重合情况下确定工序尺寸与公差的方法和过程非常重要。工序尺寸与公差的确定，一般采用"逆推法"，即由最后一道工序开始逐步往前推算，其确定过程结合实例说明。

例 3.1　某轴直径为 ϕ50mm，其尺寸精度要求为 IT5，表面粗糙度 Ra 要求为 $0.04\mu m$，并要求高频淬火，毛坯为锻件。其工艺路线为：粗车→半精车→高频淬火→粗磨→精磨→研磨。试确定各工序的工序尺寸及公差。

[解]　（1）确定各加工工序的加工余量

根据工艺手册查得，研磨余量为 0.01mm，精磨余量为

0.1mm，粗磨余量为 0.3mm，半精车余量为 1.1mm，粗车余量为 4.5mm，由式（3.10）可得加工总余量为 6.01mm，取加工总余量为 6mm，把粗车余量修正为 4.49mm。

（2）计算各加工工序基本尺寸

从最终加工工序开始，即从设计尺寸开始，到第一道加工工序，逐次加上每道加工工序余量，可分别得到各工序基本尺寸（包括毛坯尺寸）。

研磨后工序基本尺寸为 50mm（设计尺寸）。其他各工序基本尺寸依次为

精磨	50mm ＋ 0.01mm ＝ 50.01mm
粗磨	50.01mm ＋ 0.1mm＝50.11mm
半精车	50.11mm ＋ 0.3mm ＝ 50.41mm
粗车	50.41mm ＋ 1.1mm＝51.51mm
毛坯	51.51mm ＋ 4.49mm＝56mm

（3）确定工序尺寸公差

除最终加工工序的公差按设计要求确定以外，其他各加工工序按各自所采用加工方法的加工经济精度确定工序尺寸公差。

查表得：研磨后为 IT5，Ra 为 0.04μm（零件的设计要求）；精磨后选定为 IT6，Ra 为 0.16μm；粗磨后选定为 IT8，Ra 为 1.25μm；半精车后选定为 IT11，Ra 为 3.2μm；粗车后选定为 IT13，Ra 为 12.5μm。

（4）按"入体原则"标注工序尺寸公差

根据上述经济加工精度查公差表，将查得的公差数值按"入体原则"标注在工序基本尺寸上。研磨：$\phi 50_{-0.011}^{0}$mm，Ra 为 0.04μm；精磨：$\phi 50.01_{-0.016}^{0}$mm，Ra 为 0.16μm；粗磨：$\phi 50.11_{-0.039}^{0}$mm，Ra 为 1.25μm；半精车：$\phi 50.41_{-0.16}^{0}$mm，Ra 为 3.2μm；粗车：$\phi 51.51_{-0.19}^{0}$mm，Ra 为 12.5μm。

查工艺手册锻造毛坯公差为±2mm，可得毛坯尺寸（ϕ56±2）mm。

确定工序尺寸公差和按"入体原则"标注工序尺寸公差，还可以用列表的方法进行，如表 3.51 所示。

表 3.51　工序尺寸和公差的列表确定法

工序名称	工序间余量/mm	工序间		工序间尺寸/mm	工序间	
		经济精度/mm	表面粗糙度/μm		尺寸、公差/mm	表面粗糙度/μm
研磨	0.01	$h5(-8^{~0}_{-0.011})$	$Ra\,0.04$	50	$\phi50-8^{~0}_{-0.011}$	$Ra\,0.04$
精磨	0.1	$h6(-8^{~0}_{-0.016})$	$Ra\,0.16$	$50+0.01=50.01$	$\phi50.01-8^{~0}_{-0.016}$	$Ra\,0.16$
粗磨	0.3	$h8(-8^{~0}_{-0.039})$	$Ra\,1.25$	$50.01+0.1=50.11$	$\phi50.11-8^{~0}_{-0.039}$	$Ra\,1.25$
半精车	1.1	$h11(-8^{~0}_{-0.16})$	$Ra\,3.2$	$50.11+0.3=50.41$	$\phi50.41-8^{~0}_{-0.16}$	$Ra\,3.2$
粗车	4.49	$h13(-8^{~0}_{-0.39})$	$Ra\,16$	$50.41+1.1=51.51$	$\phi51.51-8^{~0}_{-0.39}$	$Ra\,16$
锻造		±2		$51.51+4.49=56$	$\phi56\pm2$	

在工艺基准无法与设计基准重合的情况下，在确定了工序余量之后，还需通过工艺尺寸链进行工序尺寸和公差的换算。工艺尺寸链涉及的内容较多，将在 3.6 节中介绍。

3.4.4　机床、工装和切削用量选择

（1）机床选择应考虑的因素

合理选择机床设备是一件很重要的工作，它不但直接影响工件的加工质量，而且还影响工件的加工效率和制造成本。选择机床时应考虑以下几个因素。

① 机床的尺寸规格要与被加工工件的外廓尺寸相适应，机床的功率与工序加工需要的功率相适应，避免大规格机床加工小尺寸工件造成浪费，避免小规格机床加工大尺寸工件造成动力不足和加工效率低。

② 机床的加工精度应与被加工工件在该工序的加工精度相适应。

③ 机床的生产率应与被加工工件的生产类型相适应。

④ 机床的选择应考虑工厂（车间）的现有设备条件。如果工件尺寸太大，精度要求过高，没有相应设备可供选择时，就需改装设备或设计专用机床。

应根据机床工艺范围、精度、主要参数等进行选择。

（2）工装选择应考虑的因素

机床夹具选择要与生产类型相适应，单件小批生产尽量采用通用夹具，大批大量生产采用高效或专用夹具。

刀具选择主要取决于加工方法、工件材料、加工要求、生产率和经济性等，应尽量采用标准刀具（外购比制造成本低）。大批大量生产可采用高效复合刀具。

量具主要取决于生产类型和零件的加工精度要求，单件小批生产尽量采用通用量具，大批大量生产采用量规或高效专用检验夹具。

（3）切削用量的选择原则

切削用量是指切削过程中的切削速度 v_c(m/min)、进给量 f(mm/r)和背吃刀量或称吃刀深度 a_p(mm)。在单件小批生产中，切削用量由操作者合理选择，批量和大量生产中，切削用量由工序卡片中规定，通过控制切削用量的三个参数来保证切削加工过程更加良好合理。

选择切削用量应根据工件的材料、刀具的材料、机床的功率、工艺系统刚度和加工精度要求等情况，在保证工序质量的前提下，充分利用刀具的切削性能和机床的功率、转矩等特性，获得高生产率和低加工成本。

从刀具耐用度（刀具寿命）的规律出发，首先应选定背吃刀量 a_p，其次选定进给量 f，最后选定切削速度 v_c。

粗加工时，加工精度和表面粗糙度要求不高，毛坯余量较大。因此，选择粗加工的切削用量时，要尽量能保证较高的金属切除率，以提高生产率；精加工时，加工精度和表面粗糙度要求较高，加工余量小且均匀。因此，选择切削用量时应着重保证加工质量，并在此基础上尽量提高生产率。

① 背吃刀量 a_p 的选择　由于粗加工时是以提高生产率为主要目标，所以在留出半精加工、精加工余量后，应尽量将粗加工余量一次切除，一般 a_p 可达 8～10mm。当遇到断续切削、加工余量太大或不均匀时，则应考虑多次走刀，而此时的背吃刀量应依次递减，即 $a_{p1} > a_{p2} > a_{p3} \cdots$粗加工时，由于背吃刀量大，切削力、切削功率也大，应注意机床功率和工艺系统刚度。

精加工时，应根据粗加工留下的余量确定背吃刀量，使精加工余量小而均匀。

② 进给量 f 的选择　粗加工时对表面粗糙度要求不高，在工

艺系统刚度和强度好的情况下，可以选用大一些的进给量；精加工时，应主要考虑工件表面粗糙度要求，一般表面粗糙度数值越小，进给量也要相应减小。

③ 切削速度 v_c 的选择　切削速度主要应根据工件和刀具的材料来确定。粗加工时，主要受刀具寿命和机床功率的限制。如超出了机床许用功率，则应适当降低切削速度；精加工时，a_p 和 f 选用得都较小，在保证合理刀具寿命的情况下，切削速度应选取得尽可能高，以保证加工精度和表面质量，同时满足生产率的要求。

首先根据各种加工方法推荐的切削用量选择合理的切削用量，然后根据已选定的机床，将进给量 f 和切削速度 v_c 修整为机床所具有的进给量 f 和转速 n，并计算出实际的切削速度 v_c。工序卡上填写的切削用量应是修正后的进给量 f 和转速 n（或实际切削速度 v_c）。

转速 n(r/min) 与切削速度的计算公式为

$$n = \frac{v_c}{\pi d} \times 1000 \tag{3.13}$$

式中　d——刀具（或工件）直径，mm；

　　　v_c——切削速度，m/min。

各种加工方法推荐的切削用量结合后面不同工种介绍。

3.5 工序间的加工余量

3.5.1 确定工序间加工余量应考虑的因素

由于零件机械加工过程中涉及的因素很多，按计算法确定工序间的机械加工余量目前还缺少充分的实践数据资料，因此查表法和经验结合查表在生产中应用广泛。

查表法确定工序间的加工余量应考虑以下因素。

① 为缩短加工时间，降低制造成本，应采用最小的加工余量。

② 选择加工余量应保证得到图样上规定的精度和表面粗糙度。

③ 选择加工余量时，要考虑零件热处理时引起的变形。

④ 选择加工余量时，要考虑所采用的加工方法、设备以及加工过程中零件可能产生的变形。

⑤ 选择加工余量时，要考虑被加工零件尺寸大小，尺寸越大，加工余量越大，因为零件的尺寸增大后，由切削力、内应力等引起变形的可能性也增加。

⑥ 选择加工余量时，要考虑工序尺寸公差的选择，其工序公差不应超出经济加工精度的范围。

⑦ 选择加工余量时，要考虑上工序留下的表面缺陷层厚度。

⑧ 选择加工余量时，要考虑本工序的余量要大于上工序的尺寸公差和几何形状公差。

3.5.2 轴的加工余量

（1）轴的折算长度确定

在轴的车削和磨削加工过程中，轴的加工部位、形状和装夹方式不同，用查表法确定轴的加工余量时，零件的长度需要进行折算，其折算方法如表 3.52 所示。

表 3.52 轴的折算长度

轴类型		双顶尖（简支式）	一夹一支	一夹（悬臂式）
光轴		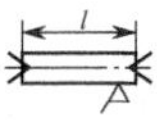 $L=l$	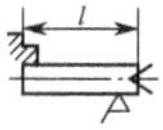 $L=l$	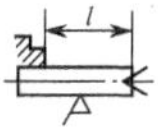 $L=2l$
台阶轴	前部加工	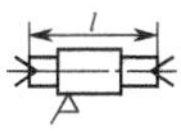 $L=l$	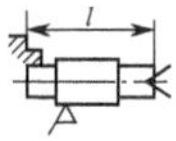 $L=l$	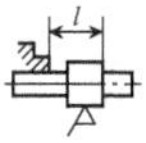 $L=2l$
	前部加工	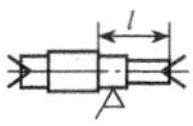 $L=2l$	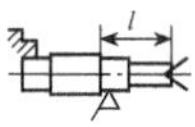 $L=2l$	

（2）粗车外圆的加工余量（表 3.53）

表 3.53 粗车外圆余量 　　　　mm

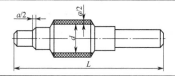

续表

加工直径 d	≤50	>50～100	>100～300	>300～500	>500
零件长度 L	直径余量 a				
<1000	5	6	6	6	
>1000～1600		7	7	7	
>1600～2500	8	8	8	8	8

注：1. 端面留量为直径之半，即 $\frac{a}{2}$。

2. 适用于粗精加工、自然时效、人工时效。

3. 粗加工分开及自然时效允许小于表中留量的 20%。

（3）粗车外圆后半精车外圆的加工余量（表 3.54）

表 3.54 粗车外圆后半精车或精车外圆余量   mm

轴的直径 d	零件长度 L						粗车外圆的公差
	≤100	>100～250	>250～500	>500～800	>800～1200	>1200～2000	
	直径余量 a						
≤10	0.6	0.8	1.0	—	—	—	—
>10～18	0.7	0.9	10	1.1	—	—	0.18
>18～30	0.9	1.0	1.1	1.3	1.4	—	0.21
>30～50	1.0	1.0	1.1	1.3	1.5	1.7	0.25
>50～80	1.1	1.1	1.2	1.4	1.6	1.8	0.30
>80～120	1.1	1.2	1.2	1.4	1.6	1.9	0.35
>120～180	1.2	1.2	1.3	1.5	1.7	2.0	0.40
>180～260	1.3	1.3	1.4	1.6	1.8	2.0	0.46
>260～360	1.3	1.4	1.5	1.7	1.9	2.1	0.52
>360～500	1.4	1.5	1.6	1.7	1.9	2.2	0.63

注：1. 在单件或小批生产时，本表的数值应乘以系数 1.3，并化成一位小数（四舍五入）。

2. 粗车后若进行正火或调质热处理，本表数值应乘以系数 2 或 4。

（4）外圆磨削余量（表 3.55）

表 3.55　外圆磨削余量　　　　　mm

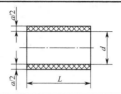

工件直径	余量限度	磨削前								粗磨后精磨前	精磨后研磨前
		未经热处理的轴				经热处理的轴					
		轴的长度									
		100以下	101～200	201～400	401～700	100以下	101～300	301～600	601～1000		
≤10	max	0.20	—	—	—	0.25	—	—	—	0.020	0.008
	min	0.10	—	—	—	0.15	—	—	—	0.015	0.005
11～18	max	0.25	0.30	—	—	0.30	0.35	—	—	0.025	0.008
	min	0.15	0.20	—	—	0.20	0.25	—	—	0.020	0.006
19～30	max	0.30	0.35	0.40	—	0.35	0.40	0.45	—	0.030	0.010
	min	0.20	0.25	0.30	—	0.25	0.30	0.35	—	0.025	0.007
31～50	max	0.30	0.35	0.40	0.45	0.40	0.50	0.55	0.70	0.035	0.010
	min	0.20	0.25	0.30	0.35	0.25	0.30	0.40	0.50	0.028	0.008
51～80	max	0.35	0.40	0.45	0.55	0.45	0.55	0.65	0.75	0.035	0.013
	min	0.25	0.30	0.35	0.45	0.30	0.35	0.45	0.50	0.028	0.008
81～120	max	0.45	0.50	0.55	0.60	0.50	0.60	0.70	0.80	0.040	0.014
	min	0.25	0.35	0.35	0.40	0.35	0.40	0.45	0.45	0.032	0.010
121～180	max	0.50	0.55	0.60	—	0.60	0.70	0.80	—	0.045	0.016
	min	0.30	0.35	0.40	—	0.40	0.50	0.55	—	0.038	0.012
181～260	max	0.60	0.60	0.65	—	0.70	0.75	0.85	—	0.050	0.020
	min	0.40	0.40	0.45	—	0.50	0.55	0.60	—	0.040	0.015

（5）外圆抛光的加工余量（表 3.56）

表 3.56　外圆抛光余量　　　　　mm

零件直径	≤100	101～200	201～700	>700
直径余量	0.1	0.3	0.4	0.5

注：抛光前的加工精度为 IT7 级。

（6）轴的端面加工余量（表 3.57～表 3.59）

表 3.57　端面粗车削余量　　　　　　mm

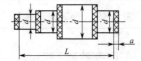

加工直径 d	零件长度 L			
	<1000	>1000~1600	>160~2500	>2500
≤50	2	3	3	3.5
>50~100		3.5	3.5	4
>100~300		4	4	4.5
>300~500		4.5	4.5	5
>500		5	5	5.5

表 3.58　粗车端面后，正火调质的端面半精加工余量　　mm

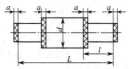

零件直径 d	零件全长 L					
	≤18	>18~50	>50~120	>120~260	>260~500	>500
	端面余量 a					
≤30	0.8	1.0	1.4	1.6	2.0	2.4
>30~50	1.0	1.2	1.4	1.6	2.0	2.4
>50~120	1.2	1.4	1.6	2.0	2.4	2.4
>120~260	1.4	1.6	2.0	2.0	2.4	2.8
>260	1.6	1.8	2.0	2.0	2.8	3.0

注：1. 在粗车不需正火调质的零件，其端面余量按上表 1/3~1/2 选用。

2. 对薄形工件，如齿轮，垫圈等，按上表余量加 50%~100%。

表 3.59　精车端面和端面磨削余量　　　　　mm

轴径	零件全长											
	≤18		>18~50		>50~120		>120~260		>260~500		>500	
	精车	磨削	精车	磨削	精车	磨削	精车	磨削	精车	磨削	精车	磨削
≤30	0.5	0.2	0.6	0.3	0.7	0.3	0.8	0.4	1.0	0.5	1.2	0.6
>30~50	0.5	0.3	0.6	0.3	0.7	0.4	0.8	0.4	1.0	0.5	1.2	0.6

续表

轴径	零件全长											
	≤18		>18～50		>50～120		>120～260		>260～500		>500	
	精车	磨削	精车	磨削	精车	磨削	精车	磨削	精车	磨削	精车	磨削
>50～120	0.7	0.3	0.7	0.3	0.8	0.4	1.0	0.5	1.2	0.6	1.2	0.6
>120～260	0.8	0.4	0.8	0.4	1.0	0.5	1.0	0.5	1.2	0.6	1.4	0.7
>260～500	1.0	0.5	1.0	0.5	1.2	0.5	1.2	0.6	1.4	0.7	1.5	0.7
>500	1.2	0.6	1.2	0.6	1.4	0.6	1.4	0.7	1.5	0.8	1.7	0.8

3.5.3 槽的加工余量（表 3.60、表 3.61）

表 3.60 精车（铣、刨）槽余量 mm

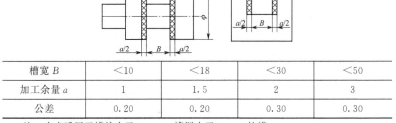

槽宽 B	<10	<18	<30	<50
加工余量 a	1	1.5	2	3
公差	0.20	0.20	0.30	0.30

注：本表适用于槽长小于 80mm，槽深小于 60mm 的槽。

表 3.61 精车（铣、刨）后，磨槽余量 mm

槽宽 B	<10	<18	<30	<50
加工余量 a	0.30	0.35	0.40	0.45
公差	0.10	0.10	0.15	0.15

注：1. 靠磨槽时适当减小加工余量，一般加工余量 0.10～0.20mm。
2. 本表适用于槽长小于 80mm，槽深小于 60mm 的槽。

3.5.4 孔的加工余量（表 3.62～表 3.70）

表 3.62 基孔制 7、8、9 级（H7、H8、H9）孔的加工余量 mm

加工孔的直径	直径					加工孔的直径	直径				
	钻		用车刀镗以后	扩孔钻	粗铰	精铰 H7 或 H8、H9		钻		用车刀镗以后	扩孔钻	粗铰	精铰 H7 或 H8、H9
	第一次	第二次						第一次	第二次				
3	2.9	—	—	—	—	3	4	3.9	—	—	—	—	4

续表

加工孔的直径	直径						加工孔的直径	直径					
	钻		用车刀镗以后	扩孔钻	粗铰	精铰 H7或 H8、H9		钻		用车刀镗以后	扩孔钻	粗铰	精铰 H7或 H8、H9
	第一次	第二次						第一次	第二次				
5	4.8	—	—	—	—	5	25	23.0	—	24.8	24.8	24.94	25
6	5.8	—	—	—	—	6	26	24.0	—	25.8	25.8	25.94	26
8	7.8	—	—	—	7.96	8	28	26.0	—	27.8	27.8	27.94	28
10	9.8	—	—	—	9.96	10	30	15.0	28	29.8	29.8	29.93	30
12	11.0	—	—	11.85	11.95	12	32	15.0	30.0	31.7	31.75	31.93	32
13	12.0	—	—	12.85	12.95	13	35	20.0	33.0	34.7	34.75	34.93	35
14	13.0	—	—	13.85	13.95	14	38	20.0	36.0	37.7	37.75	37.93	38
15	14.0	—	—	14.85	14.95	15	40	25.0	38.0	39.7	39.75	39.93	40
16	15.0	—	—	15.85	15.95	16	42	25.0	40.0	41.7	41.75	41.93	42
18	17.0	—	—	17.85	17.94	18	45	25.0	43.0	44.7	44.75	44.93	45
20	18.0	—	19.8	19.8	19.94	20	48	25.0	46.0	47.7	47.75	47.93	48
22	20.0	—	21.8	21.8	21.94	22	50	25.0	48.0	49.7	49.75	49.93	50
24	22.0	—	23.8	23.8	23.94	24	60	30	55.0	59.5	—	59.9	60

注:1. 在铸铁上加工直径小于 15mm 的孔时,不用扩孔钻和镗孔。

2. 在铸铁上加工直径为 30mm 与 32mm 的孔时,仅用直径为 28mm 与 30mm 的钻头各钻一次。

3. 如仅用一次铰孔,则铰孔的加工余量为本表中粗铰与精铰的加工余量总和。

表 3.63　按照 7 级或 8 级、9 级精度加工预先铸出或冲出的孔　　mm

加工孔的直径	直径					
	粗镗		半精镗		精镗	
	第一次	第二次	镗以后的直径	按照 H11 公差	粗铰	精铰
30	—	28.0	29.8	+0.13	29.93	30
35	—	33.0	34.7	+0.16	34.93	35
40	—	38.0	39.7	+0.16	39.93	40
45	—	43.0	44.7	+0.16	44.93	45
50	45	48.0	49.7	+0.16	49.93	50
55	51	53.0	54.5	+0.19	54.92	55
60	56	58.0	59.5	+0.19	59.92	60
65	61	63.0	64.5	+0.19	64.92	65
70	66	68.0	69.5	+0.19	69.90	70
75	71	73.0	74.5	+0.19	74.90	75

续表

加工孔的直径	直 径					
	粗 镗		半精镗		精 镗	
	第一次	第二次	镗以后的直径	按照 H11 公差	粗铰	精铰
80	75	78.0	79.5	+0.19	79.9	80
85	80	83.0	84.3	+0.22	84.85	85
90	85	88.0	89.3	+0.22	89.75	90
95	90	93.0	94.3	+0.22	94.85	95
100	95	98.0	99.3	+0.22	99.85	100
110	105	108.0	109.3	+0.23	109.85	110
120	115	118.0	119.3	+0.23	119.85	120
150	145	148.0	149.3	+0.26	149.85	150
180	175	178.0	179.3	+0.30	179.85	180
200	194	197.0	199.3	+0.30	199.80	200
300	294	297.0	299.3	+0.34	299.80	300
500	490	497.0	499.8	+0.38	499.80	500

注: 1. 如仅用一次铰孔时，则铰孔的加工余量为粗铰与精铰加工余量之和。

2. 如铸出的孔有最大加工余量时，则第一次粗镗可以分成两次或多次进行。

表 3.64　钻后扩或镗、粗铰和铰孔余量　　　　mm

孔的直径	扩或镗	粗铰/粗镗	精铰/精镗	孔的直径	扩或镗	粗铰/粗镗	精铰/精镗
3～6	—	0.1	0.04	>50～80	1.5～2.0	0.4～0.5	0.10
>6～10	0.8～1.0	0.1～0.15	0.05	>80～120	1.5～2.0	0.5～0.7	0.15
>10～18	1.0～1.5	0.1～0.15	0.05	>120～180	1.5～2.0	0.5～0.7	0.2
>18～30	1.5～2.0	0.15～0.2	0.06	>180～260	2.0～3.0	0.5～0.7	0.2
>30～50	1.5～2.0	0.2～0.3	0.08	>260～360	2.0～3.0	0.5～0.7	0.2

表 3.65　半精加工后磨削余量　　　　mm

孔的直径	热处理状态	孔的长度					孔的直径	热处理状态	孔的长度				
		≤50	>50～100	>100～200	>200～300	>300～500			≤50	>50～100	>100～200	>200～300	>300～500
≤10	未淬硬	0.2	—	—	—	—	>30～50	未淬硬	0.3	0.3	0.4	0.4	—
	淬　硬	0.2	—	—	—	—		淬　硬	0.4	0.4	0.4	0.5	—
>10～18	未淬硬	0.2	0.3	—	—	—	>50～80	未淬硬	0.4	0.4	0.4	0.4	—
	淬　硬	0.3	0.4	—	—	—		淬　硬	0.4	0.5	0.5	0.5	—
>18～30	未淬硬	0.3	0.3	0.4	—	—	>80～120	未淬硬	0.5	0.5	0.5	0.5	0.6
	淬　硬	0.3	0.4	0.4	—	—		淬　硬	0.5	0.5	0.6	0.6	0.7

续表

孔的直径	热处理状态	孔的长度					孔的直径	热处理状态	孔的长度				
		≤50	>50~100	>100~200	>200~300	>300~500			≤50	>50~100	>100~200	>200~300	>300~500
>120~180	未淬硬	0.6	0.6	0.6	0.6	0.6	>260~360	未淬硬	0.7	0.7	0.7	0.8	0.8
	淬硬	0.6	0.6	0.6	0.6	0.7		淬硬	0.7	0.8	0.8	0.8	0.9
>180~260	未淬硬	0.6	0.6	0.7	0.7	0.7	>360~500	未淬硬	0.8	0.8	0.8	0.8	0.8
	淬硬	0.7	0.7	0.7	0.7	0.8		淬硬	0.8	0.8	0.8	0.9	0.9

表 3.66　金刚石刀具镗孔余量　　　　　　　　mm

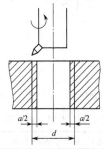

加工孔的直径 d	材　　料						细镗前孔直径公差
	轻合金		青铜及铸铁		钢体		
	加工性质						
	粗加工	精加工	粗加工	精加工	粗加工	精加工	
	直径余量 a						
≤30	0.2	0.1	0.2	0.1	0.2	0.1	0.033
>30~50	0.3	0.1	0.3	0.1	0.2	0.1	0.039
>50~80	0.4	0.1	0.3	0.1	0.2	0.1	0.046
>80~120	0.4	0.1	0.3	0.1	0.3	0.1	0.054
>120~180	0.5	0.1	0.4	0.1	0.3	0.1	0.063
>180~260	0.5	0.1	0.4	0.1	0.3	0.1	0.072
>260~360	0.5	0.1	0.4	0.1	0.3	0.1	0.089
>360~500	0.5	0.1	0.5	0.2	0.4	0.1	0.097
>500~640	—	—	0.5	0.2	0.4	0.1	0.12
>640~800	—	—	0.5	0.2	0.4	0.1	0.125
>800~1000	—	—	0.6	0.2	0.5	0.2	0.14

注：1. 加工前孔直径公差数值为推荐值。

2. 当采用一次镗削时，加工余量应该是粗加工余量减去粗加工余量。

表 3.67　拉圆孔余量　　　　　　　　　　　mm

拉削长度 L	被拉孔直径								
	拉前孔（精度 H12，表面粗糙度 Ra 为 100～25μm）				拉前孔（精度 H11，表面粗糙度 Ra 为 12.5～6.3μm）				
	10～18	>18～30	>30～50	>50～80	10～18	>18～30	>30～50	>50～80	>80～120
6～10	0.5	0.6	0.8	0.9	0.4	0.5	0.6	0.7	0.8
>10～18	0.6	0.7	0.9	1.0	0.4	0.5	0.6	0.7	0.8
>18～30	0.7	0.9	1.0	1.1	0.5	0.6	0.7	0.8	0.9
>30～50	0.8	1.1	1.2	1.2	0.5	0.6	0.7	0.8	0.9
>50～80	0.9	1.2	1.2	1.3	0.6	0.6	0.7	0.8	1.0
>80～120	1.0	1.3	1.3	1.3	0.6	0.7	0.8	0.9	1.0
>120～180	1.0	1.3	1.3	1.4	0.7	0.8	0.9	1.0	1.1
>180	1.1	1.4	1.4	1.4	0.7	0.8	0.9	1.0	1.1

表 3.68　磨锥孔余量　　　　　　　　　　　mm

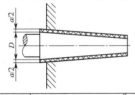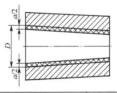

锥体的大头尺寸 D	锥体的磨削余量 a	锥体的大头尺寸 D	锥体的磨削余量 a
1～3	0.15～0.25	>18～30	0.30～0.40
>3～6	0.20～0.30	>30～50	0.35～0.50
>6～10	0.25～0.35	>50～80	0.40～0.55
>10～18	0.25～0.35	>80～120	0.45～0.60

注：1. 此表适用于各种锥度的内、外锥体。

2. 此表适用于各类工具（夹具、刀具、量具）的锥体。

3. 选取加工余量时，应以工件尺寸 D 的上下限中间值为标准，并取工件公差的 1/2 与表中余量的上限数值相加后，作为加工余量的上限（如工件系自由尺寸公差时也同样）。

表 3.69　珩孔余量　　　　　　　　　　　mm

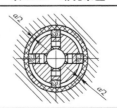

续表

加工孔的直径	直径余量 a						珩磨前孔直径公差
	半精镗以后		精镗以后		磨以后		
	材 料						
	铸铁	钢	铸铁	钢	铸铁	钢	
＞20～50	0.09	0.06	0.09	0.07	0.08	0.05	＋0.025
＞50～80	0.10	0.07	0.10	0.08	0.09	0.05	＋0.030
＞80～120	0.12	0.08	0.12	0.09	0.10	0.06	＋0.035
＞120～260	0.14	0.10	0.14	0.11	0.12	0.07	＋0.040

表 3.70 研孔余量　　　mm

加工孔的直径	铸铁	钢
≤25	0.010～0.020	0.005～0.015
25～125	0.020～0.100	0.010～0.040
150～275	0.080～0.160	0.020～0.050
300～500	0.120～0.200	0.040～0.060

注：经过精磨的工件，手工研磨的直径余量为 0.005～0.010mm。

3.5.5 平面加工余量

平面加工余量见表 3.71～表 3.74。

表 3.71 平面粗加工余量　　　mm

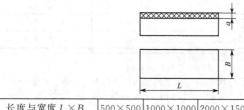

长度与宽度 L×B	500×500	1000×1000	2000×1500	4000×2000	4000×2000 以上
每边留量 a	3	4	5	6	8
有人工时效每边留量 a	4	5	7	10	12

注：1. 适用于粗精加工分开，自然时效，人工时效。

2. 不适用于很容易变形的零件。

3. 上表面留量按工件长度 L 选取，但宽度 B 不超出规定的数值。如工件长度为 4000mm、宽为 1000mm，每边留量为 6mm；如工件宽为 3000mm 时，则每边留量为 8mm。

表 3.72 平面精加工余量　　　　　　　　　mm

加工性质	被加工表面的长度	被加工表面的宽度					
		≤100		>100~300		>300~1000	
		余量 a	公差（+）	余量 a	公差（+）	余量 a	公差（+）
粗加工后精刨或精铣	≤300	1.0	0.3	1.5	0.5	2.0	0.7
	>300~1000	1.5	0.5	2.0	0.7	2.5	1.0
	>1000~2000	2.0	0.7	2.5	1.2	3.0	1.2
	>2000~4000	2.5	1.0	3.0	1.5	3.5	1.6
	>4000~6000	—	—	—	—	4.0	2.0
未经校准的磨削	≤300	0.3	0.1	0.4	0.12	—	—
	>300~1000	0.4	0.12	0.5	0.15	0.6	0.15
	>1000~2000	0.5	0.15	0.6	0.15	0.7	0.15
装置在夹具中或用千分表校准的磨削	≤300	0.2	0.1	0.25	0.12	—	—
	>300~1000	0.25	0.12	0.3	0.15	0.4	0.15
	>1000~2000	0.3	0.15	0.4	0.15	0.4	0.15
刮	>100~300	0.1	0.06	0.15	0.06	0.2	0.1
	>300~1000	0.15	0.1	0.2	0.1	0.25	0.12
	>1000~2000	0.2	0.12	0.25	0.12	0.35	0.15
	>200~4000	0.25	0.17	0.3	0.17	0.4	0.2
	>4000~6000	0.3	0.22	0.4	0.22	0.5	0.25

注：1. 如数个零件同时加工时，以总的刀具控制面积计算长度。

2. 当精刨、刨铣时，最后一次走刀前留余量大于等于 0.5mm。

3. 磨削及刮削余量和公差用于有公差的表面的加工，其他尺寸按自由尺寸的公差进行加工，热处理后磨削表面余量可适当加大。

表 3.73 平面研磨余量　　　　　　　　　mm

平面长度	平面宽度		
	≤25	>25~75	>75~150
≤25	0.005~0.007	0.007~0.010	0.010~0.014
>25~75	0.007~0.010	0.010~0.014	0.014~0.020
>75~150	0.010~0.014	0.014~0.020	0.020~0.024
>150~260	0.014~0.018	0.020~0.024	0.024~0.030

注：经过精磨的工件，其手工研磨余量为每面 0.003~0.005mm；机械研磨余量为 0.005~0.010mm。

表 3.74　平面抛光余量　　　　　mm

抛光种类	抛光时去掉的金属层
修饰抛光	零件公差内的金属层
精确抛光	一面的余量为 0.005～0.015,根据所要抛光表面的准备情况和抛光后所要求的表面粗糙度而定。当公差等级为 IT9 或更粗的公差等级时,则不给出余量,而在零件的公差范围内抛光

3.5.6　螺纹加工余量

（1）螺纹加工余量（表 3.75）

表 3.75　螺纹加工余量　　　　　mm

公称直径		攻螺纹前钻孔用钻头直径											
		普通粗牙螺纹	普通细牙螺纹								英制螺纹		管螺纹
			螺　　　　距								Ⅰ	Ⅱ	
mm	in		0.2	0.25	0.35	0.5	0.75	1.0	1.25	1.5	2			
2.0		1.6		1.75										
2.5		2.05			2.15									
3.0		2.5			2.65									
	1/8	—			—									8.8
3.5		2.9			3.15									—
4.0		3.3				3.5								—
4.5		3.75				4								
	3/16	—				—						3.7	3.7	
5.0		4.2				4.5						—	—	—
5.5		—				5						—	—	—
6.0		5					5.2					—	—	—
	1/4						—					5.1	5.1	11.7
7.0		6					6.2					—	—	—
	5/16											6.4	6.5	—
8.0		6.7					7.2	7				—	—	—
9.0		7.7					8.2	8				—	—	—
	3/8	—										7.8	7.9	15.2
10		8.5					9.2	9	8.7	—		—	—	—
	7/16							—	—			9.2	9.2	—

续表

公称直径		攻螺纹前钻孔用钻头直径												
		普通粗牙螺纹	普通细牙螺纹									英制螺纹		管螺纹
			螺距									I	II	
mm	in		0.2	0.25	0.35	0.5	0.75	1.0	1.25	1.5	2			
12		10.5						11	10.7	10.5		—	—	—
	1/2	—						—				10.4	10.5	18.9
14		11.9						13	12.7	12.5		—	—	—
	9/16	—						—				12	12.1	—
	5/8	—						—				13.3	13.5	20.8
16		13.9						15		14.5		—	—	—
18		15.4						17		16.5	15.9	—	—	—
	3/4	—						—			—	16.3	16.4	24.3
20		17.4						19		18.5	17.9	—	—	—
22		19.4						21		20.5	19.9	—	—	—
	7/8	—						—			—	19.1	19.3	28.1
24		20.9						23		22.5	21.9	—	—	—
	1	—						—			—	21.9	22	30.5

公称直径		攻螺纹前钻孔用钻头直径												
		普通粗牙螺纹	普通细牙螺纹									英制螺纹		管螺纹
			螺距									I	II	
mm	in		0.5	0.75	1.0	1.25	1.5	2	3	4				
26		—				—	24.5				—	—	—	
28		—			27	—	26.5	25.9			—	—	—	
	1¹/8	—			—	—	—				24.6	24.7	35.2	
30		26.3			29	—	28.5	27.9	26.9		—	—	—	

例 3.2 大批大量生产铸铁轴承座孔，其尺寸为 $\phi 100_{0}^{+0.054}$ mm，Ra 为 $1.25\mu m$，确定其加工方案并求解有关工序尺寸及公差。

[解] 加工过程中基准重合，同一表面需经过多工序加工。确定各工序的工序尺寸与公差步骤如下。

① 确定加工方案 对于基本尺寸为 $100mm$，公差为 $0.054mm$，查标准公差值，该公差等级为 IT8。根据孔的典型加工方案（表

3.35)，满足该表面经济加工精度要求应采取的加工方案为：粗镗—半精镗—精镗（铰）。

② 确定加工余量　生产中常用毛坯的制造方法来确定加工余量。对于大批生产，由表1.53，选择零件毛坯采用砂型机器造型制造，查表1.68得，该毛坯尺寸公差等级为10级，加工余量等级为G级。对于砂型机械铸造孔的加工余量等级需降低一级选用，即加工余量等级为H级。由表1.72查得，双侧加工余量数值的一半为3mm，故毛坯孔的加工总余量为$Z_\text{总} = 6$mm，即毛坯孔为$\phi 94 \pm 1.6$mm。

按该孔加工的顺序，从后向前推算法确定毛坯的总余量，设各工序余量为

精镗余量 $Z_\text{精} = 0.7$mm（表3.63）

半精镗余量 $Z_\text{半精} = 1.3$mm（表3.63、表3.64）

粗镗余量 $Z_\text{粗} = 3$mm（表3.63）。

③ 计算各工序尺寸的基本尺寸　精镗后工序基本尺寸为$\phi 100$mm（设计尺寸）。其他各工序基本尺寸依次为

半精镗（100－0.7）mm＝99.3mm

粗镗（99.3－1.3）mm＝98mm

毛坯（98－3）mm＝95mm

④ 确定各工序尺寸的公差及其偏差　工序尺寸的公差按加工经济精度确定。

精镗：IT8，公差值为0.054mm；

半精镗：IT9（表3.35）：公差值为0.087mm；

粗镗：IT11（表3.35）：公差值为0.22mm；

毛坯：CT10，3.2mm（表1.68）。

工序尺寸偏差按"入体原则"标注。

精镗："$\phi 100^{+0.054}_{0}$"；半精镗："$\phi 99.3^{+0.087}_{0}$"；粗镗："$\phi 98^{+0.22}_{0}$"；毛坯孔："$\phi 95 \pm 1.6$"。为清楚起见，把上述计算和查表结果汇总于表3.76中。

表 3.76　工序尺寸及公差计算表　　　　　　mm

工序名称	工序余量	工序尺寸	工序公差	工序尺寸及偏差
精镗	0.7	100	0.054	$\phi 100^{+0.054}_{0}$

续表

工序名称	工序余量	工序尺寸	工序公差	工序尺寸及偏差
半精镗	1.3	$100-0.7=99.3$	0.087	$\phi 99.3^{+0.087}_{0}$
粗镗	3	$99.3-1.3=98$	0.35	$\phi 98^{+0.22}_{0}$
毛坯	5	$98-3=95$	3.2	$\phi 95 \pm 1.6$

（2）工序基准与设计基准不重合时工序尺寸及公差的确定

对于工序基准与设计基准不重合时需要进行工艺尺寸链计算。当零件在加工过程中多次转换工序基准、工序数目多、工序之间的关系较为复杂时，可采用工艺尺寸链的综合图解跟踪法来确定工序尺寸及公差。

3.6 工艺尺寸链

加工过程中，工件的尺寸在不断变化，由毛坯尺寸到工序尺寸，最后达到设计要求的尺寸。这些尺寸之间存在一定联系，应用尺寸链理论揭示它们之间的内在关系，掌握它们的变化规律是合理确定工序尺寸及其公差和计算各种工艺尺寸的基础。同时，也为后续内容——装配尺寸链的分析打好基础。本节先介绍尺寸链的一些基本概念，然后分析工艺尺寸链的应用和计算方法，重点是工序尺寸及其公差的计算。

3.6.1 尺寸链的基本概念

（1）尺寸链的内涵和特征

在机器装配或零件加工过程中，由相互连接的尺寸形成封闭的尺寸组称为尺寸链。按照功能的不同，尺寸链可分为装配尺寸链和工艺尺寸链两大类。在机器设计和装配过程中，由有关零件设计尺寸形成的尺寸链称为装配尺寸链。在零件加工过程中，由同一零件有关工序尺寸所形成的尺寸链称为工艺尺寸链。按照各尺寸相互位置的不同，尺寸链可分为直线尺寸链、平面尺寸链和空间尺寸链。按照各尺寸所代表的几何量的不同，尺寸链可分为长度尺寸链和角度尺寸链。下面以应用最多的直线尺寸链说明工艺尺寸链的有关问题。

如图 3.9 (a) 所示台阶零件，零件图样上标注设计尺寸 A_1 和 A_0。工件 A、C 面已加工好，当用调整法最后加工表面 B 时，为了使工件定位可靠和夹具结构简单，常选 A 面为定位基准，按尺寸 A_2 对刀加工 B 面，间接保证尺寸 A_0。这样 A_1、A_2 和 A_0 三个尺寸就构成一个封闭的尺寸链。由于 A_0 是被间接保证的，所以其精度将取决于尺寸 A_1、A_2 的加工精度。

把尺寸链中的尺寸按一定顺序首尾相接构成的封闭图形称为尺寸链图，如图 3.9 (b)、(c) 所示。由此可见，尺寸链具有封闭性和关联性的特征。

尺寸链是一组有关尺寸首尾相接构成封闭形式的尺寸。其中应包含一个间接保证的尺寸和若干个对此有影响的直接获得的尺寸。

尺寸链中间接保证的尺寸的大小和变化（即精度）是受那些直接获得的尺寸的精度所支配的，彼此间具有特定的函数关系，并且间接保证的尺寸的精度必然低于直接获得的尺寸精度。

组成环和封闭环之间的关系，实际上就是自变量和因变量之间的函数关系。确定尺寸链中封闭环（因变量）和组成环（自变量）的函数关系式称为尺寸链方程，其一般表达式为

$$A_0 = f(A_1, A_2, \cdots, A_n) \tag{3.14}$$

（2）尺寸链的组成和尺寸链图的作法

组成尺寸链的各个尺寸称为尺寸链的"环"，图 3.9 中的尺寸 A_1、A_2 和 A_0 都是尺寸链的环。这些环又可分为：封闭环和组成环。

根据尺寸链的封闭性，封闭环是最终被间接保证精度的那个环，图 3.9 中 A_0 就是封闭环。尺寸链的封闭环是由零件的加工工艺过程所决定。

除封闭环以外的其他环，都称为组成环。

按其对封闭环的影响性质，组成环分为增环和减环。

增环是当其余各组成环尺寸不变，该环尺寸增大使封闭环随之增大，该环尺寸减小使封闭环随之减小

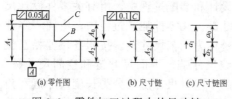

图 3.9　零件加工过程中的尺寸链

的组成环称为增环。通常在增环的符号上标以向右的箭头，如 $\overrightarrow{A_1}$。

减环是当其余各组成环不变，该环尺寸增大使封闭环随之减小，该环尺寸减小使封闭环随之增大的组成环称为减环。通常在减环的符号上标以向左的箭头，如 $\overleftarrow{A_2}$。

尺寸链图的具体作法如下。

① 根据零件的加工工艺过程，首先找出间接保证的尺寸，定为封闭环。

② 从封闭环起，按照零件上表面间的联系，依次画出有关直接获得的尺寸，作为组成环，直到尺寸的终端回到封闭环的起端，形成一个封闭图形。必须注意：要使组成环环数达到最少。

③ 增环、减环的判别。按照各尺寸首尾相接的原则，可顺着一个方向在各尺寸线终端画箭头。凡是箭头方向与封闭环箭头方向相同的尺寸为减环，箭头方向与封闭环箭头方向相反的尺寸为增环，然后用增环、减环的表示符号（箭头）标注在尺寸链图上，如图 3.9（c）所示。

3.6.2 尺寸链的计算

尺寸链的计算方法有极值法和概率法两种。目前生产中一般采用极值法，概率法主要用于生产批量大的自动化及半自动化生产中，但是当尺寸链的环数较多时，即使生产批量不大也宜采用概率法。

（1）极值法

从尺寸链中各环的极限尺寸出发，进行尺寸链计算的一种方法，称为极值法（或极大极小法）。例如，当尺寸链各增环均为最大极限尺寸，而各减环均为最小极限尺寸时，封闭环有最大极限尺寸。这种计算方法比较保守，但计算比较简单，因此应用较为广泛。极值法计算公式如下。

$$A_0 = \sum_{z=1}^{m} A_z - \sum_{j=m+1}^{n-1} A_j \tag{3.15}$$

$$A_{0\max} = \sum_{z=1}^{m} A_{z\max} - \sum_{j=m+1}^{n-1} A_{j\min}$$

$$A_{0\min} = \sum_{z=1}^{m} A_{z\min} - \sum_{j=m+1}^{n-1} A_{j\max} \tag{3.16}$$

$$\mathrm{ES}_0 = \sum_{z=1}^{m} \mathrm{ES}_z - \sum_{j=m+1}^{n-1} \mathrm{EI}_j$$

$$\mathrm{EI}_0 = \sum_{z=1}^{m} \mathrm{EI}_z - \sum_{j=m+1}^{n-1} \mathrm{ES}_j \tag{3.17}$$

$$T_{0L} = \sum_{i=1}^{n-1} T_i \tag{3.18}$$

式中　A_0，$A_{0\max}$，$A_{0\min}$——封闭环的基本尺寸、最大极限尺寸和最小极限尺寸；

A_z，$A_{z\max}$，$A_{z\min}$——增环的基本尺寸、最大极限尺寸和最小极限尺寸；

A_j，$A_{j\max}$，$A_{j\min}$——减环的基本尺寸、最大极限尺寸和最小极限尺寸；

ES_0，ES_z 和 ES_j——封闭环、增环和减环的上偏差；

EI_0，EI_z 和 EI_j——封闭环、增环和减环的下偏差；

m——增环数；

n——尺寸链总环数；

T_{0L}——封闭环的极值公差；

T_i——组成环的公差。

式（3.18）表明：封闭环的公差等于各组成环的公差之和。这也就进一步说明了尺寸链的封闭性特征。

可见，为了提高封闭环的精度（即减小封闭环的公差）可有两个途径：一是减小组成环的公差，即提高组成环的精度；二是减少组成环的环数，这一原则通常称为"尺寸链最短原则"。在封闭环公差一定的情况下，减少组成环的环数，即可相应放大各组成环的公差而使其易于加工，同时环数减少也使结构简单，因而即可降低生产成本。

用极值法求解尺寸链时，可以利用上述基本公式计算，也可用竖式法来计算，如表3.77所示。纵向各列中，最后一行为该列以上各行之和；横向各行中，第Ⅳ列为第Ⅱ列与第Ⅲ列之差。应用这种竖式方法进行尺寸链计算时，必须注意：减环的基本尺寸前冠以负号；减环的上、下偏差位置对调，并改变符号。整个运算方法可归纳成一句口诀："增环上下偏差照抄；减环上下偏差对调且变号"。

表 3.77　尺寸链换算的竖式表

列号	I	II	III	IV
名称	基本尺寸 A	上偏差 ES	下偏差 EI	公差 T
增环	$\displaystyle\sum_{z=1}^{m} A_z$	$\displaystyle\sum_{z=1}^{m} \mathrm{ES}_z$	$\displaystyle\sum_{z=1}^{m} \mathrm{EI}_z$	$\displaystyle\sum_{z=1}^{m} T_z$
减环	$\displaystyle -\sum_{j=m+1}^{n-1} A_j$	$\displaystyle -\sum_{j=m+1}^{n-1} \mathrm{EI}_j$	$\displaystyle -\sum_{j=m+1}^{n-1} \mathrm{ES}_j$	$\displaystyle \sum_{j=m+1}^{n-1} T_j$
封闭环	A_0	EI_0	ES_0	T_0

（2）概率法

极值法计算尺寸链时，必须满足封闭环公差等于组成环公差之和这一要求。在大批量生产中，尺寸链中各增、减环同时出现相反的极限尺寸的概率很低，特别当环数多时，出现的概率更低。当封闭环公差较小、组成环环数较多时，采用极值算法会使组成环的公差过小，以致使加工成本上升甚至无法加工。根据概率统计原理和加工误差分布的实际情况，采用概率法求解算尺寸链更为合理。根据概率论，若将各组成环视为随机变量，则封闭环（各随机变量之和）也为随机变量。由此可以引出采用概率法计算直线尺寸链基本公式为

$$A_{0\mathrm{M}} = \sum_{z=1}^{m} A_{z\mathrm{M}} - \sum_{j=m+1}^{n-1} A_{j\mathrm{M}} \tag{3.19}$$

$$\Delta_0 = \sum_{z=1}^{m} \Delta_z - \sum_{j=m+1}^{n-1} \Delta_j \tag{3.20}$$

$$T_{0\mathrm{Q}} = \sqrt{\sum_{i=1}^{n-1} T_i^2} \tag{3.21}$$

$$\mathrm{ES}_0 = \Delta_0 + \frac{T_0}{2}$$
$$\mathrm{EI}_0 = \Delta_0 - \frac{T_0}{2} \tag{3.22}$$

式中　$A_{0\mathrm{M}}$，$A_{z\mathrm{M}}$，$A_{j\mathrm{M}}$——封闭环、增环和减环的平均尺寸；

　　　$T_{0\mathrm{Q}}$——封闭环平方公差；

　　　Δ_0，Δ_z，Δ_j——封闭环、增环和减环的中间偏差。

式（3.20）表明在组成环接近正态分布的情况下，尺寸链封闭

环的平均尺寸等于各组成环平均尺寸的代数和。式（3.21）表明在组成环接近正态分布的情况下，封闭环的公差等于各组成环公差平方和的平方根。

（3）尺寸链计算的几种情况

正计算是已知各组成环的基本尺寸及公差，求封闭环的尺寸及公差。这种情况的计算主要用于审核图样，验证设计的正确性，其计算结果是唯一确定的。

反计算是已知封闭环的基本尺寸及公差，求各组成环的尺寸及公差。这种情况的计算一般用于产品设计工作中，由于要求的组成环数多，因此反计算不单纯是计算问题，而是需要按具体情况选择最佳方案的问题。实际上是如何将封闭环公差对各组成环进行分配以及确定各组成环公差带的分布位置，使各组成环公差累积后的总和值与分布位置、封闭环公差值、分布位置的要求相一致。解决这类问题可以有以下 3 种方法。

① 按等公差值的原则分配封闭环的公差

$$T_i = \frac{T_0}{n-1} \tag{3.23}$$

这种方法计算简单，但从工艺上讲没有考虑到各组成环（零件）加工的难易、尺寸的大小，显然不够合理，适用于各组成环尺寸相近、加工难易程度相近的场合。

② 按等公差级的原则分配封闭环的公差，即各组成环的公差取相同的公差等级，公差值的大小取决于基本尺寸的大小。

这种方法考虑了尺寸大小对加工的影响，但没有考虑由于形状和结构引起的加工难易程度，并且计算也比较麻烦。

③ 按具体情况来分配封闭环的公差：第一步先按等公差值（或等公差级）分配原则求出各组成环所能分配到的公差；第二步再从加工的难易程度和设计要求等具体情况调整各组成环的公差。

中间计算是已知封闭环和部分组成环的基本尺寸及公差，求某一组成环的基本尺寸及公差。这种计算主要用于确定工艺尺寸。

3.6.3 几种典型工艺尺寸链的分析与计算

（1）定位基准与设计基准不重合时的工艺尺寸链建立和计算

在零件加工过程中，有时为了方便定位或加工，定位基准选用的不是设计基准。在定位基准与设计基准不重合的情况下，需要通过尺寸换算，改注有关工序尺寸及公差，并按换算后的工序尺寸及公差进行加工，以保证零件原设计的要求。下面举例说明定位基准与设计基准不重合的工序尺寸及公差换算。

例 3.3 如图 3.10（a）所示零件的 A、B、C 面均已加工完毕，现用调整法加工 D 面，并选端面 A 为定位基准，且按工序尺寸 L_3 对刀进行加工。车削过 D 面后，为保证间接获得的尺寸 L_0 能符合图纸规定的要求，试确定工序尺寸 L_3 及其极限偏差。

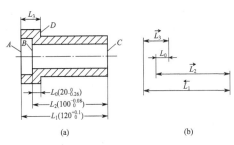

图 3.10 轴套零件车加工工序尺寸换算

[解]
① 画尺寸链图并判断封闭环 根据加工情况判断，L_0 为封闭环。画出的尺寸链图如图 3.10（b）所示。
② 判断增、减环 如图 3.10（b）所示。
③ 计算工序尺寸的基本尺寸 由式（3.15）

$$20 = (100 + L_3) - 120$$

故 $$L_3 = 20 + 120 - 100 = 40 \text{(mm)}$$

④ 计算工序尺寸的极限偏差 由式（3.17）

$$0 = (0.08 + \text{ES}_3) - 0$$

得 L_3 的上偏差为 $\text{ES}_3 = -0.08\text{mm}$。
由式（3.17） $-0.26 = (0 + \text{EI}_3) - 0.1$
得 L_3 的下偏差为 $\text{EI}_3 = -0.16\text{mm}$。
因此工序尺寸 L_3 及其上、下偏差为

$$L_3 = 40^{-0.08}_{-0.16} \text{mm}$$

工序尺寸 L_3 还可标注为："$L_3 = 39.92^{0}_{-0.08}$"，即为该问题的解。

（2）测量基准与设计基准不重合时测量尺寸的换算

例 3.4 如图 3.11（a）所示的套筒零件，设计图样上根据装配要求标注尺寸 $50^{0}_{-0.17}$ mm 和 $10^{0}_{-0.36}$ mm，大孔深度尺寸未注。加

工时，由于尺寸 $10_{-0.36}^{0}$ mm 测量比较困难，改用游标深度尺测量大孔深度，试确定大孔深度的测量尺寸。

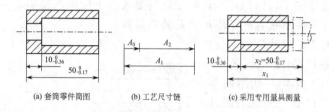

(a) 套筒零件简图   (b) 工艺尺寸链   (c) 采用专用量具测量

图 3.11　测量尺寸的换算

[解]

① 计算大孔深度的测量尺寸及公差　由尺寸 $50_{-0.17}^{0}$ mm、$10_{-0.36}^{0}$ mm 和大孔深度尺寸 A_2 构成一个直线尺寸链，如图 3.11 (b) 所示。由于尺寸 $50_{-0.17}^{0}$ mm 和大孔深度尺寸 A_2 是直接测量得到的，因而是尺寸链组成环。尺寸 $10_{-0.36}^{0}$ mm 是间接得到的，是封闭环。由竖式法（见下表）计算可得：$A_2 = 40_{0}^{+0.19}$ mm。

环的名称	基本尺寸	上偏差	下偏差
A_1(增环)	50	0	-0.17
A_2(减环)	-40	0	-0.19
A_0	10	0	-0.36

② 间接测量出现假废品的分析　在实际生产中可能出现这样的情况：A_2 测量值虽然超出了 $A_2 = 40_{0}^{+0.19}$ mm 的范围，但尺寸 $10_{-0.36}^{0}$ mm 不一定超差。例如，如测量得到 $A_2 = 40.36$mm，而尺寸 50mm 刚好为最大值，此时尺寸 10mm 处在公差带下限位置，并未超差。这就出现了假废品。只要测量尺寸 A_2 超差量小于或等于其他组成环公差之和时，就有可能出现假废品。为此，需对零件进行复查，从而加大了检验工作量。为了减小假废品出现的可能性，有时可采用专用量具进行检验，如图 3.11 (c) 所示。此时通过测量尺寸 x_1 来间接确定尺寸 $10_{-0.36}^{0}$ mm。若专用量具尺寸 $x_2 = 50_{-0.02}^{0}$ mm，则由尺寸链可求出

$$x_2 = 60_{-0.36}^{-0.02} \text{ mm}$$

可见采用适当的专用量具，可使测量尺寸获得较大的公差，并使出现假废品可能性大为减小。

（3）中间工序尺寸及偏差换算

有些零件的设计尺寸不仅受到表面最终加工工序尺寸的影响，还与中间工序尺寸有关，此时应以设计尺寸为封闭环，求中间工序尺寸和偏差。

例 3.5 如图 3.12（a）所示齿轮的加工工艺过程为：拉削孔至 $\phi 39.6^{+0.10}_{0}$ mm，键槽保证尺寸 A；热处理（略去热处理变形的影响）；磨孔至图样尺寸 $\phi 40^{+0.050}_{0}$ mm，保证键槽深度尺寸为 $46^{+0.3}_{0}$ mm，试计算拉键槽时的中间工序尺寸 A 及其偏差。

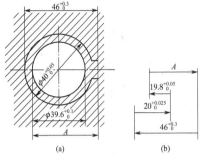

图 3.12 中间工序尺寸及偏差换算

［解］

① 确定封闭环 设计尺寸 $46^{+0.3}_{0}$ mm 是在磨孔工序中间接得到，故为封闭环。

② 建立工艺尺寸链是本例题的关键 若将尺寸链定为由 A、$\phi 39.6^{+0.10}_{0}$、磨削余量、$\phi 40^{+0.050}_{0}$ 和 $46^{+0.3}_{0}$ 组成，则未知数过多，无法求解。因此，必须找出关键点（两个工序共同的定位基准，孔的中心线），略去磨削后孔中心和拉削后孔中心同轴度的误差，可以认为磨削后的孔表面的中心线与拉削孔表面的中心线不变，这样先从孔的中心线出发，画拉孔半径 "$19.8^{+0.05}_{0}$"，再画被拉孔的左母线至键槽深度尺寸 A，再以键槽深度右侧画链封闭尺寸 A_0，连接磨孔半径 "$20^{+0.025}_{0}$" 尺寸，画出的工艺尺寸链图如图 3.12（b）所示。注意拉孔和磨孔的半径尺寸及公差均取其直径的 1/2。

③ 判别各组成环的性质增环或减环 通过所画的箭头方向，拉削半径 "$19.8^{+0.05}_{0}$" 为减环，中间工序尺寸 A 和磨孔半径 "$20^{+0.025}_{0}$" 为增环。

④ 计算中间工序尺寸及偏差 建立工艺尺寸链图后，就可计算中间工序尺寸 A 及其公差。由竖式法（见下表）求解该尺寸链得：$A = 45.8^{+0.275}_{+0.050}$ mm，可转化为 $A_2 = 45.85^{+0.225}_{0}$ mm。

环的名称	基本尺寸	上偏差	下偏差
R_1（减环）	-19.8	0	-0.05
A（增环）	45.8	$+0.275$	$+0.05$
R_2（增环）	20	$+0.025$	0
A_0	46	$+0.3$	0

（4）余量校核

在工艺过程中，加工余量过大会影响生产率，浪费材料，并且对精加工工序还会影响加工质量。但是，加工余量也不能过小，过小则有可能造成零件表面局部加工不到，产生废品。因此，校核加工余量，并对加工余量进行必要的调整，这也是制定工艺规程时不可少的工作。

例 3.6 如图 3.13 所示的短轴零件，其加工过程为：①粗车小端外圆、台肩及端面；②粗、精车大端外圆及端面；③精车小端外圆、台肩及端面。试校核该工序 3（精车小端外圆、台肩及端面）的余量是否合适？若余量不够应如何改进？

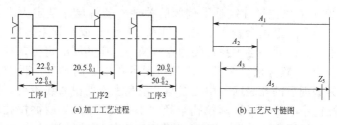

(a) 加工工艺过程   (b) 工艺尺寸链图

图 3.13　短轴零件加工

[解]

① 确定封闭环　工序 3 的余量 $A_0(Z_3)$ 是精车小端外圆端面时间接得到的，故为封闭环。

② 建立工艺尺寸链，并查找组成环和判别增、减环　建立工艺尺寸链图如图 3.13 所示。

其中：$A_1 = 52_{-0.5}^{0}$ mm，$A_3 = 20.5_{-0.1}^{0}$ mm 为增环，$A_2 = 22_{-0.3}^{0}$ mm，$A_5 = 50_{-0.2}^{0}$ mm 为减环。

③ 余量校核　采用竖式法求余量 $A_0(Z_3)$ 及偏差：

A_1（增环）	52	0	-0.5
A_2（减环）	-22	0.3	0
A_3（增环）	20.5	0	-0.1
A_5（减环）	-50	0.2	0
$A_0(Z_3)$	<u>0.5</u>	<u>0.5</u>	-0.6

所以 $A_0(Z_3) = 0.5^{+0.5}_{-0.6}\,\text{mm}$，即 $A_{0\min} = -0.1\,\text{mm}$，$A_{0\max} = 1\,\text{mm}$。

因为 $A_{0\min} = -0.1\,\text{mm}$，在精车小端外圆端面时，有些零件有可能因没有余量而车不出来，因而要将最小余量加大。查切削用量手册，精车端面最小余量为 $0.7\,\text{mm}$，取 $A_{0\min} = 0.7\,\text{mm}$。为满足 $A_{0\min} = 0.7\,\text{mm}$ 需修改工序尺寸 A_1、A_2 来满足新的封闭环要求。采用竖式法求解 A_1：

A_1（增环）	<u>52.6</u>	<u>0</u>	<u>-0.3</u>
A_2（减环）	<u>-21.5</u>	<u>0.3</u>	<u>0</u>
A_3（增环）	20.5	0	-0.1
A_5（减环）	-50	0.2	0
$A_0(Z_3)$	<u>1.1</u>	<u>0.5</u>	-0.4

故变更中间工序 $A_1 = 52.6^{\;0}_{-0.3}\,\text{mm}$，$A_2 = 21.5^{\;0}_{-0.3}\,\text{mm}$ 可确保最小的车削余量。

3.6.4　工艺尺寸跟踪图表法

在零件的机械加工工艺过程中，计算工序尺寸时运用工艺尺寸链计算式逐个对单个工艺尺寸链计算，这称为单链计算法。如前面所述，画一个工艺尺寸链简图就计算一次，这种单链计算法仅适用于工序较少的零件。当零件在同一方向上加工尺寸较多，并需多次转换工艺基准时，建立工艺尺寸链，进行余量校核都会遇到困难，并且易出错。图表法能准确地查找出全部工艺尺寸链，并且能把一个复杂的工艺过程用箭头直观地在表内表示出来，列出有关计算结果，清晰、明了、信息量大。下面结合一个具体的例子，介绍这种方法。

加工图 3.14 所示零件，其轴向有关表面的工艺安排如下。

① 轴向以 D 面定位粗车 A 面，又以 A 面为基准（测量基准）

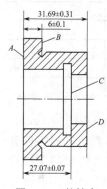

图 3.14　某轴套零件的轴向尺寸

粗车 C 面，保证工序尺寸 L_1 和 L_2。

② 轴向以 A 面定位，粗车和精车 B 面，保证工序尺寸 L_3；粗车 D 面，保证工序尺寸 L_4。

③ 轴向以 B 面定位，精车 A 面，保证工序尺寸 L_5；精车 C 面，保证工序尺寸 L_6。

④ 用靠火花磨削法磨 B 面，控制磨削余量 Z_7。

从上述工艺安排可知，A、B、C 面各经过了两次加工，都经过了基准转换。要正确得出各个表面在每次加工中余量的变动范围，求其最大、最小余量以及计算工序尺寸和公差都不是很容易的。图 3.15 给出了用图表法计算的结果。其作图和计算过程如下。

（1）绘制加工过程尺寸联系图

按适当比例将工件简图绘于图表左上方，标注出与计算有关的轴向设计尺寸。从与计算有关的各个端面向下（向表内）引竖线，每条竖线代表不同加工阶段中有余量差别的不同加工表面。在表的左边，按加工过程从上到下严格地排出加工顺序，在表的右边列出需要计算的项目。

然后按加工顺序，在对应的加工阶段中画出规定的加工符号：箭头指向加工表面；箭尾用圆点画在工艺基准上（测量基准或定位基准）；加工余量用带剖面线的符号示意，并画在加工区"入体"位置上；对于加工过程中间接保证的设计尺寸（称结果尺寸，即尺寸链的封闭环）注在其他工艺尺寸的下方，两端均用圆点标出（图表中的 L_{01} 和 L_{02}）；对于工艺基准和设计基准重合，不需要进行工艺尺寸换算的设计尺寸，用方框图框出（图表中的 L_6）。

把上述作图过程归纳为几条规定：①加工顺序不能颠倒，与计算有关的加工内容不能遗漏；②箭头要指向加工面，箭尾圆点落在定位基准上；③加工余量按"入体"位置示意，被余量隔开的上方竖线为加工前的待加工面。这些规定不能违反，否则计算将会出错。按上述作图过程绘制的图形称为尺寸联系图。

（2）工艺尺寸链查找

在尺寸联系图中，从结果尺寸的两端出发向上查找，遇到圆点不拐弯继续往上查找，遇到箭头拐弯，逆箭头方向水平找加工基准面，遇到加工基准面再向上拐，重复前面的查找方法，直至两条查找路线汇交为止。查找路线路径的尺寸是组成环，结果尺寸是封闭环。

这样，在图 3.15 中，沿结果尺寸 L_{01} 两端向上查找，可得到由 L_{01}、Z_7 和 L_5 组成的一个工艺尺寸链（图中用带箭头虚线示出）。在该尺寸链中，结果尺寸 L_{01} 是封闭环，Z_7 和 L_5 是组成环 [图 3.16（a）]。沿结果尺寸 L_{01} 两端向上查找，可得到由 L_{02}、L_4 和 L_5 组成的另一个工艺尺寸链，L_{02} 是封闭环，L_4 和 L_5 是组成环 [图 3.16（b）]。

除 Z_7（靠火花磨削余量）以外，沿 Z_4、Z_5、Z_6 两端分别往上查找，可得到如图 3.16（c）～（e）所示的三个以加工余量为封闭环的工艺尺寸链。

靠火花磨削是操作者根据磨削火花的大小，凭经验直接磨去一定厚度的金属，磨掉金属的多少与前道工序和本道工序的工序尺寸无关，所以靠火花磨削余量 Z_7 在由 L_{01}、Z_7 和 L_5 组成的工艺尺寸链中是组成环，不是封闭环。

（3）计算项目栏的填写

图 3.15 右边列出了一些计算项目的表格，该表格是为计算有关工艺尺寸而专门设计的，其填写过程如下。

① 初步选定工序公差 T_i，必要时作适当调整，确定工序最小余量 Z_{imin}。

② 根据工序公差计算余量变动量 T_{zi}。

③ 根据最小余量和余量变动量，计算平均余量 Z_{iM}。

④ 根据平均余量计算平均工序尺寸。

⑤ 将平均工序尺寸和平均公差改注成基本尺寸和上、下偏差形式。

下面对填写时可能会遇到的几方面问题作一说明。

在确定工序公差的时候，若工序尺寸就是设计尺寸，则该工序公差取图纸标注的公差（例如图 3.15 中工序尺寸 L_6），对中间工序尺寸（图 3.15 中的 L_1、L_2、L_3、L_4、L_5、L_7）的公差，可按加工经济精度或根据实际经验初步拟定，靠磨余量 Z_7 的公差，取决于操作者的技术水平，本例中取 $Z_7 = (0.1 \pm 0.02)$mm。将初拟公差填入工序尺寸公差初拟项中。

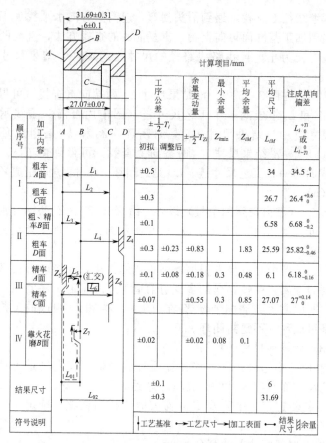

图 3.15　工序尺寸图表法

将初拟工序尺寸公差代入结果尺寸链中［图 3.16（a）、（b）］，当全部组成环公差之和小于或等于图纸规定的结果尺寸的公差（封闭环的公差）时，则初拟公差可以肯定下来，否则需对初拟公差进行修正。修正的原则之一是首先考虑缩小公共环的公差；原则之二是考虑实际加工可能性，优先缩小那些不会

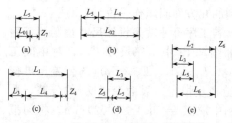

图 3.16　按图表法查找的工艺尺寸链

给加工带来很大困难的组成环的公差。修正的依据仍然是使全部组成环公差之和等于或小于图纸给定的结果尺寸的公差。

在图 3.16 (a)、(b) 所示尺寸链中,按初拟工序公差验算,结果尺寸 L_{01} 和 L_{02} 均超差。考虑到 L_5 是两个尺寸链的公共环,先缩小 L_5 的公差至 ±0.08mm,并将压缩后的公差分别代入两个尺寸链中重新验算,L_{01} 不超差,L_{02} 仍超差。在 L_{02} 所在的尺寸链中,考虑到缩小 L_4 的公差不会给加工带来很大困难,故将 L_4 的公差缩小至 ±0.23mm,再将其代入 L_{02} 所在尺寸链中验算,不超差。于是,各工序尺寸公差便可以肯定下来,并填入"修正后"一栏中去。

最小加工余量 $Z_{i\min}$,通常是根据手册和现有资料结合实际经验修正确定。

表内余量变动量一项

$$T_{z4} = T_1 + T_3 + T_4 = ±(0.5 + 0.1 + 0.23) = ±0.83(\text{mm})$$

表内平均余量一项是按下式求出的

$$Z_{iM} = Z_{i\min} + \frac{1}{2}T_{zi}$$

例如,$Z_{5M} = Z_{5\min} + \frac{1}{2}T_{z5} = 0.3 + 0.18 = 0.48(\text{mm})$。

表内平均尺寸 L_{iM} 可以通过尺寸链计算得到。在各尺寸链中,先找出只有一个未知数的尺寸链,求出该未知数,然后逐个将所有未知尺寸求解出来,亦可利用工艺尺寸联系图,沿着拟求尺寸两端的竖线向下找后面工序与其有关的工序尺寸和平均加工余量,将这些工序尺寸分别和加工余量相加或相减求出拟求工序尺寸,例如在图 3.15 中,平均尺寸 $L_{3M} = L_{5M} + Z_{5M}$,$L_{5M} = L_{1M} + Z_{7M}$,$L_{2M} = L_{6M} + Z_{5M} - Z_{6M}$ 等。

表内最后一项要求将平均工序尺寸改注成基本尺寸和上、下偏差的形式。按入体原则,L_2 和 L_6 应注成单向正偏差形式,L_1、L_3、L_4 和 L_5 应注成单向负偏差形式。

从本例可知图表法是求解复杂工艺尺寸的有效工具,但其求解过程仍然十分繁琐。按图表法求解的思路,编制计算程序,用计算机求解可以保证计算准确,节省计算时间。

3.7 时间定额的确定

3.7.1 时间定额及其组成

时间定额是指在一定生产条件下规定生产一件产品或完成一道工序所需消耗的时间。时间定额由以下几个部分组成。

① 基本时间 t_j 直接用于改变生产对象的尺寸、形状、各表面间相对位置、表面状态和材料性能等工艺过程所消耗的时间。对切削加工、磨削加工而言，基本时间就是去除加工余量所消耗的时间。基本时间又称机动时间，可按基本时间表 3.78～表 3.84 的有关公式计算。

② 辅助时间 t_a 为实现基本工艺工作所做的各种辅助动作所消耗的时间，如装卸工件、开停机床、改变切削用量、测量加工尺寸、引进或退回刀具等操作动作所消耗的时间，都是辅助时间。可按基本时间的 15%～20% 估算。生产中参考 3.7.3 节中的表格给定各种操作情况的辅助时间和本企业的实际情况确定。

基本时间与辅助时间之和称为作业时间。

③ 布置工作地时间 t_s 工人在工作班内为使加工正常进行，工人照管工作地所消耗的时间，如检查、润滑机床、更换、修磨刀具、校对量具、检具、清理切屑等。布置工作地时间又称为工作地点服务时间，一般按作业时间的百分比 α 估算。

④ 休息和生理需要时间 t_r 工人在工作班内为恢复体力（如工间休息）和满足生理上需要（如抽烟、喝水、上厕所等）所需消耗的时间。一般按作业时间的百分比 β 计算。

⑤ 准备与终结时间 t_e 工人为生产一批工件进行准备和结束工作所消耗的时间，如加工一批工件前熟悉工件文件，领取毛坯材料，领取、安装刀具和夹具，调整机床及工艺装备等；在加工一批工件终了时，拆下和归还工艺装备，送交成品等。这部分时间应平均分摊到同一批中每件产品或零件的时间定额中去。假如每批中产品或零件的数量为 n，则分摊到每一个工件上的准备与终结时间为 t_e/n。一般在单件生产和大批大量生产的情况下都不考虑 t_e/n 这项时间，只有在中小批量生产时才考虑，一般按作业时间的 3%～5% 计算。

单件时间定额 t_{dj}，可按下式计算

$$t_{dj} = (t_j + t_a)\left(1 + \frac{\alpha + \beta}{100}\right) + \frac{t_e}{n}$$

3.7.2 基本时间的计算（表 3.78～表 3.84）

表 3.78 车外圆和镗孔基本时间的计算

加工示意图	计算公式	备 注
车外圆和镗孔 	$t_j = \dfrac{L}{fn}i = \dfrac{l+l_1+l_2+l_3}{fn}i$ 式中 $l_1 = \dfrac{a_p}{\tan\kappa_r} + (2\sim3)\text{mm}$ $l_2 = 3\sim5\text{mm}$ l_3——单件小批生产时的试切附加长度	1. 当加工到台阶时 $l_2 = 0$ 2. l_3 的值见表 3.79 3. 主偏角 $\kappa_r = 90°$ 时 $l_1 = 2\sim3\text{mm}$ 4. i 为进给次数
车端面、切断或车圆环端面、车槽 	$t_j = \dfrac{L}{fn}i$ $L = \dfrac{d - d_t}{2} + l_1 + l_2 + l_3$ l_1, l_2, l_3 同上	1. 车槽时 $l_2 = l_3 = 0$，切断时 $l_3 = 0$ 2. d_t 为车圆环的内径或车槽后的底径，mm 3. 车实体端面和切断时 $d_1 = 0$

表 3.79 试切附加长度 l_3 mm

测量尺寸	测量工具	l_3
—	游标卡尺、直尺、卷尺、内卡钳、塞规、样板、深度尺	5
≤250	卡规、外卡钳、千分尺	3～5
>250		5～10
≤1000	内径百分尺	5

表 3.80 钻削基本时间的计算

加工示意图	计算公式	备 注
钻孔和钻中心孔 	$t_j = \dfrac{L}{fn} = \dfrac{l+l_1+l_2}{fn}$ 式中 $l_1 = \dfrac{D}{2}\cot\kappa_r + (1\sim2)\text{mm}$ $l_2 = 1\sim4\text{mm}$	1. 钻中心孔和钻盲孔时 $l_2 = 0$ 2. D 为孔径，mm

加工示意图	计算公式	备　注
钻孔、扩孔和铰圆柱孔	$t_{\mathrm{j}}=\dfrac{L}{fn}=\dfrac{l+l_1+l_2}{fn}$ $l_1=\dfrac{D-d_1}{2}\cot\kappa_{\mathrm{r}}+$ $(1\sim2)\,\mathrm{mm}$	1. 孔、扩盲孔和铰盲孔时 $l_2=0$ 扩钻、扩孔时 $l_2=2\sim4$；铰圆柱孔时，l_1、l_2 见表 3.81 2. d_1 为扩、铰前的孔径，mm；D 为扩、铰后的孔径，mm
锪倒角、锪埋头孔、锪凸台	$t_{\mathrm{j}}=\dfrac{L}{fn}=\dfrac{l+l_1}{fn}$ 式中　$l_1=1\sim2\,\mathrm{mm}$	
扩孔和铰圆锥孔	$t_{\mathrm{j}}=\dfrac{L}{fn}i=\dfrac{L_{\mathrm{p}}+L_1}{fn}i$ 式中　$l_1=1\sim2\,\mathrm{mm}$ $L_{\mathrm{p}}=\dfrac{D-d}{2\tan\kappa_{\mathrm{r}}}$ $\kappa_{\mathrm{r}}=\dfrac{\alpha}{2}$	1. L_{p} 为行程计算长度，mm 2. κ_{r} 为主偏角；α 为圆锥角

表 3.81　铰孔的切入及切出行程　　　　　mm

切削深度 $a_{\mathrm{p}}=\dfrac{D-d}{2}$	切入长度 l_1 主偏角 κ_{r}					切出长度 l_2
	3°	5°	12°	15°	45°	
0.05	0.95	0.57	0.24	0.19	0.05	13
0.10	1.9	1.1	0.47	0.37	0.10	15
0.125	2.4	1.4	0.59	0.48	0.125	18
0.15	2.9	1.7	0.71	0.56	0.15	22
0.20	3.8	2.4	0.95	0.75	0.20	28
0.25	4.8	2.9	1.20	0.92	0.25	39
0.30	5.7	3.4	1.40	1.10	0.30	45

注：1. 为了保证铰刀不受拘束地进给接近加工表面，表内的切入长度 l_1 应该增加：对于 $D\leqslant16\,\mathrm{mm}$ 的铰刀为 0.5mm；对于 $D=17\sim35\,\mathrm{mm}$ 的铰刀为 1mm；$D=36\sim80\,\mathrm{mm}$ 的铰刀为 2mm。

2. 加工盲孔时 $l_2=0$。

表 3.82 铣削基本时间的计算

加工示意图	计算公式	备 注
圆柱铣刀铣平面、三面刃铣刀铣槽 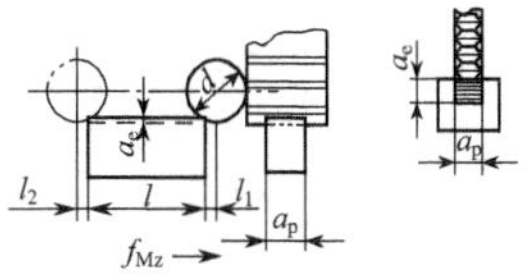	$t_j = \dfrac{l + l_1 + l_2}{f_{Mz}} i$ 式中 $l_1 = \sqrt{a_e(d - a_e)} + (1 \sim 3) \text{mm}$ $l_2 = 2 \sim 5 \text{mm}$	f_{Mz} 为工作台的水平进给量，mm/min
面铣刀铣平面(对称铣削) 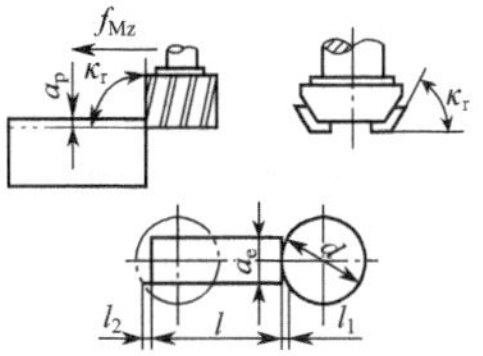	$t_j = \dfrac{l + l_1 + l_2}{f_{Mz}}$ 式中 当主偏角 $\kappa_r = 90°$时 $l_1 = 0.5(d - \sqrt{d^2 - a_e^2}) + (1 \sim 3) \text{mm}$ 当主偏角 $\kappa_r < 90°$时 $l_1 = 0.5(d - \sqrt{d^2 - a_e^2}) + \dfrac{a_p}{\tan \kappa_r} + (1 \sim 2) \text{mm}$ $l_2 = 1 \sim 3 \text{mm}$	
面铣刀铣平面(不对称铣削) 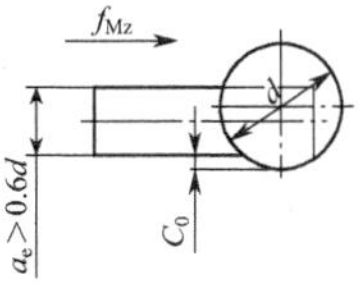	$t_j = \dfrac{l + l_1 + l_2}{f_{Mz}}$ 式中 $l_1 = 0.5d - \sqrt{C_0(d - C_0)} + (1 \sim 3) \text{mm}$ $C_0 = (0.03 - 0.05)d$ $l_2 = 3 \sim 5 \text{mm}$	
铣键槽(两端开口) 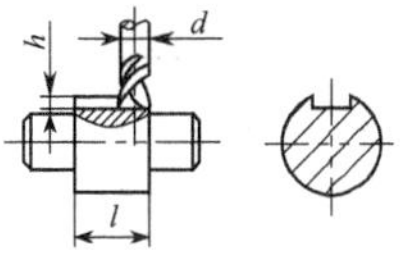	$t_j = \dfrac{l + l_1 + l_2}{f_{Mz}} i$ 式中 $l_1 = 0.5d + (1 \sim 2) \text{mm}$ $l_2 = 1 \sim 3 \text{mm}$ $i = \dfrac{h}{a_p}$	1. h 为键槽深度，mm 2. l 为铣削轮廓的实际长度，mm 3. 通常 $i = 1$，即一次铣削到规定深度
铣键槽(一端闭口) 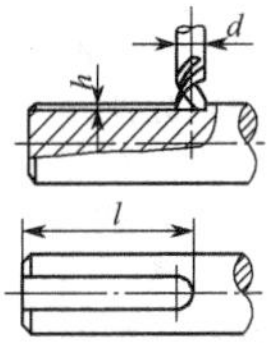	$l = 0$，其余计算同上	

续表

加工示意图	计算公式	备　注
铣键槽(两端闭口) 	$t_j = \dfrac{l-d}{f_{Mc}} + \dfrac{h+l_1}{f_{Me}}$ 式中　$l_1 = 1 \sim 2\,\text{mm}$	f_{Mc} 为工作台的垂直进给量，mm/min

表 3.83　铣平面时的切入和切出行程　　　　　　mm

铣削宽度 a_e	铣刀直径 d						
	50	63	80	100	125	160	200
	切入和切出行程长度 $l_1 + l_2$						
1.0	9	10	11	13	14	16	16
2.0	12	13	15	17	19	21	22
3.0	14	16	17	20	22	25	26
4.0	16	17	20	23	25	28	29
5.0	17	19	21	25	27	30	32
6.0	18	21	23	27	29	33	36
8.0	21	23	26	30	33	37	41
10.0	22	25	28	33	36	41	46
15.0	—	—	33	39	43	49	54
20.0	—	—	—	43	48	55	62
25.0	—	—	—	—	52	60	68
30.0	—	—	—	—	—	65	73

表 3.84　用丝锥攻螺纹基本时间的计算

加工示意图	计算公式	备　注
用丝锥攻螺纹 	$t_j = \left(\dfrac{l+l_1+l_2}{fn} + \dfrac{l+l_1+l_2}{fn_0} \right) i$ 式中　$l_1 = (1 \sim 3)P$ 　　　$l_2 = (2 \sim 3)P$ 攻盲孔时 $l_2 = 0$	n_0 为丝锥或工件回程的每分钟转数，r/min；i 为使用丝锥的数量；n 为工件或丝锥的每分钟转数，r/min；P 为工件螺纹螺距

3.7.3 辅助时间的计算

辅助时间的确定主要与工序采用的机床、工装、工件的大小精度等情况有关。为了准确确定工时定额，依据实践中经验总结，将典型机床的操作时间、装卸工件时间测量时间，典型机床布置工作地、休息和生理需要时间，典型机床准备终结时间列成表格供确定工时定额时参考，见表 3.85～表 3.110。

表 3.85　普通车床上装夹工件时间　　　　min

装夹方式	加力方法	工件重量/kg								
		0.5	1	2	3	5	8	15	25	100
三爪自定心卡盘	手动	0.07	0.08	0.09	0.10	0.11	0.13	0.18		
三爪自定心卡盘与顶尖	手动	0.09	0.10	0.11	0.12	0.14	0.18	0.26	0.37	
两个顶尖或三爪自定心卡盘与中心架	手动	0.05	0.06	0.06	0.07	0.08	0.10	0.15	0.22	1.10
专用夹具螺栓压板夹紧	手动				0.42	0.44	0.47	0.55	0.67	
两个顶尖、顶尖与卡盘或制动销	气动	0.03	0.03	0.04		0.04		0.05	0.06	0.07
自动定心卡盘或可胀心轴	气动	0.03	0.03	0.04		0.04	0.05	0.06	0.08	

注：1. 本表时间包括伸手取工件装到卡盘或顶尖间，开动气阀或转动顶尖手轮或用扳手夹紧工作，最后手离工件、扳手或手轮。

2. 长工件经主轴孔装入时加 0.01min。

3. 需要装心轴的工件，装夹时间加 0.07min。

表 3.86　普通车床松开卸下工件时间　　　　min

装夹方式	加力方法	工件重量/kg								
		0.5	1	2	3	5	8	15	25	100
三爪自定心卡盘	手动	0.06	0.06	0.07	0.07	0.08	0.10	0.14		
三爪自定心卡盘与顶尖	手动	0.07	0.07	0.08	0.09	0.11	0.13	0.20	0.28	
两个顶尖或三爪自定心卡盘与中心架	手动	0.03	0.03	0.04	0.04	0.04	0.07	0.12	0.19	0.76
专用夹具螺栓压板夹紧	手动				0.12	0.19	0.22	0.30	0.42	
两个顶尖、顶尖与卡盘或制动销	气动	0.02	0.02	0.03		0.03		0.05	0.06	
自动定心卡盘或可胀心轴	气动	0.02	0.02	0.03		0.03	0.04	0.05	0.07	

注：1. 本表时间包括手伸向扳手或气阀，取扳手、松开夹具或开动气阀，从夹具上取下工件、放下，最后手离工件。

2. 长工件经主轴孔卸下时加 0.01min。

3. 需要装心轴的工件，松卸时间加 0.05min。

4. 工件掉头或松开转动一定角度的时间，按一次装夹、一次松卸时间之和的 60% 计算。

表3.87 普通车床操作机床时间 min

操作名称		时间		操作名称		时间
使主轴回转	用按钮	0.01		对刀		0.02
	用杠杆	0.02		接通或停止走刀转		0.01
				动刀架90°		0.02
		靠近工件	离开工件			
纵向移动 大拖板/mm	50	0.03	0.02	使主轴完全 停止回转	C616	0.01
	100	0.04	0.03		其他机床	0.03
	200	0.06	0.05			
	300	0.08	0.07			
横向移动 大拖板/mm	20	0.03	0.02	移动尾座		0.06
	40	0.04	0.03	尾座装刀或卸刀		0.04
	60	0.05	0.04	主轴变速		0.04
	80	0.07	0.06	变换进给量		0.03
	100	0.09	0.08			

表3.88 普通车床上测量工件时间 min

(1)测量直径

	直径/mm	30	50	75	100	150	>150
测量 方法	用卡规、塞规(精度0.01~0.1μm)	0.06	0.07	0.08	0.09	0.10	0.11
	用游标卡尺(精度0.01~0.1μm)	0.08	0.09	0.10	0.11	0.15	0.18
	用卡规、塞规(精度0.11~0.3μm)	0.05	0.06	0.07	0.08	0.09	0.10
	用游标卡尺(精度0.01~0.1μm)	0.07	0.08	0.09	0.10	0.13	0.15

(2)测量螺纹

螺纹直径/mm	30	50	100	>100
时间	0.17	0.19	0.21	0.27

(3)测量长度

	长度/mm	30	50	70	100	150	>150
测量方法	用游标卡尺	0.08	0.09	0.10	0.11	0.12	0.14
	用样板	0.06	0.07	0.08	0.09	0.11	

注:1. 测量工件包括伸手取量具,测量,放下工件、量具。

2. 本表是测量一次的时间,单件定额的测量时间等于表中时间乘测量的百分比。

表3.89 万能卧式、立式铣床上装夹工件时间 min

定位 方法	夹紧方法	工件质量/kg									
		0.5	1	2	3	5	8	15	25	50	75
平面凸 台或V 形块	带拉杆的压板手动	0.04	0.04	0.05	0.06	0.07	0.10	0.16			
	带拉杆的压板气动	0.03	0.03	0.04	0.05	0.06	0.08	0.10	0.15		
	带快换垫圈的压板手动	0.11	0.11	0.12	0.13	0.14	0.16	0.21	0.40	0.60	0.80
	带快换垫圈的压板气动	0.05	0.06	0.07	0.08	0.09	0.11	0.17			

续表

定位方法	夹紧方法	工件质量/kg									
		0.5	1	2	3	5	8	15	25	50	75
销子	带拉杆的压板手动	0.06	0.07	0.08	0.09	0.10	0.12	0.18	0.30		
	带拉杆的压板气动	0.05	0.06	0.07	0.08	0.09	0.11	0.16	0.20	0.24	
	带快换垫圈的压板手动	0.12	0.12	0.13	0.14	0.15	0.17	0.22			
	带快换垫圈的压板气动	0.06	0.07	0.08	0.09	0.10	0.12	0.18	0.22		
平口钳	手动	0.05	0.06	0.07	0.09						
	气动	0.03	0.04	0.05							
三爪卡盘顶尖	气动	0.04	0.05	0.06							
	手动		0.06	0.07	0.08	0.09	0.11				
孔或凹座	带拉杆的压板气动	0.06	0.07	0.08	0.09	0.10	0.12	0.18	0.22		
	不夹紧	0.03	0.03	0.04							
心轴	带快换垫圈的压板手动	0.12	0.12	0.13							
	带快换垫圈的压板气动	0.05	0.06	0.07	0.08	0.09	0.10				

注：1. 本表时间包括伸手取工件装到夹具上，开动气阀或用扳手夹紧工件，最后手离工件或扳手。

2. 需要定向的装夹，增加 0.01min。

3. 多件装夹的时间折算系数：2～3 件，0.7；4～6 件，0.6；7～12 件，0.5。

表 3.90 万能卧式、立式铣床上松开卸下工件时间 min

定位方法	夹紧方法	工件质量/kg									
		0.5	1	2	3	5	8	15	25	50	75
平面凸台或 V 形块	带拉杆的压板手动	0.03	0.03	0.04	0.05	0.06	0.09	0.15			
	带拉杆的压板气动	0.02	0.02	0.03	0.04	0.05	0.07	0.09	0.12		
	带快换垫圈的压板手动	0.05	0.05	0.06	0.07	0.08	0.11	0.17	0.30	0.40	0.50
	带快换垫圈的压板气动	0.04	0.04	0.05	0.06	0.07	0.10	0.16			
销子	带拉杆的压板手动	0.05	0.06	0.07	0.08	0.09	0.11	0.17	0.28		
	带拉杆的压板气动	0.04	0.05	0.06	0.07	0.08	0.10	0.19	0.22		
	带快换垫圈的压板手动	0.06	0.06	0.07	0.08	0.11	0.17				
	带快换垫圈的压板气动	0.05	0.05	0.06	0.07	0.08	0.10	0.16	0.20		
平口钳	手动	0.04	0.05	0.06	0.08						
	气动	0.02	0.03	0.04							
三爪自定心卡盘顶尖	气动	0.03	0.04	0.05							
	手动		0.05	0.06	0.07	0.08	0.10				
孔或凹座	带拉杆的压板气动	0.05	0.06	0.07	0.08	0.09	0.11	0.17	0.21		
	不夹紧	0.02	0.02	0.03							
心轴	带快换垫圈的压板手动	0.06	0.06	0.07							
	带快换垫圈的压板气动	0.04	0.05	0.06	0.07	0.08	0.09				

注：1. 本表时间包括手伸向气阀或取扳手，松开工件，取出，最后手离工件或扳手。

2. 多件松卸的时间折算系数：2～3 件，0.7；4～6 件，0.6；7～12 件，0.5。

表 3.91　在万能卧式、立式铣床上操作时间　　　min

操 作 名 称		时 间		
开动、停止主轴回转	用按钮	0.01		
接通工作台移动	用按钮	0.01		
改变工作台移动方向	用手柄	0.01		
打开或关闭切削液开关		0.02		
		靠近工件	离开工件	
	50	0.03	0.02	
	100	0.05	0.04	
纵向快速移动工作台/mm	200	0.07	0.06	
	300	0.10	0.09	
	500	0.18	0.17	
	25	0.04	0.03	
横向快速移动工作台/mm	50	0.06	0.05	
	100	0.09	0.08	
升降工作台/mm	10	0.02		
	20	0.03		
	工件质量/kg	从平面上清除	从凹座内清除	
用刷子清除夹具上切屑	≤5	0.03	0.04	
	5～15	0.06	0.08	
	15～25	0.10	0.12	
	转动部分质量/kg	转 45°	转 90°	转 180°
转动夹具	30	0.02	0.02	0.03
	50	0.02	0.03	0.04
	100	0.03	0.04	0.05
	工件质量/kg	气动夹紧	手动夹紧	
	0.5	0.03	0.04	
	3	0.04	0.06	
转动工件	15	0.05	0.08	
	25	0.06	0.10	
	50	0.07	0.12	

注：1. 多件加工的除屑时间折算系数：2～3件，0.7；4～6件，0.6；7～12件，0.5。

2. 转动夹具包括拨出定位销、转位、对定等。

3. 转动工件包括松开工件、翻转、重新装夹等。

表 3.92　在万能立式、卧式铣床上测量工件的时间　min

测量长度/mm		30	50	75	100	150	300
测量方法和位置	游标卡尺测平面	0.10	0.12	0.14	0.16	0.18	0.20
	样板测槽面	0.07	0.08	0.09			
	样板测平面	0.04	0.05	0.06			

表 3.93　立式和摇臂钻床上装夹工件时间　min

定位方法	夹紧方法	加力方式	工件质量/kg									
			0.5	1	2	3	5	8	15	25	35	50
平面或V形块	压板	手动	0.04	0.05	0.05	0.06	0.07	0.08	0.10	0.18	0.24	0.28
	带手轮螺杆	手动	0.05	0.06	0.07	0.08	0.10	0.12	0.15			
	平口钳	手动	0.03	0.03	0.04	0.05	0.06	0.07	0.09			
	三爪自定心卡盘	手动	0.06	0.07	0.08	0.09	0.11	0.14	0.17			
	压板	气动	0.02	0.03	0.04	0.05	0.06	0.07	0.09			
	三爪自定心卡盘或可胀心轴	气动	0.02	0.03	0.04	0.05	0.06	0.08				
	不夹紧		0.01	0.02	0.03	0.04	0.05	0.07				
l<100 mm 销子	压板	手动	0.05	0.05	0.06	0.06	0.08	0.09	0.11	0.20	0.26	0.30
	带手轮螺杆	手动	0.06	0.07	0.08	0.09	0.11	0.13	0.17			
	压板或可胀心轴	气动	0.03	0.04	0.05	0.06	0.07	0.08	0.10			
	不夹紧		0.02	0.02	0.03	0.04	0.05	0.06				
l>100 mm 销子	压板	手动	0.06	0.06	0.06	0.07	0.08	0.10	0.12			
	不夹紧		0.03	0.03	0.04	0.05	0.06	0.07	0.09			
孔凹座	带手轮螺杆	手动	0.05	0.06	0.07	0.08	0.10	0.12	0.15			
	不夹紧		0.01	0.02	0.03	0.04	0.05	0.07				
	压板	手动	0.04	0.05	0.05	0.06	0.07	0.10	0.10	0.18		

注：1. 本表时间包括伸手取工件装到夹具上，扳动手柄夹紧工件，最后手离手柄。

2. 需要定向的装夹，时间加 0.01min。

3. 液压夹紧与气动夹紧时间相同。

表 3.94　立式、摇臂钻床上松开卸下工件时间　min

定位方法	夹紧方法	加工方法	工件质量/kg									
			0.5	1	2	3	5	8	15	25	35	50
平面或V形块	压板	手动	0.03	0.04	0.04	0.05	0.06	0.07	0.09	0.16	0.22	0.25
	带手轮螺杆	手动	0.04	0.05	0.06	0.07	0.09	0.11	0.13			
	平口钳	手动	0.04	0.05	0.05	0.06	0.07	0.08	0.10			
	三爪自定心卡盘	手动	0.05	0.06	0.07	0.08	0.11	0.13	0.15			

续表

定位方法	夹紧方法	加工方法	工件质量/kg									
			0.5	1	2	3	5	8	15	25	35	50
平面或V形块	压板	气动	0.02	0.02	0.03	0.05	0.06	0.07	0.08			
	三爪自定心卡盘或可胀心轴	气动	0.02	0.02	0.03	0.04	0.05	0.06	0.07			
	不夹紧		0.01	0.02	0.02	0.03	0.04	0.05	0.06			
$l<100$ mm 销子	压板	手动	0.04	0.04	0.05	0.06	0.07	0.08	0.10	0.18	0.24	0.27
	带手轮螺杆	手动	0.05	0.06	0.07	0.08	0.10	0.12	0.15			
	压板或可胀心轴	气动	0.02	0.03	0.04	0.05	0.06	0.07	0.09			
	不夹紧		0.02	0.02	0.03	0.03	0.04	0.06	0.07			
$l>100$ mm 销子	压板	手动	0.05	0.05	0.06	0.07	0.08	0.09	0.11			
	不夹紧		0.03	0.04	0.04	0.05	0.06	0.07	0.08			
孔	带手轮螺杆	手动	0.04	0.05	0.06	0.07	0.09	0.11	0.13			
	不夹紧		0.01	0.02	0.02	0.03	0.04	0.05	0.06			
凹座	压板	手动	0.03	0.04	0.04	0.05	0.06	0.07	0.09	0.16		

注：本表时间包括手伸向手柄，松开工件，取出，放下，最后手离工件。

表 3.95 立式、摇臂钻床操作机床时间   min

操 作 名 称		时 间		
使主轴回转或停止		0.02		
在摇臂上移动主轴箱	100	0.01		
	200	0.02		
	300	0.03		
		$\phi12$	$\phi25$	$\phi50$
刀具快速下降接近工件	100	0.01	0.02	0.03
	200	0.02	0.03	0.04
使刀具对准孔位		0.02		
刀具快速上升离开工件/mm	100	0.01	0.01	0.02
	200	0.01	0.02	0.03
	300	0.02	0.03	0.04
快换卡头换刀		0.03	0.04	0.06
更换钻套		0.04	0.05	0.07
移动工件（包括夹具转动部分）质量/kg	5	0.02		
	15	0.03		
	25	0.04		
	35	0.05		
	50	0.06		

续表

操 作 名 称		时 间		
移动夹具/mm	200	0.02		
	500	0.03		
回转摇臂 45°		0.04		
变换进给量		0.02		
清除切屑	从平面	0.03		
	从凹座	0.05		
退钻清屑（深度）/mm		$\phi12$	$\phi25$	$\phi50$
	20	0.04	0.03	
	40	0.05	0.04	0.03
	60	0.06	0.05	0.04

注：本表 $\phi12mm$、$\phi25mm$、$\phi50mm$ 是指最大钻孔直径。

表 3.96　立式、摇臂钻床上测量工件时间　　min

孔径/mm		25	35	50
测量方法	塞规测量孔径	0.04	0.05	0.06
	螺纹塞规测量螺纹	0.09	0.15	0.17

表 3.97　外圆磨床装夹和松卸工件时间　　min

装夹方法		工件质量/kg								
		0.5	1	2	3	5	8	15	25	35
装在两顶尖间，手柄或踏板液压（弹簧）夹紧	装	0.05	0.05	0.06	0.06	0.07	0.08	0.11	0.15	0.19
	卸	0.03	0.03	0.04	0.04	0.04	0.04	0.05	0.08	0.10
装在心轴上，用扳手固定，手柄或踏板液压（弹簧）夹紧	装	0.13	0.14	0.15	0.16	0.18	0.21	0.27		
	卸	0.06	0.07	0.08	0.09	0.12	0.15	0.23		
装在带锥度心轴上，手柄或踏板液压（弹簧）夹紧	装	0.05	0.06	0.06	0.07	0.07				
	卸	0.04	0.05	0.05	0.06	0.06				
鸡心夹装在带中心孔的工件上，手柄或踏板液压（弹簧）夹紧	装	0.06	0.08	0.09	0.11	0.15				
	卸	0.04	0.05	0.06	0.07	0.09				
装在三爪自定心卡盘上手动夹紧	装	0.07	0.08	0.09						
	卸	0.06	0.07	0.08						

注：1. 装夹工件的内容包括伸手取工件，把工件装到夹具上、夹紧，最后手离工件。

2. 松开卸下工件的工作内容包括手伸向手柄或扳手，松开工件，取下后手离工件。

表 3.98 内圆磨床装夹和松卸工件时间 min

装夹方法		工件质量/kg						
		0.5	1	2	3	5	8	15
以外圆或齿形定位液压夹紧	装	0.06	0.06	0.07	0.07	0.08	0.08	
	卸	0.03	0.03	0.04	0.04	0.05	0.05	
装在三爪自定心卡盘上手动夹紧	装	0.10	0.10	0.12				
	卸	0.09	0.09	0.10				
齿轮套上隔圈装在卡盘上液压夹紧	装	0.08	0.08	0.09	0.09	0.10	0.10	0.11
	卸	0.05	0.05	0.06	0.06	0.07	0.07	0.08
以柱销或钢球置于齿上装入卡盘,手动夹紧	装	0.14	0.18	0.29	0.40			
	卸	0.09	0.10	0.11	0.12			

注：本表时间所包括的工作内容同外圆磨床。

表 3.99 磨床操作时间 min

操作名称		时 间	
开动或停止工件、砂轮转动、工作台往复运动		0.02	
接通砂轮快速引进或退出		0.02	
纵向引进或退出砂轮/mm	200	0.04	
	300	0.05	
	400	0.06	
		引进	退出
横向引进或退出砂轮	M1631	0.04	0.03
	M1632		
	其他外圆磨	0.03	0.03
	往复平面磨	0.02	0.02
手动对刀 磨外圆		0.03	
磨外圆和端面		0.05	
磨有长度公差要求的端面		0.08	
磨内圆		0.04	
磨内圆和端面		0.07	
往复平面磨磨平面		0.06	
拉上防护罩		0.02	
取下靠表		0.01	
清除工作台切屑		0.18	

注：1. 放置靠表重合于工作进刀。

2. 手动退刀重合于砂轮退出。

3. 计算单件定额时，清除工作台切屑时间除以同时磨削件数。

表 3.100 磨床上测量工件时间 min

(1)用卡规测量工件外圆

直径/mm		30	50	75
测量精度/mm	0.01～0.05	0.05	0.06	0.07
	0.06～0.15	0.04	0.05	0.06
	0.16～0.30	0.03	0.04	0.05

(2)千分尺测量外圆

直径/mm		30	50	75
测量精度/mm	0.01～0.05	0.07	0.08	0.09
	0.06～0.15	0.06	0.07	0.08

(3)千分尺测量长度

长度/mm	30	50	75
时间/min	0.06	0.07	0.08

(4)用卡规测量厚度

厚度/mm		10	30
测量精度/mm	0.06～0.10	0.06	0.07
	0.11～0.20	0.05	0.06

(5)用塞规测量孔

孔径/mm		25	35	50	65	80	100
测量精度/mm	0.01～0.05	0.07	0.08	0.09	0.10	0.13	0.16
	0.06～0.15	0.06	0.07	0.08	0.09		

(6)用内径千分尺测量孔(测量精度 0.01～0.05μm)

孔径/mm	35	50	65	80	100
时间/min	0.09	0.10	0.11	0.12	0.13

表 3.101 立式和卧式拉床上装夹和松卸工件时间 (一) min

拉刀直径/mm ≤	工件内容	工件质量/kg					
		1	3	5	8	15	25
30	装夹	0.04	0.05	0.06	0.07		
	松卸	0.03	0.04	0.05	0.06		
50	装夹	0.05	0.06	0.08	0.11	0.13	
	松卸	0.04	0.05	0.07	0.09	0.11	

续表

拉刀直径/mm ≤	工件内容	工件质量/kg					
		1	3	5	8	15	25
80	装夹	0.06	0.07	0.09	0.12	0.14	0.16
	松卸	0.05	0.06	0.08	0.10	0.12	0.13
100	装夹		0.08	0.10	0.13	0.15	0.17
	松卸		0.07	0.08	0.11	0.13	0.14

注: 1. 本表适用于自动定心拉孔或花键孔。

2. 本表时间包括: 伸手取工件, 套在拉刀上, 将拉刀插入卡盘, 至手离拉刀 (装夹); 伸手取工件, 至手离工件 (松卸)。

3. 用定位销或心轴定位时, 装、卸各加 0.01min。

4. 一次装卸两件时乘 0.8。

表 3.102 立式和卧式拉床上装夹和松卸工件时间 (二) min

(1)卧式拉床拉削

加工面	动作内容	工件质量/kg				
		40	50	80	100	130
孔	装夹	0.20	0.22	0.25		
	松卸	0.17	0.20	0.23		
平面	装夹	0.13	0.14	0.15	0.20	0.25
	松卸	0.11	0.12	0.13	0.16	0.20

(2)立式拉床外拉

动作内容	工件质量/kg ≤				
	1	3	5	8	12
装夹	0.03	0.04	0.05	0.06	0.06
松卸	0.03	0.03	0.04	0.04	0.05

注: 1. 本表适用于工件装在气 (液) 动夹具上拉削。

2. 本表时间包括: 伸手取工件装到夹具上, 开动阀门, 夹紧工件, 至手离阀门手把 (装夹); 伸手开动阀门, 松开工件, 取下, 至手离工件。

表 3.103 用塞规测量拉孔直径时间 min

测量精度/mm	孔径/mm					
	25	35	50	65	80	100
0.01~0.05	0.10	0.11	0.12	0.13	0.15	0.17
0.06~0.15	0.09	0.10	0.11	0.12	0.14	0.16
0.16~0.30	0.08	0.09	0.10	0.11	0.13	0.15

注: 花键塞规测量花键孔可用本标准, 按花键外径套表。

表 3.104　拉床上操作机床时间　min

操作名称		时间	操作名称		时间
开动机床行程		0.01	拉刀快速升降/mm ≤	1500	0.07
拉刀快速水平进退/mm ≤	500	0.03		2000	0.08
	750	0.04	立式拉床工作台引进或退出/mm	150	0.02
	1000	0.05		200	0.03
	1500	0.06	清除拉刀、夹具上切屑	卧式拉床	0.08
	2000	0.07		立式拉床（外拉）	0.05
拉刀快速升降/mm ≤	500	0.04		立式拉床（内拉）	0.03
	1000	0.05			

表 3.105　滚齿机上装夹和松卸工件时间　min

装夹方法			工件质量/kg							
			0.5	1	2	3	5	8	15	20
工件带鸡心夹装到两顶尖间	液压装夹	夹紧	0.09	0.11	0.13	0.15	0.18	0.20	0.22	
		松卸	0.05	0.07	0.09	0.11	0.14	0.16	0.18	
装到心轴上，顶尖支承	螺母快换垫圈，扳手夹紧	夹紧	0.18	0.20	0.22	0.24	0.26	0.28	0.30	0.32
		松卸	0.15	0.17	0.19	0.21	0.23	0.25	0.28	0.30
	液压顶尖压板夹紧	夹紧		0.14	0.17	0.19	0.21	0.23	0.25	0.27
		松卸		0.11	0.14	0.16	0.18	0.20	0.22	0.24
装在三爪自定心卡盘和顶尖间	手动夹紧	夹紧			0.21	0.23	0.25	0.27	0.29	
		松卸			0.19	0.21	0.23	0.25	0.27	

注：1. 装到心轴上，顶尖支承，液压顶尖压板夹紧，如果压板是固定的压头，装卸时间各减少 0.01min。

2. 顶尖升降时间包括在装、卸时间内。

3. 带中心架的装、卸各增加 0.02min。

4. 本表适用于双轴滚齿机一个轴的装卸。

5. 多件加工时，工件之间的中间环每装一个 0.03min，每卸一个 0.02min。

6. 多件加工的装卸时间折算系数：2 件，0.7；3 件，0.6；4～5 件，0.5。

表 3.106　滚齿机上操作时间　min

操作名称		时间	操作名称		时间
使工件和铣刀回转或停止	用按钮	0.01	刀架快速垂直退回/mm ≤	50	0.05
				100	0.08
工件快速靠近或离开刀架/mm ≤	50	0.05	手动进、退刀		0.09
	100	0.08			
刀架快速靠近或离开工件/mm ≤	50	0.08	清理夹具上切屑	用刷子	0.04
	100	0.15			

注：计算单位时间，应将本表时间除以同时加工件数。

表 3.107　　插齿机上装夹和松卸工件时间　　　min

装夹方法		工件质量/kg				
		0.5	1	3	8	15
装于心轴,如垫圈或压板,用扳手拧紧螺母	装夹	0.14	0.16	0.20	0.24	0.28
	松卸	0.12	0.14	0.18	0.22	0.26
装于心轴或销柱上,加快换垫圈,气(液)动压紧	装夹	0.09	0.11	0.13	0.16	0.19
	松卸	0.07	0.09	0.11	0.13	0.16
装于弹簧夹头或三爪卡盘上,气(液)动夹紧	装夹		0.13	0.15	0.19	0.23
	松卸		0.12	0.14	0.18	0.22

注:1. 装夹工件包括:伸手取工件,装到夹具上,扳动夹具开关或用扳手紧固工件,最后手离开关或扳手。

2. 松卸工件包括:手伸向扳手或开关,松开工件,取下垫圈、工件,最后手离开工件。

3. 多件同时加工系数:2 件,0.7;3 件,0.6;4~6 件,0.5;7~8 件,0.4。

4. 工件装在两个销子上时,装、卸时间加 0.01min。

表 3.108　　插齿机上操作时间　　　min

操作名称		时间	操作名称		时间
使插刀上下运动和工件回转	用按钮	0.01	使刀架离开工件	用摇把	0.05
	用摇把	0.02	刀具快速离开工件	用按钮	0.01
使刀架靠近工件	用摇把	0.07	清除夹具切屑	用刷子	0.04

注:计算单件时间应除以同时加工件数。

表 3.109　　镗床的操作时间　　　min

项　　目		T68	T612	项　　目	T68		T612	
					首项	末项	首项	末项
常量部分	开车	0.03	0.05	进退工作台,镗杆或拖板	0.10	0.70	0.15	1.00
	停车	0.03	0.05	主轴箱升降	0.15	0.70	0.20	1.00
	装卸刀杆	0.20	0.30	试切(铰)	0.25	1.00	0.40	1.50
	装卸刀具(对刀)	0.15	0.20	钢尺或卷尺测量	0.10	0.70	0.15	1.00
	装卸钻头、铰刀、丝锥	0.20	0.20	卡钳测量	0.40	0.70	0.50	1.00
	变换主轴转速	0.10	0.15	游标卡尺、深度卡尺测量	0.15	0.40	0.20	0.50
	变换走刀量	0.05	0.10	百分表测量	0.30	0.40	0.40	0.50
	变换走刀方向	0.05	0.10	塞规(卡板)测量	0.15	0.70	0.20	1.00
				清理铁屑	0.20	0.20	0.30	0.50

表 3.110　镗床装卸工件时间

min

装卸方法	找正方法	T68 工件最大外形尺寸/mm											T612 工件质量/kg								找正方法
		用手				用吊车															
		200	400	600	800	400	600	800	1200	1600	2000	2500	400	600	800	1000	1500	2000	3000	4000	
工件放在工作台或垫平铁上用螺钉压板紧固	不需	5	6	7	12	10	12	14	14	16	18	20	28	30	32	40	48	54	62	70	按划线
	按划线	6	7	8	13	12	14	15	15	17	20	23	70	74	76	90	104	118	132	145	校正两个面用百分表
	用百分表	8	10	12	17	15	17	19	19	21	23	25	98	106	110	126	144	160	178	196	校正三个面用百分表
	用角尺	5	6	7	9	8	9	10	10	12	14	16	125	132	138	158	180	200	220	240	校正四个面用百分表
工件装在镗模（夹具）上	不需	4	5	6	12	10	12	14	14	16	18	20	22	24	26	28	30	32	—	—	按划线
	按划线	5	6	7	13	11	13	15	15	17	19	23	30	32	34	36	38	40	—	—	用百分表校正一个面
	用百分表	10	11	12	18	16	18	20	20	24	27	30	16	18	20	22	24	26	—	—	靠定位面
	用角尺	8	10	12	18	16	18	21	21	24	—	—	—	—	—	—	—	—	—	—	
工件用螺钉压板紧固在角铁上	不需	6	7	8	—	12	13	14	12	14	16	18	32	42	48	56	70	84	—	—	按划线
	按划线	7	8	10	10	14	15	16	14	15	17	19	46	58	70	82	104	126	—	—	校正一个面用百分表
	用百分表	8	10	12	12	15	16	17	15	17	19	21	56	74	86	102	130	156	—	—	校正两个面用百分表
	用角尺	5	6	7	10	8	9	10	8	9	10	12	22	24	28	36	46	56	—	—	用角尺
工件在 V 形铁或定位块上	不需	3	4	5	8	12	13	14	12	14	16	18	—	—	—	—	—	—	—	—	
	按划线	4	5	6	10	14	15	16	14	16	20	—	—	—	—	—	—	—	—	—	
	用百分表	6	7	8	12	16	18	20	16	20	30	—	—	—	—	—	—	—	—	—	
	用角尺	4	5	6	10	14	16	16	14	16	20	25	—	—	—	—	—	—	—	—	

注：1. 不需是指零件毛坯面加工。
　　2. T612 的表列时间已包括拖、休时间。

3.7.4 布置工作地、生理需要、准备与终结时间（表 3.111、表 3.112）

表 3.111 布置工作地、休息和生理需要时间 min

机床名称	布置工作地时间	休息和生理需要时间	共占作业时间百分比 $(\alpha+\beta)/\%$	机床名称		布置工作地时间	休息和生理需要时间	共占作业时间百分比 $(\alpha+\beta)/\%$
普通车床	56	15	21.8	立式圆工作台铣床		65	15	20
六角车床	51	15	15.9	单轴自动车床	一台	45	10	12.9
立式钻床	42	15	15.7		两台	58	10	16.5
摇臂钻床	47	15	17.4	多轴自动车床	一台	78	10	22.4
外圆磨床	60	15	18.5		两台	95	10	28
内圆磨床	50	15	15.7	半自动车床		70	15	21.5
矩台平面磨床	49	15	15.4	卧式拉床		53	15	16.5
圆台平面磨床	67	15	17.6	立式拉床		51	15	15.9
无心磨床	58	15	17.9	金刚镗床		60	15	18.5
卧式铣床	53	15	16.5	滚齿机		44	15	14
立式铣床	51	15	15.9	插齿机		25	15	9.1

表 3.112 机床准备与终结时间 min

机床类型	准备与终结时间	机床类型	准备与终结时间
车床	40～80	镗床	80～180
铣床	60～120	磨床	40～80
钻床	40～80	无心磨床	120～180

注：工件的加工精度要求较低，机床的尺寸较小、工序内容较少、使用的工装少而简单时，取小值。

3.8 典型零件机械加工工艺过程实例

3.8.1 定位套筒机械加工工艺

（1）零件分析

定位套筒的零件图如图 3.17 所示，生产类型为单件小批生产。该零件的结构比较简单，属于回转体零件。对于单件小批生产，机械加工工艺过程一般由操作者制定。

① 毛坯的确定 根据零件的结构特点，选用轧制圆钢。根据零件的最大直径 $\phi 75mm$、粗车外圆的余量（表 3.53）和轧制圆钢直径系列（表 1.52），选择圆钢的直径为 $\phi 80mm$。根据零件的长度和轴的端面粗加工余量（表 3.57），取轧制圆钢下料长度为 70mm。

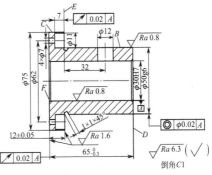

图 3.17 定位套筒零件图

② 典型表面分析 重要的表面的尺寸要求 "$\phi 50g6$" 外圆和 "$\phi 30H7$" 孔，同轴度要求为 0.02mm，表面粗糙度 Ra 要求为 $0.8\mu m$。根据这些技术要求，选择表面加工方案（表 3.34、表 3.35），"$\phi 50g6$" 外圆表面的加工方案为：粗车→半精车→磨削；"$\phi 30H7$" 孔表面的加工方案为：钻→车孔（扩）→磨孔。较重要的表面是 E、F 两端面，尺寸要求为 "12 ± 0.05"，表面粗糙度 Ra 要求为 $1.6\mu m$（较高），端面跳动为 0.02mm（较高，约为 7 级），根据这些要求，参考表 3.36、表 3.43，综合该表面的加工方案为：粗车（锯削）→半精车→磨削。其余表面为次要表面。

（2）机械加工工艺过程制定

该零件的机械加工工艺过程如表 3.113 所示。各工序间的加工余量选择。如 "$\phi 50g6$" 外圆表面的加工方案为：粗车→半精车→磨削，磨削余量参考表 3.55 取 0.3mm，粗车后的精车余量参考表 3.54 取 1.0mm；"$\phi 30H7$" 孔表面的加工方案为：钻→车孔（扩）→磨孔，磨孔的余量参考表 3.65 取 0.3mm，半精车孔余量参考表 3.49 取 1.0mm，车孔至 $\phi 29.7^{+0.1}_{0}$ mm，钻孔可采用两次钻，见表 3.62。端面中间加工余量参考表 3.59 确定。

3.8.2 3MZ136 轴承磨床主轴机械加工工艺

轴类零件是机械加工中经常遇到的典型零件之一，其长度大于直径，其表面通常有内、外圆柱面和圆锥面以及螺纹、花键、键槽、径向孔、沟槽等。根据结构形状的特点，轴可分为光轴、阶梯轴、空心轴和异形轴（曲轴、齿轮轴、十字轴和偏心轴等）四类，

表 3.113　定位套筒零件机械加工工艺过程

工序号	工序名称	机床与夹具	工序内容	工序简图
1	车削	普通车床 三爪自定 心卡盘	夹外圆一端(外圆另一端找正);车外圆 B 至 ϕ50.3$-_{0.1}^{0}$mm;车端面 D,车平,车端面 E,保证尺寸 52.25$+_{0}^{0.2}$mm;切槽 "1×1×45°";钻孔 ϕ25mm;车孔至 ϕ29.7$+_{0}^{0.10}$mm;内外圆倒角 "1×45°" 夹 "ϕ50.3$-_{0.1}^{0}$"外圆;车外圆 C 至 ϕ75mm;车端面 F,保证尺寸 12.55$-_{0.2}^{0}$mm;内孔倒角 "1×45°"	
2	划线		划线(ϕ12mm 及 4×ϕ7mm 孔)	
3	钻 ϕ12mm 孔	钻床 平口钳	夹 "ϕ50.3$-_{0.1}^{0}$"外圆,按划线找正;钻 ϕ12mm 孔,保证尺寸(31.8±0.1)mm	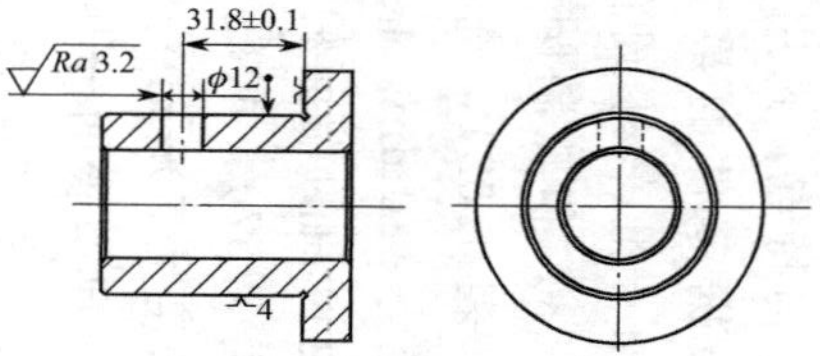

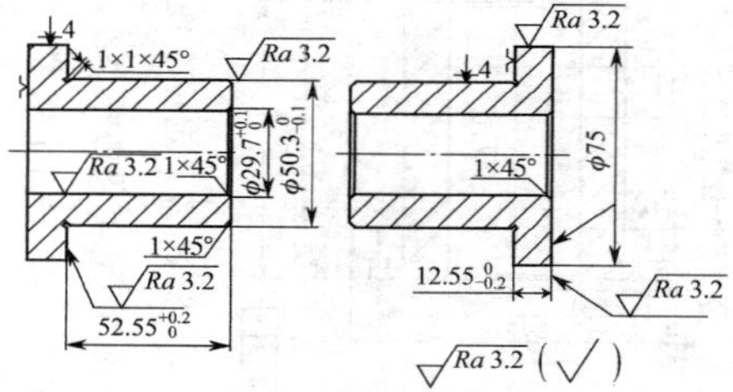

续表

工序号	工序名称	机床与夹具	工序内容	工序简图
4	钻 4× $\phi7$mm 孔 锪钻 4× $\phi11$mm 孔	钻床三爪自定心卡盘	夹"$\phi50.3^{-0}_{-0.1}$"外圆,按划线找正;钻 4× $\phi7$mm 孔 夹"$\phi75$"外圆,$\phi7$mm 孔导向;锪 4× $\phi11$mm 孔	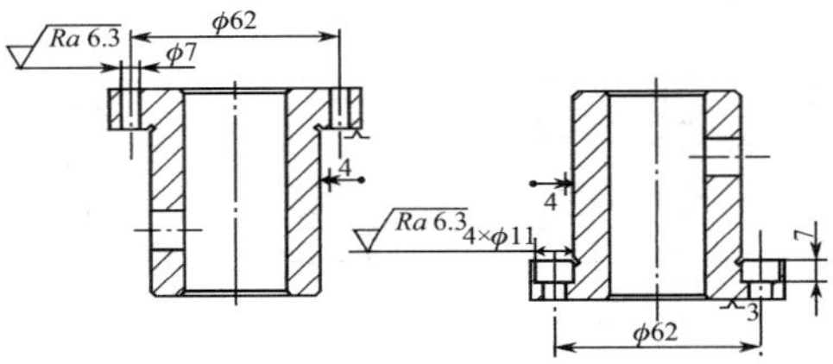
5	磨内圆	内圆磨床三爪自定心卡盘	夹"$\phi50.3^{-0}_{-0.1}$"外圆;磨内孔 A 至 $\phi30^{+0.021}_{0}$ mm;磨端面 F,保证尺寸 $12.25^{-0}_{-0.1}$ mm	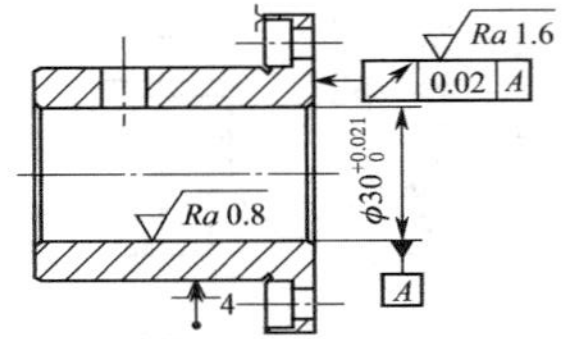
6	磨外圆	外圆磨床心轴	心轴定位装夹;磨外圆 B 至 $\phi50^{-0.009}_{-0.025}$ mm;磨端面 E,保证尺寸 (12 ± 0.05)mm	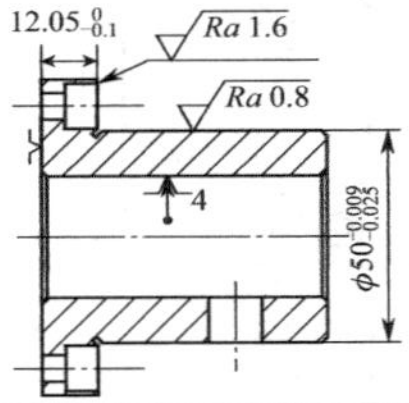

如图 3.18 所示。若按轴的长度和直径的比例来分，又可分为刚性轴（$L/d \leqslant 12$）和挠性轴（$L/d > 12$）两类。轴类零件在机器中的作用是安装支承传动零件（如齿轮、带轮等）、传递转矩、承受载荷。机床主轴还要保证装在主轴上的工件（或刀具）具有一定的回转精度，因此对主轴回转精度的要求更高。下面以典型的 3MZ136 轴承磨床主轴为例分析其加工工艺过程。

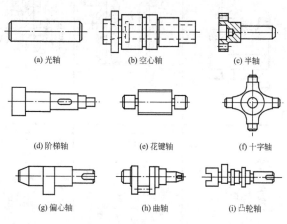

(a) 光轴　　(b) 空心轴　　(c) 半轴

(d) 阶梯轴　　(e) 花键轴　　(f) 十字轴

(g) 偏心轴　　(h) 曲轴　　(i) 凸轮轴

图 3.18　轴的结构形状

（1）零件分析

① 机床主轴功能和作用　机床主轴带动工件或刀具做回转运动，直接影响机床的工作精度，是机床的关键零件之一。

② 主轴的结构分析　3MZ136 轴承磨床主轴的结构如图 3.19 所示，其结构特点为：主轴为空心阶梯轴结构，表面主要类型有内、外圆柱面、内圆锥面、键槽、螺纹和端面等回转表面，还有沟槽，是一种典型的轴类零件。

③ 主要表面技术要求分析　主轴支承轴颈 A、B 用来安装轴承，是主轴组件与主轴箱体的装配基准，也是轴上零件的装配基准，它是主轴上最重要的表面。主轴轴颈的技术要求是：尺寸精度，外圆"$\phi 45 \pm 0.0055$（js5）"和"$\phi 50 \pm 0.0055$（js5）"；形位精度，主轴前、后支承轴颈 A 和 B 的圆柱度 0.003mm，同轴度 $\phi 0.005$mm，轴颈端面对支承轴颈 A 和 B 的圆跳动 0.005mm；表面粗糙度 $Ra \leqslant 0.4 \mu$m。加工该表面可采取的加工方案是：粗车→

半精车→粗磨→半精磨→精磨，以保证设计要求。

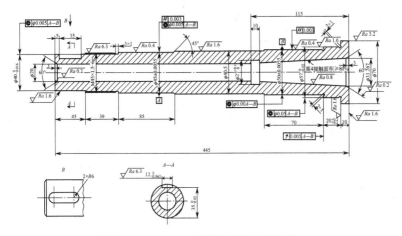

图 3.19 3MZ136 轴承磨床主轴的结构

主轴锥孔是用来安装夹具或工具的，也是主轴上最重要的表面。其主要技术要求是：主轴锥孔（莫氏 4 号锥）对支承轴颈 A 和 B 的径向圆跳动，近轴端为 0.003mm，离轴端 150mm 处为 0.008mm；锥面接触率大于等于 80%；表面粗糙度 $Ra \leqslant 0.8\mu m$；硬度要求 48～50HRC。加工该表面可采取的加工方案是：钻→车→粗磨→半精磨→精磨，以保证设计要求。

"$\phi 40_{-0.016}^{0}$"轴颈用来安装带轮为主轴提供动力。其要求仅次于主轴支承轴颈 A、B。

"M45×1.5—6g"螺纹对主轴轴承工作有影响，也比较重要。

（2）3MZ136 磨床主轴加工工艺过程制订

根据 3MZ136 磨床主轴的零件图要求、中小批生产类型和企业的生产条件，确定该零件的毛坯为棒料，材料为 40Cr，制订的机械加工工艺过程如表 3.114 所示。

（3）3MZ136 磨床主轴机械加工工序操作指导卡片制订

针对 3MZ136 磨床主轴的生产情况和技术要求，需要制订其主要工序的机械加工工序操作指导卡片，制订的最终磨削各外圆工序和磨削莫氏锥孔工序的操作指导卡片如表 3.115 所示。

表3.114　3MZ136磨床主轴机械加工工艺过程

厂名全称	机械加工综合工艺卡片	产品型号	零件名称	零件图号	共6页
材料牌号 40Cr		3MZ136	3MZ136磨床主轴	21-309	第1页
		毛坯种类 圆钢	毛坯尺寸 φ75×455	单台数量	

工序号	工序名称	工步序号	工序内容	设备	工艺装备名称及编号			试削准备/min	工时单件/min	备注
					夹具	刀具	量具			
01	库		锯下料							
05	热		退火							
10	车	1	车尺寸445mm左右两端,单面留1~1.5mm余量,两端钻B4中心孔			中心钻 (GB/T 6078.2—1998)		60	10	
		2	粗车外圆均留2.5~3mm余量,粗车各轴肩面留1.5~2mm余量	C620	活顶尖				210	
		3	用中心架按外圆找正,钻莫氏4号锥孔至φ25mm孔深100mm,钻φ20mm孔至φ15mm(允许两头钻),两端锪2mm×60°中心孔			锥面锪钻40×60° (GB/T 1143—2004)				
15	热		时效处理							
20	车	1	修研两端中心孔	C620	强应力定位万能顶尖 (D744×50)			60	20	

续表

厂名全称	机械加工综合工艺卡片		产品型号	3MZ136	零件名称	3MZ136 磨床主轴	零件图号	21-309	共 6 页
									第 2 页
	材料牌号	40Cr	毛坯种类	圆钢	毛坯尺寸	φ75×455		单台数量	
工序号	工序名称	工步序号	工序内容	设备	工艺装备名称及编号			试制准备 /min	工时单件 /min	备注
					夹具	刀具	量具			
20	车	2	精车 "$\phi40^{-0}_{-0.016}$" "$\phi45\pm0.005$" "$\phi49.5^{-0}_{-0.1}$" "$\phi50\pm0.005$" "$\phi57$"各外圆,均留 0.7~0.8mm 余量。车 "M45×1.5" 外圆,车至 $\phi45.6^{+0.10}_{0}$mm。车尺寸 "$20^{+0.28}_{0}$" 两肩面及尺寸 10mm 右端面,均留 0.15~0.2mm 余量。车 "$\phi70$" 外圆留 0.15~0.2mm 余量,其余空刀倒角车成	C620	活顶尖				100	
		3	用中心架,从左端钻 φ20mm 孔,深度为 240mm,孔口锪 3mm×60° 中心孔,并车 0.5mm×120° 护锥			锥面锪钻(40×60°GB/T 1143—2004)			90	
		4	调头从右端钻通 φ20mm 孔,车 φ27mm 空刀达到技术要求,车莫氏锥孔留 0.6~0.7mm 余量,钻口锪 3mm×60° 中心孔,并车 0.5mm×120° 护锥。要求:(1)用莫氏 4 号塞规检查,锥孔着色面积≥50%;(2)莫氏 4 号锥孔对 φ45mm,φ50mm 外圆同轴度为 0.05mm	车		莫氏 4 号铰刀	莫氏 4 号塞规		90	

续表

工序号	工序名称	工步号	工序内容	设备	夹具	刀具	量具	试制准备/min	工时单件/min	备注
			机械加工综合工艺卡片		产品型号 3MZ136	零件名称 3MZ136 磨床主轴	零件图号 21-309		共6页 第3页	
厂名全称			材料牌号 40Cr		毛坯种类 圆钢	毛坯尺寸 φ75×455	单台数量			
						工艺装备名称及编号				
25	铣		铣键槽成（按余量加深）	X53		莫氏锥柄键槽铣刀 φ12		30	30	
30	热		淬火 45～50HRC							
35	磨	1	研两端中心孔达到圆度 0.005mm，表面粗糙度 Ra 为 1.6μm	M131				30	25	
		2	粗磨各外圆均留 0.2～0.25mm 余量，磨 φ70mm 外圆达到技术要求。磨 φ45mm，φ50mm 外圆柱度和同轴度为 0.02mm						60	
		3	用双中心架夹持工件，磨莫氏4号锥孔，留余量 0.3～0.4mm。要求：涂色检查，着色面积≥60%；φ45mm，φ50mm 同轴度 0.01mm						70	

续表

厂名全称		机械加工综合工艺卡片		产品型号	3MZ136	零件名称	3MZ136 磨床主轴	零件图号	21-309	共6页
										第4页
材料牌号		40Cr		毛坯种类	圆钢	毛坯尺寸	$\phi75\times455$	单台数量		
工序号	工序名称	工步序号	工序内容	设备	工艺装备名称及编号			试制准备 /min	单件 /min	备注
					夹具	刀具	量具			
40	热		时效处理							
45	磨	1	精研两端中心孔,圆度为 0.003mm,粗糙度 Ra 为 $0.4\mu m$	M131				20	20	控制点
		2	半精磨 Ra 为 $1.6\mu m$,Ra 为 $0.4\mu m$ 各外圆均留余量 $0.05\sim0.08mm$。磨 "M45×1.5-6g" 至 $\phi45^{-0}_{-0.05}mm$,磨尺寸 "10" 右端面到图样要求,尺寸 "20" 左右肩留余量 $0.05\sim0.08mm$。要求:基准外圆 A,B 圆柱度为 0.004mm,同轴度 $\phi0.005mm$,每批直径一致性为 0.01mm	M131	顶尖 (D744×50)	砂轮: P-400×50× 203— WA80KV		60	130	控制点
		3	精磨 "$\phi40^{0}_{-0.016}$" "$\phi49.5^{0}_{-0.1}$" "$\phi57^{0}_{-0.02}$" 外圆达到技术要求。磨 "M45×1.5-6g" 外圆至 $\phi45^{0}_{-0.15}mm$。磨尺寸 "$20^{+0.23}_{-0.13}$" 右肩成	M131	顶尖 (D744×50)	砂轮: P-400×50× 203— WA80KV		30	90	

续表

厂名全称	机械加工综合工艺卡片		产品型号	3MZ136		零件名称	3MZ136 磨床主轴	零件图号	21-309		共6页
材料牌号	40Cr		毛坯种类	圆钢		毛坯尺寸	φ75×455	单台数量			第5页

工序号	工序名称	工步序号	工序内容	设备	工艺装备名称及编号			试制准备/min	工时单件/min	备注
					夹具	刀具	量具			
45	磨	4	用双中心架定位支承零件,磨莫氏4号锥孔,留余量0.15~0.2mm。要求:(1)涂色检查着色面积≥60%;(2)对A,B的同轴度为φ0.02mm	M131	中心架	砂轮:P-16×25×6-WA80KV	粗糙度样板Ra0.8μm	60	60	控制点
50	磨	1	镶堵。要求:(1)锥面均匀接触,其接触面积到≥60%;(2)嵌入力要适度,外圆无胀出为准	螺纹磨床				20	20	控制点
		2	磨"M45×1.5~6g"达到技术要求							
55	磨	1	按检查提供的数据,磨A,B外圆成	MG1432		砂轮:P-400×50×203-WA80KV		30	60	
		2	靠磨尺寸"20±0.33"左肩面成				宽刻度千分尺:0~1(0.001)粗糙度样板Ra1.6μm	30	40	控制点

续表

厂名全称	机械加工综合工艺卡片		产品型号	3MZ136	零件名称	3MZ136 磨床主轴	零件图号	21-309			共 6 页
	材料牌号	40Cr		毛坯种类	圆钢	毛坯尺寸	φ75×455	单台数量			第 6 页

工序号	工序名称	工步序号	工序内容	设备	夹具	刀具	量具	试制准备 /min	工时单件 /min	备注
			工艺装备名称及编号							
60	作标记 去堵	1	用氧化镉作标记						5	
		2	去堵						15	
65	磨		用双中心架定位夹持工件,精磨 4 号莫氏锥孔。着色检查,着色面积≥80%。其余精度按图样要求加工	M131W	中心架	砂轮: P-16×25× 6-WA80KV	莫氏 4 号塞规	60	60	控制点

拟制	核对	描图	描校	会签	审核	批准	修改	卡片顺序号

表 3.115　主要工序机械加工工序操作指导卡片

(工厂名)		机械加工工序操作指导卡片	产品及型号	3MZ136	零件图号	21-309	共 4 页	第 1 页
			产品名称	轴承磨床	零件名称	3MZ136 磨床主轴	班产定额	工时
车间 工厂金四	工段 车间	工序号 45	工序名称 磨	材料牌号 40Cr	设备名称 M131	切削液 乳化液 准备工时	单件工时	准备单件

工步号	工步内容	项目	精度	自检	首检	巡检	重要度	控制手段	头架速度/(m·min⁻¹)	进给量/(mm·r⁻¹)	切削深度/mm	进给次数	工艺装备
1	(1) 对机床设备进行日常工作点检 (2) 砂轮必须锋利，线速度≥30m/s												强应力定位万能顶尖： D744×50；砂轮：P-400×50×203 —WA80KV；千分表 0~1(0.001)；微米千分尺 50~75 (0.001)；粗糙度样板 Ra0.8μm，Ra0.4μm
	(3) 研两端中心孔	圆度	0.003	全	G		c						
		粗糙度	Ra0.4μm	全	G		c						
	(4) 磨 A,B 两外圆	直径	+0.08 +0.05	全	G		b	记录	29	10	0.01	8	
		A,B 一致性	0.01	全	G		b	记录					
		A,B 的圆柱度	φ0.004	全	G		b	记录					
		A,B 同轴度	0.005	全	G		b	记录					
		粗糙度	Ra0.8μm	全	G		c						
2,3	(5) 磨外圆"φ57主0.08 0.08"	直径	+0.08 +0.05	全	G		c		29	10	0.01	8	
	(6) 磨"φ40.5主0.05"外圆	直径	+0.05 +0.03	全	G		c		29	10	0.01	8	
	(7) 磨"φ45主0.05"外圆	直径	0 -0.05	全	G		c		29	10	0.01	8	
	(8) 磨"φ40工0.05"外圆	直径	+0.05 +0.03	全	G		c		29	10	0.01	8	

工序图 (见表 3.115 中的工艺附图 1)

续表

	机械加工工工序操作指导卡片	产品及型号	3MZ136	零件图号			
(工厂名)		产品名称	轴承磨床	零件名称	3MZ136磨床主轴		第2页

车间	工段	工序号	工序名称	材料牌号	设备名称	切削液	准备工时	单件工时	共4页
金四车间		45	磨	40Cr	设备	乳化液			

工步号	工步内容	质量控制内容 项目	质量控制内容 精度	检验频次 自检	检验频次 首检	检验频次 巡检	重要度	控制手段	头架速度/m·min⁻¹	速进进给量/mm·r⁻¹	切削深度/mm	进给次数	工艺装备
2,3	(9) 磨尺寸 "20⁺⁰·²⁰₊₀·₁₅" 两肩面	$20^{+0.20}_{+0.15}$	$+0.20/+0.15$	全	G		c	b	16	10	0.004	15~20	砂轮:P−400×50×203 −WA80KV 中心架 莫氏4号锥度塞规 百分表 0~3(0.01) 粗糙度样板:Ra1.6μm
		$10^{+0.10}_{+0.08}$	$+0.10/+0.08$	全	G		c	c					
4	(1) 对机床设备进行日常工作点检 (2) 砂轮必须锋利,线速度≥30m/s (3) 用双中心架装夹工件,将上母线及侧母线均找正在0.006mm以内 (4) 磨莫氏4号锥孔	孔径	$+0.06/+0.11$	全	G		b	记录					
		粗糙度	Ra1.6μm	全	G		c	记录					
		锥面接触面积	≥60%	全	G		b	记录					
		锥孔轴线对A-B同轴度	φ0.02	全	G		b	记录					

工序图(见表3.115中的工艺附图2)

工时 准备 单件

续表

（工厂名）		机械加工工序操作指导卡片			产品及型号	3MZ136	零件图号	21-309	共4页	第3页
车间 金四车间	工序号 50/60	工序名称 磨	材料牌号 40Cr	设备名称 M131	产品名称 轴承磨床	切削液乳化液	零部件名称 3MZ136磨床主轴		班产定额	
							准备工时	单件工时	准备单件	工时

工步号	工步内容	质量控制内容		检验频次			重要度	控制手段	头架速度 m·min⁻¹	进给量 mm· r⁻¹	切削深度 /mm	进给次数
		项目	精度	自检	首检	巡检						
	对机床设备进行日常工作点检											
	砂轮必须锋利，线速度≥30m/s											
	精磨行程次数视工作的残留误差而定											
1	（工序50中）镶堵	锥面接触面积	≥60	全		a	记录					
		嵌入力	适度	全		a	记录					
1	按检查提供数据配磨"φ45""φ50"外圆	过盈量	0.01～0.003	全	G	a	记录	29	25	0.002	8～10
		圆柱度	0.003	全	G	a	记录					
		粗糙度	Ra0.4μm	全	G	a	记录					
		A,B同轴度	φ0.003	全	G	a	记录					
2	（工序55）靠磨"20退刀"左肩面	对A,B跳动	0.003	全	G	a	记录					

工艺装备：堵：M—T₁—303—16012 砂轮：P—400×50×203—WA80KV 宽刻度干分表：0～1（0.001）微米干分尺：50～75（0.001）粗糙度样板Ra0.4μm

工序图（见表3.115中的工艺附图3）

续表

机械加工工序操作指导卡片		产品及型号	3MZ136	零件图号	21-309	共4页 第4页
		产品名称	轴承磨床	零部件名称	3MZ136 磨床主轴	工时
(工厂名)						准备 单件

车间	工段	工序号	工序名称	材料牌号	设备名称	准备工时	单件工时	班产定额
金四车间		65	磨	40Cr	M131切削液乳化液			

工步号	工步内容	质量控制内容		检验频次			重要度	控制手段	头架速度/m·min⁻¹	进给量/mm·r⁻¹	切削深度/mm	进给次数	工艺装备
		项目	精度	自检	首检	巡检							
1	(1)对机床设备进行日常工作点检 (2)用双中心架上活将上母线及侧母线均找正在0.002mm以内 (3)砂轮必须锋利,线速度≥30m/s (4)清磨行程次数视工作的残留余量而定												砂轮:P-16×25×6 -WA80KV 中心架 莫氏4号锥度塞规(1级) 宽刻度千分表:0~1(0.001) 粗糙度样板 Ra0.8μm
2	(5)精磨莫氏4号锥孔	粗糙度	Ra0.8μm	全	G		b	记录	30	10	0.002	10~20	
		锥面接触面积	≥80%	全	G			记录					
		对A—B跳动	0.003 0.008	全	G			记录					

工序图(见表3.115中的工艺附图4)

设计(日期)	审核(日期)	标准化(日期)	会签(日期)

标记	处数	更改文件号	签字	日期	标记	处数	更改文件号	签字	日期	卡片顺序号

注:表中 G 为进行首检的记号。重要性由高到低分为 a、b、c 三级。

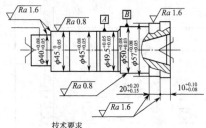

技术要求

1. A、B圆柱度0.004。
2. A、B同轴度0.005。
3. A、B每批直径的一致性0.01。

表3.115中的工艺附图1

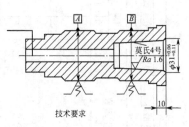

技术要求

1. 对莫氏锥孔涂色，检查要求着色面积≥60%。
2. 莫氏锥孔轴线对A—B同轴度φ0.02。

表3.115中的工艺附图2

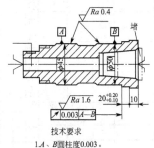

技术要求

1. A、B圆柱度0.003。
2. A、B同轴度0.003。
3. A、B与轴承孔配合，其过盈量为0.001~0.003。

表3.115中的工艺附图3

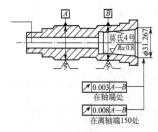

技术要求

对莫氏4号锥孔涂色涂色检查，要求着色面积≥80%。

表3.115中的工艺附图4

（4）3MZ136磨床主轴机械加工工艺过程分析

3MZ136磨床主轴加工过程的加工阶段分为：粗加工阶段、半精加工阶段和精加工（粗磨、半精磨和精磨）阶段三个阶段。

粗加工阶段包括以下内容。

① 下料、退火（工序01～05）。

② 粗加工。车端面，打顶尖孔、钻孔和粗车外圆等（工序10）。主要目的是用大的切削用量切除大部分余量，把毛坯加工至接近工件的最终形状和尺寸，只留下少量的加工余量。该阶段还可及时发现毛坯件缺陷，以采取相应的措施。

半精加工阶段包括以下内容。

① 半精加工前热处理。对40Cr一般采用时效处理，以消除加工应力，提高后续加工尺寸的稳定性（工序15）。

② 半精加工。车工艺锥面（定位锥孔），半精车外圆、端面和钻深孔等（工序 20～25），铣键槽。该阶段主要目的是为精加工做好准备，尤其是为精加工做好定位基准的准备。对一些要求不高的表面，这个阶段加工到图纸规定的要求。

精加工阶段包括以下内容。

① 精加工前热处理 淬火 45～50HRC（工序 30）。

② 精加工前各种加工。修研中心孔，粗磨各外圆，粗磨锥孔等（工序 35）。

③ 精加工。修研中心孔，半精磨、精磨各外圆；半精磨内锥孔；磨螺纹；（工序 45～50）。

④ 精磨轴颈外圆 A、B，精磨内锥孔，以保证主轴最重要表面的精度。该阶段的目的是把各表面最终加工到图纸规定的要求。

该工艺过程的工序集中与分散采取了工序集中，如将半精磨、精磨各外圆、半精磨内锥孔等安排为一个工序。

热处理工序的安排：将粗、半精和精加工分开，合理地安排热处理工序。为了保证零件的使用性能，粗加工前安排退火，在粗磨前安排了淬火处理，粗磨后安排了时效处理。

定位基准的选择：在轴类零件加工中，为保证轴上各表面的基准统一，采用两端的顶尖孔作为统一基准面。3MZ136 磨床主轴的前、后两支承轴颈 A 和 B 面是装配基准，以顶尖孔作为定位基准面符合基准重合的原则。在加工各外圆表面过程中采用顶尖孔或堵头上中心孔定位，而加工主轴锥孔时采用轴颈 A、B（中心架）定位，满足互为基准原则。

主轴锥孔加工的安装方式：磨削主轴前端锥孔，一般以支承轴颈作为定位基准，有以下三种安装方式。

① 支承轴颈被安装在中心架上（图 3.20 为中心架示意图），后轴颈夹在磨床床头的卡盘上。磨削前严格校正两个支承轴颈，前端可调整中心架，后端在卡爪和轴颈之间垫薄片来调整。此法调整费时，生产率低，

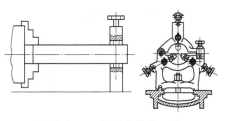

图 3.20　一端用卡盘另一端用中心架装夹示意

而且磨床床头的误差会影响到工件，但设备简单，适用于单件小批量生产。

② 将前、后支承轴颈分别装在两个中心架上，用千分表校正好中心架位置，工件通过弹性联轴器或万向接头与磨床主轴连接。此法可保证主轴轴颈的定位精度，而不受磨床主轴误差的影响。但调整中心架很费时，质量也不稳定，适于单件小批生产。

③ 成批生产时，大多采用专用夹具进行加工。图 3.21 为磨主轴锥孔的一种专用夹具。夹具是由底座、支承架及浮动卡头三部分组成。前、后两支架与底座连成一体。其定位元件选用镶有硬质合金的 V 形块固定在支架上，以提高耐磨性，工件的中心高要调整到正好与磨头砂轮轴的中心高相等。后端的浮动卡头装在磨床主轴的锥孔内，工件尾端插于弹性套内。用弹簧把浮动卡头外壳连同工件向后拉，通过钢球压向镶有硬质合金的锥柄端面，于是通过压缩弹簧的张力就限制了工件的轴向窜动。采用这种连接方式，可以保证主轴支承轴颈的定位精度不受磨床床头误差的影响，也减少了机床本身的振动对加工质量的影响；可使所加工锥孔对支承轴颈的跳动在 300mm 长度上为 $0.003 \sim 0.005$mm，粗糙度 $Ra \leqslant 0.63 \mu$m，接触面积在 80% 以上，不仅提高了质量，而且也提高了生产率。

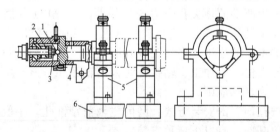

图 3.21　磨主轴锥孔的专用夹具
1—钢球；2—弹簧；3—硬质合金锥柄端；4—弹性套；5—V 形架磨夹具；6—底座

主轴的精度检验：轴类零件在加工过程中和加工后都要按工艺规程的要求进行检验。检验的项目包括表面粗糙度、表面硬度、表面几何形状精度、尺寸精度和相互位置精度。

轴类零件的精度检验常按一定的顺序进行。一般先检验几何形状精度，然后检验尺寸精度，最后检验各表面之间的相互位置精度。这样可以判明和排除不同性质误差之间对测量精度的干扰。

用外观比较法检验各表面的粗
糙度及表面缺陷。检验前、后支承
轴颈 A 和 B 对公共基准的同轴度误
差，通常采用如图 3.22 所示的方
法。把轴的两端顶尖孔或两个工艺
锥堵顶尖孔作为定位基准，在支承

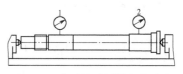

图 3.22　支承轴颈同轴度的检验
1，2—表

轴颈上分别装指示表 1 和 2，然后使轴慢慢转动一周，分别读出表
1 和表 2 的读数。这两个读数分别代表了这两个支承轴颈相对于轴
心线的径向圆跳动。径向圆跳动综合反映了轴的同轴度误差和圆度
误差。如果几何形状误差很小，可以不考虑其影响时，则上述表 1
和 2 的读数值即分别为这两个支承轴颈相对于轴心线的同轴度
误差。

轴的其他表面对支承轴颈的相互位置精度的检查方法如图
3.23 所示。将轴的两支承轴颈放在同一平面的两个 V 形架上，并
在轴的一端用挡铁、钢球和工艺锥堵挡住，限制其轴向移测动。其
中一个 V 形架的高度是可以调节的。测量时先用千分表 1 和 2 调
整轴的中心线，使其与测量平板平行。平板要有一定的倾斜角度
（通常为 15°），使工件靠自重压向钢球而紧密接触。

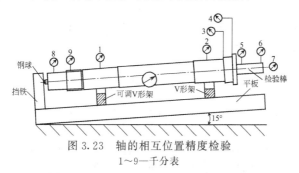

图 3.23　轴的相互位置精度检验
1～9—千分表

对空心阶梯轴，如 3MZ136 磨床主轴要在轴的前锥孔中插入检
验棒，用检验棒的轴心线代替锥孔的轴心线。

测量相互位置精度时，均匀地转动轴，分别以千分表 5、6、
8、9 测量各轴颈及锥孔中心相对于支承轴颈的径向圆跳动，千分
表 3、4 分别检查端面圆跳动。千分表 7 用来测量轴的轴向窜动。

前端锥孔的形状和尺寸精度，应以专用锥度量规检验，并以涂

色法检查锥孔表面的接触情况。这项检验应在相互位置精度的检验之前进行。

3.8.3 圆柱齿轮机械加工工艺

齿轮传动广泛应用于机床、汽车、飞机、船舶及精密仪器等行业中，其功用是按规定的速比传递运动和动力。在机械制造中，齿轮生产占有极重要的地位。

（1）齿轮零件分析

① 齿轮的结构特点　圆柱齿轮的结构由于使用要求不同而具有各种不同的形状，但从工艺角度可将齿轮看成是由齿圈和轮体两部分构成。按照齿圈上轮齿的分布形式，可分为直齿、斜齿、人字齿轮等；按照轮体的结构特点，齿轮可大致分为盘类齿轮、套类齿轮、内齿轮、轴类齿轮、扇形齿轮和齿条等，如图 3.24 所示。以盘形齿轮应用最广。

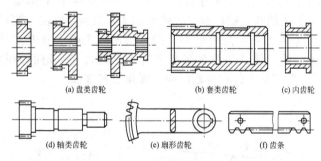

(a) 盘类齿轮　　(b) 套类齿轮　　(c) 内齿轮

(d) 轴类齿轮　　(e) 扇形齿轮　　(f) 齿条

图 3.24　圆柱齿轮结构类型

② 齿轮的技术要求　齿轮的技术要求主要包括齿轮传动的精度要求和齿坯基准表面的加工精度等。

齿轮本身的制造精度，对整个机器的工作性能、承载能力及使用寿命都有很大的影响。齿轮制造应满足齿轮传动的使用要求。根据其使用条件，齿轮传动应满足以下几个方面的要求。

a. 传递运动的准确性。要求齿轮较准确地传递运动，传动比恒定，即要求齿轮在一转中的转角误差不超过一定范围。

b. 传递运动的平稳性。要求齿轮传递运动平稳，以减小冲击、振动和噪声，即要求限制齿轮传动时瞬时速比的变化。

c. 载荷分布的均匀性。要求齿轮工作时，齿面接触痕迹要均匀，并有足够的接触面积，以免齿轮在传递动力时因载荷分布不匀而使接触应力过大，引起齿面局部磨损。

d. 齿侧间隙的合理性。要求齿轮传动时，相互啮合的一对非工作齿面间留有一定的间隙，以储存润滑油，补偿因温度、弹性变形所引起的尺寸变化和加工、装配时的一些误差。

齿轮的制造精度和齿侧间隙主要根据齿轮的用途和工作条件而定。对于分度传动用的齿轮，主要要求的是齿轮传递运动的准确性；对于高速动力传动用的齿轮，为了减少冲击和噪声，对工作平稳性有较高要求；对于低速重载传动下的齿轮，则对齿面载荷分布的均匀性有较高的要求，以保证齿轮不致过早磨损；对于换向传动和读数机构用的齿轮，则应严格控制齿侧间隙，必要时还需消除间隙。

国家标准对单个齿轮规定了 13 个精度等级。其中 0～2 级是有待发展的精度等级，3～5 级为高精度等级，6～9 级为中等精度等级，10～12 级为低精度等级。标准中按照误差的特性以及齿轮各项误差对传动性能的主要影响，将齿轮各项公差与极限偏差分为Ⅰ、Ⅱ、Ⅲ三个公差组，如表 3.116 所列。根据使用要求的不同，允许各公差组选用不同的精度等级。但在同一公差组内，各项公差与极限偏差应保持相同的精度等级。根据齿轮精度等级不同，从三个组中各选定 1～2 项，作为控制和检验齿轮传动前三项要求的项目，而为保证适当的齿侧间隙，通常的措施是减小轮齿齿厚，控制齿厚的偏差和中心距偏差。

表 3.116　检验齿轮精度的公差组

公差组	公差与极限偏差项目	对传动性能的影响
Ⅰ	$F_i{}'$、F_p、F_{pk}、$F_i{}''$、F_r、ΔF_w	传递运动的准确性
Ⅱ	$f_i{}'$、f_f、f_{pt}、f_{pb}、$f_i{}''$、$f_{f\beta}$	传动的平稳性
Ⅲ	F_β、F_{px}	承载均匀性

齿坯的内孔（或轴径）、齿顶圆和端面通常作为齿轮加工、测量和装配的基准，它们的尺寸误差和形位误差直接影响齿轮与齿轮副的精度，所以必须对它们规定公差。GB 10095－2008 对齿坯各部分的公差值规定见表 3.117 和表 3.118。

表 3. 117 齿坯公差

齿轮精度等级		1	2	3	4	5	6	7	8	9	10	11	12
孔	尺寸公差	IT4	IT4	IT4	IT4	IT5	IT6	IT7		IT8		IT8	
	形状公差	IT1	IT2	IT5	IT4	IT5	IT6	IT7		IT8		IT8	
轴	尺寸公差	IT4	IT4	IT4	IT4	IT5		IT6		IT7		IT8	
	形状公差	IT1	IT2	IT3	IT4	IT5		IT6		IT7		IT8	
顶圆直径		IT6			IT7			IT8		IT9		IT11	
基准面的径向跳动		见表 3.118											
基准面的端面跳动													

注：1. 当三个公差组的精度等级不同时，按最高的精度等级确定公差值；
　　2. 当顶圆不作测量齿厚的基准时，尺寸公差按 IT11 给定，但不大于 0.1mm。

表 3. 118　齿坯基准面径向和端面跳动

分度圆直径/mm		精度等级					分度圆直径/mm		精度等级				
大于	到	1~2	3~4	5~6	7~8	9~12	大于	到	1~2	3~4	5~6	7~8	9~12
—	125	2.8	7	11	18	28	800	1600	7.0	18	28	45	71
125	400	3.6	9	14	22	36	1600	2500	10.0	25	40	63	100
400	800	5.0	12	20	32	50	2500	4000	16.0	40	63	100	160

③ 齿轮的材料、热处理和毛坯　齿轮应按照使用时的工作条件选用合适的材料。齿轮材料合适与否对齿轮的加工性能和使用寿命都有直接的影响。

一般来说，对于低速重载的传力齿轮，齿面受压会产生塑性变形和磨损，且轮齿易折断，应选用机械强度、硬度等综合力学性能较好的材料，如 20CrMnTi；线速度高的传力齿轮，齿面容易产生疲劳点蚀，所以齿面应有较高的硬度，可用 38CrMoAlA 氮化钢；承受冲击载荷的传力齿轮，应选用韧性好的材料，如低碳合金钢 20CrMnTi；非传力齿轮可以选用不淬火钢、铸铁、夹布胶木、尼龙等材料。一般用途的齿轮均用中碳钢、45 钢和低、中碳合金钢，如 20Cr、40Cr、20CrMnTi 等制造。

齿轮加工中根据不同的目的，安排两类热处理工序：毛坯热处理和齿面热处理。毛坯热处理在齿坯加工前后安排正火或调质等热处理。其主要目的是消除锻造及粗加工所引起的残余应力，改善材料的切削性能和提高综合力学性能。齿面热处理是在齿形加工完毕后，为提高齿面的硬度和耐磨性，常安排渗碳淬火、高频淬火、碳氮共渗和渗氮处理等热处理工序。

齿轮毛坯形式主要有棒料、锻件和铸件。棒料用于小尺寸、结构简单且对强度要求不太高的齿轮。当齿轮强度要求高，并要求耐磨损、耐冲击时，多用锻件毛坯。当齿轮的直径大于 $\phi400\sim600mm$ 时，常用铸造毛坯。为了减少机械加工量，对大尺寸、低精度的齿轮，可以直接铸出轮齿；对于小尺寸、形状复杂的齿轮，可以采用精密铸造、压力铸造、精密锻造、粉末冶金、热轧和冷挤等新工艺制造出具有轮齿的齿坯，以提高劳动生产率、节约原材料。

(2) 齿轮的机械加工工艺

影响齿轮加工工艺过程的因素很多，其中主要有生产类型、齿轮的精度要求、齿轮的结构形式、齿轮的尺寸大小、齿轮的材质和车间现有的设备情况。应该指出，齿轮的工艺过程要根据不同的要求和生产的具体情况不同而有所差别。齿轮机械加工工艺过程虽各不相同，归纳起来，其机械加工工艺路线大致为：毛坯制造→热处理→齿坯加工→轮齿加工→轮齿热处理→定位基面精加工→轮齿精加工→终结检验等。

① 齿轮机械加工工艺过程 图 3.25 为某厂小批量生产的系列齿轮图样，$\phi12mm \leqslant D \leqslant \phi30mm$，材料为 40Cr，精度要求为 9级，其通用机械加工工艺过程如表 3.119 所示。

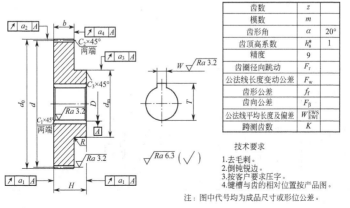

齿数	z	
模数	m	
齿形角	α	20°
齿顶高系数	h_a^*	1
精度	9	
齿圈径向跳动	F_r	
公法线长度变动公差	F_w	
齿形公差	f_f	
齿向公差	F_β	
公法线平均长度及偏差	W_{EWI}^{EWS}	
跨测齿数	K	

技术要求

1. 去毛刺。
2. 倒钝锐边。
3. 按客户要求压字。
4. 键槽与齿的相对位置按产品图。

注：图中代号均为成品尺寸或形位公差。

图 3.25 齿轮

表 3.119　齿轮加工工艺

序号	工序名称	工序及工步内容	工序简图	设备名称
01	备料			
10	粗车	按工序图加工；各部尺寸均留 2mm 余量。B 端面和大外圆应一次装夹加工成。图示跳动由工艺保证。内外圆同轴度误差小于等于 ϕ 0.3mm	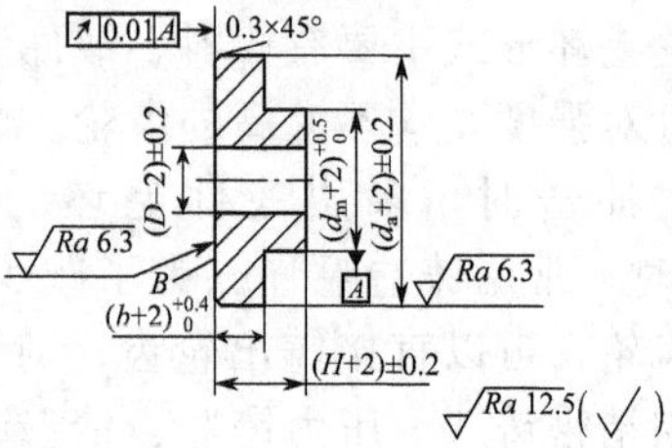	普车
20	精车小端	（1）车小端面车平 （2）车台圆 d_m （3）车齿内侧面：保尺寸$(H-b)$ （4）车大外圆 d_a 及倒角 $C_2\times45°$，保证尺寸大于等于 H 和图示跳动 （5）镗孔：留铰量 0.15～0.20mm （6）铰孔 D' （7）倒内、外圆角	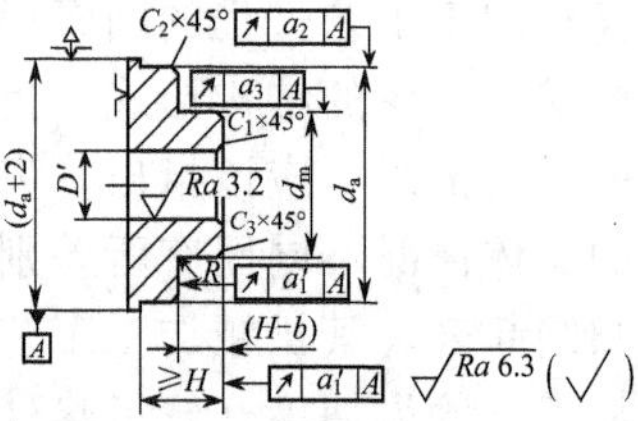	CKD6140
30	精车大端面	（1）精车大端面：保证尺寸 b、H 和端面跳动要求 （2）倒内外圆角	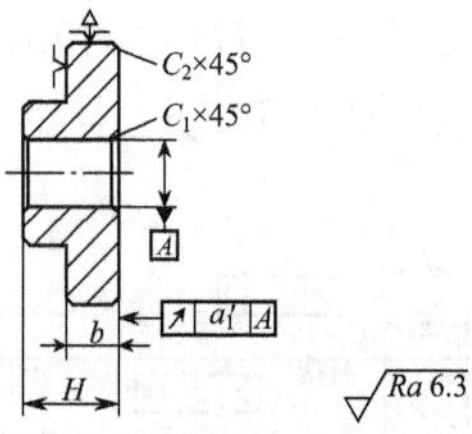	CKD6140
31	去毛刺			
40	中间检验			
50	插齿或滚齿	保证产品图有关参数和要求（当 d_a 较大而 d_m 较小时，应以内孔、d_a 端面和齿内侧面定位）	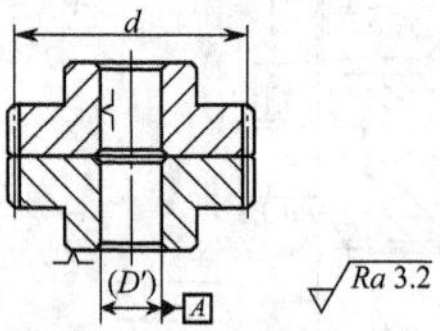	Y54/Y3150E
60	插键槽	键槽尺寸和位置按产品图		B5020

续表

序号	工序名称	工序及工步内容	工序简图	设备名称
61	去毛刺			
70	压字	根据客户或合同要求进行		
80	终检			

② 双联齿轮机械加工工艺过程　图 3.26 所示为车床主轴箱一双联齿轮零件图,材料为 40Cr,小齿轮精度为 7 级,大齿轮精度为 6 级,齿面硬度 52HRC。生产批量为中批生产。表 3.120 为其加工工艺过程。

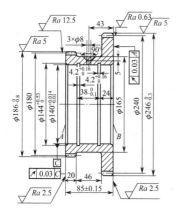

齿数	60	80
模数	3	3
压力角	20°	20°
精度等级	$7(^{-0.15}_{-0.21})$	$6(^{-0.16}_{-0.21})$
公法线平均长度偏差	$60.088^{-0.15}_{-0.205}$	$78.641^{-0.16}_{-0.21}$
跨测齿数	7	9

技术要求
1.未注明倒角均为 1×45°。
2.材料:40Cr。
3.热处理:齿部G52。

$\sqrt{Ra\,10}$ ($\sqrt{}$)

图 3.26　双联齿轮

表 3.120　双联齿轮加工工艺过程

工序号	工序内容	定位基准	工序号	工序内容	定位基准
1	锻:锻坯		5	平磨:平磨 B 面至 $(85±0.15)$mm	A 面
2	粗车:粗车内外圆留余量 3mm,B 面尽料放长	B 面和外圆	6	划线:划 "$3×\phi8$" 油孔位置线	
3	热处理:正火		7	钻:钻 "$3×\phi8$" 油孔,孔口倒角至图纸要求	B 面和内孔
4	精车:夹 B 端,车 "$\phi246^{0}_{-0.3}$(h11)" "$\phi186^{0}_{-0.3}$(h11)" 及 "$\phi165$" 至尺寸;车 "$\phi140$" 孔至 $\phi138^{+0.04}_{0}$ mm(H7)合塞规,光 A 面、倒角;调头,光 B 面留磨量 0.5,倒角 "$1.5×45°$"	B 面和外圆 / A 面和外圆	8	钳:内孔去毛刺	
			9	滚齿:滚齿 $z=80$,$W=78.841^{-0.16}_{-0.21}$(即留磨量 0.2mm)$n=9$	B 面和内孔

工序号	工序内容	定位基准	工序号	工序内容	定位基准
10	插齿：插齿 $z=60$，$W=60.088_{-0.11}^{-0.08}$，$n=7$	B 面和内孔	14	精车：精车"$\phi140_{-0.010}^{+0.014}$（$J6$）"合塞规，切槽至要求	B 面和分圆
11	齿倒角：齿倒圆角，去齿部毛刺	B 面和内孔	15	珩齿：珩齿 $z=60$，$W=60.088_{-0.205}^{-0.15}$，$n=7$	B 面和内孔
12	剃齿：剃齿 $z=60$，$W=60.088_{-0.17}^{-0.14}$，$n=7$	B 面和内孔	16	磨齿：磨齿 $z=80$，$W=78.641_{-0.21}^{-0.16}$，$n=9$	B 面和内孔
13	热处理：齿部高频淬火，50～50HRC		17	检验	
			18	入库	

（3）圆柱齿轮加工典型工序分析

① 定位基准的确定与加工　齿轮加工的定位基准应尽可能与设计基准相重合，而且，在加工齿形的各工序中尽可能应用相同的基准定位。

对于小直径的轴齿轮，定位基准采用两端中心孔；大直径的轴齿轮通常用轴颈及一个较大的端面来定位。而带孔（花键孔）的盘类齿轮的齿形加工常采用以下两种定位方式。

a. 内孔和端面定位。选择既是设计基准又是测量和装配基准的内孔作为定位基准，既符合"基准重合"原则，又能使齿形等加工工序基准统一，只要严格控制内孔精度，在专用心轴上定位时不需要找正，故生产率高，广泛用于成批生产中。

b. 外圆和端面定位。齿坯内孔在通用心轴上安装，用找正外圆来决定孔中心位置，故要求齿坯外圆对内孔的径向跳动要小。因找正效率低，一般用于单件小批生产。

必须注意：当齿面经淬火后，在齿面精加工之前，必须对基准孔进行修正，如表 3.120 中工序 14 采用了车削，以修正淬火变形。内孔的修正可采用磨孔工序或推孔的工序。

② 齿坯加工　齿形加工之前的齿轮加工称为齿坯加工，齿坯的内孔（或轴颈）、端面或外圆经常是齿轮加工、测量和装配的基准，齿坯的精度对齿轮的加工精度有重要的影响。因此，齿坯加工在整个齿轮加工中占有重要的地位。

齿坯加工工艺主要取决于齿轮的轮体结构、技术要求和生产类型。对于轴齿轮和套筒齿轮的齿坯，其加工工艺和一般轴、套零件基本相同。下面主要讨论盘形齿轮的齿坯加工。

在大批大量生产中，齿坯加工常在高生产率机床（如拉床和单轴、多轴自动或半自动车床等）组成的流水线或自动线上进行加工。加工方案随齿坯结构、尺寸及毛坯形式的不同而变化。对于中等尺寸的单件毛坯，常采用的方案是：毛坯以外圆及端面定位进行钻孔或扩孔→以端面支承进行拉孔→以孔定位将齿坯装在心轴上，在多刀半自动车床上粗车、精车外圆和端面、切槽及倒角等（图 3.27）。为了车出全部外形表面，通常将加工分两个工序在两台机床上进行。

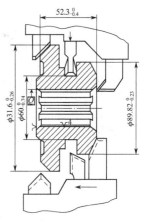

图 3.27　在多刀半自动车床上加工齿坯外形

对于齿轮直径较大且宽度较小，特别是结构又比较复杂的齿坯，可选择立式多轴半自动车床进行加工，如图 3.28 所示。

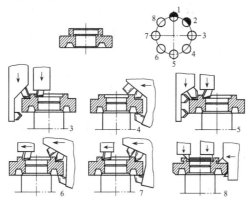

图 3.28　在立式多轴半自动车床上加工齿坯外形

1～8—轴

对于直径较小、毛坯采用棒料的齿坯，可用卧式多轴自动车床将齿坯的内孔和外形在一个工序全部加工出来，如图 3.29 所示。也可先用单轴自动车床粗加工齿坯的内孔及外形，然后进行拉孔，最后再装在心轴上，在多刀半自动车床上精车齿坯的外形。

在中小批生产中，齿坯加工的方案较多。但总的特点是采用通

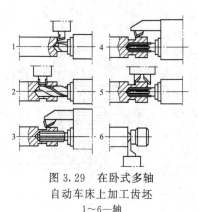

图 3.29 在卧式多轴
自动车床上加工齿坯
1～6—轴

用设备，大致按照粗车各部分→精加工内孔→精车各部分的路线加工。以常见中等尺寸的花键孔齿轮为例，其加工方案是：先以齿坯外圆或凸出的轮毂定位，三爪卡盘夹紧，在普通车床或转塔车床上加工外圆、端面及花键底孔；然后以花键底孔定心用端面支承拉出花键孔；最后以花键孔定位安装在心轴上，在普通车床上精加工外圆、端面及其他部分。

对于常见的圆柱形内孔的齿坯，一般仍可采用上述方案，但内孔精加工不一定要用拉孔，特别是在小批生产或缺乏拉孔条件的情况下，应根据孔径大小采用铰孔或镗孔。图 3.25 所示齿轮即采用先镗后铰的方案，而图 3.26 所示双联齿轮因孔径较大采用镗孔方案。

③ 齿形加工工序的安排 齿形加工工序的安排主要取决于齿轮的精度等级，同时考虑齿轮的结构特点、生产类型及热处理方法等。

a. 对于 8 级精度以下的齿轮，用滚齿或插齿就能满足要求。采取的工艺路线为：滚（或插）齿→齿端倒角→齿面热处理→校正内孔的路线。热处理前的齿形加工精度应提高一级。

b. 对于 7 级精度的齿轮，不需淬火的可用：滚齿（或插齿）→剃齿方案；对小批生产的 7 级精度淬硬齿面加工可用：滚齿（或插齿）→齿端倒角→热处理（齿面高频淬火）→磨内孔（或校正花键孔）→磨齿方案；当批量较大时，可用：滚齿（或插齿）→齿端倒角→剃齿→热处理→磨内孔（或校正花键孔）→珩齿方案。

c. 对 6 级精度以上精密齿轮，常用齿形加工路线有：粗滚齿→精滚齿→淬火→磨齿（4～6 级）；或者用：粗滚齿→精滚齿（或精插齿）→剃齿→高频淬火→珩齿（6 级）。

3.8.4 CA6140 型车床主轴箱体机械加工工艺

（1）概述

箱体是机器或部件的基础零件，由它将机器或部件中的有关零件连接成一个整体，以保持正确的相互位置，完成彼此的功能。机械中常见的箱体类零件有：变速箱体、差速器箱体、发动机缸体和挖掘机底座等。箱体结构的主要特点如下。

① 形状复杂 箱体通常作为装备的基准件。安装时箱体要有定位面、定位孔还要有固定用的螺钉孔等，在它上面安装的零件或部件愈多，箱体的形状愈复杂。为了支承零部件，还需要有足够的刚度，采用较复杂的截面形状和加强筋。为了储存润滑油，需要具有一定形状的空腔，还要有观察孔、放油孔等。考虑吊装搬运，还必须作出吊钩、凸耳等。

② 体积较大 箱体中要安装和容纳有关的零部件，因此，必然要求箱体有足够大的体积。

③ 壁薄容易变形 箱体体积大、形状复杂，又要求减少质量，所以大都设计成腔形薄壁结构，但是在铸造、焊接和切削加工过程中往往会产生较大内应力，引起箱体变形；在搬运过程中，也会由于搬运方法不当而引起箱体变形。

④ 有精度要求较高的孔和平面 这些孔大都是轴承的支承孔，平面大都是装配的基准面，无论在尺寸精度、形状和位置精度、表面粗糙度等方面都有较高要求。它们的加工精度和表面质量将直接影响箱体的装配精度及使用性能。

各种箱体的具体结构、尺寸虽不相同，但其加工工艺过程有许多共同点，现以图 3.30 所示 CA6140 卧式车床床头箱箱体卧为例，说明箱体加工工艺过程。

（2）箱体的主要技术条件分析

① 卧式车床床头箱的主要技术要求

a. 主轴孔的尺寸精度为 IT6，圆度为 $0.006\sim0.008$mm，表面粗糙度为 $Ra\leqslant0.4\mu$m；其他支承孔的尺寸精度为 IT6～IT7，表面粗糙度为 $Ra\leqslant0.8\mu$m。

b. 主轴孔的同轴度为 $\phi0.024$mm，其他支承孔的同轴度为 $\phi0.02$mm，各支承孔轴心线的平行度为 $0.04\sim0.05/300$mm，中心距公差为 $\pm(0.05\sim0.07)$mm，主轴孔对装配基面 W、N 的平行度为 $0.1/600$mm。

轴承孔的尺寸精度、形状和位置精度、表面粗糙度对轴承的工作质量影响很大，它们直接影响机床的回转精度、传动平稳性、噪声和寿命。

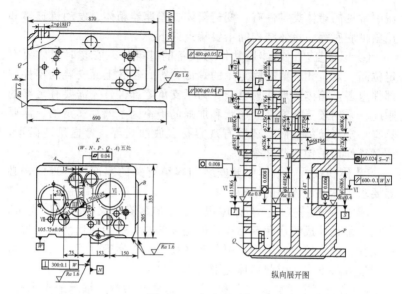

纵向展开图

图 3.30　车床床头箱

c. 主要平面的平面度为 0.04mm，表面粗糙度为 $Ra \leqslant 1.6 \mu m$，主要平面间的垂直度为 0.1/300mm。箱体平面精度与表面粗糙度影响其安装精度、接触刚度和有关的使用性能。

② 箱体的毛坯　箱体的毛坯一般采用铸件，常用材料为HT200。在单件小批生产或生产某些重型机械时，为了缩短生产周期和降低成本而采用钢板焊接。在某些特定条件下，也可采用其他材料，如飞机发动机箱体常用铝镁合金制造，其目的是减轻箱体的质量。

铸件毛坯的加工余量视生产批量而定。单件小批生产时，一般采用木模手工造型，毛坯精度低，加工余量较大；大批量生产时，采用金属模机器造型，毛坯精度高，加工余量可适当减少。单件小批生产直径大于 50mm 的孔，成批生产直径大于 30mm 的孔，一般都在毛坯上铸出毛坯孔，以便减少加工余量。

为尽量减少铸件的残余应力对后续加工质量的影响，零件浇铸后应进行退火处理。

③ 箱体的结构工艺性　箱体加工表面数量多，要求高，机械加工量大，因此，箱体的结构工艺性对提高质量、降低成本和提高

劳动生产率具有重要的意义。

a. 基本孔的结构工艺性。箱体的基本孔，可分为通孔、阶梯孔、盲孔和交叉孔等，其中以通孔最为常见。在通孔中，又以孔的长度与孔径之比 $L/D \leqslant 1 \sim 1.5$ 的短圆柱孔工艺性为最好。

阶梯孔的工艺性与孔径差有关。孔径相差越小工艺性越好，孔径相差越大，特别是其中的较小孔孔径很小，工艺性则差。

相贯通的交叉孔工艺性也较差，这是因为当刀具进刀到相贯通部位时，径向受力不均匀，易使孔轴线偏斜，从而影响加工质量。

盲孔的工艺性最差，盲孔的内端面加工也较困难。

b. 同轴线上孔的分布。同一轴线上孔径的大小向一个方向递减，可使镗孔时镗杆从一端伸入，逐个或多刀同时加工几个同轴线上的孔，以保证同轴度要求和提高生产效率。

有些同轴线上的孔从两边向中间递减，可使镗杆从两边分别进入加工，这样，可缩短镗杆长度，提高镗杆刚性，而且双面同时加工可提高效率。

c. 为了便于加工和检验，箱体的装配基面尺寸要大，形状尽量简单。

d. 箱体外壁的凸台应尽可能在同一平面上，以便在一次走刀中完成所有凸台的加工。

（3）箱体加工工艺过程

① 精基准的选择。为了加工出符合质量要求的零件，首先要根据零件图纸上提出的要求，结合具体生产条件，选择合适的定位基准，并在最初几道工序中将其加工出来，为后面的工序准备好精基准。所选择的精基准最好是装配基准（或设计基准），使基准重合，并能在尽可能多的表面加工工序中作定位基准（即基准统一）。此外，精基准还应保证主要加工表面（如主轴支承孔）的加工余量均匀、具有较大的支承面积、使定位和夹紧可靠、表面形状简单、加工方便、易于获得较高的表面质量等要求。本实例中，选择基准如下。

a. 以装配基面为精基准。图 3.30 所示的床头箱，可选用装配基面的底面 W、导向面 N 为精基准加工孔系及其他平面。因为箱体底面 W、导向面 N 既是主轴孔的设计基准，又与箱体的主要纵向孔系、端面、侧面有直接的相互位置关系，以它作为统一的定位基准加工上述表面时，不仅消除了基准不重合误差，便于保证各表面之间的相互位置精度，而且在加工各孔时，箱口朝上，便于安装调整刀具、更换导向套、测量孔径尺寸、观察加工情况和加注切削液等。这种定位方式在单件和小批生产中得到了广泛的应用。

当箱体中间隔壁上有精度较高的孔需要加工时，在箱体内部相应的地方需设置镗杆导向支承，以提高镗杆刚度、保证孔的加工精度。由于箱体口朝上，中间导向支承架必须吊挂在夹具上（称吊架，见图3.31）。由于悬挂的吊架刚度较差，以及吊架的制作、安装等误差，将会给箱体的加工精度带来一定的影响，而且装卸工件和吊架均不方便，辅助工时增加，影响了生产率。因此，这种定位方式与大批量生产不相适应。

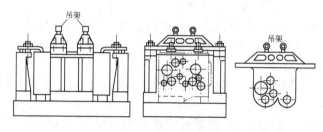

图 3.31　吊架安装示意图

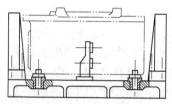

图 3.32　顶面及两销孔定位夹具

b. 以一面两孔作精基准。由于吊架镗模存在上述缺点，大批量生产的床头箱常以顶面和两定位销孔为精基准（图3.32）。此时，箱口朝下，中间导向支架可以紧固在夹具体上，提高了夹具刚度，有利于保证各支承孔加工的相互位置精度，且工件装卸方便，减少了辅助工时，提高了生产率。但由于床头箱顶面不是装配基面，所以定位基准与设计基准不重合，增加了定位误差。为了弥补这一缺陷，应进行尺寸的换算。此外，因为箱口朝下，加工时不便于观察各表面加工情况，因此，不能及时发现毛坯是否有气孔、砂眼等缺陷，而且加工中不便于测量和调整刀具，所以，用箱体顶面和两孔作精基准时，要采用定尺寸刀具如扩孔钻及铰刀等。

② 粗基准的选择　箱体的精基准确定以后，就可以考虑加工第一个面所使用的粗基准。因为箱体结构复杂，加工表面多，粗基准选择是否得当，对各加工面能否分配到合理的加工余量及加工面与非加工面的相对位置关系影响很大，必须全面考虑。

粗基准的选择应能保证在重要加工表面均有加工余量的前提下，使重要孔的加工余量均匀，装入箱体内的齿轮、轴等零件与箱体内壁各表面间有足够的间隙，注意保证箱体必要的外形尺寸，此外，还应能保证定位、夹紧可靠。

单件小批生产，在加工精基准时，可采用划线找正的方法。此方法简单，即按图纸要求在箱体毛坯上划线，然后根据划线找正。划线时，要核对箱体内各零件与箱壁间的尺寸，保证有足够的间隙，以免相碰。核对主轴孔尺寸，以便获得均匀余量。采用划线找正法，可减少专用夹具，缩短生产准备时间，但加工精度较低，对刀调整时间长，生产率低。

在大批量生产中，一般采用专用夹具加工。从保证主轴孔加工余量均匀和减少辅助工时、提高生产率出发，应选择主轴孔为粗基准。

③ 主要表面的加工

a. 箱体平面的加工。箱体平面的粗加工和半精加工常选择刨削和铣削加工。刨削箱体平面的主要特点是：刀具结构简单；机床调整方便；在龙门刨床上可以用几个刀架，在一次安装工件中，同时加工几个表面，经济地保证了这些表面的位置精度。箱体平面铣削加工的生产率比刨削高。在成批生产中，常采用铣削加工。当批量较大时，常在多轴龙门铣床上用几把铣刀同时加工几个平面，既保证了平面间的位置精度，又提高了生产率。

b. 主轴孔的加工。由于主轴孔的精度比其他轴孔精度高，表面粗糙度值比其他轴孔小，故应在其他轴孔加工后再单独进行主轴孔的精加工（或光整加工）。

目前机床主轴箱主轴孔的精加工方案有：精镗→浮动镗；金刚镗→珩磨；金刚镗→滚压。

上述主轴孔精加工方案中的最终工序所使用的刀具都具有径向"浮动"性质，这对提高孔的尺寸精度、减小表面粗糙度值是有利的，但不能提高孔的位置精度。孔的位置精度应由前一工序（或工步）予以保证。从工艺要求上，精镗和半精镗应在不同的设备上进行。若设备条件不足，也应在半精镗之后，把被夹紧的工件松开，以使夹紧力或内应力造成的工件变形在精镗工序中得以纠正。

c.孔系的加工。车床箱体的孔系，是有位置精度要求的各轴承孔的总和，其中有平行孔系和同轴孔系两类。

平行孔系主要技术要求是各平行孔中心线之间以及孔中心线与基准面之间的尺寸精度和平行度精度。根据生产类型的不同，可以在普通镗床上或专用镗床上加工。平行孔系的加工方法包括找正法、镗模法和坐标法。

单件小批生产箱体时，为保证孔距精度主要采用找正法（划线找正、心轴找正、样板找正或定心套找正）加工孔系。为了提高划线找正的精度，可采用试切法，虽然精度有所提高，但由于划线、试切、测量都要消耗较多的时间，所以生产率仍很低。

成批或大量生产箱体时，加工孔系多采用镗模法。利用镗模加工孔系，孔距精度主要取决于镗模的精度和安装质量。虽然镗模制造比较复杂，造价较高，但可利用精度不高的机床加工出精度较高的工件，并且可以提高生产效率。因此，在某些情况下，小批生产也可考虑使用镗模加工平行孔系。

同轴孔系的主要技术要求是各孔的同轴度精度。成批生产时，箱体的同轴孔系的同轴度大部分用镗模保证。单件小批生产中，在普通镗床上用以下两种方法进行加工：一种是从箱体一端进行加工。加工同轴孔系时，出现同轴度误差的主要原因是：当主轴进给时，镗杆在重力作用下，使主轴产生挠度而引起孔的同轴度误差；当工作台进给时，导轨的直线度误差会影响各孔的同轴度精度。对于箱壁较近的同轴孔，可采用导向套加工同轴孔。对于大型箱体，可利用镗床后立柱导套支承镗杆。另一种是从箱体两端进行镗孔。一般是采用"调头镗"使工件在一次安装下，镗完一端的孔后，将镗床工作台回转180°，再镗另一端的孔。具体办法是：加工好一端孔后，将工件退出主轴，使工作台回转180°，用百（千）分表找正已加工孔壁与主轴同轴，即可加工另一孔。"调头镗"不用夹具和长刀杆，镗杆悬伸长度短，刚性好。但调整比较麻烦和费时，适合于箱体壁相距较远的同轴孔。

按坐标法调整机床加工孔系，孔距精度主要取决于调整精度，而机床的调整精度与位移机构的精度有直接联系。随着数控机床的广泛应用，其定位精度与重复定位精度高，通过改变程序就可以调整距离，因此适用于各种生产类型。必须指出，采用坐标法加工孔系时，原始孔和加工顺序的选定是很重要的。因为，各排孔的孔距是靠坐标尺寸保证的。坐标尺寸的累积误差会影响孔距精度。如果原始孔和孔的假定顺序选择合理，就可以减少累积误差。

坐标法加工孔系，许多工厂在单件小批生产中采用在普通镗床上加装较精密的测量装置（如数显等）后，可以较大地提高其坐标位移精度。

④ 工艺过程的拟定　根据箱体零件的结构特点和技术要求，拟定它的工艺过程时，应考虑以下原则。

a. 先面后孔的加工顺序。先加工平面后加工轴孔，符合箱体加工的一般规律。因为箱体的孔比平面加工困难，先以孔为粗基准加工平面，再以平面为精基准加工孔，不仅为孔的加工提供了稳定可靠的精基准，使孔的加工余量均匀；而且由于箱体上的孔大都分布在箱体的平面上，先加工平面，切除了铸件表面的凸凹不平和夹砂等缺陷，对孔的加工有利（特别是钻孔时不易产生轴线偏斜），易于切削，对保护刀具不崩刃和对刀调整等都有好处。

b. 粗精加工分开。因为箱体的结构复杂，主要表面的精度要求高，粗精加工分开进行可以消除由粗加工所造成的内应力、切削力、夹紧力和切削液对加工精度的影响，有利于保证箱体的加工精度。根据粗、精加工的不同要求合理地选用设备，有利于提高生产效率。

精度高和表面粗糙度要求高的主要表面的精加工工序放在最后，可以避免因为搬运安装而破坏。

由于粗精加工分开，所需机床与夹具等的数量相应地增加了，因此，在试制新产品、小批量、精度要求不高或设备条件所限时，粗精加工在同一台机床上完成，但必须采取相应的措施，减少加工中产生的变形。如在粗加工后松开工件，让工件充分冷却，并使工件在夹紧力的作用下产生的弹性变形恢复，然后再用较小的力夹紧，以较小的切削用量和多次走刀进行精加工。

c. 妥善安排热处理工序。一般情况下，铸造后进行时效处理（加热至 530～560℃，保温 6～8h，冷却速度小于或等于 30℃/h，出炉温度小于或等于 200℃），以便减少铸造内应力，改变金相组织、软化表层金属，改善材料的加工性能，减少变形，保证加工精度的稳定性。

对于精度要求较高或壁薄而结构复杂的箱体，在粗加工后进行一次人工时效处理，以避免粗加工后铸件剩余内应力再次增加或重新分布。

床头箱的工艺过程，按照生产类型和生产条件的不同而有不同的方案。图 3.30 所示的 CA6140 车床床头箱的大批大量生产的工艺过程见表 3.121。

表 3.121　CA6140 车床床头箱机械加工工艺过程

序号	工序内容	定位基准
1	铸造	
2	时效	
3	油漆	
4	铣顶面 A	Ⅳ轴与Ⅰ轴铸孔
5	钻、扩、铰顶面上的"$2 \times \phi 18H7$"孔，保证对 A 的垂直度误差小于 $0.1/600\text{mm}$；并加工 A 面上"$8 \times M8$"螺孔	顶面 A、Ⅳ轴孔、内壁一端
6	铣 W、N、B、P、Q 五个平面	顶面 A 及两工艺孔
7	磨顶面 A，保证平面度误差小于 0.04mm	W 面及 Q 面
8	粗镗各纵向孔	顶面 A 及两工艺孔
9	精镗各纵向孔	顶面 A 及两工艺孔
10	精镗主轴孔	顶面 A、Ⅲ、Ⅴ孔
11	加工横向孔及各面上的次要孔	顶面 A 及两工艺孔
12	磨 W、N、B、P、Q 五个平面	顶面 A 及两工艺孔
13	钳工去毛刺	
14	清洗	
15	检验	

3.8.5　连杆机械加工工艺

连杆组件见图 3.33，连杆上盖见图 3.34，连杆体见图 3.35。

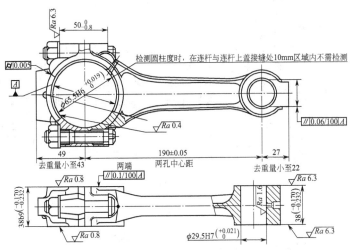

1. 锻造拔模斜度≤7°。
2. 在连杆的全部表面上不得有裂纹、发裂、夹层、结疤、凹痕、飞边、氧化皮及锈蚀等现象。
3. 连杆上不得有因金属未充满锻模而产生的缺陷,连杆上不得焊补修整。
4. 在指定处检验硬度,硬度为226~278HRB。

技术要求

5. 连杆纵向剖面上宏观组织的纤维方向应沿着连杆中心线并与连杆外廓相符,无弯曲及断裂现象。
6. 连杆成品的金相显微组织应为均匀的细晶粒结构,不允许有片状铁素体。
7. 锻件应经喷丸处理。
8. 材料45钢。

图 3.33　连杆组件图

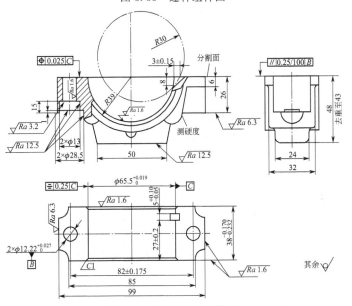

图 3.34　连杆上盖零件图

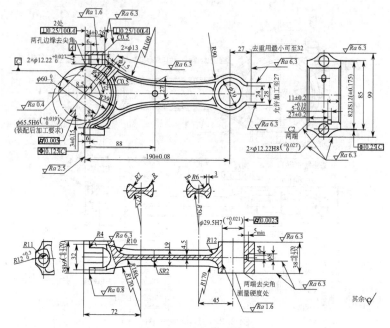

图 3.35　连杆体零件图

（1）零件图样分析

① 该连杆为整体模锻成形。在加工中先将连杆切开，再重新组装，镗削大头孔。其外形可不再加工。

② 连杆大头孔圆柱度公差为 0.005mm。

③ 连杆大、小头孔平行度公差为 0.06/100mm。

④ 连杆大头孔两侧面对大头孔中心线的垂直度公差为 0.1/100mm。

⑤ 连杆体分割面、连杆上盖分割面对连杆螺钉孔的垂直度公差为 0.25/100mm。

⑥ 连杆体分割面、连杆上盖分割面对大头孔轴线位置度公差为 0.125mm。

⑦ 连杆体、连杆上盖对大头孔中心线的对称度公差为 0.25mm。

⑧ 材料为 45 钢。

（2）连杆机械加工工艺过程卡（表 3.122）

表 3.122 连杆机械加工工艺过程卡

工序号	工序名称	工 序 内 容	工艺装备
1	锻造	模锻坯料	锻模
2	锻造	模锻成形,切边	切边模
3	热处理	正火处理	
4	清理	清除毛刺、飞边、涂漆	
5	划线	划杆身中心线,大、小头孔中心线(中心距加大3mm以留出连杆体与连杆上盖在切开时的加工量)	
6	铣	按线加工,铣连杆大、小头两大平面,每面留磨量0.5mm(加工中要多翻转几次)	X52K
7	磨	以一大平面定位磨另一大平面,保证中心线的对称并做标记,定为基面(下同)	M7130
8	磨	以基面定位磨另一大平面,保证厚度尺寸$38^{-0.170}_{-0.232}$mm	M7130
9	划线	重划大、小头孔线	
10	钻	以基面定位钻、扩大、小头孔,大头孔尺寸为$\phi50$mm,小头孔尺寸为$\phi25$mm	Z3050
11	粗镗	以基面定位按线找正,粗镗大、小头孔,大头孔尺寸为($\phi58\pm0.05$)mm,小头孔尺寸为($\phi26\pm0.05$)mm	X52K
12	铣	以基面及大、小头孔定位装夹工件,铣尺寸(99 ± 0.01)mm两侧面,保证对称(此平面为工艺用基准面)	X62W,组合夹具或专用工装
13	铣	以基面及大、小头孔定位装夹工件,按线切开连杆,对杆身及上盖编号,分别打标记字头	X62W,组合夹具或专用工装,锯片铣刀厚2mm
14	铣、钻、镗(连杆体)	(1)以基面和一侧面[指(99 ± 0.01)mm,下同]定位装夹工件,铣连杆体分割面,保证直径方向测量深度为27.5mm (2)以基面、分割面和一侧面定位装夹工件,钻连杆体两螺钉孔$\phi12.22^{+0.027}_{0}$mm底孔$\phi10$mm,保证中心距(82 ± 0.175)mm (3)以基面、分割面和一侧面定位装夹工件,锪平面$R12^{+0.3}_{0}$mm,$R11$mm,保证尺寸(24 ± 0.26)mm (4)以基面、分割面和一侧面定位装夹工件,精镗$\phi12.22^{+0.027}_{0}$mm两螺钉孔至图样尺寸。扩孔$2\times\phi13$mm,深18mm	X62W,组合夹具或专用工装 Z3050,组合夹具或专用钻模 Z3050,组合夹具或专用工装 X62W(端铣),组合夹具或专用工装,也可用可调双轴立镗

工序号	工序名称	工 序 内 容	工艺装备
15	铣、钻、镗(连杆上盖)	(1)以基面和一侧面[指(99±0.01)mm,下同]定位装夹工件,铣连杆上盖分割面,保证直径方向测量深度为27.5mm (2)以基面、分割面和一侧面定位装夹工件,钻连杆上盖两螺钉孔 $\phi12.22^{+0.27}_{0}$mm mm 底孔 $\phi10$mm,保证中心距(82±0.175)mm (3)以基面、分割面和一侧面定位装夹工件,锪 $2\times\phi28.5$mm 孔,深 1mm,总厚26mm (4)以基面、分割面和一侧面定位装夹工件,精镗 $\phi12.22^{+0.027}_{0}$mm 两螺钉孔至图样尺寸。扩孔 $2\times\phi13$mm 深15mm,倒角	X62W、组合夹具或专用工装 Z3050,组合夹具或专用钻模 Z3050,组合夹具或专用工装 X62W(端铣),组合夹具或专用工装,也可用可调双轴立镗
16	钳	用专用连杆螺钉,将连杆体和连杆上盖组装成连杆组件,其拧紧力矩为 100～120N·m	专用连杆螺钉
17	镗	以基面、一侧面及连杆体螺钉孔面定位装夹工件,粗、精镗大、小头孔至图样尺寸,中心距为(190±0.05)mm	X62W(端铣),组合夹具或专用工装,也可用可调双轴镗
18	钳	拆开连杆体与上盖	
19	铣	以基面及分割面定位装夹工件,铣连杆上盖 $5^{+0.10}_{-0.05}$mm×8mm 斜槽	X62W 或 X52K,组合夹具或专用工装
20	铣	以基面及分割面定位装夹工件,铣连杆体 $5^{+0.10}_{-0.05}$mm×8mm 斜槽	X62W 或 X52K,组合夹具或专用工装
21	钻	钻连杆体大头油孔 $\phi5$mm、$\phi1.5$mm,小头油孔 $\phi4$mm、$\phi8$mm 孔	Z3050,组合夹具或专用工装
22	钳	按规定值去重	
23	钳	刮研螺钉孔端面	
24	检	检查各部尺寸及精度	
25	探伤	无损探伤及硬度检验	
26	入库	组装入库	

(3) 工艺分析

① 连杆毛坯为模锻件,外形不需要加工,但划线时要照顾毛坯尺寸,保证加工余量。如果单件生产,也可采用自由锻造毛坯,

但对连杆外形要进行加工。

② 该工艺过程适用于小批连杆的生产加工。

③ 铣连杆两大平面时应多翻转几次，以消除平面翘曲。

④ 工序 7、8 磨加工，也可改为精铣。

⑤ 单件加工连杆螺钉孔可采用钻、扩、铰方法。

⑥ 锪连杆螺钉孔平面时，采用粗、精加工分开，以保证精度，必要时可刮研。

⑦ 连杆大头孔圆柱度的检验。用量缸表在大头孔内分三个断面测量其内径，每个断面测量两个方向，三个断面测量的最大值与最小值之差的一半即为圆柱度。

⑧ 连杆体、连杆上盖对大头孔中心线对称度的检验，采用专用检具（在一平尺上安装百分表，图3.36），以分割面为定位基准分别测量连杆体、连杆上盖两个半圆的半径值，其差为对称度误差。

图 3.36　分割面对称度检验

⑨ 连杆大、小头孔平行度的检验如图 3.37 所示。将连杆大、小头孔穿入专用心轴，在平台上用等高 V 形架支承连杆大头孔心轴，测量小头孔心轴在最高位置时两端的差值，其差值的一半即为平行度误差。

⑩ 连杆螺钉孔中心线与分割面垂直度的检验。制作专用垂直度检验心轴（图 3.38），其检测心轴直径公差分三个尺寸段，配以不同公差的螺钉孔，检查其接触面积，一般在 90% 以上为合格。或配用塞尺检测，塞尺厚度的一半为垂直度误差值。

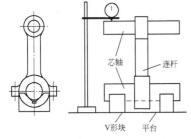

图 3.37　连杆大、小头孔平行度检验

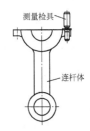

图 3.38　螺钉孔中心线与分割面垂直度检验

第4章

机床夹具设计

4.1 机床夹具的基本概念及类型

4.1.1 基本概念

夹具是用以装夹工件（和引导刀具）的一种装置。

装夹是将工件在机床上或夹具中定位、夹紧的过程。

定位是确定工件在机床上或夹具中占有正确位置的过程。

夹紧或卡夹是工件定位后将其固定，使其在加工过程中保持定位位置不变的操作。

一般情况下，在机械加工过程中使用的夹具称机床夹具，在装配过程中使用的夹具称装配夹具，在测量过程中使用的夹具称测量夹具。

机床夹具通过定位、夹紧工件以及对刀和引导刀具，在机械加工中表现出积极的作用，主要有以下几个。

① 工件易于正确定位，保证加工精度。

② 缩短工件的安装时间，提高劳动生产率。

③ 降低加工成本，扩大机床的使用范围。

④ 操作方便、安全、可靠，对工人的技术等级要求低，可减轻工人的劳动强度等。

4.1.2 夹具的组成

机床夹具一般由定位元件、夹紧装置、对刀、引导元件、连接元件、夹具体、其他元件及装置等组成，如图 4.1 所示。

（1）定位元件

定位元件是限定工件自由度的元件，在装夹工件的定位操作时，通过它的定位工作表面与工件上的定位表面（基准或基面）相接触或配合，从而保证工件在夹具中占据正确的位置。常用的定位元件有支承钉、支承板、定位销、定位心轴、定位套、V 形块等。图 4.1（b）中的定位销 6 就是该夹具的定位元件，其上的外圆柱表面和轴肩是定位工作表面。

（2）夹紧装置

用于夹紧工件，使工件在加工过程中保持工件的定位位置不变。图 4.1（b）中由定位销 6 右端的螺纹、螺母 5 和快换垫圈 4 组成夹紧装置。

（3）对刀、引导元件

对刀、引导元件是用来确定或引导刀具的元件。如铣床夹具中用对刀块来确定刀具与定位元件之间的正确位置；钻床夹具中用钻套、镗床夹具中用镗套来引导刀具正确移动，如图 4.1（b）中的快换钻套 1。

（4）连接元件

使夹具与机床相连接的元件，保证机床与夹具之间的相互位置关系。

（5）夹具体

夹具体是用于连接或固定夹具上各种元件和装置，使之成为一个整体的基础件。它与机床连接，通过连接元件使夹具相对机床具有确定的位置，如图 4.1（b）的夹具体 7。

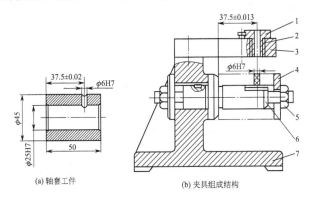

(a) 轴套工件   (b) 夹具组成结构

图 4.1　钻床夹具

1—快换钻套；2—导向套；3—钻模板；4—快换垫圈；
5—螺母；6—定位销；7—夹具体

（6）其他元件及装置

根据工件的加工要求，有的夹具还具有一些其他装置，如分度装置、夹具与机床的连接装置、对定装置等。

任何夹具都必须有定位元件和夹紧装置，它们是保证工件加工精度的关键，目的是使工件定位准确、夹紧牢固。

4.1.3 机床夹具的类型

机床夹具一般按夹具的适用对象、使用特点、适用机床的类型和夹紧动力源的类型进行分类。

① 按夹具的适用对象和使用特点分为：通用夹具、专用夹具、可调夹具、成组夹具、组合夹具和随行夹具。

通用夹具是用以加工两种或两种以上工件的同一夹具。通用夹具能够较好地适应加工工序和加工对象的变化，一般作为机床的附件其结构已定型，尺寸、规格系列化，如顶尖、心轴、卡盘、吸盘、虎钳、夹头、分度头、回转工作台等，经常用于单件小批生产类型。

专用夹具是专为某一工件的某一工序而设计制造的夹具。其适合特定工件的特定工序，一般用于中批以上的生产类型中。

可调夹具是通过调整或更换夹具上的个别零、部件，能适用多种工件加工的夹具。它是针对通用夹具和专用夹具的缺陷而发展起来的一类夹具，通用范围广。它与成组夹具的结构、特点相同，但它在设计之前的使用对象并不完全确定。

成组夹具是根据成组技术原理设计的用于成组加工的夹具。设计成组夹具的前提是成组工艺。根据组内典型代表零件来设计成组夹具，只需对个别定位元件和夹紧元件进行调整和更换，就可以加工组内的零件。

组合夹具是用标准夹具零、部件组装成易于连接和拆卸的夹具。组合夹具元件是一套结构和尺寸已标准化、系列化的耐磨的元件和组合件，可根据零件加工工序的需要组装成各种功能的夹具，适合单件、中小批量生产类型。

随行夹具是在自动线上用于装夹工件，并随着工件输送带送至自动线各个工位的装置，多用于形状复杂、不规则、无良好输送基面、不便于装卸的工件。

② 按夹具所属的机床类型分为：车床夹具、铣床夹具、钻床夹具、镗床夹具、磨床夹具等。

③ 按夹具所采用的夹紧动力源分为：手动夹具、气动夹具、液压夹具、气液夹具、电动夹具、磁力夹具、真空夹具等。

4.2 工件在夹具中的定位

4.2.1 工件定位的概念

（1）自由度与工件的定位

自由度的概念来自力学，一个物体在空间直角坐标系 $O\text{-}XYZ$ 中可以沿 X、Y、Z 轴移动，也可以绕 X、Y、Z 轴转动，这六种可能的运动形式称作六种自由度，如图 4.2 所示。为了便于交流、表达和理解自由度，从物体在空间坐标系中的运动数目看，物体有 6 种可能的运动形式；从物体在空间坐标系中的运动数目形式上看，物体有移动和转动 2 种运动形式，即自由度也有移动和转动 2 种运动形式。在力学中，限制一个物体的一种运动形式称作一个约束，若将物体六种可能的运动形式都进行约束，它在空间直角坐标系 $O\text{-}XYZ$ 中的位置就被固定。

在夹具中，一个尚未定位的工件就是空间坐标系中没有被约束的物体，夹具就是坐标系 $O\text{-}XYZ$，工件在夹具中位置是不确定的。工件在夹具中的定位与物体在空间直角坐标系 $O\text{-}XYZ$ 进行约束的概念相同，其实质就是工件上的定位表面与夹具（坐标系 $O\text{-}XYZ$）上的定位元件的定位工作表面相接触或配合，限制工件沿 X、Y、Z 轴的三种移动自由度和绕 X、Y、Z 轴的三种转动自由度。习惯上把这六种运动形式自由度的每一种称作一个自由度。

为了便于分析工件在夹具中的定位和限制自由度的情况，通常沿工件表面上的一些特殊要素建立固定的直角坐标系 $O\text{-}XYZ$ 来表示夹具，把工件可以沿直角坐标系 $O\text{-}XYZ$ 三个坐标轴 X、Y、Z 移动自由度分别用代号 $\vec{X}$、$\vec{Y}$、$\vec{Z}$ 表示，把可以绕三个坐标轴 X、Y、Z 转动自由度分别用代号 $\hat{X}$、$\hat{Y}$、$\hat{Z}$ 表示，如图 4.2 所示。

（2）定位副、定位表面、定位工作表面和定位基准

定位副是指工件上的定位表面和与之相接触或配合的定位元件上的定位工作表面组成的一对表面。在定位副中，工件上用于定位

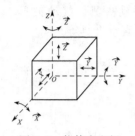

图 4.2 物体在空间
坐标系的自由度

的表面称定位表面，也称作定位基面，简称定位面；定位元件上用于定位的表面称定位工作表面或限位基面。定位基准是代表工件上定位表面或定位元件上的定位工作表面几何特征的几何要素（点、线、面），如定位表面为内或外圆柱表面，一般用内或外圆柱表面的轴心线作为基准。工件上定位表面的基准称定位基准，定位元件上定位工作表面的基准称限位基准。

例如，工件与定位元件定位的相关概念如图 4.3 所示。

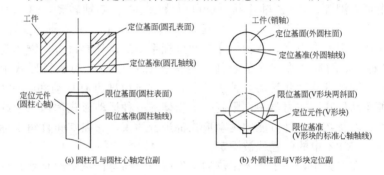

(a) 圆柱孔与圆柱心轴定位副　　(b) 外圆柱面与V形块定位副

图 4.3　定位副、定位表面和定位工作表面

工件以圆孔在心轴上的定位如图 4.3 (a) 所示。工件上的圆孔表面称为定位基面，其轴心线称为定位基准；与圆孔相接触或相配合的定位元件心轴上的圆柱面称为定位工作表面或限位基面，心轴上的轴心线称为限位基准。工件上的圆孔表面和心轴上的圆柱面称为定位副。

工件以外圆柱面在 V 形块上的定位如图 4.3 (b) 所示。工件上的外圆柱面称为定位基面，其轴心线称为定位基准；V 形块的两斜面称为定位工作表面或限位基面，V 形块的理想基准是在 V 形块两斜面的对称面上，以该工件外圆直径的标准心轴的轴心线。工件上的外圆柱面和 V 形块的两斜面称为定位副。

工件在夹具中的定位，一般需要多个定位副共同来限制工件的自由度。

（3）六点定位原理

如图 4.4 所示，六点定位原理是通过六个支承点的合理分布，使其与六面体形状的工件表面相接触，保证每个支承点限制一个自由度，这样将工件上的六种自由度都限制的原理称六点定位原理。在生产实际中，定位元件的类型多种多样，通过定位元件的组合和合理布置来限定工件上六种自由度的方法也是多种多样的。

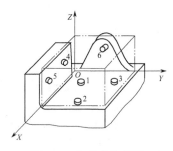

图 4.4　六点定位原理

对工件上的定位表面与夹具上定位元件的定位工作表面相接触或配合的应有正确的理解，例如，当工件上的定位表面与夹具上定位元件的定位工作表面相接触，限定了一个方向的移动自由度，而认为由于定位元件只与工件的一侧表面相接触，只限定了工件向相接触面一侧的方向移动，工件还可以向远离接触面一侧的方向移动的错误认识。这是将定位与夹紧概念混淆带来的错误。关于工件在外力作用下会不会移动，即不能破坏定位的问题，是靠夹紧工件来解决的。因此，在进行定位分析时应注意以下几点。

① 定位就是限制自由度。

② 定位应理解为定位元件上的定位工作表面与工件上的定位表面保持相互接触的状态。若两者脱离，就意味着定位失去作用，即定位被破坏。

③ 定位不考虑外力的作用。工件在外力（如重力、切削力、惯性力等）作用下将会运动，夹紧的作用就是工件定位后不能运动，保持定位副接触并在外力作用下不被破坏。

④ 在空间坐标系中，一种自由度均有两个可能的运动方向（如移动的正方向和反方向，转动的正转和反转），定位后，这两个可能的运动方向均被限制。

⑤ 定位支承点是由支承件定位工作表面抽象而来的，至于具体的定位元件抽象为什么样的支承点，要结合定位元件上的定位工作表面与工件上的定位表面大小、特点等具体情况进行分析。

（4）工件在夹具中定位的几种常见情况

在夹具设计时，首先要根据工件的加工要求及其表面结构特征，确定工件在夹具中应限定的自由度。在确定工件在夹具中应限定的自由度时，经常出现以下几种情况。

① 完全定位　工件在夹具中六种自由度均被唯一限制的定位情况称为完全定位。此情况应用最广。

② 不完全定位　根据工件的加工要求及其表面结构特征，没有必要限制工件的全部自由度就能满足加工要求，这样的定位情况称为不完全定位。例如，加工图 4.1 （a）所示的工件，由于外圆柱表面具有轴对称的结构特征，在外圆圆周方向上的哪个位置钻"φ6"孔均满足工件的加工要求，所以只需限定 5 个自由度即可满足工件的加工要求。在满足加工精度要求的前提下，夹具限制工件的自由度越少，其结构就越简单、越经济，因此，在设计夹具时应尽可能少地限制工件的自由度，但是，由于工件自由度限制过少，会使工件安装时不稳定，一般夹具限制工件自由度的数目应不少于 3。

例 4.1　如图 4.5 所示，在圆球上铣一平面，要求加工面到球心的距离为 H，由于球的对称结构特征，理论上只需限制工件的 $\vec{Z}$ 自由度就能满足工件的加工要求，但生产中为使工件安装时稳定，常采用图 4.5 所示定位形式，限制工件的 $\vec{X}$、$\vec{Y}$、$\vec{Z}$ 三个自由度。

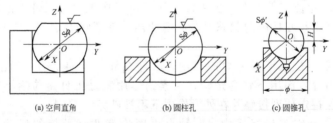

(a) 空间直角　　　　　　(b) 圆柱孔　　　　　　(c) 圆锥孔

图 4.5　球上铣平面的定位

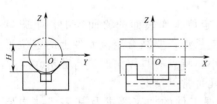

图 4.6　圆柱上铣平面的定位

例 4.2　如图 4.6 所示，在外圆柱上铣一平面。要满足加工表面到外圆柱下母线的距离为 H，理论上只需限制自由度 $\vec{Z}$，要满足平面与轴心线平行，需要限制自由度 $\hat{Y}$，由于外圆柱表面的结构对称特征，理论上需要限制的自由度为 $\vec{Z}$ 和 $\hat{Y}$，但生产中常采用图 4.6 所示的定位形式，限制了工件的 $\vec{Y}$、$\vec{Z}$、$\hat{Y}$、$\hat{Z}$ 四个自由度。

③ 过定位　过定位也称重复定位，是指定位元件重复限制了工件的一种或几种自由度的定位情况，例如，定位中同时有两个或两个以上的定位元件限制了 X 移动自由度的现象，就是重复定位。是否允许过定位的存在，应根据具体情况而定。一般来说，工件的形状精度和位置精度很低的毛坯表面作为定位基面时，往往会出现工件无法安装或引起工件很大的变形，一般不允许出现过定位；而对于采用形位精度很高的工件表面作为定位基面时，为了提高工件定位的稳定性和刚度，允许采用过定位的，如平面定位需要三点支承，而生产实际中常用两个支承板（相当于 4 点支承）定位工件加工后平面，所以不能机械地一概肯定或否定过定位。

④ 欠定位　根据工件的加工要求，工件上应该限制的自由度没有被限制的定位，称为欠定位。欠定位无法保证加工精度要求，在夹具中是绝对不允许存在的。

例 4.3　加工如图 4.7 所示的零件，试分析满足其加工要求，至少需要限制哪些自由度？应采用哪种定位情况？

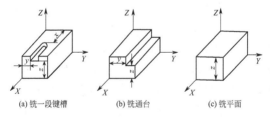

(a) 铣一段键槽　　　　(b) 铣通台　　　　(c) 铣平面

图 4.7　满足加工要求需要限定的自由度

分析：

在六面体上铣削如图 4.7（a）所示的一段键槽，要求保证尺寸 x、y、z，键槽底面与六面体底面的平行，键槽侧面与六面体侧面的平行。为了便于分析说明，首先在工件表面的典型要素上建立坐标系，然后进行满足加工要求需要限定工件自由度的分析。要满足尺寸 x、y、z 的加工要求，需要限定自由度 $\vec{X}$、$\vec{Y}$、$\vec{Z}$；要满足键槽底面与六面体底面平行的加工要求，需要限定自由度 $\hat{X}$、$\hat{Y}$；要满足键槽侧面与六面体侧面平行的加工要求，需要限定自由

度 $\hat{Z}$。综合所有加工要求，铣削如图 4.7 （a）所示的一段键槽，需要限定的自由度有 $\vec{X}$、$\vec{Y}$、$\vec{Z}$、$\hat{X}$、$\hat{Y}$、$\hat{Z}$，应采用完全定位情况。

在六面体右上方铣削如图 4.7 （b）所示的一通台，加工要求保证尺寸 y、z，台阶底面与六面体底面的平行，台阶侧面与六面体侧面的平行。在工件表面的典型要素上建立坐标系，要满足尺寸 y、z 的加工要求，需要限定自由度 $\vec{Y}$、$\vec{Z}$（这里需要强调说明的是，因为台阶是通的，在 X 方向的尺寸没有特殊要求，所以不需要限制自由度 $\vec{X}$）；要满足台阶底面与六面体底面平行的加工要求，需要限定自由度 $\hat{X}$、$\hat{Y}$；要满足键槽侧面与六面体侧面平行的加工要求，需要限定自由度 $\hat{Z}$。综合所有加工要求，铣削如图 4.7 （b）所示的一通台，需要限定的自由度有 $\vec{Y}$、$\vec{Z}$、$\hat{X}$、$\hat{Y}$、$\hat{Z}$，可采用不完全定位情况。

在六面体顶面上铣削如图 4.7 （c）所示的一平面，要求保证尺寸 z，顶面与六面体底面的平行。在工件表面的典型要素上建立坐标系，要满足尺寸 z 的加工要求，需要限定自由度 $\vec{Z}$；要满足顶面与六面体底面平行的加工要求，需要限定自由度 $\hat{X}$、$\hat{Y}$。综合所有加工要求，铣削如图 4.7 （c）所示的一平面，需要限定的自由度有 $\vec{Z}$、$\hat{X}$、$\hat{Y}$，可采用不完全定位情况。

（5）典型工件满足加工要求需要限制的自由度

在工艺设计和夹具设计中，首先要对工件的形状结构和加工要求进行分析，分析满足工件加工要求需要限制的自由度情况，为了提高初学者对工件定位方案的设计能力，更好地理解六点定位原理和工件需要限制的自由度，表 4.1 列出典型工件的加工要求及其需要限制的自由度。

表 4.1　典型工件的加工要求及其需要限制的自由度

加工要求简图	至少需要限制的自由度	加工要求简图	至少需要限制的自由度
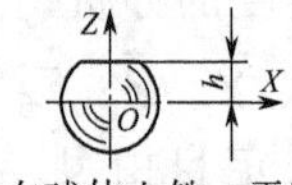 在球体上铣一平面	$\vec{Z}$	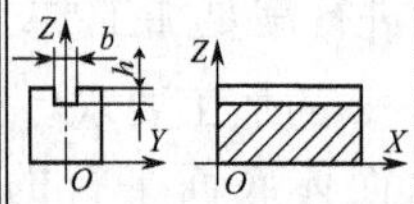 在六面体上铣通槽	$\vec{Y}$、$\vec{Z}$、$\hat{X}$、$\hat{Y}$、$\hat{Z}$

续表

加工要求简图	至少需要限制的自由度	加工要求简图	至少需要限制的自由度
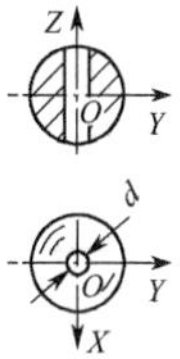 在球体上钻一通孔	$\vec{X}$、$\vec{Y}$	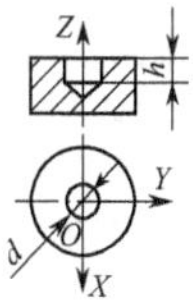 钻盲孔	$\vec{X}$、$\vec{Y}$、$\vec{Z}$、 $\hat{X}$、$\hat{Y}$、
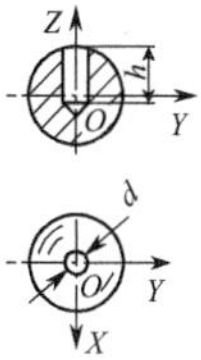 在球体上钻盲孔(深 h)	$\vec{X}$、$\vec{Y}$、$\vec{Z}$	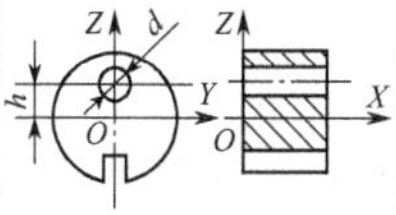 钻通孔	$\vec{Y}$、$\vec{Z}$、 $\hat{X}$、$\hat{Y}$、$\hat{Z}$
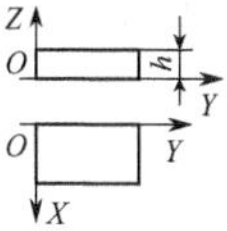 铣(磨)板的顶面	$\vec{Z}$、$\hat{X}$、$\hat{Y}$	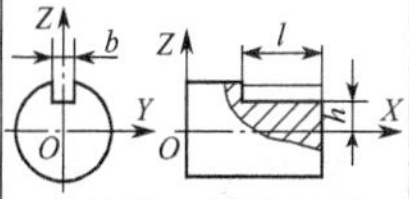 在轴的一端铣键槽	$\vec{X}$、$\vec{Y}$、$\vec{Z}$ $\hat{Y}$、$\hat{Z}$
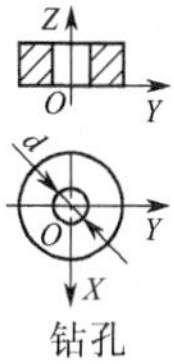 钻孔	$\vec{X}$、$\vec{Y}$、$\hat{X}$、$\hat{Y}$	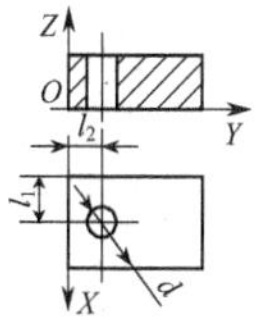 在板上钻通孔	$\vec{X}$、$\vec{Y}$、 $\hat{X}$、$\hat{Y}$、$\hat{Z}$
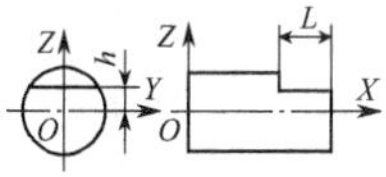 在轴的一端铣一台阶	$\vec{X}$、$\vec{Z}$、$\hat{Y}$、$\hat{Z}$	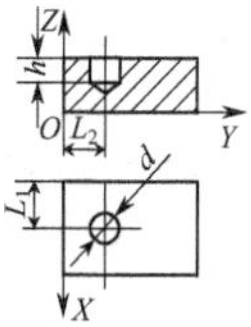 在板上钻盲孔	$\vec{X}$、$\vec{Y}$、$\vec{Z}$ $\hat{X}$、$\hat{Y}$、$\hat{Z}$
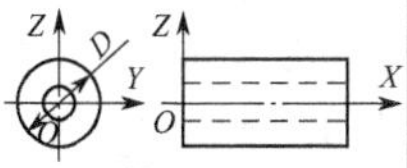 在圆柱体中心钻一通孔	$\vec{X}$、$\vec{Y}$、$\hat{Y}$、$\hat{Z}$	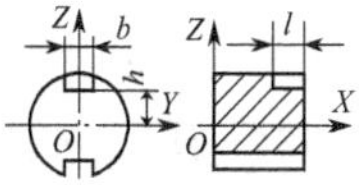 铣对称的键槽	$\vec{X}$、$\vec{Y}$、$\vec{Z}$ $\hat{X}$、$\hat{Y}$、$\hat{Z}$

续表

加工要求简图	至少需要限制的自由度	加工要求简图	至少需要限制的自由度
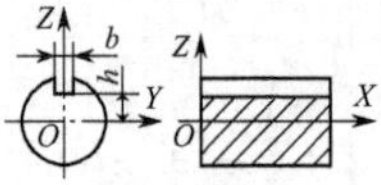 轴上铣通槽	$\vec{Y},\vec{Z},\hat{Y},\hat{Z}$		

4.2.2 定位元件应满足的基本要求

在机械加工过程中，加工完一个工件就要更换，而夹具上的定位元件是不经常更换的，为了保证每个工件加工精度的要求，定位元件应满足以下基本要求。

① 较高的精度，尺寸精度为 IT6～IT8，表面粗糙度 Ra 为 0.2～0.8μm。

② 足够的刚度，避免受力后引起变形。

③ 较好的耐磨性，以便长期保持精度，一般采用淬火处理，硬度为 55～62HRC。

4.2.3 定位方式及其定位元件

工件上常用的定位表面有平面、内外圆柱表面和内外圆锥表面等，从工件的角度看，工件的定位方式就有平面定位方式、内圆柱表面（孔）定位方式、外圆柱表面定位方式、内圆锥（孔）表面定位方式、外圆锥表面定位方式及其组合定位方式等。单个表面定位是夹具定位方案分析、设计的基础，下面分析单个表面定位及其常用的定位元件。

（1）工件以平面定位

在机械加工中，利用工件上一个或几个平面作为定位基面来装夹工件的定位方式很多，如箱体、机座、支架、板类、盘类等类型的工件，大多数以平面作为定位基面。以工件上的平面作为定位基面的方式定位如图4.8所示。工件上的定位表面如为毛面（粗基面）一般采用支承钉作为定位元件定位，如为精基面一般采用支承板作为定位元件定位。工件以平面作为定位表面时，在夹具中与之相匹配的常用定位元件有支承钉、支承板、自位支承和辅助支承。支承钉和支承板统称为固定支承。

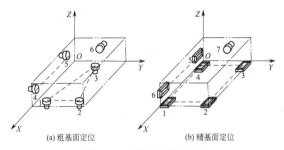

(a) 粗基面定位　　　　　　(b) 精基面定位

图 4.8 平面定位方式

① 支承钉 支承钉的结构类型参数如图 4.9 所示，其定位工作表面是它的大端顶面，按其顶面的结构类型分为：平头支承钉（A 型）、球头支承钉（B 型）和网纹顶面支承钉（C 型）。球头支承钉（B 型）容易与工件的定位基面接触，位置稳定，但容易磨损，多用于粗基面定位。平头支承钉（A 型）耐磨性较好，常用于精基面定位。网纹顶面支承钉（C 型）可增大与工件的摩擦力，但容易存屑，一般用于粗基面定位。在夹具设计时可按 JB/T 8029.2—1999 标准选用支承钉。在进行限制工件自由度分析时，一般情况下认为一个支承钉相当于一个约束，限制一个自由度；在同一平面内，有一定间距的两个支承钉相当于两个约束，限制两个自由度；在同一平面内，不在同一直线上有一定间距的三个支承钉相当于三个约束，限制三个自由度，具体限制哪个自由度，要结合坐标系进行分析。

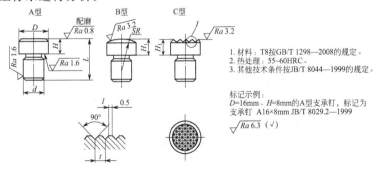

1. 材料：T8 按 GB/T 1298—2008 的规定。
2. 热处理：55～60HRC。
3. 其他技术条件按 JB/T 8044—1999 的规定。

标记示例：
D=16mm、H=8mm 的 A 型支承钉，标记为
支承钉 A16×8mm JB/T 8029.2—1999

图 4.9 支承钉的结构类型参数

支承钉一般固定在夹具体上，在结构设计时，可采用如图 4.10 所示装配形式。不可拆换式结构如图 4.10（a）～（c）所示，

其配合性质为"ϕH7/r6"。可拆换式结构如图 4.10（d）所示，为了避免夹具体因更换定位元件被磨损而影响加工精度，一般采用加衬套的结构。衬套与夹具体的配合性质一般选择"ϕH7/r6"，支承钉与衬套孔的配合性质选择"ϕE7/r6"。为了保证几个支承钉等高，使其在同一个平面内，一般采取的措施是支承钉装配后，连同夹具体一起对定位工作表面进行磨削，使其在平面度公差要求的范围内。

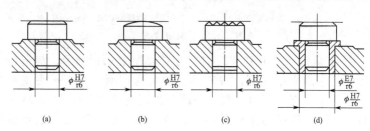

图 4.10　支承钉与夹具体的装配形式

② 支承板　支承板的结构类型参数如图 4.11 所示，分 A 型和 B 型两种类型，主要用于较大工件的精基面定位。其中，A 型（平面型支承板）的结构简单，但埋头螺钉孔处容易存积切屑，清理比较困难，适合于定位工件的侧平面或不易存积切屑的平面；B 型（带斜槽型支承板），其斜槽中可以容纳切屑，用毛刷清除切屑比较容易，适合于定位工件的底平面。当工件的定位平面较大时，常用几块支承板。支承板通过内六角圆柱头螺钉装配到夹具体上后，连同夹具体一起对定位工作表面进行磨削，以保证在同一平面。

③ 可调支承　可调支承常见的形式如图 4.12 所示。可调支承一般用于支承工件上的粗基面，在不同批次定位尺寸有变化或同一批工件中加工余量不同的情况下，可根据毛坯的情况调整可调支承螺钉的位置，以保证加工表面与定位表面之间的位置尺寸或保证加工余量均匀，调整到位后用锁紧螺母将其锁紧，以防止其松动而使其位置尺寸变化。可调支承还可用作辅助支承来提高局部刚性。可调支承已标准化，选用时可查阅如图 4.12 所示的相关标准。

④ 自位支承　自位支承常见的形式如图 4.13 所示。由于自位支承是活动的或浮动的，无论结构上是两点或三点支承，其实质只起一个支承点的作用，所以自位支承只限制一个自由度。自位支承用以增加与工件的接触点，减小工件变形或减少接触应力。

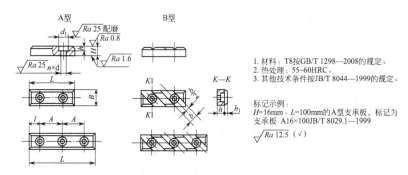

图 4.11 支承板的结构类型参数

1. 材料：T8按GB/T 1298—2008的规定。
2. 热处理：55~60HRC。
3. 其他技术条件按JB/T 8044—1999的规定。

标记示例：
$H=16mm$、$L=100mm$的A型支承板，标记为
支承板 A16×100JB/T 8029.1—1999
$\sqrt{Ra\ 12.5}$（√）

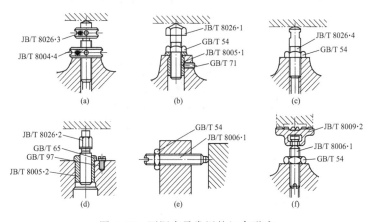

图 4.12 可调支承常用的组合形式

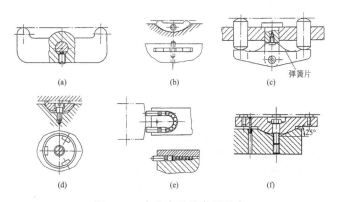

图 4.13 自位支承的常用形式

⑤ 辅助支承　辅助支承在功能上不能作为定位用元件，不能限制工件的自由度，在加工过程中起增加工件刚性的作用。辅助支承常见的几种形式如图 4.14 所示。图 4.14 (a) 的结构简单，通过旋转网纹螺母调整螺钉的位置，由于螺钉只移动，与工件表面无相对转动，避免了工件表面划伤。图 4.14 (b) 为自动调节支承，支承销 1 受下端弹簧 2 的推力作用与工件接触，当工件定位夹紧后，回转手柄 5，通过锁紧螺钉 4 和斜面顶销 3，将支承销 1 锁紧；图 4.14 (c) 所示顶柱通过齿轮齿条来操纵，有时用同一动力源操纵几个这样的顶柱；图 4.14 (d) 为推式辅助支承，工作时，通过推杆 7 将支承滑柱 6 推上与工件接触，然后回转手柄 9，通过钢球 10 和半圆键 8，将支承滑柱 6 锁紧。

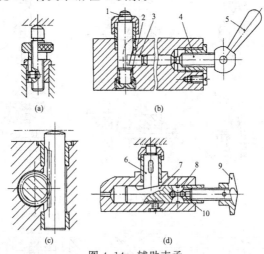

图 4.14　辅助支承

1—支承销；2—弹簧；3—斜面顶销；4—锁紧螺钉；5，9—手柄；
6—支承滑柱；7—推杆；8—半圆键；10—钢球

（2）工件以圆柱孔定位

工件以圆柱孔作为定位基面时，常用的定位元件有心轴、圆柱定位销、圆锥销（顶尖、锥堵）等。

① 心轴　心轴主要用于车削、磨削、齿轮加工等机床上加工套筒和盘类工件，结构类型较多，常用的结构类型如图 4.15 所示。

如图 4.15 (a) 所示，工件上的圆柱孔与圆柱刚性心轴为过盈配合，心轴前端有导向部分。过盈心轴限制工件的自由度为 $\vec{X}$、$\vec{Z}$、$\hat{X}$、

$\hat{Z}$。该心轴定心精度高，并可由过盈传递转矩，一般用于转矩不大的磨削。为了安装工件和避免心轴磨损影响配合精度，采用图 4.15（b）所示的带工艺衬套结构。如图 4.15（c）所示的结构为带轴肩过盈配合结构，限制工件的自由度为 $\vec{X}$、$\vec{Y}$、$\vec{Z}$、$\hat{X}$、$\hat{Z}$。如图 4.15（d）为带轴肩两短间隙配合心轴，图 4.15（e）为带轴肩的间隙配合心轴，靠端部螺母夹紧产生的夹紧摩擦力传递切削力矩，限制工件的自由度为 $\vec{X}$、$\vec{Y}$、$\vec{Z}$、$\hat{X}$、$\hat{Z}$，这种心轴定心精度不如过盈配合的高，但装卸工件方便。图 4.15（f）为小锥度心轴，通常锥度为 1：（5000～10000），当工件既要求定心精度高又要求装卸方便的情况下常用小锥度心轴定位，其限制工件的自由度为 $\vec{X}$、$\vec{Y}$、$\vec{Z}$、$\hat{X}$、$\hat{Z}$。

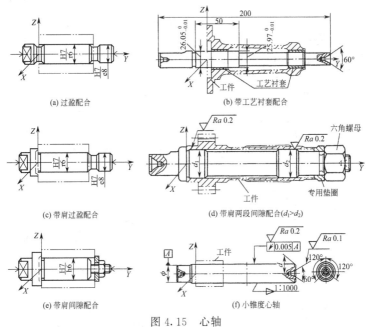

图 4.15 心轴

心轴限制自由度的定位分析如图 4.16 所示。如图 4.16（a）所示，当心轴的长径比 $L/d \geqslant 0.8 \sim 1$ 时称长心轴，限制的自由度为 $\vec{X}$、$\vec{Z}$、$\hat{X}$、$\hat{Z}$，轴肩限制自由度 $\vec{Y}$。如图 4.16（b）所示，当心轴的长径比 $L/d \leqslant 0.4$ 时称短心轴，限制的自由度数为 2，L_{e1} 处限制的自由度为 $\vec{X}$、$\vec{Z}$，L_{e2} 处限制的自由度为 $\hat{X}$、$\hat{Z}$，当两个短心轴

组合使用时，其作用与长心轴相同，轴肩限制自由度 $\vec{Y}$。

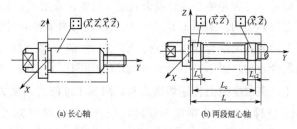

(a) 长心轴   (b) 两段短心轴

图 4.16 心轴限制自由度的定位分析示例

② 定位销 定位销一般与其他定位元件组合使用，按其与夹具体采用装配形式分固定式定位销 (JB/T 8014.2—1999) 和可换式定位销 (JB/T 8014.3—1999)，按定位销的结构分圆柱销和削边销 (也称菱形销)，其类型、结构参数如图 4.17 所示。固定式定位销和可换式定位销与夹具体的装配结构如图 4.18 所示。

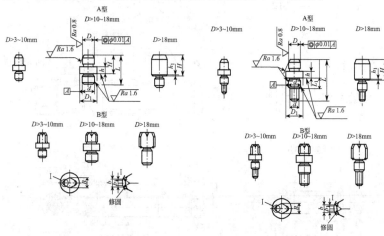

1. 材料：$D \leqslant 18\text{mm}$，T8按GB/T 1298—2008的规定。
    $D > 18\text{mm}$，20钢按GB/T 699—1999的规定。
2. 热处理：T8为55~60HRC；20钢渗碳深度0.8~1.2mm，
    55~60HRC。
3. 其他技术条件按JB/T 8044—1999的规定。

标记示例：
$D = 12.5\text{mm}$、公差带为f7、$H = 14\text{mm}$的A型固定式定位销，
标记为定位销 A12.5f7×14 JB/T 8014.2—1999

$\sqrt{Ra\,12.5}$ (√)

(a) 固定式定位销

1. 材料：$D \leqslant 18\text{mm}$，T8按GB/T 1298—2008的规定。
    $D > 18\text{mm}$，20钢按GB/T 699—1999的规定。
2. 热处理：T8为55~60HRC；20钢渗碳深度0.8~1.2mm，
    55~60HRC。
3. 其他技术条件按JB/T 8044—1999的规定。

标记示例：
$D = 12.5\text{mm}$、公差带为f7、$H = 14\text{mm}$的A型可换式定位销，
标记为定位销 A12.5f7×14 JB/T 8014.3—1999

(b) 可换式定位销

图 4.17 定位销的类型、结构参数

定位销限制自由度的定位分析示例如图 4.19 所示。如图 4.19（a）所示，圆柱定位销的长径比 $L/d \geqslant 0.8 \sim 1$，称长圆柱定位销，限制的自由度为 $\vec{X}$、$\vec{Y}$、$\hat{X}$、$\hat{Z}$。如图 4.19（b）所示，圆柱定位销的长径比 $L/d \leqslant 0.4$，称圆柱定位销，限制的自由度为 $\vec{X}$、$\vec{Y}$。如图 4.19（c）所示的削边销限制的自由度为 $\vec{X}$。

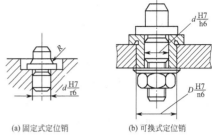

(a) 固定式定位销 (b) 可换式定位销

图 4.18 定位销与夹具体的装配结构

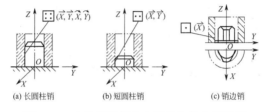

(a) 长圆柱销 (b) 短圆柱销 (c) 销边销

图 4.19 定位销限制自由度的定位分析示例

③ 圆锥销 圆锥销也称锥头销，用圆锥销定位圆孔的情况如图 4.20 所示，圆锥销与圆孔端部的孔口相接触，孔口的尺寸和形状精度直接影响接触情况而影响定位精度。图 4.20（a）所示的圆锥销为圆锥面结构，适合工件上已加工过的圆孔，图 4.20（b）所示的圆锥销为 120°均布的三小段圆锥面结构，适合工件上未加工过的圆孔（毛坯孔）。圆锥销限制工件的自由度为 $\vec{X}$、$\vec{Y}$、$\vec{Z}$。

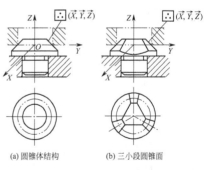

(a) 圆锥体结构 (b) 三小段圆锥面

图 4.20 圆锥销定位

④ 中心孔圆柱塞 中心孔圆柱塞也称圆柱堵头，主要用于两端空心轴类零件的外圆磨削，其圆柱表面与工件上的孔采用过盈配合，用在工件不同的加工工序中定位，如粗磨、半精磨、精磨，在

不同工序之间不拆卸，但需要修磨中心孔，按其结构类型分带肩和不带肩两种形式，拆卸时可通过螺纹或推杆将其卸下，如图 4.21 所示。

（3）工件以外圆柱面定位

工件以外圆定位时，常用的定位元件有 V 形块、圆（孔）定位套、半圆（孔）定位套、内锥套等。

① V 形块　用 V 形块定位工件上的外圆表面最常用。V 形块的外形结构如图 4.22 所示。如图 4.22（a）所示的 V 形块用于工件较短的精基面外圆定位。如图 4.22（b）所示的 V 形块为间断式（两段短 V 形块）结构，并且 V 形块的斜面被倒角，与工件的接触面积较小，一般用于工件较长的粗基面外圆定位。如图 4.22（c）所示的 V 形块由两个短 V 形块组成，一块固定在夹具体上，另一块可在夹具体上根据工件的长短进行移动调整（调后紧固）。在生产中，对于较大直径的工件，V 形块采用铸铁底座，通过镶装淬火钢板或再焊接硬质合金，以提高定位工作表面（V 形块的斜面）的耐磨性。

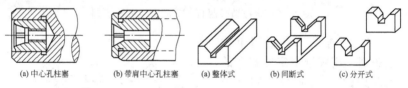

(a) 中心孔柱塞　　(b) 带肩中心孔柱塞　　(a) 整体式　(b) 间断式　(c) 分开式

图 4.21　中心孔圆柱塞　　　　图 4.22　常用 V 形块的结构形式

V 形块的标准（JB/T 8018.1～4—1999）结构参数如图 4.23 所示。

V 形块限制工件自由度的情况如图 4.24 所示。长 V 形块或两个短 V 形块组合可限制工件自由度为 $\vec{Y}$、$\vec{Z}$、$\hat{Y}$、$\hat{Z}$，单独一个短 V 形块可限制工件自由度为 $\vec{Y}$、$\vec{Z}$。

② 圆（孔）定位套　常用的圆定位套类型和装配形式如图 4.25 所示。如图 4.25（a）所示的结构为短圆定位套，用于工件以端面为主、外圆为辅的定位，端面限制工件的自由度为 $\vec{Z}$、$\hat{X}$、$\hat{Y}$，圆套（孔）限制工件的自由度为 $\vec{X}$、$\vec{Y}$。如图 4.25（b）所示的结构为带端面长圆（孔）定位套，用于工件以外圆柱表面为主、端面

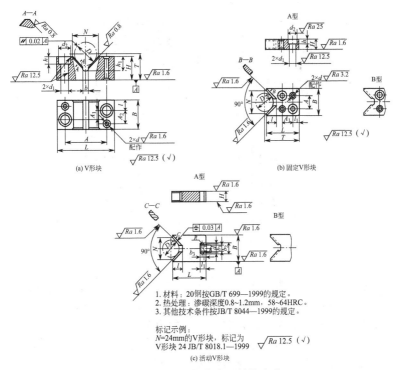

1. 材料：20钢按GB/T 699—1999的规定。
2. 热处理：渗碳深度0.8~1.2mm，58~64HRC。
3. 其他技术条件按JB/T 8044—1999的规定。

标记示例：
N=24mm的V形块，标记为
V形块 24 JB/T 8018.1—1999 $\sqrt{Ra\,12.5}$ (√)

(c) 活动V形块

图 4.23 V 形块的类型结构参数

为辅定位，圆套（孔）限制工件的自由度为 $\vec{X}$、$\vec{Z}$、$\hat{X}$、$\hat{Z}$，端面限制工件的自由度为 $\vec{Y}$。如图 4.25（c）所示的结构为带端面短圆（孔）定位套，用于轴类工件圆柱面一端，圆套（孔）限制工件的自由度为 $\vec{X}$、$\vec{Z}$，端面限制工件的自由度为 $\vec{Y}$。如图 4.25（d）所示的结构为一般定位情况短圆（孔）定位套，圆套（孔）限制工件的自由度为 $\vec{X}$、$\vec{Z}$。

③ 外圆的其他定位元件　外圆的其他定位元件如图 4.26 所示。半

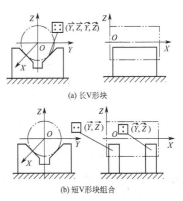

(a) 长V形块

(b) 短V形块组合

图 4.24　V 形块限制
工件自由度的情况

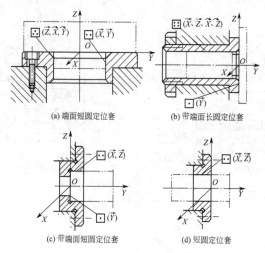

(a) 端面短圆定位套　　(b) 带端面长圆定位套

(c) 带端面短圆定位套　　(d) 短圆定位套

图 4.25　圆定位套

圆（孔）定位套如图 4.26（a）所示，当工件尺寸较大，用圆柱孔定位安装不便时，可将圆柱孔定位套制成两半，下半孔用作定位，上半孔用于压紧工件，其轴向尺寸短的半圆孔定位套限制 2 个自由度，轴向尺寸长的半圆孔定位限制 4 个自由度。如图 4.26（b）所示的支承钉定位外圆，实质与短 V 形块的作用相同，限制工件的 2 个自由度。如图 4.26（c）所示的支承板定位外圆，限制工件的 4 个自由度。如图 4.26（d）所示的内锥套定位外圆，限制工件的 3 个移动自由度。

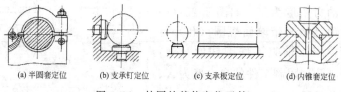

(a) 半圆套定位　　(b) 支承钉定位　　(c) 支承板定位　　(d) 内锥套定位

图 4.26　外圆的其他定位元件

（4）工件锥孔定位

在生产实际中，轴类零件以中心孔定位，定位元件常用顶尖，套类零件以圆锥孔定位，定位元件常用锥度心轴和锥堵，如图 4.27 所示。如图 4.27（a）所示，一个锥度心轴与工件上的圆锥孔定位，可限制工件的自由度为 $\vec{X}$、$\vec{Y}$、$\vec{Z}$、$\hat{X}$、$\hat{Z}$。一个顶尖与工件上的圆锥孔定位，可限制工件上的自由度为 $\vec{X}$、$\vec{Y}$、$\vec{Z}$，如图 4.27（b）所示。一个锥堵与工件上的圆锥孔定位，可限制工件上的自由度为 $\vec{X}$、$\vec{Y}$、$\vec{Z}$，与顶尖的作用相同，如图 4.27（c）所示。

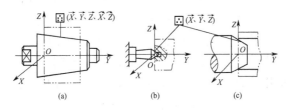

图 4.27 锥孔定位

（5）组合定位

在实际生产中，为满足工序加工要求，工件上一般采用几个定位基面的组合方式进行定位，简称组合定位。从工件的角度看，常用的组合定位方式有：平面组合、双顶尖孔（轴类零件）、一端面一孔（套类零件）、一端面一外圆（轴、盘类零件等）、一面两孔（箱体类、板、盘）等；从定位元件的角度看，与之相对应的定位元件组合定位方式为：平面（或支承板或支承钉的组合）、双顶尖组合、端面定位销组合、带肩定位心轴、一面两销（圆柱销、菱形销）等定位方式。

在组合定位分析时，首先建立坐标系，分析工件上每个表面限制的自由度，每个表面限制的自由度数目与单个表面分析时的相同，由于组合定位分析时与单个表面定位分析时的坐标系的原点不同，因此，在单个表面定位分析中可能限制工件移动自由度转化为限制工件的转动自由度，下面结合实例进行组合定位分析、限制自由度的转换和过定位消除方法。

① 端面与孔组合定位 套类零件常以工件上的端面与孔组合进行定位，其组合定位分析如图 4.28 所示。

② 端面与外圆柱面组合定位 轴、盘类零

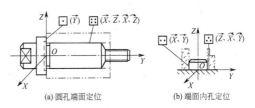

(a) 圆孔端面定位   (b) 端面内孔定位

图 4.28 端面与孔组合定位

件等常以工件上的端面与外圆柱面组合进行定位，其组合定位分析实例见图 4.25（a）～（c）所示。

③ 双中心孔组合定位 轴类零件常以工件两端面上的中心孔组合进行定位，如图 4.29 所示。在其组合定位分析时，左端中心孔限制的自由度与单个表面分析时相同，即限制 $\vec{X}$、$\vec{Y}$、$\vec{Z}$ 自由度，右端中心孔由于相对坐标系原点 O 有一定的距离，致使定位表面限制工件的移动自由度转化为限制工件转动自由度的形式，即单个表面时限制自由度 $\vec{X}$ 转化为组合定位时限制自由度 $\widehat{Z}$，$\vec{Z}$ 转化为 $\widehat{X}$。由于左、右顶尖都限制工件的自由度 $\vec{Y}$，故为重复定位或过定位。过定位可能造成工件安装不上或工件变形等问题，为此，通过定位元件（右顶尖）可移动（即变为移动副）的形式，消除对自由度 $\vec{Y}$ 的约束，即设置运动副的形式消除过定位。双中心孔组合定位限制的自由度情况如图 4.29 所示。

④ 双圆柱孔或双圆锥孔组合定位 套类零件常以工件上两端圆柱孔或圆锥孔组合进行定位，两端的圆柱孔可用带中心孔的圆柱塞、圆锥堵头组合定位，两端的圆锥孔用圆锥堵头组合定位。其组合定位分析与双中心孔组合定位分析方法相同，限制自由度的情况如图 4.30 所示。

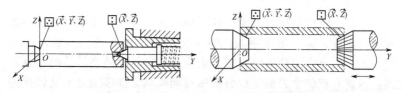

图 4.29 双中心孔组合定位　　图 4.30 双圆锥堵头组合定位

⑤ 一面两孔组合定位 对于较大的箱体类、板类和盘类零件常以工件上一面两孔组合定位方式，其定位分析如图 4.31 所示，其中，平面限制的自由度为 $\vec{Z}$、$\widehat{X}$、$\widehat{Y}$，左端的圆孔（短圆柱销）限制的自由度为 $\vec{X}$、$\vec{Y}$，右端圆孔限制 $\widehat{Z}$。需要说明的是，右端圆孔若用短圆柱销定位，单个表面定位时限制 $\vec{X}$、$\vec{Y}$ 自由度，在其组合定位中限制 $\vec{X}$ 自由度转化为限制 $\widehat{Z}$ 自由度，限制自由度 $\vec{Y}$ 与左端的圆孔（短圆柱销）限制的重复，需要消除，故采用菱形销（也

称削边销）的结构。

工件上一面两孔与夹具上一面两销的组合定位方式实现了工件加工过程的基准统一，因此在生产中应用非常广泛。工件上的两孔可以是已有孔，也可以是专门加工的工艺孔。由于一面两孔组合定位存在重复定位情况，即使采用了削边销结构，仍然存在工件不能装进夹具中的现象，要保证所有定位孔加工合格的全部工件能装进夹具中，一般需要采取补偿措施，因此需要对削边销的结构参数进行设计。

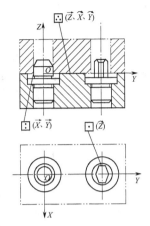

图 4.31　一面两孔组合定位分析

削边定位销是利用定位销削边后与定位孔之间产生水平方向间隙量 a 来补偿的。削边定位销的结构参数如图 4.32（a）所示。

图中　a——削边定位销能补偿中心距误差的数值，mm；

　　　b——削边定位销削边后留下的圆柱部分宽度，mm；

　　　B——削边定位销在两定位销连心线方向上的最大宽度，mm；

　　　L——中心距，mm；

　　　L_K——工件上两孔的中心距，mm；

　　　L_J——夹具上两销的中心距，mm；

　　　$T(L_K)$——工件上两孔的中心距公差，mm；

　　　$T(L_J)$——夹具上两销的中心距公差，mm。

由图 4.32（a）可得

$$(O_2C)^2 = \left(\frac{d_2}{2}\right)^2 - \left(\frac{b}{2}\right)^2 = \left(\frac{D_2}{2}\right)^2 - \left(\frac{b}{2} + \frac{a}{2}\right)^2$$

即　$$\left(\frac{D_2}{2} - \frac{\varepsilon_{2\min}}{2}\right)^2 - \left(\frac{b}{2}\right)^2 = \left(\frac{D_2}{2}\right)^2 - \left(\frac{b}{2} + \frac{a}{2}\right)^2$$

展开上式并略去 a^2、$\varepsilon_{2\min}^2$ 等项，最后得到

$$a = \frac{D_2}{b}\varepsilon_{2\min} \quad \text{或} \quad \varepsilon_{2\min} = \frac{b}{D_2}a \tag{4.1}$$

削边定位销能全部补偿中心距误差的条件为

$$a \geqslant c \tag{4.2}$$

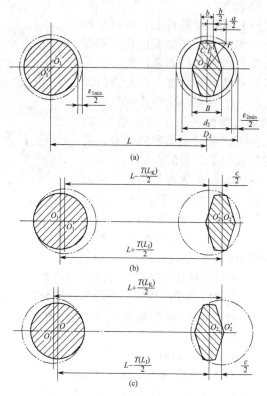

图 4.32 削边定位销的结构参数

当 $L_K = L \pm [T(L_K)/2]$ ，$L_J = L \pm [T(L_J)/2]$ 时，有

$$c = T(L_K) + T(L_J) - \varepsilon_{1min} \tag{4.3}$$

把式（4.3）代入式（4.1）得

$$\varepsilon_{2min} = \frac{b}{D_2} c \text{ 或 } \varepsilon_{2min} = \frac{b}{D_2} [T(L_K) + T(L_J) - \varepsilon_{1min}]$$

这时，补偿中心距误差的两个极限情况如图 4.32（b）、图 4.32（c）所示。

在组合定位分析时，一要注意自由度形式的转化，二要注意过定位的消除，消除过定位主要采用运动副（如移动副、转动副和球副等）的方法和结构的方法。

4.2.4 典型工件的定位方式及其表示形式实例

典型工件常见的定位方式、定位符号及其定位表达形式（在工序图或工艺文件中常用）如表 4.2 所示。表中示意图上定位符号附近标注的阿拉伯数字表示限制自由度的数目，限制 1 个自由度的可以省略标注。

表 4.2　常见的典型定位方式及定位符号

工件定位基面	定位元件	定位副接触情况	工序简图上定位符号及其限定的自由度
平面	小平面、一个支承钉	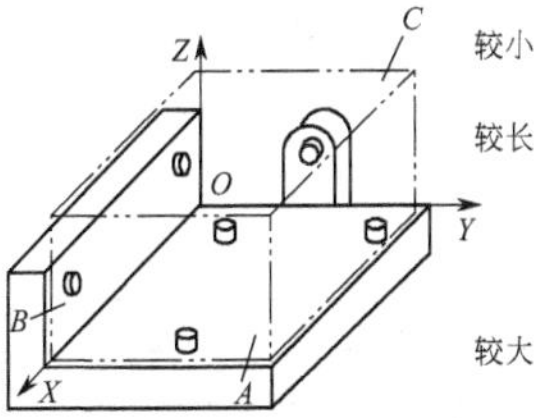 较小　较长　较大	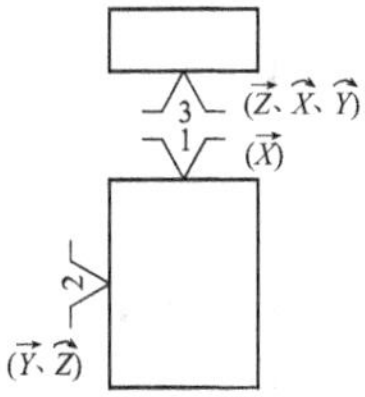 $3 (\vec{Z}, \hat{X}, \hat{Y})$　$1 (\vec{X})$　$2 (\vec{Y}, \vec{Z})$
	支承板、支承钉		
	大平面、支承板组合、三个支承钉组合		
圆孔	短心轴	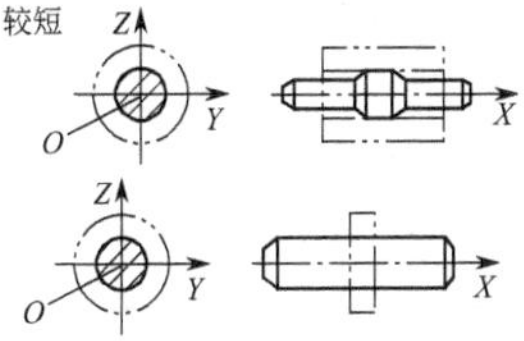 较短	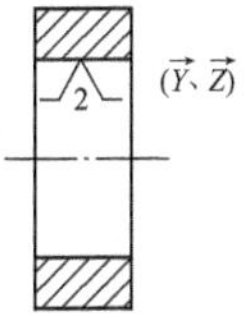 $2 (\vec{Y}, \vec{Z})$
	长心轴	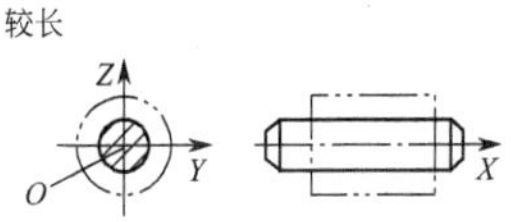 较长	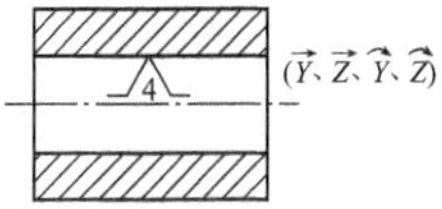 $4 (\vec{Y}, \vec{Z}, \hat{Y}, \hat{Z})$
	短圆销	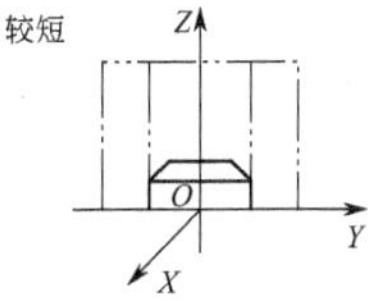 较短	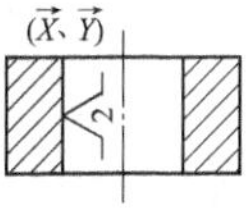 $(\vec{X}, \vec{Y})$　2
	长圆销	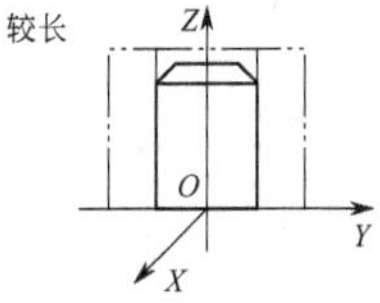 较长	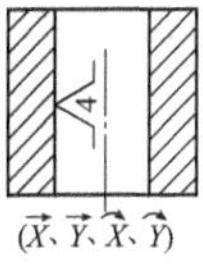 4　$(\vec{X}, \vec{Y}, \hat{X}, \hat{Y})$

工件定位基面	定位元件	定位副接触情况	工序简图上定位符号及其限定的自由度
圆孔	削边销	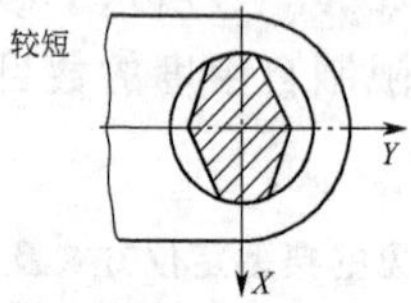 较短	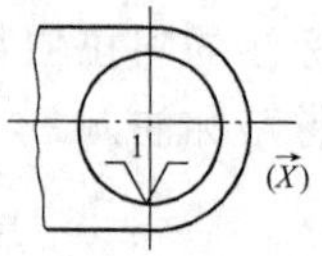 $(\vec{X})$
	短锥销	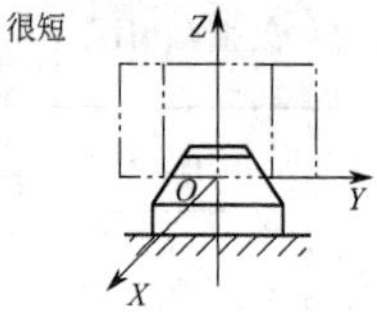 很短	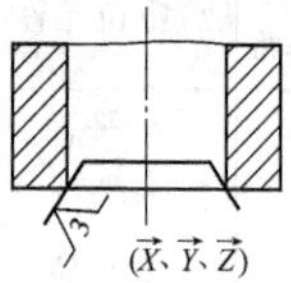 $(\vec{X}, \vec{Y}, \vec{Z})$
外圆柱面	支承板	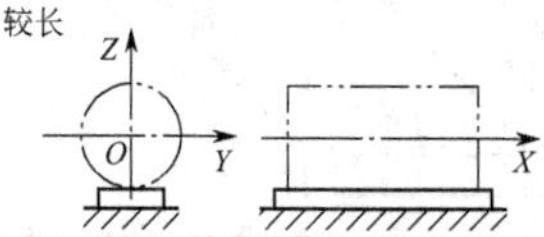 较长	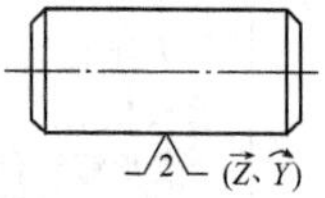 $(\vec{Z}, \vec{Y})$
	短 V 形块	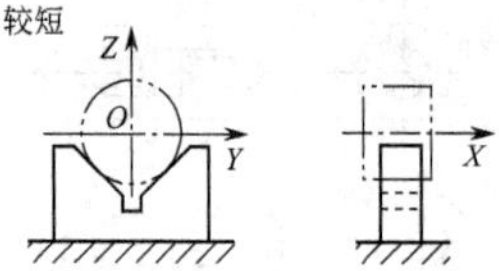 较短	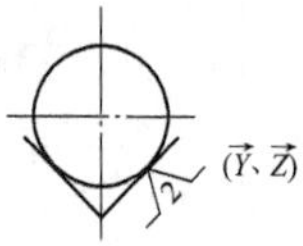 $(\vec{Y}, \vec{Z})$
	长 V 形块	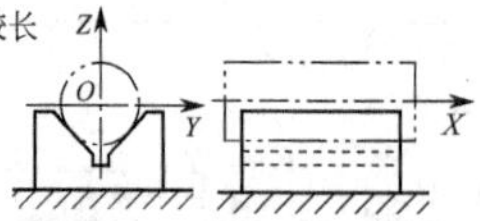 较长	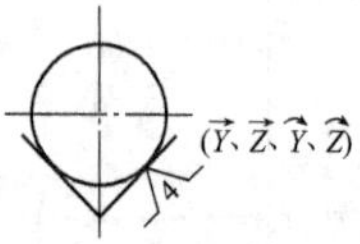 $(\vec{Y}, \vec{Z}, \hat{Y}, \hat{Z})$
	两个短 V 形块	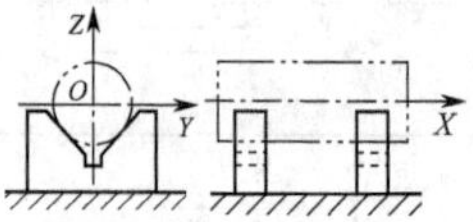	
	短定位套	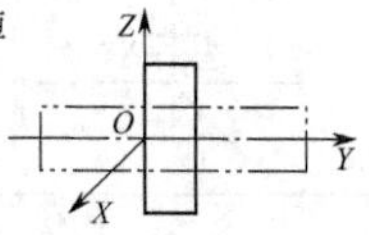 较短	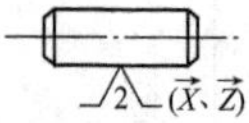 $(\vec{X}, \vec{Z})$
	长定位套	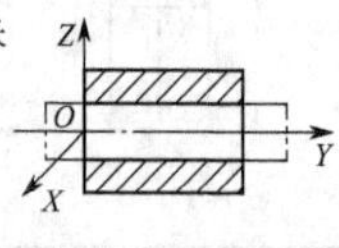 较长	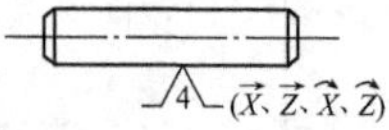 $(\vec{X}, \vec{Z}, \hat{X}, \hat{Z})$

工件定位基面	定位元件	定位副接触情况	工序简图上定位符号及其限定的自由度
外圆柱面	短锥套	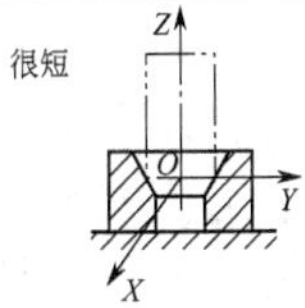	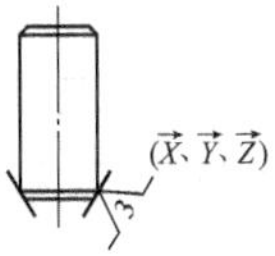 $(\vec{X}, \vec{Y}, \vec{Z})$
圆锥孔	固定顶针(前)浮动顶针(后)	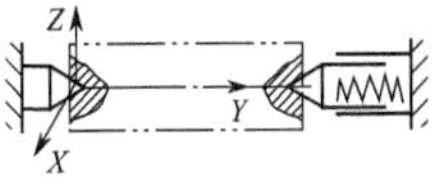	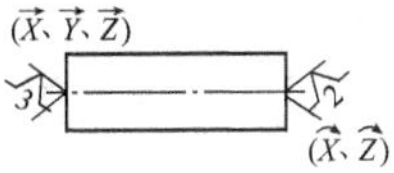 $(\vec{X}, \vec{Y}, \vec{Z})$ $(\vec{Y}, \vec{Z})$
	锥心轴	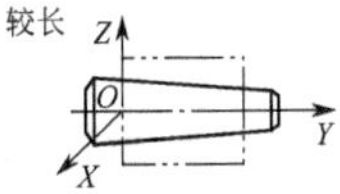	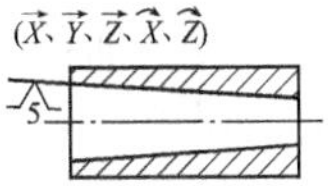 $(\vec{X}, \vec{Y}, \vec{Z}, \widehat{X}, \widehat{Z})$

典型工件常见的定位、夹紧符号表注示例如表 4.3 所示。

表 4.3 典型工件常见的定位、夹紧符号表注示例

序号	说明	定位、夹紧符号标注示意图	序号	说明	定位、夹紧符号标注示意图
1	机床前后顶尖装夹工件,夹头夹紧工件,拨杆带动工件转动	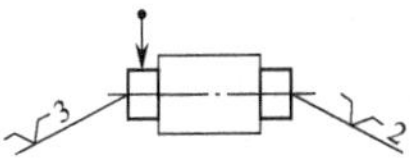	5	锥度心轴定位夹紧(套类零件)	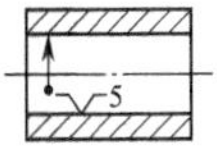
2	床头内拨顶尖,床尾回转顶尖定位夹紧(轴类零件)	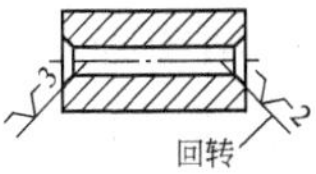	6	端面圆柱短心轴定位夹紧(套类零件)	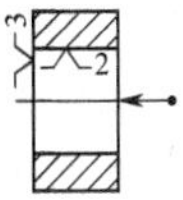
3	床头弹簧夹头定位夹紧,夹头内带有轴向定位,床尾内顶尖定位(轴类零件)	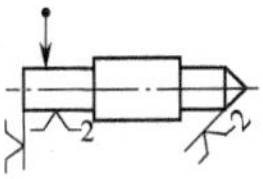	7	四爪单动卡盘定位夹紧、带端面定位(盘类零件)	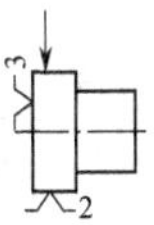
4	弹性心轴定位夹紧(套类零件)	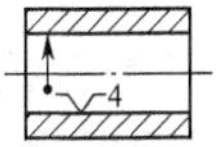	8	床头三爪自定心卡盘定位夹紧、床尾中心架支承定位(长轴类零件)	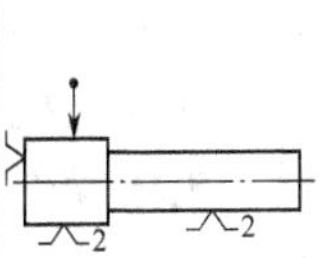

4.3 定位误差分析计算

定位误差分析计算是夹具设计必须进行的一项重要工作，其目的是分析和评价工件在夹具中定位方案设计的合理性，如不同方案的对比分析，验证定位方案是否可行、是否能满足工件加工精度的要求。

4.3.1 定位误差的概念

（1）定位误差的组成

在机械加工中，定位误差是指用调整法加工一批工件时由定位产生的误差，用代号 Δ_{dw} 表示。调整法是先调整好刀具和工件在机床上的相对位置，并在一批零件的加工过程中保持这个位置不变，以保证工件被加工尺寸的方法。定位误差包括基准不重合误差和定位副不准确误差。

由于工件的定位基准与工序基准（工序图上的基准）或设计基准（零件图上的基准）不重合而引起的定位基准变动量称基准不重合误差，用代号 Δ_{jb} 表示。

当工件上的一组定位表面与夹具的定位元件相应的工作表面相接触或相配合时，工件在夹具中的位置就确定了，但是，在一批工件中，工件间在尺寸、形状和位置上存在公差允许范围内的误差，定位元件也存在制造精度范围内的误差，由于工件上的定位基面和定位元件上的定位工作表面的制造不准确而引起的定位基准位置的变动量称为定位副不准确误差（也称基准位置移动误差 Δ_{jw}），用代号 Δ_{db} 表示。

（2）调整法的调刀和调刀基准

用调整法加工一批工件时，工件的加工精度能否满足加工要求，与调刀和调刀基准有关。调刀涉及机床、工件、夹具和刀具。调刀基准把机床、工件、夹具和刀具联系起来，它对定位误差分析、机床操作和保证加工精度非常重要。调刀基准是以夹具定位元件上定位工作表面的基准，来确定刀具在机床上的位置所用的基准，它间接地确定了刀具与工件之间的位置。

调刀的依据一是定位元件上定位工作表面的基准，二是工件上要求的加工精度参数（主要是尺寸精度、位置精度）。

调刀基准一般选择能够代表定位元件定位表面

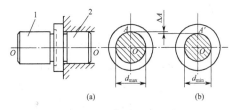

图 4.33 调刀基准的选择

几何特征的基准（点、线、面），尽可能使定位表面的制造误差不影响调刀尺寸。例如，如图 4.33（a）所示的定位心轴，1 是定位部分，2 是与夹具体配合部分，选取定位心轴定位外圆的轴线 OO 为调刀基准，可不受定位外圆直径制造误差的影响，就是在夹具维修后更换了定位心轴，虽然定位表面外圆直径发生了变化，在不考虑定位心轴上 1 与 2 的同轴度误差时，轴线 OO 位置也不会变。若选用定位外圆上的母线 A 作为调刀基准，如图 4.33（b）所示，由于外圆直径的变化，将使调刀尺寸产生 ΔA 的变化。

调刀尺寸及其标注如图 4.34 所示。图 4.34（a）是零件图（或工序图），在其上钻 ϕD 孔时，要求保证尺寸 L，保证 ϕD 孔轴线与内孔轴线 $O'O'$ 的对称度。图 4.34（b）是加工 ϕD 孔的钻床夹具部分视图。为保证尺寸 L 的要求，以工件的端面 A' 紧靠心轴 2 的端面 A 定位。导引钻头的钻套轴线到心轴 2 的端面 A 的位置尺寸 L_j 就是调刀尺寸。调刀尺寸 L_j 的大小一般为 L 的平均尺寸，以保证钻出一批工件 ϕD 孔轴线的位置尺寸 L。

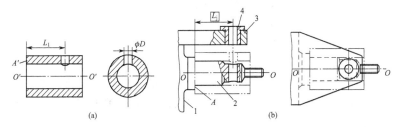

图 4.34 调刀尺寸及其标注
1—夹具体；2—定位心轴；3—钻模板；4—固定钻套

对于工件上的尺寸 L 要求，L 的设计基准是 A' 端面，定位基准也是 A' 端面，二者重合。调刀基准则是夹具定位心轴上的 A

端面。

工件上 ϕD 孔对内孔轴线 $O'O'$ 的对称度要求，其设计基准是工件内孔轴线 $O'O'$，工件以内孔在心轴 2 上定位，内孔轴线 $O'O'$ 又是定位基准。而定位心轴轴线 OO 是调刀基准。在图 4.34（b）的夹具俯视图中可以看出，要保证 ϕD 孔轴线对工件内孔轴线 OO 对称，导引钻头的钻套轴线必须对定位心轴 2 的轴线 OO 对称。由上分析可知，设计基准和定位基准都是体现在工件上的，而调刀基准却是由夹具定位元件的定位工作面来体现的，这对夹具设计中提出技术要求十分重要。

（3）用定位误差评价定位方案的合理性

在分析和评价工件的定位方案时，一般用定位误差作为评价定位方案合理性的一个重要指标，评价定位方案合理性的 Δ_{dw} 的绝对值越小，定位方案越合理。

在分析计算定位误差时，定位误差是基准不重合误差和定位副不准确误差两部分误差的代数和。一般情况下，定位误差应满足

$$\Delta_{dw} \leqslant (1/3 \sim 1/5)\delta \qquad (4.4)$$

式中 δ——本工序工件要求的公差。

在验证定位方案是否能满足工件加工精度的要求时，式（4.4）中系数的取值原则是，当 δ 较小时，系数取较大值，反之取较小值。

4.3.2 定位误差的分析计算

（1）定位误差分析时应注意的问题

在分析计算定位误差时应注意以下问题。

① 定位误差是指工件某加工工序中某加工精度参数的定位误差。它是该加工精度参数加工误差的一个组成部分。

② 某工序的定位方案可以对该工序的几个加工精度参数产生不同的定位误差，因此，应对这几个加工精度参数分别进行定位误差计算。

③ 分析计算定位误差的前提是采用夹具装夹、用调整法加工一批工件来保证加工要求的。

④ 分析计算得出的定位误差是指加工一批工件时可能产生的最大定位误差范围。它是一个界限值，而不是指某一个工件的定位

误差的具体数值。

⑤ 加工一批工件的设计基准相对夹具调刀基准产生最大位置变化是产生定位误差的原因，而不一定就是定位误差。

（2）定位单个表面的定位误差分析计算

与定位分析一样，在分析计算夹具定位方案的定位误差时，首先从分析计算单个典型表面定位时的定位误差着手，因为这是分析计算夹具定位方案的定位误差的基础。在夹具设计中分析计算定位误差的重点是分析计算定位副不准确引起的定位误差。因为基准不重合引起的定位误差的分析计算必须已知工序要求（即加工精度参数）的设计基准，而工艺人员在编制工艺规程时，当发现定位基准与设计基准不重合时，往往要进行尺寸换算（即解算工艺尺寸链）以标注工序尺寸，这样，基准不重合引起的定位误差便反映在工序尺寸换算之中。定位副不准确引起的定位误差只有在用夹具装夹加工一批工件时才会产生。下面分别以平面、内孔、外圆、内外锥面作为定位表面，阐述用不同定位元件定位而产生的定位误差进行分析计算。

① 工件以平面定位时的定位误差分析计算　工件以平面定位时，定位面与定位元件的定位工作面是平面接触，可以认为定位副平面的几何位置不发生相对变化，即定位副不准确引起的定位误差 $\Delta_{db} = 0$。一般只计算基准不重合引起的定位误差 Δ_{jb}。

事实上由于定位面和定位工作面都不可能是真正平面而有形状误差存在，因此定位面相对定位工作面会发生相对位置误差。在精基准平面定位时，定位面和定位工作面都经过加工，形状误差值较小，可忽略不计。在毛坯平面定位时，工件定位平面的形状误差会引起基准的位置变化 ΔE，如图 4.35 所示，但因粗基准平面定位的加工要求低，一般也可忽略不计。所以，工件以平面定位时一般只计算基准不重合引起的定位误差 Δ_{jb}。

例 4.4　加工一批如图 4.36（a）所示的工件，除台阶处 A、B 面外其余表面均已加工合格。若用如图 4.36（b）所示夹具的定位方案铣削台阶 A、B 面，保证（30 ± 0.1）mm 和（60 ± 0.06）mm 尺寸。试分析计算其定位误差。

［解］　本工序的加工精度参数有"30 ± 0.1"和"60 ± 0.06"两个尺寸，应分别分析计算其定位误差。

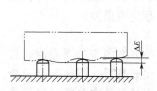

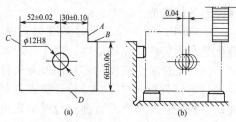

图 4.35　毛坯平面定位时的基准位置误差

图 4.36　铣台阶面工序定位误差的分析计算

a. 对"30±0.1"尺寸的分析计算。该尺寸的设计基准是"ϕ12H8"孔轴线，定位基准是 C 面，基准不重合，二者以尺寸"52±0.02"相联系。一批工件的设计基准相对定位基准的位置变化 Δ_{jb} 为

$$\Delta_{jb} = 2 \times 0.02 = 0.04$$

因为是平面定位，定位副不准确误差 $\Delta_{db} = 0$。

"30±0.1"尺寸的定位误差 Δ_{dw} 为

$$\Delta_{dw}（30）= \Delta_{jb} + \Delta_{db} = 0.04 + 0 = 0.04（mm）$$

加工允许差为 $0.1 - (-0.1) = 0.2$，定位误差只占加工允差 1/5，该方案可以保证本工序"30±0.1"尺寸的要求。

b. 对"60±0.06"尺寸的分析计算。由于设计基准是 D 面，定位基准也是 D 面，基准重合，故 $\Delta_{jb} = 0$。

又因为是平面定位，故 $\Delta_{db} = 0$。

"60±0.06"尺寸的定位误差为

$$\Delta_{dw}（60）= \Delta_{jb} + \Delta_{db} = 0 + 0 = 0$$

所以该方案可以保证本工序"60±0.06"尺寸的要求。

② 工件以圆柱孔定位时的定位误差分析计算　圆柱孔定位时，工件的定位面是圆柱孔，定位元件的定位工作面是外圆柱面，定位基准是它们的轴心线，因此，基准不重合误差 $\Delta_{jb} = 0$。二者配合实现工件的定心定位，定位误差应根据其配合性质的不同分别计算。

如图 4.37 所示，定位面与定位工作面为过盈配合时，没有配合间隙，定位副就没有相对位置变化，因而定位副不准确引起的误差 $\Delta_{db} = 0$。因此，定心定位的定位误差为 0。

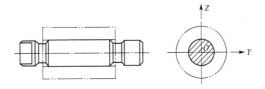

图 4.37 定位孔与定位心轴为过盈配合时的定位误差

如图 4.38 所示，定位圆柱孔与定位工作心轴为间隙配合时，由于存在配合间隙，工件圆柱孔的基准（轴线 O'）相对定位元件心轴的基准（轴线 O）会发生位置变化。

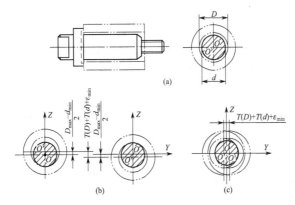

图 4.38 定位孔与定位心轴为间隙配合接触点位置随机时的定位误差

如果定位面与定位工作面的接触点位置是随机变化的，由于配合间隙的影响，定位基准（工件圆柱孔轴线）O' 相对定位工作面基准（定位心轴的轴线）O 的最大位置变化发生在定位圆柱孔与定位心轴外圆具有最大配合间隙的情况。此时定位副不准确引起的（定位基准相对定位工作面基准的位置移动误差）定位误差 Δ_{db} 为

$$\Delta_{db} = D_{max} - d_{min} = T(D) + T(d) + \varepsilon_{min} \qquad (4.5)$$

式中　$T(D)$ ——定位圆柱孔的直径公差；

　　　$T(d)$ ——定位工作面心轴的外圆直径公差；

　　　ε_{min} ——最小配合间隙。

在特定的情况下，如图 4.39（a）所示，如果定位圆柱孔与定位工作面外圆的接触点始终处于 G 点，定位基准相对定位工作面基准的位置移动误差 Δ_{db} 为

$$\Delta_{db} = \frac{D_{max} - d_{min}}{2} = \frac{T(D) + T(d) + \varepsilon_{min}}{2} \qquad (4.6)$$

如图 4.39 (b) 所示的情况，由于一批工件的圆柱孔尺寸在 $T(D)$ 范围内变化，与任意一个在 $T(d)$ 范围变化的定位工作面外圆尺寸相配合，都包含了在图 4.39 (a) 所示的情况下一个最小配合间隙 ε_{min}，若从调刀尺寸中削去这个常量的影响，则定位基准相对定位工作面基准的位置移动误差 Δ_{db} 为

$$\Delta_{db} = \frac{T(D) + T(d)}{2} \qquad (4.7)$$

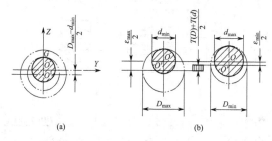

图 4.39　定位孔与定位心轴为间隙配合接触点位置确定时的定位误差

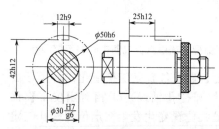

图 4.40　用心轴定位内孔铣槽
工序的定位误差分析计算

例 4.5　有一批如图 4.40 所示的工件，外圆直径 $d_1 = \phi 50h6 \left(^{0}_{-0.016} \right)$，内孔直径 $D_1 = \phi 30H7 \left(^{+0.021}_{0} \right)$ 和两端面均已加工合格，并保证外圆对内孔的同轴度误差在 $T(e) = \phi 0.015 mm$ 范围内。今按图示的定位方案，用 $d = \phi 30g6 \left(^{-0.007}_{-0.020} \right)$ 心轴定位，

在立式铣床上用顶尖顶住心轴铣 $12H9 \left(^{0}_{-0.043} \right)$ 槽。除槽宽要求外，还应保证下列要求。

ⅰ. 槽的轴向位置尺寸 $l_1 = 25h12 \left(^{0}_{-0.21} \right)$。

ⅱ. 槽底位置尺寸 $H_1 = 42h12 \left(^{0}_{-0.25} \right)$。

ⅲ. 槽两侧面对 "$\phi 50$" 外圆轴线的对称度允差 $T(e) = 0.25 mm$。

试分析计算定位误差。

[**解**]　除槽宽由铣刀相应尺寸保证外，现逐项分析题中要求的三个加工精度参数的定位误差。

ⅰ. $l_1 = 25\text{h}12\left(^{\ 0}_{-0.21}\right)$ 尺寸的定位误差。设计基准是工件左端面，定位基准也是工件左端面（紧靠定位心轴的工作端面），基准重合，$\Delta_{\text{jb}} = 0$。平面定位的 $\Delta_{\text{db}} = 0$。因此，$\Delta_{\text{dw}}(L_1) = \Delta_{\text{jb}} + \Delta_{\text{db}} = 0$。

ⅱ. $H_1 = 42\text{h}12\left(^{\ 0}_{-0.25}\right)$ 尺寸的定位误差。该尺寸的设计基准是外圆的下母线，定位基准是内孔的轴线，定位基准和设计基准不重合，存在 Δ_{jb}。由于是内孔与心轴间隙配合定位，存在 Δ_{db}。

设计基准（外圆的下母线）到定位基准内孔轴线间的联系参数是工件外圆半径 $d_1/2$ 和外圆对内孔的同轴度 $T(e)$。因此，基准不重合误差 Δ_{jb} 包括两项，即

$$\Delta_{\text{jb1}} = \frac{T(d_1)}{2} = \frac{0.016}{2} = 0.008\,(\text{mm})$$

$$\Delta_{\text{jb2}} = T(e) = 0.015\,(\text{mm})$$

由于 Δ_{jb1} 与外圆半径的尺寸误差参数有关，Δ_{jb2} 与同轴度误差参数有关，它们两者之间是随机的，故

$$\Delta_{\text{jb}} = \Delta_{\text{jb1}} + \Delta_{\text{jb2}} = 0.008 + 0.015 = 0.023\,(\text{mm})$$

工件内孔轴线是定位基准，定位心轴轴线是调刀基准，内孔与心轴作间隙配合，由于工件装夹在心轴后再装夹在机床上，对一批工件而言，其定位基准（内孔轴线）相对夹具的调刀基准（定位心轴轴线）的位移是随机的，应按式（4.5）进行计算：

$$\Delta_{\text{db}} = D_{\text{max}} - d_{\text{min}} = 0.021 - (-0.020) = 0.041\,(\text{mm})$$

因为 Δ_{db} 是由工件内孔和定位心轴外圆引起，与 Δ_{jb} 没有不含公共变量，最大位移可直接相加得

$$\Delta_{\text{dw}} = \Delta_{\text{jb}} + \Delta_{\text{db}} = 0.023 + 0.041 = 0.064\,(\text{mm})$$

定位误差占加工允差的 $0.064/0.25 = 25.6\%$，能保证加工要求。

ⅲ. 对称度 $T(c) = 0.25\text{mm}$ 的定位误差。外圆轴线是对称度的设计基准。定位基准是内孔轴线，二者不重合，以同轴度 $T(e)$ 联系起来。因而

$$\Delta_{\text{jb}} = T(e) = 0.015\text{mm}$$

定位副不准确引起的基准位置移动误差 Δ_{db} 为

$$\Delta_{\text{db}} = T(D) + T(d) + \varepsilon_{\text{min}} = 0.041\,(\text{mm})$$

由于 Δ_{jb} 和 Δ_{db} 不含公共变量，它们均可能在水平方向产生对称度误差，故

$$\Delta_{dw} = \Delta_{jb} + \Delta_{db} = 0.015 + 0.041 = 0.056 (mm)$$

定位误差占加工允差的 $0.056/0.25 = 22.4\%$，能保证加工要求。

③ 工件以外圆定位时的定位误差分析计算　工件以外圆与定位套定位时的定位误差分析计算，与工件以内圆柱孔在定位心轴上的分析计算方法相同，这里不再讨论。

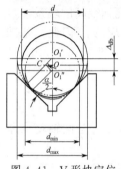

图 4.41　V 形块定位外圆的定位误差计算

如图 4.41 所示，工件上的定位表面是外圆，定位元件是 V 形块。V 形块只能在其对称面内定心。如果忽略 V 形块的制造误差，工件的定位基准为外圆的轴心 O_1'，由于一批工件的外圆尺寸的变化，使工件的定位基准在竖直方向上可能产生的基准位移 $O_1' O_1''$。一般情况下，对刀基准为轴心 O，其直径 d 为工件外圆最大直径 d_{max} 和最小直径 d_{min} 的平均值。基准位移 $O_1' O_1''$ 就是定位副不准确引起的定位误差 Δ_{db}，其计算式为

$$\Delta_{db} = O_1' O_1'' = \frac{O_1' C}{\sin \frac{\alpha}{2}} = \frac{\dfrac{d_{max}}{2} - \dfrac{d_{min}}{2}}{\sin \frac{\alpha}{2}} = \frac{T(d)}{2\sin \frac{\alpha}{2}} \qquad (4.8)$$

例 4.6　有一批如图 4.42 (a) 所示的工件，外圆已加工合格。今用 V 形块定位铣槽宽为 b 的键槽。若要求保证槽底位置尺寸分别为 L_1、L_2 和 L_3。试分别分析计算这三种不同尺寸要求的定位误差。

[解法 1]

ⅰ.L_1 尺寸的定位误差。定位方案如图 4.42 (b) 所示，为了清楚起见，对外圆直径变化作了夸大表示。L_1 尺寸的设计基准是外圆轴线 O_1，定位基准也是外圆轴线 O_1，二者重合，所以 $\Delta_{jb} = 0$。

由于外圆直径变化，使工件的定位基准位置发生变化，根据式 (4.8)，定位副不准确误差 Δ_{db} 为

$$\Delta_{db} = \frac{T(d)}{2\sin\dfrac{\alpha}{2}}$$

则 L_1 尺寸的定位误差 Δ_{dw} 为

$$\Delta_{dw}(L_1) = \Delta_{jb} + \Delta_{db} = \frac{T(d)}{2\sin\dfrac{\alpha}{2}}$$

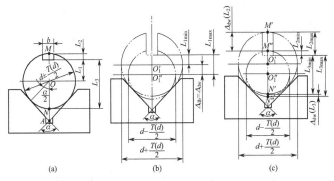

图 4.42　V 形块定位外圆铣槽时的三种不同尺寸要求及其定位误差计算

ⅱ. L_2 尺寸的定位误差的分析。定位方案如图 4.42（c）所示。L_2 尺寸的设计基准是外圆的上母线 M，定位基准是外圆轴线 O_1，二者不重合，与尺寸 $d/2$ 相关联。由于外圆直径变化引起设计基准相对定位基准的位置变化 Δ_{jb} 为

$$\Delta_{jb} = \frac{T(d)}{2}$$

由于外圆直径变化，使工件的定位基准位置发生变化，根据式（4.8），定位副不准确误差 Δ_{db} 为：

$$\Delta_{db} = \frac{T(d)}{2\sin\dfrac{\alpha}{2}}$$

L_2 尺寸的定位误差 Δ_{dw} 由 Δ_{jb} 与 Δ_{db} 合成。由于误差有方向，均与外圆直径有关，因而要判别二者合成时的符号。当外圆直径由大变小时，设计基准 M 相对定位基准 O_1 是向 O_1 方向，即定位基准 O_1 相对 V 块的调刀基准向下偏移的。当此圆放入 V 形块中定位时，外圆直径由大变小，定位基准 O_1 相对 V 形块的调刀基准（理

论圆）也是向下偏移的。综合起来设计基准 M 相对调刀基准的位移是二者之和，即

$$\Delta_{dw}(L_2) = \Delta_{jb} + \Delta_{db} = \frac{T(d)}{2} + \left(\frac{T(d)}{2\sin\dfrac{\alpha}{2}}\right) = \frac{T(d)}{2}\left(1 + \frac{1}{\sin\dfrac{\alpha}{2}}\right)$$

ⅲ. L_3 尺寸的定位误差的分析。定位方案如图 4.42（c）所示。L_3 尺寸的设计基准是外圆的下母线 N，定位基准是外圆轴线 O_1，二者不重合，有 $d/2$ 的尺寸联系。由于外圆直径变化引起设计基准相对定位基准的位置变化 Δ_{jb} 为

$$\Delta_{jb} = \frac{T(d)}{2}$$

由于外圆直径变化，使工件的定位基准变化，根据式（4.8），定位副不准确误差 Δ_{db} 为

$$\Delta_{db} = \frac{T(d)}{2\sin\dfrac{\alpha}{2}}$$

L_3 尺寸的定位误差 Δ_{dw} 由 Δ_{jb} 与 Δ_{db} 合成。同样也要判别二者合成的符号。当外圆直径由大变小时，设计基准 N 相对定位基准 O_1 是向 O_1 方向，即向上偏移的。当外圆放入 V 形块中定位时，外圆直径由大变小，定位基准 O_1 相对 V 形块调刀基准（理论圆）却是向下偏移的。综合起来二者的方向相反。

$$\Delta_{dw}(L_3) = \Delta_{db} - \Delta_{jb} = \left(\frac{T(d)}{2\sin\dfrac{\alpha}{2}}\right) - \frac{T(d)}{2} = T(d)\left(\frac{1}{\sin\dfrac{\alpha}{2}} - 1\right)$$

讨论

从图 4.42（c）中直接求出 L_2 尺寸的设计基准相对调刀基准的位置变化 Δ_{dw} 为

$$\Delta_{dw} = M'M'' = O_1'O_1'' + O_1'M' - O_1''M''$$

$$= \frac{T(d)}{2\sin\dfrac{\alpha}{2}} + \frac{d_{max}}{2} - \frac{d_{min}}{2} = \frac{T(d)}{2}\left(\frac{1}{\sin\dfrac{\alpha}{2}} + 1\right)$$

同理从图 4.42（c）中也可直接求出 L_3 尺寸的设计基准相对调刀基准的位置变化 Δ_{dw}。

$$\Delta_{dw} = N'N'' = O'_1O''_1 + O'_1N' - O''_1N''$$
$$= \frac{T(d)}{2\sin\dfrac{\alpha}{2}} + \frac{d_{\min}}{2} - \frac{d_{\max}}{2}\frac{T(d)}{2\sin\dfrac{\alpha}{2}} - \frac{T(d)}{2} = \frac{T(d)}{2}\left(\frac{1}{\sin\dfrac{\alpha}{2}} - 1\right)$$

[解法 2]

用微分方法计算定位误差，关键是选定一个合适点作为参考点，建立定位基准的方程式。选定图 4.42 (a) 中的 A 点作为参考点 (不变)，求保证 L_1 的定位误差，若不考虑 V 形块的锥角影响，基准 O 相对 A 点的变化量关系式为

$$OA = \frac{\dfrac{d}{2}}{\sin\dfrac{\alpha}{2}}, \quad d(OA) = \Delta_{dw} = \frac{d\left(\dfrac{d}{2}\right)}{\sin\dfrac{\alpha}{2}} = \frac{T(d)}{2\sin\dfrac{\alpha}{2}}$$

式中，$T(d)$ 为外圆直径的公差。

保证 L_2 的定位误差计算，基准 M 相对 A 点的变化量关系式为

$$MA = MO + OA = \frac{d}{2} + \frac{\dfrac{d}{2}}{\sin\dfrac{\alpha}{2}}$$

$$d(MA) = \Delta_{dw} = d\left(\frac{d}{2}\right) + \frac{d\left(\dfrac{d}{2}\right)}{\sin\dfrac{\alpha}{2}} = \frac{T(d)}{2}\left(1 + \frac{1}{\sin\dfrac{\alpha}{2}}\right)$$

保证 L_3 的定位误差计算，基准 N 相对 A 点的变化量关系式为

$$NA = OA - ON = \frac{\dfrac{d}{2}}{\sin\dfrac{\alpha}{2}} - \frac{d}{2}$$

$$d(NA) = \Delta_{dw} = \frac{d\left(\dfrac{d}{2}\right)}{\sin\dfrac{\alpha}{2}} - d\left(\frac{d}{2}\right) = \frac{T(d)}{2}\left(\frac{1}{\sin\dfrac{\alpha}{2}} - 1\right)$$

④ 工件以内锥孔在圆柱心轴上定位时的定位误差分析计算

无论是长圆锥孔还是顶尖孔，定位面与定位工作面的接触是圆锥面相互接触，它们之间不存在配合间隙。如果一批工件存在圆锥面直

径的制造误差，这时圆锥孔定位就会引起工件的轴向位置误差，如图 4.43 所示，定位副不准确引起的轴向位置误差 Δ_{db} 为

$$\Delta_{db} = \frac{T(D_1)}{2} \cot \frac{\alpha}{2} \tag{4.9}$$

式中　　$T(D_1)$ ——圆锥孔大头直径尺寸公差；

　　　　α ——圆锥角。

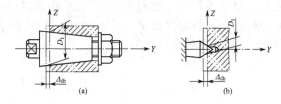

图 4.43　圆锥孔定位时的定位误差计算

4.4 夹紧装置

4.4.1　夹紧装置概述

（1）夹紧装置的组成

能完成夹紧功能的装置称夹紧装置。对于机动的夹紧装置，夹紧装置由夹紧力源装置和夹紧机构两个基本部分组成。产生原始作用力的装置称夹紧力源装置。常用的夹紧力源形式有：气动、液压、气液、电力、电磁等。对于手动的夹紧装置，夹紧力源就是人力，它由操作手柄或其他操作工具取代了夹紧力源装置，这类夹紧装置习惯上称作夹紧机构。

夹紧机构由夹紧元件和中间递力机构两部分组成。夹紧元件是直接与工件被夹压面相接触并执行夹紧任务的元件，如压板、压块。中间递力机构是接受人力或其他作用力并把它转换为夹紧力传递给夹紧元件，实现夹紧工件的机构。中间递力机构的主要作用如下。

① 改变作用力的方向。

② 改变作用力的大小，如斜楔、杠杆的增力作用。

③ 自锁作用，当主动力去除后，仍能保持工件的夹紧状态不变。

(2) 夹紧的基本要求

夹紧是工件装夹过程的重要组成部分。工件定位以后或工件定位的同时，必须采用一定的装置或机构把工件紧固（固定），使工件保持在准确定位的位置上，不会因受加工过程中的切削力、重力或惯性力等的作用而发生位置变化或引起振动等破坏定位的情况，以保证加工要求和生产安全。夹紧应满足以下基本要求。

① 夹紧时不许破坏工件在定位时已获得的正确位置。

② 夹紧可靠，能自锁。

③ 夹紧变形小，不影响加工精度。

④ 操作迅速、方便和省力。

(3) 夹紧装置设计需要解决的主要问题

夹紧装置设计需要解决的主要问题包括以下几方面。

① 准确地施加夹紧力。这是夹紧装置的首要任务，就是确定夹紧力的大小、方向和作用点要准确合理。

② 保证一定的夹紧行程。夹紧装置在实现夹紧操作的过程中，夹紧元件在工件夹压面法线上的最大位移就是夹紧装置的夹紧行程。夹紧行程要留有一定的储备量，以考虑装置磨损、工件夹压面位置变化、夹紧机构的间隙和制造误差补偿、方便装卸工件的空行程等因素。

③ 保证夹紧装置工作可靠，如自锁，夹紧力不够或消失时机床停止工作，工件没有处于正确位置或未夹紧时机床不能开动等。

④ 夹紧、松夹操作迅速以提高生产率。

⑤ 采用机动夹紧装置、增力机构，使夹紧操作方便和省力。

⑥ 夹紧装置结构简单，工艺性好，制造、装配和维修方便。

4.4.2 夹紧力确定

在考虑夹紧方案时，首先要确定夹紧力的大小、方向和作用点，然后选择适当的传力方式及夹紧机构。

(1) 夹紧力作用方向的确定

夹紧力的作用方向关系到工件定位不被破坏的性质，通常夹紧力的作用方向应指向主定位面。主定位面一般为限制自由度较多的定位面（平面）。

夹紧力的作用方向应使所需的夹紧力尽可能小。在保证夹紧可靠的情况下，减小夹紧力可以减轻工人的劳动强度，减少工件的夹紧变形。为此，应使夹紧力 J 的方向与切削力 F、工件重力 G 的方向重合，使所需的夹紧力最小。如图 4.44 所示的六种夹紧方案中，图 4.44（a）方案所需夹紧力最小，图 4.44（f）方案所需夹紧力最大。

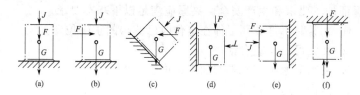

图 4.44　夹紧力方向与夹紧力大小的关系

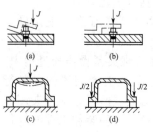

图 4.45　夹紧力作用
点位置的合理选择

（2）夹紧力作用点的选择

夹紧力的作用点选择主要考虑以下几点。

① 夹紧力应作用在支承元件上或几个支承元件所形成的支承面内。如图 4.45（a）所示的夹紧力作用点位于定位支承元件之外，产生了翻转力矩，破坏了工作的定位，是不合理的。图 4.45（b）所示的方案是合理的。

② 夹紧力作用点应位于工件刚性较好的部位。如图 4.45（c）所示的方案，夹紧力的作用点位于工件刚性不好的部位，夹紧力引起工件的变形大，该方案是不合理的。如图 4.45（d）所示的方案，夹紧力的作用点位于工件刚性高的部位，工件的夹紧变形小。该方案是合理的。

③ 夹紧力应尽量靠近加工表面。夹紧力靠近加工表面，可以增加夹紧的可靠性，减小工件的变形和振动。必要时可增加辅助支承。

（3）确定合适的夹紧力大小

夹紧力的大小必须合适，夹紧力过大，会增大夹紧系统的变形，增大夹紧力源的尺寸，多消耗动力。夹紧力过小，会使夹紧不可靠，影响工件的定位，从而不能保证加工要求。

在机械加工过程中，夹紧力要克服切削力、工件的重力、惯性力等作用力的影响。但由于切削力本身受切削用量、工件材料、刀具及工况等多种因素影响，并受这些因素的影响而千变万化，所以夹紧力大小的计算很复杂，一般只作粗略估算。

在加工中、小工件的情况下，确定夹紧力时，必须先计算切削力，然后根据工件的受力平衡条件，计算出在最不利的加工情况下与切削力、重力、惯性力等相平衡的夹紧力 J_0，考虑不确定的因素，再乘一个安全系数，便可估算出所需的夹紧力 $J = KJ_0$。安全系数 K 在精加工、刀具锋利、连续切削时取 $1.5 \sim 2$，粗加工、刀具钝化、断续切削时取 $2.5 \sim 3.5$。

在加工大型和重型工件时，夹紧力的计算，不仅要考虑切削力，还要考虑工件的重力及其在高速运动中的惯性力。对于高速回转运动的偏心工件，其惯性力（离心力）也是考虑的一个重要因素。

在实际设计中，确定夹紧力的大小或计算夹紧力，一般要结合工件的具体情况进行，大都是通过夹紧力形成的摩擦力来克服外力作用的影响。

例 4.7　如图 4.46 所示，用 V 形块定位、钳口夹紧，在圆柱工件端面钻孔的夹具方案。试分析计算所需夹紧力。

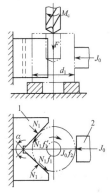

[**解**]　钻孔时作用于工件的有钻削轴向力 F 和钻削转矩 M_c，平衡切削力的作用力有：夹紧力 J_0，V 形块支承斜面的反作用力 N_1，工件外圆与 V 形块支承斜面间的摩擦阻力 $N_1 f_1$，钳口与工件外圆面处的摩擦阻力 $J_0 f_2$，钻削时，支承块的反作用力 N_3 和摩擦阻力 $N_3 f_3$ 的作用。若忽略 $N_3 f_3$ 的作用，认为平衡钻削转矩 M_c 只有 $N_1 f_1$ 和 $J_0 f_2$ 的作用。

由图 4.46 可得

图 4.46　钻孔时夹紧力的计算示例
1—V 形块；2—夹紧钳口

$$J_0 = 2N_1 \sin \frac{\alpha}{2}$$

则

$$N_1 = \frac{J_0}{2\sin\dfrac{\alpha}{2}}$$

建立力矩平衡式得

$$M_c = \frac{2}{3} \times d_1(2N_1 f_1 + J_0 f_2) = \frac{2d_1 J_0}{3}\left(\frac{f_1}{\sin\dfrac{\alpha}{2}} + f_2\right)$$

$$J = J_0 k = \frac{3kM_c \sin\dfrac{\alpha}{2}}{2d_1\left(f_1 + f_2 \sin\dfrac{\alpha}{2}\right)} \times 10^3$$

式中 J_0——原始夹紧力，N；

M_c——钻削转矩，N·m；

α——V 形块夹角，(°)；

d_1——工件外圆直径，mm；

f_1——工件与 V 形块的摩擦因数；

f_2——工件与压块的摩擦因数；

k——安全系数，取 1.5~2。

4.4.3 常用夹紧机构

（1）斜楔夹紧机构

图 4.47 是斜楔夹紧铣槽夹具。工件 2 以底面、侧面和端面在夹具的底面、定位支承板 1 和挡销 3 上定位。向右转动手柄 6，与手柄另一端相连的斜楔 4 的斜面便沿着斜导板 5 向左移动，由于斜面的作用使斜楔的直面向工件移动直到夹紧工件为止。当相反方向转动手柄 6 时，斜楔便向右退出，实现松夹操作。

① 夹紧力的计算 斜楔机构夹紧时，斜楔的受力情况如图 4.48 所示。图中，Q 是施加在斜楔上的作用力，J 是斜楔受到工件的夹紧反力，F_1 是斜楔直面（即夹紧工作面）与工件被夹压面间的摩擦阻力（等于 $J\tan\varphi_1$），J 与 F_1 的合力为 P，N 是斜导板对斜楔斜面的反作用力，其方向和斜面垂直，F_2 是斜导板和斜楔间的摩擦阻力（等于 $N\tan\varphi_2$），N 与 F_2 的合力为 R，斜楔夹紧时，此 Q、P、R 三力应处于静力平衡，如图 4.48（b）所示。在 Q 方向列出力平衡方程式得

$$Q = J\tan(\alpha + \varphi_2) + J\tan\varphi_1$$

$$J = \frac{Q}{\tan(\alpha + \varphi_2) + \tan\varphi_1} \tag{4.10}$$

式中　J——斜楔产生的夹紧力，N；

　　　Q——施加于斜楔上的作用力，N；

　　　α——斜楔斜角；

　　　φ_1——斜楔与工件间的摩擦角；

　　　φ_2——斜楔与斜导板间的摩擦角。

一般取 $\varphi_1 = \varphi_2 = 6°$，$\alpha = 6° \sim 10°$ 代入式（4.10）得

$$J = (2.6 \sim 3.2)Q$$

可见斜楔夹紧机构产生的夹紧力可以将原始作用力增大，它是增力机构，并随着斜角 α 的减小，增力比相应增大，但 α 角受夹紧行程的影响不能太小，因而其增力相应受到限制。此外 α 角过小还会造成斜楔退不出的问题。

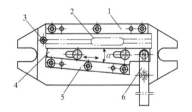

图 4.47　斜楔夹紧铣槽夹具
1—定位支承板；2—工件；3——挡销；
4—斜楔；5—斜导板；6—手柄

图 4.48　斜楔的受力分析

② 斜楔自锁条件的计算　斜楔夹紧后应能自锁。作用力消失后斜楔保持自锁的情况如图 4.49 所示。当作用力消失后，由于 N 力的水平分力的影响，斜楔有按虚线箭头方向退出的趋势，此时系统的摩擦阻力若能克服使斜楔退出的作用力，即能保持自锁状态。摩擦阻力 F_1 和 F_2 的作用方向应和斜楔移动方向相反。N 和 F_2 的合力为 R。根据图 4.49 列出自锁条件的力平衡方程式为

$$F_1 \geqslant R\sin(\alpha - \varphi_2)$$

将 $J = R\cos(\alpha - \varphi_2)$，$F_1 = J\tan\varphi_1$ 代入得到保证斜楔夹紧自锁的条件为

$$\tan\varphi_1 \geqslant \tan(\alpha - \varphi_2)$$

$$\varphi_1 + \varphi_2 \geqslant \alpha_1$$

一般 $\varphi_1 = \varphi_2 = 6°$，则 $\alpha \leqslant 12°$。考虑到斜角和斜面平直性制造误差等因素，具有自锁性能的斜楔夹紧机构的斜楔斜角一般取 $6°\sim10°$。

③ 夹紧行程的计算　由于斜楔的夹紧作用是依靠斜楔的轴向移动来实现，夹紧行程 S 和相应斜楔轴向移动距离 L 有如下关系

$$S = L\tan\alpha \tag{4.11}$$

由式（4.11）可知，要增大斜楔的夹紧行程就应相应增加 L 或 α。增大移动距离 L 受到结构尺寸的限制，增大斜角 α 要受自锁条件的限制，因此，斜楔的夹紧行程较小。

为适应较大的装卸工件空行程的需要，可采用如图 4.50 所示的双斜角结构。斜角 α_1 段是对应装卸工件的空行程，不需要有自锁作用，可取较大数值，如 $\alpha_1 = 30°\sim35°$。斜角 α 是夹紧工作区域，要求有自锁作用，在 $6°\sim10°$ 范围内选取。

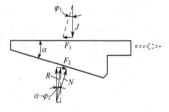 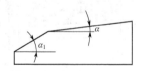

图 4.49　斜楔自锁条件的分析　　　　图 4.50　双斜角结构的斜楔

④ 斜楔夹紧机构的应用　斜楔夹紧机构增力比不大，夹紧行程受到限制，操作又较不便，在手动夹紧装置中较少用作夹紧元件直接夹紧工件。而在夹紧装置中常用作中间递力机构。图 4.51 所示的是斜楔在手动夹紧装置中的应用。斜楔在气动装置中应用较广，并与夹头、弹性夹头等定心夹紧机构结合使用。

（2）螺旋夹紧机构

① 螺旋夹紧机构的类型　螺旋夹紧机构的类型很多，生产中应用非常广泛。螺旋夹紧机构可以通过螺钉或螺母直接夹紧工件，也可以通过各种类型的垫圈或压板压紧工件。如图 4.52 所示，图 4.52（a）用螺钉直接夹压工件，其表面易夹伤且在夹紧过程中使工件可能转动。为克服上述缺点，在螺钉头上加上活动压块，如图

4.52 (b) 所示。图 4.52 (c) 为螺母压紧，球面垫圈的作用是使工件受力均匀。为了避免图 4.52 (c) 所示装卸工件要拧下螺母的操作不便，常用开口垫圈的形式，如图 4.52 (d) 所示。

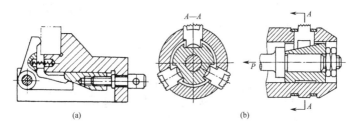

图 4.51 斜楔机构用作中间递力机构

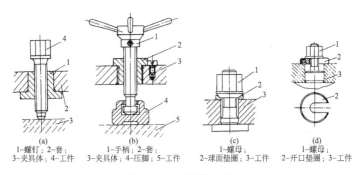

1—螺钉；2—套； 　　1—手柄；2—套； 　　　　1—螺母； 　　　　1—螺母；
3—夹具体；4—工件 　 3—夹具体；4—压脚；5—工件 　 2—球面垫圈；3—工件 　 2—开口垫圈；3—工件

图 4.52 单螺旋夹紧

在螺旋夹紧机构中，螺旋夹紧常和压板结合在一起形成复合夹紧机构，如图 4.53 所示。图 4.53 (a)、(b) 为移动压板式螺旋夹紧机构，图 4.53 (c) 为铰链压板式螺旋夹紧机构。它们是利用杠杆原理来实现夹紧，由于这三种夹紧机构的夹紧点、支点和原动力作用点之间的相对位置不同，其杠杆比就不同，因此夹紧力的增力倍数也不同。图 4.54 为螺旋钩头压板夹紧机构，图 4.55 为夹紧行程可变螺旋夹紧机构。

② 螺旋夹紧机构的夹紧力计算　螺旋夹紧机构的实质是一个空间斜楔，由于螺栓的螺旋升角较小，其增力系数大，一般满足自锁条件，其夹紧力的理论计算可以按斜楔的分析方法进行。生产中一般根据工件夹紧需要的夹紧力直接选择螺栓的公称直径，不进行螺栓的夹紧力计算。如果需要，则按作用在螺母上的力矩进行夹紧

力估算，即

$$J = k_t T_s \qquad (4.12)$$

式中　J——螺栓的夹紧力，N；

　　　k_t——力矩系数，一般取 $3\sim5\text{cm}^{-1}$，螺纹副较精密时取大值，反之取小值；

　　　T_s——作用在螺栓上的力矩，N·cm。

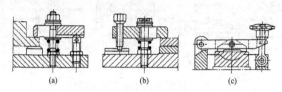

图 4.53　螺旋压板夹紧机构

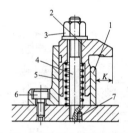

图 4.54　螺旋钩头压板夹紧机构

1—压脚；2—套；3—螺母；4—螺柱；
5—弹簧；6—螺钉；7—紧定螺钉

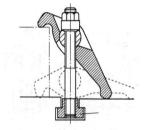

图 4.55　夹紧行程可变螺旋夹紧机构

（3）偏心夹紧机构

图 4.56 所示为三种简单的偏心夹紧机构。其中图 4.56（a）直接利用偏心轮夹紧工件，图 4.56（b）和图 4.56（c）为偏心压板夹紧机构。

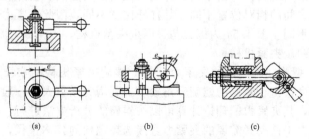

图 4.56　偏心夹紧机构

偏心夹紧机构靠偏心轮回转时回转半径变大而产生夹紧作用，其原理和斜楔工作时产生的楔紧作用是一样的。实际上，可将偏心轮视为一楔角变化的斜楔，将图 4.57（a）所示的圆偏心轮展开，可得到图 4.57（b）所示的图形，作用点处的楔角可用下面的公式求出，即

$$\alpha = \arctan\left(\frac{e\sin\gamma}{R - e\cos\gamma}\right) \tag{4.13}$$

式中　α——偏心轮作用点处的楔角，（°）；

　　　e——偏心轮的偏心量，mm；

　　　R——偏心轮的半径，mm；

　　　γ——偏心轮作用点［图 4.57（a）中的 X 点］与起始点［图 4.57（a）中的 O 点］之间的圆弧所对应的圆心角，（°）。

当 $\gamma = 90°$ 时，α 接近最大值，即

$$\alpha_{\max} = \arctan\left(\frac{e}{R}\right) \tag{4.14}$$

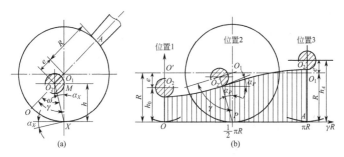

图 4.57　偏心夹紧工作原理

根据斜楔自锁条件：$\alpha \leqslant \varphi_1 + \varphi_2$，此处 φ_1 和 φ_2 分别为偏心轮缘作用点处与转轴处的摩擦角。忽略转轴处的摩擦，并考虑最不利的情况，可得到偏心夹紧的自锁条件为

$$\frac{e}{R} \leqslant \tan\varphi_1 = \mu_1 \tag{4.15}$$

式中　μ_1——偏心轮缘作用点处的摩擦因数，钢与钢之间的摩擦因数一般取 0.1～0.15。

偏心夹紧的夹紧力可用下式估算

$$J = \frac{F_s L}{\rho \left[\tan(\alpha + \varphi_2) + \tan\varphi_1\right]} \tag{4.16}$$

式中　J ——夹紧力，N；

　　　F_s ——作用在手柄上的原始力，N；

　　　L ——作用力臂，mm；

　　　ρ ——偏心转动中心到作用点之间的距离，mm；

　　　α ——偏心轮作用点处的楔角，(°)；

　　　φ_1 ——偏心轮缘作用点处摩擦角，(°)；

　　　φ_2 ——转轴处摩擦角，(°)。

偏心夹紧的优点是结构简单，操作方便，动作迅速；缺点是自锁性能较差，增力比较小。一般用于切削平稳且切削力不大的场合。

（4）可胀式心轴

① 锥度胀胎心轴　如图 4.58 所示，利用心轴上的锥度使可胀衬套 1 定位夹紧，拧动螺母 2，通过压板 3 推动可胀衬套 1 沿锥面轴向，在锥面的作用下使其径向胀开，从而夹紧工件。反向拧动螺母 2，将工件松夹，可以装卸工件。锥度胀胎心轴在批量生产中广泛应用于车削、磨削。

两端锥度胀胎心轴如图 4.59 所示。由于工件较长，可胀衬套 2 较长，为了使可胀衬套 2 两端胀力均匀，两端设计成锥面接触。图中，圆柱销 1 用来防止可胀衬套 2 的转动。

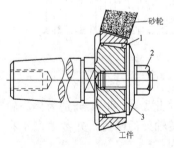

图 4.58　锥度胀胎心轴
1—可胀衬套；2—螺母；3—压板

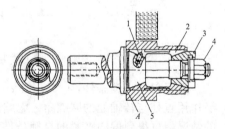

图 4.59　两端锥度胀胎心轴
1—圆柱销；2—可胀衬套；3—带圆锥的压圈；
4—螺母；5—心轴

② 液压胀胎心轴　图 4.60 所示为液压胀胎心轴。在其内腔灌满凡士林油，当旋紧螺杆 3 时，油料受压力而将胀套 2 外胀，胀套

2 中间有一条筋 a 是用来增加中间部位的刚度，以使胀套从筋 a 两侧的薄壁部位均匀向外胀，从而夹紧工件。夹具体 1 与胀套 2 的配合采用 H7/k6，用温差法装配，胀套 2 留有精磨余量 0.15～0.2mm，待其与本体装配后再磨到需要尺寸。

③ 可胀式中心孔柱塞　图 4.61 所示为可胀式中心孔柱塞。通过螺母 3 推动胀套 2 使柱塞外径胀开，夹紧工件。用于筒类或两端孔径较大的轴类工件磨削。

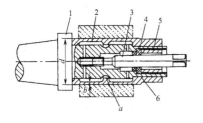 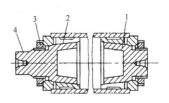

图 4.60　液压胀胎心轴

1—夹具体；2—胀套；3—调压螺杆；

4—橡胶垫圈；5—螺塞；6—橡胶密封圈

图 4.61　可胀式中心孔柱塞

1—组合塞；2—可胀套；

3—圆螺母；4——塞体

④ 弹性定心夹紧机构　它是利用定位、夹紧元件的均匀弹性变形来实现定心夹紧的。这种机构定心精度高，但变形量小，夹紧行程小，只适用于精加工中。根据弹性元件不同，有鼓膜夹具、碟形弹簧夹具、液性塑料薄壁套筒夹具等类型。

图 4.62 为弹性膜片式卡盘。它的主要元件是弹性膜片，这些膜片在自由状态时，其工作尺寸略大于（对夹紧内表面的卡盘是略小于）工件定位基准面的尺寸。工件装上后，拧动中心的螺栓，使膜片产生弹性变形，实现定心夹紧。

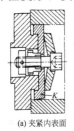 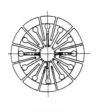

(a) 夹紧内表面　　(b) 夹紧外表面　　(c) 碗形膜片

图 4.62　膜片式卡盘

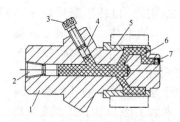

图 4.63 液性塑料夹紧心轴
1—夹具体；2—塞子；3—加压螺钉；
4—柱塞；5—薄壁套筒；
6—液性塑料；7—螺塞

⑤ 液性塑料夹紧心轴 图 4.63 是磨床用液性塑料夹紧心轴。液性塑料在常温下是一种半透明的胶状物质，有一定的弹性和流动性。这类夹具的工作原理是利用液性塑料的不可压缩性将压力均匀地传给薄壁弹性件，利用其变形将工件定心并夹紧。在图 4.63 中，工件以内孔和端面定位，工件套在薄壁套筒 5 上，然后拧动螺钉 3，推动柱塞 4，施压于液性塑料 6，液性塑料将压力均匀地传给薄臂套筒 5，使其产生均匀的径向变形，将工件定心夹紧。

液性塑料夹具定心精度高，能保证同轴度在 0.01mm 之内，且结构简单，制造成本低，操作方便，生产率高；但由于薄壁套变形量有限，使夹持范围不可能很大，对工件的定位基准精度要求较高，故只能用于精车、磨削及齿轮精加工工序。

（5）其他夹紧机构

① 定心夹紧机构 定心夹紧机构是定心定位和夹紧结合在一起，动作同时完成的机构。通用夹具中的三爪自定心卡盘、弹簧卡头等均是典型的定心夹紧机构。定心夹紧机构中与定位基面接触的元件既是定位元件又是夹紧元件。定位精度高，夹紧方便、迅速，在夹具中广泛应用。定心夹紧只适合于几何形状是完全对称或至少是左右对称的工件。

图 4.64 为螺旋式定心夹紧机构。螺杆 3 两端分别有旋向相反的螺纹，当转动螺杆 3 时，通过左右螺纹带动两个 V 形架 1 和 2 同时移向中心而起定心夹紧作用。螺杆 3 的轴向位置由叉座 7 来决定，左右两调节螺钉 5 通过调节叉座的轴向位置来保证 V 形架 1 和 2 的对中位置正好处在所要求的对称轴线上。调整好后，用固定螺钉 6 固定。紧定螺钉 4 防止调节螺钉 5 松动。

② 多件联动夹紧机构 在图 4.65（a）中，工件与工件相互接触，用一个夹紧元件通过一次操作把工件夹紧；在图 4.65（b）中，用不同的夹紧元件通过一次操作把工件夹紧。多件联动夹紧机构要求每个工件获得均匀一致的夹紧力，设计时注意采用对称、浮

动的结构，同时，对构件还要提出制造精度要求。

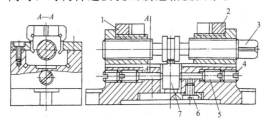

图 4.64 螺旋式定心夹紧机构

1，2—V 形架；3—左、右螺纹的螺杆；4—紧定螺钉；

5—调节螺钉；6—固定螺钉；7—叉座

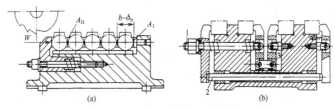

图 4.65 多件联动夹紧机构

1—联动螺栓；2—联动顶杆；3—联动铰接杆

4.5 夹具的其他装置

对于不同类型的机床，其加工表面类型不同，夹具上采用的装置也有所不同，而这些装置往往是该机床夹具设计的一个重点，本节结合机床的类型介绍夹具的引导装置、对刀装置、分度装置、连接装置等。

4.5.1 引导装置

在钻床和镗床上进行孔加工时，引导装置是用来确定刀具的位置，习惯上称刀具的导向装置，如钻床夹具钻模板上的钻套、镗床夹具上的镗套。

（1）钻模板的类型

钻模板上的钻套用来导引钻头、扩孔钻、铰刀等定尺寸刀具，保证工件上孔的位置精度，还可提高刀具的刚度。根据钻模板的结构特点和与夹具体的装配形式分为：固定式钻模板和分离式钻模板。

① 固定式钻模板　固定式钻模板在加工过程中相对于工件的位置保持不变。固定式钻模板一般固定在夹具体上。这类钻模多用于立式钻床、摇臂钻床和多轴钻床上，结构简单，加工精度较高。

② 分离式钻模板　分离式钻模按其应用特点分为钻模盖板、分离式钻模板和悬挂式钻模板。

钻模盖板直接安装在工件上，一般采用一面两销与工件上的一面两孔定位。其特点是没有夹具体，结构简单，多用于大型工件上加工小孔。如加工车床溜板箱操作面上多孔的钻模盖板，如图4.66 所示，通过圆柱销 1、菱形销 3 和支承钉 4 定位，一件加工完后，通过提手安放在下一个工件上，一般在摇臂钻床应用较广。

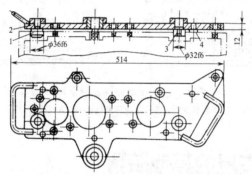

图 4.66　盖板式钻模（钻模盖板）
1—圆柱销；2—钻模板；3—菱形销；4—支承钉

分离式钻模板与夹具体是分离的，每装一次工件，钻模板也要装卸一次，一般用于加工中小型工件，定位夹紧的形式多样，主要考虑装卸方便，常见的形式如图 4.67 所示。

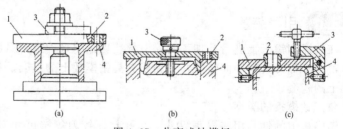

图 4.67　分离式钻模板
1—钻模板；2—钻套；3—夹紧元件；4—工件

悬挂式钻模板一般悬挂在机床主轴箱上，并与主轴一起靠近或远离工件，它与夹具体的相对位置靠滑柱导向，这种形式多用于组合机床多轴箱，如图 4.68 所示。

（2）钻套的类型

钻套装在钻模板上，用来确定刀具的位置和方向，还可提高刀具的刚度，以保证被加工孔的位置精度。钻套的结构已标准化，通常有以下四种结构形式。

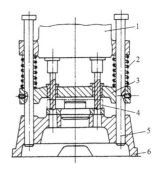

图 4.68　悬挂式钻模板
1—横梁；2—弹簧；
3—钻模板；4—工件；
5—滑柱；6—夹具体

① 固定钻套　无肩的和有肩的固定钻套标准结构（JB/T 8045.1—1999）如图 4.69（a）、图 4.69（b）所示。这种钻套结构简单，位置精度高，但磨损后不易更换，多用于中小批生产或孔距要求较高或孔距较小的孔。钻套外圆与钻模板的配合一般采用 H7/n6。导引刀具的钻套内孔公差带一般为 F7。

② 可换钻套　可换钻套的标准结构（JB/T 8045.2—1999）如图 4.69（c）所示，螺钉的作用是防止钻套转动和被顶出。钻套磨损后，可松开螺钉进行更换，这种钻套多用于大量生产中。为了保护钻模板，一般都有衬套（JB/T 8045.4—1999），可换钻套与衬套间配合多采用 H7/m6 或 H7/k6，而衬套与钻模板间采用过盈配合 H7/n6。导引刀具的钻套内孔公差带常为 F7。

③ 快换钻套　快换钻套的标准结构（JB/T 8045.3—1999）如图 4.69（d）所示，更换钻套时不必拧出螺钉，只要将钻套逆时针转动使得螺钉对准钻套上缺口即可取出。它广泛应用在一次安装下需要连续更换刀具的场合（如一次安装下钻、扩、铰孔）。其配合的选择与可换钻套相同。

④ 特殊钻套　特殊钻套是形状和尺寸与标准钻套不同的钻套，如图 4.70 所示，其中图 4.70（a）是在斜面上钻孔，因此钻套也制成尾端是斜的；图 4.70（c）是在凹形表面上钻孔，这时可将钻套制成悬伸的，为了减小刀具导向部分长度，可将钻套孔制成阶梯孔。图 4.70（b）表示当两孔距离很近，可用两个钻套，其外径都削去一块后再装在一起，图 4.70（d）将两孔做在一个钻套上，钻

套用销来周向定位。

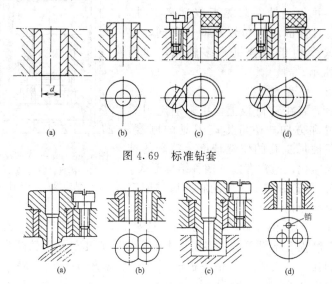

图 4.69　标准钻套

图 4.70　特殊钻套

（3）钻套的设计要点

① 钻套内孔 D　无论是选用标准结构的钻套，还是自行设计的特殊钻套，钻套导引孔的尺寸和公差带均应由夹具设计者来决定。钻套导引孔直径的基本尺寸应等于所引导刀具的最大极限尺寸（对于标准钻头是其基本尺寸）。因为孔加工刀具尺寸已标准化，故导引孔应按基轴制选用间隙配合。一般钻孔与扩孔时选用 F7，粗铰时选用 G7，精铰时选用 G6。当采用标准铰刀铰 H7 或 H9 孔时，可不必按刀具最大尺寸来换算，而直接按孔的基本尺寸选用 E6 即可。如果钻套导引的不是刀具的切削部分而是刀具的导向部分，这时按基孔制选取 H7/f6、H7/g6、H6/g5。

② 钻套高度 H　钻套高度系指钻套与钻头接触部分的长度，它主要起导向作用，如图 4.71 所示。

钻一般螺钉孔、销钉孔，工件孔距精度要求在 ±0.25mm 或自由尺寸时，取 $H=(1.5\sim2)D$。

加工 IT6、IT7 级精度，孔径在 $\phi12$mm 以上的孔或工件孔距精度要求在 $\pm(0.10\sim0.15)$mm 时，取 $H=(2.5\sim3.5)D$。

加工 IT7、IT8 级精度的孔和孔距精度要求在 $\pm(0.06\sim0.10)$ mm 时，取 $H=1.25\sim1.5(C+L)$。其中 L 为钻孔的深度，C 为钻套下端与被加工表面间的距离。

③ 钻套下端与被加工表面间的距离 C 如图 4.71 所示，钻套下端与被加工表面间应留有空隙，以便排除切屑。C 太小排屑困难，C 太大钻头易偏斜。一般加工铸铁时，取 $C=(0.3\sim0.7)D$；加工钢时，取 $C=(0.7\sim1.5)D$。当孔的位置精度要求较高时，可取 $C=0$。对于带状切屑取大值；断屑较好者取小值。

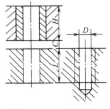

图 4.71 钻套高度 H 和 C

（4）镗套

对于箱体、机座等壳体类零件，往往需要进行精密孔系加工。这些孔系不仅要求孔的尺寸和形状精度高，而且要求各孔间、孔与其他基面之间的相互位置精度也较高，生产中主要通过镗床夹具（镗模）来解决这些问题。采用镗模后，镗孔精度受机床精度的影响很小。在镗床夹具中，导引刀具的元件是镗套和镗杆。镗套的结构和精度直接影响到加工孔的尺寸、形状和位置精度，还影响表面粗糙度。镗套经常采用单支承和双支承两种形式。镗套的结构分固定式和回转式两种结构类型。

① 固定式镗套 固定式镗套已标准化（JB/T 8046.1—1999），其结构分 A 型和 B 型两种形式，如图 4.72 所示。固定式镗套固定在镗模支架上，不与镗杆一起转动。其优点是结构简单、紧凑，保证轴线位置准确，缺点是与镗杆之间既有相对转动，又有相对移动，容易因摩擦发热而发生咬死现象，镗套与镗杆磨损而影响导向精度，因此一般用于低速、小尺寸孔径镗削。B 型镗套中开有油槽，可通过油枪由油杯注入润滑油，可改善镗套与镗杆之间的摩擦。固定式镗套的装配结构如图 4.72（d）所示，图中，1 是镗套用衬套，2 是镗套（JB/T 8046.2—1999），3 是镗套螺钉（JB/T 8046.3—1999）。固定式镗套与镗杆配合孔的公差带一般为 H6、H7，必要时可由设计者确定。

② 回转式镗套 在高速镗孔或镗杆直径较大，表面回转线速度超过 20m/min 时，一般采用回转式镗套。回转式镗套的特点是镗杆与镗套一起转动，两者之间只有相对移动而无相对转动，改善

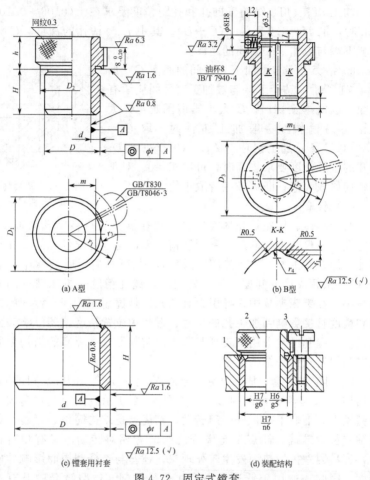

图 4.72　固定式镗套

1—镗套用衬套；2—镗套；3—镗套螺钉

了摩擦状态，因此，回转式镗套中必须有轴承，按采用的轴承类型不同，分为滑动镗套和滚动镗套。其结构如图 4.73 所示。

用滑动轴承作支承的回转式镗套称为滑动镗套，其结构如图 4.73（a）所示。镗套的材料为淬火钢，它支承在滑动轴承 4 上，轴承套的材料为耐磨青铜，其结构和一般滑动轴承一样。镗模支架 6 上装有油杯或油嘴，润滑油由油孔经油槽流入转动面内润滑。镗套 3 的内孔上开有键槽 2，与镗杆上的滑键为滑动配合并带动镗套一起做回转运动。滑动镗套的特点如下。

① 与滚动镗套相比径向尺寸较小，适用于孔心距较小而孔径较大的孔系加工。

② 滑动轴承的减振性较好，有利于提高加工孔的表面质量。

③ 若润滑不充分或径向切削力不均衡时，镗套和轴承易产生咬死的现象。

④ 工作速度不能过高。

用滚动轴承作支承的回转镗套称为滚动镗套，其结构如图4.73（b）所示。镗套 3 由两个向心球轴承 5 或向心推力球轴承支承，轴承安装在镗模支架 6 的孔中，两端由轴承盖 1 轴向固定。根据需要，镗套内可加工出相应的引刀槽。

图 4.74 是立式滚动镗套的结构，采用一对滚锥轴承支承，刚性好，但回转精度不高，适用于负荷重、切削负荷不均匀的加工，帽盖起防护作用。

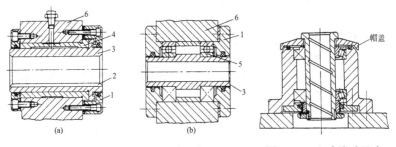

图 4.73 回转式镗套

1—轴承盖；2—键槽；3—镗套；4—滑动轴承；

5—向心球轴承；6—镗模支架

图 4.74 立式滚动镗套

带键的滚动镗套如图 4.75 所示。图 4.75（a）的镗套上装有定向键，这种镗套用在镗床主轴装有定向装置的场合，即每次切削结束，定向装置使主轴连同镗杆停止在固定的径向位置上。镗杆退出镗套后，钩头键 3 在弹簧 2 作用下进入槽 a，使镗套也固定在相应的位置上，以保证下次镗杆进入镗套时，镗杆键槽的位置正好对准钩头键 3、镗刀头正好对准引刀槽。镗杆进入镗套后，键槽压下钩头键 3，使其脱离槽 a，镗套即可与镗杆一同转动。图 4.75（b）的镗套孔上装有尖头键 5，当镗杆进入镗套时该传动键能自动沿着镗杆的螺旋导向槽进入键槽中。

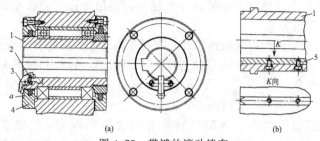

图 4.75　带键的滚动镗套
1—镗套；2—弹簧；3—钩头键；4—轴承盖；5—尖头键

滚动镗套的特点如下。

a. 采用滚动轴承标准部件，使镗套的设计、制造和维修简单方便。

b. 此种镗套的润滑条件比滑动镗套要求较低。

c. 径向结构尺寸较大，不适用于孔心距较小的场合。

d. 设计中可使用向心推力球轴承，以调整径向和轴向间隙；还可使轴承预加载荷，以提高系统刚性。这些优点使滚动镗套可用于径向切削负载较不平衡的情况。

e. 可用于镗杆转速较高的情况，但其回转精度受到滚动轴承本身精度的限制。

以上滚动镗套的支承轴承都装在镗套导引表面的外部，称为外滚式滚动镗套。图 4.76 为内滚式滚动镗套。外镗套 1 与固定支承套 2 配合，两者只有相对移动而无相对转动。镗杆上装有滚动轴承，它相对外镗套 1 做回转运动，其回转装置设在镗套导引表面的内部，因此称为内滚式。这种镗套结构尺寸较大是不利的；但却能使刀具顺利通过固定支承套，而不需设置引刀槽。因此在双面单导引的滚动镗套设计时，前镗套常用外滚式，而后镗套则用内滚式，以方便镗刀顺利通过。

③ 引导装置的布置　导引装置的布置是决定镗模结构、影响加工精度的关键因素。在工艺过程确定后，设计镗模首要的工作是制定导引布置方案。布置方案主要与加工孔的长度与直径之比 L/D 有关。常用的有四种布置形式。

a. 如图 4.77 所示的单支承前导引布置形式，镗套在加工孔的前方，镗杆的前边有导柱，镗杆的后部与镗床主轴刚性连接。这种方案便于在加工中进行观察和测量，孔间距较小，但刀具退出和引进的行程较长，一般用于加工孔直径 $D>60mm$、$L/D<1$ 的通孔。为了使排屑通畅，一般 $h=(0.5\sim1)D$。

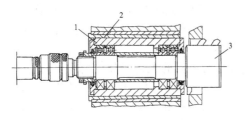

图 4.76 内滚式滚动镗套
1—外镗套；2—固定支承套；3—镗杆

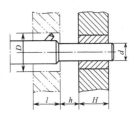

图 4.77 单支承前导引

b. 如图 4.78 所示的单支承后导引布置形式，镗套位于被加工孔的后方，介于机床主轴与工件之间。镗杆与机床主轴刚性连接。这种方案主要用于加工孔径 $D<60mm$ 的情况。

c. 图 4.79 为双面单导引的布置图，工件前后各有一个镗套。此种方案主要用于 $L/D>1.5$ 的孔或同一轴线上的一组通孔。所镗孔距较远时，两边导引的镗套之间距离较大（即 $S>10d$）时，应在镗模中间增设中间导引镗套，以提高系统的刚性。

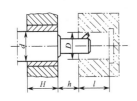

图 4.78 单支承后导引

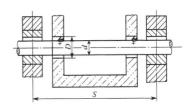

图 4.79 双面单导引

d. 图 4.80 是单面双支承导引的布置图。这种布置的工件装卸方便，更换镗杆或刀具容易，便于操作者观察加工情况和测量尺寸。在大批量生产中应用较多，但由于加工时镗

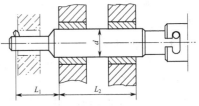

图 4.80 单面双支承导引

杆单边悬伸，为保证镗杆的一定刚性，一般适用于 $L_1 < 5d$ 的情况。采用双支承导引时，镗杆的位置由镗套确定，镗杆与机床主轴只能采用浮动连接，避免了因机床主轴与镗杆不同轴或机床主轴的回转误差影响加工精度。

④ 镗杆　镗杆是连接刀具与机床的辅助工具，不属夹具范畴。但镗杆的一些有关设计参数与镗模的设计关系密切，而且不少生产单位把镗杆的设计归口于夹具设计中。

镗杆的导引部分是指镗杆与镗套的配合部分。当采用固定式镗套时，镗杆的导引部分结构见图 4.81。图 4.81（a）是开有油槽的圆柱形，这种结构最简单，但润滑不好，与镗套接触面积大，切屑易进入导引部分而发生咬死现象。图 4.81（b）和 4.81（c）的导引部分开有直槽和螺旋槽，减小了与镗套的接触面积，沟槽又可容屑，工作情况比图 4.81（a）好，但一般仍用在切削速度不超过 20m/min 的场合。图 4.81（d）为镶滑块的结构。由于与镗套接触面积小，且青铜镶块可减小摩擦，故可容许较高的切削速度。

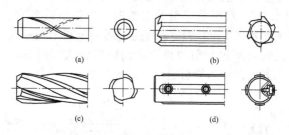

图 4.81　镗杆导引部分的结构

当采用回转式镗套时，镗杆与镗套结合部分的结构有以下两种形式。

a. 镗套上开键槽，镗杆上装键。镗杆带键结构如图 4.82 所示。图中镗杆上的键都是弹性键，当镗杆伸入镗套时，弹簧被压缩。在镗杆旋转过程中，弹性键便自动弹出落入镗套的键槽中，带动镗套一起回转。

b. 镗套上装键，镗杆上开键槽。若采用带钩头键具有定向作用的滚动镗套 [图 4.82（a）]，则由于机床主轴的定向停车装置的功能，可保证两者的准确结合。若采用带尖头键的滚动镗套 [图 4.82（b）]，则镗杆端部应制成图 4.83 所示的螺旋导引结构，其

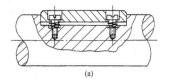 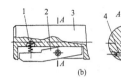

图 4.82　镗杆上的弹性传动键
1—弹簧；2—弹性键；3—镗杆；4—支承销

螺旋角小于 45°。当镗杆伸入镗套时，其两侧螺旋面中的任一面与尖头键的任一侧相接触，因而拨动尖头键带动镗套回转，使尖头键自动进入镗杆的键槽中。

⑤ 引刀措施　大多数情况下，镗杆的导引部分直径总是小于镗刀的直径，这样镗刀要通过镗套导引孔进行加工时，就产生了引刀问题。一般可采取下列措施。

a. 在采用固定镗套时，可利用固定镗套的快卸结构，使镗刀由镗套的衬套孔中通过后再套上镗套。

b. 在回转镗套的导引孔中开引刀槽，使镗刀由引刀槽中通过。

c. 加大后导引镗套的直径，使其大于镗刀的外径，这样镗刀就能顺利地由后导引镗套的导引孔中通过。

d. 先把镗杆引入导引孔后再装镗刀，这时要考虑镗模中是否有足够的装刀、测量空间。其次要设法快速地把镗刀调整到规定的直径尺寸。

解决快速调刀问题，可采取下列措施。

a. 采用固定尺寸的镗刀块以及镗刀块在镗杆刀孔中的定位装置，使镗刀迅速达到规定的直径尺寸，如图 4.84 所示。图中的镗刀块 2 预先装在一根与镗杆完全相同的磨刀心轴中刃磨好，达到规定的镗刀直径尺寸。当装在镗杆上时，依靠直角面和镗杆 A 面紧靠，便达到了规定的调刀尺寸（图中未表示镗刀块的固紧装置）。镗杆的装刀孔位置和 A 平面到镗杆轴线的位置都需严格控制，才能保证调刀要求。

b. 采用对刀仪调整镗刀尺寸。图 4.85 是对刀仪的结构及其调刀工作原理图。图 4.85（b）中的对刀样件 1，其 d 尺寸与镗杆直径 d 相等，样件工作面 D 尺寸与要求的镗刀直径尺寸 D 相等。为便于工作、放置稳定，对刀样件底部加工成平面。把对刀仪放在样件上，V形支架 5 安放在直径为 d 的外圆面上，调整好触头与直径 D 接触时，使指示表 2 的读数为某一数值（图中为零）。然后把对刀仪放在镗杆上。其 V 形支架安放在镗杆直径为 d 的外圆面上，用指示表的触头测量微调镗刀 4 刃尖的位置，如图 4.85（a）所示。调节镗刀 4 使指示表读数与刚才在对刀样件中测量的读数相同（图中也为零），即表示已调整好镗刀的尺寸，便可紧固镗刀进行加工。

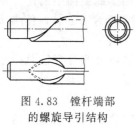

图 4.83　镗杆端部
的螺旋导引结构

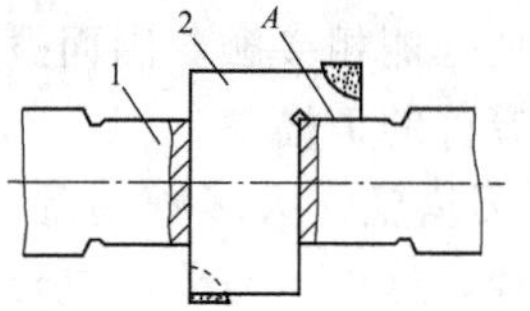

图 4.84　镗刀块在镗杆中的定位结构
1—镗杆；2—镗刀块

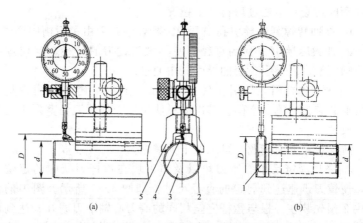

(a)　　　　　　　　(b)

图 4.85　对刀仪及其工作原理图
1—对刀样件；2—指示表；3—镗杆；4—微调镗刀；5—V形支架

4.5.2 对刀装置

由于在铣削过程中，需要夹具与机床工作台一起做进给运动，为了保证夹具上的工件与刀具的位置，在铣床夹具和刨床夹具上常设有对刀装置。对刀装置由对刀块和塞尺组成。对刀块一般用销定位，用螺钉紧固在夹具体上。对刀时，为防止刀具刃口与对刀块直接接触，一般在刀具和对刀块之间塞一规定尺寸的塞尺，凭接触的松紧程度来确定刀具的最终位置。常用的几种对刀装置如图 4.86所示。

图 4.86（a）为圆形对刀块（JB/T 8031.1—1999），用于对准铣刀的高度。图 4.86（b）为直角对刀块（JB/T 8031.3—1999），用于同时对准铣刀的高度和水平方向的尺寸。图 4.86（c）、（d）为各种成形刀具的对刀装置。图 4.86（e）为方形对刀块（JB/T 8031.2—1999），用于组合铣刀的垂直方向和水平方向的对刀。对刀块还可以根据加工要求和夹具结构需要自行设计。标准对刀平塞尺（JB/T 8032.1—1999）有 1mm、2mm、3mm、4mm 和 5mm五种规格，对刀圆柱塞尺（JB/T 8032.2—1999）有 3mm 和 5mm两种规格。

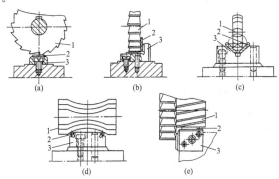

图 4.86　铣刀对刀装置
1—铣刀；2—塞尺；3—对刀块

4.5.3　夹具的连接装置

（1）夹具在机床工作台上的安装连接

对于铣床夹具和刨床夹具等，夹具一般安装在机床的工作台上。夹具通过两个定位键与机床工作台的 T 形槽进行定位，用若干个螺栓紧固，定位键的结构和装配如图 4.87 所示。定位键有 A型和 B 型两种标准类型（JB/T 8016—1999），其上部与夹具体底面上的键槽配合，并用螺钉紧固在夹具体上。一般随夹具一起搬运而不拆下，其下部与机床工作台上的 T 形槽相配合。由于定位键在键槽中有间隙存在，因此在安装时，将定位键靠在 T 形槽的一侧上，可提高定位精度。夹具在机床工作台上安装时，也可以不用定位键而用找正的方法安装，这时夹具上应有比较精密的找正基面，其安装精度高，但夹具每次安装均需找正，如镗床夹具在机床上的连接。

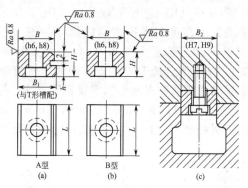

图 4.87　定位键的结构和装配

夹具体紧固在机床工作台上的常见结构如图 4.88 所示，在夹具体上开有 2～4 个口耳座，一般用 T 形螺栓紧固，键槽用作定位键在夹具体上定位，螺纹孔通过螺钉来紧固定位键。通常定位键随同夹具在一起。

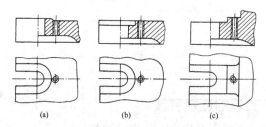

图 4.88　夹具体上的定位键槽和开口耳座

（2）夹具在机床回转主轴上的连接

对于车床和内、外圆磨床，夹具一般安装在主轴上，如图 4.89 所示。

对于轴类零件加工，一般通过前、后顶尖装夹工件，工件由卡头夹紧并通过主轴、拨杆带动其旋转。前顶尖与机床主轴前端的莫氏锥孔定位连接。

如图 4.89 (a) 所示，带莫氏锥柄的夹具通过与机床主轴前端的莫氏锥孔进行定位连接。为了传递较大的转矩，可用拉杆与机床主轴尾部拉紧，这种方式定位精度高，定位迅速方便，但刚度低，适于轻切削。

如图 4.89 (b) 所示，夹具与机床螺纹式主轴端部直接连接，用圆柱面和端面定位，螺纹连接，并用两个压块压紧。C620-1 采用这种连接方式，主轴的定位圆柱面尺寸和公差为 $\phi92k6$。

如图 4.89 (c) 所示，夹具与主轴通过短锥和端面定位，用螺钉紧固，这种连接方式定位精度高，接触刚度好，多用于与通用夹具连接。主轴头部已标准化（GB/T 5900—2008）。

如图 4.89 (d) 所示，夹具通过过渡盘与车床主轴端部连接，过渡盘与主轴端部是用短锥和端面定位，夹具体通过止口与过渡盘定位并用螺钉紧固。夹具体与止口的配合一般采用 H7/k6。

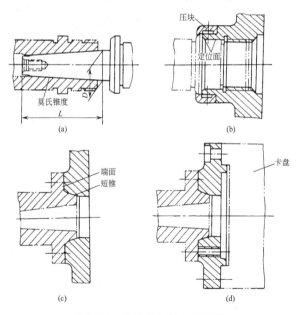

图 4.89　夹具在主轴上的安装

4.5.4　夹具的分度及其定位装置

（1）分度装置

对于零件上对称分布的多个加工表面加工，为了减少装夹工件的时间，经常采用分度装置进行多工位加工。如图 4.90 所示，在工件上铣对称槽的分度夹具实例。工件装在分度盘 3 上，用内孔和端面进行定位，并用螺母 1 通过开口垫圈 2 将工件夹紧。铣完第一个槽后，不需要卸下工件，而是松开螺母 5，拔出对定销 7，将定位元件（即分度盘）连同夹紧的工件转一定的分度角度，再将对定销插入分度盘 3 的另一个对定孔中，拧紧螺母 5 将分度盘锁紧，再走刀一次就可铣出第二个槽。铣完全部槽时，松开螺母 1，取下工件，即完成全部加工。从以上分析可以看出，分度装置中的关键部分是分度板（盘）和分度定位器，它们合在一起称为分度装置。

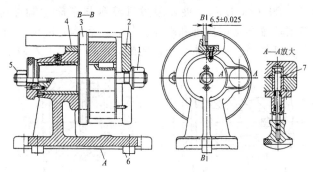

图 4.90 轴瓦铣开夹具
1，5—螺母；2—开口垫圈；3—分度盘；4—对刀装置；6—定位键；7—对定销

分度装置也称作分度机构。根据对定销相对分度板轴线的对定运动的方向不同，分为轴向分度和径向分度。

① 轴向分度 对定销相对分度板回转轴线作平行对定运动的称为轴向分度。

如图 4.91 （a）～（c）所示，轴向分度装置的分度板上分度孔轴线水平布置，径向尺寸较小，切屑等污物不易垂直落入。图 4.91 （a）是圆柱对定销和圆柱分度孔对定的分度形式。由于结构简单，制造较为容易，但由于存在配合间隙，分度精度较低。图 4.91 （b）是圆锥对定销和圆锥分度孔对定的分度形式。采用分度板圆柱孔镶配圆锥孔套的结构，便于磨损后更换，也便于分度板上分度孔的精确加工。由于圆锥面配合没有间隙，因而分度精度较高，但制造较为困难，而且一旦有切屑或污物落入圆锥配合面间，便会影响分度精度。图 4.91（c）所示的钢球与锥孔对定形式，结构简单，使用方便，但定位可靠性差，多用于切削力很小而分度精度要求不高的场合，或作某些精密分度装置的预定位。

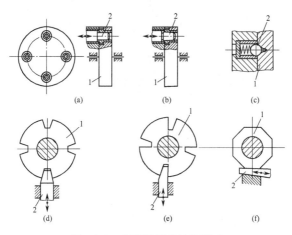

图 4.91 分度装置的结构形式
1—分度板；2—对定销

② 径向分度 对定销沿分度板径向进行对定的称为径向分度。在分度板外径相等、分度圆周误差相同的条件下，采用径向分度由于作用半径较大，因而转角误差比轴向分度相对小一些，但径向分度装置的径向尺寸较大，切屑等污物易垂直落入分度槽内，对防护要求较高。图 4.91（d）是双斜面楔形对定销与锥形分度槽对定形式。由于没有配合间隙，分度精度较高，而且分度板可以正反转双向分度。图 4.91（e）是单斜面楔形对定销与单斜面分度槽对定形式。它利用直面对定，斜面只起消除配合间隙作用，因而分度精度高。图 4.91（f）是利用斜楔对定多面体分度板的对定形式，它的结构简单，但分度精度不高，受分度板结构尺寸的限制，分度数不多。

③ 滚柱分度装置 图 4.92 所示的滚柱分度装置则采用标准滚柱装配组合的结构。它由一组经过精密研磨过的直径尺寸误差很小的滚柱 4 排列在经配磨加工的盘体 3 外圆周上，用环套 5（采用热套法装配）将滚柱紧箍住，形成一个精密分度盘，可利用其相邻滚柱外圆面间的凹面进行径向分度 [图 4.92（a）]，也可利用相邻滚柱外圆与盘体 3 外圆形成的弧形三角形空间实现轴向分度 [图

4.92（b）]。

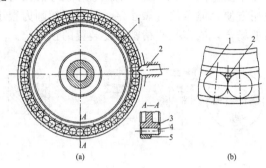

图 4.92　滚柱分度装置
1—分度盘；2—定位销；3—盘体；4—滚柱；5—环套

（2）分度装置的定位

① 手拉式定位装置　图 4.93 是手拉式定位装置。向外拉出操纵手柄 6，克服弹簧作用力拔出定位销 1。当销 5 脱离导套 2 的狭槽后，把操纵手柄 6 转过 90°可使销 5 搁在导套 2 的端面上。转动分度板进行分度，至下一分度孔到位的时候，转回操纵手柄 6，于是定位销 1 在弹簧力的作用下重新插入分度孔中，完成分度。手拉式定位装置的径向尺寸较小，轴向尺寸较大。

② 枪栓式定位装置　图 4.94 是枪栓式定位装置。转动操纵手柄 7 带动定位销 1 回转，定位销（对定销）1 的外圆面上的螺旋槽将沿限位螺钉 8 运动使定位销 1 退出分度孔（圆柱螺旋凸轮机构）。当分度板转到下一分度孔位置时，在弹簧 6 的作用下，操纵手柄 7 反转，使定位销 1 重新插入分度孔中，完成分度动作。枪栓式对定器的径向尺寸较大，但轴向尺寸却相对较小。

③ 齿条式定位装置　图 4.95 是齿条式定位装置。当转动操纵手柄 7 时，齿轮轴 2 回转，使齿条定位销退出，便可转动分度板。当下一分度孔到位时，齿条定位销在弹簧 4 的作用下重新插入分度孔。限位螺钉 6 用于齿轮轴的轴向定位。

④ 杠杆式定位装置　图 4.96 是杠杆式定位装置。如图 4.96（a）所示，当操纵手柄 3 向下使定位销 2 绕铰链轴回转脱开分度板的分度槽，便可进行分度。当下一分度槽到位时，弹簧 4 通过顶销 5 使定位销 2 插入分度槽实现定位。这种定位装置结构简单，操作

迅速。定位销和分度槽一般制成斜面或锥形，可消除其配合间隙，提高定位精度。图 4.96（b）是另一种杠杆式定位装置，向下按动操纵手柄 3 即可拔出定位销 2，可转动分度板进行分度。当下一分度槽到位时，在弹簧 4 的作用下，定位销 2 又可插入分度槽中实现定位。限位销 6 有防止定位销 2 旋转和控制拔出的行程作用，以保证正确的操作。

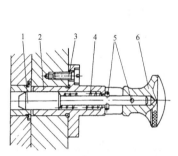

图 4.93 手拉式定位装置

1—定位销；2—导套；3—螺钉；
4—弹簧；5—销；6—操纵手柄

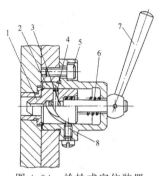

图 4.94 枪栓式定位装置

1—定位销（对定销）；2—壳体；3—转轴；4—销；
5—螺钉；6—弹簧；7—操纵手柄；8—限位螺钉

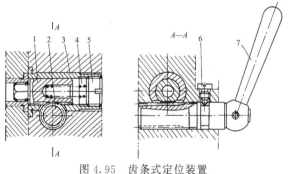

图 4.95 齿条式定位装置

1—齿条定位销；2—齿轮轴；3—衬套；4—弹簧；
5—螺塞；6—限位螺钉；7—操纵手柄

（3）分度装置的锁紧机构

在加工中有切削力等外力作用于分度盘上，若依靠分度板和对定销来承受外力，则由于受力变形也影响分度精度，只有在外力较小或加工精度要求较低的情况下才允许这样做，大部分分度装置都设有锁紧机构以承受外力的作用。常用的锁紧机构的结构见

图 4.97。

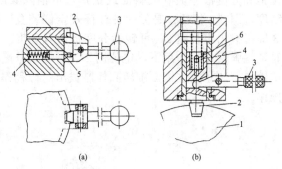

图 4.96　杠杆式定位装置

1—分度板；2—定位销；3—操纵手柄；4—弹簧；5—顶销；6—限位销

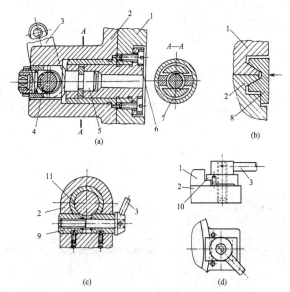

图 4.97　分度装置的锁紧机构

1—分度盘；2—底座；3—操纵手柄；4—偏心轴；5—拉杆；
6—轴套；7—半圆块；8—卡箍圈；9—切向夹紧套；10—压板；11—转轴

图 4.97（a）是偏心锁紧机构。转动操纵手柄 3 带动偏心轴 4 回转，偏心轴顶住拉杆 5 向左，通过两半圆块 7 把轴套 6 向左拉，轴套 6 与分度盘 1 是紧固的，即将分度盘锁紧在底座上。

图 4.97（b）是利用包在分度盘和底座外圆斜面上的卡箍圈 8

实现锁紧。当卡箍圈按图示箭头方向收缩时，在内斜面作用下把分度盘和底座压紧。

如图 4.97（c）所示，转动操纵手柄 3，两个切向夹紧套 9 在螺纹的作用下做对心移动，把转轴 11 锁紧在底座 2 上不能转动。转轴 11 与分度盘固连，即把分度盘与底座 2 锁紧。

如图 4.97（d）所示，转动操纵手柄 3，在螺纹的作用下通过压板 10 把分度盘 1 压紧在底座 2 上。一般在分度盘圆周上对称分布两个或两个以上的压板。

4.6 组合夹具

4.6.1 组合夹具的特点

组合夹具是利用预先制造好的标准元件，按被加工工件的工艺要求，快速组装成一种夹具。夹具使用完毕后，这些元件可以方便地拆开，清洗干净后存放，以便组装新夹具时使用。组合夹具与专用夹具相比具有以下特点。

① 组合夹具可缩短设计制造周期、减小工作量、节约设计制造的人力、物力投入，减少专用夹具的数量，更加经济。

② 组合夹具适合于产品变化较大的生产，如新产品的试制，单件、小批量生产和临时性、突发性的生产任务等。

③ 组合夹具的工艺范围广，可用于钻、车、铣、刨、磨、镗和检验等工种，尤其钻、镗夹具。适用于加工工件外形尺寸为 $20 \sim 600$ mm，加工精度 IT7 $\sim$ IT8 级。

④ 组合夹具元件系统通常有专门的生产厂家和销售部门，还有专门的组装部门，便于购买，应用方便。如英国的"华尔通"（Wharon）系统，由 560 种元件组成；俄罗斯的"乌斯贝"（YCП）系统，它由 495 种类型 2504 种规格元件组成；德国的"蔡司"（Zeiss）系统；我国采用乌斯贝系统。

⑤ 组合夹具的体积较大，需要一定数量的元件储备，一次性投资大，需要专门的库存和管理。

4.6.2 组合夹具的元件及其作用

按组合夹具组装连接基面的形状，分为 T 形槽系和孔系两大系列。T 形槽系组合夹具的元件之间是靠 T 形槽和键定位。孔系组合夹具则通过孔和销来实现元件间的定位。组合夹具的元件已按标准进行了编号，JB/T 2814—1993 标准规定，按照其功能和用途分为八类：基础件、定位件、支承件、导向件、夹紧件、紧固件、辅助件（其他件）和组合件。我国目前槽系组合夹具元件有两个系列标准，即 8mm 槽系组合夹具元件（JB/T 5366～5373—1991）和 16mm 槽系组合夹具元件（JB/T 6184～6191—1992）。

（1）T 形槽系组合夹具

由 T 形槽系元件组装成的钻孔组合夹具如图 4.98 所示，图中表示了该系的一种组合夹具组装外形及其各元件外形和功能分解。

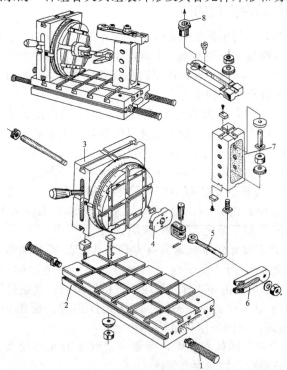

图 4.98　T 形槽系组合钻模元件分解图

1—其他件；2—基础件；3—合件；4—定位件；5—紧固件；6—压紧件；7—支承件；8—导向件

① 基础件　基础件是组合夹具的夹具体，包括方形基础板、圆形基础板、长方形基础板和角尺形基础板四种结构。基础件上有 T 形槽，通过键与槽定位，靠螺栓连接可组装的其他元件。

② 支承件　支承件主要用作不同高度或角度的支承。支承件的类型包括各种规格的方形支承、长方形支承、伸长板、角铁、角度支承和角度垫板等。

③ 定位元件　组装夹具的定位元件主要有定位销、定位盘、定位支承、V 形支承、定位键、定位支座、镗孔支承及各种顶尖。用于组装连接的定位键有平键、T 形键、偏心键、过渡键四种。

④ 导向件　导向件是用来确定孔加工刀具与工件的相对位置，包括各种尺寸规格的钻套、钻模板、导向支承、镗孔支承等。

⑤ 夹紧件　夹紧件专指各种形式和规格的压板，用以夹紧工件。组合夹具的各种压板主要表面都经磨光，因此，也可用作定位挡板、连接板等。

⑥ 紧固件　紧固元件包括各种规格和形式的螺栓、螺钉、螺母、垫圈等。其作用是用来连接组合夹具元件和紧固工件。

⑦ 合件　合件是指由几个元件组成的单独部件，在使用中以独立部件的形式存在，不能拆散。

⑧ 其他件和辅助件　辅助件是在组合夹具元件中，难以列入上述几类元件的必要元件。它包括有连接板、回转板、浮动块、各种支承钉、支承帽与支承环、二爪支承、三爪支承、摇板、滚花手柄、弹簧、平衡块等。

（2）孔系组合夹具

孔系组合夹具与槽系组合夹具相比，元件的强度和定位精度高，特别适合中小型零件在数控机床上加工。由孔系元件组装成的组合夹具如图 4.99 所示，图中表示了各元件外形和功能。

图 4.100 所示的是在加工中心机床上使用的孔系组合夹具实例。

（3）组合夹具元件的编号

JB/T 2814—1993 对组合夹具元件

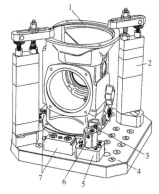

图 4.100　孔系组合夹具
1—工件；2—组合压板；
3—调节螺栓；4—方形基础板；
5—方形定位连接板；
6—切边圆柱支承；7—台阶支承

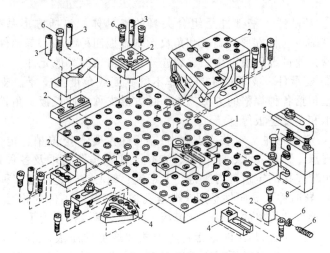

图 4.99　孔系组合夹具元件分解图
1—基础件；2—支承件；3—定位件；4—辅助件；
5—压紧件；6—紧固件；7—其他件；8—合件

的编号规定是：元件的分类编号以分数形式表示。分子表示元件的型、类、组、品种，称为"分类编号"。分母表示元件的规格特征尺寸。

① 元件的型、类、组、品种表示

a. 元件的型分大、中、小三种型，用汉语拼音大、中、小三字字头表示。

• D——大型元件，即 16mm 槽系列组合夹具元件。

• Z——中型元件，即 12mm 槽系列组合夹具元件。

• X——小型元件，即 8mm 或 6mm 槽系列组合夹具元件。

b. 元件的类、组、品种各用一位数字表示。第一位数字表示元件的"类"，按元件用途划分，用数字 1～9 表示：1——基础件；2——支承件；3——定位件；4——导向件；5——压紧件；6——紧固件；7——其他件；8——合件；9——组装工具和辅具。

第二位数字表示元件类中的"组"，按元件形状划分，用数字 0～9 表示。

第三位数字表示元件组中的"品种"，按元件的结构特征划分，用数字 0～9 表示。

② 元件的规格特征尺寸表示　分母表示元件的规格特征尺寸，一般用"$L \times B \times H$"表示，称为"规格"。

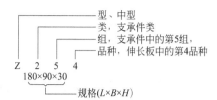

型、中型
类，支承件类
组，支承件中的第5组，
品种，伸长板中的第4品种

Z   2   5   4
180×90×30
规格(L×B×H)

（4）组合夹具元件的主要品种和结构（见表 4.4）

表 4.4   组合夹具元件

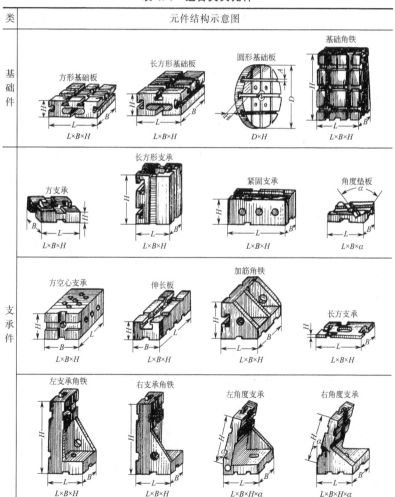

续表

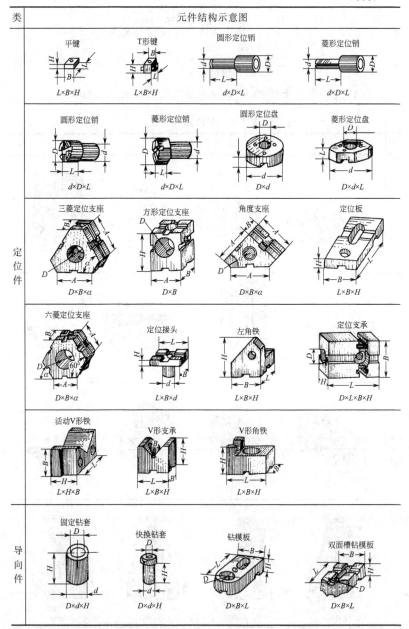

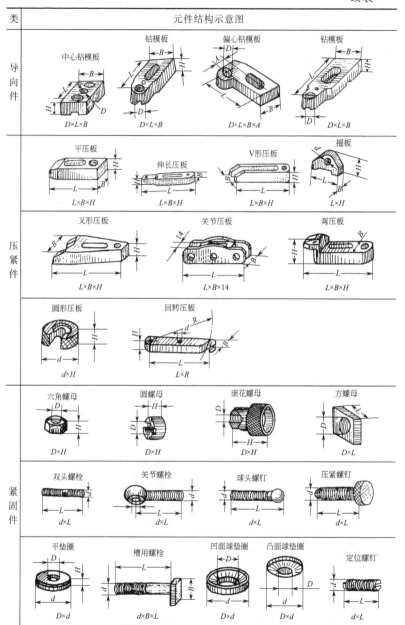

类	元件结构示意图			
导向件	中心钻模板 $D \times L \times B$	钻模板 $D \times L \times B$	偏心钻模板 $D \times L \times B \times A$	钻模板 $D \times L \times B$
压紧件	平压板 $L \times B \times H$	伸长压板 $L \times B \times H$	V形压板 $L \times B \times H$	摇板 $L \times H$
	叉形压板 $L \times B \times H$	关节压板 $L \times B \times l4$	弯压板 $L \times B \times H$	
	圆形压板 $d \times H$	回转压板 $L \times R$		
紧固件	六角螺母 $D \times H$	圆螺母 $D \times H$	滚花螺母 $D \times H$	方螺母 $D \times L$
	双头螺栓 $d \times L$	关节螺栓 $d \times L$	球头螺钉 $d \times L$	压紧螺钉 $d \times L$
	平垫圈 $D \times d$	槽用螺栓 $d \times B \times L$	凹面球垫圈 $D \times d$	凸面球垫圈 $D \times d$
				定位螺钉 $d \times L$

续表

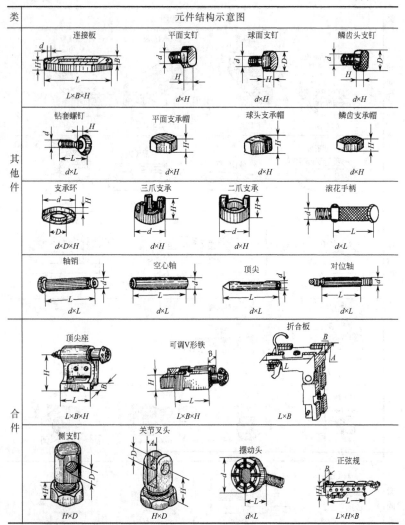

4.6.3 组合夹具的组装

（1）组合夹具的组装过程

把组合夹具的元件按照一定原则、装配成具有一定功能的组合夹具的过程。组装过程包括：组装前的准备、确定组装方案、试装、连接和检验。

① 组装前的准备　在组装前应掌握的资料包括工件的形状、尺寸、加工部位和加工要求、加工批量等,最好能得到加工前一道工序的工件实物。还应掌握夹具使用的机床、刀具、辅具的情况。

② 确定组装方案　在熟悉和掌握有关技术资料的过程中,可以确定工件的定位、夹紧机构,选择元件以及保证精度和刚度的措施,设计出夹具的基本结构。必要时,应计算和分析受力、结构尺寸和精度。

③ 试装　试装就是按设想的夹具结构先摆一下(不紧固),审查组装方案的合理性,试装过程中需要修改和完善组装方案。试装中应着重考虑以下问题。

a. 工件定位夹紧是否合理,是否能保证工件加工精度,工件的装卸、加工是否方便,夹具是否便于清除切屑;能否保证安全;夹具是否能保证在机床上顺利安装;与刀具、辅具是否发生干涉等。

b. 试装过程中,确定了夹具的最后结构,即可以进行正式组装。组装中应擦净元件,在连接过程中应不断调整和测量。

④ 连接　经过试装验证合适的夹具方案,即可进行组装连接工作。首先清除元件表面的污物,装所需的定位键,然后按一定的顺序将相关元件用螺栓连接起来,并对相关元件进行调整和测量。

在基础板 T 形槽的十字相交处使用螺栓时,应注意保护 T 形槽唇部的强度。当紧固力较大时,螺栓应从基础板底部的沉孔中穿出或采取适当的保护措施。

调整和测量时,注意选择合理的测量基面,正确地测量元件间的尺寸。定位误差一般为工件尺寸公差的 $1/5 \sim 1/3$。在实际调整中,调整精度一般在 $\pm(0.01 \sim 0.05)\mathrm{mm}$ 范围内。在调整精度要求较高时,可通过选择元件、调整元件的装配方向等措施减小装配误差。

⑤ 检验　夹具元件紧固后,按工件的加工精度和其他要求,对夹具进行一次仔细全面的检查,必要时应在机床上进行试切。检验中应注意配套的附件(如钻套、活动垫块)和专用件图样是否带齐。

(2) 组合夹具组装守则

组合夹具组装中应遵守组装守则(JB/T 3636—1999),以保证组装工作的正确进行。

① 一般规定　组装前必须熟悉加工零件图样、工艺规程,使用机床、刀具以及加工方法,按照确定的组装方案,选用元件(试

装）、装配和调整尺寸，并按夹具结构和精度检验的程序进行组装，组装时要满足下列要求。

a. 工件定位符合定位原则。

b. 工件夹紧合理、可靠。

c. 组装出的夹具应结构紧凑，刚度好，便于操作，保证安全使用。对车床夹具更应做好平衡和安全。

d. 夹具能在机床上顺利安装。

e. 装好夹具后，应带的钻套、钻套螺钉、定位轴、活动垫块、车床夹具的连接盘等应带齐，装完的夹具必须经检验合格后方可交付使用。与加工精度有关的夹具精度，一般按工件图纸公差要求的 1/5～1/2 进行调整和检验。

② 组装中合理使用元件

a. 按元件的使用特性选用元件，不能在损害元件精度的情况下任意使用元件。

b. 在基础板 T 形槽十字相交处使用槽用螺栓，当紧固力较大时，应从基础板底部 $\phi13$mm 孔穿出，如图 4.101 所示。

c. 在基础板 T 形槽十字相交的附近，使用槽用螺栓紧固其他元件时，应采用适当的措施防止 T 形槽交角有悬空现象。例如，12mm 系列 $l<16$mm 时用支承件加强，如图 4.102 所示。

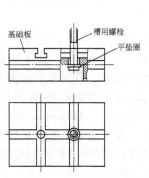

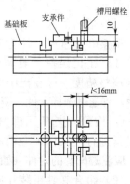

图 4.101　较大力时的槽用螺栓紧固　　　　图 4.102　T 形槽交角悬空现象

d. 厚度较薄的 T 形槽，应避免直接承受较大的力。

e. 螺栓旋入螺母时，应有足够的深度。

f. V 形支承用作轴类工件定位，压紧时底面要全部垫实，不要出现如图 4.103 所示的两边悬空现象。

g. 工件使用毛基准作主要定位面时,夹具应采用鳞齿支承帽等元件组装定位。

③ 正确的组装方法

a. 组装时要除净元件结合面上的污物和毛刺。

b. 工件的定位基准应尽量采用工艺基准或设计基准。

c. 元件间定位连接,除调整方向外,要有足够数量的定位键,并保证定位可靠。

d. 工件的两点或一点定位是毛坯面时,一般应装成可调整的定位点。

e. 工件的压紧力方向要垂直于主要定位基准,压紧点尽量靠近加工部位,避免压紧点处工件悬空。

f. 使用压板压紧工件时,应注意力臂关系,在一定的主动力作用下,应尽量使工件得到较大的压紧力,如图 4.104 所示。

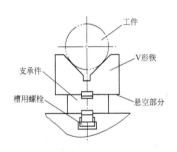
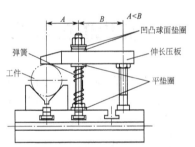

图 4.103 支承的两边悬空现象   图 4.104   压板压紧的增力与均力

g. 使用压板压紧工件时,在压板的下面一般应装上弹簧和平垫圈,压板与紧固螺母间应放一对球面垫圈,如图 4.104 所示。

h. 钻孔夹具中,钻套底面到工件孔端距离 l 一般应取 $l = (0.5 \sim 1)d$。铸铁工件取较小值,钢件取较大值,如图 4.105 所示。

i. 铣、刨、平磨夹具要有承受主切削力的挡块。

j. 调整夹具尺寸时,禁止用铜锤重击元件。

k. 为减少误差,应采用以下调整尺寸的方法:根据夹具精度要求,按 GB/T 3177—2009《光滑工件尺寸的检验》的规定选择合适的量具,按 JB/T 3627—1999《组合夹具组装用工具、辅具》选择检验棒,应尽量使测量基准与定位基准或设计基准一致;当调整回转式分度钻、铣夹具时，要使测量基准与回转中心调整一致后进行测量，或直接按回转中心作基准进行测量。

1. 调整、测量角度夹具时，除直接测准角度外，根据需要，还应检测工件在角度斜面的导向定位面，对夹具底面的位置误差，如图 4.106 所示。

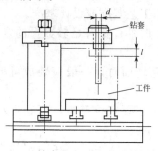

图 4.105　钻套底面到工件孔端的距离

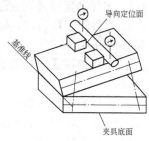

图 4.106　角度夹具的测量

4.7 夹具的设计方法

本节阐述夹具设计的过程、方法和程序，结合实例说明工件分析、定位方案确定、夹具总图绘制过程、尺寸和技术条件的标注、夹具结构工艺性等问题。

4.7.1 夹具的设计方法、步骤和考虑的主要问题

（1）夹具的生产过程和基本要求

夹具的生产过程一般可用如图 4.107 所示框图进行简单表示。

夹具生产的第一步是由工艺人员在编制工艺规程时提出相应工序的夹具设计任务书。该任务书应包括设计理由、使用车间、使用设备、工序图等。工序图上必须标明本道工序的加工要求、定位面和夹压点。夹具设计人员完成相应的准备工作后，就可进行夹具结构设计。完成夹具结构设计之后，由夹具使用部门、制造部门就夹具的使用性能、结构合理性、结构工艺性及经济性等方面进行审核后交付制造。制成的夹具要由设计人员、工艺人员、使用部门、制造部门等各方人员进行验证。若该夹具确能满足该工序的加工要求，能提高生产率，且操作安全、方便，维修简单，就可交付生产使用。

总之，对夹具设计的基本要求是：能稳定可靠地保证工件的加工技术要求、能提高劳动生产率、操作简便、具有良好的工艺性。

（2）夹具设计的步骤

夹具设计的步骤主要有下列六个方面。

① 明确设计任务，收集、研究设计的原始资料　在这个阶段应做的工作如下。

a. 明确设计任务书要求，收集并熟悉被加工零件的零件图、毛坯图和其加工工艺过程；了解所用机床、刀具、辅具、量具的有关情况及加工余量、切削用量等参数。

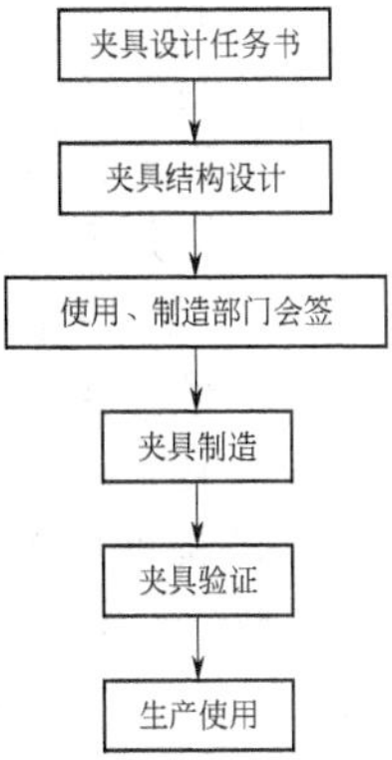

b. 了解零件的生产类型。若为大批量生产，则要力求夹具结构完善，生产率高。若批量不大或是应付急用，夹具结构则应简单，以便迅速制造后交付使用。

图 4.107　夹具的生产过程

c. 收集有关机床方面的资料，主要是机床上安装夹具的有关连接部分尺寸。如铣床类夹具，应收集机床工作台 T 形槽槽宽及槽距。对车床类夹具，收集机床主轴端部结构及尺寸。此外，还应了解机床主要技术参数和规格。

d. 收集刀具方面的资料在于了解刀具的主要结构尺寸、制造精度、主要技术条件等。例如，若需设计钻床夹具的钻套，只有知道孔加工刀具的尺寸、精度，才能正确设计钻套导引孔尺寸及其极限偏差。

e. 收集辅助工具方面的资料。例如，镗床类夹具则应收集镗杆等辅具资料。

f. 了解本厂制造夹具的经验与能力，有无压缩空气站及其气压值等。

g. 收集国内外同类型夹具资料，吸收其中先进而又能结合本厂情况的合理部分。

② 确定夹具结构方案、绘制结构草图　确定夹具结构方案，绘制出结构草图的主要工作内容如下。

a. 确定工件的定位方案，选择或设计定位元件，计算定位误差。

b. 确定工件的夹紧方式，选择或设计夹紧机构，计算夹紧力。

c. 确定其他装置，如确定分度装置、工件顶出装置等的结构形式；确定钻床类夹具的刀具导引方式及导引元件；确定铣床夹具的对刀装置；高速回转主轴的平衡装置等。

d. 确定夹具体的结构形式。确定夹具体的结构形式时，应同时考虑连接元件的设计。

在确定夹具各组成部分的结构时，一般都会产生几种不同的方案，进行分析比较，从中选择较为合理的方案，画出结构草图。

③ 绘制夹具总图　绘制夹具总图时，应注意下列问题。

a. 绘制夹具总图时，除特殊情况外，均应按1∶1的比例绘制，以保证良好的直观性。对于夹具尺寸较大时，也可用1∶2、1∶5的标准比例。对于夹具尺寸很小时，可用2∶1的比例。在能够清楚表达夹具工作原理和结构的情况下，视图应尽可能少，可用局部视图表示各元件的连接关系，必要时将刀具的最终位置和与机床的连接部分用双点画线画出。夹具总图一般画出夹紧时的状态，以便看出能否夹紧，松开时的位置可以用双点画线全部或局部画出。

b. 主视图应尽量符合操作者的正面位置。

c. 总图上用双点画线或红线画出工件轮廓线，并将其视为假想"透明体"，使其不影响其他元件或装置的绘制。

d. 总图绘制的顺序一般为：工件→定位元件→引导元件（钻床类夹具）→夹紧装置→其他装置（其他机床夹具）→夹具体。

④ 标注总图上的尺寸和技术要求　夹具总图的结构绘制完成后，需在图上标注五类尺寸和四类技术要求，标注内容和标注方法后面将专门阐述。

⑤ 编写零件明细表　总图上的明细表应具有以下几方面的内容：序号、名称、代号（指标准件号或通用件号）、数量、材料、热处理、质量。

⑥ 绘制总图上的非标准件零件图　根据绘制总图拆绘零件图。

(3) 夹具设计要考虑的几个重要问题

① 夹具设计的经济性分析　在零件加工过程中，对于某一工序而言，是否要使用夹具，应使用什么类型的夹具（通用夹具、专用夹具、组合夹具等），以及在确定使用专用夹具的情况下应设计什么档次的夹具，这些问题在夹具设计前必须认真考虑，还应作经济性分析，以确保所设计的夹具在经济上合理。

② 采用模块化设计思想　采用成组技术、组合夹具设计的思想，积累结构，有利于夹具设计的标准化和通用化，可减小设计工作量，加快设计进度。

③ 夹具的精度分析　夹具的主要功能是用来保证零件加工的位置精度。使用夹具加工时，影响被加工零件位置精度的误差因素主要包括以下几个。

a. 定位误差。主要通过定位方案的定位误差对比分析来确定。

b. 夹具制造与装夹误差。主要包括夹具制造误差、夹紧误差（夹紧时夹具或工件变形）、导向误差、对刀误差以及夹具装夹误差（夹具安装面与机床安装面的偏差，装夹时的找正误差等）。

④ 夹具结构工艺性分析　在分析夹具结构工艺性时，应重点考虑以下问题。

a. 夹具零件的结构工艺性。首先要尽量选用标准件和通用件，以降低设计和制造费用；其次要考虑加工的工艺性及经济性。

b. 夹具最终精度保证方法。专用夹具制造精度要求较高，又属于单件生产，因此大都采用调整、修配、装配后加工以及在使用机床上就地加工等工艺方法来达到最终精度要求。在设计夹具时，必须适应这一工艺特点，以利于夹具的制造、装配、检验和维修。

c. 夹具的测量与检验。在确定夹具结构尺寸及公差时，应同时考虑夹具上有关尺寸及形位公差的检验方法。夹具上有关位置尺寸及其误差的测量方法通常有三种，即直接测量方法、间接测量方法和辅助测量方法。

⑤ 夹具总图上尺寸及技术要求的标注　夹具总图上标注尺寸及技术要求的目的主要是便于拆零件图，便于夹具装配和检验。为此应有选择地标注尺寸及技术要求。具体讲，夹具总图上应标注以下内容。

a. 夹具外形轮廓尺寸。

b. 工件与夹具定位元件的联系尺寸，包含夹具定位元件与定位元件之间的联系尺寸。

c. 夹具与刀具的联系尺寸，如夹具定位元件与导向元件，夹具定位元件与对刀元件之间的联系尺寸。

d. 夹具与机床连接部分的联系尺寸，如安装基准面的配合尺寸、位置尺寸及公差。

e. 夹具内部零件之间的配合尺寸。

f. 其他尺寸。

夹具上有关尺寸公差和形位公差通常取工件上相应公差的 $1/5\sim1/2$，当生产批量较大时，考虑夹具的磨损，应取较小值；当工件本身精度较高时，可取较大值。当工件上的尺寸公差为自由公差时，夹具上相应的尺寸公差常取±0.05mm（尺寸较大时取±0.1mm），角度公差（包括位置公差）常取±10′或±5′。确定夹具公差带时，还应注意保证夹具的平均尺寸与工件上相应的平均尺寸一致，即保证夹具上有关尺寸的公差带刚好落在工件上相应尺寸公差带的中间。

夹具总图上标注的技术要求通常有以下几方面。

a. 定位元件之间的相互位置精度要求。

b. 定位元件与夹具安装面之间的相互位置精度要求。

c. 定位元件与引导元件之间的相互位置精度要求。

d. 引导元件与引导元件之间的相互位置精度要求。

e. 定位元件或引导元件对夹具找正基准面的位置精度要求。

f. 与保证夹具装配精度有关的或与检验方法有关的特殊的技术要求。

如果能采用制图标准标注的技术要求，应直接标注在图上，不便于标注的，可以文字的形式表达。常见的几种技术要求情况如表4.5所示。

表 4.5　夹具技术要求举例

夹具简图	技术要求	夹具简图	技术要求
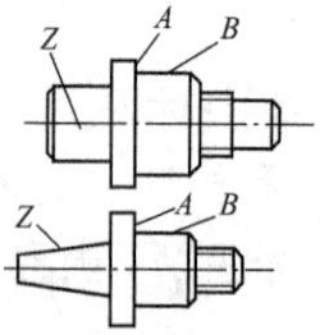	①A 面对 Z（锥面或顶尖孔连线）的垂直度公差 ②B 面对 Z（锥面或顶尖孔连线）的同轴度公差	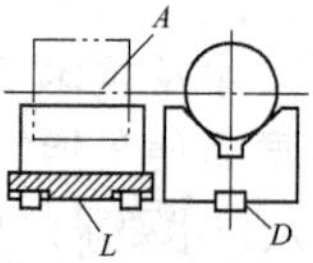	①检验棒 A 对 L 面的平行度公差 ②检验棒 A 对 D 面的平行度公差
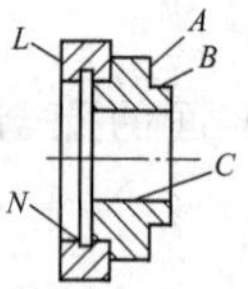	①A 面对 L 面的平行度公差 ②B 面对止口面 N 的同轴度公差 ③B 面对 C 面的同轴度公差 ④B 面对 A 面的垂直度公差	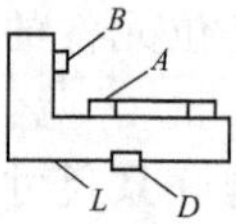	①A 面对 L 面的平行度公差 ②B 面对 D 面的平行度公差
			①B 面对 L 面的平行度公差 ②B 面对 A 面的垂直度公差 ③G 面对 L 面的垂直度公差 ④G 轴线对 B 轴线最大偏移量

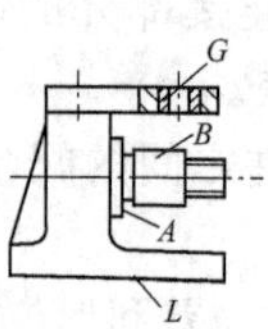

续表

夹具简图	技术要求	夹具简图	技术要求
	①B 面对 L 面的垂直度公差 ②A 面（找正孔）对 L、N 面的同轴度公差		①A 面对 L 面的平行度公差 ②G 面对 A 面的平行度公差 ③G 面对 D 面的平行度公差 ④B 面对 D 面垂直度公差

4.7.2 夹具设计实例

（1）设计任务

专用工艺装备设计任务书的格式如表 4.6 所示。

设计如图 4.108 所示工件铣槽工序的专用夹具，适合中批量生产要求。

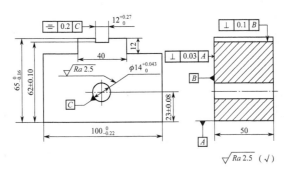

图 4.108 块状零件图

该工件的机械加工工艺过程如下。

① 铣前后两端面：X6132 卧式铣床。

② 铣底面、顶面：X6132 卧式铣床。

③ 铣两侧面：X6132 卧式铣床。

④ 铣两台肩面：X6132 卧式铣床。

⑤ 钻铰"$\phi 14^{+0.043}_{0}$"孔：Z5135 立式钻床。

⑥ 铣槽：X6132 卧式铣床。

该工件铣槽工序的工序卡片如表 4.7 所示。

表 4.6 专用工艺装备设计任务书格式（JB/T 9165.2—1998）

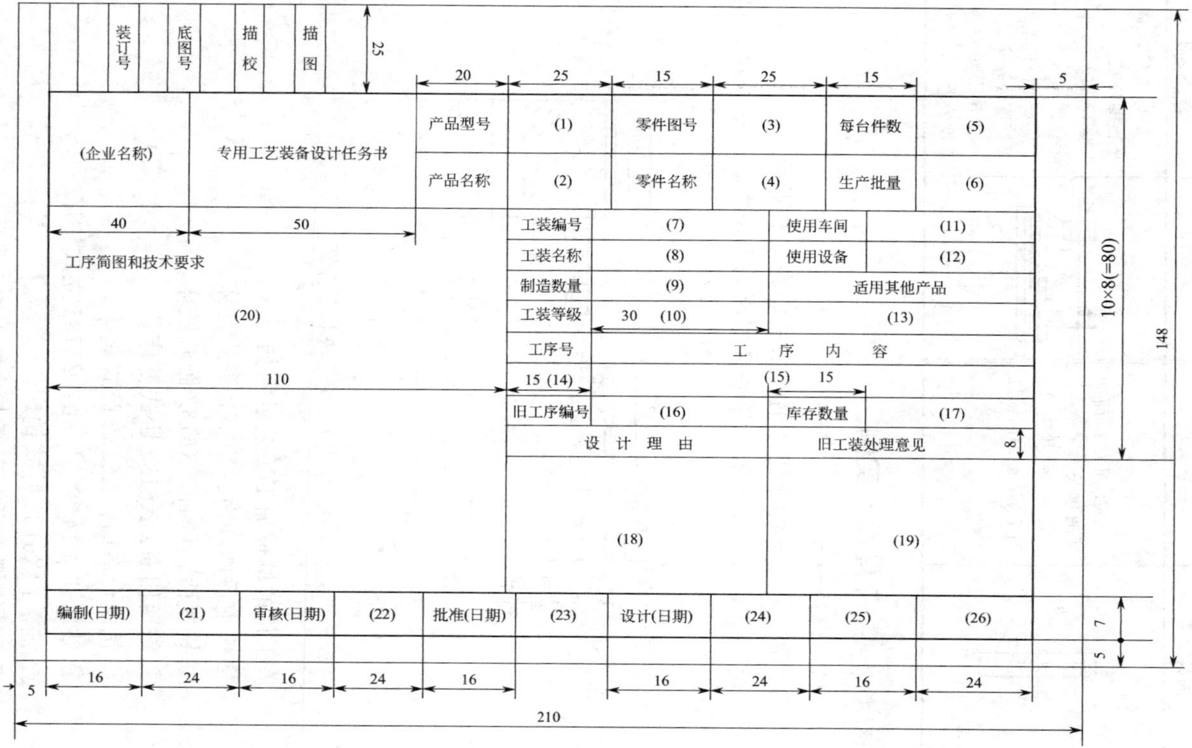

装订号
底图号
描校
描图
(企业名称)
专用工艺装备设计任务书
产品型号
(1)
零件图号
(3)
每台件数
(5)
产品名称
(2)
零件名称
(4)
生产批量
(6)
工序简图和技术要求
(20)
工装编号
(7)
使用车间
(11)
工装名称
(8)
使用设备
(12)
制造数量
(9)
适用其他产品
工装等级
(10)
(13)
工序号
工 序 内 容
(14)
(15)
旧工序编号
(16)
库存数量
(17)
设 计 理 由
旧工装处理意见
(18)
(19)
编制(日期)
(21)
审核(日期)
(22)
批准(日期)
(23)
设计(日期)
(24)
(25)
(26)
25
20
25
15
25
15
5
40
50
30
110
15
15
8
10×8(=80)
148
7
5
16
24
16
24
16
16
24
16
24
5
210

表 4.7 铣槽工序的机械加工工序卡片

(工厂名)	机械加工工序卡片	产品名称及型号		零件名称	零件图号	工序名称	工序号	第 6 页
				板块		铣槽	6	共 6 页
			车间	工段	材料名称	材料牌号	机械性能
					钢	45	
			同时加工工件数	每料件件数	技术等级	单件时间/min	准备-终结时间/min
			1				1.69
			设备名称	设备型号	夹具名称	夹具编号	冷却液
			卧式铣床	X6132	铣夹具		
				更改内容			

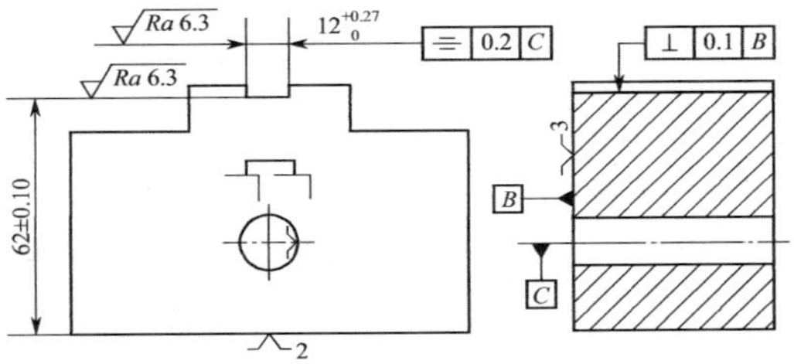

工步内容

工步号	工步内容	计算数据/mm			走刀次数	切削深度/mm	切削用量			工时定额/min				刀具量具及辅助工具			
		直径或长度	走刀长度	单边余量			进给量	每分钟转数	切削速度/m·min⁻¹	基本时间	辅助时间	工作地点服务时间	工具号	名称	规格	编号	数量
1	铣 $12^{+0.27}_{0}$ 槽	50	86	3	1	3	1.8mm/r	80r/min	25.12	0.91	0.35	0.43		直齿三面刃铣刀	刀具直径100		1

编制	抄写	校对	审核	批准

（2）明确设计任务、收集资料、作好设计准备工作

根据任务书要求，首先对零件图和工序图进行分析，本工序的夹具主要保证的精度如下。

① 槽宽 "$12^{+0.027}_{0}$"，采用定尺寸刀具法保证。

② 槽底面至工件底面的位置尺寸 "62 ± 0.10"，通过夹具保证，注意对刀尺寸。

③ 槽底面对工件背面的垂直度 0.1mm，通过夹具保证，并对定位元件的相互位置提出要求。

④ 槽两侧面对 "$\phi 14^{+0.043}_{0}$" 孔的对称度 0.2mm，通过夹具保证，注意对刀尺寸。

了解工艺过程和工序卡涉及的机床和刀具，收集 X6132 卧式铣床工作台、三面刃铣刀的有关资料。准备设计手册和收集其他资料。

（3）夹具的定位方案分析

① 定位表面分析　由铣槽工序卡中的工序简图知，本工序工件的定位面分别是：背面 B 要求限制 3 个自由度，底面 A 要求限制 2 个自由度，"$\phi 14^{+0.043}_{0}$" 孔要求限制 1 个自由度。

② 定位元件设计或选择　夹具上相应的定位元件选为：支承板、支承钉和菱形定位销（注意削边的方向，菱形定位销要补偿工件上和夹具上 "23 ± 0.08" 尺寸的误差，消除工件底面和孔组合定位时的重复定位现象，保证工件能安装在夹具中。）。

建立坐标系，如图 4.109 所示，对限制的自由度进行分析。

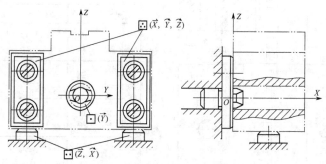

图 4.109　定位方案分析

支承板限制了 $\vec{X}$、$\hat{Y}$、$\hat{Z}$，支承钉限制了 $\vec{Z}$、$\hat{X}$，菱形定位销限制了 $\vec{Y}$，该定位属于完全定位情况。

因为支承板、支承钉和菱形定位销均有标准件，可根据工件定位面的大小选择它们的型号。

支承板 A8×40JB/T 8029.1—1999

支承钉 A16×8JB/T 8029.2—1999

定位销 B14f7×14JB/T 8014.2—1999

其修圆宽度 $b=4\text{mm}$，$b_1=3\text{mm}$，定位外圆直径公差需要设计。

由式（4.7）知，要保证所有孔与底面加工合格的全部工件能装进夹具中，菱形定位销的最小间隙 $\varepsilon_{\min}$ 为

$$\varepsilon_{\min} = \frac{b_1}{D}[T(L_K) + T(L_J)]$$

式中　D——定位孔直径，mm；

$T(L_K)$——工件的底面到孔中心的距离公差，mm；

$T(L_J)$——夹具上定位支承钉到菱形定位销轴心的公差。

取 $T(L_J) = 0.04\text{mm}$，则

$$\varepsilon_{\min} = \frac{b_1}{D}[T(L_K) + T(L_J)] = \frac{3 \times (0.16 + 0.04)}{14} \approx 0.043\,(\text{mm})$$

若选择定位销定位直径 d 的公差等级为 IT7，尺寸为 "14" 的公差带为 0.018mm，满足最小间隙 0.043mm，定位销定位直径

$$d = D - \varepsilon_{\min} = 14 - 0.043 = 13.657\,(\text{mm})$$

考虑公差，有

$$d = \phi 13.957_{-0.018}^{0} = \phi 14_{-0.061}^{-0.043}\,(\text{mm})$$

③ 定位误差计算

a. 保证槽底面至工件底面的位置尺寸 "62 ± 0.10" 的精度要求。忽略工件上 A 面的形状误差，夹具上的两个支承钉与夹具体装配后进行磨削，可以保证两个支承钉等高，认为定位副不准确误差 Δ_{db} 为 0，定位平面的定位误差 $\Delta_{\text{dw}} = \Delta_{\text{jb}}$。工件上的工序基准与定位基准重合，即 $\Delta_{\text{jb}} = 0$，所以 $\Delta_{\text{dw}} = 0$。

b. 保证槽底面对工件背面的垂直度 0.1mm 的精度要求。该精度由支承板限制 $\widehat{Y}$、$\widehat{Z}$ 自由度决定，忽略工件上 B 面的形状误差，通过两个支承板与夹具体装配后进行磨削，限制其平面度，同时保证与定位工件 A 面的平面垂直度，即可保证槽底面对工件背面的垂直度 0.1mm 要求。平面度和垂直度要求可取 0.02mm。

c. 保证槽两侧面对 "$\phi 14_{0}^{+0.043}$" 孔的对称度 0.2mm 的精度要求。

定位基准与设计基准重合，均为"$\phi 14^{+0.043}_{0}$"孔的轴心线，即 $\Delta_{jb}=0$。

定位副不准确误差 Δ_{db} 为

$$\Delta_{dw}=T(D)+T(d)+\varepsilon_{min}=0.043+0.018+0.043=0.104(mm)$$

与对称度要求的 0.2mm 相比，约为 1/2，可以采用，但应采取措施。可采取的措施有改变定位方案、提高上工序孔的加工精度、提高定位销精度等。

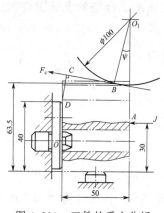

图 4.110 工件的受力分析

(4) 夹具的夹紧方式和夹紧机构

夹紧力应作用在主定位面定位元件上，故压在支承板上，作用点靠近切削力。夹紧力的大小需要结合受力分析进行确定。工件的受力分析计算如图 4.110 所示，铣削力 F_c 将破坏加工的稳定性，使工件翻转，因此需要夹紧力进行平衡，铣削力 F_c 的竖直分力将使工件定位破坏，也需要夹紧力进行平衡。

① 铣削力 F_c 计算　在图 4.110 中的铣削刃上各点的切削力是随铣削角 ψ 变化的，取接触点 B 作为计算位置（接近最危险的极限位置，ψ 约为 15°）。根据切削力计算公式，有

$$F_c=k_c h_D b_D=2000\times 1.8\sqrt{\frac{3}{100}}\times 12=7482(N)$$

式中　k_c——单位切削力，N/mm^2；

　　　h_D——切削厚度，mm，平均值 $h_D=\sqrt{\dfrac{a_p}{D}}$；

　　　a_p——吃刀深度，mm；

　　　D——铣刀的直径，mm；

　　　b_D——切削宽度，即为铣槽的宽度，mm。

② 夹紧力计算　切削力使工件翻转需要平衡的夹紧力 J 计算。由图 4.110 得力平衡方程为

$$J\times(40-30)=F_c\times(63.5-40)\cos\psi$$

即 $J=\dfrac{7482\times 23.5\times \cos 15°}{10}=16983(N)$

讨论：若将夹紧力 J 的作用点向下移动 10mm，则需要的夹紧力 J 将减小为 8492N，考虑安全系数为 1.5～2，夹紧力 J 可取 15000～20000N。

铣削力 F_c 的竖直分力将使工件向上移动而破坏定位，需要进行平衡夹紧力验算。

$$(J + F_c \cos\psi)f \geqslant F_c \sin\psi$$

式中，f 为定位支承板与工件间的摩擦因数，取 0.15。

$$(J + F_c \cos\psi)f = (16983 + 7482) \times 0.15 = 3670(\mathrm{N})$$
$$F_c \sin\psi = 7482 \times \sin 15° = 1936(\mathrm{N})$$

满足要求，即铣削力 F_c 的竖直分力不会使工件向上移动。

考虑到该夹具适合中批量生产，所以夹紧机构采用手动夹紧机构。夹紧机构的初步方案拟定采用双压板、螺母开口垫圈和均力单压板三种夹紧方案。双压板夹紧方案的结构简单，操作不方便。螺母开口垫圈夹紧方案的结构简单，但操作不方便，螺栓直径受定位孔的尺寸限制，同时需要将定位削边销与螺栓制成一体。均力单压板夹紧方案综合效果较好。

（5）夹具总图的草图绘制

夹具总图的草图绘制过程如下。

① 根据工件的结构和夹具的结构情况，用双点画线绘制出工件的轮廓视图，主视图应为操作者正对着的位置，本工件的轮廓视图如图 4.111 所示。

② 安排定位元件，如图 4.112 所示。

③ 夹紧机构的布置，如图 4.113 所示。

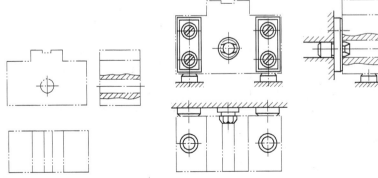

图 4.111　工件轮廓的绘制　　图 4.112　定位元件的布置

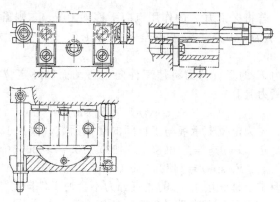

图 4.113 夹紧装置的绘制

④ 对刀和连接装置等布置，如图 4.114 所示。

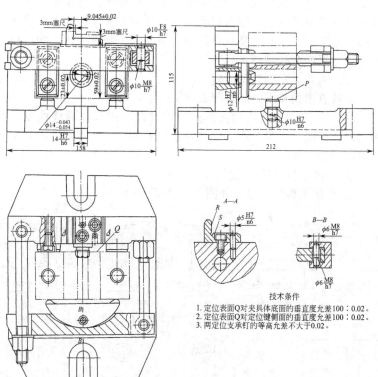

图 4.114 铣槽夹具总图绘制过程

⑤ 夹具主要零部件校核计算，如螺栓和压板的强度验算。

（6）标注总图上各部分尺寸及技术要求

① 夹具总图上应标注的尺寸

a. 夹具外形轮廓尺寸。指夹具在长、宽、高三个方向上的外形最大极限尺寸。对有运动的零件可局部用双点画线画出运动的极限位置，算在轮廓最大尺寸内。

b. 工件与定位元件间的联系尺寸。主要指工件定位面与定位元件定位工作面的配合尺寸和各定位元件间的位置尺寸。如图4.114 中菱形定位销轴线的位置尺寸"23 ± 0.02"，菱形定位销圆柱部分直径尺寸"$\phi 14_{-0.054}^{-0.043}$"。

c. 夹具与刀具的联系尺寸。主要指对刀元件、导引元件与定位元件间的位置尺寸，导引元件之间的位置尺寸及导引元件与刀具导向部分的配合尺寸。对钻模而言，指钻套中心与定位元件间的距离，钻套之间的距离，钻套导引孔与刀具的配合尺寸。对铣床夹具而言，指对刀块表面与定位元件间的距离，如图 4.114 中的对刀尺寸"9.045 ± 0.02"和"59 ± 0.02"。

d. 夹具与机床连接部分的联系尺寸。主要指夹具与机床主轴端的连接尺寸或夹具定位键、U 形槽与机床工作台 T 形槽的连接尺寸。如图 4.114 中"14H7/h6"。

e. 夹具内部的配合尺寸。凡属夹具内部有配合要求的表面，都必须按配合性质和配合精度标注尺寸，以保证装配后能满足规定的要求。如图 4.114 中"$\phi12H7/n6$""$\phi10F8/h7$""$\phi10M8/h7$""$\phi10H7/n6$""$\phi6F8/h7$""$\phi6M8/h7$""$\phi5H7/n6$"等。

上述要标注的尺寸若与工件加工要求直接相关时，则该尺寸公差直接按工件相应尺寸公差的 1/5～1/2 来选取。如图 4.114 中，夹具上定位元件 P 面至对刀元件 S 面之间的位置尺寸是根据工件上相应尺寸"62 ± 0.10"，减去 3mm 的塞尺厚度，取相应工件尺寸公差的 1/5 得到"59 ± 0.02"。

② 夹具总图上的技术要求 夹具总图上标注的技术要求是指夹具装配后应满足的各有关表面的相互位置精度要求。主要包括四个方面：首先是定位元件之间的相互位置要求；其次是定位元件与连接元件或夹具体底面的相互位置要求；第三是导引元件与连接元件或夹具体底面的相互位置要求；第四是导引元件与定位元件间的

相互位置要求。

一般情况下，这些相互位置精度要求按工件相应公差的 1/5～1/2 来确定；若该项要求与工件加工要求无直接关系时，可参阅有关手册及资料来确定。图 4.114 所示铣槽夹具中，由于工件上有槽底至工件 B 面的垂直度要求 0.10mm，夹具上应标注定位表面 Q 对夹具体底面的垂直度允差"100：0.02"；由于工件上槽子两侧面对"$\phi 14$"孔轴线有对称度的要求，夹具上应标注定位表面 Q 对定位键侧面的垂直度允差"100：0.02"；同时还要制订两支承钉的等高允差"0.02"。

（7）加深夹具总图、标注零件号、绘制填写标题栏和明细表

非标零件号需要进行编号。标准件要给出型号和标准，最好按规定的标记填写。

（8）拆绘夹具非标准零件图

非标准零件按夹具总图的要求进行设计，同时考虑夹具的生产条件。

第**5**章

车削加工

5.1 车床

常用车床的类型有卧式车床、立式车床、转塔车床、多轴自动车床、仿形车床、数控车床和各种专门化车床，如铲齿车床、凸轮轴车床、曲轴车床及轧辊车床等。主要用于车削加工各种回转表面，如内、外圆柱面、圆锥面、成形回转表面、螺纹等。

5.1.1 卧式车床的组成结构及其工艺范围

（1）卧式车床的组成和运动

卧式车床组成结构如图 5.1 所示，主要包括主轴箱、进给箱、溜板箱、刀架、尾座、床身、床腿等部件。

在车床上的运动有：主轴带动工件的旋转运动（主运动）、刀架的纵向移动（进给运动）、刀架的横向移动（切入运动）和刀架纵、横向机动快速移动等。

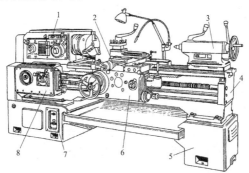

图 5.1 CA6140 型卧式车床外形图

1—主轴箱；2—刀架；3—尾座；4—床身；5—右床腿；
6—滑板箱；7—左床腿；8—进给箱

（2）卧式车床的工艺范围

卧式车床的工艺范围很广，用来车削轴类、套类、盘类零件上的内、外圆柱面、圆锥面、回转体成形表面和各种螺纹，还可以进行钻孔、扩孔、攻螺纹和滚花等，如表 5.1 所示。卧式车床的工艺范围广、结构复杂、生产效率较低，适用于单件小批量生产。当机床尾座被六角刀架取代时称六角车床，其生产效率较高，适用大批量生产。

表 5.1 卧式车床加工范围

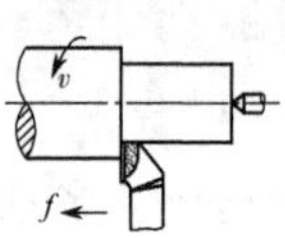 车削外圆	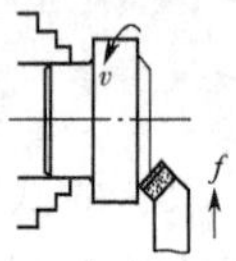 车削端面	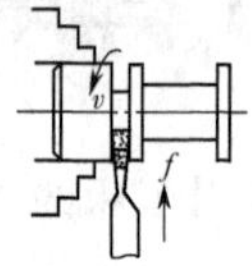 切槽、切断
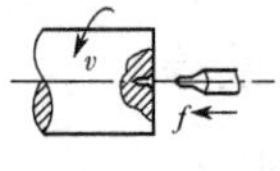 钻中心孔	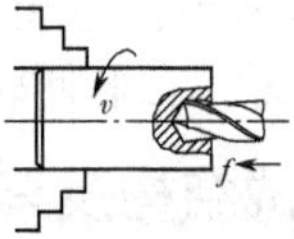 钻孔	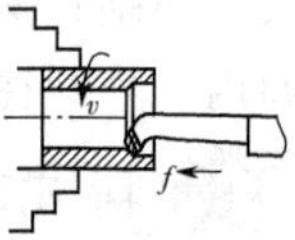 镗孔
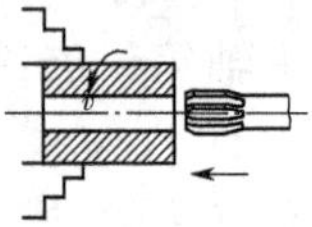 铰孔	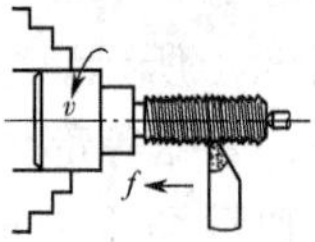 车螺纹	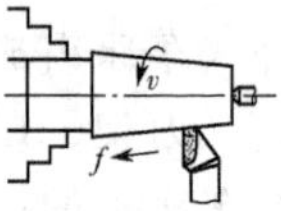 车削锥面
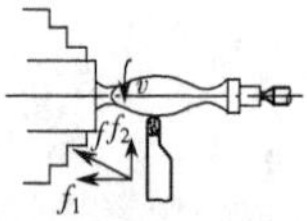 车削特形面	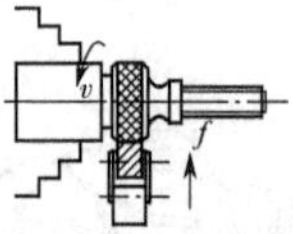 滚花	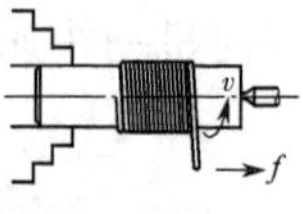 绕弹簧

5.1.2 立式车床的组成、工艺范围及其工件装夹

（1）立式车床的组成

立式车床分单柱式和双柱式两类，主要用于车削大而重的箱体类、盘类工件上回转表面，主要有回转工作台、立柱、横梁、刀架等部件组成，其布局如图 5.2 所示。

（2）立式车床的工艺范围（见表 5.2）

（3）立式车床上工件常用的装夹方式（见表 5.3）

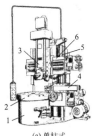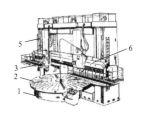

(a) 单柱式   (b) 双柱式

图 5.2 立式车床

1—底座；2—工作台；3—垂直刀架；4—侧刀架；5—立柱；6—横梁

表 5.2 立式车床加工范围

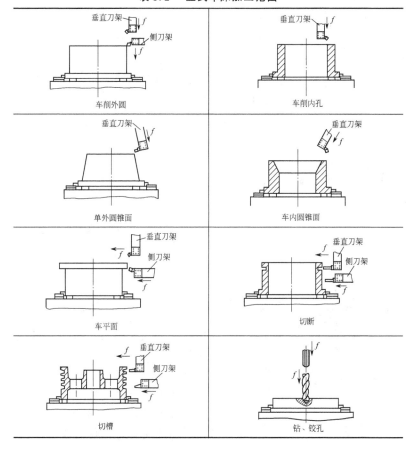

表 5.3   立式车床常用装夹方法

装夹方式	简 图	适用范围	注意事项
卡盘夹紧		刚性较好的工件	夹紧力大,工件易受力变形,大型工件在卡盘、卡爪之间要加千斤顶
压板顶紧		加工环状、盘类工件	压板顶紧位置要对称、均匀,安装高度合适,顶紧力位于同一平面内。对厚度较薄的工件,顶紧力不宜过大
压板压紧		加工套类工件、带台阶工件、不对称工件及块状工件	基准面要精加工,压板布置均匀、对称,压紧力大小一致,压板的支承要高于工件被压紧面1mm左右
压夹联合装夹		加工支承面小且较高的工件	夹和压要对称布置,防止工件倾倒

5.2 车刀

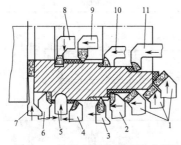

图 5.3   几种车刀的类型及应用
1—45°弯头车刀;2—90°外圆车刀;3—外螺纹车刀;4—75°外圆车刀;5—成形车刀;6—90°外圆车刀;7—切断刀;8—内孔切槽刀;9—内螺纹车刀;10—盲孔镗刀;11—通孔镗刀

5.2.1 车刀的种类及用途

车刀按照用途不同可分为外圆车刀、端面车刀、切断刀及螺纹车刀、成形车刀等。在车床上车刀的应用最广泛的车削外圆、内孔、端面、螺纹,也可用于切槽和切断等,如图 5.3 所示。在车床上钻孔、扩孔、铰孔等用刀具在相关章节中介绍。

按刀具切削部分材料不同分为:高速钢车刀、硬质合金车刀、陶瓷车刀、金刚石车刀等。

按刀具切削部分与刀体的结构可分为：整体式、焊接式、机械可转位车刀，其结构形状如图5.4所示。整体式车刀一般为高速钢，经淬火磨制而成，目前应用较少。焊接式车刀的刀片材料一般为硬质合金，可以重复刃磨。机械可转位车刀由刀体、夹紧机构和刀片组成，刀片的材料一般为硬质合金，已标准化，刀具的一个切削刃损坏后不再刃磨，通过转位更换一个刀刃即可，该结构刀具目前应用最广泛。

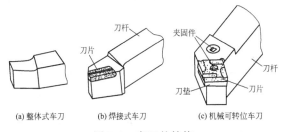

(a) 整体式车刀　　(b) 焊接式车刀　　(c) 机械可转位车刀

图 5.4　车刀的结构

成形车刀是一种加工回转体成形表面的专用刀具，它的刃形是根据工件的轮廓设计的。按成形车刀的结构一般分为平体式、棱体和圆体三类，如图5.5所示。

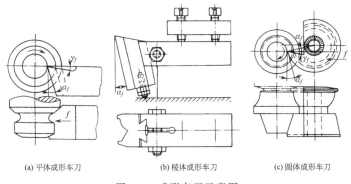

(a) 平体成形车刀　　(b) 棱体成形车刀　　(c) 圆体成形车刀

图 5.5　成形车刀示意图

平体式成形车刀结构简单，使用方便，但重磨次数少，使用寿命短，一般用于加工宽度不大的简单成形表面。

棱体成形车刀的刀体呈棱柱体，强度高，重磨次数多，主要用来加工外成形表面。

圆体成形车刀的刀体为回转体，切削刃为刀体回转体的回转母线。重磨次数多，可用来加工外成形表面，也可用来加工内成形表面。

5.2.2 高速钢车刀条的规格尺寸

高速钢车刀条的截面形状有正方形、矩形、圆形和不规则四边形四种形式，其结构规格尺寸见表 5.4，供刀具制造和刃磨时应用。

表 5.4　高速钢车刀条（GB/T 4211.1—2004）　　mm

型　式	参　数				

d h9	$L\pm2$				
	63	80	100	160	200
4	×	×	×		
5	×	×	×		
6	×	×	×	×	
8		×	×	×	
10		×	×	×	×
12			×	×	×
16			×	×	×
20					×

标记示例：
直径为 8mm，长度为 100mm 的圆形高速钢车刀条，标记为
圆形高速钢车刀条　$\phi8-100$
GB/T4211.1—2004

h h13	b h13	$L\pm2$				
		63	80	100	160	200
4	4	×				
5	5	×				
6	6	×	×	×		
8	8	×	×	×		
10	10	×	×	×		
12	12	×	×	×		
16	16			×	×	
20	20				×	×
25	25					×

标记示例：
宽度为 8mm，长度为 100mm 的正方形高速钢车刀条，标记为
正方形高速钢车刀条　$8-100$
GB/T 4211.1—2004

续表

| 型 式 | 参 数 | | | | | |

标记示例:

宽度为 8mm,高度为 12mm,长度为 160mm 的矩形高速钢车刀条,标记为

矩形高速钢车刀条　8×12—160　GB/T 4211.1—2004

比例 $h/b\approx$	h h13	b h13	$L\pm2$		
			100	160	200
1.6	6	4	×		
	8	5	×		
	10	6		×	×
	12	8		×	×
	16	10		×	×
	20	12		×	×
	25	16			×
2	8	4	×		
	10	5	×		
	12	6		×	×
	16	8		×	×
	20	10		×	×
	25	12			×

或

比例 $h/b\approx$	h h13	b h13	$L\pm2$
2.33	14	6	140
2.5	10	4	120

标记示例:

宽度为 4mm,高度为 18mm,长度为 140mm 的不规则四边形高速钢车刀条,标记为

不规则四边形高速钢车刀条 4×18—140　GB/T 4211.1—2004

h h13	b h13	$L\pm2$				
		85	120	140	200	250
12	3	×	×			
12	5	×	×			
16	3			×	×	
16	4			×		
16	6			×		
18	4			×		
20	3			×		
20	4			×		×
25	4					×
25	6					×

5.2.3　焊接式硬质合金车刀的规格尺寸

焊接式硬质合金车刀是在碳素钢刀杆上镶焊(钎焊)硬质合金刀片,经刃磨而成,如图 5.6 所示。

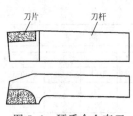

图 5.6　硬质合金车刀

目前，焊接式硬质合金车刀的刀杆和刀片的结构都已标准化。为了便于选择和使用车刀，需要了解焊接式硬质合金车刀型号的组成及其表示方法。焊接式硬质合金车刀型号由阿拉伯数字、英文字母和符号组成，分成几个含义段，来表示该刀具的结构形式和性能特点，如

06R2520—D10

06——车刀形式代号，用两位阿拉伯数字，表示 95°外圆车刀，各种车刀形式代号见表 5.5；

R——切削方向代号（R 表示右切车刀，L 表示左切车刀）；

2520——刀杆截面的高度为 25mm，宽度为 20mm，见表 5.6；圆形截面刀杆用两位阿拉伯数字表示直径，见表 5.4；

"—"——表示刀杆长度符合标准，见表 5.6，非标刀杆长度需要说明；

D10——硬质合金刀具的焊接刀片代号，见表 5.7。

表 5.5　焊接式硬质合金车刀形式和代号

代号	车刀形式	名称	代号	车刀形式	名称
01		70°外圆车刀	07		A 型切断车刀
02		45°端面车刀	08		75°内孔车刀
03		95°外圆车刀	09		95°内孔车刀
04		切槽车刀	10		90°内孔车刀
05		90°端面车刀	11		45°内孔车刀
06		90°外圆车刀	12		内螺纹车刀
			13		内孔切槽车刀

续表

代号	车刀形式	名称	代号	车刀形式	名称
14		75° 外圆 车刀	16	60°	外螺纹 车刀
15		B 型 切断 车刀	17	36°	皮带轮 车刀

表 5.6 常用刀杆结构尺寸   mm

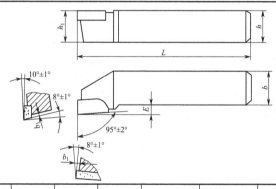

刀杆截面类型	高度 h	宽度 b	长度 L	刀尖高度 h_1	刀尖与刀杆侧面距离 E	刀片越出刀体的距离 b_1
10×10	10	10	90	10	4	
12×12	12	12	100	12	5	0.6
16×14	16	14	100	14	5	
16×16	16	16	110	16	6	
20×16	20	16	120	16	6	0.8
20×20	20	20	125	20	8	
25×20	25	20	140	20	8	
25×25	25	25	140	25	10	1.0
30×25	30	30	160	25	10	
32×32	32	32	170	32	12	
35×30	35	30	180	30	12	

续表

刀杆截面类型	高度 h	宽度 b	长度 L	刀尖高度 h_1	刀尖与刀杆侧面距离 E	刀片越出刀体的距离 b_1
40×35	40	35	200	35	16	
40×40	40	40	200	40	16	1.0
50×45	50	45	240	45	20	
50×50	50	50	240	50	20	

表 5.7　硬质合金焊接车刀刀片（YS/T 253—1994）　　mm

型式		参　　数				型式		参　　数			
	型号	基本尺寸					型号	基本尺寸			
		l	t	S	r			l	t	S	r
A 型	A5	5	3	2	2	B 型	B5	5	3	2	2
	A6	6	4	2.5	2.5		B6	6	4	2.5	2.5
	A8	8	5	3	3		B8	8	5	3	3
	A10	10	6	4	4		B10	10	6	4	4
	A12	12	8	5	5		B12	12	8	5	5
	A16	16	10	6	6		B16	16	10	6	6
	A20	20	12	7	7		B20	20	12	7	7
	A25	25	14	8	8		B25	25	14	8	8
	A32	32	18	10	10		B32	32	18	10	10
	A40	40	22	12	12		B40	40	22	12	12
	A50	50	25	14	14		B50	50	25	14	14
	型号	基本尺寸					型号	基本尺寸			
		l	t	S	r			l	t	S	r
C 型	C5	5	3	2	—	D 型					
	C6	6	4	2.5	—						
	C8	8	5	3	—		D3	3.5	8	3	—
	C10	10	6	4	—		D4	4.5	10	4	—
	C12	12	8	5	—		D5	5.5	12	5	—
	C16	16	10	6	—		D6	6.5	14	6	—
	C20	20	12	7	—		D8	8.5	16	8	—
	C25	25	14	8	—		D10	10.5	18	10	—
	C32	32	18	10	—		D12	12.5	20	12	—
	C40	40	22	12	—						
	C50	50	25	14	—						

续表

型式	参　　数									
E型 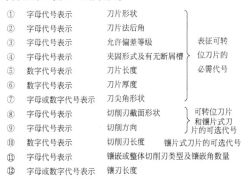	型号	基本尺寸				型号	基本尺寸			
		l	t	S	r		l	t	S	r
	E4	4	10	2.5	—	E12	12	20	6	—
	E5	5	12	3	—	E16	16	22	7	—
	E6	6	14	3.5	—	E20	20	25	8	—
	E8	8	16	4	—	E25	25	28	9	—
	E10	10	18	5	—	E32	32	32	10	—

5.2.4　切削刀具用可转位刀片的型号规格

（1）切削刀具用可转位刀片的型号的表示方法

切削刀具用可转位刀片的型号表示规则用九个代号表征刀片的尺寸及其他特性，代号①～⑦是必须的，代号⑧和⑨在需要时添加。对于镶片刀片，用九个代号表征刀片的尺寸及其他特性，代号①～⑦是必须的，代号⑧、⑨和⑩在需要时添加，⑪和⑫是必须的，⑨以后用短线隔开。

例如，TPGN150608EN 中：T——三角形；P——11°法后角；G——允许偏差 G 级；N——无固定孔无断屑槽；15——切削刃长度 15.875mm；06——刀片厚度 6.35mm；08——刀尖圆弧半径 0.8mm；E——倒圆刀刃；N——双向切削。

可转位刀片型号表示规则中各代号的位置、意义如图 5.7 所示。代号及其含义如表 5.8 所示。

①	字母代号表示	刀片形状	
②	字母代号表示	刀片法后角	
③	字母代号表示	允许偏差等级	表征可转
④	字母代号表示	夹固形式及有无断屑槽	位刀片的
⑤	数字代号表示	刀片长度	必需代号
⑥	数字代号表示	刀片厚度	
⑦	字母或数字代号表示	刀尖角形状	
⑧	字母代号表示	切削刃截面形状	可转位刀片
⑨	字母代号表示	切削方向	和镶片式刀片的可选代号
⑩	数字代号表示	切削刃长度	镶片式刀片的可选代号
⑪	字母代号表示	镶嵌或整体切削刃类型及镶嵌角数量	
⑫	字母或数字代号表示	镶刃长度	
⑬	制造商代号或符合GB/T 2075规定的切削材料表示代号		

图 5.7　可转位刀片型号代号的位置和意义

表 5.8　切削刀具用可转位刀片型号的表示方法（GB/T 2076—2007）

号位	代号示例	表示特征	代号规定								
1	T	刀片形状	T	W	F	S	P	H	O	L	R
			△	△	△	□	⬠	⬡	⬡	▭	○
			V	D	E	C	M	K	B	A	
			35°	55°	75°	80°	86°	55°	82°	85°	

号位	代号示例	表示特征	代号	法后角	代号	法后角
2	P	刀片法后角	A	3°	F	25°
			B	5°	G	30°
			C	7°	N	0°
			D	15°	P	11°
			E	20°	O	其他需专门说明的法后角

号位	代号示例	表示特征	偏差等级代号	允许偏差/mm		
				刀片内切圆直径 d	刀尖位置尺寸 m	刀片的厚度 s
3	G	允许偏差等级	A	±0.025	±0.005	±0.025
			F	±0.013	±0.005	±0.025
			C	±0.025	±0.013	±0.025
			H	±0.013	±0.013	±0.025
			E	±0.025	±0.025	±0.025
			G	±0.025	±0.025	±0.13
			J	±0.05～±0.15	±0.005	±0.025
			K	±0.05～±0.15	±0.013	±0.025
			L	±0.05～±0.15	±0.025	±0.025
			M	±0.05～±0.15	±0.08～±0.2	±0.13
			N	±0.05～±0.15	±0.08～±0.2	±0.025
			U	±0.08～±0.25	±0.13～±0.38	±0.13

续表

号位	代号示例	表示特征	代号规定				

第4行 N 夹固形式及有无断屑槽:

代号	固定方式	断屑槽	示意图
R	无固定孔	单面有断屑槽	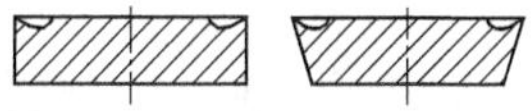
M	有圆形固定孔	单面有断屑槽	
T	单面有 40°~60°固定沉孔	单面有断屑槽	
H	单面有 70°~90°固定沉孔	单面有断屑槽	

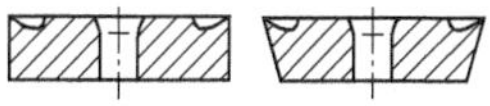

第5行 16 刀片长度:

刀片形状类别	数字代号
等边形刀片	在采用公制单位时,用舍去小数部分的刀片切削刃长度值表示。如果舍去小数部分后,只剩下一位数字,则必须在数字前加"0" 如:切削刃长度 15.5mm,表示代号为:15 切削刃长度 9.525mm,表示代号为:09
不等边形刀片	通常用主切削刃或较长的边的尺寸值作为表示代号。刀片其他尺寸可以符号 X 在④表示,并需附示意图或加以说明 在采用公制单位时,用舍去小数部分后的长度值表示 如:主要长度尺寸 19.5mm 表示代号为:19
圆形刀片	在采用公制单位时,用舍去小数部分后的数值表示 如:刀片尺寸 15.875mm 表示代号为:15

第6行 03 刀片厚度:

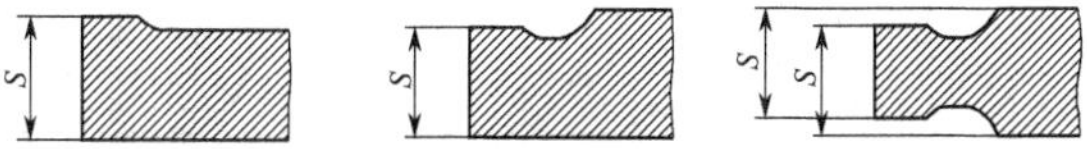

(a)　(b)　(c)

数字代号表示规则

在采用公制单位时,用舍去小数值部分的刀片厚度值表示。若舍去小数部分后,只剩下一位数字,则必须在数字前加"0"
如:刀片厚度 3.18mm 表示代号为:03
当刀片厚度整数值相同,而小数值部分不同,则将小数部分大的刀片代号用"T"代替 0,以示区别
如:刀片厚度 3.97mm,表示代号为:T3

续表

号位	代号示例	表示特征	代号规定
7	08	刀尖角 形式	数字或字母代号 (1)若刀尖角为圆角,则其代号表示为:在采用公制单位时,用按 0.1mm 为单位测量得到的圆弧半径值表示,如果数值小于 10,则在数字前加"0" 如:刀尖圆弧半径:0.8mm,表示代号为:08 如果刀尖角不是圆角时,则表示代号为:00 (2)若刀片具有修光刃(见示意图),则用 κ 和 α_n' 表示 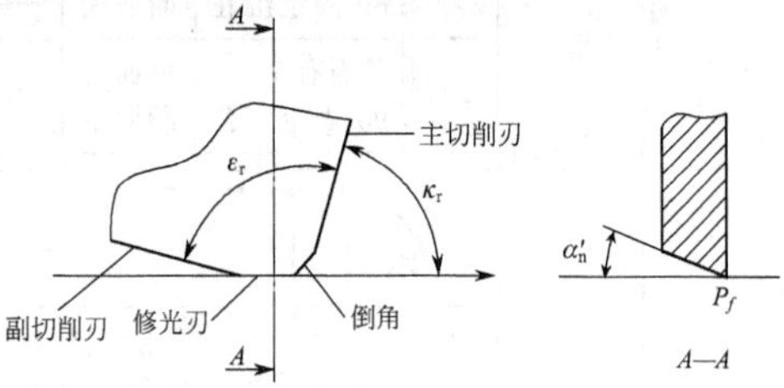 表示主偏角 κ 的大小 A——45° D——60° E——75° F——85° P——90° Z——其他角度 表示修光刃法后角 α_n' 大小 A——3° B——5° C——7° D——15° E——20° F——25° G——30° N——0° P——11° Z——其他角度 (3)圆形刀片采用公制单位时,用"M0"表示

号位	代号示例	表示特征	代号	刀片切削刃截面形状	代号	刀片切削刃截面形状
8	E	切削刃 截面形状	F	尖锐刀刃	S	既倒棱又倒圆刀刃
			E	倒圆刀刃	Q	双倒棱刀刃
			T	倒棱刀刃	P	既双倒棱又倒圆刀刃

号位	代号示例	表示特征	代号规定
9	N	切削方向	右切 R 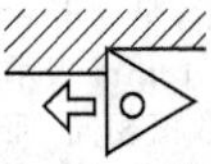 左切 L 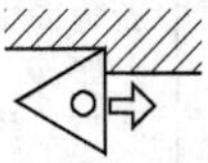 双切 N 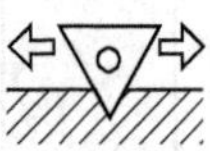

(2) 机夹可转位车刀刀片夹紧方式（见表 5.9）

表 5.9 机夹可转位车刀刀片夹紧方式

名称	简图	特点及应用
偏心销式	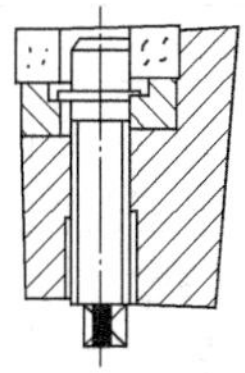	刀片以偏心销定位,利用偏心的自锁力夹紧刀片。结构简单紧凑,刀头部位尺寸小,易于制造。但是在断续切削及振动情况下易松动。主要用于中、小型刀具和连续切削的刀具
杠杆式	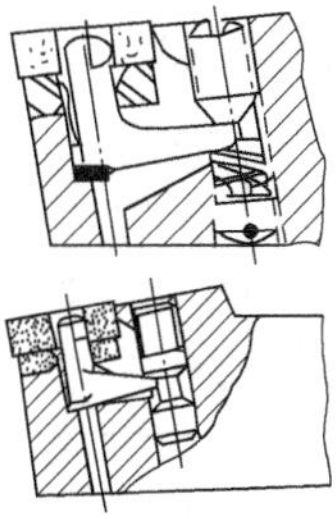	当压紧螺钉向下移动时杠杆摆动,杠杆一端的圆柱形头部将刀片压紧。刀片装卸方便、迅速,定位夹紧稳定可靠,定位精度高。但结构较复杂,制造困难,适用于专业化生产的车刀
压板式	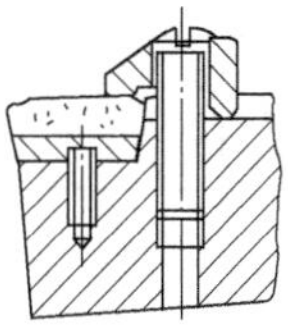	用压板压紧刀片(无孔),结构简单,夹紧稳定可靠。适用于粗加工、间断切削及切削力变化较大的情况下,压板对排屑有阻碍
楔钩式	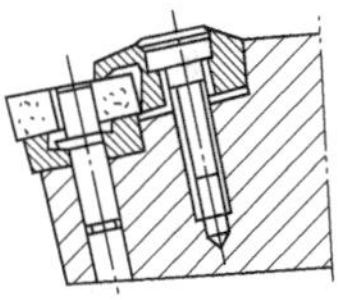	刀片除受楔钩向外推的力压向中心定位销外,还受到楔钩下压的力,即上压侧挤。夹紧力大,适用于切削力大及有冲击的情况。楔钩制造精度要求高。楔钩对排屑有阻碍
拉垫式	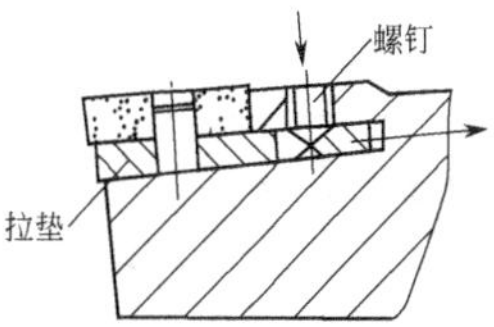	利用螺钉推(拉)动和刀垫结为一体的"拉垫",拉垫上的圆柱销插入刀片孔,带动刀片靠向刀片槽定位面将刀片夹紧 结构简单,制造方便,夹紧可靠。车刀头刚性较差,不宜用于大的切削用量
压孔式	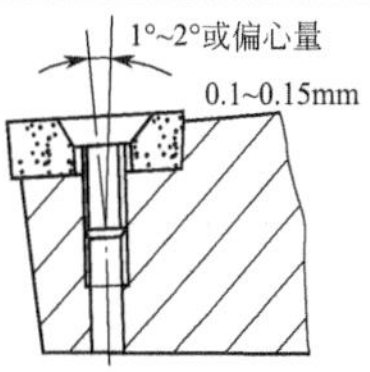	用于沉孔刀片。利用压紧螺孔中心线和刀片孔中心线有一个倾斜角度,或压紧螺孔中心和刀片孔中心相对于刀片槽定位面有一个偏心量,在旋紧螺钉过程中,使螺钉压紧刀片 结构简单,零件少,刀头部分尺寸小,特别适用于内孔车刀

（3）常用切削刀具用可转位刀片的结构参数（见表5.10）

表 5.10　常用切削刀具用可转位刀片的形式及基本参数　mm

刀片简图	参数					
	L	d		s± 0.13	d_1± 0.08	r_e
		尺寸	公差			
	16.5	9.525	±0.05	4.76	3.81	0.8
						1.2
	22.0	12.70	±0.08	4.76	5.16	1.2
						1.6
	11	9.525	±0.05	4.76	3.81	0.2
						0.4
	15	12.70	±0.08	4.76	5.16	0.2
						0.4
	8.45	12.70	±0.08	4.76	5.16	0.4
						0.8
	11.63	15.875	±0.10	6.35	6.35	0.8
						1.2
	11.0	6.35	±0.05	3.18	—	0.2
						0.4
	16.5	9.525	±0.05	3.18	—	0.2
						0.4
	9.525	9.525	±0.05	3.18	—	0.2
						0.4
	12.70	12.70	±0.08	3.18	—	0.4
						0.8
	9.525	9.525	±0.05	3.18	3.81	0.4
						0.8
	12.70	12.70	±0.08	5.16	5.16	0.4
						0.8
	19.05	19.05	±0.10	7.93	7.93	1.2
						1.6

续表

刀片简图	参数					
	L	d		s± 0.13	d₁± 0.08	rₑ
		尺寸	公差			
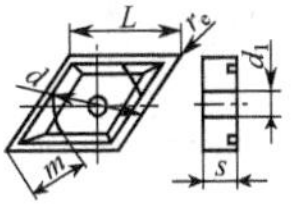	15.5	12.70	±0.08	4.76	5.16	0.8
						1.2
	15.5	12.70	±0.08	6.35	5.16	0.8
						1.2
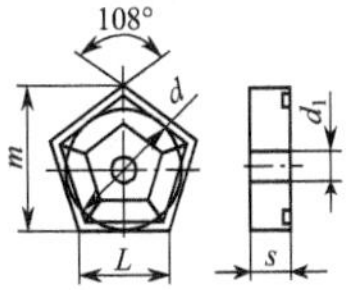	11.56	15.875	+0.10	6.35	6.35	1.2
						2.0
	13.87	19.05	+0.10	7.93	7.93	1.6
						2.4
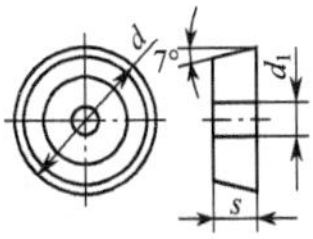		9.525	±0.05	3.18	3.18	
		12.70	±0.08	4.76	5.16	
		15.875	±0.10	6.35	6.35	0.8
		19.05	±0.10	6.35	7.93	
		25.40	±0.13	7.93	9.12	

5.2.5 车刀的刀面、角度的几何参数及应用

（1）车刀前刀面几何参数及应用

车刀前刀面几何参数及应用如表 5.11 所示，供选刀和刃磨时参考。

表 5.11 车刀前刀面几何参数及应用

名称		Ⅰ型（平面型）	Ⅱ型（平面带倒棱型）	Ⅲ型（卷屑槽带倒棱型）
高速钢车刀	简图	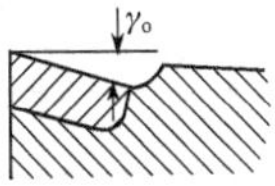	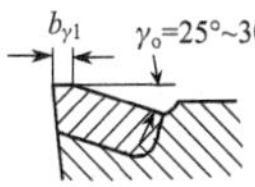	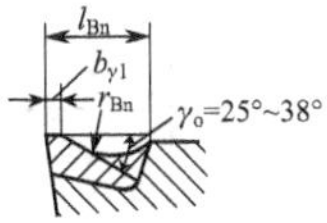
	应用	加工铸铁；在 f≤0.2mm/r 时加工钢料	在 f＞0.2mm/r 时加工钢料	加工钢料时保证卷屑

续表

名称		Ⅰ型(平面型)	Ⅱ型(平面带倒棱型)	Ⅲ型(卷屑槽带倒棱型)
硬质合金车刀	简图			
	应用	当前角为负值时,在系统刚性很好时加工 $\sigma_b >$ 0.784GPa 的钢料 当前角为正值时,加工脆性材料,在切削深度及进给量很小时精加工 $\sigma_b \leqslant$ 0.784GPa 的钢料	加工灰铸铁和可锻铸铁,加工 $\sigma_b \leqslant 0.784$GPa 的钢料,在系统刚性较差时,加工 $\sigma_b > 0.784$GPa 的钢料	在 $a_p = 1 \sim 5$mm, $f \leqslant$ 0.3mm/r 时,加工 $\sigma_b \leqslant$ 0.784GPa 的钢料,保证卷屑

（2）刀具角度的选用（见表 5.12～表 5.19）

表 5.12　车刀的前角和后角

刀具	工件材料		前角 $\gamma_o/(°)$	后角 $\alpha_o/(°)$
高速钢车刀	钢、铸钢	$\sigma_b = 0.392 \sim 0.490$GPa	25～30	8～12
		$\sigma_b = 0.686 \sim 0.981$GPa	5～10	5～8
	镍铬钢和铬钢 $\sigma_b = 0.686 \sim 0.784$GPa		5～15	5～7
	灰铸铁	160～180HBS	12	6～8
		220～260HBS	6	6～8
	可锻铸铁	140～160HBS	15	6～8
		170～190HBS	12	6～8
	铜、铝、巴氏合金		25～30	8～12
	中硬青铜、黄铜		10	8
	硬青铜		5	6
	钨		20	15
	铌		20～25	12～15
	钼合金		30	10～12
	镁合金		25～35	10～15

续表

刀具	工件材料		前角 γ_o/(°)	后角 α_o/(°)
硬质合金车刀	结构钢、合金钢及铸钢	$\sigma_b \leqslant 0.784\text{GPa}$	10~15	6~8
		$\sigma_b = 0.784 \sim 0.981\text{GPa}$	5~10	6~8
	高强度钢及表面有夹杂的铸钢 $\sigma_b > 0.981\text{GPa}$		−5~−10	6~8
	不锈钢		15~30	8~10
	耐热钢 $\sigma_b = 0.686 \sim 0.981\text{GPa}$		10~12	8~10
	锻造高温合金		5~10	10~15
	铸造高温合金		0~5	10~15
	钛合金		5~15	10~15
	淬火钢 40HRC 以上		−5~−10	8~10
	高锰钢		−5~5	8~12
	铬锰钢		−2~−5	8~10
	灰铸铁、青铜、脆性黄铜		5~15	6~8
	韧性黄铜		15~25	8~12
	纯铜		25~35	8~12
	铝合金		20~30	8~12
	铸铁		25~35	8~10
	纯钨铸锭		5~15	8~12
	纯钼铸锭及烧结钼棒		15~35	6

注：材料硬度高时，前角取表中小值，硬度低时取大值；精加工时，后角取表中较大值、粗加工时取小值。

表 5.13　车刀主偏角 κ_r　　　　　　　　(°)

加工状况或工件材质	工艺系统刚度好	工艺系统刚度差	加工状况或工件材质	工艺系统刚度好	工艺系统刚度差
粗车	45~15	75~90	细长轴、薄壁件		90~95
精车	45	60~75	中间切入		45~72.5
高强度钢	45	45~60	仿形		93~107.5
高锰钢	45	60	车阶梯表面、车端面、车槽、切断		90~93
冷硬铸铁、淬火钢		45			

表 5.14　车刀副偏角 κ_r'　　　　　　　　(°)

加工状况	副偏角 κ_r'	加工状况	副偏角 κ_r'
宽刃车刀及具有修光刃的车刀	0	粗车、刨削	10~15

续表

加工状况	副偏角 κ'_r	加工状况	副偏角 κ'_r
车槽、切断	1~3	粗镗	15~20
精车	5~10	有中间切入的切削	30~45

表 5.15 车刀刃倾角 λ_s (°)

加工状况	刃倾角 λ_s	加工状况	刃倾角 λ_s
精车、精镗	0~5	对铸铁的粗车外圆及粗车孔	−10
用 $\kappa_r = 90°$ 的车刀车削、车孔、车槽及切断	0	带有冲击的不连续车削、刨削	−15~−10
对钢料的粗车外圆及粗车孔	−5~0	带冲击加工淬火钢	−45~−30

表 5.16 车刀刀尖圆弧半径 mm

车刀种类及材料		加工性质	刀杆尺寸($B \times H$)				
			12×20	16×25 20×20	20×30 25×25	25×40 30×30	30×45 40×40 以上
			刀尖圆弧半径 r_g				
外圆车刀、内孔车刀、端面车刀	高速钢	粗加工	1~1.5	1~1.5	1.5~2.0	1.5~2.0	—
		精加工	1.5~2.0	1.5~2.0	2.0~3.0	2.0~3.0	—
	硬质合金	粗、精加工	0.3~0.5	0.4~0.8	0.5~1.0	0.5~1.5	1.0~2.0
切断及车槽刀			0.2~0.5				

表 5.17 车刀过渡刃尺寸

车刀种类	过渡刃长度 b_ε/mm	过渡刃偏角 κ''_r/(°)
车槽刀	约 0.25B	75
切断刀	0.5~1.0	45
硬质合金外圆车刀	≤2.0	约 $\kappa_r/2$

注：B 为切断刀的宽度。

表 5.18 车刀倒棱前角及倒棱宽度

刀具材料	工件材料	倒棱前角 γ_{o1}/(°)	倒棱宽度 $b_{\gamma 1}$/mm
高速钢	结构钢	0~5	(0.8~1)f
硬质合金	低碳钢、不锈钢	−10~−5	≤0.5f
	中碳钢、合金钢	−15~−10	(0.3~0.8)f
	灰铸铁	−10~−5	≤0.5f

表 5.19 车刀卷屑槽尺寸

刀具材料	卷屑槽尺寸	刀杆尺寸$(B \times H)$/mm			
		12×20	16×25 20×20	20×30 25×25	25×40 30×30
高速钢	圆弧半径 R_n/mm	21~25	26~30	31~40	41~50
	卷屑槽宽 W_n/mm	5.5~7.0	7.5~8.5	9~10	11~13
硬质合金	进给量 f/mm·r^{-1}	0.3	0.5	0.7	0.9	1.2
	倒棱宽 b_{r1}/mm	0.2	0.3	0.45	0.55	0.6
	圆弧半径 R_n/mm	2.5	4	5	6.5	9.5
	卷屑槽宽 W_n/mm	2.5	3.5	5	7	8.5
	卷屑槽深 d_a/mm	0.3	0.4	0.7	0.95	1.0

5.2.6 车刀的手工刃磨

根据车削工件的要求，按需要的刀具角度及其几何参数进行手工刃磨。

（1）砂轮的选择

刃磨车刀常用的砂轮有两种：一种是白刚玉（WA）砂轮，其砂粒韧性较好，比较锋利，硬度稍低，适用于刃磨高速钢车刀（一般选用 F46~F60 粒度）；另一种是绿碳化硅（Gc）砂轮，其砂粒硬度高，切削性能好，适用于刃磨硬质合金车刀（一般选用 F46~F60 粒度）。

（2）刃磨的步骤

① 先把车刀前刀面、主后刀面和副后刀面等处的焊渣磨去，并磨平车刀的底平面。

② 粗磨刀杆部分的主后刀面和副后刀面，其后角应比刀片的后角大 2°~3°，以便刃磨刀片的后角。

③ 粗磨刀片上的主后刀面、副后刀面和前刀面，粗磨出来的主后角、副后角应比所要求的后角大 2°左右，如图 5.8 所示。

④ 精磨前刀面及断屑槽。断屑槽一般有两种形状，即直线形和圆弧形。刃磨圆弧形断屑槽，必须把砂轮的外圆与平面的交接处修成相应的圆弧。刃磨直线形断屑槽，砂轮的外圆与平面的交接处应修整得尖锐。刃磨时，刀尖可向上或向下磨削（图 5.9），应注意断屑槽形状、位置及前角大小。

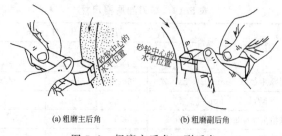

(a) 粗磨主后角   (b) 粗磨副后角

图 5.8　粗磨主后角、副后角

　　⑤ 精磨主后刀面和副后刀面。刃磨时，将车刀底平面靠在调整好角度的台板上，使切削刃轻靠住砂轮端面进行刃磨，刃磨后的刃口应平直。精磨时，应注意主、副后角的角度，如图 5.10 所示。

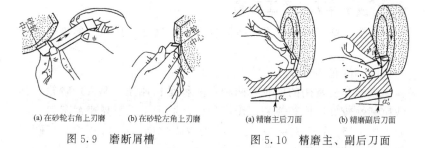

(a) 在砂轮右角上刃磨　(b) 在砂轮左角上刃磨

图 5.9　磨断屑槽

(a) 精磨主后刀面　(b) 精磨副后刀面

图 5.10　精磨主、副后刀面

　　⑥ 磨负倒棱。刃磨时，用力要轻，车刀要沿主切削刃的后端向刀尖方向摆动。磨削时可以用直磨法和横磨法如图 5.11 所示。

　　⑦ 磨过渡刃。过渡刃有直线形和圆弧形两种，刃磨方法和精磨后刀面时基本相同（图 5.12）。

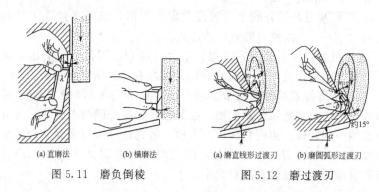

(a) 直磨法　　　(b) 横磨法

图 5.11　磨负倒棱

(a) 磨直线形过渡刃　(b) 磨圆弧形过渡刃

图 5.12　磨过渡刃

对于车削较硬材料的车刀，也可以在过渡刃上磨出负倒棱。对于大进给量车刀，可用相同方法在副切削刃上磨出修光刃，如图 5.13 所示。

刃磨后的切削刃一般不够平滑光洁，刃口呈锯齿形，切削时会影响工件的表面粗糙度，所以手工刃磨后的车刀，应用磨石进行研磨，以消除刃磨后的残留痕迹。

图 5.13 磨修光

5.3 车外圆柱表面

5.3.1 车外圆的工件装夹方法

车外圆时，工件一般通过卡盘、顶尖、花盘、中心架来装夹。

（1）用卡盘装夹工件

用卡盘装夹工件，主要适合轴向尺寸较小的轴类、套类、盘类等具有回转轴类工件上内、外回转表面。卡盘装夹工件的夹紧方式有：正爪夹紧（轴类零件上的外圆）、正爪撑紧（套类、盘类零件上的内圆）、反爪夹紧（盘类零件上的外圆）。卡盘装夹工件的夹紧尺寸是选择卡盘型号的主要依据。

由于机床主轴头部的结构尺寸已标准化，卡盘上与之配合的结构尺寸对应。有的可按机床主轴头部类型和代号直接选择相应的卡盘型号；有的需要用过渡盘安装卡盘，这类卡盘一般为短圆柱孔定位，如图 5.14 所示。过渡盘主要用来安装卡盘和一些专用夹具，它与机床主轴连接的结构尺寸已标准化，夹具体应按过渡盘的标准尺寸相应。

（2）顶尖装夹工件

用顶尖夹持工件，主要适合轴向尺寸较大的轴类和套类工件上内、外回转表面。当车削长径比较大、轴向尺寸又较长的工件时，可采用中心架或跟刀架来增加工艺系统的刚性。

前顶尖装在机床主轴的莫氏锥孔内，后顶尖装在机床尾座套筒的莫氏锥孔内，工件通过两端面上（或堵头上）的中心孔与前、后顶尖配合来夹持工件。夹头一般安装在工件的前端，通过拨盘带动工件转动。拨盘安装在机床的主轴上，其上的拨杆通过工件上的夹头（或夹头上的拐杆插在拨盘的径向槽内）带动工件转动。

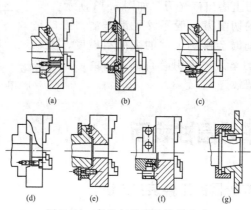

图 5.14 卡盘与机床的连接方式

内拨顶尖用来夹持无中心孔的轴类零件，外拨顶尖用来夹持套类零件，它们取代了夹头和拨盘，可带动工件转动。内拨、外拨顶尖传动的动力较小，一般用作精车或磨削。

当车削长径比大于 25、轴类的工件时，需要采用中心架或跟刀架来增加工艺系统的刚性。

中心架一般安装固定在机床的导轨上，不随刀架移动。目的是支承工件，提高工件的刚性。跟刀架一般安装在机床的导轨或刀架上，随刀架移动，主要加工细长光轴或丝杠等零件。

（3）卡盘、顶尖装夹工件

卡盘装夹工件方便，当工件轴向尺寸较长时，通过尾座顶尖作辅助支承，可以提高系统刚性，提高加工精度。

（4）卧式车床常用的工件装夹方式（见表 5.20）

表 5.20　卧式车床常用装夹方法

方法	简图	应用
三爪定心卡盘装夹		装夹方便，自定心好，精度高，适于车削短小工件

续表

方法	简图	应用
四爪卡盘装夹	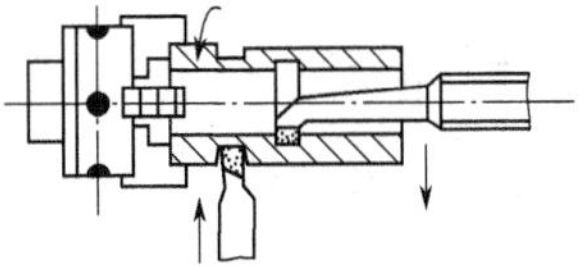	夹紧力大,需找正,适于车方形或不规则形状的工件
花盘角铁装夹	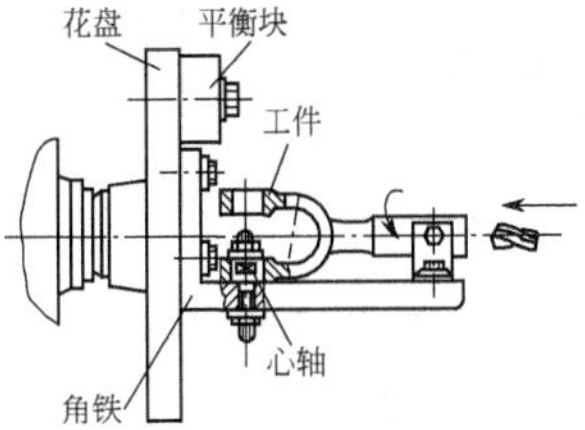	形状复杂和不规则的工件
夹或拨-顶	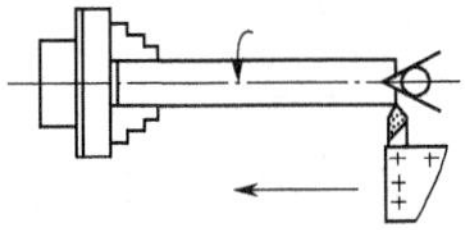 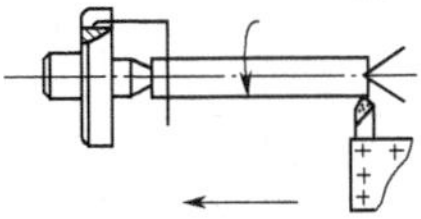 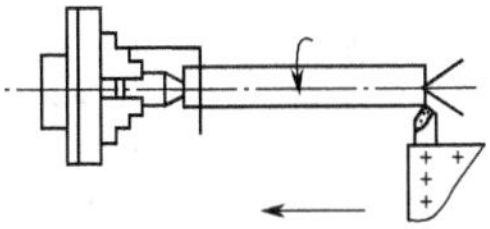	长径比大于 8 的轴类工件的粗、精车
内梅花顶尖拨-顶	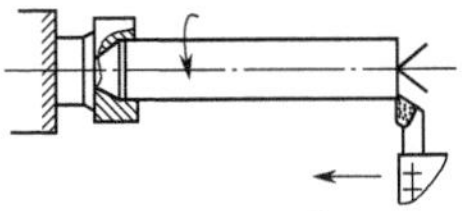 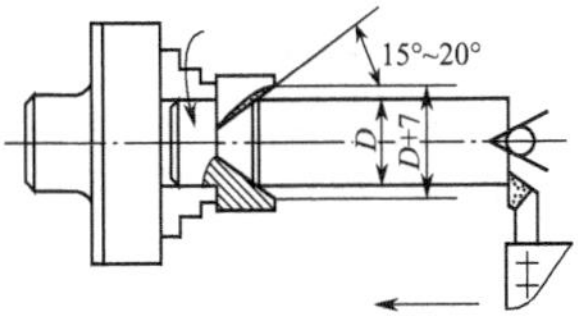	一端有中心孔且余量较小的轴类工件
外梅花顶尖拨-顶	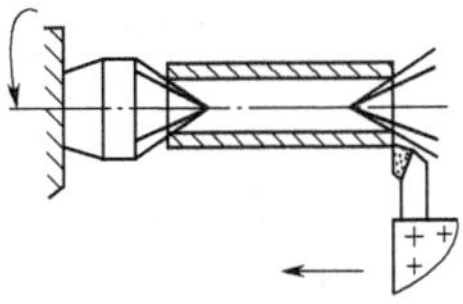	车削两端有孔的轴类工件

续表

方法	简图	应用
光面顶尖拨-顶	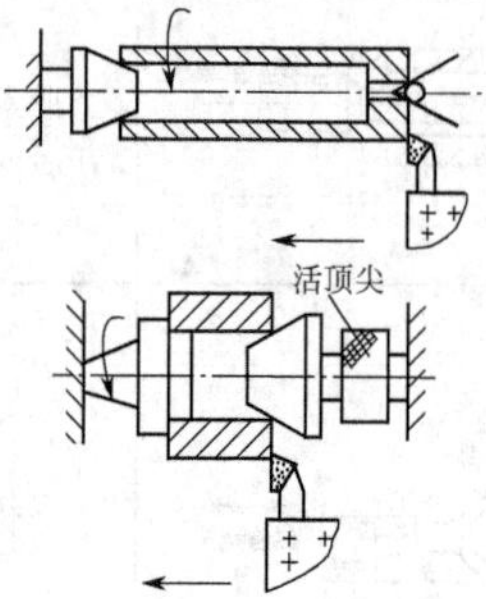	车削余量较小,两端有孔的轴类工件
中心架装夹	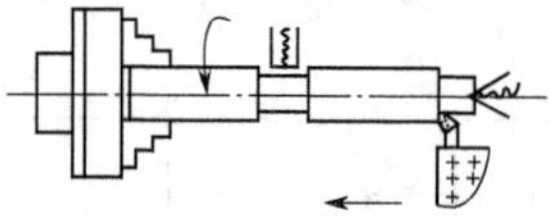	车削长径比较大的轴类工件
跟刀架装夹	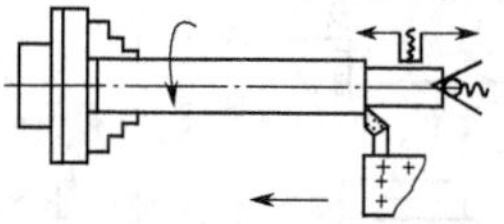	车削长径比较大的轴类工件
尾座卡盘装夹	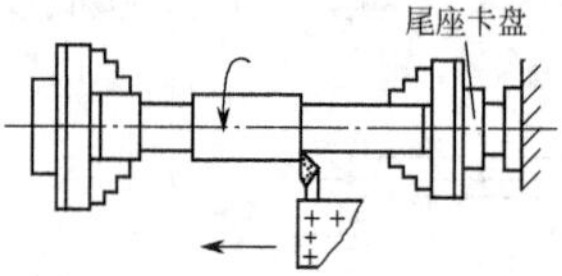	除装夹轴类工件外,还可夹持形状各异的顶尖,以适于各种工件的装夹

5.3.2 车削用量选择

车削用量见表 5.21～表 5.29。

表 5.21 高速钢车刀常用的切削速度和进给量

工件材料及其抗拉强度/GPa		进给量 f/mm·r^{-1}	切削速度 v/m·min^{-1}
碳钢	$\sigma_b \leqslant 0.50$	0.2	30～50
		0.4	20～40
		0.8	15～25
	$\sigma_b \leqslant 0.70$	0.2	20～30
		0.4	15～25
		0.8	10～15

续表

工件材料及其抗拉强度/GPa	进给量 f/mm·r^{-1}	切削速度 v/m·min^{-1}
灰铸铁 $\sigma_b=0.18\sim0.28$	0.2	15~30
	0.4	10~15
	0.8	18~10
铝合金 $\sigma_b=0.10\sim0.30$	0.2	55~130
	0.4	35~80
	0.8	25~55

注：1. 刀具寿命 $T\geqslant60$min；粗加工时最大背吃刀量 $a_p\leqslant5$mm；精加工时，f 取小值，v 取大值。

2. 成形车刀和切断刀的切削速度约取表中平均值的 60%，进给量取 $f=0.02\sim0.08$mm/r。成形车刀的切削宽度宽时取小值，而切断刀的切削宽度窄时取小值。

表 5.22 用高速钢车刀车外圆的切削速度 m·min^{-1}

材料	切削深度 a_p/mm	进给量 f/mm·r^{-1}											
		0.1	0.15	0.2	0.25	0.3	0.4	0.5	0.6	0.7	1.0	1.5	2
碳钢 $\sigma_b=$ 0.735GPa 加冷却液	1		92	85	79	69	58	50	44	40			
	1.5		85	76	71	62	52	45	40	36			
	2			70	66	59	49	42	37	34			
	3			64	60	53	44	38	34	31	24		
	4				56	49	41	35	31	28	22	17	
	6					45	37	32	28	26	20	15	13
	8						35	30	26	24	19	14	12
	10						32	28	25	22	18	13	11
	15						25	22	20		16	12	10
可锻铸铁 150HB 加冷却液	1	116	104	97	92	84							
	1.5	107	96	90	85	78	67						
	2		91	85	80	73	63	56	52				
	3			79	73	68	58	52	48	44	37		
	4				69	64	55	49	45	42	35	30	
	6					59	51	45	42	38	32	27	23
	8						48	43	39	36	30	26	22
灰口铸铁 180~200HB	1	49	44	40	37	35							
	1.5	47	41	38	36	34	30						
	2		39	36	35	32	29	27	26				
	3			34	33	31	29	26	25	23	20		
	4				33	31	27	25	24	22	19	17	
	6					29	26	24	22	21	18	16	14
	8						25	23	21	20	17	15	13
	12						22	20	19		16	14	12

材料	切削深度 a_p/mm	进给量 f/mm·r^{-1}											
		0.1	0.15	0.2	0.25	0.3	0.4	0.5	0.6	0.7	1.0	1.5	2
青铜 QA19-4 100~ 140HB	1	162	151	142	127	116							
	1.5	157	143	134	120	110	95						
	2	151	138	127	115	105	91	82	75				
	3			123	111	100	88	80	71	66	56		
	4				107	98	84	76	69	63	53	45	
	6					93	80	73	66	61	51	43	36
	8						78	71	64	58	50	41	35
	12						74	66	60	55	47	39	33

注：本表所述高速钢车刀材料为 W18Cr4V。

表 5.23　硬质合金车刀常用的切削速度　　m·min^{-1}

工件材料	硬度 HBS	刀具材料	精车 ($a_p=0.3\sim$ 2mm $f=0.1\sim$ 0.3mm/r)	刀具材料	半精车 ($a_p=2.5\sim$ 6mm $f=0.35\sim$ 0.65mm/r)	粗车 ($a_p=6.5\sim$ 10mm $f=0.7\sim$ 1mm/r)
碳素钢 合金结构钢	150~200 200~250 250~325 325~400	P 类　YT15	120~150 110~130 75~90 60~80	P 类	YT5 90~110 80~100 60~80 40~60	60~75 50~65
易切钢	200~250		140~180		YT15　100~120	70~90
灰铸铁	150~200 200~250		90~110 70~90		YG8 70~90 50~70	45~65 35~55
可锻铸铁	120~150	K 类　YG6	130~150	K 类　YG8	100~120	70~90
铝 铝合金			300~600		YG8 200~400	150~300

注：1. 刀具寿命 $T=60$min；a_p、f 选大值时，v 选小值，反之，v 选大值。

2. 成形车刀和切断车刀的切削速度可取表中粗加工栏中的数值，进给量 $f=0.04\sim$ 0.15mm/r。

表 5.24　粗车外圆进给量

工件材料	刀杆直径/mm	工件直径/mm	外圆车刀(硬质合金)					外圆车刀(高速钢)		
			切削深度 a_p/mm							
			3	5	8	12	>12	3	5	8
			进给量 f/mm·r^{-1}							
结构碳钢、合金钢及耐热钢	16×25	20	0.3~0.4	—	—	—	—	0.3~0.4	—	—
		40	0.4~0.5	0.3~0.4	—	—	—	0.4~0.6	—	—
		60	0.5~0.7	0.4~0.6	0.3~0.5	—	—	0.6~0.8	0.5~0.7	0.4~0.6
		100	0.6~0.9	0.5~0.7	0.5~0.6	0.4~0.5	—	0.7~1.0	0.6~0.9	0.6~0.8
		400	0.9~1.2	0.8~1.0	0.6~0.8	0.5~0.6	—	1.0~1.3	0.9~1.1	0.8~1.0
	20×30 25×25	20	0.3~0.4	—	—	—	—	0.3~0.4	—	—
		40	0.4~0.5	0.3~0.4	—	—	—	0.4~0.5	—	—
		60	0.6~0.7	0.5~0.7	0.4~0.6	—	—	0.7~0.8	0.6~0.8	—
		100	0.8~1.0	0.7~0.9	0.5~0.7	0.4~0.7	—	0.9~1.1	0.8~1.0	0.7~0.9
		600	1.2~1.4	1.0~1.2	0.8~1.0	0.6~0.9	0.4~0.6	1.2~1.4	1.1~1.4	1.0~1.2
	25×40	60	0.6~0.9	0.5~0.8	0.4~0.7	—	—	—	—	—
		100	0.8~1.2	0.7~1.1	0.8~0.9	0.5~0.8	—	—	—	—
		1100	1.2~1.5	1.1~1.5	0.9~1.2	0.8~1.0	0.7~0.8	—	—	—
	30×45	500	1.1~1.4	1.1~1.4	1.0~1.2	0.8~1.2	0.7~1.1	—	—	—
	40×60	2500	1.3~2.0	1.3~1.8	1.2~1.6	1.1~1.5	1.0~1.5	—	—	—

续表

工件材料	刀杆直径/mm	工件直径/mm	外圆车刀(硬质合金) 切削深度 a_p/mm					外圆车刀(高速钢) 切削深度 a_p/mm		
			3	5	8	12	>12	3	5	8
			进给量 f/mm·r^{-1}							
铸铁及铜合金	16×25	40	0.4~0.5	—				0.4~0.5		
		60	0.6~0.8	0.5~0.8	0.4~0.6	—	—	0.6~0.8	0.5~0.8	0.4~0.6
		100	0.8~1.2	0.7~1.0	0.6~0.8	0.5~0.7	—	0.8~1.2	0.7~1.0	0.6~0.8
		400	1.0~1.4	1.0~1.2	0.8~1.0	0.6~0.8	—	1.0~1.4	1.0~1.2	0.8~1.0
	20×30 25×25	40	0.4~0.5	—			—	0.4~0.5		
		60	0.6~0.9	0.5~0.8	0.4~0.7	—	—	0.6~0.9	0.5~0.8	0.4~0.7
		100	0.9~1.3	0.8~1.2	0.7~1.0	0.5~0.8	—	0.9~1.3	0.8~1.2	0.7~1.0
		600	1.2~1.8	1.2~1.6	1.0~1.3	0.9~1.1	0.7~0.9	1.2~1.8	1.2~1.6	1.1~1.4
	25×40	60	0.6~0.8	0.5~0.8	0.4~0.7	—		0.6~0.8	0.5~0.8	0.4~0.7
		100	1.0~1.4	0.9~1.2	0.8~1.0	0.6~0.9		1.2~1.4	0.9~1.2	0.8~1.0
		1000	1.5~2.0	1.2~1.8	1.0~1.4	1.0~1.2	0.8~1.0	1.5~2.0	1.2~1.8	1.0~1.4
	30×45	500	1.4~1.8	1.2~1.6	1.0~1.4	1.0~1.3	0.9~1.2	—	—	—
	40×60	2500	1.6~2.4	1.6~2.0	1.4~1.8	1.3~1.7	1.2~1.7	—	—	—

注：1. 加工耐热钢及其合金钢，不采用大于 1mm/r 的进给量。

2. 有冲击的加工（断续切削和荒车）时，本表的进给量应乘上系数 0.75~0.85。

3. 加工无外皮工件时，本表的进给量应乘上系数 1.1。

表 5.25   用硬质合金车刀车外圆的切削速度   m·min⁻¹ ($m \cdot min^{-1}$)

工件材料	刀具材料	切削深度 α_p/mm	进给量 f/mm·r⁻¹									
			0.1	0.15	0.2	0.3	0.4	0.5	0.7	1.0	1.5	2.0
钢 $\sigma_b=0.735$GPa	YT5	1		177	165	152	138	128	114			
		1.5		165	156	143	130	120	106			
		2			151	138	124	116	103			
		3			141	130	118	109	97	83		
		4				124	111	104	92	80	66	
		6				117	105	97	87	75	62	60
		8					191	94	84	72	59	52
		10					97	90	81	69	57	50
		15						85	76	64	54	48
钢 $\sigma_b=0.735$GPa	YT15	1		277	258	235	212	198	176			
		1.5		255	241	222	200	186	164			
		2			231	213	191	177	158			
		3			218	200	181	168	149	128		
		4				191	172	159	142	123	102	
		6				180	162	150	134	116	96	91
		8					156	145	129	110	91	81
		10					148	139	124	106	88	78
		15						131	117	99	83	73
耐热钢 1Cr18Ni9Ti 141HB	YT15	1	318	266	233	194	170	154				
		1.5	298	248	218	181	160	144				
		2			231	202	169	149	134	115		
		3			214	187	156	137	124	107	91	
		4				176	147	129	117	100	86	
		6					136	119	108	93	79	
		8					128	112	102	87	74	
		10					122	107	97	83	71	
灰口铸铁 180~200HB	YG6	1		189	178	164	155	142	124			
		1.5		178	167	154	145	134	116			
		2			162	147	139	127	111			
		3			145	134	126	120	105	91		
		4				132	125	114	101	87	74	
		6				125	118	108	95	82	70	63
		8					113	103	91	79	67	60
		10					109	100	88	76	65	58
		15						94	82	71	61	54

续表

工件材料	刀具材料	切削深度 a_p/mm	进给量 f/mm·r⁻¹									
			0.1	0.15	0.2	0.3	0.4	0.5	0.7	1.0	1.5	2.0
可锻铸铁 150HB	YG8	1		204	192	177	167					
		1.5		188	177	163	154					
		2					129	117	100			
		3					122	110	94	81		
		4					116	105	90	77	64	
		6					110	99	86	72	61	53
		8					104.5	94	81	69.2	57.6	50.7
		10					101.2	91	78.5	67	55.8	49.1
		15						85.5	74	63	52.3	46.2
青铜 200~240HB	YG8	1		590	555	513	484	472	412			
		1.5		555	525	483	457	432	377			
		2			507	467	442	408	357			
		3			480	442	418	377	330	286		
		4				427	403	356	311	271	231	
		6				404	381	327	286	248	212	188
		8					369	309	271	235	201	178
		10					359	296	259	224	191	170

表 5.26　粗车孔的进给量

背吃刀量 a_p/mm	车刀圆截面的直径/mm				
	10	12	16	20	25
	车刀伸出部分的长度/mm				
	50	60	80	100	125
	进给量 f/mm·r⁻¹				
	钢 和 铸 钢				
2	＜0.08	≤0.10	0.08~0.20	0.15~0.40	0.25~0.70
3		＜0.08	≤0.12	0.10~0.25	0.15~0.40
5			≤0.08	≤0.10	0.08~0.20
	铸 铁				
2	0.08~0.12	0.12~0.20	0.25~0.40	0.50~0.80	0.90~1.50
3	≤0.08	0.08~0.12	0.15~0.25	0.30~0.50	0.50~0.80
5		≤0.08	0.08~0.12	0.15~0.25	0.25~0.50

表 5.27 切断及车槽的进给量

切断刀				车槽刀				
切断刀宽度 /mm	刀头长度 /mm	工件材料		车槽刀宽度 /mm	刀头长度 /mm	刀杆截面 /mm	工件材料	
		钢	灰铸铁				钢	灰铸铁
		进给量 f/mm·r^{-1}					进给量 f/mm·r^{-1}	
2	15	0.07～0.09	0.10～0.13	6	16	10×16	0.17～0.22	0.24～0.32
3	20	0.10～0.14	0.15～0.20	10	20		0.10～0.14	0.15～0.21
5	35	0.19～0.25	0.27～0.37	6	20		0.19～0.25	0.27～0.36
	65	0.10～0.13	0.12～0.16	8	25	12×20	0.16～0.21	0.22～0.30
6	45	0.20～0.26	0.28～0.37	12	30		0.14～0.18	0.20～0.26

注：加工 $\sigma_b \leqslant 0.588$GPa 钢及硬度小于等于 180HBS 铸铁，用大进给量；反之，用小进给量。

表 5.28 切断及车槽的切削速度　　　　　　m·min^{-1}

进给量 f/mm·r^{-1}	高速钢车刀 W18Cr4V		YT5(P 类)	YG6(K 类)
	工件材料			
	碳钢 $\sigma_b=0.735$GPa	可锻铸铁 150HBS	钢 $\sigma_b=0.735$GPa	灰铸铁 190HBS
	加切削液		不加切削液	
0.08	35	59	179	83
0.10	30	53	150	76
0.15	23	44	107	65
0.20	19	38	87	58
0.25	17	34	73	53
0.30	15	30	62	49
0.40	12	26	50	44
0.50	11	24	41	40

表 5.29 陶瓷车刀常用切削用量

工件材料及其抗拉强度 GPa		进给量 f/mm·r^{-1}		切削速度 v/m·min^{-1}	
		半精加工	精加工	半精加工	精加工
碳素钢	$\sigma_b \leqslant 0.735$	0.3～0.5	0.1～0.3	100～300	200～500
合金结构钢	$\sigma_b \leqslant 0.980$	0.2～0.4	0.1～0.3	90～250	150～400
淬硬钢	45～55HRC	0.12～0.3	0.08～0.2	30～180	50～200
铸　钢	$\sigma_b \leqslant 0.50$	0.3～0.6	0.1～0.3	100～300	200～500
铸　铁	$\sigma_b=0.18～0.28$	0.3～0.8	0.1～0.3	100～300	180～400
铝合金		0.3～0.8	0.1～0.3	500～600	800～1500

注：切削深度：半精加工 $a_p \leqslant 2$mm，精加工 $a_p \leqslant 0.4$mm。

5.4 车削圆锥面

5.4.1 车削圆锥面方法及机床调整

（1）圆锥体的有关名称、尺寸及其计算公式（见表 5.30）

表 5.30 圆锥体各部分尺寸的计算公式

简图	名称	计算公式
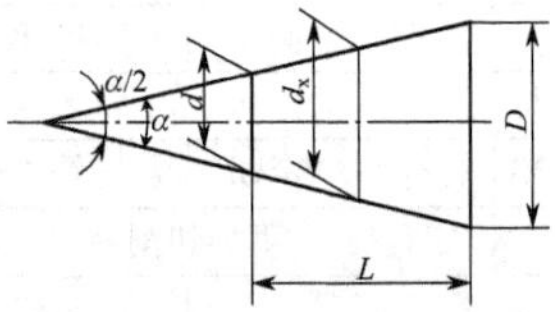	斜度 S	$S = \tan \dfrac{\alpha}{2}$ $S = \dfrac{D-d}{2L}$ $S = \dfrac{C}{2}$
D—最大圆锥直径；d—最小圆锥直径；d_x—给定截面圆锥直径；L—圆锥长度；α—圆锥角；$\alpha/2$—圆锥半角	锥度 C	$C = 2S$ $C = 2\tan \dfrac{\alpha}{2}$ $C = \dfrac{D-d}{L}$
	大头直径 D	$D = d + 2L\tan\dfrac{\alpha}{2}$ $D = d + CL$ $D = d + 2LS$
	小头直径 d	$d = D - 2L\tan\dfrac{\alpha}{2}$ $d = D - CL$ $d = D - 2LS$

（2）用小刀架车锥体方法

圆锥长度较短、斜角 $\alpha/2$ 较大时采用小刀架车锥体，如图 5.15 所示。工件通过卡盘装夹，车削前，按照零件要求的锥度，把小滑板转动一个圆锥半角 $\alpha/2$。调好角度后把小滑板锁紧，通过小滑板上的手轮手动进给来车削圆锥面。进给量根据加工精度和表面质量要求确定，粗加工、表面粗糙度要求低时，进给量大些，精加工、表面粗糙度要求高时，进给量小点。车标准锥度和常用锥度时小刀架和靠模板转动角度见表 5.31。

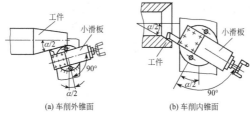

(a) 车削外锥面　　　(b) 车削内锥面

图 5.15　转动小刀架车锥体

表 5.31　车标准锥度和常用锥度时小刀架和靠模板转动角度

锥体名称		锥度	小刀架和靠模板转动角度(锥体斜角)	锥体名称	锥度	小刀架和靠模板转动角度(锥体斜角)
莫氏	0	1∶19.212	1°29′27″	常用锥度	1∶200	0°08′36″
	1	1∶20.047	1°25′43″		1∶100	0°17′11″
	2	1∶20.020	1°25′50″		1∶50	0°34′23″
	3	1∶19.922	1°26′16″		1∶30	0°57′17″
	4	1∶19.254	1°29′15″		1∶20	1°25′56″
	5	1∶19.002	1°30′26″		1∶15	1°54′33″
	6	1∶19.180	1°29′36″		1∶12	2°23′09″
30°		1∶1.866	15°		1∶10	2°51′45″
45°		1∶1.207	20°30′		1∶8	3°34′35″
60°		1∶0.866	30°		1∶7	4°05′08″
75°		1∶0.652	37°30′		1∶5	5°42′38″
90°		1∶0.5	45°		1∶3	9°27′44″
120°		1∶0.289	60°		7∶24	8°17′46″

（3）用偏移尾座车削锥体方法

如图 5.16 所示，圆锥精度要求不高，锥体较长而锥度又较小时采用方法。工件通过顶尖夹持，车削用量同外圆车削。

当工件全长 l 不等于锥形部分长度 L 时，偏移量（或斜度）为

$$S' = \frac{l}{2} \times \frac{D-d}{L}$$

$$S' = \frac{l}{2}C \text{ 或 } S' = lS$$

当工件全长 l 等于锥形部分长度 L 时，有

$$S' = \frac{D-d}{L}$$

（4）用靠模板车锥体方法

用靠模板车锥体，靠模板安装在床身上，刀架的横向进给丝杠不起作用，而是通过靠模控制刀架的横向进给运动，车前的机床调整量大，适合圆锥精度高、角度小、尺寸相同和数量较多时采用，如图 5.17 所示。

$$B = H \times \frac{D-d}{2L} = H \tan \frac{\alpha}{2}$$

$$B = \frac{H}{2} \times C (锥度)$$

式中　　H ——靠模板转动中心到刻线处的距离，称为支距；

$\dfrac{\alpha}{2}$ ——靠模板旋转角度，它等于圆锥体的斜角，计算公式

　　　　与小刀架转动角度相同；

B ——靠模板的偏移量。

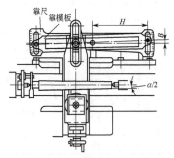

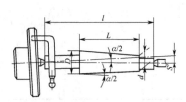

图 5.16　用偏移尾座车削锥体　　　　图 5.17　用靠模板车锥体

（5）用宽刀刃车锥体方法

当锥体较短、锥度较大时，可采用宽刀刃法车锥体。可通过刀具刃磨或刀具安装调整，使刀刃与主轴轴线的夹角等于工件圆锥半角 $\alpha/2$ 的车刀，直接车出圆锥面，如图 5.18 所示。

5.4.2 车削圆锥面的加工质量与控制

在车削圆锥工件时，一般是用套规或塞规检验工件的锥度和尺寸。当锥度已车准，而尺寸未达到要求时，必须再进给车削。当用量规测量出长度口后（图 5.19），可用以下方法确定横向进给量。

（1）计算法

计算公式为

$$a_\text{p} = a \tan \frac{\alpha}{2} \text{ 或者 } a_\text{p} = a \times \frac{C}{2}$$

式中 a_p —— 界限量规刻线或台阶中心离开工件端面的距离为 a 时的背吃刀量，mm；

$\dfrac{\alpha}{2}$ —— 圆锥斜角；

C —— 锥度。

图 5.18 用宽刀刃车锥体

(a) 圆锥体套规　(b) 圆锥孔塞规

图 5.19 圆锥尺寸控制方法

例 5.1 已知工件的圆锥斜角 $\dfrac{\alpha}{2} = 1°30'$，用套规测量时，工件小端离开套规台阶中心为 4mm，问背吃刀量多少才能使小端直径尺寸合格？

［解］ $a_\text{p} = a \tan \dfrac{\alpha}{2} = 4 \times \tan 1°30' = 4 \times 0.02619 = 0.105 \text{ (mm)}$

例 5.2 已知工件锥度为 1：20，用套规测量工件小端时，小端离开套规台阶中心为 2mm，问背吃刀量多少才能使小端直径尺寸合格？

［解］ $a_\text{p} = a \times \dfrac{C}{2} = 2 \times \dfrac{\frac{1}{20}}{2} = 2 \times \dfrac{1}{40} = 0.05 \text{(mm)}$

（2）移动床鞍法

当用界限量规量出长度 a 后（图 5.20），取下量规，使车刀轻轻接触工件小端面；接着移动小滑板，使车刀离开工件端面一段 a 的距离，然后移动床鞍，使车刀同工件端面接触后即可进行车削。

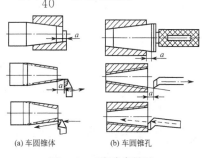

(a) 车圆锥体　(b) 车圆锥孔

图 5.20 移动床鞍法

（3）车削圆锥面的尺寸、锥度和接触面积的检验（见磨圆锥面）

5.4.3 车削圆锥面的质量问题及预防方法（见表 5.32）

表 5.32　车削圆锥面的质量问题及预防方法

主要问题	产生原因	预防方法
锥度（角度）不正确	用转动小滑板车削时 (1)小滑板转动角度计算错误 (2)小滑板移动时松紧不匀	(1)仔细计算小滑板应转的角度和方向,并反复试车校正 (2)调整导轨镶条,使小滑板移动均匀
	用偏移尾座法车削时 (1)尾座偏移位置不正确 (2)工件长度不一致	(1)重新计算和调整尾座偏移量 (2)如工件数量较多,各件的长度必须一致
	用靠模法车削时 (1)靠模角度调整不正确 (2)滑块与靠模板配合不良	(1)重新调整靠模板角度 (2)调整滑块和靠模板之间的间隙
	用宽刃刀车削时 (1)装刀不正确 (2)刀刃不直	(1)调整刀刃的角度和对准中心 (2)修磨刀刃的平直度
	铰锥孔时 (1)铰刀锥度不正确 (2)铰刀的安装轴线与工件旋转轴线不同轴	(1)修磨铰刀 (2)用百分表和试棒调整尾座中心
尺寸误差	没有经常测量大小端直径	经常测量大小端直径,并按计算尺寸控制吃刀量
双曲线误差	车刀移动轨迹与工件中心线不等高平行	调整机床,试切,控制车刀移动轨迹与工件中心线等高平行

5.5 车削偏心工件

偏心轴、曲轴、偏心套（轮）等都属于偏心工件。工件的形状、数量和精度要求不同，车削偏心时采用的工件装夹方法也不同。车偏心工件的关键是保证所要加工的偏心部分轴线与车床主轴旋转轴线重合。

5.5.1 车削偏心工件的装夹方法

（1）用顶尖装夹工件

当加工较长的偏心轴时，加工前应在工件两端划出光轴中心孔和偏心点中心孔的位置，加工出中心孔，用前、后顶尖夹持工件。加工完光轴的外圆后，用偏心中心孔夹持工件，便可加工偏心轴，如图 5.21（a）所示。

当偏心轴的偏心距较小时，在钻工件上光轴中心孔与偏心轴的中心孔时可能产生干涉，为此，将工件的长度放长两个中心孔的深度（俗称增加工艺搭子），如图 5.21（b）所示，先把毛坯车成光轴，然后车去两端中心孔至工件长度，再划线，钻偏心中心孔，车偏心轴（图中未打剖面线的部分）。

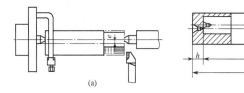

图 5.21　用顶尖装夹工件车偏心轴

（2）用偏心套筒装夹工件

如图 5.22 所示，车完主轴的轴颈后，用偏心套筒装夹工件，再通过顶尖夹持套筒的装夹方法来加工偏心轴颈。

（3）用四爪单动卡盘装夹工件

这种方法适用于加工偏心距较小、精度要求不高、轴向尺寸较短、数量较少的偏心工件，如图 5.23 所示。

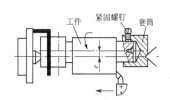

图 5.22　用偏心套筒装夹工件

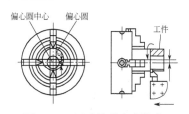

图 5.23　四爪单动卡盘装夹

（4）用三爪自定心卡盘装夹工件

在三爪自定心卡盘上，通过加垫片实现工件偏心的装夹，如图 5.24 所示。这种方法适合加工数量较大、长度较短、偏心距较小、精度要求不高的偏心工件，关键是确定垫片的厚度。垫片的厚度为

$$x = 1.5e \pm K$$

式中　　K ——修正系数，$K = 1.5\Delta e$；

　　　　Δe ——实测偏心距误差，实测偏心距 $e' < e$ 用"＋"，实测偏心距 $e' > e$ 用"－"。

（5）用花盘装夹工件

这种方法适用于加工工件长度较短，直径大，精度要求不高的偏心孔工件，如图 5.25 所示。

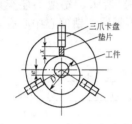
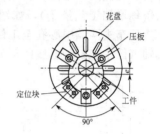

图 5.24　三爪自定心卡盘装夹　　　　图 5.25　花盘装夹

（6）双卡盘装夹工件

这种方法适用于加工长度较短，偏心距较小，数量较大的偏心工件，如图 5.26 所示。

（7）偏心卡盘装夹工件

这种方法适用于加工短轴、盘、套类较精密的偏心工件，如图 5.27 所示。其优点是装夹方便，偏心距可以调整，能保证加工质量，并能获得较高的精度，通用性强。

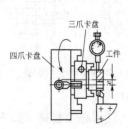
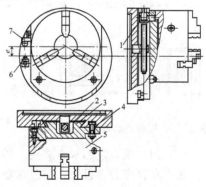

图 5.26　双卡盘装夹　　　　　　图 5.27　偏心卡盘装夹

1—丝杠；2—花盘；3—偏心体；4—螺钉；

5—三爪自定心卡盘；6，7—测量头

曲轴实际就是多拐偏心轴，其加工原理跟加工偏心轴基本相同，采用的装夹方法如表 5.33 所示。

表 5.33　车削曲轴的装夹方法

名称	简图	说明
单拐曲轴	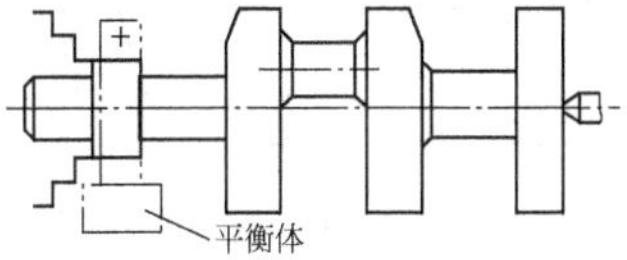	主轴一端用卡盘夹轴颈，尾座一端用顶尖顶夹法兰盘，加工轴颈。并配有配重
双拐曲轴	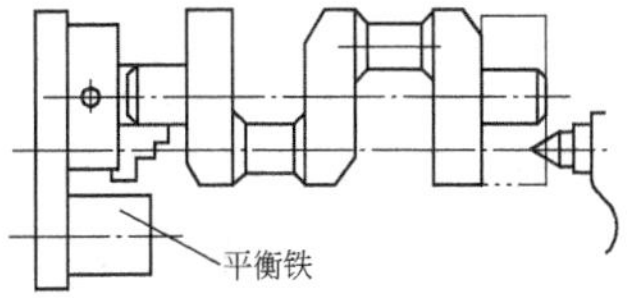	主轴一端花盘上安装卡盘，调整偏心距，夹其轴颈。尾座一端专用法兰盘上配有偏心的中心孔，用顶尖顶夹，加工拐颈
三拐曲轴	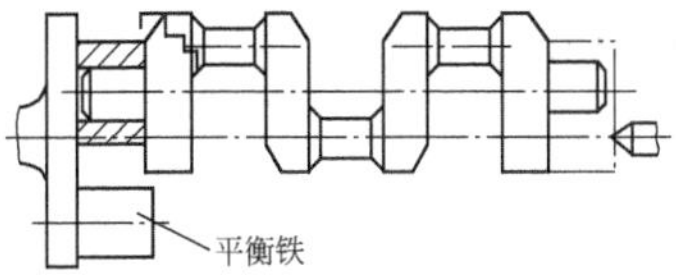	主轴一端按偏心距配做专用夹具装夹轴颈，尾座一端专用法兰盘上配有偏心的中心孔，用顶尖顶夹，加工拐颈
多拐曲轴	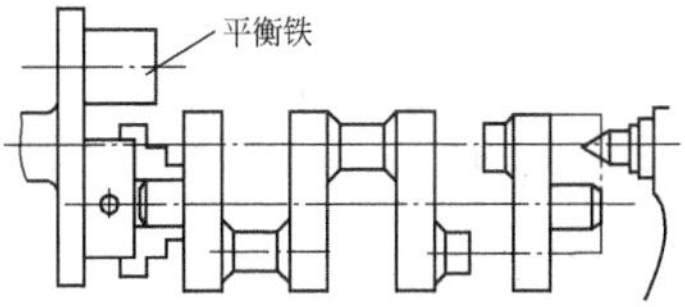	主轴一端花盘上安装卡盘，调整偏心距，夹其轴颈。尾座一端专用法兰盘上配有偏心的中心孔，用顶尖顶夹，加工拐颈

对于大型多拐曲轴，一般用锻件（锻钢）或铸件（铸钢或球墨铸铁）。加工这类曲轴时一般在带有偏心卡盘的专用曲拐车床上加工或用大型普通机床时应设计制造专用工装，其中包括对机床尾座的改装，以提高装夹刚性。

5.6　车螺纹

5.6.1 螺纹车刀

螺纹车刀的结构简单，制造容易，通用性强。

（1）刀具材料的选用（表 5.34）

表 5.34　刀具材料的选用

高速钢	适用范围	硬质合金	适用范围
W18Cr4V	低速、粗精车不长的螺钉、丝杠	YT15	高速粗、精车螺栓及较短的丝杠
W6Mo5Cr4V2Al	低速、粗精车难加工材料或加工长丝杠	YG8	高速粗车较长丝杠
W2Mo9Cr4VC08		YW2	高速粗精车较难加工材料的螺栓或丝杠

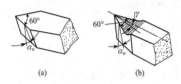

图 5.28　螺纹车刀前角

（2）三角形螺纹车刀几何形状的要求

① 当车刀的径向前角，$\gamma = 0°$ 时，车刀的刀尖角 ε 应等于牙型角 α，如 $\gamma \neq 0°$，应进行修正（图 5.28）。

$$\tan \frac{\varepsilon'}{2} = \tan \frac{\alpha}{2} \cos\gamma$$

式中　ε'——有径向角的刀尖角；

　　　α——牙型角；

　　　γ——螺纹车刀的径向前角。

② 车刀进刀后角因螺旋角的影响应磨得大一些。

③ 车刀的左右切削刀刃必须是直线。

④ 刀尖角对于刀具轴线必须对称。

（3）螺纹车刀刀尖宽度的尺寸

① 车梯形螺纹的车刀刀尖宽度尺寸表 5.35。

表 5.35　车梯形螺纹的车刀刀尖宽度尺寸（牙型角＝30°）　mm

计算公式：刀尖宽度＝0.366×螺距－0.536×间隙					
螺距	刀尖宽度	螺距	刀尖宽度	螺距	刀尖宽度
2	0.598	8	2.660	24	8.248
3	0.964	10	3.292	32	11.176
4	1.330	12	4.124	40	14.104
5	1.562	16	5.320	48	17.032
6	1.928	20	6.784		

注：间隙值可查梯形螺纹基本尺寸表。

② 车模数蜗杆的车刀刀尖宽度尺寸见表5.36。

表5.36　车模数蜗杆的车刀刀尖宽度尺寸（牙型角＝40°）mm

计算公式：刀尖宽度＝0.843×模数－0.728×间隙
（若取间隙＝0.2×模数，则刀尖宽度＝0.697×模数）

模数	刀尖宽度	模数	刀尖宽度	模数	刀尖宽度
1	0.697	(4.5)	3.137	12	8.364
1.5	1.046	5	3.485	14	9.758
2	1.394	6	4.182	16	11.152
2.5	1.743	(7)	4.879	18	12.546
3	2.091	8	5.576	20	13.940
(3.5)	2.440	(9)	6.273	25	17.425
4	2.788	10	6.970	(30)	20.910

注：括号内的尺寸尽量不采用。

③ 车径节蜗杆的车刀刀尖宽度尺寸见表5.37。

表5.37　车径节蜗杆的车刀刀尖宽度尺寸（牙型角＝29°）mm

计算公式：刀尖宽度＝25.4×0.9723/径节(P)＝24.6964/P

径节(P)	刀尖宽度	径节(P)	刀尖宽度	径节(P)	刀尖宽度
1	24.696	8	3.087	18	1.372
2	12.348	9	2.744	20	1.235
3	8.232	10	2.470	22	1.123
4	6.174	11	2.245	24	1.029
5	4.939	12	2.058	26	0.950
6	4.116	14	1.764	28	0.882
7	3.528	16	1.544	30	0.823

注：刀尖宽度＝螺纹槽底宽度，通常采用这个尺寸做磨刀样板（精车）。

（4）常用螺纹车刀的特点与应用（表5.38）

表5.38　常用螺纹车刀的特点与应用

名称	示图	特点与应用
车削铸铁螺纹用车刀		刀尖强度高，几何角度刃磨方便，切削阻力小，适用于粗精车螺纹（精车时，应修正刀尖角）

续表

名称	示图	特点与应用
车削钢件螺纹用车刀	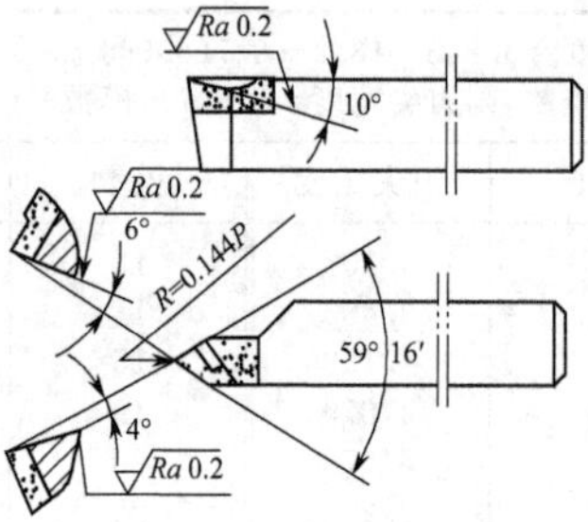	刀具前角大,切削阻力小,几何角度刃磨方便。适用于粗精车螺纹(精车时,应修正刀尖角)
高速钢螺纹车刀I	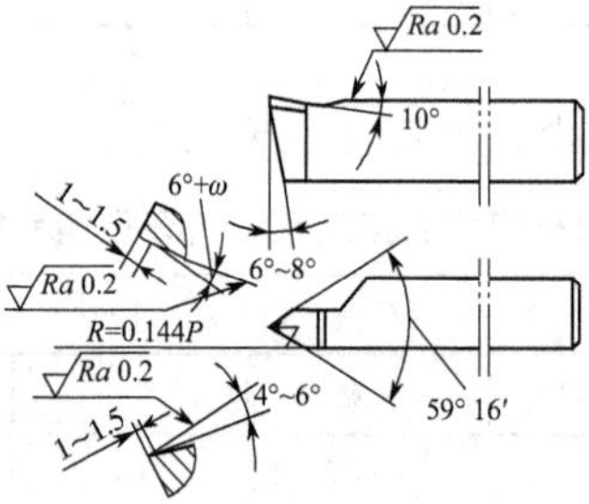	刀具两侧刃面磨有 1~1.5mm 宽的刃带,作为精车螺纹的修光刃,因刀具前角大,应修正刀尖角。适用于精车螺纹
高速钢螺纹车刀II	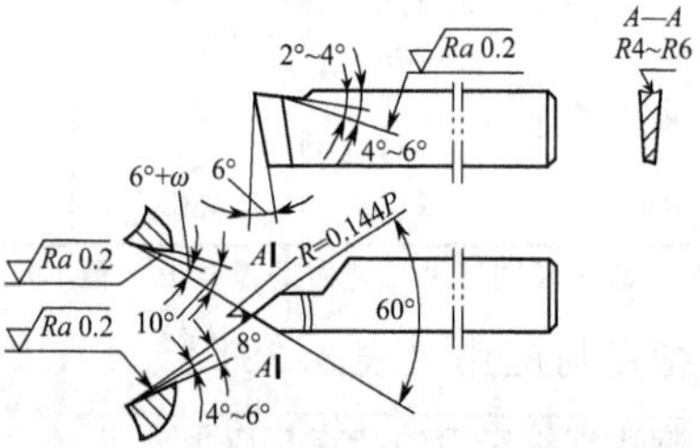	车刀有 4°~6° 的正前角,前面有圆弧形的排屑槽(半径 $R = 4~6$mm)。适用于精车大螺距的螺纹
硬质合金内螺纹车刀	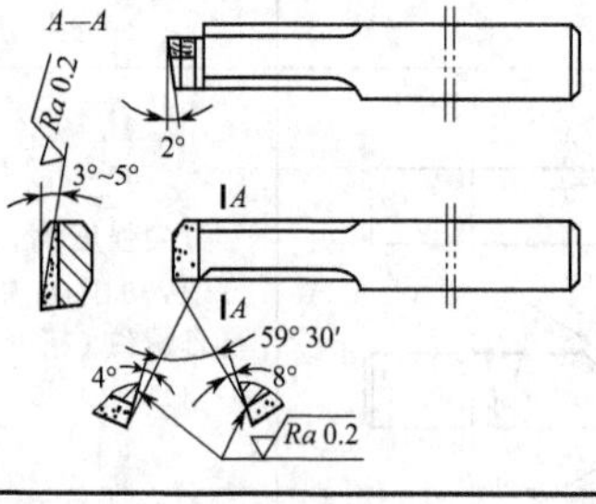	刀具特点与外螺纹车刀相同。其刀杆直径及刀杆长度根据工件孔径及长度而定

续表

名称	示图	特点与应用
高速钢内螺纹车刀	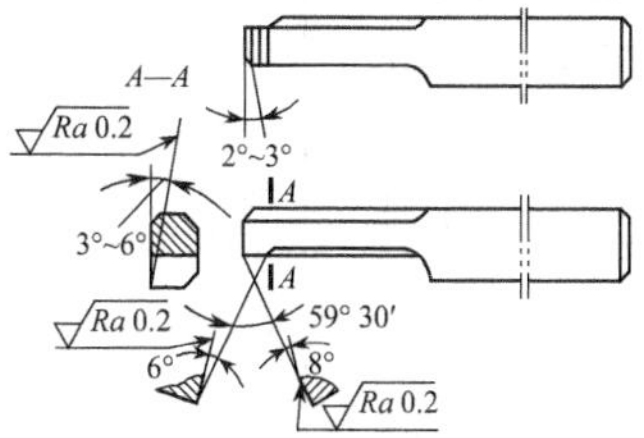	刀具特点与外螺纹车刀相同。其刀杆及刀杆长度根据工件孔径及长度而定
高速钢梯形螺纹粗车刀	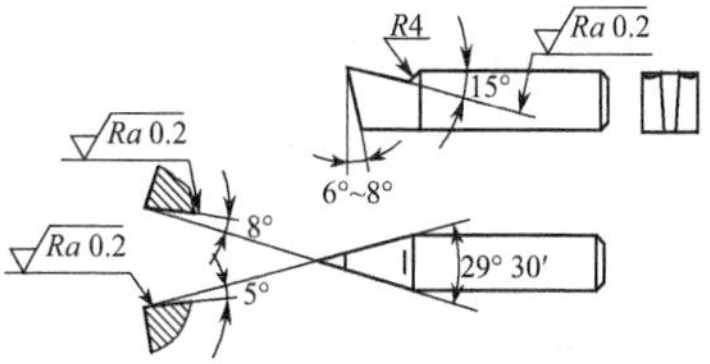	刀具有较大前角,便于排屑,刀具后角较小,增强了刀具刚性。适用于粗车螺纹
高速钢梯形螺纹精车刀	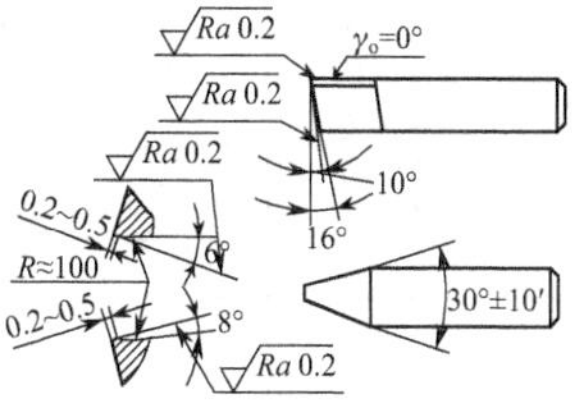	车刀前角为 0°,两侧刃后角具有 0.3～0.5mm 宽的切削刃带。适用于精车螺纹
带分屑槽的梯形螺纹精车刀	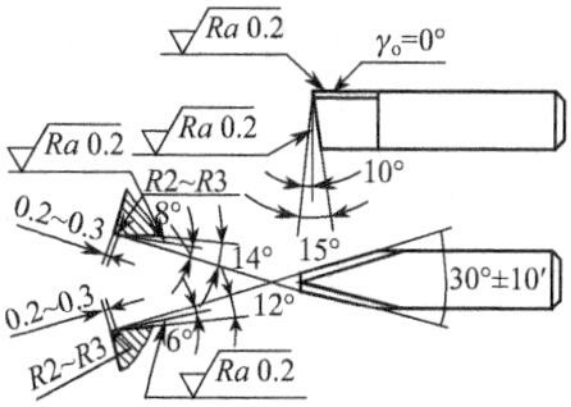	车刀前面沿两侧磨有 $R=2\sim3$mm 的分屑槽,两侧刃后角磨有 0.2～0.3mm 的切削刃带。适用于精车螺纹
硬质合金梯形螺纹车刀	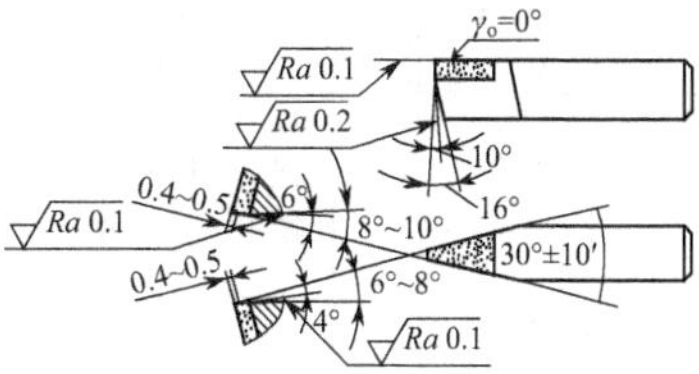	车刀前角等于 0°,两侧刃后角磨有 0.4～0.5mm 的切削刃带,适用于精车螺纹

续表

名称	示图	特点与应用
高速钢梯形内螺纹车刀	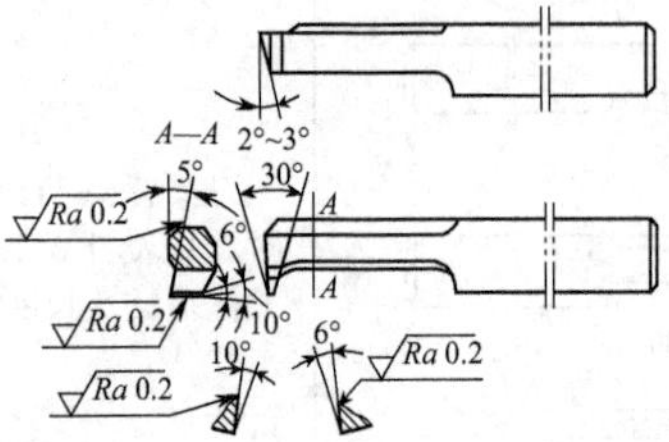	刀具特点与外螺纹车刀相同。刀杆的直径与长度根据工件的孔径与长度而定
高速钢蜗杆螺纹粗车刀	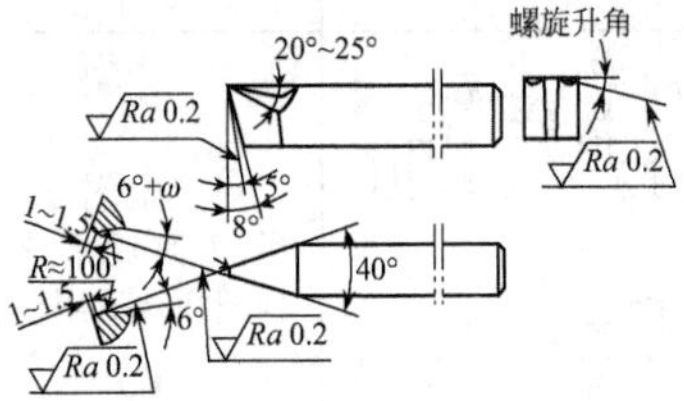	车刀有较大的前角,切削阻力小,切屑变形小。两侧刃后角磨有 1~1.5mm 的切削刃带,增强了刀具强度,适用于粗车螺纹
高速钢蜗杆螺纹精车刀	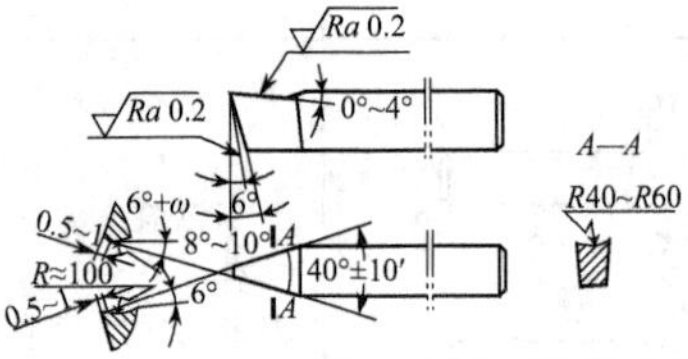	车刀前面为圆弧形(半径 $R=40 \sim 60\text{mm}$)。有较大的侧刃前角,便于排屑,两侧刃后角磨有 0.5~1mm 切削刃带,可提高刀具强度。前角大于 0°时,应修正刀尖角
带分屑槽蜗杆精车刀	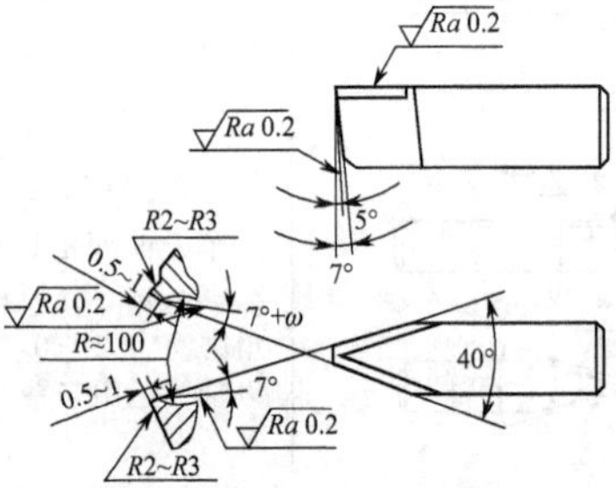	车刀前面沿两侧有 $R=2 \sim 3\text{mm}$ 的分屑槽,两侧刃后角磨有 0.5~1mm 的切削刃带,刀具刃磨后研磨两侧后角及前角,保证刃口平直光滑
高速钢锯齿形螺纹车刀	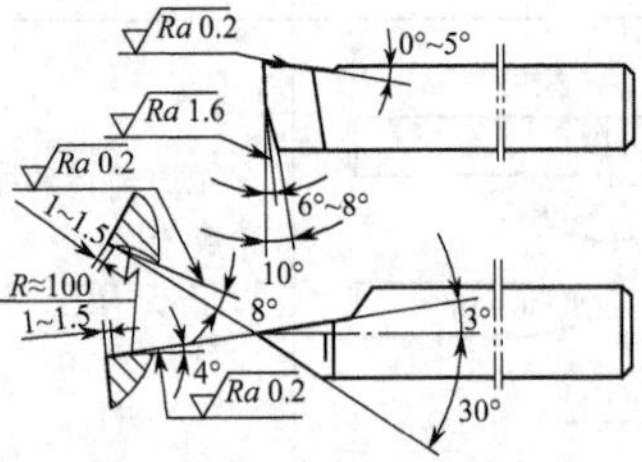	刀具两侧刃后角磨有 1~1.5mm 的切削刃带,用以增强刀具刚性,适用于粗、精车螺纹(若前角大于 0°,精车时,应修正刀尖角)

续表

名称	示图	特点与应用
硬质合金锯齿形螺纹车刀	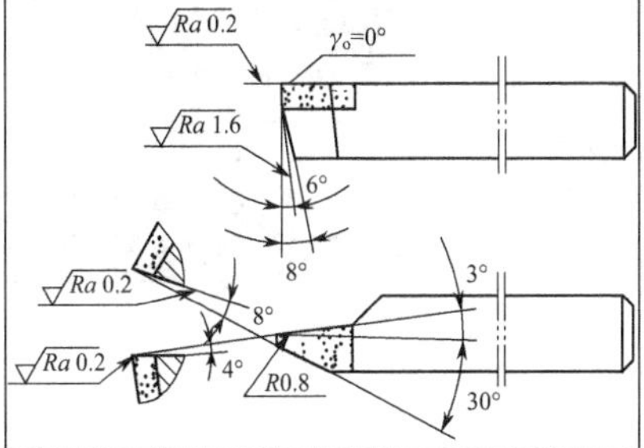	车刀前角等于 0°，强度好，刃磨方便，适用于精车螺纹
高速钢带有刃带的方牙螺纹精车刀	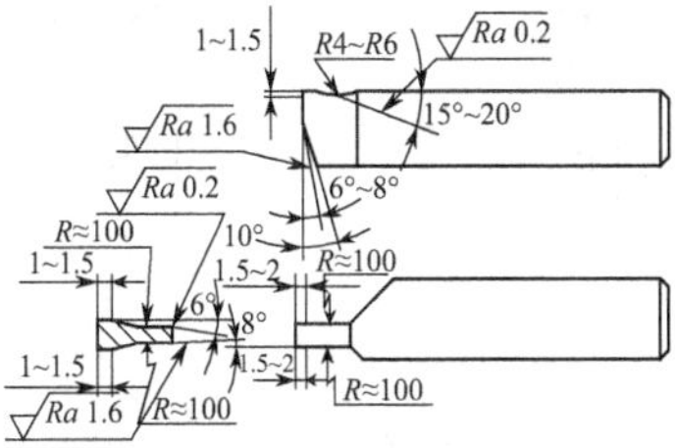	车刀前角大，两侧刃后角有 1~1.5mm 的切削刃带。前角大，切削阻力小，排屑方便，适用于精车螺纹

(5) 螺纹车刀的安装

装刀时，车刀刀尖的位置一般应对准工件轴线。为防止硬质合金车刀高速切削时扎刀，刀尖允许高于工件轴线 1‰螺纹大径；用高速钢车刀低速车削螺纹时，允许刀尖位置略低于工件轴线。

车刀的牙型角的分角线应垂直于螺纹轴线。

车刀伸出刀座的长度不应超过刀杆截面高度的 1.5 倍。

① 对刀方法

a. 用中心规（螺纹角度卡板）安装外螺纹车刀 [图 5.29 (a)] 及安装内螺纹车刀 [图 5.29 (b)]。对刀精度低，适用于一般螺纹车削。

b. 用带有 V 形块的特制螺纹角度卡板，卡板后面做一 V 形角尺面，装刀时，放在螺纹外圆上，作为基准，以保证螺纹车刀的刀尖角对分线与螺纹工件的轴线垂直 [图 5.29 (c)]。这种方法对刀精度较高，适用于车削精度较高的螺纹工件。

c. 在使用工具磨床刃磨车刀的刀尖角时，选用刀杆上一个侧面作为刃磨基准面，在装刀时，用百分表校正这个基准面的平面度，这样可以保证装刀的偏差 [图 5.29 (d)]。这种方法对刀精度最高，适用于车削精密螺纹。

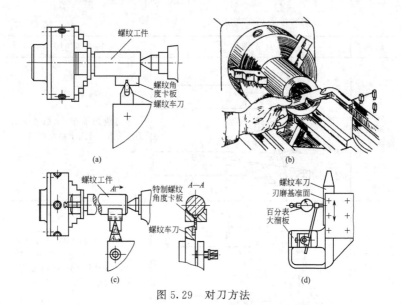

图 5.29 对刀方法

② 法向安装车刀方法 法向安装螺纹车刀，使两侧刃的工作前、后角相等，切削条件一致。切削顺利，但会使牙型产生误差法向安装车刀（图 5.30），主要适用于粗车螺纹升角 ψ 大于 3°的螺纹以及车削法向直廓蜗杆。

③ 轴向安装车刀方法 轴向安装螺纹车刀，车刀两侧刃的工作前、后角不等，一侧刃的工作前角变小，后角增大，而另一侧刃正相反（图 5.31）。轴向安装车刀主要适用于各种螺纹的精车以及车削轴向直廓蜗杆。

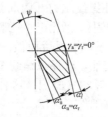

图 5.30 法向安装车刀方法

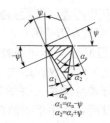

图 5.31 轴向安装车刀方法

5.6.2 螺纹车削方法

（1）螺纹车削的进给方式

三角形螺纹车削方法见表 5.39,梯形螺纹车削方法见表 5.40,方牙螺纹车削方法见表 5.41。

表 5.39 三角形螺纹车削方法

螺距/mm	$P<3$	$P>3$
车削方法	用一把硬质合金车刀,径向进给车螺纹 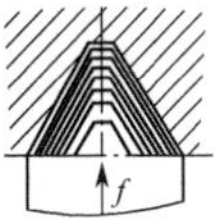	首先用粗车刀斜向进给粗车,然后用精车刀径向进给精车。若为精密螺纹,精车时,应用轴向进刀分别精车牙型两侧 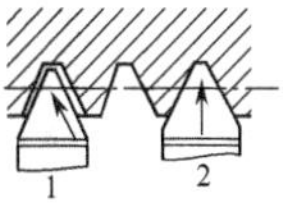

表 5.40 梯形螺纹车削方法

螺距/mm	$P<3$	$P>3$
车削方法	用一把车刀,径向进给粗、精车螺纹 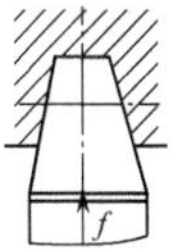	首先用比牙型角(2°)小的粗车刀径向进给车至底径,之后用精车刀径向进刀精车 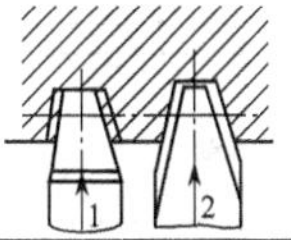
	首先用切槽车刀径向进刀车至底径,再用刃形小于牙型角 2°的粗车刀径向进给粗车,最后用开有卷屑槽的精车刀径向进刀精车 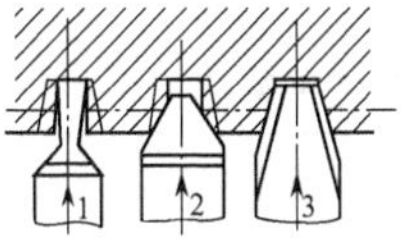	先用切刀径向进刀粗车至底径,再用左、右偏刀轴向进刀粗车两侧,最后用精车刀径向进刀精车 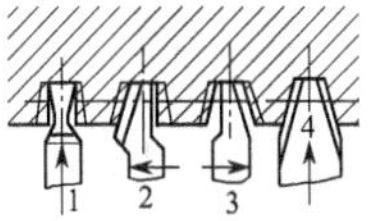

表 5.41 方牙螺纹车削方法

螺距/mm	$P\leqslant4$	$P\leqslant12$	$P>12$
车削方法	用一把车刀,径向进刀车成,精密螺纹用两把刀,径向进刀,粗、精车 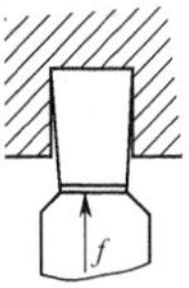	分别用粗、精车刀径向进刀粗、精车 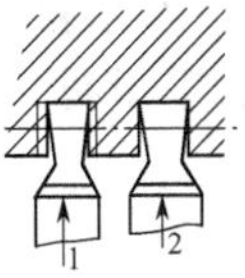	先用切刀径向进刀车至底径,后用左、右精车偏刀分别精车牙型两侧(轴向进刀) 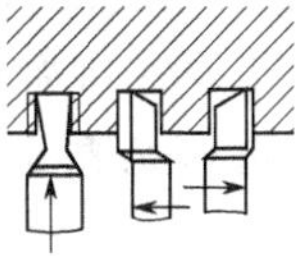

（2）螺纹车床的交换齿轮调整

在普通螺纹车床上车标准螺距的螺纹时，不需要进行交换齿轮的计算、调整，只有车削非标准螺距或精密螺纹时，才进行交换齿轮的计算、调整。由于各种螺纹车床的传动链各异，交换齿轮的计算公式也不同，一般的计算公式为

$$\frac{z_1 z_2}{z_3 z_4} = \frac{P_W}{k P_S}$$

式中　z_1，z_2——主动齿轮的齿数；

　　　z_3，z_4——从动齿轮的齿数；

　P_W，P_S——工件螺纹、机床丝杠的螺距，mm；

　　　　k——由螺纹车床传动链决定的常数。

普通车床直连丝杠时的交换齿轮公式见表 5.42。

表 5.42　普通车床直连丝杠的交换齿轮公式

车床型号	C615、C616、C616A	C618	C620-1、C620-3、CM6140
交换齿轮公式	$\dfrac{z_1 z_3}{z_2 z_4} = \dfrac{P_W}{3}$	$\dfrac{z_1 z_3}{z_2 z_4} = \dfrac{P_W}{6}$	$\dfrac{z_1 z_3}{z_2 z_4} = \dfrac{P_W}{12}$

车削加大螺距的螺纹时，应根据机床传动系统图推导出有关公式。对于模数、径节、英制螺纹，应按表 5.43 的公式换成毫米，方可计算交换齿轮。

表 5.43　单位换算表

螺纹	模数螺纹	径节螺纹	英制螺纹
螺距/mm	$m\pi$	$25.4\pi/P'$	$25.4/n$

注：m 为模数，mm；n 为每英寸牙数；P' 为径节数。

5.6.3　螺纹加工的切削用量选择

高速钢刀具车削螺纹的切削用量见表 5.44，硬质合金 YT 类（P 类）刀具车削螺纹的切削用量见表 5.45，硬质合金 YG 类（K 类）刀具车削螺纹的切削用量见表 5.46，不同材料螺纹的切削用量的选择见表 5.47。

表 5.44 高速钢刀具车削螺纹的切削用量

螺距 P /mm	外螺纹				内螺纹			
	粗加工		精加工		粗加工		精加工	
	行程次数	v_c/m·s^{-1}	行程次数	v_c/m·s^{-1}	行程次数	v_c/m·s^{-1}	行程次数	v_c/m·s^{-1}
三角形螺纹								
1.5	4	0.48	2	0.85	5	0.38	3	0.68
2.0	6	0.48	3	0.85	7	0.38	4	0.68
2.5	6	0.48	3	0.85	7	0.38	4	0.68
3.0	6	0.41	3	0.75	7	0.33	4	0.60
4.0	7	0.36	4	0.64	9	0.32	4	0.53
5.0	8	0.32	4	0.56	10	0.25	5	0.44
6.0	9	0.29	4	0.51	12	0.23	5	0.40
梯形螺纹								
4.0	10	0.45	7	0.85	12	0.36	8	0.68
6.0	12	0.36	9	0.85	14	0.30	10	0.68
8.0	14	0.32	9	0.85	17	0.25	10	0.68
10.0	18	0.32	10	0.85	21	0.25	12	0.68
12.0	21	0.30	10	0.85	25	0.24	12	0.68
16.0	28	0.28	10	0.69	33	0.23	12	0.55
20.0	30	0.26	10	0.69	42	0.21	12	0.55

使用条件变换时,切削速度修正系数

工件材料	σ_b/MPa	539~735	784~882	931~1030	1039~1226
	HBS	180~215	228~267	268~305	305~360
钢的类别	修正系数 R_{MV}				
碳钢(C≤0.6%)及镍钢		1.0	0.77	0.59	0.46
镍铬钢		0.90	0.72	0.57	0.46
碳钢(C>0.6%)、铬钢及镍铬钨钢		0.80	0.62	0.47	0.37
铬锰钢、铬硅钢及铬硅锰钢		0.70	0.56	0.44	0.36

注:1. 表中切削速度是按耐用度为 60min 计算的。

2. 车制 4H～6H 或 4h～6h 的内、外螺纹时,除粗、精车进给次数外,尚需增加 2～4 次行程,以进行光车,其切削速度 v_c = 0.06～0.1m/s。

3. 车制双头、多头三角形螺纹时,每头螺纹行程次数要比单头行程次数增加 1～2 次。

表5.45 YT类（P类）硬质合金刀具车削螺纹的切削用量

刀具材料	螺纹形式	螺距P或模数m/mm	工件材料										
			碳钢、铬钢、镍铬钢及铬硅锰钢								碳钢铬钢镍铬钢		铬硅锰钢	
			抗拉强度 σ_b/MPa											
			637			735			833			1128		1422	
			行程次数(粗)	v_c/m·s⁻¹	P_m/kW	行程次数(粗)	v_c/m·s⁻¹	P_m/kW	行程次数(粗)	v_c/m·s⁻¹	P_m/kW	行程次数(粗)	v_c/m·s⁻¹	行程次数(粗)	v_c/m·s⁻¹
YT15	三角形外螺纹	$P=1.5$	2	1.47	3.4	3	1.38	2.1	3	1.25	2	4	0.98	5	0.82
		$P=2$	2	1.35	4.2	4	1.36	2.9	4	1.22	2.8	6	0.95	6	0.78
	三角形外螺纹及梯形外螺纹	$P=3$	3	1.30	6.2	5	1.26	4.4	5	1.13	4.3	6	0.90	8	0.75
		$P=4$	4	1.28	7.9	6	1.21	5.3	6	1.10	5.1	7	0.83	10	0.72
		$P=5$	6	1.31	10	8	1.21	6.6	8	1.10	6.4	9	0.82	12	0.70
		$P=6$	7	1.28	11.3	9	1.18	90	9	1.00	8.4	11	0.82	15	0.70
YT15	梯形外螺纹	$P=8$	9	1.29	15	11	1.13	13.2	11	1.17	12.9	—	—	—	—
		$P=10$	11	1.23	20	13	1.10	15	13	0.98	14.1	—	—	—	—
		$P=12$	13	1.20	21.4	15	1.08	18	15	0.96	17.3	—	—	—	—
		$P=16$	16	1.17	28.2	19	1.03	23	19	0.93	23.1	—	—	—	—
	模数外螺纹	$m=2$	7	1.28	11.3	9	1.18	9.6	9	1.05	9	—	—	—	—
		$m=3$	10	1.23	16.9	12	1.12	14.4	12	1.00	14.1	—	—	—	—
		$m=4$	14	1.23	21.4	16	1.10	19.2	16	0.98	18.6	—	—	—	—
		$m=5$	16	1.21	28.2	19	1.07	23.4	19	0.95	23.1	—	—	—	—
	三角形内螺纹	$P=1.5$	3	1.61	3.4	4	1.50	1.9	4	1.33	1.7	6	1.06	7	0.88
		$P=2$	3	1.47	4.4	4	1.43	2.6	5	1.28	2.4	7	1.02	8	0.83
		$P=3$	4	1.40	6.4	5	1.33	4	6	1.18	4	8	0.93	10	0.78
		$P=4$	5	1.37	8.2	6	1.27	5.8	7	1.13	5.7	9	0.88	12	0.75
		$P=5$	7	1.37	10	8	1.25	6.6	9	1.12	6.4	11	0.87	14	0.72
		$P=6$	8	1.33	12.4	10	1.23	8.4	10	1.10	8.4	13	0.85	17	0.72

注：1. 粗、精加工用同一把螺纹车刀时，切削速度应降低20%～30%。

2. 刀具耐用度改变时，切削速度及功率修正系数如下。

刀具耐用度 T/min	20	30	60	90	120
修正系数 $K_{Tv}=K_{Tpm}$	1.08	1.0	0.87	0.8	0.76

表 5.46　YG类（K类）硬质合金刀具车螺纹的切削用量

螺纹形式	螺距P/mm	粗行程次数	精行程次数	灰铸铁 硬度 HBS							
				170		190		210		230	
				v_c/m·s^{-1}	P_m/kW	v_c/m·s^{-1}	P_m/kW	v_c/m·s^{-1}	P_m/kW	v_c/m·s^{-1}	P_m/kW
三角形外螺纹	2	2	2	0.93	1.0	0.83	0.9	0.75	0.9	0.65	0.8
	3	3	2	1.06	1.9	0.93	1.8	0.83	1.7	0.73	1.6
	4	4	2	1.13	3.0	1.00	2.8	0.90	2.6	0.78	2.5
	5	4	2	1.13	4.5	1.00	4.2	0.91	3.9	0.78	3.7
	6	5	2	1.21	5.9	1.06	5.6	0.96	5.3	0.85	4.9
三角形内螺纹	2	3	2	0.85	0.7	0.75	0.7	0.66	0.7	0.58	0.6
	3	4	2	0.90	1.4	0.80	1.3	0.71	1.2	0.63	1.2
	4	5	2	0.98	2.3	0.86	2.2	0.76	2.0	0.68	1.9
	5	5	2	0.98	3.3	0.86	3.2	0.76	3.0	0.68	2.8
	6	5	2	1.03	4.2	0.91	4.0	0.81	4.0	0.71	3.7

注：1. 表中的精行程次数，适于加工7H级精度螺纹。

2. 使用条件变换时，切削速度及功率修正系数如下。

与刀具的耐用度有关	刀具耐用度 T/min	20	30	60	90	120
	修正系数 $K_{Tv}=K_{Tpm}$	1.14	1.0	0.8	0.69	0.63
与刀具的材料有关	刀具牌号	YG8	YG6	YG4	YG3	YG2
	修正系数 $K_{Tv}=K_{Tpm}$	0.83	1.0	1.1	1.14	1.3

表 5.47　不同材料螺纹的切削用量

加工材料	硬度 HBS	螺纹直径/mm	每一走刀的横向进给/mm 第一次走刀	最后一次走刀	切削速度/m·min^{-1} 高速钢车刀	硬质合金车刀	备　注
易切碳钢、碳钢、碳钢铸件、合金钢、合金钢铸件、高强度钢、马氏体时效钢、工具钢、工具钢铸件	100～225	≤25	0.50	0.013	12～15	18～60	高速钢车刀使用 W12Cr4V5Co5 及 W2Mo9Cr4VCo8 等含钴高速钢
		>25	0.50	0.013	12～15	60～90	
	225～375	≤25	0.40	0.025	9～12	15～46	
		>25	0.40	0.025	12～15	30～60	
	375～535 HBW	≤25	0.25	0.05	1.5～4.5	12～30	
		>25	0.25	0.05	4.5～7.5	24～40	
易切不锈钢、不锈钢、不锈钢铸件	135～440	≤25	0.40	0.025	2～6	20～30	高速钢车刀使用 W12Cr4V5Co05 及 W2Mo9Cr4VCo8 等含钴高速钢
		>25	0.40	0.025	3～8	24～37	
灰铸铁	100～320	≤25	0.40	0.013	8～15	26～43	
		>25	0.40	0.013	10～18	49～73	
可锻铸铁	100～400	≤25	0.40	0.013	8～15	26～43	
		>25	0.40	0.013	10～18	49～73	
铝合金及其铸件 镁合金及其铸件	30～150	≤25	0.50	0.025	25～45	30～60	
		>25	0.50	0.025	45～60	60～90	

续表

加工材料	硬度 HBS	螺纹直径 /mm	每一走刀的横向进给/mm		切削速度/m·min⁻¹		备 注
			第一次走刀	最后一次走刀	高速钢车刀	硬质合金车刀	
钛合金及其铸件	110~440	≤25	0.50	0.013	1.8~3	12~20	使用 W12Cr4 V5Co5 及 W2Mo9 Cr4VCo8 等含钴高速钢
		>25	0.50	0.013	2~3.5	17~26	
钢合金及其铸件	40~200	≤25	0.25	0.025	9~30	30~60	
		>25	0.25	0.025	15~45	60~90	
镍合金及其铸件	80~360	≤25	0.40	0.025	6~8	12~30	使用 W12Cr4 V5Co5 及 W2Mo9 Cr4VCo8 等含钴高速钢
		>25	0.40	0.025	7~9	14~52	
高温合金及其铸件	140~230	≤25	0.25	0.025	1~4	20~26	
		>25	0.25	0.025	1~6	24~29	
	230~400	≤25	0.25	0.025	0.5~2	14~21	
		>25	0.25	0.025	1~3.5	15~23	

5.6.4 车螺纹时的质量问题、产生原因与解决方法（表5.48）

表 5.48　车螺纹时的质量问题、产生原因与解决方法

问题	产生原因与解决措施
牙型角超差	① 刀具刃形角磨得不准。应根据所车螺纹的牙型角 α 磨出 ② 车刀安装不合要求。应使刀刃仿照所车螺旋面的形成母线(发生线)到位。刀刃应位于轴平面或法平面、切平面内。事先应明确所车螺旋面的类别和几何特征 ③ 车刀磨损影响。应采用耐磨的刀具材料,合理选择切削用量和切削液,并及时磨刀
螺距 P 超差	① 交换齿轮挂错或机床有关手柄位置放错。应逐项检查,及时改正 ② 若是精密螺纹,应想到机床的精度等级是否适应,可能的话采用"直连丝杠",缩短传动链,并调换精密丝杠
螺距周期性误差超差	① 机床主轴或丝杠轴向窜动。应及时调节,予以消除 ② 交换齿轮啮合间隙不当。应限制在 0.1~0.15mm,齿轮磨损过量应调换 ③ 主轴、丝杠径向跳动太大或交换齿轮轴颈磨损过量。应检修机床 ④ 工件中心 7L 加工质量差,与顶尖接触不良。精加工前应增加一道工序,研磨中心孔 ⑤ 工件弯曲变形。分析弯曲原因,除注意工件校直、除应力处理外,还应随时调节顶尖顶力,用切削液降低工件温度

续表

问题	产生原因与解决措施
螺距积累 误差超差	① 车床导轨与工件轴线的相对平行度或导轨的直线度超差。检修车床导轨对主轴的平行度和直线度,调节尾座,使工件轴线与导轨平行 ② 工件轴线与车床丝杠轴线不平行。先检查丝杠与导轨的平行度,若超差,应调整。如系尾座偏位,应调整 ③ 丝杠及螺母磨损或螺母开放、闭合时活动不正常。应更换丝杠、螺母,并调节镶条的松紧 ④ 刀具磨损严重 ⑤ 顶尖压力太大,使工件弯曲。车削过程应经常调节压力 ⑥ 工件温度太高。注意切削液的流量与压力,降低转速 ⑦ 环境温度变化太大。条件允许,最好改在恒温环境中加工
蜗杆齿槽径向 跳动超差	① 中心孔质量低。按标准认真加工,工件粗加工后要安排一道研磨中心孔的工序,以保证圆度和接触精度且两端中心孔要同轴 ② 车床主轴圆柱度超差或轴承间隙大,使主轴旋转精度降低。检修车床 ③ 工件外圆圆度、圆柱度超差,工件与刀架接触不稳定,处于滑合状态,加工时工件径跳超差,应提高外圆的加工精度 ④ 刀具磨损严重
螺旋面表面 粗糙度值超差	① 刃磨质量不高。精车时,刀刃不够锋利,切削作用差,有刮挤现象。重新精磨 ② 切削用量选择不当,切削液的润滑性、抗黏结性不佳,刀面有积屑瘤。精车时,切削速度要低,并采用润滑性好的活性切削液 ③ 机床振动大。调整车床各有关部分的间隙,采用弹性刀排 ④ 工件材料的切削加工性差。增加调质工序 ⑤ 排屑情况不佳,切屑擦伤工件表面。改进进刀方式,磨好卷屑槽

5.7 其他表面车削

5.7.1 车削成形面

(1) 成形面车削方法 (表 5.49)

(2) 成形刀的进给方式 (表 5.50)

表 5.49 成形面车削方法

名称	简图	说明
成形刀（样板刀）车削	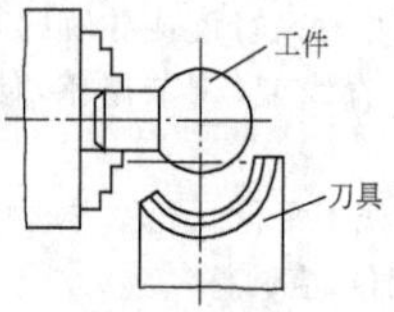	工件的精度主要靠刀具保证。适于加工具有大圆角、圆弧槽以及变化范围小但又比较复杂的成形面
液压仿形车削	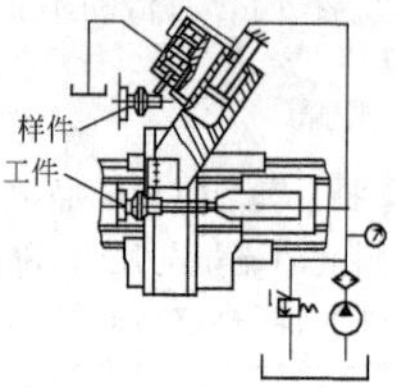	运动平稳,惯性小,能达到较高的加工精度。适于车削多台阶的长轴类工件
纵向靠模板车削	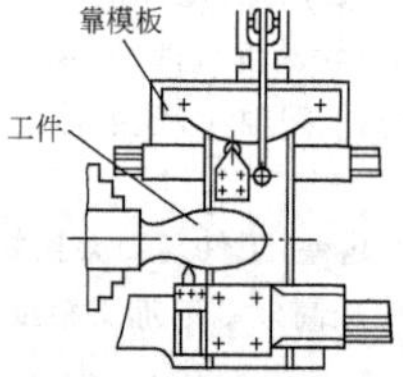	适于加工切削力不大的短轴成形面
横向靠模板车削	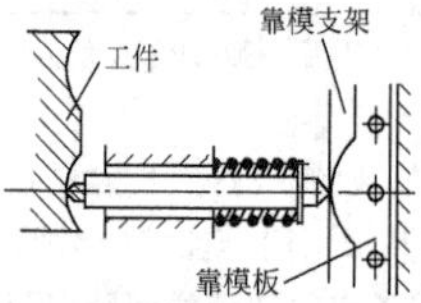	靠模板由靠模支架固定在车床尾座上。拆除小刀架,将装有刀杆的板架装于中滑板上,车削时,中滑板横向进给。适于加工成形端面
同轴摆动车削	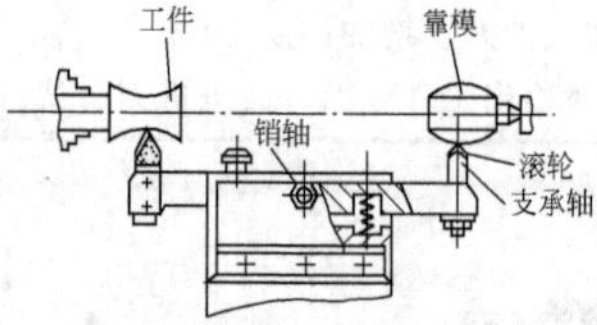	靠模与工件形状相反。车削时,大滑板纵向进给,车刀绕销轴摆动。制造和安装工具时应使车刀刀尖至销轴的距离与支承轴至销轴的距离一致,并使车刀伸出长度与滚轮伸出长度一致。适于加工成形短轴
同轴推动车削	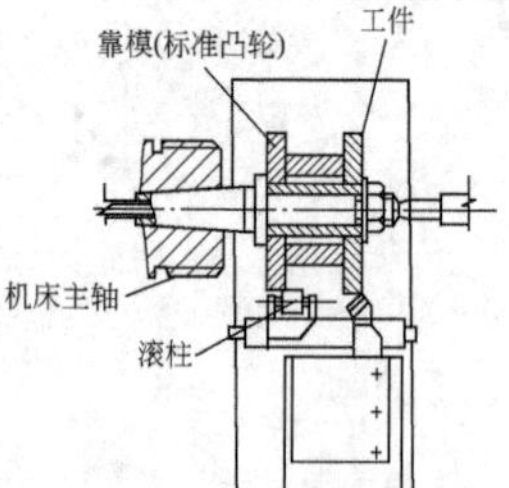	适于加工凸轮等盘类成形工件,注意滚柱应当加长,以防纵向进给时滚柱和靠模脱开

表 5.50 成形刀的进给方式

名称	简图			说明
径向进给	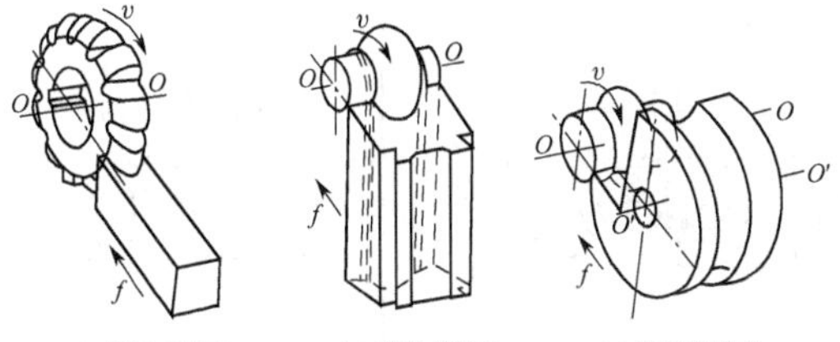 (a) 普通成形刀	(b) 棱形成形刀	(c) 圆形成形刀	车削时,刀具沿工件径向进给

名称	简图	说明	名称	简图	说明
切向进给	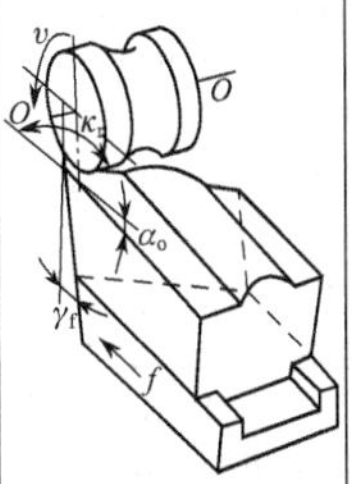	车削时,刀具从工件被加工表面的切线方向进给。由于这种方式切削力较小,所以主要用于加工轮廓深度小、刚度差和精度较高的零件	斜向进给	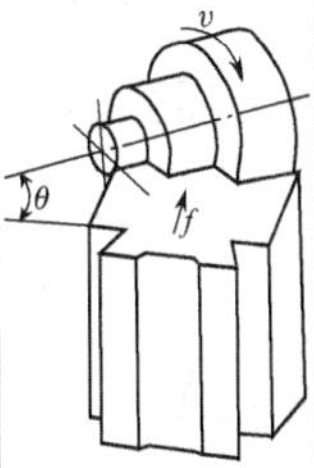	车削时,刀具进给方向与工件轴线倾斜成一个角度 θ,用它切削端面时,在端面处能获得较合理的后角

5.7.2 车削球面

车削球面的原理是一个旋转的刀具沿着一个旋转的物体运动,两轴线相交,但又不重合,那么刀尖在物体上形成的轨迹则为一球面。在实际生产中,车削球面大都采用专用辅助工具进行加工,见表 5.51。

表 5.51 车削球面的方法

名称	简 图	说 明
用蜗杆副传动装置车削外球面车削	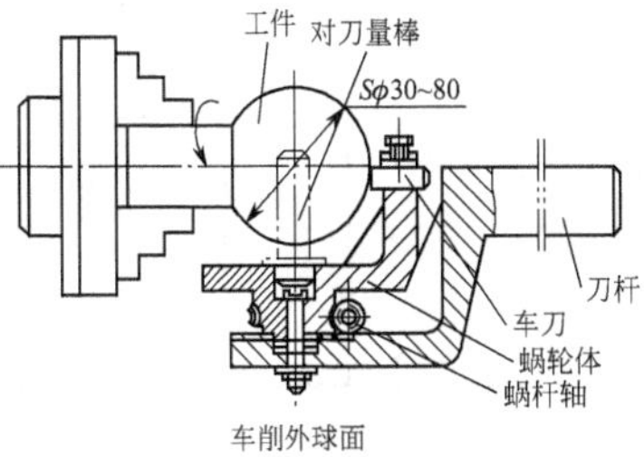 工件 对刀量棒 $S\phi 30\sim80$ 刀杆 车刀 蜗轮体 蜗杆轴 车削外球面	该装置安装在车床小刀架上,蜗轮与刀架制成一体,用螺栓安装在刀杆上,蜗轮与刀杆配合处的间隙不大于 0.01mm。同时蜗轮与安装在刀杆上蜗杆啮合。转动蜗杆轴上的手柄,车出球面。适于车削 $S\phi 30\sim80$mm 的外球面,形状精度可达 0.02mm,表面粗糙度 Ra 小于 1.6μm

续表

名称	简　图	说　明
用蜗杆副传动装置车削内球面	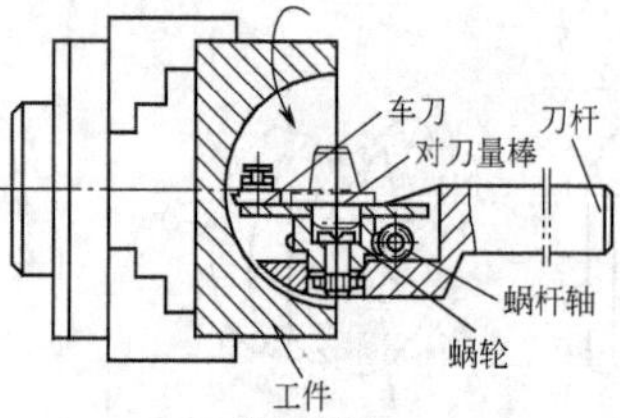	转动蜗杆轴上的手柄,车出球面。适于车削 $S\phi30\sim80mm$ 的内球面,形状精度可达0.02mm。表面粗糙度 Ra 小于 $1.6\mu m$
用杠杆摆动装置车削	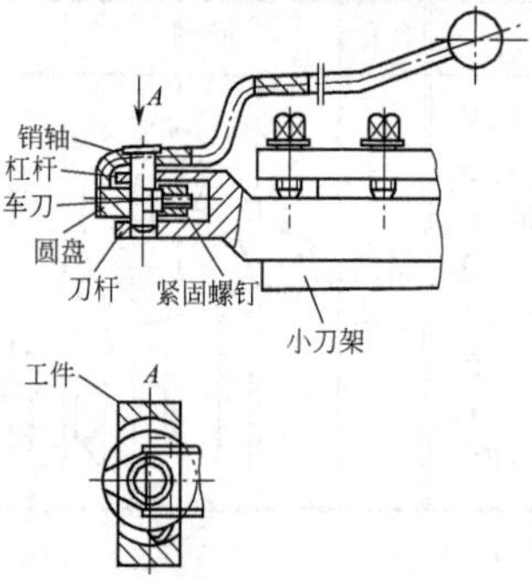	该装置由一销轴安装在刀杆一端,圆盘与销轴光滑表面的配合间隙不大于0.01mm,刀具装夹在圆盘方孔内,摆杆和弯下部分嵌入圆盘内,扳动摆杆便可使刀具沿规定直径的曲线做圆周运动。适于车削内球面,精度可达0.03mm,表面粗糙度 Ra 小于 $1.6\mu m$
旋风车削带柄圆球	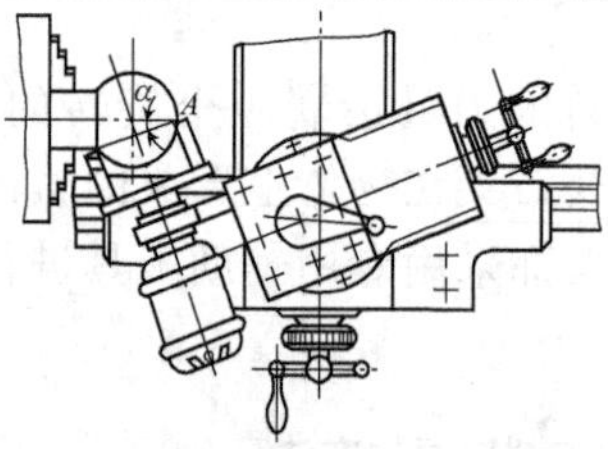 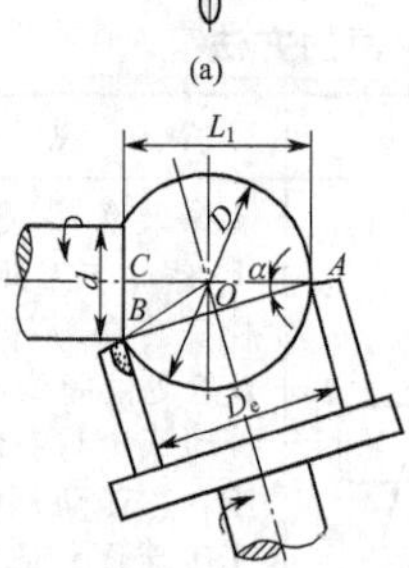	刀架的转动角度 α 为 $$\tan\alpha = \frac{BC}{AC} = \frac{\dfrac{d}{2}}{L_1} = \frac{d}{2L_1}$$ $$L_1 = \frac{D + \sqrt{D^2 - d^2}}{2}$$ 对刀直径 D_e 为 $$D_e = \sqrt{\left(\frac{d}{2}\right)^2 + L_1^2}$$ 或 $\dfrac{D_e}{2} = OA\cos\alpha = R\cos\alpha$ 所以 $D_e = 2R\cos\alpha = D\cos\alpha$

续表

名称	简　图	说　明
旋风车削整圆球	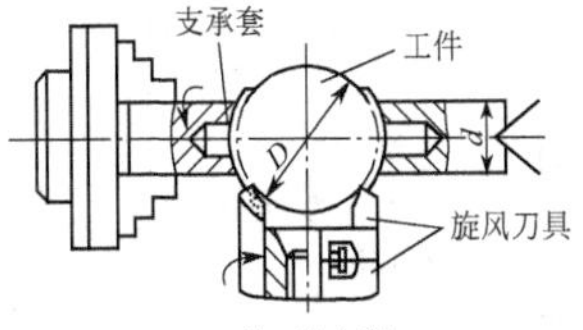 (a) 第一次车削 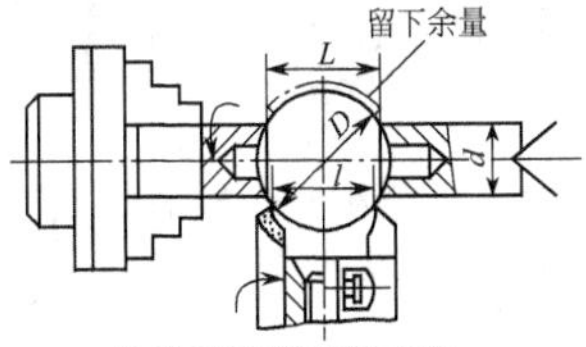 (b) 第二次车削(工件转90°)	旋风车削整球面,刀尖距 l 应在 $L>l>R$ 范围内调节。$l>L$,会切坏支承套;$l<R$,余量切不掉,故以 $l \approx L$ 为宜,且 $L=\sqrt{D^2-d^2}$　$D=2R$

5.7.3　滚压加工常用工具及应用（表5.52）

表 5.52　滚压加工常用工具及应用

形式		结构示意图	特点	注意事项
硬质合金滚轮式内、外圆滚压工具	滚压小尺寸外圆	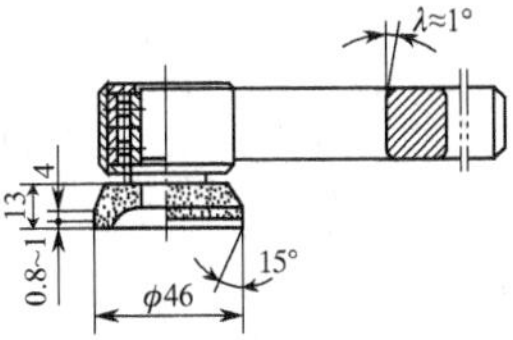	（1）具有滚辗和滚研压两种效应,滚压效果较好 （2）滚轮外径较大,减小了滚轮的转速,使滚轮寿命增加,且可采用较高的滚压速度 （3）滚压时,无须加油润滑,冷却 （4）能滚压台阶轴、短孔、不通孔等塑性材料的工件	（1）工具的滚轮轴线应相对工件轴线在垂直平面内,顺时针方向倾斜 $\lambda=1°$ 左右,使其具有楔入及滚研压效应 （2）安装工具时,应使滚轮轴线相对工件轴线在水平面内顺时针方向倾斜 $1°$ 左右(目测时,滚轮形面与工件的实际接触宽度约 $3\sim4mm$),以使工件表面的弹性变形区逐渐复原、挤光 （3）滚轮的滚辗压角 $\gamma=10°\sim14°$ 以保证顺利楔入工件进行滚辗 （4）滚压前,工件表面和滚轮型面应保持清洁无油污。工件表面不应有局部缩孔或硬化现象
	滚压大尺寸外圆	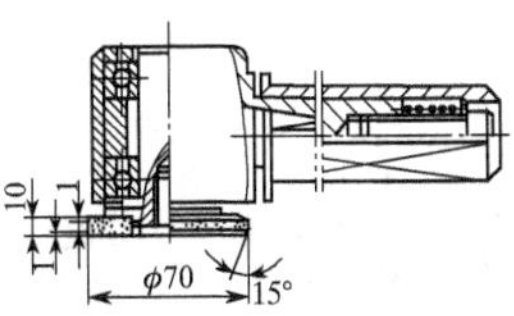		
	滚压内孔	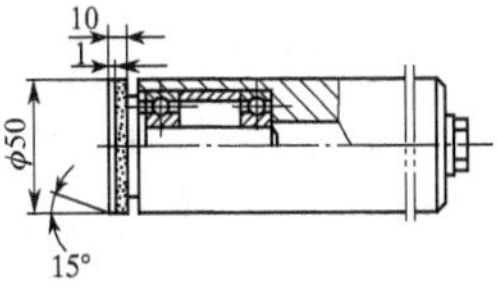		

续表

形式		结构示意图	特点	注意事项
滚柱式内、外圆滚压工具	滚压外圆	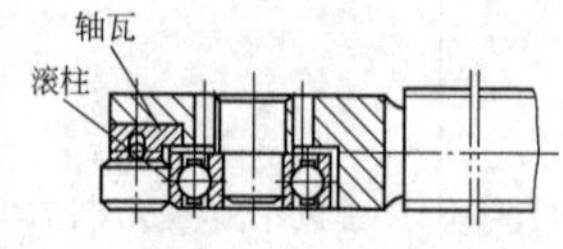 轴瓦 滚柱	(1)具有较大的滚研压效应 (2)滚柱与工件的接触面小,滚压时,无须施加很大的压力 (3)不宜滚压经调质处理的硬度高的工件,对不通孔和有台阶的内孔,不能滚压到底	(1)安装工具时,滚柱对准工件中心,并使滚柱轴线相对工件轴线在垂直平面上顺时针方向倾斜一个 λ 角度 外圆滚压 $\lambda=15°\sim30°$ 内孔滚压 $\lambda=5°\sim25°$ 中小孔滚压 $\lambda=10°$ (2)滚柱与弹夹的配合间隙不宜过大,一般在 0.1mm 左右,否则工件表面会产生振动痕迹
	滚压大孔	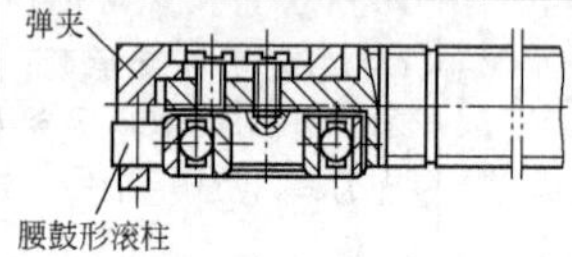 弹夹 腰鼓形滚柱		
	滚压小孔	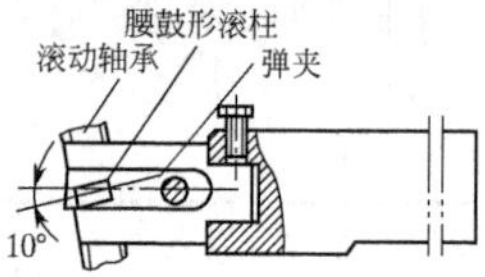 腰鼓形滚柱 滚动轴承 弹夹 10°		
硬质合金YZ型深孔滚压工具	滚压深孔	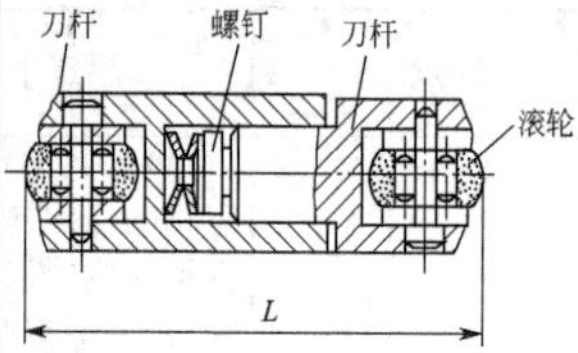 刀杆 螺钉 刀杆 滚轮 L	(1)为加工不同尺寸范围的孔径,滚压工具可调节或改组成不同长度的规格 ($L=80\sim95mm,95\sim110mm,110\sim230mm$) (2)采用弹性方式滚压,压力均匀,调整方便 (3)在滚轮进给方向前面装有滚压导向部分,能保持滚压后的表面粗糙度	(1)成组碟形弹簧应采取面对面《》或背对背》《的装法 (2)滚轮材料为YG6X,其形面可在工具磨床上用碗形砂轮磨出,然后用海绵蘸研磨膏研磨
圆锥滚柱深孔滚压工具	滚压深孔	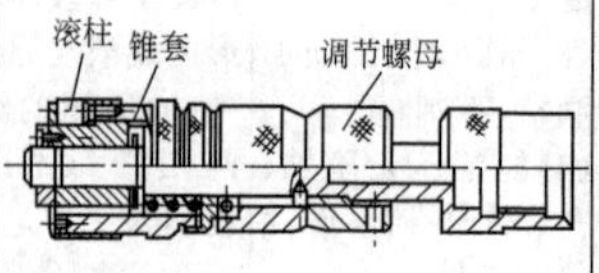 滚柱 锥套 调节螺母	(1)采用圆锥形滚柱型面,滚压时,滚柱与工件具有 $30'\sim1°$ 的斜角,使工件的弹性变形区逐渐复原,以降低孔壁的表面粗糙度值 (2)与钢珠形面相比,它同工件的接触面增大,从而可加大进给量	(1)滚压时应采用切削液,它可由 50%硫化切削液 + 50%柴油或全损耗系统用油、煤油配制而成 (2)滚柱的压入深度可由调节螺母调整,调节螺母旋转一圈,滚压头直径方向的增减量 x 为: $x=2\times1.5\times\tan30'$ $=0.0262(mm)$ 式中 调节螺母的螺距 $=1.5mm$ 心轴锥套圆锥体斜角 $=30'$

形式		结构示意图	特点	注意事项
滚珠式滚压工具	滚压外圆	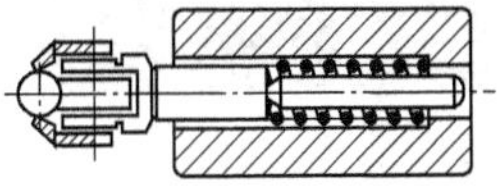	（1）采用滚动轴承的滚珠,具有高精度、高硬度,低表面粗糙度等优点 （2）滚珠与工件的轴向摩擦力小,因而滚压工具的轴向载荷小 （3）滚压内孔的滚压工具,其直径大小可以调节	（1）为使滚珠和工件之间的摩擦力大于滚珠和支承之间的摩擦力,滚珠应支承在一个或两个滚动轴承的外环上 （2）弹性滚压工具用于滚压精度不太高的场合
	滚压内孔	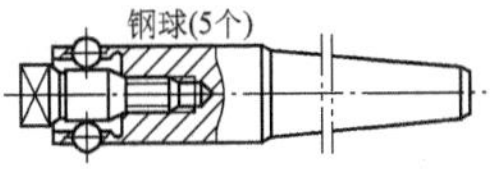 钢球(5个)		

第**6**章

铣削加工

铣削是在铣床上以铣刀旋转做主运动，工件或铣刀做进给运动的切削加工方法。铣削是多刃切削，切削效率较高；铣刀旋转做主运动，铣床与分度头等附件配合时，能获得多种进给运动，适合加工各种形状较复杂的零件。

6.1 铣床及其铣削工艺范围

6.1.1 铣床

铣床是一种用途广泛的机床，可加工平面、斜面、沟槽、台阶、凸轮、齿轮等分齿零件、刀具等螺旋形表面等。铣床的主运动是铣刀的旋转运动。铣床的切削速度较高，采用多刃连续切削，切削效率较高。铣床的类型很多，根据其构造特点及用途可分为卧式铣床、立式铣床、龙门铣床、工具铣床等。

（1）卧式铣床

卧式升降台铣床的主轴是水平布置的，其外形如图 6.1（a）所示。它由床身 1、悬梁 2 及悬梁支架 6、铣刀轴（刀杆）3、升降台 7、滑座 5、工作台 4 以及底座 8 等零部件组成。在铣削加工时，将工件安装在工作台 4 上，将铣刀装在铣刀轴 3 上。铣刀的旋转做主运动，工件（工作台）移动做进给运动。升降台 7 安装在床身的导轨上，可做竖直方向运动；升降台 7 上面的水平导轨上装有滑座 5，滑座 5 带着工作台 4 和工件可做横向移动；工作台 4 装在滑座 5 的导轨上，可做纵向移动。这样，固定在工作台上的工件，通过工作台、滑座和升降台，可以在相互垂直的三个方向实现任一方向的调整或进给。卧式升降台铣床可以加工平面、沟槽、特性面、分齿零件、螺旋槽等工件。

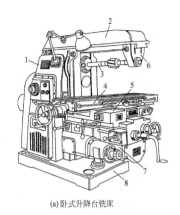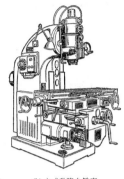

(a)卧式升降台铣床　　　　　　　(b) 立式升降台铣床

图 6.1　铣床外形图

1—床身；2—悬梁；3—铣刀轴；4—工作台；5—滑座；
6—悬梁支架；7—升降台；8—底座

（2）立式铣床

如图 6.1（b）所示为立式升降台铣床的外形图，立式铣床的主要特征是铣床主轴轴线与工作台台面垂直，主轴呈竖立位置，铣削时将铣刀安装在与主轴相连接的刀轴上，随主轴做旋转运动，被切工件装夹在工作台面上对铣刀做相对运动，从而完成切削工作。通常在立铣应用立铣刀、端铣刀、特形铣刀等铣削沟槽、表面。利用机床附件可以加工圆弧、曲线外形、齿轮、螺旋槽、离合器等较复杂的工件。

（3）龙门铣床

龙门铣床是一种大型高效通用铣床，主要用于加工各类大型工件上的平面、沟槽等，其外形如图 6.2 所示。在龙门铣床的横梁和立柱上均可安装铣削头，每个铣削头都是一个独立的主运动部件，龙门铣床根据铣削动力头的数量分别有单轴、双轴、四轴等多种形式。适宜加工各类大型工件上的平面、沟槽及多表面加工。

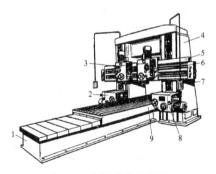

图 6.2　龙门铣床外形图

1—床身；2—卧铣头；3—立铣头；4—立柱；
5—横梁；6—立铣头；7—悬挂式按钮钻；
8—卧铣头；9—工作台

6.1.2 铣削加工范围（见表 6.1）

表 6.1　铣削加工范围

名称	加工简图及说明

铣平面

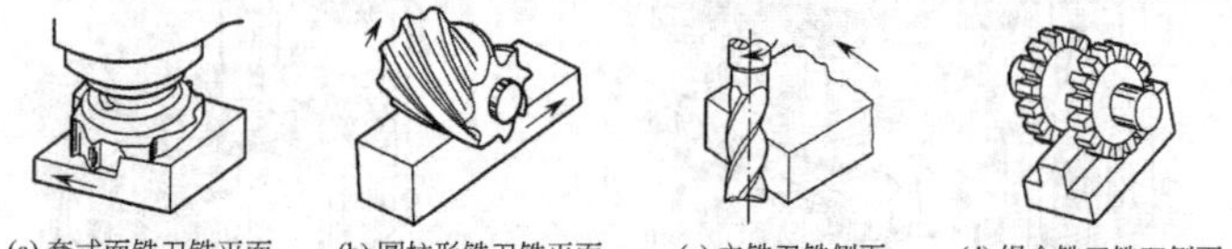

(a) 套式面铣刀铣平面　(b) 圆柱形铣刀铣平面　(c) 立铣刀铣侧面　(d) 组合铣刀铣双侧面

铣沟槽

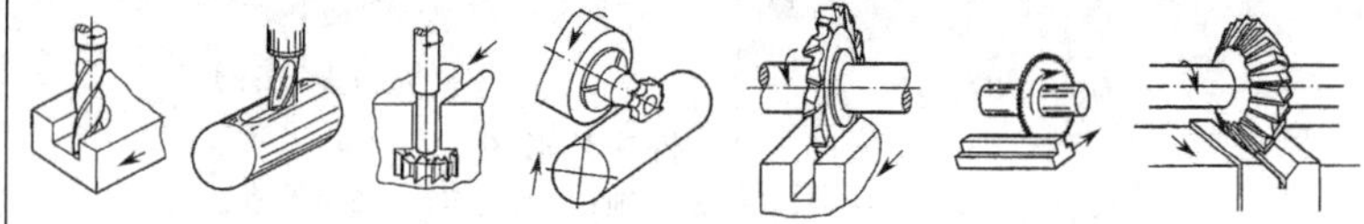

(a) 柱铣刀铣槽　(b) 铣键槽　(c) 铣T形槽　(d) 铣半圆键槽　(e) 盘铣刀铣槽　(f) 锯片铣刀割断　(g) 铣V形槽

铣齿类

(a) 指形模数铣刀铣齿条　(b) 盘形模数铣刀铣齿轮　(c) 用三面刃铣刀铣牙嵌式离合器

铣曲面

(a) 凸半圆铣刀铣凹半圆　(b) 凹半圆铣刀铣凸半圆　(c) 利用靠模铣曲面　(d) 铣刀盘铣圆球　(e) 铣螺旋槽

6.2 铣刀

6.2.1 铣刀的种类及用途（表 6.2）

表 6.2　铣刀的种类及用途

分类	铣刀名称	用途
加工平面用铣刀	圆柱形铣刀,包括粗齿圆柱形铣刀、细齿圆柱形铣刀	粗、半精加工各种平面
	端铣刀(或面铣刀),包括镶齿套式端铣刀、硬质合金端铣刀、硬质合金可转位端铣刀	粗、半精、精加工各种平面

续表

分类	铣刀名称	用途
加工沟槽、台阶表面用铣刀	立铣刀,包括粗齿立铣刀、中齿立铣刀、细齿立铣刀、套式立铣刀、模具立铣刀	加工沟槽表面;粗、半精加工平面、台阶表面;加工模具的各种表面
	三面刃铣刀、两面刃铣刀,包括直齿三面刃铣刀、错齿三面刃铣刀、镶齿三面刃铣刀	粗、半精、精加工沟槽表面
	锯片铣刀,包括粗齿、中齿、细齿锯片铣刀	加工窄槽表面;切断
	螺钉槽铣刀	加工窄槽,螺钉槽表面
	镶片圆锯	切断
	键槽铣刀,包括平键键槽铣刀、半圆键槽铣刀	加工平键键槽、半圆键键槽表面
	T形槽铣刀	加工T形槽表面
	燕尾槽铣刀	加工燕尾槽表面
	角度铣刀,包括单角铣刀、对称双角铣刀、不对称双角铣刀	加工各种角度沟槽表面(角度为18°~90°)
加工成形表面用铣刀	成形铣刀,包括铲齿成形铣刀,尖齿成形铣刀、凸半圆铣刀、凹半圆铣刀、圆角铣刀	加工凸、凹半圆曲面、圆角;加工各种成形表面

6.2.2 铣刀的几何角度、直径及其选择

（1）常用铣刀的几何角度及代号（图6.3）

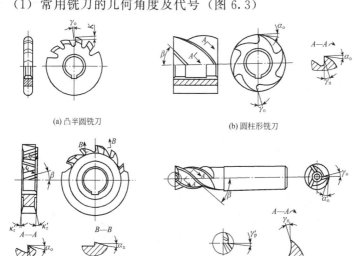

(a) 凸半圆铣刀

(b) 圆柱形铣刀

(c) 错齿三面刃铣刀

(d) 立铣刀

图6.3

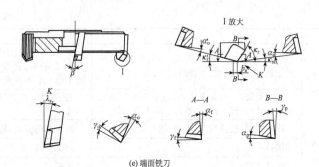

(e) 端面铣刀

图 6.3 常用铣刀的几何角度及代号

γ_0 —前角；γ_p —切深前角；γ_f —进给前角；γ_n —法向前角；γ'_p —副切深前角；
α_0 —后角；α'_0 —副后角；α_p —切深后角；α_f —进给后角；α_n —法向后角；
α_ε —过渡刃后角；κ_r —主偏角；κ'_r —副偏角；κ_{re} —过渡刃偏角；λ_s —刃倾角；
β —螺旋角；b_ε —过渡刃宽度；K —铲背量

（2）铣刀几何参数的选择

① 高速钢铣刀几何参数的选择（表 6.3～表 6.5）

表 6.3 高速钢铣刀前角 γ_0 角度和选用

加工材料		端铣刀、圆柱形铣刀、盘铣刀、立铣刀	切槽铣刀、切断铣刀		成形铣刀、角度铣刀	
			≤3mm	>3mm	粗铣	精铣
碳钢及合金钢 σ_b/MPa	≤600	20	5	10	15	10
	600～1000	15				5
	>1000	10			10	
耐热钢		10～15	—	10～15	5	—
铸铁	≤150	15	5	10	15	5
	150～220	10			10	
	>220	5				
铜合金		10	5	10	10	5
铝合金		25	25	25	—	—
塑料		6～10	8	10	—	—

注：1. 用圆柱形铣刀铣削 σ_b<600MPa 钢料，当刀齿螺旋角 β>30°时，取 γ_0=15°。

2. 当 γ_0>0°的成形铣刀铣削精密轮廓时，铣刀外形需要修正。

3. 用端铣刀铣削耐热钢时，前角取表中较大值；用圆柱形铣刀铣削时，则取较小值。

表 6.4 高速钢铣刀后角、偏角及过渡刃宽度选用

铣刀类型		α_0	α'_0	κ_r	κ'_r	κ_{re}	b_e/mm
端铣刀	细齿	16	8	90	1~2	45	1~2
	粗齿	12		30~90		15~45	
圆柱形铣刀	整体细齿	16	8	—	—	—	—
	粗齿及镶齿	12					
两面刃及三面刃铣刀	整体	20	6	—	1~2	45	1~2
	镶齿	16					
切槽铣刀		20	—	—	1~2	—	—
切断铣刀($L>3$mm)		20	—	—	0.25~1	45	0.5
立铣刀		14	8	—	3	45	0.5~1.0
成形铣刀及角度角度铣刀	夹齿	16	8				
	铲齿	12					
键槽铣刀	$d_0\leqslant16$mm	20	8	—	1.5~2		
	$D>16$mm	16					

注：1. 端铣刀 κ_r 主要按工艺系统刚性选取。系统刚性较好，铣削用量较小时，取 $\kappa_r=30°\sim45°$；中等刚性而余量较大时，取 $\kappa_r=60°\sim75°$；铣削相互垂直表面的端面铣刀，$\kappa_r=90°$。

2. 用端铣刀铣削耐热钢时，取 $\kappa_r=30°\sim60°$。

3. 刃磨铣刀时，在后刀面上可沿刀刃留一刃带，其宽度不得超过 0.1mm，但槽铣刀和切断铣刀（圆锯）不留刃带。

表 6.5 高速钢铣刀螺旋角 β 的选用

铣刀类型		螺旋角 β/(°)	铣刀类型		螺旋角 β/(°)
端铣刀	整体	25~40	盘铣刀	两面刃	15
	镶齿	10		三面刃	8~15
圆柱形铣刀	细齿	30~45		错齿三面刃	10~15
	粗齿	40		镶齿三面刃 $L>15$mm	12~15
	镶齿	20~45		镶齿三面刃 $L<15$mm	8~10
立铣刀		30~45		组合齿三面刃	15
键槽铣刀		15~25			

② **硬质合金铣刀几何参数的选择（表 6.6）**

表 6.6 硬质合金铣刀角度和选用   (°)

铣刀类型	加工材料		γ_o	a_c		α'_o	a_{0E}	β 或 λ_s	κ_r	κ'_r	$\kappa_{r\varepsilon}$	b_ε /mm
				a_f <0.25 mm/z	a_f >0.25 mm/z							
端铣刀	钢 σ_b /MPa	<650	+5	12~16	6~8	8~10	=a_c	λ_s = -12~ -15	20~75	5	$k_t /2$	1~1.5
		650~950	-5									
		1000~1200	-10									
	耐热钢		+8	10	10	8~10	10	λ_s =0	20~75	10	γ_s =1mm	—
	灰铸铁 HB	<200	+5	12~15	6~8	8~10	=a_c	λ_s = -12~ -15	20~75	5	$\kappa'_r /2$	1~1.5
		200~250	0									
	可锻铸铁		+7	6~8	6~8	8~10	6~8	λ_s = -12~ -15	60	2	$\kappa_r /2$	1~1.5
圆柱形铣刀	碳钢和合金钢 σ_b<750MPa		+5	17	17	—	—	24~23	—	—	—	—
	铸铁<200HB											
	青铜<140HB											
	碳钢和合金钢 σ_b=750~1100MPa		0									
	铸铁>200HB											
	青铜>140HB											
	碳钢和合金钢 σ_b>1100MPa		-5	15	15							
	耐热钢,钛合金		6~15	15	15			20				
圆盘铣刀	钢 σ_b /MPa	≤800	-5	20		4	20	8~15	—	2~5	45	1
		>800	-10	20~25			20~25					
	灰铸铁		+5	10~15		4	10~15	8~15	—	2~5	45	1
	耐热钢,钛合金		10~15	15								
立铣刀	碳钢和合金钢 σ_b<750MPa		+5	17		6	17	22~40	—	3~4	45	0.8~1.3
	铸铁< 200HB											
	青铜< 140HB											

续表

铣刀类型	加工材料	γ_0	a_c a_f <0.25 mm/z	a_f >0.25 mm/z	α'_0	a_{0E}	β 或 λ_s	κ_r	κ'_r	κ_{re}	b_ε /mm
立铣刀	碳钢和合金钢 $\sigma_b=750\sim1100$MPa 铸铁>200HB 青铜>140HB	0	17		6	17	22~40	—	3~4	45	0.8~ 1.3
	碳钢和合金钢 $\sigma_b>1100$MPa	−5	15		6	17	22~40	—	3~4	45	0.8~ 1.3
	耐热钢,钛合金	10~15	15		—	—	—	—	—	—	—

注:1. 端铣刀在半精铣和精铣钢（$\sigma_b=600\sim800$MPa）时，$\gamma_0=-5°$，$a_0=5°\sim10°$。

2. 端铣刀在上等工艺系统刚性下，铣削余量小于 3mm 时，取 $\kappa_r=20°\sim30°$；在中等刚性下，余量为 3~6mm 时，取 $\kappa_r=45°\sim75°$。

3. 端铣刀对称铣削，初始铣削 $a_p=0.05$mm 时，取 $\lambda_s=-15°$，非对称铣削时，取 $\lambda_s=-5°$。当以 $\kappa_r=45°$ 的端面铣刀铣削铸铁时，取 $\lambda_s=-20°$；当 $\kappa_r=60°\sim75°$ 时，取 $\lambda_s=-10°$。

4. 圆盘铣刀当工艺系统刚性差及铣削截面大时（$a_p\geqslant d_0$，$a_c\geqslant0.5d_0$），以及 $v_c<100$m/min 时，$\gamma_0=5°\sim8°$。

5. 立铣刀端齿前角 $\gamma_0=+3°\sim-3°$，铣削软钢时用大值，铣削硬钢时用小值。

③ 铣刀直径的选择计算（表 6.7）

表 6.7 铣刀直径选择 mm

铣刀名称	高速钢圆柱形铣刀			硬质合金端铣刀				
铣削深度 a_p	≤70	70~90	90~100	≤4	4~5	5~6	6~8	8~10
铣削宽度 a_c	≤5	5~8	8~10	≤60	60~90	90~120	120~180	180~260	260~350
铣刀直径 d	~80	80~100	100~125	≤80	100~125	160~200	200~250	315~400	400~500
铣刀名称	圆盘铣刀				槽铣刀及切断铣刀			
铣削深度 a_p	≤8	8~12	12~20	20~40	≤5	5~10	10~12	12~25
铣削宽度 a_c	≤20	20~25	25~35	35~50	≤4	≤4	4~5	5~10
铣刀直径 d	≤80	80~100	100~160	160~200	≤63	63~80	80~100	100~125

注:如 a_p、a_c 不能同时与表中数值统一，而 a_p（圆柱形铣刀）或 a_c（端铣刀）有较大时，主要应根据 a_p（圆柱形铣刀）或 a_c（端铣刀）选择铣刀直径 d。

6.2.3 铣刀的安装方式

（1）卧式铣刀的安装

卧式铣刀如三面刃铣刀、槽铣刀等，一般通过刀杆安装在机床上。刀杆上有圆锥的一端与机床主轴锥孔配合，并通过拉杆固定安装在机床主轴上，另一端安装在机床的悬梁支架上。刀具安装有两项精度要求：径向圆跳动和端面圆跳动。对于铣削各种直槽、成形面以及相互垂直两平面，以保证铣刀端面圆跳动为主；铣水平面应以径向圆跳动为主，见表6.8。

表6.8　卧式铣刀的安装

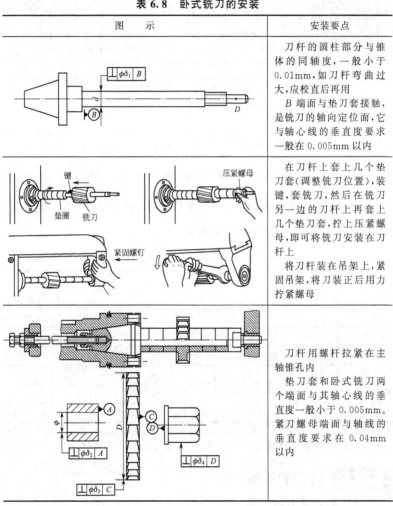

图　　示	安装要点
	刀杆的圆柱部分与锥体的同轴度，一般小于0.01mm，如刀杆弯曲过大，应校直后再用 B端面与垫刀套接触，是铣刀的轴向定位面，它与轴心线的垂直度要求一般在0.005mm以内
	在刀杆上套上几个垫刀套（调整铣刀位置），装键，套铣刀，然后在铣刀另一边的刀杆上再套上几个垫刀套，拧上压紧螺母，即可将铣刀安装在刀杆上 将刀杆装在吊架上，紧固吊架，将刀装正后用力拧紧螺母
	刀杆用螺杆拉紧在主轴锥孔内 垫刀套和卧式铣刀两个端面与其轴心线的垂直度一般小于0.005mm。紧刀螺母端面与轴线的垂直度要求在0.04mm以内

（2）立式铣刀的安装

立式铣刀和键槽铣刀等一般通过拉杆安装在机床的主轴孔内。其安装精度主要是径向圆跳动；端面齿铣刀安装时主要测量其端面圆跳动，有时也要考虑其径向圆跳动。对于不同刀柄的铣刀安装要求如表 6.9 示。

表 6.9　立式铣刀的安装

图　　示	安装要点
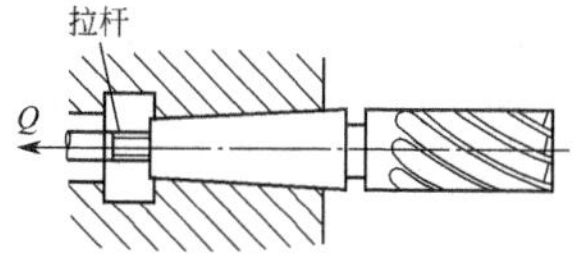	圆锥柄立铣刀通过拉杆安装在主轴上
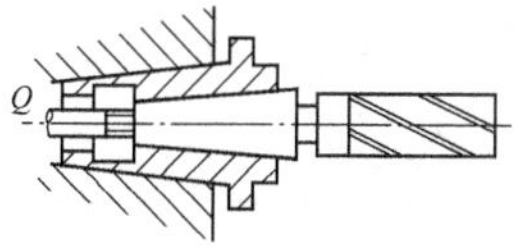	若刀柄锥径小于主轴锥孔，需增用锥面衬套并通过拉杆安装在主轴上
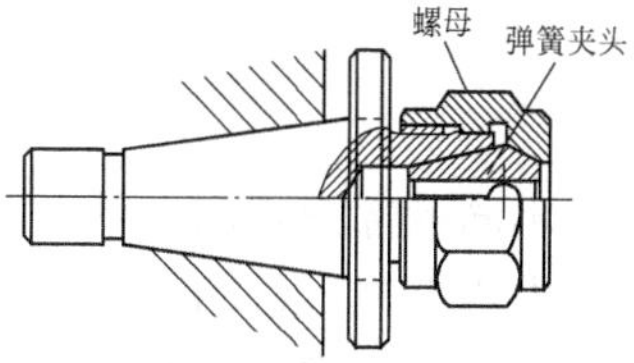	直柄立铣刀需要通过圆柱孔夹头夹紧，夹头与机床连接同锥柄铣刀，注意：安装时，应先擦拭干净配合端面，然后左右转动到吻合性好的位置，再楔紧

（3）端面铣刀的安装

端面铣刀安装在刀杆上，刀杆通过拉杆连接刀机床主轴上，其安装要求见表 6.10。

表 6.10　端面铣刀的安装

图　　示	安装要点
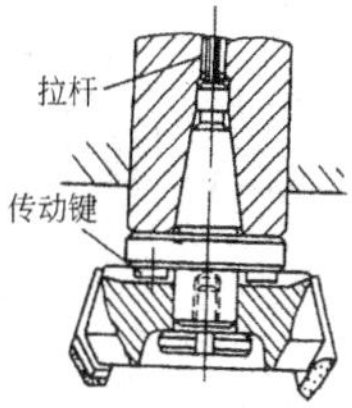	端铣刀装在心轴端部，用键传递铣削力，用大头螺钉把铣刀固定在心轴端面锥柄上端，用拉杆拉紧。这种安装方式，各个接触面间有足够的形状精度和位置精度，铣刀转动平稳、可靠

续表

图　　示	安装要点
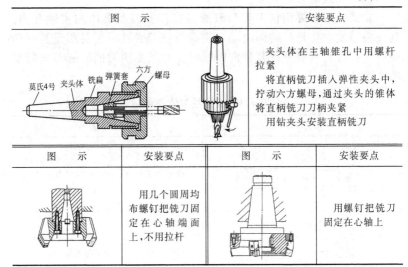莫氏4号　夹头体　铣扁　弹簧套　六方　螺母	夹头体在主轴锥孔中用螺杆拉紧 将直柄铣刀插入弹性夹头中，拧动六方螺母，通过夹头的锥体将直柄铣刀刀柄夹紧 用钻夹头安装直柄铣刀

图　示	安装要点	图　示	安装要点
	用几个圆周均布螺钉把铣刀固定在心轴端面上，不用拉杆		用螺钉把铣刀固定在心轴上

6.2.4 常用铣刀的规格

（1）立铣刀

立铣刀加工时，以周刃切削为主。不同柄部形式的立铣刀，用相应的夹头装夹在立式铣床或镗铣加工中心上进行铣削加工。

粗加工立铣刀的刀齿上开有分屑槽，使宽的切屑变窄，便于沿容屑槽排出。因此，粗加工立铣刀可以较大的吃刀量和每齿进给量进行切削，而不会使切屑堵塞，刀具寿命也比普通立铣刀长。粗加工立铣刀的形式和尺寸见表 6.11～表 6.14。

表 6.11　粗加工立铣刀的形式和尺寸（GB/T 14328—2008）　　mm

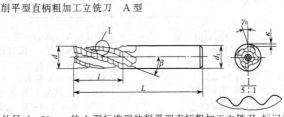

削平型直柄粗加工立铣刀　A 型

外径 $d=10$mm 的 A 型标准型的削平型直柄粗加工立铣刀，标记为削平型直柄粗加工立铣刀　A10　GB/T 14328—2008

续表

削平型直柄粗加工立铣刀　B 型

示
图

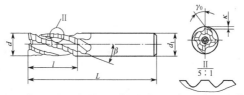

外径 $d=10\text{mm}$ 的 B 型长型的削平型直柄粗加工立铣刀,标记为削平型直柄粗加工立铣刀　B10　长　GB/T 14328—2008

d js15	d_1 h6	标准型		长型		参考		
		l min	L js16	l min	L js16	β	γ_0	κ
8	10	19	69	38	88			1.0～1.5
9	10	19	69	38	88			1.5
10	10	22	72	45	95			1.5～2.0
11	12	22	79	45	102			1.5～2.0
12	12	26	83	53	110			2.0
14	12	26	83	53	110			2.0～2.5
16	16	32	92	63	123			2.5～3.0
18	16	32	92	63	123			3.0
20	20	38	104	75	141	20°～ 35°	6°～ 16°	3.0～3.5
22	20	38	104	75	141			3.5～4.0
25	25	45	121	90	166			4.0～4.5
28	25	45	121	90	166			3.0～3.5
32	32	53	133	106	186			3.5～4.0
36	32	53	133	106	186			4.0～4.5
40	40	63	155	125	217			4.0～4.5
45	40	63	155	125	217			4.5～5.0
50	50	75	177	150	252			5.5～6.0
56	50	75	177	150	252			4.5～5.0
63	63	90	202	180	292			5.0～5.5

参
数

莫氏锥柄粗加工立铣刀　A 型

示
图

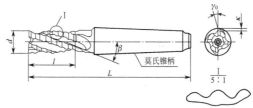

外径 $d=32\text{mm}$ 的 A 型标准型 4 号莫氏锥柄粗加工立铣刀,标记为莫氏锥柄粗加工立铣刀　A32　MT4　GB/T 14328—2008

续表

<table>
<tr><td rowspan="3">示图</td><td colspan="2">莫氏锥柄粗加工立铣刀 B型</td></tr>
<tr><td colspan="2">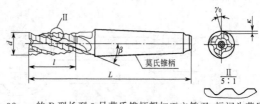</td></tr>
<tr><td colspan="2">外径 $d=32$mm 的 B 型长型 3 号莫氏锥柄粗加工立铣刀,标记为莫氏锥柄粗加工立铣刀 B32 长 MT3 GB/T 14328—2008</td></tr>
</table>

参数	d js15	标准型		长 型		莫氏锥柄号	参 考			齿数
		l min	L js16	l min	L js16		β	γ_0	κ	
	10	22	92	45	115				1.5～2.0	
	11	22	92	45	115	1			1.5～2.0	
	12	26	96	53	123				2.0	
	14	26	111	53	138				2.0～2.5	4
	16	32	117	63	148	2			2.5～3.0	
	18	32	117	63	148				3.0	
	20	38	123	75	160				3.0～3.5	
	22	38	140	75	177	3			3.5～4.0	
	25	45	147	90	192				4.0～4.5	

表 6.12 莫氏锥柄立铣刀(GB/T 6117.2—2010) mm

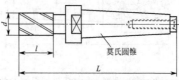

直径 $d=12$mm,总长 $L=96$mm 的标准系列 I 型中齿莫氏锥柄立铣刀,标记为
中齿莫氏锥柄立铣刀 12×96 I GB/T 6117.2—2010

直径 $d=50$mm,总长 $L=298$mm 的长系列 II 型粗齿莫氏锥柄立铣刀,标记为
粗齿莫氏锥柄立铣刀 50×298 II GB/T 6117.2—2010

续表

直径范围 d		推荐直径 d		l		L				莫氏圆锥号	齿数		
>	≤			标准系列	长系列	标准系列		长系列			粗齿	中齿	细齿
						Ⅰ型	Ⅱ型	Ⅰ型	Ⅱ型				
5	6	6	—	13	24	83	—	94	—	1	3	4	—
6	7.5	—	7	16	30	86		100					
7.5	9.5	8	—	19	38	89		108					5
		—	9										
9.5	11.8	10	11	22	45	92		115					
11.8	15	12	—	26	53	96		123					
		—	14			111		138					
15	19	16	18	32	63	117		148		2			6
19	23.6	20	—	38	75	123		160					
		—	22			110		177					
23.6	30	24/25	28	45	90	147		192		3			
30	37.5	32	—	53	106	155		208		4	4	6	8
		—	36			178	201	231	254				
37.5	47.5	40	—	63	125	188	211	250	273	4			
		—	45			221	249	283	311	5			
47.5	60	50	—	75	150	200	223	275	298	4	6	8	10
						233	261	308	336	5			
		—	56			200	223	275	298	4			
						233	261	308	336	5			
60	75	63	71	90	180	248	276	338	366	5			

（参数）

表 6.13　7：24 锥柄立铣刀（GB/T 6117.3—2010）　　mm

示图

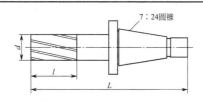

7：24圆锥

标记示例：

　　直径 d＝32mm，总长 L＝158mm，标准系列中齿 7：24 锥柄立铣刀，标记为中齿 7：24 锥柄立铣刀　32×158　GB/T 6117.3—2010

续表

直径范围 d		推荐直径 d		l		L		7:24 圆锥号	齿 数		
>	≤			标准系列	长系列	标准系列	长系列		粗齿	中齿	细齿
23.6	30	25	28	45	90	150	195	30	3	4	6
						158	211				
30	37.5	32	36	53	106	188	241	40			
						208	261	45	4	6	8
37.5	47.5	40	45	63	125	198	260	40			
						218	280	45			
						240	302	50			
47.5	60	50	—	75	150	210	285	40			
						230	305	45	4	6	8
						252	327	50			
		—	56			210	285	40			
						230	305	45			
						252	327	50	6	8	10
60	75	63	71	90	180	245	335	45			
						267	357	50			
75	95	80	—	106	212	283	389	50			

（参数）

表 6.14 套式立铣刀的形式和尺寸（GB 1114—1985） mm

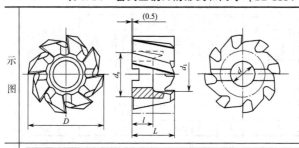

外径为 63mm 的套式立铣刀,标记为套式立铣刀 63 GB/T 1114.1—1998 外径为 63mm 的左螺旋齿的套式立铣刀,标记为套式立铣刀 63-L GB/T 1114.1—1998

（示图）

D		d		L		l		d_1 (min)	d_5[①] (min)
基本尺寸	极限偏差 js16	基本尺寸	极限偏差 H7	基本尺寸	极限偏差 k16	基本尺寸	极限偏差		
40	±0.80	16	$^{+0.018}_{0}$	32	$^{+1.6}_{0}$	18	$^{+1}_{0}$	23	33
50		22		36		20		30	41
63	±0.95	27	$^{+0.021}_{0}$	40		22		38	49
80				45					
100	±1.10	32	$^{+0.025}_{0}$	50		25		45	59
125	±1.25	40		56	$^{+1.9}_{0}$	28		56	71
160		50		63		31		67	91

（参数）

①背面上 0.5mm 不作硬性的规定。
注：1. 套式立铣刀可以制造成右螺旋齿或左螺旋齿。
2. 端面键槽尺寸和偏差按 GB/T 6132 的规定。

（2）面铣刀和三面刃铣刀（表 6.15～表 6.17）

表 6.15 可转位面铣刀（GB/T 5342—2006） mm

示图	莫氏锥柄面铣刀 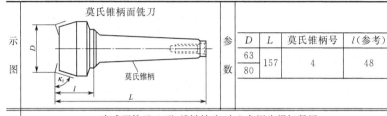	参数	D	L	莫氏锥柄号	l（参考）
			63	157	4	48
			80			

示图	套式面铣刀 A 型，端键转动，内六角沉头螺钉紧固 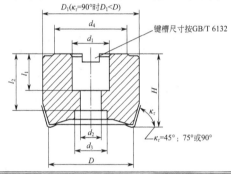

参数	D js16	d_1 H7	d_2	d_3	d_4 最小	H ±0.37	l_1	l_2 最大	紧固螺钉
	50	22	11	18	41	40	20	33	M10
	63								
	80	27	13.5	20	49	50	22	37	M12
	100	32	17.5	27	59		25	33	M16

示图	套式面铣刀 B 型，端键转动，铣刀夹持螺钉紧固 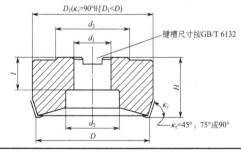

参数	D js16	d_1 H7	d_2	d_3 最小	H ±0.37	l 最小	l 最大	紧固螺钉
数	80	27	38	49	50	22	30	M12
	100	32	45	59		25	32	M16
	125	40	56	71	63	28	35	M20

套式面铣刀 C 型,安装在 7∶24 锥柄定心刀杆上,用四个内六角螺钉将铣刀固定在铣床主轴上

直径为 160～250mm 铣刀

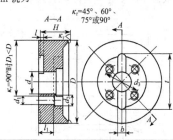

参数	D	d	b	d_1	d_2	d_3	t	l	l_1	H	齿数 粗	齿数 中	齿数 细
数	160	40	16.4	14	20	66.7	105	9	28	63	8	10	14
	200	60	25.7	18	26	101.9	155	14	32		10	12	18
	250										12	16	22

套式面铣刀 C 型,直径为 315～500mm 铣刀

D	d	b	H	齿数 粗	齿数 中	齿数 细
315				16	20	28
400	60	25.7	80	20	26	36
500				25	34	44

表 6.16 直齿三面刃铣刀 (JB/T 6119.1—1999) mm

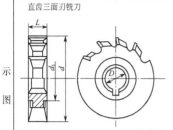

直齿三面刃铣刀

$d=63mm$，$L=12mm$，直齿三面刃铣刀，标记为直齿三面刃铣刀 63×12 GB/T 6119.1—1996

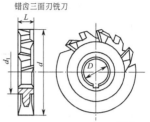

错齿三面刃铣刀

$d=63mm$，$L=12mm$，错齿三面刃铣刀，标记为错齿三面刃铣刀 63×12 GB/T 6119.1—1996

d js16	D H7	d_1 min	L k11															
			4	5	6	8	10	12	14	16	18	20	22	25	28	32	36	40
50	16	27	×	×	×	×	×	—	—	—								
63	22	34	×	×	×	×	×	×	×				—	—				
80	27	41			×	×	×	×	×	×					—			
100	32	47				×	×	×	×	×	×	×						
125			—			×	×	×	×	×	×	×	×					
160	40	55				—		×	×	×	×	×			×			
200								—					×	×	×	×	×	×

表 6.17 镶齿三面刃铣刀 (JB/T 7953—2010) mm

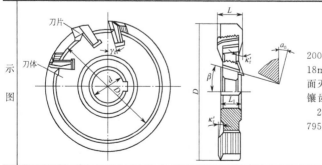

外径 $D=200mm$，厚度 $L=18mm$ 的镶齿三面刃铣刀，标记为镶齿三面刃铣刀 200×18 JB/T 7953—2010

续表

D js16	L H12	d H7	D_1	L_1	参考尺寸				齿数
					β	γ_0	a_n	κ'_r	
80	12	22	71	8.5	8°				10
	14			11					
	16			13					
	18			14.5					
	20			15	15°				
100	12	27	91	8.5	8°				12
	14			11					
	16			13					
	18			14.5					
	20		86	15	15°				10
	22			17					
	25			19.5					
125	12	32	114	9	8°				14
	14			11					
	16			13					
	18			14.5					
	20		111	15	15°				12
	22			17					
	25			19.5					
160	14	40	146	11	8°	15°	10°	0°~30°	18
	16			13					
	20			15					
	25		144	19.5	15°				16
	28			22.5					
200	14		186	10	8°				22
	18			13					20
	22			15.5					
	28			22.5	15°				
	32		184	24					18
250	16	50	236	11	8°				24
	20			14	15°				
	25			19.5					
	28			22.5					22
	32			24					
315	20		301	14	15°				26
	25			19					
	32		297	24					24
	36			27					
	40			28.5					

参数

（3）键槽铣刀（表 6.18）

表 6.18　键槽铣刀（GB/T 1127—1997）　mm

名称	示图与参数

直柄键槽铣刀

D	L	l	d	D	L	l	d	D	L	l	d	D	L	l	d
2	30	4	3	5	40	8	5	10	60	18	10	16	75	28	16
3	32	5		6	45	10	6	12	65	22	12	18	80	32	18 16
4	36	7	4	8	50	14	8	14	70	24	14 12	20	85	36	20

锥柄键槽铣刀

D	L	l	莫氏号	D	L	l	莫氏号	D	L	l	莫氏号	D	L	l	莫氏号
14	110	24	2	20	125	36	2	28	150	45	3	40	190	60	4
16	115	28		22	125	36		32	155	50		45	195	65	
18	120	32		25	145	40	3	36	185	55	4	50	195	65	

半圆键槽铣刀

键的公称尺寸（宽×直径）	D	b	L	d	铣刀型式	齿数	键的公称尺寸（宽×直径）	D	b	L	d	铣刀型式	齿数
1×4	4.25	1	48	6	I	6	5×16		5	60	10	II	8
1.5×7	7.40	1.5					4×19	20.10	4				
2×7	7.40	2					5×19	20.10	5				
2×10	10.60	2	50				5×22	23.20	5				
2.5×10	10.60	2.5					6×22	23.20	6				
3×13	13.80	3	60	10	II	8	6×25	26.50	6	65	12	III	10
3×16	16.9	3					8×28	29.70	8				
4×16	16.9	4					10×32	33.90	10				

（4）T 形槽铣刀（表 6.19）

表 6.19　T 形槽铣刀（GB/T 6124—2007）　　　mm

	普通直柄、削平直柄和螺纹柄 T 形槽铣刀
示图	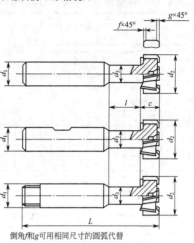 倒角f和g可用相同尺寸的圆弧代替

加工 T 形槽的宽度为 10mm 的普通直柄 T 形槽铣刀,标记为
直柄 T 形槽铣刀 10　GB/T 6124—2007
加工 T 形槽的宽度为 10mm 的削平直柄 T 形槽铣刀,标记为
削平直柄 T 形槽铣刀 10　GB/T 6124—2007
加工 T 形槽的宽度为 10mm 的螺纹柄 T 形槽铣刀,标记为
螺纹柄 T 形槽铣刀 10　GB/T 6124—2007

d_2 h12	c h12	d_3 max	l $+1\atop0$	d_1[①]	L js18	f max	g max	T 型槽宽度
11	3.5	4	5.5		53.5			5
12.5	6	5	7	10	57			6
16		7	10		62		1	8
18	8	8	13	12	70	0.6		10
21	9	10	16		74			12
25	11	12	17	16	82			14
32	14	15	22		90		1.6	18
40	18	19	27	25	108			22
50	22	25	34	32	124	1	2.5	28
60	28	30	43		139			36

标记与参数

续表

| 示图 | 带螺纹孔的莫氏锥柄 T 形槽铣刀 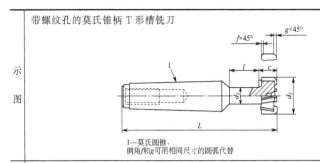 1—莫氏圆锥;
倒角 f 和 g 可用相同尺寸的圆弧代替 |

加工 T 形槽的宽度为 12mm 的莫氏锥柄 T 形槽铣刀,标记为
莫氏锥柄 T 形槽铣刀 12　GB/T 6124—2007

d_2 h12	c h12	d_3 max	l $^{+1}_{\ 0}$	L	f max	g max	莫氏圆锥号	T 形槽宽度
18	8	8	13	82		1	1	10
21	9	10	16	98	0.6		2	12
25	11	12	17	103		1.6		14
32	14	15	22	111			3	18
40	18	19	27	138	1			22
50	22	25	34	173		2.5	4	28
60	28	30	43	188	1.6			36
72	35	36	50	229		4		42
85	40	42	55	240	2		5	48
95	44	44	62	251		6		54

（标记与参数）

①d_1 的公差（按照 GB/T 6131.1，GB/T 6131.2，GB/T 6131.4）；普通直柄适用
h8；削平直柄适用 h6；螺纹柄适用 h8。

（5）燕尾槽铣刀（表 6.20）

表 6.20　直柄燕尾槽铣刀和直柄反燕尾槽铣刀（GB/T 6338—2004）

mm

| 示图 | 燕尾槽铣刀　　　　　　　　反燕尾槽铣刀 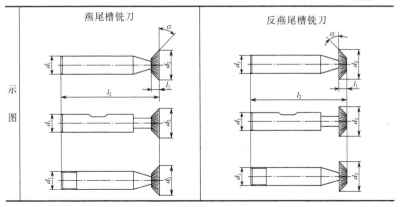 |

续表

	d_2 js16	l_1	l_2	d_1[1]	α[2] ±30'
参数	16	4	60	12	45°
	20	5	63		
	25	6.3	67		
	31.5	8	71	16	
	16	6.3	60	12	60°
	20	8	63		
	25	10	67		
	31.5	12.5	71	16	

①d_1的公差：普通直柄 h8；削平直柄 h6；螺纹柄 h8。
②这个角度对于反燕尾槽铣刀来说，相当于主偏角 κ_r，对于燕尾槽铣刀则相当于刀尖角 ε_r。

（6）成形铣刀（表 6.21～表 6.24）

表 6.21 凹凸半圆铣刀（GB/T 1124.1—2007） mm

示图	参数			
	R k11	d js16	D H7	L +0.30 0
凸半圆铣刀	1	50	16	2
	1.25			2.5
	1.6			3.2
	2			4
	2.5	63	22	5
	3			6
	4			8
	5			10
	6	80	27	12
	8			16
标记示例：	10	100		20
$R=10$mm 的凸半圆铣刀,标记为	12		32	24
凸半圆铣刀 $R10$ GB/T 1124.1—2007	16	125		32
	20			40

续表

示图	参数				

凹半圆铣刀

R N11	d js16	D H7	L js16	C
1	50	16	6	0.2
1.25				
1.6			8	0.25
2			9	
2.5	63	22	10	0.3
3			12	
4			16	0.4
5			20	0.5
6	80	27	24	0.6
8			32	0.8
10	100	32	36	1.0
12			40	1.2
16	125		50	1.6
20			60	2.0

标记示例：
$R=10$mm 的凹半圆铣刀，标记为
凹半圆铣刀 $R10$　GB/T 1124.1—2007

表 6.22　圆角铣刀（GB/T 6122.1—2002）　mm

	R N11	D js16	d H7	L js16	C
参数	1	50	16	4	0.2
	1.25				
	1.6			5	0.25
	2				
	2.5	63	22		0.3
	3.15(3)			6	
	4			8	0.4
	5			10	0.5
	6.3(6)	80	27	12	0.6
	8			16	0.8
	10	100	32	18	1.0
	12.5(12)			20	1.2
	16	125		24	1.6
	20			28	2.0

注：括号内的值为替代方案。

表 6.23　角度铣刀和不对称双角铣刀（GB/T 6128.1—2007）　mm

单角铣刀

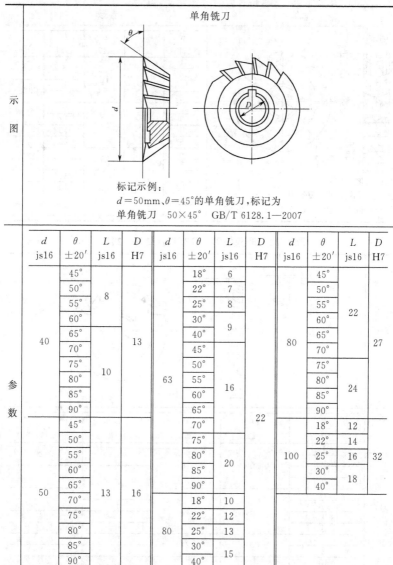

标记示例：

$d=50\text{mm}$、$\theta=45°$的单角铣刀，标记为

单角铣刀　50×45°　GB/T 6128.1—2007

d js16	θ ±20′	L js16	D H7
40	45°	8	13
	50°		
	55°		
	60°		
	65°		
	70°	10	
	75°		
	80°		
	85°		
	90°		
50	45°	13	16
	50°		
	55°		
	60°		
	65°		
	70°		
	75°		
	80°		
	85°		
	90°		
63	18°	6	22
	22°	7	
	25°	8	
	30°	9	
	40°		
	45°		
	50°	16	
	55°		
	60°		
	65°		
	70°	20	
	75°		
	80°		
	85°		
	90°		
80	18°	10	
	22°	12	
	25°	13	
	30°	15	
	40°		
80	45°	22	27
	50°		
	55°		
	60°		
	65°		
	70°		
	75°	24	
	80°		
	85°		
	90°		
100	18°	12	32
	22°	14	
	25°	16	
	30°	18	
	40°		

续表

不对称双角铣刀

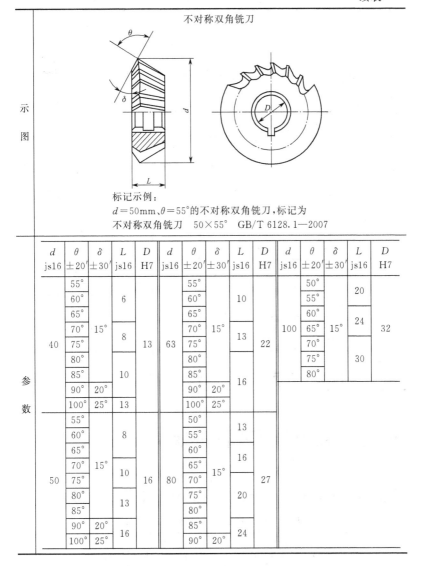

标记示例：

$d＝50mm、\theta＝55°$ 的不对称双角铣刀，标记为

不对称双角铣刀 50×55° GB/T 6128.1—2007

d js16	θ ±20'	δ ±30'	L js16	D H7	d js16	θ ±20'	δ ±30'	L js16	D H7	d js16	θ ±20'	δ ±30'	L js16	D H7
40	55°	15°	6	13	63	55°	15°	10	22	100	50°	15°	20	32
	60°					60°					55°			
	65°					65°					60°			
	70°		8			70°		13			65°		24	
	75°					75°					70°			
	80°		10			80°					75°		30	
	85°					85°		16			80°			
	90°	20°				90°	20°							
	100°	25°	13			100°	25°							
50	55°	15°	8	16	80	50°	15°	13	27					
	60°					55°								
	65°					60°		16						
	70°		10			65°								
	75°					70°		20						
	80°		13			75°								
	85°					80°								
	90°	20°	16			85°		24						
	100°	25°				90°	20°							

表 6.24　对称双角铣刀（GB/T 6128.2—2007）　　　mm

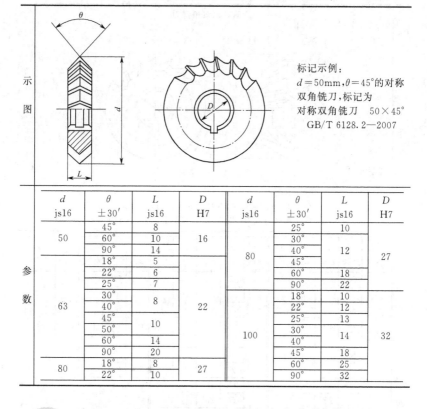

示图

标记示例：
$d=50\text{mm}$，$\theta=45°$的对称
双角铣刀，标记为
对称双角铣刀　$50\times45°$
GB/T 6128.2—2007

参数	d js16	θ $\pm30'$	L js16	D H7	d js16	θ $\pm30'$	L js16	D H7
	50	45°	8	16	80	25°	10	27
		60°	10			30°		
		90°	14			40°	12	
	63	18°	5	22		45°		
		22°	6			60°	18	
		25°	7			90°	22	
		30°	8		100	18°	10	32
		40°				22°	12	
		45°	10			25°	13	
		50°				30°	14	
		60°	14			40°		
		90°	20			45°	18	
	80	18°	8	27		60°	25	
		22°	10			90°	32	

6.3　铣削用量及其选择

6.3.1　铣削用量各要素的定义及计算（表 6.25）

表 6.25　铣削用量要素的定义及计算公式

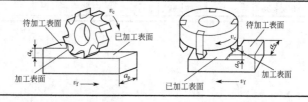

续表

名称	定义	计算公式	举例
铣削深度 a_p /mm	沿铣刀轴线方向测量的刀具切入工件的深度		
铣削宽度 a_e/mm	沿垂直于铣刀轴线方向测量的工件被切削部分的尺寸		
每齿进给量 f_z /mm·z^{-1}	铣刀每转过一个齿,工件相对铣刀移动的距离	$f_z = \dfrac{f}{z} = \dfrac{v_f}{zn}$ 式中 v_f——铣刀每分钟进给量,mm/min; z——铣刀齿数; n——铣刀转速,r/min	例:已知铣刀每分钟进给量 $v_f = 375$mm/min,铣刀每分钟转数 $n = 150$r/min,铣刀齿数 $z = 14$,求铣刀每齿进给量 f_z 解:$f_z = \dfrac{v_f}{zn} = \dfrac{375}{14 \times 150}$ ≈ 0.18(mm/z)
每转进给量 f /mm·r^{-1}	铣刀每转过一转,工件相对铣刀移动的距离	$f = f_z z$	例:已知 $f_z = 0.05$mm/z,$z = 16$,$n = 300$r/min,求 f 及 v_f 解:$f = f_z z = 0.05 \times 16$ $= 0.80$(mm/r)
每分钟进给量 v_f/mm·min^{-1}	铣刀旋转一分钟,工件相对铣刀移动的距离	$v_f = fn = f_z zn$	$v_f = f_z zn = 0.05 \times 16 \times 300$ $= 240$(mm/min)
铣削速度 v_c/m·min^{-1}	主运动的线速度,也就是铣刀刃部最大直径处在一分钟内所经过的距离	$v_c = \dfrac{\pi d_0 n}{1000}$ 式中 d_0——铣刀外径,min; n——铣刀转速,r/min 在实际工作中,一般先确定铣削速度 v_c 的大小,然后按上式算出转速 n,来调整铣床的主轴转速	例:已知铣刀外径 $d_0 = 63$mm,铣刀转速 $n = 190$r/min,求铣削速度 v_c 解:$v_c = \dfrac{\pi d_0 n}{1000} = \dfrac{3.14 \times 63 \times 190}{1000}$ $= 37.6$(m/min) 例:铣刀外径 $d_0 = 80$mm,铣削速度 $v_c = 30$m/min,试求在 X6132 (X62W)铣床上铣刀转速 n 解:$n = \dfrac{1000v_c}{\pi d_0} = \dfrac{1000 \times 30}{3.14 \times 80}$ ≈ 119(r/min) 根据铣床主轴转速表,取铣刀转速 $n = 118$r/min

6.3.2 铣削用量的选择

(1) 铣削深度 a_p 的选择

根据不同的加工要求，a_p 的选择有下述三种情况。

① 当工件表面粗糙度 Ra 为 $12.5\mu m$，一般可通过一次粗铣达到尺寸要求，但是，当工艺系统刚性很差，或者机床动力不足，或余量很大时，可考虑分两次铣削。此时，第一刀的铣削深度应尽可能大些，以使刀尖避开工件表面的锻、铸硬皮。通常，铣削无硬皮的钢料时，$a_p＝3～5mm$；铣削铸钢或铸铁时，$a_p＝5～7mm$。

② 当工件表面粗糙度 Ra 为 $6.3～3.2\mu m$ 时，可分粗铣及半精铣两步。粗铣后留 $0.5～1.0mm$ 余量，由半精铣切除。

③ 当工件表面粗糙度 Ra 为 $1.6～0.8\mu m$ 时，可分粗铣、半精铣及精铣。半精铣 $a_p＝1.5～2.0mm$；精铣 $a_p＝0.5\,mm$ 左右。

（2）每齿进给 f_z 的选择

a_p 选定后，应尽可能选取较大的 f_z。粗铣时，限制 f_z 的是铣削力及铣刀容屑空间的大小，当工艺系统的刚性越好、铣刀齿数越少时，f_z 可取得越大；半精铣及精铣时，限制 f_z 的是工件表面粗糙度，表面粗糙度要求越小，f_z 应越小。有关各种常用铣刀的每齿进给量可分别参照表 6.26～表 6.29。

表 6.26　硬质合金端铣刀、盘铣刀加工平面和台阶时的进给量 f_z

机床功率/kW	钢		铸铁及铜合金	
	不同牌号硬质合金的每齿进给量/mm·z^{-1}			
	YT15	YT5	YG6	YG8
＜5	0.06～0.15	0.07～0.15	0.10～0.20	0.12～0.24
5～10	0.09～0.18	0.12～0.18	0.14～0.24	0.20～0.29
＞10	0.12～0.18	0.16～0.24	0.18～0.28	0.25～0.38

注：1. 用盘铣刀铣沟槽时，表中所列进给量应减小 50%。

2. 用端铣刀铣平面时，采用对称铣削时取最小值；不对称铣削时取最大值。主偏角 $\kappa_r \geqslant 75°$ 时，取最小值；主偏角 $\kappa_r ＜75°$ 时，取最大值。

3. 加工材料的强度或硬度大时，进给量取最小值，反之取大值。

表 6.27　硬质合金立铣刀加工平面和台阶时的进给量 f_z

立铣刀类型	铣刀直径/mm	铣削深度/mm			
		1～3	5	8	12
		每齿进给量/mm·z^{-1}			
带整体硬质合金刀头的立铣刀	10～12	0.03～0.02	—	—	—
	14～16	0.06～0.04	0.04～0.03	—	—
	18～22	0.08～0.05	0.06～0.04	0.04～0.03	—

续表

立铣刀类型	铣刀直径 /mm	铣削深度/mm			
		1～3	5	8	12
		每齿进给量/mm·z^{-1}			
镶螺旋形硬质合金刀片的立铣刀	20～25	0.12～0.07	0.10～0.05	0.10～0.05	0.08～0.05
	30～40	0.18～0.10	0.12～0.08	0.10～0.06	0.10～0.05
	50～60	0.20～0.10	0.16～0.10	0.12～0.08	0.12～0.06

注：1. 在功率较大的机床上，在装夹系统刚性较好的情况下，进给量取大值；在功率中等的机床上，进给量取小值。

2. 用立铣刀铣沟槽时，表列进给量应适当减小。

表 6.28　高速钢面铣刀、圆柱铣刀和盘铣刀的进给量 f_z　　mm·z^{-1}

机床功率/kW	装夹系统刚性	粗齿和镶齿铣刀				细齿铣刀			
		面铣刀及盘铣刀		圆柱铣刀		面铣刀及盘铣刀		圆柱铣刀	
		钢	铸铁及铜合金	钢	铸铁及铜合金	钢	铸铁及铜合金	钢	铸铁及铜合金
>10	较好	0.20～0.30	0.40～0.60	0.30～0.50	0.45～0.70	—	—	—	—
	一般	0.15～0.25	0.30～0.50	0.25～0.40	0.40～0.60	—	—	—	—
	较差	0.10～0.15	0.20～0.30	0.15～0.30	0.25～0.40	—	—	—	—
5～10	较好	0.12～0.20	0.30～0.50	0.20～0.30	0.25～0.40	0.08～0.12	0.20～0.35	0.10～0.15	0.12～0.20
	一般	0.08～0.15	0.20～0.40	0.12～0.20	0.20～0.30	0.06～0.10	0.15～0.30	0.06～0.10	0.10～0.15
	较差	0.06～0.10	0.15～0.25	0.10～0.15	0.12～0.20	0.04～0.08	0.12～0.20	0.06～0.08	0.08～0.12
<5	一般	0.04～0.06	0.15～0.30	0.10～0.15	0.12～0.20	0.04～0.06	0.12～0.20	0.05～0.08	0.06～0.12
	较差	0.03～0.05	0.10～0.20	0.06～0.10	0.10～0.15	0.03～0.05	0.08～0.15	0.03～0.06	0.05～0.10

注：1. 铣削深度和铣削宽度较小时，进给量取大值，反之取小值。

2. 铣削耐热钢时，进给量与铣钢相同，但不大于 0.3mm/z。

3. 表中所列进给量适用于粗铣。

表 6.29　高速钢立铣刀、角铣刀、半圆铣刀、切口铣刀和锯片铣刀的进给量 f_z

铣刀直径 d_o/mm	铣刀类型	铣削深度 a_p/mm									
		每齿进给量 f_z/mm·z^{-1}									
		3	5	6	8	10	12	15	20	25	30~50
16	立铣刀	0.08~0.05	0.06~0.05	—	—	—	—	—	—	—	—
20	立铣刀	0.10~0.05	0.07~0.04	—	—	—	—	—	—	—	—
25	立铣刀	0.12~0.07	0.09~0.05	0.08~0.04	—	—	—	—	—	—	—
30	立铣刀	0.16~0.10	0.12~0.07	0.10~0.05	0.08~0.05	—	—	—	—	—	—
35	角铣刀	0.08~0.06	0.07~0.05	0.06~0.04	—	—	—	—	—	—	—
40	立铣刀	0.20~0.12	0.14~0.08	0.12~0.07	0.08~0.05	—	—	—	—	—	—
40	切口铣刀	0.01~0.05	0.007~0.005	0.01~0.005	—	—	—	—	—	—	—
45	半圆铣刀和角铣刀	0.09~0.05	0.07~0.05	0.06~0.03	0.06~0.03	—	—	—	—	—	—
50	立铣刀	0.20~0.12	0.15~0.10	0.13~0.08	0.10~0.07	—	—	—	—	—	—
50	切口铣刀	0.01~0.006	0.01~0.005	0.012~0.008	0.012~0.008	—	—	—	—	—	—

续表

铣刀直径 d_0/mm	铣刀类型	铣削深度 a_p/mm									
		每齿进给量 f_z/mm·z^{-1}									
		3	5	6	8	10	12	15	20	25	30~50
60	半圆铣刀和角铣刀	0.10~0.06	0.08~0.05	0.07~0.04	0.06~0.04	0.05~0.03	—	—	—	—	—
63	切口铣刀	0.013~0.008	0.01~0.005	0.015~0.01	0.015~0.01	0.015~0.01	—	—	—	—	—
	锯片铣刀	—	—	0.025~0.015	0.022~0.012	0.02~0.01	—	—	—	—	—
75	半圆铣刀和角铣刀	0.12~0.08	0.10~0.06	0.09~0.05	0.07~0.05	0.06~0.04	0.06~0.03	—	—	—	—
80	切口铣刀	—	0.015~0.005	0.025~0.01	0.022~0.01	0.02~0.01	0.017~0.008	0.015~0.007	—	—	—
	锯片铣刀	—	—	0.03~0.015	0.027~0.012	0.025~0.01	0.022~0.01	0.02~0.01	—	—	—
90	半圆铣刀和角铣刀	0.12~0.07	0.12~0.05	0.11~0.05	0.10~0.05	0.09~0.04	0.08~0.04	0.07~0.03	0.05~0.03	—	—
100	锯片铣刀	—	—	0.03~0.023	0.03~0.02	0.03~0.02	0.025~0.02	0.025~0.02	0.025~0.015	0.02~0.01	—
125~200	锯片铣刀	—	—	—	—	—	—	0.03~0.02	0.025~0.015	0.02~0.01	0.015~0.01

注: 1. 表中所列进给量适合于加工合金钢料;加工铸铁、铜及铝合金时,进给量可按表列数值增加30%~40%。

2. 铣削宽度小于5mm时,切口铣刀和锯片铣刀采用细齿;铣削宽度大于5mm时,采用粗齿。

3. 表中半圆铣刀的进给量适用于凸凹半圆铣刀,对于凹半圆铣刀,进给量应减少1/3。

（3）铣削速度 v_c 的选择

铣削深度 a_p 及每齿进给量 f_z 选定后，应在保证正常的铣刀耐用度及在机床动力和刚性允许的条件下，尽可能取较大的切削速度 v_c。选择 v_c 时，首先应考虑的因素是刀具材料及工件材料的性质。刀具材料的耐热性越好，v_c 可取得越高；而工件材料的强度、硬度越高，v_c 则应当适当减小。但在加工不锈钢之类的难加工材料时，其强度及硬度可能比一般钢材还要低些，可是它的冷硬，有粘刀倾向，导热性差，铣刀磨损严重，因此，v_c 值应比铣一般钢材时低些。常用材料的铣削速度见表 6.30。

表 6.30 常用材料的铣削速度

加工材料	硬度 HBS	铣削速度 v_c/m·min^{-1}	
		硬质合金刀具	高速钢刀具
低、中碳钢	＜220	80～150	21～40
	225～290	60～115	15～36
	300～425	40～75	9～20
高碳钢	＜220	60～130	18～36
	225～325	53～105	14～24
	325～375	36～48	9～12
	375～425	35～45	6～10
合金钢	＜220	55～120	15～35
	225～325	40～80	10～24
	325～425	30～60	5～9
工具钢	200～250	45～83	12～23
灰铸铁	100～140	110～115	24～36
	150～225	60～110	15～21
	230～290	45～90	9～18
	300～320	21～30	5～10
可锻铸铁	110～160	100～200	42～50
	160～200	83～120	24～36
	200～240	72～110	15～24
	240～280	40～60	9～21
铝镁合金	95～100	360～600	180～300

注：1. 粗铣时，切削负荷大，v_c 应取小值；精铣时，为了减小表面粗糙度，v_c 取大值。

2. 采用机夹式或可转位硬质合金铣刀，v_c 可取较大值。

3. 经实际铣削后，如发现铣刀耐用度太低，则应适当减小 v_c。

4. 铣刀结构及几何角度改进后，v_c 可以超过表列值。

6.4 铣削方式与工件装夹方式

6.4.1 铣削方式

（1）圆柱形铣刀的铣削方式（圆周铣削，表 6.31）

表 6.31 圆柱形铣刀的铣削方式（圆周铣削）

圆周铣削	特 点
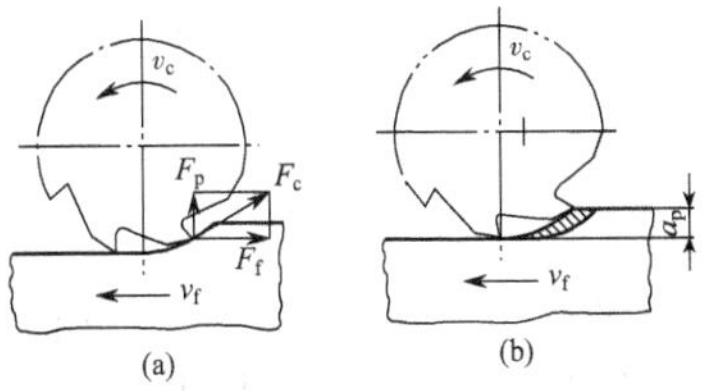	（1）工件的进给方向与铣刀的旋转方向相反[图（a）] （2）铣削里的垂直分力向上，工件需要较大的夹紧力 （3）铣削厚度从零开始逐渐增至最大[图（b）]，当刀齿刚接触工件时，其铣削厚度为0，后刀面与工件产生挤压和摩擦，会加速刀齿的磨损，降低铣刀耐用度和工件加工质量
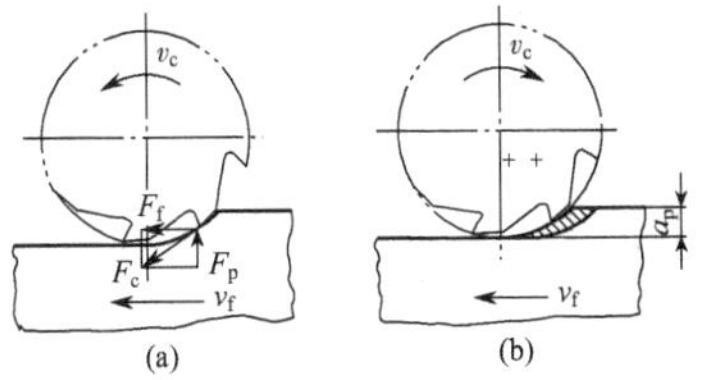	（1）工件的进给方向与铣刀的旋转方向相同[图（a）] （2）铣削的垂直分力向下，将工件压向工作台，铣削较平稳 （3）刀齿以最大铣削厚度切入工件，尔后逐渐减小至0[图（b）]，后刀面与工件无挤压、摩擦现象，表面粗糙度较低 （4）刀齿突然切入工件会加速刀齿的磨损，降低铣刀耐用度，不适于切带硬皮的工件 （5）铣削力的水平分力与工件进给方向相同，因此，当工作台的进给丝杠与螺母有间隙时，不宜采用顺铣

（2）面铣刀的铣削方式（端面铣削，表 6.32）

表 6.32 面铣刀的铣削方式（端面铣削）

端面铣削		特点
对称铣削	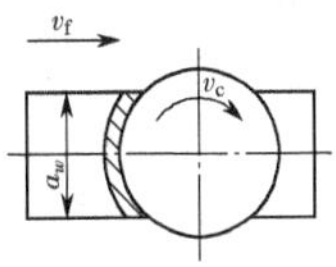	铣刀位于工件宽度的对称线上，切入和切出处铣削厚度最小且不为零。对铣削有冷硬层的淬硬钢有利。其切入边为逆铣，切除边为顺铣

续表

端面铣削		特点
不对称逆铣	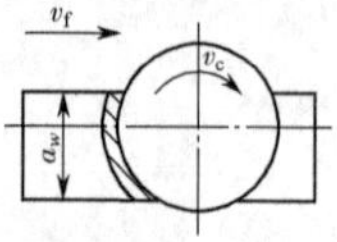	铣刀以最小铣削厚度(不为零)切入工件,以最大厚度切出工件。因切入厚度较小,减小了冲击。对提高铣刀耐用度有利,适合铣削碳钢和一般合金钢
不对称顺铣	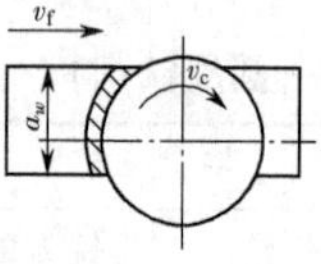	铣刀以较大铣削厚度切入工件,以较小厚度切出工件。虽然切削时具有一定的冲击性,但可以避免切入冷硬层,适合于加工冷硬性材料与不锈钢、耐热合金等

6.4.2 铣削工件的装夹方法

（1）铣床夹具的类型

铣床夹具按使用范围,可分为通用铣夹具、专用铣夹具和组合夹具三类。按工件在铣床上的加工运动特点,可分为直线进给夹具、圆周进给夹具、沿曲线进给夹具三类。

① 通用夹具　能加工两种或两种以上工件的同一夹具,一般是指已经规格化的。通用夹具应用广泛,已经标准化了。铣床上常用的平口虎钳、轴用虎钳、分度头、圆转台等都属于通用夹具。

② 专用夹具　专用夹具是为某一特定工件的某一个工序加工要求而专门设计制造的,当工件或工序改变时就不能再使用了。这类夹具结构紧凑,使用维护方便,加工精度容易控制,产品质量稳定。

③ 组合夹具　由可循环使用的标准夹具零部件组装成易于连接和拆卸的夹具。组合夹具装卸迅速、周期短,能反复使用,可减少制造成本。但生产效率和加工精度不如专用夹具,通常用于新产品试制等多品种工件加工。

（2）工件在铣床上的装夹方式（表6.33）

表 6.33 工件在铣床上的装夹方式

装夹方式	图示	特点
工件直接装夹在工作台面上	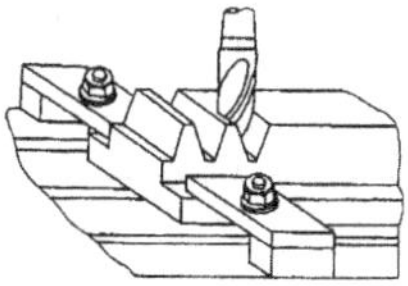	对于尺寸较大、几何形状复杂的工件,如机床床身、工作台、箱体等;加工尺寸超过机床工作台行程,如长齿条、长轴上沟槽加工等。当加工细长轴上的键槽时,将工件直接用压板装夹在工作台 T 形槽槽口上,以代替 V 形铁。此方法装夹方便,节约校正时间,装夹刚性好
用平口虎钳装夹工件	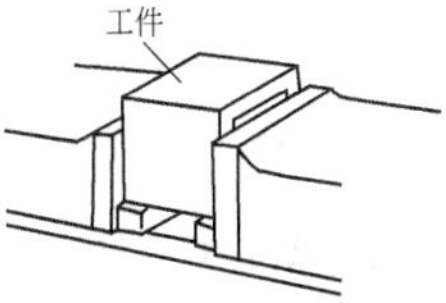	矩形工件一般选用平口虎钳装夹
用 V 形铁和压板装夹	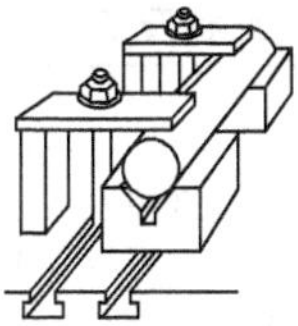	以外圆柱面定位的工件,可选用 V 形块定位,用压板将工件夹紧。也可选用轴用虎钳装夹
用分度头装夹工件	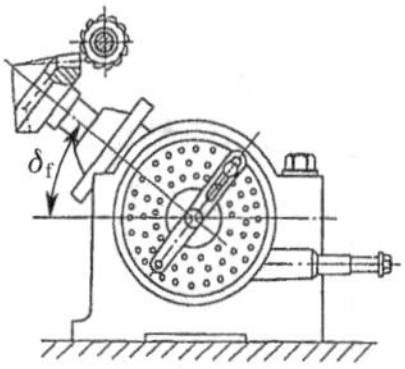	对于齿轮工件,精度要求高的轴、盘类工件上的角度面、沟槽、刀具齿槽、曲面加工,可选用分度头或回转台装夹
用分度头装夹工件	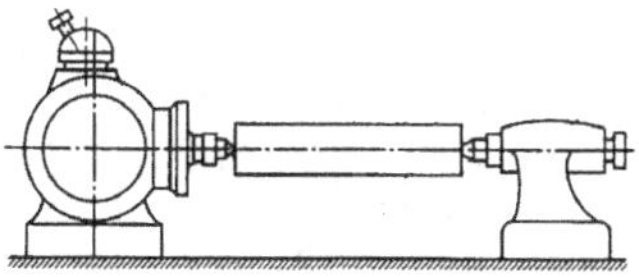	用分度头主轴和尾架两顶尖装夹工件,工件轴线位置不会因直径变化而变化。因为无论在卧式铣床,还是在立式铣床上加工,键槽的对称性均不会受工件直径的变化影响
用专用夹具装夹工件	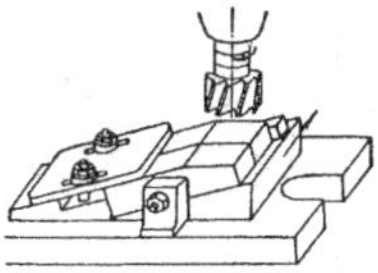	专用夹具是专门加工某一加工部位或工序而专门设计的。其优点是工件定位准确,夹紧方便牢固,使用于大批量生产

续表

装夹方式	图示	特点
回转台 装夹工件	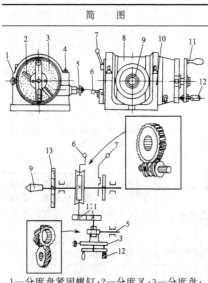	曲面加工,可选用回转台装夹

6.5 分度头及其应用

6.5.1 分度头的组成及简单使用

（1）分度头的组成结构及简单分度（表 6.34）

表 6.34　分度头的组成结构及简单分度

简　图	说　明
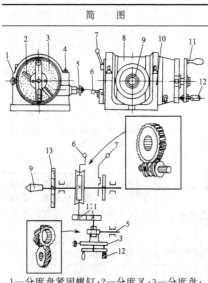 1—分度盘紧固螺钉；2—分度叉；3—分度盘； 4—螺母；5—交换齿轮轴；6—蜗杆脱落手柄； 7—主轴锁紧手柄；8—回转体；9—主轴； 10—基座；11—分度手柄；12—分度定位销； 13—刻度盘	分度头的蜗杆蜗轮传动比为 1：40，称分度头定数（40）。分度盘各圈的孔数：24、25、28、34、37、38、39、41、42、43、46、47、49、51、53、54、57、58、59、62、66 　　**例 6.1**　铣齿轮齿数 $Z=12$，求每次分度头手柄的转数？ 　　[解]　$n=\dfrac{40}{z}=\dfrac{40}{12}=3\dfrac{4}{12}=3\dfrac{8}{24}$ 　　即：铣完一齿后，分度头手柄摇 3 转，再在 24 的孔圈上转过 8 个孔距。 　　角度分度的转数：$n=\theta/9°$ 或 $\theta'/540$ 或 $\theta''/32400$ 　　**例 6.2**　要在工件外圆上铣两条夹角为 24°20′ 的槽，求每次分度头手柄的转数？ 　　[解]　$\theta'=24\times60'+20'=1460'$ 　　$n=\dfrac{\theta'}{540'}=\dfrac{1460'}{540'}=2\dfrac{38}{54}$ 　　即铣好一条槽后，分度头手柄摇 11 转，再在 54 的孔圈上转过 18 个孔距 　　其交换齿轮齿数为：25、30、35、40、50、55、60、70、80、90、100。用于差动分度

（2）差动分度

当被分度的等分或角度不满足分度盘各圈的孔数时，应采用差动分度法，就需要用分度头的交换齿轮装置来进行差动分度。分度头的交换齿轮装置如图 6.4 所示。分度等分与交换齿轮的关系如表 6.35 所示。

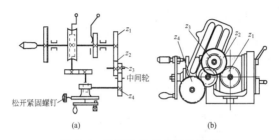

图 6.4　分度头的交换齿轮装置

表 6.35　分度等分与交换齿轮的关系

z_1和 z 相比	传动比 i	手柄和分度盘回转方向	一对交换齿轮	两对交换齿轮
$z_1 > z$	正	相同	加一个中间轮	不加中间轮
$z_1 < z$	负	相反	加两个中间轮	加一个中间轮

注：所选的工件假设等分数 z_1 必须能够进行单式分度，并且要比较接近工件实际等分数 z。

差动分度法计算如下。

每次分度头手柄的转数 $n = \dfrac{40}{z_1}$

传动比 $i = \dfrac{40(z_1 - z)}{z_1}$

式中　40——分度头的定数；

　　　z——工件实际等分数；

　　　z_1——工件假设等分数。

例 6.3　铣一齿轮，齿数 $z = 111$，求分度头手柄转数和交换齿轮，并决定分度头手柄与分度盘回转方向。

［解］　设假定齿数 $z_1 = 110$，则分度手柄转数 n 为

$$n = \frac{40}{z_1} = \frac{40}{110} = \frac{4}{11} = \frac{24}{66}$$

即：分度头手柄应在 66 孔圈上转过 24 个孔距。

计算交换齿轮

$$i = \frac{40(z_1 - z)}{z_1} = \frac{40(110 - 111)}{110} = -\frac{40}{110} = -\frac{20}{55} = -\frac{40}{55} \times \frac{25}{50}$$

即 $z_1 = 40$、$z_2 = 55$、$z_3 = 25$、$z_4 = 50$。因 z_1 小于 z，$z_1 z_3 / z_2 z_4$ 为负值，所以取中间轮的数目应保证分度盘回转方向相反。

6.5.2 分度头的近似分度

（1）近似分度计算

近似分度法的计算公式为

$$n = \frac{40}{z} NM$$

式中　　n ——分度头手柄应转过的转数；

z ——工件的等分数；

N ——所选择的分度盘孔圈孔数；

M ——扩大的倍数（跳齿数）。

例 6.4　有一直齿锥齿轮，齿数 $z = 93$，计算分度头手柄的转数？

[**解**]　先按简单分度法得到分度头手柄所要摇的转数为

$$n = \frac{40}{z} = \frac{40}{93}$$

由于此数不能约简，分度盘上也没有 93 孔的孔圈，因此无法进行分度。如果在分度盘上任意选一孔圈，如 $N = 59$，那么每次分度时手柄应摇的孔距数是

$$\frac{40}{93} \times 59 = \frac{2360}{93} = 25.37634$$

因为所得的是小数，没法摇手柄，这时可将 25.37634 扩大一个倍数，设法使其接近一个整数，现将此数扩大 8 倍得

$$25.37634 \times 8 \approx 203.01075$$

此数接近 203 整数，因此可以按 203 个孔距在 59 孔的孔圈上进行分度，其手柄转数应

$$n = \frac{203}{59} = 3\frac{26}{59}$$

即铣完一齿后，手柄摇 3 转，然后在 59 孔的孔圈上再转过 26 个孔距。

因孔距数乘上 8，所以这时所摇的孔距数是原来所要摇的孔距数的 8 倍，也就是跳齿数 M ＝8，即铣完第一齿后，再铣的是第九齿，这样连续下去，就可以把工件的全部齿铣完。

（2）近似分度表（分度头定数为 40，表 6.36）

表 6.36　近似分度表

等分数 z	孔圈孔数 N	分度手柄转数 n	跳齿数 M	$D=1mm$ 时 齿距累积误差/mm
61	53	$2\frac{33}{53}$	4	0.001 45
63	62	$6\frac{61}{62}$	11	0.001 25
67	66	$2\frac{65}{66}$	5	0.001 17
69	59	$2\frac{53}{59}$	5	0.001 32
71	53	$3\frac{30}{53}$	7	0.001 45
73	66	$3\frac{19}{66}$	6	0.001 17
77	53	$7\frac{42}{53}$	15	0.001 45
79	59	$4\frac{3}{59}$	8	0.001 32
81	58	$6\frac{53}{58}$	14	0.001 34
83	51	$9\frac{8}{51}$	19	0.00150
87	62	$\frac{57}{62}$	2	0.001 25
89	66	$1\frac{23}{66}$	3	0.001 17
91	62	$1\frac{47}{62}$	4	0.001 25
93	59	$3\frac{26}{59}$	8	0.001 32

等分数 z	孔圈孔数 N	分度手柄转数 n	跳齿数 M	$D=1mm$ 时 齿距累积误差/mm
97	53	$2\frac{47}{53}$	7	0.001 46
99	62	$8\frac{5}{62}$	20	0.001 25
101	62	$3\frac{35}{62}$	9	0.001 25
103	62	$5\frac{2}{62}$	13	0.111 25
107	59	$6\frac{43}{59}$	18	0.001 32
109	62	$1\frac{29}{62}$	4	0.001 25
111	53	$3\frac{32}{53}$	10	0.001 46
113	66	$3\frac{59}{66}$	11	0.001 17
117	49	$1\frac{18}{49}$	4	0.001 59
119	59	$1\frac{57}{59}$	6	0.001 32
121	62	$\frac{41}{62}$	2	0.001 25
122	66	$8\frac{13}{66}$	25	0.002 34
123	59	$5\frac{12}{59}$	16	0.001 32
126	58	$5\frac{23}{28}$	17	0.002 69
127	59	$3\frac{46}{59}$	12	0.001 32
129	59	$5\frac{16}{59}$	17	0.001 32

等分数 z	孔圈孔数 N	分度手柄转数 n	跳齿数 M	$D=1\text{mm}$ 时 齿距累积误差/mm
131	51	$2\frac{7}{51}$	7	0.001 53
133	66	$6\frac{1}{66}$	20	0.001 17
134	51	$2\frac{35}{51}$	9	0.003 16
137	57	$4\frac{5}{57}$	14	0.001 37
138	53	$3\frac{10}{53}$	11	0.002 95
139	62	$5\frac{29}{62}$	19	0.001 25
141	58	$3\frac{7}{58}$	11	0.001 34
142	59	$5\frac{54}{59}$	21	0.002 65
143	54	$5\frac{17}{54}$	19	0.001 44
146	58	$2\frac{27}{58}$	9	0.002 69
147	58	$6\frac{15}{58}$	23	0.001 34
149	58	$1\frac{51}{58}$	7	0.001 34
151	58	$2\frac{53}{58}$	11	0.001 34
153	53	$1\frac{44}{53}$	7	0.001 46
154	62	$7\frac{33}{62}$	9	0.002 50
157	58	$2\frac{17}{58}$	9	0.001 34

续表

等分数 z	孔圈孔数 N	分度手柄转数 n	跳齿数 M	$D=1$mm 时 齿距累积误差/mm
158	62	$5\frac{51}{62}$	23	0.002 50
159	58	$5\frac{31}{58}$	22	0.001 34

6.5.3 直线移距分度法

直线移距分度法是将分度头主轴或侧轴和纵向工作台丝杠用交换齿轮连接起来,移距时只要转动分度头手柄,通过齿轮传动,使纵向工作台做精确的移距。这种方法使用于加工精度较高的齿条和直尺刻线等的等分移距分度。

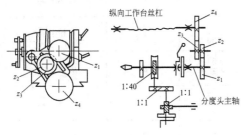

图 6.5 主轴交换齿轮法

常用的直线移距法有两种:主轴交换齿轮法和侧轴交换齿轮法。

主轴交换齿轮法是在分度头主轴与纵向工作台传动丝杠之间安装交换齿轮,如图 6.5 所示。在转动分度头手柄时,利用分度头的 1∶40 的蜗杆蜗轮减速,主轴的传动传至纵向丝杠,使工作台移动一个较小的距离。

交换齿轮比计算公式为

$$\frac{40S}{np} = \frac{z_1 z_3}{z_2 z_4}$$

式中 z_1,z_3——主动交换齿轮齿数;

z_2,z_4——从动交换齿轮齿数;

40——分度头定数;

S——工件每格距离,mm;

n——每次移距时分度头手柄转数,mm;

p——铣床纵向工作台丝杠螺距。

交换齿轮传动比尽可能小于 2.5,式中 n 虽然可以为任意选取，但为了保证计算配置齿轮的传动平稳，n 尽可能不要选得太大，n 应取在 1～10 之间。

例 6.5 在 X6132 型铣床上用 F11125 分度头采用主轴交换齿轮法进行刻线，工件每格距离 $S = 1.75\text{mm}$，机床纵向丝杠 $P_{丝} = 6\text{mm}$。试决定分度手柄转数和挂轮齿数。

［解］ 取分度头手柄转数 $n = 5$，则

$$\frac{z_1 z_3}{z_2 z_4} = \frac{40S}{np} = \frac{40 \times 1.75}{5 \times 6} = \frac{70}{30}$$

即主动交换齿轮 $z_1 = 70$，从动交换齿轮 $z_4 = 30$，每次分度头手柄转数为 5 转。

侧轴交换齿轮法是将分度侧轴与纵向丝杠之间安装交换齿轮如图 6.6 所示。因不通过 1∶40 的蜗杆蜗轮减速传动，故用于较大的移距量。

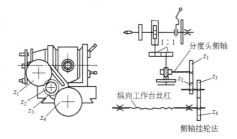

图 6.6　侧轴交换齿轮法

交换齿轮计算公式为

$$\frac{S}{np} = \frac{z_1 z_3}{z_2 z_4}$$

采用此法时，分度头手柄的插销不能拔出。分度盘的紧固螺钉应松开。使分度盘连同手柄一起转动。为了准确地控制分度手柄转数，可将分度盘的紧固螺钉改为定位销。

例 6.6 在 X6132 型铣床上用 F11125 分度头，进行刻线，每格距离为 $S = 8.75\text{mm}$，纵向工作台丝杠 $P_{丝} = 6\text{ mm}$。求分度手柄转数和挂轮齿数。

［解］ 取分度头手柄转数 $n = 1$，有

$$\frac{z_1 z_3}{z_2 z_4} = \frac{S}{np} = \frac{8.75}{1 \times 6} = \frac{8.75 \times 4}{6 \times 4} = \frac{35}{24} = \frac{7 \times 5}{6 \times 4} = \frac{70 \times 50}{60 \times 40}$$

即主动交换齿轮 $z_1 \neq 70$，$z_3 = 50$；从动交换齿轮 $z_2 = 60$，$z_4 = 40$，每次分度头手柄转数为 1 转。

6.5.4 双分度头复式分度法

双分度头复式分度法的实质是通过两次简单分度来达到分度的

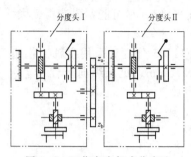

图 6.7 双分度头复式分度法

目的，而两次简单分度是通过两个分度头分别完成的。如图 6.7 所示，分度头 Ⅰ 及 Ⅱ 同时安装在铣床工作台面上，并用 1：1 的交换齿轮 z_a 和 z_b 将分度头 Ⅰ 的侧轴与分度头 Ⅱ 的主轴连接起来，工作安装在分度头 Ⅰ 的主轴上。当工作每分度一次，转过 $1/z$ 时，分度头 Ⅰ 的分度手柄应转过 $n=40/z$，转数 n 将由以下两部分组成。

① 分度头 Ⅰ 的分度手柄相对本身分度盘的转数 n_1。

② 当分度头 Ⅱ 的分度手柄转动时，将通过分度头 Ⅱ 的主轴，经过交换齿轮使分度头 Ⅰ 的分度盘连同分度手柄一起转动。如分度头 Ⅱ 的分度手柄转过 n_2 转时，分度头 Ⅰ 的分度盘连同分度手柄将转过 $n_2/40$。所以分度头复合分度法的计算公式为

$$\frac{40}{z}=n_1+\frac{n_2}{40}$$

由上式直接确定 n_1 及 n_2 比较困难，具体计算时可按以下步骤进行。

① 取一个与工件等分数相接近的，并可作单式分度的假定等分数 z_0。按简单分度法确定分度头 Ⅰ 的分度手柄相对分度盘的转数 $n_1=40/z_0$。

② 将 n_1 带入上式计算 n_2 得

$$n_2=\frac{1600(z_0-z)}{zz_0}$$

从上式可知，当 $z_0>z$ 时，n_2 为正值，这表明分度头 Ⅱ 的分度手柄转动的方向，应使分度头 Ⅰ 的分度盘转向和 n_1 相同；反之当 $z_0<z$ 时，n_2 为负值，分度头 Ⅰ 的分度盘转向应和 n_1 相反。实践证明，当选用 $z_0>z$ 时，操作较方便，并能使分度均匀。

③ 用角度分度表，按 n_2 值查取最接近的分度头 Ⅱ 的分度盘孔圈孔数以及每次分度时分度手柄应转过的孔距数和折合手柄转数。

例 6.7 采用双分度头复式分度法铣削模数 $m=1.5\text{mm}$，齿轮 $z=127$ 的直尺圆柱齿轮，该分度圆直径为 $d=190.5\text{mm}$。试求分

度数据及齿距最大累积误差 Δt_{Σ}。

[**解**] ① 取假定等分数 $z_0 = 130$，则按简单分度法公式计算：

$$n_1 = \frac{40}{z_0} = \frac{40}{130} = \frac{12}{39}$$

即分度头 I 的分度盘孔圈孔数为 39，每次分度时分度手柄应转过 12 个孔距。

② 计算 n_2

$$n_2 = \frac{1600(z_0 - z)}{z z_0} = \frac{1600 \times (130 - 127)}{127 \times 130} = 0.3048$$

③ 由角度分度表查得，最近的分度手柄转数为 0.3051，所以 $n_2 = 18/59$，即分度头 II 的分度盘孔数为 59。每次分度时分度手柄转过 18 个孔距，因 $z_0 > z$，n_2 为正值，其转动方向，应使分度头 I 的分度盘转向和 n_1 相同。

④ 由上面计算可知，每次分度时分度头 II 的分度手柄有转角误差

$$\Delta n_2 = 0.3051 - 0.3048 = 0.0003$$

则反映到分度头 I 的分度手柄上，每次分度的转角误差为

$$\Delta n = \frac{\Delta n_2}{40} = \frac{0.0003}{40} = 0.0000075$$

所以造成每次分度后工件齿距误差为

$$\Delta p = \frac{\Delta n 9°}{360°} \pi d = \frac{0.0000075}{40} \times 3.14 \times 190.5 = 0.00001125 \text{(mm)}$$

所有齿铣好，共需分度 $z - 1 = 127 - 1 = 126$ 次，故齿轮最大累积误差为

$$\Delta p_{\Sigma} = \Delta p (z - 1) = 0.00001125 \times 126 = 0.0014 \text{ (mm)}$$

6.5.5 圆工作台的分度方法

在立式铣床上使用圆工作台可以铣削等分槽一类工件。把圆工作台固定在铣床工作台上，将圆工作台的手柄卸下，换上分度盘和分度手柄，就可以进行分度工作。

圆工作台内部的蜗杆为单线，蜗轮齿数有 60 齿、90 齿和 120 齿三种。它们的分度定数 N 为 60、90、120。分度盘手柄转数计算公式见表 6.37。

表 6.37　圆工作台分度计算公式

圆工作台分度定数 N	圆工作台简单分度计算公式	圆工作台角度分度计算公式
60	$n = \dfrac{60}{z}$	$n = \dfrac{60\theta}{360°} = \dfrac{\theta}{6°}$
90	$n = \dfrac{90}{z}$	$n = \dfrac{90\theta}{360°} = \dfrac{\theta}{4°}$
120	$n = \dfrac{120}{z}$	$n = \dfrac{120\theta}{360°} = \dfrac{\theta}{3°}$

注：1. 其计算和分度方法与使用分度头时相同。

2. 式中，n 为圆工作台分度手柄转数；z 为工件等分数。

6.6　平面和斜面的铣削

6.6.1　铣削平面

（1）水平面铣削（表 6.38）

表 6.38　铣削平面

图　示	采用的方法与说明
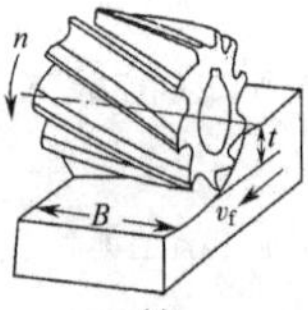 (a) 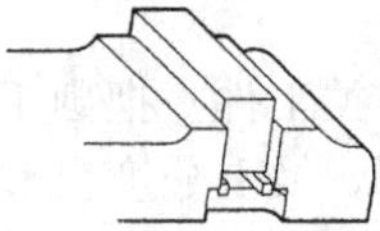 (b)	铣刀选择：中小型平面常在卧式铣床上采用圆柱形铣刀铣削平面，如图(a)所示，圆柱形铣刀刀齿分布在圆柱表面上，可分为直齿和螺旋齿两种。由于螺旋齿圆柱形铣刀的每一个刀齿是逐渐切入和切离工件的，所以其工作过程平稳，加工表面粗糙度 Ra 值小 铣削方式：在没有丝杠、螺母消除装置的铣床上进行工件加工或工艺刚性不足时，应采用逆铣加工，有硬皮的铸件或锻件毛坯最好采用逆铣。目前生产中多数还是采用逆铣 装夹方式：采用平口虎钳夹具装夹工件，如图(b)所示，在铣削平行平面时 ① 虎钳导轨面和平行垫铁与工作台面不平行。校正方法：临时的可在虎钳底面与台面之间垫铜皮或纸片，应垫在工件厚的一方；永久措施是修正虎钳导轨面和平行垫铁 ② 用周边铣削时，刀杆与工作台不平行以及铣刀有锥度 ③ 用端面铣削时，铣床主轴与进给方向不垂直 ④ 工件基准面与平行垫铁和虎钳导轨面不贴合 ⑤ 工件上和固定钳口贴合的平面与基准面不垂直。若靠活动钳口的一端尺寸较薄，则把铜皮垫在固定钳口的上部，可改善情况。在铣削精度高的平行面时，可用杠杆式百分表校正工件下平面的四角

续表

图 示	采用的方法与说明
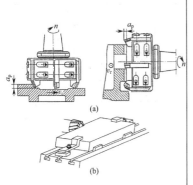	装夹方式:如图(b)所示,将工件装夹在工作台面上加工,主要适用于尺寸较大的工件。可采用定位块使基准面与工作台面垂直并与进给方向平行,这时用端铣刀铣出的平面即为平行面。采用这种装夹方法加工平行面时,加工前必须检查其垂直度 铣削方式:用端铣刀进行逆铣时,由于不会产生工作台窜动现象,所以一般都采用逆铣方式 铣刀选择:镶齿面铣刀可安装在立式铣床或卧式铣床上,分别铣削水平面或垂直面,刀盘直径一般为$\phi75\sim300\text{mm}$,主要铣削大平面,可进行高速切削,切削速度可达$100\sim150\text{m/min}$
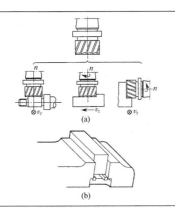	铣刀选择:套式面铣刀如图(a)所示,直径一般为$\phi63\sim100\text{mm}$,圆周面和端面上均有刀齿,可在立式铣床和卧式铣床上使用,适宜铣削平面尺寸不大的工件 铣削方式:逆铣 装夹方式:采用平口虎钳夹具装夹工件,如图(b)所示
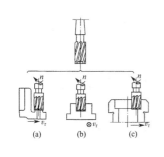	用端铣刀和立铣刀在立式铣床上铣平面,产生的热量较小,刀具耐用度高。立铣中使用的刀轴比卧铣短,能减小加工中振动。可以提高切削用量 铣削的方式:如图(a)所示,用端铣刀进行对称铣削,适用于加工短而宽或较厚的工件,不宜铣削狭长或较薄的工件。图(b)所示铣削法相当于圆柱铣刀铣平面的顺铣法,在加工中会产生工作台窜动,所以不常用。图(c)所示铣削法相当于圆柱铣刀铣平面的逆铣法,用端铣刀进行逆铣时,由于不会产生工作台窜动现象,所以一般都采用逆铣方式 装夹方式:采用通用夹具装夹工件

（2）垂直面的铣削（表 6.39）

表 6.39　垂直面的铣削

方法	图示	说明
用平口虎钳装夹	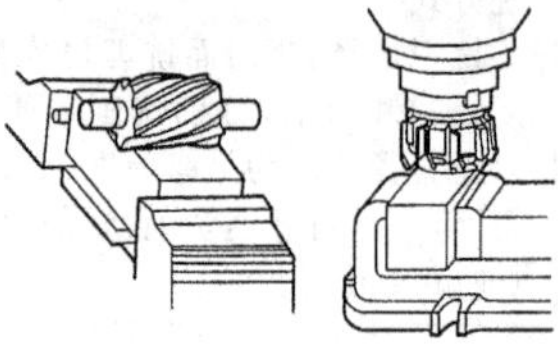	用平口虎钳装夹简便和牢固。铣削时，造成垂直度误差超过允差的原因和校正方法如下 ① 固定钳口与工作台面不垂直，校正的临时措施是垫铜片、纸片，当工件的加工面与基准面夹角小于 90°时，垫在固定钳口的上方，永久措施是修正钳口 ② 工件基准面与固定钳口不贴合，处理措施是：擦干净贴合部分表面；在活动钳口处放铜棒或厚纸条 ③ 夹紧时夹紧力太大，使固定钳口外倾 ④ 工件基准面平面度差 ⑤ 用图示方式铣削时，立铣头与工作台不垂直，用纵向进给并做非对称铣削或用横向进给。处理措施是校正立铣头
用压板装夹	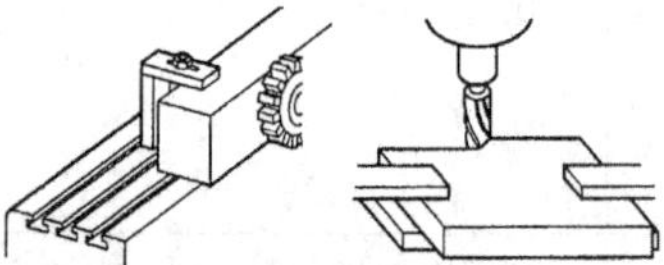	① 左图是用压板把工件直接压牢在工作台上，造成不垂直的原因是基准面与工作台之间有杂物和毛刺以及进给方向与铣床主轴不垂直 ② 左图的装夹方法适用于工件宽大而不厚的情况，造成不垂直的原因是铣刀有锥度或基准面与工作台不平行；在用横向进给时，立铣头"零位"不准
用角铁装夹	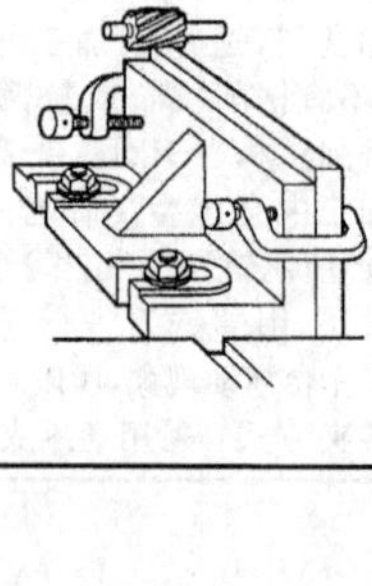	左图的装夹方法与用平口虎钳装夹基本相同。其不同处有 ① 适宜于装夹较宽大的工件 ② 夹紧力较大时，角铁垂直面不会外倾 ③ 刚度比较差 ④ 用如图所示的进给方向，当铣刀有锥度时，对垂直度有影响，用虎钳装夹时也一样

方法	图示	说明
用平口虎钳装夹铣削端部垂直面	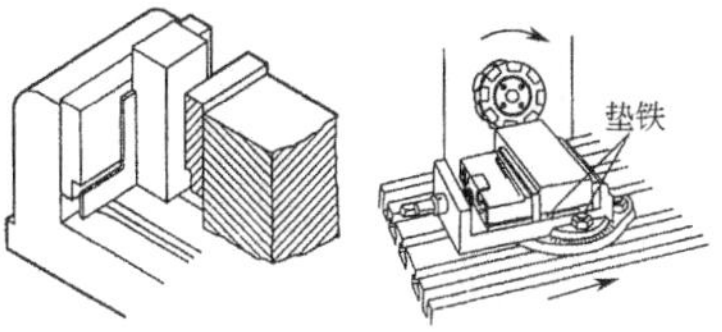	① 左图适宜于加工小型工件的单件生产。造成不垂直的原因,除与用平口钳装夹具有相同的情况外,还与角尺的精度和操作准确度有关,而且每件都要用角尺校正工件 ② 在安装虎钳时,必须把固定钳口校正到与进给方向垂直;虎钳的导轨面和平行垫铁必须与工作台平行,造成不垂直的原因是:工件侧面与固定钳口、底面与平行垫铁不贴合 当工件较大时,用一块平行垫铁或角铁代替固定钳口,把工件直接压牢在工作台上面

6.6.2 斜面的铣削 (表 6.40)

表 6.40 斜面的铣削

方法	图示	说明
转动平口虎钳	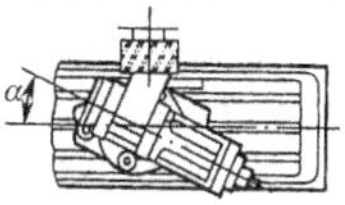	用平口虎钳、可倾斜虎钳和可倾斜工作台转动一定的角度来装夹工件铣削斜面,适用于单件或小批生产。调整时,夹具需转过的角度 α 与斜面的夹角 θ 之间的关系为: 在夹具转过角度之前,若基准面与加工平面平行,则 $\alpha = \theta$ 在 $\theta > 90°$ 时, $\alpha = 180° - \theta$ 在夹具转过角度之前,若基准面与加工平面垂直,则 $\alpha = 90° - \theta$ 当在 $\theta > 90°$ 时, $\alpha = \theta - 90°$
倾斜虎钳	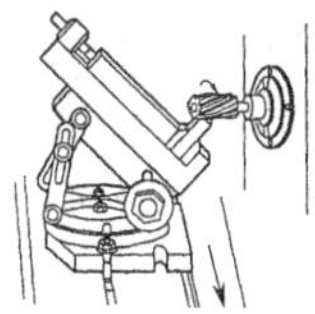	
倾斜工作台	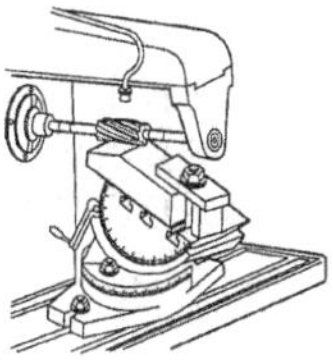	

方法	图示	说明
倾斜垫铁	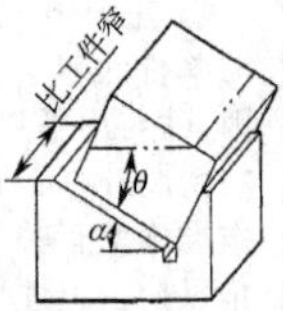	当工件数量较多量时,可用倾斜垫铁与平口虎钳联合装夹工件
倾斜专用夹具	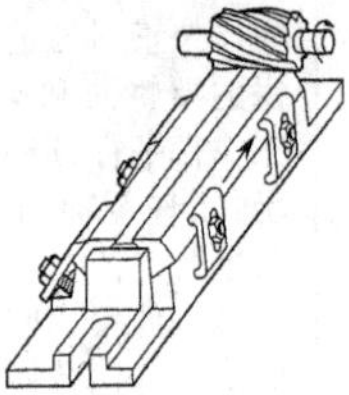	当批量很大时,可用专用夹具装夹铣削斜面
把铣刀转成所需角度	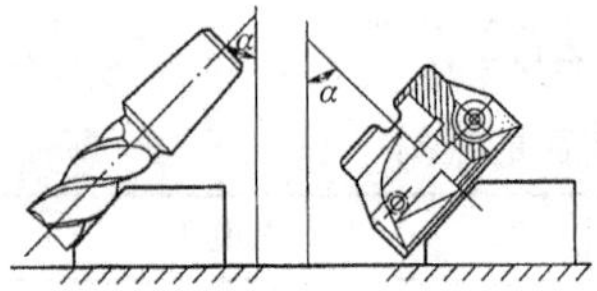	在立式铣床上,可以利用转动立铣头的方法改变铣刀的倾斜角度铣削斜面,如图所示。立铣头的转动角度应根据工件被加工表面的倾斜角度确定。铣削方式(加工时)可按照装夹时工件基准面与加工平面位置直接换算,也可用查表法。铣削时工作台必须做横向进给,才能铣出斜面。这种方法适用于铣削较小斜面
用角度铣刀铣斜面	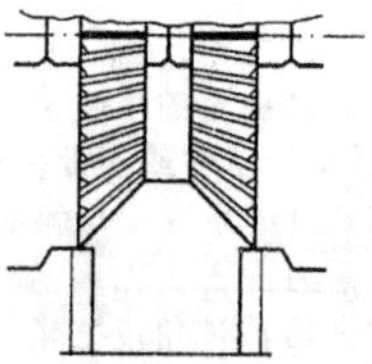	较小的斜面可用角度铣刀直接铣成,所铣出的斜面的倾斜角度由铣刀的角度保证,所以铣刀的角度应根据工件的倾斜角度选择。在成批生产中可将多把角度铣刀组合起来进行铣削,例如采用两把规格相同、刃口相反的单角铣刀同时铣削工件上的两个斜面
利用分度头铣削斜面	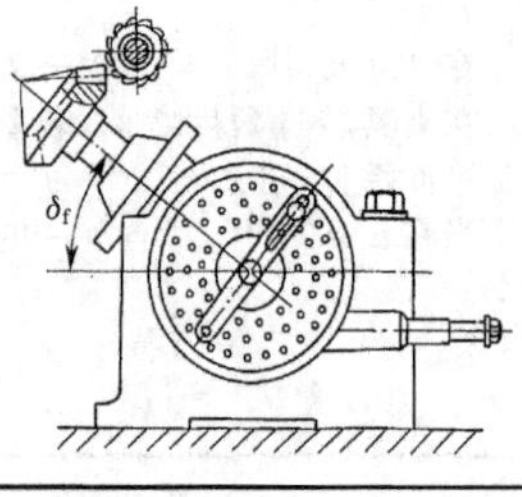	在圆柱形工件上铣削斜面时,可先将工件装夹在分度头的三爪卡盘上,再根据斜面的倾斜角度调整分度头的仰角进行铣削

6.6.3 平面铣削质量检验与控制（表 6.41）

表 6.41 平面铣削质量检验与控制

平面铣削质量检验	平面铣削质量控制
矩形工件的精度检验包括平面度、平行度、垂直度、表面粗糙度及尺寸精度 ① 平面度的检验 采用刀刃直尺检验，检测时应在平面的任意方向上用直尺检验，目测或用塞尺测量缝隙的大小，其最大缝隙为平面度误差。平面度的检测还可采用万用表测量检测及着色检验 ② 平行度的检验 当工件的平行度要求不高时，可用被测平面与基准面之间的尺寸变动量近似表示为平行度误差。当工件的平行度要求较高时，可在平台上检测，将工件基准面贴合在平台上，推移工件，用万用表检测，表值之差即平行度误差 ③ 垂直度的检验 两个平面的垂直度，一般用角尺检验，误差的大小可用塞尺测定。精度较高的垂直度，将工件放在平板上，用标准角铁和百分表进行测量，百分表的读数即是垂直度误差 ④ 尺寸检验 根据尺寸公差的大小分别采用游标卡尺和千分尺测量，大批量生产时采用卡规检验 ⑤ 表面粗糙度的检验 检验已加工表面的加工痕迹的深浅程度。检验时一般应用不同痕迹的标准样板与所检表面的痕迹比较检验 ⑥ 斜面倾斜度的检验 斜面与基准面之间的夹角，一般用万能量角器测量，角度精度较高时，可采用正弦规测量	① 正确调整铣床：调整立式铣床的立铣头或万能铣床的回转台的"0"位，控制铣床主轴的轴向窜动及径向跳动，就可避免用端铣刀铣削时平面和基准面倾斜及内凹现象发生 ② 选择正确的铣削用量及铣削方式 ③ 改进刀齿的修光刃 ④ 采用圆弧修光刃、小偏角修光刃，提高工件的表面粗糙度 ⑤ 铣刀的刃磨质量：刀齿刃磨后，刀面光洁度愈高，则刃口平直光滑程度也愈高。这样可以提高加工表面粗糙度及延长铣刀耐用度 ⑥ 采用不等齿距的铣刀：采用不等齿距的铣刀可以改变铣削负荷波动的周期，避免共振发生，从而提高加工表面光洁度。但要考虑到刀体的强度，此方法适用于粗齿铣刀 ⑦ 采用高速精铣：高速精铣一般采用带负前角的硬质合金铣刀铣削，在铣削钢件时 $v_c = 200 \sim 300$m/min；铣削铝合金时 $v_c = 600$m/min，$f_z = 0.03 \sim 0.10$mm/z，$t = 1$mm。当铣削 45 钢工件表面粗糙度 Ra 可达 0.8μm

6.6.4 铣削斜面零件实例

（1）零件图的分析

如图 6.8 所示为垫铁工件，材料为 45 钢，热处理调质至 220～250HBW，需要铣削两侧斜面，斜面与两侧面斜角 24°±6′，顶面宽度（22±0.1）mm，斜面的表面粗糙度值 Ra 为 1.6μm。

（2）机械加工工艺路线

① 下料：用轧制的方钢在锯床上下料。

② 粗铣：左侧斜面留 1.5～2.0mm 余量，右侧斜面留 1.5～

2.0mm 余量。

③ 热处理调质至 220～250HBW。

④ 半精铣：顶面、底面精至图样要求，左、右侧及斜面留 0.5～1mm 磨削余量。

⑤ 精铣：精铣左、右侧及斜面至尺寸要求。

⑥ 检验。

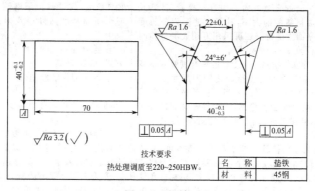

图 6.8 垫铁

（3）主要工艺装备及切削用量

铣削选用 X5032 型铣床；$\phi16～20$mm 的立铣刀；平口虎钳。

铣削用量的选择：粗铣时，铣刀转速为 $n=30～375$r/min，背吃刀量 $a_p=2～4.5$mm，铣刀每转进给量 $f=0.8～1$mm/r；精铣时铣刀转速为 $n=750～950$r/min，背吃刀量 $a_p=0.5～1$mm，铣刀每转进给量 $f=0.4～0.5$mm/r。

（4）加工路线和加工步骤

① 加工路线　粗细左侧斜面→半精铣左侧斜面→粗铣右侧斜面→半精铣右侧斜面→精铣右侧斜面→精铣左侧斜面。

② 加工步骤

a. 操作前检查、准备

ⓐ检查工件尺寸及加工余量，清理工作台，清除工件表面毛刺。

ⓑ找正虎钳安装位置，使虎钳口与工作台横向运动方向一致。

ⓒ转动立铣头：安装好立铣刀，将立铣头顺时针方向转动 24°，使得立铣刀轴线与铅垂方向成同一倾角。

b. 装夹工件：将工件装夹在虎钳上，工件下面垫上垫铁，用千分表找正侧面与机床纵向进给方向平行后夹紧。

c. 粗铣左侧斜面：先用较大的切削用量切去角上大部分余量，粗铣出一段斜面后，再以正常的切削用量继续铣削。粗铣左侧斜面留 1.5～2.0mm 余量。

d. 半精铣左侧斜面。半精铣时，需用游标万能角度尺检查斜角的大小，若有误差，需要调整铣刀头转动角度，铣一次测量一次所铣角度，若有误差再微调铣刀头角度，直至符合要求。半精铣左侧斜面留 0.5～1mm 余量，斜角为 24°±6′之内，表面粗糙度值 Ra 为 3.2μm 以下。

e. 粗铣右侧斜面。将工件转 180°，调头装夹粗铣右侧斜面，留 1.5～2.0mm 余量，

f. 半精铣右侧斜面留 0.5～1mm 余量，斜角为 24°±6′之内，表面粗糙度值 Ra 为 3.2μm 以下。

g. 精铣右侧斜面。精铣至图样要求。保证斜角为 24°±6′，表面粗糙度值 Ra 为 1.6μm。

h. 精铣左侧斜面。调头装夹精铣至图样要求。保证斜角为 24°±6′，顶面宽度为 (22±0.1)mm 表面粗糙度值 Ra 为 1.6μm。

6.7　沟槽铣削

6.7.1　直角沟槽和键槽的铣削

(1) 试切法

用盘形铣刀铣键槽时，应先大致对中，垂直进给取得椭圆形切痕，按切痕对中；用键槽铣刀铣键槽时，先大致对中，垂直上刀、横向进给取得方形切痕，再按切痕对中。此种方法对刀精度不高。

试切法是通过试切、测量、调整的反复进行，直到被加工尺寸达到要求的加工方法，见表 6.42。

(2) 定尺寸刀具法

定尺寸刀具法是用刀具的相应尺寸来保证工件被加工部位尺寸的方法，见表 6.43。

表 6.42　用试切法加工

简图	说明
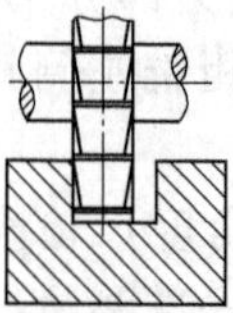 用盘形铣刀铣削	① 影响形状精度的主要因素是进给方向与主轴轴线的垂直度、铣刀单侧受力时产生偏让 ② 影响尺寸精度的因素有:试刀过程中的测量和调整有误差、主轴轴向间隙较大、铣削时的偏让、槽的形状精度超差 ③ 影响位置精度的因素有:夹具和工件校正有误差、铣削时对刀有误差、铣削时产生偏让 ④ 铣刀直径应大于刀杆垫圈直径加 2 倍槽深
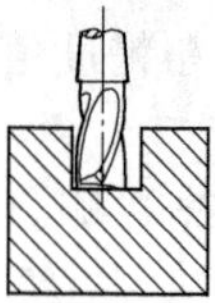 用指形铣刀铣削	① 影响形状精度的主要因素是铣刀的圆柱度和铣刀的偏让 ② 影响尺寸精度的因素有:试切过程中的测量和调整误差、铣削时的偏让、槽的形状误差 ③ 影响位置精度的因素与盘形铣刀加工相同

表 6.43　用定尺寸刀具法加工

简图	说明
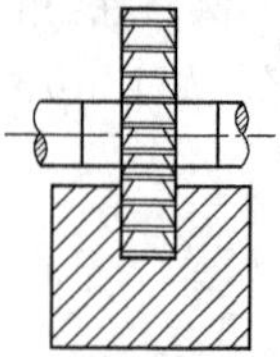 用三面刃铣刀铣削	① 用定尺寸刀具法加工时,一般都采用精密级的三面刃铣刀,在使用前,必须对刃磨过的铣刀进行检测 ② 三面刃铣刀等盘形铣刀,影响尺寸精度的主要因素是铣刀宽度的精度和铣刀两侧面与刀杆的垂直度以及进给方向与主轴的垂直度 ③ 当铣刀宽度略小于槽宽时,可把铣刀两侧垫得与刀杆倾斜,以获得所需尺寸 ④ 三面刃铣刀特别适宜加工较窄和较深的敞开式或半封闭式直角沟槽。对槽宽尺寸精度要求较高的沟槽,通常分两次或两次以上铣削才能达到要求
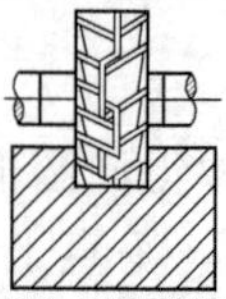 用合成铣刀铣削	① 适用于成批加工较宽的直通沟槽 ② 铣刀在刃磨后,中间可增加铜皮或垫圈的厚度,以此来调节铣刀的宽度
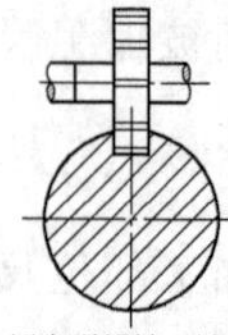 用盘形槽铣刀铣削	① 适用于加工较窄的直角通槽和通的键槽 ② 铣刀在用钝后应刃磨前刀面,即使是夹齿槽铣刀,也应尽量刃磨前刀面,以减小铣刀宽度

续表

简图	说明
用立铣刀铣削	① 立铣刀只能加工精度低的直角槽,因其切削部分直径的极限偏差为 jsl4 ② 加工两端封闭的槽时,必须预先钻落刀孔 ③ 指形铣刀等铣刀,影响尺寸精度的因素主要是铣刀直径的精度和铣刀轴线与铣床主轴的同轴度 ④ 当铣刀直径略小于槽宽时,可在刀柄处垫窄长的纸片或铜皮,用增加铣刀与主轴的同轴度误差来增大宽度
用键槽铣刀铣削	① 封闭式键槽一般都用键槽铣刀加上,不需预先钻落刀孔 ② 键槽铣刀的极限尺寸有 e8 和 d18 两种,使用时要注意区别 ③ 铣削时影响位置精度(如与轴线的对称度)的主要因素是:对刀的准确度以及铣削时产生偏让。因此,必要时可分粗铣和精铣,以减少偏让量 ④ 铣刀用钝后,不应刃磨圆柱面刀刃,而应把铣刀磨短,以保持其尺寸精度

6.7.2 特种沟槽的铣削

特种沟槽包括 V 形槽、T 形槽、燕尾槽等,在铣床上加工特种沟槽一般采用成形铣刀或专用夹具,有时也采用适当改变工件安装位置和铣刀切削位置的方法铣削工件。

（1）T 形槽的铣削（表 6.44）

表 6.44　T 形槽的铣削方法

简图	T 形槽的工艺要求 T 形槽可分为直角槽和底槽两部分,底槽一般要求比较低,只需要达到槽的尺寸要求,并使槽的中心与直槽中心基本重合即可。由于直角槽除了安装螺钉外,还常作为定位槽,所以要求较高

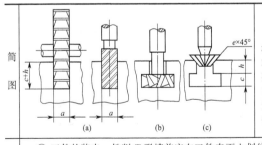

说明	① 工件的装夹　铣削 T 形槽前应在工件表面上划线,装夹时按照线找正并确定铣刀切削位置。较小的工件可装夹在虎钳上铣削,较大的工件可直接装夹在工作台面上铣削。用百分表先将定位平铁的安装位置找正,使它与工作台纵向进给平行,然后使工件的侧面靠紧定位平铁的侧面,再用压板将工件压紧 ② 铣刀的选择　选择立式铣刀和 T 形槽铣刀。铣削直角槽采用立铣刀或三面刃铣刀,根据 T 形槽的直角槽宽度选择合适的铣刀直径或宽度。选择 T 形槽铣刀时,要使直径和高度符合 T 形槽的高度和宽度

	③ 铣削方法　a. 铣削直角槽。如图(a)所示,在立式铣床上用立铣刀或在卧式铣床上用三面刃铣刀铣出直角槽。
说明	b. 在立式铣床上用 T 形槽铣刀铣出底槽。如图(b)所示,校正工件,使直角槽侧面与工作台平行,并装夹牢固;安装 T 形槽铣刀,调整工作台使 T 形槽铣刀的端面与直角槽的槽底对齐,退出工件,启动机床,调整工作台使铣刀外圆刃同时碰到直角槽槽侧进行铣削
	c. 铣削倒角。如图(c)所示,铣好 T 形槽后,装上燕尾式铣刀铣削倒角

(2) V 形槽的铣削

V 形槽的工艺要求:V 形槽的两侧是对称槽中心的两个斜面,槽底是一条窄槽,它在铣削中起防止刀尖损坏及精加工磨削时退刀等作用。V 形槽的夹角一般选用 90°、120°;V 形槽的中心和窄槽中心重合;窄槽略深于 V 形槽的交线。

V 形槽的铣削包括窄槽加工和 V 形面加工两个步骤。窄槽加工方法与前面介绍的直角沟槽的加工方法相同,V 形槽 V 形面的铣削方法如表 6.45 所示。

表 6.45　V 形槽铣削

简图	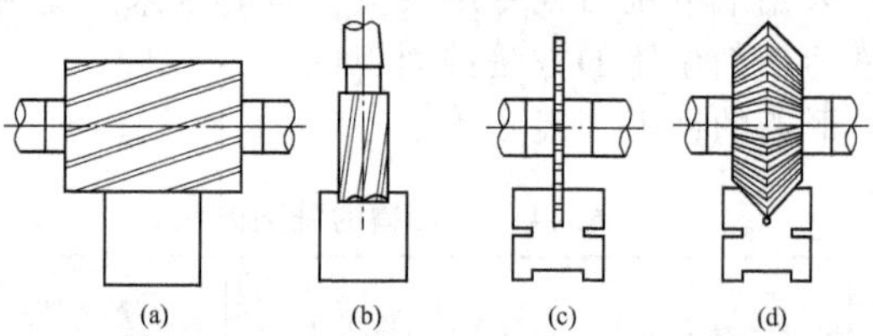
	(a)　　　　(b)　　　　(c)　　　　(d)
说明	(1) 用三面刃铣刀把工件铣削成矩形体,如图(a)所示 (2) 用立铣刀把工件铣削成直角沟槽,如图(b)所示 (3) 用锯片铣刀铣削三条 2mm 宽的窄槽,如图(c)所示 (4) 铣 V 形槽两 V 形面。加工上面和左侧的 V 形槽,可采用 90° 双角铣刀加工,如图(d)所示,为保证铣出合格的 V 形槽,所选用的铣刀的宽度必须大于槽宽;铣右侧 V 形槽时,采用 60° 的单角铣刀加工

(3) 燕尾槽和燕尾块的铣削

燕尾槽和燕尾块是在配合下使用的。用作导轨配合时,燕尾槽用 1:50 的镶条来调整导轨的配合间隙。燕尾槽和燕尾块的角度、宽度、深度要求很高,燕尾槽和燕尾块的铣削方法如表 6.46 所示。

表 6.46 燕尾槽和燕尾块的铣削方法

简图	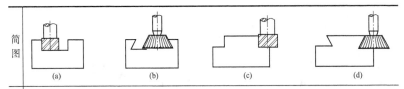
	(a)　　　　　　(b)　　　　　　(c)　　　　　　(d)
说明	(1)铣直角槽和台阶 　　用立铣刀或端铣刀铣直角槽或台阶如图(a)、(c)所示。由于燕尾槽尺寸比较宽,故对刀具的选择要求不严,直角槽的宽度应按图纸尺寸铣成,槽的深度应留出0.3~0.5mm的余量,待加工燕尾时一起将余量铣去,这样不会留下接刀痕 (2)铣燕尾槽或燕尾块 　　用燕尾槽铣刀铣燕尾槽或燕尾块如图(b)、(d)所示。选择燕尾铣刀的角度与燕尾角相符。在满足加工条件的同时应尽量选用直径大些的燕尾铣刀,这样会增加铣刀的刚性。采用逆铣方式铣削。铣削带斜度的燕尾槽时,先铣削槽子的一侧;再将工件按规定方向调整到与进给方向成一定斜度后固定,重新调整切削位置,铣削燕尾槽的另一侧

6.7.3 键槽的质量分析（表 6.47）

表 6.47 键槽质量分析表

质量分析	产生原因	预防措施
槽宽尺寸超差	刀轴弯曲,盘铣刀端刃轴向摆差太大	调换刀轴、铣刀
	立铣刀、键槽铣刀周刃径向摆差太大	重新安装或调换铣刀
槽形上宽下窄、两侧呈凹弧面	用盘铣刀铣削时机床工作台"0"位不准	精确校正工作台"0"位
槽底面与工件轴线不平行(槽深尺寸不一致)	工件轴线与台面不平行	校正工件轴线与台面不平行
	立铣刀、键槽铣刀铣削时被向下的铣削抗力 F_x 拉动位移	夹紧铣刀,适当减少铣削用量
槽底面呈凹面	立铣刀"0"位不准,且用立铣刀纵向进给铣削	精确校正立铣头"0"位
槽侧与工件侧母线不平行	工件轴线与进给方向不平行	精确校正工件侧母线与进给方向平行
	轴类工件有锥度或圆柱度不准	返修工件或选合格工件
封闭槽的长度超差	移距计算不准,进给位移不准	计算准确,正确移距
	工作台机动进给停止不及时	及早停止机动进给,改用手动进给到位

续表

质量分析	产生原因	预防措施
键槽对称度超差	铣刀对中偏差太大,铣刀让刀量太大	对中准确。分粗、精铣减少让刀
	修正切削位置时,偏差方向搞错	辨清偏差方向,准确调整切削位置

6.8 铣削离合器

6.8.1 离合器的种类、特点及工艺要求

离合器分齿式离合器(也称牙嵌式离合器)和摩擦离合器。摩擦离合器靠摩擦传动,齿式离合器靠端面上的齿牙相互嵌入或脱开来进行传递或切断运动和动力。

(1) 齿式离合器的种类和特点

齿式离合器按其齿形可分为矩形齿、梯形齿、尖齿、锯齿形齿和螺旋形齿等,其外形特点如表 6.48 所示。

表 6.48 齿式离合器的种类和特点

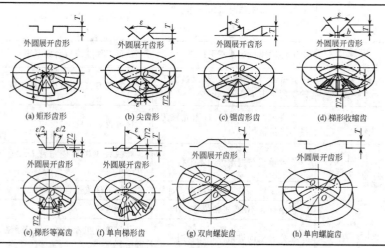

(a) 矩形齿形   (b) 尖齿形   (c) 锯齿形齿   (d) 梯形收缩齿

(e) 梯形等高齿   (f) 单向梯形齿   (g) 双向螺旋齿   (h) 单向螺旋齿

续表

名　称	特　点
矩形齿形离合器	齿侧平面通过工件轴线
尖齿形离合器	整个齿形向轴线上一点收缩
锯齿形齿离合器	直齿面通过工件轴线,斜齿面向轴线上一点收缩
梯形收缩齿离合器	齿顶及槽底在齿长方向都等宽,而且中心线通过离合器轴线
梯形等高齿离合器	齿顶面及槽底面平行,并且垂直于离合器轴线,齿侧高度不变,齿侧中线汇交于离合器轴线
单向梯形齿离合器	齿顶面及槽底平行,并且垂直于离合器轴线,齿高度不变。直齿面为通过轴线的径向平面,斜齿面的中线交于离合器轴线
双向螺旋齿离合器	离合器结合面为螺旋面,其他特点与梯形等高齿离合器相同
单向螺旋齿离合器	离合器结合面为螺旋面,其他特点与单向梯形齿离合器相同

（2）齿式离合器齿槽加工的工艺要求

齿式离合器的齿槽一般在卧式或立式铣床上进行铣削。为了满足传动需要，对齿式离合器齿槽铣削的一般工艺要求如下。

① 齿形　为了保证离合器齿的径向贴合，其齿形都应通过本身轴线，即从轴向看，其端面齿或齿槽呈辐射状；为了保证离合器齿侧良好贴合，必须使相接合的一对离合器齿形角一致；为了满足传动要求，还需要保证齿槽有一定的深度。

② 同轴度　齿式离合器一般装在传动轴上工作，成对出现，为了保证离合器齿形能正确完全贴合，必须使两个离合器轴心线与装配基准重合，即保证每个离合器的齿形加工与其装配基准孔心线同心。

③ 等分度　为了保证一对离合器上所有的齿都能紧密贴合，操作时能顺利插入、脱开，还应保证每个齿的等分均匀，即分度精度要求。

④ 表面粗糙度　为了满足使用要求，牙嵌式离合器的工作面（齿侧）的表面粗糙度 Ra 应达到 $3.2\mu m$，槽底面无明显的加工刀痕。

6.8.2　矩形齿离合器铣削

矩形齿离合器有矩形奇数齿和矩形偶数齿两种，矩形奇数齿离合器的工艺性较好，应用广泛。矩形齿离合器的铣削方法如表6.49所示。铣削矩形齿离合器（内槽）的铣刀尺寸如表6.50所示。

表 6.49　矩形齿离合器的铣削方法

名称	图示	调整与计算
矩形齿离合器铣削方法	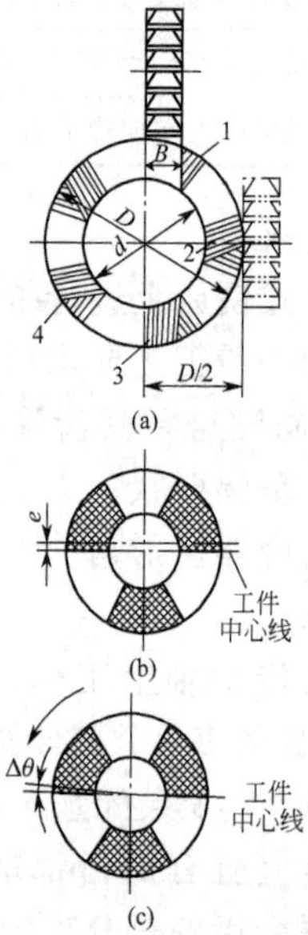 (a) (b) 工件中心线 (c) 工件中心线	① 刀具选择　采用三面刃铣刀,当齿槽宽度较大或没有合适的三面刃铣刀时,也可用立铣刀加工,铣刀宽度(或立铣刀直径)计算式为 $$B = \frac{d}{2}\sin\frac{180°}{z}$$ 式中　B——铣刀最大宽度,mm 　　　d——离合器的孔径,mm 　　　z——离合器的齿数 ② 工件装夹　工件应装夹在分度头上,安装工件前应调整分度头,在卧式铣床上加工,分度头主轴应在垂直位置;在立式铣床上加工,分度头主轴应在水平位置。工件的轴线应与分度头主轴轴线重合 ③ 铣削方法　将铣刀一侧对准工件中心[图(a)],铣削时,铣刀应铣过槽1和3的一侧,分度后再铣槽2和4的一侧,每次进给同时铣出两个齿的不同侧面,依次铣削即可 ④ 加工离合器齿侧间隙的方法　将离合器齿的各齿侧面都铣得偏过中心一个距离,如图(b)所示,即可在对刀时,调整铣刀侧刃,使其超过中心 $e = 0.1\sim0.5\mathrm{mm}$ 来达到。这种方法不增加铣削次数,但由于齿侧面不通过中心,离合器结合时齿侧面只有外圆处接触,影响承载能力,所以这种方法适用于要求不高的离合器 　将齿槽角铣得略大于齿面角,如图(c)所示,这种方法是在离合器铣削之后,使离合器转过一个角度 $\Delta\theta = 1°\sim2°$,再铣一次,将所有齿的左侧和右侧切去一部分。此法也适用于齿槽角大于齿面角的宽齿离合器,此时 $$\Delta\theta = \frac{齿槽角 - 齿面角}{2}$$ 用这种方法铣削离合器其齿侧面仍是通过轴心的径向平面,齿侧面贴合好,但增加铣削次数,所以一般用于要求较高的离合器加工

续表

名称	图示	调整与计算
矩形偶数齿离合器铣削过程	 (a) (b)	① 矩形偶数齿离合器铣削时的工件装夹、对刀方法和铣刀宽度的选择与奇数齿离合器相同 ② 偶数齿离合器要分两次铣削才能铣出正确的齿形,第一次铣削时,使铣刀的一侧刀刃 I 对准工件中心,将各齿槽的相同侧面铣出,如图(a)中的1~4 ③ 在第一次铣削完成后,使铣刀相对工件横向移动等于刀宽 B 的一段距离,让铣刀的另一侧刀刃 II 对准工件中心,同时将工件转过一个齿槽角 α,然后开始第二次铣削,依次铣出各齿槽的另一侧面,如图(b)中的5~8 ④ 为了确保偶数齿离合器的齿侧留有一定间隙,齿槽角应大于齿面角。为此,在第二次铣削前,工件转过一个齿槽角 α(为 1°~2°)。一般齿槽角应大于齿面角 2°~4°

表 6.50 铣削矩形齿离合器(内槽)铣刀尺寸

(a)铣削矩形齿内离合器的铣刀宽度 B

工件齿数 z	工件齿部内径 d_1												
	10	12	16	20	24	25	28	30	32	35	36	40	45	50
3	4	5	6	8	10	10	12	12	12	14	14	16	16	20
4	3	4	5	6	8	8	8	10	10	12	12	14	14	16
5		3	4	5	6	6	8	8	8	10	10	10	12	14
6		3	4	5	6	6	6	6	8	8	8	10	10	12
7			3	4	4	5	6	6	6	6	6	8	8	10

工件齿数 z	工件齿部内径 d_1												
	10	12	16	20	24	25	28	30	32	35	36	40	45	50
8				3	4	4	5	5	6	6	6	6	8	8
9				3	4	4	4	5	5	6	6	6	6	8
10				3	4	4	4	4	5	5	6	6	6	8
11				3	3	4	4	4	4	5	5	5	6	6
12				3	3	4	4	4	4	4	5	5	6	6
13				3	3	3	3	4	4	4	4	5	5	6
14					3	3	3	3	3	4	4	4	5	5
15						3	3	3	3	3	3	4	4	5

当内径大于 50mm 时,可根据表中数值按比例算出。例如内径为 60mm,则查 30mm 的一列后乘 2 即可;内径为 80mm,则查 40mm 列的数值乘 2 即可

续表

(b) 铣削偶数齿时三面刃铣刀的最大直径

齿部内径 d_1	齿深 t	齿数 z						
		4	6	8	10	12	14	16
16	≤3	63	80					
	≤3.5	63①	63					
20	≤4	63	80	80				
	≤5	63①	63	63				
	≤6	63①	63①	63				
24	≤4	80	100	100	100	100		
	≤6	63①	63	63	80	80		
	≤10	63①	63	63	63	63		
30	≤6	80	125	125	125	125	125	
	≤8	63	100	100	100	100	100	
	≤12	63①	63	80	80	80	80	
35	≤6	100	125	125	125	125	125	125
	≤8	80	100	125	125	125	125	125
	≤14	80①	80	80	80	80	80	80
40	≤6	100	125	125	125	125	125	125
	≤12	80	100	125	125	125	125	125
	≤18	80①	80	80	80	100	100	100

①应采用宽度较小规格的铣刀来加工。

6.8.3 梯形等高齿离合器的铣削

梯形等高齿离合器的铣削如图 6.9 (a) 所示，其铣削方法与铣削矩形齿离合器类似，其不同处有以下两点。

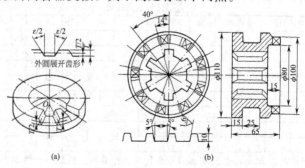

图 6.9 梯形等高齿离合器的铣削

① 用刀刃锥面夹角与齿形角 ε 相同的梯形铣刀加工，铣刀顶刃宽度 B（mm）可按下式计算

$$B \leqslant \frac{d_1}{2}\sin\alpha - \frac{1}{2}\tan\frac{\varepsilon}{2}$$

或

$$B \leqslant \frac{d_1}{2}\sin\frac{180°}{2} - \frac{1}{2}\tan\frac{\varepsilon}{2}$$

式中　　d_1——离合器齿内部直径；

　　　　α——齿槽角；

　　　　ε——齿形角。

② 应使铣刀侧刃上距顶刃 $t/2$ 处的一点通过工件中心，如图 6.9（b）所示。

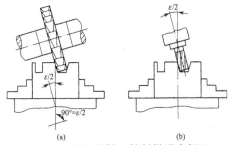

(a)　　　　　　　(b)

图 6.10　用通用铣刀铣削梯形齿侧面

在单件生产或没有合适的梯形铣刀时，可用三面刃铣刀或立铣刀加工。铣削时，只要把工件或立铣头偏转一个角度 ε/2 即可，如图 6.10 所示。

6.8.4 尖齿和梯形收缩齿离合器的铣削与计算（表 6.51）

表 6.51　尖齿和梯形收缩齿离合器的铣削与计算

示　图	铣削与计算
	（1）铣削尖齿离合器时,用廓形角 θ 等于齿形角 ε 的双角铣刀
	（2）铣削梯形收缩齿离合器时,用廓形角 θ 等于齿形角 ε 的梯形铣刀加工,梯形铣刀的顶刃宽度 B(mm)按下式计算
	$$B = D\sin\frac{90°}{z} - t\tan\frac{\theta}{2}$$

示　图	铣削与计算
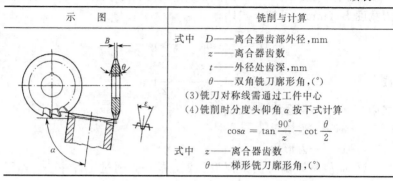	式中　D——离合器齿部外径,mm 　　　　z——离合器齿数 　　　　t——外径处齿深,mm 　　　　$θ$——双角铣刀廓形角,(°) (3)铣刀对称线需通过工件中心 (4)铣削时分度头仰角 $α$ 按下式计算 $$\cosα = \tan\frac{90°}{z} - \cot\frac{θ}{2}$$ 式中　z——离合器齿数 　　　　$θ$——梯形铣刀廓形角,(°)

　　加工尖齿、锯齿形和梯形收缩齿等离合器,由于在铣削时分度头和工件轴线与进给方向倾斜一个 $α$ 角,故铣得的齿形角 $ε$ 不等于铣刀的廓形 $θ$。但用同一把铣刀加工的一对离合器,它们的占角是相等的,故能很好地啮合。铣削尖齿和梯形收缩齿离合器时分度头主轴的仰角 $α$ 见表 6.52。铣锯齿形离合器时分度头主轴的仰角 $α$ 见表 6.53。

表 6.52　铣削尖齿和梯形收缩齿离合器时分度头主轴的仰角 $α$

齿数 z	双角度铣刀角度 $θ$				齿数 z	双角度铣刀角度 $θ$			
	40°	45°	60°	90°		40°	45°	60°	90°
5	26°47′	38°20′	55°45′	71°02′	22	78°40′	80°03′	82°53′	85°54′
6	42°36′	49°42′	62°21′	74°27′	23	79°10′	80°30′	83°12′	86°05′
7	51°10′	56°34′	66°43′	76°48′	24	79°38′	80°54′	83°29′	86°15′
8	56°52′	61°18′	69°51′	78°32′	25	80°03′	81°16′	83°45′	86°24′
9	61°01′	64°48′	72°13′	79°51′	26	80°26′	81°16′	83°59′	86°32′
10	64°12′	67°31′	74°05′	80°53′	27	80°48′	81°55′	84°13′	86°40′
11	66°44′	69°41′	75°35′	81°44′	28	81°07′	82°12′	84°25′	86°47′
12	68°48′	71°28′	76°49′	82°26′	29	81°26′	82°29′	84°37′	86°54′
13	70°31′	72°57′	77°52′	83°02′	30	81°43′	82°44′	84°48′	86°60′
14	71°58′	74°13′	78°45′	83°32′	31	81°59′	82°58′	84°58′	87°06′
15	73°13′	75°18′	79°31′	83°58′	32	82°15′	83°11′	85°07′	87°11′
16	74°18′	76°15′	80°11′	84°21′	33	82°29′	83°24′	85°16′	87°16′
17	75°15′	77°04′	80°46′	84°41′	34	82°42′	83°35′	85°24′	87°21′
18	76°05′	77°48′	81°17′	84°59′	35	82°55′	83°47′	85°32′	87°26′
19	76°50′	78°28′	81°45′	85°15′	36	83°07′	83°57′	85°40′	87°30′
20	77°31′	79°03′	82°10′	85°29′	37	83°18′	84°07′	85°47′	87°34′
21	78°07′	79°35′	82°33′	85°42′	38	83°29′	84°16′	85°54′	87°38′

续表

齿数 z	双角度铣刀角度 θ				齿数 z	双角度铣刀角度 θ			
	40°	45°	60°	90°		40°	45°	60°	90°
39	83°29′	84°25′	85°60′	87°41′	68	86°22′	86°48′	87°42′	88°41′
40	83°48′	83°33′	86°06′	87°45′	69	86°25′	86°51′	87°44′	88°42′
41	83°57′	84°41′	86°12′	87°48′	70	86°28′	86°54′	87°46′	88°43′
42	84°06′	84°49′	86°17′	87°51′	75	86°42′	87°06′	87°55′	88°48′
43	84°14′	84°56′	86°22′	87°54′	80	86°54′	87°17′	88°03′	88°52′
44	84°22′	85°03′	86°27′	87°57′	85	87°05′	87°27′	88°10′	88°56′
45	84°30′	85°10′	86°32′	87°60′	90	87°15′	87°35′	88°16′	89°00′
46	84°37′	85°16′	86°36′	88°03′	95	87°24′	87°43′	88°22′	89°03′
47	84°44′	85°22′	86°41′	88°05′	100	87°32′	87°50′	88°26′	89°06′
48	85°50′	85°28′	86°45′	88°07′	105	87°39′	87°56′	88°31′	89°09′
49	85°57′	85°34′	86°49′	88°10′	110	87°45′	88°01′	88°35′	89°11′
50	85°03′	85°39′	86°53′	88°12′	115	87°51′	88°07′	88°39′	89°13′
51	85°09′	85°44′	86°56′	88°14′	120	87°56′	88°11′	88°42′	89°15′
52	85°14′	85°49′	87°00′	88°16′	125	88°01′	88°16′	88°45′	89°17′
53	85°20′	85°54′	87°03′	88°18′	130	88°06′	88°20′	88°48′	89°18′
54	85°25′	85°58′	87°07′	88°20′	135	88°10′	88°23′	88°51′	89°20′
55	85°30′	86°03′	87°10′	88°22′	140	88°14′	88°27′	88°53′	89°21′
56	85°35′	86°07′	87°13′	88°24′	145	88°18′	88°30′	88°55′	89°23′
57	85°39′	86°11′	87°16′	88°25′	150	88°21′	88°33′	88°58′	89°24′
58	85°44′	86°15′	87°19′	88°27′	155	88°24′	88°36′	88°60′	89°25′
59	85°48′	86°19′	87°21′	88°28′	160	88°27′	88°39′	89°02′	89°26′
60	85°52′	86°23′	87°24′	88°30′	165	88°30′	88°41′	89°03′	89°27′
61	85°57′	86°26′	87°27′	88°31′	170	88°33′	88°43′	89°05′	89°28′
62	86°00′	86°30′	87°29′	88°33′	175	88°35′	88°46′	89°07′	89°29′
63	86°04′	86°33′	87°31′	88°34′	180	88°38′	88°48′	89°08′	89°30′
64	86°08′	86°36′	87°34′	88°36′	185	88°40′	88°50′	89°09′	89°31′
65	86°12′	86°39′	87°36′	88°37′	190	88°42′	88°51′	89°11′	89°32′
66	86°15′	86°42′	87°38′	88°38′	195	88°44′	88°53′	89°12′	89°32′
67	86°18′	86°45′	87°40′	88°39′	200	88°46′	88°55′	89°13′	89°33′

表 6.53　铣锯齿形离合器时分度头主轴的仰角 α

齿数 z	单角度铣刀角度 θ						
	45°	50°	60°	70°	75°	80°	85°
5	43°24′	52°26′	65°12′	74°40′	78°46′	82°38′	86°21′
6	54°44′	61°01′	70°32′	77°52′	81°06′	84°09′	87°06′
7	61°13′	66°10′	73°51′	79°54′	82°35′	85°08′	87°35′
8	65°32′	69°40′	76°10′	81°20′	83°38′	85°49′	87°55′

续表

齿数 z	单角度铣刀角度 θ						
	45°	50°	60°	70°	75°	80°	85°
9	68°39′	72°13′	77°52′	82°23′	84°24′	86°19′	88°11′
10	71°02′	74°11′	79°11′	83°12′	85°00′	86°43′	88°22′
11	72°55′	75°44′	80°14′	83°52′	85°29′	87°02′	88°32′
12	74°27′	77°00′	81°06′	84°24′	85°53′	87°18′	88°39′
13	75°44′	78°04′	81°49′	84°51′	86°13′	87°31′	88°46′
14	76°48′	78°58′	82°26′	85°14′	86°30′	87°42′	88°51′
15	77°44′	79°44′	82°57′	85°34′	86°44′	87°51′	88°56′
16	78°32′	80°24′	83°24′	85°51′	86°57′	87°59′	89°00′
17	79°14′	80°59′	83°48′	86°06′	87°08′	88°07′	89°04′
18	79°51′	81°29′	84°09′	86°19′	87°18′	88°13′	89°07′
19	80°24′	81°57′	84°28′	86°31′	87°26′	88°19′	89°10′
20	82°53′	52°22′	84°45′	86°42′	87°34′	88°24′	89°12′
21	81°20′	82°44′	85°00′	86°51′	87°41′	88°29′	89°15′
22	81°44′	83°04′	85°14′	87°00′	87°48′	88°33′	89°17′
23	82°06′	83°23′	85°27′	87°08′	87°53′	88°37′	89°19′
24	82°26′	83°39′	85°38′	87°15′	87°59′	88°40′	89°20′
25	82°45′	83°55′	85°49′	87°22′	88°04′	88°43′	89°22′
26	83°02′	84°09′	85°59′	87°28′	88°08′	88°46′	89°23′
27	83°17′	84°22′	86°08′	87°34′	88°12′	88°49′	89°25′
28	83°32′	84°35′	86°16′	87°39′	88°16′	88°52′	89°26′
29	83°45′	84°46′	86°24′	86°44′	88°20′	88°54′	89°27′
30	83°58′	84°56′	86°31′	87°48′	88°23′	88°56′	89°28′
31	84°10′	85°06′	86°38′	87°53′	88°26′	88°58′	89°29′
32	84°21′	85°16′	86°44′	87°57′	88°29′	89°00′	89°30′
33	84°31′	85°24′	86°50′	88°01′	88°32′	89°02′	89°31′
34	84°41′	85°32′	86°56′	88°04′	88°35′	89°04′	89°32′
35	84°50′	85°40′	87°01′	88°07′	88°37′	89°05′	89°33′
36	84°59′	85°48′	87°06′	88°11′	88°39′	89°07′	89°34′
37	85°07′	85°54′	87°11′	88°13′	88°42′	89°08′	89°34′
38	85°15′	86°01′	87°15′	88°16′	88°44′	89°10′	89°35′
39	85°22′	86°07′	87°20′	88°19′	88°46′	89°11′	89°36′
40	85°29′	86°13′	87°24′	88°22′	88°48′	89°12′	89°36′
41	85°36′	86°18′	87°28′	88°24′	88°49′	89°13′	89°37′
42	85°42′	86°24′	87°31′	88°26′	88°51′	89°15′	89°37′
43	85°48′	86°29′	87°35′	88°28′	88°53′	89°16′	89°38′
44	85°54′	86°34′	87°38′	88°31′	88°54′	89°17′	89°38′
45	85°59′	86°38′	87°41′	88°32′	88°56′	89°18′	89°39′
46	86°05′	86°43′	87°44′	88°34′	88°57′	89°19′	89°39′

齿数 z	单角度铣刀角度 θ						
	45°	50°	60°	70°	75°	80°	85°
47	86°10′	86°47′	87°48′	88°36′	88°58′	89°19′	89°40′
48	86°15′	86°51′	87°50′	88°38′	88°60′	89°20′	89°40′
49	86°19′	86°55′	87°53′	88°40′	89°01′	89°21′	89°41′
50	86°24′	86°58′	87°55′	88°40′	89°02′	89°22′	89°41′
51	86°28′	87°02′	87°58′	88°43′	89°03′	89°23′	89°41′
52	86°32′	87°05′	87°60′	88°44′	89°04′	89°23′	89°42′
53	86°36′	87°09′	88°02′	88°46′	89°05′	89°24′	89°42′
54	86°40′	87°12′	88°04′	88°47′	89°06′	89°25′	89°42′
55	86°43′	87°15′	88°06′	88°48′	89°07′	89°25′	88°43′
56	86°47′	87°18′	88°09′	88°50′	89°08′	89°26′	89°43′
57	86°50′	87°21′	88°10′	88°51′	89°09′	89°27′	89°43′
58	86°54′	87°24′	88°12′	88°52′	89°10′	89°27′	89°44′
59	86°57′	87°26′	88°14′	88°53′	89°11′	89°28′	89°44′
60	86°60′	87°29′	88°16′	88°54′	89°12′	89°28′	89°44′
61	87°03′	87°31′	88°18′	88°56′	89°13′	89°29′	89°45′
62	87°06′	87°34′	88°19′	88°57′	89°13′	89°29′	89°45′
63	87°08′	87°36′	88°21′	88°58′	89°14′	89°30′	89°45′
64	87°11′	87°38′	88°22′	88°59′	89°15′	89°30′	89°45′
65	87°14′	87°40′	88°24′	88°59′	89°15′	89°31′	89°45′
66	87°16′	87°43′	88°25′	89°00′	89°16′	89°31′	89°46′
67	87°19′	87°45′	88°27′	89°01′	89°17′	89°32′	89°46′
68	87°21′	87°47′	88°28′	89°02′	89°17′	89°32′	89°46′
69	87°23′	87°49′	88°30′	89°03′	89°18′	89°32′	89°46′
70	87°26′	87°50′	88°31′	89°04′	89°19′	89°33′	89°46′
75	87°36′	87°59′	88°37′	89°08′	89°21′	89°35′	89°47′
80	87°45′	88°07′	88°42′	89°11′	89°24′	89°36′	89°48′
85	87°53′	88°13′	88°47′	89°14′	89°26′	89°38′	89°49′
90	89°60′	88°19′	88°51′	89°16′	89°28′	89°39′	89°50′
95	88°06′	88°25′	88°54′	89°19′	89°30′	89°40′	89°50′
100	88°12′	88°29′	88°58′	89°21′	89°31′	89°40′	89°51′
105	88°17′	88°34′	89°01′	89°23′	89°32′	89°42′	89°51′
110	88°22′	88°38′	89°03′	89°24′	89°34′	89°43′	89°51′
115	88°26′	88°41′	89°06′	89°26′	89°35′	89°43′	89°52′
120	88°30′	88°44′	89°08′	89°27′	89°36′	89°44′	89°52′
125	88°34′	88°47′	89°10′	89°29′	89°37′	89°45′	89°52′
130	88°37′	88°50′	89°12′	89°30′	89°38′	89°45′	89°53′

齿数 z	单角度铣刀角度 θ						
	45°	50°	60°	70°	75°	80°	85°
135	88°40′	88°53′	88°14′	89°31′	89°39′	89°46′	89°53′
140	88°43′	88°55′	89°15′	89°32′	89°39′	89°46′	89°53′
145	88°46′	88°57′	89°17′	89°33′	89°40′	89°47′	89°53
150	88°48′	88°60′	89°18′	89°34′	89°41′	89°47′	89°54′

6.8.5 螺旋齿离合器的铣削（表 6.54）

表 6.54　螺旋齿离合器的铣削与计算

示　图	铣削与计算
 外圆展开齿形	（1）槽底和螺旋面分两次铣削 （2）铣槽底的方法和步骤与加工矩形齿离合器相同，只是计算和调整时应以底槽角 α_1 来代替齿槽角 （3）用立铣刀在立式铣床上加工螺旋面时，需先把将要被铣去的槽侧面处于垂直位置，在卧式铣床上加工时，处于水平位置 （4）为了获得较精确的径向直廓螺旋面，需使立铣刀的轴线偏离工件中心（螺旋面侧面）一个距离 e（mm）； $$e = \frac{d_0}{2} \sin \frac{1}{2} \left(\operatorname{arcot} \frac{P_z}{\pi D} + \operatorname{arcot} \frac{P_z}{\pi d_1} \right)$$ 式中：d_0 为立铣刀直径，mm；P_z 为螺旋面导程，mm；D 为离合器齿部直径，mm；d_1 为离合器齿部内径，mm （5）铣削螺旋面时，按导程 P_z 计算交换齿轮齿数

6.8.6 齿式离合器铣削的质量分析（表 6.55）

表 6.55　离合器铣削的质量分析

质量问题	齿形	原　因
齿侧工作表面粗糙度达不到要求	各种齿形	① 铣刀钝或刀具跳动 ② 进给量太大 ③ 装夹不固定 ④ 传动系统间隙过大 ⑤ 未冲注切削液

续表

质量问题	齿形	原　因
槽底未接平,有较明显的凸台	矩形齿 梯形等 高齿	① 分度头主轴与工作台面不垂直 ② 盘铣刀柱面齿刃口缺陷;立铣刀端刃缺陷或立铣头轴线与工作台不垂直 ③ 升降工作台走动,刀轴松动或刚性差
一对离合器结合后接触齿数太少或无法嵌入	矩形齿 尖齿 梯形齿 锯齿形齿 螺旋齿	① 分度误差较大 ② 齿槽角铣得太小 ③ 工件装夹不同轴 ④ 对刀不准 ⑤ 螺旋面起始位置不准或各螺旋面不等高
一对离合器结合后贴合面积不够	各种齿形	① 工件装夹不同轴 ② 对刀不准
	直齿面齿形	分度头主轴与工作台面不垂直或不平行
	螺旋齿	偏移距 e 计算或调整错误
一对离合器结合后贴合面积不够	斜齿面齿形	刀具廓形角不符或分度头仰角计算、调整错误
一对尖齿或锯齿形离合器结合后齿侧不贴合	尖齿锯齿形齿	① 铣得太深,造成齿顶过尖,使齿顶搁在槽底,齿侧不能贴合 ② 分度头仰角计算或调整错误

6.8.7 铣削离合器实例

（1）零件图分析

图 6.11 所示为一锯齿形离合器，材料为 40Cr，热处理调质至 $220\sim260$HBW，工件外圆为 $\phi\,100_{-0.10}^{\ \ 0}$ mm，凹台内圆为 $\phi\,60_{\ \ 0}^{+0.10}$ mm，深 12mm，内孔为 $\phi\,30_{\ \ 0}^{+0.027}$ mm，齿数 $Z=25$，齿形角 $\varepsilon=85°$，外圆齿深 $T=6_{\ \ 0}^{+0.10}$ mm，各齿等分误差不大于 $5'$，齿距累积误差不大于 $10'$，齿面表面粗糙度 Ra 为 3.2μm。

（2）机械加工工艺路线

① 下料。用 ϕ110mm 圆棒在锯床上下料。

② 车床加工。车外圆 $\phi\,100_{-0.10}^{\ \ 0}$ mm、内圆为 $\phi\,60_{\ \ 0}^{+0.10}$ mm，内孔为 $\phi\,30_{\ \ 0}^{+0.027}$ mm，车至图样要求并留有磨削余量 $0.2\sim0.3$mm。

③ 热处理调质至 $220\sim260$HBW。

④ 磨床加工。磨外圆 $\phi\,100_{-0.10}^{\ \ 0}$ mm、内圆为 $\phi\,60_{\ \ 0}^{+0.10}$ mm 及

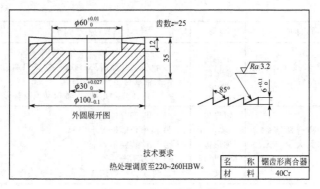

图 6.11　锯齿形离合器

孔的端面，内孔为 $\phi 30^{+0.027}_{0}$ mm，磨至图样要求。

⑤ 铣削加工。粗铣各齿面形，精铣各齿形，至图示技术要求。

⑥ 检验。

（3）主要工艺装备

① 选择机床：选用 X6132 型万能卧式铣床。

② 选择铣刀：采用单角铣刀铣削。铣刀的廓形角 θ 等于工件的齿形角 ε，即 85°。

③ 装夹夹具：$\phi 30$mm 的心轴，心轴的卡盘夹持部分与中部定位外圆同轴度误差均不应大于 0.01mm；F11125 型分度头。

④ 切削液的选择。

（4）加工路线和加工步骤

① 加工路线：粗铣各齿面形→精铣各齿形。

② 加工步骤。

a. 操作前的检查、准备

ⓐ检查工件内孔的圆跳动的大端端面跳动，误差均应在 0.02mm 之内，用心轴装夹后，也应检查心轴夹持部分外圆的圆跳动量和所夹工件端面的跳动量，误差均不大于 0.02mm。

ⓑ安装分度。将分度头主轴扳转至垂直方向。

b. 装夹工件。将装有工件的心轴装夹在分度头三爪自定心卡盘上。装夹后应找正工件 $\phi 100$mm 外圆与端面的跳动量误差不大于 0.02mm。

c. 计算分度头仰角 α

$$\cos\alpha = \tan\frac{180°}{z}\cot\varepsilon = \tan\frac{180°}{25}\times\cot 85° = 0.011$$

式中　　α ——分度头扳角，（°）；

　　　　ε ——单角铣刀廓形角；

　　　　z ——离合器齿数。

经计算扳转分度头主轴仰角 $\alpha = 89°22'$，并锁紧分度头主轴和机床工作台。

d. 铣削方法：按划线对刀，使单角铣刀的端面侧刃通过工件轴心，可先按划线对中心，再进行试切，移动机床纵向和横向工作台，使单角铣刀侧刃端面与划线对齐，并在工件端面上铣出一条很浅的线状切痕，然后纵向退出工件，将分度头主轴转过 $180°$，在此铣切原来的部位，若两线重合，则表示铣刀侧刃端面就通过工件中心；如果不重合，则仔细调整横向工作台位置，隔两齿分度，在另一齿的端面上重复用以上方法试刀，直至两次线痕重合为止。角铣刀侧面对中心后，需将横向工作台固紧。工件回到起始位置方可进行铣削。经试切合乎要求后，以工件外圆大端最高点为基准，摇动机床升降台做垂直进给粗铣齿形。

e. 粗铣各齿。粗铣一齿后，分度粗细铣各齿，各留 1.5mm 左右精铣余量。为控制等分点的齿距累积误差，可采用隔齿分度法，即铣出第一齿后，接着分度铣出 5、9、13、17、21、25 齿，接着仍按 4 齿分度，铣出第 4、8、12、16、20、24 齿，再继续铣出第 3、7、11、15、19、23 齿和 2、6、10、14、18、22 齿，完成一次铣削循环。隔齿分度时，分度头手柄转数应为 $n = \dfrac{40}{25}\times 4 = 6\dfrac{2}{5} = 6\dfrac{12}{30}$（转），即每次分度手柄摇过 6 圈再在 30 孔圈内摇过 12 个孔距。粗铣齿槽时，首次背吃刀量不能大于齿高的 1/2，即 6/2＝3mm 左右。铣削时应充分供应切削液。

f. 精铣各齿，仍用隔齿分度法，精铣齿槽时，铣削速度可适当加大，以降低工件的表面粗糙度，铣削时应充分供应切削液。精铣各齿至要求，保证齿深 $6^{+0.10}_{0}$ mm，各齿等分误差不大于 $5'$，齿距累积误差不大于 $10'$，齿面表面粗糙度 Ra 为 $3.2\mu m$。

6.9 等速凸轮的铣削

6.9.1 等速凸轮的要素及计算

凸轮的种类比较多，常用的有圆盘凸轮（图 6.12）、圆柱凸轮（图 6.13）。通常在铣床上铣削加工的是等速凸轮，等速凸轮是当凸轮周边上某一点转过相等的角度时，便在半径方向上移动相等的距离，等速凸轮的工作形面一般都采用阿基米德螺旋面。

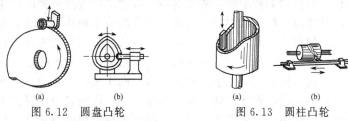

(a)　　　　　(b)　　　　　　(a)　　　　(b)
图 6.12　圆盘凸轮　　　　　图 6.13　圆柱凸轮

（1）凸轮传动的三要素

① 升高量 H　凸轮工作曲线最高点半径与最低点半径之差。

② 升高率 h　凸轮工作曲线旋转一个单位角度或转过等分圆周的一等分时，从动件上升或下降的距离。

凸轮圆周按 360°等分时，升高率 h 应为

$$h = \frac{H}{\theta}$$

式中　h——升高率，mm/(°)；

　　　H——升高量，mm；

　　　θ——动作角，(°)。

凸轮圆周按 100 等分时，升高率 h 应为

$$h = \frac{H}{N}$$

式中　N——工作曲线在圆周上所占的格数。

③ 导程 P_z　工作曲线按一定的升高率，旋转一周时的升高量。

凸轮圆周按 360°等分时，导程 P_z 应为

$$P_z = h \times 360° = \frac{360°H}{\theta}$$

凸轮圆周按 100 等分时，导程 P_z 应为

$$P_z = h \times 100 = \frac{100H}{N}$$

（2）圆柱螺旋线的计算（表 6.56）

表 6.56　圆柱螺旋线

示　　图	计　　算
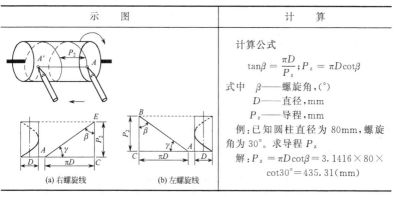 (a) 右螺旋线　　(b) 左螺旋线	计算公式 $$\tan\beta = \frac{\pi D}{P_z};\ P_z = \pi D\cot\beta$$ 式中　β——螺旋角，(°) 　　　D——直径，mm 　　　P_z——导程，mm 例：已知圆柱直径为 80mm，螺旋角为 30°。求导程 P_z 解：$P_z = \pi D\cot\beta = 3.1416 \times 80 \times$ 　　　$\cot 30° = 435.31$（mm）

（3）圆盘螺旋线的计算（表 6.57）

表 6.57　圆盘螺旋线

示 图	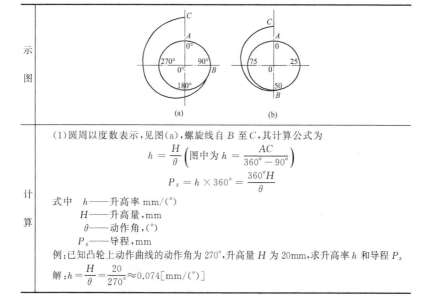 (a)　　　　　　(b)
计 算	（1）圆周以度数表示，见图(a)，螺旋线自 B 至 C，其计算公式为 $$h = \frac{H}{\theta}\left(\text{图中为 } h = \frac{AC}{360° - 90°}\right)$$ $$P_z = h \times 360° = \frac{360°H}{\theta}$$ 式中　h——升高率 mm/(°) 　　　H——升高量，mm 　　　θ——动作角，(°) 　　　P_z——导程，mm 例：已知凸轮上动作曲线的动作角为 270°，升高量 H 为 20mm，求升高率 h 和导程 P_z 解：$h = \dfrac{H}{\theta} = \dfrac{20}{270°} \approx 0.074[\text{mm/(°)}]$

计算	$P_z=h\times360°=0.074\times360°=26.66$(mm) (2)圆周以100等分表示,见图(b),螺旋线自B至C,其计算公式为 $$h=\frac{H}{N}$$ $$P_z=h\times100=\frac{100H}{\theta}$$ 式中 h——升高率,mm/格 　　　H——升高量,mm 　　　N——动作曲线包含的格数 例:已知凸轮上动作曲线的升高量为15mm,包含50格,求升高率h和导程P_z 解:$h=\dfrac{H}{N}=\dfrac{15}{50}=0.3$(mm/格) 　　$P_z=h\times100=0.3\times100=30$(mm)

6.9.2 等速圆盘凸轮的铣削

(1) 垂直铣削法铣削等速圆盘凸轮（表6.58）

表6.58　垂直铣削法铣削等速圆盘凸轮

图示	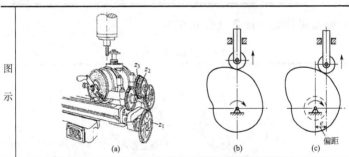 (a)　　　　　(b)　　　　　(c) 偏距
调整与计算	① 垂直铣削法用于仅有一条工作曲线,或者虽然有几条工作曲线,但它们的导程都相等的圆盘凸轮。并且所铣凸轮外径较大,铣刀能靠近轮坯而顺利切削[图(a)] ② 选择铣刀　立铣刀直径应与凸轮从动件滚子直径相同 ③ 分度头交换齿轮轴与工作台丝杠的交换齿轮计算 $$i=\frac{z_1z_3}{z_2z_4}=\frac{40P_{丝}}{P_h}$$ 式中 40——分度头定数 　　　$P_{丝}$——工作台丝杠螺距,mm 　　　P_n——凸轮导程 ④ 调整铣削位置　圆盘凸轮铣削时的对刀位置,必须根据从动件的位置来确定 若从动件是对心直动式的圆盘凸轮[图(b)],对刀时应将铣刀和工件的中心连线调整到与纵向进给方向一致;若从动件是偏距直动式的圆盘凸轮[图(c)],使铣刀对中后再偏移一个距离,这个距离必须等于从动件的偏距e,　并且偏移的方向也必

续表

调整与计算	须和从动件的偏置方向一致 　⑤ 铣削方法　铣削时,可先将分度头分度手柄插销拔出,转动分度头手柄,使凸轮工作曲线起始径向线位置对准铣刀切削部位,然后移动纵向工作台使铣刀切入工件。切入一定深度后,再将分度头手柄插销插入分度盘的孔中,摇动分度头手柄,使凸轮一面转动,一面做纵向移动,从而铣出凸轮工作形面

（2）用圆转台铣削圆盘凸轮（表 6.59）

表 6.59　用圆转台铣削圆盘凸轮

图示	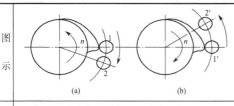 　　(a)　　　　　　　　(b)	对一些外形尺寸较大的圆盘凸轮和较大直径的阿基米德螺旋槽圆盘凸轮,通常是将工件装夹在圆转台上,在圆转台和纵向工作台之间交换齿轮,采用垂直铣削法进行加工
调整与计算	① 圆转台交换齿轮轴与工作台丝杠的交换齿轮计算 $$i = \frac{z_1 z_3}{z_2 z_4} = \frac{NP_{丝}}{P_n}$$ 　式中　N——圆转台的定数 　　　　$P_{丝}$——工作台丝杠螺距,mm 　　　　P_n——凸轮导程 常用的圆转台的定数(即蜗轮齿数)有 90、120、180 等。配置交换齿轮时,需要在圆转台上装上万向轴和附加交换齿轮装置 ② 铣削方法　在铣削过程中,如需脱开圆转台主轴和纵向工作台丝杠之间的传动链时,可利用机动、手动离合器手柄,使万向轴与蜗杆脱开,以便做圆弧铣削和进刀、退刀运动[图(a)、图(b)] ③ 进刀和退刀　凸轮铣削时的进刀和退刀,通过改变螺旋面的起始位置来达到的	

（3）用倾斜法铣削凸轮（表 6.60）

表 6.60　倾斜法铣削凸轮

图示	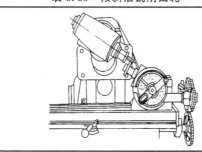

续表

调整与计算	① 倾斜铣削法用于有几条工作曲线,各条曲线的导程不相等,或者凸轮导程是大质数、零星小数、选配齿轮困难等 ② 分度头主轴与工作台板角度计算　为了使分度头主轴与铣刀轴线平行,分度头主轴的仰角与立铣头的转动角应互为余角 a. 计算凸轮的导程 P_n。选择 P'_n（P'_n 可以自行决定,但 P'_n 应大于 P_n 并能分解因子） $$p_n = \sin\alpha P'_n$$ b. 计算分度头转动角度 α $$\sin\alpha \dfrac{P_n}{P'_n}$$ 式中　α ——分度头仰角,(°) 　　　P'_n ——假定交换齿轮导程 ③ 计算传动比（按选择的 P'_n 计算） $$i = \dfrac{40P_\text{丝}}{P'_n}$$ ④ 计算立铣刀的转动角度 β $$\beta = 90° - \alpha$$ ⑤ 计算铣刀长度： $$L = B + H\cot\alpha + 10\,(\text{mm})$$ 式中　B ——凸轮厚度,mm 　　　10 ——多留出的切削刃长度,mm 　　　α ——分度头仰角,(°) 　　　H ——被加工凸轮曲线的升高量,mm ⑥ 铣削方法与垂直铣削法基本相同

（4）等速圆柱凸轮的铣削

等速圆柱凸轮分螺旋槽凸轮和端面凸轮,其中螺旋槽凸轮铣削方法和铣削螺旋槽基本相同。所不同的是,圆柱螺旋槽凸轮工作形面往往是由多个不同导程的螺旋面（螺旋槽）所组成。它们各自所占的中心角是不同的,而且不同的螺旋面（螺旋槽）之间常用圆弧进行连接,因此导程的计算就比较麻烦。在实际生产中,应根据图样给定的不同条件,采用不同的方法来计算凸轮曲线的导程。

等速圆柱螺旋槽凸轮导程的计算。若加工图样上给定的螺旋角 β 时,导程计算公式为

$$P_n = \pi d \cot\beta$$

等速圆柱凸轮（端面）的铣削见表 6.61。

表 6.61　垂直铣削法铣削等速圆柱凸轮（端面）

图示	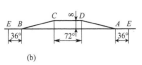
	(a) 　　　(b)

调整与计算

　　等速圆柱凸轮一般是在立式铣床上进行铣削的,铣削圆柱凸轮通常选用立铣刀或键槽铣刀

　　分度头交换齿轮法是通过各种不同的交换齿轮比,来达到圆柱凸轮上各种不同的导程要求的

　　① 具体的计算和交换齿轮的配置与圆盘凸轮铣削时基本相同,只是分度头主轴应平行于工作台[图(a)]

　　② 铣削时调整计算方法与用垂直铣削法铣削等速圆盘凸轮相同

　　③ 圆柱凸轮曲线的上升和下降部分需要分两次铣削[图(b)]。铣削中,以增减中间轮来改变分度头主轴的旋转方向,即完成左、右旋工作曲线

　　④ 铣刀偏移距离的计算

　　a. 铣削螺旋端面偏移距离 e 的计算

$$e = R_0 \sin \frac{1}{2}(\gamma_D + \gamma_d)$$

式中　R_0——铣刀半径,mm

　　　　γ_D——工件外径处的螺旋角,(°)

　　　　γ_d——工件内径处的螺旋角,(°)

　　b. 铣削螺旋槽凸轮铣刀偏移距离 e_x、e_y 的计算

$$\cot\gamma_{cp} = \frac{P_n}{\pi(D - T)}$$

式中　γ_{cp}——螺旋面平均直径处的螺旋升角,(°)

　　　　P_n——凸轮导程

　　　　D——工件外径,mm

　　　　T——工件槽深,mm

$$e_x = (R - r_0)\sin\gamma_{cp}$$
$$e_y = (R - r_0)\cos\gamma_{cp}$$

式中　R——滚子半径,mm

　　　　r_0——铣刀半径,mm

(5) 凸轮铣削的质量分析 (表 6.62)

表 6.62 凸轮铣削的质量分析

现　象	原　因
表面粗糙度达不到要求	① 铣刀不锋利;铣刀太长,刚性差 ② 进给量过大;铣削方向选择不当 ③ 工件装夹不稳固 ④ 传动系统间隙过大
升高量不正确	① 计算错误,如导程、交换齿轮比、倾斜角等 ② 调整精度差,如分度头主轴位置、铣刀切削位置 ③ 铣刀直径选择不当 ④ 交换齿轮配置错误,如齿轮齿数错误;主、从动轮颠倒
工作型面形状误差大	① 铣刀偏移中心切削,偏移量计算错误 ② 铣刀几何形状差,如锥度、素线不直等 ③ 分度头和立铣头相对位置不正确

6.9.3 铣削等速圆盘凸轮实例

（1）零件图分析

图 6.14 所示为等速圆盘凸轮，材料为 40Cr，热处理调质至 220～260HBW，凸轮厚度为 12mm，在 0°～200°范围内是升程曲线，升高量为 18.5mm，在 200°～360°范围内是回程曲线，回程量也是 18.5mm，改凸轮从动件的滚子直径为 ϕ20mm，凸轮曲面表面粗糙度 Ra 为 3.2μm。

（2）机械加工工艺路线

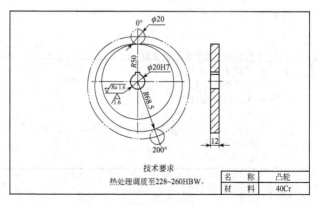

技术要求
热处理调质至228~260HBW。

名　称	凸轮
材　料	40Cr

图 6.14 凸轮

① 下料。用气割在板料上下 $\phi140\text{mm}$、厚度为 15mm 的料。

② 车床加工。车至外圆 $\phi137\text{mm}$，车两端面至工件厚度为 12mm，车内孔为 $\phi20\text{H7mm}$。

③ 热处理调质至 $220\sim260\text{HBW}$。

④ 划线。

⑤ 铣削加工。粗铣形面，按线留 $2\sim2.5\text{mm}$ 均匀余量，铣削升程曲线螺旋面，铣削回程曲线螺旋面至图样技术要求。

⑥ 检验。

（3）主要工艺装备

① 选择机床：选用 X5032 型万能立式铣床。

② 选择铣刀：因凸轮从动件的滚子直径为 $\phi20\text{mm}$，故选用直径为 $\phi20\text{mm}$ 的立铣刀铣削。其切削刃长度也符合铣削时的需要。计算铣刀长度

$$L = B + \frac{H}{\tan\alpha} + (5\sim10) = 12 + \frac{18.5}{\tan 52°7'} + (5\sim10) = 36.4\text{mm}$$

式中　L——铣刀切削部分的有效长度，mm；

　　　B——工件厚度，mm；

　　　α——分度头仰角，（°），本例采用分度头主轴仰角为 $\alpha_2 = 52°7'$；

　　　H——被加工凸轮曲线的升高量，mm。

③ 装夹夹具：F1125 型分度头，心轴，拉杆螺钉，螺母，垫圈等。

（4）加工路线和加工步骤

① 划线，粗铣形面，按线留 $2\sim2.5\text{mm}$ 均匀余量，铣削升程曲线螺旋面，铣削回程曲线螺旋面。

② 加工步骤

a. 划线。在工件两平面划出凸轮的外形曲线，并打上样冲眼。特别注意准确地划出螺旋线起点和终点的位置，并做出标记。

b. 粗铣形面，按线留 $2\sim2.5\text{mm}$ 均匀余量。

c. 铣螺旋面前的操作前检查、准备。

ⓐ清理工作台、分度头和工件表面毛刺，检查划线的清晰度，必要时补划。

ⓑ安装分度头及接长轴。

d. 装夹工件。工件通过心轴安装在分度头上。先将心轴的锥柄插入分度头主轴锥孔中,找正后用拉杆螺钉拉紧,然后装上工件用螺母、垫圈压紧。

e. 计算及安装交换齿轮。在分度头接长轴和机床纵向传动丝杠上安装交换齿轮。

ⓐ计算凸轮导程

$$P_n = \frac{360°H}{\theta}$$

式中　　P_n ——凸轮导程,mm;

H ——螺旋面升高量,mm;

θ ——凸轮曲线的圆心角,(°)。

铣削升程曲线的导程

$$P_{n1} = \frac{360° \times 18.5}{200°} = 44.4 \, (\text{mm})$$

铣削回程曲线的导程

$$P_{n2} = \frac{360° \times 18.5}{160°} = 35.52 \, (\text{mm})$$

ⓑ计算交换齿轮。配置交换齿轮的导程 P_n 应按凸轮最大导程选取,故选取 $P_{n1} = 44.4$mm。为了便于配置交换齿轮的齿数。因 $P_{n1} = 44.4$mm,现选取 $P_n = 45$mm。

$$i = \frac{z_1 z_3}{z_2 z_4} = \frac{40P_{丝}}{P_n} = \frac{40 \times 6}{45} = \frac{100}{25} \times \frac{80}{60}$$

即 $z_1 = 100$,$z_2 = 25$,$z_3 = 80$,$z_4 = 60$。

ⓒ分度头主轴仰角 α 和立铣头倾斜角 β 的计算。用倾斜铣削法铣削凸轮时,分度头主轴和水平方向应成一仰角 α,立铣头也相应倾斜一个 α 角的余角 β。这样工作台水平移动一个假定交换齿轮导程 P_n 的距离,它和工件的实际导程 P'_n 的关系

$$P'_n = P_n \sin\alpha$$

$$\sin\alpha = \frac{P'_n}{P_n}$$

式中　　P'_n ——工件实际导程,mm;

P_n ——假定交换齿轮导程,mm;

α ——分度头主轴仰角,(°)。

铣削升程曲线时

$$\sin\alpha_1 = \frac{P_{n1}}{P_n} = \frac{44.5}{45} = 0.9866，\alpha_1 = 80°38'，\beta_1 = 9°22'$$

铣削回程曲线时

$$\sin\alpha_2 = \frac{P_{n2}}{P_n} = \frac{35.52}{45} = 0.7893，\alpha_2 = 52°7'，\beta_2 = 37°53'$$

f. 扳转分度头主轴仰角 $\alpha_1 = 80°38'$，立铣头倾斜角 $\beta_1 = 9°22'$。

g. 对刀。使铣刀轴心线与凸轮上 0°和 180°的连线在一个平面内。也可以在工件安装前对刀，即在分度头装上心轴后，利用心轴对刀，使铣刀轴心线与心轴轴线对正，也就是与分度头主轴轴线对正。装上工件后，再转动分度头找正凸轮上 0°和 180°的连线与工作台纵向运动方向平行，即视为对刀位置已正确。

h. 铣削凸轮升程曲线螺旋面。固紧工作台横向移动机构，拔出分度头手柄定位销，移动工作台，将铣刀靠近工件，摇动工作台升降机构，提升工作台使刀具越过工件底面，然后纵向移动工作台，将铣刀切入工件，到达所定深度后，再将分度手柄定位销插入分度板孔眼内，摇动分度头手柄开始铣削。此时，工作台纵向移动，并做回转运动，铣刀切出螺旋表面，工件回转 200°时，铣出升程曲线螺旋面。

i. 铣削凸轮回程曲线螺旋面。反向摇转分度头手柄回转 200°。使铣刀回到 0°位置，改变分度头主轴和铣刀的倾斜角即 $\alpha_2 = 52°7'$，$\beta_2 = 37°53'$，并在配置的交换齿轮中加一中间轮，使工件旋转方向与铣削凸轮回程曲线螺旋面相反，同时改变铣刀转向，从凸轮 0°（即 360°）处方向回转铣削 200°止。

6.10 球面铣削

6.10.1 铣削球面

在铣床上铣削圆球的原理与车床上旋风车削是一样的，即一个旋转的刀具沿着一个旋转的物体运动，两轴线相交，但又不重合，

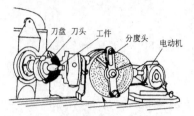

图 6.15　球面铣削装夹及传动机构

那么刀尖在物体上形成的轨迹则为一球面。

铣削时，工件中心线与刀盘中心线要在同一平面上。工件由电动机减速后带动或用机床纵向丝杠（拿掉丝杠螺母）通过交换齿轮带动旋转，如图 6.15 所示。

（1）球面铣削的调整与计算（表 6.63）

表 6.63　球面铣削的调整与计算

加工形式	图示	调整与计算
加工整球	分度头卡盘　刀盘　支承套活顶尖 第一次铣削 D_c $r=d/2$　$R=D/2$ L 第二次铣削	① 整圆球铣削一般要分两次加工 ② 对刀直径 D_c 应控制在 $L > D_c > \sqrt{2}R$ 的范围内 $$L = \sqrt{D^2 - d^2} = 2\sqrt{R^2 - r^2}$$ 式中　L——两支承套间距离，mm 　　　D——工件的直径，mm 　　　R——工件的半径，mm 　　　d——支承套的直径，mm 　　　r——支承套的半径，mm
加工单柄球面	d_c 2α R　α e	这种工件一般采硬质合金铣刀盘加工，单柄球面的加工如图所示，刀盘或工件的倾斜角 α 的计算公式为 $$\sin 2\alpha = \frac{D}{2R}$$ 或　$\alpha = \dfrac{1}{2}\arcsin\left(\dfrac{D}{2R}\right)$ 式中　α——刀盘或工件的倾斜角 　　　D——工件柄部直径 　　　R——球面半径 刀盘刀尖回转直径 d_c 的计算公式为 $$d_c = 2R\sin\alpha$$

续表

加工形式	图示	调整与计算
加工相等直径的双柄球面	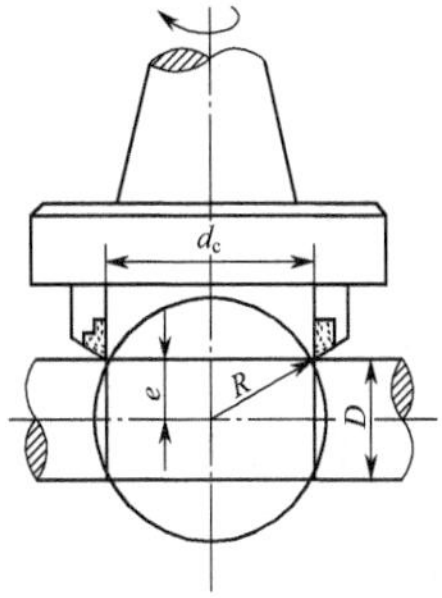	两端轴径相等的双柄球面,如图,铣削这种球面时,轴交角 β 为 90°,即倾斜角 α 为 0°,铣刀刀尖回转直径 d_c 可按下式计算 $$d_c = \sqrt{4R^2 - D^2}$$
加工两端轴径不相等的双柄球面	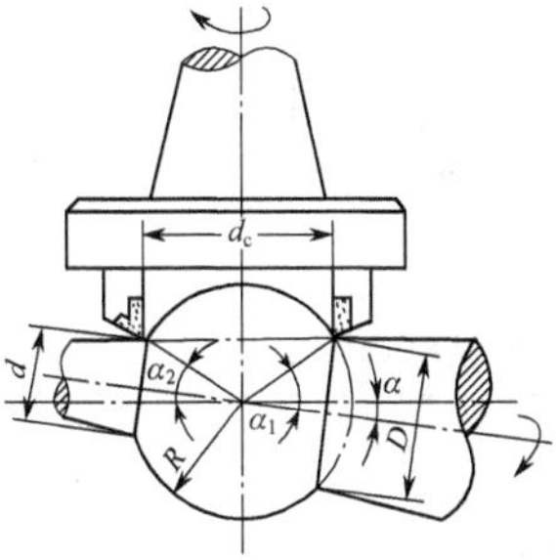	两端轴径不相等的双柄球面,由图可知 $$\sin\alpha_1 = \frac{D}{2R}$$ $$\sin\alpha_2 = \frac{d}{2R}$$ 而 $\qquad \alpha_2 + \alpha = \alpha_1 - \alpha$ 故 $\qquad \alpha = \dfrac{\alpha_1 - \alpha_2}{2}$ 因此,铣刀刀尖回转直径 d_c 可按下式计算 $$d_c = 2R\cos(\alpha_1 - \alpha)$$ 或 $\qquad d_c = 2R\cos(\alpha_2 + \alpha)$ 式中 α ——刀盘或工件的倾斜角 $\quad D$ ——工件柄部直径 $\quad R$ ——球面半径

（2）大半径外球面的铣削（表 6.64）

表 6.64 大半径外球面的铣削

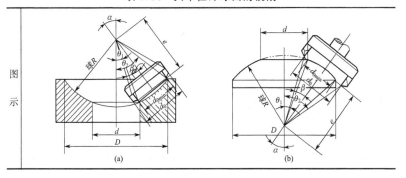

续表

| 调整与计算 | 铣削大半径球面,采用硬质合金端铣刀或铣刀盘来加工。工件安装在回转台上,使其轴线与铣床工作台面相垂直,然后用主轴倾斜法加工,如图(a)所示。加工时,刀盘刀尖的直径应保证将所需要的球面加工出来,其最小值可按下列公式计算 $$\sin\theta_1 = \frac{d}{2R} \qquad \sin\theta_2 = \frac{D}{2R}$$ $$d_{c\min} = 2R\sin\frac{\theta_2 - \theta_1}{2}$$ 式中 D,d——工件球面两端截形圆直径,mm
 R——球面半径,mm
 刀盘直径 d_0 确定后,主轴倾斜角 α 可在一定范围内选择,其最大值及最小值可按下列公式计算 $$\sin\beta = \frac{d_0}{2R}$$ $$\alpha_{\max} = \theta_1 + \beta \qquad \alpha_{\min} = \theta_2 - \beta$$ |

（3）内球面的铣削

铣削内球面可用立铣刀或镗刀加工。立铣刀适用于铣削半径较小的内球面,而镗刀铣削半径较大的内球面。

① 用立铣刀铣削内球面（表 6.65）

表 6.65　用立铣刀铣削内球面

图示	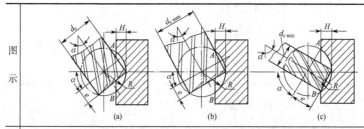
调整与计算	用立铣刀铣削内球面如图所示。此时应计算出立铣刀铣削回转直径 d_c 的选择范围的计算公式 $$d_{c\min} = D\sqrt{2RH}$$ $$d_{c\max} = 2\sqrt{R^2 - \frac{RH}{2}}$$ 式中 R——球面半径,mm H——球面深度,mm 在具体确定 d_c 值时,应选用较大直径的立铣刀,然后根据铣刀直径 d_c,按下式计算倾斜角 α 的数值 $$\cos\alpha = \frac{d_c}{2R}$$

(a)　　　　　(b)　　　　　(c)

② 用镗刀铣削内球面（表 6.66）

表 6.66 用镗刀铣削内球面

加工形式	图示	调整与计算
用镗刀铣削外球心内球面	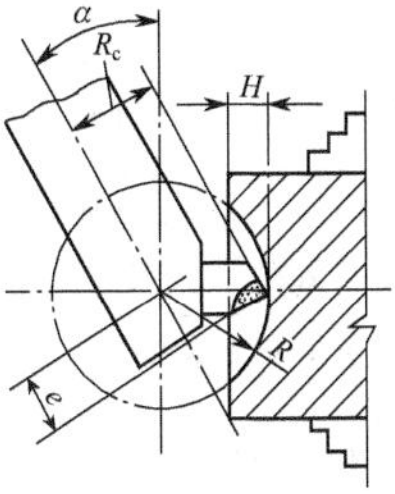	用镗刀铣削外球心内球面，如图所示。由于镗刀回转直径大于镗杆，并且能按需要进行调节，因而加工范围广。可以加工外球心内球面和内球心内球面 用镗刀加工外球心内球面，加工时应先确定倾斜角 α。由于镗杆小于镗刀回转直径，因而当球面深度 H 不太大时，α_{min} 有可能取 $0°$，α_{min} 可按下式计算 $$\cos\alpha_{max} = \sqrt{\frac{H}{2R}}$$ 倾斜角 α 值确定时，应尽可能取小值。确定 α 后，可按下式计算镗刀半径 R_c $$R_c = R\cos\alpha$$
用镗刀加工内球心内球面	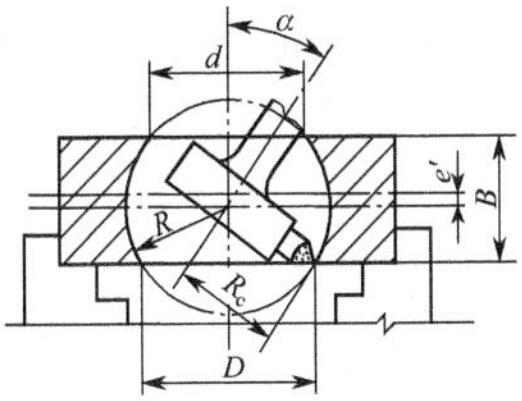	用镗刀加工内球心内球面，如图所示。这种内球面的球心不在工件厚度的对称平面上，故称为偏心内球面。加工这种偏心内球面时，在能铣出球面的前提下，尽可能取 $\alpha = \alpha_{min}$ 倾斜角 α_{min} 的计算公式为 $$\tan\alpha_{min} = \frac{2B}{D+d}$$ 其中 $D = 2\sqrt{R^2 - \left(\frac{B}{2} - e'\right)^2}$ $d = 2\sqrt{R^2 - \left(\frac{B}{2} + e'\right)^2}$ 式中 B——工件厚度，mm 　　　e'——球心偏移工件厚度对称 　　　　　平面距离，mm 镗刀回转半径 R_c 计算公式为 $$R_c = \frac{B}{2\sin\alpha_{min}}$$

6.10.2 球面加工质量分析

球面加工的常见弊病及原因见表 6.67。

表 6.67　球面铣削的质量问题

现　象	原　因
球面表面呈单向切削"纹路"，形状呈椭圆形	铣刀轴线和工件轴线不在同一平面内 ① 工件与夹具不同轴 ② 夹具安装、校正不好 ③ 工作台调整不当
内球面加工后，表面呈交叉形切削"纹路"，外口直径扩大，底部出现凸尖	铣刀刀尖运动轨迹未通过工件端面中心 ① 对刀不正确 ② 划线错误 ③ 工件倾斜法加工时，移动量 S_1、S_2 计算错误
球面半径不符合要求	① 铣刀刀尖回转直径 d_c 调整不当 ② 铣刀沿轴向进给量过大
球面粗糙度达不到要求	① 镗刀切削角度刃磨不当 ② 铣刀磨损 ③ 铣削量过大，圆周进给不均匀 ④ 顺、逆铣选择不当，引起窜动、梗刀

6.10.3　单柄外球面铣削实例

（1）零件图的分析

如图 6.16 所示为一球头轴，材料为 45 钢，热处理淬硬至 42HRC，需铣削端部球面尺寸为 $SR\,39^{-0.05}_{-0.1}$ mm，球面轮廓度公差为 0.10mm，柄部与球体相接直径为 $\phi\,52^{\,0}_{-0.10}$ mm，其与球体的同轴度公差 $\phi0.08$mm；柄部为 $\phi58$mm，球心到柄部端面的尺寸为 150mm。球体表面粗糙度 Ra 为 6.3μm，"$\phi\,52^{\,0}_{-0.10}$"表面粗糙度 Ra 为 1.6μm，其余 Ra 均为 3.2μm。

（2）机械加工工艺路线

① 下料。在锯床上，下 $\phi85$mm 圆棒料。

② 车床加工。车至球面 $\phi80$mm，车外圆"$\phi\,52^{\,0}_{-0.10}$"留磨削余量，车外圆"$\phi58$"至图样要求。

③ 热处理淬火至 42HRC。

④ 磨床加工。磨外圆"$\phi\,52^{\,0}_{-0.10}$"至图样要求。

⑤ 铣削加工。粗铣形球面，精铣球面至图样技术要求。

⑥ 检验

（3）主要工艺装备

① 选择机床：选用 X5032 型万能立式铣床。

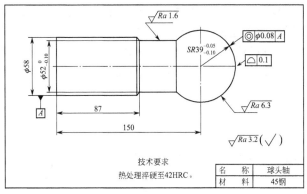

图 6.16 球头轴

② 选择铣刀：选用镶硬质合金刀片的铣刀盘。

③ 装夹夹具：F11125 分度头。

（4）加工步骤

① 操作前检查、准备

a. 清理工作台、清理分度头。

b. 检查"$\phi 52_{-0.10}^{0}$"柄部尺寸是否符合图纸要求；测量坯件球面的实际尺寸，确定工件的加工余量。

c. 安装分度头。

② 装夹工件。将工件柄部装夹在分度头三爪自定心卡盘上，找正后固紧，工件外圆径向圆跳动误差不大于 0.02mm。

③ 计算工件的倾斜角 α，刀盘刀尖回转直径 d_0。

a. 采用立铣床主轴倾斜法铣削，主轴倾斜角 α 的计算

$$\sin 2\alpha = \frac{D}{2SR} = \frac{52}{2 \times 39} \approx 0.6666$$

$$2\alpha = 41°48', \ \alpha = 20°54'$$

b. 刀盘刀尖回转直径 d_0 的计算

$$d_0 = 2SR\cos\alpha$$

$$d_0 = 2SR\cos\alpha = 2 \times 39 \times \cos 20°54' = 78 \times 0.9342 = 72.86（mm）$$

④ 铣刀刀尖回转直径的调整。将刀盘装在铣床主轴上，用拉杆拉紧，把内切 90° 偏刀紧固在刀盘上，刀具应装成如图 6.17（a）所示形状（这是因为铣刀内侧面与工作台面成大于 90° 夹角时，便于测量出 d_0 值的大小）。用目测使铣刀回转直径稍大于 d_0 即可，在

工作台面上压好试刀板，开车后，用铣刀在试刀板上划出 $1\sim2\mathrm{mm}$ 深的刀痕后，停车退刀。用卡尺仔细测量刀痕内径，如图 6.18 所示，根据测量数值对铣刀位置进行调整。重新试铣刀痕，直至将铣刀回转直径调到符合 $d_0=72.86\mathrm{mm}$ 为止。

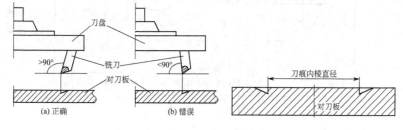

图 6.17　刀具装夹位置示意图　　　图 6.18　测量刀痕内棱直径

⑤ 铣床调整。先将机床主轴板转一个倾角 α，$\alpha=20°54'$。再在主轴上装好标准试棒，用万能角度尺测量，检查扳起角度是否正确。

⑥ 对刀

a. 扳正工件的轴线位置，使其与分度头的轴线结合。

b. 将立铣主轴倾斜一个角度，然后用对中心方法，使立铣头轴线和分度头的轴线落在同一平面上，以确定横向工作台与铣床主轴的相对位置。

球面半径控制，可直接移动立铣头轴向进刀来改变偏心距 e 的大小，控制球面半径，而铣刀轴线与工件球心相对位置，则可通过纵向工作台移动来控制。

偏心距

$$e=\frac{d_0}{2}\tan\alpha=\frac{72.86}{2}\tan 20°54'=13.9112\,(\mathrm{mm})$$

把铣刀转到最右端，并处于工件球面与柄部相接圆的正上方，锁紧纵向工作台。调整横向工作台，使铣刀轴线与工件轴线大致在同一平面内，即可开车试铣对刀。边进刀边使工件旋转，如果工件表面出现单向切削纹路，应继续调整横向工作台，当出现交叉纹路时，将横向工作台锁紧，即可进刀铣削。

⑦ 铣削。铣削中进刀依靠升高工作台面控制。每进一次刀，工件应旋转一周。

a. 粗铣球面。开动机床,提升工作台,使铣刀盘沿轴线向工件进给,摇动分度头上工件粗铣球面,球径留 0.6~0.8mm 余量。

b. 精铣球面。方法同粗铣球面,精铣球面至要求,球半径为 $SR\ 39^{-0.05}_{-0.10}$ mm,面轮廓度误差不大于 0.10mm,球面表面粗糙度 Ra 为 6.3μm;外圆 "$\phi 52^{\ 0}_{-0.10}$" 球体的同轴度误差不大于 $\phi 0.08$mm。当球面端部未铣削到的圆较小时,应加强测量,控制进给量进行精铣。最后的精铣进刀量应控制在 0.10mm 之内,使球面表面粗糙度达到图纸要求。

6.11 刀具齿槽铣削

6.11.1 铣削刀具齿槽

刀具齿槽的铣削是指对成形刀齿、刃口和容屑空间的加工过程。多刃刀具的刀齿形式类型较多。按刀齿的所在表面分类有:圆柱面齿、锥面齿和端面齿。按刀齿的齿向分类有:直齿和螺旋齿。

(1) 前角 $\gamma_0 = 0°$ 的铣刀铣削齿槽 (表 6.68)

表 6.68 前角 $\gamma_0 = 0°$ 的铣刀铣削齿槽

工作铣刀	图示	调整与计算
采用单角铣刀铣削齿槽	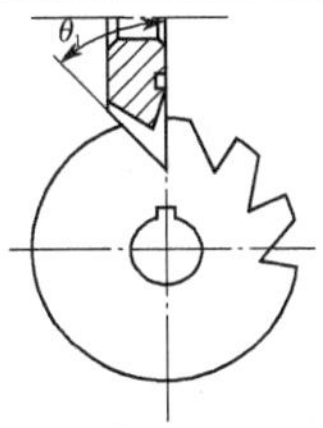 齿槽加工 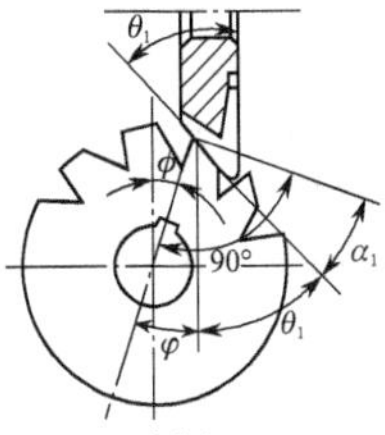 齿背加工	① 选择铣刀　选择工作铣刀的角度必须与所要加工铣刀的齿槽角 θ 相等 ② 齿槽加工　将铣刀的刀刃对准工件中心,然后切至所要求的齿槽深度,依次将全部齿槽铣出 ③ 齿背加工　可直接用单角铣刀进行。但应将工件转过一个 φ 角度 $$\varphi = 90° - \theta - \alpha_1$$ 式中　φ ——分度头主轴的回转角,(°) 　　　θ ——工件的齿槽角,(°) 　　　α_1 ——工件的齿背角,(°) 按下式计算分度头手柄转数 n $$n = \frac{\varphi}{9°} = \frac{90° - \theta - \alpha_1}{9°}$$

工作铣刀	图示	调整与计算
采用双角铣刀铣削齿槽	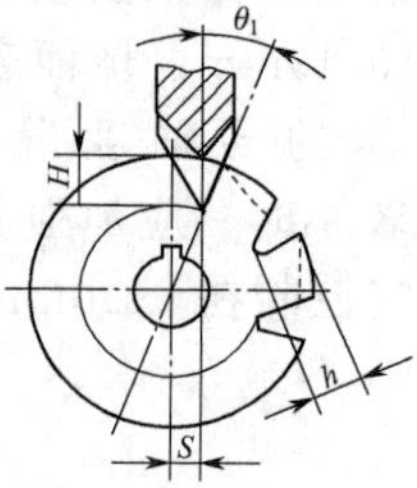 齿槽加工 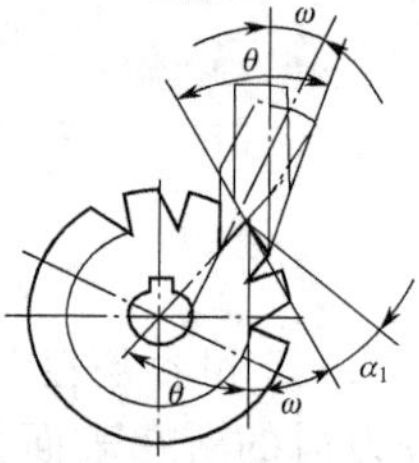 齿背加工	① 选择铣刀　选择工作铣刀的角度必须与所要加工铣刀的齿槽角 θ 相等 ② 齿槽加工　工作铣刀相对工件中心偏移一个距离 S 及偏移后升高量 H 为 $$S = \left(\frac{D}{2} - h\right)\sin\theta_1$$ $$H = \frac{D}{2} - \left(\frac{D}{2} - h\right)\cos\theta_1$$ 式中　D——工件外径，mm 　　　h——工件齿槽深度，mm 　　　θ_1——双角铣刀的小角度，(°) ③ 齿背加工　分度头主轴回转角 φ 的计算和分度方法与用单角铣刀加工 $\gamma_0 = 0°$ 的齿背时相同，但公式中 θ 是代表双角铣刀的角度（包括小角度 θ_1 在内）
用双角铣刀开齿简易对刀法	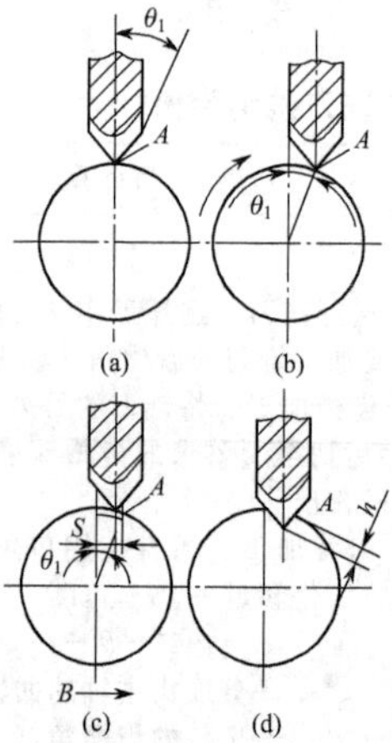	① 刀尖与工件中心线对正后，铣出浅印 A，如图(a)所示 ② 将工件转过一个工作铣刀小角度 θ_1，并使刀尖对正浅印 A，如图(b)所示 ③ 降低工作台，使工件按图(c)箭头 B 的方向离开刀尖一个距离 S $$S = h\sin\theta_1$$ 式中　h——工件齿槽深度，mm 　　　θ_1——角铣刀的小角度，(°) ④ 升高工作台进行铣削。铣刀刀齿铣到浅印 A 后[图(d)]，其切削深度已达到尺寸

（2）铣削前角 $\gamma_0 > 0°$ 的齿槽（表6.69）

表 6.69　铣削前角 $\gamma_0 > 0°$ 的齿槽

工作铣刀	图示	调整与计算
采用单角铣刀铣削齿槽	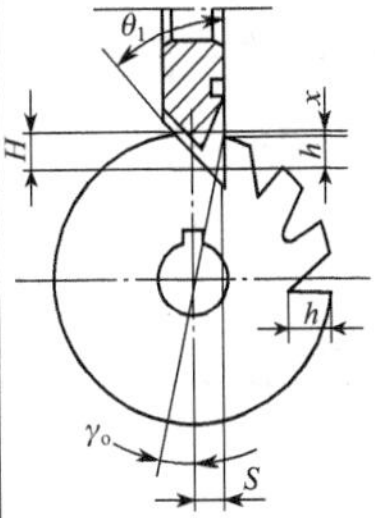 齿槽加工 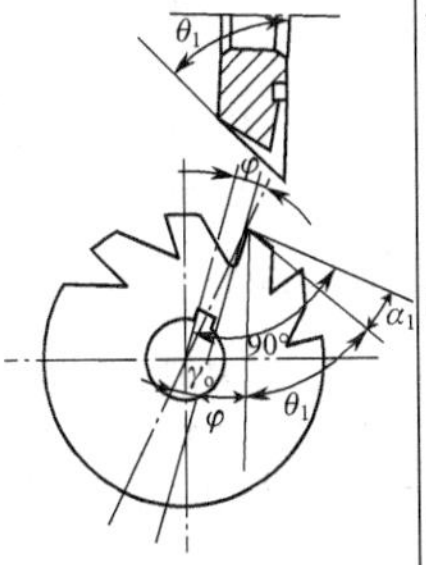　　齿背加工	① 选择铣刀　选择工作铣刀的角度必须与所要加工铣刀的齿槽角 θ 相等 ② 齿槽加工　工作铣刀相对工件中心偏移一个距离 S 及偏移后升高量 H 的计算 $$S = \frac{D}{2}\sin\gamma_0$$ $$H = \frac{D}{2}(1-\cos\gamma_0) + h$$ 式中　D——工件外径，mm 　　　γ_0——工件前角，(°) 　　　h——工件齿槽深度，mm ③ 齿槽加工　可直接用单角铣刀进行，但应将工件转过一个 φ 角度 $$\varphi = 90° - \theta - \alpha_1 - \gamma_0$$ 式中　φ——分度头主轴的回转角，(°) 　　　θ——工件的齿槽角，(°) 　　　α_1——工件的齿背角，(°) 　　　γ_0——工件前角，(°)
用单角铣刀铣削齿槽简易对刀法	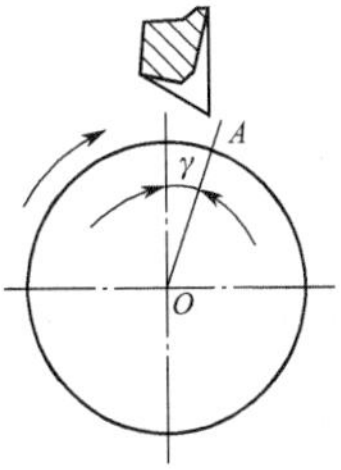	① 先使单角铣刀端面刀刃对准工件中心，并铣出浅印 A ② 然后按图中前头方向转动一个工件前角 γ_0，再重新使铣刀刀尖与浅印 A 对准 ③ 工作台升高一个齿槽深 h 后，即可进行铣削
采用双角铣刀铣齿槽	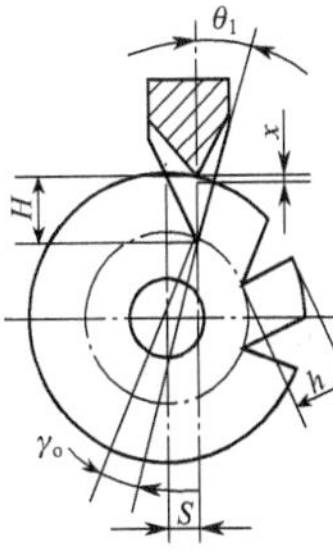 齿槽加工 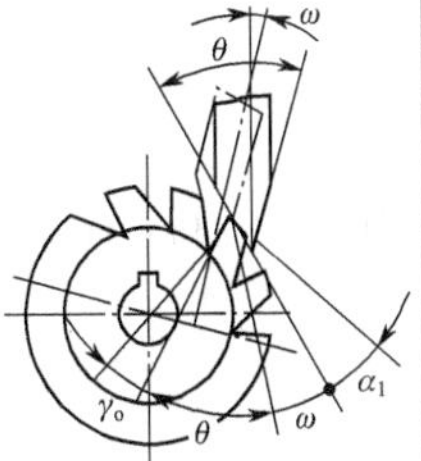　　齿背加工	① 选择铣刀　选择工作铣刀的角度必须与所要加工铣刀的齿槽角 θ 相等 ② 齿槽加工　工作铣刀相对工件中心偏移一个距离 S 及偏移后升高量 H 的计算 $$S = \frac{D}{2}\sin(\theta_1+\gamma_0) - h\sin\theta_1$$ $$H = \frac{D}{2}[1-\cos(\theta_1+\gamma_0)] + h\cos\theta_1$$

续表

工作铣刀	图示	调整与计算
		式中　D——工件外径,mm 　　　γ_0——工件前角,(°) 　　　θ_1——双角铣刀的小角度,(°) 　　　h——工件齿槽深度,mm ③ 齿背加工　φ 的计算和分度方法与用单角铣刀加工 $\gamma_0>0°$ 的齿背时相同。

（3）圆柱螺旋齿刀具齿槽的铣削（表 6.70）

表 6.70　圆柱螺旋齿刀具齿槽的铣削

图示	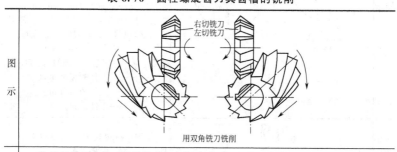 右切铣刀 左切铣刀 用双角铣刀铣削
调整与计算	① 选择铣刀　若工件的旋向为右旋时,应选用左切双角铣刀,若工件的旋向为左旋时,应选用右切双角铣刀 ② 确定工作台转角 　a. 若螺旋角 $\beta<20°$ 时,工作台转角 β_1 等于工件螺旋角 β 。铣削右旋齿槽时工作台应逆时针转动一个螺旋角;铣削左旋齿槽时工作台应顺时针转动一个螺旋角 　b. 若螺旋角 $\beta>20°$ 时,工作台实际转角 β_1 要小于工件螺旋角 β 。具体数值按下式计算 $$\tan\beta_1 = \tan\beta\cos(\delta+\gamma_o)$$ 式中　β——工件螺旋角,(°) 　　　β_1——工作台实际转角,(°) 　　　δ——双角铣刀的小角度,(°) 　　　γ_o——工件的法向前角,(°) 　c. 若用左切双角铣刀加工左旋齿槽或用右切双角铣刀加工右旋齿槽时,工作台应多扳 3° 左右,以免"内切"现象 ③ 传动比计算 $$i = \frac{z_1 z_3}{z_2 z_4} = \frac{40P_{丝}}{P_n} = \frac{40P_{丝}}{\pi D\cot\beta}$$

调整与计算	式中 z_1, z_3 ——主动交换齿轮齿数
	          z_2, z_4 ——从动交换齿轮齿数
	          40——分度头定数
	          $P_{丝}$——机床纵向丝杠螺距,mm
	          P_n——工件导程,mm
	          D ——工件直径,mm
	          β ——工件螺旋角,(°)
	④ 偏移量 S 和升高量 H 的计算
	
	$$S = \frac{D}{2}\sin(\theta_1 + \gamma_{0n}) - h\sin\theta_1$$
	$$H = \frac{D}{2}[1 - \cos(\theta_1 + \gamma_{0n})] + h\cos\theta_1$$
	
	式中 D ——工件外径,mm
	       γ_{0n}——工件法向前角,(°)
	       θ_1 ——工作铣刀的小角度,(°)
	       h ——工件齿槽深度,mm

（4）端面刀齿的铣削（表 6.71）

表 6.71 端面刀齿铣削

图示	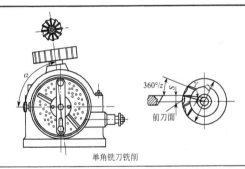 单角铣刀铣削

调整与计算	① 选择铣刀 选择工作铣刀的角度必须与所要加工铣刀的齿槽角 θ 相等
	② 计算分度头仰角 α
	
	$$\cos\alpha = \tan\frac{360°}{z}\cot\theta$$
	
	式中 z ——工件齿数
	     θ ——工件端面齿槽形角,(°)
	③ 偏移量 S 的计算 当被加工工件前角 $\gamma_0 = 0°$ 时,工作铣刀(单角铣刀)的端面刀刃对准工件中心,然后转动分度头手柄,即可进行铣削
	     当被加工工件前角 $\gamma_0 > 0°$ 时,工作铣刀端面刀刃对准工件中心后,还需将工作台向铣刀锥背方向移动一个偏移量 S,然后转动分度头手柄,使工件前刀面与工作铣刀端面刀刃对准,即可进行试切削。偏移量 S 的计算按下式进行

续表

调整与计算	$$S = \frac{D}{2}\sin\gamma_{os}$$ 式中　D——工件外径,mm 　　　γ_{os}——工件刀齿端面前角,(°) 　实际生产中,虽然计算出偏移量 S 值,但为了保证端面刀刃和圆周刀刃互相对齐,平滑连接,往往采用试切方法对刀

（5）锥面刀齿的铣削（表 6.72）

表 6.72　锥面刀齿的铣削

图示	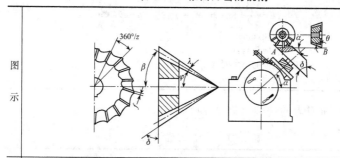
调整与计算	① 工作铣刀的选用及横向偏移量 S 的计算与铣削端面齿相同 ② 计算分度头仰角 α $$\alpha = \beta - \lambda$$ $$\tan\beta = \cos\frac{360°}{z}\cot\delta$$ $$\sin\lambda = \tan\frac{360°}{z}\cot\theta\sin\beta$$ 式中　β——工件刀齿齿高中线与工件中心线间夹角,(°) 　　　λ——工件刀齿中线与齿槽底线间夹角,(°) 　　　z——工件刀齿数 　　　δ——工件外锥面锥底角,(°) 　　　θ——工件锥面齿齿槽角,(°) ③ 计算铣削吃刀量 h　铣削吃刀量可通过试切法确定,也可用下式计算 $$h = \frac{R\cos(\alpha + \delta)}{\cos\delta}$$ 式中　α——分度头仰角 　　　R——刀坯大端半径,mm

（6）刀具齿槽铣削的质量分析（表 6.73）

表 6.73　刀具齿槽铣削的质量分析

现　象	原　因
前角值偏差过大	① 偏移量 S 计算错误 ② 机床偏移距离不准确 ③ 工作台偏移方向错误 ④ 用划线法对刀时,切线错误 ⑤ 螺旋齿铣削时,切削方向选择不正确,过切量大 ⑥ 螺旋齿铣削时工作台转角选择不当,过切量大
棱带不符合要求	① 升高量 H 计算错误或调整不当 ② 用试切法时,试切量过深 ③ 铣齿背时转角 φ 不准确或铣切过深 ④ 工作铣刀廓形角偏差过大 ⑤ 工件坯料或夹具校正精度差 ⑥ 工件装夹不合理,铣削时走动或发生形变 ⑦ 铣端面齿或锥面齿时,仰角 α 不正确
分齿不均匀	① 铣刀廓形不正确 ② 铣削时工件松动 ③ 工件与夹具同轴度差
齿槽形状偏差大	① 铣刀廓形不正确 ② 用角度铣刀铣螺旋齿槽时,工作台转角不恰当 ③ 铣刀刀尖圆弧选择不当
刀齿碰坏工工件其他部位有残留刀痕	① 铣削过程中工件松动或操作不慎 ② 工件铣刀直径或方向选择不当,影响退刀 ③ 铣端面齿时,分度装置有误差或校正对刀不准确

6.11.2 铣削圆柱面直齿刀具实例

（1）零件图分析

如图 6.19 所示为一凹半圆圆柱直齿铣刀，材料为 W18Cr4V，热处理淬硬至 62~64HRC，铣刀直径 $D = 100$mm，前角 $\gamma_0 = 6°$，齿槽角 $\theta = 25°$，槽底圆弧半径 $R = 2$mm，齿槽深 $h = 15$mm，齿数 $z = 12$，工件内孔 $D_1 = \phi 27$H7，厚度 $B = 30_{-0.02}^{0}$ mm，外圆尺寸为 $\phi 100$mm。现需要在圆柱面上开齿，齿面表面粗糙度 Ra 为 6.3mm。

（2）机械加工工艺路线

① 下料：用圆棒料在锯床上下料。

② 锻造：将棒料锻成外圆尺寸为 $\phi 112$mm、厚度为 34mm 圆形毛坯。

③ 退火：经过锻造的毛坯必须进行退火，以消除锻造后的内应力，并改善其加工性能。

④ 车床加工：外圆尺寸车至 $\phi 100.8$mm，工件厚度车至 31mm，工件内孔车至 26.4mm。外圆及凹半圆车至图样要求。

⑤ 插床加工：插键槽。

⑥ 磨床加工：磨削外圆、内孔、端面留加工余量。

⑦ 铣床加工：铣出全部齿槽。

⑧ 热处理淬硬至 62～64HRC。

⑨ 磨床加工：精磨外圆、内孔、端面及齿槽。

⑩ 检验。

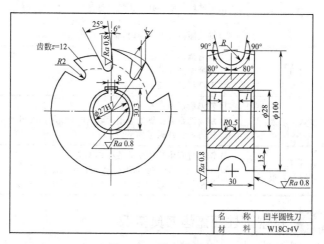

图 6.19　凹半圆铣刀

（3）主要工艺装备

① 选择机床：选用 X6132 型万能卧式铣床加工。

② 选用工作铣刀：单角铣刀应根据工件齿槽角 θ 和槽底圆弧半径 r 来确定，其外径按齿槽深度 h 来选择。故选用 $\theta_1 = 25°$，刀尖圆弧半径 $y_1 = 2$mm，外径为 $\phi 80$mm 的单角铣刀。

③ 装夹的夹具：F1125 分度头。尾座，工件用心轴。

（4）加工步骤

① 操作前检查、准备

a. 清理工作台，清理分度头。

b. 清理工件毛刺，检查工件尺寸。

c. 安装工作铣刀。

d. 安装分度头及尾座。

② 装夹工件　工件用心轴安装，装夹在分度头主轴和尾座两顶尖之间，用鸡心夹头夹紧、拨盘带动。装夹时，应找正工件外圆径向圆跳动误差不大于 0.02mm。

（5）调整与计算

① 调整单角铣刀的工作位置　要使单角铣刀正确地铣出工件齿槽的形状，必须对其工作位置进行调整。调整方法是使工作台横向偏移一个距离 E 及将工作台升高一个高度 H。E 和 H 的计算公式为

$$E = \frac{D}{2}\sin\gamma_0$$

$$H = \frac{D}{2}(1 - \cos\gamma_0) + h$$

式中　E——工作台横向移动偏移量，mm；

D——工件外径，mm；

γ_0——工件前角，（°）；

h——工件齿槽深度，mm；

H——工作台升高量，mm。

$$E = \frac{D}{2}\sin\gamma_0 = \frac{100.8}{2} \times \sin6° = 5.27 \text{（mm）}$$

$$H = \frac{D}{2}(1 - \cos\gamma_0) + h = \frac{100.8}{2}(1 - \cos6°) + 15 = 15.28 \text{（mm）}$$

考虑工件外径的加工余量，取 $H = 15.68$mm。

② 计算分度头手柄转数　手柄应摇转

$$n = \frac{40}{z} = \frac{40}{12} = 3\frac{1}{3} = 3\frac{22}{66}r$$

即铣完一齿后，分度头手柄摇 3 转，再在 66 的孔圈上转过 22个孔距。

（6）对刀

采用划线对刀或切痕对刀法，使角铣刀端面切削刃通过工件中心线。对刀后，以半角铣刀尖部圆弧底面接触工件外圆最高点，纵

向移动工作台。退出。

（7）横向偏移工作台

将工作台横向移动一个偏移量 $E=5.27$mm，紧固横向工作台。

（8）提升工作台

将工作台提升一个升高量 $H=15.68$mm。紧固升降工作台。

（9）铣削第一齿槽

锁紧分度头，开动机床移动纵向工作台，进行开齿铣削。铣出第一齿槽。

（10）分度逐步铣出全部齿槽

分度时，分度一次，分度头手柄摇 3 转，再在 66 的孔圈上转过 22 个孔距。每分度一次必须锁紧分度头。

第7章

磨削加工

7.1 普通磨料磨具

磨具是由许多细小的磨粒用结合剂固结成一定尺寸形状的磨削工具，如砂轮、磨头、油石、砂瓦等。磨具是由磨粒、结合剂和空隙（气孔）三要素组成，其结构如图 7.1 所示。磨具的磨粒是切削刃，对工件起切削作用。磨粒的材料称磨料。磨具结合剂的作用是将磨粒固结成为一定的尺寸和形状。磨具的空隙（气孔）的作用是容纳切屑和切削液以及散热等作

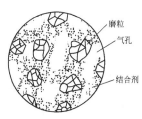

图 7.1　磨具结构示意图

用。为了改善磨具的性能，往往在空隙内浸渍一些填充剂，如硫、二硫化钼、蜡、树脂等起润滑作用，人们把这些填充物看作是固结磨具的第四要素。磨具的制造工艺一般是：混料、加工成形、干燥、烧结、整形、平衡、硬度检测、回旋试验等。

7.1.1　普通磨料的品种、代号、特点和应用

普通磨料包括刚玉系和碳化物系，其品种、代号、特点及应用范围如表 7.1 所示。磨具的工作特性是指磨具的磨料、粒度、结合剂、硬度、组织、强度、形状和尺寸等，其特点和应用下面论述。

表 7.1　普通磨料的品种、代号及应用（摘自 GB/T 2476—1994）

类别	名称	代号	特性	适用范围
刚玉系	棕刚玉	A	棕褐色。硬度高，韧性大，价格便宜	磨削和研磨碳钢、合金钢、可锻铸铁、硬青铜
	白刚玉	WA	白色。硬度比棕刚玉高，韧性比棕刚玉低	磨削、研磨、珩磨和超精加工淬火钢、高速钢、高碳钢及磨削薄壁工件

类别	名称	代号	特性	适用范围
刚玉系	单晶刚玉	SA	浅黄或白色。硬度和韧性比白刚玉高	磨削、研磨和珩磨不锈钢和高钒高速钢等高强度韧性大的材料
	微晶刚玉	MA	颜色与棕刚玉相似。强度高,韧性和自励性能良好	磨削或研磨不锈钢、轴承钢、球墨铸铁,并适于高速磨削
	铬刚玉	PA	玫瑰红或紫红色。韧性比白刚玉高,磨削表面粗糙度小	磨削、研磨或珩磨淬火钢、高速钢、轴承钢和磨削薄壁工件
	锆刚玉	ZA	黑色。强度高,耐磨性好	磨削或研磨耐热合金、耐热钢、钛合金和奥氏体不锈钢
	黑刚玉	BA	黑色。颗粒状,抗压强度高。韧性大	重负荷磨削钢锭
碳化物系	黑碳化硅	C	黑色有光泽。硬度比白刚玉高,性脆而锋利,导热性和导电性良好	磨削、研磨、珩磨铸铁、黄铜、陶瓷、玻璃、皮革、塑料等
	绿碳化硅	GC	绿色。硬度和脆性比黑碳化硅高,具有良好的导热和导电性能	磨削、研磨、珩磨硬质合金、宝石、玉石及半导体材料等
	立方碳化硅	SC	淡绿色。立方晶体,强度比黑碳化硅高,磨削力较强	磨削或超精加工不锈钢、轴承钢等硬而黏的材料
	碳化硼	BC	灰黑色。硬度比黑绿碳化硅高,耐磨性好	研磨或抛光硬质合金刀片、模具、宝石及玉石等

7.12 普通磨料粒度

粒度是指磨料颗粒的大小。粒度有两种测定方法,筛分法和光电沉降仪法(或沉降管粒度仪法)。筛分法是以网筛孔的尺寸来表示、测定磨料粒度。微粉是以沉降时间来测定的。粒度号越大,磨粒的颗粒越小。磨料的粒度标记及尺寸如表 7.2 所示,微粉粒度标记及尺寸如表 7.3 所示。

表 7.2　磨料的粒度 (GB/T 2481.1—1998)

粒度标记	最粗粒			粗 粒			基本粒			混合粒			粗 粒		
	基本尺寸		允许偏差	基本尺寸		允许偏差	基本尺寸		允许偏差	基本尺寸		允许偏差	基本尺寸		允许偏差
	mm	μm		mm	μm		mm	μm		mm		μm	mm	μm	
F4	8.00	—	0	5.60	—	+4	4.75	—	−4	4.75	4.00	—	−4	3.35	—	—
F5	6.70	—	0	4.75	—	+4	4.00	—	−4	4.00	3.35	—	−4	2.80	—	—

续表

粒度标记	最粗粒 基本尺寸/mm	最粗粒/μm	最粗粒 允许偏差	粗粒 基本尺寸/mm	粗粒/μm	粗粒 允许偏差	基本粒 基本尺寸/mm	基本粒/μm	基本粒 允许偏差	混合粒 基本尺寸	混合粒	混合粒/μm	混合粒 允许偏差	粗粒 基本尺寸/mm	粗粒/μm	粗粒 允许偏差
F6	5.60	—	0	4.00	—	+4	3.35	—	−4	3.35	2.80	—	−4	2.36	—	
F7	4.75	—	0	3.35	—	+4	2.80	—	−4	2.80	2.36	—	−4	2.00	—	
F8	4.00	—	0	2.80	—	+4	2.36	—	−4	2.36	2.00	—	−4	1.70	—	
F10	3.35	—	0	2.36	—	+4	2.00	—	−4	2.00	1.70	—	−4	1.40	—	
F12	2.80	—	0	2.00	—	+4	1.70	—	−4	1.70	1.40	—	−4	1.18	—	
F14	2.36	—	0	1.70	—	+4	1.40	—	−4	1.40	1.18	—	−4	1.00	—	
F16	2.00	—	0	1.40	—	+4	1.18	—	−4	1.18	1.00	—	−4	—	850	
F20	1.70	—	0	1.18	—	+4	1.00	—	−4	1.00	850	—	−4	—	710	
F22	1.40	—	0	1.00	—	+4	—	850	−4	850	710	—	−4	—	600	
F24	1.18	—	0	—	850	+4	—	710	−4	710	600	—	−4	—	500	
F30	1.00	—	0	—	710	+4	—	600	−4	600	500	—	−4	—	425	
F36	—	850	0	—	600	+4	—	500	−4	500	425	—	−4	—	355	
F40	—	710	0	—	500	+4	—	425	−4	425	355	—	−4	—	300	
F46	—	600	0	—	425	+4	—	355	−4	355	300	—	−4	—	250	
F54	—	500	0	—	355	+4	—	300	−4	300	250	—	−4	—	212	
F60	—	425	0	—	300	+4	—	250	−4	250	212	—	−4	—	180	
F70	—	355	0	—	250	+3	—	212	−3	212	180	—	−3	—	150	
F80	—	300	0	—	212	+3	—	180	−3	180	150	—	−3	—	125	
F90	—	250	0	—	180	+3	—	150	−3	150	125	—	−3	—	106	
F100	—	212	0	—	150	+3	—	125	−3	125	106	—	−3	—	75	
F120	—	180	0	—	125	+3	—	106	−3	106	90	—	−3	—	63	
F150	—	150	0	—	106	+3	—	75	−3	75	63	—	−3	—	45	
F180	—	125	0	—	90	+3	75 63		−3	75 63 53		—	−3			
F220	—	106	0	—	75	+3	63 53		−3	63 53 45		—	−3			

表 7.3 微粉的粒度 （GB/T 2481.2—1998）

粒度标记	基本尺寸/μm	允许偏差	粒度标记	基本尺寸/μm	允许偏差
F230	82~34	+3.5~−1.5	F500	25~5	+2.0~−0.5
F240	70~28	+3.5~−1.5	F600	19~3	+2.0~−0.5
F280	59~22	+25~−0.8	F800	14~2	+1.5~−0.4
F320	49~16.5	+25~−0.8	F1000	10~1	+1.5~−0.4
F360	40~12	+25~−0.8	F1200	7~1	+1.5~−0.4
F400	32~8	+25~−0.8			

7.1.3 普通磨具结合剂代号性能及应用

结合剂的作用是将磨粒固结成为一定的尺寸和形状的磨具。结合剂直接影响磨料黏结的牢固程度，这主要与结合剂本身的耐热、耐蚀性能等有关。结合剂的种类及其性能，还影响磨具的硬度和强度。结合剂的名称、代号、性能及应用范围如表 7.4 所示。

表 7.4 结合剂的名称、代号、性能及应用范围 (GB/T2484—2006)

名称及代号	性能	应用范围
陶瓷结合剂 V	化学性能稳定、耐热、抗酸碱、气孔率大，磨耗小、强度高，能较好地保持外形，应用广泛 含硼的陶瓷结合剂，强度高，结合剂的用量少，可相应增大磨具的气孔率	适于内圆、外圆、无心、平面、成形及螺纹磨削、刃磨、珩磨及超精磨等。适于加工各种钢材、铸铁、有色金属及玻璃、陶瓷等磨削 适于大气孔率砂轮
树脂结合剂 B	结合强度高，具有一定弹性，高温下容易烧毁，自锐性好、抛光性较好、不耐酸碱 可加入石墨或铜粉制成导电砂轮轧	适于珩磨、切割和自由磨削，如薄片砂轮、高速、重负荷、低粗糙度磨削，打磨铸、锻件毛刺等砂轮及导电砂轮
增强树脂结合剂 BF	树脂结合剂加入玻璃纤维网增加砂轮强度	适于高速砂轮($v_s=60\sim90\text{m/s}$)，薄片砂轮，打磨焊缝或切断
橡胶结合剂 R	强度高，比树脂结合剂更富弹性，气孔率较小，磨粒钝后易脱落 缺点耐热性差(150℃)，不耐酸碱，磨时有臭味	适于精磨、镜面磨削砂轮，超薄型片状砂轮，轴承、叶片、钻头沟槽等用抛光砂轮、无心磨导轮等
增强橡胶结合剂 RF		
塑料结合剂 PL		
菱苦土结合剂 Mg(L)	结合强度较陶瓷结合剂差，但有良好的自锐性能，工作时发热量小，因此在某些工序上磨削效果反而优于其他结合剂。缺点是易水解，不宜湿磨	适于磨削热传导性差的材料及磨具与工件接触面大的磨削 适于石材、切纸刀具、农用刀具、粮食加工、地板及胶体材料加工等，砂轮速度一般小于 20m/s

7.1.4 磨具的硬度代号及应用

磨具的硬度是指结合剂黏结磨粒的牢固程度。磨具的硬度愈高，磨粒愈不易脱落。注意不要把磨具的硬度与磨料的硬度（指显微硬度）混同起来。磨具的硬度代号如表 7.5 所示。

表 7.5 磨具的硬度代号及应用 (GB/T 2484—2006)

硬度	硬度由软 ———————→ 硬																	
代号	A	B	C	D	E	F	G	H	J	K	L	M	N	P	Q	R	S	T	Y
	极软				很软			软			中级			硬				很硬	极硬

应用范围
外圆磨削
无心磨和螺纹磨
平面磨削
工具磨削
超精(低粗糙度)磨削
珩磨
缓进给磨削 去毛刺磨削
重负荷磨削

7.1.5 磨具组织号及其应用

磨具的组织是指磨具中磨粒、结合剂和空隙（气孔）三者之间体积的比例关系，用磨粒率表示，指磨粒所占磨具体积的百分比。磨粒所占的体积百分比越大，空隙就越小，磨具的组织越紧密；反之，空隙越大，磨具的组织越疏松。磨具组织号与磨粒率的关系如表 7.6 所示。组织号越大，磨粒率越小，组织越疏松，磨削时不易被磨屑堵塞，切削液和空气能带入切削区以降低磨削温度，但磨具的磨耗快，使用寿命短，不易保持磨具形状尺寸，降低了磨削精度。反之，组织越紧密，磨具的寿命越长，磨削精度容易保证。

表 7.6 磨具的组织号及其应用 (GB/T 2484—2006)

组织号	0、1、2、3、4、5、6、7、8、9、10、11、12、13、14													
磨粒率	磨粒率由大 ———————→ 小													

GB/T 2484—1984														
组织号	0	1	2	3	4	5	6	7	8	9	10	11	12	13	14
磨粒率 /%	62	60	58	56	54	52	50	48	46	44	42	40	38	36	34
应用范围	重负荷磨削，成形、精密磨削，间断磨削及自由磨削，或加工硬脆材料等				无心磨、内圆磨、外圆磨和工具磨，淬火钢工件磨削及刀具刃磨等				粗磨和磨削韧性大、硬度不高的工件，机床导轨和硬质合金刀具磨削，适合磨削薄壁、细长工件或砂轮与工件接触面大以及平面磨削等				磨削热敏性较大的钨银合金、磁钢、有色金属以及塑料、橡胶等非金属材料		

7.1.6 磨具的强度

磨具的强度是指磨具高速旋转时，抵抗由离心力引起磨具破碎的能力。砂轮在高速旋转时，产生的离心力与砂轮的圆周速度平方成正比，当圆周速度大到一定程度时，离心力超过砂轮结合剂的结合能力时，砂轮就会破碎。为了保证磨削工作时砂轮不破碎，一般进行回旋试验。GB 2494—2003 规定了不同类型、不同结合剂的砂轮的最高工作速度，如表 7.7 所示。如最高工作速度为 50m/s，表示回旋试验速度是以最高工作速度乘以安全系数（1.6）即 $50 \times 1.6 = 80$m/s，进行回旋试验 30s 的速度。

表 7.7　砂轮最高工作速度（摘自 GB 2494—2003）

序号	磨具类别	形状代号	最高工作速度/m·s⁻¹				
			陶瓷结合剂	树脂结合剂	橡胶结合剂	菱苦土结合剂	增强树脂结合剂
1	平形砂轮	1	35	40	35	—	—
2	丝锥板牙抛光砂轮	1	—	—	20	—	—
3	石墨抛光砂轮	1	—	30	—	—	—
4	镜面磨砂轮	1	—	25	—	—	—
5	柔性抛光砂轮	1	—	—	23	—	—
6	磨螺纹砂轮	1	50	50	—	—	—
7	重负荷修磨砂轮	1	—	50～80	—	—	—
8	筒形砂轮	2	25	30	—	—	—
9	单斜边砂轮	3	35	40	—	—	—
10	双斜边砂轮	4	35	40	—	—	—
11	单面凹砂轮	5	35	40	35	—	—
12	杯形砂轮	6	30	35	—	—	—
13	双面凹一号砂轮	7	35	40	35	—	—
14	双面凹二号砂轮	8	30	35	—	—	—
15	碗形砂轮	11	30	35	—	—	—
16	碟形砂轮	12a,12b	30	35	—	—	—
17	单面凹带锥砂轮	23	35	40	—	—	—
18	双面凹带锥砂轮	26	35	40	—	—	—

续表

序号	磨具类别	形状代号	最高工作速度/m·s⁻¹				
			陶瓷结合剂	树脂结合剂	橡胶结合剂	菱苦土结合剂	增强树脂结合剂
19	铰形砂轮	27	—	—	—	—	60～80
20	砂瓦	31	30	30	—	—	—
21	螺栓紧固平形砂轮	36	—	35	—	—	—
22	单面凸砂轮	38	35	—	—	—	—
23	薄片砂轮	41	35	50	50	—	60～80
24	磨转子槽砂轮	41	35	35	—	—	—
25	碾米砂轮	JM1-7	20	20	—	—	—
26	菱苦土砂轮	1、2、2a、2b、2c、2d、6、6a	—	—	—	20～30	—
27	蜗杆砂轮	PMC	35～40	—	—	—	—
28	高速砂轮		50～60	50～60	—	—	—
29	磨头	52　53	25	25	—	—	—
30	棕刚玉粒度为 F30 及更粗，且硬度等级为 M 及更硬的砂轮	—	35、40、50	35、40、50	—	—	—
31	深切缓进给磨砂轮	1、5、11、12b	35	—	—	—	—

7.1.7 磨具的形状尺寸

磨具的选择，应根据磨床的类型和工件的形状而定。GB/T 2484—2006 规定了砂轮、磨头、砂瓦的形状尺寸代号，常用的如表 7.8 所示。

表 7.8　磨具的名称代号和尺寸标记（GB/T 2484—2006）

砂轮代号	名称	断面图	形状尺寸标记	基本用途
1	平形砂轮		1-D×T×H	外圆、内圆、平面、无心磨及刃磨等

砂轮代号	名称	断面图	形状尺寸标记	基本用途
2	筒形砂轮	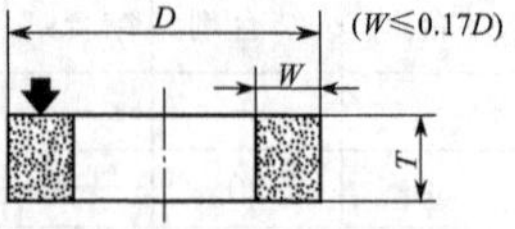 $(W \leqslant 0.17D)$	$2\text{-}D \times T\text{-}H$	用于立式平面磨床
3	单斜边砂轮	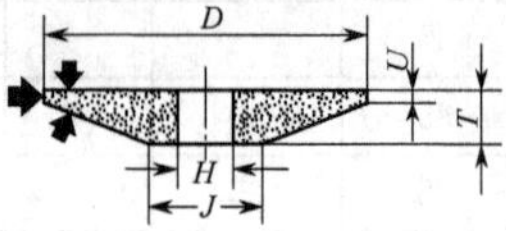	$3\text{-}D/J \times T/U \times H$	刃磨铣刀、铰刀及插齿刀等
4	双斜边砂轮	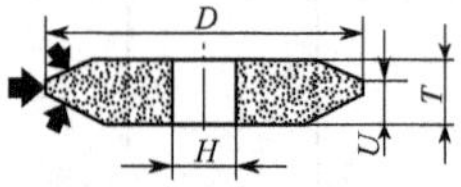	$4\text{-}D \times T/U \times H$	单线螺纹和齿轮磨削等
5	单面凹砂轮	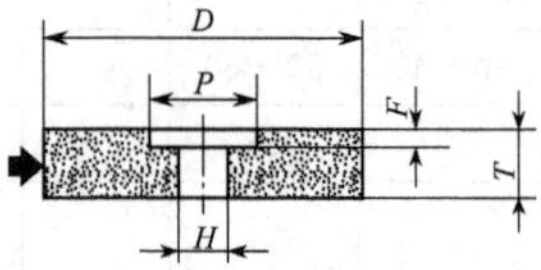	$5\text{-}D \times T \times H\text{-}P, F$	磨削内圆和平面,外径较大者可用于磨外圆
6	杯形砂轮	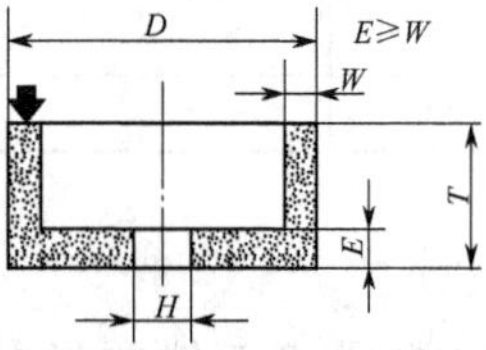	$6\text{-}D \times H \times H\text{-}W, E$	用其端面磨削平面或刀具刃磨,也可用圆柱面磨削内圆
7	双面凹一号砂轮	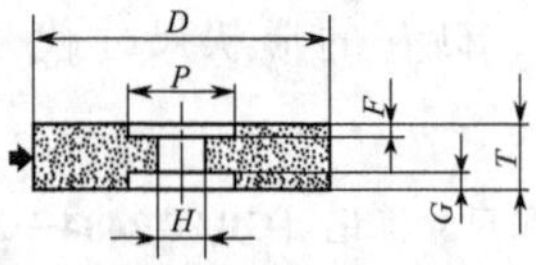	$7\text{-}D \times T \times H\text{-}P, F, G$	
8	双面凹二号砂轮	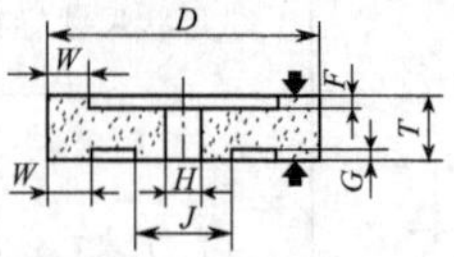	$8\text{-}D \times T \times H\text{-}W, J, F, G$	外圆、平面、无心磨削及刃磨

续表

砂轮代号	名称	断面图	形状尺寸标记	基本用途
11	碗形砂轮	$E \geqslant W$	$11\text{-}D/J \times T \times H\text{-}$ W,E,K	刃磨各种刀具及机床导轨
12a	碟形一号砂轮		$12a\text{-}D/J \times T/U \times H\text{-}$ W,E,K	刃磨各种刀具,大型碟形砂轮可磨削齿轮齿面
12b	碟形二号砂轮		$12b\text{-}D/J \times T/U \times$ $H\text{-}E,K$	主要用于磨锯条齿
23	单面凹带锥砂轮		$23\text{-}D/J \times T/N \times$ $H\text{-}P,F$	磨削外圆兼靠端面
26	双面凹带锥砂轮		$26\text{-}D/J \times T/N/O \times$ $H\text{-}P,F,G$	磨削外圆兼靠端面
27	钹形砂轮	$U=E$	$27\text{-}D \times U \times H$	

续表

砂轮代号	名称	断面图	形状尺寸标记	基本用途
36	螺栓紧固平形砂轮		$36\text{-}D \times T \times H$	主要用于磨削表面平整的部件
38	单面凸砂轮		$38\text{-}D/J \times T/U \times H$	主要用于磨削轴承沟槽及开槽
41	薄片砂轮		$41\text{-}D \times T \times H$	开槽和切割

7.1.8 普通磨料磨具的标记

磨具的各种特性可以用标记表示。根据 GB/T 2484—2006 规定，在磨具标记中，各种特性代号的表达顺序为：名称形状代号-尺寸-磨料、粒度、硬度、组织、结合剂-最高工作速度。

标记示例如下。

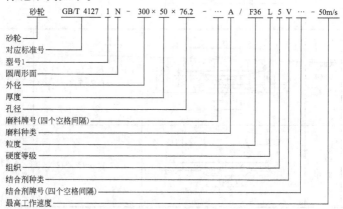

7.2 超硬磨料磨具

超硬磨料是指金刚石和立方氮化硼等硬度显著高的磨料。

金刚石磨粒棱角锋利、耐用、磨削能力强、磨削力小，有利于提高工件精度和降低表面粗糙度。金刚石砂轮磨削温度低，可避免工件表面烧伤、裂纹和组织变化等。金刚石砂轮的耐热性较低（700～800℃），切削温度高时会丧失切削能力。金刚石与铁元素亲合能力很强，会造成化学磨损，一般不宜磨削钢铁材料。

立方氮化硼磨具的热稳定性好，耐热温度高达 1200℃，不易与铁族元素产生化学反应，故适于加工硬而韧性高的钢件（如超硬高速钢）及高温时硬度高、热传导率低的材料，耐磨性好，如磨削合金工具钢，有利于实现加工自动化。在加工硬质合金等材料时，金刚石砂轮优于立方氮化硼砂轮；但加工高速钢、耐热钢、模具钢等合金钢时，其金属切除率是金刚石砂轮的 10 倍，是白刚玉砂轮的 60～100 倍。立方氮化硼适于磨钢铁类材料，磨削时不宜用水剂冷却液，多用干磨或用轻质矿物油（煤油、柴油）冷却。

7.2.1 超硬磨料的品种、代号及应用（表 7.9）

表 7.9 超硬磨料的品种、代号及应用（摘自 GB/T 6405—1994）

品种		适用范围		
系列	代号	粒度		推荐用途
		窄范围	宽范围	
人造金刚石	RVD	$60/70\sim325/400$		树脂、陶瓷结合剂制品等
	MBD	$35/40\sim325/400$	$30/40\sim60/80$	金属结合剂磨具，锯切、钻探工具及电镀制品等
	SCD	$60/70\sim325/400$		树脂结合剂磨具，加工钢与硬质合金组合件等
	SMD	$16/18\sim60/70$	$16/20\sim60/80$	锯切、钻探和修整工具等
	DMD	$16/18\sim60/70$	$16/20\sim40/50$	修整工具等
	M-SD	$36/54\sim0/0.5$		硬、脆材料的精磨、研磨和抛光等
立方氮化硼	CBN	$20/25\sim325/400$	$20/30\sim60/80$	树脂、陶瓷、金属结合剂制品
	M-CBN	$36/35\sim0/0.5$		硬、韧金属材料的研磨和抛光

7.2.2 超硬磨料的粒度（表 7.10、表 7.11）

表 7.10 超硬磨料粒度及尺寸范围 (GB/T 6406－1996)

范围	粒度标记	通过网孔基本尺寸/μm	不通过网孔基本尺寸/μm	范围	粒度标记	通过网孔基本尺寸/μm	不通过网孔基本尺寸/μm
窄范围	16/18	1180	1000	窄范围	120/140	125	106
	18/20	1000	850		140/170	106	90
	20/25	850	710		170/200	90	75
	25/30	710	600		200/230	75	63
	30/35	600	500		230/270	63	53
	35/40	500	425		270/325	53	45
	40/45	425	355		325/400	45	38
	45/50	355	300	宽范围	16/20	1180	850
	50/60	300	250		20/30	850	600
	60/70	250	212		30/40	600	425
	70/80	212	180		40/50	425	250
	80/100	180	150		60/80	250	180
	100/120	150	125				

表 7.11 超硬磨料微粉的粒度及其尺寸 (JB/T 7990－1998)

粒度标记	公称尺寸范围/μm	粗粒最大尺寸 D_{max}	细粒最小尺寸 D_{min}	粒度组成
M0/0.5	0～0.5	0.7	—	① 不得有大于粗粒最大尺寸以上的颗粒
M0/1	0～1	1.4	—	② 粗粒含量不得超过 3%
M0.5/1	0.5～1	1.4	0	③ 细粒含量
M0.5/1.5	0.5～1.5	1.9	0	M3/6 以细的各粒度不得超过 8%
M0/2	0～2	2.5	—	M4/8～M10/20 不得超过 18%
M1/2	1～2	2.5	0.5	M12/22 ～ M36/54 不得超过 28%
M1.5/3	1.5～3	3.8	1	④ 各粒度最细粒含量均不得超过 2%
M2/4	2～4	5.0	1	
M2.5/5	2.5～5	6.3	1.5	
M3/6	3～6	7.5	2	

续表

粒度标记	公称尺寸范围/μm	粗粒最大尺寸 D_{max}	细粒最小尺寸 D_{min}	粒度组成
M4/8	4～8	10.0	2.5	
M5/10	5～10	11.0	3	
M6/12	6～12	13.2	3.5	
M8/12	8～12	13.2	4	
M8/16	8～16	17.6	4	
M10/20	10～20	22.0	6	
M12/22	12～22	24.2	7	
M20/30	20～30	33.0	10	
M22/36	22～36	39.6	12	
M36/54	36～54	56.7	15	

7.2.3 超硬磨具的结合剂

结合剂的主要作用是黏结超硬磨料并使磨具有正确几何形状。超硬磨料磨具结合剂的代号、性能和应用范围如表 7.12 所示。

表 7.12 超硬磨料结合剂及其代号、性能和应用范围

结合剂及其代号	性能	应用范围
树脂结合剂 B	磨具自锐性好,故不易堵塞,有弹性,抛光性能好,但结合强度差,不宜结合较粗磨粒,耐磨耐热性差,故不适于较重负荷磨削,可采用镀覆金属衣磨料,以改善结合性能	金刚石磨具主要用于硬质合金工件及刀具以及非金属材料的半精磨和精磨;立方氮化硼磨具主要用于高钒高速钢刀具的刃磨以及工具钢、不锈钢、耐热合金钢工件的半精磨与精磨
陶瓷结合剂 V	耐磨性较树脂结合剂高,工作时不易发热和堵塞,热膨胀量小,且磨具易修整	常用于精密螺纹、齿轮的精磨及接触面较大的成形磨,并适于加工超硬材料烧结体的工件
金属结合剂 M(青铜)	结合强度较高,形状保持性好,使用寿命较长,且可承受较大负荷,但磨具自锐性能差,易堵塞发热,故不宜结合细粒度磨料,磨具修整也较困难	金刚石磨具主要用于对玻璃、陶瓷、石料、半导体等非金属硬脆材料的粗、精磨及切割、成形磨以及对各种材料的珩磨;立方氮化硼磨具用于合金钢等材料的珩磨,效果显著

结合剂及 其代号	性能	应用范围
电镀金属 结合剂	结合强度高，表层磨粒密度较高，且均裸露于表面，故切削刃口锐利，加工效率高，但由于镀层较薄，因此使用寿命较短	多用于成形磨削，制造小磨头、套料刀、切割锯片及修整滚轮等；电镀金属立方氮化硼磨具用于加工各种钢类工件的小孔，精度好，效率高，对小径盲孔的加工效果尤显优越

7.2.4 超硬磨具的浓度和硬度

（1）超硬磨具的浓度

超硬磨具的浓度是指磨具工作层内每立方厘米体积内超硬磨料的含量，浓度越高，说明超硬磨料的含量越高。浓度代号与超硬磨料含量如表7.13所示。

表7.13 浓度代号 (GB/T 6409.1—1994)

代号	磨料含量/g·cm^{-2}	浓度
25	0.22	25%
50	0.44	50%
75	0.66	75%
100	0.88(4.4克拉/cm^2)	100%
150	1.32	150%

浓度的选择直接影响磨削效率和加工成本，浓度过高时，会造成砂轮磨粒过早脱落磨损和成本增加，浓度主要与结合剂有关，常用结合剂、超硬磨料浓度及适用范围如表7.14所示。

表7.14 常用结合剂、超硬磨料浓度及适用范围

结合剂	金刚石砂轮浓度	CBN砂轮浓度	适用范围
树脂 B	50～75	75～100	半精磨、精磨、工作面较宽、抛光、研磨
陶瓷 V	75～100	75～125	半精磨、精磨
青铜 M	100～150	100～150	粗磨、半精磨、小面积磨削、磨槽
电镀金属 M	100～150	150～200	成形磨、小孔磨削、切割

（2）超硬磨具的硬度

超硬磨具的硬度取决于结合剂的性质、成分、数量以及磨具的制造工艺，直接影响磨削效率和磨具磨损，目前尚未统一标准，由

生产厂家自行控制。超硬磨料磨具的磨削性能比普通的好，加工表面质量也高，目前，陶瓷结合剂、金属结合剂和电镀砂轮，一般不标注硬度，树脂结合剂超硬砂轮一般标注 J（软）、N（中）、R（中硬）、S（硬）四个硬度级。

7.2.5 超硬磨具结构、形状和尺寸

超硬磨具的结构由磨料层、过渡层和基体三部分组成，如图 7.2 所示。磨料层由超硬磨料和结合剂组成。过渡层不含磨料，由结合剂和其他材料组成，其作用是将超硬磨料层牢固地黏合在基体上，保证磨料层能全部被利用。基体支承超硬磨料层工作和便于装卡，金属结合剂一般采用铜或铜合金作基体材料；树脂结合剂采用铝、铝合金或电木作基体材料；陶瓷结合剂则采用陶瓷作基体材料。

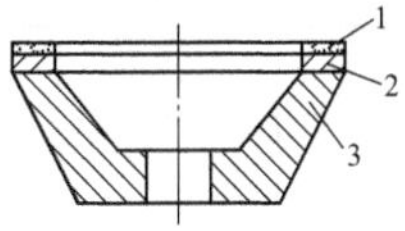

图 7.2 超硬磨具结构
1—磨料层；2—过渡层；3—基体

（1）超硬砂轮、油石及磨头的尺寸代号和术语（表 7.15）

表 7.15 超硬砂轮、油石及磨头的尺寸代号和术语（GB/T 6409.1—1994）

尺寸	代号	名称
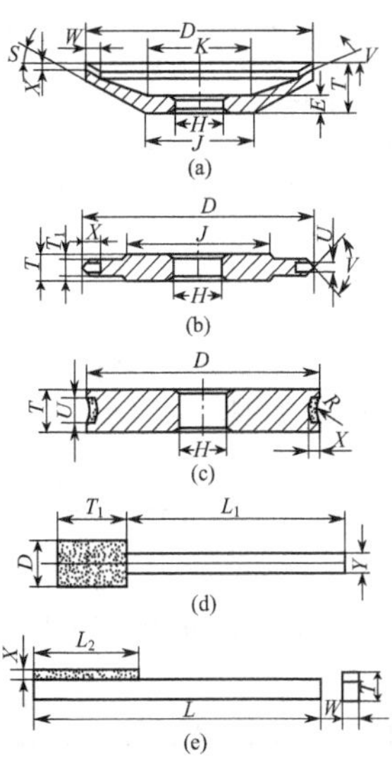 (a)	D	直径
	E	孔处厚度
	H	孔径
	J	台径
	K	凹面直径
(b)	L	柄长
	L_1	轴长
	L_2	磨料层长度
(c)	R	半径
	S	基体角度
	T	总厚度
(d)	T_1	基体厚度
	U	磨料层厚度（当小于 T 或 T_1 时）
	V	面角（磨料层）
(e)	W	磨料层宽度
	X	磨料层深度
	Y	心轴直径

（2）超硬磨具的形状代号

超硬磨具的形状代号用数字和字母来表示，包括基体形状结构变型代号（表 7.16）、磨料层断面形状代号（表 7.17）、磨料层在基体上的位置代号（表 7.18）。

表 7.16 超硬磨具基体形状结构变型代号

代号	变型	形状	定义
B	埋头孔	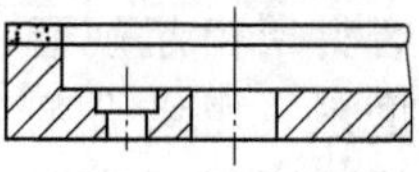	基体内钻有埋头孔
C	锥形埋头孔	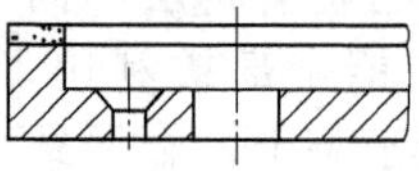	基体内钻有锥形埋头孔
H	直孔	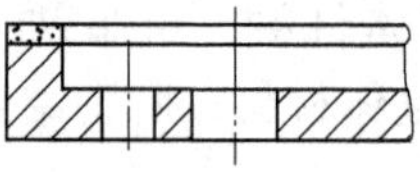	基体内钻有直孔
M	直孔和螺纹孔	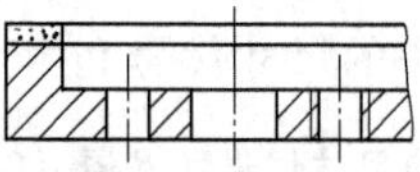	基体内有混合孔（既有直孔又有螺纹孔）
P	单面减薄	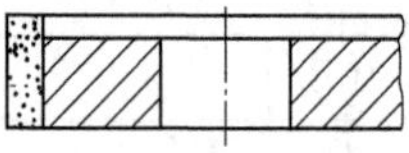	砂轮基体的一端面减薄,其厚度小于砂轮的厚度
Q	磨料层嵌入	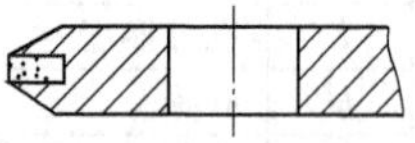	磨料层三个面部分或整个地嵌入基体
R	双面减薄	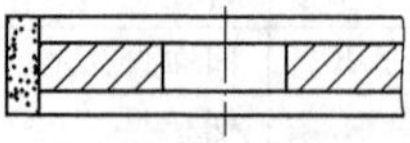	砂轮基体两端面减薄,其厚度小于砂轮的厚度
S	扇形金刚石锯齿	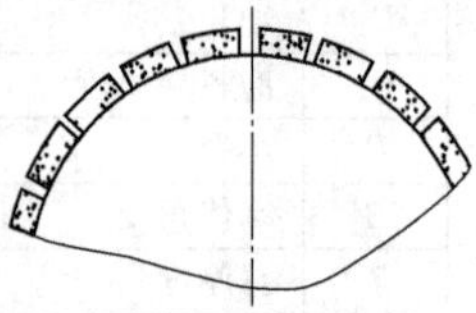	金刚石锯齿装于整体的基体上（锯齿间隙与定义无关）
SS	扇形金刚石锯齿	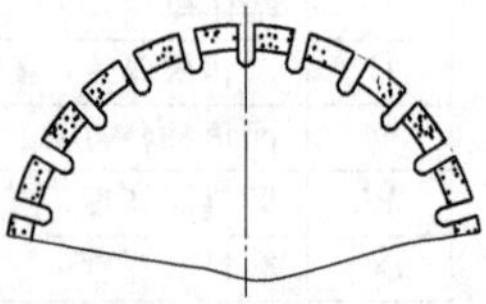	金刚石锯齿装于带槽的基体上

续表

代号	变型	形状	定义
T	螺纹孔	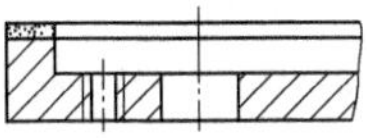	基体带螺纹孔
V	磨料层倒镶式	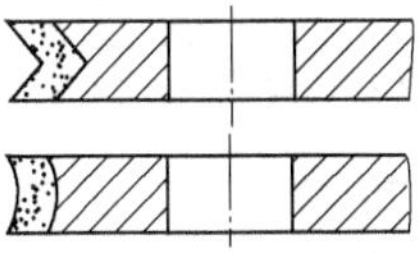	镶在基体上,磨料层的内角或弧的凹面朝外
W	在心轴上	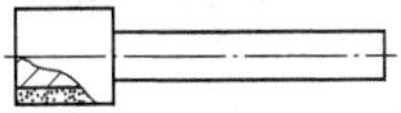	在基体周边有磨料层的带柄磨头
Y	倒镶式嵌入	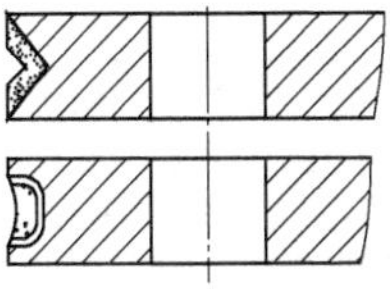	见 Q 和 V 定义

表 7.17　磨料层断面形状代号

代号	形状	代号	形状	代号	形状	代号	形状	代号	形状
A		D		F		K		QQ	
AH		DD		FF		L		R	
B		E		G		LL		S	
BT		EE		GN		M		U	
C		ER	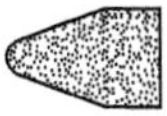	H		P		V	
CH		ET	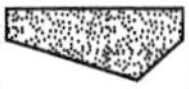	J		Q		Y	

表 7.18　磨料层在基体上的位置代号

代号	位置	形状	定义
1	周边	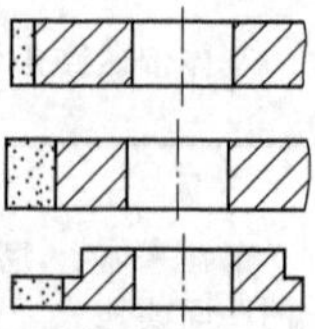	磨料层位于基体的周边,并延伸于整个砂轮厚度(轴向),其厚度可大于、等于或小于磨料层的宽度(径向),基体的一个或多个凸台不计入砂轮厚度(对此定义而言)
2	端面	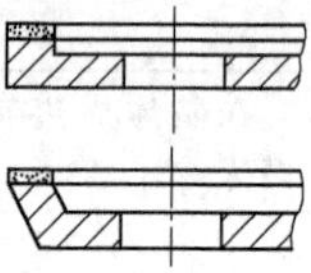	磨料层位于基体的端面,其宽度从周边伸向中心。它可覆盖或不覆盖整个端面,磨料层的宽度大于其厚度
3	双端面	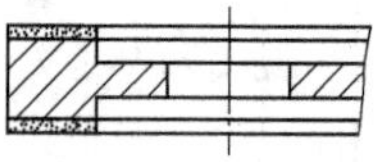	磨料层位于基体的两端面,并从周边伸向中心。它可以覆盖或不覆盖整个端面。磨料层的宽度应大于其厚度
4	内斜面或弧面	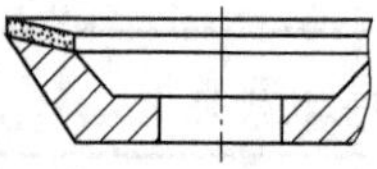	此代号应用于 2、6、11、12 和 15 型的砂轮基体,磨料层位于端面壁上,此壁以一个角度或弧度从周边较高点向中心较低点延伸
5	外斜面或弧面	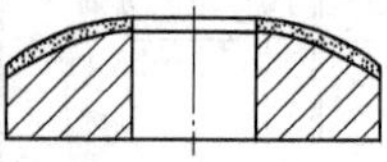	此代号应用于 2、6、11、12 和 15 型的砂轮基体,磨料层位于基体端面壁上。此壁以一个角度或弧度从周边较低点向中心较高点延伸
6	周边一部分	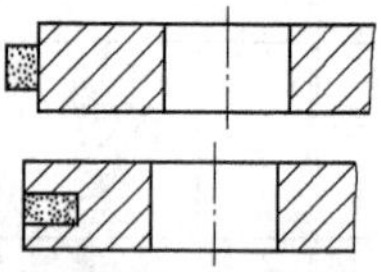	磨料层位于基体周边,但不占有基体整个厚度,也不覆盖任一端面
7	端面一部分	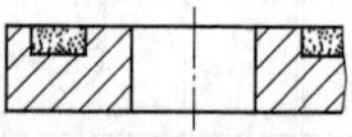	磨料层位于基体的一个端面上而不延伸到基体的周边。但它可以或不延伸至中心
8	整体	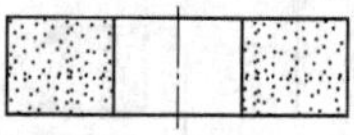	砂轮全部由磨料和结合剂组成,无基体
9	边角	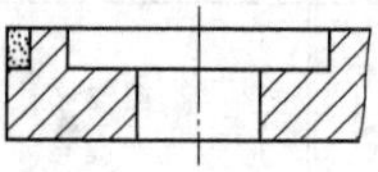	磨料层只占基体周边上的一个角,而不延伸向另一角
10	内孔	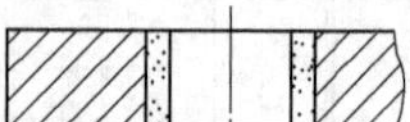	磨料层位于基体的整个内孔

（3）超硬砂轮、油石及磨头的形状代号

　　超硬砂轮、油石及磨头的形状代号是由超硬磨具基体基本形状代号、超硬磨料层断面形状代号和超硬磨料层在基体上的位置代号组合而成，见表 7.19。

表 7.19　超硬砂轮、油石及磨头的形状代号 （GB/T 6409.1—1994）

系列	名称	形状	代号	主要用途
平形系	平形砂轮	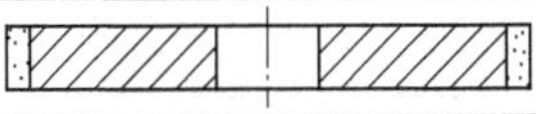	1A1	外圆、内圆、平面、无心磨、刃磨、螺纹磨、电解磨等
	平形倒角砂轮	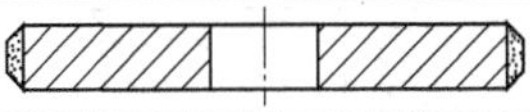	1L1	
	平形加强砂轮	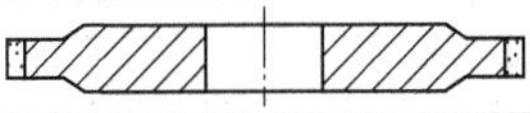	14A1	
	弧形砂轮	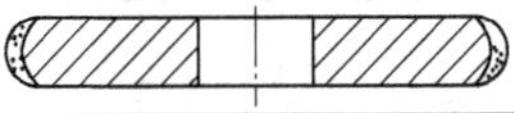	1FF1	
		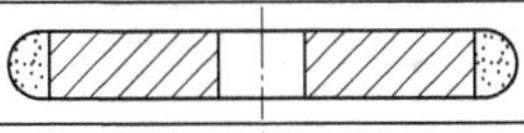	1F1	
	平形燕尾砂轮	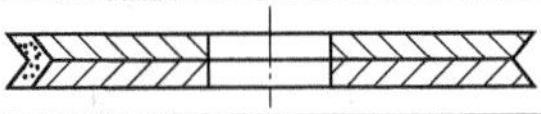	1EE1V	
	双内斜边砂轮	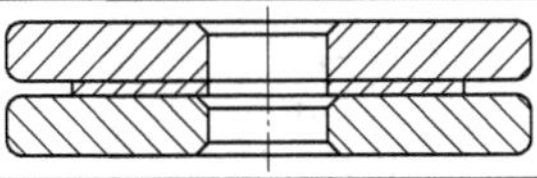	1V9	
	切割砂轮	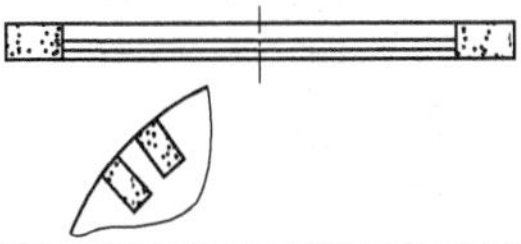	1AQ6	切割非金属材料
	薄片砂轮	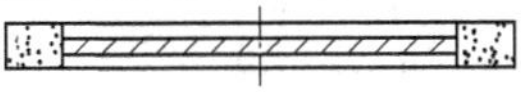	1A1R	
	平形小砂轮	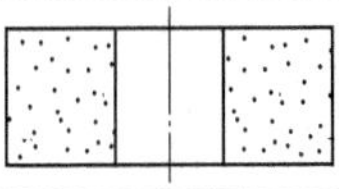	1A8	磨内孔、模具整形
	双斜边砂轮	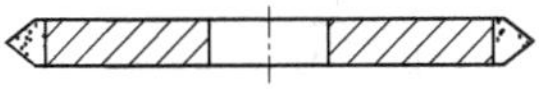	1E6Q	外圆、内圆、平面、无心磨、刃磨、螺纹磨、电解磨、磨槽、磨齿等
		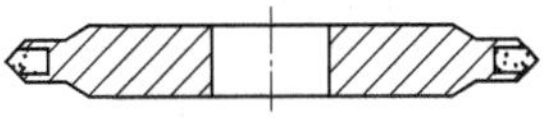	14E6Q	
		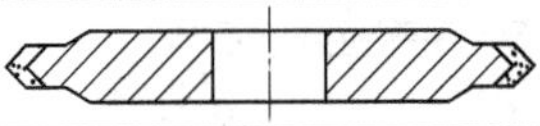	14EE1	
		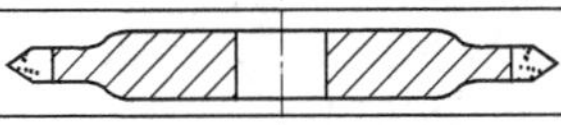	14E1	
		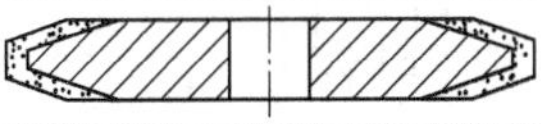	1DD1	

续表

系列	名称	形状	代号	主要用途
平形系	单斜边砂轮		4B1	外圆、内圆、平面、无心磨、刃磨、螺纹磨、电解磨、磨槽、磨齿等
	单面凹砂轮		6A2	
	双面凹砂轮		9A1	
			9A3	
筒形系	筒形砂轮		6A2T	磨光学玻璃平面、球面、弧面等
	筒形1号砂轮		2F2/1	
	筒形2号砂轮		2F2/2	
	筒形3号砂轮		2F2/3	

系列	名称	形状	代号	主要用途
杯形系	杯形砂轮	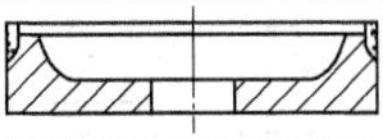	6A9	刃磨
	碗形砂轮	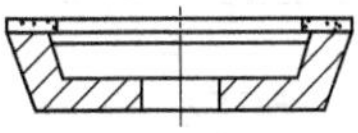	11A2	刃磨、电解磨
		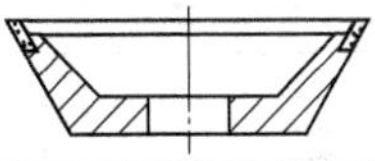	11V9	磨齿形面
碟形系	碟形砂轮		12A2/20°	磨铣刀、拉刀、铰刀、齿轮、锯齿、端面、平面、电解磨等
		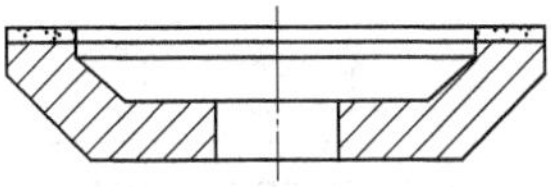	12A2/45°	
		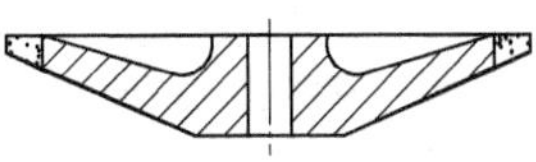	1ZD1	
		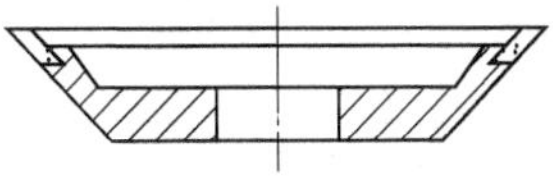	12V9	
		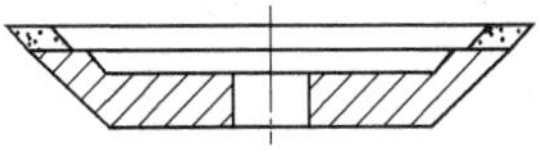	12V2	
专用加工系	磨边砂轮	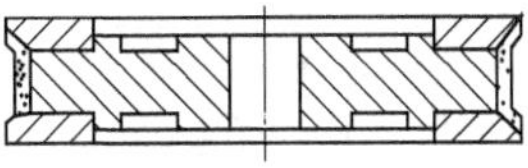	1DD6Y	光学镜片、玻璃磨边
		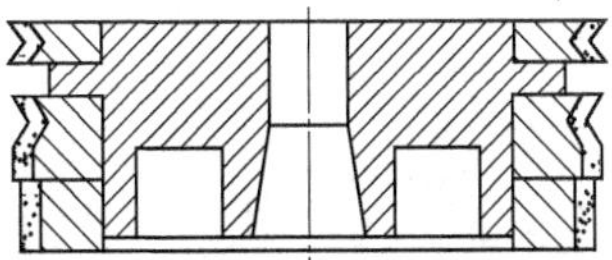	2EEA1V	
	磨盘	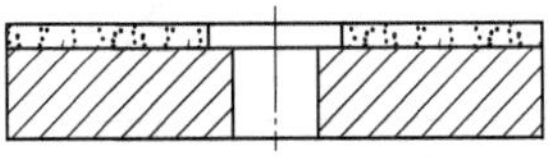	1A2	
		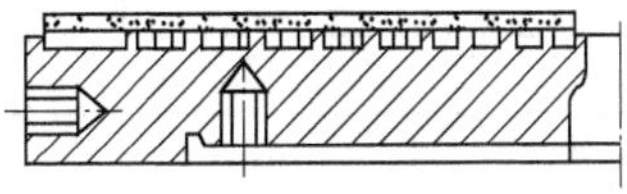	10X6A2T	

系列	名称	形状	代号	主要用途
油石类	带柄平形油石		HA	修磨硬质合金、钢制模具
	带柄弧形油石	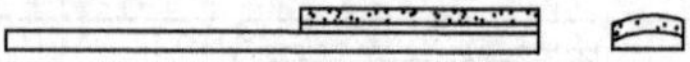	HH	
	带柄三角油石	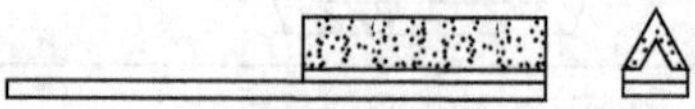	HEE	
	平形带弧油石	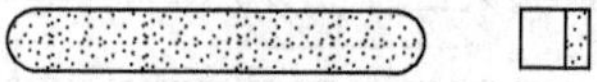	HMA/1	
	平形油石	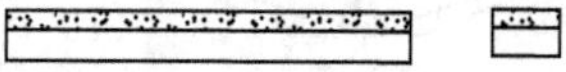	HMA/2	精密珩磨淬火钢、不锈钢、渗氮钢等内孔
	弧形油石		HMH	
	平形带槽油石	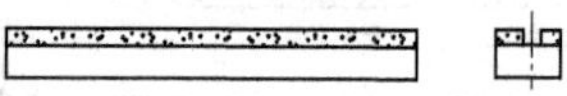	2HMA	
	基体带斜油石	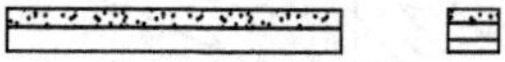	HMA/S°	
磨头类	磨头	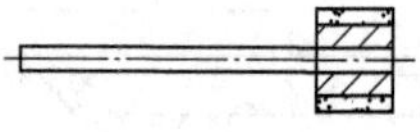	1A1W	雕刻、内孔和复杂面磨削
锯类	基体无槽圆锯片	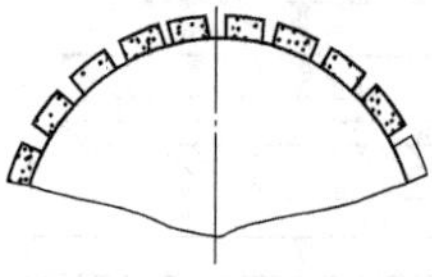	1A1RS	切割
	基体宽槽圆锯片	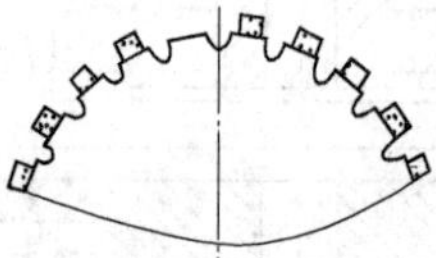	1A1RSS/C$_1$	
	基体窄槽圆锯片	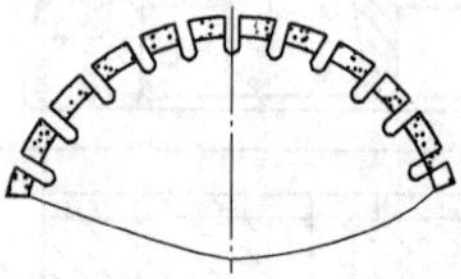	1A1RSS/C$_2$	
	框架锯条	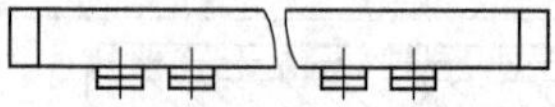	BA2	

7.2.6 超硬磨具的标记

砂轮标记

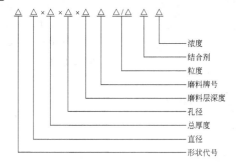

示例：形状代号 1A1、$D = 50\text{mm}$、$T = 4\text{mm}$、$H = 10\text{mm}$、$X = 3\text{mm}$、磨料牌号 RVD、粒度 100/120、结合剂 B，浓度 75 的砂轮标记为

1A1 50×4×10×3 RVD 100/120 B 75

油石标记

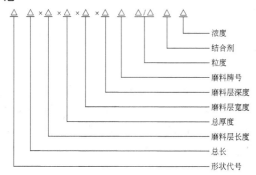

示例：形状代号 HA、$L = 150\text{mm}$、$L_2 = 40\text{mm}$、$T = 10\text{mm}$、$W = 10\text{mm}$、$X = 2\text{mm}$、磨料牌号 RVD、粒度 120/140、结合剂 B、浓度 75 的油石标记为

HA 150×40×10×10×2 RVD 120/140 B 75

例如，指出"单面凹砂轮-6A2C"超硬磨料磨具形状标记的含义。

分析解释：单面凹砂轮-6A2C 中各标记的含义如图 7.3 所示。

① 代号"6A2"——由表 7.19 可知，该砂轮为单面凹砂轮，超硬磨料层断面形状为 A（表 7.17），超硬磨料层在基体的端面

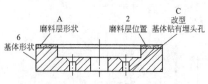

图 7.3　超硬磨料磨具代号含义图

（表 7.18 中的 2）。

② 代号"C"——由表 7.16 可知，该超硬磨料砂轮的基体结构上有锥形埋头孔，并通过锥形埋头螺钉将砂轮与机床主轴连接。

7.3 外圆磨削

外圆磨削应用最广泛，一般在外圆磨床和无心外圆磨床上磨削轴、套筒等零件上的外圆柱面、圆锥面、轴上台阶和端面等，磨削外圆表面的尺寸精度可达 IT7～IT6 级，表面粗糙度 Ra 达 $0.8～0.2\mu m$。

7.3.1　外圆磨削方法

外圆磨削的方法很多，常用的有纵向磨削法、切入磨削法、分段磨削法和深切缓进给磨削法。

（1）纵向磨削法

纵向磨削法是砂轮旋转，工件反向转动（作圆周进给运动），工作台（工件）或砂轮做纵向直线往复进给运动，如图 7.4 所示。为了使工件的砂轮做周期性横向进给运动。当每一纵向每一纵向行程或往复行程终了时，砂轮按规定的磨削深度做一次横向进给，每次的进给量很小，磨削余量需要在多次往复行程中磨除。纵向磨削法的特点如下。

① 砂轮整个宽度上磨粒的工作状况不同，处于纵向进给运动方向前面部分的磨粒，因为与未切削过的工件表面接触，所以起主要切削作用，而后面部分的磨粒与已切削过的工件表面接触，主要起减小工件表面粗糙度值的修光作用，未发挥所有磨粒的切削作用，因此，纵向磨削法的磨削效率低。为了获得较高的加工精度和较小的表面粗糙度值，可适当增加"光磨"次数来获得。

② 纵向磨削的背吃刀量较小，工件的磨削余量需经多次进给切除，机动时间长，生产效率低。

③ 纵向磨削的磨削力和磨削热小，适于加工圆柱面较长、精密、刚度较差的薄壁的轴或套类工件。

（2）切入磨削法

切入磨削法是砂轮旋转，工件反向转动（作圆周进给运动），工作台（工件）或砂轮无纵向进给运动，而砂轮以很慢速度连续地向工件横向（径向）切入运动，直到磨去全部的余量为止，如图7.5所示。这种磨削方法又称横向磨削法，一般情况下，砂轮宽度大于工件长度，粗磨时可用较高的切入速度，但砂轮压力不宜过大，精磨时切入速度要低，切入磨削无纵向进给运动。与纵向磨削法相比，其特点如下。

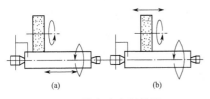

图 7.4　纵磨法磨削外圆

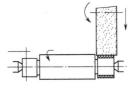

图 7.5　横磨法磨削外圆

① 砂轮工作面上磨粒负荷基本一致，充分发挥所有磨粒的切削作用，由于采用连续的横向进给，缩短了机动时间，故生产率较高。

② 由于无纵向进给运动，砂轮表面的形态（修整痕迹）会复映到工件表面上，为了消除这一缺陷，可在切入法终了时，做微量的纵向移动。

③ 砂轮整个表面连续横向切入，排屑困难，砂轮易堵塞和磨钝，产生的磨削热多，散热差，工件易烧伤和发热变形，因此切削液要充分。

④ 磨削时径向力大，工件易弯曲变形，适合磨削长度较短的外圆表面，两边都有台阶的轴颈及成形表面。

（3）分段磨削法

分段磨削法又称混合磨削法，也就是先用切入磨削法将工件进行分段粗磨，相邻两段有 5～15mm 的重叠，磨后使工件留有0.01～0.03mm 的余量，然后用纵向磨削法在整个长度上磨至尺寸要求，如图7.6所示。

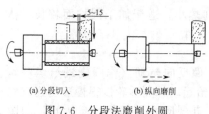

(a) 分段切入　　　　(b) 纵向磨削

图 7.6　分段法磨削外圆

这种方法的特点如下。

① 既利用了切入磨削法生产率高的优点，又利用了纵向磨削法加工精度高的优点，适用于磨削余量大、刚性好的工件。

② 考虑到磨削效率，分段磨削应选用较宽的砂轮，以减少分段数目。当加工长度为砂轮宽度的 2～3 倍且有台阶的工件时，用此法最为适合。分段磨削法不宜加工长度过长的工件，通常分段数为 2～3 段。

（4）深切缓进磨削法

深切缓进磨削法是采用较大的背吃刀量以缓慢的进给速度（$f_纵 = 0.08B \sim 0.15B$ mm/r，B 为砂轮的宽度，mm）在一次纵向走刀中磨去工件全部余量（0.20～0.60mm）的磨削方法，其生产率高，是一种高效磨削方法。采用这种磨削方法，需要把砂轮修整成前锥或阶梯形，如图 7.7 所示。

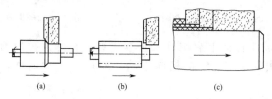

(a)　　　　　　(b)　　　　　　(c)

图 7.7　深切缓进磨削法

（5）外圆磨削方法的特征与选择

不同的外圆磨削方法各有特点，分别适合不同的情况，一般可根据工件形状、尺寸、磨削余量、生产类型和加工要求选择合适的机床和磨削方法。外圆磨削方法磨削的工件表面、砂轮工作表面、磨削运动和特点如表 7.20 所示。

7.3.2　外圆磨削的工件装夹

工件装夹的是否正确、稳定可靠，直接影响工件的加工精度和表面质量，装夹是否快捷、方便，将影响生产效率。外圆磨削时，工件的装夹主要与工件的形状、尺寸、精度和生产率等因素有关，常用的工件装夹方法有：用前后顶尖装夹、用三爪定心卡盘或用四爪单动卡盘装夹、用卡盘和后顶尖装夹。

表 7.20 外圆磨削的特征

磨削方法	磨削表面特征	轮砂工作表面	图示	砂轮运动	工件运动	特点
纵向磨削法	光滑外圆面	1	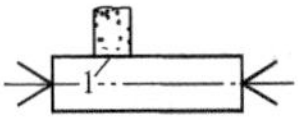	① 旋转 ② 横进给	① 旋转 ② 纵向往复	1. 磨削时,砂轮左(或右)端面边角担任切除工件大部分余量,其他部分只担负减小工件表面粗糙度值的作用。磨削深度小,工件余量需多次进给切除,故机动时间长,生产效率低 2. 由于大部分磨粒担负磨光作用,且磨削深度小,切削力小,所以磨削温度低,工件精度易提高,表面粗糙度值低 3. 由于切削力小,特别适宜加工细长工件 4. 为保证工件精度,尤其磨削带台肩轴时,应分粗、精磨
	带端面及退刀槽的外圆面	1 2	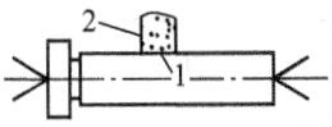	① 旋转 ② 横进给	① 旋转 ② 纵向往复在端面处停靠	
	带端面及圆角的外圆面	1 2 3	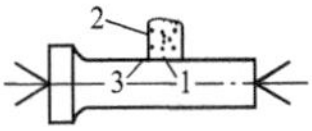	① 旋转 ② 横进给	① 旋转 ② 纵向往复在端面处停靠	
	长外圆锥面	1	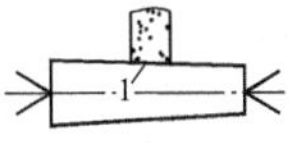 工作台转一角度	① 旋转 ② 横进给	① 旋转 ② 纵向往复	
	短圆锥面	1	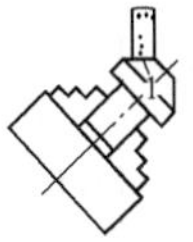 头架转一角度	① 旋转 ② 横进给	① 旋转 ② 纵向往复	
	短圆锥面	1	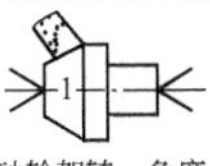 砂轮架转一角度	① 旋转 ② 纵向往复	① 旋转 ② 横进给	
切入磨削法	光滑短外圆面	1	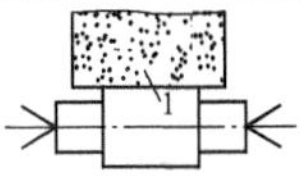	① 旋转 ② 横进给	旋转	1. 磨削时,砂轮工作面磨粒负荷基本一致,且在一次磨削循环中,可分粗、精、光磨,效率比较高 2. 由于无纵向进给,磨粒在工件上留下重复磨痕,粗糙度值较大,一般 Ra 为 0.32～0.16μm 3. 砂轮整个表面连续横向切入,排屑困难,砂轮易堵塞和磨钝;同时,磨削热大,散
	带端面的短外圆面	1 2	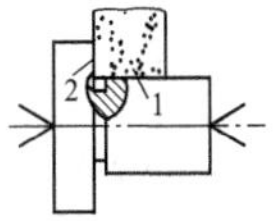	① 旋转 ② 横进给	① 旋转 ② 纵向往复在端面处停靠	
	带端面的短外圆面	1 2	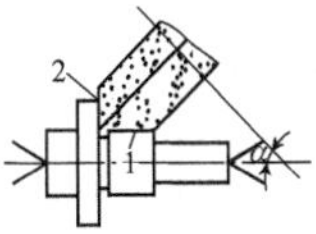 修整砂轮成型	① 旋转 ② 横进给	旋转	
	端面	1	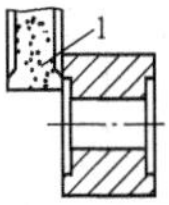	① 旋转 ② 横进给	旋转	

续表

磨削方法	磨削表面特征	轮砂工作表面	图示	砂轮运动	工件运动	特点
切入磨削法	短圆锥面	1	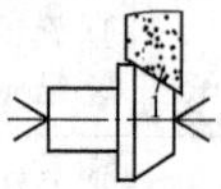	① 旋转 ② 横进给	旋转	热差,工件易烧伤和发热变形,因此磨削液要充分 4. 磨削时径向力大,工件容易弯曲变形,不宜磨细长件,适宜磨长度较短的外圆表面、两边都有台阶的轴颈及成形表面
	同轴间断光滑阶梯轴	1 1	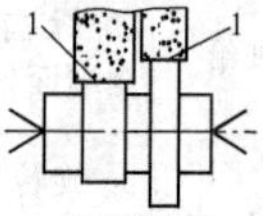 多砂轮磨削	① 旋转 ② 横进给	旋转	
	间断等径外圆面	1	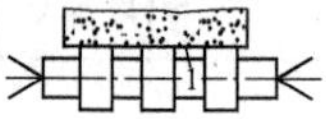 宽砂轮磨削	① 旋转 ② 横进给	旋转	
分段磨削法	带端面的短外圆面	1 2	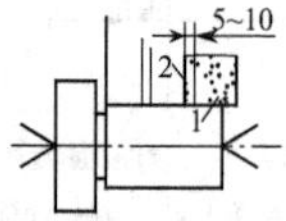	① 旋转 ② 分段横进给	① 旋转 ② 纵向间歇运动 ③ 小距离纵向往复	1. 是切入磨削法与纵向磨削法的混合应用。先用切入磨削法将工件分段粗磨,相邻两段有 5～10mm 的重叠,工件留有 0.01～0.03mm 余量,最后纵向磨削法精磨至尺寸 2. 适用于磨削余量大、刚性好的工件 3. 加工表面长度为砂轮宽的2～3 倍时最宜
	曲轴拐径	1 2	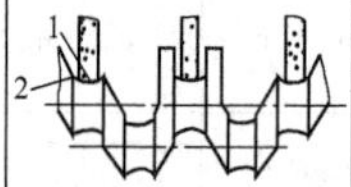	① 旋转 ② 分段横进给	① 旋转 ② 纵向间歇运动 ③ 小距离纵向往复	
深切缓进磨削法	过渡圆锥与圆面	1 2	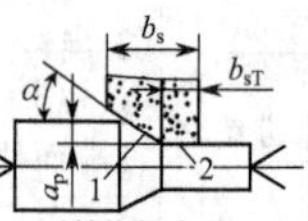 砂轮修整成形	① 旋转 ② 横进给	① 旋转 ② 纵向进给	1. 以较小的纵向进给量在一次纵磨中磨去工件全部余量,粗、精磨一次完成,生产率高 2. 砂轮修成阶梯状,阶梯数及台阶深度按工件长度和磨削余量确定,一般一个台阶深度在 0.3mm 左右 3. 适用于大批大量生产 4. 要求磨床功率大和刚性好
	光滑外圆面	1 2 3	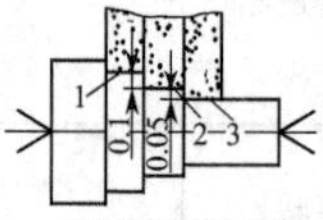 砂轮修整成阶梯形	① 旋转 ② 横进给	① 旋转 ② 纵向进给	

（1）用前后顶尖装夹工件

由于外圆磨削工件的类型主要是轴类工件，用前、后顶尖装夹工件是外圆磨削最常用的装夹方法。用前、后顶尖装夹工件具有装夹方便、加工精度高的特点。由于轴类工件上一般有多个外圆表面，其设计基准为轴心线，为了保证这些外圆表面的同轴度要求，根据基准重合和基准统一原则，工件上的定位表面一般用两端面的中心孔作定位表面。装夹时，把工件支承在磨床头架和尾座的顶尖上，并由头架上的拨盘带动夹紧在工件上的夹头使工件旋转，如图7.8所示。

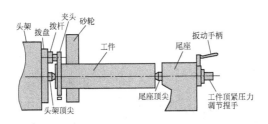

图 7.8　前后两顶尖装夹工件

由于磨床上的前后顶尖不随工件转动，称为"死顶尖"，目的是消除头架的回转误差对工件加工精度的影响，而是通过工件上的中心孔在前后顶尖作转动副，以保证磨削外圆与轴心线的同轴度。

中心孔的标准结构尺寸见表 1.47、表 1.48。

中心孔是外圆磨削的定位基准，在外圆磨削中有着重要作用，常见的误差如图 7.9 所示。为了保证磨削质量，外圆磨削对中心孔提出的要求是：60°中心孔内锥面的圆度误差尽量小，锥面角度要准确，孔深能过深和过浅，工件中心孔应在同一轴线上，径向圆跳动和轴向跳动控制在 $1\mu m$ 以内粗糙度 Ra 为 $0.1\sim0.2\mu m$，不得有碰伤、划痕和毛刺等缺陷，要求中心孔与顶尖的接触面积大于80％。若不符要求，必须进行清理或修研，淬火后的工件要修研中心孔，符合要求后，在中心孔内涂抹适量的润滑脂后再进行工件装夹。

为了保证加工精度，避免中心孔和顶尖的接触质量对工件的加工精度有直接的影响，在磨削过程中经常需要对中心孔进行修研。常用的中心孔修研方法有以下几种。

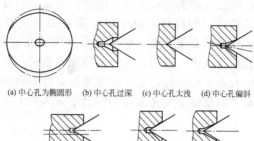

(a) 中心孔为椭圆形　(b) 中心孔过深　(c) 中心孔太浅　(d) 中心孔偏斜

(e) 两中心孔不同轴　　　　(f) 锥角有误差

图 7.9　中心孔的误差

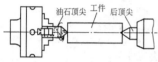

图 7.10　油石顶尖修研中心孔

① 用油石或橡胶砂轮等进行修研　先将圆柱形油石或橡胶砂轮装夹在车床卡盘上，用装在刀架上的金刚石笔将其前端修成 60°顶角，然后将工件顶在油石和车床尾座顶尖之间，开动车床进行研磨，如图 7.10 所示。修研时，在油石上加入少量润滑油（轻机油），用手把持工件，移动车床尾坐顶尖，并给予一定压力，这种方法修研的中心孔质量较高，一般生产中常用此法。

② 用铸铁顶尖修研　此法与上一种方法基本相同，用铸铁顶尖代替油石或橡胶砂轮顶尖。将铸铁顶尖装在磨床的头架主轴孔内，与尾座顶尖均磨成 60°顶角，然后加入研磨剂进行修研，则修磨后中心孔的接触面与磨床顶尖的接触会更好，此法在生产中应用较少。

③ 用成形圆锥砂轮修磨中心孔　这种方法主要适用于长度尺寸较短和淬火变形较大的中心孔。修磨时，将工件装夹在内圆磨床卡盘上，校正工件外圆后，用圆锥砂轮修磨中心孔，此法在生产中应用也较少。

④ 用硬质合金顶尖刮研中心孔。刮研用的硬质合金顶尖上有 4 条 60°的圆锥棱带，如图 7.11（a）所示，相当于一把四刃刮刀，刮研在如图 7.11（b）所示的立式中心孔研磨机上进行。刮研前在

中心孔内加入少量全损耗系统用油调和好的氧化铬研磨剂。

⑤ 用中心孔磨床修研　修研使用专门的中心孔磨床。修磨时砂轮做行星磨削运动，并沿 30° 方向做进给运动。中心孔磨床及其运动方式如图 7.12 所示。适宜修磨淬硬的精密工件的中心孔，能达到圆度公差为 0.0008mm，轴类专业生产厂家常用此法。

（2）用三爪定心卡盘或用四爪单动卡盘装夹

三爪定心卡盘用来装夹没有中心孔的圆柱形工件，四爪单动卡盘用来装夹外形不规则的工件。

三爪自定心卡盘的结构和工作原理如图 7.13 所示。用扳手通过方孔 1 转动小锥齿轮 2 时，就带动大锥齿轮 3 转动，大锥齿轮 3 的背面有平面螺纹 4，它与三个卡爪后面的平面螺纹相啮合，当大锥齿轮 3 转动时，就带动三个卡爪 5 同时做向心或离心的径向运动。

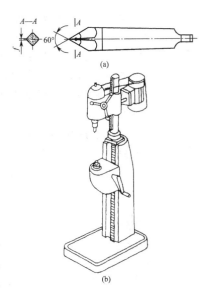

图 7.11　四棱顶尖和中心孔研磨机

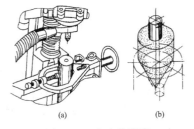

图 7.12　中心孔磨床

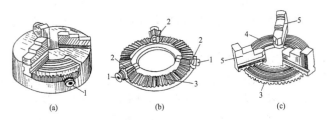

图 7.13　三爪自定心卡盘

1—方孔；2—小锥齿轮；3—大锥齿轮；4—平面螺纹；5—卡爪

　　三爪自定心卡盘具有较高的自动定心精度，装夹迅速方便，不用花费较长时间去校正工件。但它的夹紧力较小，而且不便装夹形状不规则的工件。因此，只适用于中、小型工件的加工。

　　四爪单动卡盘俗称四爪卡盘，卡盘上有四个卡爪，每个卡爪都单独由一个螺杆来移动。每个卡爪 1 的背面有螺纹与螺杆 2 啮合，因而，任一卡爪可单独移动，如图 7.14 所示。

　　三爪自定心卡盘和四爪单动卡盘都有正爪夹紧、反爪夹紧和反撑夹紧三种装夹方法，四爪单动卡盘还可装夹外形不规则的工件，以及定心精度要求高的工件（四爪单动卡盘装夹工件时，必须按加工要求采用划线或百分表找正工件位置），如图 7.15 所示。

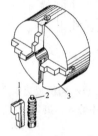

图 7.14　四爪单动卡盘

1—卡爪；2—螺杆；3—卡盘体

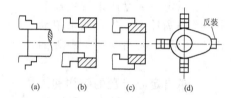

图 7.15　卡盘夹持工件的方法

　　根据磨床主轴结构不同，三爪自定心卡盘或四爪单动卡盘一般通过带有锥柄的法兰盘和带有内锥孔的法兰盘与磨床主轴的连接。带有锥柄的法兰盘的结构如图 7.16 所示，它的锥柄与主轴前端内锥孔配合，用通过主轴贯穿孔的拉杆拉紧法兰盘。带有内锥孔的法兰盘的结构如图 7.17 所示，它的内锥孔与主轴的外圆锥面配合，法兰盘用螺钉紧固在主轴前端的法兰上。安装时，需要用百分表检查它的端面跳动量，并校正跳动量不大于 0.015mm，然后把卡盘安装在法兰盘上。

　　（3）用卡盘和后顶尖装夹

　　用卡盘和后顶尖装夹是一端用卡盘，另一端用后顶尖装夹工件的方法，也称"一夹一顶"装夹，如图 7.18 所示。这种方法装夹牢固、安全、刚性好，但应保证磨床主轴的旋转轴线与后顶尖在同一直线上。

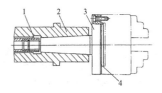

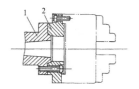

图 7.16　带锥柄的法兰盘
1—拉杆；2—主轴；3—法兰盘；
4—定心圆柱面

图 7.17　带锥孔的法兰盘
1—主轴；2—法兰盘

（4）用心轴和堵头装夹

磨削套类零件时，多数要求要保证内外圆同轴度。这时一般都是先将工件内孔磨好，然后再以工件内表面为定位基准磨外圆。这时就需要使用心轴装夹工件。

心轴两端有中心孔，将心轴装夹在机床前后顶尖中间，夹头则夹在心轴外圆上进行外圆磨削，一般用于较长的套类工件或多件磨削，如图 7.19 所示。

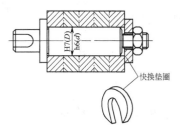

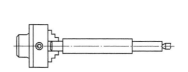

图 7.18　一夹一顶安装工件

图 7.19　用台阶式心轴装夹工件

对于较短的套类工件，心轴一端做成与磨床头架主轴莫氏锥度相配合的锥柄，装夹在磨床头架主轴锥孔中。

对于定位精度要求高的工件，用小锥度心轴装夹工件，心轴锥度为 1：（1000～5000），如图 7.20 所示。这种心轴制造简单，定位精度高，靠工件装在心轴上所产生的弹性变形来定位并胀紧工件。缺点是承受切削力小，装夹不太方便。

用胀力心轴装夹工件如图 7.21 所示。胀力心轴依靠材料弹性变形所产生的胀力来固定工件，由于装夹方便，定位精度高，目前使用较广泛。零星工件加工用胀力心轴可采用铸铁做成。

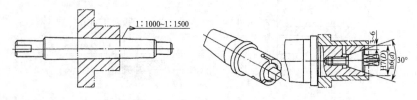

图 7.20　用小锥度心轴装夹工件图　　　图 7.21　用胀力心轴装夹工件

　　用堵头装夹工件。由于磨削长的空心工件，不便使用心轴装夹，可在工件两端装上堵头，如图 7.22 所示，堵头上有中心，左端的堵头 1 压紧在工件孔中，右端堵头 2 以圆锥面紧贴在工件锥孔中，堵头上的螺纹供拆卸时用。

　　如图 7.23 所示的法兰盘式堵头，适用于两端孔径较大的工件。

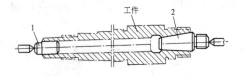

图 7.22　圆柱、圆锥堵头　　　　图 7.23　法兰盘式堵头
1，2—堵头

7.3.3　外圆磨削砂轮

　　（1）外圆磨削砂轮特性的选择

　　合理选择砂轮的特性，对外圆磨削质量有较大的影响。选择砂轮特性时考虑的影响因素较多，一般可参考表 7.21 进行选择，此外，还需注意以下事项。

　　① 磨削导热性能差的金属材料及树脂、橡胶等有机材料，磨削薄壁件及采用深切缓进给磨削等应选择硬度低一些的砂轮，镜面磨削应选择超软磨具。

　　② 工件材料相同，磨削外圆比磨削平面、内孔或成形磨削等，应选择硬度高一些的砂轮。

表 7.21　外圆磨削砂轮的选择

加工材料	磨削要求	磨料	磨料代号	粒度	硬度	结合剂
未淬火的碳钢、合金钢	粗磨	棕刚玉	A(GZ)	F36～F46	M～N	
	精磨			F46～F60	M～Q	
淬火的碳钢、合金钢	粗磨	白刚玉	WA(GB)	F46～F60	K～M	
	精磨	铬刚玉	PA(GG)	F60～F100	L～N	V
铸铁	粗磨	黑碳化硅	C(TH)	F24～F36	K～L	
	精磨			F60	K	
不锈钢	粗磨	单晶刚玉	SA(GD)	F36～F46	M	
	精磨			F60	L	
硬质合金	粗磨	绿碳化硅	GC(TL)	F46	K	V
	精磨	人造金刚石	RVD(JR$_{1,2}$)	F100		B
高速钢	粗磨	白刚玉	WA(GB)	F36～F40	K～L	
	精磨	铬刚玉	PA(GG)	F60		V
软青铜	粗磨	黑碳化硅	C(TH)	F24～F36	K	
	精磨			F46～F60	K～M	
紫铜	粗磨	黑碳化硅	C(TH)	F36～F60	K～L	B
	精磨	铬刚玉	PA(GG)	F60	K	V

③ 高速、高精密、间断表面磨削、钢坯荒磨、工件去毛刺等，应选择较硬磨具。

④ 工作时自动进给比手动进给，湿磨比干磨，树脂结合剂比陶瓷结合剂砂轮，选择硬度均应高些。

(2) 外圆磨削的砂轮安装

外圆磨床与砂轮的装配结构如图 7.24 所示。砂轮的装配结构如图 7.25 所示。

在砂轮安装之前，首先要仔细检查砂轮是否有裂纹，方法是将砂轮吊起，用木槌轻敲听其声音。无裂纹的砂轮发出的声音清脆，有裂纹的砂轮则声音嘶哑。发现表面有裂纹或敲时声音嘶哑的砂轮应停止使用。砂轮安装的步骤如下。

① 清理擦净法兰盘，在法兰盘底座上放一片衬垫，并将法兰盘垂直放置如图 7.26（a）所示。

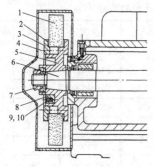
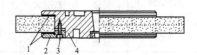

图 7.24　砂轮装配图

1—砂轮；2—衬垫；3—端盖；4—螺钉；
5—法兰底座；6—主轴；7—左旋螺母；
8—平衡块；9—螺钉；10—钢球

图 7.25　平形砂轮的安装

1—衬垫；2—端盖；3—内六角螺钉；
4—法兰盘底座

② 按图 7.26（b）所示装入砂轮。在装入前检查砂轮内孔与法兰盘底座定心轴颈之间的配合间隙是否适当，间隙应为 0.1～0.2mm，如间隙过小，不可用力压入。

③ 当砂轮内孔与法兰盘底座定心轴颈之间的间隙较大时，可在法兰盘底座定心轴颈处粘一层胶带，如图 7.26（c）所示，以减小配合间隙，防止砂轮偏心。

④ 放入衬垫和端盖，如图 7.26（d）所示。

⑤ 对准法兰盘螺孔位置，放入螺钉。用内六角扳手拧紧图 7.25 中的内六角螺钉 3。紧固时，用力要均匀，以使砂轮受力均匀，一般可按对角顺序逐步拧紧。

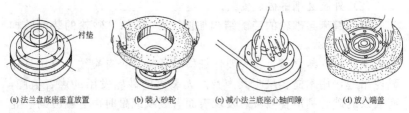

(a) 法兰盘底座垂直放置　　(b) 装入砂轮　　(c) 减小法兰盘座心轴间隙　　(d) 放入端盖

图 7.26　砂轮装配过程

（3）外圆磨削的砂轮平衡

砂轮安装后，应作初步平衡，再将砂轮装于磨床主轴端部。若砂轮存在不平衡质量，砂轮在高速旋转时就会产生离心力，引起砂轮振动，在工件表面产生多角形的波纹度误差。同时，离心力又会成为砂轮主轴的附加压力，会损坏主轴和轴承。当离心力大于砂轮强度时，还会使砂轮破裂。因此，砂轮的平衡是一项十分重要的工作。

由于砂轮的制造误差和在法兰盘上的安装产生了一定的不平衡量，因此需要通过做静平衡来消除。

砂轮静平衡手工操作常用的工具有平衡心轴、平衡架、水平仪和平衡块等工具。

平衡心轴由心轴1、垫圈2和螺母3组成，如图7.27所示。心轴两端是等直径圆柱面，作为平衡时滚动的轴心，其同轴度误差极小，心轴的外锥面与砂轮法兰锥孔相配合，要求有80%以上的接触面。

平衡架有圆棒导柱式和圆盘式两种。常用的为圆棒导柱式平衡架，如图7.28所示。圆棒导柱式平衡架主要由支架和导柱组成，导柱为平衡心轴滚动的导轨面，其素线的直线度、两导柱的平行度都有很高的要求。

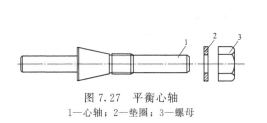

图 7.27　平衡心轴
1—心轴；2—垫圈；3—螺母

图 7.28　圆棒导
柱式平衡架

常用的水平仪有框式水平仪和条式水平仪两种，如图7.29所示。水平仪由框架和水准器组成。水准器的外表为硬玻璃，内部盛有液体，并留有一个气泡。当测量面处于水平时，水准器内的气泡就处于玻璃管的中央（零位）；当测量面倾斜一个角度时，气泡就偏于高的一侧。常用水平仪的分度值为0.02mm/1000mm，相当于倾斜4″的角度。水平仪用于调整平衡架导柱的水平位置。

平衡块根据砂轮的不同大小，有不同的平衡块。一般情况下，平衡块安装在砂轮法兰盘底座的环形槽内，按平衡需要，放置若干数量的平衡块，不断调整平衡块在环形槽内圆周上的位置，即可达到平衡的目的。砂轮平衡后，通过平衡块上的螺钉将其紧固在砂轮法兰盘底座的环形槽内。

砂轮静平衡的步骤如下。

① 调整平衡架导柱面至水平面平衡前，擦净平衡架导轨表面，在导轨上放两块等高的平行铁，并将水平仪放在平行铁上，调整平衡架右端两螺钉，使水准器气泡处于中间位置，如图 7.30（a）所示。横向水平位置调好后，将水平仪转 90°安放，调整左端螺钉，使平衡架导轨表面纵向处于水平位置，如图 7.30（b）所示。

 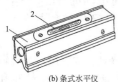

(a) 框式水平仪　　　(b) 条式水平仪

图 7.29　水平仪

1—框架；2—水准器

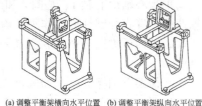

(a) 调整平衡架横向水平位置　(b) 调整平衡架纵向水平位置

图 7.30　调整平衡架导柱水平面

图 7.31　安装
平衡心轴

② 反复调整平衡架，使水平仪在纵向和横向的气泡偏移读数均在一格刻度之内。

③ 安装平衡心轴：擦净平衡心轴和法兰盘内锥孔，将平衡心轴装入法兰盘内锥孔中。安装时可加适量润滑油，将法兰盘缓缓推入心轴外锥，然后固定，如图 7.31 所示。

④ 调整平衡心轴：将平衡心轴放在平衡架导轨上，并使平衡心轴的轴线与导轨的轴线垂直。

⑤ 找不平衡位置：用手轻轻推动砂轮，让砂轮法兰盘连同平衡心轴在导轨上缓慢滚动，如果砂轮不平衡，则砂轮就会来回摆动，直至停摆为止。此时，砂轮不平衡量必在其下方。可在砂轮的另一侧作出记号（A），如图 7.32（a）所示。

⑥ 装平衡块在记号（A）的相应位置装上第一块平衡块，并在其两侧装上另两块平衡块，如图 7.32（b）、图 7.32（c）所示。

⑦ 调整平衡块，检查砂轮是否平衡，如果仍不平衡，可同时移动两侧的平衡块，直至平衡为止。

⑧ 用手轻轻拨动砂轮，使砂轮缓慢滚动，如果在任何位置都能使砂轮静止，则说明砂轮静平衡已做好。

⑨ 做好平衡后必须将平衡块上紧固螺钉拧紧。

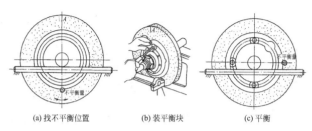

(a) 找不平衡位置　　　　(b) 装平衡块　　　　(c) 平衡

图 7.32　砂轮平衡的方法

（4）砂轮与主轴的安装

砂轮在主轴上的安装步骤如下。

① 打开砂轮罩壳盖，如图 7.33（a）所示。

② 清理罩壳内壁。

③ 擦净砂轮主轴外锥面及法兰盘内锥孔表面。

④ 将砂轮套在主轴锥体上，并使法兰盘内锥孔与砂轮主轴外锥面配合，如图 7.33（b）所示。

⑤ 放上垫圈，拧上左旋螺母，并用套筒扳手按逆时针方向拧紧螺母。

⑥ 合上砂轮罩壳盖。

砂轮安装在主轴上的注意事项如下。

① 安装时要使法兰盘内锥孔与砂轮主轴外锥面接触良好。

② 注意主轴端螺纹的旋向（该螺纹为左旋），以防止损伤主轴轴承。

③ 安装前要检查砂轮法兰的平衡块是否齐全、紧固。

④ 装时要防止损伤砂轮，不能用铁锤敲击法兰盘和砂轮主轴。

（5）从主轴上拆卸砂轮

从主轴上拆卸砂轮时，用套筒扳手拆卸螺母，然后用卸砂轮拔头将砂轮从主轴上拆下，如图 7.34 所示。拆卸砂轮应注意以下事项。

① 由于砂轮主轴与法兰盘是锥面配合，具有一定的自锁性，拆卸时应采用如图 7.34（b）、图 7.34（c）所示的专用工具，以方便地将砂轮拉出。

② 一般应由两人同时操作，为防止砂轮掉落，可先在机床上放好木块支撑。

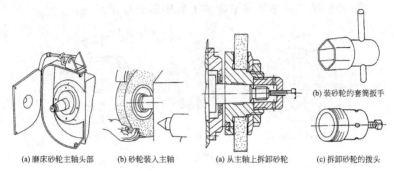

(a) 磨床砂轮主轴头部　　(b) 砂轮装入主轴

图 7.33　砂轮与主轴装配

(a) 从主轴上拆卸砂轮

(b) 装砂轮的套筒扳手

(c) 拆卸砂轮的拨头

图 7.34　砂轮与主轴的专用装卸工具

（6）外圆磨削的砂轮修整

普通磨料砂轮的修整方法主要有：车削法、滚压法和磨削法三种。

车削法是将修整工具视为车刀，被修砂轮视为工件，对砂轮表面进行修整，如图 7.35（a）所示。使用的修整工具为单粒金刚石笔。

滚压法是将滚轮以一定的压力与砂轮接触，砂轮以其接触面间的摩擦力带动滚轮旋转而进行修整的。滚压法可分为切入滚压修整法和纵向滚压修整法。切入滚压修整是指修整工具轴线与砂轮轴线相平行。纵向滚压修整是指两轴线除相平行外，也可以将修整工具相对砂轮轴线倾斜一个角度，如图 7.35（b）所示。

磨削法是采用磨料圆盘或金刚石滚轮仿效磨削过程来修整砂轮的。这种修整方法亦可分为切入磨削修整法和纵向磨削修整法，如图 7.35（c）所示。

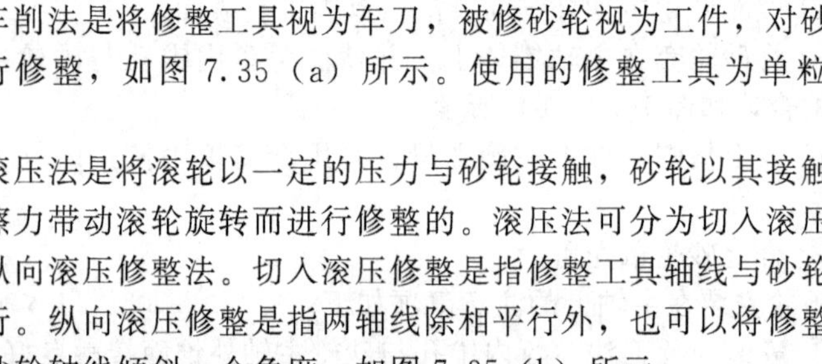

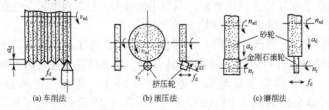

(a) 车削法　　　　　　(b) 滚压法　　　　　　(c) 磨削法

图 7.35　砂轮修整方法

7.3.4 外圆磨削用量选择

合理确定轴类零件外圆磨削的磨削用量和确定磨削余量是基本而重要的工作。

(1) 纵向磨削法粗磨外圆的磨削用量 (表 7.22)

表 7.22 粗磨外圆磨削用量

磨削用量要素	工件直径 d_w/mm				
	≤30	30～80	80～120	120～200	200～300
砂轮的速度 v_s/m·s^{-1}	$v_s = \pi d_s n_s /1000 \times 60$ (m/s) 式中 d_s——砂轮直径,mm n_s——砂轮转速,r/min 一般情况下,外圆磨削的砂轮的速度 $v_s = 30\sim50$m/s				
工件速度 v_w/m·min^{-1}	10～22	12～26	14～28	16～30	18～35
工件转 1 转,砂轮的轴向进给量 f_a/mm·r^{-1}	$f_a = (0.4\sim0.8)B$,B 为砂轮的宽度,mm。铸铁件取大值,钢件取小值				
工作台单行程,砂轮的背吃刀量 a_p/mm·st^{-1}	0.007～0.022	0.007～0.024	0.007～0.022	0.008～0.026	0.009～0.028
	工件速度 v_w 和轴向进给量 f_a 较大时,背吃刀量 a_p 取小值,反之取大值				

注:st 为单行程

(2) 精磨外圆的磨削用量 (表 7.23)

表 7.23 精磨外圆磨削用量

磨削用量要素	工件直径 d_w/mm				
	≤30	30～80	80～120	120～200	200～300
砂轮的速度 v_s/m·s^{-1}	$v_s = \pi d_s n_s /1000 \times 60$ (m/s) 式中 d_s——砂轮直径,mm n_s——砂轮转速,r/min				
工件速度 v_w/m·min^{-1}	15～35	20～50	30～60	35～70	40～80
工件转 1 转,砂轮的轴向进给量 f_a/mm·r^{-1}	$Ra = 0.8\mu$m 时,$f_a = (0.4\sim0.6)B$ $Ra = 0.4\mu$m 时,$f_a = (0.2\sim0.4)B$ B 为砂轮的宽度,mm				

续表

磨削用量要素	工件直径 d_w/mm				
	≤30	30~80	80~120	120~200	200~300
工作台单行程，砂轮的背吃刀量 a_p/mm·st^{-1}	0.001~0.010	0.001~0.014	0.001~0.015	0.001~0.016	0.002~0.018
	工件速度 v_w 和轴向进给量 f_a 较大时，背吃刀量 a_p 取小值，反之取大值				

（3）砂轮修整的磨削参数

在生产中修整砂轮的目的，一是消除砂轮外形误差；二是修整已磨钝的砂轮表层，恢复砂轮的切削性能。在粗磨和精磨外圆时，一般采用单颗粒金刚石笔车削方法对砂轮进行修整。金刚石笔的安装和修整参数如图 7.36 所示。金刚石颗粒的大小依据砂轮直径选择，砂轮直径 $D_0 < 100$mm，选 0.25 克拉的金刚石，$D_0 > 300 \sim 400$mm，选 $0.5 \sim 1$ 克拉的金刚石，要求金刚石笔尖角 φ 一般研成 $70° \sim 80°$。M1432A 磨床的砂轮直径为 400mm，选 0.5 克拉的金刚石。砂轮的修整参数可参考表 7.24 选择。

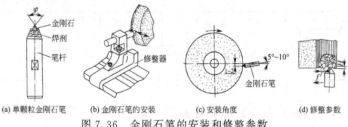

(a) 单颗粒金刚石笔　　(b) 金刚石笔的安装　　(c) 安装角度　　(d) 修整参数

图 7.36　金刚石笔的安装和修整参数

表 7.24　单颗粒金刚石修整用量

修整参数	磨削工序				
	粗磨	半精（精）磨	精密磨	超精磨	镜面磨
1. 砂轮速度 v/m·s^{-1}	与磨削速度相同				
2. 修整导程 f/mm·r^{-1}	0.05~0.10	0.03~0.08	0.02~0.04	0.01~0.02	0.005~0.01
3. 修整层厚度 H/mm	0.1~0.15	0.06~0.10	0.04~0.06	0.01~0.02	0.01~0.02
4. 修整深度 a_p/mm·st^{-1}	0.01~0.02	0.007~0.01	0.005~0.007	0.002~0.003	0.002~0.003
5. 修光次数	0	1	1~2	1~2	1~2

（4）磨削余量

磨削余量留得过大，需要的磨削时间长，增加磨削成本；磨削余量留得过小，保证不了磨削表面质量。合理选择磨削余量，对保证加工质量和降低磨削成本有很大的影响。磨削余量可参考表7.25 进行选择，对于单件磨削，表中数据可以适当增大一点。

表 7.25 磨削余量（直径） mm

工件直径	余量限度	磨削前								粗磨后精磨前	精磨后研磨前
		未经热处理的轴				经热处理的轴					
		轴的长度									
		100以下	101~200	201~400	401~700	100以下	101~300	301~600	601~1000		
≤10	max	0.20	—	—	—	0.25	—	—	—	0.020	0.008
	min	0.10	—	—	—	0.15	—	—	—	0.015	0.005
11~18	max	0.25	0.30	—	—	0.30	0.35	—	—	0.025	0.008
	min	0.15	0.20	—	—	0.20	0.25	—	—	0.020	0.006
19~30	max	0.30	0.35	0.40	—	0.35	0.40	0.45	—	0.030	0.010
	min	0.20	0.25	0.30	—	0.25	0.30	0.35	—	0.025	0.007
31~50	max	0.30	0.35	0.40	0.45	0.40	0.50	0.55	0.70	0.035	0.010
	min	0.20	0.25	0.30	0.35	0.25	0.30	0.40	0.50	0.028	0.008
51~80	max	0.35	0.40	0.45	0.55	0.45	0.55	0.65	0.75	0.035	0.013
	min	0.20	0.25	0.30	0.35	0.30	0.35	0.45	0.50	0.028	0.008
81~120	max	0.45	0.50	0.55	0.60	0.55	0.60	0.70	0.80	0.040	0.014
	min	0.25	0.35	0.35	0.40	0.35	0.40	0.45	0.45	0.032	0.010
121~180	max	0.50	0.55	0.60	—	0.60	0.70	0.80	—	0.045	0.016
	min	0.30	0.35	0.40	—	0.40	0.50	0.55	—	0.038	0.012
181~260	max	0.60	0.60	0.65	—	0.70	0.75	0.85	—	0.050	0.020
	min	0.40	0.40	0.45	—	0.50	0.55	0.60	—	0.040	0.015

7.3.5 外圆磨削的检测控制

（1）磨前的检查准备

① 检查工件中心孔。用涂色法检查工件中心孔，要求中心孔与顶尖的接触面积大于80%。若不符要求，必须进行清理或修研，符合要求后，应在中心孔内涂抹适量的润滑脂。

② 找正头架、尾座的中心，不允许偏移。移动尾座使尾座顶尖和头架顶尖对准，如图7.37 所示。生产中采用试磨后，检测轴的两端尺寸，然后对机床进行调整。如果顶尖偏移，工件的旋转轴

线也将歪斜,纵向磨削的圆柱表面将产生锥度,切入磨削的接刀部分也会产生明显接刀痕迹。

③ 修整砂轮,检查是否满足加工要求。

④ 检查工件磨削余量。

⑤ 调整工作台行程挡铁位置,控制工件装夹的接刀长度和砂轮越出工件长度。如图 7.38 所示,砂轮接刀长度应尽可能小,一般为 $B_1+(10\sim15)$mm,B_1 为夹头的宽度,B_1 与装夹工件的直径大小有关,$B_1=10\sim20$mm。

⑥ 试磨中的检测。试磨时,用尽量小的背吃刀量,磨出外圆表面,用千分尺检测工件两端直径差不大于 0.003mm。若超出要求,则调整找正工作台至理想位置。

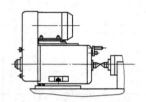

图 7.37　校对头架、尾座中心

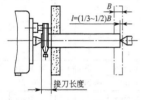

图 7.38　接刀长度的控制

(2) 测量外径

在单件、小批生产中,外圆直径的测量一般用千分尺检验,在加工中用千分尺测量工件外径的方法如图 7.39 所示。测量时,砂轮架应快速退出,从不同长度位置和直径方向进行测量。

在大批量生产中,常用极限卡规测量外圆直径尺寸。

(3) 测量工件的径向圆跳动

在加工中测量工件的径向圆跳动如图 7.40 所示。测量时,先在工作台上安放一个测量桥板,然后将百分表(或千分表)架放在测量桥板上,使百分表(或千分表)量杆与被测工件轴线垂直,并使测头位于工件圆周最高点上。外圆柱表面绕轴线轴向回旋时,在任一测量平面内的径向跳动量(最大值与最小值之差)为径向跳动(或替代圆度)。外圆柱表面绕轴线连续回旋,同时千分表平行于工件轴线方向移动,在整个圆柱面上的跳动量为全跳动(或替代圆柱度)。

(4) 检验工件的表面粗糙度

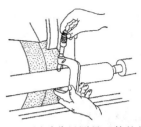 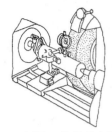

图 7.39 用千分尺测量工件的外径　　图 7.40 测量工件的径向圆跳动

工件的表面粗糙度通常用目测法，即用表面粗糙度样块与被测表面进行比较法来判断，如图 7.41 所示。检验时把样块靠近工件表面，用肉眼观察比较。重点练习用肉眼判断 $Ra0.8\mu m$（▽7）、$Ra0.4\mu m$（▽8）、$Ra0.2\mu m$（▽9）三个表面粗糙度等级。

图 7.41 粗糙度样块测量图

（5）工件外圆的圆柱度和圆度测量

用 V 形架检查圆度和圆柱度误差参考图 7.42 进行，将被测零件放在平板上的 V 形架内，利用带指示器的测量架进行测量。V 形架的长度应大于被测零件的长度。

在被测零件无轴向移动回转一周过程中，测量一个垂直轴线横截面上的最大与最小读数之差，可近似地看作该截面的圆度误差。按上述方法，连续测量若干个横截面，然后取各截面内测得的所有读数中最大与最小读数的差值，作为该零件的圆柱度误差。为了测量准确，通常应使用夹角 $\alpha=90°$ 和 $\alpha=120°$ 的两个 V 形架，分别测量，取测量结果的平均值。

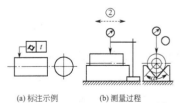

(a) 标注示例　　(b) 测量过程　　(c) 一个圆周截面圆度测量操作

图 7.42 测量圆度和圆柱度的示意图

在生产中，一般采用两顶尖装夹工件，用千分表测圆度和圆柱度，精密零件用圆度仪进行测量。

（6）用光隙法测量端面的平面度

如图 7.43 所示，把样板平尺紧贴工件端面，测量其间的光隙，如果样板平尺与工件端面间不透光，就表示端面平整。轴肩端面的平面度误差有内凸、内凹两种，一般允许内凹，以保证端面与之配合的表面良好接触。

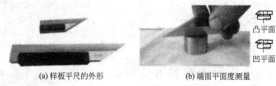

(a) 样板平尺的外形　　(b) 端面平面度测量

图 7.43　端面平面度误差测量

（7）工件端面的磨削花纹

工件端面的磨削花纹也反映了端面是否磨平。由于尾座顶尖偏低，磨削区在工件端面上方，磨出端面为内凹，端面花纹为单向曲线，如图 7.44（a）所示。端面为双向花纹，则表示端面平整，如图 7.44（b）所示。

（8）用百分表测量端面圆跳动

台阶端面圆跳动误差的测量一般用百分表来测量端面圆跳动误差。将百分表量杆垂直于端面放置，转动工件，百分表的读数差即为端面圆跳动误差，如图 7.45 所示。

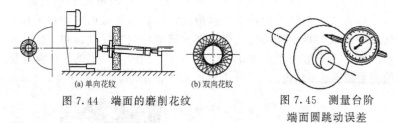

(a) 单向花纹　　(b) 双向花纹

图 7.44　端面的磨削花纹

图 7.45　测量台阶
端面圆跳动误差

7.3.6　磨削外圆常见质量问题及改进措施

（1）磨削外圆出现形位精度问题及改进措施

磨削外圆最容易出现质量问题的是细长轴磨削。在磨削细长轴时，由于让刀、工件的弯曲变形和热变形，磨削表面出现腰鼓形、锥形、椭圆形、细腰形等几何形状误差。针对这些问题，可采取如下措施。

① 调整好机床各部分的间隙，不能过松，两顶尖要确保同轴度，保持顶尖间良好的润滑，不能过紧，最好采用弹性尾顶尖。

② 磨削深度要小，工件转速低一些。

③ 砂轮保持锋利，经常修整砂轮以减小径向分力。

④ 冷却液浇注要充分、均匀。

⑤ 工件较长时，要用托架支承。

（2）磨削外圆保证尺寸精度和表面质量采取的措施

为了使工件达到良好的尺寸精度及表面粗糙度，可采取以下措施。

① 合理选择砂轮的线速度，并使工件的圆周速度与砂轮的线速度合理匹配。例如，砂轮速度为 $30\sim35m/s$，工件速度为 $15\sim50m/min$。

② 精磨时进给量要小，一般在 $0.005\sim0.02mm/r$ 之间。

③ 合理选择砂轮。

（3）磨削外圆常见质量问题的原因及改进措施（表7.26）

表7.26 磨削外圆常见质量问题的原因及改进措施

质量问题	影响因素	改进措施
工件表面产生直波纹	1. 砂轮法兰与主轴锥度配合不良 2. 顶尖与头尾架套筒的莫氏锥度配合不良 3. 头架主轴轴承磨损，间隙过大，精度超差，径向跳动及轴向窜动 4. 电动机无隔振装置或失灵 5. 横向进给导轨或滚柱磨损 6. 带卸荷装置失灵 7. 尾架套筒与壳体配合间隙过大 8. 砂轮主轴轴承磨损，间隙过大，精度超差，径向跳动及轴向窜动 9. 砂轮平衡不良 10. 砂轮硬度过高或不均匀 11. 砂轮已用钝或磨损不均匀 12. 工件直径过大或重量过重 13. 工件中心孔不良 14. 工件转速过高 15. 刚修整的砂轮不锋利 16. V带长度不一致 17. 电动机平衡不良	1. 勿使锥面磕碰弄脏 2. 调整 3. 调整、修复或更换轴承 4. 增添或修复隔振装置 5. 修刮导轨或更换滚柱 6. 修复 7. 更换套筒 8. 调整、修复或更换轴承(轴瓦) 9. 按要求进行平衡 10. 根据工件特点及磨削要求正确选用砂轮 11. 应掌握工件的特点及精度变化规律及时修整砂轮 12. 增加辅助支承,适当降低转速 13. 修研工件中心孔 14. 适当降低工件转速 15. 金刚石已磨损,应及时更换;砂轮修整用量过细,应选用正确的修整用量 16. 调整或更换V带 17. 做好电动机平衡

质量问题	影响因素	改进措施
工件表面产生螺旋形波纹	1. 磨削力过大,进给太大(纵向、横向) 2. 砂轮修整过细 3. 修整砂轮时机床热变形不稳定 4. 砂轮修整不及时,磨损不均匀 5. 修整砂轮时磨削液不足 6. 磨削时磨削液供给不足(压力小、流量小、喷射位置不当) 7. 工作台导轨润滑油过多,供油压力过大,产生漂移 8. 工作台有爬行现象 9. 砂轮主轴轴向窜动,间隙过大 10. 砂轮主轴翘头或低头过度使砂轮母线不直 11. 砂轮主轴轴线与头尾架轴线不同轴 12. 修整砂轮时金刚石不运动,中心线与砂轮轴线不平行 13. 砂轮架偏,使砂轮与工件接触不好 14. 机床热变形不稳定	1. 正确选用磨削用量,砂轮不锋利时,应及时修整和适当减小磨削用量 2. 选用正确的修整方法及用量 3. 注意季节,掌握开机后热变形规律 4. 掌握工件的特点及精度变化规律,及时修整砂轮 5. 加大磨削液供给 6. 调整压力、流量及喷射位置 7. 调整润滑油的供给压力及流量 8. 修复机床或打开放气阀,排除液压系统中的空气 9. 调整、修复或更换轴承(轴瓦) 10. 修刮砂轮架或调整轴瓦 11. 调整或修复使之恢复精度 12. 调整或修刮运动导轨的精度 13. 修刮或更换滚柱(注意选配) 14. 注意季节,掌握开机后热变形规律,待稳定后再进行工作
工件表面拉毛划伤	1. 精磨余量太少(留有上道工序的磨纹) 2. 磨削液供应不足(压力小、流量小、喷射位置不当) 3. 磨削液不清洁 4. 砂轮磨粒脱落 5. 磨料选择不当,或砂轮粒度选用不当 6. 修整砂轮后表面留有或嵌入空穴的磨粒	1. 严格控制精磨余量 2. 调整压力,流量及喷射位置 3. 更换磨削液 4. 选用优质砂轮,并将砂轮两端倒角 5. 应根据工件特点及磨削要求正确选用砂轮 6. 修整后用细铜丝刷一遍
工件表面烧伤	1. 磨削用量过大 2. 工件转速太低 3. 砂轮硬度太硬或粒度过细,磨料及结合剂选用不当	1. 正确选用磨削用量 2. 合理调整工件转速 3. 根据工件材料及硬度等特点选用合适的砂轮

续表

质量问题	影响因素	改进措施
工件表面烧伤	4. 砂轮修整过细 5. 砂轮用钝未及时修整 6. 磨削液压力及流量不足,喷射位置不当 7. 磨削液选用不当 8. 磨削液变质	4. 根据磨削要求选用正确的修整方法及用量 5. 应掌握工件的特点及精度变化规律及时修整砂轮 6. 调整压力、流量及喷射位置 7. 合理选用磨削液 8. 及时更换
工件呈锥形	1. 磨削用量过大 2. 工件中心孔不良 3. 工件旋转轴线与工件轴向运动方向不平行 4. 工作台导轨润滑油过多 5. 机床热变形不稳定(液压系统及砂轮主轴头) 6. 砂轮磨损不均匀或不锋利 7. 砂轮修整不良	1. 正确选用磨削用量,在砂轮锋利情况下,减小磨削用量,增加光磨次数 2. 修研中心孔 3. 在检查工件中心孔确认良好后,调整机床 4. 调整润滑油的供给压力及流量 5. 注意季节,掌握规律,开机后待热变形稳定后再工作 6. 掌握工件的特点及精度变化规律及时修整砂轮 7. 选用正确的修整方法及用量
工件呈鼓形或鞍形	1. 机床导轨水平面内直线度差 2. 磨削用量过大,使工件弹性变形产生鼓形,顶尖顶得太紧,磨削量又过大,工件受磨削热伸胀变形产生鞍形 3. 中心架调整不当,支承压力过大 4. 工件细长刚性差 5. 砂轮不锋利	1. 修刮、恢复其精度 2. 应减小磨削用量,增加光磨次数,注意工件的热伸张,调整顶尖压力 3. 调整支承点,支承力不宜过大 4. 用中心架支承,减小磨削用量,增加光磨次数,顶尖不宜顶太紧 5. 根据工件的特点及时修整砂轮
工件圆度超差	1. 尾架套筒与壳体配合间隙过大 2. 消除横向进给机构螺母间隙的压力太小 3. 砂轮主轴与轴承间隙过大 4. 头架轴承松动(用卡盘装夹工件时) 5. 主轴径向跳动过大(用卡盘装夹工件时) 6. 砂轮不锋利或磨损不均匀	1. 更换套筒 2. 调整消除间隙的压力或修复 3. 调整修或更换轴承(轴瓦) 4. 调整、修复或更换轴承 5. 更换主轴 6. 根据工件特点及精度变化规律及时修整砂轮

续表

质量问题	影响因素	改进措施
工件圆度超差	7. 中心孔不良或因润滑不良中心孔和顶尖磨损 8. 工件顶得过紧或过松 9. 工件刚性差,产生弹性变形 10. 顶尖与套筒锥孔接触不良 11. 夹紧工件的方法不当	7. 修研中心孔,注意文明生产 8. 适当调紧力 9. 合理调整磨削用量适当增加光磨次数 10. 勿使锥面磕碰弄脏 11. 掌握正确的夹紧方法,增大夹紧点的面积,使其压强减小
阶梯轴各轴颈同轴度超差	1. 顶尖与套筒锥孔接触不良 2. 磨削工步安排不当 3. 中心孔不良	1. 勿使锥面磕碰弄脏 2. 粗精应分开,在一次装夹中完成精磨 3. 修研中心孔

7.4 内圆磨削

内圆磨削主要磨削零件上的通孔、盲孔、台阶孔和端面等,内圆磨削表面可达到的尺寸精度为 IT7～IT6 级,表面粗糙度 Ra 为 $0.8～0.2\mu m$。

7.4.1 内圆磨削方法

（1）内圆磨削方式

按内圆磨削工件和砂轮的运动及采用的机床,内圆磨削方式分为:中心内圆磨削、行星内圆磨削和无心内圆磨削三种方式。

① 中心内圆磨削是工件和砂轮均做回转运动,一般在普通内圆磨床或万能外圆磨床上磨削内孔,适用于套筒、齿轮、法兰盘等零件内孔的磨削,生产中应用普遍,如图 7.46（a）所示。

② 行星内圆磨削是工件固定不动,砂轮既绕自己的轴线做高速旋转,又绕所磨孔的中心线做低速旋转,以实现圆

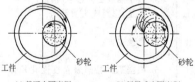

(a) 普通内圆磨削　　(b) 行星式内圆磨削

图 7.46　内圆磨削方式

周进给，如图 7.46（b）所示。这种磨削方式主要用来加工大型工件和不便于回转的工件。

③ 无心内圆磨削是在无心磨床上进行，与中心内圆磨削不同的是工件的回转运动由支承轮、压轮和导轮实现，砂轮仍穿入工件孔内做回转运动。这种磨削方式适宜磨削薄壁环形零件的内圆和大量生产的滚动轴承套圈内圆等。

此外，这三种磨削方式的砂轮或工件还可能做纵向进给运动、横向进给运动等，来满足不同类型工件的要求。

（2）内圆磨削的特点

与外圆磨削相比，内圆磨削有以下特点。

① 内圆磨削受到工件内孔直径的限制，所用砂轮的直径较小，砂轮转速高，一般内圆磨具的转速为 10000～20000r/min，磨削速度一般在 20～30m/s 之间。

② 内圆磨削时，砂轮外圆与工件内孔成内切圆接触，其接触弧长比外圆磨削大，因此，磨削中产生的磨削力和磨削热较大，磨粒容易磨钝，工件也容易发热或烧伤、变形。

③ 内圆磨削时，冷却条件较差，切削液不易进入磨削区域，磨屑也不易排出，当磨屑在工件内孔中积聚时，容易造成砂轮堵塞，影响工件的表面质量。特别在磨削铸铁等脆性材料时，磨屑和切削液混合成糊状，更容易使砂轮堵塞，影响砂轮的磨削性能。

④ 磨内孔砂轮需要接刀杆，磨削时，其受力条件属悬臂梁结构，刚性较差，容易产生弯曲变形和振动，对加工精度和表面粗糙度都有很大的影响，同时也限制了磨削用量的提高。

⑤ 内圆磨削内孔的测量空间较小，工件检测困难，尤其深孔和小孔磨削时测量不便，一般采用塞规、三爪内径千分尺和内径百分表进行检测。

（3）内圆磨削的方法

内圆磨削按获得工件尺寸形状所采用的进给运动形式，其磨削方法分为纵向磨削法和切入磨削法，原理与外圆磨削相似。

内圆磨削的磨削方法、磨削工件表面类型、砂轮的工作表面、磨削运动特征如表 7.27 所示。

表 7.27 内圆磨削的特征

磨削方法	磨削表面特征	砂轮工作表面	图示	砂轮运动	工件运动
纵向进给磨削法	通孔	1	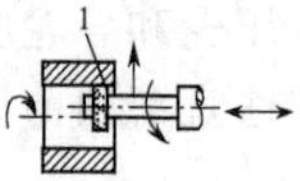	① 旋转 ② 纵向往复 ③ 横向进给	旋转
	锥孔	1	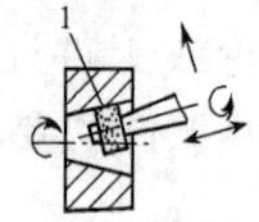 磨头扳转角度	① 旋转 ② 纵向往复 ③ 横向进给	旋转
	锥孔	1	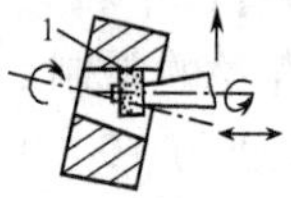 工件扳转角度	① 旋转 ② 纵向往复 ③ 横向进给	旋转
	盲孔	1 2	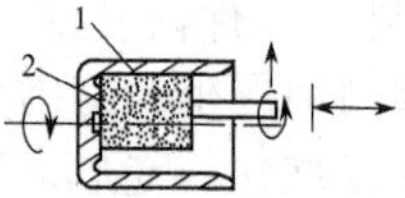	① 旋转 ② 纵向往复 ③ 靠端面	旋转
	台阶孔	1 2	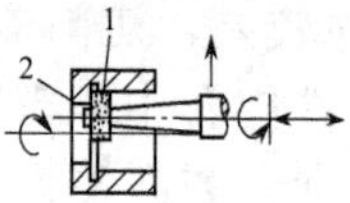	① 旋转 ② 纵向往复 ③ 靠端面	旋转
	小直径深孔	1	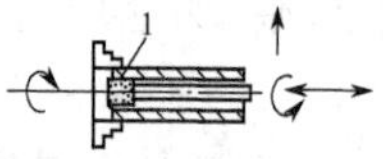	① 旋转 ② 纵向往复 ③ 横向进给	旋转
	间断表面通孔	1	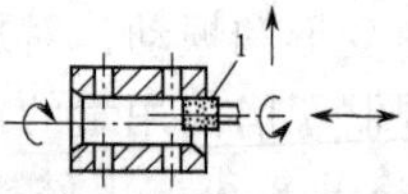	① 旋转 ② 纵向往复 ③ 横向进给	旋转
行星磨削法	通孔	1	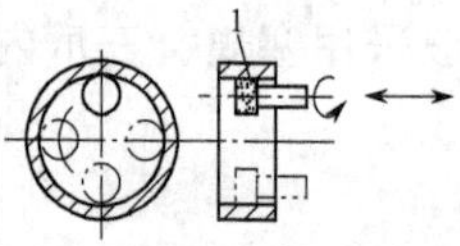	① 绕自身轴线旋转 ② 砂轮轴线绕孔中心线旋转 ③ 纵向往复	固定
	台阶孔	1 2	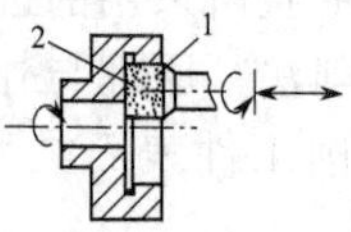	① 绕自身轴线旋转 ② 砂轮轴线绕孔中心线旋转 ③ 端面停靠	固定

续表

磨削 方法	磨削表 面特征	砂轮工 作表面	图示	砂轮运动	工件 运动
切入 磨削 法	窄通 孔	1	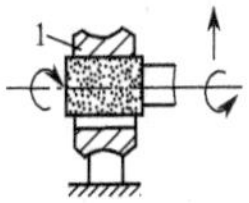	① 旋转 ② 横向进给	旋转
	端面	2	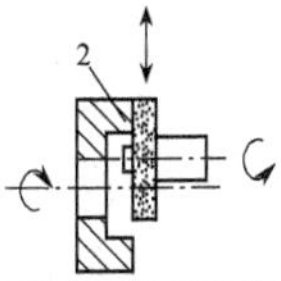	① 旋转 ② 横向进给	旋转
	带环状 沟槽内 圆面	1	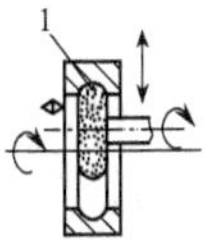	① 旋转 ② 横向进给	旋转
成形 磨削 法	凹球 面	1	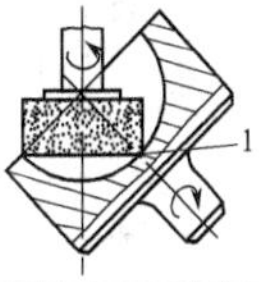	① 旋转 ② 沿砂轮轴线微量位移	旋转

7.4.2 内圆磨削的工件装夹

内圆磨削时，工件的装夹方法很多，常用三爪自定心卡盘、四爪单动卡盘、花盘、卡盘与中心架组合、吸盘等装夹。一般根据工件的形状、尺寸选用适合的夹具进行装夹。

(1) 用三爪自定心卡盘装夹

三爪自定心卡盘俗称三爪卡盘，适于装夹套类和盘类工件。三爪自定心卡盘除正爪夹紧外，还有反爪夹紧 [图 7.47 (b)]、反撑夹紧 [图 7.47 (c)]。

三爪自定心卡盘具有装夹方便、能自动定心但定心精度不高的特点，一般中等尺寸工件夹紧后的径向圆跳动误差为 0.08mm，高精度的三爪自定心卡盘的径向圆跳动误差为 0.04mm。对于成批磨削径向圆跳动量公差较小的零件，可以用调整卡盘自身定心精度的办法来提高装夹工件的定心精度，调整后的自定心精度可使工件径向圆跳动误差在 0.02～0.01mm 之间。

用三爪自定心卡盘装夹较短的工件时，工件端面易倾斜，必须

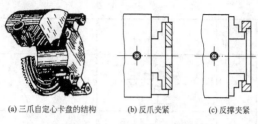

(a) 三爪自定心卡盘的结构   (b) 反爪夹紧   (c) 反撑夹紧

图 7.47   三爪自定心卡盘

用百分表找正，如图 7.48（a）所示。找正时先用百分表测量出工件端面圆跳动量，然后用铜棒敲击工件端面圆跳动的最大处，直至跳动量符合要求为止。

用三爪自定心卡盘装夹较长的工件时，工件的轴线容易发生偏斜，需要找正工件远离卡盘端外圆的径向圆跳动误差。找正时用百分表测量出工件外圆径向圆跳动量的最大处，然后用铜棒敲击跳动量最大处，直至跳动量符合要求为止，如图 7.48（b）所示。

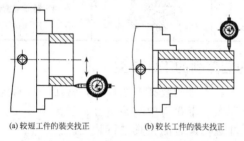

(a) 较短工件的装夹找正   (b) 较长工件的装夹找正

图 7.48   工件在三爪卡盘上找正

当工件直径较大时，可采用反爪装夹工件，其找正方法与前述相同。使用时，拆卸卡盘卡爪，然后再装为反爪形式。拆卸时退出卡爪后要清理卡爪、卡盘体和丝盘并加润滑油，再将卡爪对号装入。

（2）用四爪单动卡盘安装夹

四爪单动卡盘用来装夹尺寸较大或外形不太规则的工件，经校正可以达到很高的定心精度，适合定心精度较高、单件及小批量生产。

在四爪单动卡盘上校正工件，工件在卡盘上大致夹紧后，依据

工件的基准面进行校正。用千分表可将基准面的跳动量校正在
0.005mm 以内。如果基准面本身留有余量，则跳动量可以控制在
磨削余量的 1/3 范围内。在四爪单动卡盘中安装校正时应注意以下
几点。

① 在卡爪和工件间垫上铜衬片，这样既能避免卡爪损伤工件
外圆，又利于工件的校正。铜衬片可以制成 U 形，用较软的螺旋
弹簧固定在卡爪上，铜衬片与工件接触面要小一些。

② 装夹较长工件时，工件夹持部分不要过长，一般夹持 10～
15mm。先校正靠近卡爪的一端，再校正另一端，如图 7.49 所示。
按照工件的要求校正时可分别使用划针盘或千分表。用千分表校正
精度可达 0.005mm 以内。

③ 盘形工件以外圆和端面作为校正基准，如图 7.50 所示。

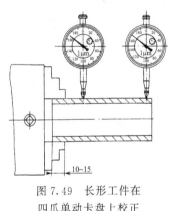

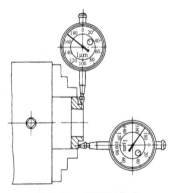

图 7.49　长形工件在
四爪单动卡盘上校正

图 7.50　盘形工件在
四爪单动卡盘上校正

（3）用卡盘和中心架组合装夹

磨削较长的轴套类工件内孔时，可采用卡盘和中心架组合装
夹，以提高工件的安装稳定性，如图 7.51 所示。

卡盘与中心架组合使用时，应保持中心架的支承中心与头架主
轴的回转轴线一致。调整中心架的方法如下。

① 先将工件在卡盘上夹紧，并校正工件左右两端的径向跳动
量在 0.005～0.01mm 以内。然后调整中心架三个支承，使其与工
件轻轻接触。为防止调整时工件中心偏移，调整每一支承时，均用
百（千）分表顶在支承的相应位置，如图 7.52 所示。

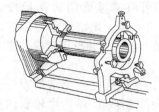

图 7.51　用卡盘和中心架安装工件

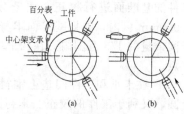

图 7.52　调整中心架的方法

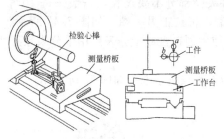

图 7.53　用测量桥板和百分表调整中心

② 利用测量桥板和百（千）分表进行校正，如图 7.53 所示。先用已校正的测量棒校正桥板，然后装上工件，推动板桥测量工件外圆母线和侧母线（图 7.53 中 a、b 两处），直至校正到工件转动时百（千）分表读数不变时为止。

（4）用花盘装夹

用花盘装夹一些形状不规则的工件，装夹时注意以下两点。

① 用几个压板压紧工件时，压板要放平整，夹紧力要均匀，夹紧力的作用方向要垂直工件的定位基准面，作用点选定工件刚性大的方向位置，夹紧力增力机构，采用正确的如图 7.54（a）所示，错误的装夹情况如图 7.54（b）所示，分别错在作用点、杠杆比是减力机构、夹紧力的作用方向不垂直工件的定位基准面。

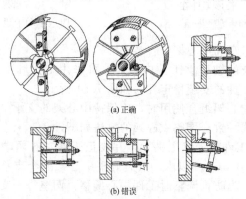

(a) 正确

(b) 错误

图 7.54　花盘装夹及装夹正误

② 装夹不对称的工件时，应加平衡块对花盘进行平衡，以免旋转时引起振动。

（5）用简易箍套装夹

薄壁套磨内圆时，用图 7.55 所示简易箍套装夹工件，来减小工件的变形。

（6）用专用夹具装夹

根据工件的结构特点和工艺要求，内圆磨削也经常采用专用夹具装夹工件。如图 7.56 所示夹具，夹紧力方向为轴向，避免了薄壁套径向刚度差而径向夹紧引起的变形。

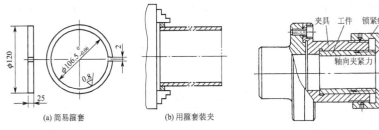

图 7.55　用箍套装夹工件　　　图 7.56　用专用夹具装夹工件

7.4.3　内圆磨削的砂轮

（1）内圆砂轮的特性选择

① 砂轮形状选择　内圆磨削常用的砂轮形状有筒形砂轮和杯形砂轮两种。筒形砂轮主要磨削通孔，杯形砂轮除磨削内孔外，还可磨削台阶孔的端面。

② 砂轮直径的选择　在内圆磨削中，为了获得较理想的磨削速度，最好采用接近孔径尺寸的砂轮，但当砂轮直径增大后，砂轮与工件的接触弧也随之增大，致使磨削热增大，且冷却和排屑更加困难。为了取得良好的磨削效果，砂轮直径与被磨工件孔径应有适当的比值，这一比值通常在 0.5～0.9 之间。当工件孔径较小时，主要矛盾是砂轮圆周速度低，此时可取较大的比值；当工件孔径较大时，砂轮的圆周速度较高，而发热量和排屑成为主要问题，故应取较小的比值。孔径 $\phi12$～100mm 范围内选择砂轮直径如表 7.28 所示。当工件直径大于 $\phi100$mm 时，要注意砂轮的圆周速度不应超过砂轮的安全圆周速度。

表 7.28　内圆砂轮直径的选择　　　mm

被磨孔的直径	砂轮直径 D_0	被磨孔的直径	砂轮直径 D_0
12~17	10	45~55	40
17~22	15	55~70	50
22~27	20	70~80	65
27~32	25	80~100	75
32~45	30		

③ 砂轮宽度的选择　采用较宽的砂轮，有利于降低工件表面粗糙度值和提高生产效率，并可降低砂轮的磨耗。但砂轮也不能选得太宽，否则会使磨削力增大，从而引起砂轮接长轴的弯曲变形。在砂轮接长轴的刚性和机床功率允许的范围内，砂轮宽度可以按工件长度选择，参见表 7.29。

表 7.29　内圆砂轮宽度的选择　　　mm

磨削长度	14	30	45	>50
砂轮宽度	10	25	32	40

④ 砂轮的磨料、粒度、硬度和结合剂选择　内圆砂轮的特性磨料、粒度、硬度和结合剂选择，可依据工件的材料、加工精度等情况，按参考表 7.30 进行选择。内圆磨削所用砂轮的组织应比外圆砂轮组织疏松 1~2 号。

表 7.30　内圆砂轮特性的选择

加工材料	磨削要求	砂轮的特性			
		磨料	粒度	硬度	结合剂
未淬火的碳素钢	粗磨	A	24~46	K~M	V
	精磨	A	46~60	K~N	V
铝	粗磨	C	36	K~L	V
	精磨	C	60	L	V
铸铁	粗磨	C	24~36	K~L	V
	精磨	C	46~60	K~L	V
纯铜	粗磨	A	16~24	K~L	V
	精磨	A	24	K~M	B

续表

加工材料	磨削要求	砂轮的特性			
		磨料	粒度	硬度	结合剂
硬青铜	粗磨	A	16～24	J～K	V
	精磨	A	24	K～M	V
调质合金钢	粗磨	A	46	K～L	V
	精磨	WA	60～80	K～L	V
淬火的碳钢及合金钢	粗磨	WA	46	K～L	V
	精磨	PA	60～80	K～L	V
渗氮钢	粗磨	WA	46	K～L	V
	精磨	SA	60～80	K～L	V
高速钢	粗磨	WA	36	K～L	V
	精磨	PA	24～36	M～N	B

（2）内圆砂轮的安装

内圆砂轮一般都安装在砂轮接长轴的一端，而接长轴的另一端与磨头主轴连接，也有些磨床内圆砂轮是直接安装在内圆磨具的主轴上的。内圆砂轮的紧固一般采用螺纹紧固和用粘接剂紧固两种方法。

用螺纹紧固内圆砂轮牢固，安装方法如图 7.57 所示。用螺纹紧固内圆砂轮时，应注意以下事项。

① 砂轮内孔与接长轴的配合间隙要适当，不要超过 0.2mm。如果间隙过大，可以在砂轮内孔与接长轴间垫入纸片，以免砂轮装偏心而产生振动或造成砂轮工作时松动。筒砂轮常用的内孔直径为：$\phi 6mm$、$\phi 10mm$、$\phi 13mm$、$\phi 16mm$ 和 $\phi 20mm$。

② 砂轮的两个端面必须垫上纸质等软性衬垫，衬垫厚度以 0.2～0.3mm 为宜，这样可以使砂轮夹紧力均匀、紧固可靠。

③ 承压砂轮的接长轴端面要平整，接触面不能太小，否则会减少摩擦面积，不能保证砂轮紧固的可靠性。

④ 紧固螺钉的承压端面与螺纹要垂直，以使砂轮受力均匀。

⑤ 紧固螺钉的旋转方向应与砂轮旋转方向相反，在磨削力作用下，可以保证砂轮不会松动。

用粘接剂紧固内圆砂轮，一般用于直径在 $\phi 7mm$ 以下的小砂轮，粘接剂紧固的结构如图 7.57（c）所示。常用的粘接剂为磷酸溶液（H_3PO_4）和氧化铜（CuO）粉末调配而成的一种糊状混合物。粘接时，接长轴与砂轮应有 0.2～0.3mm 的间隙，为提高砂轮的粘牢程度，可以将接长轴的外圆压成网纹状，粘接剂应充满砂轮与接长轴之间的间隙，待自然干燥或烘干，冷却 5min 左右即可。

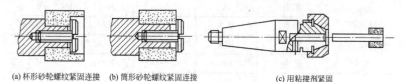

(a) 杯形砂轮螺纹紧固连接　(b) 筒形砂轮螺纹紧固连接　　(c) 用粘接剂紧固

图 7.57　内圆砂轮的安装

7.4.4　内圆磨削的磨削用量

（1）内圆磨削用量的选择

砂轮速度受砂轮直径及磨头转速的限制，一般在 15～25m/s 之间。在可能的情况下，应尽量采用较高的砂轮速度。

工件速度一般在 15～25m/min 之间。表面粗糙度要求高时取小值，粗磨或砂轮与工件接触面积大时取较大值。

粗磨时纵向进给速度一般为 1.5～2.5m/min，精磨时为 0.5～1.5m/min。

粗磨时一般为 0.01～0.03mm；精磨时为 0.002～0.001mm。每次进给后，要做几次光磨，精磨时光磨次数应更多一些。

一般情况下，内圆磨削粗磨时的磨削用量按表 7.31 进行选择，精磨时的磨削用量按表 7.32 进行选择。

表 7.31　粗磨内圆磨削用量

(1)工件速度								
工件磨削表面 直径 d_w/mm	10	20	30	50	80	120	200	300	400
工件速度 v_w/m·min^{-1}	10～ 20	10～ 20	12～ 24	15～ 30	18～ 36	20～ 40	23～ 46	28～ 56	35～ 70

(2)纵向进给量
$f_a=(0.5～0.8)B$　（B——砂轮宽度，mm）

(3)背吃刀量 a_p

工件磨削表面直径 d_w/mm	工件速度 $v_w/m \cdot min^{-1}$	工件纵向进给量 f_a(以砂轮宽度计)			
		0.5	0.6	0.7	0.8
		工作台一次往复行程背吃刀量 $a_p/mm \cdot st^{-1}$			
20	10	0.0080	0.0067	0.0057	0.0050
	15	0.0053	0.0044	0.0038	0.0033
	20	0.0040	0.0033	0.0029	0.0025
25	10	0.0100	0.0083	0.0072	0.0063
	15	0.0066	0.0055	0.0047	0.0041
	20	0.0050	0.0042	0.0036	0.0031
30	11	0.0109	0.0091	0.0078	0.0068
	16	0.0075	0.00625	0.00535	0.0047
	20	0.006	0.0050	0.0043	0.0038
35	12	0.0116	0.0097	0.0083	0.0073
	18	0.0078	0.0065	0.0056	0.0049
	20	0.0059	0.0049	0.0042	0.0037
40	13	0.0123	0.0103	0.0088	0.0077
	20	0.0080	0.0067	0.0057	0.0050
	26	0.0062	0.0051	0.0044	0.0038
50	14	0.0143	0.0119	0.0102	0.0089
	21	0.0096	0.00795	0.0068	0.0060
	29	0.0069	0.00575	0.0049	0.0043
60	16	0.0150	0.0125	0.0107	0.0094
	24	0.0100	0.0083	0.0071	0.0063
	32	0.0075	0.0063	0.0054	0.0047
80	17	0.0188	0.0157	0.0134	0.0117
	25	0.0128	0.0107	0.0092	0.0080
	33	0.0097	0.0081	0.0069	0.0061
120	20	0.024	0.020	0.0172	0.015
	30	0.016	0.0133	0.0114	0.010
	40	0.012	0.010	0.0086	0.0075
150	22	0.0273	0.0227	0.0195	0.0170
	33	0.0182	0.0152	0.0130	0.0113
	44	0.0136	0.0113	0.0098	0.0085
180	25	0.0288	0.0240	0.0206	0.0179
	37	0.0194	0.0162	0.0139	0.0121
	49	0.0147	0.0123	0.0105	0.0092

续表

(3)背吃刀量 a_p

工件磨削表面直径 d_w/mm	工件速度 v_w/m·min⁻¹	工件纵向进给量 f_a(以砂轮宽度计)			
		0.5	0.6	0.7	0.8
		工作台一次往复行程背吃刀量 a_p/mm·st⁻¹			
200	26	0.0308	0.0257	0.0220	0.0192
	38	0.0211	0.0175	0.0151	0.0132
	52	0.0154	0.0128	0.0110	0.0096
250	27	0.0370	0.0308	0.0264	0.0231
	40	0.0250	0.0208	0.0178	0.0156
	54	0.0185	0.0154	0.0132	0.0115
300	30	0.0400	0.0333	0.0286	0.025
	42	0.0286	0.0238	0.0204	0.0178
	55	0.0218	0.0182	0.0156	0.0136
400	33	0.0485	0.0404	0.0345	0.0302
	44	0.0364	0.0303	0.0260	0.0227
	56	0.0286	0.0238	0.0204	0.0179

背吃刀量 a_p 的修正系数

	与砂轮耐用度有关 k_1						与砂轮直径 d_s 及工件孔径 d_w 之比有关 k_2		
T/s	≤95	150	240	360	600	$\dfrac{d_s}{d_w}$	0.4	≤0.7	>0.7
k_1	1.25	1.0	0.8	0.62	0.5	k_2	0.63	0.8	1.0

与砂轮速度及工件材料有关 k_3

工件材料	v_s/m·s⁻¹		
	18～22.5	≤28	≤35
耐热钢	0.68	0.76	0.85
淬火钢	0.76	0.85	0.95
非淬火钢	0.80	0.90	1.00
铸　铁	0.83	0.94	1.05

注：工作台单行程的背吃刀量 a_p 应将表列数值除以2。

表7.32　精磨内圆磨削用量

(1)工件速度 n_w/m·min⁻¹

工件磨削表面直径 d_w/mm	工件材料	
	非淬火钢及铸铁	淬火钢及耐热钢
10	10～16	10～16
15	12～20	12～20
20	16～32	20～32

续表

(1)工件速度 n_w/m·min^{-1}		
工件磨削表面直径 d_w/mm	工件材料	
	非淬火钢及铸铁	淬火钢及耐热钢
30	20～40	25～40
50	25～50	30～50
80	30～60	40～60
120	35～70	45～70
200	40～80	50～80
300	45～90	55～90
400	55～110	65～110

(2)纵向进给量 f_a

表面粗糙度 $Ra=1.6\sim0.8\mu m$ $f_a=(0.5\sim0.9)B$

表面粗糙度 $Ra=0.4\mu m$ $f_a=(0.25\sim0.5)B$

(3)背吃刀量 a_p

工件磨削表面直径 d_w/mm	工件速度 v_w/m·min^{-1}	工件纵向进给量 f_a/mm·r^{-1}							
		10	12.5	16	20	25	32	40	50
		工作台一次往复行程背吃刀量 a_p/mm·st^{-1}							
10	10	0.00386	0.00308	0.00241	0.00193	0.00154	0.00121	0.000965	0.000775
	13	0.00296	0.00238	0.00186	0.00148	0.00119	0.00093	0.000745	0.000595
	16	0.00241	0.00193	0.00150	0.00121	0.000965	0.000755	0.000605	0.000482
12	11	0.00465	0.00373	0.00292	0.00233	0.00186	0.00146	0.00116	0.000935
	14	0.00366	0.00294	0.00229	0.00183	0.00147	0.00114	0.000915	0.000735
	18	0.00286	0.00229	0.00179	0.00143	0.00114	0.000895	0.000715	0.000572
16	13	0.00622	0.00497	0.00389	0.00311	0.00249	0.00194	0.00155	0.00124
	19	0.00425	0.00340	0.00265	0.00212	0.00170	0.00133	0.00106	0.00085
	26	0.00310	0.00248	0.00195	0.00155	0.00124	0.00097	0.000775	0.00062
20	16	0.0062	0.0049	0.0038	0.0031	0.0025	0.00193	0.00154	0.00123
	24	0.0041	0.0033	0.0026	0.00205	0.00165	0.00129	0.00102	0.00083
	32	0.0031	0.0025	0.00193	0.00155	0.00123	0.00097	0.00077	0.00062
25	18	0.0067	0.0054	0.0042	0.0034	0.0027	0.0021	0.00168	0.00135
	27	0.0045	0.0036	0.0028	0.0022	0.00179	0.00140	0.00113	0.00090
	36	0.0034	0.0027	0.0021	0.00168	0.00134	0.00105	0.00084	0.00067
30	20	0.0071	0.0057	0.0044	0.0035	0.0028	0.0022	0.00178	0.00142
	30	0.0047	0.0038	0.0030	0.0024	0.0019	0.00148	0.00118	0.00095
	40	0.0036	0.0028	0.0022	0.00178	0.00142	0.00111	0.00089	0.00071
35	22	0.0075	0.0060	0.0047	0.0037	0.0030	0.0023	0.00186	0.00149
	33	0.0050	0.0040	0.0031	0.0025	0.0020	0.00155	0.00124	0.00100
	45	0.0037	0.0029	0.0023	0.00182	0.00146	0.00114	0.00091	0.00073

续表

工件磨削表面直径 d_w/mm	工件速度 v_w/m·min^{-1}								

(3)背吃刀量 a_p

工件磨削表面直径 d_w/mm	工件速度 v_w/m·min^{-1}	工件纵向进给量 f_a/mm·r^{-1}							
		10	12.5	16	20	25	32	40	50
		工作台一次往复行程背吃刀量 a_p/mm·st^{-1}							
40	23	0.0081	0.0065	0.0051	0.0041	0.0032	0.0025	0.0020	0.00162
	25	0.0053	0.0042	0.0033	0.0027	0.0021	0.00165	0.00132	0.00106
	47	0.0039	0.0032	0.0025	0.00196	0.00158	0.00123	0.0099	0.00079
50	25	0.0090	0.0072	0.0057	0.0045	0.0036	0.0028	0.0023	0.00181
	37	0.0061	0.0049	0.0038	0.0030	0.0024	0.0019	0.00153	0.00122
	50	0.0045	0.0036	0.0028	0.0023	0.00181	0.00141	0.00113	0.00091
60	27	0.0098	0.0079	0.0062	0.0049	0.0039	0.0031	0.0025	0.00196
	41	0.0065	0.0052	0.0041	0.0032	0.0026	0.0020	0.00163	0.00130
	55	0.0048	0.0039	0.0030	0.0024	0.00193	0.00152	0.00121	0.00097
80	30	0.0112	0.0089	0.0070	0.0056	0.0045	0.0035	0.0028	0.0022
	45	0.0077	0.0061	0.0048	0.0038	0.0030	0.0024	0.0019	0.00153
	60	0.0058	0.0046	0.0036	0.0029	0.0023	0.0018	0.00143	0.00115
120	35	0.0141	0.0113	0.0088	0.0071	0.0057	0.0044	0.0035	0.0028
	52	0.0095	0.0076	0.0059	0.0048	0.0038	0.0030	0.0024	0.0019
	70	0.0071	0.0057	0.0044	0.0035	0.0028	0.0022	0.00176	0.00141
150	37	0.0164	0.0131	0.0102	0.0082	0.0065	0.0051	0.0041	0.0033
	56	0.0108	0.0087	0.0068	0.0054	0.0043	0.0034	0.0027	0.0022
	75	0.0081	0.0064	0.0051	0.0041	0.0032	0.0025	0.0020	0.00161
180	38	0.0189	0.0151	0.0118	0.0094	0.0076	0.0059	0.0047	0.0038
	58	0.0124	0.0099	0.0078	0.0062	0.0050	0.0039	0.0031	0.0025
	78	0.0092	0.0074	0.0057	0.0046	0.0037	0.0029	0.0023	0.00184
200	40	0.0197	0.0158	0.0123	0.0099	0.0079	0.0062	0.0049	0.0039
	60	0.0131	0.0105	0.0082	0.0066	0.0052	0.0041	0.0033	0.0026
	80	0.0099	0.0079	0.0062	0.0049	0.0040	0.0031	0.0025	0.0020
250	42	0.0230	0.0184	0.0144	0.0115	0.0092	0.0072	0.0057	0.0046
	63	0.0153	0.0122	0.0096	0.0077	0.0061	0.0048	0.0038	0.0031
	85	0.0113	0.0091	0.0071	0.0057	0.0045	0.0036	0.0028	0.0023
300	45	0.0253	0.0202	0.0158	0.0126	0.0101	0.0079	0.0063	0.0051
	67	0.0169	0.0135	0.0106	0.0085	0.0068	0.0053	0.0042	0.0034
	90	0.0126	0.0101	0.0079	0.0063	0.0051	0.0039	0.0032	0.0025
400	55	0.0266	0.0213	0.0166	0.0133	0.0107	0.0083	0.0067	0.0053
	82	0.0179	0.0143	0.0112	0.0090	0.0072	0.0056	0.0045	0.0036
	110	0.0133	0.0106	0.0083	0.0067	0.0053	0.0042	0.0033	0.0027

续表

(3)背吃刀量 a_p

背吃刀量 a_p 的修正系数

与直径余量和加工精度有关 k_1						与加工材料和表面形状有关 k_2			与磨削长度对直径之比有关 k_3				
精度等级	直径余量/mm					工件材料	表面		$\dfrac{l_w}{d_w}$	≤1.2	≤1.6	≤2.5	≤4
	0.2	0.3	0.4	0.5	0.8		无圆角的	带圆角的					
IT6级	0.5	0.63	0.8	1.0	1.25	耐热钢	0.7	0.56					
IT7级	0.63	0.8	1.0	1.25	1.6	淬火钢	1.0	0.75	k_3	1.0	0.87	0.76	0.67
IT8级	0.8	1.0	1.25	1.6	2.0	非淬火钢	1.2	0.90					
IT9级	1.0	1.26	1.6	2.0	2.5	铸铁	1.6	1.2					

注：背吃刀量 a_p 不应大于粗磨的 a_p。

（2）内圆磨削的磨削余量

内圆磨削的磨削余量如表7.33所示。

表7.33 内圆的磨削余量 mm

孔径范围	余量限度	磨削前								粗磨后精磨前
		未经淬火的孔				经淬火的孔				
		孔 长								
		50以下	50～100	100～200	200～300	50以下	50～100	100～200	200～300	
≤10	max	—	—	—	—	—	—	—	—	0.020
	min	—	—	—	—	—	—	—	—	0.015
11～18	max	0.22	0.25	—	—	0.25	0.28	—	—	0.030
	min	0.12	0.13	—	—	0.15	0.18	—	—	0.020
19～30	max	0.28	0.28	—	—	0.30	0.30	0.35	—	0.040
	min	0.15	0.15	—	—	0.18	0.22	0.25	—	0.030
31～50	max	0.30	0.30	0.35	—	0.35	0.35	0.40	—	0.050
	min	0.15	0.15	0.20	—	0.20	0.25	0.28	—	0.040
51～80	max	0.30	0.32	0.35	0.40	0.40	0.40	0.45	0.50	0.060
	min	0.15	0.18	0.20	0.25	0.25	0.28	0.30	0.35	0.050
81～120	max	0.37	0.40	0.45	0.50	0.50	0.50	0.55	0.60	0.070
	min	0.20	0.20	0.25	0.30	0.30	0.35	0.40	0.40	0.050
121～180	max	0.40	0.42	0.45	0.50	0.55	0.60	0.65	0.70	0.080
	min	0.25	0.25	0.25	0.30	0.35	0.40	0.45	0.50	0.060
181～260	max	0.45	0.48	0.50	0.50	0.60	0.65	0.70	0.75	0.090
	min	0.25	0.28	0.30	0.35	0.40	0.45	0.50	0.55	0.065

注：表中推荐的数据，适合成批生产，要求有完整的工艺装备和合理的工艺规程，可根据具体情况选用。

7.4.5 内圆磨削的检测控制

（1）内圆磨削的工作行程和砂轮越出长度控制

磨削较长的通孔时，磨削的工作行程和砂轮越出长度对孔的形状精度影响较大，对其控制，一般根据工件孔径和长度选择砂轮直径和接长轴（接刀杆）。接长轴的长度只需略大于孔的长度，如图7.58（a）所示。若接长轴太长，其刚性较差，磨削时容易产生振动，影响磨削效率和加工质量。

工作台的行程长度 L 应根据工件孔长 L' 和砂轮在孔端越出长度 L_1 进行计算调整。

$$L = L' + 2L_1$$
$$L_1 = (1/3 \sim 1/2)B$$

式中，B 为砂轮的宽度，如图7.58（b）所示。若 L_1 太小，孔端磨削时间短，则两端孔口磨去的金属较少，从而使内孔产生中间大、两端小的现象，如图7.58（c）所示。如果 L_1 太大，甚至使砂轮全部越出工件孔口，磨削金属量大，接长轴弹性变形减小，使内孔两端磨成喇叭口，如图7.58（d）所示。

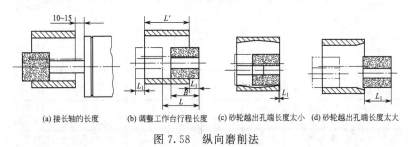

(a)接长轴的长度　(b)调整工作台行程长度　(c)砂轮越出孔端长度太小　(d)砂轮越出孔端长度太大

图 7.58　纵向磨削法

（2）内孔的尺寸精度检验

内孔的尺寸精度检验，一般采用塞规、三爪内径千分尺和内径百（千）分表进行检验。

用塞规检验塞规的通端能顺利地通过孔的全长，而止端不能进入孔内，则内孔的实际尺寸符合图样要求。检验时应注意以下几点。

① 根据图样要求选好合适的塞规，测量时应严格做好内孔表面的清洁工作。

② 塞规应放平使用。轻轻朝孔内塞，禁止敲击和摇晃塞规。

③ 要注意内孔的热胀冷缩，防止塞规在孔内取不出来。

图 7.59 所示为用三爪内径千分尺检验内孔，由于三爪内径千分尺有定中心准确、测量力恒定和检验使用方便等优点，故使用较广泛。

图 7.60 所示为用内径百（千）分表测量孔径，与用千分尺或块规组的标准尺寸比较，测量时需要按图 7.60 所示左右摇动，故也称摇表。使用内径百（千）分表时注意以下几点。

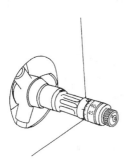 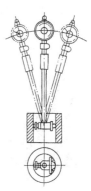

图 7.59　用三爪内径千分尺测量内孔　　图 7.60　用内径百分表测量内孔

① 校对内径百分表时，预先"切入"数一般在 0.1mm 即可。太大了要影响内孔的测量精度，百分表也不容易保持本身精度。

② 使用前要检查活动测量头的接触端是否出现小平面，假如用活动测量头的小平面去接触孔壁，则百分表上反映的读数会与孔的实际尺寸不符合。

③ 要经常检查预先校对好的百分表"零位"是否有变化。在批量生产中可磨准一只工件的内孔，作为校对百分表使用，这样既方便又省时。

（3）孔的圆度误差检验

孔的圆度误差是在孔的半径方向计量的，要用一定计量仪器。目前实际生产中使用最普遍的是通用量具，如内径百（千）分表，这时圆度误差应以直径最大差值之半来评定。这种方法称为两点法，测量精度低，但有一定的实用价值，如图 7.61 （a）所示。

（4）孔的圆柱度误差检验

孔的圆柱度误差检验的要求和方法与检验外圆柱面的圆柱度误差相同。实际生产中要准确地检验孔的圆柱度误差困难较多，一般用内孔表面母线的平行度来控制，即可以控制圆柱面的鼓形、鞍形和锥形等项误差。这几项误差可以用一般通用量具检验和控制，既方便又实用。

（5）孔的同轴度误差检验

孔的同轴度是指被测圆柱面轴线，对基准轴线不共轴的程度。如图 7.61（b）所示，可采用综合量规来检验两孔的同轴度误差。量规能通过基准孔和被测孔，则同轴度合格，通不过则不合格。此时要求综合量规的台阶直径均应在两孔的尺寸公差之内，并要求两孔的形状误差较小。

 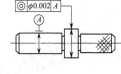

(a) 用千分表测量孔的圆度　　　　　(b) 用量规测量孔的同轴度

图 7.61　孔的圆度和同轴度误差检验

7.4.6　内圆磨削常见的工件缺陷、产生原因及解决方法

内圆磨削常见的工件缺陷、产生原因及解决方法如表 7.34 所示。

表 7.34　内圆磨削常见的工件缺陷、产生原因及解决方法

缺陷名称	产生原因	解决方法
表面有振痕、粗糙、烧伤	① 砂轮直径小 ② 头架轴承松动，砂轮心轴弯曲，砂轮修整不圆等原因产生强烈振动，使工件表面产生波纹 ③ 砂轮堵塞 ④ 散热不良 ⑤ 砂轮粒度过细、硬度高或修整不及时 ⑥ 进给量大，磨削热增加	① 砂轮直径尽量选得大些 ② 高速轴瓦间隙，修整砂轮 ③ 选取粒度较粗、组织较疏松、硬度较软的砂轮，使其具有"自觉性" ④ 供给充分的磨削液 ⑤ 选取较粗、较软的砂轮，并及时修整 ⑥ 减小进给量

续表

缺陷名称	产生原因	解决方法
喇叭口	① 轴向进给不均匀 ② 砂轮有锥度 ③ 接长轴细长刚性差 ④ 砂轮超过孔口长度太长	① 适当控制停留时间,调整砂轮杆伸出长度不超过砂轮宽度的一半 ② 正确修整砂轮 ③ 根据工件内孔大小及长度合理选择接长轴的粗细,选用刚性好的材料制造接长轴 ④ 缩小超越长度
锥形孔	① 头架调整角度不正确 ② 轴向进给不均匀,径向进给过大 ③ 砂轮在两端的越程不等 ④ 砂轮磨损不均匀	① 重新调整角度 ② 减小进给量 ③ 调整使越程相等 ④ 及时修整砂轮
圆度误差及内外圆同轴度差	① 工件装夹不牢 ② 薄壁工件夹得过紧而产生弹性变形 ③ 调整不准确,内外表面不同轴 ④ 卡盘松动,主轴与轴承间间隙过大 ⑤ 接长轴刚性差	① 固紧工件 ② 夹紧力要适当 ③ 细心找正 ④ 调整松紧量 ⑤ 重新设计接长轴
端面与孔轴线不垂直	① 找正不正确 ② 进给量太大 ③ 头架偏转角度	① 细心找正 ② 减小进给量 ③ 调整头架位置
螺旋痕迹	① 轴向进给量太大 ② 砂轮钝化 ③ 接长轴弯曲	① 减小轴向进给量 ② 及时修整砂轮 ③ 增强接长轴刚性

7.5 圆锥面磨削

圆锥面分为外圆锥面和内圆锥面,外圆锥面也称外圆锥体,内圆锥面称为圆锥孔。在机械结构中,圆锥面的应用很广,如机床主轴轴颈、安装刀具或夹具的锥孔、顶尖等。

7.5.1 圆锥面各部分名称及计算

(1) 圆锥的各部分名称

圆锥是一条与轴线成一定角度的直线段 AB (母线) 围绕定轴线 AO 旋转形成的表面,称为圆锥体,如图 7.62 (a) 所示,斜边直线段 AB 称为圆锥的母线，又叫素线。如果将圆锥的尖端截去，即成为圆台，如图 7.62（b）所示。圆锥的各部分名称如图 7.62 所示。

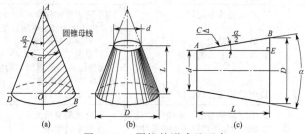

图 7.62　圆锥的形式及要素

D—圆锥大端直径，mm；d—圆锥小端直径，mm；L—圆锥长度，mm；
α—圆锥角，（°）；$\alpha/2$—圆锥半角，（°）；C—锥度

（2）圆锥面的参数计算

圆锥半角 $\alpha/2$、最大圆锥直径 D、最小圆锥直径 d 和锥形部分的长度 L 称为圆锥的四个基本参数。在这四个参数中，已知任意三个量，都可以求出另外一个未知量。

① 锥度（C）　圆锥大、小端直径之差与长度之比称为锥度，即

$$C = \frac{D-d}{L} = 2\tan\frac{\alpha}{2}$$

② 圆锥的斜度

$$S = \tan\frac{\alpha}{2} = \frac{D-d}{2L}$$

③ 圆锥四个基本参数之间具有确定的关系　在图 7.62（c）的 $\triangle ABE$ 中

$$BE = \frac{D-d}{2} / 2, \quad AE = L$$

则

$$\tan\left(\frac{\alpha}{2}\right) = \frac{BE}{AE} = \frac{D-d}{2L}$$

显然

$$C = 2\tan\left(\frac{\alpha}{2}\right)$$

其他三个参数与 α 的关系

$$D = d + 2L\tan\left(\frac{\alpha}{2}\right)$$

$$d = D - 2L \tan\left(\frac{\alpha}{2}\right)$$

图纸上一般只标注其中的任意三个，如 D、d、L，但在磨圆锥时，需要计算出圆锥半角 $\left(\frac{\alpha}{2}\right)$。其他参数可以利用三角函数关系求出。

7.5.2 圆锥面的磨削方法

圆锥面磨削时，一般要使工件的旋转轴线相对于砂轮与工件轴向运动方向偏斜一个圆锥半角，即圆锥母线与圆锥轴线的夹角（$\alpha/2$）。外圆锥面的磨削运动、磨削特征（表 7.20）和磨削用量与外圆磨削类同。内圆锥面的磨削运动、磨削特征（表 7.27）和磨削用量与内圆磨削类同。

外圆锥面一般在外圆磨床或万能外圆磨床上磨削，根据工件的形状和锥度大小不同，形成偏斜角的方法也不同，常用的外圆锥面磨削方法如表 7.35 所示。

内圆锥面一般在内圆磨床或万能外圆磨床上磨削，根据工件的形状和锥度大小不同，常用的内圆锥面磨削方法如表 7.36 所示。

表 7.35　外圆锥面磨削的几种方法

磨削方法	图示	说明
转动工作台磨外圆锥面	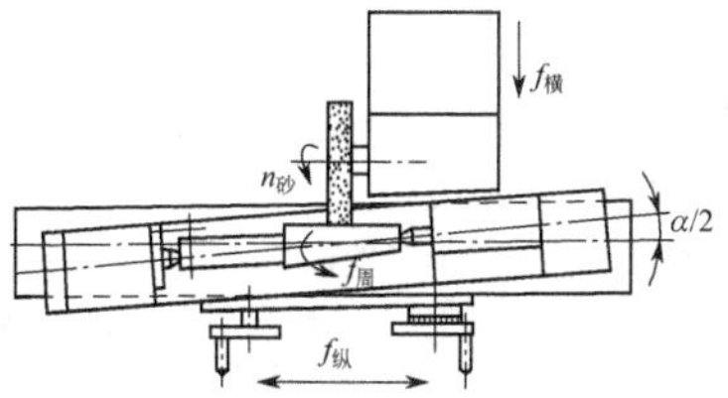	这种方法适用于锥度不大的外圆锥面。磨削时，把工件装夹在两顶尖之间，将上工作台相对下工作台逆时针转过 $\frac{\alpha}{2}$（工件圆锥半角）即可 磨削时，一般采用纵磨法。工作台转动角度时，应按工作台右端标尺上的刻度（标尺右边的刻度为锥度，左边为相应的角度），但按刻度转动角度，并不十分精确，必须经试磨后再进行调整 在顶尖距为 1m 的外圆磨床上，工作台回转角度逆时针一般为 $6° \sim 9°$，顺时针为 $3°$。因此，用这种方法只能磨削圆锥角小于 $12° \sim 18°$ 的外圆锥 这种方法工件装夹简单，机床调整方便，精度容易保证

磨削方法	图示	说明
转动头架磨外圆锥面	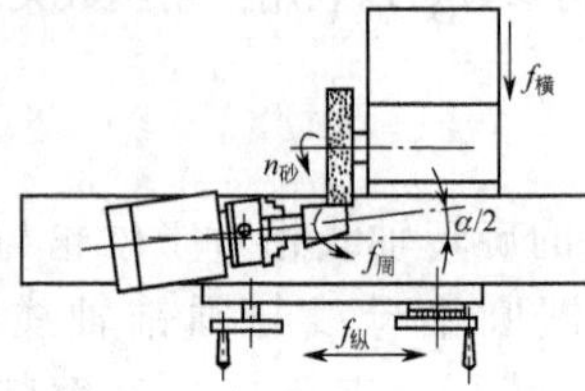	当工件的圆锥半角超过上工作台所能回转的角度时,可采用转动头架的方法来磨削外圆锥面。此法是把工件装夹在头架卡盘中,将头架逆时针转过 $\frac{\alpha}{2}$(工件圆锥半角)即可。角度值可从头架下面底座刻度盘上确定。但是,头架刻度并不十分精确,必须经试磨后再进行调整
同时转动工作台和头架磨外圆锥面	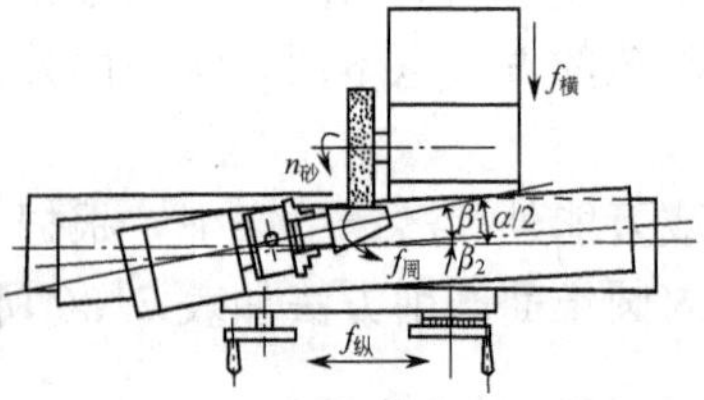	当采用转动头架磨外圆锥面时,有时遇到工件伸出较长,或外圆锥较大,砂轮架已退到极限位置,工件与砂轮相碰不能磨削,如果距离相差又不多时,可采用这种方法,即把上工作台逆时针偏移一个角度 β_2,使头架转动角度比原来小些,这样工件相对就退出了一些。这时头架转动的角度 β_1 跟工作台转过的角度 β_2 之和应等于 $\frac{\alpha}{2}$(工件圆锥半角)
转动砂轮架磨外圆锥面	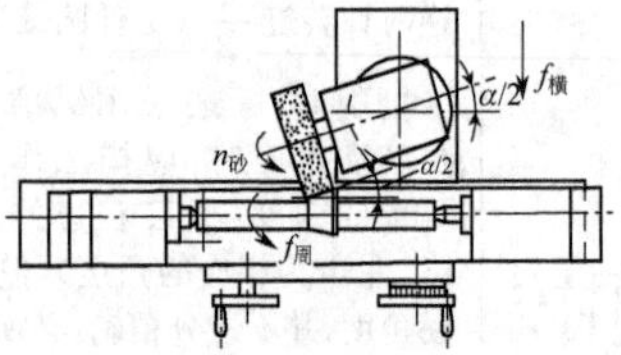	这种方法适用于磨削锥度较大而又较长的工件。这种方法砂轮架应转过 $\frac{\alpha}{2}$(工件圆锥半角),磨削时必须注意工作台不能做纵向进给,只能用砂轮的横向进给来进行磨削。当工件圆锥母线长度大于砂轮的宽度时,只能用分段接刀的方法进行磨削。 修整砂轮时必须将砂轮架转回到"零位",这样来回调整比较麻烦,而且磨削时工作台不能纵向运动,这样会影响加工精度和表面粗糙度值,所以一般情况下很少采用

表 7.36 内圆锥面磨削的几种方法

磨削方法	图示	说明
转动工作台磨内圆锥面	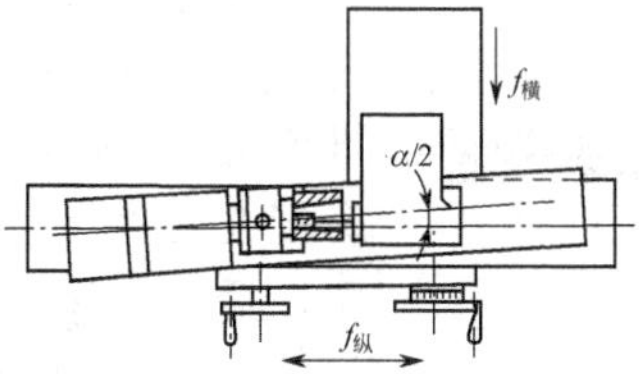	将工作台转过 $\frac{\alpha}{2}$（工件圆锥半角）。工作台做纵向往复运动，砂轮做横向进给 这种方法仅限于磨削圆锥角小于 18°（因受工作台转角的限制）、较长的内圆锥
转动头架磨内圆锥面	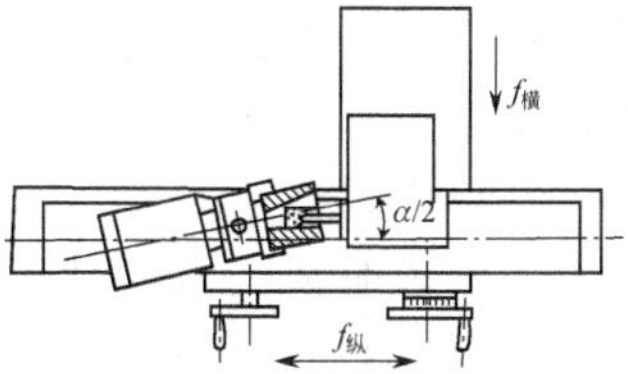	将头架转过 $\frac{\alpha}{2}$（工件圆锥半角）。工作台做纵向往复运动，砂轮做微量横向进给 这种方法适用于锥度较大、长度较短的内圆锥
转动头架磨内圆锥面	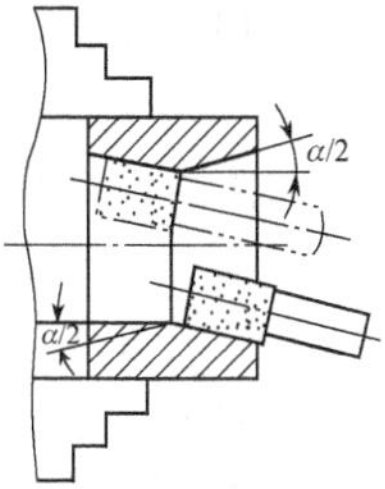	若工件两端有左右对称的内圆锥时，先把外端内圆锥面磨削正确，不变动头架的角度，将内圆砂轮摇向对面，再磨削里面一个内圆锥，这样可以保证两内圆锥的同轴度

外圆锥面磨削的工件装夹方法与外圆磨削的基本相同；内圆锥面磨削的工件装夹方法与内圆磨削的基本相同。

7.5.3 圆锥面的检测与控制

外圆锥面的精度主要从控制锥度和锥面大端或小端的直径尺寸来保证。检测圆锥面常用的量具和仪器有圆锥量规、角度样板、游标万能角度尺和正弦规等。

（1）用圆锥量规检测锥度和直径尺寸

用圆锥量规检验锥面又叫"涂色法"检验。最常用的量具是圆锥套规和圆锥塞规如图 7.63 所示。圆锥套规用于检验标准外圆锥体，圆锥塞规用于检验标准内圆锥孔。

用圆锥套规检验外圆锥体时，先在工件表面顺着素线方向（全长上）均匀地涂上三条（三等分分布）极薄的显示剂，厚度按国家

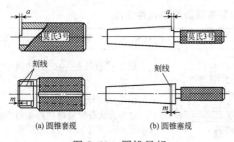

(a) 圆锥套规   (b) 圆锥塞规

图 7.63   圆锥量规

标准规定为 $2\mu m$，显示剂为红油、蓝油或特种红丹粉，涂色宽度为 $5\sim10mm$，然后将套规擦净，套进工件，使锥面相互贴合，用手紧握套规在 $\pm30°$ 范围内转动一次，适当向素线方向用力，在转动时不能在径向发生摇晃，取出套规仔细观察显示剂擦去的痕迹。如果三条显示剂的擦痕均匀，说明圆锥面接触良好，锥度正确。如果大端擦着小端无擦痕，则说明外圆锥体的锥角大了，反之，锥角小了。如果工件表面在圆周方向上的某个局部无擦痕，则说明圆锥体不圆。出现这些问题，应及时找出原因，采取措施进行修磨。

用圆锥塞规检验内锥孔的方法与之基本相同，但显示剂应涂在塞规的锥面素线上。

用涂色法检验锥度时，要求工件锥体表面接触处靠近大端，根据锥面的精度，接触长度规定如下。

高精度：接触长度大于等于工件锥长的 85%。

精密：接触长度大于等于工件锥长的 80%。

普通：接触长度大于等于工件锥长的 75%。

在磨图 7.63（a）所示圆锥套规中，在锥面大端或在锥面小端处有一个刻线台，用来测量和控制外圆锥体大端或小端的直径尺寸。在图 7.63（b）所示圆锥塞规的锥面大端处有一个刻线台或两圈刻线，用来测量和控制内圆锥孔大端的直径尺寸。这些刻度线和刻线台就是工件圆锥大端（或小端）直径的公差范围。

用圆锥塞规检验锥孔时，如果大端处的两条刻线都进入锥孔的大端，就表明锥孔的直径尺寸大了。如果两条刻线都未进入锥孔的大端，则表明锥孔的直径尺寸小了。如果工件锥孔大端在圆锥塞规大端两条刻线之间，则确认锥孔的直径尺寸符合要求，如图 7.64（a）所示。用圆锥套规检验外锥体小端直径，由套规小端的刻线台来测量。测量时工件外锥体小端直径应在套规的刻线台之间，就确认为合格，如图 7.64（b）所示。

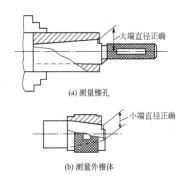

(a) 测量锥孔

(b) 测量外锥体

图 7.64 用锥度量规测量图

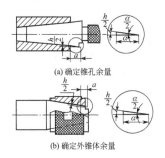

(a) 确定锥孔余量

(b) 确定外锥体余量

图 7.65 圆锥尺寸的余量确定

（2）用圆锥量规确定锥面直径余量

用上述方法检验，若大端或小端尚未达到尺寸要求时，还要进给磨削，要确定磨去的余量才能使大、小端尺寸合格，可用量规测量出工件端面到量规台阶中间平面的距离 a，如图 7.65 所示，直径余量的计算如下

$$\frac{h}{2} = a\sin\frac{\alpha}{2}$$

$$h = 2a\sin\frac{\alpha}{2} \qquad (6.1)$$

当 $\alpha/2 < 60°$ 时，$\sin\frac{\alpha}{2} \approx \tan\frac{\alpha}{2}$；又 $\tan\frac{\alpha}{2} = \frac{C}{2}$，代入式（6.1）中得

$$h = aC \qquad (6.2)$$

式中 h——需要磨去的余量，mm；

a——工件端面到量规台阶平面的距离，mm；

C——圆锥的锥度。

（3）用正弦规检测锥面

正弦规是利用三角中正弦关系来计算测量角度的一种精密量具，主要用于检验外锥面，在制造有圆锥的工件中，使用得比较普遍。

正弦规的结构如图 7.66 所示，它由后挡板 1、侧挡板 2、两个精密圆柱 3 及工作

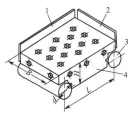

图 7.66 正弦规
1—后挡板；2—侧挡板；
3—精密圆柱；4—工作台

台 4 等组成。根据两圆柱中心距 L 和工作台平面宽度 B，正弦规分成宽型和窄型两种，具体规格见表 7.37。正弦规两个圆柱中心距的精度很高，如 $L=100\text{mm}$ 的宽型正弦规的偏差为 $\pm 0.003\text{mm}$；$L=100\text{mm}$ 的窄型正弦规的偏差为 $\pm 0.002\text{mm}$；工作台的平面度误差以及两个圆柱之间的等高度误差很小，一般用于精密测量。

表 7.37　正弦规的基本尺寸　　　　mm

正弦规形式	L	B	H	d
宽型	100	80	40	20
	200	150	65	30
窄型	100	25	30	20
	200	40	55	30

测量时，将正弦规放在精密平板上，一根圆柱与平板接触，在另一根圆柱垫在量块组上，量块组的高度 H 可根据正弦规两圆柱中心距 L 和被测工件的圆锥角 α 的大小进行计算后求得。正弦规工作台平面与平板间的角度为被测锥面的锥角，H 的计算式为

$$\sin\alpha = \frac{H}{L}$$

$$H = L\sin\alpha$$

式中　α——圆锥角，($°$)；

　　　H——量块组的高度，mm；

　　　L——正弦规两圆柱的中心距，mm。

例 7.1　使用 $L=200\text{mm}$ 的正弦规，测量莫氏 4 号锥度的塞规，确定应垫量块组的高度 H。

［解］　将莫氏 4 号锥度的圆锥角 $\alpha=2°58'30.4''$，代入上式中得

$$H = L\sin\alpha = 200 \times 0.051905 = 10.381\ (\text{mm})$$

常用圆锥用正弦规测量时需垫量块组的高度 H 值列于表中。表 7.38 是检验莫氏锥度垫的量块组的尺寸，检验常用锥度垫垫量块组的尺寸如表 7.39 所示。

表 7.38　检验莫氏锥度垫的量块组高度尺寸

莫氏锥度号数	锥度 C	量块组高度 H/mm	
		正弦规中心距 $L=100\text{mm}$	正弦规中心距 $L=200\text{mm}$
No. 0	0.05205	5.20145	10.4029

续表

莫氏锥度号数	锥度 C	量块组高度 H/mm	
		正弦规中心距 L＝100mm	正弦规中心距 L＝200mm
No. 1	0.04988	4.98489	9.9697
No. 2	0.04995	4.99188	9.9837
No. 3	0.05020	5.01644	10.0328
No. 4	0.05194	5.19023	10.3806
No. 5	0.05263	5.25901	10.5180
No. 6	0.05214	5.21026	10.4205

表 7.39   检验常用锥度垫的量块组高度尺寸

锥度 C	tanα	量块组高度 H/mm	
		正弦规中心距 L＝100mm	正弦规中心距 L＝200mm
1：200	0.005	0.5000	1.0000
1：100	0.010	1.0000	2.0000
1：50	0.0199	1.9998	3.9996
1：30	0.0333	3.3324	6.6648
1：20	0.0499	4.9969	9.9938
1：15	0.0665	6.6593	13.3185
1：12	0.0831	8.3189	16.6378
1：10	0.0997	9.9751	19.9501
1：8	0.1245	12.4514	24.9027
1：7	0.1421	14.2132	28.4264
1：5	0.1980	19.8020	39.6040
1：3	0.3243	32.4324	64.8649

　　垫好量块后，将工件锥面放在正弦规上，用挡板挡住使工件在测量时不移动，并用插销插入工作台上的小孔中来限制工件锥面的位置，此时，工件锥面上的素线与平板平面平行，一般用千分表或用电感测微仪测量锥角或锥度。

　　在正弦规上，通过千分表测量圆锥体的锥度，如图 7.67 所示。如果千分表在 a 点和 b 点两处的读数相同，则表示工件锥度正确；如果两处的读数不同，则说明工件锥度有误差。a 点高于 b 点表明工件锥角大了，b 点高于 a 点则表明工件锥角小了。锥度误差 ΔC 可按下面近似式计算

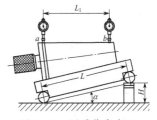

图 7.67   用千分表在正弦规上测量圆锥塞规

$$\Delta C = \frac{e}{L_1} \qquad \text{(rad)}$$

式中　e——a、b 两点读数之差，mm；

　　　L_1——a、b 两点之间的距离，mm。

由于 1rad $= 57.3 \times 60 \times 60'' = 206280'' \approx 2 \times 10^5{}''$，将上式的弧度换算成角度，得圆锥角误差为

$$\Delta\alpha = \Delta C \times 2 \times 10^5 \quad ('')$$

（4）用万能工具显微镜检测高精度锥面的锥度、圆度及尺寸。

7.5.4　圆锥面磨削产生缺陷的原因及消除措施（表 7.40）

表 7.40　圆锥面磨削产生缺陷的原因及消除措施

缺陷	产生原因	消除措施
锥度不正确	① 磨削时，因显示剂涂得太厚或用圆锥量规测量时摇晃造成测量误差。没有将工作台、头架或砂轮架角度调整正确	① 显示剂应涂得极薄且均匀，圆锥量规测量时不能摇晃，转动角度要在 ±30° 以内。应确实测量准确后，固定工作台、头架或砂轮架的位置再进行磨削
	② 用磨钝的砂轮磨削时，因弹性变形的影响，使锥度发生变动	② 经常修整砂轮。精磨时需光磨到火花基本消失为止
	③ 磨削直径小而长的内锥体时，由于砂轮接长轴细长，刚性差，再加上砂轮圆周速度低，切削能力差而引起	③ 砂轮接长轴尽量选得短而粗些；减小砂轮宽度；精磨余量留少些
圆锥母线不直（双曲线误差） 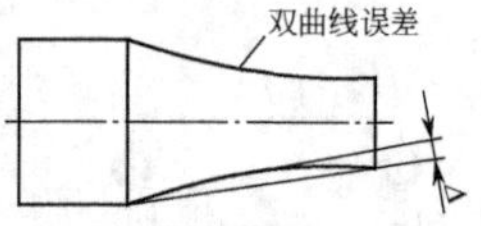 (a) 外圆锥 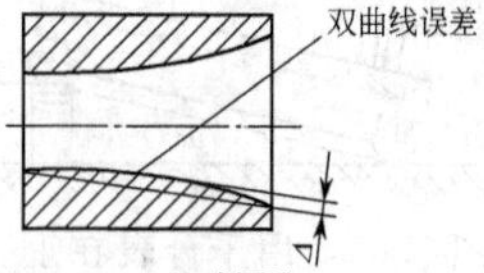 (b) 内圆锥	砂轮架（或内圆砂轮轴）的旋转轴线与工件旋转轴线不等高而引起	修理或调整机床，使砂轮架（或内圆砂轮轴）的旋转轴线与工件的旋转轴线等高

7.6 平面磨削

平面是机械零件上最常见的表面，典型平面类零件的结构形状有板类、块状、条状类零件及其他零件上的沟槽等平面。平面磨削的尺寸精度可达 IT5～IT6 级，两平面的平行度小于 0.01：100，表面粗糙度 Ra 为 0.4～0.2μm。

7.6.1 平面的磨削方法

平面磨削常用的机床有卧轴矩台平面磨床、卧轴圆台平面磨床、立轴矩台平面磨床、立轴圆台平面磨床及双端面磨床等。以砂轮工作表面来区分平面磨削形式分为砂轮周边磨削、砂轮端面磨削和砂轮周边与端面同时磨削三种形式。平面磨削的常用方法和特征如表 7.41 所示。

表 7.41 平面磨削的常用方法和特征

磨削方法	磨削表面特征	简 图	磨削要点	夹具
周边纵向磨削	平形平面	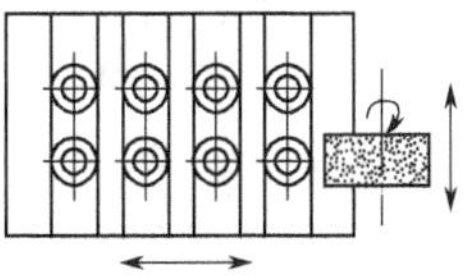	① 选准基准面 ② 工件摆放在吸盘绝磁层的对称位置上 ③ 反复翻转 ④ 小尺寸工件磨削用量要小	电磁吸盘挡板或挡板夹具
	薄片平面	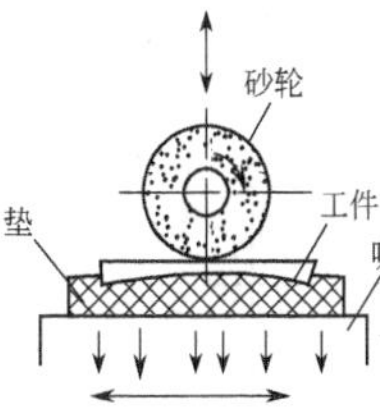	① 垫纸、橡胶、涂蜡、低熔点合金等,改善工件装夹 ② 选用较软砂轮,常修整以保持锋利 ③ 采用小切深、快送进,切削液要充分	电磁吸盘
	直角槽	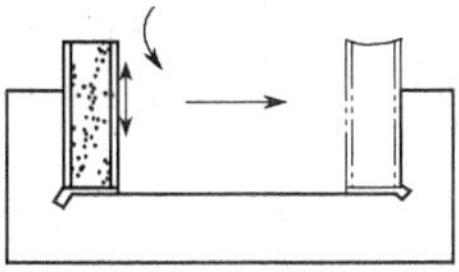	① 找正槽外基准侧面与工作台进给方向平行 ② 将砂轮两端修成凹形	电磁吸盘

续表

磨削方法	磨削表面特征	简 图	磨削要点	夹具
周边纵向磨削	多边形平面	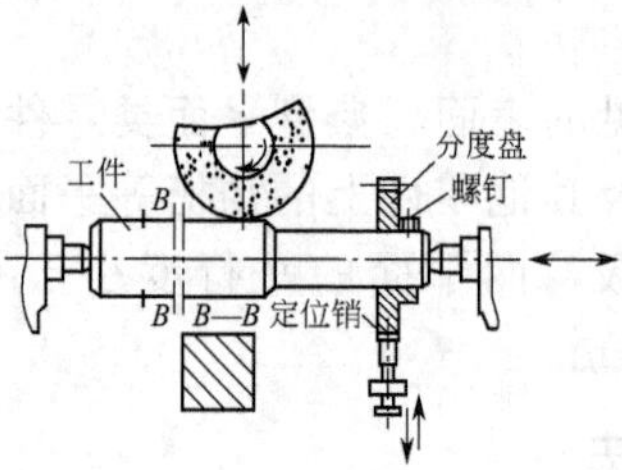	用分度法逐一进行磨削	分度装置
	阶梯平面和侧面	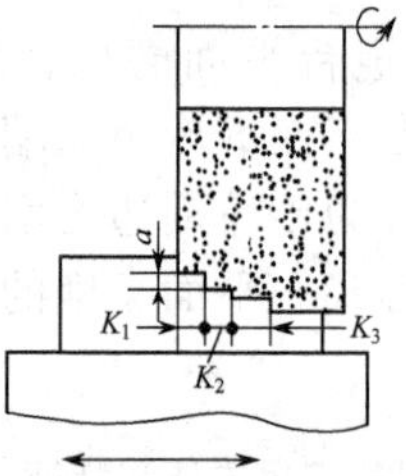	① 根据磨削余量将砂轮修整成阶梯砂轮 ② 采用较小的纵向进给量	电磁吸盘
周边切入磨削	窄槽	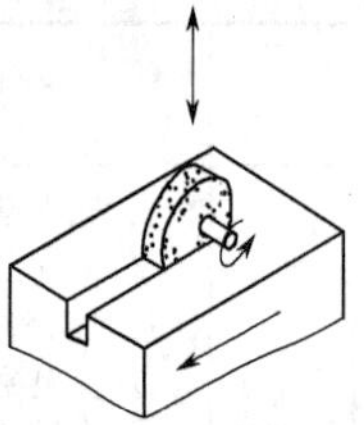	① 找正工件 ② 调整好砂轮和工件相对位置 ③ 一次磨出直槽	电磁吸盘
端面纵向磨削	长形平面	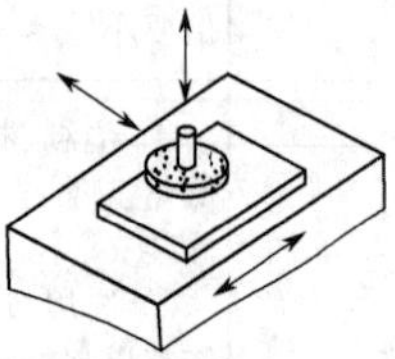	① 粗磨时,磨头倾斜一小角度;精磨时,磨头必须与工件垂直 ② 工件反复翻转 ③ 粗、精磨要修整砂轮	电磁吸盘
	垂直平面	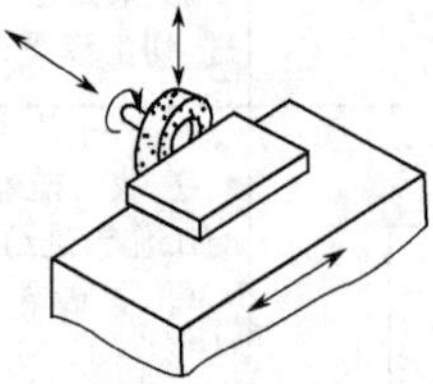	① 找正工件 ② 正确安装基准面	电磁吸盘

续表

磨削 方法	磨削表 面特征	简　　图	磨削要点	夹具
端面 切入 磨削	环形 平面	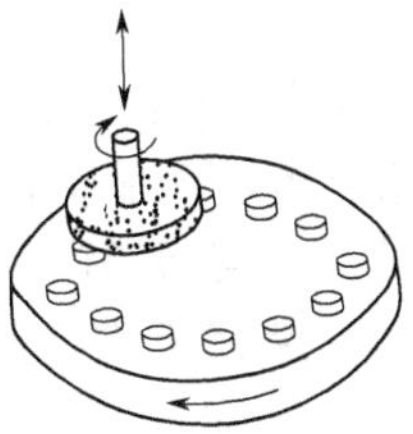	① 圆台中央部分不安 装工件 ② 工件小,砂轮宜软, 背吃刀量宜小	圆吸盘
	扁的圆 形零件 双端平 行平面	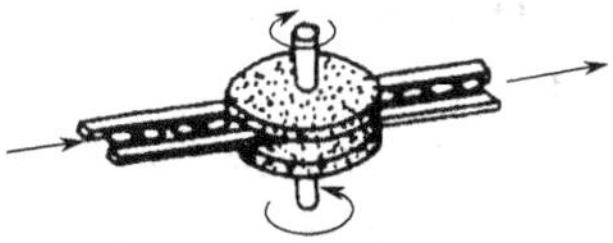	两砂轮水平方向调整 成倾斜角,进口为工件 尺寸加 2/3 磨削余量, 出口为成品尺寸	导板送 料机构
	大尺寸 平行 平面	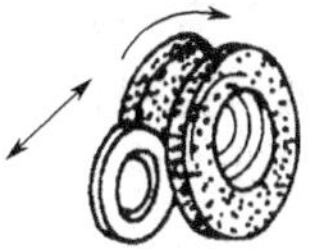	① 工件可在夹具中 自转 ② 两砂轮调整一个倾 斜角	专用夹 具
导轨 磨削	导轨面		① 导轨面的端面磨削 ② 导轨要正确支承和 固定 ③ 调整好导轨面、砂 轮的位置和方向	垫铁支 承,磨头 运动时导 轨 不 固 定,工件 运动时要 固定
		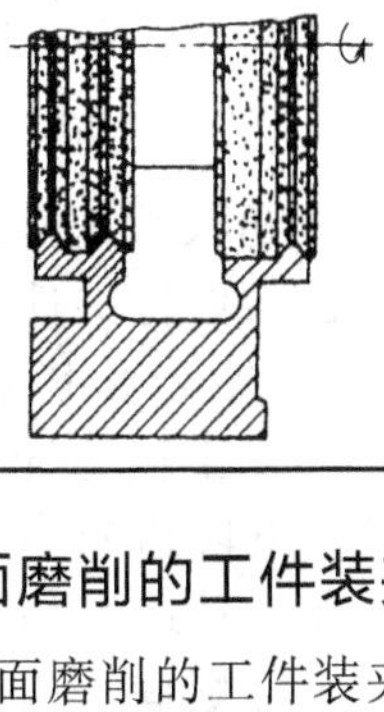	① 用组合成形砂轮一 次磨出导轨面 ② 正确支承和装夹 导轨	支承垫 铁、压板、 螺钉

7.6.2 平面磨削的工件装夹

（1）平行平面磨削的工件装夹

相互平行或平行于某一基准的平面是平面磨削工件上最常见的

表面，磨削这类平面需要达到的技术要求是：该平面的平面度和粗糙度、两平面间的平行度和尺寸精度。为了满足这些平面磨削后的要求，工件一般采用电磁吸盘装夹工件。

（2）垂直平面磨削的工件装夹

垂直平面是指被磨平面与定位基准垂直的平面。磨削这类平面主要保证两平面的平面度和表面粗糙度、两平面间的垂直度要求。垂直平面磨削的工件装夹方法很多，一般采用精密平口钳装夹工件、精密角铁装夹工件、导磁直角铁装夹工件、精密 V 形铁装夹工件（图 7.68）、专用夹具装夹工件和找正法装夹工件。

找正法装夹工件一般用于单件小批生产，用以下几种方法通过测量、垫纸、调整来磨削垂直面。

① 用百分表找正垂直面　如图 7.69 所示，将百分表固定在磨头 C 上，并使百分表测量杆与平面 A 接触，升降磨头测量 A 面的垂直度误差值。若百分表在升降中读数有相差，则在工件底部适当部位垫纸。垫纸时要注意方向，垫纸后要用百分表复量，直至百分表上下运动的读数在一定范围，通过电磁吸盘将工件紧固。磨削 B 面，保证 A、B 两面垂直度要求。

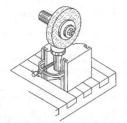

图 7.68　用精密 V 形铁装夹工件

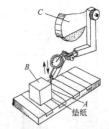

图 7.69　用百分表找正垂直面

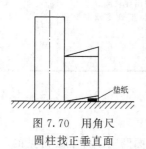

图 7.70　用角尺圆柱找正垂直面

② 用圆柱角尺找正垂直面　将角尺圆柱放在平板上，再将工件已磨好的平面靠在角尺圆柱母线上看其透光大小，如图 7.70 所示。如果上段透光多，应在工件底面右侧垫纸，下段透光多则在工件底面左侧垫纸，一直垫到透光均匀为止，并通过电磁吸盘将工件紧固，这样保证工件上下两平面与侧面垂直度要求。

③ 用专用百分表座找正垂直面　在专用百分表座设有定位点，将表针调整到与工件相应的高度，如图 7.71（a）所示。找正工件垂直面前，先校正百分表，方法如图 7.71（b）所示，把圆柱角尺放在平板上，使百分表座的定位点和百分表触点均与圆柱角尺接触，将百分表指针调零。然后，将校正好的专用百分表去找正工件，使百分表座的定位点和百分表触点均与基准面接触，观察百分表的读数，如果读数值大了，就在工件底面的右侧垫纸，反之在左侧垫纸，直到百分表的读数对零，最后通过电磁吸盘将工件紧固，如图 7.71（b）所示。

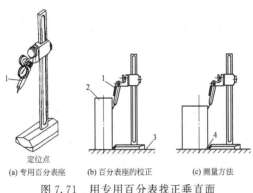

定位点
(a) 专用百分表座　　(b) 百分表座的校正　　(c) 测量方法

图 7.71　用专用百分表找正垂直面
1—百分表；2—角尺圆柱；3—精密平板；4—垫纸

（3）倾斜面磨削的工件装夹

倾斜面与基准面的一般用斜度表示，倾斜面磨削的工件装夹方法也很多，一般采用正弦电磁吸盘、正弦精密平口虎钳、导磁 V 形铁和正弦规与精密角铁组合的方法来装夹工件，主要保证被磨斜面与基准面的斜度。

（4）薄片平面磨削的工件装夹（表 7.42）

表 7.42　薄片工件的装夹方法

方法和简图	工作要点
垫弹性垫片	在工件下面垫很薄的橡胶或海绵等弹性物,并交替磨削两平面

续表

方法和简图	工作要点
垫纸 垫纸 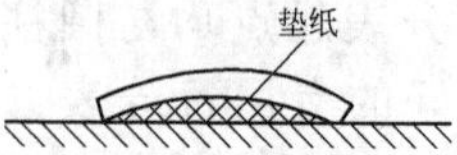	分辨出工件弯曲方向,用电工纸垫入空隙处,以垫平的一面吸在电磁吸盘上,磨另一面。磨出一个基准面,再吸在电磁吸盘上交替磨两平面
涂蜡 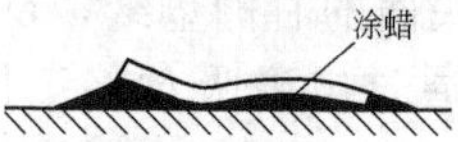 涂蜡	工件一面涂以白蜡,并与工件齐平,吸住该面磨另一面。磨出一个基准面后,再交替磨两平面
用导磁铁 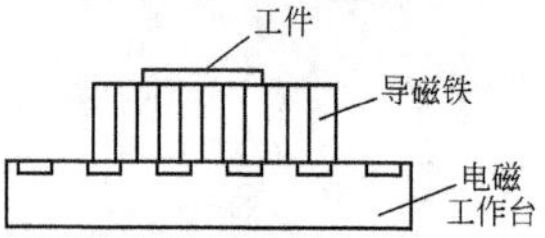 工件 导磁铁 电磁工作台	工件放在导磁铁上(减小磁力对工件的吸力,改善弹性变形),使导磁铁的绝磁层与电磁吸盘绝磁层对齐。导磁铁的高度,应保证工件被吸牢
在外圆磨床上装夹 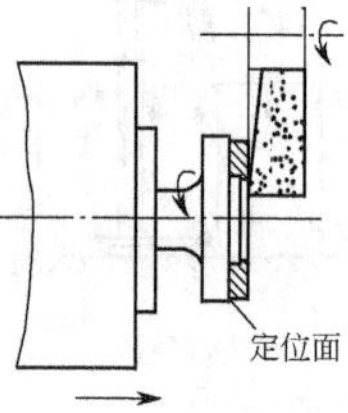 定位面	一薄片环形工件空套在夹具端面小台阶上,靠摩擦力带动工件旋转,弹性变形基本不存在。启动头架时,用竹片轻挡工件的被磨削面。两平面交替磨削,工件也可分粗、精磨
先研磨出一个基准面 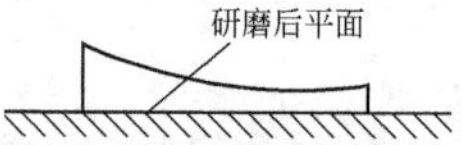 研磨后平面	先用手工或机械方法研磨出一个基准面,然后吸住磨另一平面,再交替磨削两平面
用工作台剩磁 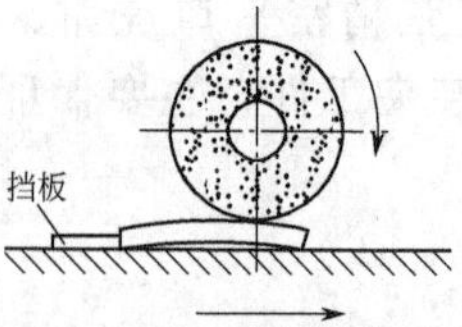 挡板	利用工作台的剩磁吸住工件,以减小弹性变形。此时背吃刀量一定要小,并充分冷却

7.6.3 平面磨削砂轮及磨削用量

(1) 平面磨削的砂轮特性 (表 7.43)

(2) 平面磨削用量

平面磨削的磨削余量参考表 7.44 进行选择。平面磨削的砂轮速度参考表 7.45 进行选择。

表 7.43　平面磨削砂轮的选择

工件材料		非淬火的碳素钢	调质的合金钢	淬火的碳素钢、合金钢	铸　铁
砂轮的特性	磨料 粒度 硬度 组织 结合剂	A 36～46 L～N 5～6 V	A 36～46 K～M 5～6 V	WA 36～46 J～K 5～6 V	C 36～46 K～M 5～6 V

表 7.44　平面磨削余量　　　　　mm

加工性质	加工面长度	加工面宽度					
		≤100		>100～300		>300～1000	
		余量	公差	余量	公差	余量	公差
零件在装置 时未经校准	≤300	0.3	0.1	0.4	0.12	—	—
	>300～1000	0.4	0.12	0.5	0.15	0.6	0.15
	>1000～2000	0.5	0.15	0.6	0.15	0.7	0.15
零件装置在 夹具中或用 千分表校准	≤300	0.2	0.1	0.25	0.12	—	—
	>300～1000	0.25	0.12	0.3	0.15	0.4	0.15
	>1000～2000	0.3	0.15	0.4	0.15	0.4	0.15

注：1. 表中数值系每一加工面的加工余量。

2. 如几个零件同时加工时，长度及宽度为装置在一起的各零件尺寸（长度或宽度）及各零件间的间隙之总和。

3. 热处理的零件磨削的加工余量系将表中数值乘以 1.2。

4. 磨削的加工余量和公差用于有公差的表面的加工，其他尺寸按照自由尺寸的公差进行加工。

表 7.45　平面磨削砂轮速度选择

磨削形式	工件材料	粗磨/m·s^{-1}	精磨/m·s^{-1}
圆周磨削	灰铸铁	20～22	22～25
	钢	22～25	25～30
端面磨削	灰铸铁	15～18	18～20
	钢	18～20	20～25

不同的平面磨床有不同的磨削参数，矩形工作台往复式平面磨削，粗磨平面的磨削用量参考表 7.46 进行选择。矩形工作台往复式平面磨削，精磨平面的磨削用量参考表 7.47 进行选择。

表 7.46 往复式平面磨粗磨平面磨削用量

(1)纵向进给量

加工性质	砂轮宽度 b_a/mm					
	32	40	50	63	80	100
	工作台单行程纵向进给量 f_a/mm·st^{-1}					
粗磨	16~24	20~30	25~38	32~44	40~60	50~75

(2)磨削深度

纵向进给量 f_a (以砂轮宽度计)	耐用度 T/s	工件速度 v_a/m·min^{-1}					
		6	8	10	12	16	20
		工作台单行程磨削深度 a_p/mm·st^{-1}					
0.5		0.066	0.049	0.039	0.033	0.024	0.019
0.6	540	0.055	0.041	0.033	0.028	0.020	0.016
0.8		0.041	0.031	0.024	0.021	0.015	0.012
0.5		0.053	0.038	0.030	0.026	0.019	0.015
0.6	900	0.042	0.032	0.025	0.021	0.016	0.013
0.8		0.032	0.024	0.019	0.016	0.012	0.009
0.5		0.040	0.030	0.024	0.020	0.015	0.012
0.6	1440	0.034	0.025	0.020	0.017	0.013	0.010
0.8		0.025	0.019	0.015	0.013	0.0094	0.007
0.5		0.033	0.023	0.019	0.016	0.012	0.009
0.6	2400	0.026	0.019	0.015	0.013	0.009	0.007
0.8		0.019	0.015	0.012	0.009	0.007	0.005

(3)磨削深度 a_p 的修正系数

k_1(与工件材料及砂轮直径有关)

工件材料	砂轮直径 d_s/mm			
	320	400	500	600
耐热钢	0.7	0.78	0.85	0.95
淬火钢	0.78	0.87	0.95	1.06
非淬火钢	0.82	0.91	1.0	1.12
铸铁	0.86	0.96	1.05	1.17

k_2(与工作台充满系数 k_f 有关)

k_f	0.2	0.25	0.32	0.4	0.5	0.63	0.8	1.0
k_2	1.6	1.4	1.25	1.12	1.0	0.9	0.8	0.71

注：工作台一次往复行程的磨削深度应将表列数值乘2。

表 7.47　往复式平面磨精磨平面磨削用量

(1)纵向进给量

加工性质	砂轮宽度 b_s/mm					
	32	40	50	63	80	100
	工作台单行程纵向进给量 f_a/mm·st^{-1}					
精磨	8～16	10～20	12～25	16～32	20～40	25～50

(2)磨削深度

工件速度 v_w/m·min^{-1}	工作台单行程纵向进给量 f_a/mm·st^{-1}								
	8	10	12	15	20	25	30	40	50
	工作台单行程磨削深度 a_p/mm·st^{-1}								
5	0.086	0.069	0.058	0.046	0.035	0.028	0.023	0.017	0.014
6	0.072	0.058	0.046	0.039	0.029	0.023	0.019	0.014	0.012
8	0.054	0.043	0.035	0.029	0.022	0.017	0.015	0.011	0.0086
10	0.043	0.035	0.028	0.023	0.017	0.014	0.012	0.0086	0.0069
12	0.036	0.029	0.023	0.019	0.014	0.012	0.0096	0.0072	0.0058
15	0.029	0.023	0.018	0.015	0.012	0.0092	0.0076	0.0058	0.0046
20	0.022	0.017	0.014	0.012	0.0086	0.0069	0.0058	0.0043	0.0035

(3)磨削深度 a_p 的修正系数

k_1（与加工精度及余量有关）							k_2（与加工材料及砂轮直径有关）				
尺寸精度 /mm	加工余量/mm						工件材料	砂轮直径 d_s/mm			
	0.12	0.17	0.25	0.35	0.5	0.70		320	400	500	600
0.02	0.4	0.5	0.63	0.8	1.0	1.25	耐热钢	0.56	0.63	0.7	0.8
0.03	0.5	0.63	0.8	1.0	1.25	1.6	淬火钢	0.8	0.9	1.0	1.1
0.05	0.63	0.8	1.0	1.25	1.6	2.0	非淬火钢	0.96	1.1	1.2	1.3
0.08	0.8	1.0	1.25	1.6	2.0	2.5	铸铁	1.28	1.45	1.6	1.75

k_3（与工作台充满系数 k_f 有关）							
k_f	0.2	0.25	0.32	0.4	0.5	0.63	0.8	1.0
k_3	1.6	1.4	1.25	1.12	1.0	0.9	0.8	0.71

注：1. 精磨的 f_a 不应该超过粗磨的 f_a 值。
2. 工件的运动速度，当加工淬火钢时用大值；加工非淬火钢及铸铁时取小值。

圆形工作台回转式平面磨削，粗磨平面的磨削用量参考表 7.48 进行选择。圆形工作台回转式平面磨削，精磨平面的磨削用量参考表 7.49 进行选择。

表 7.48 回转式平面磨粗磨平面磨削用量

(1)纵向进给量

加工性质	砂轮宽度 b_s/mm					
	32	40	50	63	80	100
	工作台纵向进给量 f_a/mm·r^{-1}					
粗磨	16~24	20~30	25~38	32~44	40~60	50~75

(2)磨削深度

纵向进给量 f_a (以砂轮宽度计)	耐用度 T/s	工件速度 v_w/m·min^{-1}						
		8	10	12	16	20	25	30
		磨头单行程磨削深度 a_p/mm·st^{-1}						
0.5	540	0.049	0.039	0.033	0.024	0.019	0.016	0.013
0.6		0.041	0.032	0.028	0.020	0.016	0.013	0.011
0.8		0.031	0.024	0.021	0.015	0.012	0.0098	0.0082
0.5	900	0.038	0.030	0.026	0.019	0.015	0.012	0.010
0.6		0.032	0.025	0.021	0.016	0.013	0.010	0.0085
0.8		0.024	0.019	0.016	0.012	0.0096	0.008	0.0064
0.5	1440	0.030	0.024	0.020	0.015	0.012	0.0096	0.0080
0.6		0.025	0.020	0.017	0.013	0.010	0.0080	0.0067
0.8		0.019	0.015	0.013	0.0094	00076	0.0061	0.0050
0.5	2400	0.0023	0.019	0.016	0.012	0.0093	0.0075	0.0062
0.6		0.019	0.015	0.013	0.0097	0.0078	0.0062	0.0052
0.8		0.015	0.012	0.0098	0.0073	0.0059	0.0047	0.0039

(3)磨削深度 a_p 的修正系数

k_1(与工件材料及砂轮直径有关)

工件材料	砂轮直径 d_s/mm			
	320	400	500	600
耐热钢	0.7	0.78	0.85	0.95
淬火钢	0.78	0.87	0.95	1.06
非淬火钢	0.82	0.91	1.0	1.12
铸铁	0.86	0.96	1.05	1.17

k_2(与工作台充满系数 k_f 有关)

k_f	0.25	0.32	0.4	0.5	0.63	0.8	1.0
k_2	1.4	1.25	1.12	1.0	0.9	0.8	0.71

表 7.49 回转式平面磨精磨平面磨削用量

(1)纵向进给量						
加工性质	砂轮宽度 b_s/mm					
	32	40	50	63	80	100
	工作台纵向进给量 f_a/mm·r^{-1}					
精磨	8~16	10~20	12~25	16~32	20~40	25~50

(2)磨削深度									
工件速度 v_w/m·min^{-1}	工作台纵向进给量 f_w/mm·r^{-1}								
	8	10	12	15	20	25	30	40	50
	磨头单行程磨削深度 a_p/mm·st^{-1}								
8	0.067	0.054	0.043	0.036	0.027	0.0215	0.0186	0.0137	0.0107
10	0.054	0.043	0.035	0.0285	0.0215	0.0172	0.0149	0.0107	0.0086
12	0.045	0.0355	0.029	0.024	0.0178	0.0149	0.0120	0.0090	0.0072
15	0.036	0.0285	0.022	0.0190	0.0149	0.0114	0.0095	0.0072	0.00575
20	0.027	0.0214	0.018	0.0148	0.0107	0.0086	0.00715	0.00537	0.0043
25	0.0214	0.0172	0.0143	0.0115	0.0086	0.0069	0.00575	0.0043	0.0034
30	0.0179	0.0143	0.0129	0.0095	0.00715	0.0057	0.00477	0.00358	0.00286
40	0.0134	0.0107	0.0089	0.00715	0.00537	0.0043	0.00358	0.00268	0.00215

(3)磨削深度 a_p 的修正系数												
k_1(与加工精度及余量有关)								k_2(与工件材料及砂轮直径有关)				
尺寸精度 /mm	加工余量/mm							工件材料	砂轮直径 d_s/mm			
	0.08	0.12	0.17	0.25	0.35	0.50	0.70		320	400	500	600
0.02	0.32	0.4	0.5	0.63	0.8	1.0	1.25	耐热钢	0.56	0.63	0.70	0.80
0.03	0.4	0.5	0.63	0.8	1.0	1.25	1.6	淬火钢	0.8	0.9	1.0	1.1
0.05	0.5	0.63	0.8	1.0	1.25	1.6	2.0	非淬火钢	0.96	1.1	1.2	1.3
0.08	0.63	0.8	1.0	1.25	1.6	2.0	2.5	铸铁	1.28	1.45	1.6	1.75

k_3(与工作台充满系数 k_f 有关)							
k_f	0.2	0.25	0.3	0.4	0.5	0.6	0.8	1.0
k_3	1.6	1.4	1.25	1.12	1.0	0.9	0.8	0.71

注:1. 精磨的 f_a 不应超过粗磨的 f_a 值。

2. 工件速度,当加工淬火钢时取大值;加工非淬火钢及铸铁时取小值。

7.6.4 平面磨削的检测控制

平面零件的精度检验包括尺寸精度、形状精度和位置精度三项。

（1）尺寸精度检测

外形尺寸（长、宽、厚）用外径千分尺测量，深度尺寸用深度千分尺测量，槽宽用内径表或卡规检测。

（2）平面度的检验

① 着色法检验　在工件的平面上涂上一层极薄的显示剂（红丹粉或蓝油），然后将工件放在精密平板上，平稳地前后左右移动几下，再取下工件仔细观察平面上的摩擦痕迹分布情况，就可以确定平面度的好坏。

② 用透光法检验　采用样板平尺检测。样板平尺有刀刃式、宽面式和楔式等几种，其中以刀刃式最准确，应用最广，如图7.72所示。检测时将样板平尺刀口放在被检测平面上，并对着光源，光从前方照射，此时观察平尺与工件平面之间缝隙透光是否均匀。若各处都不透光，表明工件平面度很高。若有个别地段透光，即可估计出平面度误差的大小。

(a) 样板平尺外形　　(b) 刀口与工件不同部位接触　(c) 用光隙判断表面是否平整

图 7.72　样板平尺测量平面度误差

③ 用千分表检验　在精密平板上用三只千斤顶将工件支起，并将千分表在千斤顶所顶的工件表面 A、B、C 三点调至高度相等，误差不大于 0.005mm，然后用千分表测量整个平面，看千分表读数是否有变动，其变动量即是平面度误差值，如图 7.73 所示。测量时，平板和千分表座要清洁，移动千分表时要平稳。这种方法测量精度较高，可定量测量出平面度误差值。

（3）平行度的检验

① 用千分尺或杠杆千分尺测量工件的厚度　通过测量多个点，取各点厚度的差值即为平面的平行度误差。

② 用百分表或千分表在平板上检验　如图 7.74 所示，将工件和千分表支架均放在平板上，把千分表的测量头顶在平面上，然后移动工件，千分表读数变动量就是工件平行度误差。测量时应将平板、工件擦干净，以免脏物影响平面平行度和拉毛工件平面。

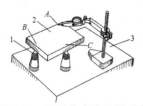

图 7.73　用千分表检验平面度

1—千斤顶；2—被测工件；3—精密平板

图 7.74　用千分表检验工件平行度

（4）垂直度的检验

① 用 90°角尺检测垂直度　检验小型工件两平面垂直度时，可将 90°角尺的两个尺边接触工件的垂直面，检测时，先将一个尺边紧贴工件一面，然后再移动 90°角尺，让另一尺边逐渐接近并靠上工件另一平面，根据透光情况来判断垂直度，如图 7.75 所示。当工件尺寸较大时，可将工件和 90°角尺放在平板上，90°角尺的一边紧靠在工件的垂直平面上，根据尺边与工件表面的透光情况判断工件的垂直度。

② 用角尺圆柱测量　在实际生产中广泛采用角尺圆柱检测，将角尺圆柱放在精密平板上，使被测工件慢慢向角尺圆柱的母线靠拢，根据透光情况判断垂直度，如图 7.76 所示。一般角尺圆柱的高度比工件的高，这种测量方法测量方便，精度较高。

图 7.75　用 90°角尺检验垂直度

图 7.76　用角尺圆柱检验垂直度

③ 用千分表直接检测　测量装置如图 7.77（a）所示。测量时，先将工件的平行度测量好。将工件的平面轻轻地向圆柱棒靠紧，从千分表上读出数值，然后将工件转向 180°，将工件另一面也轻轻靠上圆柱棒，从千分表上可读出第二个读数。工件转向测量时，应保证千分表、圆柱棒的位置固定不动。两读数差值的 1/2，即为底面与测量平面的垂直度误差。其测量原理如图 7.77（b）所示。

④ 用精密角尺检验垂直度　两平面间的垂直度也可以用百分

表和精密角尺在平面上进行检测。测量时，将工件放置在精密平板上，然后将90°角尺的底面紧贴在工件的垂直平面上并固定，然后用百分表沿90°角尺的一边向另一边移动，可测出百分表在距离为 L 的 a、b 两点上的读数差，由此可以计算出工件两平面间的垂直度误差值。测量情况如图7.78所示。

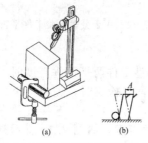

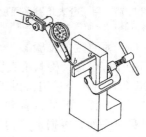

图7.77　用千分表直接测量垂直度　　　图7.78　用精密角尺检验垂直度

7.6.5 平面磨削常见的工件缺陷、产生原因及解决方法

平面磨削常见的工件缺陷、产生原因及解决方法如表7.50所示。

表7.50　平面磨削常见的工件缺陷、产生原因和解决方法

工件缺陷	产生原因和解决方法
表面波纹 直波纹 两边直波纹 菱形波纹 花波纹	① 磨头系统刚性不足 ② 主轴轴承间隙过大 ③ 主轴部件动平衡不好 ④ 砂轮不平衡 ⑤ 砂轮过硬，组织不均，磨钝 ⑥ 电动机定子间隙不均匀 ⑦ 砂轮卡盘锥孔配合不好 ⑧ 工作台换向冲击，易出现两边或一边的波纹；工作台换向一定时间与砂轮每转一定时间之比不为整倍数时，易出现菱形波纹 ⑨ 液压系统振动 ⑩ 垂直进给量过大及外源振动 消除措施：根据波距和工作台速度算出它的频率，然后对照机床上可能产生该频率的部件，采取相应措施消除
线性划伤	工件表面留有磨屑或细砂，当砂轮进入磨削区后，带着磨屑和细砂一起滑移而引起。调整好切削液喷嘴，加大切削液流量，使工件表面保持清洁

续表

工件缺陷	产生原因和解决方法
表面接刀痕	砂轮母线不直,垂直和横向进给量大 机床应在热平衡状态下修整砂轮,金刚石位置放在工作台面上
场角或侧面呈喇叭口	① 轴承结构不合理,或间隙过大 ② 砂轮选择不当或不锋利 ③ 进给量过大 ④ 可以在两端加辅助工件一起磨削
表面烧伤和拉毛	与外圆磨削相同(表 7.26)

7.7 无心磨削

7.7.1 无心磨削的形式及特点

（1）无心磨削的形式

无心磨削主要有无心外圆磨削和无心内圆磨削,是工件不定中心的磨削,如图 7.79 所示。无心外圆磨削时,工件 2 放置在磨削轮 1 与导轮 3 之间,下部由托板 4 托住,磨削轮起磨削作用,导轮主要起带动工件旋转、推动工件靠近磨削轮和轴向移动的传动作用。无心内圆磨削时,工件 2 装在导轮 3、支承轮 5、压紧轮 6 之间,工作时导轮起传动作用,工件以与导轮相反的方向旋转,磨削轮 1 对工件内孔进行磨削。

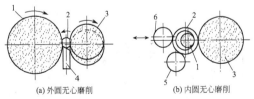

(a) 外圆无心磨削　　　　(b) 内圆无心磨削

图 7.79　无心磨削的形式

1—磨削轮(砂轮);2—工件;3—导轮;4—托板;5—支承轮;6—压紧轮

无心磨削是一种适应大批量生产的高效率磨削方法。磨削工件的尺寸精度可达 IT6～ IT7 级、圆度公差可达 0.0005～0.001mm、

表面粗糙度 Ra 为 $0.1\sim0.025\mu m$。

（2）无心磨削的特点

① 磨削过程中工件中心不定，工件位置变化的大小取决于它的原始误差、工艺系统的刚性、磨削用量及其他磨削工艺参数（工件中心高、托板角等）。

② 工件的稳定性、均匀性不仅取决于机床传动链，还与工件的形状、质量、导轮及支承的材料、表面状态、磨削用量和其他工艺参数有关。

③ 无心外圆磨削的支承刚性好，无心内圆磨削用支承块的支承刚性较好，可取较大的背吃刀量，而且砂轮的磨损、补偿和定位产生的误差对工件直径误差影响较小。

④ 生产率高：无心外圆磨削和内圆磨削的上下料时间重合，加上一些附件，可实现磨削过程自动化。

⑤ 无心外圆磨削便于实现强力磨削、高速磨削和宽砂轮磨削。

⑥ 无心内圆磨削适合磨削薄壁工件、内孔与外圆的同轴度要求较高的工件。

⑦ 无心磨削不能修正孔与轴的轴线偏移，加工工件的同轴度要求较低。

⑧ 机床调整比较费时，单件小批量生产不经济。

7.7.2 无心磨削常用方法

无心磨削常用方法如表7.51所示。

表 7.51 无心磨削常用方法

磨削方法	磨削表面特征	简图	说明
纵向贯穿磨法（通磨外圆）	细长轴	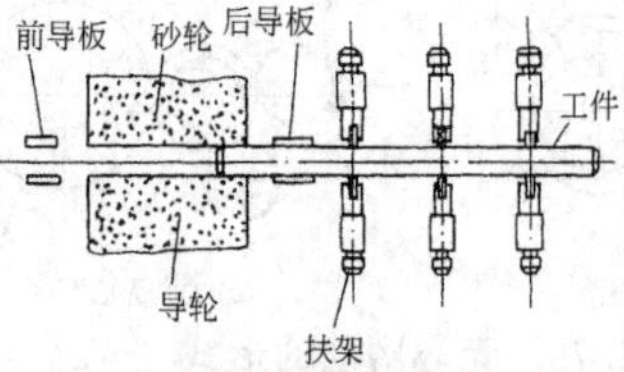	导轮倾角$1°30'\sim2°30'$,若工件弯曲度大,需多次磨削时,可为$3°\sim4°$。工件中心应低于砂轮中心,工件直线通过 正确调整导板和托架
	同轴、同径不连续外圆	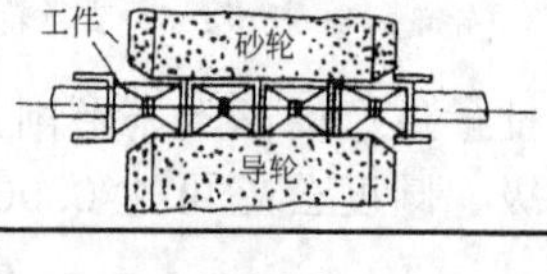	工件较短,磨削重心在磨削轴颈处。要使多个工件靠在一起,形成一个整体,进行贯穿磨削

磨削方法	磨削表面特征	简图	说明
纵向贯穿磨法（通磨外圆）	外圆锥面	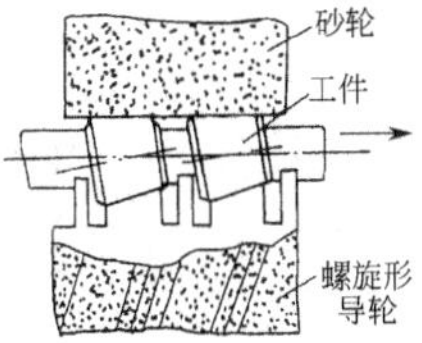	将导轮修成螺旋形，带动工件前进进行磨削。又称强迫通磨。适于大批量生产
	球面滚子外圆	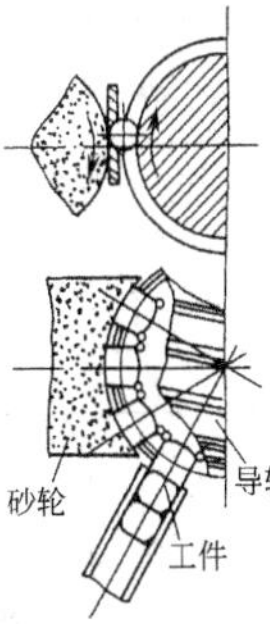	将导轮修成相应形状，进行通磨，适合大批量生产
	圆球面	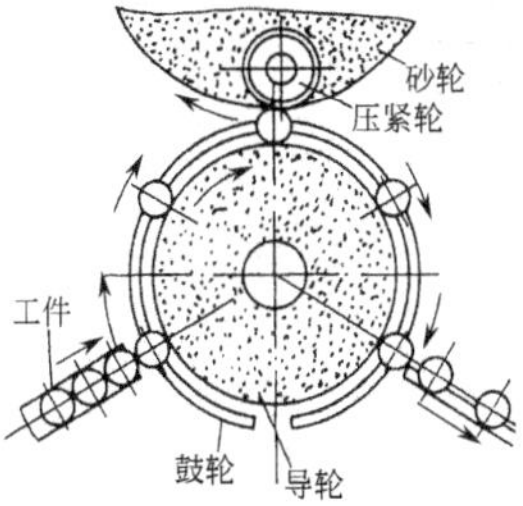	开有槽口的鼓轮围绕常规导轮慢速旋转，每个槽口相当于一个磨削支板，导轮回转使工件自转，压紧轮使工件与导轮保持接触，保证恒速自转
切入磨法	台阶轴外圆	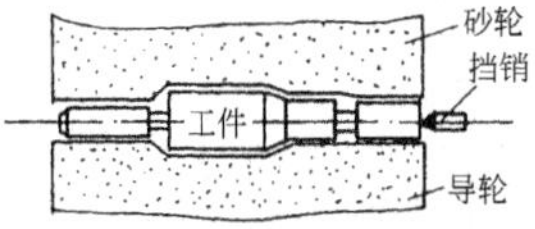	修整导轮和砂轮，使其形状和尺寸与工件相对应，导轮倾斜 $15'\sim30'$，工件在很小的轴向力作用下紧贴挡销 导轮进给或导轮与砂轮同时进给
	台阶轴外圆	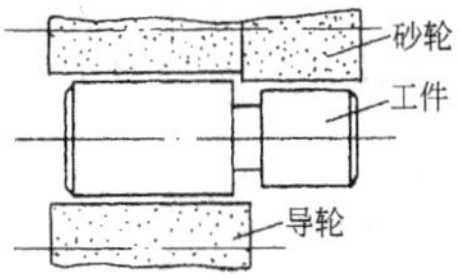	导轮倾斜 $15'\sim30'$，砂轮修整成一个台阶，尺寸与工件相对应 一般导轮进给

续表

磨削方法	磨削表面特征	简图	说明
切入磨法	球面滚子外圆	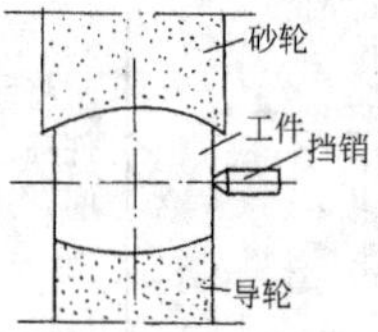	导轮和砂轮都修整成球面,切入磨削
	圆球面	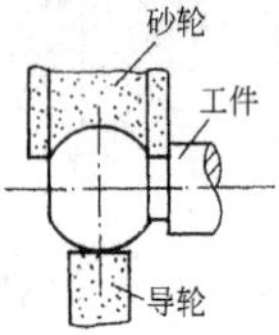	砂轮修整为凹球面,导轮周向进给
	外锥面	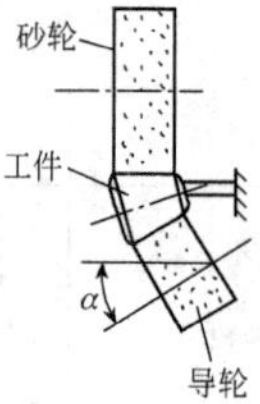	将导轮架转过 α 角(等于工件锥角)。适用于 α 较小场合
	外锥面	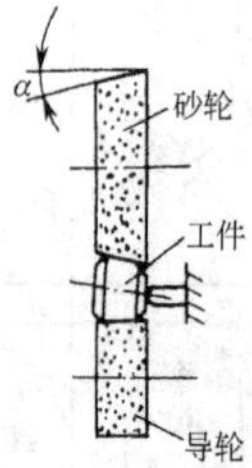	将砂轮修整成斜角为 α。适用于 α 较小场合
	外锥面	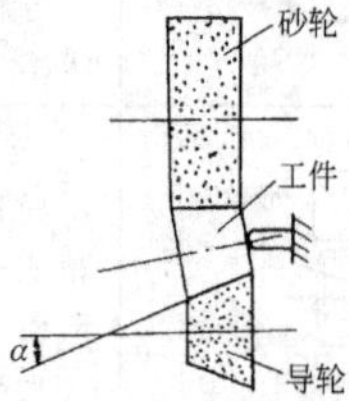	将导轮修整成斜角为 α。适用于 α 较小场合

续表

磨削方法	磨削表面特征	简图	说明
切入磨法	外锥面	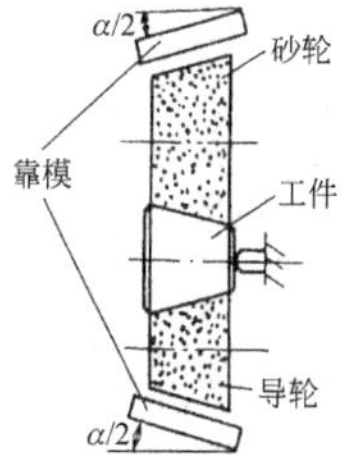	工件锥角 α 较大时,砂轮和导轮都修整成斜角为 $\frac{\alpha}{2}$ 的锥形。若 $\frac{\alpha}{2}$ 超出机床刻度范围,修整砂轮和导轮时,需采用斜度为 $\frac{\alpha}{2}$ 的靠模
	顶尖形工件外圆	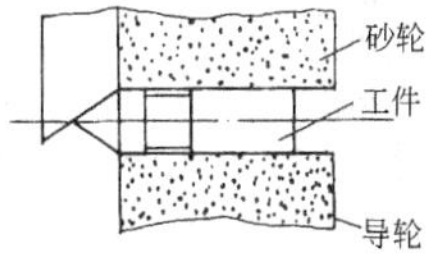	将砂轮修整成相应形状,导轮送进
定程磨法	带端面外圆	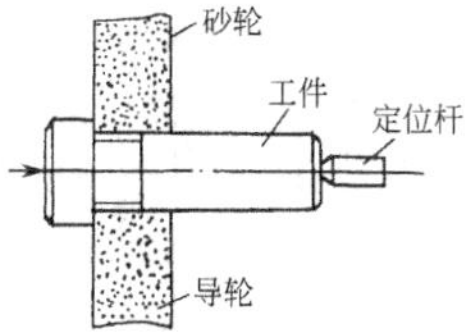	先通磨外圆,工件顶住定位杆后定程磨削,适用于阶梯轴、衬套、锥销等
混合磨法	带圆角外圆	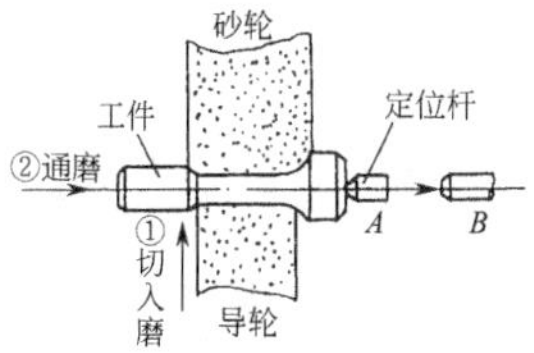	切入磨通磨混合磨法:切入磨中间部分外圆与圆弧后定位杆由 A 退至 B 位置,通磨小端外圆
	带端面外圆	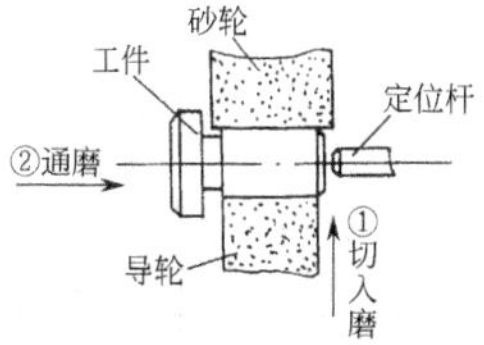	切入磨-通磨-定程磨混合磨法
	阶梯外圆与端面垂直	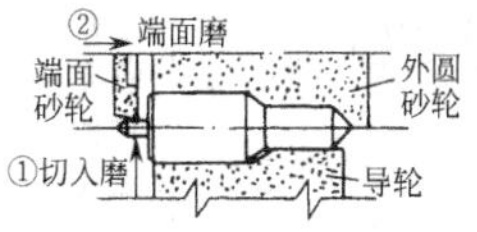	切入磨-端面磨混合磨法:先切入磨出阶梯外圆,再由端面砂轮轴向进给磨出端面

续表

磨削方法	磨削表面特征	简图	说明
无心顶尖磨削	光滑外圆、阶梯套筒外圆等	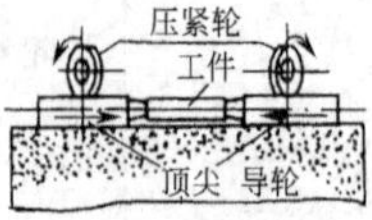	对于同轴度和圆度同时要求很高(<1μm)的细长工件,用普通贯穿法磨削达不到要求,可在工件每端选配一高精度(公差为0.5μm)顶尖,将此组件用两个弹簧加载的压紧轮压在导轮与支板形成的V形内,每个压紧轮可分别调整,使顶尖始终顶住工件。导轮旋转,顶尖也带动工件旋转,砂轮进给,磨削工件
	外圆面	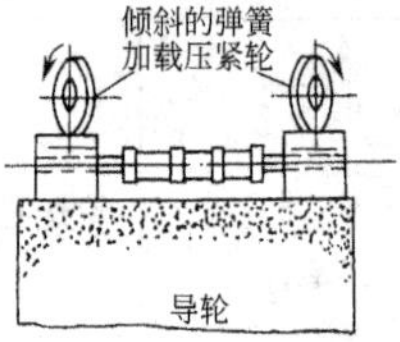	顶尖的外径比工件外径尺寸大,磨削时,顶尖和工件组成的组件形成一个整体,提高了工件的刚性,而且这个组件在磨削时是不定中心的 上图中是阳顶尖,下图中是阴顶尖
无心内圆磨削	内孔	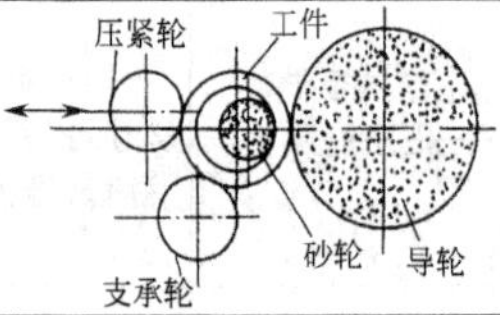	工件在导轮带动下,在支承轮上回转,工件和砂轮中心连线与导轮中心等高 支承轮有振摆
	内孔	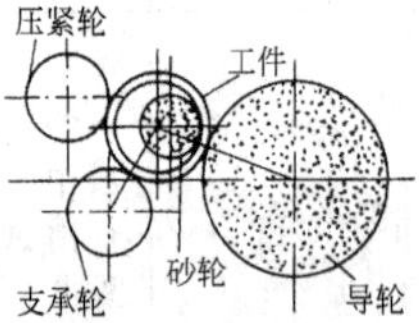	工件和砂轮中心连线高于导轮中心,加工精度高
	内孔	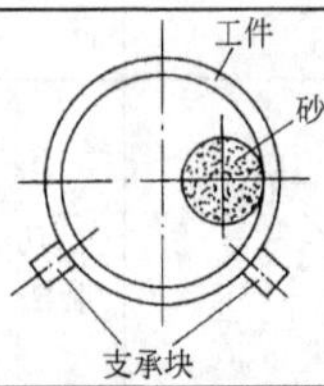	工件靠外圆定位,由支承块支承,刚性好,常用电磁无心夹具装夹
	内孔	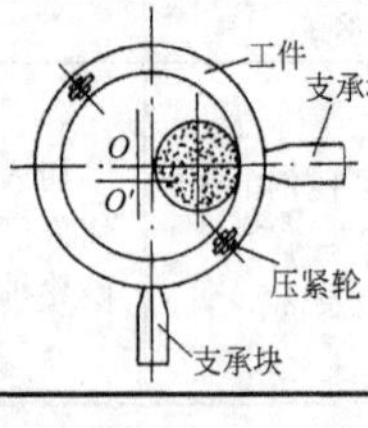	工件被两个压紧轮压在拨盘上,支承块支承,工件中心和主轴中心偏心安装,靠工件端面和拨盘间摩擦力将工件压在支承块上

续表

磨削 方法	磨削表 面特征	简图	说明
无心 内圆 磨削	旋转滚子 轴承圈 内球面		在轴承磨床上，工件和砂轮 互成 90°旋转，磨出球面，称为 横轴磨削法
	内锥面		导轮与支承轮一起转过一个 角度

7.7.3 无心磨削用量的选择

砂轮速度 v_s 一般为 25～35m/s；高速无心磨削 v_s 可达 60～80m/s。导轮速度为 0.33～33m/s。当 v_s=25～35m/s 时，其他磨削用量见表 7.52～表 7.54。

表 7.52　无心磨削粗磨磨削用量（通磨钢制工件外圆）

双面的背 吃刀量 $2a_p$/mm	工件磨削表面直径 d_w/mm									
	5	6	8	10	15	25	40	60	80	100
	纵向进给速度/mm·min⁻¹									
0.10	—	—	—	1910	2180	2650	3660	—	—	—
0.15	—	—	—	1270	1460	1770	2440	3400	—	—
0.20	—	—	—	955	1090	1325	1830	2550	3600	—
0.25	—	—	—	760	875	1060	1465	2040	2880	3820
0.30	—	—	3720	635	730	885	1220	1700	2400	3190
0.35	—	3875	3200	545	625	760	1045	1450	2060	2730
0.40	3800	3390	2790	475	547	665	915	1275	1800	2380
纵向进给速度的修正系数与工件材料、砂轮粒度和硬度有关										

非淬火钢		淬火钢		铸　铁	
砂轮粒度与硬度	系数	砂轮粒度与硬度	系数	砂轮粒度与硬度	系数
46M	1.0	46K	1.06		

续表

砂轮粒度与硬度	系数	砂轮粒度与硬度	系数	砂轮粒度与硬度	系数
46P	0.85	46H	0.87		
60L	0.90	60L	0.75	46L	1.3
46Q	0.82	60H	0.68		

与砂轮尺寸及寿命有关			
寿命 T/s	砂轮宽度 B/mm		
	150	250	400
540	1.25	1.56	2.0
900	1.0	1.25	1.6
1500	0.8	1.0	1.44
2400	0.63	0.8	1.0

注：1. 纵向进给速度建议不大于 4000mm/min。

2. 导轮倾斜角为 3°~5°。

3. 表内磨削用量能得到加工表面粗糙度 Ra 为 1.6μm。

表 7.53 无心磨削精磨磨削用量 (通磨钢制工件外圆)

1. 精磨行程次数 N 及纵向进给速度 v_f/mm·min⁻¹																		
精度等级	工件磨削表面直径 d_w/mm																	
	5		10		15		20		30		40		60		80		100	
	N	v_f	N	v_f	N	v_f	N	v_f	N	v_f	N	v_f	N	v_f	N	v_f	N	v_f
IT5 级	3	1800	3	1600	3	1300	3	1100	4	1100	4	1050	5	1050	5	900	5	800
IT6 级	3	2000	3	2000	3	1700	3	1500	4	1500	4	1300	5	1300	5	1100	5	1000
IT7 级	2	2000	2	2000	3	2000	3	1750	3	1450	3	1200	4	1200	4	1100	4	1100
IT8 级	2	2000	2	2000	2	1750	2	1500	3	1500	3	1500	3	1300	3	1200	3	1200

纵向进给速度的修正系数				
工件材料	壁厚和直径之比			
	>0.15	0.12~0.15	0.10~0.11	0.08~0.09
淬火钢	1	0.8	0.63	0.5
非淬火钢	1.25	1.0	0.8	0.63
铸铁	1.6	1.25	1.0	0.8

2. 与导轮转速及导轮倾斜角有关的纵向进给速度 v_f									
导轮转速 /r·s⁻¹	导轮倾斜角								
	1°	1°30′	2°	2°30′	3°	3°30′	4°	4°30′	5°
	纵向进给速度 v_f/mm·min⁻¹								
0.30	300	430	575	720	865	1000	1130	1260	1410
0.38	380	550	730	935	1110	1270	1450	1610	1790

续表

2. 与导轮转速及导轮倾斜角有关的纵向进给速度 v_f

导轮转速 /r·s^{-1}	导轮倾斜角								
	1°	1°30′	2°	2°30′	3°	3°30′	4°	4°30′	5°
	纵向进给速度 v_f/mm·min^{-1}								
0.48	470	700	930	1165	1400	1600	1830	2030	2260
0.57	550	830	1100	1370	1640	1880	2180	2380	2640
0.65	630	950	1260	1570	1880	2150	2470	2730	3040
0.73	710	1060	1420	1760	2120	2430	2790	3080	3440
0.87	840	1250	1670	2130	2500	2860	3280	3630	4050

纵向进给速度的修正系数

导轮直径/mm	200	250	300	350	400	500
修正系数	0.67	0.83	1.0	1.17	1.33	1.67

注：1. 精磨用量不应大于粗磨用量（表7.52）。

2. 表内行程次数是按砂轮宽度 $B=150\sim200$mm 计算的。当 $B=250$mm 时，行程次数可减少 40%；当 $B=400$mm 时，减少 60%。

3. 导轮倾斜角磨削 IT5 级精度时用 1°~2°；IT6 级精度用 2°~2°40′；IT8 级精度用 2°30′~3°30′。

4. 精磨进给速度建议不大于 2000mm/min。

5. 磨轮的寿命等于 900s 机动时间。

6. 精磨中最后一次行程的背吃刀量：IT5 级精度为 0.015~0.02mm；IT6 及 IT7 级精度为 0.02~0.03mm；其余几次都是半精行程，其背吃刀量为 0.04~0.05mm。

表7.54 切入式无心磨磨削用量

				(1)粗磨							
磨削直径 d_w/mm	3	5	8	10	15	20	30	50	70	100	120
工件速度 v_w/m·min^{-1}	10~15	12~18	13~20	14~22	15~25	16~27	16~29	17~30	17~35	18~40	20~50
径向进给速度/mm·min^{-1}	7.85	5.47	3.96	3.38	2.54	2.08	1.55	1.09	0.865	0.672	0.592

径向进给速度的修正系数

与工件材料和砂轮直径有关				与砂轮寿命有关				
工件材料	砂轮直径 d_s/mm			寿命 T/s	360	540	900	1440
	500	600	750					
耐热钢	0.77	0.83	0.95					
淬火钢	0.87	0.95	1.06	修正系数	1.55	1.3	1.0	0.79
非淬火钢	0.91	1.0	1.12					
铸　铁	0.96	1.05	1.17					

续表

(2)精磨

磨削直径 d_w/mm	工件速度/m·min⁻¹ 非淬火钢及铸铁	工件速度/m·min⁻¹ 淬火钢	磨削长度/mm 25~32	40	50	63	80	100	125	160
			径向进给速度/mm·min⁻¹							
6.3	0.20~0.32	0.29~0.32	0.11	0.09	0.08	0.07	0.06	0.05	0.05	0.04
8	0.21~0.36	0.30~0.36	0.09	0.08	0.07	0.06	0.05	0.05	0.04	0.04
10	0.22~0.38	0.32~0.38	0.08	0.07	0.06	0.06	0.05	0.04	0.04	0.03
12.5	0.23~0.42	0.33~0.42	0.07	0.07	0.06	0.05	0.04	0.04	0.03	0.03
16	0.23~0.46	0.35~0.46	0.07	0.06	0.05	0.04	0.04	0.03	0.03	0.03
20	0.23~0.50	0.37~0.50	0.06	0.05	0.04	0.03	0.03	0.03	0.03	
25	0.24~0.54	0.38~0.54	0.05	0.05	0.04	0.03	0.03	0.03	0.03	
32	0.25~0.60	0.40~0.60	0.05	0.04	0.03	0.03	0.02	0.02		
40	0.26~0.65	0.42~0.65	0.04	0.04	0.03	0.02	0.02	0.02		
50	0.27~0.68	0.44~0.68	0.04	0.03	0.03	0.02	0.02	0.01		
63	0.27~0.77	0.46~0.77	0.03	0.02	0.02	0.02	0.01	0.01		
80	0.28~0.83	0.48~0.83	0.03	0.02	0.02	0.02	0.01	0.01		
100	0.28~0.90	0.50~0.90	0.02	0.02	0.02	0.01	0.01	0.01		
125	0.29~1.00	0.53~1.00	0.02	0.02	0.01	0.01	0.01	0.01		
160	0.30~1.08	0.55~1.08	0.02	0.02	0.02	0.01	0.01	0.01	0.01	

径向进给速度的修正系数

与工件材料和砂轮直径有关 k_1					与精度和加工余量有关 k_2					
工件材料	砂轮直径 d_s/mm 400	500	600	750	精度等级	直径余量/mm 0.2	0.3	0.5	0.7	1.0
耐热钢	0.55	0.58	0.7	0.8	IT5 级	0.5	0.63	0.8	1.0	1.26
淬火钢	0.8	1.9	1.0	1.1	IT6 级	0.63	0.8	1.0	1.25	1.6
非淬火钢	0.95	1.1	1.2	1.3	IT7 级	0.8	1.0	1.25	1.6	2.0
铸 铁	1.3	1.45	1.6	1.75	IT8 级	1.0	1.25	1.6	2.0	2.5

注：砂轮圆柱表面的寿命为900s，圆弧表面为300s。

7.7.4 无心外圆磨削参数的调整控制

（1）磨削砂轮参数的调整控制

磨削砂轮的形状直接影响磨削质量、生产效率和使用寿命，一般要求砂轮形状适应进料、预磨、精磨、光磨、出料等过程。

贯穿法磨削用砂轮形状如图 7.80 所示。当背吃刀量大时，l_1、l_2 长些，角 γ_1、γ_2 大些；反之，l_3 长些，γ_1、γ_2 小些。

宽砂轮形状如图 7.81 所示，l_1 是进料区，为 10~15mm；l_2 是预磨区，根据磨削用量确定；l_3 是精磨或光磨区，粗磨时为 $5\sim10\text{mm}$；A 等于最大磨削余量；Δ_1 为进料口，约 0.5mm；Δ_2 为出料口，约 0.2mm。磨削火花主要集中在预磨区，当工件进入精磨或光磨区后，火花逐渐减少，在出料口前应没有火花。

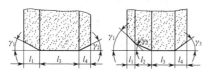

图 7.80　贯穿法磨削用砂轮形状

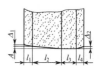

图 7.81　宽砂轮形状

无心磨削砂轮的特性常应与导轮结合起来考虑。砂轮和导轮最大外径及宽度是由机床决定的。贯穿法磨削时，砂轮与导轮同宽；切入法磨削时，一般也相同；磨圆球面工件时，导轮应窄一些，但一般轮宽不小于 25mm。以 M1080 无心磨床为例，砂轮直径 500mm，用贯穿法磨削时，砂轮和导轮宽度为 $150\sim200\text{mm}$；用切入法磨削时，砂轮和导轮比工件待磨长度长 $5\sim10\text{mm}$。

无心磨削砂轮的磨料、粒度、硬度、结合剂选择与一般外圆磨削基本相同，硬度通常比一般外圆磨削选得稍硬一些，无心贯穿法磨削砂轮硬度比切入法磨削的稍软一些。多砂轮磨削时，直径小的砂轮比大的稍硬一些。导轮比磨削砂轮要硬一些，粒度要细一些。

（2）导轮参数的调整控制

导轮与砂轮一起使工件获得均匀的回转运动和轴向送进运动，由于导轮轴线与磨削轮轴线有一倾角 θ，所以导轮不能是圆柱形的，否则工件与导轮只能在一点接触，不能进行正常的磨削。导轮曲面形状及修整、导轮架扳转的倾角 θ 和导轮速度对磨削质量、生产率和损耗均有很大影响。

实际使用的导轮曲面是一种单叶回转双曲面。导轮曲面形状不正确，会出现下列问题。

① 纵磨时，工件中心实际轨迹与理想轨迹相差很大，会产生凸度、凹度、锥度等误差。

② 磨削时工件和导轮的接触线与理想接触线偏离较大，引起工件中心波动过大，甚至发生振动，会产生圆度误差和振纹。

③ 工件导向不正确，在进入和离开磨削区时，工件表面会局

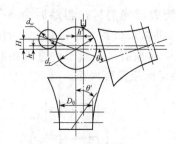

图 7.82　导轮修整原理图

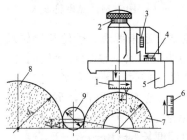

图 7.83　导轮修整器

1—金刚钻偏移刻度板；2—金刚钻进给刻度盘；3—修整器垂直面内倾斜刻度板；4—修整器水平面回转刻度板；5—导轮架；6—导轮垂直面倾斜刻度板；7—导轮；8—磨削轮；9—工件

部磨伤。

④ 预磨、精磨、光磨的连续过程不能形成，使生产率降低，影响磨削精度和表面粗糙度，同时难以发挥全部有效宽度的磨削作用，增加砂轮损耗。

导轮倾角 θ 决定工件的纵向进给速度和磨削精度，一般根据磨削方式和磨削工序确定。贯穿法磨削时：粗磨 $\theta = 2° \sim 6°$，精磨 $\theta = 1° \sim 2°$；切入磨削时：$\theta = 0° \sim 0.5°$；长工件磨削时：$\theta = 0.5° \sim 1.5°$。

确定导轮修整角 θ' 和金刚石位移量 h'。当导轮在垂直面内倾斜 θ 角确定后，修正导轮时，应将导轮修整器的金刚石滑座也转过相同的或稍小的角度 θ'。此外，由于工件的中心比两轮中心连线高 H，而使工件与导轮的接触线比两轮中心连线高出 h，因此，金刚石与接触导轮表面的位置也必须偏移相应距离 h'，使导轮修整为双曲面形状，如图 7.82、图 7.83 所示。

θ' 与 h' 的计算方法为

$$\theta' = \theta \frac{D_0 + d_w/2}{D_0 + d_w}$$

$$h' = H \frac{D_0 + d_w/2}{D_0 + d_w}$$

式中　θ——导轮倾角；

D_0——导轮喉截面直径；

d_w——工件直径；

H——工件中心高。

θ' 也可按表 7.55 进行选择。

表 7.55 修整导轮时金刚石滑座的回转角度

θ	D_0/d_w									
	3	3.5	4	5	6	7	12	18	24	48
1	$50'$	$50'$	$55'$	$55'$	$55'$	$55'$	$55'$	$1°$	$1°$	$1°$
2	$1°45'$	$1°45'$	$1°50'$	$1°50'$	$1°50'$	$1°55'$	$1°55'$	$2°$	$2°$	$2°$
3	$2°35'$	$2°40'$	$2°40'$	$2°45'$	$2°50'$	$2°50'$	$2°55'$	$2°55'$	$3°$	$3°$
4	$3°30'$	$3°30'$	$3°35'$	$3°40'$	$3°45'$	$3°45'$	$3°50'$	$3°55'$	$4°$	$4°$
5	$4°20'$	$4°25'$	$4°30'$	$4°35'$	$4°40'$	$4°40'$	$4°50'$	$4°55'$	$5°$	$5°$
6	$5°15'$	$5°15'$	$5°25'$	$5°30'$	$5°35'$	$5°40'$	$5°45'$	$5°55'$	$5°55'$	$5°55'$
7	$6°10'$	$6°10'$	$6°20'$	$6°25'$	$6°30'$	$6°35'$	$6°45'$	$6°50'$	$6°55'$	$6°55'$

导轮工作速度可按下列条件进行选择。

① 磨削大而重的工件时，取 0.33～0.67m/s。

② 磨削小而轻的工件时，取 0.83～1.33m/s。

③ 磨削细长杆件时，取 0.5～0.75m/s。

④ 工件圆度误差较大时，可适当提高导轮工作速度。

⑤ 贯穿法磨削导轮工作速度比切入法磨削时选高一些。

（3）托板参数选择

托板的形状如图 7.84 所示，图 7.84（b）所示形状用得最普遍。

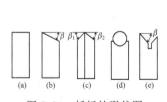

图 7.84 托板的形状图

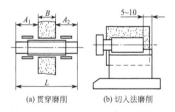

图 7.85 托板长度

托板角的大小影响工件棱圆的边数，一般托板角 $\beta=20°\sim60°$，β 角过大则托板刚性差，磨削时容易发生振动。粗磨及磨削大直径工件（>40mm），选取较小的 β 角；精磨及磨削小直径工件时，选取较大的 β 角；在磨削直径很小的工件及磨削细长杆件时，且工件中心低于砂轮中心，选取 β 角为 $0°$，以增加托板刚性。

托板长度如图 7.85 所示。贯穿法磨削时，托板长度为

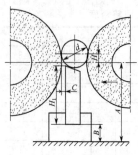

图 7.86　托板高度的调整

$$L = A_1 + A_2 + B$$

式中　A_1——磨削区前伸长度，mm，取 1～2 倍工件长度；

　　　A_2——磨削区后伸长度，mm，取 0.75～1 倍工件长度；

　　　B——砂轮宽度，mm。

用切入法磨削时，托板比工件长 5～10mm。

托板厚度影响托板的刚性和磨削过程的平稳性，其大小取决于工件的直径。一般托板厚度比工件直径小 1.5～2mm。

如图 7.86 所示，托板高度为

$$H_1 = A - B - d/2 + H$$

式中　A——砂轮中心至底板距离，mm；

　　　B——托板槽底至底板距离，mm，按表 7.57 选择；

　　　d——工件直径，mm；

　　　H——工件中心距砂轮中心连线的距离，mm，按表 7.56 选择；

　　　H_1——斜面中点距托架槽底的距离，mm。

表 7.56　工件中心高 H 的数值　　　　　　mm

导轮直径	300 或 350												
工件直径	2	6	10	14	18	22	26	30	34	38	42	46	50
H	1	3	5	7	9	11	13	14	14	14	14	14	14

托板与砂轮的距离 C 是指托板左侧面与磨削轮在水平面内离开的距离。其值不宜过小，否则会影响冷却与排屑，因为该处为磨削液和排屑的通道，其值按表 7.57 选择。

表 7.57　无心外圆磨削时 H、B、C 值　　　　　　mm

工件直径 d	托架槽底至底版距离 B	工件至砂轮中心值 H	托板与磨削轮距离 C
5～12	4～4.5	2.5～6	1～2.4
12～25	4.5～10	6～10	1.65～4.75
25～40	10～15	10～15	3.75～7.5
40～80	15～20	15～20	7.5～10

托板材料应根据工件材料而定，一般用高碳合金钢、高碳工具钢、高速钢或硬质合金制造。磨软金属时，可选用铸铁；磨不锈钢时，可选用青铜。

（4）导板的选择与调整

导板的作用是正确地将工件通向及引出磨削区域，所以在贯穿磨削法中导板起着重要的作用。导板的长度一般不宜过长，可根据工件的长度进行选择，当工件长度大于 100mm 时，导板的长度取工件长度的 0.75～1 倍；当工件长度小于 100mm 时，导板的长度取工件长度的 1.5～2.5 倍。导板位置对工件形状误差的影响如表7.58 所示。

导板形状如图 7.87 所示。当工件直径小于 12mm 时，选用图 7.87（a）所示结构；当工件直径大于 12mm 时，选用图 7.87（b）所示结构，其尺寸由托架结构和工件尺寸决定。导板材料选择与托板同。

导板安装时，前、后导板应与托架定向槽平行（平行度应在 0.01～0.02mm 内），而且应与砂轮、导轮工作面间留有合理间隙，见图 7.88。

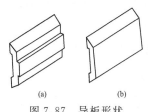

图 7.87 导板形状

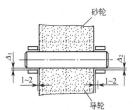

图 7.88 导板的安装与调整

表 7.58 导板位置对工件的影响

导板角度	导板位置	磨削后工件形状	导板角度	导板位置	磨削后工件形状
$\alpha_1 > 0$ $\alpha_2 = 0$			$\alpha_1 < 0$ $\alpha_2 = 0$		
$\alpha_1 = 0$ $\alpha_2 < 0$			$\alpha_1 = 0$ $\alpha_2 > 0$		

导板角度	导板位置	磨削后工件形状	导板角度	导板位置	磨削后工件形状
$\alpha_1>0$ $\alpha_2<0$	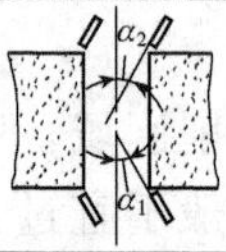		$\alpha_1>0$ $\alpha_2>0$	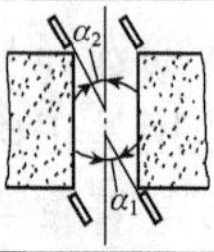	
$\alpha_1<0$ $\alpha_2>0$	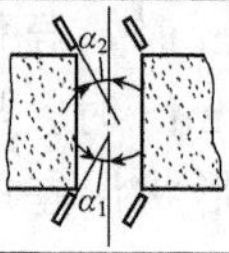		$\alpha_1<0$ $\alpha_2<0$	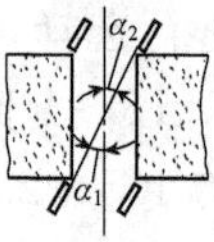	

注：α_1 在第 3 象限小于零，在第 4 象限大于零；α_2 在第一象限小于零，在第 2 象限大于零。

7.7.5 无心磨削常见缺陷及消除方法

无心磨削时，由于调节和操作不当会造成各种各样的缺陷，如工件有圆柱度、多边形和锥度误差及表面粗糙等。每种缺陷又由各种不同原因造成，如导轮修整不圆、磨销轮磨钝、工件中心太低等。因此，分析和预防磨削时产生的缺陷，是一项非常细致的工作。无心磨削中比较常见的缺陷及消除方法见表 7.59。

表 7.59 无心磨削中的缺陷及其消除方法

序号	缺陷内容	缺陷产生原因	缺陷消除方法	磨削方法
1	工件有圆柱度误差	1. 导轮未修圆	1. 修圆导轮(修到无断续声即可)	贯穿法与切入法
		2. 导轮主轴和轴承之间的间隙过大或导轮在主轴上松动	2. 调整主轴与轴承之间的间隙,紧固导轮	贯穿法与切入法
		3. 导轮的传动带过松,使导轮旋转不正常	3. 适当地拉紧传动带	贯穿法与切入法
		4. 磨削次数少	4. 适当地增加磨削次数	贯穿法
		5. 上道工序椭圆度过大	5. 减慢导轮横向进给运动速度及增加光磨时间	切入法
		6. 磨削轮磨钝	6. 修整磨削轮	贯穿法与切入法
		7. 导轮工作时间过久,失去了正确的几何形状或表面嵌有切屑	7. 修整导轮	贯穿法与切入法
		8. 切削液不充足或输送得不均匀	8. 给以足够的、均匀的切削液	贯穿法与切入法

续表

序号	缺陷内容	缺陷产生原因	缺陷消除方法	磨削方法
2	工件有多边形误差	1. 工件安装中心不够高	1. 适当提高工件中心高度	贯穿法与切入法
		2. 托板太薄或顶面倾斜角过大	2. 更换托板	贯穿法与切入法
		3. 磨削轮不平衡或传动带太松	3. 平衡磨削轮及拉紧传动带	贯穿法与切入法
		4. 导轮的传动带太松	4. 拉紧传动带	贯穿法与切入法
		5. 工件中心太高,不平稳	5. 适当降低工件中心高度	贯穿法与切入法
		6. 附近机床有振动	6. 更换磨床位置	贯穿法与切入法
		7. 工件的轴向推力太大,使工件紧压挡销面,不能均匀地转动	7. 减少导轮倾角	切入法
3	工件有锥度	1. 由于前导板比导轮母线低得过多或前导板向导轮方向倾斜,而引起工件前部直径小	1. 适当地移进前导板及调整前导板,使与导轮母线平行	贯穿法
		2. 由于后导板比导轮母线低或导板向导轮方向倾斜,而引起工件后部小	2. 调整后导板的导向表面,使与导轮母线平行,且在同一直线上	贯穿法
		3. 磨削轮由于修整得不准确,本身有锥度	3. 根据工件锥度的方向,调整磨削轮修整器的角度,重修磨削轮	切入法
		4. 工件的轴线与磨削轮和导轮的轴线不平行	4. 调整托板前后的高低或修磨托板	切入法
		5. 托板不直	5. 更换托板或修直托板	切入法
		6. 磨削轮和导轮的表面已磨损	6. 重新修整砂轮	切入法
4	工件表面有振动痕迹(即鱼鳞斑及直线白色线条)	1. 磨削轮不平衡而引起机床振动	1. 仔细平衡磨削轮	贯穿法与切入法
		2. 工件中心太高引起跳动	2. 适当降低托板高度	贯穿法与切入法
		3. 磨削轮太硬或磨钝	3. 更换较软一级的磨削轮和修整磨削轮	贯穿法与切入法
		4. 导轮旋转速度过高	4. 适当降低导轮转速	贯穿法与切入法
		5. 磨削轮粒度太细	5. 更换粒度粗一些的磨削轮	贯穿法与切入法
		6. 托板的刚性不足或未固紧	6. 增加托板厚度及固紧托板	贯穿法与切入法

序号	缺陷内容	缺陷产生原因	缺陷消除方法	磨削方法
4	工件表面有振动痕迹（即鱼鳞斑及直线白色线条）	7. 托板支承斜面磨损或弯曲 8. 主轴锥体与磨削轮法兰盘锥孔的接触不良 9. 磨削轮修整得不好，太粗糙或太光	7. 修磨托板 8. 磨锥孔，用涂色法检查锥体的配合 9. 检查修整工具是否松动，调整修整速度	贯穿法与切入法 贯穿法与切入法 贯穿法与切入法
5	工件表面有烧伤痕迹	1. 导轮转速太低 2. 磨削轮粒度太细 3. 磨削轮太硬 4. 纵向进给量太大 5. 在入口处磨得太多，工件前部烧伤 6. 在出口处磨得过多，使工件全部烧伤成螺旋线的痕迹	1. 增加导轮转速 2. 更换粒度较粗的磨削轮 3. 更换硬度低一级的磨削轮 4. 减小导轮倾斜角 5. 转动导轮架 6. 转动导轮架	贯穿法与切入法 贯穿法与切入法 贯穿法与切入法 贯穿法 贯穿法 贯穿法
6	工件表面粗糙度达不到要求	1. 磨削轮粒度太粗 2. 切削液不清洁或浓度不够 3. 工件纵向进给速度过大 4. 背吃刀量太大 5. 修整磨削轮时金刚钻移动太快，砂轮表面太粗糙 6. 工件在出口处还在磨削，没有修光作用 7. 导轮转速过快 8. 金刚钻失去尖锋 9. 磨削余量过少，没有消除上道工序的粗糙度	1. 更换粒度较细的磨削轮 2. 更换一定浓度的清洁切削液 3. 减小导轮倾斜角 4. 减小磨削深度 5. 重修磨削轮 6. 重修磨削轮或转动导轮架，使工件在出口处具有修光作用 7. 降低导轮转速 8. 修磨金刚钻 9. 降低上道工序的表面粗糙度值或增加磨削余量	贯穿法与切入法 贯穿法与切入法 贯穿法 贯穿法 贯穿法与切入法 贯穿法 贯穿法与切入法 贯穿法与切入法 贯穿法与切入法
7	工件前部被切去一块	1. 前导板凸出于导轮 2. 在入口处磨去过多	1. 把前导板向后放松些 2. 转动导轮架回转座进行调整	贯穿法 贯穿法

续表

序号	缺陷内容	缺陷产生原因	缺陷消除方法	磨削方法
8	工件后半部被切去一长条	1. 后导板凸出于导轮表面,阻碍了工件旋转与前进,而磨削继续进行 2. 后边托板伸出太长,磨完的工件未掉下,阻碍了将要磨完的工件的旋转与前进	1. 将后导板适当后移 2. 重新安装托板	贯穿法 贯穿法
9	工件后部有三角形切口或很微小的痕迹	1. 后导板落后于导轮表面 2. 工件中心过高,引起工件在出口处跳动 3. 工件端面不平或有毛刺,使已停下的工件被后边旋转的工件带动,碰到磨削轮	1. 后导板适当前移 2. 适当降低工件中心高度 3. 更正工艺规程,在无心磨前先磨平端面,并修去毛刺	贯穿法 贯穿法 贯穿法

7.8 成形面磨削

7.8.1 成形面与成形面的磨削方法

（1）成形面

成形面分为旋转体成形面、直母线成形面和立体成形面，如图 7.89 所示。

旋转体成形面是由一条曲线绕某一轴线回转一周而形成的表面。

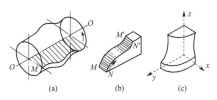

图 7.89　成形面的分类

直母线成形面是由一条直线（母线）沿某一曲线（封闭或不封闭）运动而形成的表面。

立体成形面是一种空间的曲面体。

（2）成形面的磨削方法

成形面的磨削方法主要有成形砂轮磨削法、成形夹具磨削法、仿形磨削法和坐标磨削法。

成形砂轮磨削法是将砂轮修整成与工件形面完全吻合的反形面，然后切入磨削，以获得所需要的形状。其特点是生产效率高，加工精度稳定，需配置合适的砂轮修整器。

成形夹具磨削法是使用通用或专用夹具，在磨床上对工件的成形面磨削。

仿形磨削法是在专用磨床上按放大样板（或靠模）或放大图进行磨削。

坐标磨削法是在坐标磨床上，工作台或磨头按坐标运动及回转，实现所需要的运动轨迹，磨削工件的成形面。

7.8.2 成形砂轮的修整方法

成形面磨削砂轮的形状类型很多，归纳起来可以分为角度面、圆弧面和由角度圆弧组成的复杂形面三类，常用的形状如图 7.90 所示。成形砂轮的修整，就是将其修整成磨削所要求的角度面、圆弧面和复杂形面。

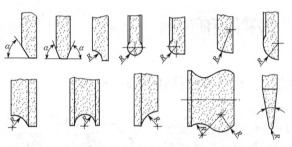

图 7.90 成形砂轮常用的形状

（1）砂轮角度面的修整

砂轮角度面的修整，需要借助夹具来调整要求的角度，其修整角度的控制原理是利用正弦规的原理，通过垫块来控制所需的角度。砂轮角度修整夹具如图 7.91 所示。

砂轮修整角度的调整方法如图 7.92 所示。首先计算标准块左右两侧的高度

$$H_1 = P - \frac{A}{2}\sin\alpha - \frac{d}{2}$$

$$H_2 = P + \frac{A}{2}\sin\alpha - \frac{d}{2}$$

式中 P ——夹具回转中心到垫块规基面高度，mm；

　　d ——圆柱的直径，mm；

　　A ——夹具两圆柱中心的距离，mm。

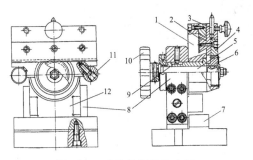

图 7.91　砂轮角度修整夹具
1—正弦尺座；2—滑块；3—金刚石笔；4—齿条；
5—心轴；6—小齿轮；7—量块平台；8—量块侧板；
9—旋紧螺母；10—手轮；11—正弦圆柱；12—夹具体

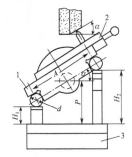

图 7.92　砂轮修整
角度的调整
1—正弦尺座；2—滑块；
3—量块平台

　　当量块垫好后，使正弦尺调至所需角度，通过旋紧螺母 9 把正弦尺座 1 压紧在夹具体 12 上。修整砂轮时，转动手轮 10，通过小齿轮 6、齿条 4，使装在滑块 2 上的金刚石笔 3 移动，从而实现砂轮角度面的修整。这种方法适合 $\alpha = 0° \sim 75°$ 的砂轮角度修整。

　　（2）砂轮圆弧面的修整

　　砂轮圆弧面的修整，是通过调整金刚石笔尖到夹具回转中心的距离来控制的。

　　图 7.93 所示为立式砂轮圆弧修整夹具，主要由支架、转盘和滑座等组成。

　　支架 4 固定在转盘 1 上，金刚石笔 5 装在支架上，当转动螺钉 6 时，使金刚石笔轴向移动，移动距离可用定位板 3 和量块 10 测量。

　　修整砂轮时，先按计算尺寸将一组量块垫上，使定位板 3 与之贴紧，紧固金刚石笔，取开定位板 3 和量块 10，参照转盘上的刻度确定撞块 7 的位置，转动转盘，使金刚石笔绕轴承座轴线转动，用砂轮进行修整。撞块 7 与固定块 8 相碰控制回转的角度。

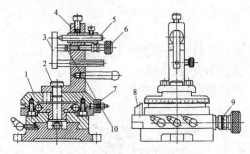

图 7.93　砂轮圆弧面的修整夹具

1—转盘；2—定位销；3—定位板；4—支架；5—金刚石笔；
6—螺钉；7—撞块；8—固定块；9—刻度；10—量块

砂轮圆弧半径采用垫量块的方法控制，量块高度 H 为

$$H = P - R$$

修整凸圆弧砂轮时，定位销 2 插入位于夹具回转中心的孔中，见图 7.94（a）。

修整凹圆弧砂轮时，定位销 2 插入夹具的另一孔中，见图 7.94（b）。

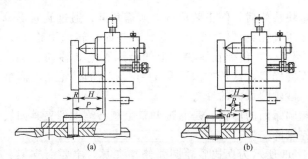

图 7.94　砂轮圆弧面修整夹具的调整方法

$$H = P - a + R$$

式中　H——计算的量块高度；

　　　P——当定位销 2 位于夹具回转中心时，支架 4 上的基面至夹具回转中心的距离；

　　　a——转盘上两个定位孔的中心距；

　　　R——砂轮成形半径。

图 7.95 所示为卧式修整工具。该工具主要由摆杆、滑座和夹

具体组成。使用时，先按计算尺寸在底面和金刚石笔间垫一组垫块，回转金刚石笔支架进行修整。

修整凸圆弧砂轮时，金刚石笔尖在主轴 3 中心线上方，此时 $H = P + R$［图 7.96（a）］。

修整凹圆弧砂轮时，金刚石笔尖在主轴 3 中心线下方，此时 $H = P - R$［图 7.96（b）］。

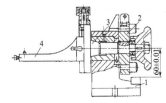
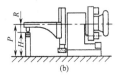
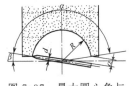

图 7.95　卧式修整工具　　　　图 7.96　砂轮圆弧面的修正方法
1—底座；2—正弦尺分度盘；
3—主轴；4—金刚石支架

（3）成形砂轮的修整要点

① 金刚石笔尖应与夹具回转中心在同一平面内，修整时，应通过砂轮主轴中心。

② 为减少金刚石笔消耗，粗修可用碳化硅砂轮。

③ 砂轮要求修整的形面如果是两个凸圆弧相连接，应先修整大的圆弧；如是一凸一凹圆弧连接，应先修整凹圆弧；若是凸圆弧与直线连接，应先修整直线；若是凹圆弧与直线连接，应先修整凹圆弧。

④ 修整凸圆弧时，砂轮半径应比所需磨削半径小 0.01mm；修整凹圆弧时，应比所需磨削半径大 0.01mm。修整凹圆弧时，最大圆心角与金刚石笔杆直径的关系（图 7.97）由下式求得

图 7.97　最大圆心角与金刚石笔杆直径的关系

$$\sin\beta = \frac{d + 2\alpha}{2R} \; ; \; \alpha = 180° - 2\beta$$

7.8.3　圆弧形导轨磨削实例

（1）零件分析

圆弧形导轨的零件图样如图 7.98 所示，材料 45 钢，热处理淬

硬 48～52HRC。高和宽四面均已磨削加工，现要求磨削（φ20±0.04)mm 半圆弧面，圆弧槽深保证（21±0.01)mm，圆弧轴线对底平面的平行度公差为 0.01mm，对侧面的平行度公差为 0.02mm，表面粗糙度 Ra 为 0.4μm。

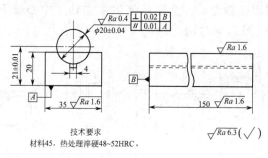

技术要求
材料45，热处理淬硬48~52HRC。

图 7.98　圆弧形导轨

（2）圆弧形导轨的机械加工工艺路线

① 锻坯。

② 回火。

③ 粗铣外形各尺寸。

④ 调质。

⑤ 半精铣外形各尺寸，Ra 为 1.6μm 的外形各平面留加工余量单面 0.3～0.35mm。

⑥ 铣圆弧槽，退刀槽铣成，圆弧槽留加工余量单面 0.3～0.35mm。

⑦ 淬火。

⑧ 粗、精磨外形平面。

⑨ 粗、精磨圆弧槽。

⑩ 检测。

（3）磨削操作准备

根据工件材料和技术要求进行如下选择。

① 选择 M7120A 型卧轴矩台平面磨床。

② 选择砂轮特性为：磨料 WA、粒度 F60、硬度 K、组织号 5、结合剂 V。用修整砂轮工具修整砂轮。

③ 工件用电磁吸盘和平口钳装夹，并用千分表找正工件侧面

与工作台纵向的平行度误差在 0.01mm 以内，装夹前应清理工件和工作台。

④ 采用成形砂轮粗、精磨圆弧槽。用圆弧修整工具将砂轮修成 $R 10^{-0.01}_{-0.03}$ mm 的凸圆弧，并调整金刚石笔位置垫量块组，控制金刚石笔的位置，获得精确的圆弧尺寸。

⑤ 选用乳化液切削液，并注意充分冷却。

（4）磨削操作步骤

外形表面的磨削见平面磨削，圆弧槽的磨削步骤如下。

① 操作前检查、准备

清理电磁吸盘工作台面，清理工件表面，去除毛刺，将工件装夹在电磁吸盘上；找正工件侧面与工作台纵向运动方向平行，误差不大于 0.01mm.；修整砂轮，用修整圆弧砂轮工具将砂轮修成 $R 10^{-0.05}_{-0.10}$ mm 凸圆弧；检查磨削余量；调整工作台，找正砂轮与工件圆弧相对位置，并调整工作台行程挡铁位置。

② 粗磨圆弧。用成形法粗磨圆弧槽，留 0.03～0.06mm 精磨余量。

③ 精修整砂轮至 $R 10^{-0.01}_{-0.03}$ mm 凸圆弧。

④ 精磨圆弧。用成形法精磨圆弧槽，保证圆弧槽尺寸（$\phi 20 \pm 0.04$）mm，圆弧轴线对底平面的平行度误差不大于 0.01mm，对侧面的平行度误差不大于 0.02mm，表面粗糙度 Ra 为 $0.4\mu m$。

（5）工件检测

用 3 级 300×300mm 平板，（$\phi 20 \pm 0.005$）mm×150mm 的检验棒和百分表检测工件的平行度。

第**8**章

其他切削加工

8.1 钻削加工

8.1.1 钻床及其加工方法

（1）钻床的加工方法

钻床主要用来加工孔径不大，精度要求较低的孔。其主要加工方法是用钻头在实体材料上钻孔，此外还可以进行扩孔、铰孔、锪平面、攻螺纹等加工。在钻床上加工时，工件不动，刀具旋转做主运动，同时沿轴向移动做进给运动，在钻床上的加工方法如图 8.1 所示。

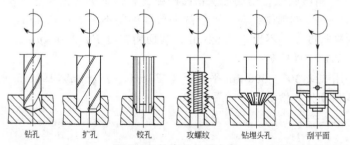

| 钻孔 | 扩孔 | 铰孔 | 攻螺纹 | 钻埋头孔 | 刮平面 |

图 8.1　钻床的加工方法

（2）钻床的类型

钻床的主要类型分为立式钻床、台式钻床、摇臂钻床、深孔钻床及其他钻床等。

立式钻床的主轴轴线垂直布置，其外形如图 8.2 所示，它由主轴箱、进给箱、主轴、工作台、底座等部件构成。加工时主轴在主轴套筒中旋转，同时，由进给箱传来的运动通过小齿轮和主轴套筒上的齿条，使主轴随着主轴套筒做轴向进给运动。进给箱和工作台可沿着立柱的导轨调整上下位置，以适应加工不同高度的工件。

在立式钻床上当加工完一个孔后再钻另一个孔时，需要移动工件，使刀具与另一个孔对准，这对大而重的工件操作很不方便，生产效率低，因此，立式钻床适用于在单件、小批生产类型中加工中、小型工件。

台式钻床简称为"台钻"，其外形如图 8.3 所示。台式钻床实质上是加工小孔的立式钻床，钻孔直径一般小于 15mm。由于加工孔直径小，所以台钻主轴的转速很高。台钻结构简单、小巧灵活、使用方便，但自动化程度低，工人劳动强度大，在大批量生产中一般不用这种机床。

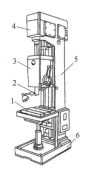 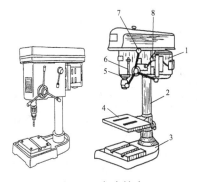

图 8.2　立式钻床外形
1—工作台；2—主轴；
3—进给箱；4—变速箱；
5—立柱；6—底座

图 8.3　台式钻床
1—电动机；2—立柱；3—底座；
4—升降工作台；5—主轴；6—钻孔
深度标尺；7—手柄；8—夹紧手柄

对于大而重的工件，在立式钻床上加工不方便，希望工件不动，能使主轴在空间任意调整位置，可采用摇臂钻床，其外形如图 8.4 所示。机床主轴箱 5 可沿摇臂 4 的导轨做横向移动调整位置，摇臂可沿外立柱的圆柱面上下移动和绕立柱转动来调整位置，主轴 6 可轴向移动实现进给。摇臂钻床广泛地应用于单件和中、小批生产中加工大中型零件。

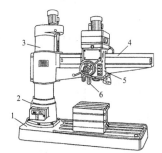

图 8.4　摇臂钻床的外形
1—底盘；2—连接座；3—外立柱；
4—摇臂；5—主轴箱；6—主轴

8.1.2 钻削

（1）麻花钻的结构和几何参数（表8.1）

表8.1 麻花钻的结构和几何参数

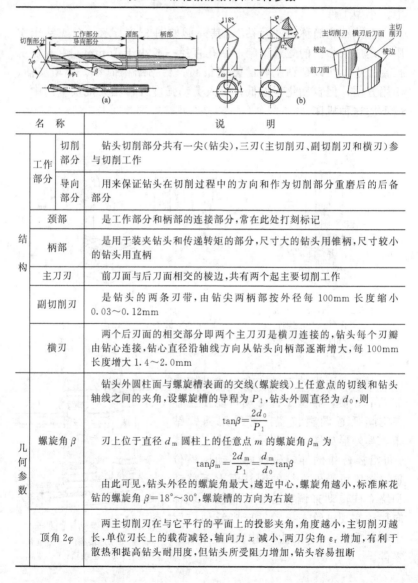

名　称		说　明
结构	工作部分 — 切削部分	钻头切削部分共有一尖（钻尖），三刃（主切削刃、副切削刃和横刃）参与切削工作
	工作部分 — 导向部分	用来保证钻头在切削过程中的方向和作为切削部分重磨后的后备部分
	颈部	是工作部分和柄部的连接部分，常在此处打刻标记
	柄部	是用于装夹钻头和传递转矩的部分，尺寸大的钻头用锥柄，尺寸较小的钻头用直柄
	主刀刃	前刀面与后刀面相交的棱边，共有两个起主要切削工作
	副切削刃	是钻头的两条刃带，由钻尖两柄部按外径每 100mm 长度缩小 0.03～0.12mm
	横刃	两个后刃面的相交部分即两个主刀刃是横刃连接的，钻头每个刃瓣由钻心连接，钻心直径沿轴线方向从钻头向柄部逐渐增大，每 100mm 长度增大 1.4～2.0mm
几何参数	螺旋角 β	钻头外圆柱面与螺旋槽表面的交线（螺旋线）上任意点的切线和钻头轴线之间的夹角，设螺旋槽的导程为 P_1，钻头外圆直径为 d_0，则 $$\tan\beta = \frac{2d_0}{P_1}$$ 刃上位于直径 d_m 圆柱上的任意点 m 的螺旋角 β_m 为 $$\tan\beta_m = \frac{2d_m}{P_1} = \frac{d_m}{d_0}\tan\beta$$ 由此可见，钻头外径的螺旋角最大，越近中心，螺旋角越小，标准麻花钻的螺旋角 $\beta = 18°\sim30°$，螺旋槽的方向为右旋
	顶角 2φ	两主切削刃在与它平行的平面上的投影夹角，角度越小，主切削刃越长，单位刃长上的载荷减轻，轴向力 x 减小，两刀尖角 ε_r 增加，有利于散热和提高钻头耐用度，但钻头所受阻力增加，钻头容易扭断

名 称		说 明
几何参数	主偏角 κ_r	主切削刃上任一点 m 的主偏角,是主切削刃在该点基面上的投影和钻头进给方向之间的夹角,主刃上各点主偏角不相等
	端面刃倾角 λ_{ot}	主切削刃上任一点 m 的端面刃倾角,是主切削刃在端面中的投影与 m 点的基面间的夹角。越近钻头中心 λ_{ot} 的绝对值越大
	前角 γ_0	主剖面内前刀面与基面间的夹角,越接近钻头外圆,前角越大,越接近钻头中心,前角越小,一般为负值
	后角 α_0	钻头主切削刃上任意一点 m 的后角,经常是用通过 m 点的圆柱剖面中的轴向后角 α_0、钻头的后角、主切削刃是变化的,名义后角是指钻头外圆处的后角,该处的 $\alpha_0 = 8° \sim 10°$,接近横刃处的 $\alpha_0 = 20° \sim 25°$,这样可以增加横刃的前角和后角,改变切削条件
	横刃角 ψ	在钻头端面投影中横刃和主切削刃的夹角,一般 $\psi = 50° \sim 55°$

(2)磨花钻的刃磨

磨花钻的刃磨质量直接关系到钻孔质量(尺寸精度和表面粗糙度)和钻削效率。麻花钻刃磨时,只需刃磨两个主后面,但同时要保证后角、顶角和横刃斜角的适当大小,所以麻花钻的刃磨是比较困难的。麻花钻刃磨后,必须达到下列两个要求。

① 麻花钻的两条主切削刃应该对称,也就是两主切削刃与钻头轴线成相等的夹角,并且长度相等。

② 横刃斜角应为 55°。

刃磨后的钻头,如果其几何角度不符合要求,则将严重影响孔的加工质量,如图 8.5 所示。其修磨方法见表 8.3。

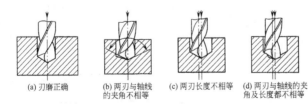

(a) 刃磨正确　　(b) 两刃与轴线的夹角不相等　　(c) 两刃长度不相等　　(d) 两刃与轴线的夹角及长度都不相等

图 8.5　钻头刃磨情况对孔质量的影响

(3)标准麻花钻的特点及其修磨

标准麻花钻的特点如表 8.2 所示。为了保证钻削质量,对标准麻花钻采取的修磨措施如表 8.3 所示。

表 8.2   标准麻花钻的优缺点

优点	缺点
① 由于两条切削刃是对称的，故作用在切削刃上的径向切削力 F_{Y0} 相互抵消 ② 麻花钻的通用性较好，能进行钻、扩、锪等作业 ③ 有较长的导向部分作为切削的后备部分，因此使用寿命较长 ④ 有两条对称的螺旋槽，有较大的实际工作前角，便于排屑	① 横刃长，且横刃处前角为负值，约为 $-54°\sim-60°$。在切削中，横刃引起的轴向力占 $45\%\sim55\%$，转矩占 15%，此外横刃长还使钻削时定心情况不好 ② 钻头前角分布不合理，即主切削刃上各点的前角变化很大；外缘处大，该处刃口虽很锋利，但过于单薄而近中心处则为负前角，切削不顺利 ③ 切屑宽，所占空间大，且切削刃上各点切屑流出的速度相差很大，使切屑卷曲成螺管状，不易排出，切削液也不易注入切削区 ④ 外刃与棱边转角处，切削速度最高，且由于棱边后角为零，该处摩擦所产生的热量大，散热条件又差，故磨损较快

表 8.3   标准麻花钻修磨措施

措施	简图	说明
修磨横刃		将横刃磨短至原来横刃的 $1/5\sim1/3$ 或 $b_\tau=(0.04\sim0.06)d_0$，同时磨出横刃处新形成的两条内刃的前角，为 $0°\sim-15°$，这样可以减小轴向力，加强定心作用，提高孔的质量和生产效率
修磨刃口倒棱式断屑槽		在两主切削刃的前刀面处修磨出倒棱 $b_\tau=0.1\sim0.2mm$ 或磨出浅断屑槽，这样可以提高刃上强度和改善断屑效果，在钻削黄铜、紫铜时修磨成倒棱后可防止扎刀现象
修磨分屑槽		在两主切削刃后刀面处修磨出深度大于进给量 f 的交错小狭槽，使切屑变为狭条，改善分屑、排屑条件，有利切削液注入，改善散热条件，提高钻削效率，同时再配合修磨横刃，其钻孔效率更高
修磨锋角		在主切削刃与副切削刃相连的转角处，修磨出直线过渡刃形成双重锋角，或修磨成三重锋角。常用锋角值 $2\varphi=118°$，$2\varphi_0=70°\sim90°$，$2\varphi'=50°\sim80°$，减小锋角值可减小轴向分力，改善外刃转角处切削刃强度和散热条件，提高钻头耐用度

8.1.3 钻孔的基本操作

（1）钻头的装夹

直柄钻头需用带锥柄的钻夹头夹住［图 8.6（a）］，再将钻夹头插入主轴锥孔，若钻夹头的锥柄不够大时，可加钻套［图 8.6（b）］，锥柄钻头的锥柄规格若与主轴锥孔规格相同，可直接插入主轴锥孔，否则也同样可用钻套。

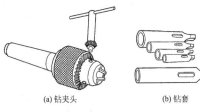

(a) 钻夹头　　(b) 钻套

图 8.6　钻夹头及钻套

（2）工件的装夹

钻孔径较小的小型工件时，可用平口虎钳夹住。孔径较大时，钻削转矩也大，为安装牢固和操作安全起见，需用压板、螺栓和 V 形定位元件等装夹工件。

（3）钻孔的一般方法

在对单件和小批工件钻孔之前，可在工件上通过划线确定所需钻孔的中心点，并在此中心点用锥形冲头冲出锥坑（样冲眼），以便钻头容易对住孔的中心，若工件批量大，孔的位置精度高，则需用钻模来保证。

8.1.4 钻削要素及钻削用量的选择

（1）钻削要素（表 8.4）

表 8.4　钻削要素

简图	名称		代号	说　　　明
$d_0=2a_p$	切削用量要素	切削速度	v_c	$v_c=\dfrac{\pi dn}{1000}$　（r/min）
		进给量 进给量	f	钻头每转一周沿进给方向移动的距离，mm/r
		每齿进给量	a_f	由于钻头有两个刀齿，故每个刀齿的进给量 a_f 为 $$a_f=f/2　（mm/齿）$$
		切削深度	a_p	沿钻头半径方向测得的切削尺寸。钻实心孔时，钻削深度 a_p 为钻头直径 d_0 的一半 $$a_p=\dfrac{d_0}{2}　（mm）$$

简图	名称	代号	说　　明
切削层要素	切削厚度	a_c	沿垂直于主切削刃的基面上投影的方向所测出的切削层厚度 $$a_c = a_f \sin\kappa_n = \frac{f}{2}\sin\kappa_n \quad (\text{mm})$$ $$a_c = a_f \sin\kappa_r = \frac{f}{2}\sin\kappa_r \quad (\text{mm})$$ 由于主切削刃各点的 κ_r 不相等,因此各点的切削厚度也不相等,可近似地用平均切削厚度表示 $$a_c = a_f \sin\varphi = \frac{f}{2}\sin\varphi$$
	切削宽度	a_w	沿主切削刃在基面上投影测量的切削层宽度,近似地表示为 $$a_w = \frac{a_p}{\sin\kappa_r} = \frac{a_p}{\sin\varphi}$$
	切削面积	A_c	钻头每个刀齿切下的切削面积为 $$A_c = a_c a_w = a_f a_p \quad (\text{mm}^2)$$

（2）钻削用量的选择

钻削适合尺寸精度为 IT12～IT13,表面粗糙度 Ra 为 $12.5\mu m$ 的孔加工,一般采用高速钢和硬质合金刀具材料的钻头,常用的钻削钻削速度 v_c 和进给量 f 如表 8.5、表 8.6 所示。

表 8.5　高速钢刀具的钻削速度 v_c 和进给量 f

加工直径 /mm	铸件		钢（铸钢）		铜铝	
	v_c/m·min^{-1}	f/mm·r^{-1}	v_c/m·min^{-1}	f/mm·r^{-1}	v_c/m·min^{-1}	f/mm·r^{-1}
3～6	26～38	0.1～0.2	28～40	0.06～0.1	30～50	0.1～0.2
6～10	24～36	0.15～0.3	26～38	0.1～0.3	28～45	0.15～0.3
10～20	22～34	0.2～0.4	24～36	0.12～0.4	26～42	0.2～0.4
20～30	20～32	0.25～0.6	22～34	0.15～0.6	24～40	0.25～0.6
30～40	18～30	0.3～0.8	20～32	0.2～0.8	22～38	0.3～0.8
40～50	16～28	0.4～1.0	18～30	0.25～1.0	20～36	0.4～1.0
50～60	14～26	0.5～1.2	16～28	0.3～1.0	18～34	0.5～1.2
＞60	12～24	0.6～1.5	14～26	0.3～1.0	16～32	0.6～1.2

表 8.6　硬质合金刀具的钻削速度 v_c 和进给量 f

加工直径 /mm	铸铁		铜、铝及其合金	
	$v_c/\mathrm{m \cdot min^{-1}}$	$f/\mathrm{mm \cdot r^{-1}}$	$v_c/\mathrm{m \cdot min^{-1}}$	$f/\mathrm{mm \cdot r^{-1}}$
10～20	50～80	0.2～0.4	60～90	0.2～0.5
20～30	45～75	0.3～0.6	55～85	0.3～0.8
30～40	40～70	0.4～0.8	50～80	0.4～1.0
40～50	35～65	0.5～1.0	45～75	0.5～1.2
＞50	30～60	0.6～1.2	40～70	0.6～1.5

8.1.5 深孔钻削

（1）深孔的钻削

一般孔的长度超过 5 倍孔径时称为深孔，深孔排屑方法一般有外排屑和内排屑两种（表 8.7）。外排屑切削液从钻中心流入，通过钻杆与孔壁之间的间隙，依靠切削液的压力带着切屑一起向外排出；内排屑的切削液以钻杆外圆与工件孔壁间隙流入，通过钻杆中心依靠切削液的压力带着切屑一起向外排出。

表 8.7　外排屑深孔钻及内排屑深孔钻

类型	简图	排屑特点
外排屑深孔钻		刀具结构简单，排屑间隙容屑空间大，一般适用于小直径深孔钻削及深孔套料钻削
内排屑深孔钻		钻杆外径大，刚性好，有利于提高进给量，从而提高生产率，用一定压力的切削液使切屑从钻杆内冲出来。冷却、排屑效果好，但机床必须具有液压装置与变压器，并必须附设一套供液系统。内排屑适用于直径在 16mm 以上的深孔钻削加工

① 在采用标准麻花钻或特长麻花钻钻削深孔时，钻到一定深度后应退出工件，借以排除切屑，并冷却刀具，然后继续钻削。这种钻削方法适用于加工直径较小的深孔，但生产率和加工精度都比较低。

② 在深孔机床上实现一次进给的加工方法，需采用各种类型的深孔钻头，并配备相应的钻杆、传动器、导向器、切削液输入器等，一般有内排屑和外排屑两种形式，其生产率、加工直线度及表

面粗糙度都优于以上所述各种方法。

（2）常见深孔刀具的结构

深孔钻的种类和结构见表8.8。

表8.8　深孔钻的种类和结构

名称	简图
单刃外排屑深孔钻	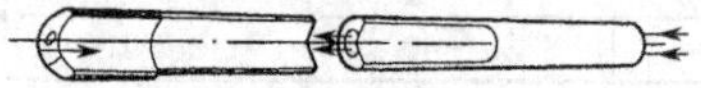
错齿内排屑深孔钻	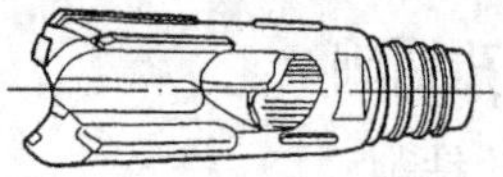
内排屑可转位刀片深孔钻	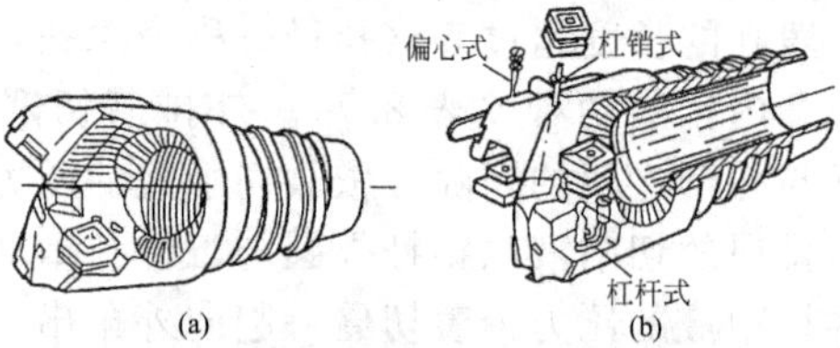 偏心式　杠销式 杠杆式 (a)　(b)
喷吸钻	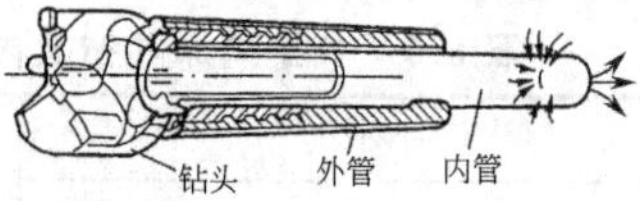 钻头　外管　内管
机夹单刃内排屑深孔镗刀	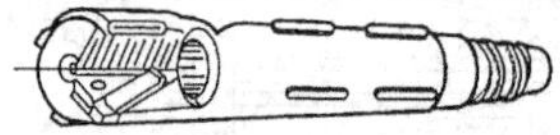
盲孔套料刀	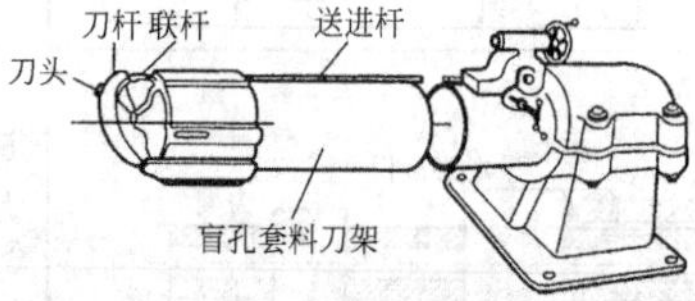 刀杆联杆　送进杆 刀头 盲孔套料刀架

（3）内排屑深孔钻钻孔中常见问题的原因和解决方法（表8.9）

表8.9　内排屑深孔钻钻孔中常见问题的原因和解决方法

问题内容	产生原因	解决办法
孔表面粗糙	① 切屑黏结 ② 同轴度不好 ③ 切削速度过低，进给量过大或不均匀 ④ 刀具几何形状不合适	① 降低切削速度，避免崩刃；换用极压性能高的切削液，并改善过滤情况，提高切削液的压力与流量 ② 调整机床主轴与钻套的同轴度，采用合适的钻套直径 ③ 采用合适的切削用量

续表

问题内容	产生原因	解决办法
孔口喇叭形	同轴度不好	改变切削几何角度与导向块的形状,调整机床主轴、钻套和支承套的同轴度,采用合适的钻套直径,及时更换磨损过大的钻套
钻头折断	① 断屑不好,切屑排不出 ② 进给量过大、过小或不均匀 ③ 钻头过度磨损 ④ 切削液不合适	① 改变断屑槽的尺寸,避免过长、过浅,及时发现崩刃情况并更换;加大切削液的压力、流量,采用材料组织均匀的工件 ② 采用合适的切削用量 ③ 定期更换钻头,避免磨损 ④ 采用合适的切削液并改善过滤情况
钻头寿命低	① 切削速度过高或过低,进给量过大 ② 钻头不合适 ③ 切削液不合适	① 采用合适的切削液及切削用量 ② 更换刀具材料,变动导向块的位置与形状 ③ 换用极压性高的切削液,增大切削液的压力流量;改善切削液过滤情况
① 切屑成带状 ② 切屑过小 ③ 切屑过大	① 断屑槽几何形状不合适,切削刃几何形状不合适;进给量过小,工件材料组织不均匀 ② 断屑槽过短或过深,断屑槽半径过小 ③ 断屑槽过长或过浅,断屑槽半径过大	① 变动断屑槽及切削刃的几何形状,增大进给量,采用材料组织均匀的工件 ② 改变断屑槽的几何形状

8.1.6 扩孔、锪孔与锪端面

(1) 扩孔钻及其特点 (表 8.10)

表 8.10 扩孔钻及其特点

名称	简图	特点
扩孔钻	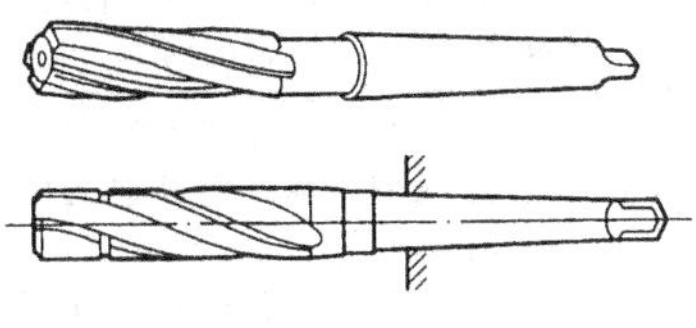	用来扩大孔径,提高孔的加工精度的工具,其外形和麻花钻类似,因其加工余量小,主刀刃短,容屑槽浅,钻心直径大,齿数比麻花钻多,故刚性好,加工后孔的精度可达 IT10 ~ IT11 级,粗糙度 Ra 为 6.3 ~ 3.2μm 直径 10~32mm 的扩孔钻制成整体,25~80mm 的制成套装

（2）扩孔用量选择（表8.11）

表 8.11　高速钢和硬质合金扩孔时的进给量

扩孔钻直径 d_0/mm	加工不同材料的进给量 f/mm·r^{-1}		
	钢及铸钢	铸铁、铜合金及铝合金	
		≤200HBS	>200HBS
≤15	0.5～0.6	0.7～0.9	0.5～0.6
>15～20	0.6～0.7	0.9～1.1	0.6～0.7
>20～25	0.7～0.9	1.0～1.2	0.7～0.8
>25～30	0.8～1.0	1.1～1.3	0.8～0.9
>30～35	0.9～1.1	1.2～1.5	0.9～1.0
>35～40	0.9～1.2	1.4～1.7	1.0～1.2
>40～50	1.0～1.3	1.6～2.0	1.2～1.4
>50～60	1.1～1.3	1.8～2.2	1.3～1.5
>60～80	1.2～1.5	2.0～2.4	1.4～1.7

注：1. 加工强度及硬度较低的材料时，采用较大值；加工强度及硬度较高的材料时，采用较小值。

2. 在加工不通孔时，进给量可取 0.3～0.6mm/r。

3. 表中进给量用于孔的精度不高于 IT12～IT13，以后还要用扩孔钻和铰刀的孔，还要用两把铰刀加工孔。

4. 当加工孔的要求较高时，例如 IT8～IT11 精度的孔，还要用一把铰刀加工的孔，用丝锥攻丝前的扩孔，则进给量应乘系数 0.7。

（3）扩孔钻孔中常见问题的原因和解决方法（表8.12）

表 8.12　扩孔钻孔中常见问题的原因和解决方法

问题内容	产生原因	解决办法
孔径增大	① 扩孔钻切削刃摆差大 ② 扩孔钻刃口崩刃 ③ 扩孔钻刃带上有切屑瘤 ④ 安装扩孔钻时，锥柄表面油污未擦净或锥面被碰伤	① 刃磨时保证摆差在允许范围内 ② 及时发现崩刃情况，更换刀具 ③ 将刃带上的切屑瘤用油石清除 ④ 安装扩孔钻前必须将扩孔钻锥柄及机床主轴锥孔内部油污擦干净，锥面有碰伤处用油石修光孔
表面粗糙	① 切削用量过大 ② 切削液供给不足 ③ 扩孔钻过度磨损	① 适当减小切削用量 ② 切削液喷嘴对准加工孔口，加大切削液流量 ③ 定期更换扩孔钻，刃磨时把磨损部分全部磨去

续表

问题内容	产生原因	解决办法
孔位置 精度超差	① 导向套配合间隙大 ② 主轴与导向套同轴度误差大 ③ 主轴轴向松动	① 位置公差要求较高时,导向套与 刀具配合要精密些 ② 校正机床与导向套位置 ③ 调整主轴轴承间隙

（4）锪孔与锪端面及其特点（表 8.13）

表 8.13　锪钻及其特点

名称	简图	特点
锪钻		用来加工各种沉头孔和锪端面,锪钻上有导向柱,保证所锪表面与孔的同轴度或垂直度。锪钻可用高速钢或硬质合金制成

8.2 铰削加工

铰削是用铰刀对孔进行半精加工和精加工的加工方法。铰孔的尺寸精度一般为 IT6～IT8 级，表面粗糙度 Ra 为 $1.6 \sim 0.4\mu m$。

8.2.1 铰刀的结构及几何参数（表 8.14）

表 8.14　铰刀的结构及几何参数

简图	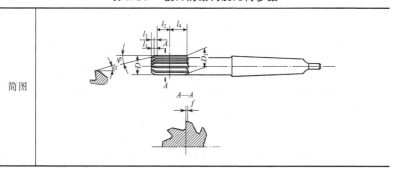

项目	名称		代号	作　　　用
结构	工作部分	引导锥	L_3	便于将铰刀引入孔中
		切削部分	L_1	起主要的切削作用
		圆柱部分		起导向、校准和修光的作用
	颈部			连接工作部分与柄部
	柄部			有直柄和圆锥柄两种
几何参数	齿数		z	直径越大，齿数也越多，导向性好，每齿负荷小，铰孔质量高
	齿形与齿槽方向			刃齿通常制成直线齿背、折线齿背；齿槽方向可制成直槽和螺旋槽(后者切削平稳)，通孔为左旋、不通孔为右旋，β 为其螺旋角
	切削锥角		κ_r	κ_r 小时，切屑薄，轴向分力小，切入时导向好，但切削变形大，切入和切出的时间长，通常取 $\kappa_r=0.5°\sim1°$(机动铰刀可大些)
	前角和后角		r_o α_o	一般取 $r_o=0°$，为减小切削变形可取 $r_o=5°\sim10°$，因 α_c 很小，故后角 α_o 应较大，一般取 $\alpha_o=6°\sim10°$，校准部分必须留有刃带 $b_{o1}=0.05\sim0.3$mm，以修光和校准，并便于制造和检验刀齿
	轴向刃倾角		λ_{ax}	直槽铰刀切削刃与轴线间的倾角，常取 $\lambda_{ax}=-15°\sim-20°$，使切屑向前排出，不致擦伤已加工表面
铰刀的极限偏差值				指校准部分的直径与公差，铰刀公称直径应等于被铰孔公称直径 d，而其公差则与被加工孔公差，铰刀制造公差备磨量及铰削后孔径可能产生的扩张量或收缩量有关，其上差=2/3 孔公差，下差=1/3 孔公差

8.2.2　铰削用量的选择

铰削用量的选择见表 8.15。

表 8.15　机铰刀铰孔时的进给量

铰刀直径/mm	高速钢铰刀				硬质合金钢铰刀			
	钢		铸铁		钢		铸铁	
	$\sigma_b=$ 0.883GPa	$\sigma_b>$ 0.883GPa	≤170HBS 铸铁铜及铝合金	>170 HBS	未淬火钢	淬火钢	≤170 HBS	>170 HBS
≤5	0.2~ 0.5	0.15~ 0.35	0.6~ 1.2	0.4~ 0.8				
>5~ 10	0.4~ 0.9	0.35~ 0.7	1.0~ 2.0	0.65~ 1.3	0.35~ 0.5	0.25~ 0.35	0.9~ 1.4	0.7~ 1.1

续表

铰刀直径/mm	高速钢铰刀				硬质合金钢铰刀			
	钢		铸铁		钢		铸铁	
	$\sigma_b=$ 0.883GPa	$\sigma_b>$ 0.883GPa	≤170HBS 铸铁铜及铝合金	>170 HBS	未淬火钢	淬火钢	≤170 HBS	>170 HBS
>10~20	0.65~1.4	0.55~1.2	1.5~3.0	1.0~2.0	0.4~0.6	0.30~0.40	1.0~1.5	0.8~1.2
>20~30	0.8~1.8	0.65~1.8	2.0~4.0	1.3~2.6	0.5~0.7	0.35~0.45	1.2~1.8	0.9~1.4
>30~40	0.95~2.1	0.8~1.8	2.5~5.0	1.6~3.2	0.6~0.8	0.40~0.50	1.3~2.0	1.0~1.5
>40~60	1.3~2.8	1.2~2.3	3.2~6.4	2.1~4.2	0.7~0.9		1.6~2.4	1.25~1.8
>60~80	1.5~3.2	1.2~2.6	3.75~7.5	2.6~5.0	0.9~1.2		2.0~3.0	1.5~2.0

注：1. 表面进给量用于加工通孔，加工不通孔时进给量应取为 0.2~0.5mm/r。

2. 大进给量用于在钻孔或扩孔之后、精铰孔之前的粗铰孔。

3. 中等进给量用于粗铰之后精铰 IT7 级精度的孔以及精镗之后精铰 IT7 级精度的孔；对硬质合金的铰刀，中等进给量用于精铰 IT8~IT9 级精度的孔。

4. 最小进给量用于抛光或珩磨之前的精铰孔以及用一把铰刀精铰 IT8~IT9 级精度的孔；对硬质合金的铰刀，最小进给量用于精铰 IT7 级精度的孔。

8.2.3 铰孔中常见问题的原因和解决方法（表 8.16）

表 8.16　多刃铰刀铰孔中常见问题的原因和解决方法

问题内容	产生原因	解决方法
孔径扩大	① 铰刀外径尺寸设计值偏大或铰刀刃口有毛刺 ② 切削速度过高，切削液不充分，铰刀发热 ③ 进给量不当或加工余量太大 ④ 切削液选择不当 ⑤ 铰刀弯曲 ⑥ 铰刀刃口上黏附着切削瘤 ⑦ 刃磨时铰刀刃口摆差过大 ⑧ 铰刀主偏角过大 ⑨ 安装铰刀时，锥柄表面油污未擦干净或锥面被碰伤	① 根据具体情况适当减小铰刀外径，将铰刀刃口毛刺修光 ② 降低切削速度，加大切削液流量 ③ 适当调整进给量或减少加工余量 ④ 选择冷却性能较好的切削液 ⑤ 校直或报废弯曲铰刀 ⑥ 用油石仔细修整 ⑦ 控制摆差在允许范围内 ⑧ 适当减小主偏角 ⑨ 安装铰刀前必须将铰刀锥柄及机床主轴锥孔内部油污擦干净，锥面被碰伤处用油石修光

续表

问题内容	产生原因	解决方法
孔径扩大	⑩ 锥柄的偏尾偏位,装入机床主轴后影响锥柄与主轴的同轴度 ⑪ 主轴弯曲或主轴轴承间隙过大或损坏 ⑫ 铰刀浮动不灵活,与工件不同轴 ⑬ 手铰孔时两手用力不均匀,使铰刀摆动	⑩ 修磨铰刀偏尾 ⑪ 调整或更换主轴轴承 ⑫ 重新调整浮动卡头并调整同轴度 ⑬ 用力均匀
孔径小	① 铰刀外径尺寸设计值偏小 ② 切削液选择不合适 ③ 铰刀已磨损,刃磨时磨损部分未磨出 ④ 铰薄壁钢件时,铰孔后孔内弹性恢复使孔径缩小 ⑤ 铰钢料时,余量太大或铰刀不锋利,已加工表面产生弹性恢复,使孔径缩小	① 更改铰刀外径尺寸 ② 选择润滑性能好的油性切削液 ③ 定期更换铰刀,正确刃磨铰刀切削部分 ④ 设计铰刀尺寸时应考虑此因素,或根据实际情况取值 ⑤ 做试验性切削,取合适余量,将铰刀磨锋利
内孔不圆	① 铰刀过长,刚性不足,铰削时产生振动 ② 铰孔前扩孔不圆,使铰孔余量不均匀,铰刀晃动 ③ 使铰刀产生抖动	① 刚性不足的铰刀可采用不等分齿距的铰刀;铰刀的安装应采用刚性连接 ② 保证铰孔前孔的圆度 ③ 采用等齿距铰刀铰精密的孔时,对机床主轴间隙与导向套的配合度要求较高
孔表面粗糙度值大	① 切削速度过快 ② 切削液选择不适当 ③ 铰孔余量过大 ④ 铰孔余量不均匀或太小,局部表面未铰到 ⑤ 铰刀刃口不锋利,刀面粗糙 ⑥ 铰刀刃带过宽 ⑦ 铰刀过度磨损 ⑧ 铰孔的排屑不良 ⑨ 铰刀碰伤,刃口留有毛刺或崩刃 ⑩ 刃口有积屑瘤	① 降低切削速度 ② 根据加工材料选择切削液 ③ 适当减小铰孔余量 ④ 提高铰孔前底孔位置精度与质量,或增加铰孔余量 ⑤ 选用合格铰刀 ⑥ 修磨刃带宽度 ⑦ 根据具体情况减少铰刀齿数,加大容屑空间,或采用带刃倾角铰刀,使排屑顺利 ⑧ 定期更换铰刀;刃磨时把磨损区全部磨去 ⑨ 铰刀在刃磨、使用及运输过程中应采取保护措施,避免被碰伤;对已碰伤的铰刀,应用特细的油石将被碰伤处修好或更换铰刀 ⑩ 用油石修整到合格

续表

问题内容	产生原因	解决方法
铰刀寿命低	① 铰刀材料不合适 ② 铰刀在刃磨时烧伤 ③ 切削液选择不合适,切削液未能顺利地流到切削处 ④ 铰刀刃磨后表面粗糙度值大	① 根据加工材料选择铰刀材料,可采用硬质合金铰刀或涂层铰刀 ② 严格控制刃磨切削用量,避免烧伤 ③ 根据加工材料正确选择切削液;经常清除切屑槽内的切屑,用足够压力的切削液 ④ 通过精磨或研磨达到要求
孔位置精度超差	① 导向套磨损 ② 导向套底端距工件太远,导向套长度短,精度差 ③ 主轴轴承松动	① 定期更换导向套 ② 加长导向套,提高导向套与铰刀间的配合精度 ③ 及时维修机床,调整主轴轴承间隙
铰刀刃齿崩刃	① 铰孔余量大 ② 工件材料硬度过高 ③ 切削刃摆差过大,切削负荷不均匀 ④ 铰刀主偏角太小,使切削宽度增大 ⑤ 铰深孔或盲孔时,切屑严重堵塞,不及时消除	① 修改预加工的孔径尺寸 ② 降低材料硬度,或改用负前角铰刀或硬质合金铰刀 ③ 控制摆差在合格范围内 ④ 加大主偏角 ⑤ 注意及时消除切屑或采用带刃倾角铰刀
铰刀柄部折断	① 铰孔余量过大 ② 铰锥孔时,粗、精铰削余量分配不当,切削用量选择不合适 ③ 铰刀刀齿容屑空间小,切屑堵塞	① 减小余量 ② 修改余量分配,合理选择切削用量 ③ 减小铰刀齿数,加大容屑空间,或将刀齿间隙磨去一齿
铰孔后孔的轴线不直	① 铰孔前的钻孔不直,特别是孔径较小时,由于铰刀刚性较差,不能纠正原有的弯曲度 ② 铰刀主偏角过大,导向不良,使铰刀在铰削中离离方向 ③ 切削部分倒锥过大 ④ 铰刀在断续孔中部间隙处位移 ⑤ 手铰孔时,在一个方向上用力过大,迫使铰刀向一边偏斜,破坏了铰孔的垂直度	① 增加扩孔或镗孔工序,校正孔 ② 减小主偏角 ③ 调换合适的铰刀 ④ 调换有导向部分或切削部分加长的铰刀 ⑤ 注意正确操作

8.3 镗削加工

镗削是用镗床进行加工的一种工艺方法，其特点是工件安装在机床工作台或附件或其他装置上固定不动，主运动是刀具随镗床主轴的旋转运动，进给运动是主轴或工作台的移动，镗削适合加工大型、复杂的箱体类零件上的孔。

8.3.1 镗床

镗床的主要类型有卧式镗床、立式镗床、坐标镗床、落地镗铣床等。镗床的工艺范围很广，可以镗削单孔和孔系，锪、铣平面，镗止口及镗车端面，还可以切槽、车螺纹、镗锥孔及球面等，可以保证孔径（H7～H6）、孔距（0.015mm 左右）的精度和表面粗糙度（Ra 为 1.6～0.8μm）。

（1）卧式镗床

卧式镗床是一种主轴水平布置并可轴向进给，主轴箱沿前立柱导轨垂直移动，工作台可绕立轴旋转或纵、横向移动并能进行铣削的机床。其组成如图 8.7 所示。

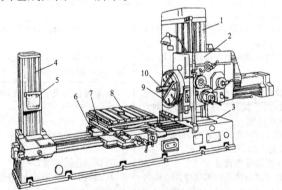

图 8.7 卧式镗床

1—前立柱；2—主轴箱；3—床身；4—后立柱；5—支承座；6—下滑座；
7—上滑座；8—工作台；9—平旋盘；10—主轴

卧式镗床的工艺范围广泛，除镗孔以外，还可以进行镗端面、镗凸缘的外圆、镗螺纹和铣平面等工作，如表 8.17 所示。

表 8.17 卧式镗床的加工范围

简图	说明	简图	说明
	麻花钻钻孔。初步定位,用于孔径 $d<80$mm 及 $L/d<10$		单面镗孔(不用支承)。主轴刚性好,吃刀量大,用于 $L<5d$
	整体或套式扩孔钻扩孔。保证孔的直线性,用于孔径 $d<80$mm		单面镗孔(在花盘上安置支承)。用于 $l<(5\sim6)d$ 及 $L>(5\sim6)d$ 的孔
	整体或套式铰刀铰孔。保证孔径尺寸精度和表面粗糙度,用于孔径 $d<80$mm		利用后支承架支承镗杆镗孔。用于 $L>(5\sim6)d$
	调头镗孔。加工前后孔系只要一次装夹,用于 $L>(5\sim6)d$,并需配置回转工作台		镗端面。用于加工余量较大的工件
1,4—活动位块;2,3—固定定位块;5,6—内径规;7—工件;8—镗床立柱	用坐标法镗孔(孔距用内径规测量),用于多孔系加工,如主轴箱体等工件		铣端面。吃刀量较大,用于端面余量很大的工件
	用镗模镗孔。保证各孔之间、孔与基面的形位要求,用于同轴度较高的主轴箱		用径向刀架车槽。保证槽与孔的同轴度,用于备有径向刀架的镗床

简图	说明	简图	说明
	用飞刀架镗端面。保证大孔径工件的端面与孔的垂直度和两端面的平行度		用飞刀架镗孔。用于加工不深的大孔
	镗端面。保证端面与孔垂直度,用于加工余量和直径不大的工件		镗半圆槽。便于对较大工件的装夹及加工,用于单件生产

（2）坐标镗床

坐标镗床主要用于孔本身精度及位置精度要求都很高的孔系加工，如钻模、镗模和量具等零件上的精密孔加工。这种机床的主要零部件的制造和装配精度都很高，并具有良好的刚性和抗振性。依靠坐标测量装置，能精密地确定工作台、主轴箱等移动部件的位移量，实现工件和刀具的精确定位。例如，工作台面宽 $200\sim300\text{mm}$ 的坐标镗床，定位精度可达到 0.002mm。坐标镗床的工艺范围很广，除镗孔、钻孔、扩孔、铰孔以及精铣平面沟槽外，还可进行精密刻线和划线以及进行孔距和直线尺寸的精密测量工作。坐标镗床主要用于工具车间单件生产和生产车间加工孔距要求较高的零件，如飞机、汽车和机床上箱体的轴承孔。

坐标镗床按其布局形式分为单柱、双柱和卧式等类型。立式单柱坐标镗床如图 8.8 所示。工件固定在工作台 3 上，带有主轴部件的主轴箱 5 装在

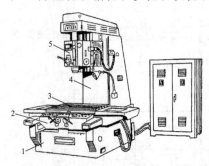

图 8.8 立式单柱坐标镗床外形图
1—床身；2—床鞍；3—工作台；
4—立柱；5—主轴箱

立柱 4 的垂直导轨上，可上下调整位置，以适应加工不同高度的工件。主轴由精密轴承支承在主轴套筒中，由主传动机构传动其旋转，完成主运动。当进行镗孔、钻孔、铰孔等工序时，主轴由主轴套筒带动，在垂直方向做机动或手动进给运动。镗孔坐标位置由工作台沿床鞍 2 导轨的纵向移动和床鞍 2 沿床身 1 导轨的横向移动来确定。当进行铣削时，则由工作台在纵向或横向移动完成进给运动。

8.3.2 镗刀、镗杆和镗套

（1）镗刀

① 单刃镗刀与镗杆的装夹方式（表 8.18）

表 8.18 单刃镗刀装夹在镗杆上的方式

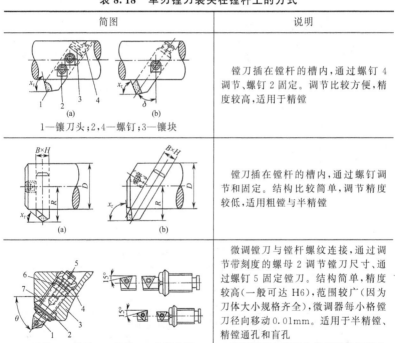

简图	说明
1—镶刀头；2,4—螺钉；3—镶块	镗刀插在镗杆的槽内,通过螺钉 4 调节、螺钉 2 固定。调节比较方便,精度较高,适用于精镗
	镗刀插在镗杆的槽内,通过螺钉调节和固定。结构比较简单,调节精度较低,适用粗镗与半精镗
1—刀片；2—螺母；3—刀杆；4—拉紧垫圈；5—螺钉；6—导向螺钉；7—刀体	微调镗刀与镗杆螺纹连接,通过调节带刻度的螺母 2 调节镗刀尺寸、通过螺钉 5 固定镗刀。结构简单,精度较高(一般可达 H6),范围较广(因为刀体大小规格齐全),微调器每小格镗刀径向移动 0.01mm。适用于半精镗、精镗通孔和盲孔 微调镗刀在镗杆上的安装角度通常采用直角型和倾斜型,倾斜角度 $\theta = 53°8'$

续表

简图	说明
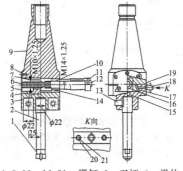 1—紧固螺钉；2—镗刀；3—螺钉；4—定位块	差动调节镗刀与镗杆槽为过渡配合，通过螺钉3上不同螺距的螺纹与镗刀和定位块实现差动调节，通过紧固螺钉1将镗刀和定位块固定在刀杆上。这种结构比较简单，孔径调节范围小，适用于精镗及半精镗。差动调节器每小格镗刀径向移动0.005mm
1,8,13～16,21—螺钉；2—刀柄；3—滑体；4—螺母座；5—盖板；6—差动螺杆；7,20—螺母；9—滑座；10—螺母套筒；11—套筒；12—销子；17—塞铁；18—调节螺钉；19—顶柱	精度高，镗排有足够刚性和强度，使用方便，镗孔直径为10～120mm，微调行程为5mm。差动微调器为每小格镗刀径向移动0.05mm 适用于半精镗及精镗
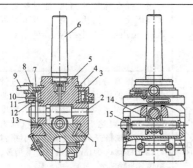 1—塞铁；2—蜗杆；3—制动环；4—弹簧片；5—上壳体；6—莫氏锥柄；7,10—拨销；8—上凸轮片；9—下凸轮片；11,12—环；13—盖板；14—蜗轮；15—丝杠	横向微动镗头能作变速横向自动进给运动，并有进给运动限位器，圆柱表面直径为 $\phi5\sim200$mm，平面加工自动进给宽度为 $0\sim40$mm，粗调尺寸为2mm/r，微调尺寸为0.025mm/格，平面自动进给速度为0.01mm/r、0.02mm/r、0.03mm/r、0.04mm/r、0.05mm/r、0.06mm/r，工作精度平面与轴线垂直度不大于0.01mm 适用于半精镗，精镗内外圆柱表面、平面、内槽及圆锥孔等

② 单刃镗刀的规格（表 8.19～表 8.21）

表 8.19 单刃镗刀刀杆尺寸 mm

简图	参数		
	$B \times H$	L	f
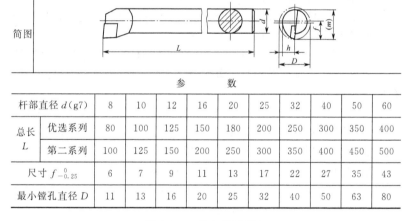	8×8	$25 \sim 40$	2
	10×10	$30 \sim 50$	
	12×12	$50 \sim 70$	
	16×16	$70 \sim 90$	4
	20×20	$80 \sim 100$	

表 8.20 机夹单刃镗刀的系列尺寸 mm

简图										

	参 数									
杆部直径 d(g7)	8	10	12	16	20	25	32	40	50	60
总长 L — 优选系列	80	100	125	150	180	200	250	300	350	400
总长 L — 第二系列	100	125	150	200	250	300	350	400	450	500
尺寸 $f_{-0.25}^{0}$	6	7	9	11	13	17	22	27	35	43
最小镗孔直径 D	11	13	16	20	25	32	40	50	63	80

表 8.21 机夹单刃镗刀 mm

简图	
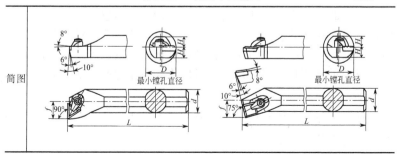	

续表

参 数					刀片内切圆直径	
d	L	f	H	D 最小镗孔直径	三角形刀片	四方形刀片
16	200	11	7	20	6.35	9.525
20	250	13	9	25		
25	300	17	11	32	9.525	12.70
32	350	22	14	40		

③ 双刃镗刀 双刃镗刀分整体镗刀块和可调镗刀两大类。整体镗刀块与镗杆有固定和浮动两种装夹形式。整体镗刀块固定安装在镗杆时，两切削刃与镗杆中心线的对称度主要取决于镗刀块的制造、刃磨精度。

整体双刃镗刀块插在镗杆槽内，通过螺钉与刀块上的定位槽将刀块固定在镗杆上，如图 8.9 所示，其尺寸不可调节，精度靠制造、刃磨保证，适用于粗加工和半精加工。

图 8.10 所示整体双刃镗刀块插在镗杆槽内，通过刀块上的凹槽与镗杆定位，通过斜楔将刀块固定在镗杆上，其尺寸不可调节，精度靠制造、刃磨保证。

可调双刃镗刀块 6 插在镗杆槽内，螺钉 1 通过楔销 2、垫块 9 将刀块顶紧固定在镗杆上，如图 8.11 所示。刀刃调节时，将螺钉 1 松开，取去垫块 9，松开螺母 3，通过螺钉 8，调节镗刀 7 在镗刀块 6 槽中的位置，调好后，拧紧螺母 3，通过螺钉 5 的圆锥体，推动滑块 4 将镗刀 7 夹紧在镗刀块 6 的槽中。这种镗刀块的镗杆直径不宜小于 35mm，可用于半精加工和精加工。

④ 浮动镗刀块 浮动镗刀块在镗杆的矩形槽中可以滑动，镗削时，借助切削刃上的切削力来自动平衡其切削位置，因此，能抵偿镗刀块、镗杆的制造与安装误差，获得较高的孔径精度和较低的表面粗糙度值。浮动镗刀块通常制成可调的，适用于孔的终加工。

双刃可调扩孔钻目前已由工具厂作为商品生产，适用于镗床的粗加工。

整体定装镗刀块、浮动镗刀块和双刃可调扩孔钻的规格系列见表 8.22～表 8.24。

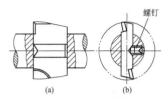

图 8.9 双刃镗刀块螺钉装夹

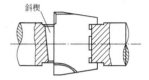

图 8.10 双刃镗刀块斜楔装夹

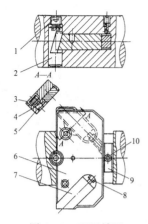

图 8.11 双刃镗刀
的装夹方式

1、5、8、10—螺钉；2—楔销；
3—螺母；4—滑块；6—镗刀块；
7—镗刀；9—垫块

表 8.22 整体定装镗刀块   mm

简图	参		数		
	公称直径 D	B	H	公称直径 D	B	H
	25~30			100~105		
	30~35	20	8	105~110	35	12
	35~40			110~115		
	40~45	30	10	115~120		
	45~50			120~125		
	50~55	35	12	125~130		
	55~60	30	10	130~135		
	60~65			135~140		
	65~70			140~145	35	14
	70~75			145~150		
	75~80			150~155		
	80~85	35	12	155~160		
	85~90			160~165		
	90~95			165~170		
	95~100			170~175		

表 8.23　浮动镗刀块　　　　　　　　　mm

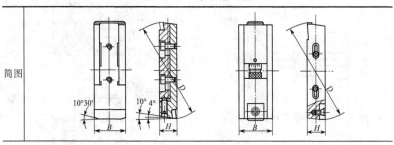

简图

参　　数

公称直径 D	直径调节范围	B	H	公称直径 D	直径调节范围	B	H
20	20～22	20	8	80	80～90	30	16
22	22～24			90	90～100		
24	24～27			100	100～110		
27	27～30			110	110～120		
30	30～33	20	8	120	120～135	30	16
33	33～36			135	135～150		
36	36～40	25	12	150	150～170		
40	40～45			170	170～190	35	20
45	45～50			190	190～210		
50	50～55	25	12	210	210～230	40	25
55	55～60			230	230～250		
60	60～65			250	250～270		
65	65～70	30	16	270	270～300	45	30
70	70～80			300	300～330		

表 8.24　双刃可调扩孔钻　　　　　　　　mm

简图	参　　数						
	D	L	L_1	d	d_1	h	最大进给量
	30～41	50	70	25	25	4	0.25
	30～41	—	85	32	25	4	0.3
	39～51	60	100	32	35	6	0.3
	39～51	—	120	40	35	6	0.4
	49～71	60	120	40	40	6.5	0.35
	49～71	—	135	50	40	6.5	0.5
	64～91	70	135	50	50	7.5	0.4
	83～121	70	155	63	63	9	0.5
	109～157	90	175	80	80	9	0.6
	139～204	125	240	100	100	11	0.7

（2）镗杆

① 镗杆的结构要素

镗杆的结构要素见图8.12，一般为专用。按适用的镗刀可分两种形式：一是在镗杆上开方孔或圆孔，安装单刃镗刀；二是开矩形槽，安装镗刀块。采用单刃镗刀时，刀头要通过导向结构，使导套上

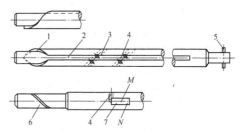

图 8.12　镗杆的结构要素
1—螺旋导向；2—键槽；3—刀孔；4—螺孔；
5—拨销；6—导向部分；7—矩形槽

的定向键顺利进入键槽，拨销与浮动卡头连接，安装在镗床主轴孔中，即可带动镗杆回转。

② 镗杆端部导向结构（表8.25）

表 8.25　镗杆端部导向结构形式

简　　图	特点与主要用途
	结构简单，镗杆与导套接触面积大，润滑条件差，工作时镗杆与导套易"咬死"。适用于低速回转，工作时注意润滑
	导向部分开有直沟槽和螺旋沟槽，可减少与导套的接触面积，前者制造较简单。沟槽中能存屑，但仍不能完全避免"咬死"。在直径小于60mm的镗杆上使用，切削速度不宜大于20m/min
	导向部分装有镶块，与导套的接触面积小，转速可比开沟槽的高，但镶块磨损较快。钢镶块比铜镶块耐用，但摩擦因数较大
	导向部分制出螺旋角小于45°的螺旋导向，并与镗杆的长键槽相连，使导套上的定向键顺利进入键槽，从而保证镗刀准确地进入导套的引刀槽中

③ 镗杆柄部的连接形式（表 8.26）

表 8.26　镗杆柄部连接形式（包括浮动卡头）

简图	特点与主要用途
	结构简单，装拆方便，常用于批量生产
	结构与前者基本类似，常用于批量生产
	结构简单，浮动效果不如下图，常用于大量生产
	结构较复杂，浮动效果好，常用于大量生产

（3）镗套与衬套

可在同一根镗杆上采用两种回转式镗套的结构见图 8.13。后导向采用内滚式镗套，前导向采用外滚式镗套。内滚式镗套是将回转部分与镗杆制成一体，装上轴承，镗杆和轴承内环一起转动，导套 3 与固定衬套 2 只做相对移动。外滚式镗套的导套 5 装上轴承，与轴承内环一起转动，镗杆在导套 5 内做相对移动。

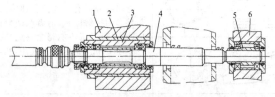

图 8.13　采用两种回转式镗套的结构
1，6—导向支架；2—固定衬套；3，5—导套；4—镗杆

可采用多支承回转式镗套和专用镗杆进行多孔镗削，见图 8.14。由于镗孔直径大于镗套内径，回转镗套均采用外滚式结构，并在导套内孔开有引刀槽。为使镗杆进入导套时，镗刀 3 能顺利地进入引刀槽，必须保证镗刀槽的相互位置和机床主轴的准确定位。镗杆端部螺旋导向 5 用来使导套上的尖头键 1（也有用钩头键的）顺利地进入引刀槽 2，以保证镗刀准确地进入引刀槽中。镗刀套的

结构形式与特点见表 8.27。

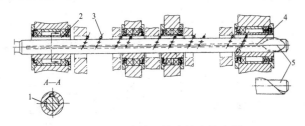

图 8.14 多支承回转式镗套的应用
1—尖头键；2—引刀槽；3—镗刀；4—键槽；5—螺旋导向

表 8.27 镗刀套的结构形式与特点

名称	简图	特点	名称	简图	特点
固定镗套		外形尺寸小,结构简单,同轴度好,适用于转速较低的工具	滑动轴承内滚式镗套		结构精度高,润滑良好时有较好的抗振性,适用于半精镗和精镗孔
自润滑固定镗套		能自润滑,以减小镗杆与镗套间磨损	滚锥轴承内滚式镗套		结构精度较差,但刚性好,适用于切削负荷较重的粗加工和半精加工
立式滚动镗套		径向尺寸小,刚性好,回转精度略差,除作为回转引导,尚可用作刀具轴向定位	滑动轴承外滚式镗套		镗套的径向尺寸小,有较好的抗振性,适用于孔距小、转速不高的半精加工
立式滚动下镗套		回转精度稍低,但刚性较好。专用于立式机床,因下镗套工作条件差,故在套上加设防护帽	滚珠轴承外滚式镗套		回转精度略低,但刚性较好,适用于转速高的精加工和半精加工

续表

名称	简图	特点	名称	简图	特点
滚针轴承外滚式镗套		结构紧凑,径向尺寸小,但回转精度、刚性差,仅在孔距受限制时,用于切削力不大的精加工	带钩头键的外滚式镗套		能保证装有镗刀头的镗杆顺利进出镗套,适用于大批量加工

8.3.3 镗孔的基本方法

（1）对刀

提高镗孔的加工质量,除靠机床、附件、夹具等的精度和正确选用刀具、提高刃磨质量等来保证外,对刀对有效控制镗孔尺寸也起着决定性的作用。镗孔直径尺寸的控制方式有调刀试切、借助微动调刀装置、采用定径刀具（如固定镗刀块、浮动镗刀块,整体和套装铰刀等）。

①百分表对刀法　百分表对刀法多用于单件小批生产,调试单刃镗刀。调整时,一般先将百分表测头触及镗孔样块上,记住刻度后,然后将百分表V形支架块放在镗杆上,使百分表测头触及刀头,拧动镗刀后端的螺钉（或调节的其他调节环节或可轻击镗刀的后端）,使百分表指针转到所需数值即可,如图8.15所示。

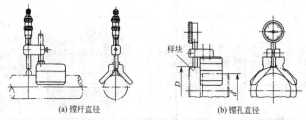

(a) 镗杆直径　　　　(b) 镗孔直径

图 8.15　镗刀百分表对刀

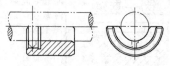

图 8.16　镗刀对刀规对刀

调刀试切一般先将百分表测头触及刀头,然后此法。

②对刀规对刀法　在大中批量生产时,通常配备相应的对刀规对镗刀进行对刀,常用的对刀规见图8.16,

微量进刀方法同百分表对刀法。

(2) 镗孔加工方案（表8.28）

表8.28 镗孔加工方案

加工方法	简图	特点
单面镗孔	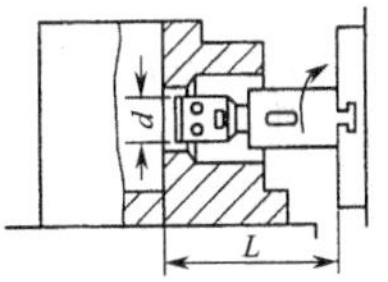	镗杆直接安装在主轴上,要求主轴的刚性好,操作测量方便,适用于 $L<5d$、孔径精度 H7 的大、中、小批生产
单面镗孔	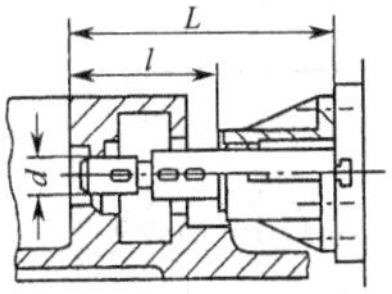	镗杆直接安装在主轴上,在花盘上设置了支承,增加了镗杆的刚性,适用于 $L>(5\sim6)d$、孔径精度 H7 的大、中、小批生产
利用尾架支承镗杆进行镗孔	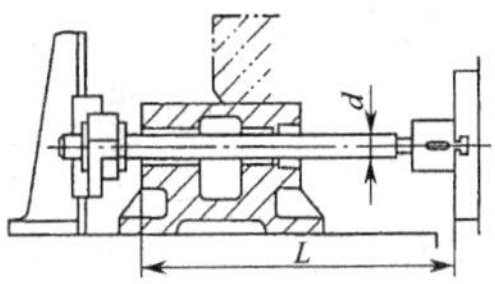	准备周期短,镗杆直接安装在主轴上,镗杆的另一端由尾架支承来保证前后孔的同轴度,用于 $L>(5\sim6)d$ 孔径精度 H7~H8 的单件小批生产。刀杆支承套配合为 H7/h6,镗高精度孔时可取 H6/h6 或 H7/h5,长度为刀杆直径的 1.5~2.5 倍。镗短孔采用主轴进给,大于 200mm 的长孔采用工作台进给
镗模镗孔	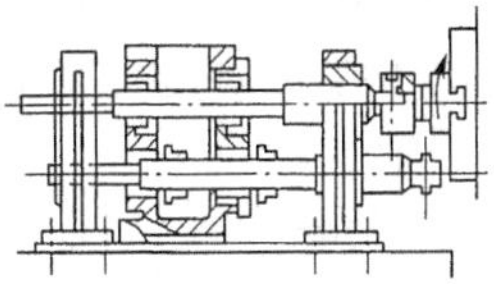	镗模准备周期长,定位精度靠镗模保证,尺寸精度靠刀具保证,效率高,质量好,操作简单,适合孔径精度 H7 的大批量生产。要求:①夹具上 L 的公差,取工件上对应孔距公差的 1/5~1/3;②刀杆与夹具导套孔的配合取 H7/f7,精加工用 H7/h6 或 H6/h6 或保证配合间隙为 0.01~0.02mm;③镗杆与主轴一般采用浮动连接
调头镗孔	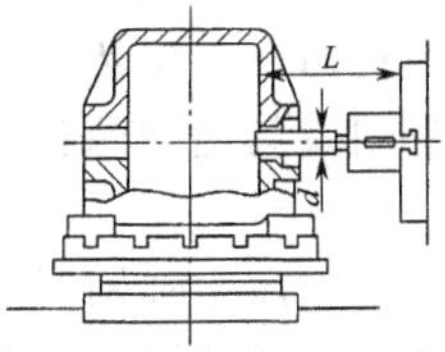	加工前后孔系只要一次装夹,需配置回转工作台,用于 $L<(5\sim6)d$ 的单件、中批生产 要求:①工件上孔的中心线与机床主轴中心线平行,测量误差小于 0.01mm;②工作台的回转定位误差小于 0.01mm

续表

加工方法	简图	特点
用坐标法镗孔	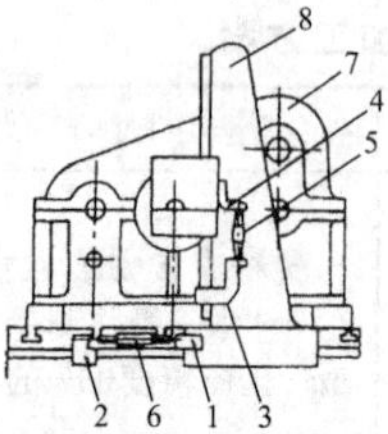 8 7 4 5 2 6 1 3 1,4—活动位块；2,3—固定定位块； 5,6—内径规；7—工件；8—镗床立柱	用于多孔系加工,如主轴箱体等工件

（3）同轴孔系的镗削

同轴孔系的主要技术要求是保证各孔的同轴度。工件上的同轴孔系的加工与生产批量有关，当成批或大量生产时，采用镗模镗同轴孔系，单件或小批生产时，一般采用穿镗法和调头镗法镗同轴孔系。

① 穿镗法　利用一根镗杆，从孔壁一端进行镗孔，逐渐深入，这种镗削法称为穿镗法。具体加工方法有下面几种。

a. 悬伸镗孔。用短镗杆不加支承从一端进行镗孔，普遍适用于中小型箱体、箱壁间距不大的镗削加工。镗杆进给时，镗杆的悬伸长度在不断伸长，镗杆由于切削产生的变形也是变化的，并且由于镗杆自重引起的镗杆下垂，随着悬伸长度 L 的增加而增加，这两方面的因素均使两个同轴孔产生同轴度误差。若由工作台进给镗孔，镗杆伸出长度不变，因而镗杆因自重及切削力而引起的变化对孔的各个截面的影响是一致的，但由于导轨的直线度误差及镗杆与导轨的平行度误差，也将影响孔的同轴度误差。

b. 用导向支承套镗孔。当两壁间距较大或镗同一轴线上的几个同轴孔时，可以将第一个孔镗好后，在该孔内装上一个导向套作为支承，继续加工后面的孔。

c. 用长镗杆与尾架联合镗孔。当同一轴线上有两个以上的同轴孔，而且同轴度要求较高时，宜用长镗杆与尾架联合镗孔。采用这种方法镗孔时，必须使尾架支承套轴线与主轴回转轴线重合，需经仔细找正，找正方法如下。

用百分表直接找正尾架的支承套，先使主轴轴线与被镗工件孔轴线同轴，然后将百分表装到镗杆端部，直接用百分表找正尾架支承套。此法只适于两孔壁间相距不太远的情况，否则，由于镗杆悬伸过长，找正误差较大。

用水平仪找正镗杆，使其水平，然后按工件所划的线来调整尾架支承套轴线与主轴回转轴线一致。

② 调头镗 从工件孔壁两端进行镗孔，其特点是镗杆伸出短，刚性好，镗孔时可以选用较大的切削用量。但由于两端面孔分别是在两个工位上加工的，有可能存在安装误差。假如工件一次安装，镗完一端孔后，需将镗床工作台回转 180°，再镗另一端的孔。这种镗削方法适于中小型工件在卧式镗床上镗孔。镗孔精度主要取决于镗床工作台的回转精度，若工作台回转轴线相对于镗床主轴轴线有偏心误差，则会使两孔的同轴度误差增加 2 倍。因此，用调头镗方法加工时，工件的回转轴线与回转角度一定要准确。

为了保证调头镗的镗削精度，可采用下述方法进行安装及找正。

在安装工件时，用百分表在与所镗孔轴线相平行的箱体平面或工艺基准面找正。

使找正基准面和镗床的主轴轴线相平行。当工件回转 180° 后，仍用百分表按基准面重新校正。这样，可保证回转工作台回转 180° 后的精度。

若工件外形复杂，没有相关的基准面或工艺基准面时，可预先在工作台面上安装经找正的挡铁平板或平尺。

（4）平行孔系的镗削

平行孔系的主要技术要求是各平行孔轴线之间、孔轴线与基准面之间的距离精度和平行度误差。单件小批生产中的中小型箱体及大型箱体或机架上的平行孔系，一般皆在卧式镗床或落地镗床上用试镗法和坐标法来加工；批量较大的中小型箱体常采用镗模法镗孔。

① 试切法镗平行孔系 首先将第一孔按图样尺寸镗到直径 D，然后根据划线，将镗杆主轴调整到第二个孔的中心处，并把此孔镗到直径 D_2'（小于 D_2），见图 8.17。量出孔间距

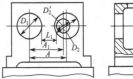

图 8.17 试切法镗平行孔系

$$A_1 = \frac{D_1}{2} + \frac{D_2}{2} + L_1$$

再根据 A_1 与图样要求的孔中心距 A 之差，进一步调整主轴位置，进行第二次试切，通过多次试切，逐渐接近中心距 A 的尺寸，直到中心距符合图样要求时，再将第二个孔镗到图样规定的直径。这样依次镗削其他孔。应用试切法镗孔，其精度和生产率较低，适用于单件小批生产。

② 坐标法镗平行孔系　坐标法镗孔是把被加工孔系间的位置尺寸换算成直角坐标的尺寸关系，用镗床上的标尺或其他装置来定镗轴、中心坐标。当位置精度要求不高时，一般直接采用镗床上的游标尺放大镜测量装置，其误差为 ±0.1mm。目前，国内外多数卧式镗床、落地镗铣床在镗杆移动的三个方向带有精密的读数装置，镗杆移动距离可以在读数装置中直接获得。如采用经济刻线尺与光学读数头进行测量，其读数精度为 0.01mm。另外。还有光栅数字显示装置和感应同步器测量系统及数码显示装置等，读数精度一般在 1m 内为 0.01mm，这样，就大大提高了加工平行孔系的精度及生产率。

③ 用镗模镗平行孔系　在成批生产或大批量生产中，普遍应用镗模来加工中小型工件的孔系，能较好地保证孔系的精度，生产率较高。用镗模加工孔系时，镗模和镗杆都要有足够的刚度，镗杆与机床主轴为浮动连接，镗杆两端由镗模套支承，被加工孔的位置精度完全由镗模的精度来保证。

(5) 垂直孔系的镗削

几个轴线相互垂直的孔构成垂直孔系。除各孔自身的精度要求外，其他技术要求可根据箱体功用不同而有所区别，如锥齿轮的减速箱体，对轴线有垂直度误差和位置精度误差要求；蜗轮副箱体则要求两孔轴线间的距离精度和垂直度误差。

垂直孔系的镗削基本上采用两种方式。

① 回转法镗削垂直孔系　利用回转工作台的定位精度，来镗削图 8.18 所示工件的 A、B 孔。首先将工件安装在镗床工作台上，并按侧面或基面找正、校直，使要镗削孔轴的线平行于镗床主轴，开始镗削 A 孔。镗好 A 孔后，将工作台逆时针回转 90°，镗削 B 孔。回转法镗削主要依靠镗床工作台的回转精度来保证孔系的垂直度误差。

② 心轴校正法镗削垂直孔系　镗床工作台回转精度不够理想

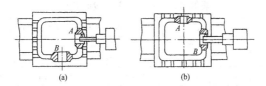

图 8.18　回转法镗削垂直孔系

时，不能保证垂直度误差，此时，可利用已加工好的 B 孔，选配同样直径的检验心轴插入 B 孔中，用百分表校对心轴的两端对 0，见图 8.19，即可镗削 C 孔。另一种方法是如果工件结构许可，可在镗削 B 孔时，同时铣出找正基准面 A，然后转动工作台，找正 A 面，使之与镗床主轴轴线平行，然后镗削 C 孔，即可保证孔系的垂直度误差要求。

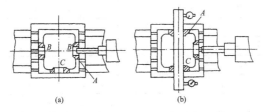

图 8.19　心轴校正法镗垂直孔系

8.3.4 镗削用量

（1）卧式镗床的加工精度与镗削用量（表 8.29、表 8.30）

表 8.29　卧式镗床的加工精度

加工方式	加工精度/mm		加工方式	表面粗糙度 Ra/μm		
	孔径公差	孔距公差		铸铁	钢（铸钢）	铜铝及其合金
粗镗	H10～H12	±0.5～1.0	粗镗	25～12.5	25	25～12.5
半精镗	H8～H9	±0.1～0.3	半精镗	12.5～6.3	25～12.5	12.5～6.3
精镗	H6～H8[①]	±0.02～0.05	精镗	3.2～1.6	6.3～1.6	3.2～0.8
铰孔	H7～H9	±0.02～0.05	铰孔	3.2～1.6	3.2～1.6	3.2～0.8

① 当加工精度为 H6 及表面粗糙度 Ra 为 0.8μm 以上的孔，需采取相应措施。

表 8.30　卧式镗床的镗削用量

加工方式	刀具材料	刀具类型	铸铁		钢(包括铸钢)		铜、铝及其合金		a_p(在直径上)/mm
			$v_c/\text{m}\cdot\text{min}^{-1}$	$f/\text{mm}\cdot\text{r}^{-1}$	$v_c/\text{m}\cdot\text{min}^{-1}$	$f/\text{mm}\cdot\text{r}^{-1}$	$v_c/\text{m}\cdot\text{min}^{-1}$	$f/\text{mm}\cdot\text{r}^{-1}$	
粗镗	高速钢	刀头	20~35	0.3~1.0	20~40	0.3~1.0	100~150	0.4~1.5	5~8
		镗刀块	25~40	0.3~0.8			120~150	0.4~1.5	
	硬质合金	刀头	40~80	0.3~1.0	40~60	0.3~1.0	200~250	0.4~1.5	
		镗刀块	35~60	0.3~0.8			200~250	0.4~1.0	
半精镗	高速钢	刀头	25~40	0.2~0.8	30~50	0.2~0.8	150~200	0.2~1.0	1.5~3
		镗刀块	30~40	0.2~0.6			150~200	0.2~1.0	
		粗铰刀	15~25	2.0~5.0	10~20	0.5~3.0	30~50	2.0~5.0	0.3~0.8
	硬质合金	刀头	60~100	0.2~0.8	80~120	0.2~0.8	250~300	0.2~0.8	1.5~3
		镗刀块	50~80	0.2~0.6			250~300	0.2~0.6	
		粗铰刀	30~50	3.0~5.0			80~120	3.0~5.0	0.3~0.8
精镗	高速钢	刀头	15~30	0.15~0.5	20~35	0.1~0.6	150~200	0.2~1.0	0.6~1.2
		镗刀块	8~15	1.0~4.0	6.0~12	1.0~4.0	20~30	1.0~4.0	
		精铰刀	10~20	2.0~5.0	10~20	0.5~5.0	30~50	2.0~5.0	0.1~0.4
	硬质合金	刀头	50~80	0.15~0.5	60~100	0.15~0.5	200~250	0.15~0.5	0.6~1.2
		镗刀块	20~40	1.0~4.0	8.0~20	1.0~40	30~50	1.0~4.0	
		精铰刀	30~50	2.5~5.0			50~100	2.0~5.0	0.1~0.4

（2）坐标镗床的加工精度与镗削用量（表 8.31~表 8.34）

表 8.31　坐标镗床的加工精度

加工过程	孔距精度	孔径精度	加工表面粗糙度值 $Ra/\mu\text{m}$	适用孔径/mm
钻中心孔→钻→精钻 钻→扩→精钻	1.5~3	H7	3.2~1.6	<6
钻→半精镗→精钻	1.2~2			
钻中心孔→钻→精铰 钻→扩→精铰	1.5~3			<50
钻→半精镗→精铰	1.2~2			
钻→半精镗→精镗 粗镗→半精镗→精镗	1.2~2	H7~H6	1.6~0.8	一般

表 8.32　坐标镗床的切削用量

加工方法	刀具材料	$v_c/\text{m} \cdot \text{min}^{-1}$					$f/\text{mm} \cdot \text{r}^{-1}$	a_p/mm
		软钢	中硬钢	铸铁	铝、镁合金	铜合金		
半精镗	高速钢	18~25	15~18	18~22	50~75	30~60	0.1~0.3	0.05~0.4
	硬质合金	50~70	40~50	50~70	150~200	150~200	0.08~0.25	
精镗	高速钢	25~28	18~20	22~25	50~75	30~60	0.02~0.08	0.025~0.1
	硬质合金	70~80	60~65	70~80	150~200	150~200	0.02~0.06	
钻孔	高速钢	20~25	12~18	14~20	30~40	60~80	0.08~0.15	—
扩孔		22~28	15~18	20~24	30~50	60~90	0.1~0.2	1~2.5
精钻、精铰		6~8	5~7	6~8	8~10	8~10	0.08~0.2	0.025~0.05

注：1. 加工精度高、工件材料硬度高时，切削用量选低值。
　　2. 刀架不平衡或切屑飞溅大时，切削速度选低值。

表 8.33　坐标镗床镗削淬火钢的切削用量

加工方法	刀具材料	$v_c/\text{m} \cdot \text{min}^{-1}$	$f/\text{mm} \cdot \text{r}^{-1}$	a_p/mm
粗加工	YT15、YT30 YN10 或立方氮化硼	50~60	0.05~0.07	＜0.3
精加工			0.04~0.06	＜0.1

注：工件硬度不高于 45HRC。

表 8.34　坐标镗床的铣削用量

加工方法	刀具材料	$v_c/\text{m} \cdot \text{min}^{-1}$					$f/\text{mm} \cdot \text{r}^{-1}$	a_p/mm
		软钢	中硬钢	铸铁	铝、镁合金	铜合金		
半精铣	高速钢	18~20	10~12	16~18	100~150	40~50	0.10~0.20	0.2~0.5
	硬质合金	50~55	30~40	50~60	200~250	—		
精铣	高速钢	20~25	12~15	20~22	150~200	30~40	0.05~0.08	0.05~0.2
	硬质合金	55~60	40~45	60~70	250~300	—		

（3）金刚镗床的加工精度及切削用量（表 8.35~表 8.38）

表 8.35　金刚镗床的加工精度

工件材料	刀具材料	孔径精度	孔的形状误差/mm	表面粗糙度值 $Ra/\mu\text{m}$
铸铁	硬质合金	H6	0.004~0.005	3.2~1.6
钢（铸钢）				3.2~0.8
铜、铝及其合金	金刚石	H6	0.002~0.003	1.6~0.2

表 8.36　铸铁的精密镗削用量

工件材料	刀具材料	v_c/m·min^{-1}	f/mm·r^{-1}	a_p/mm	加工表面粗糙度 Ra/μm
HT100	YG3X	80～160	0.04～0.08	0.1～0.3	6.3～3.2
	立方氮化硼	160～200	0.04～0.06	0.05～0.3	3.2
HT150 HT200	YG3X	100～160	0.04～0.08		
	立方氮化硼	300～350	0.04～0.06		3.2～1.6
HT200 HT250	YG3X	120～160	0.04～0.08		
	立方氮化硼	500～550	0.04～0.06		1.6
KTH300-06 KTH380-08	YG3X	80～140		0.1～0.3	6.3～3.2
	立方氮化硼	300～350			3.2
KTZ450-05 KTZ600-03	YG3X	120～160	0.03～0.06		
	立方氮化硼	500～550			3.2～1.6
高强度铸铁	YG3X	120～160	0.04～0.08		
	立方氮化硼	500～550	0.04～0.06		1.6

表 8.37　钢的精密镗削用量

工件材料	刀具材料	v_c/m·min^{-1}	f/mm·r^{-1}	a_p/mm	加工表面粗糙度 Ra/μm
优质碳素结构钢	YT30	100～180	0.04～0.08		3.2～1.6
	立方氮化硼	550～600	0.04～0.06	0.1～0.3	1.6～0.8
合金结构钢	YT30	120～180	0.04～0.08		
	立方氮化硼	450～500	0.04～0.06		0.8
不锈钢 耐热合金	YT30	80～120	0.02～0.04	0.1～0.2	1.6～0.8
	立方氮化硼	200～220			0.8
铸钢	YT30	100～160	0.02～0.06		3.2～1.6
	立方氮化硼	200～230		0.1～0.3	1.6
调质结构钢 26～30HRC	YT30	120～180	0.04～0.08		3.2～0.8
	立方氮化硼	350～400	0.04～0.06		1.6～0.8
淬火结构钢 40～45HRC	YT30	70～150	0.02～0.05	0.1～0.2	1.6
	立方氮化硼	300～350	0.02～0.04		1.6～0.8

表 8.38 精密镗削铜、铝及其合金的镗削用量

工件材料	刀具材料	v_c/m·min^{-1}	f/mm·r^{-1}	a_p/mm	加工表面粗糙度 Ra/μm
铝合金	YG3X	200～600	0.04～0.08	0.1～0.3	1.6～0.8
	立方氮化硼	300～600	0.02～0.06	0.05～0.3	0.8～0.4
	天然金刚石	300～1000	0.02～0.04	0.05～0.1	0.4～0.2
青铜	YG3X	150～400	0.04～0.08	0.1～0.3	1.6～0.4
	立方氮化硼	300～500	0.02～0.06	0.1～0.3	0.8～0.4
	天然金刚石	300～500	0.02～0.03	0.05～0.1	0.4～0.2
黄铜	YG3X	150～250	0.03～0.06	0.1～0.2	1.6～0.8
	立方氮化硼	300～350	0.02～0.04	0.1～0.2	0.4～0.2
	天然金刚石	300～350	0.02～0.03	0.05～0.1	0.4～0.2
紫铜	YG3X	150～250	0.03～0.06	0.1～0.15	1.6～0.8
	立方氮化硼	250～300	0.02～0.04	0.1～0.15	0.8～0.4
	天然金刚石	250～300	0.01～0.03	0.04～0.08	0.4～0.2

（4）金刚镗刀几何参数的选择与刃磨（表 8.39～表 8.42）

表 8.39 硬质合金金刚镗镗刀几何参数的选择

工件材料	加工条件	几何参数							特点
		κ_r/(°)	γ_0/(°)	λ_s/(°)	r_s/mm	κ_r'/(°)	α_0/(°)	α_0'/(°)	
铸铁	加工中等直径和大直径浅孔，镗杆刚性好	45～60	−3～−6	0	0.4～0.6	10～15	6～12	12～15	主偏角不能小于45°，否则会引起振动。刀具寿命长，表面质量好
	镗杆刚性差	75～90	0～3		0.1～0.2				能减小振动
钢（铸钢）	镗杆刚性和排屑尚好	45～60	−5～−10	连续切削0°；断续切削−5～−15	0.1～0.3 加工20Cr时,可取1	10～20	6～12	10～15	刀尖强度大，寿命长，可以得到较好的加工质量
	镗杆刚性差，排屑较好	75～90	≥0		0.05～0.1				能减小引起镗杆振动的径向力
	排屑条件较差		−5～−10		≤0.3	10～20	6～12	10～15	当前刀面沿主、副切削刃做0.3～0.8mm宽的10°～15°的倒棱时，能很好地卷屑
	加工盲孔	90	3～6		0.5				能使切屑从镗杆和孔壁的间隙中排出

续表

工件材料	加工条件	几何参数								特点
		$\kappa_r/(°)$	$\gamma_0/(°)$	$\lambda_s/(°)$	r_s/mm	$\kappa_r'/(°)$	$\alpha_0/(°)$	$\alpha_0'/(°)$		
铜、铝及其合金	系统刚性强	45~60	8~18	—	0.5~1	8~12	6~12	10~15		刀具寿命长,加工表面质量好
	系统刚性差	75~90			0.1~0.3					

表 8.40　精密镗削铸铁的刀具几何参数

工件材料	刀具材料	刀具几何参数 ($\kappa_r=45°\sim60°;\lambda_s=0°$)					
		$\kappa_r'/(°)$	$\gamma_0/(°)$	$\alpha_0/(°)$	$\alpha_0'/(°)$	r_s/mm	b_s/mm
HT100	YG3X	15	−3	12	12	0.5	0.2~0.4
	立方氮化硼					0.3	
HT150 HT200	YG3X	10	−6	12	12	0.5	
	立方氮化硼					0.3	
HT200 HT250	YG3X	10	−6	8	10	0.5	
	立方氮化硼					0.3	
KTH300-06 KTH330-08	YG3X	15	0	12	15	0.5	
	立方氮化硼					0.3	
KTZ450-05 KTZ600-03	YG3X	15	0	12	15	0.5	
	立方氮化硼					0.3	
高强度铸铁	YG3X	10	−6	8	10	0.5	
	立方氮化硼					0.3	

表 8.41　精密镗削钢的刀具几何参数

工件材料	刀具材料	刀具几何参数 ($\kappa_r=45°\sim60°;\lambda_s=0°$)					
		$\kappa_r'/(°)$	$\gamma_0/(°)$	$\alpha_0/(°)$	$\alpha_0'/(°)$	r_s/mm	b_s/mm
优质碳素结构钢	YT30	10	−5	8	12	0	0.2
	立方氮化硼		−10	10			0.3
合金结构钢	YT30	20	−5	8	12	0	0.3
	立方氮化硼	10	−10	10		5	
不锈钢,耐热合金	YT30	20	−5	12	15	5	0.1
	立方氮化硼	10	−10	10	12		0.3

续表

工件材料	刀具材料	刀具几何参数 ($\kappa_r = 45° \sim 60°$; $\lambda_s = 0°$)					
		$\kappa_r'/(°)$	$\gamma_0/(°)$	$\alpha_0/(°)$	$\alpha_0'/(°)$	r_s/mm	b_s/mm
铸钢	YT30	20	−10	12	15	10	0.2
	立方氮化硼	10		10	12	5	0.3
调质结构钢 26~30HRC	YT30	10	−5	8	12	0	0.2
	立方氮化硼		−10	10		5	0.3
淬火结构钢 40~45HRC	YT30	20	−5	8	12	0	0.1
	立方氮化硼	10	−10	10		5	0.3

表 8.42 精密镗削铜、铝及其合金的刀具几何参数

工件材料	刀具材料	刀具几何参数					
		$\kappa_r/(°)$	$\kappa_r'/(°)$	$\gamma_0/(°)$	$\alpha_0/(°)$	$\alpha_0'/(°)$	r_s/mm
铜、铝及其合金	YG3X 立方氮化硼	45~90	8~12	8~18	6~12	10~15	0.1~1.0
黄铜、紫铜	天然金刚石	45~90	0~10	−3~5	6~8		0.2~0.8
				0~3	8~12		

8.3.5 影响镗削加工质量的因素与解决措施

影响镗削加工质量的因素很多，常见的有：机床精度、夹辅具精度、镗杆与导向套配合间隙、镗杆刚性、刀具几何角度、切削用量、刀具磨损和刃磨质量、工件的材质和内应力、热变形和受力变形、量具的精度和测量误差及操作方法等。

卧式镗床加工中常见的质量问题与解决措施见表 8.43，机床精度变化对加工质量的影响见表 8.44，镗杆、浮动镗刀等问题对加工质量的影响见表 8.45，影响加工孔距精度的因素与解决措施见表 8.46。

表 8.43 卧式镗床加工中常见的质量问题与解决措施

质量问题	影响因素	解决措施
尺寸精度超差	精镗的切削深度没掌握好	调整切削深度
	镗刀块刀刃磨损，尺寸起变化	调换合格的镗刀块
	镗刀块定位面间有脏物	清除脏物，重新安装

续表

质量问题	影响因素	解决措施
尺寸精度超差	用对刀规对刀时产生测量误差	利用样块对照仔细测量
	铰刀直径选择不对	试铰后选择直径合适的铰刀
	切削液选择不对	调换切削液
	镗杆刚性不足,有让刀	改用刚性好的镗杆或减小切削用量
	机床主轴径向跳动过大	调整机床
表面粗糙度参数值超差	镗刀刃口磨损	重新刃磨镗刀刃口
	镗刀几何角度不当	合理改变镗刀几何角度
	切削用量选择不当	合理调整切削用量
	刀具用钝或有损坏	调换刀具
	没有用切削液或选用不当	使用合适的切削液
	镗杆刚性差,有振动	改用刚性好的镗杆或镗杆支承形式
圆柱度超差	用镗杆送进时,镗杆挠曲变形	采用工作台送进,增强镗杆刚性,减少切削用量
	用工作台送进时,床身导轨不平直	维修机床
	刀具的磨损	提高刀具的耐用度,合理选择切削用量
	刀具的热变形	使用切削液,降低切削用量,合理选择刀具角度
	主轴的回转精度差	维修、调整机床
圆度超差	工作台送进方向与主轴轴心线不平行	维修、调整机床
	镗杆与导向套的几何精度和配合间隙不当	使镗杆和导向套的几何形状符合技术要求,并控制合适的配合间隙
	加工余量不均匀 材质不均匀	适当增加走刀次数 合理安排热处理工序 精加工采用浮动镗削
	切削深度很小时,多次重复走刀,形成"溜刀"	控制精加工走刀次数与切削深度,采用浮动镗削
	夹紧变形	正确选择夹紧力、夹紧方向和着力点
	铸造内应力	进行人工时效,粗加工后停放一段时间
	热变形	粗、精加工分开,注意充分冷却

续表

质量问题	影响因素	解决措施
同轴度超差	镗杆的挠曲变形	减小镗杆的悬伸长度,采用工作台送进、调头镗,增加镗杆刚性,采用导向套或后主柱支承
	床身导轨的不平直	维修机床,修复导轨精度
	床身导轨与工作台的配合间隙不当	恰当地调整导轨与工作台间的配合间隙,镗同一轴线孔时采用同一送进方向
	加工余量不均匀、不一致切削用量不均衡	尽量使各孔的余量均匀一致,切削用量相近;增强镗杆刚性,适当降低切削用量,增加走刀次数
平行度超差	镗杆挠曲变形	增强镗杆刚性,采用工作台送进
	工作台与床身导轨不平行	维修机床

表 8.44　机床精度变化对加工质量的影响

影响因素	对工件精度的影响	解决办法
床身导轨的磨损	① 移动工作台使工件做进给运动时,导轨磨损引起被加工孔的圆柱度误差 ② 降低工作台回转精度,加工同水平面上的相交孔时,致使各轴线不共面,并与工件底面不平行 ③ 工作台部件随磨损后的床身下沉,使光杠与孔、齿轮间的间隙变化,形成工作台运动不平稳,使工件孔的表面粗糙度不理想	对工件精度和机床工作情况进行综合分析后,对有关机床部件进行精度复检和维修。具体检测方法见机床精度检验标准
工作台部件的误差	① 当工作台两侧导轨不平行或不等高时,移动工作台加工同一水平面上的不同孔,会引起各孔中心高不等 ② 工作台下滑座的上、下导轨不垂直时,误差反映到工件上,使加工孔与工件的工艺基准面(与孔轴线垂直的端面)不垂直	
前立柱的误差	① 前立柱的导轨面在走刀方向铅垂平面不垂直于工作台面时(即从操作位置看立柱向左或右倾斜),机床主轴便不和工作台面平行,用主轴进给加工出的孔轴线不平行于工件底面。铣削加工时,铣削加工与底面不垂直 ② 前立柱导轨面在垂直于走刀方向的铅垂平面不垂直于工作台面时(即从操作位置看,立柱向前或后倾斜),主轴箱上、下移动,所镗各孔的轴线与工件侧基面不等距	

续表

影响因素	对工件精度的影响	解决办法
主轴轴线与后支承座孔轴心线不同轴	① 用长镗杆同时镗工件上的几个孔时,由于工作台进给方向与镗杆轴线不平行,使镗出的各孔不同轴 ② 后支承座在镗孔时,有时因自重而下降,影响工件上各孔的同轴度	

表 8.45   镗杆、浮动镗刀等问题对工件质量的影响

影响因素	对工件精度的影响	解决办法
刀杆锥柄与主轴锥孔配合不好	使孔椭圆	尽量避免使用变径套,锥部配合的密合率在 75%
安装浮动镗刀的矩形孔与镗杆轴线不垂直或不平行	使孔径扩大而超差	应控制在 0.01/100mm 之内,超差后应返修
新的浮动镗刀刃口太锋利,当刀尖高于孔中心线时,前角相对减小,后角相对增大,加工时刀具颤动	使工件表面产生直条纹,表面粗糙度数值增大	① 对于小直径尺寸的浮动镗刀,降低切削速度、进给量及使润滑冷却充分即可 ② 用油石修一下浮动刀片,磨出一个 $-2°\sim4°$ 的负后角,宽 $0.1\sim0.2$mm 即可
镗杆与后支承座衬套的配合间隙不合适或衬套内孔、镗杆支承轴颈不圆	镗出的孔出现椭圆	① 衬套与镗杆轴颈的圆度公差应小于 0.01mm ② 镗杆锥部与镗杆轴颈的同轴度应小于 0.01mm ③ 镗杆与衬套配合间隙为 $0.02\sim0.04$mm ④ 安装衬套时,椭圆长轴应在铅垂方向
镗杆两支承间的距离过大	孔的位置精度差,表面粗糙度不好	① 两支承间距离与镗杆直径比,取小于 10∶1。如大于 10∶1 时,应考虑增加中间支承,否则刀杆刚性不足,不能校正毛坯孔的偏斜 ② 减少切削深度
镗杆悬伸过长	镗杆进给时,孔成喇叭形,开始时大,逐渐变小	① 改主轴进刀为工作台走刀 ② 能在刀杆上装两把刀时,应使两刀受力方向相反
毛坯孔偏斜太多	毛坯孔偏斜未能纠正,孔不圆或一串孔的同轴度差	半精加工前分次切去余量,最后两刀的切削深度为 $0.15\sim0.25$mm
工艺系统刚性差	孔的形状位置精度超差,表面粗糙度不好	① 加强刀、夹,辅具的刚性 ② 机床有关部位锁紧,调整主轴与轴承的配合间隙为 $0.01\sim0.03$mm

续表

影响因素	对工件精度的影响	解决办法
刀具材料选择不当或刀具角度不对	孔精度下降，表面粗糙度不好	① 按不同工件材料选择刀具材料 ② 选择合理的刀具角度和刀尖半径，以增加刀具的耐用度，减少切屑瘤的形成
工步或工序安排不合理	孔变形，达不到工件图纸要求	合理安排粗、半精、精加工工序或工步，如粗、精加工在一次安装后进行，可在粗加工后将压工件的压板全部松开，稍待片刻后，再轻紧压板，进行精加工

表 8.46　影响加工孔距精度的因素与解决措施

影响因素		简图	影响情况	解决措施
机床坐标定位精度			直接影响孔距精度	注意维护坐标测量检测元件和读数系统的精度，防止磨损、发热及损伤
机床几何精度	坐标移动直线度	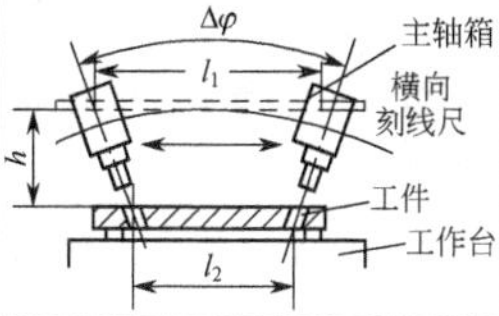	直线度误差（弧度）引起加工孔距误差为 $\Delta l = l_1 + l_2 = h\,\Delta\varphi$	① 注意导轨的维护，保持清洁、润滑良好 ② 工件安装位置尽量接近检验机床定位精度时的基准尺位置 ③ 尽量减少坐标移动和主轴套筒移动 ④ 正确调整机床基准水平
	纵、横坐标移动方向的垂直度	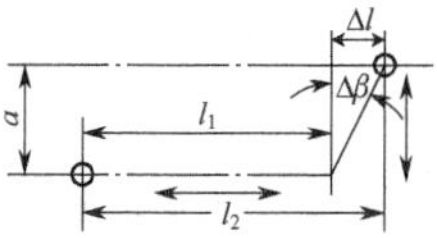	垂直度误差（弧度）引起加工孔距误差为 $\Delta l = a\,\Delta\beta$	
	主轴套筒移动方向对工作台面的垂直度	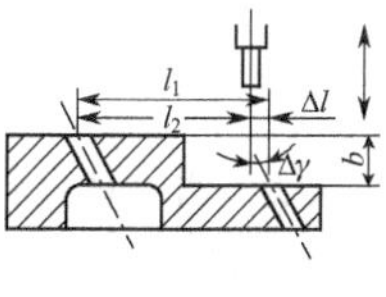	垂直度误差 $\Delta\gamma$（弧度）引起加工孔距误差为 $\Delta l = b\,\Delta\gamma$	
机床刚性			在切削力和工件重力的作用下，机床构件系统产生弹性变形，影响机床的几何精度和加工精度	① 工件尽量安放在工作台中间 ② 加强刀具系统刚性，主轴套筒不宜伸出过长 ③ 合理选用切削用量

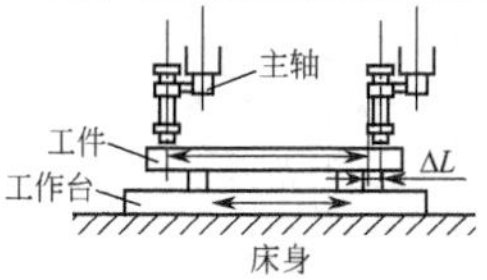

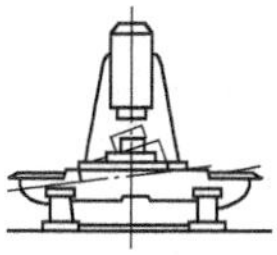

影响因素		简图	影响情况	解决措施
机床热变形	影响机床几何精度的改变	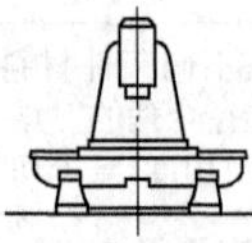	机床各部分产生明显温差，引起机床几何精度改变，从而影响加工孔距精度	① 隔离机床外部热源(如阳光、采暖设备等) ② 控制环境温度，温度变化小于1℃为宜
	影响主轴轴线产生位移	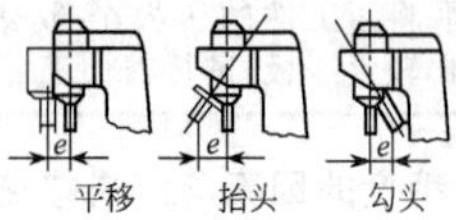 平移　抬头　勾头	主轴部分受热变形，产生平移和倾斜，影响加工孔距精度	③ 控制机床内部热源：对液压系统、传动系统热源采用风扇冷却、循环冷却散热；对照明热源采用短时自动关闭或散热措施 ④ 加工前先空运转，在热变形稳定后加工
	坐标测量基准元件与工件的温差引起的热变形误差	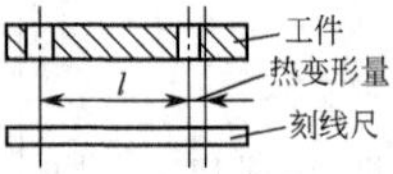 工件 热变形量 刻线尺 l	检测元件与工件的温差引起热变形量不同，影响加工孔距误差为 $\Delta l = [a(t-20) - a_0(t_0-20)]t$ 式中　t, t_0——检测元件和工件的温度 a_0, a——检测原件和工件的线膨胀系数	⑤ 合理选用切削量，避免积累大量切削热(切削深度不能过大) ⑥ 精镗工序应连续进行，避免隔班、隔日，保持机床热变形稳定
工件的安装调整		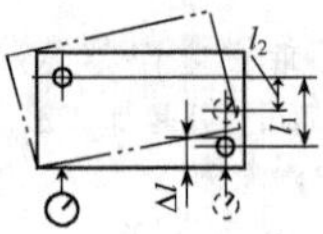 l_2 l_1 Δl	调整、找正精度直接影响加工孔距精度。加工孔距误差为 $\Delta l = l_1 - l_2$ 装夹不当引起工件变形，影响孔距精度	① 安装基准面准确可靠 ② 装夹位置适当，夹紧力不能过大 ③ 数次安装中应校正统一基准(基准面不变原则) ④ 工艺基准尽量与设计基准重合(基准重合原则) ⑤ 减少安装调整次数，一次安装后尽量加工较多的部位
前道工序加工精度低		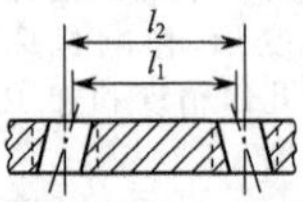 l_2 l_1	为了消除前道工序孔轴线的倾斜，需使孔距自l_1改变至l_2，影响孔距精度	前道工序要保证孔的正确位置，误差要小于0.5mm

8.4 攻螺纹

8.4.1 丝锥的种类与用途（表 8.47）

表 8.47 丝锥的种类与用途

种类	图示	特点和用途
手用丝锥	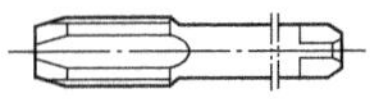	这是最常用的一种手动普通螺纹丝锥，分粗牙和细牙两种，用于攻通孔或不通孔螺纹，通常由 2～3 支构成一套
机用丝锥	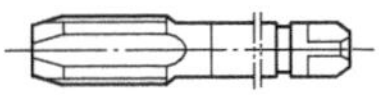	用于成批大量生产或孔径较大的普通螺纹孔加工，分粗、细牙两种，可攻通孔或不通孔螺纹，攻出螺纹的精度较高，表面粗糙度较低
圆柱管螺纹丝锥	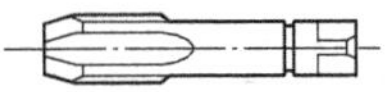	外形与手用丝锥相仿。但其工作部分较短，可攻各种圆柱管螺纹，通常由两支组成一盒
圆锥管螺纹丝锥	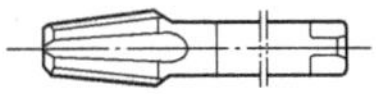	螺纹锥度为 1：16，有 55°和 60°两种牙型角，通常两支一套
负刃倾角丝锥	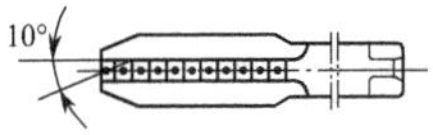 10°	这种丝锥是在普通直槽丝锥的切削部分前端修磨出 −10°的刃倾角，使切屑向未加工方向流出；有利于降低螺纹孔粗糙度，提高丝锥的切削性能
螺旋槽丝锥	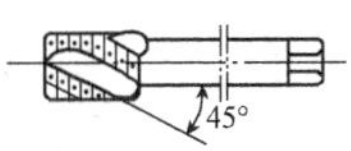 45°	这种丝锥有较大的螺旋槽，能顺序排屑，增大实际工作前角，减小切削转矩，适于加工通孔或不通孔的螺纹，且加工精度稳定
跳牙丝锥	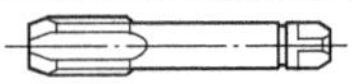 螺纹截形放大图 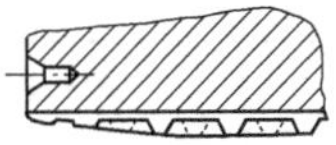	可直接制成，也可用普通丝锥改制
挤压丝锥	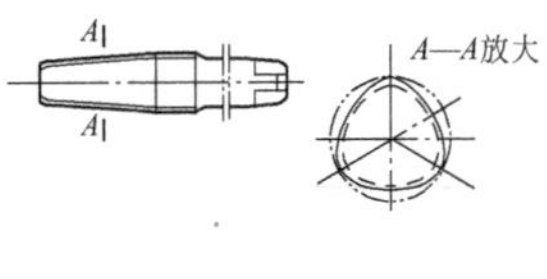 A A—A放大	无刃槽，横剖面为曲边三棱形，用于挤压塑性较高、硬度在 20HRC 以下的材料，也可用于挤压通孔或盲孔螺纹，挤压的生产率高，攻出螺纹的表面质量好，丝锥寿命也长，但对挤压前的底孔要求较高，否则不易保证质量

8.4.2 攻螺纹前钻孔直径的确定方法

普通螺纹攻螺纹前钻底孔的钻头直径见表8.48。

表 8.48 普通螺纹攻螺纹前钻底孔的钻头直径   mm

螺纹直径 d	螺距 P	钻头直径 d_2	
		铸铁、青铜、黄铜	钢、可锻铸铁、紫铜、层压板
2	0.4	1.6	1.6
	0.25	1.75	1.75
2.5	0.45	2.25	2.05
	0.35	2.15	2.15
3	0.5	2.5	2.2
	0.35	2.65	2.65
4	0.7	3.3	3.3
	0.5	3.5	3.5
5	0.8	4.1	4.2
	0.5	4.5	4.5
6	0.1	4.9	5
	0.75	5.2	5.2
8	1.25	6.6	6.7
	1	6.9	7
	0.75	7.1	7.2
10	1.5	8.4	8.5
	1.25	8.6	8.7
	1	8.9	9
	0.75	9.1	9.2
12	1.75	10.1	10.2
	1.5	10.4	10.5
	1.25	10.6	10.7
	1	10.9	11
14	2	11.8	12
	1.5	12.4	12.5
	1	12.9	13
16	2	13.8	14
	1.5	14.4	14.5
	1	14.9	15

续表

螺纹直径 d	螺距 P	钻头直径 d_2	
		铸铁、青铜、黄铜	钢、可锻铸铁、紫铜、层压板
18	2.5	15.3	15.5
	2	15.8	16
	1.5	16.4	16.5
	1	16.9	17
20	2.5	17.3	17.5
	2	17.8	18
	1.5	18.4	18.5
	1	18.9	19
22	2.5	19.3	19.5
	2	19.8	20
	1.5	20.4	20.5
	1	20.9	21
24	3	20.7	21
	2	21.8	22
	1.5	22.4	22.5
	1	22.9	23.5

8.4.3　机用丝锥攻螺纹中通常发生的问题、产生原因与解决方法（表 8.49）

表 8.49　机用丝锥攻螺纹中通常发生的问题、产生原因与解决方法

发生的问题	产生原因	解决方法
丝锥折断	① 螺纹底孔太小 ② 排屑不好，切屑堵塞 ③ 攻不通孔螺纹钻孔深度不够 ④ 攻螺纹切削速度太高 ⑤ 攻螺纹丝锥与底孔不同轴 ⑥ 工件硬度太高 ⑦ 丝锥过度磨损	① 尽可能加大底孔直径 ② 刃磨刃倾角或选用螺旋槽丝锥 ③ 增加钻孔深度 ④ 适当降低切削速度 ⑤ 校正夹具，选用浮动攻螺纹卡头 ⑥ 及时更换丝锥 ⑦ 控制工件硬度，选用保险卡头
丝锥崩齿	① 丝锥前角太大 ② 丝锥每齿切削厚度太大 ③ 丝锥硬度过高 ④ 丝锥磨损	① 适当减小前角 ② 适当增加切削锥长度 ③ 适当降低硬度 ④ 及时更换丝锥
丝锥磨损太快	① 攻螺纹切削速度太高 ② 丝锥刃磨参数选择不合适 ③ 切削液选择不合格 ④ 工件材料硬度太高 ⑤ 丝锥刃磨时烧伤	① 适当降低切削速度 ② 适当减小前角，加大切削液 ③ 选用润滑性好的切削液 ④ 工件进行适当热处理 ⑤ 正确刃磨丝锥

续表

发生的问题	产生原因	解决方法
螺纹中径过大	① 丝锥精度选择不当 ② 切削液选择不当 ③ 攻螺纹切削速度太高 ④ 丝锥与工件螺纹底孔不同轴 ⑤ 丝锥刃磨参数选择不合适 ⑥ 刃磨丝锥中产生毛刺 ⑦ 丝锥切削锥长度太短	① 选择适宜精度的丝锥 ② 选择适宜的切削液 ③ 适当降低切削速度 ④ 校正夹具,选用浮动攻螺纹卡头 ⑤ 适当减小前角与切削锥后角 ⑥ 消除刃磨丝锥产生的毛刺 ⑦ 适当增加切削锥长度
螺纹中径过小	① 丝锥精度低 ② 丝锥刃磨参数选择不合适 ③ 切削液选择不合适	① 选择适宜精度的丝锥 ② 适当加大丝锥前角与切削锥角 ③ 选用润滑性好切削液螺纹表面
不光滑,有波纹	① 丝锥刃磨参数选择不合适 ② 工件材料太软 ③ 丝锥刃磨不良 ④ 切削液选择不合适 ⑤ 攻螺纹切削速度太高 ⑥ 丝锥磨损	① 适当加大前角,减小切削锥角 ② 进行热处理,适当提高工件硬度 ③ 保证丝锥前刀面有较小的表面粗糙度值 ④ 选择润滑好的切削液 ⑤ 适当降低切削速度 ⑥ 更换已磨损的丝锥

8.5 刨削加工

8.5.1 刨床及其工艺范围

（1）刨床的外形

刨床类机床主要用于加工各种平面和沟槽。牛头刨床由工作台、滑板、刀架、滑枕、床身、底座等部件组成,其外形如图8.20所示,牛头刨床的刀具做往复运动为主运动,进给运动为滑板的移动,其生产率较低,多用于单件、小批生产。

龙门刨床由床身、工作台、横梁、立柱、顶梁、立刀架、侧刀架等部件组成,工作台的往复运动为主运动,其外形如图8.21所示,主要用于中、小批生产,加工长而窄的平面,如导轨面和沟槽,或在工作台上安装几个中、小型零件,进行多件加工。

（2）牛头刨床常用的加工方法（表8.50）

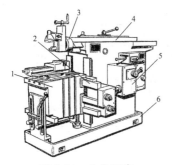

图 8.20 牛头刨床
1—工作台；2—滑板；3—刀架；
4—滑枕；5—床身；6—底座

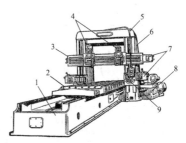

图 8.21 龙门刨床
1—床身；2—工作台；3—横梁；
4—立刀架；5—顶梁（横撑）；
6—立柱；7，8—进给箱；9—侧刀架

表 8.50 牛头刨床常用加工方法

加工方法	图示	加工方法	图例
刨平面		刨槽	
刨侧面		刨孔内槽	
刨台阶		刨 V 形槽	
刨斜面		刨燕尾槽	
刨 T 形槽		可转刀杆刨凹圆柱面	

续表

加工方法	图示	加工方法	图例
刨曲面		仿形法刨圆弧面	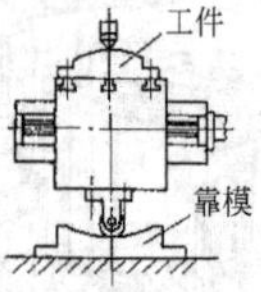 工件 靠模
刨齿条	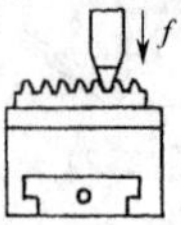		

（3）龙门刨床常用的加工方法（表 8.51）

表 8.51　龙门刨床常用加工方法

图示	说明	图示	说明
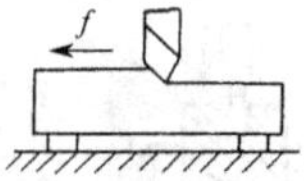	用垂直刀架加工一个平面	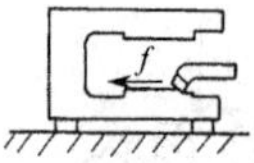	用水平刀架加工内表面
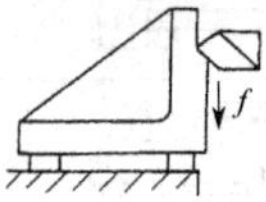	用水平刀架加工一个平面	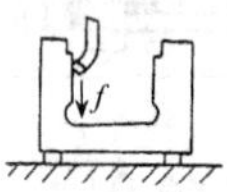	用垂直刀架加工内表面
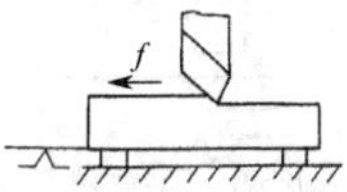	用垂直刀架加工一个与基准面平行的平面（用垫铁调整方法）	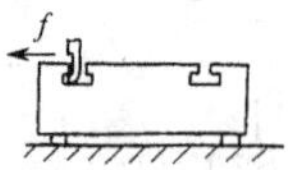	用垂直刀架加工上面的 T 形槽
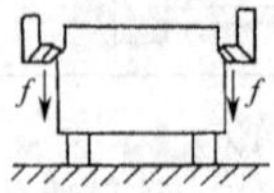	用两个垂直刀架同时加工两侧面	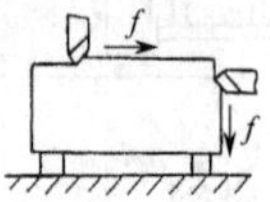	用垂直刀架与水平刀架同时加工上平面与侧面
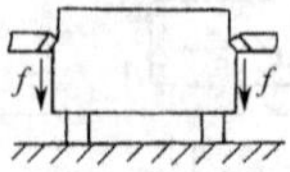	用两个水平刀架同时加工两侧面	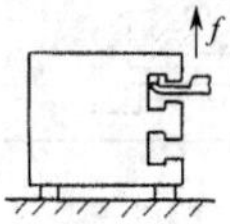	用水平刀架加工侧面上的 T 形槽
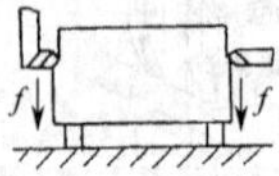	用垂直刀架与水平刀架同时加工两侧面	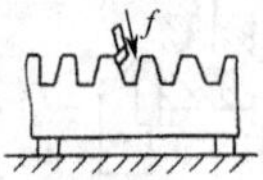	用垂直刀架加工齿条

续表

图示	说明	图示	说明
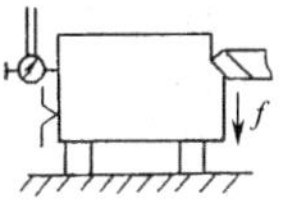	用水平刀刀架加工一个与基准面平行的平面（基准面用百分表校准）	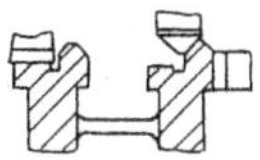	用两个垂直刀架和一个水平刀架同时加工导轨面
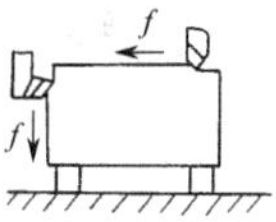	用两个垂直刀架同时加工上平面与侧面	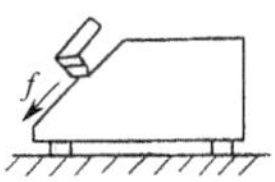	用垂直刀架板角度加工斜面
	用两个水平刀架及一个垂直刀架同时加工上平面与侧面	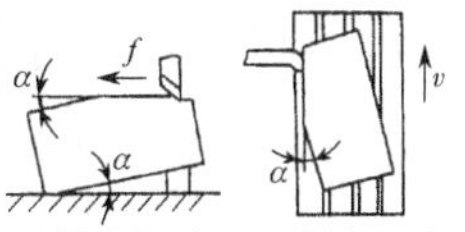 (a)用垂直刀架 (b)用水平刀架	把工件装成斜度加工斜面

8.5.2 刨刀

（1）刨刀的结构形式（表 8.52）

表 8.52 刨刀的结构形式

种类	图示	特点及用途	种类	图示	特点及用途
粗刨刀	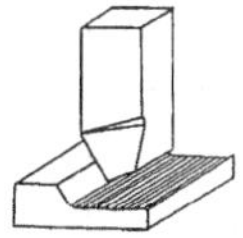	粗加工表面用刨刀，多为强力刨刀，以提高切削效率	整体刨刀	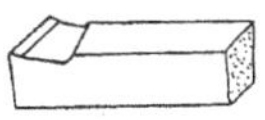	刀头与刀杆为同一材料制成，一般高速钢刀具多是此种形式
			焊接刨刀	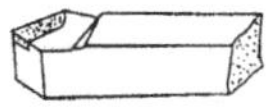	刀头与刀杆由两种材料焊接而成。刀头一般为硬质合金刀片
精刨刀	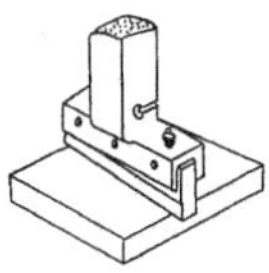	精细加工用刨刀，多为宽刃形式，以获得较低表面粗糙度的表面	机械夹固式刨刀	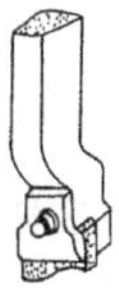	刀头与刀杆为不同材料，用压板、螺栓等把刀头紧固在刀杆上

（2）常用刨刀的种类及用途（表 8.53）

表 8.53　常用刨刀的种类及用途

种类	图　　示	特点及用途	种类	图　　示	特点及用途
直杆刨刀		刀杆为直杆。粗加工用	偏刀	1—左偏刀；2—右偏刀	用于加工互成角度的平面、斜面、垂直面等
弯颈刨刀		刀杆的刀头部分向后弯曲。在刨削力作用下，弯曲弹性变形，不扎刀。切断、切槽、精加工用	内孔刀		加工内孔表面与内孔槽
			切刀		用于切槽、切断、刨台阶
弯头刨刀		刀头部分向左或右弯曲。用于切槽	弯切刀	1—左弯切刀；2—右弯切刀	加工 T 形槽、侧面槽等
平面刨刀	1—尖头平面刨刀；2—平头平面刨刀；3—圆头平面刨刀	粗、精刨平面用	成形刀		加工特殊形状表面。刨刀刀刃形状与工件表面一致，一次成形

（3）刨刀切削角度的选择（表 8.54）

表 8.54　刨刀切削角度的选择　　　　　　　　（°）

加工性质	工件材料	刀具材料	前角 γ_o	后角 α_o[①]	刃倾角 λ_s	主偏角 κ_r[②]
粗加工	铸铁或黄铜	W18Cr4V	10~15	7~9	−10~−15	45~75
		YG8,YG6	10~13	6~8	−10~−20	
	钢 $\sigma_b<750\mathrm{MPa}$	W18Cr4V	15~20	5~7	−10~−20	45~75
		YW2,YT15	15~18	4~6	−10~−20	
	淬硬钢	YG8,YG6X	−15~−10	10~15	−15~−20	10~30
	铝	W18Cr4V	40~45	5~8	−3~−8	
精加工	铸铁或黄铜	W18Cr4V	−10~0	6~8	5~15	0~45
		YG8,YG6X	−15~−10[③] 10~20	3~5	0~10	

加工性质	工件材料	刀具材料	前角 γ_o	后角 α_o[①]	刃倾角 λ_s	主偏角 κ_r[②]
精加工	钢 $\sigma_b < 750\text{MPa}$	W18Cr4V	25～30	5～7	3～15	
		YW2,YG6X	22～28	5～7	5～10	
	淬硬钢	YG8,YG8A	－15～－10	10～20	15～20	10～30
	铝	W18Cr4V	45～50	5～8	－5～0	

① 精刨时,可根据情况在后刀面上磨出消振棱。一般倒棱后角 $\alpha_{a1} = -1.5° \sim 0°$,倒棱宽度 $b_{a1} = 0.1 \sim 0.5\text{mm}$。

② 机床功率较小、刚性较差时,主偏角选大值,反之,选小值。主刀刃和副刀刃之间宜采用圆弧过渡。

③ 两组推荐值都可用,视具体情况选用。

8.5.3 刨削常用的工件装夹方法(表 8.55)

表 8.55 刨削常用装夹方法

	说明	图示
压板装夹	平压板和弯头压板	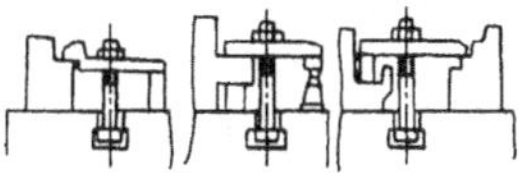
压板装夹	可调压板	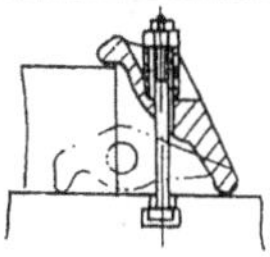
	孔内压板	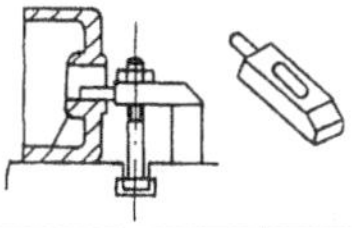
虎钳装夹	刨一般平面	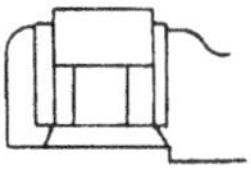
	平面 1、2 有垂直度要求时	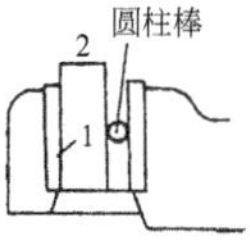
	平面 3、4 有平行度要求时	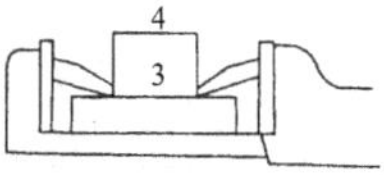

续表

	说明	图示
圆柱与圆管工件装夹	斜口挡板装夹	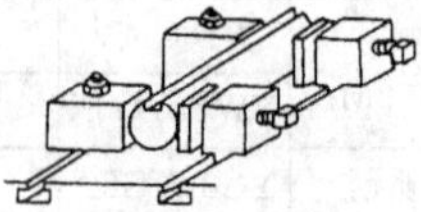
	用螺栓将压板拉紧在管件两端,然后放在平垫铁上压紧	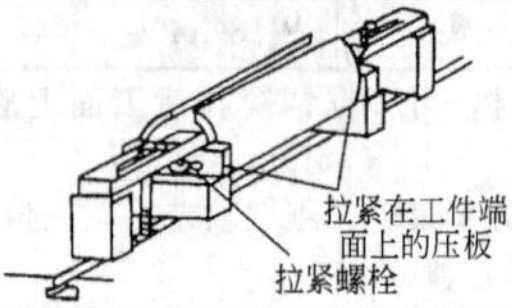 拉紧在工件端面上的压板 拉紧螺栓
弯板装夹		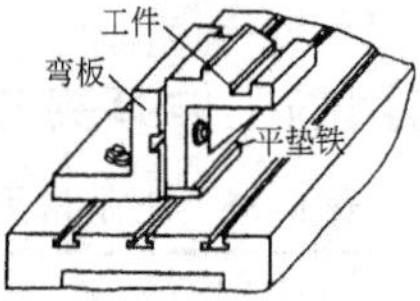 工件 弯板 平垫铁
薄板工件装夹	电磁吸盘吸紧	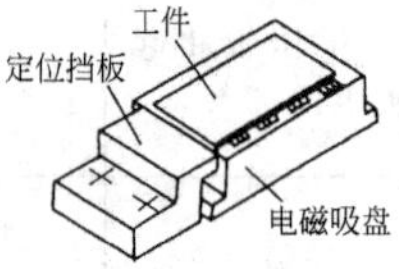 工件 定位挡板 电磁吸盘 为防止工件的移动,在对着切削力方向的一端应装有定位板。适于加工基面平整和尺寸不大的工件
	斜口挡板侧挤夹紧	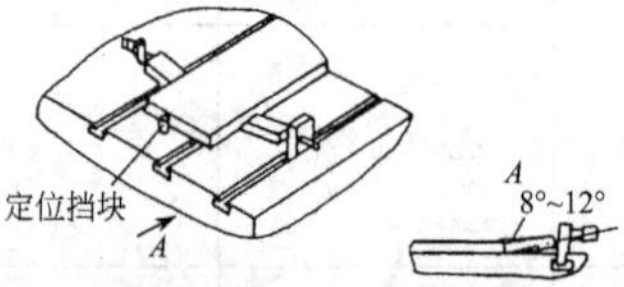 工件 定位挡块 8°~12° 斜口挡板在工件侧面由水平向下倾斜 8°~12°,压紧螺钉伸出量为螺钉直径的 1~2 倍,适于加工狭长薄板
	楔铁夹紧	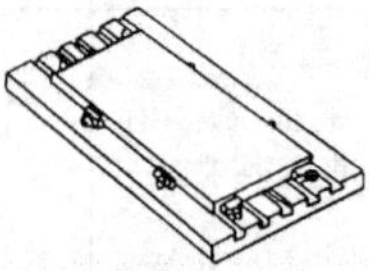 楔铁斜度采用 1∶100,适于加工薄而大的工件。粗加工时,考虑热变形的影响,必须将纵向的楔铁适当放松些,且工件两面应轮流翻转,多次重新装夹加工,使两加工面的内应力接近平衡

续表

说明		图示
薄板工件 装夹	虎钳与螺栓 配合装夹	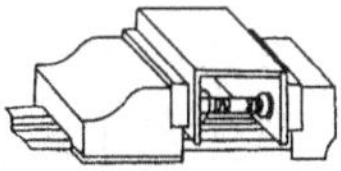
	压板与千斤 顶配合装夹	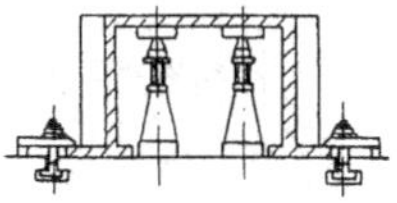
弧形工件 装夹		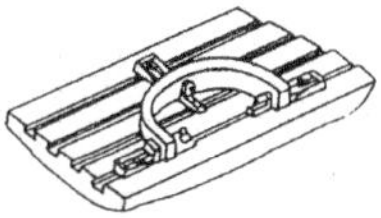
不规则 工件装夹		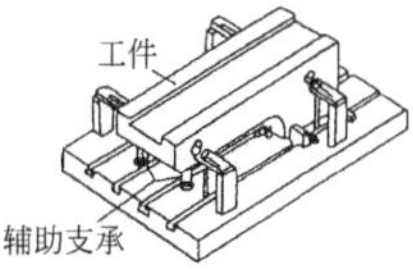

8.5.4 刨削方法

（1）槽类工件的刨削与切断（表 8.56）

表 8.56 槽类工件的刨削与切断

类别	图 示	加工方法
直角沟槽	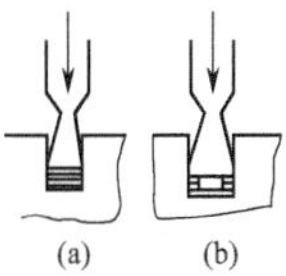 (a) (b)	当槽的精度要求不高且又较窄时,可按图(a)所示一次将槽刨完,当精度要求较高且宽度又较大,可按图(b)所示先用较窄的切槽刀开槽,然后用等宽的切槽刀精刨
	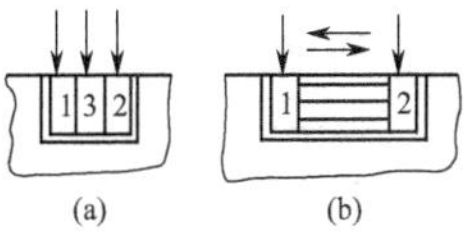 (a) (b)	宽度很宽的槽,按下列两种方法加工 　图(a)是按 1→2→3 的顺序用切刀垂直进给,三面各留余量 0.1～0.3mm,粗切后再进行精刨 　图(b)是先用切槽刀刨出 1、2 槽,再用尖头刨刀粗刨中间,三面各留余量 0.1～0.3mm,最后换切槽刀精刨

类别	图示	加工方法
轴上直通槽	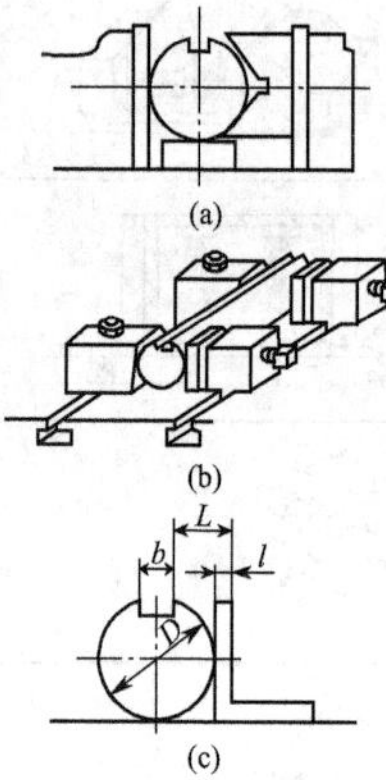 (a) (b) (c)	短的工件可按图(a)用虎钳装夹。长的工件可按图(b)直接装夹在工作台台面上 为了保证槽侧与轴线的平行度,装夹时应用百分表找正侧母线 粗刨直通槽方法与刨直角沟槽相同 精刨时,先用切槽刀垂直进给精刨一个侧面,此时要特别注意保证键槽对轴线的对称度,测量方法可参照图(c),其中 $$L = \frac{D-b}{2} + l$$ 式中 D——轴的实际尺寸 b——键槽按中间公差的宽度 L 值可用卡尺或公法线千分尺测量。精刨完一侧后,再精刨另一侧达到槽宽要求
V形槽	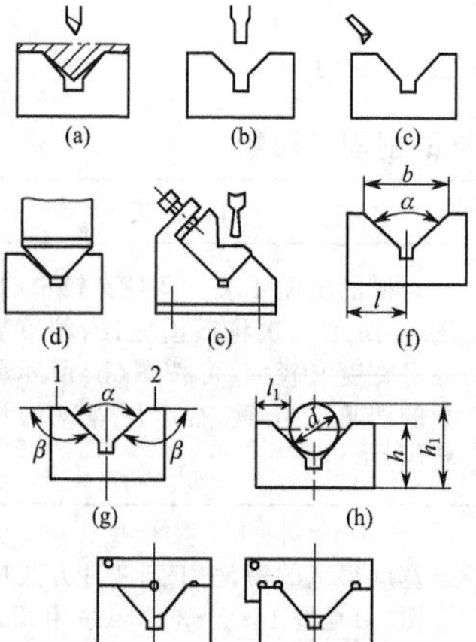 (a) (b) (c) (d) (e) (f) (g) (h) (i)	(1)加工方法 ① 按尺寸划线,用水平走刀粗刨大部分余量,见图(a) ② 按图(b)所示切空刀槽 ③ 倾斜刀架,用偏刀刨两斜面,见图(c) ④ 尺寸小的 V 形槽,可用样板刀精刨,见图(d) ⑤ 可按图(e)所示用夹具刨 V 形槽 (2)测量方法[V 形槽尺寸要素见图(f)] ① 以 1、2 顶面为基准按图(g)检查两 β 角 $$\beta^\circ = 90^\circ + \frac{\alpha}{2}$$ 如 β 正确,则 α 角正确且 α 的角平分线与 1、2 面垂直 ② 按图(h)测量 l_1 $$l_1 = l + \frac{d}{2}$$ ③按图(h)测量 h_1 $$h_1 = \frac{d}{2\sin\frac{\alpha}{2}} + h + \frac{d}{2} - \frac{b}{2}\cos\frac{\alpha}{2}$$ 如 h_1 准确,则尺寸 b 准确 ④ 成批生产时,可用样板检查,见图(i)

续表

类别	图　　示	加工方法
T形槽	 (a)　(b) (c)　(d)	① 用直槽刀按图(a)所示切直槽 ② 按图(b)所示用左弯头刀加工一侧面凹槽 ③ 按图(c)所示用右弯头刀加工另一侧面凹槽 ④ 用 45°倒角刀按图(d)所示倒角 注意:刨 T 形槽时切削用量要小;刨刀回程时,必须将刀具抬出 T 形槽外
燕尾槽	 (a)　(b)　(c) 斜燕尾在水平面内的斜度(1:K_a)和应偏转的斜角 θ_a（下表）	① 按要求找正装夹后,精刨1面到尺寸 ② 按图(a)用切槽刀刨直角槽,直角槽宽略小于燕尾槽小头宽度,直角槽深略小于燕尾槽深度 ③ 扳转刀架和拍板座,用偏刀刨斜面的方法,先粗刨后精刨一斜面2[图(b)],并刨槽底相应部分到尺寸 ④ 反方向扳转刀架和拍板座,换反方向偏刀,如果是直燕尾槽,可直接加工另一斜面3[图(c)]及相应槽底到尺寸,如果是斜燕尾槽,工件需偏转一角度 θ_a。后再刨斜面和槽底到尺寸。注意 θ_a 的方向和斜面在哪一边均有规定要求,从加工第一个燕尾斜面时就不能搞错。当燕尾槽所用的斜镶条的斜度为斜镶条纵剖面之值时(无特殊说明的斜镶条均如此), θ_a 的值可由左表查出 ⑤ 切空刀槽、倒角(可分别穿插在③、④项中进行)
切断		① 根据图样要求,按划线或用钢板尺进行对刀切断 ② 工件接近切断时进给量要减小 ③ 如工件较厚,可把工件翻身装夹,两面各刨一半 ④ 注意切断过程中切口尺寸不能因夹紧力而变小

燕尾槽行内嵌表:

斜镶条的斜度 1:K_b	斜镶条的斜角 θ_b	燕尾的倾斜角 α	斜燕尾在水平面内的斜度 1:K_a	斜燕尾在水平面内应偏转的斜角 θ_a
1:50	1°9′	55°	1:40.95	1°24′
		60°	1:43.3	1°19′
1:60	0°57′	55°	1:40.15	1°10′
		60°	1:51.96	1°6′
1:100	0°34′	55°	1:81.9	0°42′
		60°	1:83.3	0°40′

（2）镶条的刨削（表 8.57）

表 8.57　镶条的刨削

类别	图　　示	加工方法
直镶条	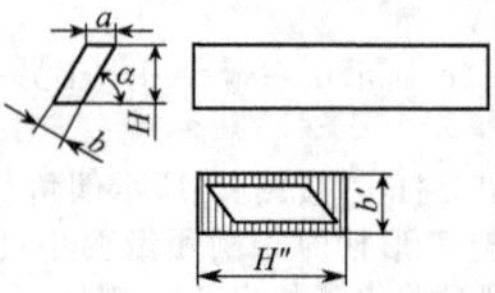	① 粗刨成矩形,每面留 1～1.5mm 余量,分粗、精刨的目的是减少变形,便于装夹 ② 精刨两宽面,控制厚度 $b = a\sin\alpha$,表面粗糙度 Ra 为 3.2μm,并留 0.1～0.2mm 刮削余量或 0.3～0.4mm 磨削余量,注意两面的平行度 ③ 用百分表校正平口钳钳口与滑枕行程方向平行。按 α 角大小扳转刀架刨一窄面,并在锐角的一边刨 0.15～0.25mm 宽的倒角 ④ 翻转工件刨另一窄面,并倒角。注意方向不要搞错,以免刨成梯形截面
斜镶条	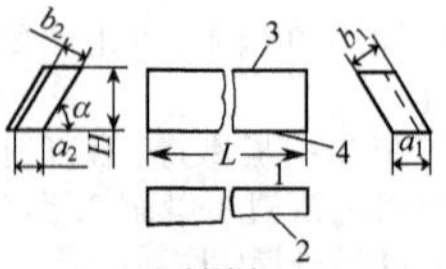 (a)斜镶条 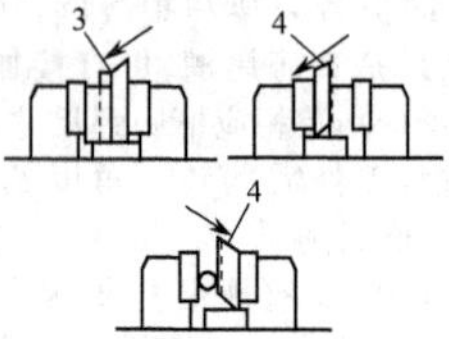 (b)工件装夹示意	① 粗刨成矩形,每面留 1～1.5mm 余量 ② 精刨基准宽面 1 ③ 以 1 面为基准,用与工件斜度相同的斜垫铁,其斜度为 $$S = \frac{b_1 - b_2}{L} = \frac{(a_1 - a_2)\sin\alpha}{L}$$ 在修配工作中,可借用与其相同的旧镶条。将斜垫铁垫在工件底下,用撑板夹持工件,刨宽面 2,并注意留适当的刮削余量 ④ 按[图(b)]装夹刨小窄面 3,并倒角 注意:固定钳口与滑枕方向要平行;扳转角度为 α,方向不要搞错 ⑤ 按[图(b)中间图]装夹刨小窄面 4 并倒角 也可按[图(b)下面图]装夹刨小窄面 4,但要注意刀架扳转方向

（3）精刨

① 精刨的类型及特点见表 8.58。

表 8.58　精刨的类型及特点

类别		简　图	特点与应用
直线刃精刨	一般宽刀精刨	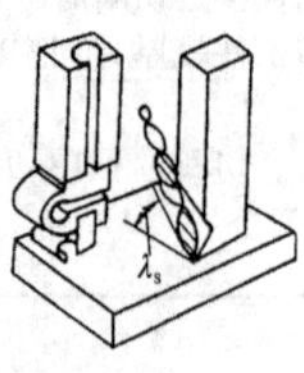	① 一般刃宽 10～60mm ② 自动横向进给 ③ 适用于在牛头刨床上加工铸铁和钢件。加工铸铁时,取 $\lambda_s = 3° \sim 8°$;加工钢件时,取 $\lambda_s = 10° \sim 15°$ ④ 表面粗糙度 Ra 可达 1.6～0.8μm

续表

类别		简　图	特点与应用
直线刃精刨	宽刃刀精刨	$\lambda_s=3°\sim5°$ L B	① 一般刃宽 $L=100\sim240$mm ② $L>B$ 时，没有横向进给，只有垂直进给；$L\leqslant B$ 时，一般采用排刀法，常取进给量 $f=(0.2\sim0.6)L$，用千分表控制垂直进给量 ③ 适于在龙门刨床上加工铸铁和钢件 ④ 表面粗糙度 Ra 可达 $1.6\sim0.8\mu$m
曲线刃精刨	圆弧刃精刨		① 采用圆弧刃，在同样的切削用量下，单位刃长的负荷轻，刀尖强度高，耐冲击，因而耐用度高 ② 刀刃上每点的刃倾角都是变化的，可增大前角，减小切屑变形，因此在同样切削用量下，可减小刨削力和使切屑流畅排出，并能微量进给($0.01\sim0.1$mm) ③ 适用于加工碳素工具钢和合金工具钢，比直线刃可提高效率$2\sim3$倍 ④ 表面粗糙度 Ra 可达 $1.6\sim0.8\mu$m
	圆形刃精刨	不转圆形刃精刨	① 除具有圆弧刃的特点外，刃磨一次可分段使用，这样相对耐用度高 ② 节省辅助时间 ③ 适用于加工中碳钢 ④ 表面粗糙度 Ra 可达 $3.2\sim1.6\mu$m
		滚切精刨	① 显著提高切削效率和刀具耐用度 ② 在后刀面上有一个压光棱带：$\alpha_{o1}=0°$，$b_{a1}=0.2\sim1$mm，因而可提高表面加工质量 ③ 适用于加工铸铁、钢件、石材等材料 ④ 表面粗糙度 Ra 可达 $1.6\sim0.8\mu$m

② 精刨刀常用的研磨方法见表 8.59。

表 8.59　精刨刀常用的研磨方法

类别	研磨简图	说明
平直前刀面的研磨		研磨前，先将油石研平，按图示角度和方向研磨。为了防止把油石研出沟痕，油石在垂直于刀刃方向上有微小窜动 长方油石：粗研用 $240^{\#}\sim200^{\#}$，精研用 $W28\sim W14$

续表

类别	研磨简图	说明
带断屑槽前刀面的研磨		一般取圆柱油石半径 $R_y = (1.2 \sim 1.3)R_n$ (mm)，研磨后 $\gamma_0 = \arcsin\dfrac{B}{2R_y}$（$R_n$ 为刀具断屑槽半径） 研磨时，应使油石不断转动，以防把刀口研钝。圆柱油石粒度同第一栏。在精研时，也可用铸铁或紫铜制成研棒，加上金刚砂研磨
后刀面的研磨		研磨时，不要沿刀刃方向运动，否则会将刃口研钝 研磨板用铸铁做成，刀片平面度应比工件高 1～2 级，表面粗糙度参数值 Ra 不大于 $0.4\mu m$。金刚砂粒度 W28～W14
滚切刀具的研磨		一定要在刀片旋转下进行研磨 研磨外锥面用长方油石；研磨内锥面用圆柱油石。圆柱油石的直径一般取 10～20mm 油石的粒度同第一栏

8.5.5 刨削用量

（1）龙门刨床常用的切削用量（表 8.60～表 8.62）

表 8.60　龙门刨床粗刨平面的切削深度　　mm

工件特性	工作台外形尺寸				
	1300×3000	2000×4000	2300×5000	4000×8000	4800×12000
刚度足的	15	20	25	35	35
刚度不足的	3～8	4～10	5～12	6～15	8～20

表 8.61　龙门刨床刨削进给量

工件材料	刀杆截面 /mm²	切削深度 a_p/mm		
		8	12	20
		进给量 f/mm·dst[①−1]		
钢	25×40	1.2～0.9	0.8～0.5	—
	30×45	1.8～1.3	1.2～1.0	0.6～0.4
	40×60	3.5～2.5	2.2～1.6	1.4～0.8

粗加工平面

续表

		粗加工平面		
工件材料	刀杆截面 /mm²	切削深度 a_p/mm		
		8	12	20
		进给量 f/mm·dst[①]⁻¹		
铸铁	25×40	2.0～1.6	1.5～1.1	—
	30×45	3.0～2.4	2.0～1.6	1.4～0.8
	40×60	4.0～3.5	3.0～2.5	2.4～1.8

		精加工平面				
刀具型式		表面粗糙度 Ra/μm	工件材料	副偏角 κ_r'/(°)	切削深度 a_p/mm	进给量 f /mm·dst⁻¹
通切刀		10～5	钢	5～10[②]	≤2	1.5～2.5
			铸铁	5～10[①]	≤2	3.0～4.0
宽刀 YG6	通切刀 精加工	10～5	铸铁	0°	≤2	10～20
	预加工	2.5～1.25			0.15～0.30	10～20
	最后加工				0.05～0.10	12～16

		刨槽及切断					
工件 材料	刨刀宽度 B/mm						
	5	8	10	12	16	20	
	进给量 f/mm·dst⁻¹						
钢	0.10～0.18	0.12～0.24	0.15～0.27	0.27～0.33	0.34～0.38	0.40～0.48	
铸铁	0.28～0.35	0.35～0.42	0.45～0.50	0.50～0.60	0.60～0.70	0.70～0.85	

①dst 为双行程。

②在过渡刃上 $\kappa_r=0°$。

注：1. 多刀加工将切削余量分成几个切削深度时，进给量应按切削深度最大的一把刨刀确定。

2. 多刀加工将进给量分成几个时，进给量应按一把刨刀的进给量考虑。切削速度也应按一把刨刀考虑。

3. 用刨槽刀刨 T 形槽侧部时，其进给量应降低 20%～25%。

表 8.62　龙门刨床刨平面的切削速度　　　　m·min⁻¹

工件材料	刀具材料	切削深度 a_p/mm	进给量 f/mm·dst⁻¹							
			0.3	0.4	0.5	0.6	0.75	0.9	1.1	1.4
结构碳钢、铬钢、镍铬钢 σ_b= 0.735GPa	W18Cr4V	1.0		47.7	41.1	36.5	31.3	27.9	24.4	
		2.5		37.8	32.7	29	25	22.2	19.4	
		4.5			28	24.9	21.5	19	16.6	14.2
		8			24.5	21.7	18.6	16.5	14.5	12.4
		14	29.8	24.7	21.3	18.9	16.3	14.4		
		20	27.2	22.5	19.5	17.2	14.8	13.2		

续表

工件材料	刀具材料	切削深度 a_p/mm	进给量 f/mm·dst⁻¹							
			0.3	0.4	0.5	0.6	0.75	0.9	1.1	1.4
铸钢 $\sigma_b=$ 0.735GPa	W18Cr4V	1		43.8	37.0	32.8	28	25	22	
		2.5		34	29.4	26	22.5	20	17.5	
		4.5		28.6	25.3	22.5	19.7	17.3	15	
		8			22.0	19.6	16.8	15	13.1	11.2
		14		22.2	18.4	17	14.7	13		
		20		20	17.6	15.6	13.3	11.9		

工件材料	刀具材料	切削深度 a_p/mm	进给量 f/mm·dst⁻¹							
			0.25	0.35	0.55	0.75	1.1	1.5	2.1	2.9
灰口铸铁 190HB	W18Cr4V	1	41.1	35.9	29.9	26.3	22.7	20		
		2.5		31.3	26.1	22.9	19.8	17.4	15.2	
		6.5			23.3	20.5	17.7	15.6	13.6	12
		16	27	23.5	19.8	17.4	15	13.2		
		30	24.5	21.5	18	15.8	13.7	12.2		

刀具材料	切削深度 a_p/mm	进给量 f/mm·dst⁻¹							
		0.40	0.55	0.75	1.0	1.4	1.8	2.5	3.3
YG8	1.5	82	72	64	57	49.5	45		
	4			57	49	43	38.5	34	30.5
	9	63	55	49	43.5	37	34.5		
	20	55.7	49	43.3	38.6	33.7	30.5		

刀具材料	进给量 /mm·dst⁻¹	v/m·min⁻¹	行程次数	加工表面粗糙度 Ra/μm	
YG8 宽刨刀	≤2	10~20	14~18	1	精加工 10~5
	0.15~0.3	10~20	5~15	1	光整 10~5
	0.05~0.1	12~16	4~15	1~2	最后光整 2.5~1.25

宽刨刀精刨时根据加工面的尺寸允许的最大切削速度

加工面的尺寸/m²	6	8	13	17	20
最大切削速度(保证在工作过程中不换刀)/m·min⁻¹	15	11	7	5	4

注: 1. 使用条件变换时的修正系数见表8.66。

2. 宽刨刀精刨表面粗糙度 Ra 减小至 2.5~1.25μm 时，必须：将刀刃直线部研磨至 Ra0.16μm，用样板光隙检查其直线度；将宽刀装上机床时，与水平面齐平，进行光隙检查；用煤油润滑加工面。

（2）牛头刨床常用的切削用量（表 8.63 和表 8.64）

表 8.63　牛头刨床常用进给量

	工件材料	刀杆截面/mm²	牛头刨床			插床		
			切削深度 a_p/mm					
			3	5	8	3	5	8
			进给量 f/mm·dst⁻¹					
粗加工平面	钢	16×25	1.2~1	0.7~0.5	0.4~0.3	1.2~1.0	0.7~0.5	0.4~0.3
		20×30	1.6~1.3	1.2~0.8	0.7~0.5	1.6~1.3	1.2~0.8	0.7~0.5
		30×40	2.0~1.7	1.6~1.2	1.2~0.9	2.0~1.7	1.6~1.2	1.2~0.9
	铸铁及铜合金	16×25	1.4~1.2	1.2~0.9	1.0~0.6	1.4~1.2	1.2~0.8	1.0~0.6
		20×30	1.8~1.6	1.4~1.0	1.4~1.0	1.8~1.6	1.6~1.3	1.4~1.0
		30×40	2.0~1.7	2.0~1.7	1.6~1.3	2.0~1.7	2.0~1.7	1.6~1.3

	表面粗糙度 Ra/μm	工件材料	副偏角 κ_r'	牛头刨床			插床		
				刀尖半径或刃口宽度/mm					
				1	2	3	1	2	3
				进给量 f/mm·dst⁻¹					
精加工平面	10	钢、铸铁及铜合金	3°~4°	0.9~1.0	1.2~1.5	1.2~1.5	0.9~1.0	1.2~1.5	1.2~1.5
			5°~10°	0.7~0.8	1.0~1.2	1.0~1.2	0.7~0.8	1.0~1.2	1.0~1.2
	5	钢	2°~3°	0.25~0.4	0.5~0.7	0.7~0.9	0.25~0.4	0.5~0.7	0.7~0.9
		铸铁及铜合金		0.35~0.5	0.6~0.8	0.9~1.0	0.35~0.5	0.6~0.8	0.9~1.0

	工件材料	刨刀宽度 B/mm			
		5	8	10	>12
		进给量 f/mm·dst⁻¹			
刨槽及切断	钢	0.12~0.14	0.15~0.18	0.18~0.20	0.18~0.22
	铸铁及铜合金	0.22~0.27	0.28~0.32	0.30~0.36	0.35~0.40

表 8.64　牛头刨床刨平面的切削速度　　m·min⁻¹

工件材料	刀具材料	切削深度 a_p/mm	进给量 f/mm·dst⁻¹						
			0.3	0.4	0.5	0.6	0.75	0.9	1.1
结构碳钢、铬钢、镍铬钢 $\sigma_b=0.735$GPa	W18Cr4V	1.0		39	33.5	29.2	25.6	22.9	19.9
		2.5		30.9	26.7	23.8	20.4	18.1	15.9
		4.5	32.2	26.5	22.9	20.3	17.4	15.6	
		8.0	28.2	23.2	20	17.6	15.2	13.6	
铸钢件	W18Cr4V	1.0		35.1	30.2	26.3	23	20.7	18
		2.5		27.8	24	21.4	18.4	16.2	14.4
		4.5	28.9	23.9	20.7	18.2	15.6	14	
		8.0	25.4	20.9	18	15.8	13.7	12.2	

续表

工件材料	刀具材料	切削深度 a_p/mm	进给量 f/mm·dst^{-1}					
			0.28	0.40	0.55	0.75	1.0	1.5
灰口铸铁 190HB	W18Cr4V	0.7	34	30	26	23	20	18
		1.5	30	26	23	20	18	16
		4.0	26	23	20	18	16	14.1
		10	23	20	18.1	16	14.1	12.3
	YG8	0.7	—	118	112	92	84	—
		1.5	—	65	57	51	45.5	40
		4	62	56	51	45.5	40	34
		9	56	51.5	44	40	35	30

工件材料	刀具材料	切削深度 a_p/mm	铸造外皮	主偏角 κ_r	进给量 f/mm·dst^{-1}							
					0.3	0.35	0.45	0.58	0.74	0.94	1.2	1.5
中等硬度铜合金	W18Cr4V	4.5	无	60°	>70	69	61	54	48	43	38	34
				90°	64	57	51	45	40	36	32	28
			有	60°	>70	62	55	49	43	38	34	30
				90°	57	50	45	40	35	31	28	25
		12	无	60°	69	61	54	48	43	38	34	30
				90°	57	51	45	40	36	32	28	25
			有	60°	62	55	49	43	38	34	30	27
				90°	50	45	40	35	31	28	25	22

注：使用条件变换时的修正系数见表8.66。

(3) 龙门刨床和牛头刨床刨槽的切削速度 (表8.65)

表 8.65 龙门刨床和牛头刨床刨槽的切削速度 m·min^{-1}

进给量 f/mm·dst^{-1}	龙门刨床	牛头刨床	进给量 f/mm·dst^{-1}	龙门刨床		牛头刨床	
	灰口铸铁 190HB			W18Cr4V			
				工件材料 σ_b=0.735GPa			
	W18Cr4V	YG8	W18Cr4V	YG8	轧钢件及锻件	铸钢件	轧钢件及锻件	铸钢件
0.08	26.1	40.3	20.9	32.3	0.10	21.7	19.6	17.4	15.7
0.12	22.2	34.3	17.8	27.5	0.12	19.3	17.4	15.4	13.9
0.17	19.4	29.9	15.5	23.9	0.15	16.7	15.1	13.3	12
0.25	16.6	25.6	13.3	20.5	0.18	14.7	13.3	11.8	10.6

续表

进给量 f /mm·dst⁻¹	机床型式				进给量 f /mm·dst⁻¹	机床型式			
	龙门刨床		牛头刨床			龙门刨床		牛头刨床	
	工件材料					刀具材料			
	灰口铸铁 190HB					W18Cr4V			
	刀具材料					工件材料 $\sigma_b=0.735GPa$			
	W18Cr4V	YG8	W18Cr4V	YG8		轧钢件及锻件	铸钢件	轧钢件及锻件	铸钢件
0.30	15.4	23.9	12.3	19.1	0.23	12.6	11.3	10	9.1
0.46	12.9	20	10.3	16	0.28	11.1	10	8.9	8
0.65	11.3	17.5	9.0	14	0.35	9.5	8.6	7.6	6.9
0.90	9.9	15.3	7.9	12.3	0.40	8.7	7.9	7	6.3
					0.50	7.6	6.8	6.1	5.5
					0.60	6.7	6	5.4	4.8
					0.75	5.8	5.2	4.6	4.1

使用条件变换时的修正系数

刀具耐用度 t/min		60	90	120	180	240	360	刀具耐用度 t/min	60	90	120	180	240	360
修正系数	W18Cr4V	1.11	1.05	1	0.94	0.9	0.85	修正系数	1.19	1.08	1	0.9	0.84	0.76
	YG8	1.15	1.06	1	0.92	0.87	0.8							

（4）使用条件变换时刨插削速度修正系数（表 8.66）

表 8.66 刨插削速度修正系数

刀具耐用度修正	机床型式	工件材料	刀具材料	加工方式	耐用度 t/min					
					60	90	120	180	240	360
					修正系数					
	龙门刨床及牛头刨床	钢	W18Cr4V	平面	1.09	1.03	1.0	0.95	0.91	0.87
				槽	1.19	1.08	1.0	0.90	0.84	0.76
			YC8	平面	1.15	1.05	1.0	0.92	0.87	0.80
		灰口铸铁		槽	—	—	—	—	—	—
			W18Cr4V	平面	1.07	1.03	1.0	0.96	0.93	0.90
				槽	1.11	1.05	1.0	0.94	0.90	0.85
		铜合金		平面	1.09	1.03	1.0	0.95	0.91	0.87
	插床	钢	W18Cr4V	平面	1.2	1.13	1.09	1.04	1.0	0.96
				槽	1.41	1.28	1.19	1.07	1.0	0.9
		灰口铸铁		平面	1.15	1.1	1.07	1.03	1.0	0.96
				槽	1.23	1.17	1.11	1.04	1.0	0.94

续表

工件材料修正

刀具材料	结构钢、碳钢及合金钢 σ_b/GPa					铸铁 HB		
	0.441	0.539	0.637	0.735	0.833	170	190	230
YG8	—	—	—	—	—	1.13	1.0	0.79
W18Cr4V	2.3	1.76	1.28	1	0.8	1.18	1.0	0.72

刀具材料	铜合金						
	非均质合金		铜铅合金（不均质结构）	均质合金	均质结构含铅量10%	铜	含铅小于15%
	高硬度	中等硬度					
YG8	—	—	—	—	—	—	—
W18Cr4V	0.7	1.0	1.7	2.0	4.0	8.0	12

主偏角修正

刀具材料	工件材料	主偏角 κ_r				
		30°	45°	60°	75°	90°
YG8	铸铁	1.2	1.0	0.88	0.83	0.73
W18Cr4V	钢	1.26	1.0	0.84	0.74	0.66
	铸铁	1.2	1.0	0.88	0.79	0.73
	铜合金	—	—	1.0	—	0.83

副偏角修正

刀具材料	副偏角 κ_r'				
	10°	15°	20°	30°	45°
W18Cr4V	1.0	0.94	0.94	0.91	0.87

前面形状修正

刀具材料	工件材料	前面形状	
		平面形或曲线形有倒棱	平面形无倒棱
W18Cr4V	钢	1.0	0.95

刀尖半径修正

刀具材料	工件材料	刀尖半径/mm			
		1	2	3	5
W18Cr4V	钢		0.97	1.0	1.0
	铸铁		0.94	1.0	1.0
	铜合金	0.9	1.0	1.06	1.06

后面磨耗值修正

刀具材料	工件材料		磨耗值 h_s/mm							
			0.5	0.9	1.0	1.2	1.5	2.0	3.0	4.0
YG8	铸铁		—	—	1.0	—	1.2	1.2	—	—
W18Cr4V	钢	插平面刀	0.93	—	0.95	—	0.97	1.0	—	—
		插槽刀	0.85	—	1.0	—	—	—	—	—
	铸铁	插平面刀	—	—	0.86	—	0.90	0.93	0.95	1.0
		插槽刀	0.85	—	0.90	—	0.95	1.0	—	—

续表

刀杆截面修正	刀具材料	工件材料	刀杆截面/mm²					
			16×25	20×30	25×40	30×45	40×60	60×90
	W18Cr4V	钢	0.90	0.93	0.97	1.0	1.04	1.10
		铸铁	0.95	0.96	0.98	1.0	1.02	1.05
		铜合金	—	0.96	0.98	1.0	1.02	

毛坯表面情况修正	刀具材料	工件材料	无外皮	铸造外皮	砂土外皮	无外皮			有外皮		
						型钢及锻件	铸件	型钢	铸件及锻件		
									>160HB	160~200HB	>200HB
	YG8	铸铁	1.0	0.8~0.85	0.5~0.6	—	—	—	—	—	—
	W18Cr4V	钢	—	—	—	1.0	0.9	0.9	0.75	0.80	0.85
		铸铁	1.0	0.8~0.85	0.5~0.6	—	—	—	—	—	—
		铜合金	1.0	0.9~0.95	—	—	—	—	—	—	—

（5）刨插削速度和切削力计算公式（表8.67）

表8.67 刨插削速度和切削力计算公式

工件材料	刀具材料	加工方式	切削速度/m·min⁻¹	切削力 N
灰口铸铁 HB190	YG8	平面	$v=\dfrac{162}{t^{0.2}a_{p}^{0.15}f^{0.4}}$	$N_{z}=902a_{p}^{1.0}f^{0.75}$
		槽	$v=\dfrac{38.2}{t^{8.2}f_{00}^{0.4}}$	$N_{z}=1548a_{p}^{1.0}f^{1.0}$
	W18Cr4V	平面	$v=\dfrac{39.2}{t^{0.1}a_{p}^{0.15}f^{0.4}}$	$N_{z}=1225a_{p}^{1.0}f^{0.75}$
		槽	$v=\dfrac{19.5}{t^{0.15}f_{00}^{0.4}}$	$N_{z}=1548a_{p}^{1.0}f^{1.0}$
碳钢、铬钢、镍铬钢 $\sigma_{b}=0.637$GPa	W18Cr4V	平面	$v=\dfrac{61.1}{t^{0.12}a_{p}^{0.25}f^{0.66}}$	$N_{z}=1892a_{p}^{1.0}f^{0.75}$
		槽	$v=\dfrac{20.2}{t^{0.25}f^{0.66}}$	$N_{z}=2099a_{p}^{1.0}f^{1.0}$
铜合金	W18Cr4W	平面	$v=\dfrac{167}{t^{0.23}a_{p}^{0.12}f^{0.5}}$	$N_{z}=539a_{p}^{1.0}f^{0.66}$

注：t—刀具耐用度，min；f—进给量，mm/dst；a_{p}—切削深度，mm；v—切削速度，m/min；N_{z}—切向切削力，N。

8.5.6 刨削常见问题产生原因及解决方法

① 刨平面常见问题产生原因及解决方法见表 8.68。

表 8.68 刨平面常见问题产生原因及解决方法

问题	产生原因	解决方法
表面粗糙度参数值不符合要求	光整精加工切削用量选择不合理	最后光整精刨时采用较小 a_p、f、v
	刀具几何角度不合理、刀具不锋利	合理选用几何角度,刀具磨钝后及时刃磨
工件表面产生波纹	机床刚性不好,滑动导轨间隙过大,切削产生振动	调整机床工作台、滑枕、刀架等部分的压板、镶条及地脚螺栓等
	工件装夹不合理或工件刚性差,切削时振动	注意装夹方法,垫铁不能松动,增加辅助支承,使工件薄弱环节的刚性得到加强
	刀具几何角度不合理或刀具刚性差,切削振动	合理选用刀具几何角度,加大 γ_o、κ_r、λ_s;缩短刨刀伸出长度,采用减振弹性刀
平面出现小沟纹或微小台阶	刀架丝杠与螺母间隙过大;调整刀架后未锁紧刀架	调整丝杠与螺母间隙或更新丝杠、螺母。调整刀架后,必须将刀架溜板锁紧
	拍板、滑枕、刀架溜板等配合间隙过大	调整间隙
	刨削时中途停车	精刨平面时避免中途停车
工件开始吃刀的一端形成倾斜倒棱	拍板、滑枕、刀架溜板间隙过大,刀架丝杠上端轴颈锁紧螺母松动	调整拍板、滑枕、刀架溜板间隙及刀架侧面镶条与导轨间隙。锁紧刀架丝杠上端螺母
	刨削深度太大,刀杆伸出量过长	减小刨削深度和刀杆伸出量
	刨刀 κ_r 和 γ_o 过小,吃刀抗力增大	适当选用较大的 κ_r 和 γ_o 角
平面局部有凹陷现象	牛头刨床大齿轮曲柄销的丝杠一端销紧螺母松动,造成滑枕在切削中有瞬时停滞现象	应停车检查,将此螺母拧紧
	在切削时,突然在加工表面停车	精刨平面时,不应在加工表面停车
	工件材质、余量不均,引起"扎刀"现象	选用弯颈式弹性刨刀,避免"扎刀";多次分层切削,使精刨余量均匀

问题	产生原因	解决方法
平面的平面度不符合要求	工件装夹不当,夹紧时产生弹性变形	装夹时应将工件垫实,夹紧力应作用在工件不易变形的位置
	刨刀几何角度、刨削用量选用不合适,产生较大的刨削力、刨削热而使工件变形	合理选用刨刀几何角度和刨削用量,必要时可等工件冷却一定时间再精刨
两相对平面不平行,两相邻平面不垂直	夹具定位面与机床主运动方向不平行或机床相关精度不够	装夹工件前应找正夹具基准面,调整机床精度
	工件装夹不正确,基准选择不当,定位基准有毛刺、异物,工件与定位面未贴实	正确选择基准面和定位面,并清理毛刺、异物。检查工件装夹是否正确

② 刨垂直面和台阶常见问题产生原因及解决方法见表 8.69。

表 8.69 刨垂直面和台阶常见问题产生原因及解决方法

问题	产生原因	解决方法
垂直平面与相邻平面不垂直 相邻平面 垂直平面	刀架垂直进给方向与工作台面不垂直	调整刀架进给方向,使之与工作台面垂直
	刀架镶条间隙上下不一致,使升降时松紧不一,造成受力后靠向一边	调整刀架镶条间隙,使之松紧一致
	工件装夹时在水平方向没校正,两端高低不平,或工件伸出太长,切削时受力变形	找正工件;被加工面尽量减小伸出量
	工作台或刀架溜板水平进给丝杠与螺母间隙未消除	精切时应消除丝杠、螺母副的间隙
	刀架或刨刀伸出过长,切削中产生让刀;刀具刃口磨损	缩短刀架,刀杆伸出长度,选用刚性好的刀杆,及时刃磨
垂直平面与相邻侧面不垂直 相邻侧面 垂直平面	平口钳钳口与主运动方向不垂直	装夹前应找正钳口与主运动方向垂直
	刨削力过大,产生振动和移动	工件装夹牢固,合理选择刨削用量与刀具角度

续表

问题	产生原因	解决方法
表面粗糙度达不到要求	刀具几何角度不合适,刀头太尖,刀具实际安装角度使副偏角过大	选择合适的刀具几何角度,加大刀尖圆弧半径,正确安装刨刀
	刨削深度与进给量过大	精加工时选用较小刨削深度与进给量
台阶与工件基准面不平行即($A \neq A'$、$B \neq B'$) 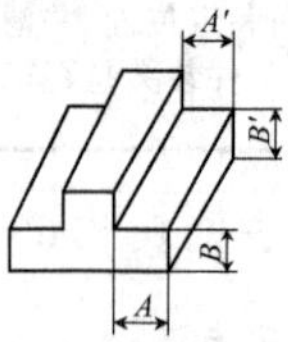	工件装夹时未找正基准面	装夹工件时应找正工件的水平与侧面基准
	工件装夹不牢固,切削时工件移位或切削让刀	工件和刀具要装夹牢固,选用合理刨刀几何角度与刨削用量,以减小刨削力
台阶两侧面不垂直	刀架不垂直,龙门刨床横梁溜板紧固螺钉未拧紧而让刀	加工前找正刀架对工作台的垂直度,锁紧横梁溜板

③ 切断、刨直槽及 T 形槽常见问题产生原因及解决方法见表 8.70。

表 8.70 切断、刨直槽及 T 形槽常见问题产生原因及解决方法

问题	产生原因	解决方法
切断面与相邻面不垂直	刀架与工作台面不垂直	刨削时,找正刀架垂直行程方向工作台垂直
	切刀主切削刃倾斜让刀	刃磨时使主切削刃与刀杆中心线垂直,装刀时主切削刃不应歪斜
切断面不光	进给量太大或进给不匀	自动进给时,选用合适进给量,手动时,要均匀进给
	切刀副偏角、副后角太小	加大刀具副后角、副偏角
	抬刀不够高,回程划伤	抬刀应高出工件
直槽上宽下窄或槽侧有小阶台	刀架不垂直,刀架镶条上下松紧不一,刀架拍板松动	找正刀架垂直,调整镶条间隙,解决拍板松动
	刨刀刃磨不好或中途刃口磨钝后主切削刃变窄	正确刃磨切刀,提高耐用度

续表

问题	产生原因	解决方法
槽与工件中心线不对称	分次切槽时,横向走刀造成中心偏移	由同一基准面至槽两侧应分别对刀,使其对称
T形槽左、右凹槽的顶面不在同一平面	一次刨成凹槽时,左、右弯头切刀主切削刃宽度不等	刃磨时左、右弯头切刀主切削刃宽度应一致
	多次刨成凹槽时,对刀不准确	对刀时左、右应一致
T形槽两凹槽与中心线不对称	刨削左、右凹槽时,横向走刀未控制准确	控制左、右横向走刀一致

④ 刨斜面、V形槽及镶条常见问题产生原因及解决方法见表 8.71。

表 8.71　刨斜面、V形槽及镶条常见问题产生原因及解决方法

问题	产生原因	解决方法
斜面与基面角度超差	装夹工件歪斜,水平面左、右高度不等	找正工件,使其符合等高要求
	用样板刀刨削时,刀具安装对刀不准	样板刀角度与切削安装实际角度一致,对刀正确
	刀架上、下间隙不一致或间隙过大	调整刀架镶条,使间隙合适
长斜面工件斜面全长上的直线度和平面度超差	精刨夹紧力过大,工件弯曲变形	精刨时适当放松夹紧力,消除装夹变形
	工件材料内应力致使加工后出现变形	精加工前工件经回火或时效处理
	基准面平面度不好或有异物存在	修正基准面,装夹时清理干净基面和工作台面
斜面粗糙度达不到要求	进给量太大,刀杆伸出过长,切削时发生振动	选用合适进给量,刀杆伸出长度合理,用刚性好的刀杆
	刀具磨损或刀刃无修光刃	及时刃磨刀具,刀刃磨出1~1.5mm修光刃
V形槽与底面、侧面的平行度和V形槽中心平面与底面的垂直度及与侧面的对称度不合要求	平行度误差由定位基准与主运动方向不一致造成	定位装夹时,找正侧面、底面与主运动方向平行
	垂直度误差与对称度误差由加工及测量方法不当造成	采用正确的加工与测量方法或用定刀精刨;精刨V形第一面后将刀具和工件定位,工件调转180°并以相同定位刨第二面

问题	产生原因	解决方法
镶条弯曲变形	刨削用量过大,刀尖圆弧半径过大,切削刃不锋利,使刨削力和刨削热增大	减小刨削用量,刃磨刀具使切削刃锋利,改变刀具几何角度使切削轻快,减少热变形
	装夹变形	装夹时将工件垫实再夹紧,避免强行校正
	加工翻转次数少,刨削应力未消除	加工中多翻转工件反复刨削各面或增加消除应力的工序

⑤ 精刨表面常见问题产生原因及解决方法见表 8.72。

表 8.72 精刨表面常见问题产生原因及解决方法

表面波纹的形状	产生原因	消除措施
有规律的直纹	外界振动引起	消除外界振源
	刨削速度偏高	选择合适的刨削速度
	刨削钢件时前角过小,刃口不锋利	选择合适的刀具前角,按要求研磨刃口
	刀具没有弹性槽,抗振性差	增设开口弹性槽或垫硬质橡胶
	刀具后角过大	应加消振倒棱,常取 $\alpha_{01}=0°$, $b_{a1}=0.2\sim0.5mm$
鱼鳞纹	刀杆与拍板、拍板与刀架体及拍板与销轴等接触不良	按精刨要求调整配合关系
	工作台传动蜗杆与齿条啮合间隙过大	必要时调整啮合间隙
	刀具后角过小	采用双后角:$\alpha_{01}=3°\sim4°$, $\alpha_0=6°\sim8°$
	工件定位基面不平	调平垫实基面,提高工件刚性
交叉纹	导轨在水平面内直线度超差	按精刨要求调整机床导轨
	两导轨平行度误差引起工作台移动倾斜	

8.6 插削加工

8.6.1 插床及其工艺范围

（1）插床

插床由工作台、滑枕、立柱、滑座等部件组成，其外形如图 8.22 所示。插削时，滑枕 2 带着插刀沿立柱 3 上下往复运动为主运动，工件安装在圆工作台 1 上，圆工作台的回转做间歇的圆周进给运动或分度运动。上滑座 6 和下滑座 5 可带动工件做纵向和横向进给运动。插床主要用于单件小批量生产中插削槽平面和成形表面。

（2）常用插削方式及其操作方法（表 8.73）

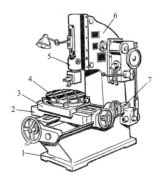

图 8.22 插床的外形图
1—圆工作台；2—滑枕；3—立柱；4—进给箱；5—下滑座；6—上滑座；7—进给箱

表 8.73 常用插削方式的操作方法

插削方式	图示	操作方法
插削垂直面		将工件安装在工作台中间位置的两块等高垫铁上，并将划针安装在滑枕上，使滑枕上下移动，找正工件侧面上已划好的垂直线，然后横向移动工作台。用划针检查插削面与横向进给方向的平行度，最后进行插削
插斜面		将工件放在工作台上，按划线找正工件，使加工面与横向进给方向平行，然后采用插削垂直面的方法进行插削

插削方式	图示	操作方法
插斜面	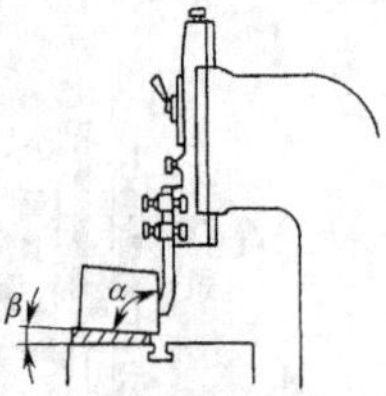	用斜垫铁将工件垫起,使待加工表面处于垂直状态,然后用插削垂直面的方法进行插削。垫铁角度为 $90° - α$,这种方法适用于 $β ≤ 11°25'$ 的工件
	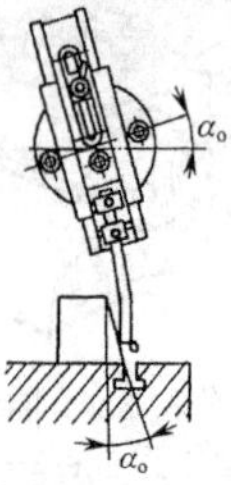 滑枕在横向垂直面内倾斜 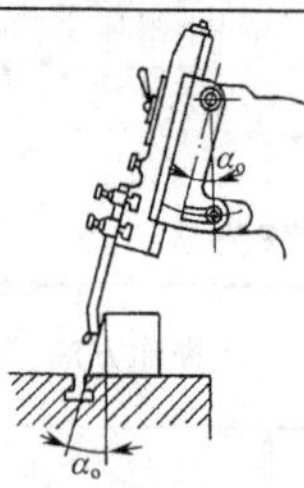 滑枕在纵向垂直面内倾斜	工件平放在工作台上,将滑枕按工件的斜度倾斜一个角度进行插削
	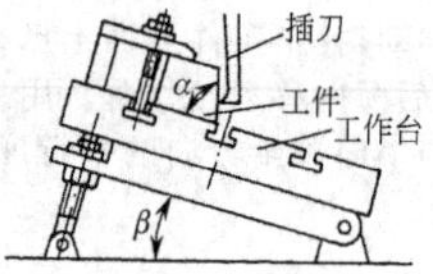	将工件台倾斜 $β$($β = 90° - α$)角,然后按插削垂直面的方法插削斜面,此方法只适用于工作台可倾斜成一定角度的插床或在工作台上加一个可倾斜的工作台
插曲面	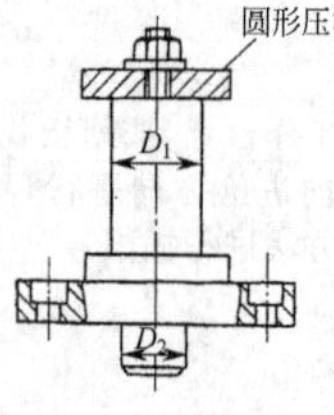 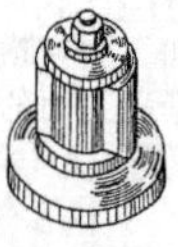	将夹具的定位圆置于工作台中心定位孔内,将夹具压紧在工作台上,然后把工件安装并夹紧在夹具上,按照插削垂直面的方法进行插削,工作台做圆周进给。若工件批量较小时,可用三爪卡盘或用压板螺栓直接在工作台上装夹工件

续表

插削方式	图示	操作方法
插曲面	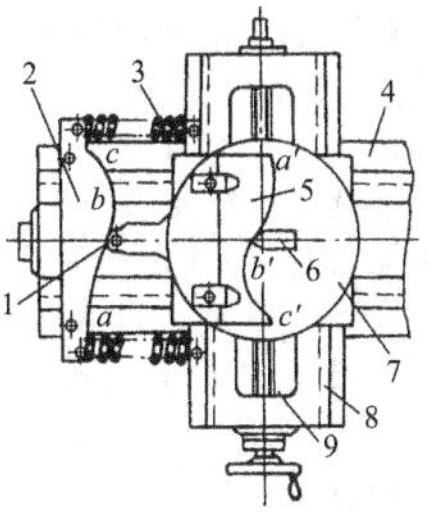 1—滚轮；2—靠模板；3—拉力弹簧；4—纵溜板座；5—工件；6—插刀；7—工作台；8—横溜板座；9—横向进给丝杠	在插床纵向导轨上固定一块靠模板，将纵向进给丝杠拆去，并用弹簧拉紧，使滚轮紧靠靠模板，这样利用工作台的横向进给，就可以插出与靠模板曲线形状相反的曲面
	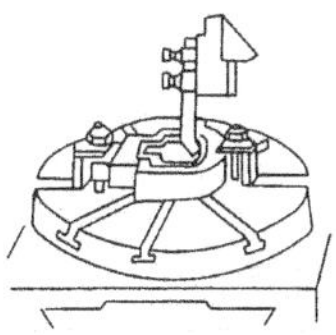	插削复杂的成形面时，先用划针按划线找正，利用工作台圆周进给加工圆弧表面，利用纵向或横向进给加工直线部分 插削简单的圆弧面可采用赶弧法，插削批量较大的小尺寸成形内孔面时，则采用成形刀插削
插方孔	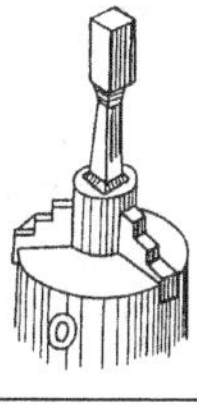	插小方孔时，采用整体方头插刀插削，插削前调整刀刃的四条刃口与工作台两个移动方向平行，然后旋转圆工作台使工件划线和插刀头对齐
	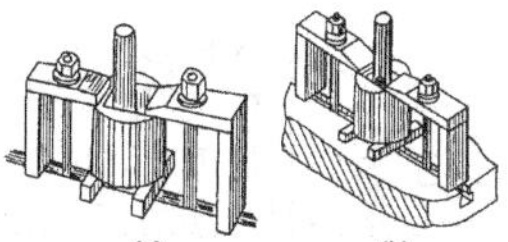 (a)　　　(b)	按划线找正粗插各边[图(a)]，每边留余量 0.2～0.5mm，然后将工作台转 45°，用角度刀头插去四个内角上未插去的部分[图(b)]，然后精插第一边，测量该边至基面的尺寸，符合要求后将工作台精确转 180°，精插其相对的一边，并测量方孔宽度尺寸，符合要求后，再将工作台精确转 90°，用上述方法插削第二边及第四边

续表

插削方式	图示	操作方法
插键槽	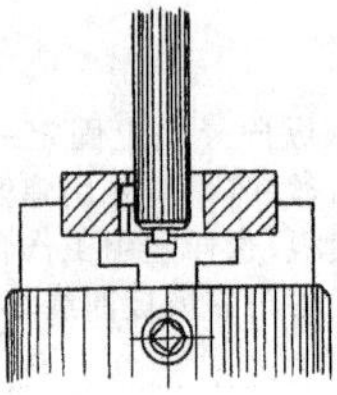	按工件端面上的划线找正对刀后,插削键槽,先用手动进给至 0.5mm 深时,停车检查键槽宽度尺寸及键槽的对称度,调整正确后继续插削至要求 找正插刀时,将百分表固定在工作台上,使百分表测头触及插刀侧面,纵向移动工作台,测得插刀侧面的最高点,将工作台准确地转 180°,按上述方法测得插刀另一侧面的最高点,前后两次读数差的一半即为主切刃中心与工作台轴线的不重合度数值,此时可移动横向工作台,使插刀处于正确位置

8.6.2 插刀

(1) 常用插刀类型及用途 (表 8.74)

表 8.74　常用插刀类型及用途

类型	图示	用途	类型	图示	用途
尖刀	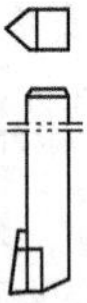	多用于粗插或插削多边形孔	成形刀	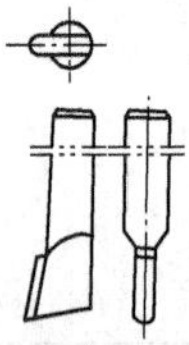	根据工件表面形状需要刃磨而成,按形状分为角度、圆弧和齿形等成形刀
切刀	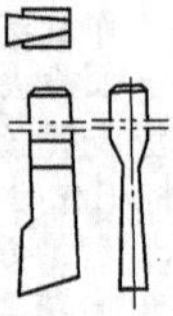	常用于插削直角形沟槽和各种多边形孔	小刀头	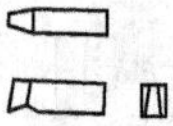	可按加工要求刃磨成各种形状,装夹在刀杆中,适用于粗、精和成形加工。因受刀杆限制,不适宜加工小孔、窄槽或盲孔

(2) 插刀主要几何角度 (表 8.75)

表 8.75 插刀主要几何角度 (°)

简图	参数					
	前角 γ_o			后角	副偏角	副后角
	普通钢	铸铁	硬韧钢	α_o	κ_r'	α_o'
	5～12	0～5	1～3	4～8	1～2	1～2

8.6.3 插削用量

插削方法与刨削类似，插削用量见表 8.76～表 8.78。

表 8.76 插床插槽进给量

机床-工件-工具系统的刚度	工件材料	槽的长度/mm	槽宽 B/mm			
			5	8	10	＞12
			进给量 f/mm·dst^{-1}			
足够的	钢	—	0.12～0.14	0.15～0.18	0.18～0.20	0.18～0.22
	铸铁	—	0.22～0.27	0.28～0.32	0.30～0.36	0.35～0.40
不足的（加工零件孔径＜100mm孔内的槽）	钢	100	0.10～0.12	0.11～0.13	0.12～0.15	0.14～0.18
		200	0.07～0.10	0.09～0.11	0.10～0.12	0.10～0.13
		＞200	0.05～0.07	0.06～0.09	0.07～0.08	0.08～0.11
	铸铁	100	0.18～0.22	0.20～0.24	0.22～0.27	0.25～0.30
		200	0.13～0.15	0.16～0.18	0.18～0.21	0.20～0.24
		＞200	0.10～0.12	0.12～0.14	0.14～0.17	0.16～0.20

表 8.77 高速钢（W18Cr4V）插刀插槽的切削速度 m·min^{-1}

工件材料		进给量 f/mm·dst^{-1}								
		0.07	0.08	0.1	0.12	0.15	0.18	0.23	0.28	0.34
钢 σ_b=0.735GPa	轧制件、锻件	14.6	12.8	11.2	9.8	8.6	7.6	6.6	5.8	5
	铸件	13.3	11.5	10	9	7.8	6.8	6	5.2	4.6

工件材料	进给量 f/mm·dst^{-1}					
	0.08	0.12	0.17	0.25	0.3	0.46
灰口铸铁 190HB	13.4	11.7	10.2	9	7.8	6.9

修正系数						
刀具耐用度 t/min	60	90	120	180	240	260
钢	1.41	1.28	1.19	1.07	1	0.9
灰口铸铁	1.23	1.17	1.11	1.04	1	0.94

注：小进给量用于槽宽≤8mm或槽长＞150mm。

表 8.78　插平面的切削速度

工件材料		刀具材料	切削深度 a_p/mm	进给量 f/mm·dst^{-1}							
				0.15	0.20	0.25	0.30	0.40	0.50	0.60	0.75
钢 $\sigma_b=$ 0.735GPa	结构碳钢、铬钢、镍铬钢	W18Cr4V	1.6	53	46.8	40.6	35.9	31.2	27.3	24.2	21
			2.8	46.8	40.6	35.9	31.2	27.3	24.2	21	18.7
			4.7	40.6	35.9	31.2	27.3	24.2	21	18.7	16.4
			8.0	35.9	31.2	27.3	24.2	21	18.7	16.4	14
	铸钢件		1.6	48.4	42.9	37.4	32.8	28.9	25	21.8	19.5
			2.8	42.9	37.4	32.8	28.9	25	21.8	19.5	17.2
			4.7	37.4	32.8	28.9	25	21.8	19.5	17.2	14.7
			8.0	32.8	28.9	25	21.8	19.5	17.2	14.7	12.6

工件材料	切削深度 a_p/mm	进给量 f/mm·dst^{-1}					
		0.25	0.40	0.55	0.75	1.1	1.5
灰口铸铁 190HB	1.0	29	26	22	19.7	17.3	15.1
	2.5	26	22	19.7	17.3	15.1	13.2
	6.5	22	19.7	17.3	15.1	13.2	11.6
	16	19.7	17.3	15.1	13.2	11.6	10.1

第**9**章

数控切削加工

数控机床的种类很多，按照工艺的不同，数控机床可分为数控车床、数控铣床、数控磨床、数控镗床、数控加工中心、数控电火花加工机床、数控线切割机床等。数控机床在工艺范围广、自动化程度高、加工其精度高、刚性好（适合粗加工和精加工，可采用大切削用量）、加工效率高和适合小批量多品种复杂零件的加工等特点，在机械加工中应用广泛。数控机床能与 CAM 与 CAD 直接相连，转换产品加工快，生产准备周期短，专用工艺装备少，适应产品快速更新换代的需要，也是柔性加工的基础。

9.1 数控机床

9.1.1 数控车床

（1）数控车床的应用及组成结构

数控车床主要用于轴类或盘类零件的内外圆柱面、任意角度的内外圆锥面、复杂回转内外曲面和圆柱、圆锥螺纹等的切削加工，并能进行切槽、钻孔、扩孔、铰孔及镗孔。

按照结构形式，数控车床可分为卧式和立式两大类；按照功能，可分为简易数控车床、经济型数控车床、全功能数控车床和车削中心。

数控车床由床身、主轴箱、刀架进给系统、尾座、液压系统、冷却系统、润滑系统、排屑系统等部分组成。数控车床由计算机数字控制，伺服电动机驱动刀具做连续纵向和横向进给运动。

全功能数控车床如图 9.1 所示，一般采用闭环或半闭环控制系统，具有高精度、高刚度和高效率等特点。

图 9.2 所示的是具有可编程尾架座的双刀架数控车床，床身为

倾斜形状，后侧有两个数控回转刀架，可实现多刀加工，尾座可实现编程运动，也可安装刀具加工。

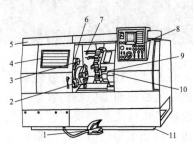

图 9.1　全功能数控车床
1—脚踏开关；2—主轴卡盘；3—主轴箱；
4—机床防护门；5—数控装置；
6—对刀仪；7—刀具；8—操作面板；
9—回转刀架；10—尾座；11—床身

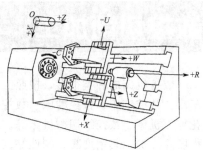

图 9.2　可编程尾架座的双刀架车床

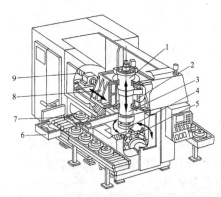

图 9.3　倒置式车削中心
1—电动机定子；2，9—滚珠丝杠；
3—主轴套筒；4—工件；5—回转刀盘；
6—自动上下料机构；7—盘类零件；8—支座

如图 9.3 所示为倒置式车削中心机床，主轴套筒 3 的外径和电动机定子 1 的外径又作为滑动面可在滚珠丝杠 2 的驱动下沿支座 8 内圆导轨上下移动。支座 8 的下底面有导轨，在滚珠丝杠 9 的驱动下沿床身支架上的导轨做 X 方向运动。在回转刀盘 5 上装有多把刀具，有的刀具有独立动力驱动装置。对工件 4 进行车削、钻孔、镗孔和铣削。这种机床主要用于盘类零件加工。机床装有自动上下料机构 6，盘类零件 7 在机构上按生产节拍移动，开始时主轴在上下料工位下移夹紧工件，再上移并移动到加工工位，进行加工。加工完后，主轴移到上下料工位将工件卸下，然后机构 6 推动工件移动，使待加工零件移至上下料工位，处在主轴的下面。这样就完成了一个工件的加工循环，实现全自动加工。

（2）数控车床常见的几种典型成形表面加工

数控车床具有直线和圆弧插补功能，在加工过程中能自动变速、加工精度高等特点，与普通车床的加工相比，更适合成形回转类零件，典型成形表面加工见表 9.1。

表 9.1 数控车床典型成形表面加工

加工对象	图示	说明
精度要求高的回转体零件		零件的精度要求主要指尺寸、形状、位置和表面粗糙度等精度要求。例如，尺寸精度高（达 0.001mm 或更小）的零件，圆柱度要求高的圆柱体零件，素线直线度、圆度和倾斜度均要求高的圆锥体零件，线轮廓要求高的零件
表面轮廓形状复杂的回转体零件	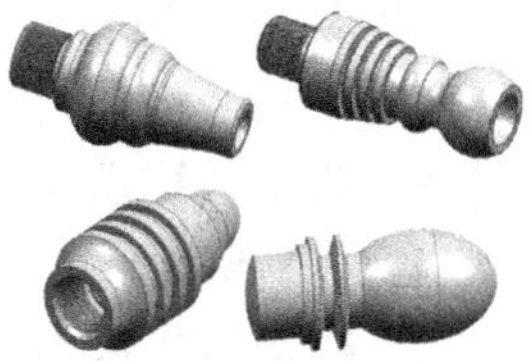	轮廓形状特别复杂或难以控制尺寸的回转体零件。因车床数控装置都具有直线和圆弧插补功能，还有部分车床数控装置具有某些非圆曲线插补功能，故能车削由任意直线和平面曲线轮廓组成的形状复杂的回转体零件
带特殊类型螺纹的回转体零件		带特殊类型螺纹的回转体零件。这些零件是指特大螺距（或导程）、变（增/减）螺距、等螺距与变螺距或圆柱与圆锥螺纹面之间平滑过渡的螺纹零件以及高精度的模数螺纹零件和端面螺纹零件等 数控车床车削螺纹不必像普通车床那样交替变换主轴转向，它可以连续车削，而且可以使用较高的转速，所以车削螺纹的效率高，车削出来的螺纹精度高、表面粗糙度小

9.1.2 数控铣床

（1）数控铣床的类型和组成

数控铣床种类很多，按其体积大小可分为小型、中型和大型数控铣床。按其控制坐标的联动轴数可分为二轴半联动、三轴联动和多轴联动数控铣床等。通常是按其主轴的布局形式分为立式数控铣床、卧式数控铣床和立卧两用数控铣床。

数控铣床的主要由控制系统、伺服系统、机械部件和辅助设备（装置）等部分组成。

　　控制系统是数控机床的核心，主要作用是对输入的零件加工程序进行数字运算和逻辑运算，然后向伺服系统发出控制信号，控制系统是一种专用的计算机，它由硬件和软件组成。

　　伺服系统是数控铣床的执行机构的驱动部件。伺服系统由驱动装置和执行元件组成。常用的执行元件分步进电动机、直流伺服电动机和交流伺服电动机三种。

　　机械部件即铣床主机，包括冷却、润滑和排屑系统，进给运动部件和床身、立柱。

　　辅助设备包括对刀装置，液压、气动装置等。

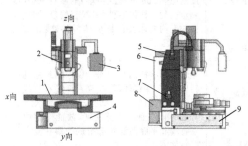

图 9.4　三坐标立式数控铣床
1—工作台；2—主轴箱；3—数控系统；
4—底座；5—立柱；6—伺服系统；
7—润滑；8—液压站；9—冷却

　　数控铣床是一种加工功能很强的数控机床，三坐标立式数控铣床如图 9.4 所示。它的工作原理是将加工程序输入数控系统后，数控系统对数据进行运算和处理，向主轴箱内的驱动电动机和控制各进给轴的伺服装置发出指令。伺服装置接受指令后向控制三个方向的进给步进电动机发出电脉冲信号。主轴驱动电动机带动刀具旋转，进给步进电动机带动滚珠丝杠使机床工作台沿 X 轴和 Y 轴，主轴沿 Z 轴移动，铣刀对工件进行切削。

　　（2）适合数控铣床加工的典型零件（表 9.2）

表 9.2　适合数控铣床加工的典型零件

加工对象	图示	说明
平面类零件		加工面平行或垂直于水平面，或加工面与水平面的夹角为定角的零件称为平行面类零件。在数控铣床上加工的绝大多数零件属于平面类零件。平面类零件的特点是各个加工面是平面，或可以展开成平面。加工此类零件一般只需要三坐标数控机床的两坐标联动

续表

加工对象	图示	说明
箱体类零件	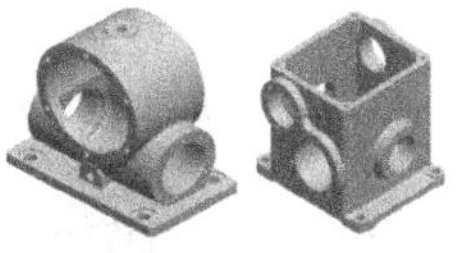	箱体类零件一般是指具有一个以上的孔系,内部有一定型腔或空腔,在长、宽、高方向有一定比例的零件。箱体零件一般需要进行多工位孔系、轮廓及平面的加工,精度要求较高,特别是形状精度和位置精度要求严格。在普通机床上需要多次找正、装夹、换刀等,精度难以保证
曲面类零件	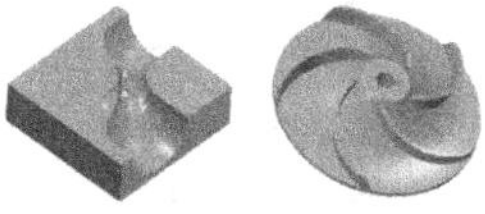	加工面为空间曲面的零件称为曲面零件,如模具、叶片、螺旋桨等。曲面类零件不能展开为平面,加工时,加工面与铣刀始终为点接触。加工曲面类零件一般采用三坐标数控铣床,当曲面较复杂时,则要采用四坐标或五坐标数控铣床
变斜角类零件	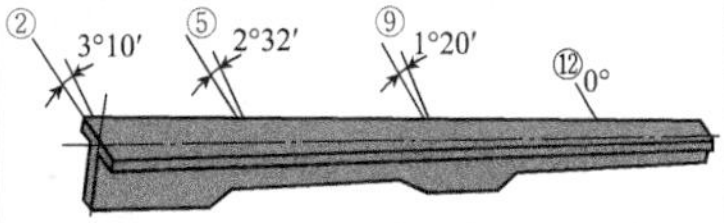 ② 3°10′ ⑤ 2°32′ ⑨ 1°20′ ⑫0°	加工面与水平面的夹角呈连续变化的零件称为变斜角类零件。左图所示的是飞机上的一种变斜角梁缘条,该零件的上表面在第②肋至第⑤肋的斜角从 3°10′ 均变化为 2°32′,从第⑤肋至第⑨肋再均匀变化为 1°20′,从第⑨肋至第⑫肋又均匀变化为 0°。对这类零件加工应采用四坐标或五坐标数控铣床摆角加工

9.1.3 加工中心

(1) 加工中心介绍

加工中心是将铣削、镗削、钻削、攻螺纹和车削螺纹等功能集中在一台机床上的数控机床。其控制功能更强,可有两坐标轴联动、三坐标轴联动、四坐标轴联动、五坐标轴联动或更多坐标轴联动控制。加工中心配置有刀库,在加工过程中由程序控制选用和更换刀具。

立式加工中心是指主轴轴心线为竖直状态设置的加工中心,如图 9.5 所示。其结构形式多为固定立柱式,工作台为长方形,无分度回转功能,适合加工单面加工的零件。

卧式加工中心是指主轴轴心线为水平状态设置的加工中心,如

图 9.6 所示。通常带有可分度回转运动的正方形分度工作台。卧式加工中心一般具有 3~5 个运动坐标，常见的是三个直线运动坐标加一个回转运动坐标。卧式加工中心适合于加工复杂的箱体类零件。

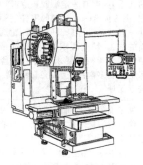

图 9.5　立式加工中心

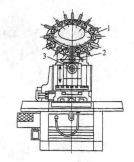

图 9.6　卧式加工中心

1—刀库；2—机械手；3—主轴

　　多工位加工的加工中心如图 9.7 所示，它有一个四工位回转工作台，三个工位为加工工位，一个工位为装卸工件工位，该机床适合多面加工。

　　图 9.8 是五坐标轴联动的加工中心，有立、卧两个主轴，交替地进行加工，卧式加工时立式主轴退回，立式加工时卧式主轴先退回，然后立式主轴前移进行加工。工作台不但可以上下、左右移动，还可以在两个坐标方向上转动。多盘式刀库位于立柱的侧面。该机床在一次装夹工件时可完成五个面的加工，适用于模具、壳体、箱体、叶轮和叶片等复杂零件加工。

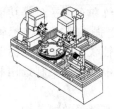

图 9.7　多工位加工
的加工中心

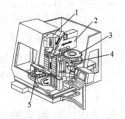

图 9.8　立卧两主轴
五坐标联动加工中心

1—立轴主轴箱；2—卧轴主轴箱；
3—刀库；4—机械手；5—工作台

（2）加工中心加工对象

加工中心适合加工形状复杂、加工内容多、加工要求较高的零件，其典型示例如表 9.3 所示。

表 9.3 加工中心适合加工的典型零件

加工对象	图示	说明
箱体类零件	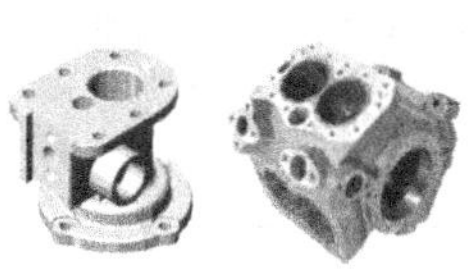	箱体类零件一般是指具有孔系和平面，内部有一定型腔或空腔，在长、宽、高方向有一定比例的零件。箱体零件一般需要进行多工位孔系、轮廓及平面的加工，精度要求较高，特别是形状精度和位置精度要求严格，通常要经过铣、钻、扩、镗、铰、锪、攻螺纹等工序加工，需要刀具较多
盘、套、板、壳体类零件		带有键槽、径向孔或端面分布的、有孔系或曲面的盘、套、板类零件，具有较多孔的零件和各种壳体类零件等，都适合在加工中心上加工。对于加工部位集中在单一端面上的盘、套、板类零件，宜选择立式加工中心；对于加工部位不位于同一方向表面上的零件，则应选择卧式加工中心
外形不规则的异形件		异形件即外形特异的零件，如左图所示各种异形支架，这类零件大都需要采用点、线、面多工位混合加工。异形件的总体刚性一般较差，在装夹过程中易变形，在普通机床上只能采取工序分散的原则加工，需要工装较多，周期较长，加工精度难以保证。而加工中心具有多工位点、线、面混合加工的特点，能完成大部分甚至全部工序内容
带复杂曲面零件	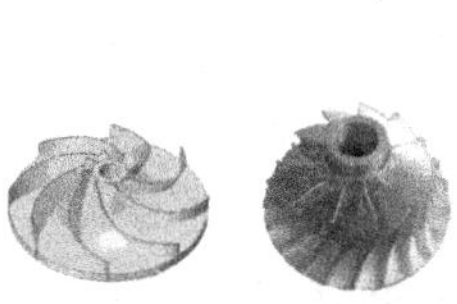	这类零件如左图所示叶轮、螺旋桨叶片，凸轮（圆柱凸轮）等，其主要表面是由复杂曲线、曲面组成的，形状复杂，有的精度要求极高。加工这类零件时，需要多坐标联动加工，加工中心可以采取三、四、五坐标联动将这些零件加工出来，并且质量稳定、精度高、互换性好
带复杂曲面零件		这类零件上的复杂曲面用加工中心加工与数控铣削加工基本是一样的，所不同的是加工中心刀具可以自动更换，工艺范围更宽

续表

加工对象	图示	说明
模具		常见的模具有锻压模具、铸造模具、注塑模具及橡胶模具等。如左图所示为连杆锻压模具。这类零件的形面大多由三维曲面构成，采用加工中心加工这类成形模具，由于工序集中，因而基本上能在一次安装中采用多坐标联动完成动模、静模等关键件的全部精加工，尺寸累积误差及修配工作量小

9.2 数控切削加工工艺

9.2.1 数控切削加工工艺的特点

（1）数控机床刀具

数控机床刀具与普通机床刀具的基本结构和功能特点是相同的，但数控加工刀具必须适应数控机床高速、高效和自动化程度高的特点，对数控机床刀具的主要要求有：刚性好（尤其是粗加工刀具）、精度高、抗振及热变形小；互换性好，便于快速换刀；寿命高，切削性能稳定、可靠；刀具的尺寸便于调整，以减少换刀调整时间；刀具应能可靠地断屑或卷屑，以利于切屑的排除；系列化、标准化，以利于编程和刀具管理。

为了满足这些要求，数控机床刀具越来越多地采用可转位刀片，一般为涂层的、断屑槽的、M 级或更高精度等级的刀片。刀杆截形多采用正方形刀杆，一般为精密级的、带微调装置的刀杆在机外预调好，以保证精度。在经济型数控机床上，由于刀具的刃磨、测量和更换多为人工手动进行，占用辅助时间较长，因此，应尽量减少刀具数量；一把刀具装夹后，应完成其所能进行的所有加工步骤；粗、精加工的刀具应分开使用；便于数控机床的自动换刀等。在加工中心上，各种刀具分别装在刀库上，按程序规定随时进行选刀和换刀动作，因此，必须采用标准刀柄，以便钻、镗、扩、铣削等工序采用的标准刀具能迅速、准确地装到机床主轴或刀库上去。

总之，数控机床刀具选择是在数控编程的人机交互状态下进行的，应根据机床的加工能力、工件材料的性能、加工工序、切削用量、刀具安装调整方便、刚性好、耐用度和精度高等要求，选择合理的刀具。

（2）数控切削加工用夹具

数控机床、加工中心常用的夹具包括通用夹具、组合夹具和专用夹具等。

由于数控切削加工的多属于小批生产类型，一般情况采用通用夹具，即机床附件，如三爪卡盘、分度头、回转台、各种台钳等；组合夹具是由一套已经标准化的结构及元件按加工需要组合而成的夹具，为了快速反应，组合夹具在数控加工中的应用越来越多；专用夹具也有应用。

（3）工艺参数确定

依据不同数控机床的结构和工艺特点，由于数控切削加工的粗加工、精加工往往在一次装夹中完成切削工作，在确定工艺参数时应考虑，其工艺参数的确定结合实例说明。

9.2.2 数控车削加工工艺规程制定流程

结合数控车床的特点，制定零件数控车削加工工艺的主要内容有：分析零件图纸，确定加工工序和工件的装夹方式、各表面的加工顺序和刀具的进给路线及刀具、夹具和切削用量的选择。数控车削加工工艺规程制定的流程如表 9.4 所示。

表 9.4 数控车削加工工艺规程制定流程

序号	工作内容	说　　明
1	零件图工艺分析	分析零件图是工艺制定的基础,其主要内容:零件结构工艺性分析;零件轮廓几何要素分析;零件精度及技术要求分析
2	加工方案的确定	根据零件的加工精度、表面粗糙度、材料、结构形状、尺寸及生产类型确定零件表面的数控车削加工方法及加工方案

序号	工作内容	说 明
(1)	数控车削外回转表面及端面加工方案的确定	① 加工精度为 IT7~IT8 级、Ra 为 0.8~1.6μm 的常用金属,可采用普通型数控车床,按粗车、半精车、精车的方案加工 ② 加工精度为 IT6~IT8 级、Ra 为 0.2~0.63μm 的常用金属,可采用精密型数控车床,按粗车、半精车、精车、细车的方案加工 ③ 加工精度高于 IT5 级、$Ra<0.08\mu m$ 的常用金属,可采用高档精密型数控车床,按粗车、半精车、精车、精密车的方案加工 ④ 对淬火钢等难车削材料,其淬火前采用粗车、半精车的方法,淬火后安排磨削加工,对最终工序有必要用数控车削方法加工难切削材料
(2)	数控车削内回转表面及端面加工方案的确定	① 加工精度为 IT8~IT9 级、Ra 为 1.6~3.2μm 的常用金属,可采用普通型数控车床,按粗车、半精车、精车的方案加工 ② 加工精度为 IT6~IT7 级、Ra 为 0.2~0.63μm 的常用金属,可采用精密型数控车床,按粗车、半精车、精车、细车的方案加工 ③ 加工精度高于 IT5 级、$Ra<0.2\mu m$ 的常用金属,可采用高档精密型数控车床,按粗车、半精车、精车、精密车的方案加工 ④ 对淬火钢等难车削材料,其淬火前可采用粗车、半精车的方法,淬火后安排磨削加工,对最终工序有必要用数控车削方法加工难切削材料
3	工序的划分	对于数控加工内容多,需要多台不同的数控机床、多道工序才能完成加工的零件,工序划分以机床为单位划分;对于数控加工内容少,只需要很少的数控机床就能加工完零件全部内容,数控加工工序的划分一般可按下列方法进行:以一次安装加工作为一道工序;以一个独立的程序段连续加工为一道工序;以一把刀具加工的内容为一道工序;以粗、精加工划分工序
4	工序顺序安排	制定零件数控车削加工工序顺序一般遵循的原则 ① 先加工定位面,即上道工序的加工能为后面的工序提供精基准和合适的夹紧表面 ② 先加工平面,后加工孔;先加工简单的几何形状,再加工复杂的几何形状 ③ 对精度要求高、粗精加工需分开进行的,先粗加工,后精加工 ④ 以相同定位、夹紧方式安装的工序,最好接连进行,以减少重复定位次数和夹紧次数 ⑤ 中间穿插有通用机床加工工序的,要综合考虑,合理安排其加工顺序
5	工步顺序确定	工步顺序安排应遵循先粗后精、先近后远、先内后外、内外交叉、同一把刀能加工内容连续加工、保证工件加工刚度的原则

序号	工作内容	说　明
6	进给路线的确定	确定进给路线主要是确定粗加工及空行程的进给路线,因精加工的进给路线基本上是沿零件轮廓进行的。确定进给路线的原则是在保证加工质量的前提下,使进给路线最短。应选择最短的空行程路线;最短的切削进给路线;大余量毛坯的阶梯切削进给路线;精加工最后一刀要连续进给的路线及特殊的进给路线
7	夹具的选择	数控车床夹具除了使用通用三爪自定心卡盘、四爪卡盘、顶尖、自动控制的液压、电动及气动卡盘、顶尖外,还有其他类型的夹具,它们主要分为两类即用于轴类工件的夹具和用于盘类工件的夹具
8	工件的装夹	结合工件的结构特点和采用夹具选择合适的装夹方法
9	刀具的选择	粗车时要选强度高、耐用度好的刀具,以满足粗车时大背吃刀量、大进给量的要求。精车时要选精度高、耐用度好的刀具,以保证加工精度的要求。应尽可能采用机夹刀和机夹刀片。数控机床用得最普遍的是硬质合金刀具和高速钢刀具
10	切削用量的选择	数控车削加工中的切削用量包括背吃刀量 a_p、进给速度或进给量 f、主轴转速 n 或切削速度 v_c。数控车床切削用量的选择原则是:粗车时,首先应选择一个尽可能大的背吃刀量 a_p,其次选择一个较大的进给量 f,最后确定一个合理的切削速度 v_c。精车时,应选择较小的背吃刀量 a_p(一般取 0.1~0.5mm)和进给量 f,并选用切削性能较高的刀具材料和合理的几何参数,以尽可能提高切削速度。切削用量应在机床说明书给定的允许范围内选择,并应考虑机床工艺系统的刚性和机床功率的大小。切削用量也可参考数控切削用量推荐表

9.2.3　轴类零件的车削工艺路线制定的分析过程

典型轴类的零件图如图 9.9 所示。在 TND360 型数控车床加工,其数控车削工艺路线制定的分析过程见表 9.5。

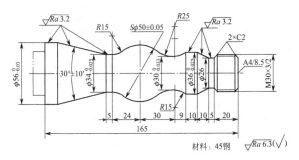

材料:45钢　　$\sqrt{Ra\,6.3}(\sqrt{\ })$

图 9.9　典型轴类零件

表 9.5　典型轴类零件数控车削加工工艺路线制定分析过程

序号	加工工艺路线	说明
1	零件图工艺分析	该零件加工表面由圆柱面、圆锥面、球面及双头螺纹等组成。圆柱面直径、球面直径及凹圆弧面的直径尺寸和大锥面的锥角等的精度要求较高;大部分的表面粗糙度 Ra 为 $3.2\mu m$。零件材料为 45 钢,切削加工性能好,无热处理要求
2	选择毛坯	毛坯选 $\phi60mm \times 180\ mm$ 的热轧棒料
3	划分工序	用一台数控车床完成粗、精加工时只需一道工序,若用两台数控车床分别进行粗、精加工则需两道工序
4	确定加工顺序	加工顺序为先粗车后精车,粗车留加工余量 0.25mm;工步顺序按由近到远、由右到左的原则进行,即先从右到左进行粗车留加工余量 0.25mm;然后从右到左进行精车,左后车螺纹
(1)	粗车分两步进行	① 粗车外圆,基本采用阶梯切削路线,粗车"$\phi56$""$S\phi50$""$\phi36$""$M30$"各外圆段以及锥长为 10mm 的圆锥端,留 1mm 的余量 ② 自右向左出车"$R15$""$R25$""$S\phi50$""$R15$"各圆弧面及"$30°\pm10'$"的圆锥面
(2)	精车	自右向左精车:螺纹右段倒角→车削螺纹段外圆"$\phi30$"→螺纹左段→5mm×$\phi26$mm 螺纹退刀槽→锥长 10mm 的圆锥→"$\phi36$"圆柱段→"$R15$""$R25$""$S\phi50$""$R15$"各圆弧面→5mm×$\phi34$mm 的槽→"$30°\pm10'$"的圆锥面→"$\phi56$"圆柱面
(3)	车螺纹	
(4)	切断	
5	确定进给路线	运用数控系统的循环功能进行粗车和车螺纹,只要正确使用编程指令,机床数控系统就会自行确定其进给路线。精车的进给路线是右到左沿零件表面轮廓进给,如下图所示 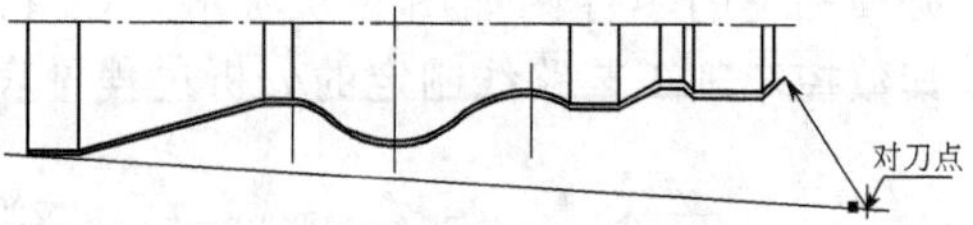 对刀点
6	零件的装夹与夹具选择	在普通机床上预先车出毛坯左端夹持部分,右端钻好中心孔。装夹时以零件的轴线和左端大端面为定位基准,用三爪自定心卡盘定心夹紧左端,右段采用活动顶尖辅助支承,即采用一夹一顶的装夹方案
7	选择刀具	粗车选用硬质合金 90°外圆车刀,本例取主偏角 $\kappa_r = 35°$ 精车和车螺纹选用硬质合金 60°外螺纹车刀,取刀尖 $\varepsilon_r = 59°30'$,取刀尖圆弧半径 $r_\varepsilon = 0.15 \sim 0.2mm$

续表

序号	加工工艺路线	说明
8	选择切削用量	① 背吃刀量:粗车循环时,$a_p = 3mm$;精车时,$a_p = 0.25mm$ ② 主轴转速:车直线和圆弧轮廓时主轴转速可通过查表获得,取粗车 $v_c = 90m/min$,精车 $v_c = 120m/min$。根据坯件直径(精车时取平均直径),利用公式 $v_c = \dfrac{\pi Dn}{1000}$ 计算,并结合机床说明书选取粗车时,主轴转速 $n = 500r/min$,精车时,主轴转速 $n = 1200r/min$ 车螺纹时主轴转速用 $n = \dfrac{1000v_c}{\pi d}$ 计算,取主轴转速 $n = 320r/min$ ③ 进给速度。先选取进给量,利用公式 $v_f = nf$ 计算进给速度。粗车时,选取进给量 $f = 0.4mm/r$;精车时,选取进给量 $f = 0.15mm/r$。计算粗车进给速度 $v_f = 200mm/min$,精车进给速度 $v_f = 180mm/min$。车螺纹的进给量等于螺纹导程,即 $f = 3mm/r$,短距离空行程的进给速度取 $v_f = 300mm/min$

9.2.4 轴套零件的数控车削工艺规程制定

（1）零件图

轴套零件如图 9.10 所示为，在 MT50 型数控车床加工。该工件在数控加工前已在普通车床上进行过加工，毛坯图如图 9.11 所示。

（2）轴套零件数控车削工艺路线制定（表 9.6）

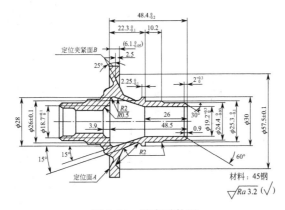

图 9.10　轴套零件图

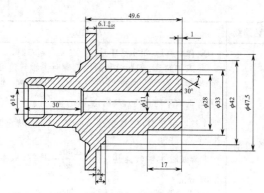

图 9.11　数控加工前轴套毛坯图

表 9.6　轴套零件数控车削加工工艺

序号	加工工艺路线	说明	
1	零件图工艺分析	轴套零件主要由内外圆柱面、内外圆锥面、平面及圆弧等组成,结构形状复杂;加工的部位多,零件的"$\phi 24.4^{0}_{-0.03}$"和"$\phi 6.1^{0}_{-0.06}$"两处尺寸精度要求较高;外圆锥面上有几处"$R2$"的圆弧面,工件壁薄,加工中易变形,因此适合数控车削加工。在加工中采取的工艺措施:工件外圆锥面上的"$R2$"的圆弧面,由于圆弧半径较小,可直接用成形刀车削而不用圆弧插补程序切削;选择刚性较好的端面 A 和大外圆柱面分别作为轴向和径向定位基准;以减少夹紧变形的影响;因该零件加工部位较多,可采用多把刀具来完成加工	
2	确定装夹方案		根据该工件壁薄,加工中易变形的特点,为了减少夹紧变形,敞开所有的加工部位,采用如左图所示的包容式软爪进行装夹。该软爪底部的端齿在卡盘(液压或气动卡盘)上定位,能保证较高的重复安装精度。为了便于在加工中对刀和测量,可在软爪上设定一个对刀基准面。为准确控制基准面至轴向支承面的距离,在数控车床上加工软爪的径向夹持表面时一同将轴向定位支承表面加工出来

续表

序号	加工工艺路线	说明
3	(1) 粗车外圆表面	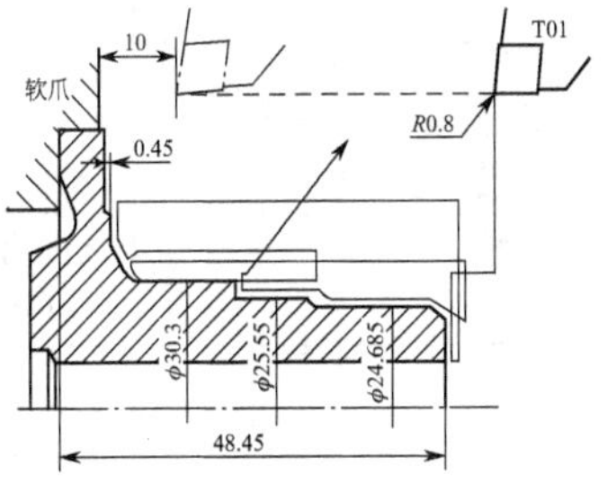 选用 80°菱形刀片将整个外圆表面粗车成形,其进给路线如左图。图中虚线是对刀时的进给路线,软爪上对刀基准面与对刀点刀尖的距离(10mm)用量规检查
	(2) 半精车外锥面及过渡圆弧	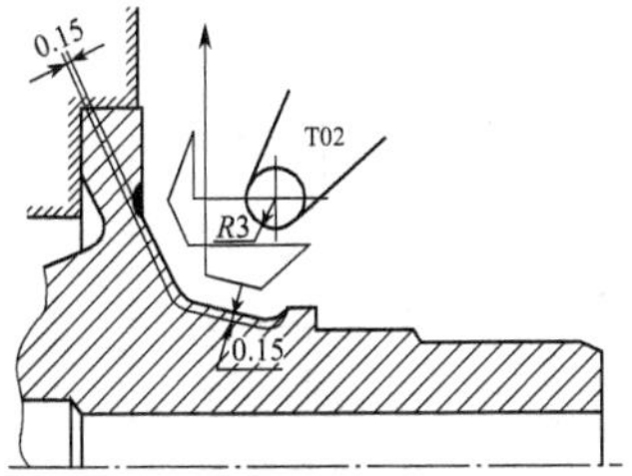 半精车外锥面及过渡圆弧进给路线如左图。选用圆弧半径为"R3"的圆弧形刀车削 25°、15°两外锥面及三处"R2"的过渡圆弧
	(3) 粗车内孔端部	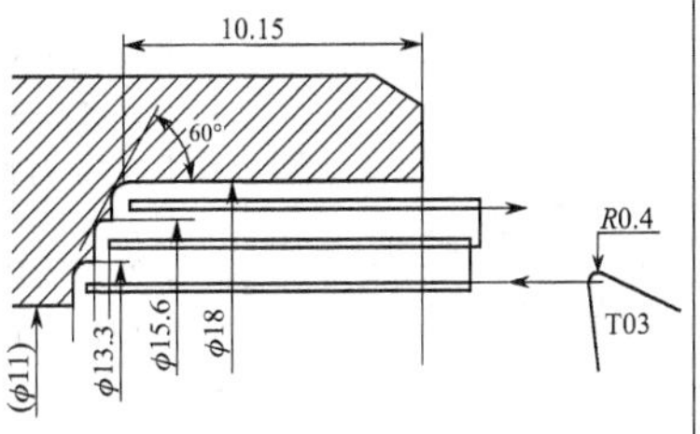 粗车内孔端部进给路线如图。选用 60°的"R0.4"圆刃的三角形刀片车削加工。此加工共分三次走刀,依次将距内孔端部 10mm 左右的一段车至 ϕ13.3mm、ϕ15.6mm、ϕ18mm
	(4) 扩内孔深部	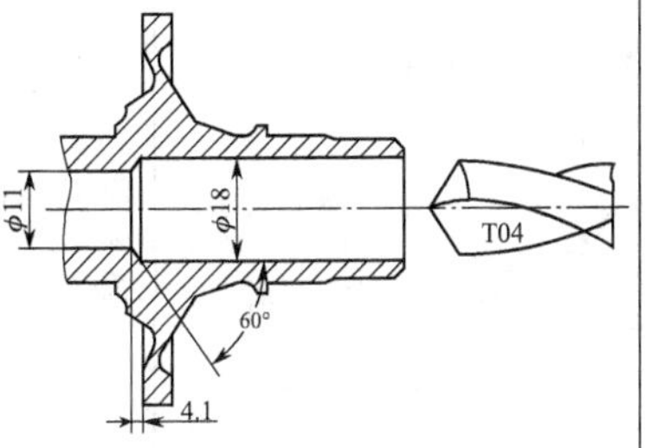 扩内孔深部进给路线如左图。内孔深部采用钻削扩孔的办法不仅可提高加工效率,而且切屑易于排除,故深孔内部采用 ϕ18mm 的麻花钻扩孔。直接由一个车削工步或一个扩孔的工步加工完成

续表

序号	加工工艺路线	说明

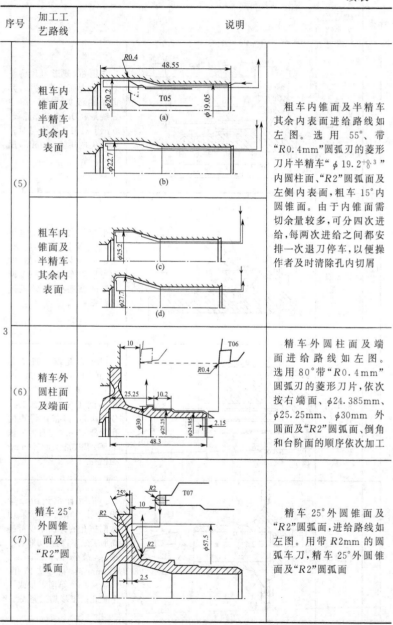

3

（5）粗车内锥面及半精车其余内表面

　　粗车内锥面及半精车其余内表面进给路线如左图。选用 55°、带"$R0.4\text{mm}$"圆弧刃的菱形刀片半精车"$\phi 19.2^{+0.3}_{0}$"内圆柱面、"$R2$"圆弧面及左侧内表面，粗车 15°内圆锥面。由于内锥面需切余量较多，可分四次进给，每两次进给之间都安排一次退刀停车，以便操作者及时清除孔内切屑

（6）精车外圆柱面及端面

　　精车外圆柱面及端面进给路线如左图。选用 80°带"$R0.4\text{mm}$"圆弧刃的菱形刀片，依次按右端面、$\phi 24.385\text{mm}$、$\phi 25.25\text{mm}$、$\phi 30\text{mm}$ 外圆面及"$R2$"圆弧面、倒角和台阶面的顺序依次加工

（7）精车 25°外圆锥面及"$R2$"圆弧面

　　精车 25°外圆锥面及"$R2$"圆弧面，进给路线如左图。用带 $R2\text{mm}$ 的圆弧刀，精车 25°外圆锥面及"$R2$"圆弧面

序号	加工工艺路线	说明
3	(8) 精车 15° 外圆锥面及 "$R2$" 圆弧面	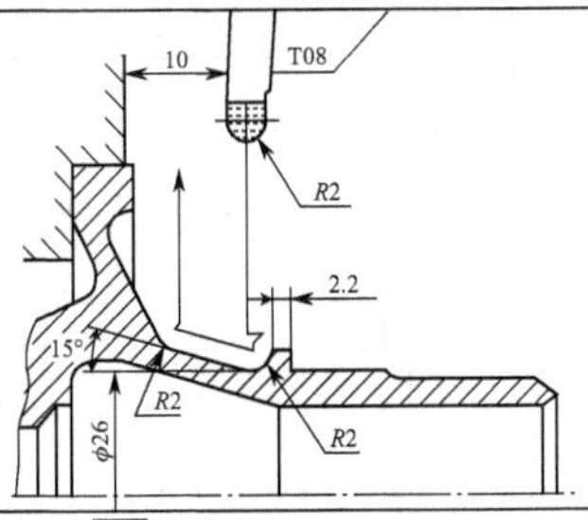 精车 15° 外圆锥面及 "$R2$" 圆弧面，进给路线如左图。用带 "$R2mm$" 的圆弧车刀，精车 15° 外圆锥面及 "$R2$" 圆弧面
	(9) 精车内表面	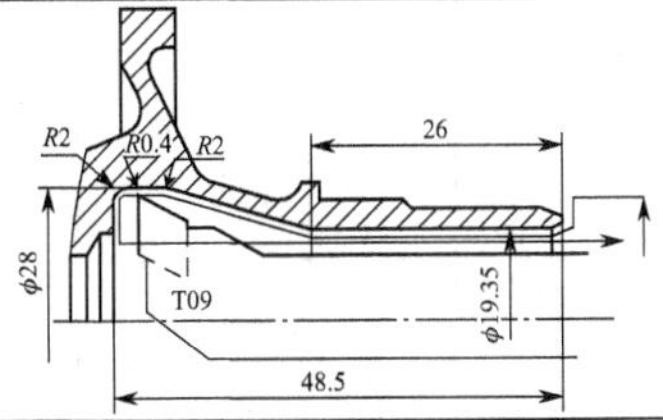 精车内表面其进给路线如左图。用选用 55°、带 $R0.4mm$ 圆弧刃的菱形刀片精车 "$\phi 19.2^{+0.3}_{0}$" 内孔、15° 内锥面、"$R2$" 圆弧面及锥孔端面
	(10) 车削最深处 "$\phi 18.7^{+0.1}_{0}$" 内孔及端面	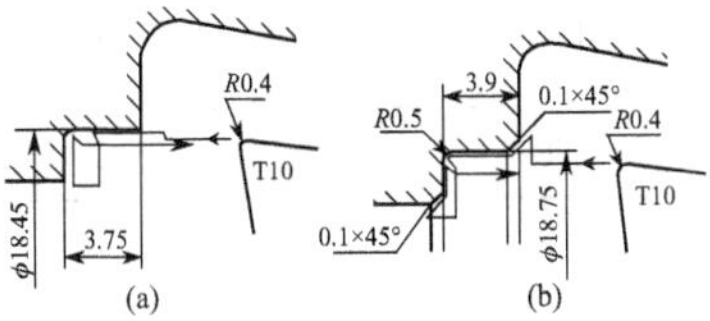 加工最深处 "$\phi 18.7^{+0.1}_{0}$" 内孔及端面。选用 80°、带 $R0.4mm$ 圆弧刃的菱形刀片，分两次进给。图 (a) 为第一次进给路线，图 (b) 为第二次进给路线
4	选择切削用量	根据加工要求和各工步加工表面形状选择切削用量 ① 粗车外圆表面：车削端面时主轴转速 $n=1400r/min$，其余部位 $n=1000r/min$，端部倒角进给量 $f=0.15mm/r$，其余部位 $f=0.2\sim0.25mm/r$ ② 半精车外锥面及过渡圆弧：主轴转速 $n=1000r/min$，其余部位 $n=1000r/min$，切入时的进给量 $f=0.1mm/r$，进给时 $f=0.2mm/r$ ③ 粗车内孔端部：主轴转速 $n=1000r/min$，进给量 $f=0.1mm/r$ ④ 扩内孔深部：主轴转速 $n=550r/min$，进给量 $f=0.15mm/r$ ⑤ 粗车内锥面及半精车其余内表面：$n=700r/min$，车削 "$\phi 19.05$" 内孔时进给量 $f=0.2mm/r$，车削其余部位 $f=0.1mm/r$ ⑥ 精车外圆柱面及端面：主轴转速 $n=1400r/min$，进给量 $f=0.15mm/r$ ⑦ 精车 25° 外圆锥面及 "$R2$" 圆弧面：主轴转速 $n=700r/min$，进给量 $f=0.1mm/r$ ⑧ 精车 15° 外圆锥面及 "$R2$" 圆弧面：主轴转速 $n=700r/min$，进给量 $f=0.1mm/r$ ⑨ 精车内表面：主轴转速 $n=1000r/min$，进给量 $f=0.1mm/r$ ⑩ 车削最深处 "$\phi 18.7^{+0.1}_{0}$" 内孔及端面：主轴转速 $n=1000r/min$，进给量 $f=0.1mm/r$

（3）轴套的数控加工工序卡片（表9.7）

表9.7　轴套数控加工工序卡

工厂 名称			产品名称或代号	零件名称	零件图号
				轴套	
工序 号	程序编号		夹具名称	使用设备	车间
			包容式软三爪	MT-50	

工步号	工步内容	刀具号	刀具规格/mm	主轴转速/r·min⁻¹	进给量/mm·r⁻¹	背吃刀量/mm	备注
1	① 粗车端面 ② 粗车外表面分别至尺寸 ϕ24.68mm、ϕ25.55mm、ϕ30.3mm	T01		1400 1000	0.15 0.2～0.25		
2	半精车外锥面，留余量 0.15mm	T02		1000	0.1 0.2		
3	粗车深度为 10.15mm 的 ϕ18mm 内孔	T03		1000	0.1		
4	扩 ϕ18mm 内孔深部	T04		550	0.15		
5	粗车内锥面及半精车内表 面分别至尺寸 ϕ27.7mm 和 ϕ19.05mm	T05		700	0.2 0.1		
6	精车外圆柱面及端面至 尺寸	T06		1400	0.15		
7	精车25°外锥面及"$R2$"圆弧 面至尺寸	T07		700			
8	精车15°外锥面及"$R2$"圆弧 面至尺寸	T08		700	0.1		
9	精车内表面至尺寸	T09		1000	0.1		
10	精车"$\phi18.7^{+0.1}_{0}$"及其端面 至尺寸	T10		1000	0.1		

| 编制 | | 审核 | | 批准 | | 年　　月　　日　共　页　第　页 | | |

（4）轴套数控加工刀具卡（表 9.8）

表 9.8　轴套数控加工刀具卡

产品名称或代号			零件名称	轴套		零件图号	
序号	刀具号	刀具规格名称	数量	刀片		刀尖半径 /mm	备注
				型号	牌号		
1	T01	机夹式可转位车刀	1	CCMT097308	GC435	0.8	
2	T02	机夹式可转位车刀	1	RCMT060200	GC435	2	
3	T03	机夹式可转位车刀	1	TCMT090204	GC435	0.4	
4	T04	φ18 麻花钻	1				
5	T05	机夹式可转位车刀	1	DNMA110404	GC435	0.4	
6	T06	机夹式可转位车刀	1	CCMW080304	GC435	0.4	
7	T07	成型车刀	1			2	
8	T08	成型车刀	1			2	
9	T09	机夹式可转位车刀	1	DNMA110404	GC435	0.4	
10	T10	机夹式可转位车刀	1	CCMW060204	GC435	0.4	
编制		审核	批准	年　月　日		共　页	第　页

9.2.5 数控铣削加工工艺规程制定及实例

（1）数控铣削加工工艺规程制定的内容及流程（表 9.9）

表 9.9　数控铣削加工工艺流程一览表

序号	加工工艺流程	说明
1	零件图的工艺分析	对零件图进行工艺分析的主要内容包括零件结构工艺分析、选择数控铣削的加工内容、零件毛坯的工艺性分析和加工方案分析
	(1) 零件结构工艺分析	① 零件的加工精度　如薄的腹板和缘板这类零件在实际加工中因较大切削力的作用使薄板易产生弹性退让变形，从而影响到薄板的加工精度和表面粗糙度，应采取相应的措施保证其加工精度 ② 零件的内转接圆弧　为了保证零件上的内槽及缘板之间的内转接圆弧半径符合要求，应选用不同直径的铣刀分别进行粗、精加工 ③ 零件底面的圆角半径　零件的槽底圆角半径 r 或腹板与缘板相交处的圆角半径 r 对平面的铣削影响较大。应先采用 r 较小的铣刀粗加工，再用 r 符合零件要求的铣刀进行精加工 ④ 零件的定位基准　当零件需要多次装夹才能完成加工时，应保证多次装夹的定位基准尽量一致

序号		加工工艺流程	说明
1	(2)	选择数控铣削的加工内容	① 零件上曲线轮廓表面,特别是由数学表达式给出的其轮廓为非圆曲线和列表曲线等曲线轮廓 ② 能在一次装夹中顺带铣出来的简单表面或形状 ③ 用通用铣床加工难以观察、测量和控制进给的内、外凹槽 ④ 由数学模型设计出的并具有三维空间曲面的零件 ⑤ 形状复杂、尺寸繁多、划线和检测困难的部位 ⑥ 尺寸精度、形位精度和表面粗糙度等要求较高的零件 ⑦ 采用数控铣削后能成倍提高生产率,大大减轻劳动强度的一般加工内容
	(3)	零件毛坯的工艺性分析	毛坯应有充分、稳定的加工余量;毛坯装夹适应性即毛坯在加工时的定位和夹紧的可靠性与方便性,以便在一次安装中加工出较多表面
	(4)	加工方案分析	① 平面轮廓加工　平面轮廓多由直线和圆弧或各种曲线构成,通常采用三坐标数控铣床进行两坐标联动加工 ② 固定斜角平面加工　固定斜角平面是与水平面成一固定夹角的斜面。采用五坐标数控铣床,铣头摆动加工,不留残留面积 ③ 变斜角面加工　加工变斜角类零件,采用多坐标联动的数控机床进行摆角加工,也可用锥形铣刀或鼓形刀在三坐标数控铣床上进行两轴半近似加工 ④ 曲面轮廓加工　立体曲面的加工应根据曲面形状、刀具形状以及精度要求可采用两轴半、三轴、四轴及五轴等联动加工
2		选择定位装夹方案	定位基准的选择:为在一次装夹中加工出所有需加工的表面,除遵循定位基准的选择原则外。最好选择不需要数控铣削的平面或孔作定位基准,所选的定位基准应有利于提高工件的刚度 夹具的选择:一般选择顺序是单件生产尽量选用平口虎钳、压板螺钉等通用夹具,批量生产时优先选用组合夹具,其次考虑可调夹具,最后考虑选用成组夹具和专用夹具
3		进给路线的确定	确定进给路线的原则是在保证零件加工精度和表面粗糙度的条件下,尽量缩短进给路线,以提高生产率。确定铣削进给路线还应考虑要正确选择铣削方式;先加工外轮廓,后加工内轮廓;进刀、退刀位置应选在零件不重要的部位,并且使刀具沿零件的切线方向进刀、退刀,以避免产生刀痕。当铣削内表面轮廓时,切入、切出无法外延,铣刀只能沿法线方向切入和切出,此时,切入点、切出点应选在零件轮廓的两个几何元素的交点上。 对于不同工件的轮廓形状,其进给路线的确定应根据实际情况来确定,大致分为三种方案即铣削外轮廓的进给路线,铣削内轮廓的进给路线,铣削内槽的进给路线

续表

序号	加工工艺流程	说明
4	铣刀的选择	铣刀类型的选择铣刀类型应与工件表面形状与尺寸相适应。加工较大平面应选择面铣刀;加工凸台、凹槽和平面曲线轮廓应选择立铣刀;加工空间曲面、模具型腔或凸模成形表面等选用模具铣刀或鼓形铣刀;加工键槽用键槽铣刀;加工各种圆弧形的凹槽、斜角面、特殊孔可选用成形铣刀 铣刀参数的选择主要应考虑零件加工部位的几何尺寸和刀具的刚性等因素
5	切削用量的选择	切削用量的选择原则是:保证零件加工精度和表面粗糙度,充分发挥刀具切削性能,保证合理的刀具耐用度并充分发挥机床的性能,最大限度提高生产率,降低成本。在机床、工件和刀具足够和工艺系统刚度允许的条件下,应选取尽可能大的吃刀量 a_p。其次选择一个较大的进给速度 f,最后在刀具耐用度和机床功率允许条件下选择一个合理的切削速度 v_c。切削用量也可参考数控切削用量推荐表

（2）平面凸轮零件图（图 9.12）

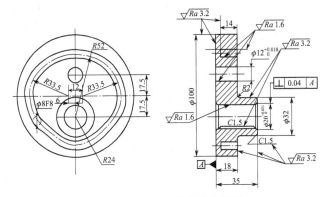

图 9.12 平面槽形凸轮零件图

（3）平面凸轮槽的数控铣削加工工艺过程分析（表 9.10）

（4）平面凸轮槽机械加工工艺过程卡（表 9.11）

（5）平面凸轮槽数控加工工序卡（表 9.12）

（6）平面凸轮槽数控加工刀具卡（表 9.13）

表 9.10 平面凸轮槽的数控铣削加工工艺过程分析

序号	工作内容	说　明
1	零件图工艺分析	零件图如 9.12 所示，为平面槽形凸轮，该凸轮工作轮廓槽的内、外轮廓是由直线和圆弧组成的，几何元素之间关系描述清楚、完整，凸轮是直径为 $\phi 280mm$、厚度为 18mm 的圆盘。凸轮槽侧面与 "$\phi 20^{+0.021}_{0}$" "$\phi 12^{+0.018}_{0}$" 两个内孔表面粗糙度要求较高，Ra 为 $1.6\mu m$。凸轮廓内、外轮廓面和 "$\phi 20^{+0.021}_{0}$" 孔与底面有垂直度要求，只要提高装夹精度，使底面与铣刀轴线垂直即可保证。零件材料为 HT200，切削加工性较好
2	加工方案	根据上述分析，凸轮槽内、外轮廓侧面与 "$\phi 20^{+0.021}_{0}$" "$\phi 12^{+0.018}_{0}$" 两个内孔表面粗糙度要求较高，凸轮槽内、外轮廓面和 "$\phi 20^{+0.021}_{0}$" 孔与底面有垂直度要求。因此，应分别用粗、精加工两个阶段完成。凸轮槽内、外轮廓由粗铣、精铣完成；"$\phi 20^{+0.021}_{0}$" "$\phi 12^{+0.018}_{0}$" 两个孔采取钻、扩、铰的方法加工
3	选择数控加工内容	普通机床无法加工或加工难度大、质量难以保证的内容作为数控加工的优先内容，对于普通机床能加工但效率低，而且又可以在数控加工其他表面时顺带加工出的内容也可用数控加工。因此，凸轮槽内、外轮廓应选作数控铣削加工内容，其余则有普通机床完成
4	确定装夹方案	加工 "$\phi 20^{+0.021}_{0}$" "$\phi 12^{+0.018}_{0}$" 两个孔时，以底面 A 定位，采用螺旋压板机构夹紧。加工凸轮槽内、外轮廓时，采用"一面两孔"方式定位，即底面 A 和 "$\phi 20^{+0.021}_{0}$" "$\phi 12^{+0.018}_{0}$" 两孔作为定位基准，并用双螺母夹紧，提高装夹刚性，防止铣削时振动。下图所示为本例凸轮槽零件加工的装夹方案示意图 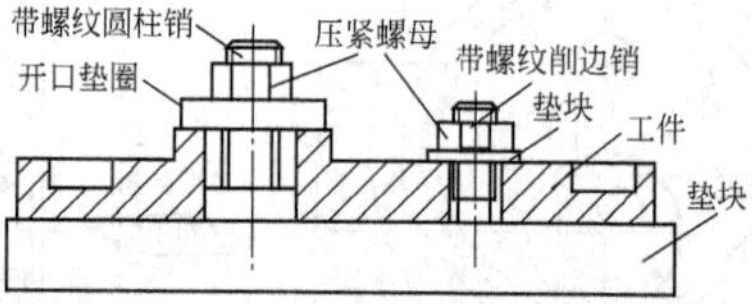
5	确定加工顺序	加工顺序按照基面先行、先粗后精的原则确定，因此应先加工用作定位基准的外部轮廓尺寸，用作定位基准的底面 A 和 "$\phi 20^{+0.021}_{0}$" "$\phi 12^{+0.018}_{0}$" 两个孔以及外部轮廓，为数控加工凸轮槽轮廓提供稳定可靠的定位基准。具体的加工顺序见表 9.11 及表 9.12
6	确定进给路线	进给路线包括平面进给和深度进给 ① 平面内进给　外凸轮轮廓从切线方向切入，内凹轮廓从过渡圆弧切入。为使凸轮槽表面具有较好的表面质量，外轮廓按顺时针方向铣削，内凹轮廓按逆时针方向铣削。图(a)为直线切入外轮廓；图(b)为过渡圆弧切入内凸轮廓 ② 深度进给　有两种方法：一种是在 XZ 平面(或 YZ 面)来回铣削逐渐进刀到既定深度；另外一种是先钻一个落刀工艺孔，然后从工艺孔进刀刀既定深度

序号	工作内容	说　　明
6	确定进给路线	 (a) 直接切入外凸轮廓　　　　(b) 过渡圆弧切入内凹轮廓
7	刀具的选择	根据零件的结构特点,铣削凸轮槽内、外轮廓时,铣刀直径受槽宽限制,取为 $\phi 6\text{mm}$。粗加工选用 $\phi 6\text{mm}$ 高速钢立铣刀。精加工选用 $\phi 6\text{mm}$ 硬质合金立铣刀。所选刀具及其加工表面见表 9.13
8	选择切削用量	凸轮槽内、外轮廓精加工时留 0.1mm 的铣削余量,扩“$\phi 20^{+0.021}_{0}$”“$\phi 12^{+0.018}_{0}$”两个孔时留 0.1mm 的铰削余量。选择主轴转速与进给速度时,先查切削用量手册,确定切削速度与每齿进给量,然后根据式 $v_c = \dfrac{\pi D n}{1000}$、$f_z = \dfrac{f}{z}$、$v_f = nf$ 计算主轴转速与进给速度

表 9.11　平面凸轮槽机械加工工艺过程卡（单件小批量生产）

序号	工序名称	工序内容	设备及工装
1	铸	制作毛坯,各部留单边余量 3～5mm	
2	车	夹右端,粗车左端面(A 面)及“$\phi 100 \times 18$”外圆,各留余量 0.5mm	C6132
3	钳	划“$\phi 32$”凸台加工线	
4	车	① 上四爪卡盘,夹左端,按线找正,粗车“$\phi 32 \times 17$”台阶,留余量 0.5mm ② 钻“$\phi 20^{+0.021}_{0}$”孔的底 $\phi 16$mm ③ 精车“$\phi 32 \times 17$”台阶,确保轴向尺寸 18mm 及 35mm,确保 Ra 为 3.2μm ④ 夹右端,精车左端面(A 面)及“$\phi 100 \times 18$”外圆,确保 Ra 为 3.2μm ⑤ 精车“$\phi 20^{+0.021}_{0}$”孔及倒角 C1.5 至尺寸要求	
5	钳	划“$\phi 12^{+0.018}_{0}$”孔加工线	
6	钻	① 将“$\phi 12^{+0.018}_{0}$”孔钻成 $\phi 10$mm 孔 ② 将“$\phi 12^{+0.018}_{0}$”孔扩 $\phi 11.9$mm 孔,确保孔心距 35mm ③ 铰“$\phi 12^{+0.018}_{0}$”孔至尺寸	
7	铣	粗、精铣凸轮槽至要求	数控铣床
8	检验		

表 9.12　平面凸轮槽数控加工工序卡

工厂名称			产品名称或代号	零件名称	零件图号
				平面凸轮槽	
工序号	程序编号	夹具名称	使用设备		车间
7		螺旋压板	XK5025/4		

工步号	工步内容	刀具号	刀具规格/mm	主轴转速/r·min^{-1}	进给速度/mm·min^{-1}	背吃刀量/mm	备注
1	一面两孔定位粗铣凸轮槽内轮廓	T01	ϕ6	1100	40	4	
2	粗铣凸轮槽外轮廓	T01	ϕ6	1100	40	4	
3	精铣凸轮槽内轮廓	T02	ϕ6	1495	20	14	自动
4	精铣凸轮槽外轮廓	T02	ϕ6	1495	20	14	自动
编制		审核		批准		年　月　日　共　页　第　页	

表 9.13　平面凸轮槽数控加工刀具卡

产品名称或代号				零件名称	平面凸轮槽	零件图号	
序号	刀具号	刀具			加工表面		备注
		规格名称	数量	刀长/mm			
1	T01	ϕ6mm 高速钢立铣刀	1	20	粗加工凸轮槽内、外轮廓		底圆角 R0.5
2	T02	ϕ6mm 硬质合金立铣刀	1	20	精加工凸轮槽内、外轮廓		
编制		审核		批准		年　月　日　共　页　第　页	

9.2.6　数控加工中心加工工艺规程制定及实例

（1）数控加工中心加工工艺规程制定流程（表 9.14）

表 9.14　数控加工中心加工工艺规程制定流程

序号	加工工艺流程	说明
1	零件的工艺分析	零件的工艺分析的任务是分析零件图纸的完整性、正确性和技术要求、选择加工内容、分析零件的结构工艺性和定位基准

序号	加工 工艺流程		说　　明
1	(1)	选择加 工中心 加工内容	加工内容的选择是指在选定零件后,还要选择零件上适合加工中心加工的表面,这种表面主要有:尺寸精度、相互位置精度要求较高的表面;不便于普通机床加工的复杂曲线、曲面;能够集中加工的表面
	(2)	零件结构 的工艺性 分析	① 切削余量要小,以减少切削时间、降低加工成本 ② 零件刚性足够,以减少夹紧和切削变形 ③ 小孔和螺孔的尺寸规格尽可能少,以减少相应刀具的数量,避免选择大的数据库容量 ④ 加工表面要能方便地实现加工,效果明显 ⑤ 有关尺寸要尽量标准化,以便于采用标准刀具
	(3)	选择定 位基准	① 尽量使定位基准与设计基准重合 ② 保证在一次装夹中加工完成尽可能多的内容 ③ 必须多次装夹时应尽可能做到基准统一 ④ 批量生产时的定位基准与对刀基准重合
2	加工方法的选择		加工中心加工零件表面主要是平面、平面轮廓、曲面、孔和螺纹等
	(1)	平面、平面 轮廓及曲面 的加工方法	这类零件表面在镗铣类加工中心上的加工方法是铣削,一般是粗铣后再精铣
	(2)	孔的加 工方法	所有的孔都用全部粗加工后,再精加工 毛坯上已铸出或锻出的孔,其直径通常在 $\phi30$mm 以上,先在普通机床加工并留余量,然后在加工中心按粗镗→半精镗→孔口倒角→精镗方案加工;有空刀槽时可用锯片铣刀在半精镗之后精镗之前用圆弧插补方式铣削或锪削加工。孔径较大时可用键槽铣刀或立铣刀用圆弧插补方式粗铣、精铣加工 对于直径小于 $\phi30$mm 的孔,需要在加工中心完成其全部加工。通常采用镗(或铣)平面→钻中心孔→钻→扩→孔口倒角→精镗(或铰)的加工方案 对于同轴孔系,相距较近采用穿镗法加工,跨距较大,采用调头镗的方法加工 对于螺纹孔,要根据其孔径的大小选择不同的加工方法。直径在 M6~M20 之间的螺纹孔,在加工中心用攻螺纹的方法加工;直径在 M6 以下的螺纹在加工中心加工出底孔,然后用其他方法攻螺纹;直径在 M20 以上的螺纹,采用镗刀镗削加工
3	加工阶段 的划分		零件已经过粗加工,加工中心只完成精加工,不必划分加工阶段;零件加工精度较高,则应将粗、精加工分开;零件加工精度要求不高,根据具体情况,可把粗、精加工合并进行
4	加工顺序 的安排		安排加工顺序要遵循"基面先行""先面后孔""先主后次"及"先粗后精"的一般工艺原则。还应考虑每道工序尽量减少刀具的空行程移动量及减少换刀次数

序号		加工工艺流程	说　明
5		工件的装夹与夹具的选择	确定工件的装夹方案时,根据已选定的定位基准和需要加工的表面确定工件的定位夹紧方式,并选择适当的夹具
	(1)	确定工件在工作台上的最佳位置	确定零件在工作台上的最佳位置时,主要考虑机床行程、各种干涉以及加工各部位的刀具长度等因素。在满足机床不致超程的前提下,多工位加工应尽量将零件置于工作台的中间部位
	(2)	常用夹具	见机床附件(通用夹具)
	(3)	夹具的选择	加工中心使用夹具要求:应结构紧凑、简单和可靠,夹紧准确、迅速,操作方便、安全,并保证足够的刚性。还应注意:加工部位要尽量敞开;夹具应能在机床上实现定向安装 在加工过程中不需更换夹紧点
6		刀具的选择	加工中心使用的刀具由刃具和刀柄两部分组成。刃具有面加工用的各种铣刀和孔加工用的钻头、扩孔钻、镗刀、铰刀及丝锥等。刀柄要满足机床主轴的自动松开和拉紧定位,并能准确地安装各种刃具和适应换刀机械手的夹持等要求 ① 对刀具的基本要求　同一把刀具多次装入机床主轴锥孔时,刀刃的位置应重复不变;刀刃相对于主轴的一个固定点的轴向和径向位置应能准确调整 ② 刀具尺寸的确定　刀具尺寸包括直径尺寸和长度尺寸。孔加工刀具的直径尺寸根据被加工孔直径确定,特别是确定尺寸刀具(如钻头、铰刀)的直径,完全取决于被加工孔径。刀具的长度在满足使用要求的前提下应尽可能短
7		进给路线的确定	加工中心上刀具的进给路线可分为铣削加工进给路线和孔加工进给路线
	(1)	孔加工的进给路线	加工孔时,将刀具在 XY 平面内迅速、准确地运动到孔中心线位置,然后再沿 Z 向运动加工。孔加工进给路线包括在 XY 平面内的进给路线和 Z 向(轴向)的进给路线的内容
	(2)	铣削加工时的 Z 向进给路线	铣削加工时的 Z 向进给路线分三种情况 ① 铣削开口不通槽时,铣刀在 Z 向直接快速移动到位,不需工作进给 ② 对铣削封闭槽时,铣刀需要有一切出距离,先快速移动到距工件表面一切出距离位置上,然后以工作进给速度进给至铣削深度 ③ 铣削轮廓及通槽时,铣刀需一切出距离,可直接快速移动到距工件加工表面一切出距离的位置上
8		切削用量的选择	切削用量的选择应充分考虑零件的加工精度、表面粗糙度,以及刀具的强度、刚度和加工效率等因素。在机床说明书允许的范围内,查阅切削用量表

(2) 异形支架零件图 (图 9.13)

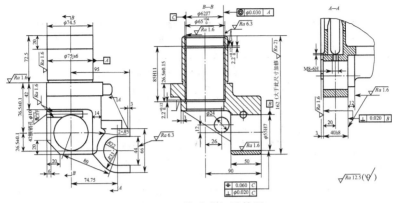

图 9.13 异形支架零件图

（3）异形支架加工中心切削加工工艺规程制定的分析过程
（表 9.15）

表 9.15 异形支架零件加工中心切削加工工艺规程制定分析

序号	加工工艺过程	说明
1	零件工艺分析	该异形支架的结构比较复杂，精度要求高，各加工表面之间有较严格的形位公差要求。主要形位公差为"$\phi55H7$"孔对"$\phi62J7$"的对称度 0.06mm 及垂直度 0.02mm，"$\phi62J7$"孔与"$\phi75js6$"外圆之间 $\phi0.03$mm 的同轴度，"40h8"对"$\phi55H7$"的垂直度为 0.02mm。该零件材料为铸铁，毛坯为铸件，加工余量大；零件的刚性差，容易发生变形，加工部位多，加工难度较大。若在普通机床上加工难以保证零件的尺寸精度、形位精度和表面粗糙度的要求
2	选择加工中心	通过零件的工艺分析，该异形支架有多个需要加工的部位，要从几个方向进行加工，故选择在卧式加工中心上加工。本例选用 XH754 型卧式加工中心
3	工艺措施	① 采用先粗、粗精分开的办法，待全部加工表面的粗加工和半精加工完成之后，再精加工，使其在粗加工、半精加工中引起的内应力能充分地释放，所产生的变形在精加工中得到消除和纠正 ② 所选卧式加工中心本身采用编码器进行位置检测，利用鼠齿盘进行工作台分度定位，多次回转加工，能有效地保证各面之间的垂直度要求 ③ 在精镗"$\phi62J7$"孔之前加工"$2\times2.2^{+0.12}_{0}$"槽及倒角，可防止精加工后孔内产生毛刺。加工"$2\times2.2^{+0.12}_{0}$"槽时，可采用三面刃铣刀或锯片铣刀按圆弧插补方式进行铣削。还可用专用刀具卡簧槽铣刀铣削两槽

续表

序号	加工工艺过程	说明
(1)	加工部位和加工方案	"$\phi62J7$"孔:粗镗→半精镗→孔两端倒角→铰 "$\phi55H7$"孔:粗镗→孔两端倒角→精镗 "$2\times2.2^{+0.12}_{0}$"空刀槽:一次切成 "44"U形槽:粗铣→精铣 "$R22$"尺寸:一次镗 "40h8"尺寸两面:粗铣左面→粗铣右面→精铣左面→精铣右面
(2)	确定加工顺序	具体加工顺序见表9.16和表9.18。B0°粗铣"$R22$"尺寸→粗铣U形槽→粗铣"40h8"尺寸左面;B180°:粗铣"40h8"尺寸右面;B270°:粗镗$\phi62J7$"孔→半精镗$\phi62J7$"孔→切"$2\times65^{+0.4}_{0}\times2.2^{+0.12}_{0}$"空刀槽→"$\phi62J7$"孔两端倒角;B180°:粗铣"$\phi55H7$"孔,孔两端倒角;B0°精铣U形槽→精铣"40h8"尺寸左端面;B180°:精铣"40h8"尺寸右端面→精镗"$\phi55H7$"孔;B270°:铰"$\phi62J7$"孔
(3)	确定装夹方案和选择夹具	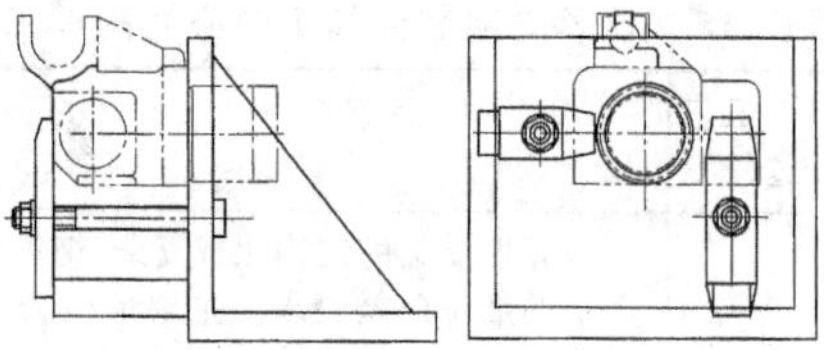 支架零件在加工时,以"$\phi75js6$"外圆及"26.5 ± 0.15"尺寸上面定位(两定位面均在前面车床工序中先加工完成)。工件安装简图如图
(4)	选择刀具	各工步刀具直径根据加工余量和加工表面尺寸确定,见表9.18,长度尺寸省略
(5)	选择切削用量	在机床说明书允许的切削用量范围内查表选取切削速度和进给量,然后算出主轴转速和进给速度

（4）异形支架的机械加工工艺过程卡（表9.16）

表 9.16 异形支架零件的机械加工工艺过程卡

序号	工序名称	工序内容	设备及工装
1	铸造	铸造毛坯,各加工部位留单边余量2~3mm	
2	热处理	时效	

※序号列最左侧为"4 工艺设计"

续表

序号	工序名称	工序内容	设备及工装
3	油漆	刷底漆	
4	钳	划全线,合理分配加工余量	
5	车	上花盘:①按线找正,粗、精车"ϕ75js6""ϕ74.5"及尺寸"26.5±0.05"Ra 值为 16μm 的上端面;②粗车"ϕ62J7"内孔,留单边余量 1mm;③"ϕ62J7"两端倒角	普通车床
6	数控加工	加工"ϕ62J7"孔、"ϕ55H7"孔、"$2\times2^{+0.12}_{0}$"空刀槽,宽"44"及"$R22$"的 U 形槽,尺寸"40h8"的两端面等	卧式加工中心专用夹具
7	钻	钻"ϕ24"孔、"M8—6H"螺纹底孔	立式钻床
8	钳	攻"M8—6H"螺纹、去毛刺	
9	检验		

（5）异形支架数控加工刀具卡（表 9.17）

表 9.17　数控加工刀具卡

产品名称或代号		零件名称	异形支架	零件图号		程序编号	
工步号	刀具号	刀具名称	刀柄型号	刀具		补偿值/mm	备注
				直径/mm	长度/mm		
1	T01	镗刀 ϕ42	JT40—TQC30—270	ϕ42			
2	T02	长刃铣刀 ϕ21	JT40—MW3—75	ϕ21			
3	T03	立铣刀 ϕ30	JT40—MW4—85	ϕ30			
4	T03	立铣刀 ϕ30	JT40—MW4—85	ϕ30			
5	T04	镗刀 ϕ61	JT40—TQC50—270	ϕ61			
6	T05	镗刀 ϕ61.85	JT40—TZC50—270	61.85			
7	T06	专用切槽刀 ϕ50	JT40—M4—95	ϕ50			
8	T07	镗刀 ϕ54	JT40—TZC40—240	ϕ54			
9	T08	倒角刀 ϕ66	JT40—TZC50—270	ϕ66			
10	T02	长刃铣刀 ϕ25	JT40—MW3—75	ϕ25			
11	T09	镗刀 ϕ66	JT40—TZC40—180	ϕ66			
12	T10	镗刀 ϕ55H7	JT40—TQC50—270	ϕ55H7			
13	T11	铰刀 ϕ62J7	JT40—K27—180	ϕ62J7			
编制		审核		批准		共　页	第　页

(6) 异形支架数控加工工序卡 (表 9.18)

表 9.18 数控加工工序卡

(工厂)	数控加工工序卡片		产品名称或代号		零件名称	材 料	零件图号
					异形支架	铸 铁	
工序号	程序编号	夹具名称	夹具编号		使用设备		车间
6		专用夹具			XH754		
工步号	工步内容	加工面	刀具号	刀具规格/mm	主轴转速/r·min⁻¹	进给速度/mm·min⁻¹	背吃刀量/mm	备注
---	---	---	---	---	---	---	---	---
	B0°							
1	粗铣 U 形槽宽尺寸 "44" 至 42mm		T01	$\phi42$	300	45		
2	粗铣 U 形槽 "R22" 至 R25mm		T02	$\phi21$	200	60		
3	粗铣 "40h8" 尺寸左面, 留余量 0.5mm		T03	$\phi30$	180	60		
	180°							
4	粗铣 "40h8" 尺寸右面, 留余量 0.5mm		T03	$\phi30$	180	60		
	B270°							
5	粗镗 "$\phi62J7$" 孔至 $\phi61$mm		T04	$\phi61$	250	80		
6	半精镗 "$\phi62J7$" 孔至 $\phi61.85$mm		T05	$\phi61.85$	350	60		
7	铣 "$2\times\phi65^{+0.5}_{0}\times2.2^{+0.12}_{0}$" 槽		T06	$\phi50$	200	20		
	B180°							
8	粗镗 "$\phi55H7$" 孔至 $\phi54$mm		T07	$\phi54$	350	60		
9	"$\phi55H7$" 孔两端倒角		T08	$\phi66$	100	30		
	B0°							
10	精铣 U 形槽		T02	$\phi25$	200	60		

续表

工步号	工步内容	加工面	刀具号	刀具规格 /mm	主轴转速 /r·min⁻¹	进给速度 /mm·min⁻¹	背吃刀量 /mm	备注
11	精铣"40h"左端面至尺寸		T09	$\phi 66$	250	30		
	B180°							
12	精铣"40h"右端面至尺寸		T09	$\phi 66$	250	30		
13	精镗"$\phi 55$H7"孔至尺寸		T10	$\phi 55$ H7	450	20		
	B270°							
14	镗"$\phi 62$J7"孔至尺寸		T11	$\phi 62$J7	100	80		
编制		审核		批准		共　页	第　页	

9.3　数控电火花加工

电火花加工是利用两极间脉冲放电时产生的电腐蚀现象对材料进行加工的方法，是一种利用电能和热能进行加工的新工艺，也称放电加工，由于在放电过程中有火花产生，所以称电火花加工。

9.3.1　电火花加工的工艺类型、特点及适用范围

电火花加工范围比较广泛，电火花加工工艺类型、工艺方法和主要特点和用途如表 9.19 所示。

表 9.19　电火花加工工艺方法的分类

序号	工艺类型	特点	适用范围	备注
1	电火花穿孔成形加工	① 工具和工件间只有一个相对的伺服进给运动 ② 工具为成形电极，与被加工表面有相同的截面和相应的形状	① 穿孔加工：加工各种冲模、挤压模、粉末冶金模、各种异型孔和微孔 ② 型腔加工：加工各种类型型腔模和各种复杂的型腔工件	约占电火花机床总数的30%，典型机床有 D7125、D7140 等电火花穿孔成形机床

序号	工艺类型	特点	适用范围	备注
2	电火花线切割加工	① 工具和工件在两个水平方向同时有相对伺服进给运动 ② 工具电极为顺电极丝轴线垂直移动的线状电极	① 切割各种冲模和具有直纹面的零件 ② 下料、切割和窄缝加工	约占电火花机床总数的60%,典型机床有DK7725、DK7740等数控电火花线切割机床
3	电火花磨削和镗削	① 工具和工件间有径向和轴向的进给运动 ② 工具和工件有相对的旋转运动	① 加工高精度、表面粗糙度值小的小孔,如拉丝模、微型轴承内环、钻套等 ② 加工外圆、小模数滚刀等	约占电火花机床总数的3%,典型机床有D6310、电火花小孔内圆磨机床
4	电火花同步共轭回转加工	① 工具相对工件可做纵、横向进给运动 ② 成形工具和工件均做旋转运动,但二者角速度相等或成倍整数,相对应接近的放电点可有切向相对运动速度	以同步回转、展成回转、倍角速度回转等不同方式,加工各种复杂形面的零件,如高精度的异形齿轮、精密螺纹环规,高精度、高对称、表面粗糙值小的内、外回转体表面	小于机床电火花机床总数的1%,典型机床有JN-2、JN-8内外螺纹加工机床
5	电火花高速小孔加工	① 采用细管电极($>\phi0.3$mm),管内冲入高压水工作液 ② 细管电极旋转 ③ 穿孔速度很高($30\sim60$mm/min)	① 线切割预穿丝孔 ② 深径比很大的小孔,如喷嘴等	约占电火花机床总数的2%,典型机床有D703A电火花高速小孔加工机床
6	电火花表面强化和刻字	① 工具相对工件移动 ② 工具在工件表面上振动,在空气中放火花	① 模具刃口、刀具、量具刃口表面强化和镀覆 ② 电火花刻字、打印记	占电火花机床总数的1%～2%,典型设备有D9105电火花强化机床等

9.3.2 数控电火花机床

数控电火花成形机床主要由机床主体、脉冲电源、数控系统及工作液系统四大部分组成，如图 9.14 所示。

（1）机床主体

机床主体由床身、立柱、主轴、工作液槽、工作台等组成。其中主轴头是关键部件，在主轴头装有电极夹具，用于装夹和调整电极位置。主轴头是自动进给调节系统的执行机构，对加工精度有最直接的影响。

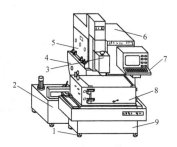

图 9.14 数控电火花成形机床
1—机床垫铁；2—油箱；3—主轴；
4—底座；5—立柱；6—数控电源柜；
7—控制台；8—工作液槽；9—床身

床身、立柱、坐标工作台起着支承定位的作用，且便于操作。

（2）脉冲电源

脉冲电源将直流或交流电转换为高频率的脉冲电源，也就是把普通 220V 或 380V、50Hz 的交流电转变成频率较高的脉冲电源，提供电火花加工所需要的放电能量。

（3）数控系统

数控系统是运动和放电加工的控制部分。在电火花加工时，由于火花放电的作用，工件不断被蚀除，电极被损耗，当火花间隙变大时，加工便因此而停止。为了使加工过程连续、电极必须间歇式地及时进给，以保持最佳放电间隙。

（4）工作液系统

工作液系统是由储液箱、油泵、过滤器及工作液分配器等部分组成，工作液系统可进行冲、抽、喷液及过滤工作。

9.3.3 电火花成形加工工艺流程

电火花成形加工的基本工艺包括：电极的制作、工件的准备、电极与工件的装夹定位、冲油、抽油方式的选择、加工规准的选择、转换、电极缩放量的确定及平动（摇动）量的分配等。

电火花成形加工的基本工艺流程如图 9.15 所示。

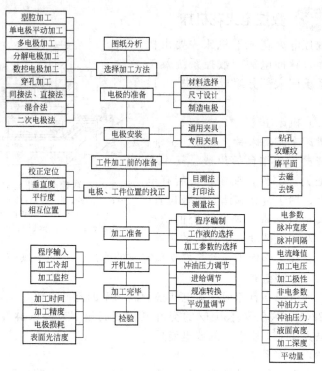

图 9.15 电火花成形加工的基本工艺流程图

9.3.4 连杆模具电火花成形加工工艺分析实例

（1）连杆模具图（图 9.16）

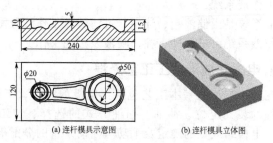

(a) 连杆模具示意图　　　(b) 连杆模具立体图

图 9.16 连杆模具图

（2）连杆锻模电火花加工工艺路线分析（表 9.20）

表 9. 20 连杆锻模电火花加工工艺路线分析一览表

序号	加工工路线		说明
1		连杆零件分析	锻模可将零件直接锻压成形,且零件的内部组织性能较好,它在汽车、拖拉机制造、建筑机械五金工具等领域得到广泛应用。尤其是精密锻模可以直接锻压出成品零件,或经简单加工即可使用。如汽车、拖拉机中使用的各种齿轮、连杆、半轴、曲轴等,都离不开锻模制造加工,而电火花加工是制造锻模的重要手段之一 图 9.16 所示为连杆锻模凹模,其材料为 5CrNiMo
		加工工艺分析	① 如果锻模精度要求相对较低,可以采用单电极一次加工成形,否则,需选用较小的电参数加工,或做两个电极,分粗、精两次加工完成 ② 该型腔不深,属于盲孔加工,但加工时间相对较长,要求石墨电极上必须加工出排气孔、排屑孔,便于稳定加工 ③ 石墨电极制作时应加固定连接板(金属),便于电极的校正、装夹,同时应注意防尘、排烟等事项 ④ 由于电极上开有排气孔,故模具型腔加工后某些局部留有残余高度,用钳工以及再做一小电极将残留加工掉
2		选择加工方法	如果锻模精度要求相对较低,可以采用单电极一次加工成形,否则,需选用较小的电参数加工,或做两个电极,分粗、精两次加工完成
	(1)	单电极平动法	即采用一个电极完成的粗、中、精加工方法
	(2)	多电极加工法	即将粗、精加工分开,更换不同的电极加工同一个型腔的方法
3		电极的准备	包括电极的材料、电极的结构形式、电极的尺寸与制造
	(1)	选择电极材料	电极材料选用高纯度石墨
	(2)	电极的结构形式	镶拼式电极,石墨电极可与连接板直接固定后再装夹
	(3)	电极尺寸设计	按图样要求,并根据加工方法和放电脉冲设定有关的参数等设计电极纵、横断面尺寸及公差
	(4)	电极制造	经数控机床直接加工成形,电极尺寸缩小量 0.2～0.3mm(单边),并在 140mm 中心线上打若干 $\phi 1$～1.5mm 的排气孔。电极形式见下图 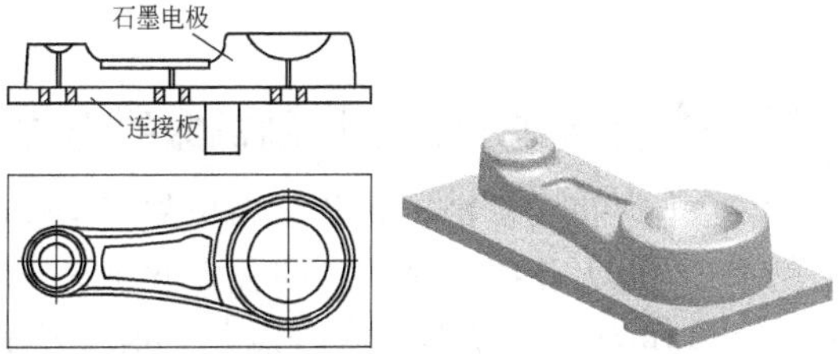

序号	加工工路线	说明
4	电极的安装	电极装夹是把电极牢固地装夹在主轴的电极夹具上,并使电极轴线与主轴进给轴线一致,保证电极与工件的垂直和相对位置
5	电极的校正	先将百分表固定在机床上,百分表的触点接触在电极固定连接板上,此时要按下"忽略接触感知"键,让机床沿 X、Z 轴方向移动,将电极位置调整到满足加工要求为止
6	工件的装夹与校正	用磁力吸盘直接将工件固定在机床上(工件应尽量靠近吸盘的某个角上,以便于电极触碰工件建立工件坐标系),将百分表固定在机床主轴上,百分表的触点接触在工件侧面,此时要按下"忽略接触感知"键,让机床沿 X(或 Y)轴方向移动,将工件位置调整到满足加工要求为止
7	建立工件坐标系	用电极的固定连接板触碰工件的上表面以及工件的两个侧面,寻找坐标的原点。坐标系 X、Y 的原点在工件中心,Z 方向的原点在工件上表面
8	加工前的准备	要求石墨电极上必须加工出排气孔、排屑孔,便于稳定加工
9	热处理安排	热处理:50~55HRC
10	编制输入程序	一般采用国际标准 ISO 代码。加工程序是由一系列适应不同深度的工艺和代码所组成。编程的方法还有自动生成程序系统编程、用手动方式进行编程、用半自动生成程序系统进行编程,加工程序(略)
11	加工参数的选择	根据加工工件的表面粗糙度及精度要求确定选择有关参数
	电火花加工工艺数据	停止位置为 1.0mm,加工轴向为 $Z-$,材料组合为石墨-钢,工艺选择为标准值,加工深度为 25.0mm,电极收缩量为 0.2mm,投影面积 120cm^2,平动方式为关闭
12	检验	工件各尺寸、相对位置、精度及表面粗糙度进行检验

9.4 数控电火花线切割加工

9.4.1 数控电火花线切割机床的组成结构

数控电火花线切割机床分为高速往复走丝电火花线切割机和低速单向走丝电火花线切割机。往复走丝电火花线切割机床的走丝速度为 6~12m/s,产品的最大特点是具有 1.5°锥度切割功能,加工厚度可超过 1000mm 以上，广泛应用于各类中低档模具制造和特殊零件加工。低速走丝线切割机电极丝以铜线作为工具电极，一般以低于 0.2m/s 的速度做单向运动，在铜线与铜、钢或超硬合金等被加工物材料之间施加 60～300V 的脉冲电压，并保持 5～50μm 间隙，间隙中充满脱离子水等绝缘介质，使电极与被加工物之间发生火花放电、腐蚀工件表面，加工精度高、表面质量好（接近磨削），但不宜加工大厚度工件，适用于各种形状的冷冲模具、微细异形孔、窄缝、样板、粉末冶金模、成形刀具等复杂形状的工件。

数控快走丝电火花线切割机床主要由床身、工作台、锥度切割装置、走丝机构、机床电气箱、工作液循环系统、脉冲电源、数控系统等组成，如图 9.17 所示。

（1）工作台

坐标工作台是用来承载工件，由控制系统发出进给信号分别控制 X、Y 方向的驱动电动机，按设定的轨迹运动，完成工件的切割运动。该工作台主要由工作台驱动电动机（步进电动机或交、直流伺服电动机）、进给丝杠、导轨与拖板、安装工件的工作台面等组成。

（2）走丝机构

线切割机床走丝机构的主要功能是带动电极丝按一定的线速度，在加工区域保持张力的均匀一致，以完成预定的加工任务。

如图 9.18 所示，快速走丝线切割机床的线电极，被整齐有序地排绕在储丝筒 1 表面，线电极从储丝筒上的一端经丝架上上导轮（导向器）2 定位后，或穿过工件或再经过下导轮（定位器）返回到储丝筒上的另一端。加工时，线电极在储丝筒电极的驱动下，将在上、下导轮之间做高速往复运动。当驱动储丝筒的电动机为交流电动机时，线电极的走丝速度受到电动机转速和储丝筒外径的影响而固定为 450m/min 左右，最高可达 700m/min。如果采用直流电动机驱动储丝筒，该驱动装置则可根据加工工件的厚度自动调整线电极的走丝速度，使加工参数更为合理。尤其是在进行大厚度工件切割时，需要有更高的走丝速度，这样会有利于线电极的冷却和电蚀物的排除，以获得较高的表面粗糙度。为了保持加工时线电极有一个较固定的张紧力，在绕线时要有一定的拉力（预紧力），以减少加工时线电极的振动幅度，提高加工精度。

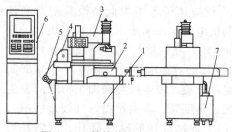

图 9.17　数控快走丝电火花线
切割机床的组成
1—床身；2—工作台；3—丝架；4—储丝筒；
5—紧丝电动机；6—数控箱；7—工作液循环系统

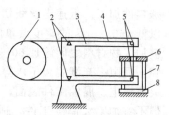

图 9.18　快速走丝系统示意图
1—储丝筒；2—导向器；3—丝架；
4—线电极；5—导轮；6—工件；
7—夹具；8—工作台

（3）锥度切割装置

电极丝是通过两个导轮来支承，并使电极丝工作部分与工作台面保持一定的几何角度。当切割直壁时，电极丝与工作台面垂直。需要进行锥度切割时，有的机床采用偏移上下导轮的方法，如图9.19所示。这种方法加工的锥度一般较小。采用四坐标联动机构的机床，能切割较大的锥度，并可进行上下异形截面形状的加工。

（4）数控系统

控制系统的主要作用是在电火花线切割加工过程中，按加工要求自动控制电极丝相对工件的运动轨迹和进给速度，来实现对工件形状和尺寸的加工，即当控制系统使电极丝相对工件按一定轨迹运动时，同时还应实现进给速度的自动控制，以维持正常的稳定切割加工。进给速度是根据放电间隙大小与放电状态自动控制的，使进给速度与工件材料的蚀除速度相平衡。

（5）脉冲电源

电火花线切割所用的脉冲电源又称高频电源，是线切割机床重要的组成部分之一，是决定线切割加工工艺指标的关键装置。提供工件和电极丝之间的放电加工能量，对线切割加工的切割速度、被加工面的表面粗糙度、尺寸和形状精度及电极丝的损耗等，都将受到脉冲电源的影响。

（6）工作液循环系统

快速走丝线切割机床工作液循环系统原理如图9.20所示。工作液泵7将工作液经滤网8吸入，并通过主进液管6分别送到上、下丝臂进液管4、5，用阀门调节其供液量的大小，加工后的废液由机床工作台 1 靠自重（通过回液管 2）流回工作液箱 9。废液经过过滤层 3，大部分蚀物被过滤掉。乳化液主要用于快速走丝线切割机床。

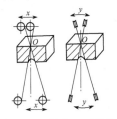

图 9.19 偏移上下导轮

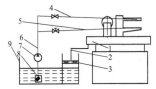

图 9.20 快速走丝线切割工作液循环系统原理图

1—机床工作台；2—回液管；3—过滤层；4—上丝臂进液管；5—下丝臂进液管；6—主进液管；7—工作液泵；8—滤网；9—工作液箱

9.4.2 数控线切割的加工工艺流程（图 9.21）

图 9.21 数控线切割的加工工艺路线流程

9.4.3 支架零件的线切割加工实例

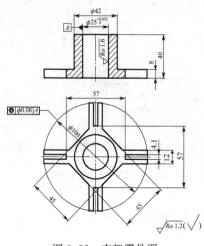

图 9.22 支架零件图

（1）零件图分析

图 9.22 所示为支架零件图。其材料为铝。该零件的主要尺寸：直径为 $\phi100$mm，厚度为 40mm，凸台的直径 $\phi42$ mm；孔的直径为 $\phi25^{+0.052}_{0}$ mm；四个外形槽尺寸宽为 12mm，开口槽尺寸宽为 6mm，以工件中心线为基准槽底间距为 57mm。线切割加工零件的外形，其尺寸公差为自由公差。零件外圆 $\phi100$mm 的圆心与内孔 $\phi25^{+0.052}_{0}$ mm 基准圆的圆心同轴度公差为 $\phi0.08$mm。零件内孔表面粗糙度 Ra 为 1.6μm，其余被加工表面的粗糙度 Ra 均为 3.2μm。

（2）线切割加工工艺分析

由前面可知，零件内孔在车床上加工，线切割加工零件外形，零件外形与内孔有同轴度的要求，线切割加工外形时需以内孔为基准。因为是批量生产，为了节省找正时间，提高生产效率，可利用 120°标准 V 形铁定位已加工好的工件外形，在加工前，可根据外圆的尺寸，改变钼丝的起始位置。

（3）工件装夹与找正

工件装夹如图 9.23 所示，工件靠近 V 形块，用压板组件把工件固定紧。V 形块用百分表找正，保证 V 形铁 V 形凹槽中心线平行线切割工作台某一个方向。这样，无论工件坯料大小，工件的中心都处在同一条直线上。

（4）工件在坯料上的排布

工件的外圆已加工至图样要求 $\phi100$mm，按图 9.22 所示的方向加工，工件无法装夹，根据工件的形状，可把图 9.22 图形旋转45°，见图 9.23。这样，工件两端装夹量约为 10mm。装夹时，注意线切割工作台支承板的距离，防止切割上工作台支承板。

（5）选择钼丝起始位置和切入点

此工序为切割工件外形，钼丝可在坯料的外部切入，起始点的位置如图9.24所示。

（6）确定切割路线

切割路线如图9.24所示，工件外形圆弧已加工完毕，为了防止工件在未加工完时脱离坯料，线切割最后加工工件压紧部分，箭头所指方向为切割路线方向。

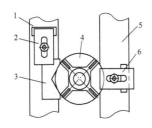

图9.23 零件装夹

1，5—工作台支承板；2，6—压板组件；

3—V形块；4—工件

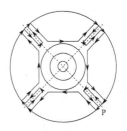

图9.24 切割路线

（7）计算平均尺寸

平均尺寸见图9.25。

（8）确定计算坐标系

选 ϕ25mm 内孔圆心为坐标系的原点，建立坐标系，如图9.25所示。

（9）确定偏移量

选择直径为 ϕ0.18mm 的钼丝，加工铝件时单面放电间隙可取0.02mm，钼丝中心偏移量 f＝0.18/2＋0.02＝0.11mm。

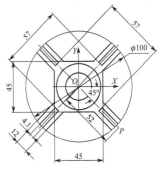

图9.25 平均尺寸

（10）编制加工程序

采用自动编程软件绘图编程（略）。

（11）零件加工

① 钼丝起始点的确定 工件装夹前，需用游标卡尺测量坯料外圆尺寸，把零件分成若干组，每组外圆尺寸的偏差控制在

0.1mm。在第一组里拿出一件作为标准件装夹。为把调整好垂直度的钼丝摇至 $\phi25$mm 的孔内，利用线切割自动找中心的功能找出工件的中心位置，为了减少误差，可以采用多次找中心的方法找正。找正完毕，手轮对零，摇动手轮使钼丝向 X 的正方向、Y 的负方向上分别移动 37.770mm，此时钼丝停在切割起始位置 P 点上。当钼丝在 $\phi25$mm 的孔中心处时，也可以执行表 9.21 的程序使钼丝移动到切割起始位置上。

表 9.21　程序单

序号	B	X	B	Y	B	J	G	N	说明
1	B	37770	B	37770	B	37770	GX（或 GY）	L4	从点 O 空走至点 P
2								D	结束

当加工其他组工件时，求出这一组和第一组工件坯料直径平均偏差 Δd，在 X 方向上移动钼丝 $\dfrac{\sqrt{3}}{3}\Delta d \approx 0.577\Delta d$ mm，当 Δd 为正值时，向 X 正向移动，反之，向 X 负向移动。

② 选择电参数　脉冲宽度 $8\sim12\mu s$，脉冲间隔 $4\sim6$，电压 $70\sim75$V；平均加工电流 $0.8\sim1.2$A。

③ 冷却液的选择　油基型乳化液，型号为：DX-2。

参 考 文 献

[1] 原北京第一通用机械厂编．机械工人切削手册．北京：机械工业出版社，2010.
[2] 马贤智主编．实用机械加工手册．沈阳：辽宁科学技术出版社，2002.
[3] 陈宏钧主编．实用金属切削手册．北京：机械工业出版社，2005.
[4] 王先逵主编．机械加工工艺手册．北京：机械工业出版社，2007.
[5] 吴宗泽主编．机械零件设计手册．北京：机械工业出版社，2004.
[6] 尹成湖主编．磨工工作手册．北京：化学工业出版社，2007.
[7] 成大先主编．机械设计手册．北京：化学工业出版社，2002.
[8] 张以鹏主编．实用切削手册．沈阳：辽宁科学技术出版社，2007.
[9] 吴晓光等主编，数控加工工艺与编程，武汉：华中科技大学出版社，2010.
[10] 陈家芳主编．实用金属切削加工工艺．上海：上海科学技术出版社，2005.
[11] 蒋知民，张洪镨编著．怎样识读《机械制图》新标准．北京：机械工业出版社，2010.
[12] 尹成湖主编．机械制造技术基础．北京：高等教育出版社，2008.
[13] 李晓佩主编．简明公差标准应用手册．上海：上海科学技术出版社，2005.
[14] 祝燮权主编．实用金属材料手册．上海：上海科学技术出版社，2006.
[15] 胡家富主编．实用钳工计算手册．上海：上海科学技术出版社，2005.
[16] 尹成湖主编．机械制造技术基础课程设计．北京：高等教育出版社，2009.
[17] 蔡兰，王霄主编．数控加工工艺学．北京：化学工业出版社，2005.
[18] 于民治，张超主编．新编金属材料速查手册．北京：化学工业出版社，2007.
[19] 周湛学主编．铣工．北京：化学工业出版社，2004.
[20] 周湛学，刘玉忠等编著．数控电火花加工及实例详解．北京：化学工业出版社，2013.
[21] 黄涛勋主编．简明钳工手册．上海：上海科学技术出版社，2009.
[22] 甘永立主编．几何量公差与检测．上海：上海科学技术出版社，2001.
[23] 尹成湖等主编．磨工一点通．北京：科学出版社，2011.
[24] 邱言龙等．磨工技师手册．北京：机械工业出版社，2002.
[25] 蔡兰，王霄主编．数控加工工艺学．北京：化学工业出版社，2005.
[26] 赵长旭主编．数控加工工艺学．西安：西安电子科技出版社，2006.
[27] 罗春华，刘海明主编．数控加工工艺简明教程．北京：北京理工大学出版社，2007.
[28] 殷作禄，陆根奎编．切削加工操作技巧与禁忌．北京：机械工业出版社，2007.
[29] 杨有君主编．数控技术．北京：机械工业出版社，2005.
[30] ［德］乌尔里希·菲舍尔著．简明机械手册．云忠等译．长沙：湖南科学技术出版社，2009.
[31] ［日］荻原芳彦主编．机械实用手册．赵文珍等译．北京：科学技术出版社，2008.